AF558846

Dietrich, Conrad

Statistische Verfahren zur Maschinen- und Prozessqualifikation

Edgar Dietrich
Stephan Conrad

Statistische Verfahren zur Maschinen- und Prozessqualifikation

8., aktualisierte Auflage

HANSER

Die Autoren:

Dr.-Ing. Edgar Dietrich, Stephan Conrad, Q-DAS GmbH & Co. KG, Weinheim

Bibliografische Information der Deutschen Nationalbibliothek:

Die Deutsche Nationalbibliothek verzeichnet diese Publikation in der Deutschen Nationalbibliografie; detaillierte bibliografische Daten sind im Internet über *http://dnb.d-nb.de* abrufbar.

www.hanser-fachbuch.de
Lektorat: Dipl.-Ing. Volker Herzberg
Herstellung: Cornelia Speckmaier
Coverkonzept: Marc Müller-Bremer, *www.rebranding.de*, München
Coverrealisation: Max Kostopoulos
Satz: Eberl & Koesel Studio GmbH, Altusried-Krugzell
Druck und Bindung: CPI books GmbH, Leck
Printed in Germany

Print-ISBN: 978-3-446-46447-6
E-Book-ISBN: 978-3-446-46504-6

Vorwort zur 8. Auflage

Das Beständigste in der Welt ist der Wechsel. Zur achten Auflage dieses Buches wird Stephan Conrad unseren hoch geschätzten ehemaligen Kollegen, Co-Geschäftsführer und Mitbegründer der Q-DAS GmbH Herrn Dipl.-Ing. Alfred Schulze als Autor ablösen.

Wir können mittlerweile auf deutlich über 25 Jahre gemeinsame Erfahrung im Umgang mit statistischen Verfahren in der industriellen Produktion zurückblicken. Durch den nahezu täglichen Kontakt mit dieser Thematik über die weltweit verbreiteten Kunden von Q-DAS® ist ein großer Erfahrungsschatz mit den unterschiedlichsten Facetten und Forderungen entstanden, den wir mit diesem Buch weitergeben.

Zum Thema „Statistik" werden mehrere klassische Lehrbücher angeboten, bei denen theoretische Abhandlungen im Vordergrund stehen, mit denen ein Praktiker aber nur bedingt etwas anfangen kann. Leider lassen auch viele der in den Büchern enthaltenen Verfahren den Praxisbezug vermissen, da sie zwar theoretisch anwendbar und korrekt sind, in der Praxis aus diversen Gründen aber kaum Anwendung finden.

Bereits bei der ersten Ausgabe dieses Buches stand nicht die Theorie im Vordergrund, sondern die Anwendung der beschriebenen Verfahren. Anhand von Fallbeispielen und Hinweisen wird der Zusammenhang mit Aufgabenstellungen aus der Praxis hergestellt.

Durch den vielfältigen Gedankenaustausch mit Entscheidern und Experten aus der Industrie und verschiedenen Gremien wie ISO, DIN, VDA, VDMA und VDI konnten einige der bekannten Verfahren erweitert werden, um noch aussagekräftiger und praxisrelevanter zu werden. Damit kann der Nutzen deutlich gesteigert werden, insbesondere dadurch, dass diese Verfahren in der Q-DAS® Software implementiert sind.

Heute können mit Hilfe von softwaretechnischen Lösungen komplexe Sachverhalte, Geschäftsvorfälle und Prozesse basierend auf qualitativ hochwertigen Informationen/Daten mittels statistischen Verfahren durch die sich daraus ergebenden Kenngrößen und Kennzahlen ausreichend genau beschrieben werden, um diese beurteilen und mittels Benchmark sowie vorgegebenen Grenzwerten bewerten zu können. Dazu ist insbesondere die Darstellung der Ergebnisse im Kontext mit der jeweiligen Aufgabenstellung anhand von aussagefähigen Grafiken äußerst wichtig. Gerade hierauf wird in diesem Buch großer Wert gelegt.

Die Anwendung statistischer Verfahren hat in den letzten Jahren weiter zugenommen und wird künftig noch mehr an Bedeutung gewinnen. Dafür sprechen mehrere Gründe:

- Je komplexer die Sachverhalte sind und je mehr die Komplexität zunimmt, umso mehr ist man auf statistische Verfahren angewiesen.
- Um die Kosten für die Fertigung und Herstellung von Produkten senken zu können, muss der Prüfaufwand reduziert werden. Fähigkeitsnachweis und die statistische Prozessregelung tragen dazu bei.
- Das Thema „Big Data“ und „Predictive Analytics“ basierend auf statistischen Verfahren ist in aller Munde und wird mit der Umsetzung von Industrie 4.0 immer mehr in den Vordergrund rücken.
- Trotz ersten Schritten mit künstlicher Intelligenz (KI/AI) werden sich die dort in Vorbereitung befindlichen Methoden immer an den bekannten statistischen Grundlagen messen lassen müssen. Um Ergebnisse der KI als plausibel und korrekt validieren zu können, müssen sie immer den statistische Grundkonzepten entsprechen, die deshalb weiterhin bekannt und beherrscht sein müssen.

Das Buch soll dem Leser die zur Maschinen- und Prozessqualifikation benötigten statistischen Verfahren näherbringen, um ihn bei der praktischen Anwendung zu unterstützen. Auch wenn durch den Einsatz von Software der Werkzeugkasten der Statistik quasi zu einer eine Black Box wird, ist das Wissen, wann welches Verfahren anzuwenden ist und wie die Ergebnisse zu interpretieren sind, unumgänglich. Genau hierbei sollen die Inhalte des Buches einen Beitrag leisten. Gerne nehmen wir Anregungen und Änderungswünsche entgegen.

Mein Dank gilt Herrn Michael Radeck, der uns fachlich bei der Ausarbeitung unterstützt hat.

Q-DAS® stellt für das Buch eine Demoversion von qs-STAT® zur Verfügung, mit der die Fallbeispiele und die meisten Grafiken in dem Buch nachvollzogen werden können. Die verwendeten Datensätze werden mit der Software zur Verfügung gestellt. Laden Sie sich diese Version von der Q-DAS® Homepage (*www.q-das.com*) herunter oder fordern Sie die Software bei Q-DAS® direkt an.

Diese achte Auflage dieses Buches möchten wir Frau Heide Mesad widmen, die seit der ersten Auflage für das Layout und die textlichen sowie grafischen Ausarbeitungen verantwortlich war. Sie hat das Buch mit großem Einsatz und viel Herzblut gepflegt und ist zu unserem größten Bedauern nach kurzer Krankheit überraschend verstorben. Wir haben eine wunderbare Person und hoch geschätzte Kollegin verloren.

Weinheim, September 2021 *Stephan Conrad/Edgar Dietrich*

Inhalt

1 Einleitung

1.1 Statistische Verfahren in der industriellen Produktion

Die in dem Buch beschriebenen statistischen Verfahren finden ihren Einsatz bzw. ihre Anwendung in erster Linie in der industriellen Produktion. Dazu zählen die Bereiche:

- Fertigungstechnik, mit der Herstellung und Montage von diskreten bzw. zählbaren Teilen
- prozesstechnische Produktion, bei der der Güterausstoß mengen- oder volumenorientiert gemessen wird, wie sie vornehmlich in der chemischen Industrie und der Nahrungsmittelindustrie zum Tragen kommen
- Verfahrenstechnik, mit der Verarbeitung von Rohmaterialien anhand kontinuierlicher und diskontinuierlicher Prozesse.

Sicherlich sind die meisten Verfahren auch auf andere Bereiche wie den Dienstleistungssektor übertragbar. Allerdings beschreibt das Buch keine Anwendungsbeispiele aus diesen Bereichen.

Heute sind diese Verfahren am weitesten in der Automobil- und Zulieferindustrie verbreitet. Insbesondere die Forderung aus Normen (IATF 16949:2016, IATF, 2016), Verbandsrichtlinien wie VDA (2008; 2016; 2020; 2021) oder QS-9000 (A.I.A.G., 1998) haben wesentlich zur Verbreitung beigetragen. Damit waren sowohl die Hersteller als auch die Zulieferer gezwungen, diese Verfahren umzusetzen. Viele Großkonzerne haben darauf basierend ihre eigenen firmenspezifischen Richtlinien (Daimler, 2008; General Motors, 2004; Robert Bosch, 2019; Volkwagen, Audi, 2005a und 2005b) erstellt und in Form von Verfahrensanweisungen verbindlich vorgeschrieben.

In der Automobil- und Zulieferindustrie, die hierfür sicherlich eine Vorreiterrolle spielte, wurden die Machbarkeit, die Sinnhaftigkeit und der Nutzen dieser Verfahren nachgewiesen. Aufgrund dieser positiven Erfahrung haben sie sich mittlerweile auch auf andere Branchen und Industriezweige ausgebreitet. Zumal die Anwendung statistischer Verfahren beim Aufbau und Betrieb eines Qualitätsmanagementsystems nach ISO 9001 (DIN, 2015b) gefordert ist. Dabei beschränken sich diese Verfahren nicht nur auf die Massenfertigung, sondern können sehr wohl auch für Kleinserien bis hin zu komplexen Einzelteilen verwendet werden. Bei Kleinserien ist es in erster Linie der Vergleich mit zurückliegenden Chargen, um Trends und Veränderungen zu erkennen. Bei komplexen Einzelteilen mit in der Regel vielen Merkmalen ist es sehr häufig der Vergleich baugleicher Merkmale und deren Dokumentation, um die Rückverfolgbarkeit sicher zu stellen. Die Anwendung statistischer Verfahren ist in der Normung nicht nur gefordert, sondern auch selbst genormt (Abschnitt 1.3 und Abschnitt 1.4).

Die hier beschriebenen statistischen Verfahren können thematisch zu folgenden Anwendungsbereichen zusammengefasst werden:

- Eignungsnachweise von Prüfprozessen (Abschnitt 1.5)
- SPC Statistical Process Control (Prozessregelung und -überwachung) sowie Abnahme von Maschinen und Fertigungseinrichtungen (Abschnitt 1.6)
- DoE – Design of Experiments (Versuchsplanung, Abschnitt 1.7).

In der Ausbildung werden statistische Verfahren oft singulär betrachtet und nicht im Gesamtkontext in Verbindung mit dem jeweiligen Einsatzbereich gesehen. Dies hat sich mit der Einführung von Six Sigma (Abschnitt 1.8) geändert. Dabei wird zwischen Six Sigma für die Produktion nach den DMAIC-Phasen und Six Sigma für die Entwicklung (DFSS – Design for Six Sigma) nach unterschiedlichen Phasenmodellen (z.B. IDOV) unterschieden. Jeder Phase sind dabei die entsprechenden statistischen Verfahren zugeordnet, wie sie sinnvollerweise angewandt werden sollen.

1.2 Statistik als Basis qualitätsmethodischen Denkens und Handelns

Prof. Masing (Bild 1.1) hat anlässlich des Q-DAS©-Forums am 26.11.2003 den folgenden Vortrag gehalten. Er hat den Mitschnitt des Textes selbst korrigiert und der Fa. Q-DAS© zur Veröffentlichung freigegeben. Es war einer seiner letzten Auftritte vor seinem Tod am 29. März 2004. Sein Beitrag lebt von dem großen Erfahrungsschatz, den er in seinem langen Berufsleben gesammelt hat. Auch wenn der geschriebene Text nur sehr begrenzt den wundervollen Vortragsstil von Prof. Masing widerspiegeln kann, wollen wir aufgrund der historischen Bedeutung und der hervorragenden geschichtlichen Zusammenfassung die Abschrift hier wiedergeben.

Bild 1.1 Prof. Dr. Masing (* 22. Juni 1915 – † 29. März 2004) beim Q-DAS©-Forum 2003

Niemand anderes als Prof. Masing hätte in der heutigen Zeit besser über die Anwendung statistischer Verfahren in der industriellen Produktion berichten können, zumal er wesentlich an der Einführung und Verbreitung dieser Verfahren in Deutschland beigetragen hat. Für Q-DAS© ist es eine große Ehre, dass Prof. Masing diesen Vortrag ausgearbeitet hat:

1.2.1 Begrüßung

Meine sehr verehrten Damen, meine Herren,

mir liegt viel daran, den Organisatoren dieser Veranstaltung für die Einladung zu diesem Forum zu danken. Sie gibt mir Gelegenheit, vor einem fachlich qualifizierten Auditorium Anmerkungen zu einem Thema zu machen, dem ein guter Teil meiner Lebensarbeit gewidmet war. Zu dieser Thematik hat ja das Unternehmen, dessen Ehrentag wir heute gemeinsam feiern, bedeutsame Beiträge geleistet.

1.2.2 Einleitung

Wir unterscheiden bekanntlich beschreibende und schließende Statistik. Klassische Beispiele beschreibender Statistik finden wir im Statistischen Jahrbuch der Bundesrepublik Deutschland mit seinen Angaben über Tausende von Gegebenheiten und deren Entwicklung in unserem Land, wie Bevölkerung, Flächennutzung, Industrieproduktion, Verkehr und vieles andere mehr. Diese Art Statistik wird sicher schon in prähistorischer Zeit genutzt worden sein. Die Archäologie stellt uns zwar darüber keine Beweise zur Verfügung, doch dürfen wir annehmen, dass schon unsere Altvorderen im Neandertal die Anzahl ihrer Schafe und Rinder festgehalten und untereinander verglichen haben.

Die ersten Beweise für beschreibende Statistik haben wir aus einer Jahrzehntausende späteren Zeit. Es sind statistische Angaben in Keilschrift auf Tontafeln der Sumerer, die knapp 3000 Jahre vor unserer Zeitrechnung entstanden sind. Sie waren gut zwei Jahrtausende in diesem geografischen Raum bis hin nach Ägypten in Gebrauch. Heute zählen zur beschreibenden Statistik z. B. auch die vielen Millionen Daten, die tagein-tagaus in industriellen Produktionsbetrieben anfallen. Ihre Verarbeitung ist nur noch mit den modernsten elektronischen Mitteln möglich, wie sie vor allem unser gastgebendes Unternehmen entwickelt.

So wichtig beschreibende Statistik damals war und heute noch ist: Sie hat in der Öffentlichkeit nicht durchweg den besten Ruf, weil sie bis zum Geht-nicht-mehr manipulierbar ist und auch oft und gern manipuliert wird. Churchill soll gesagt haben: „Ich glaube nur einer Statistik, die ich selber gefälscht habe.“ Und in der Tat: So mancher von uns liest und hört mit großem Unbehagen statistische Angaben, und das besonders, wenn sie von Politikern stammen. Geradezu staunenswert ist ja, wie jemand es durch geschickte Interpretation fertigbringt, auch mit korrekten Daten allein durch deren Auswahl eindrucksvoll zu lügen. Ich habe beim Zuhören gelegentlich den Eindruck, dass der Redner das köstliche Buch von Darrell Huff „How to lie with statistics“ recht aufmerksam studiert haben muss. Das gilt übrigens auch für (gewiss nicht alle, aber doch für zu viele) Journalisten und andere Meinungsmacher.

1.2.3 Beginn

Die Anfänge der schließenden Statistik sind viel jüngeren Datums. Da sind vor allem zwei französische Mathematiker Mitte des 17. Jahrhunderts zu nennen, Blaise Pascal und Pierre de Fermat. Sie haben der Nachwelt nicht hinterlassen, wie sie darauf gekommen sind, sich mit Fragen der Wahrscheinlichkeit zu beschäftigen. Im Umlauf ist aber eine Erklärung, die viel für sich hat. Sie führt uns an den Hof des Sonnenkönigs Ludwigs des XIV in Versailles. Die einzige Aufgabe der meisten adligen Höflinge dort war es, dem Herrscher auf einen Wink hin jederzeit zu Diensten zu sein.

Doch konnten Stunden, ja Tage vergehen, bis jemand antreten musste. Aus Langeweile vertrieb man sich die Zeit mit Glücksspielen. Wenn nun mitten im Spiel einer aus der Runde zum Dienst befohlen wurde, war das Spiel beendet und musste abgerechnet werden. Doch wie hätte die Partie zum Schluss gestanden? Wie wahrscheinlich war es, dass dieser oder ein anderer gewonnen hätte, und wenn: wie hoch? Es heißt, man habe die Frage den genannten mathematischen Koryphäen vorgelegt. Ob diese tatsächlich zu brauchbaren Lösungen kamen, ist nicht überliefert, doch sollen sie dadurch zu ihren wegweisenden Arbeiten über die Wahrscheinlichkeit angeregt worden sein.

Wie dem auch sei, ihre Erkenntnisse wird man kaum in den qualitätsmethodischen Kontext bringen können, dem mein Referat gilt. Dazu müssen wir im Geschichtsbuch noch gut ein Jahrhundert weiter blättern. Da stoßen wir wieder auf ein mathematisches Genie, in diesem Fall einen Deutschen, Carl Friedrich Gauß. Als ordentlicher Professor der Mathematik und Astronomie an der Universität Göttingen erhielt er den Auftrag seines Landesherrn, das Königreich Hannover zu vermessen. Mit dieser Aufgabe hat er sich 25 Jahre lang immer wieder beschäftigt. Dabei machte ihm die Ungenauigkeit seiner Geräte zu schaffen. Um die Folgen dieser Ungenauigkeiten in den Griff zu bekommen, begann er über die zufälligen Abweichungen seiner Messwerte von ihren Mittelwerten nachzudenken. Er entwickelte dabei die Methode der kleinsten Quadrate und die Normalverteilung (die sog. Gaußsche Glockenkurve). So reagiert ein Genie auf nicht zu behebende Unzulänglichkeiten seiner Ausrüstung.

1.2.4 Vor-Moderne

Wissenschaftlich fundierte statistische Methoden zur Lenkung und Prüfung der Produktion haben erst im 2. Weltkrieg auf breiter Basis Eingang in die warenerzeugende Industrie gefunden, und zwar in den USA. Warum nicht zuerst bei uns? Das hat mich immer gewundert. Es hat ja in Europa schon viel früher nicht an Versuchen gefehlt, den Nutzen dieser Verfahren zu verdeutlichen.

Schon bald nach dem 1. Weltkrieg beschäftigte sich der Leiter der Versuchsanstalt der Rheinischen Stahlwerke in Düsseldorf, Dr. Karl Daeves, mit einem wichtigen Problem der Eisenhüttenleute, der Identifizierung der Anteile von Mischkollektiven beim Eisenguss. Ihm gelang die Lösung, als er die Häufigkeitsverteilung der Messwerte einer Charge grafisch darstellte und statistisch auswertete. Er nannte seine Methode „Großzahlforschung" und veröffentlichte sie im Jahr 1922. Bemerkenswert sind die Schlusssätze dieser über 80 Jahre alten Arbeit (ich zitiere): „Man kann sagen, dass die Wahrscheinlichkeitsrechnung sich in allen Forschungszweigen, die auf Erfahrung beruhen, weitgehend verwenden lässt. Sie ist ein Bindeglied zwischen den Erfahrungen der Praktiker und den Forschungen der Wissenschaft, weil sie die in mühsamer langer Praxis erworbenen Ansichten und Anschauungen, die mehr gefühlsmäßig vorliegen, in verwertbare und reproduzierbare Zahlenwerte umsetzt, die dann in den Formeln der Wissenschaftler zu verallgemeinernden Schlüssen und wertvollen Wegweisern für neue Bahnen benutzt werden können."

Daeves hat mit seinem Mitarbeiter August Beckel im Jahr 1948 einen schmalen Band unter dem Titel „Großzahl-Methodik und Häufigkeits-Analyse" veröffentlicht. Das Buch ist übrigens hier in Weinheim im Verlag Chemie erschienen. Zwar blieb auch er ein Rufer in der Wüste, doch war der Verein Deutscher Eisenhüttenleute (VDEh) so beeindruckt, dass er in seinem Stab eine Abteilung Technische Statistik schuf, die sich hauptamtlich mit dem Einsatz mathematisch-statistischer Methoden in der eisenschaffenden Industrie beschäftigte. Ihre Leitung hatte nach Kriegsende ein Mann, der sich um die Einführung statistischer Methoden in die deutsche Industrie große Verdienste erworben hat, der 1954 leider viel zu früh verstorbene Prof. Ulrich Graf. Mit seinem profunden Wissen und seiner immensen didaktischen Begabung, gepaart mit einer begeisternden Rhetorik, hat er die gute Sache sehr gefördert. Ich weiß, wovon ich rede, denn als ich mich bald nach dem Anfang meiner unternehmerischen Tätigkeit für Technische Statistik zu interessieren begann, habe ich sehr beeindruckt an mehreren Seminaren teilgenommen, die er an der Technischen Akademie Wuppertal hielt. Doch so weit sind wir noch nicht.

Es ist hier nicht der Ort, auf Einzelheiten der Ergebnisse der „Großzahlforschung" von Daeves einzugehen. Doch wir sehen hier die erste praktische Anwendung eines wissenschaftlich fundierten statistischen Prinzips bei der Beurteilung industrieller Erzeugnisse.

In Berlin war Technische Statistik zu der Zeit schon ein Thema geworden. 1917 hatte man bei Siemens mathematisch-statistische Verfahren genutzt, um das wirtschaftliche Problem des ständig wachsenden Bedarfs an Telefonverbindungen über den Gleichzeitigkeitsfaktor der Gespräche im Griff zu behalten. Die Firma Osram bemühte sich mithilfe der Statistik die Risiken zu berechnen, die bei Garantieansprüchen wegen der Frühausfälle von Glühlampen auftraten.

Alles das führte zu einer bemerkenswerten Initiative. An der Technischen Hochschule Berlin wurde im Wintersemester 1928/29 eine Vortragsreihe mit dieser Thematik veranstaltet. Sie blieb aber ohne größere Resonanz in der Industrie, ebenso wie ein zweiter Versuch 1936 mit dem Generalthema „Neues über Wahrscheinlichkeiten und Schwankungen". Dieses Schicksal teilte auch das 1927 erschienene Werk der Herren Becker und Plaut mit Frau Runge: „Anwendungen der mathematischen Statistik auf Probleme der Massenfabrikation". Es hat also nicht an fundierten Hinweisen gefehlt, dass mathematische Statistik ein sehr nützliches Hilfsmittel für die Beurteilung industrieller Gegebenheiten sein kann.

Warum hat die Industrie dieses ihr so nachdrücklich empfohlene Hilfsmittel links liegen lassen? Meine Erklärung ist einfach genug. Das Denken in Wahrscheinlichkeiten war den Ingenieuren zu fremd, um sich ernsthaft damit zu beschäftigen. Ich gehe so weit, statt von „zu fremd" von „zu unheimlich" zu sprechen. Ingenieure waren es gewohnt, streng kausal zu denken. Während ihrer gesamten Schulzeit und ihres Studiums hörten sie von Handlungsfolgen im Sinn von: Wenn dies, dann das. Dabei lehrt doch die Erfahrung, dass es in Wirklichkeit in aller Regel heißen muss: Wenn dies, dann wahrscheinlich das, aber vielleicht auch nicht.

1.2.5 Walter Shewhart

Es blieb einem Amerikaner vorbehalten, statistische Verfahren zu erdenken, die für die Industrie auf breiter Front qualitätsrelevant wurden. Das war Walter Shewhart, ein Physiker der Bell Telephone Company. Sein grundlegendes Werk „Economic Control of Quality of Manufactured Product" erschien 1931, aber seine Erkenntnisse gehen auf das Jahr 1924 zurück. Walter Shewharts Verdienst ist es, in der Industrie das Tor für quantitatives Denken in Wahrscheinlichkeiten geöffnet zu haben. Er selbst hat seine Leistung für das weltweite Qualitätsgeschehen sehr bescheiden kommentiert. Er schreibt:

> „The solution required the application of statistical methods which, up to the present time, have been for the most part left undisturbed in the journals in which they appeared."

Das ist ein klassisches Beispiel für die Richtigkeit eines Satzes des Marketing Gurus Peter Drucker in seinem bekannten Werk „The Age of Discontinuity". Das Buch ist auf Deutsch im Econ-Verlag unter dem Titel „Die Zukunft bewältigen" erschienen. Er schreibt in einem ganz allgemeinen Sinn (ich zitiere):

> „Ein Großteil der neuen Technik ist nicht neues Wissen, sondern neues Erkennen. Es werden Dinge zusammengesetzt, deren Zusammenstellung zuvor niemandem in den Sinn gekommen ist, die aber längst da waren."

Wie war Shewart zu seinen bahnbrechenden Erkenntnissen gekommen? Historiker mögen sich den Kopf darüber zerbrechen, ob er einen Artikel gelesen hat, den Daeves 1924 in der weit verbreiteten US-Zeitschrift Testing unter dem Titel „The Utilization of Statistics" mit dem Untertitel „A New and Valuable Aid in Industrial Research and the Evaluation of Test Data" veröffentlicht hat. Manches spricht dafür, doch mehr als eine Anregung könnte es kaum gewesen sein. Shewhart hat sehr selbständig gedacht.

Ich hatte schon vorhin erwähnt, dass Carl Friedrich Gauß die Gesetzmäßigkeit entdeckt hatte, der die zufälligen Abweichungen der Einzelwerte eines Kollektivs von deren Mittelwert folgen. Shewhart übertrug diesen Gedanken auf die Einzelwerte eines laufenden Produktionsprozesses. Dabei beobachtete er immer wieder Abweichungen, die dieser Gesetzmäßigkeit nicht folgten. Er schloss daraus, dass neben den „zufälligen" Einflüssen auch „überzufällige", d.h. systematische Einflüsse wirksam sein müssten. Er nannte die einen „chance causes" und die anderen

„assignable causes“. Erstere muss man hinnehmen, etwa im Rahmen einer Normalverteilung, die letzteren gilt es zu identifizieren und zu beseitigen. Damit erreicht man die geringste Streuung der Werte, die der Prozess unter gegebenen Umständen bieten kann. Das ist der ideal-beherrschte Prozess.

Um diese Unterscheidung machen zu können, trug Shewhart die Mittelwerte und Spannweiten von Stichproben gegebenen kleinen Umfangs aus einer laufenden Fertigung in chronologischer Reihenfolge grafisch in ein Formblatt ein. Das war seine „Control Chart“ (zu Deutsch „Qualitätsregelkarte“).

Aus den Ergebnissen eines Vorlaufs berechnete er Grenzen, innerhalb derer die Messwerte mit gegebener Wahrscheinlichkeit als zufällig streuend betrachtet werden können. Überschreitet ein Prüfwert diese Grenzen, hat diese Annahme eine nur noch sehr geringe Wahrscheinlichkeit für sich. Alles spricht dafür, dass ein überzufälliger Einfluss aufgetreten ist, den man finden und beseitigen muss.

Nun klingt das einfacher, als es in Wirklichkeit ist. Eine Demonstration mit Würfeln, Perlenbüchse und Galtonbrett funktioniert immer. Die Praxis ist in aller Regel bedeutend komplexer. Moderne Computerprogramme, wie sie im Hause Q-DAS© entwickelt werden, lassen wesentlich tiefere Einblicke in das Prozessgeschehen zu, als sie Shewhart mit den ihm zur Verfügung stehenden Hilfsmitteln schaffen konnte: Bleistift, kariertes Papier und eine handbetriebene mechanische Rechenmaschine.

Wir können heute dank der Schnelligkeit unserer Computer Datenvolumina ganz anderer Größenordnung wirtschaftlich verarbeiten. Shewharts Bedeutung wird dadurch nicht geschmälert. Denn heute wie damals ist wichtig, dass die Qualitätsregelkarte bereits den Trend zum Entstehen eines Fehlers in einer laufenden Fertigung erkennen lässt. Das ermöglicht es, rechtzeitig gegenzusteuern, die Aufgabe des Qualitätsmanagements einer Produktion.

1.2.6 Wirtschaftlichkeit

Es ist schlicht und einfach wirtschaftlicher, Fehler vor ihrem Entstehen zu verhüten, als aufgetretene Fehler zu suchen, zu finden und zu korrigieren. Das erfordert einen Zusatzaufwand, dessen Kosten nicht an den Kunden weitergegeben werden können.

Er schmälert also die Gewinnmarge und wird daher richtig mit „Fehlleistungsaufwand“ bezeichnet. Die Qualitätsregelkarte ermöglicht es, mit berechenbarer Wahrscheinlichkeit zu erkennen, wie der Prozess in naher Zukunft laufen wird, d. h. ob es sinnvoll ist, korrigierend einzugreifen oder besser nicht.

Der große kürzlich verstorbene Promotor der Qualitätsoffensive in den USA, Philip Crosby, vergaß nie, seine Zuhörer bei diesem Thema zu ermahnen: „Never forget: It is not what you find. It is what you do about what you find!"

Damit werden sehr zu Recht handfeste Aktivitäten gefordert. Die hat es freilich schon immer gegeben. Fehler waren besonders in Deutschland nie eine mit Achselzucken quittierte quantité négligeable. Das verdanken wir den Gilden und Zünften unserer mittelalterlichen Städte mit ihren geradezu brutalen Sanktionen gegen Pfuscharbeit.

Im Handwerk ist die Tradition von damals im Sinn des Bemühens fehlerfreie Arbeit zu leisten auch ohne einen wissenschaftlichen Unterbau noch spürbar. In der anders gelagerten Industrie war es durchaus wichtig, dass ein anerkanntes Instrument quantitative Hinweise auf das mögliche Entstehen von Fehlern gab, um vorbeugende Aktivitäten auszulösen. Ohne ein solches Instrument bleiben Appelle, fehlerfrei zu arbeiten weitgehend wirkungslos. Viele von Ihnen werden sich noch jener aus den USA zu uns herüber geschwappten Welle der „Zero-Defects"-Kampagnen erinnern. Es war der Versuch, alle Mitarbeiter eines Unternehmens mit z. T. zirkusreifen Motivations-Aktionen zu veranlassen, fehlerfrei zu arbeiten. Sehr bald verlief sich diese Welle im Sand. Immerhin hat sie dazu beigetragen, die existenzielle Wichtigkeit des Faktors Mensch im Qualitätsgeschehen nachhaltig zu unterstreichen.

Seit den Tagen von Daeves und Shewhart hat die Mess- und Regelungstechnik große Fortschritte gemacht. Bei vielen Fertigungen ist es möglich geworden, das Prozessergebnis on-line und on-time quantitativ zu messen und aufgrund dessen in den laufenden Prozess regelnd einzugreifen. Dabei werden wir ebenso unbarmherzig wie nachdrücklich auf das Problem der Fehler gestoßen, die das Messgerät selber verursacht. Auch hierzu hat Q-DAS© wichtige Beiträge geleistet.

1.2.7 2. Weltkrieg

Auch die Shewhartsche Qualitätsregelkarte löste in Amerika anfangs keinen Run der Industrie auf Statistik aus. Aber die militärischen Beschaffungsstellen waren von ihrer Wirksamkeit überzeugt. Bei Ausbruch des 2. Weltkriegs sorgten sie mit ihrer enormen Einkaufsmacht dafür, dass die Rüstungsindustrie diese Methoden einführte. Die Rüstungsunternehmen veranlassten wiederum ihre zivilen Zulieferer, sich entsprechend zu verhalten. So wurde die Prozesslenkung mithilfe statistischer Verfahren in den USA zur Methode der Wahl. Nach dem Krieg verbreiteten sie sich auch bei uns, erst zögerlich, aber inzwischen hat man wohl allgemein eingesehen, dass sie - richtig verstanden und eingesetzt - ein sehr effektvolles Instrument der Prozessführung sind.

1.2.8 Stichproben

Und wenn es noch so gut gelungen ist, einen Fertigungsprozess im Sinn der Statistik „fähig“ zu machen, Prüfungen sind und bleiben unverzichtbar, solange Fehler nicht mit absoluter Sicherheit ausgeschlossen werden können. Niemand braucht ein rotglühendes Werkstück auf biologische Kontamination hin zu prüfen. Ansonsten gilt immer noch das berüchtigte Murphy's Law: „If anything can go wrong, it will“.

Nur in ganz besonderen Fällen wird man die Erzeugnisse einer Losfertigung Stück-für-Stück prüfen. In aller Regel prüft man Lose mit Stichproben. Der Begriff „Stichprobe“ soll ja ursprünglich eine ganz andere Bedeutung gehabt haben. Die Wachen an den Toren unserer mittelalterlichen Städte hatten die Aufgabe, die einfahrenden Waren zu kontrollieren und Zoll zu kassieren. Kam nun ein Wagen hoch beladen mit Heu an das Stadttor, konnte sich unter dem recht billigen Heu kistenweise wertvolle Konterbande verbergen. Um die Homogenität des Heus zu prüfen, stachen die Wachen mit ihren Spießen hinein. Sie machten eine „Stichprobe“ im wahrsten Sinn des Wortes.

Wer bei Qualitätsprüfungen auf Stichprobenbasis ohne eine solide mathematisch-statistische Grundlage zu Werke geht, kann leicht zu falschen Ergebnissen kommen. Das habe ich höchst praktisch als Student im Sommer 1936 im Rahmen eines Ferienjobs erlebt. Ich war im Eingangslager eines Leipziger Unternehmens mit der Prüfung von Zulieferungen beschäftigt. Für jede Warengattung gab es eine Anweisung, wie zu verfahren. Z. B. sollte ich von einer bestimmten Sorte Bolzen jeweils 5 % des angelieferten Loses auf Fehlerfreiheit untersuchen. Wenn ich dabei mehr als zwei fehlerhafte Stücke entdeckte, musste das ganze Los Stück für Stück geprüft werden. Ich tat, wie befohlen. Dabei fiel mir auf, dass die so festgestellte Qualität von kleineren Losen in aller Regel besser war als die der größeren, weil die viel häufiger ausgelesen werden mussten. Ich vermutete, dass der Hersteller die kleineren Lose sorgfältiger prüfte als die größeren, wohl, weil er bei diesen den Aufwand scheute. Die Vermutung war falsch. Bei dieser Art Anweisung wächst die Prüfschärfe mit dem Losumfang. Heute gehört die Kenntnis der mathematisch berechneten Operationscharakteristik einer Stichprobenanweisung zur fachlichen Grundausrüstung eines Prüfereileiters, wenn nicht sogar zu der seiner Mitarbeiter. Davon hatte damals weder mein Prüfereileiter noch ich etwas gehört.

Auch hier haben die Amerikaner Pionierarbeit geleistet. Sie verwendeten bei der Annahme von militärspezifischem Gut Stichprobensysteme auf mathematisch-statistischer Basis, nämlich den Military Standard 105 für attributive Prüfung und den Mil St. 414 für Variablenprüfung. Wir erfuhren erst nach dem Krieg von der Existenz dieser Systeme.

Im Jahr 1965 wurde die NATO AC/250-Gruppe geschaffen, die für Qualitätsfragen der wehrspezifischen Beschaffung zuständig war. Sie sorgte dafür, dass diese mathematisch-statistisch sauberen Verfahren in Europa neu codifiziert und für die Lieferungen von Rüstungsgut verbindlich erklärt wurden. In einem bestimmten Maß akzeptierte die Gruppe Verfahren, die in den einzelnen NATO-Ländern bereits auf dieser Basis eingeführt worden waren. In Deutschland waren es die militärische VG 95083 des Bundesamts für Wehrtechnik und Beschaffung und im zivilen Bereich die ASQ/AWF 1. Sie war 1966 von der Arbeitsgemeinschaft Statistische Qualitätskontrolle entwickelt worden, und wurde später zur Norm DIN 40080 aufgewertet.

1.2.9 Von TESTA zur Deutschen Gesellschaft für Qualität

Damit sind wir bei der ASQ, ihrer Vorgängerin TESTA und ihrer Nachfolgerin, der Deutschen Gesellschaft für Qualität (DGQ). Sie hat das Qualitätsgeschehen im gesamten deutschen Sprachraum Europas entscheidend beeinflusst und tut es noch heute. Wir müssen uns jetzt mit ihr, wenn schon in Stichworten, beschäftigen.

Im Rahmen des seit dem ersten Weltkrieg bestehenden Ausschuss für wirtschaftliche Fertigung (AWF) bildete sich im Jahr 1952 eine Arbeitsgruppe, die sich für die Einführung der in den USA entwickelten mathematisch-statistischen Verfahren der Qualitätssicherung und -prüfung einsetzen wollte. Die Gruppe grenzte sich durch ihren Namen TESTA (für Arbeitsgemeinschaft Technische Statistik) von der Aufgabenstellung etwa der Deutschen Statistischen Gesellschaft ab, die an der ihr zunächst angetragenen Thematik kein Interesse gezeigt hatte. Die Aktivitäten der TESTA galten ja auch nicht so sehr der Weiterentwicklung technisch-statistischer Methoden als solcher. Im Mittelpunkt des Interesses stand von Anfang an der Einsatz dieser Methoden zur Qualitätslenkung und -prüfung in der Industrie. Sie sah Statistik als Basis qualitätsrelevanten Denkens und Handelns. Folgerichtig nannte sich die TESTA schon fünf Jahre nach ihrer Gründung „Arbeitsgemeinschaft Statistische Qualitätskontrolle“ (ASQ).

Im Jahr 1968 beschloss die Mitgliederversammlung, in Zukunft den Namen „Deutsche Gesellschaft für Qualität“, kurz DGQ, zu führen. Die Statistik blieb nach wie vor ein wichtiger Programmpunkt, doch hatten daneben inzwischen andere Aspekte des industriellen Qualitätsgeschehens stark an Bedeutung gewonnen, besonders solche der Organisation, der Kosten und der Menschenführung, also des Managements der Qualität. Der neue Name sollte dieser Entwicklung Rechnung tragen. Im Jahr 1972 kam es aus sachlichen und vereinsrechtlichen Gründen zur Trennung von DGQ und AWF. Die DGQ wurde als e. V. rechtlich selbständig und ist es noch heute mit über 8000 persönlichen und korporativen Mitgliedern. Soweit die Historie.

In den 50er-Jahren hatte es ein Interessent für technische Statistik in unserem Land nicht leicht, sich über deren Methoden fundiert zu informieren. Das wollten wir ändern. Ich erinnere mich noch gut an den ersten Kurs in Frankfurt 1954. Ich war damals Vormann der noch kleinen Gruppe von Missionaren dieser Denkweise. In dieser Eigenschaft hatte ich es übernommen, an 4 aufeinander folgenden Wochenenden (Samstagnachmittag mit „open end“ und Sonntagvormittag) zunächst einen Überblick über die Grundlagen der Technischen Statistik zu geben, am folgenden Wochenende die Technik der Qualitätsregelkarten zu behandeln, am dritten die Prüfung von Losen mit Stichproben und am vierten die Auswertverfahren der schließenden Statistik darzustellen. Das Ganze war als erster Versuch gedacht, es lagen ja keinerlei Erfahrungen vor. Wir rechneten mit 15 bis 20 Teilnehmern. Zu unserem Erstaunen lief das Telefon mit Anmeldungen heiß, so dass wir ein anderes Lokal anmieten mussten. Die Veranstaltung mit gut 200 Teilnehmern war ein voller Erfolg. Wir zogen daraus die Konsequenz, dass Aus- und Weiterbildung auf diesem Gebiet gefragt war, und veranstalteten eine Folge aufeinander abgestimmte Lehrgänge. Wer wollte, konnte zum Schluss eine Prüfung ablegen, um den sog. ASQ-Schein zu erhalten. Dieser wurde sehr bald von den Personalabteilungen der Unternehmen als Befähigungsnachweis für Tätigkeiten in den Prüfabteilungen gesehen und anerkannt. Ein sehr guter Grund ihn zu erwerben. Es verwundert daher nicht, dass es geradezu einen Run auf unsere Kurse gab. Statistische Lehrveranstaltungen waren anfangs der einzige, später lange Jahre der wichtigste Umsatzträger der DGQ. Heute sind sie immer noch ein abrundender Teil des inzwischen stark aufgefächerten Angebots an qualitätsbezogenen Kursen, Seminaren und Workshops, an denen jährlich bis zu 30 000 Interessierte teilnehmen.

Wir hatten in der Nische Aus- und Weiterbildung auf dem Gebiet der Technischen Statistik lange Jahre eine Monopolstellung. Aber wir waren nicht traurig, als schließlich auch von der DGQ unabhängige Personen und Organisationen hier ein wirtschaftlich interessantes Arbeitsfeld erkannten. Als gemeinnütziger Verein sahen wir uns in der Pflicht, alle Bemühungen zu fördern, die der Verbreitung unseres Gedankenguts galten.

1.2.10 Denken in Wahrscheinlichkeiten

Bei unserem Bemühen um die Verbesserung der Qualität der Produktion von Waren und Dienstleistungen mit statistischen Instrumenten dürfen wir aber nie übersehen, dass es existenziell-wichtige Voraussetzungen für den erfolgreichen Einsatz dieser Methoden gibt. Beachtet man sie nicht, können einem leicht unangenehme Probleme ins Haus stehen. Wir wollen uns diese Voraussetzungen jetzt ansehen. Sie gelten übrigens für beschreibende wie für schließende Statistik in gleicher Weise.

1.2.11 Herkunft der Ausgangsdaten

Betrachten wir zunächst die Herkunft des Urmaterials. Ich habe mir im Lauf meines Berufslebens zur Regel gemacht, vor einer Entscheidung, die auf Ergebnissen einer Untersuchung von Dritten beruht, mir stets zwei wichtige Fragen zu stellen:

- War die untersuchende Person oder Organisation für die Aufgabe ausreichend qualifiziert? D. h. Sind die Daten richtig oder möglicherweise fehlerhaft?
- Ist auszuschließen, dass die Daten manipuliert, also gefälscht sind, weil die sie liefernde Person oder Organisation ein eigenes Interesse an der Entscheidung hat, die ich treffen muss?

Diese Fragen verstehen sich ohne Kommentar. Sie stellt sich jeder verantwortungsvolle Entscheidungsträger, und das umso sorgfältiger, je bedeutungsvoller die zu treffende Entscheidung ist. Wir brauchen sie hier nicht zu vertiefen.

1.2.12 Statistische Arbeit

Anders steht es mit der statistischen Arbeit. Die Aufbereitung des Urmaterials und die Interpretation des Ergebnisses ist Sache des Statistikers. Wir dürfen sachgerechte Arbeit unterstellen, wenn er kompetent ist. Falls nicht, sind fehlerhafte Aufbereitung und irrige Interpretation mit allen Folgen vorprogrammiert. Der Untersuchende kann z. B. recht leicht auf einen Irrweg geraten, wenn er rein formal vorgeht. Die Gefahr ist bei Ursache/Folge-Problemen besonders groß. Das klassische Beispiel einer rechnerisch hohen Korrelation ist die Sache mit dem Tag und der Nacht, ohne dass der Tag die Ursache der Nacht wäre. Gemeinsame Ursache von beiden ist die Erddrehung. Indirekte Korrelationen dieser Art kommen leicht bei Zeitreihen vor, wenn ein Trend beide Größen beeinflusst. Das ist nicht immer so leicht zu sehen wie bei Tag und Nacht.

Aber es gibt auch echte Schein-Korrelationen, im Englischen viel treffender „Nonsense Correlations“ genannt. Etwa wenn man liest, dass nach Beobachtungen im Landkreis X die Anzahl der brütenden Storchenpaare mit der der Geburten im Kreiskrankenhaus während der letzten zehn Jahre rechnerisch hoch korreliere.

Fehler bei der Aufbereitung des Materials und Irrtümer bei der Interpretation statistisch errechneter Zusammenhänge sind schlimm genug, aber viel schlimmer wird es, wenn der Statistiker eine bewusst irreführende Interpretation vorlegt, weil er oder seine Hintermänner am Ergebnis persönlich interessiert sind. Beispiele dafür sehen wir immer wieder in den Medien, wenn es um Arbeitsmarktdaten oder um Hochrechnungen des Verkehrsaufkommens und der Energieversorgung geht. Das ist schlichtweg Betrug, ein krimineller Akt, der zu entsprechenden Konsequenzen jeden Anlass gibt. Wir wollen hoffen, dass so etwas in unseren Unternehmen nicht vorkommt. Aber Aufmerksamkeit empfiehlt sich immer.

1.2.13 Auslegung durch den Leser

Endlich die Auslegung durch den Leser. Dieser Punkt ist wohl der wichtigste von allen. Es möge um die Entscheidung gehen, ob bei der Fertigung eines neuen Produkts das Verfahren A oder B benutzt werden soll. Weil diese Entscheidung erhebliche wirtschaftliche Konsequenzen hat, sind mit beiden Verfahren Messreihen gemacht worden. Dem entscheidenden Gremium liegt das einwandfrei ausgewertete Ergebnis vor. Der Statistiker beschreibt in seiner Vorlage kurz den Ablauf der Versuche und formuliert dann völlig korrekt das Ergebnis seines t-Tests: „Die Wahrscheinlichkeit beträgt 15 % dafür, dass bei Gültigkeit der 0-Hypothese eine Differenz der Mittelwerte beider Verfahren von 10 % oder mehr auftreten kann." Ich überlasse es Ihnen, eine Aussage über die Wahrscheinlichkeit zu machen, dass ein Entscheidungsträger der Wirtschaft dieses Ergebnis der Untersuchung richtig deutet. Vermutlich wird er angesichts der Notwendigkeit eine Entscheidung so oder so zu treffen, seufzend denken: Paralyse durch Analyse! Doch mehr gibt das Material nicht her. Der große englische Statistiker Ronald A. Fisher, dem wir den so wichtigen F-Test verdanken, hat dazu gesagt:

> „Ein Statistiker ist kein Alchemist, der aus wertlosem Material Gold machen kann. Er ist eher ein Chemiker, der das Material analysiert. Er kann aber nicht mehr herausholen, als drin ist."

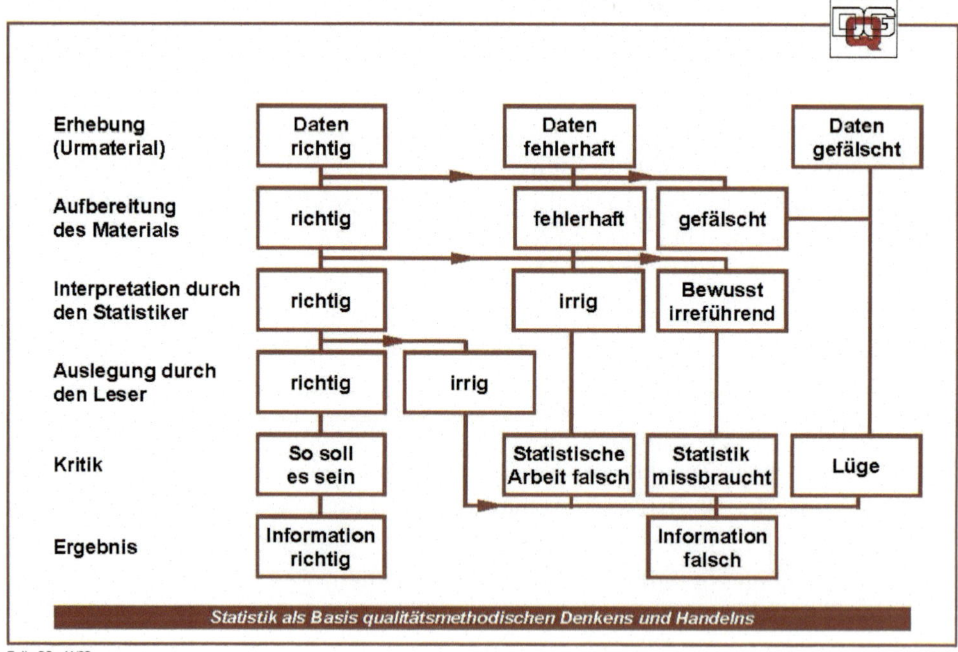

Bild 1.2 Datenbasis

Die eben geschilderten Gegebenheiten zeigt Bild 1.2 im Zusammenhang. Nur in der ersten Spalte kommen wir zu einer zutreffenden Information als seriöse Grundlage einer Entscheidung. In der zweiten Spalte ist die statistische Arbeit falsch, die dritte zeigt missbrauchte Statistik, die vierte endlich eine mehr oder weniger plumpe Lüge. Alles das verursacht eine falsche Information, die zu einer falschen Entscheidung führt.

1.2.14 Abschluss

Von Albert Einstein stammt das Wort: „Der liebe Gott würfelt nicht." So formulierte er seine Überzeugung, dass die Natur letztlich determiniert ist. Ich bin nicht vermessen genug, mir dazu eine gültige Meinung zu bilden. Die Erfahrung eines langen Lebens als Gewinn- und Verlustverantwortlicher eines mittelständischen Industriebetriebs hat mich aber mit aller wünschenswerten Deutlichkeit gelehrt, den Zufall im betrieblichen Geschehen nicht zu unterschätzen. Den Begriff Zufall benutze ich hier im Sinn von „Ursachen im Einzelnen unbekannt". Sie merken, dass ich es damit vermeide, einem Genie wie Albert Einstein zu widersprechen, ohne meine Position aufgeben zu müssen.

Dass wir dem so definierten Zufall nicht schutzlos ausgeliefert sind, sondern über Methoden verfügen, ihn uns nutzbar zu machen, verdanken wir der statistischen Mathematik, die seit den Herren Pascal und Fermat ständig weiterentwickelt worden ist. In diese Entwicklung hat sich auch das Haus, zu dessen Ehren wir uns heute hier versammelt haben, mit großem Erfolg eingeklinkt. Wünschen wir unseren Gastgebern viele weitere Erfolge, denn sie helfen denen, die mit diesen Methoden arbeiten, Erfolg zu haben. Was könnte befriedigender sein, als sich dafür einzusetzen?

■ 1.3 Anforderungen aus der Normung

Mehrere nationale und internationale Normen fordern den Einsatz und die Verwendung von statistischen Verfahren. Mit den daraus gewonnenen Ergebnissen (insbesondere Kennzahlen) können Geschäftsvorfälle und Abläufe zunächst beurteilt und durch den Vergleich mit Vorgaben (Sollwerte, Grenzen etc.) bewertet werden. Über allem steht dabei die DIN EN ISO 9001:2015, in der die Anforderungen zum Aufbau und Betrieb eines Qualitätsmanagementsystems beschrieben sind (DIN, 2015b). Bei der Überarbeitung zur Ausgabe 2015 wurden leider diverse konkrete Hinweise auf statistische Methoden in die ISO 10017 verlagert, auf die in

Anhang B der Norm verwiesen wird (DIN, 2021a). Dort werden speziell für die Bereiche

- Planung – Maßnahmen zum Umgang mit Risiken und Chancen
- Ressourcen – Ressourcen zur Überwachung und Messung
- Bewertung der Leistung – Überwachung, Messung, Analyse und Bewertung

auf die in ISO 10017 beschriebenen Methoden verwiesen. Eine Konkretisierung der Methoden enthält die ISO 9001 dementsprechend an dieser Stelle nicht.

Die ISO/TR 10017 („Guidance on Statistical Techniques for ISO 9001:2000") dient als Anleitung zur Auswahl und Anwendung statistischer Methoden, die für die Weiterentwicklung, Aufrechterhaltung und Verbesserung eines Qualitätsmanagementsystems nach DIN EN ISO 9001 geeignet sein können (DIN, 2021a). In der zweiten Auflage dieses Leitfadens ist die neue Struktur der DIN EN ISO 9001:2015 noch nicht berücksichtigt, die Aktualisierung befindet sich zum Zeitpunkt der Drucklegung dieses Buches gerade in Arbeit. Es ist aber anzunehmen, dass sich die Grundzüge wenig ändern. Für alle Abschnitte der Norm werden der Bedarf und die Verwendung quantitativer Daten identifiziert sowie geeignete statistische Methoden aufgeführt. Tabelle 1.2 zeigt diese Zusammenhänge in Form einer Matrix.

Insgesamt nennt die ISO/TR 10017 zwölf Methoden (Tabelle 1.1), die alle kurz erläutert sowie hinsichtlich Randbedingungen, Nutzen und Grenzen der Anwendung näher beschrieben werden.

Tabelle 1.1 Übersicht der statistischen Methoden ISO/TR 10017

Methode ISO/TR 10017	Inhalt
Deskriptive Statistik	Charakterisierung der Daten mithilfe von statistischen Kennwerten und grafischen Darstellungen
Versuchsplanung	Schlussfolgerungen anhand der Ergebnisse geplanter Experimente auf Grundlage eines bestimmten Vertrauensniveaus
Testverfahren	Überprüfung der Vereinbarkeit der Daten mit definierten Hypothesen bei einem gegebenen Fehlerrisiko
Messsystemanalyse	Bewertung der Fähigkeit/Unsicherheit eines Messsystems unter Anwendungsbedingungen
Prozessfähigkeitsuntersuchung	Untersuchung von Prozessen und deren Ergebnisse hinsichtlich der Erfüllung von Anforderungen/Spezifikationen
Regressionsanalyse	Untersuchung des Einflusses/der Abhängigkeit verschiedenen Faktoren auf das Verhalten von Merkmalen
Zuverlässigkeitsanalyse	Untersuchung der Lebensdauer/fehlerfreien Leistungsdauer eines Produkts oder Systems

Methode ISO/TR 10017	Inhalt
Stichproben-Prüfung	Gewinnung von Informationen über Merkmale einer Grundgesamtheit durch Untersuchung repräsentativer Stichproben
Simulation	Mathematische Beschreibung von Systemen zur Lösung komplexer Probleme
Regelkarten	Bewertung der Prozessstabilität über die Zeit
Statistische Toleranzrechnung	Verfahren zur Toleranzbestimmung
Zeitreihenanalyse	Untersuchung von Verhaltensmustern und Vorhersage zukünftiger Beobachtungen

Tabelle 1.2 Mögliche Zuordnung statistischer Methoden zu Anforderungen der DIN EN ISO 9001:2015 gemäß ISO/TR 10017

Kapitel/Unterkapitel der DIN EN ISO 9001:2015	Statistische Methoden der ISO/TR 10017											
	Deskriptive Statistik	Versuchsplanung	Hypothesentest	Mess- und Prüfprozesseignung	Prozessfähigkeitsanalysen	Regressionsanalysen	Zuverlässigkeitsanalysen	Stichprobennahme	Simulation	Statistische Prozessregelung	Statistische Tolerierung	Zeitreihenanalyse
4. Kontext der Organisation												
4.1 Verstehen der Organisation und ihres Kontextes	x							x		x		x
4.2 Verstehen der Erfordernisse und Erwartungen interessierter Parteien	x							x				x
5. Führung												
5.2.2 Bekanntmachung der Qualitätspolitik	x							x				
6. Planung												
6.1 Maßnahmen zum Umgang mit Risiken und Chancen	x											
7. Unterstützung												
7.1 Ressourcen												
7.1.1 Allgemein	x											
7.1.3 Infrastruktur	x				x		x					

Kapitel/Unterkapitel der DIN EN ISO 9001:2015	Statistische Methoden der ISO/TR 10017											
	Deskriptive Statistik	Versuchsplanung	Hypothesentest	Mess- und Prüfprozesseignung	Prozessfähigkeitsanalysen	Regressionsanalysen	Zuverlässigkeitsanalysen	Stichprobennahme	Simulation	Statistische Prozessregelung	Statistische Tolerierung	Zeitreihenanalyse
7.1.4 Prozessumgebung	x			x	x			x		x		x
7.1.5.1 Allgemein	x			x							x	
7.1.5.2 Messtechnische Rückführbarkeit	x											x
7.2 Kompetenz	x											
8 Betrieb												
8.2.2 Bestimmen von Anforderungen für Produkte und Dienstleistungen	x		x	x	x	x	x	x		x		
8.2.3 Überprüfung der Anforderungen für Produkte und Dienstleistungen	x		x	x	x		x			x		
8.3.4 Steuerungsmaßnahmen für die Entwicklung	x	x	x			x		x	x		x	
8.3.5 Entwicklungsergebnisse	x		x		x				x			
8.5.5 Tätigkeiten nach der Lieferung	x		x				x	x		x		
8.6 Freigabe von Produkten und Dienstleistungen	x		x				x	x		x		
9 Bewertung der Leistung												
9.1.2 Kundenzufriedenheit	x		x			x		x				
9.1.3 Analyse und Bewertung	x	x	x	x	x	x	x	x		x		x
9.2 Internes Audit	x						-	x				
9.3.Managementbewertung	x											x
10 Verbesserung												
10.2 Nichtkonformität und Korrekturmaßnahmen	x	x	x	x	x	x	x	x	x	x	x	x
10.3 Fortlaufende Verbesserung	x	x	x	x	x	x	x	x	x	x	x	x

Die ISO/TR 10017 erhebt weder einen Anspruch auf Vollständigkeit noch wird die Anwendung der Methoden vorgeschrieben bzw. werden andere, sinnvolle Methoden ausgeschlossen. Auch handelt es sich nicht um eine verbindliche Checkliste, die zur Erfüllung der Anforderungen der DIN EN ISO 9001 „abgearbeitet" werden muss. Im Vordergrund steht vielmehr, die Organisation bei der Auswahl und Anwendung statistischer Methoden zu unterstützen und Anregungen für den Einsatz solcher Methoden zu liefern.

Speziell für die Automobilindustrie gelten zusätzlich die Anforderungen aus der IATF 16949:2016 (IATF, 2016). Bezüglich der statistischen Verfahren wird dabei insbesondere auf die Eignungsnachweise von Messsystemen MSA (Measurement System Analysis, A.I.A.G., 2010) (Abschnitt 1.5) und die kontinuierliche Prozessüberwachung gemäß SPC (Statistical Process Control, A.I.A.G., 2005) (Abschnitt 1.6), die wesentlich zur Verbreitung dieser Verfahren beigetragen hat.

■ 1.4 Internationale Normung von statistischen Verfahren

Sowohl nationale als auch internationale Gremien und Ausschüsse beschäftigen sich mit der Standardisierung von statistischen Verfahren, um diese in Normen zu spezifizieren. Für Deutschland ist dies im DIN (Deutsches Institut für Normung e. V.) der Normungsausschuss NA 147 (NQSZ: Normung Qualitätsmanagement, Statistik und Zertifizierungsgrundlagen). Dabei beschäftigt sich der Unterausschuss 02 mit der angewandten Statistik. Das dazu gehörige Spiegelgremium auf internationaler Ebene ist in der ISO (International Organization for Standardization) das Task Committee TC 69 (Application of Statistical Methods).

Alle im ISO TC 69 bearbeiteten Normen sind in dem Technical Report ISO/TR 13425 Guidelines for the Selection of Statistical Methods in Standardization and Specification (Leitfaden zur Auswahl standardisierter statistischer Verfahren) übersichtsartig zusammengefasst (Bild 1.3). In diesem Dokument ist jede Norm kurz beschrieben und deren Anwendung erläutert (DIN, 2006b).

In der DIN ISO 3534 ff. sind statistische Begriffe definiert und erläutert (DIN, 2006a; DIN, 2019).

Der Technical Report ISO/TR 18532 (Guide to the Application of Statistical Methods to Quality and Standardization – Leitfaden zur Anwendung statistischer Methoden zur Qualität und Standardisierung) beschreibt viele statistische Verfahren sehr detailliert und kann zum Grundlagenstudium herangezogen werden (ISO, 2009).

Speziell für den Bereich Messtechnik und Eignungsnachweis von Prüfprozessen sei auf das VIM (Internationales Wörterbuch der Metrologie (VIM) – International vocabulary of metrology – Basic and general concepts and associated terms), in dem messtechnische Begriffe erläutert sind, und der GUM (Guide to the expression of uncertainty in measurement – Leitfaden zur Angabe der Unsicherheit beim Messen), in der die Bestimmung der erweiterten Messunsicherheit beschrieben ist, verwiesen (DIN, 1999; DIN, 2007).

Leider wurden sowohl in der nationalen als auch internationalen Normung die Themen „Statistische Prozessregelung“ und „Eignungsnachweise von Prüfprozessen“ zunächst nur sehr stiefmütterlich behandelt, sonst wären wahrscheinlich Leitfäden wie SPC (A.I.A.G., 2005) oder MSA (A.I.A.G., 2010) nicht entstanden. Aufgrund fehlender geeigneter Normen hat sich die Automobilindustrie selbst geholfen und diese Leitfäden entwickelt. Erste Richtlinien zu diesen Themen entstanden bereits Mitte der 80er-Jahre, vornehmlich in den USA, die sich durch Globalisierung mittlerweile weltweit verbreitet haben.

Ähnliches trifft für den Themenbereich Six Sigma (s. Abschnitt 1.8) zu. Erst mit mehrjähriger Verzögerung wurden auch für diese Thematik Normen entwickelt (ISO 13053-1:2011-09), (ISO 13053-2:2011-09).

Die Normung auf internationaler Ebene ist aufgrund der unterschiedlichen Interessenlage der beteiligten Nationen sehr schwierig und zeitraubend. Daher können leicht von der Idee, eine Norm anzugehen, bis zu der endgültigen Freigabe fünf oder mehr Jahre vergehen.

ISO/TR 13425:2006(E)

2 Cartography

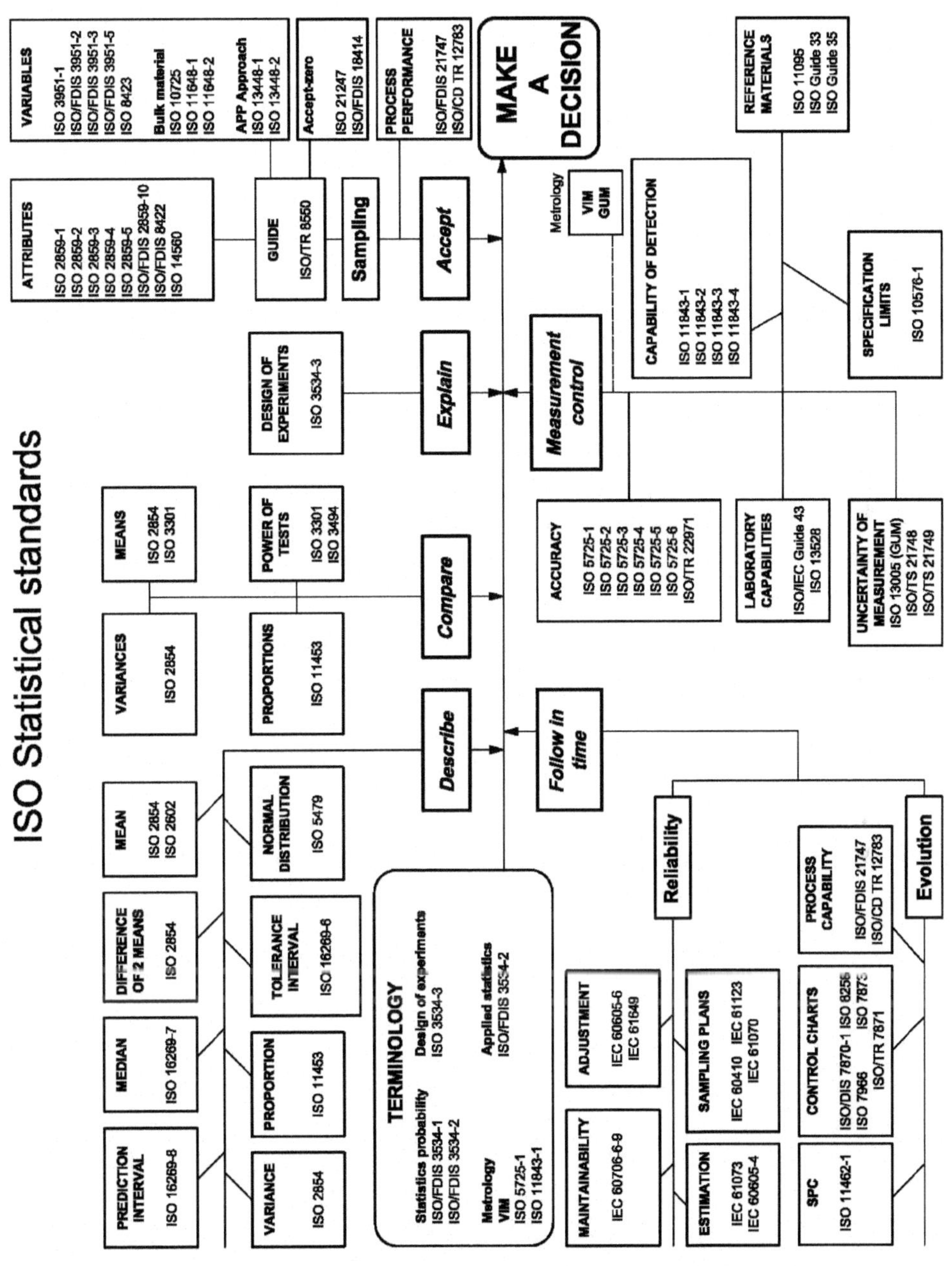

2 © ISO 2006 – All rights reserved

Bild 1.3 Übersicht Statistischer Normen aus ISO/TR 13425:2006 (E) (DIN, 2006b)

1.5 Eignungsnachweis von Messprozessen

Die Grundlagen jeder statistischen Auswertung sind Mess- oder Prüfergebnisse, unabhängig, ob diese von quantitativen oder nicht quantitativen Mess- und Prüfprozessen stammen. Jede statistische Auswertung wird ad absurdum geführt, wenn die Datenbasis fehlerhaft ist. Daher wird in mehreren Normen (insbesondere in der DIN EN ISO 10012 – Messmanagementsysteme (DIN, 2004) und DIN ISO 22514-7 (DIN, 2021b) der Eignungsnachweis von Prüfprozessen gefordert.

Historisch bedingt wurden insbesondere in der Automobilindustrie statistische Verfahren zur Beurteilung von Messsystemen vorangetrieben. Grundlage und Basis ist heute nach wie vor die vierte Ausgabe des Leitfadens MSA (Measurement System Analysis) (A.I.A.G., 2010). Dieser beschreibt kochrezeptartig, wie ein Messsystem bewertet werden kann. Dazu wird im Wesentlichen der sogenannte %GRR (Gage Repeatability and Reproducibility – Messmittel Wiederholbarkeit und Vergleichspräzision) ermittelt. Dieser errechnete Wert wird mit vorgegebenen Grenzwerten verglichen. Je nach Ergebnis wird das Messsystem mit „Geeignet“, „Bedingt geeignet“, „Nicht geeignet“ bewertet. Diese Vorgehensweise ist aufgrund ihrer Einfachheit heute sehr weit verbreitet.

Im Umfeld der internationalen Normierung beschäftigt sich der GUM (Guide to the expression of uncertainty in measurement, ISO/IEC Guide 98-3) (DIN, 1999) mit dieser Problematik. Ermittelt wird dabei die sogenannte erweiterte Messunsicherheit, die der jeweiligen Messung zugeordnet werden kann. Ist diese bekannt, ergibt sich das vollständige Messergebnis (y) aus dem angezeigten Messwert (x) erweitert um die Messunsicherheit U ($y = x \pm U$). Diese Vorgehensweise ist mathematisch anspruchsvoll und lässt sich an vielen Stellen nur sehr aufwendig auf Serienmessprozesse übertragen. Daher hat diese Vorgehensweise in erster Linie bei Kalibrierlaboratorien ihre Bedeutung gewonnen, die akkreditiert werden wollen. Allerdings wird die Verwendung dieser Methodik in der industriellen Produktion immer mehr gefordert, da sie wesentlich genauere und exaktere Ergebnisse im Verhältnis zu den MSA Studien liefert.

Der Verband der Automobilindustrie hat in seinem Band 5 Mess- und Prüfprozesse (VDA, 2021) eine vereinfachte Methodik basierend auf dem GUM angewandt. Die darin beschriebene Vorgehensweise ist branchenübergreifend auch in der DIN ISO 22514-7 (DIN, 2021b) enthalten.

Neben der Forderung, dass Messprozesse einen Sachverhalt ausreichend genau beschreiben, ist bei der Erfassung und Speicherung eines Messergebnisses großen Wert auf die dem Messwert zugeordnete beschreibende Information (Datum, Uhrzeit, Messmittel, Maschine, Prozessparameter usw.) zu legen. Denn nur so können Messwerte für spätere Auswertungen wiedergefunden werden und Sachverhalte ganzheitlich betrachtet werden. Werden nicht nur quantitative Merkmale, sondern auch qualitative Merkmale herangezogen, spricht man von einem Prüfprozess. Für diesen müssen ebenfalls Eignungsnachweise durchgeführt werden. Hierfür gibt es bis heute noch relativ wenige brauchbare Verfahren. Eine sehr gute Übersicht findet sich im VDA Band 5 „Mess- und Prüfprozesse" (VDA Band 5 (2021)).

Näheres zu diesem Thema finden Sie in dem Buch der Autoren „Eignungsnachweis von Prüfprozessen" (Dietrich, Schulze, 2017).

■ 1.6 Statistical Process Control

SPC steht für statistische Prozessregelung und gilt als ein Element zum „Never Ending Improvement", bzw. dem „Continual Improvement", wie das Prinzip der ständigen Qualitätsverbesserung in der ISO 9001:2015 genannt wird.

Die ursprüngliche Definition, Qualität als Einhaltung der Grenzwerte zu verstehen, bietet kaum Anreiz zur ständigen Verbesserung der Produktqualität. Solange sich die erzeugten Produkte innerhalb der durch die Zeichnung vorgegebenen Toleranzen bewegen, wird auf der Grundlage dieser Theorie niemand bestrebt sein, über eine Verbesserung dieses Prozesses nachzudenken.

Alle Beteiligten in einem Prozess müssen jedoch dazu beitragen, durch den Einsatz von technisch realisierbaren und wirtschaftlich vertretbaren Anstrengungen ein Produkt zu erzeugen, das mit möglichst geringer Streuung den angestrebten Zielwert erreicht. Die Notwendigkeit für ein solches Handeln ist durch den immer stärker ausgeprägten Kundenwunsch nach qualitativ hochwertigen Erzeugnissen gegeben. Die Bereitschaft entsprechend zu handeln, also bestrebt zu sein, „es so gut wie möglich zu machen", muss im Denken und im Qualitätsverständnis aller an der Herstellung von Produkten beteiligten Mitarbeiter verankert sein.

Die nachfolgende Erklärung macht die Zusammenhänge deutlich und unterstreicht die Notwendigkeit, in einem modernen und qualitätsorientierten Unternehmen nach dem Prinzip der „ständigen Qualitätsverbesserung" zu handeln.

Zunächst wird durch ein Modell die ursprüngliche Auffassung von Qualität verdeutlicht. Alle Produkte, die innerhalb der Toleranzgrenzen lagen, wurden als gut bezeichnet (s. Bild 1.4).

Hierbei wurde kein Unterschied gemacht zwischen einem Teil, das mit seinem Ist-Wert genau in der Mitte der Toleranz lag, oder einem Teil, das mit seinem IstWert an der gerade noch als gut zu bezeichnenden inneren Seite der Toleranzgrenze lag. Entsprechend dieser Definition wurden beide Teile als gut bezeichnet. In Bezug auf den Verwendungszweck ist diese Entscheidung jedoch äußerst fragwürdig.

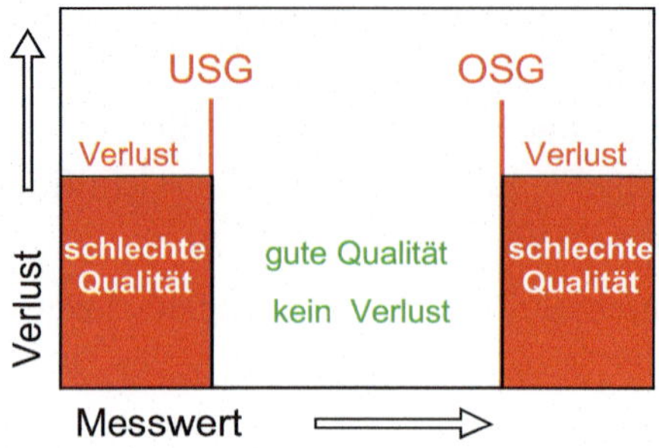

Bild 1.4 Gut-Schlecht-Denken (OSG/USG Obere/untere Spezifikations-Grenze)

Vergleicht man ein Teil knapp außerhalb der Toleranz mit einem Teil gerade noch innerhalb der Toleranz, ist schwer zu verstehen, weshalb ein Teil für den vorgesehenen Verwendungszweck als uneingeschränkt geeignet und das andere Teil als gänzlich unbrauchbar eingestuft wird (Bild 1.5). Diese beiden Teile B und C, die mit ihren Ist-Werten nur geringfügig voneinander entfernt liegen, können in Bezug auf die Einstufung ihrer Verwendungsfähigkeit doch keineswegs derartig große Unterschiede aufweisen, wie uns das durch die konventionelle Betrachtungsweise dargestellt wird.

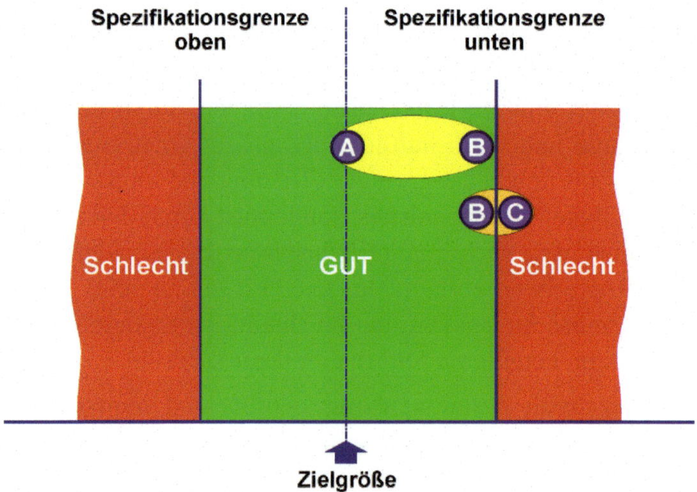

Bild 1.5 Beurteilung an der Spezifikationsgrenze

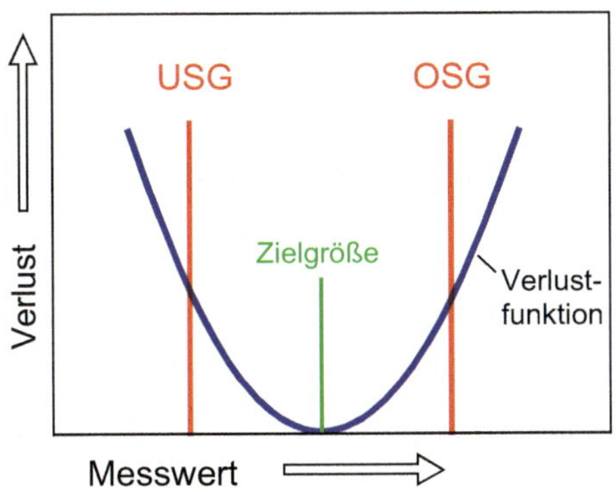

Bild 1.6
Verlustfunktion nach Taguchi

Um ein genaues Bild der Qualitätsleistung eines bestimmten Produktes zu erhalten, dient ein Modell, das die Qualitätsbeeinträchtigung besser beschreibt, die durch Abweichung vom Zielwert verursacht wird. Ein ideales Modell zur Beschreibung dieses Sachverhaltes ist das Modell der Verlustfunktion. Besonders wichtig zum Modellverständnis ist die Erkenntnis, dass Verlust bzw. Qualitätsbeeinträchtigung über den gesamten Anwendungsbereich beschrieben wird. Taguchi hat diesen Verlust sehr treffend als Verlust für die Gesellschaft beschrieben und bringt damit zum Ausdruck, dass man möglichst versuchen sollte, alle beeinflussenden Faktoren, die zur Qualitätsminderung beitragen, für dieses Modell zu berücksichtigen. Nach seinem Modell ist Verlust eine kontinuierliche Größe (s. Bild 1.6) mit einem Minimum bei dem sogenannten Zielwert. Dieser Zielwert ist ein von der Funktion eines Produktes abhängiger Wert, der dem Optimum der Kundenerwartung entspricht und bei korrekter Planung und Auslegung dem Soll-Wert bzw. dem Nominalwert der Spezifikation entspricht. Je mehr nun ein Produkt oder Produktmerkmal von seiner Zielgröße abweicht, desto größer ist der durch diese Abweichung verursachte Verlust.

In dem angesprochenen Modell lässt sich diese Abhängigkeit durch eine Parabel darstellen, die ihr Minimum bei der Zielgröße erreicht. Anhand dieses Modells lässt sich nun sehr anschaulich zeigen, wie wichtig es ist, die Fertigung auf den Nominalwert auszurichten, um somit den Verlust auf ein Minimum zu beschränken. Überlagert man die Verlustfunktion mit der Wahrscheinlichkeitsfunktion der Normalverteilung, wird sofort deutlich, dass ein Prozess mit normalverteilten Produktionsteilen produziert, einen wesentlich geringeren Verlust aufweist als ein Prozess, der die vorgeschriebenen Grenzwerte der Spezifikation noch soeben durch eine Rechteckverteilung erfüllt (Bild 1.7 und Bild 1.8). Nutzt man dieses Modell weiter, so kann verdeutlicht werden, wie eine Reduzierung der Streuung dazu beiträgt den Verlust zu vermindern. Man erkennt auch, wie wichtig es ist, nicht nur die Prozessstreuung zu betrachten, sondern ein gleich großes Interesse darauf zu richten, den Mittelwert (also die Zielgröße) selbst dann anzustreben, wenn die Prozessstreuung nur noch einen kleinen Teil der zugestandenen Gesamttoleranz ausnutzt. Ganz sicher lässt sich an diese Modellbetrachtung eine Diskussion anknüpfen, inwieweit die hier benutzten Schaubilder eine exakte Beschreibung darstellen und für jeden Fertigungsprozess uneingeschränkte Gültigkeit besitzen.

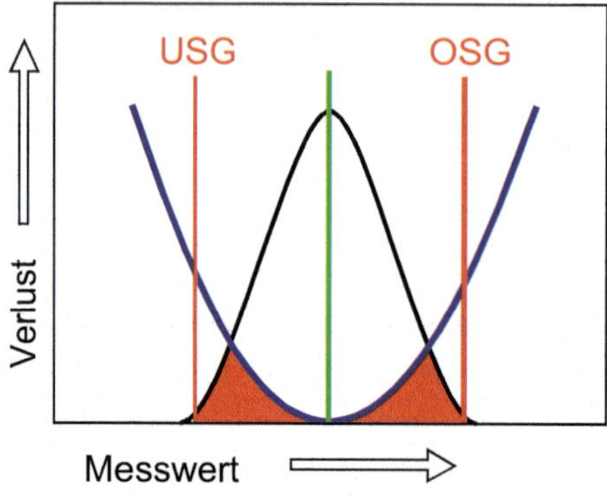

Bild 1.7
Verlust in Abhängigkeit von Prozesslage und -streuung

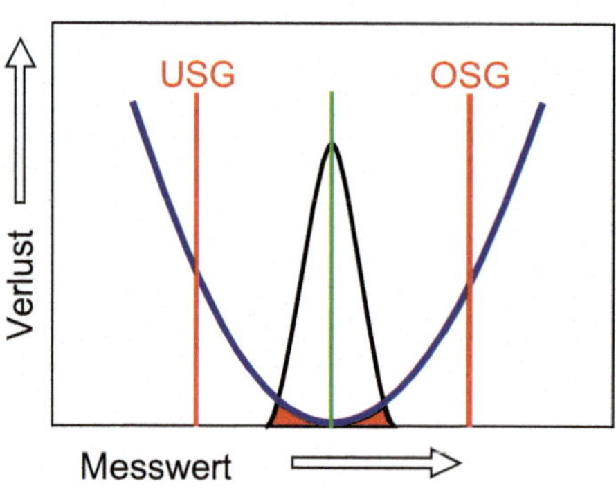

Bild 1.8
Kleinere Streuung minimiert den Verlust

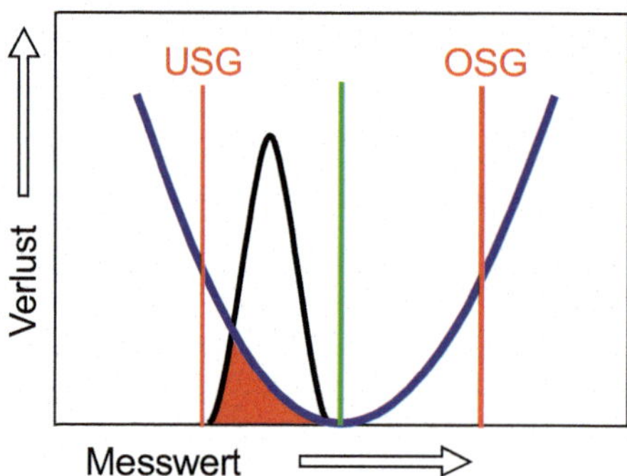

Bild 1.9
Verlust infolge geänderter Prozesslage

Einzig und allein wichtig ist jedoch, zu erkennen, dass ein ausschließlich an der Spezifikation orientiertes Denken und Handeln niemals dem Konzept des ständigen Strebens nach Qualitätsverbesserung gerecht werden kann.

Basierend auf dieser Überlegung muss sich die Vorgehensweise in der Fertigung ändern, sowohl bei der Auslegung von Prozessen als auch beim späteren Betrieb der Einrichtungen. Um im harten industriellen Wettbewerb zu bestehen ist es zwingend notwendig dem Kundenwunsch nach optimaler Qualität gerecht zu werden. Es reicht nicht, Produkte anzubieten, die unter Ausnutzung der gesamten Toleranz hergestellt werden. Alle in einen Prozess eingebundenen Mitarbeiter müssen mit den ihnen zur Verfügung stehenden Möglichkeiten dazu beitragen, den Prozess auf den Zielwert (Nominalwert) (s. Bild 1.9) auszurichten. Gleichzeitig ist anzustreben, die Streuung so gering wie möglich zu halten und gemessen an wirtschaftlich sinnvollen Bedingungen, ständig zu reduzieren.

Bild 1.9 und Bild 1.10 verdeutlichen, dass ein Prozess, der bei der Erzeugung des Produktes die gesamte Toleranz ausnutzt, schlechtere Qualität liefert als ein Prozess, der nach dem Prinzip einer zielwertorientierten Einstellung betrieben wird. Allerdings muss zur Bewertung das Verteilungsmodell, in Bild 1.11 vereinfacht die Normalverteilung dargestellt, bekannt und mathematisch korrekt beschrieben sein. Trifft das nicht zu, sind die darauf basierend berechneten Kennzahlen falsch, was konsequenterweise zu Ungereimtheiten und Fehlinterpretationen führt. Da diese Forderungen bei der Einführung von SPC anfangs nicht ausreichend berücksichtigt wurden, ist SPC schnell in Verruf gekommen und oft als „**S**how **P**rogram for **C**ustomers“ bezeichnet worden.

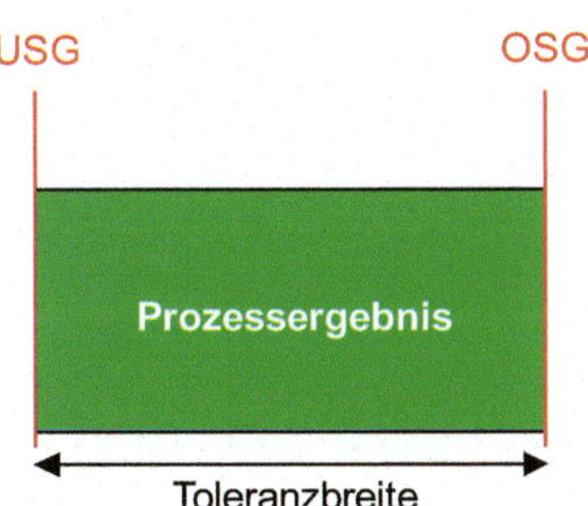

Bild 1.10
Ausnutzung der gesamten Toleranz

Es ist wichtig, zu verstehen, dass die Qualitätsauffassung „Die Toleranz gehört der Fertigung“ nicht mehr in unsere heutige Zeit passt.

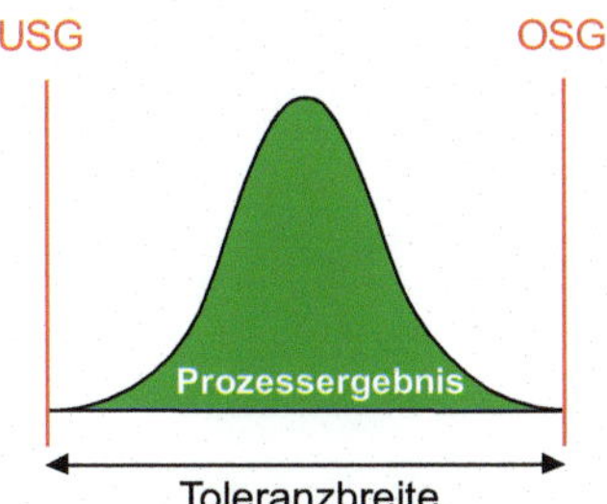

Bild 1.11
Zielwertorientierte Ausnutzung der Toleranz

Das Verständnis von Qualität muss für jeden mit dem Motto: „Nur ständiges Streben nach der Zielgröße gewährleistet ein hohes Maß an Kundenzufriedenheit“ verbunden sein.

1.7 DoE – Design of Experiments

Unter DoE versteht man eine strukturierte Anwendung von bekannten mathematisch-statistischen Verfahren mit dem Ziel: „Prozesse zu optimieren“. Dazu müssen die Zusammenhänge zwischen den auf Prozesse wirkenden Einflussfaktoren und der bzw. den Zielgrößen bekannt sein. Mit diesen Erkenntnissen können die Einflussgrößen eingestellt werden, um Prozesse zu optimieren und zusätzlich robust zu gestalten.

Sir Ronald A. Fisher hat vor fast 100 Jahren erstmals über DoE publiziert. Er schrieb: „Design of Experiments is a structured, organized method that is used to determine the relationship between the different factors (Xs) affecting a process and the output of that process (Y).“

Soweit zur Theorie. Damit erweckte DoE schon häufig den Anschein, dass es in der industriellen Praxis für die unterschiedlichsten Problemstellungen jeweils einen strukturiert vorgegebenen Weg gibt, um mit möglichst wenigen Versuchen einen maximalen Informationsgewinn zu erreichen.

In der experimentellen Physik ist es seit Jahrhunderten üblich, Versuche durchzuführen, um Zusammenhänge zu erkennen und mathematisch zu beschreiben. Eines der ersten und berühmtesten Beispiele geht auf Galileo Galilei (1564 – 1642) zurück, der mithilfe einer Versuchsanordnung der schiefen Ebene mit Kugeln aus verschiedenen Materialien das Fallgesetz untersuchte und damit die „Beschleunigung“ entdeckte. Hier ist es relativ einfach, da ausreichend viele Versuche durchgeführt werden können, um ein mathematisch-physikalisches Modell zu bestätigen.

In der industriellen Produktion tat und tut man sich heute noch schwer mit der Anwendung und Durchführung von Versuchen. Die Gründe hierfür sind vielfältig:

- viele, zum Teil unbekannte Einflussfaktoren bei Fertigungs- bzw. Produktionsprozessen
- der funktionale Zusammenhang zwischen Einfluss- und Zielgrößen ist nicht vollständig bekannt und insofern auch nicht mathematisch modellhaft formulierbar
- konsequenterweise kann der daraus abgeleitete Versuchsplan nicht alle Gegebenheiten abdecken
- die Durchführung der Versuche ist häufig sehr kosten- und zeitintensiv
- die anzuwendenden Verfahren sind statistisch und mathematisch anspruchsvoll und für den Laien nur bedingt nachvollziehbar
- preiswerte Softwareunterstützung für das Finden geeigneter Versuche sowie die Datenanalyse waren in der Vergangenheit nicht vorhanden
- usw.

Damit war die Anwendung von Design of Experiments häufig Spezialisten vorbehalten, die Versuche unter Laborbedingungen, aber selten unter Produktionsbedingungen durchführen konnten.

Auch gibt es zum Thema DoE keinen Leitfaden wie zu SPC (Statistical Process Control) oder FMEA (Failure Mode and Effects Analysis). In den 80er-Jahren waren Taguchi und Shainin in USA sehr aktiv und haben ihre Methoden zur Prozessoptimierung propagiert. Auch in Deutschland wurden insbesondere die Verfahren von DoE konträr diskutiert. Auf der einen Seite standen die Verfechter der vollständigen faktoriellen Versuchsplanung, auf der anderen Seite diejenigen, die in der Taguchi-Versuchsmethodik ihre Vorteile sahen. Hinzu kamen die Shainin-Methoden, um mithilfe von Streuungsanalysen die Planung von Versuchen zu erleichtern. Was in der Theorie und den vorgestellten Fallbeispielen einfach schien, ließ sich in der Praxis aus den oben genannten Gründen oftmals nur schwer bis gar nicht umsetzen. Viele mit hohem Aufwand durchgeführte Versuche brachten oft nicht den gewünschten Erfolg. Damit schwand das Vertrauen in diese Vorgehensweise. So zeigte beispielsweise am 28. November 1991 beim Q-DAS©-Forum (Dietrich, Schulze, 1991) in Frankfurt ein Referent anhand eines Fallbeispiels solche Widersprüche auf:

Am Beispiel der Optimierung des Spaltes zwischen Türblatt und Rahmen mit einem Taguchi-Versuchsplan. Untersucht wurde die Wirkung der Einflussgrößen „Tür“, „Türrahmen“ und „Türfarbe“ auf die Zielgröße „Dichtheit“. Aufgrund der Vermengung von Effekten entstand bei diesem teilfaktoriellen Versuchsplan das praktisch unsinnige Ergebnis: „Die Tür ist schwarz zu streichen“.

Auch aus theoretischer Sicht gibt es bekannte Schwächen: Zum einen sind die verwendeten Modelle oft sehr einfach, nämlich Polynome ersten und zweiten Grades. Mit solchen Modellen kann eine tatsächlich nichtlineare Beziehung zwischen Einfluss- und Zielgrößen in der Regel nur sehr grob angenähert werden. Zum anderen können die mit einem teilfaktoriellen Versuchsplan berechneten Effekte, also die Wirkungen von Einflussgrößen auf die Zielgröße, durchaus falsche Werte haben. Vermengung bedeutet, dass der berechnete Wert für einen Effekt durch Summenbildung aus mehreren Effekten entstanden ist und damit nicht mehr die tatsächliche Wirkung der Einflussgröße repräsentiert.

Neuen Aufschwung erhielt DoE, als das Thema Six Sigma (s. Abschnitt 1.8) verstärkt aufkam. Bestandteil von Six Sigma Trainings und Projekten sind auch die Methoden und Verfahren aus dem Bereich DoE. Hinzu kommt, dass heute Softwarepakete zur Verfügung stehen, die den Anwender bei der Nutzung dieser Verfahren unterstützen. Dies gilt sowohl für die Planungsphase, also dem Entwurf des zu verwendenden Versuchsplans, als auch für die Auswerteverfahren (Tests, Regressions- und Varianzanalysen). Dadurch vereinfacht sich die Anwendung von DoE, was zur Verbreitung im praktischen Einsatz beigetragen hat.

1.8 Six Sigma

1.8.1 Entwicklung der Methode Six Sigma

Die Methode Six Sigma wurde bei Motorola in den Jahren 1979–1985 entwickelt. Allgemeine Beachtung fand die Methode in den USA, als 1997 im Wall Street Journal über die erfolgreiche Kostensenkung durch die Einführung von Six Sigma bei General Electrics berichtet wurde. Seitdem haben viele Firmen in den USA diese Methode mit erstaunlichem Erfolg angewandt. Zurzeit ist zu beobachten, dass Six Sigma auch in Europa immer häufiger in bestehende Verbesserungsprogramme integriert wird.

1.8.2 Was ist Six Sigma?

Six Sigma ist als eine unternehmensweite Initiative zur kontinuierlichen Verbesserung zu verstehen. Es ist ein System, das unternehmensweit angewandt, zu erstaunlichen Verbesserungen in allen operativen Bereichen führen kann. Six Sigma ist

- ein Symbol für die Streuung
- ein anspruchsvolles Ziel
- ein Mittel zur Umsetzung der Unternehmensphilosophie und -werthaltung
- eine universelle Messgröße für die Leistungsfähigkeit von Prozessen
- eine Methode für die kontinuierliche Verbesserung von Prozessen
- eine strukturierte Anwendung von Methoden bei der Problemlösung
- Projektarbeit.

Gerade der letzte Punkt ist von besonderer Bedeutung: Six Sigma ist ein dauerhaft betriebenes Verbesserungsprogramm, das von Projekt zu Projekt führt. Um die angestrebten Verbesserungen zu erreichen, führen professionell ausgebildete Teamleiter die Projekte. Sie sind die Wissensträger der Six Sigma Problemlösungsmethode und der statistischen Methoden, wie sie für die Beseitigung von tiefer liegenden Problemursachen erforderlich sind.

Six Sigma – Ein Symbol für die Streuung und ein anspruchsvolles Ziel

Die Prozessbetrachtungen bei Six Sigma sind immer auf das Modell der Normalverteilung bezogen. Im Unterschied zu den im Buch vorgestellten Verfahren beschränken sich die Prozessbetrachtungen bei Six Sigma ausschließlich auf dieses zeitabhängige Verteilungsmodell. Davon ausgehend wird nur zwischen einem

„Idealisierten Kurzzeitstatus“ eines Prozesses und einem „Dynamischen Langzeitverhalten“ eines Prozesses unterschieden.

Idealisierter Kurzzeitstatus eines Prozesses

Six Sigma bezeichnet die Fähigkeit eines Prozesses, Merkmale mit ± 6 σ innerhalb der Toleranz (s. Bild 1.12) zu erzeugen. Dies entspricht einem Fehleranteil von p = 0,002 ppm.

Diese Forderung kann man selbstverständlich nicht auf alle Merkmale anwenden, sondern nur für besondere Merkmale (das sind z. B. kritische Merkmale aus der Sicht des Kunden). Man ist sich dennoch bewusst, dass die Situation ± 6 σ innerhalb der Toleranz eine idealisierte Vorstellung ist (entspricht zeitabhängigem Verteilungsmodell A1 (DIN, 2019), s. Kapitel 9). Über einen langen Zeitraum gesehen treten Prozessschwankungen auf. Dies sind Veränderungen in der Lage und der Streuung über die Zeit, verursacht durch die 5M (Mensch, Maschine, Mitwelt, Methode, Messsystem). Dies führte zu dem Ansatz des dynamischen Langzeitverhaltens eines Prozesses.

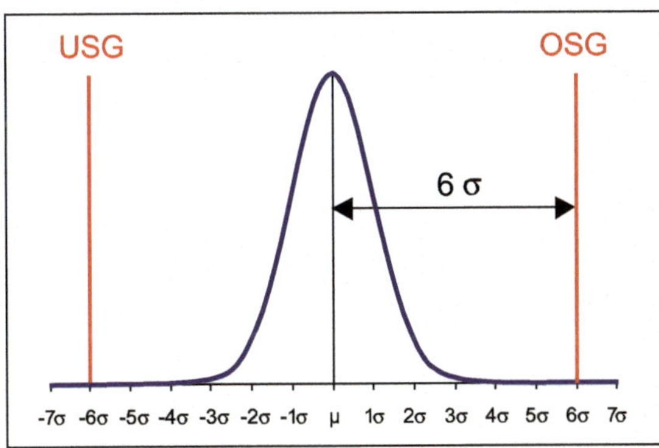

Bild 1.12
Idealisierter Six Sigma-Prozess

Dynamisches Langzeitverhalten eines Prozesses

Als Erfahrungswert für eine mittlere Prozesslageverschiebung werden ± 1,5 σ angegeben. Die Situation ist in der folgenden Abbildung dargestellt und bezieht sich auf das Verhalten eines Prozesses über lange Zeit gesehen. Mit diesem Modell wird versucht, alle anderen zeitabhängigen Verteilungsmodelle gemäß (DIN, 2019) abzubilden. Entsprechende Ungenauigkeiten sind damit vorprogrammiert.

Verschiebt man die Prozesslage um 1,5 σ nach rechts, so ergibt sich der Schnittpunkt mit der Toleranzgrenze OSG bei 4,5 σ, was einem Fehleranteil von p = 3,4 ppm entspricht und immer noch ein hoher Anspruch an die Prozessleistung ist.

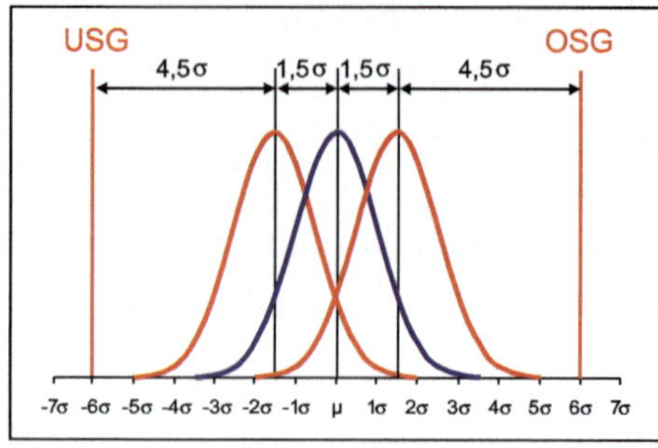

Bild 1.13
Dynamischer Prozess mit ± 1,5 σ Lageverschiebung

Obwohl der Fehleranteil für 4,5 σ berechnet wurde, wird von 6 σ gesprochen. Diese Vorgehensweise in den Veröffentlichungen zum Thema Six Sigma hat viel zur Verwirrung derjenigen beigetragen, die nicht zu den „Eingeweihten" zählen.

In der folgenden Tabelle ist zusammengefasst, was mit der Aussage n·σ gemeint ist. Spricht man z. B. von 3 · σ, wird der Gutanteil für (3 – 1,5) · σ berechnet, weil die Mittelwertverschiebung von 1,5 σ stillschweigend berücksichtigt wird.

Tabelle 1.3 Gutanteil bei einer Lageverschiebung von 1,5 σ

n · σ → (n – 1,5) σ (mit Versatz)	Gutanteil
2 → 0,5	69,14 %
3 → 1,5	93,319 %
4 → 2,5	99,379 %
5 → 3,5	99,977 %
6 → 4,5	99,9997 %

Die Sigma-Metrik lässt sich sowohl auf Produktionsprozesse als auch auf Dienstleistungsprozesse anwenden. Für jeden Prozess lässt sich durch eine Prozessstudie der Fehleranteil in Prozent bestimmen. Aus der inversen Verteilungsfunktion der Standardnormalverteilung wird das Quantil bestimmt, dass zu diesem Fehleranteil passt. Dieses Quantil ist der gesuchte Wert **Sigma** des Prozesses.

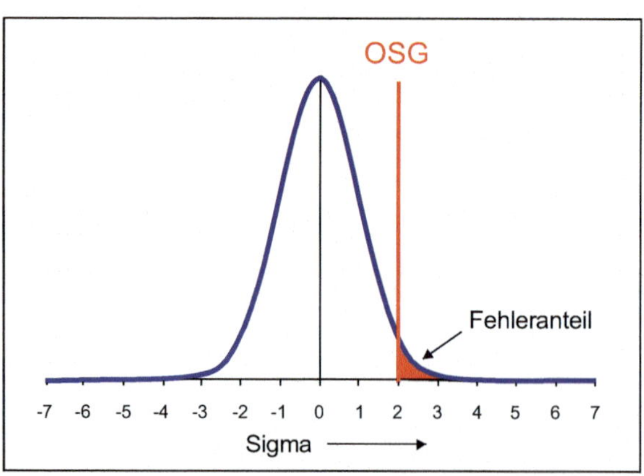

Bild 1.14
Bestimmung von Sigma aus dem Fehleranteil

Gerade die universelle Anwendbarkeit der Sigma-Metrik auf jeden beliebigen Prozess ist eine Eigenschaft, wodurch der Vergleich von Prozessleistungen zwischen Abteilungen, Werken und Standorten auf einfache Weise möglich ist.

Als Ziel ist Six Sigma nur langfristig erreichbar. Prozessverbesserungen von einem Sigma pro Jahr werden als realistisch angesehen. Je näher man dem Zielwert kommt, umso schwieriger sind weitere Verbesserungen zu erreichen. Als eine kritische Grenze hat sich das Niveau von 4,5 σ erwiesen: Dieses Niveau lässt sich mit den bestehenden Produkten, Maschinen und Verfahren erreichen. Weitere Verbesserungen sind oftmals nur dann möglich, wenn in neue Anlagen und Ausstattungen investiert wird und die Produkte prozessfreundlich neu entwickelt werden. Diese langfristige Strategie ist in der folgenden Abbildung zu erkennen.

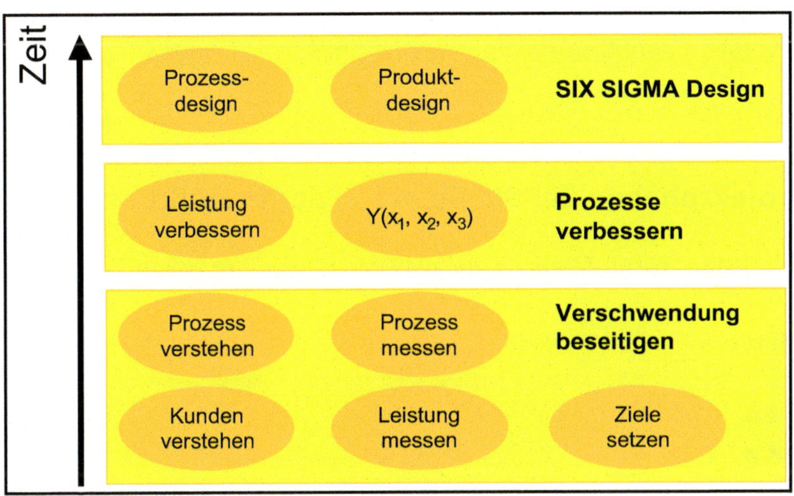

Bild 1.15 Langzeitstrategie bei Six Sigma

Six Sigma als Unternehmensphilosophie und Werthaltung

Die Werte eines Unternehmens drücken sich aus in Begriffen wie **Kundenorientierung, Prozessorientierung, Wirtschaftlichkeit, Kostenorientierung, kontinuierliche Verbesserung,** usw. Mit Six Sigma kann die Unternehmensleitung erreichen, dass diese Begriffe zum Bestandteil der Werthaltung jeden Mitarbeiters werden. Als entscheidend für die Verankerung der Werte gilt das Festlegen von Kriterien, Merkmalen, Kennzahlen und Zielen. Für die Kundenzufriedenheit bedeutet das z. B., dass im Rahmen von Six Sigma Projekten die kritischen Merkmale für das Produkt aus der Sicht des Kunden definiert werden. Für jedes dieser kritischen Merkmale sind Kennzahlen und Ziele festzulegen. Diese Kennzahlen müssen von allen Prozessbeteiligten deutlich sichtbar eingefordert werden. Wichtige Ziele werden gemessen, verfolgt, berichtet und verbessert.

Das Wirkprinzip von Six Sigma

Produkte und Dienstleistungen für den Kunden sind das Ergebnis von Prozessen. Will man die Produkte und Dienstleistungen verbessern, so müssen die verursachenden Prozesse verbessert werden. Aus diesem Grund konzentriert man sich bei Six Sigma auf die Prozesse und nicht auf die Produkte. Ein wichtiges Ziel von Six Sigma Projekten ist die Realisierung von wertschöpfungsorientierten Prozessen, ausgehend von den Kundenforderungen bis hin zur Erfüllung dieser Forderungen. Die Ziele für ein Projekt sind in der Regel Zeit-, Kosten- und Qualitätsziele. Six Sigma konzentriert sich auf Abweichungen im Prozess, bezogen auf die Lieferzeit, die Kosten und die Qualität. Prozesse, die große Schwankungen in Bezug auf die Lieferzeit, die Kosten oder den Fehleranteil aufweisen, haben Streuungsursachen, die nicht beherrscht sind. Mithilfe der Projektphasen Definieren, Messen, Analysieren, Verbessern und Überwachen (engl. DMAIC für *Define, Measure, Analyse, Improve, Control*) werden diese Streuungsursachen erkannt und beseitigt.

1.8.3 Die Projektphasen bei Six Sigma in der Produktion

Jedes Projekt durchläuft die fünf Phasen, die als DMAIC bekannt geworden sind.

Definieren (Define)

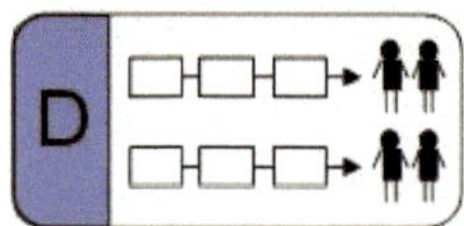

In dieser Phase wird der Prozess ausgewählt, der mithilfe eines Six Sigma Projektes verbessert werden soll. Anhand von Auswahlkriterien werden mehrere Projektvorschläge gewichtet und das Projekt mit der höchsten Priorität ausgewählt.

In diese Phase gehört auch die Definition des Projektes hinsichtlich der Aufgabenstellung, Umfang, Ziele, Teamzusammensetzung und die Projektplanung.

Messen (Measure)

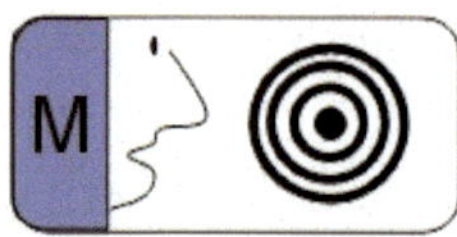

Dies ist die erste Projektphase. Ausgehend von den Kundenforderungen werden die kritischen Merkmale aus der Sicht des Kunden für das Produkt oder die Dienstleistung bestimmt. Anschließend wird die Prozessfähigkeit für die kritischen

Merkmale und das vorhandene Verbesserungspotenzial bestimmt. Aus den Messungen lässt sich erkennen, wo innerhalb der Prozesskette die größten Abweichungen und Störungen auftreten. Diese Probleme werden vom Team zuerst angegangen. Das Ergebnis dieser Phase ist die eindeutige Problembeschreibung, belegt durch Zahlen, Daten und Fakten und eine Prioritätenliste der zu lösenden Probleme.

Analyse (Analyse)

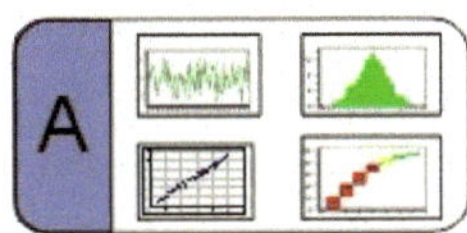

Nachdem bekannt ist, wo Störungen auftreten, geht es darum, diese Störungen genau zu beschreiben. Woher kommen die Störungen und was ist die Ursache? Als Hilfsmittel für diese Detektivarbeit kommen viele statistische Werkzeuge zum Einsatz. Das Ergebnis dieser Phase sind Hypothesen für die Störungsursachen, die durch Zahlen, Daten und Fakten zu begründen sind.

Verbessern (Improve)

Die Verbesserung besteht darin, die Störungsursachen abzustellen bzw. deren Einfluss zu verringern. Das Team muss sich Maßnahmen überlegen, mit denen die Störungsursachen abgestellt werden können und die Umsetzung dieser Maßnahmen planen und durchführen.

Auch in dieser Phase kommen viele statistische Werkzeuge zum Einsatz, wie z. B. Regressionsanalyse und Versuchsplanung. Das Ergebnis dieser Phase ist das Abstellen der Störungsursachen und damit eine Verbesserung des Prozesses.

Überwachen (Control)

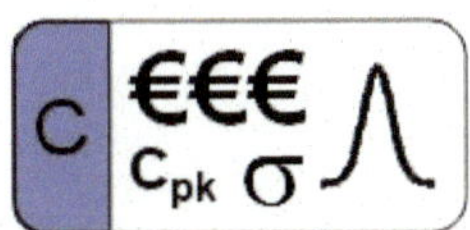

Um die erreichten Verbesserungen fortlaufend zu erhalten, müssen Maßnahmen zur Überwachung überlegt und eingeführt werden. Zum einen müssen Methoden zur Prozesssteuerung und -überwachung geplant und umgesetzt werden. Man denke hierbei an Regelkarten, Control-Pläne und ähnliches. Weitere wichtige Tätigkeiten sind:

- Schulen der Mitarbeiter vor Ort
- Dokumentation veränderter Prozessbedingungen in Richtblättern, Arbeitsanweisungen, Prüfanweisungen/-plänen und Verfahrensanweisungen.

Für die kontinuierliche Verfolgung müssen die zu berichtenden Kennzahlen und die Entstehung von Berichten geplant und umgesetzt werden. Nach Abschluss dieser Phase wird das Projekt durch das Management abschließend bewertet (Review).

1.8.4 Six Sigma in der Entwicklung

Mit dem Akronym DFSS (Design for Six Sigma) wird die Anwendung von Six Sigma Methoden im Entwicklungsbereich bezeichnet. Das Ziel des DFSS-Ansatzes ist folgerichtig: von Anfang an das richtige tun. Das Zusammenspiel zwischen den Projektzyklen DMAIC, DFSS und dem Management-Regelkreis PDCA ist in Bild 1.16 dargestellt.

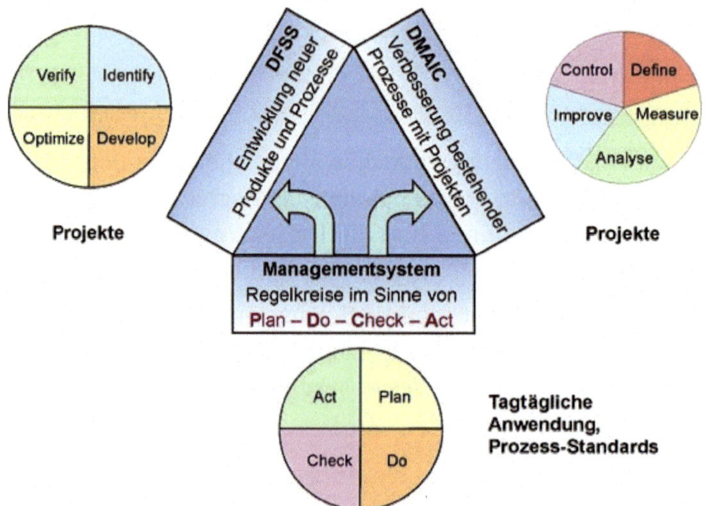

Bild 1.16 Zusammenspiel zwischen den Projektzyklen DMAIC, DFSS und dem Management-Regelkreis PDCA

Der größte Unterschied zwischen DMAIC und DFSS ist die Projektlaufdauer: Entwicklungsprojekte haben in der Regel eine deutlich längere Laufzeit als drei Monate. Weitere Unterschiede ergeben sich aus der Anwendung: Während ein typisches DMAIC-Projekt bestehende Prozesse verbessert, ist DFSS ein Projektansatz der Neugestaltung; konsequent orientiert an den Kundenbedürfnissen und -erwartungen. Dennoch ist die Verbindung der beiden Projektwelten viel natürlicher als man auf dem ersten Blick vermuten würde. Durch DMAIC-Projekte werden Prozesse von Jahr zu Jahr perfektioniert. Weitere Verbesserungen sind dann oft nur durch eine komplette Neugestaltung von Produkten und Prozessen möglich. So gesehen ist ein Hand-in-Hand gehen von DMAIC- und DFSS-Themen nur allzu naheliegend.

Verfolgt man die Literatur zum Thema, so fällt folgendes auf: Das Akronym DFSS wird noch überall gleich verstanden, jedoch bestehen größere Unterschiede bei dem genannten Phasenmodell für die Projektarbeit. Hier eine kleine Liste von Vorschlägen für DFSS-Phasenmodellen aus vier Literaturquellen:

- IDOV (Identify, Develop, Optimize, Verify)
- DMADV (Define, Measure, Analyse, Design, Verify)
- ICOV (Identify, Characterize, Optimize, Verify)
- CDOV (Concept, Design, Optimize, Verify).

Warum diese Vielfalt an Vorschlägen? Das ist zum einen im Copyright begründet. Ein anderer Grund ist, dass für jede Branche andere Bedingungen gelten. Das Entwickeln eines neuen Prozessors ist sicherlich völlig anders geartet, als das Entwickeln eines neuen Taschentuches. Da lassen sich leider nur Kernaussagen verallgemeinern. Die konkrete Ausgestaltung der Projektphasen bei Entwicklungsprojekte bleibt eine vom Unternehmen individuell zu lösende Aufgabe. Die vorgestellten DFSS-Konzepte können jedoch die individuelle Gestaltung erheblich erleichtern. Insofern lohnt sich die Beschäftigung mit DFSS in jedem Fall.

2 Grundlagen der technischen Statistik

2.1 Einführung

Unter Statistik versteht man die Methoden zur Gewinnung, Sammlung, Ordnung und Auswertung von Beobachtungsdaten, um auf dieser Erfahrungsgrundlage vernünftige Entscheidungen treffen zu können. Insbesondere kommt unter dem Aspekt der Wirtschaftlichkeit den statistischen Methoden eine immer größere Bedeutung zu.

Da eine vollständige Untersuchung des interessierenden Merkmals der Grundgesamtheit häufig nicht möglich ist (z.B. durch Zeitaufwand oder Zerstörung), führt man eine auf Stichproben basierende Untersuchung durch. Der Rückschluss von Stichprobendaten auf die Grundgesamtheit ist dabei von besonderer Wichtigkeit.

Eine einfache Übertragung der Stichprobendaten auf die Grundgesamtheit ist jedoch nicht möglich. Ein Rückschluss von den Stichprobenkennwerten auf die Grundgesamtheit ist unter bestimmten Voraussetzungen zulässig.

Um „Statistische Verfahren“ zur Maschinen- und Prozessqualifikation besser verstehen zu können, müssen Grundlagen aus folgenden Bereichen geschaffen werden:

- Begriffsdefinitionen
- statistische Kennwerte
- numerische Testverfahren
- Operationscharakteristiken
- Transformation von Messwertreihen
- Verteilungsmodelle und deren Beurteilung
- Wahrscheinlichkeitsverteilungen
- Qualitätsregelkartentechnik
- Stabilitätskriterien
- Fähigkeitsstudien

- Qualitätskennzahlen
- Varianzanalyse
- Regressions- und Korrelationsbetrachtungen.

Diese genannten Themen werden in den folgenden Abschnitten besprochen.

Für eine wirtschaftlich sinnvolle Nutzung dieser statistischen Verfahren müssen sie weitestgehend automatisch durchgeführt werden. Dabei ist letztlich auch auf die korrekte Interpretation der Ergebnisse größten Wert zu legen. Die allseits gern gebrauchte Aussage: „Traue keiner Statistik, die du nicht selbst gefälscht hast“ ist darin begründet. Die angewandten statistischen Verfahren sind in sich korrekt, die Frage ist nur, ob sie auf den vorliegenden Sachverhalt angewandt werden können oder nicht. Daher sind neben den Verfahren selbst vor allem die Beurteilungskriterien zu betrachten, die Aussagen über deren Eignung zulassen.

2.2 Grundmodell der technischen Statistik

Während sich die **deskriptive** oder **beschreibende** Statistik mit der Untersuchung und Beschreibung möglichst der ganzen Grundgesamtheit begnügt, wird bei der **induktiven** oder **analytischen Statistik** nur ein Teil der Grundgesamtheit **(Stichprobe)** untersucht, der für die Grundgesamtheit repräsentativ ist. Anhand einer Stichprobe werden die Parameter eines statistischen Modells – z. B. eines Verteilungsmodells – geschätzt. Da ein Verteilungsmodell die möglichen Merkmalswerte aller Einheiten in der Grundgesamtheit repräsentiert, wird also von den Beobachtungen eines Teils der Grundgesamtheit auf die Grundgesamtheit insgesamt geschlossen, d. h. man geht induktiv vor. Bei der Entnahme der Stichprobe muss gewährleistet sein, dass jede Einheit der Grundgesamtheit die gleiche Chance hat, in die Stichprobe zu kommen. Die Stichprobe kann dann als repräsentativer Teil der Grundgesamtheit angesehen werden.

Induktive statistische Methoden sind überall dort erforderlich, wo Ergebnisse nicht beliebig oft und exakt reproduzierbar sind. Die Ursachen der Nichtreproduzierbarkeit liegen in unkontrollierten und unkontrollierbaren Einflüssen. Diese Einflüsse führen zu einer Streuung der erfassten Merkmalswerte. Da infolge dieser Streuung ein Einzelwert kaum exakt reproduzierbar sein wird, sind sichere und eindeutige Schlussfolgerungen unmöglich. Erst durch eine entsprechend große Stichprobe ist eine mit hoher Wahrscheinlichkeit zutreffende Aussage möglich.

Wird von der Stichprobe auf die Grundgesamtheit geschlossen, handelt es sich um einen sogenannten **„indirekten Schluss“.** Dabei ist für jeden geschätzten Kennwert der **„Vertrauensbereich“** (s. Abschnitt 2.5, Abschnitt 2.6 und Abschnitt 5.7) zu bestimmen. Typische Anwendung ist die Bestimmung von Fähigkeitsindizes. Das errechnete Ergebnis basiert auf einer Zufallsstichprobe. Eine andere Stichprobe führt zwangsläufig zu einem anderen Ergebnis. Dies bedeutet, dass der „wahre Wert" des Ergebnisses etwas größer oder kleiner sein kann. In welchem Bereich dieser Wert mit welcher Wahrscheinlichkeit liegt, kann durch den Vertrauensbereich abgeschätzt werden. Dieser Bereich müsste zur Beurteilung der Güte bei jedem statistischen Kennwert, aber insbesondere bei Fähigkeitsindizes, mit angegeben werden.

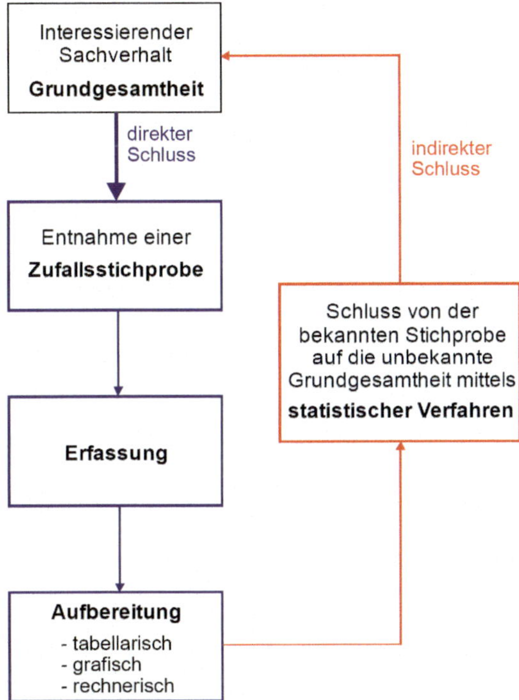

Bild 2.1 Grundmodell der techn. Statistik

Das Bewusstsein für diesen Sachverhalt muss vorhanden sein, um unnütze Diskussionen in der Praxis zu vermeiden.

Ein **„direkter Schluss"** liegt vor, wenn von einer bekannten oder als bekannt vorausgesetzten Grundgesamtheit auf das Verhalten von Stichproben geschlossen wird. Hierbei gilt es, die **„Zufallsstreubereiche"** (s. Abschnitt 2.6 und Abschnitt 5.7) zu bestimmen. Die Qualitätsregelkarte basiert auf dieser Grundlage.

2.3 Klassifizierung von Produktmerkmalen

2.3.1 Merkmalsarten

Betrachtet man beispielsweise die Merkmale seines Fahrzeugs im Fahrzeugschein, so sieht man dort die Zulassungsstelle, die Typbezeichnung, die Länge, das Gewicht, die Farbe, die Leistung, den Reifentyp, usw. Darunter sind Merkmale, die sich als Vielfaches einer Einheit messen lassen (Gewicht und Leistung). Andere Merkmale lassen sich nicht quantifizieren (Zulassungsstelle, Typbezeichnung, Reifentyp). Daher liegt es nahe, die Merkmale in die Kategorien **quantitativ** und **qualitativ** einzuteilen.

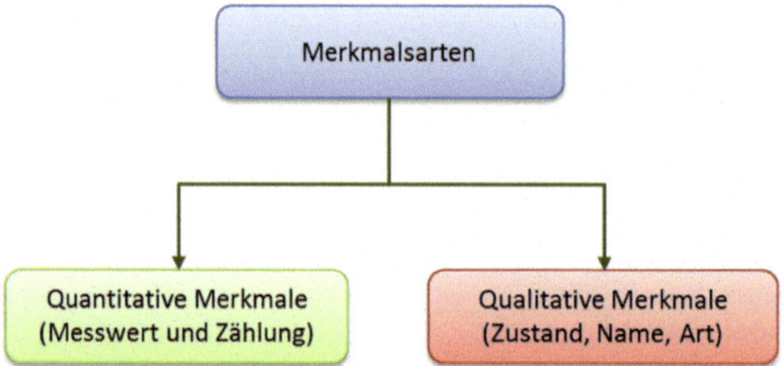

Bild 2.2 Einteilung der Merkmale in die Kategorien qualitativ und quantitativ

Eine weitere Möglichkeit Daten zu kategorisieren orientiert sich an der für die Merkmalswerte verwendeten Messskala. Man unterscheidet vier Skalen, die in der folgenden Tabelle zusammenfassend dargestellt sind.

Art der Messskala	Zulässige mathem. Operationen	Besondere Eigenschaft
Nominal	=, ≠	
Rang (Ordinal)	=, ≠, >, <	Abstände zwischen den Rängen sind nicht eindeutig definiert
Intervall	=, ≠, >, <, +, -	Abstände = Vielfaches einer Einheit Kein natürlicher Nullpunkt
Verhältnis	=, ≠, >, <, +, −, ×, ÷	Abstände = Vielfaches einer Einheit Natürlicher Nullpunkt

Nominalskalierte Merkmalswerte

Eindeutige Zuordnung von Symbolen

- Eine Nominalskala ordnet den Merkmalen Symbole zu.

- Objekten mit identischer Merkmalsausprägung werden identische Symbole zugeordnet.
- Objekten mit verschiedenartiger Merkmalsausprägung werden verschiedene Symbole zugeordnet.

Die Objekte werden anhand der Merkmalsausprägung in Kategorien oder Gruppen eingeteilt, Objekte mit identischer Merkmalsausprägung bilden eine Kategorie oder Gruppe.

Übliche statistische Kenngrößen

- absolute und relative Häufigkeit je Kategorie
- häufigster Wert (Mode oder Modus)
- Kontingenztafeln (χ^2-Techniken).

Fallbeispiel

- Die Anzahl der Hotelgäste wird in Gruppen nach Nationalität unterteilt.
- Die Häufigkeit verkaufter Fahrzeuge wird nach Modellreihe kategorisiert.

Rang- oder ordinalskalierte Merkmalswerte

Eine Ordinalskala ordnet den Merkmalen Zahlen zu, die eine Rangordnung repräsentieren.

- Merkmalen mit identischer Ausprägung werden identische Werte zugeordnet.
- Je stärker der Grad der Merkmalsausprägung ist, desto höher ist der zugeordnete Zahlenwert.

Fehlende Einheit und nicht definierte Abstände

- Das Bilden von Differenzen ist nicht sinnvoll, da die Abstände zwischen direkt aufeinanderfolgenden Zahlen nicht das Vielfache einer definierten Einheit sind.

Fallbeispiel Schulnote

Der Abstand zwischen den Noten 1 und 2 ist nicht direkt vergleichbar mit dem Abstand zwischen den Noten 3 und 4, da es keine eindeutige „Noten-Einheit“ gibt.

Übliche statistische Kenngrößen

- Median
- Spannweite
- Rangkorrelation.

Intervallskala

Ein Merkmalswert besteht aus Zahlenwert und Einheit.

- Die Intervallskala ordnet den Merkmalen Zahlenwerte zu, die ein Vielfaches einer festgelegten Einheit sind.

Kein natürlicher Nullpunkt

- Eine Intervallskala besitzt keinen natürlichen Nullpunkt, wodurch das Bilden von Verhältnissen nicht möglich ist.

Fallbeispiel Kalenderdatum

Keine Verhältnisbildung

Der 14. April 2013 ist nicht doppelt so groß wie der 7. April 2013.

Die Differenz zwischen den beiden Tagen ist ein Vielfaches der Einheit Tag: Zeitdifferenz = 7 d.

Übliche statistische Kennwerte

- Mittelwert
- Standardabweichung
- Korrelationskoeffizient nach Pearson.

Verhältnisskala

Ein Merkmalwert besteht aus Zahlenwert mal Einheit.

- Eine Verhältnisskala ordnet den Merkmalen Zahlenwerte zu, die ein Vielfaches einer festgelegten Einheit sind.

Ein natürlicher Nullpunkt

- Eine Verhältnisskala besitzt einen natürlichen Nullpunkt, wodurch das Bilden von Verhältnissen möglich ist.

Fallbeispiel Länge

Verhältnisbildung möglich

- Die Länge l_1 = 60 cm ist dreimal so groß wie die Länge l_2 = 20 cm

Vielfaches einer Einheit:

- Die Differenz $d = l_1 - l_2$ = 40 cm ist das Vielfache der Einheit Zentimeter

Übliche statistische Kennwerte

- arithmetischer, geometrischer und harmonischer Mittelwert
- Standardabweichung

- Korrelationskoeffizient
- Variationskoeffizient.

Eine dritte Möglichkeit besteht darin, die Merkmale anhand der möglichen Werte in eine der Kategorien **diskret** und **kontinuierlich** einzuteilen. Kontinuierlich bedeutet, dass zwischen zwei beliebig nah beieinander liegenden (Zahlen-)Werten – zumindest theoretisch – stets ein weiterer Wert vorkommen kann. Diskret bedeutet, dass es einen kleinsten Abstand zwischen zwei Werten gibt, innerhalb dessen kein weiterer Wert vorkommen kann. Dementsprechend sind die Werte einer Nominal- oder Rangskale in die Kategorie diskret einzustufen und die Werte einer Intervall- oder Verhältnisskala in die Kategorie kontinuierlich.

2.3.2 Erfassung von Merkmalswerten

Für eine umfassende statistische Auswertung sind die Messwerte, die ein Produktmerkmal repräsentieren, möglichst anwenderfreundlich, effizient und sicher zu erfassen. Anschließend sind die Datensätze entweder dezentral auf dem jeweiligen Erfassungssystem oder zentral in einer Datenbank zu hinterlegen. Grundlage dazu ist der Prüfplan. Dieser enthält die zu messenden Produktmerkmale sowie die Reihenfolge, in der die jeweiligen Merkmale gemessen werden sollen. Im Prüfplan können sowohl quantitative als auch qualitative Merkmale enthalten sein.

Erfassung von kontinuierlichen Merkmalswerten

Kontinuierliche Merkmalswerte sollten möglichst automatisiert erfasst werden. Dadurch können Fehleingaben und Übertragungsfehler weitestgehend vermieden werden. Die meisten Erfassungssysteme sind in der Lage, die gemessenen Werte entweder direkt in eine Datei oder online über eine serielle Schnittstelle auf ein Rechnersystem zu übertragen.

Bei der Erfassung der Merkmalswerte sollten auch immer Zusatzinformationen wie Datum/Uhrzeit, gegebenenfalls Ereignis, Maschinen- und Prozessparameter erfasst werden. Nur so ist eine umfassende Analyse auf die Ursache möglich, wonach Rückschlüsse auf Veränderungen gezogen werden können. Dabei müssen die Zusatzdaten in den Katalogen hinterlegt werden, um eindeutige Zuordnungen treffen zu können. Damit wird jedem Messwert quasi für das jeweilige Zusatzdatenfeld ein Code zugeordnet. Durch die Referenz auf einen entsprechenden Katalog ist für den jeweiligen Code der erfasste Langtext bekannt.

Bei der Erfassung der Werte von Hand sollten bei der Eingabe immer Plausibilitätsgrenzen im Hintergrund vorhanden sein. Überschreiten eingegebene Messwerte diese Grenzwerte, muss eine Fehlermeldung erscheinen, um auf eventuelle Fehleingaben hinzuweisen. Typische Eingabefehler sind Tippfehler, fehlendes oder falsches Vorzeichen bzw. fehlende oder falsch gesetzte Nachkommastellen.

Einteilung der Merkmale in Klassen

Beim Festlegen des Prüfplanes sollte jedes Merkmal einer Klasse zugeordnet werden, die auf die Bedeutung des Merkmales hinweist. In der Praxis hat sich eine Einteilung in drei bis fünf Klassen als sinnvoll herausgestellt. Diese könnten beispielsweise sein: kritisch, signifikant, nicht signifikant. Selbstverständlich sind weitere Klassen und andere Bezeichnungen denkbar. Gerne genutzt sind auch Klassen, die auf den Bezug zur Qualitätsanforderung hinweisen, z. B. L (**L**egal Requirements), S (**S**afety Requirements), F (**F**orm, **F**unction, Per**F**ormance). Die jeweilige Einteilung und die Anzahl der Klassen ist von Unternehmen zu Unternehmen bzw. von der Aufgabenstellung abhängig. Diese Einteilung ist deshalb sinnvoll, um bei einer späteren Analyse die Spreu vom Weizen trennen zu können, vor allem, wenn viele Merkmale vorliegen. In der Regel haben nicht alle Merkmale die gleiche Bedeutung. Aufgrund der Klasseneinteilung können die wesentlichen Merkmale besser in den Vordergrund gestellt werden.

Datenaufkommen

In der Praxis treten zwei Extremsituationen auf. Zum einen handelt es sich um Teile oder Produkte mit sehr vielen Merkmalen, die aufgrund des Messaufwands nur selten gemessen werden, zum Beispiel Motorblock, Karosse. Solche Teile werden in der Regel pro Schicht höchstens ein bis zwei Mal vermessen. Zum anderen handelt es sich um Teile, die aufgrund ihrer Bedeutung zu 100 % geprüft werden und dadurch ein hohes Aufkommen an Messwerten in kurzer Zeit entsteht. Für diese beiden Extremsituationen muss ein weiterverarbeitendes Rechnersystem in der Lage sein, die erfassten Werte zusammen mit Zusatzdaten ausreichend schnell zu übertragen und abzuspeichern. Bei solchen Konstellationen entstehen pro Schicht sehr schnell eine Million Datensätze und mehr.

Ermittlung von qualitativen Merkmalen

Diese Merkmalsarten werden in der Regel automatisch erfasst. Zur Unterstützung werden hierzu häufig Strichcodes vergeben. Über ein Barcode-Lesegerät können die jeweiligen Ereignisse sowie die Anzahl der Werte erfasst werden.

Alternativ können die Ergebnisse in entsprechend vorbereitete Belege eingetragen werden. Mit sogenannten Beleglesegeräten können diese über ein Rechnersystem eingelesen und entsprechend weiterverarbeitet werden.

Weitere Hinweise zur Datenerfassung und insbesondere zur Verbesserung der Datenqualität finden Sie in dem Buch „Kennzahlensystem“ (Dietrich et al., 2007).

2.4 Klassifizierung von Wahrscheinlichkeitsverteilungen

Für eine Klassifizierung bietet sich die Unterscheidung in **diskret** und **kontinuierlich** an: In dem einen Fall werden die Merkmalswerte als Realisierung einer diskreten Zufallsvariablen aufgefasst, wie z.B. die Unterteilung in gute und schlechte Einheiten, und in dem anderen Fall als Realisierungen einer kontinuierlichen Zufallsvariablen (Messwerte).

Ausgewählte Verteilungen für diskrete Zufallsvariablen

- Hypergeometrische Verteilung
- Binomialverteilung
- Poissonverteilung.

Ausgewählte Verteilungen für kontinuierliche Zufallsvariablen

- Normalverteilung
- logarithmische Normalverteilung
- Weibull-Verteilung
- Rayleigh-Verteilung (Betragsverteilung 2. Art)
- Betragsverteilung 1. Art
- Student-Verteilung (t-Verteilung)
- Chi-Quadrat-Verteilung (χ^2-Verteilung)
- Fisher-Verteilung (F-Verteilung).

Die letzten drei Modelle werden hauptsächlich zur Beschreibung der Zufallsstreuung von Stichprobenkenngrößen wie Mittelwerten, Varianzen usw. verwendet werden, weniger zur Beschreibung von Messdaten. Im Buch wird g(x) zur Kennzeichnung der Wahrscheinlichkeitsfunktion (diskrete Zufallsvariable) und Wahrscheinlichkeitsdichtefunktion (kontinuierliche Zufallsvariable) verwendet, sowie G(x) für die Kennzeichnung der Verteilungsfunktion.

Bild 2.3 zeigt eine Auswahl wichtiger Verteilungsmodelle. Unter bestimmten Voraussetzungen können einige Verteilungsmodelle durch andere angenähert werden. Verteilungsmodelle für kontinuierliche Zufallsvariablen können bei bestimmten Formparametern identisch sein, es ist aber auch möglich, Verteilungsmodelle für diskrete Zufallsvariablen durch kontinuierliche zu nähern. So ist z.B. die Berechnung der Verteilungsfunktion einer Binomialverteilung für große Stichprobenumfänge numerisch aufwendig (Berechnung Fakultät). In so einem Fall ist es praktischer, die Binomialverteilung durch die Normalverteilung zu ersetzen.

Ein Schwerpunkt in diesem Buch ist die Beurteilung der Fähigkeit eines Fertigungs- oder Montageprozesses, spezifikationskonforme Merkmalswerte erzeugen zu können. Dafür verwendete Fähigkeitskennwerte müssen auf der Grundlage eines möglichst exakt an die empirischen Daten angepassten Verteilungsmodells berechnet werden. Für diesen Zweck wird der Grad der Übereinstimmung zwischen den Daten und dem Verteilungsmodell anhand von Gütekriterien beurteilt. Details sind in Kapitel 4 beschrieben.

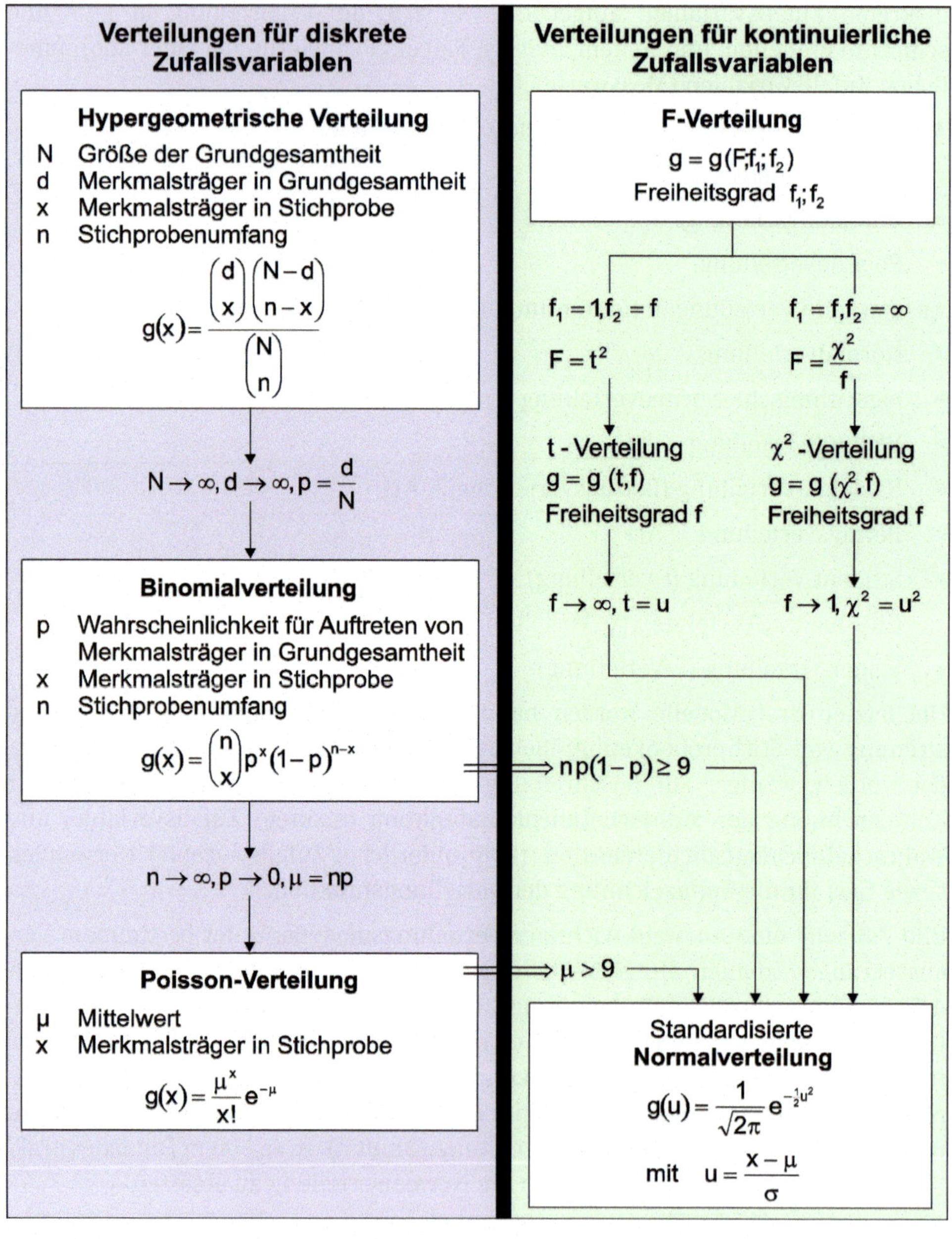

Bild 2.3 Zusammenhang und Überleitung der verschiedenen Verteilungen

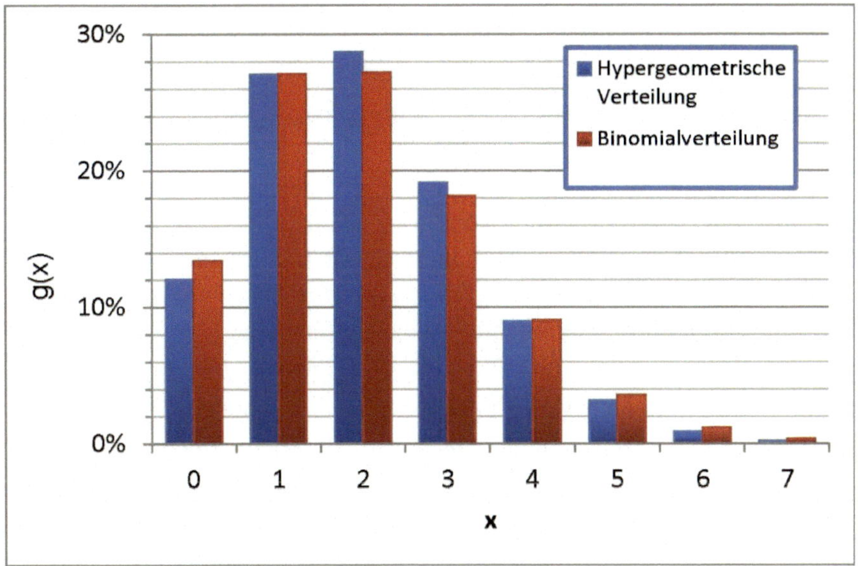

Bild 2.4 Wahrscheinlichkeitsfunktionen der Hypergeometrischen Verteilung (N = 2000, n = 200, d = 20) und der Binomialverteilung (n = 200, p = 1 %) im Vergleich

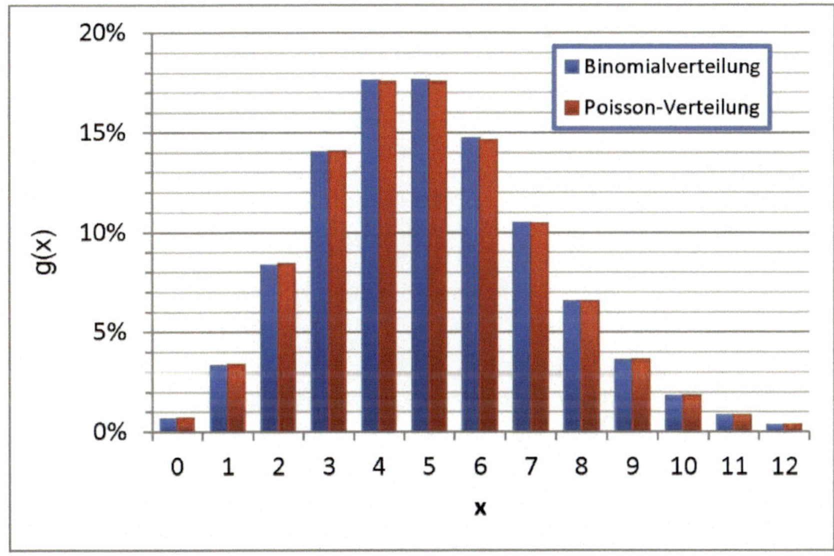

Bild 2.5 Vergleich der Wahrscheinlichkeitsfunktionen der Binomial- und Poisson-Verteilung (n = 500, p = 1 % und μ = 5)

2.5 Definition des Vertrauensbereiches

Soll von der Stichprobe auf die zugehörige Grundgesamtheit geschlossen werden, handelt es sich um den sogenannten **indirekten** Schluss. Dabei ist es das Ziel, anhand der Stichprobenkennwerte (z. B. Mittelwert $\overline{x}$, Standardabweichung s etc.) eine Aussage über die Parameter der Grundgesamtheit (z. B. Mittelwert μ, Standardabweichung σ usw.) zu machen. Der wahre Wert (Parameter) der Grundgesamtheit wird innerhalb der Vertrauensgrenzen mit der Aussagewahrscheinlichkeit von $1 - \alpha$ (α = Irrtumswahrscheinlichkeit) anzutreffen sein.

$1 - \alpha$ wird auch als Vertrauensniveau bezeichnet. Typische Werte für $1 - \alpha$ sind 95 %, 99 % oder 99,9 %. Dabei hängt der Vertrauensbereich auch vom Stichprobenumfang ab (s. Tabelle 2.1). Diese Tabelle enthält für die unterschiedlichen Fähigkeitsindizes die Vertrauensbereiche in Abhängigkeit des Stichprobenumfangs. Bild 2.7 verdeutlicht den Sachverhalt für den Fähigkeitsindex 1,33 der Grundgesamtheit.

Mit dem Vertrauensbereich können somit aufgrund der Ergebnisse einer Stichprobe Schlüsse auf die Grundgesamtheit gezogen werden.

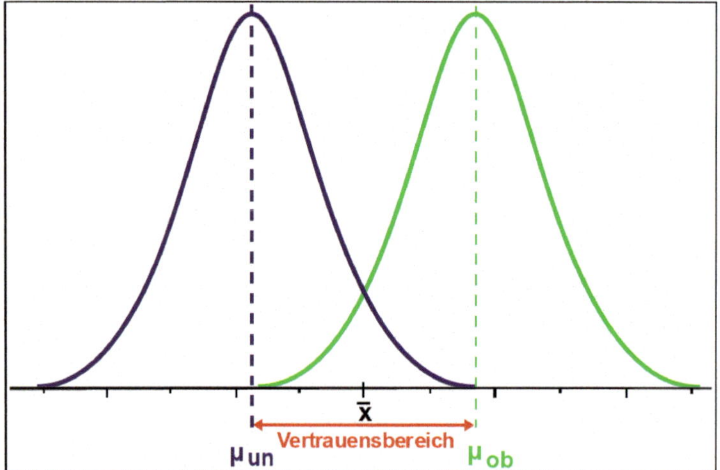

$\overline{x}$ Mittelwert einer Stichprobe

μ_{un}, μ_{ob} Vertrauensbereich für den Mittelwert der Grundgesamtheit

Bild 2.6 Vertrauensbereich

Je nach Problemstellung kann ein einseitiger oder zweiseitiger Vertrauensbereich bestimmt werden. Die Berechnungsformeln sind in Kapitel 5 angegeben.

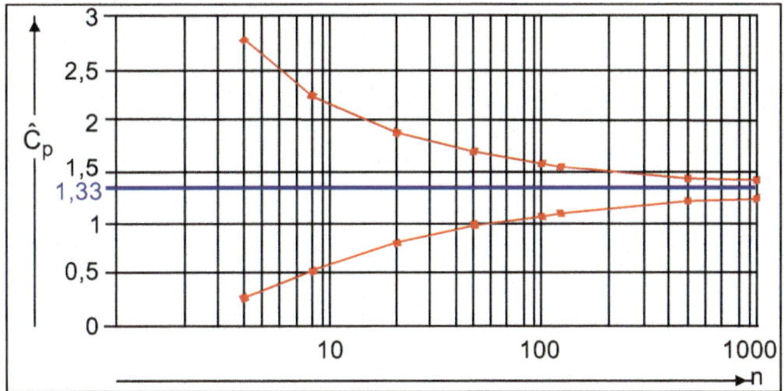

Bild 2.7 99%-Vertrauensbereichsgrenzen für die Kenngröße $\hat{C}_p$ = 1,33 in Abhängigkeit vom Stichprobenumfang n

Tabelle 2.1 Fähigkeitsindizes mit Vertrauensbereich (1 - α = 95%) für die Kenngröße $\hat{C}_p$

n	1.00	1.33	1.67	2.00
10	0,548...1,454	0,729...1,934	0,915...2,428	1,096...2,908
15	0,634...1,366	0,843...1,817	1,059...2,281	1,268...2,732
20	0,685...1,315	0,911...1,749	1,143...2,196	1,369...2,630
25	0,719...1,281	0,956...1,703	1,200...2,139	1,438...2,561
30	0,744...1,256	0,989...1,670	1,242...2,097	1,488...2,511
40	0.779...1,221	1,036...1,624	1,301...2,039	1,558...2,442
50	0,802...1,197	1,067...1,592	1,340...1,999	1,605...2,394
60	0,820...1,180	1,090...1,569	1,369...1,970	1,640...2,360
70	0,833...1,166	1,108...1,551	1,392...1,948	1,667...2,333
80	0,844...1,155	1,123...1,537	1,410...1,930	1,689...2,311
90	0,853...1,147	1,135...1,525	1,425...1,915	1,706...2,293
100	0,861...1,139	1,145...1,515	1,438...1,902	1,722...2,278
250	0.912...1,088	1,213...1,447	1,523...1,816	1,824...2,175
500	0,938...1,062	1,247...1,412	1,566...1,774	1,876...2,124
1000	0,95...1,044	1,272...1,388	1,597...1,743	1,912...2,088

Fallbeispiel

Eine sinnvolle Anwendung ist die Angabe eines Vertrauensbereiches bei Fähigkeitsindizes. Ergibt eine Fähigkeitsstudie einen Indexwert von 1,29 und liegt die geforderte Grenze bei 1,33, ist - wie bei determinierter Betrachtungsweise üblich - der Fähigkeitsindex zu klein. Vergegenwärtigt sich der Leser, dass das Ergebnis auf einer Stichprobe vom Umfang n = 100 basiert und der wahre Wert mit einer Wahrscheinlichkeit von 95% zwischen den Vertrauensgrenzen (s. Tabelle 2.1) von 1,145 und 1,515 liegt, relativiert sich die oben getroffene Aussage sofort. Die oft unnötig geführten Diskussionen, ob Fähigkeitsindizes, die geringfügig unterhalb vorgegebener Grenzen liegen, als „in Ordnung" zu betrachten sind, entfallen damit.

Hinweis

Die hier getroffene Aussage für Fähigkeitskennwerte lässt sich auf andere statistische Kenngrößen (z. B. Mittelwert, Range, Standardabweichung) und den daraus abgeleiteten Kennzahlen in gleichem Maße übertragen. Die Berechnung des jeweiligen Vertrauensbereichs ist in Kapitel 5 erläutert.

2.6 Definition des Zufallsstreubereiches

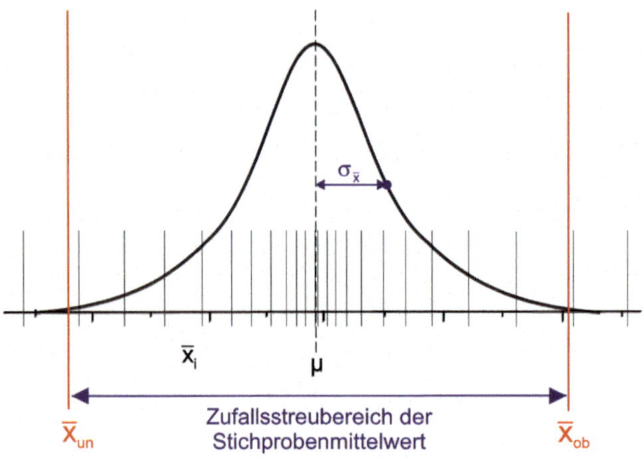

μ = Mittelwert der Stichprobenmittelwertverteilung (Erwartungswert)
$\sigma_{\bar{x}}$ =Standardabweichung der Stichprobenmittelwertverteilung
$\bar{x}_i$ = Ein einzelner Stichprobenmittelwert

Bild 2.8 Zufallsstreubereich von Stichprobenmittelwerten

Vom **direkten** Schluss spricht man, wenn von der bekannten Grundgesamtheit auf die Stichprobe geschlossen wird. Damit ist eine Aussage möglich, die angibt, in welchem Bereich die Stichprobenergebnisse mit einer bestimmten Wahrscheinlichkeit liegen werden. Diese vorgegebene Wahrscheinlichkeit wird mit $P = 1 - \alpha$ bezeichnet. Typische Zahlenwerte sind 99 % und 99,73 %.

Je nach Problemstellung kann man mit einseitigen oder zweiseitigen Zufallsstreubereichen arbeiten. Die Berechnungsformeln sind in Abschnitt 5.4 angegeben.

Fallbeispiel

Ein umfangreicher Vorlauf bei der Herstellung von Kunststoffteilen ergab einen Anteil von fehlerhaften Teilen von 0,5 %. Im Vorlauf konnte nachgewiesen werden, dass es sich um einen konstanten Fertigungsprozess handelt. Damit wird dieser Wert als Parameter der Grundgesamtheit angesehen.

Um in Zukunft Änderungen des Fertigungsprozesses zu bemerken, wird täglich eine Stichprobe des Umfangs n entnommen. Hierbei ergibt sich folgende Fragestellung: „Mit wie viel fehlerhaften Teilen muss in der Stichprobe gerechnet werden, ohne dass der Fertigungsprozess sich verändert hat?"

Einen weiteren wichtigen Anwendungsbereich des Zufallsstreubereichs stellt die Qualitätsregelkartentechnik dar. Verletzen beispielsweise Stichprobenkennwerte die - basierend auf der Grundgesamtheit errechneten - Eingriffsgrenzen, kann von sogenannten Prozessstörungen ausgegangen werden. ■

2.7 Aufgabe der Wahrscheinlichkeitsfunktionen

Zunächst gilt es, einen realen Sachverhalt mit einem Verteilungsmodell möglichst exakt zu beschreiben. Welche Funktion zum Tragen kommt, hängt einerseits von der Merkmalsart (s. Abschnitt 2.3) und andererseits vom jeweiligen zeitabhängigen Verteilungsmodell (s. Abschnitt 9.1) ab. Je besser es gelingt, den realen Sachverhalt mathematisch wiederzugeben, desto besser sind die Ergebnisse und umso verlässlicher die darauf basierenden Aussagen. In Kapitel 9 wird auf die Beurteilungskriterien für die Auswahl von Verteilungsmodellen näher eingegangen.

Ist ein Verteilungsmodell für ein Produkt- oder Prozessmerkmal bestimmt, so können damit praktische Aufgabenstellungen gelöst werden:

- Prognose künftig zu erwartender Einzelwerte oder Stichprobenkenngrößen (Zufallsstreubereiche)
- Ermitteln der zu erwartenden Anteile außerhalb der Spezifikation (Überschreitungsanteile)
- Beurteilen, wie sicher Einzelwerte innerhalb der Spezifikation zu erwarten sind (Prozessfähigkeit).

Aber auch für das Schätzen von Parametern anhand von Stichprobenkenngrößen sind Verteilungen hergeleitet worden, mit denen abgeschätzt werden kann, in welchem Werteintervall der wahre Wert des Parameters enthalten sein könnte. Eine praktische Anwendung ist das Bestimmen von Vertrauensbereichen.

In Kapitel 5 werden grundlegende Verteilungsmodelle sowie die davon abgeleiteten Zufallsstreu- und Vertrauensbereiche vorgestellt und deren Anwendungen gemäß der o.g. Zielrichtung besprochen. Die Tabelle 2.2 zeigt die wesentlichen Aufgaben in der Übersicht. In Bild 5.2 sind typische Fragestellungen der Wahrscheinlichkeitsrechnung unabhängig vom Verteilungstyp zusammengestellt.

Tabelle 2.2 Bestimmung von Zufallsstreu- und Vertrauensbereichen

Merkmalsart	Verteilungsmodell g(x) bzw. G(x)	Zufallsstreubereich	Vertrauensbereich
		typische Werte für 1 - α = 95 %, 99 %, 99,73 %	
diskret Anzahl bzw. Anteil fehlerhafter Einheiten	Binomialverteilung	$p, 1-\alpha,\ n \rightarrow x_{un} \ldots x_{ob}$	$\hat{p}, 1-\alpha, n \rightarrow p_{un} \ldots p_{ob \ldots}$
diskret Anzahl Fehler pro Einheit	Poisson-Verteilung	$\mu, 1-\alpha \rightarrow x_{un} \ldots x_{ob}$	$x, 1-\alpha \rightarrow \mu_{un} \ldots \mu_{ob}$
kontinuierlich Messwertreihe	Normalverteilung	$\mu, \sigma, 1-\alpha \rightarrow \bar{x}_{un} \ldots \bar{x}_{ob}$ $s_{un} \ldots s_{ob}$	$\bar{x}, s, 1-\alpha \rightarrow \mu_{un} \ldots \mu_{ob}$ $\sigma_{un} \ldots \sigma_{ob}$

P = Wahrscheinlichkeit aus G(x)
α =Irrtumswahrscheinlichkeit
x =Anzahl fehlerhafter Einheiten bzw. Anzahl Fehler pro Einheit (Stichprobe)
p = Anteil fehlerhafter Einheiten (Grundgesamtheit)
μ = Mittelwert der Grundgesamtheit
$\bar{x}$ =Mittelwert der Stichprobe
σ = Standardabweichung der Grundgesamtheit
s = Standardabweichung der Stichprobe
n = Stichprobenumfang

Ein mit einem Dach „^" gekennzeichneter Kennwert ist der Schätzwert für den Parameter der Grundgesamtheit.

■ 2.8 Zusammenstellung der grundlegenden Verfahren

In Kapitel 3 bis Kapitel 7 werden grundlegende statistische Verfahren besprochen. Diese lassen sich in folgende Gruppen einteilen:

- Berechnung statistischer Kennwerte (Kapitel 3)
- grafische Darstellungen von Messwerten und Ergebnissen (Kapitel 4)
- Wahrscheinlichkeitsverteilung (Kapitel 5)

- numerische Testverfahren (Kapitel 6)
- Qualitätsregelkarten (Kapitel 7).

Jedes dieser Verfahren hat seinen spezifischen Einsatzbereich, der durch seine Funktion festgelegt ist. Basierend auf den Ergebnissen der Verfahren entsteht das Gesamtbild, anhand dessen der Prozess beschrieben, dargestellt, beurteilt und bewertet werden kann. Einige Werkzeuge liefern redundante bzw. widersprüchliche Ergebnisse. Im einen Fall verstärkt sich die gewonnene Erkenntnis und im anderen Fall sind ergänzende Betrachtungen erforderlich.

Hinweis

In Tabelle 2.3 sind die grundlegenden Werkzeuge und Verfahren zusammengestellt und die Funktion bzw. der Einsatz zugeordnet. An dieser Stelle soll und kann nur ein Überblick der wesentlichen Verfahren und deren Anwendung gegeben werden. Die Details sind in den jeweiligen Kapiteln beschrieben. ■

Tabelle 2.3 Grundlegende Verfahren und deren Anwendung

	Verfahren	Anwendung
Kenngrößen	Mittelwert, Median	Schätzwerte für die Prozesslage
	Standardabweichung, Spannweite	Schätzwerte für die Prozessstreuung
	Schiefe, Kurtosis, Exzess, Wölbung	Beurteilung der Verteilungsform
	Regressionskoeffizienten, Bestimmtheitsmaß	Aussage über die Art und Güte einer Modellanpassung
	Fähigkeitsindizes, Überschreitungsanteil	Leistung und Fähigkeit eines Prozesses
Grafiken	Verlauf der Urwerte	Erkennen von Besonderheiten wie: Ausreißer, Trends, Periodizitäten, Mittelwertschwankungen, Werte außerhalb der Spezifikation
	Balkendarstellung	Lage der Mess- und Kennwerte innerhalb von vorgegebenen Grenzen
	Wertestrahl	Verteilungsform abschätzen, Auflösung des Messmittels, Anzahl Werte außerhalb der Spezifikation
	Histogramm	Verteilungsform abschätzen, Fähigkeitsindizes abschätzen
	Wahrscheinlichkeitsnetz (Einzelwerte/klassiert)	Modellverteilung zutreffend, Abschätzen von Überschreitungsanteilen
	Summenlinie	Modellverteilung zutreffend

	Verfahren	Anwendung
	Qualitätsregelkarte	Beurteilung der Stabilität des Prozesses bezüglich Lage und Streuung: Erkennen von Run, Trend, Middle Third und Eingriffsgrenzenverletzungen
	Operationscharakteristik	Empfindlichkeit von Qualitätsregelkarten
	W-Netz der Mittelwerte	Erkennen von Prozessstörungen bezüglich der Lage
	CHI^2-Netz	Erkennen von Prozessstörungen bezüglich der Streuung
	xy-Plot	Darstellung von Positionstoleranzen; Erkennen von Abhängigkeiten zwischen zwei Merkmalen
	Box-Plot	Schneller Überblick anhand statistischer Kenngrößen
	Pareto-Darstellung	Häufigkeiten von Ereignissen und Maßnahmen erkennen
Testverfahren	Zufälligkeit ▪ Swed Eisenhart ▪ Trend ▪ linearer Trend	Erkennen von nicht zufälligen Wertefolgen von Einzel- und Mittelwerten; Erkennen von Besonderheiten wie Trends
	Anpassungstest ▪ Shapiro-Wilk ▪ CHI^2 ▪ d'Agostino ▪ Kolmogoroff-Smirnoff ▪ Erweiterter Shapiro-Wilk ▪ Kurtosis ▪ Asymmetrie ▪ Epps-Pulley	Beurteilungskriterien ob Abweichungen von der Modellverteilung vorliegen
	Ausreißer ▪ David, Hartley, Pearson ▪ Grubbs ▪ Hampel	Feststellen, ob Ausreißer vorliegen
	Varianzanalyse ▪ F-Test	Feststellen, ob Streuungen zwischen den Stichproben vorhanden sind; deren Größe abschätzen
	Gleichheit von Mittelwerten ▪ t-Test ▪ Kruskal und Wallis	Feststellen von Veränderungen der Mittelwerte
	Gleichheit von Varianzen ▪ Bartlett ▪ F-Test ▪ Levene	Feststellen von Veränderungen der Varianzen

3 Ermittlung statistischer Kenngrößen

3.1 Tabellarische Darstellungen

Bevor von einer Stichprobe Rückschlüsse auf die Grundgesamtheit gezogen werden können, müssen die Stichprobendaten zunächst tabellarisch oder grafisch aufbereitet werden.

Bei einer statistischen Untersuchung werden die Beobachtungsdaten meist in der Reihenfolge notiert, in der sie anfallen. Die dabei entstehende Liste wird Protokoll oder Urwertliste genannt.

Die Tabelle 3.1 beinhaltet eine Messwertreihe mit 138 Werten.

Tabelle 3.1 Beispiel zur Ermittlung statistischer Kennzahlen

i	x_i	i	x_i	i	x_i	i	x_i	i	x_i
1	22,036	11	22,052	21	22,055	31	22,050	41	22,059
2	22,040	12	22,055	22	22,043	32	22,044	42	22,046
3	22,052	13	22,044	23	22,060	33	22,054	43	22,054
4	22,043	14	22,057	24	22,059	34	22,060	44	22,058
5	22,031	15	22,056	25	22,067	35	22,028	45	22,048
6	22,043	16	22,068	26	22,035	36	22,043	46	22,046
7	22,061	17	22,046	27	22,042	37	22,049	47	22,048
8	22,044	18	22,036	28	22,048	38	22,046	48	22,050
9	22,043	19	22,047	29	22,035	39	22,047	49	22,057
10	22,024	20	22,057	30	22,050	40	22,044	50	22,064
i	x_i	i	x_i	i	x_i	i	x_i	i	x_i
51	22,068	61	22,050	71	22,033	81	22,061	91	22,062
52	22,056	62	22,044	72	22,043	82	22,037	92	22,053
53	22,055	63	22,049	73	22,053	83	22,041	93	22,038
54	22,055	64	22,045	74	22,046	84	22,049	94	22,035
55	22,030	65	22,041	75	22,062	85	22,061	95	22,071
56	22,050	66	22,054	76	22,045	86	22,053	96	22,026
57	22,040	67	22,053	77	22,039	87	22,046	97	22,067
58	22,041	68	22,061	78	22,035	88	22,056	98	22,041
59	22,051	69	22,070	79	22,049	89	22,056	99	22,065
60	22,053	70	22,071	80	22,055	90	22,040	100	22,036
i	x_i	i	x_i	i	x_i	i	x_i		
101	22,033	111	22,053	121	22,062	131	22,035		
102	22,049	112	22,049	122	22,054	132	22,052		
103	22,061	113	22,054	123	22,025	133	22,049		
104	22,047	114	22,046	124	22,044	134	22,041		
105	22,060	115	22,058	125	22,057	135	22,055		
106	22,050	116	22,052	126	22,044	136	22,046		
107	22,056	117	22,036	127	22,070	137	22,058		
108	22,057	118	22,059	128	22,030	138	22,053		
109	22,039	119	22,066	129	22,060				
110	22,076	120	22,045	130	22,059				

Weitere Darstellungsmöglichkeiten der Messwertreihe mit unterschiedlichem Detaillierungsgrad sind in den folgenden Bildern enthalten. In Bild 3.1 sind neben dem Wert selbst eine fortlaufende Nummerierung, Datum und Uhrzeit sowie die Zusatzdaten Chargennummer, Prüfer und Maschinen-Nummer angezeigt. Vor allem bei der Datenanalyse sind diese Zusatzinformationen hilfreich. In gleicher Form können andere Prozessparameter mit in die Tabelle eingetragen werden.

Bild 3.2 zeigt die Werte in Stichproben zusammengefasst. Der Stichprobenumfang ist n = 5. Bild 3.3 enthält die gleichen Werte, nur in aufsteigend sortierter Reihenfolge.

i	x_i	Datum/Zeit	Chrg. Nr.	Prüfer	Masch.Nr.
1	10,002	29.05.2002 19:03:05	Charge 1	S. Conrad	Maschine 1
2	10,011	29.05.2002 19:04:34	Charge 1	S. Conrad	Maschine 1
3	9,998	29.05.2002 19:05:08	Charge 1	S. Conrad	Maschine 1
4	9,988	29.05.2002 19:05:27	Charge 2	S. Conrad	Maschine 1
5	10,004	29.05.2002 19:05:44	Charge 2	S. Conrad	Maschine 1
6	10,004	29.05.2002 19:06:03	Charge 2	G. Schröder	Maschine 2
7	10,009	29.05.2002 19:07:13	Charge 2	G. Schröder	Maschine 2
8	10,005	29.05.2002 19:07:20	Charge 2	G. Schröder	Maschine 2
9	9,994	29.05.2002 19:07:27	Charge 2	G. Schröder	Maschine 2
10	9,981	29.05.2002 19:07:39	Charge 2	G. Schröder	Maschine 2
11	10,016	29.05.2002 19:07:48	Charge 2	S. Conrad	Maschine 1
12	10,022	29.05.2002 19:07:55	Charge 2	S. Conrad	Maschine 1
13	10,006	29.05.2002 19:08:05	Charge 3	S. Conrad	Maschine 1
14	10,007	29.05.2002 19:08:18	Charge 3	S. Conrad	Maschine 1
15	9,996	29.05.2002 19:08:21	Charge 3	S. Conrad	Maschine 1
16	10,002	29.05.2002 19:08:24	Charge 3	G. Schröder	Maschine 3
17	10,006	29.05.2002 19:08:29	Charge 3	G. Schröder	Maschine 3
18	10,004	29.05.2002 19:08:33	Charge 4	G. Schröder	Maschine 3
19	10,019	29.05.2002 19:08:48	Charge 4	G. Schröder	Maschine 3
20	9,993	29.05.2002 19:08:53	Charge 4	G. Schröder	Maschine 3

Bild 3.1 Einzelwerte mit Zusatzdaten

i	x_i	Datum/Zeit	i	x_i	Datum/Zeit	i	x_i	Datum/Zeit
1	10,002	29.05.2002 19:03:05	6	10,004	29.05.2002 19:06:03	11	10,016	29.05.2002 19:07:48
2	10,011	29.05.2002 19:04:34	7	10,009	29.05.2002 19:07:13	12	10,022	29.05.2002 19:07:55
3	9,998	29.05.2002 19:05:08	8	10,005	29.05.2002 19:07:20	13	10,006	29.05.2002 19:08:05
4	9,988	29.05.2002 19:05:27	9	9,994	29.05.2002 19:07:27	14	10,007	29.05.2002 19:08:18
5	10,004	29.05.2002 19:05:44	10	9,981	29.05.2002 19:07:39	15	9,996	29.05.2002 19:08:21
i	x_i	Datum/Zeit	i	x_i	Datum/Zeit	i	x_i	Datum/Zeit
16	10,002	29.05.2002 19:08:24	21	10,002	29.05.2002 19:14:15	26	9,991	29.05.2002 19:15:04
17	10,006	29.05.2002 19:08:29	22	9,996	29.05.2002 19:14:55	27	9,994	29.05.2002 19:15:06
18	10,004	29.05.2002 19:08:33	23	9,992	29.05.2002 19:14:58	28	10,003	29.05.2002 19:15:07
19	10,019	29.05.2002 19:08:48	24	10,010	29.05.2002 19:15:00	29	10,000	29.05.2002 19:15:09
20	9,993	29.05.2002 19:08:53	25	10,015	29.05.2002 19:15:01	30	9,995	29.05.2002 19:15:15

Bild 3.2 Einzelwerte (stichprobenweise) mit Datum/Zeit

(i)	$x_{(i)}$	Datum/Zeit	(i)	$x_{(i)}$	Datum/Zeit	(i)	$x_{(i)}$	Datum/Zeit
1	9,981	29.05.2002 19:07:39	6	9,994	29.05.2002 19:07:27	11	9,998	29.05.2002 19:05:08
2	9,988	29.05.2002 19:05:27	7	9,994	29.05.2002 19:15:06	12	10,000	29.05.2002 19:15:09
3	9,991	29.05.2002 19:15:04	8	9,995	29.05.2002 19:15:15	13	10,002	29.05.2002 19:14:15
4	9,992	29.05.2002 19:14:58	9	9,996	29.05.2002 19:14:55	14	10,002	29.05.2002 19:08:24
5	9,993	29.05.2002 19:08:53	10	9,996	29.05.2002 19:08:21	15	10,002	29.05.2002 19:03:05
(i)	$x_{(i)}$	Datum/Zeit	(i)	$x_{(i)}$	Datum/Zeit	(i)	$x_{(i)}$	Datum/Zeit
16	10,003	29.05.2002 19:15:07	21	10,006	29.05.2002 19:08:05	26	10,011	29.05.2002 19:04:34
17	10,004	29.05.2002 19:05:44	22	10,006	29.05.2002 19:08:29	27	10,015	29.05.2002 19:15:01
18	10,004	29.05.2002 19:08:33	23	10,007	29.05.2002 19:08:18	28	10,016	29.05.2002 19:07:48
19	10,004	29.05.2002 19:06:03	24	10,009	29.05.2002 19:07:13	29	10,019	29.05.2002 19:08:48
20	10,005	29.05.2002 19:07:20	25	10,010	29.05.2002 19:15:00	30	10,022	29.05.2002 19:07:55

Bild 3.3 Einzelwerte aufsteigend sortiert

Zur besseren Visualisierung der Einzelwerte und vor allem, um die Lage innerhalb und die Überschreitung der Spezifikationsgrenzen besser erkennen zu können, ist es hilfreich, die Werte zusätzlich in Form von Balken darzustellen. Die Grenzen sind normiert. Vor allem sollten Werte außerhalb der Spezifikationsgrenzen andersfarbig dargestellt werden. Alternativ können Symbole wie der „Smiley“ oder Pfeile die Überschreitung von Grenzwerten verdeutlichen. Diese Darstellungsform ist nicht möglich, wenn keine oder nur eine Spezifikationsgrenze eingetragen ist.

i	x_i	x_i	i	x_i	x_i	i	x_i	x_i
1	10,002		6	10,004		11	10,016	
2	10,011		7	10,009		12	10,022	
3	9,998		8	10,005		13	10,006	
4	9,988		9	9,994		14	10,007	
5	10,004		10	9,981		15	9,996	
i	x_i	x_i	i	x_i	x_i	i	x_i	x_i
16	10,002		21	10,002		26	9,991	
17	10,006		22	9,996		27	9,994	
18	10,004		23	9,992		28	10,003	
19	10,019		24	10,010		29	10,000	
20	9,993		25	10,015		30	9,995	

Bild 3.4 Einzelwerte mit Balkendiagramm

Hinweis

Diese „Zahlenfriedhöfe“ sind jedoch unübersichtlich und damit wenig aussagekräftig. Es ist sinnvoller, aus einer Messwertreihe statistische Kenngrößen zu ermitteln, die diese charakteristisch beschreiben. Im Folgenden sind mehrere solchen Kenngrößen übersichtsartig aufgeführt und kurz erläutert. Sicherlich gibt es in der Statistik noch viel mehr Kenngrößen. Die hier ausgewählten wurden vornehmlich im Sinn des Buches für Maschinen- und Prozessqualifikation verwendet.

Dazu werden sehr häufig folgende Kenngrößen und Kennzahlen verwendet:

- Umfang der Messwertreihe n
- arithmetischer Mittelwert $\overline{x}$
- Median (Zentralwert) $\tilde{x}$
- Varianz s^2, Standardabweichung s
- Spannweite (Range) R
- Kleinster und größter Wert x_{min}, x_{max}
- Überschreitungsanteile α

- Wölbung b_2
- Exzess g_2
- Schiefe g_1
- Fähigkeitsindizes P_m, P_{mk}, P_p, P_{pk}, C_p, C_{pk}
- Quantile, Percentile
- Variationskoeffizient
- Vertrauensbereiche für Mittelwerte, Varianzen, Fähigkeitsindizes und Überschreitungsanteile.

Die Kennwerte geben u.a. Antworten auf folgende Fragen:

- Wo liegen die Werte der Stichprobe im Mittel (Lagemaß)?
- Wie stark streuen die Werte der Stichprobe (Streuungsmaß)?
- Wie viel Prozent der Werte sind außerhalb der Spezifikationsgrenzen zu erwarten?
- Ist das Modell der Normalverteilung als Berechnungsgrundlage für die Fähigkeit zutreffend?
- Ist die Maschine, die Fertigungseinrichtung oder der Prozess fähig?

Die Kennwerte können numerisch mithilfe eines Taschenrechners oder mittels Grafiken (z.B. in Wahrscheinlichkeitsnetzen) ermittelt werden. Der Einsatz von Rechnerprogrammen unterstützt diese Vorgehensweise ungemein. Das gilt insbesondere:

- bei größeren Datenmengen
- bei komplexeren Kenngrößen
- zur korrekten Beurteilung des Sachverhaltes
- bei automatischer Prozessüberwachung anhand statistischer Kenngrößen
- bei Vergleichen von unterschiedlichen Verfahren.

Hinweis

Dabei sollte die verwendete Software verifiziert und validiert sein, um sicher zu gehen, dass die berechneten Ergebnisse und deren Darstellung problemlos angewandt werden können, ohne die Richtigkeit ständig hinterfragen zu müssen.

3.2 Markante Kenngrößen einer Messwertreihe

Arithmetischer Mittelwert

Das wichtigste Lagemaß ist der arithmetische Mittelwert $\overline{x}$ (kurz Mittelwert). Er ergibt sich aus:

$$\overline{x} = \frac{\text{Summe der Stichprobenwerte}}{\text{Anzahl der Stichprobenwerte}}$$

$$\overline{x} = \frac{1}{n}\sum_{i=1}^{n} x_i$$

mit
n = Umfang der Stichprobe
i = 1, 2, …, n
x_i = Merkmalswert

Geometrischer Mittelwert

Das geometrische Mittel errechnet sich aus: $\overline{x}_G = \sqrt[n]{x_1 \cdot x_2 \ldots x_n}$.

Dies kann auch logarithmisch über $\log \overline{x}_G = \frac{1}{n}\sum_{i=1}^{n} \log x_i$ ermittelt werden.

Median (Zentralwert)

Der Medianwert $\tilde{x}$ ist derjenige Wert der Stichprobe, der die der Größe nach sortierten Messwerte in zwei gleiche Teile zerlegt, so dass oberhalb wie unterhalb dieses Wertes gleich viele Beobachtungswerte liegen.

Bei einer geradzahligen Anzahl von Beobachtungsdaten wird der Medianwert berechnet aus dem arithmetischen Mittelwert der beiden in der Mitte liegenden Werte. Extrem liegende Messwerte beeinflussen den Medianwert weniger als den arithmetischen Mittelwert $\overline{x}$.

Median (Zentralwert) der Grundgesamtheit/des Verteilungsmodells

Der arithmetische Mittelwert liefert nur bei symmetrischen Verteilungen ein Lagemaß, mit dem ein Verteilungsmodell in zwei Bereiche aufgeteilt wird, die je 50 % Anteil enthalten. Bei asymmetrischen Verteilungsmodellen sollte stattdessen der Medianwert aus dem jeweiligen zeitabhängigen Verteilungsmodell berechnet werden

$$\tilde{x} = Q_{50\%}$$

Varianz und Standardabweichung

Die **Varianz** ist die Maßzahl, die die Streuung der Messwerte beschreibt. Sie wird mit s^2 bezeichnet und ist definiert durch die Formel

$$s^2 = \frac{1}{n-1}\sum_{i=1}^{n}(x_i - \bar{x})^2 = \frac{1}{n-1}\cdot\left(\sum_{i=1}^{n}x_i^2 - \frac{1}{n}\left(\sum_{i=1}^{n}x_i\right)^2\right)$$

Die positive Quadratwurzel der Varianz wird als **Standardabweichung** bezeichnet:

$$s = +\sqrt{s^2}$$

Der Faktor „n - 1" wird als **Freiheitsgrad** bezeichnet. Dies ist folgendermaßen begründet: Ist beispielsweise die Summe von drei Messwerten bekannt, dann lassen sich zwei Messwerte frei wählen, der dritte ist durch die Summe automatisch gegeben. Von n Messwerten, deren Summe bekannt ist, sind somit „n - 1" frei wählbar. Für $n \to \infty$ (also großem Stichprobenumfang) ist dies unerheblich.

Die Berechnung von Mittelwert und Standardabweichung kann auch über die zu Klassen zusammengefassten Merkmalswerte erfolgen. Dadurch geht allerdings Information verloren.

Spannweite bzw. Range

Die **Spannweite R** einer Stichprobe ist wie die Varianz eine Messzahl für die Streuung. Im Gegensatz zur Standardabweichung kann die Spannweite sehr einfach ermittelt werden. Sie wird aus der Differenz des größten und des kleinsten Stichprobenwertes berechnet:

$R = x_{max} - x_{min}$

x_{max} = Größtwert

x_{min} = Kleinstwert

Dieser Wert reagiert stark auf extreme Messwerte (z. B. Ausreißer) und läuft dann Gefahr, die Streuung zu überschätzen. Andererseits ist die Spannwerte insbesondere bei kleinen Stichprobenumfängen stark vom Stichprobenumfang abhängig und wird dann die Streuung deutlich unterschätzen.

Variationskoeffizient

Der **Variationskoeffizient v** dient zu Vergleichszwecken und ist durch das Verhältnis von Standardabweichung zu Mittelwert bestimmt.

$$v = \frac{s}{|\bar{x}|} \text{ für } \bar{x} \neq 0$$

Der Variationskoeffizient wird oft auch in Prozent ausgedrückt und dann mit v_r bezeichnet.

Streuzahl

Die Streuzahl z ergibt sich aus dem Verhältnis

$$z = \frac{R}{|\overline{x}|} \text{ für } x \neq 0$$

Der Buchstabe z wird in englischsprachiger Literatur auch oft für die Standardabweichung der Standardnormalverteilung benutzt.

Schiefe, Asymmetrie

Eine eingipflige Verteilung kann rechtsschief oder linksschief bzw. linkssteil oder rechtssteil sein. Die Schiefe ist ein Maß, das Auskunft über die Richtung und die Größenordnung der Asymmetrie einer Verteilung gibt.

$$g_1 = m_3 / m_2^{3/2}$$

$$m_2 = \frac{1}{n}\sum_{i=1}^{n}(x_i - \overline{x})^2$$

$$m_3 = \frac{1}{n}\sum_{i=1}^{n}(x_i - \overline{x})^3 \qquad \text{mit } i = 1, 2, 3, \ldots$$

Ist $g_1 = 0$, so heißt dies, dass die Verteilungsform symmetrisch ist. Je positiver der Wert wird, desto rechtsschiefer ist die Verteilung, je negativer der Wert g_1 wird, desto linksschiefer ist die Verteilung. Damit ergibt sich aus dem Kennwert Schiefe/Asymmetrie auch ein Test auf Normalverteilung.

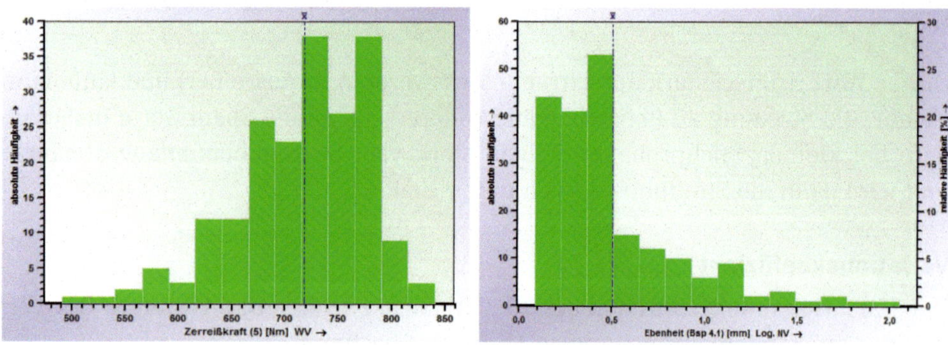

a) linksschief/rechtssteil g_1 = -0,8081020; b) rechtsschief/linkssteil g_1 = 1,6248261

Bild 3.5 Schiefe in Abhängigkeit der Verteilungsform

Exzess, Wölbung (Kurtosis)

Der **Exzess** ist ein Maß, das bei einer eingipfligen Verteilung angibt, ob bei gleicher Varianz das absolute Maximum der Häufigkeitsverteilung größer ist als bei der Normalverteilung. Oder anders formuliert, ob es sich um eine steil- oder flachgipflige Verteilungsform handelt. Der Exzess der Normalverteilung ist 0. Ist $g_2 > 0$, so ist das absolute Maximum der Häufigkeitsverteilung „grafisch anschaulich höher“ als das der zugehörenden Normalverteilung; ist $g_2 < 0$, so ist es kleiner. Häufig wird auch der Begriff **Wölbung** verwendet. Der Exzess g_2 ist Wölbung (Kurtosis) b_2 minus drei.

Wölbung: $b_2 = m_4 / m_2^2$ $\qquad m_2 = \frac{1}{n}\sum_{i=1}^{n}(x_i - \overline{x})^2$

mit i = 1, 2, 3, ...

Exzess: $g_2 = b_2 - 3$ $\qquad m_4 = \frac{1}{n}\sum_{i=1}^{n}(x_i - \overline{x})^4$

Je größer der Wert für die Wölbung ist, desto steilgipfliger ist die Verteilung und umgekehrt.

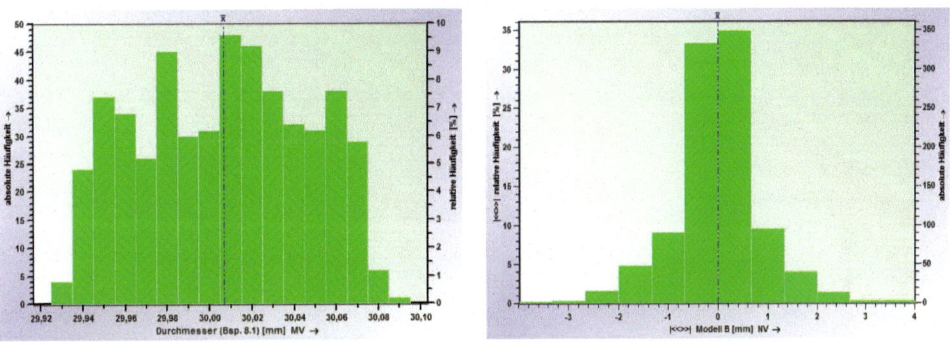

a) flachgipflig b_2 = 1,9274760; b) steilgipflig b_2 = 5,84657

Bild 3.6 Wölbung in Abhängigkeit der Verteilungsform

Bemerkung: Sind die Werte für Schiefe und Wölbung wesentlich von 0 (bzw. 3) verschieden, so ist das ein Hinweis darauf, dass die Grundgesamtheit nicht normalverteilt ist. Daher sind diese Parameter in numerischen Testverfahren enthalten.

Unterschreitungsanteil und Überschreitungsanteil

Ein Unterschreitungsanteil gibt an, welcher Anteil aller Merkmalswerte unterhalb eines vorgegebenen Merkmalswertes x zu erwarten ist (s. auch Abschnitt 5.2.2) und wird über die Verteilungsfunktion G(x) ermittelt.

Unterschreitungsanteil $p_{<x} = G(x)$,

mit G(x) = Verteilungsfunktion

Ein Überschreitungsanteil gibt an, welcher Anteil aller Merkmalswerte oberhalb eines vorgegebenen Merkmalswertes x zu erwarten ist. Der Anteilswert wird mit der Verteilungsfunktion wie folgt ermittelt:

Überschreitungsanteil $p_{>x} = 1 - G(x)$

Von einem beobachteten (empirischen) Unter- oder Überschreitungsanteil spricht man, wenn zur Ermittlung die beobachtete relative Summenhäufigkeit verwendet wird (Kapitel 4). Dementsprechend spricht man von einem erwarteten Unter- oder Überschreitungsanteil in der Grundgesamtheit, wenn zur Ermittlung ein an die Stichprobendaten angepasstes Verteilungsmodell (Verteilungsfunktion) verwendet wird.

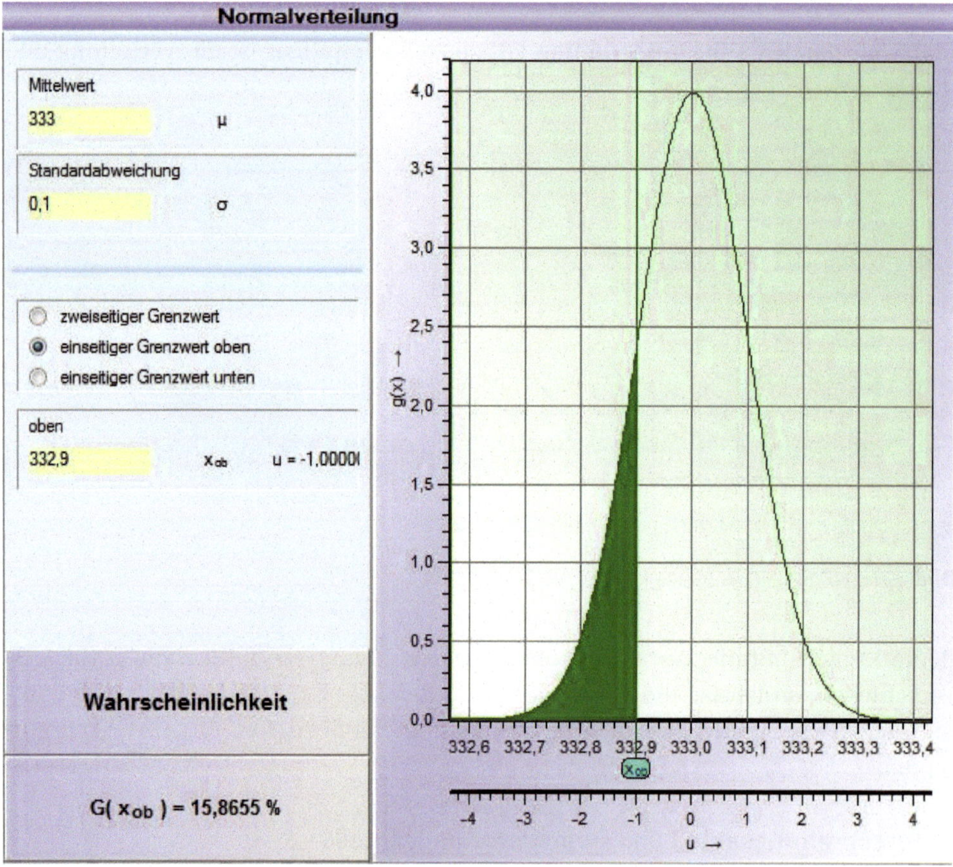

Bild 3.7 Mit der unteren Spezifikationsgrenze USG = 332,9 ml erhält man den Unterschreitungsanteil p = 15,866 für eine normalverteilte Füllmengengrundgesamtheit mit den Parametern μ = 333,0 ml und σ = 0,1 ml

Hinweis

Wird als Merkmalswert z. B. die Untere Spezifikationsgrenze gewählt, so entspricht der Unterschreitungsanteil dem erwarteten Anteil Einheiten mit einem fehlerhaften Merkmalswert.

p-Quantil

Anschaulich ausgedrückt, spaltet das p-Quantil die Menge aller Merkmalswerte in zwei Teile: Der Anteil von p Prozent der Merkmalswerte ist kleiner oder höchstens gleich dem Quantilswert und (1 - p) Prozent der Merkmalswerte ist größer als der Quantilswert. Man unterscheidet wieder zwischen dem **empirischen Quantil,** ermittelt mit der beobachteten (empirischen) Summenhäufigkeit (Stichprobe) und dem **Quantil einer Grundgesamtheit,** das mit der inversen Verteilungsfunktion einer Modellverteilung berechnet wird.

Fallbeispiel Abfüllanlage

An die Stichprobendaten des Merkmals Füllmenge wurde eine Normalverteilung angepasst. Mit diesem Modell wurde das 99,865 %-Quantil $X_{99,9865\%}$ = 333,3 ml ermittelt (inverse Verteilungsfunktion der Normalverteilung). Dieser Wert ist wie folgt zu deuten: 99,865 % der erwarteten Füllmengenwerte sind kleiner oder gleich dem Wert 333,3 ml. Etwas anschaulicher formuliert bedeutet dies, dass von 100 000 produzierten Flaschen erwartungsgemäß 99 865 Flaschen eine Füllmenge kleiner oder gleich 333,3 ml enthalten und 135 Flaschen eine Füllmenge größer als 333,3 ml.

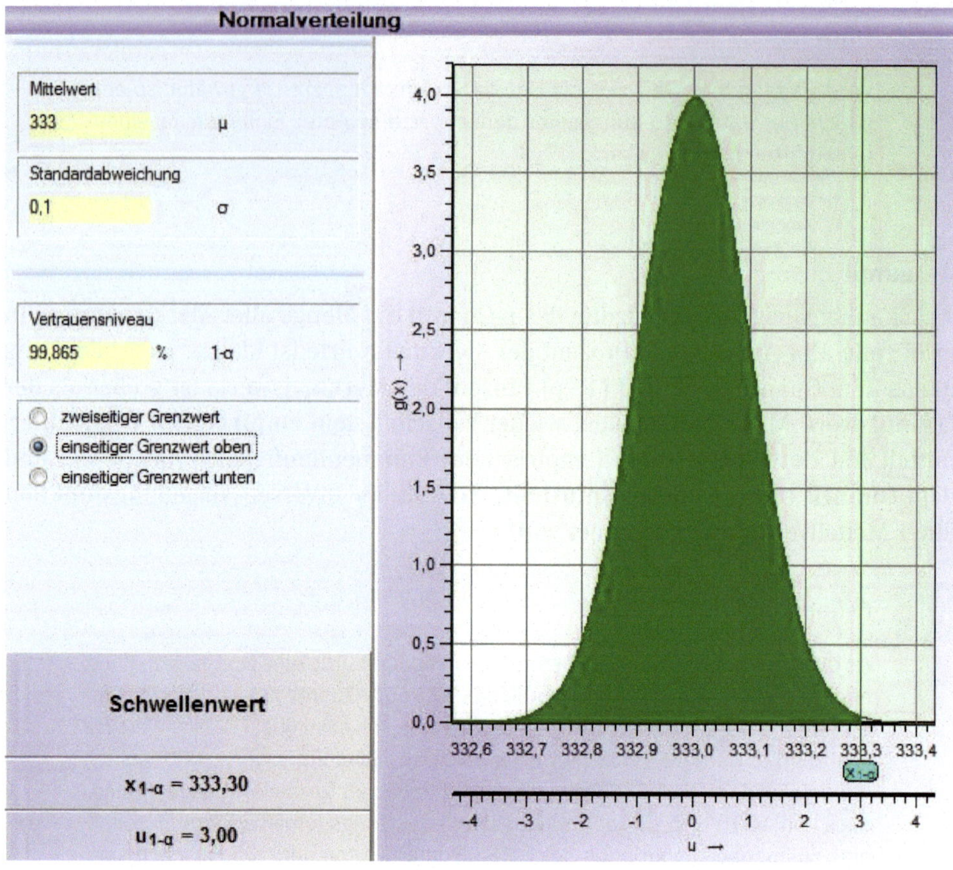

Bild 3.8 Das 99,865%-Quantil $X_{99,9865\%}$ = 333,3 ml einer normalverteilten Grundgesamtheit mit den Parametern μ = 333 ml und σ = 0,1 ml

Fähigkeitsindizes (Messwerte aus einer normalverteilten Grundgesamtheit)

Bei einer Kurzzeitfähigkeitsuntersuchung wird der Fähigkeitsindex gemäß der Norm ISO 22514-3:2020-12 (ISO, 2020) als **Maschinenleistungsindex P_m** bezeichnet und ergibt sich ausschließlich bei Vorliegen einer Normalerteilung aus

$$P_m = \frac{OSG - USG}{6 \cdot \hat{\sigma}}$$

OSG = Obere Spezifikationsgrenze

USG = Untere Spezifikationsgrenze

$\hat{\sigma}$ = Schätzer für die Standardabweichung der Grundgesamtheit

Als Schätzwert für die Standardabweichung der Grundgesamtheit σ ist die Stichproben-Standardabweichung s zu verwenden:

$$\hat{\sigma} = s = \sqrt{\frac{1}{n-1} \cdot \sum_{i=1}^{n} \left(x_i - \overline{x}\right)^2}$$

Der Maschinenleistungsindex berücksichtigt nur die Streuung, jedoch nicht die Lage der Prozessverteilung. Daher muss zusätzlich der **untere Maschinenleistungsindex P_{mkU}** und **obere Maschinenleistungsindex P_{mkO}** bestimmt werden:

$$P_{mkO} = \frac{OSG - \hat{\mu}}{3 \cdot \hat{\sigma}} \qquad P_{mkU} = \frac{\hat{\mu} - USG}{3 \cdot \hat{\sigma}}$$

mit $\hat{\mu} = \overline{x} = \frac{1}{n} \cdot \sum_{i=1}^{n} x_i$ = Schätzwert für den Lageparameter der Grundgesamtheit

Der minimale Maschinenleistungsindex P_{mk} ist der kleinere Wert der Größen P_{mkU} und P_{mkO}:

$$P_{mk} = \min\{P_{mkU}; P_{mkO}\}$$

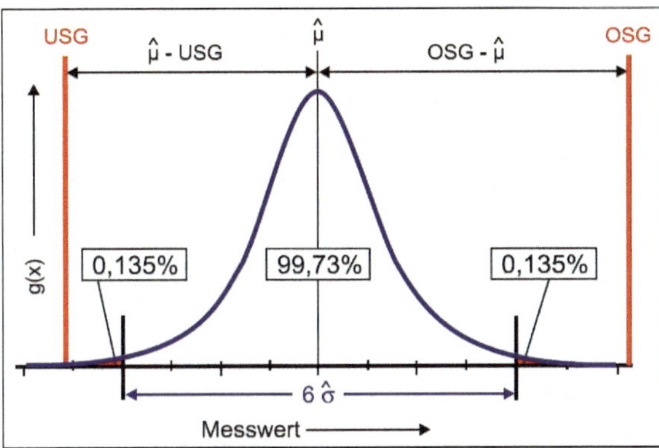

Bild 3.9
Definition Fähigkeitsindex

Beide Kennwerte dürfen einen vorgegebenen unteren Grenzwert nicht unterschreiten. Die Grenze ist firmenspezifisch festgelegt.

Sinnvolle Werte für die Leistungskenngrößen erhält man mit diesen Formeln nur, wenn die Daten aus einer normalverteilten Grundgesamtheit entstammen. Liegen keine Werte aus einer Normalverteilung vor, so sind die in Kapitel 9 beschriebenen Methoden anzuwenden.

Fallbeispiel zur Bestimmung der Maschinenleistungsindizes

Von n = 50 Teilen wurde das Merkmal Außendurchmesser (**60 mm ± 0,1 mm**) geprüft. Aus den Messergebnissen wurde der Stichprobenmittelwert $\overline{x}$ **= 59,95** und die Standardabweichung s = 0,01 mm berechnet.

Aus (60 ± 0,1) mm ergibt sich:

- Untere Spezifikationsgrenze USG = 59,9 mm
- Obere Spezifikationsgrenze OSG = 60,1 mm

Mit $\hat{\mu} = \bar{x}$ und $\hat{\sigma} = s$ gilt:

- Maschinenleistungsindex

$$P_m = \frac{OSG - USG}{6 \cdot \hat{\sigma}} = \frac{(60{,}1 - 59{,}9)\ mm}{6 \cdot 0{,}01\ mm} = 3{,}33$$

- Unterer Maschinenleistungsindex

$$P_{mkU} = \frac{\hat{\mu} - USG}{3 \cdot \hat{\sigma}} = \frac{(59{,}95 - 59{,}9)\ mm}{3 \cdot 0{,}01\ mm} = 1{,}67$$

- Oberer Maschinenleistungsindex

$$P_{mkO} = \frac{OSG - \hat{\mu}}{3 \cdot \hat{\sigma}} = \frac{(60{,}1 - 59{,}95)\ mm}{3 \cdot 0{,}01\ mm} = 5{,}00$$

- Kleinster Maschinenleistungsindex

$$P_{mk} = \min\{P_{mkU}; P_{mkO}\} = \min\{1{,}67; 5{,}00\} = 1{,}67$$

Bild 3.10 verdeutlicht den Rechenweg.

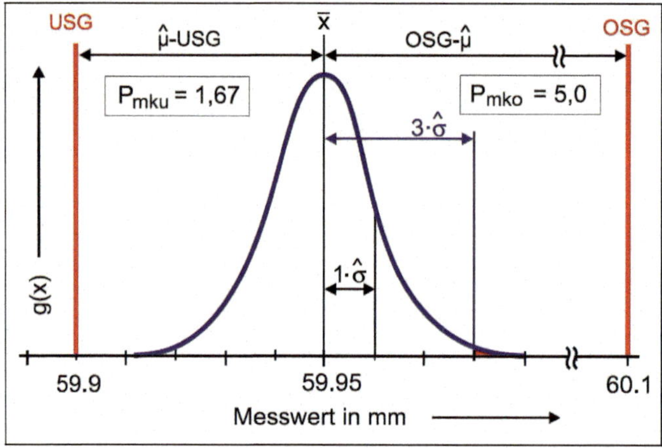

Bild 3.10 Rechenbeispiel für Fähigkeitsindex

In Bild 3.11 bis Bild 3.13 sind drei Prozessverteilungen mit unterschiedlichen Lage- und Streuungsparametern sowie den zugehörigen Leistungskenngrößen dargestellt.

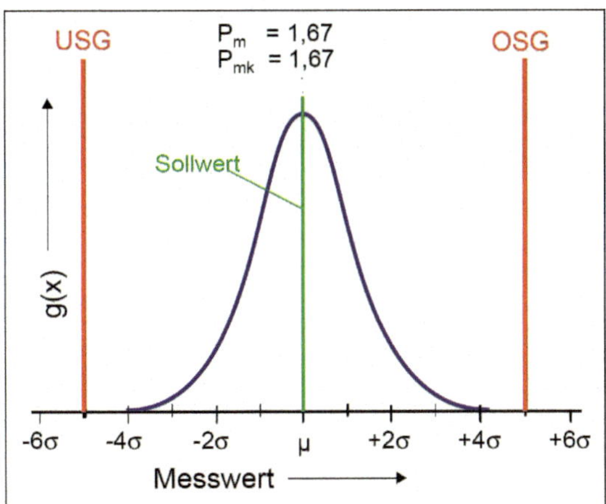

Der Prozess ist bezüglich der Prozesslage als gut anzusehen. Der Mittelwert ist quasi identisch mit dem Sollwert, daher ist der P_m-Wert identisch mit dem P_{mk}-Wert. Der P_m-Wert von 1,67 sagt aus, dass 99,9937 % der Werte innerhalb der Spezifikation liegen. Der zu erwartende Fehleranteil beträgt damit 0,0073 %.

Bild 3.11 Zentrierter Prozess mit akzeptabler Streuung

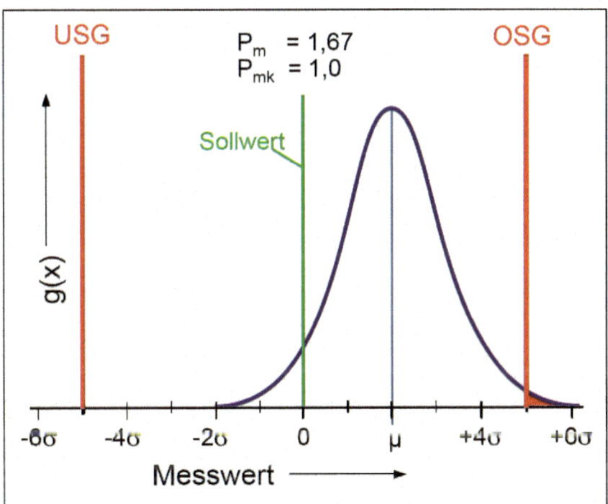

Bei dem Prozess ist die Prozesslage vom Sollwert stark abweichend. Dadurch wird der P_{mk}-Wert kleiner. Der Mittelwert ist nach oben verschoben. Damit kann erwartet werden, dann keine Werte unterhalb der unteren Spezifikationsgrenze (USG) vorkommen werden. Dafür steigt der Fehleranteil an der oberen Grenze beträchtlich. Ein P_{mk}-Wert von 1,0 lässt einen Fehleranteil von 0,135 % erwarten.

Bild 3.12 Nicht zentrierter Prozess mit akzeptabler Streuung

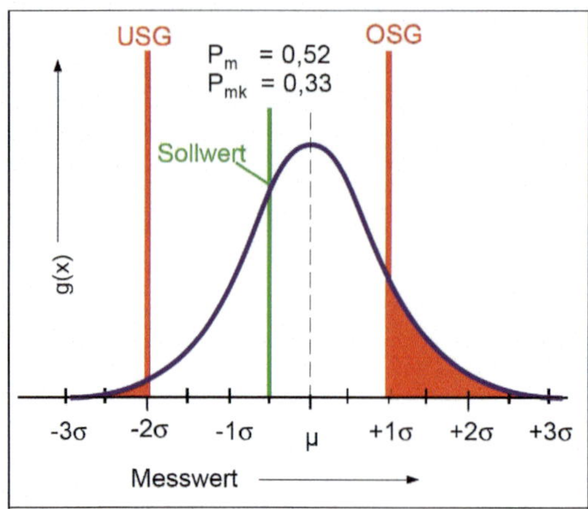

Dieser Prozess ist bezüglich der Lage als auch der Streuung als ungeeignet anzusehen. Selbst wenn keine Verschiebung der Lage vorhanden wäre, lässt der Prozess aufgrund des Wertes $P_{mk} = 0{,}52$ einen Überschreitungs-anteil von mindestens $p = 4{,}5\,\%$ erwarten.

Bild 3.13 Nicht zentrierter Prozess mit zu großer Streuung

In Bild 3.14 sind die vier typischen Fälle zusammengefasst, anhand derer die Auswirkungen der unterschiedlichen Prozesslage und -streuung auf die Fähigkeitsindizes P_m und P_{mk} zu erkennen sind.

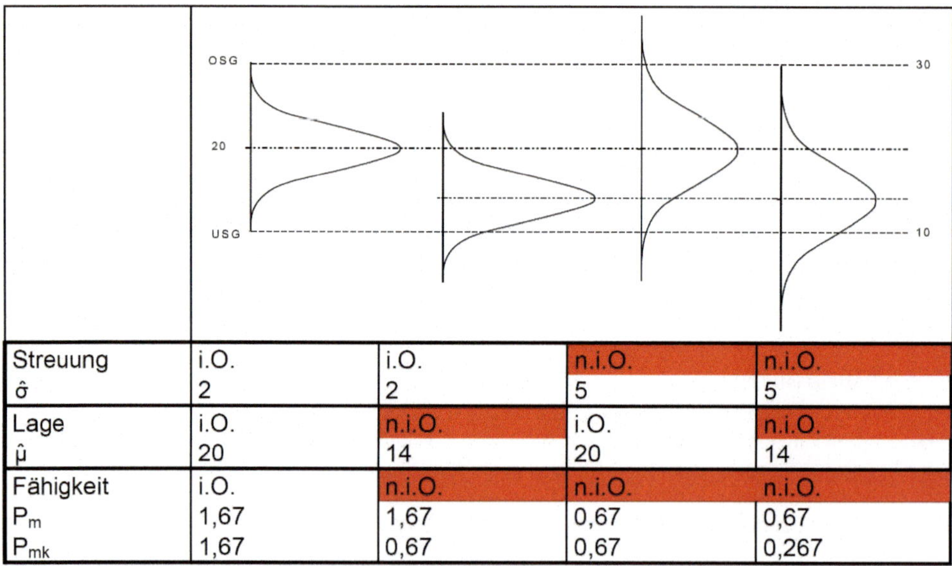

Streuung $\hat{\sigma}$	i.O. 2	i.O. 2	n.i.O. 5	n.i.O. 5
Lage $\hat{\mu}$	i.O. 20	n.i.O. 14	i.O. 20	n.i.O. 14
Fähigkeit P_m P_{mk}	i.O. 1,67 1,67	n.i.O. 1,67 0,67	n.i.O. 0,67 0,67	n.i.O. 0,67 0,267

Bild 3.14 Fähigkeitsindizes in Abhängigkeit der Prozesslage und -streuung
i.O. = in Ordnung; n.i.O. = nicht in Ordnung

3.3 Ergebnisdarstellung der Kennwerte

Basierend auf den Einzelwerten aus der Tabelle 3.1 und einer Zugrundelegung der Spezifikationsgrenzen OSG = 22,1 mm sowie USG = 22,0 mm ergeben sich die in Bild 3.15 dargestellten Ergebnisse.

Modell-Verteilung		Normalverteilung	
Mittelwert	$\bar{x}$	22,04967	
Mittelwert (Vertrauensbereich)	$\bar{x}$	22,04791...22,05144	
Medianwert	$\tilde{x}$	22,0500	
Kleinstwert	x_{min}	22,024	
Größtwert	x_{max}	22,076	
Spannweite	R	0,052	
Varianz	s^2	0,00010994	
Standardabw.	s	0,010485	
Standardabw. (Vertrauensbereich)	s	0,009377...0,011893	
-3s Quantil	$\bar{x}$-3s	22,01822	
+3s Quantil	$\bar{x}$+3s	22,08113	
3s Quantilabstand	6s	0,06291	
Schiefe	g_1	-0,08643	
Kurtosis	b_2	2,74889	
Exzess	g_2	-0,25111	
Variationskoeffizient	v	0,047554 %	
Streuzahl	z	0,23583 %	
Vert. Regr. Koeff.	r_{ges}	0,99843515	
Anzahl Werte gesamt	n_{ges}	138	
Anz. Werte ausgewertet	n_{eff}	138	
Anzahl der Werte in Toleranz	$n_{<T>}$	138	
zu erwartender Anteil in Toleranz	$p_{<T>}$	99,99981 %	
Anzahl der Werte > OSG	$n_{>OSG}$	0	
zu erwartender Anteil >OSG	$p_{>OSG}$	0,00008%	
Anzahl der Werte < USG	$n_{<USG}$	0	
zu erwartender Anteil <USG	$p_{<USG}$	0,00011%	
potentieller Fähigkeitsindex	C_m	1,40 ≤ 1,59 ≤ 1,78	*)
Fähigkeitsindex (unten)	C_{mu}	1,58	
Fähigkeitsindex (oben)	C_{mo}	1,60	
kritischer Fähigkeitsindex	C_{mk}	1,38 ≤ 1,58 ≤ 1,77	*)
⇩	Die Anforderungen sind nicht erfüllt (C_m,C_{mk})		⇩
	Q-DAS 1 - Part (09/2004)		

*) mit Vertrauensbereich

Bild 3.15 Statistische Kennwerte

Als sinnvoll hat sich für die Beurteilung eines Merkmals die in Bild 3.16 dargestellte Form erwiesen. Diese enthält nicht nur die wichtigsten Ergebnisse, sondern fasst diese thematisch strukturiert zusammen.

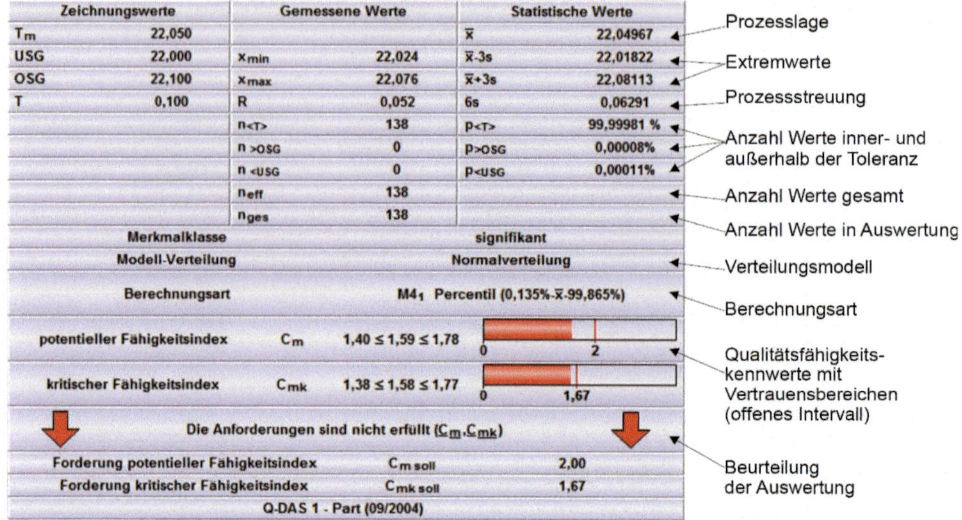

Bild 3.16 Numerische Ergebnisse

Die tabellarische Darstellung der Ergebnisse ist in die Bereiche

- Zeichnungswerte
- gemessene Werte
- statistische Werte.

aufgeteilt. Auf bestimmte Zusammenhänge zwischen den Ergebnissen sei hingewiesen. So vergleicht man sinnvollerweise den Kleinstwert mit der unteren Spezifikationsgrenze oder die Spannweite bzw. den 99,73 %-Bereich (Prozessstreubreite) mit der Toleranz. Insbesondere kann mit der Balkendarstellung der Fähigkeitsindizes das Ergebnis mit den Sollvorgaben verglichen und bewertet werden.

Zeichnungswerte

In dieser Rubrik sind der Sollwert T_m (Toleranzmitte) sowie die untere und obere Spezifikationsgrenze (OSG, USG) und die Toleranz T dargestellt.

Gemessene Werte

Diese Rubrik enthält Größt- und Kleinstwert x_{max} und x_{min} sowie die Spannweite. Weiter sind Informationen wie die Anzahl der Werte innerhalb der Toleranz sowie Anzahl der Werte oberhalb der oberen bzw. unterhalb der unteren Spezifikationsgrenze sinnvoll. Eine Aussage über den Stichprobenumfang der Werte sollte ebenfalls enthalten sein.

Statistische Kennwerte

Typische statistische Kennwerte sind für die Prozesslage der Mittelwert und für die Prozessstreuung die Prozessstreubreite von 99,73 %. Diese wird im Fall der Normalverteilung durch das Intervall $(\overline{x}+3s)-(\overline{x}-3s)$ repräsentiert. Falls keine Normalverteilung verwendet wird, wird die Prozessstreubreite durch die Quantile $Q_{un3} \triangleq 0{,}135$ %-Punkt und $Q_{ob3} \triangleq 99{,}865$ %-Punkt beschrieben. Weiter sind der prozentuale Anteil innerhalb, oberhalb der oberen und unterhalb der unteren Spezifikationsgrenze dargestellt. Wichtig ist die Anzahl der Werte als Grundlage der statistischen Ergebnisse. Diese Zahl ist mit $n_{effektiv}$ gekennzeichnet. Sind alle Werte in der Auswertung enthalten, ist $n_{effektiv}$ gleich n_{gesamt}.

Eine Kennzeichnung in Form eines Pfeils bzw. eines Textes zeigt, ob die Qualitätsfähigkeit gegeben ist. Dies erfolgt anhand eines Vergleichs zwischen den Ergebnissen und den Forderungen.

Teileprotokoll

Liegen Daten zu einem Teil mit mehreren Merkmalen vor, können die Einzelwerte in Form eines Teileprotokolls (Bild 3.17) und die Ergebnisse tabellarisch dargestellt werden.

Teilnr.	1		Teilebez.		All-Spezial-Schraube (Test_All)	
Merkm.Nr.	Merkm.Bez.	i	x	$\{x-\overline{x}\}_i$	$\{x-T_m\}_i$	$\{x-\text{Nennm.}\}_i$
1	Länge über alles (1)	1	19,993	-0,0115	-0,0070	-0,0070
2	Länge Gewinde (2)	1	14,0681	0,00018	0,00060	-0,00190
3	Durchmesser Kopf (3)	1	130,04	0,001	-0,035	0,040
4	Steigung (4)	1	2,0	1,50	-0,50	2,00
5	Zerreißkraft (5)	1	670	-48,3	-40,0	170,0
6	Schichtdicke (6)	1	0,011	-0,0143	-0,0390	0,0110
7	Schichtdicke B (7)	1	0,008	-0,0003	-0,0120	-0,0120
8	Durchmesser Stift (8)	1	30,010	0,0033	0,0100	0,0100
9	Durchmesser Verbindungsteil (9)	1	20,10	0,103	0,100	0,100
10	Masse Max. (10)	1	64,5	-0,42	-0,50	-0,50
11	Gravur oben (11)	1	4,7	0,21	0,20	0,20
12	Halterung (12)	1	26,61	0,111	0,110	0,110
13	Kern (13)	1	28,503	-0,0463	0,0030	0,1030

Bild 3.17 Teileprotokoll

Das Teileprotokoll enthält exemplarisch mehr als Merkmalsnummer und -bezeichnung, und zwar den Messwert sowie dessen Lage und die Differenz des Messwertes zum Mittelwert ($\overline{x}$), zur Toleranzmitte T_m, zum Sollwert und zum Nennmaß.

Diese Differenzen können nur berechnet werden, wenn eine zweiseitige Spezifikation und ein Sollwert bzw. das Nennmaß bekannt sind.

Merkmalsübersicht

Die in Bild 3.18 enthaltene tabellarische Übersicht der Ergebnisse zeigt aus der Messwertreihe neben der Merkmalsnummer und -bezeichnung die Spezifikationsgrenzen, die Größt- und Kleinstwerte sowie die effektiv ausgewerteten Daten. Als statistische Kennwerte sind Mittelwert ($\overline{x}$), Standardabweichung (s) und die Qualitätsfähigkeitskenngrößen (C_p, C_{pk}) dargestellt.

Merkm.Nr.	Merkm.Bez.	USG	x_{min}	OSG	x_{max}	n_{eff}	$\overline{x}$	s	Index	Index
3	Durchmesser Kopf (3)	129,90	129,94	130,25	130,14	875	130,0392	0,032599	C_p = 1,79	C_{pk} = 1,42
8	Durchmesser Stift (8)	29,870	29,930	30,130	30,090	500	30,00668	0,039701	C_p = 1,58	C_{pk} = 1,48
9	Durchmesser Verbindungst	19,70	19,82	20,30	20,14	600	19,9973	0,063738	C_p = 1,87	C_{pk} = 1,69

Bild 3.18 Numerische Ergebnisse in der Übersicht

Die tabellarische Darstellung sollte auch nach unterschiedlichen Kriterien sortiert werden können, wie zum Beispiel „aufsteigend“ oder „nach C_p-Werten“ (Bild 3.19).

Merkm.Nr.	Merkm.Bez.	USG	x_{min}	OSG	x_{max}	n_{eff}	$\overline{x}$	s	Index	Index
8	Durchmesser Stift (8)	29,870	29,930	30,130	30,090	500	30,00668	0,039701	C_p = 1,58	C_{pk} = 1,48
3	Durchmesser Kopf (3)	129,90	129,94	130,25	130,14	875	130,0392	0,032599	C_p = 1,79	C_{pk} = 1,42
9	Durchmesser Verbindungst	19,70	19,82	20,30	20,14	600	19,9973	0,063738	C_p = 1,87	C_{pk} = 1,69

Bild 3.19 Numerische Ergebnisse nach C_p aufsteigend sortiert

Teileübersicht

Die numerischen Ergebnisse können nicht nur über mehrere Merkmale, sondern auch über ein oder mehrere Teile (Bild 3.20) hinweg dargestellt werden. Dies gilt auch für alle Sortierungen. Damit können die „besseren Teile“ von den „schlechteren Teilen“ einfach unterschieden werden.

Teilnr.	Teilebez.	Merkm.Nr.	Merkm.Bez.	USG	OSG	n_{eff}	$\overline{x}$	s	Index	Index
3	Gehäuse	3.1	Länge (Bsp 3.1)	129,90	130,25	875	130,0392	0,032599	C_p=1,79	C_{pk}=1,42
8	Kunststoffdichtring	8.1	Durchmesser (Bsp. 8.1)	29,870	30,130	500	30,00668	0,039701	C_p=1,58	C_{pk}=1,48
9	Drehteil	9.1	Abstand (Bsp. 9.1)	19,70	20,30	600	19,9973	0,063738	C_p=1,87	C_{pk}=1,69

Bild 3.20 Numerische Ergebnisse über mehrere Teile

In der Regel hat ein Teil mehr als ein Merkmal bis hin zu mehreren Tausend. Von daher ist es interessant zu wissen, welches oder welche Merkmale besonders schlecht bzw. besonders gut sind (höhere Fähigkeit). So kann man gegebenenfalls bei sehr guten Merkmalen mit geeigneter Fähigkeit Verbesserungsmaßnahmen einleiten, ohne die Prüffrequenz zu erhöhen. Weitere Hinweise zu dieser Thematik sind in Abschnitt 4.12 und Abschnitt 10.4.2 zu finden.

Stichprobenkennwerte

Oftmals sind auch die Kennwerte einer Stichprobe von Interesse. In Bild 3.21 sind neben der Stichprobennummer der Kleinst- und Größtwert, der Mittelwert, der Median und die Standardabweichung angezeigt.

Stichprobe	Kleinstwert	Mittelwert	Median	Größtwert	Range	Standardabweichung
j	$x_{min\,j}$	$\bar{x}_j$	$\tilde{x}$	$x_{max\,j}$	R_j	s_j
1	22,0310	22,0404	22,0500	22,0520	0,021	0,0079
2	22,0240	22,0430	22,0500	22,0610	0,037	0,0131
3	22,0440	22,0528	22,0500	22,0570	0,013	0,0053
4	22,0360	22,0508	22,0500	22,0680	0,032	0,0122
5	22,0430	22,0568	22,0500	22,0670	0,024	0,0088
6	22,0350	22,0420	22,0500	22,0500	0,015	0,0070
7	22,0280	22,0472	22,0500	22,0600	0,032	0,0122
8	22,0430	22,0458	22,0500	22,0490	0,006	0,0024
9	22,0460	22,0530	22,0500	22,0590	0,013	0,0058
10	22,0460	22,0530	22,0500	22,0640	0,018	0,0074
11	22,0300	22,0528	22,0500	22,0680	0,038	0,0139
12	22,0400	22,0470	22,0500	22,0530	0,013	0,0060
13	22,0410	22,0458	22,0500	22,0500	0,009	0,0037
14	22,0530	22,0618	22,0500	22,0710	0,018	0,0085
15	22,0330	22,0474	22,0500	22,0620	0,029	0,0109
16	22,0350	22,0446	22,0500	22,0550	0,020	0,0079
17	22,0370	22,0498	22,0500	22,0610	0,024	0,0111
18	22,0400	22,0502	22,0500	22,0560	0,016	0,0070
19	22,0350	22,0518	22,0500	22,0710	0,036	0,0154
20	22,0260	22,0470	22,0500	22,0670	0,041	0,0182
21	22,0330	22,0500	22,0500	22,0610	0,028	0,0114
22	22,0390	22,0556	22,0500	22,0760	0,037	0,0135
23	22,0460	22,0520	22,0500	22,0580	0,012	0,0046
24	22,0360	22,0516	22,0500	22,0660	0,030	0,0117
25	22,0250	22,0484	22,0500	22,0620	0,037	0,0146
26	22,0300	22,0526	22,0500	22,0700	0,040	0,0157
27	22,0350	22,0464	22,0500	22,0550	0,020	0,0082

Bild 3.21 Kennwerte Stichproben

Sicherlich sind noch weitere Konstellationen für die tabellarische Darstellung von Werten und Ergebnissen denkbar. Auch sollte sich der Inhalt einer Tabelle an der jeweiligen Aufgabenstellung orientieren. Vor allem kann eine Überfrachtung durch zu viele Spalten den Leser überfordern.

Hinweis

Tabellarische Darstellungen von Werten und Ergebnissen sind wichtig und erforderlich, um im Einzelfall Sachverhalte exakt nachvollziehen zu können. Allerdings eignen sich Tabellen nicht, um Besonderheiten oder größere Abweichungen schnell zu erkennen. Daher ist die Visualisierung von Werten und Ergebnissen zunächst vorzuziehen. So würde der Betrachter einen Ausreißer in der grafischen Darstellung der Einzelwerte sehr schnell beobachten, während dieser in einer Zahlenkolonne leicht übersehen wird. Ähnliches gilt für die Bewertung von Sachverhalten anhand von Fähigkeitsindizes, insbesondere, wenn viele Merkmale gleichzeitig zu beurteilen sind. Unterscheiden sich die Ergebnisse im Vergleich zu den Anforderungen farblich (z. B. grün, gelb und rot, s. Abschnitt 4.10) unterstützt diese Hilfestellung die Bewertung ungemein, insbesondere wenn eine Sortierung noch nach Kriterien wie rot, gelb und grün möglich ist. Typische Beispiele sind in Kapitel 4 zusammengestellt. ■

4 Markante Grafiken

Die korrekte Berechnung der statistischen Kennwerte ist die Basis und die Grundlage jeder Beurteilung von realen Sachverhalten. Eine grafische Visualisierung der Ergebnisse erleichtert die Beurteilung und die Bewertung anhand von Vergleichen mit Grenzwerten enorm. Dazu gibt es mehrere typische Darstellungen, von denen paar besonders interessante Grafiken in diesem Abschnitt exemplarisch vorgestellt und deren Anwendung erläutert werden.

■ 4.1 Darstellung von Einzelwerten

Verlauf Einzelwerte

Die einfachste ist der Verlauf der Einzelwerte. Auf Papier erscheint das Bild statisch und begrenzt aussagekräftig, bei Softwareunterstützung mit Zoom- und Select-Funktionen sowie verschiedenen, den Fragestellungen angepassten Darstellungsvarianten, wird diese Grafik jedoch zu einem sehr aussagekräftigen und universellen Analysewerkzeug.

In dieser Grafik werden die jeweiligen Merkmalswerte auf der y-Achse (Ordinate) in gleichem Abstand dargestellt. Die x-Achse (Abszisse) ist entweder mit einer fortlaufenden Nummerierung der Messdaten, mit Datum und Zeit, einer Chargennummer bzw. weiteren Zusatzinformationen wie Ereignis, Maschine, Prüfer usw. beschriftet. Daher entscheidet die vorliegende Aufgabenstellung über die Art der Beschriftung. Für eine vollständige Zustandsbeschreibung ist es sinnvoll, einzelnen Werten sogenannte Ereignisse (Ursachen/Maßnahmen) zuzuordnen. Diese können sein: Werkzeugwechsel, Materialwechsel, besondere Umgebungsbedingungen bzw. sonstige Veränderungen an der Maschine bzw. dem Prozess.

Dem Verlauf der Einzelwerte (Bild 4.1) sind prozesstypische Merkmale zu entnehmen. Leicht zu erkennen sind Werte außerhalb der Spezifikation, Trends, Periodizitäten und in der Regel auch Ausreißer.

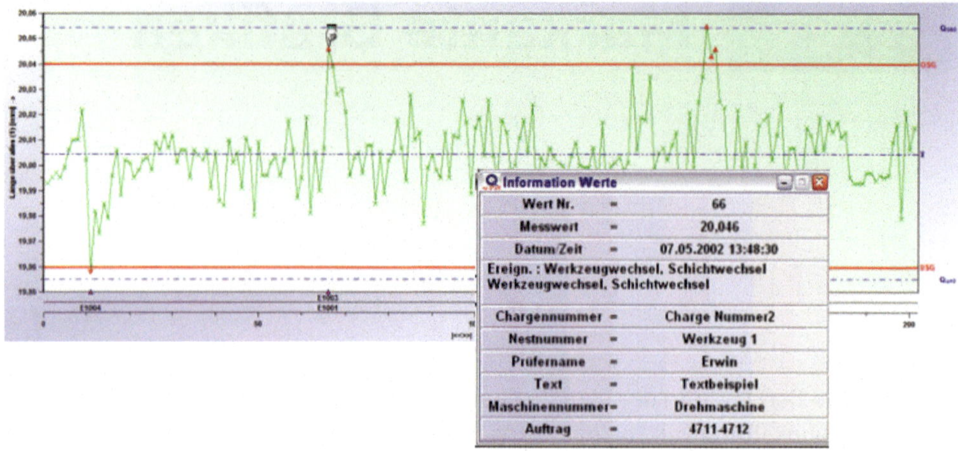

Bild 4.1 Verlauf der Einzelwerte (USG = Untere Spezifikationsgrenze, OSG = Obere Spezifikationsgrenze)

Zusätzlich sind in Bild 4.1 dem Wert Nr. 66 ergänzende Information zugeordnet. Diese sind besonders wichtig, um bei der späteren Analyse das „Umfeld“ eines Messwertes und die evtl. ergriffenen Maßnahmen nachvollziehen zu können. Liegen diese Informationen nicht vor, kann über bestimmte Ursachen nur gemutmaßt werden. Werte außerhalb der Spezifikationsgrenzen sind zur Verdeutlichung entweder andersfarbig (sinnvollerweise rot) oder in einer anderen Form darzustellen.

Um vorgegebene Stichprobenfrequenzen zu überwachen, können die Werte in einem x(t)-Plot (Bild 4.2) eingetragen werden. Dabei sind die Werte über einer zeitechten Skalierung der Abszisse dargestellt. Anhand dieser Darstellung können insbesondere Veränderungen des Prozessverhaltens nach längeren Unterbrechungen besser festgestellt werden. Weiter können Fehleingaben (z. B. 5 Messwerte innerhalb von wenigen Sekunden, obwohl bereits eine Messung ca. eine Minute benötigt) erkannt werden. Deutlich sind Abweichungen von einer vorgegebenen Stichprobenfrequenz (z. B. 5 Messungen pro Stunde) zu sehen.

Hinweis

Mit dieser Darstellungsweise können Mitarbeiter „überwacht“ werden. Ob dies im Hinblick auf Datenschutz und Betriebsvereinbarungen zulässig ist, muss im Einzelfall geklärt werden. Für eine umfassende Dokumentation von Sachverhalten wird man allerdings um die Speicherung solcher Informationen nicht umhinkommen. Über diese Notwendigkeit sollten die betroffenen Mitarbeiter informiert werden. Nicht zuletzt ist der Kollege an der Maschine auch der Know-how-Träger, der über die Hintergründe besonderer Prozesssituationen Auskunft geben kann. ■

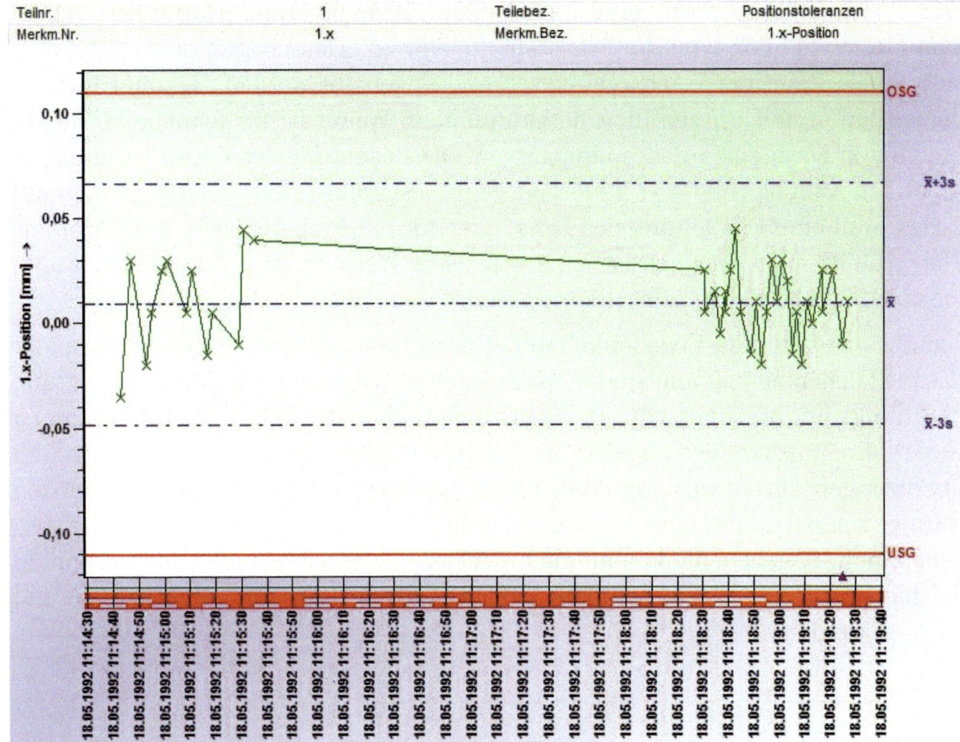

Bild 4.2 x(t)-Plot – zeitechte Darstellung der Werte

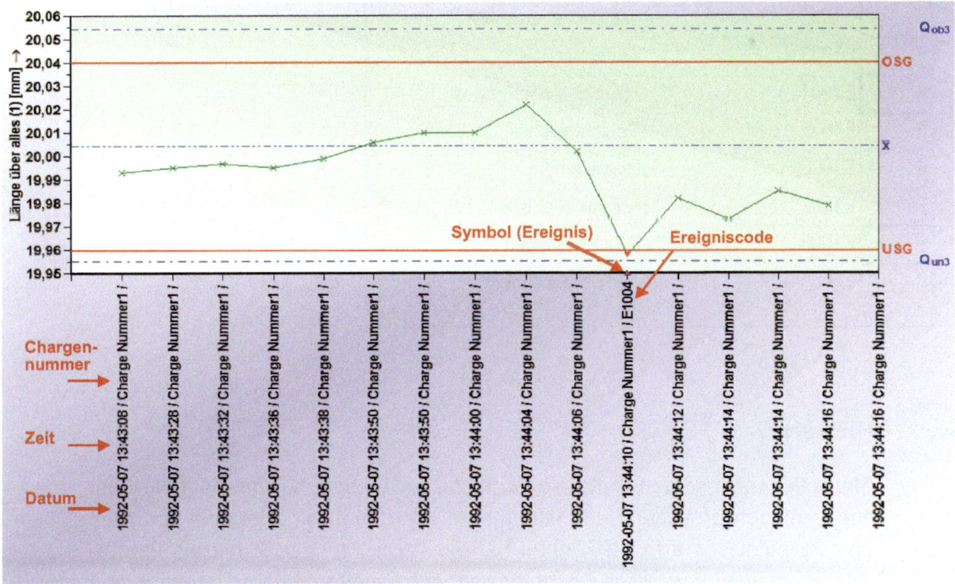

Bild 4.3 Werteverlauf mit Zusatzinformationen

Wie oben erwähnt, ist für eine umfassende Prozessanalyse erforderlich, neben dem Messwert auch typische Prozessparameter zu erfassen. Um diese darstellen zu können, kann die x-Achse entsprechend angepasst werden. So zeigt Bild 4.3 neben Datum und Uhrzeit die Chargennummer. Weiter ist für manche Werte ein Ereignis in Form eines Codes eingetragen. Die Bedeutung des Codes ist in einem separaten Katalog (Bild 4.4) hinterlegt. Man beschränkt sich im Allgemeinen auf Codes, weil eine Darstellung des Langtextes für ein Ereignis ist in der Regel aus Platzgründen nicht möglich ist. Sind sehr viele Werte in dem Verlauf dargestellt, muss auf Symbole zurückgegriffen werden.

Um Sachverhalte und Gegebenheiten bei der Erfassung eines Messwertes später nachvollziehen zu können, sind diese Zusatzinformationen von großer Bedeutung und direkt mit aufzunehmen. Bezüglich der Ereignisse sollten im Unternehmen weitere Ereigniskataloge angelegt und zentral gepflegt werden. Änderungen und Ergänzungen dürfen nur von einer Stelle aus vorgenommen werden. Ansonsten werden schnell redundante oder sehr ähnliche Ereignisse in den Katalog aufgenommen. Gegebenenfalls sind auch Unterkataloge verwendbar. Diese könnten beispielsweise von einer Abteilung oder einem Bereich separat verwaltet und gepflegt werden.

Ereigniskatalog

	Nummer	Bezeichnung
1	E1001	Werkzeugbruch
2	E1002	Werkzeugverschleiß
3	E1003	Prüferwechsel
4	E1004	Maschine nachgestellt
5	E1005	Schichtwechsel
6	E1006	Druck erhöht
7	E1007	Kühlmittel aktiviert
8	E1008	Druck verringert
9	E1009	Temperatur erhöht

Bild 4.4
Ereigniskatalog

Hinweis

Sinnvollerweise sollten in Katalogen nicht nur Ereignisse hinterlegt werden, sondern auch Ursachen und Maßnahmen. Werden diese direkt bei Eintreten eines Ereignisses erfasst, können bei der Auswertung z. B. mittels Pareto-Analyse schnell Verbesserungspotenziale aufgezeigt und Abstellmaßnahmen eingeleitet werden. ■

Um Abhängigkeiten zwischen Merkmalen bzw. Veränderungen des Prozessverhaltens über die Zeit feststellen zu können, sind die Einzelverläufe der Merkmalswerte im Vergleich (Bild 4.5) darzustellen. Ebenso ist eine Überlagerung von Werteverläufen (Bild 4.6) in einer Grafik sinnvoll.

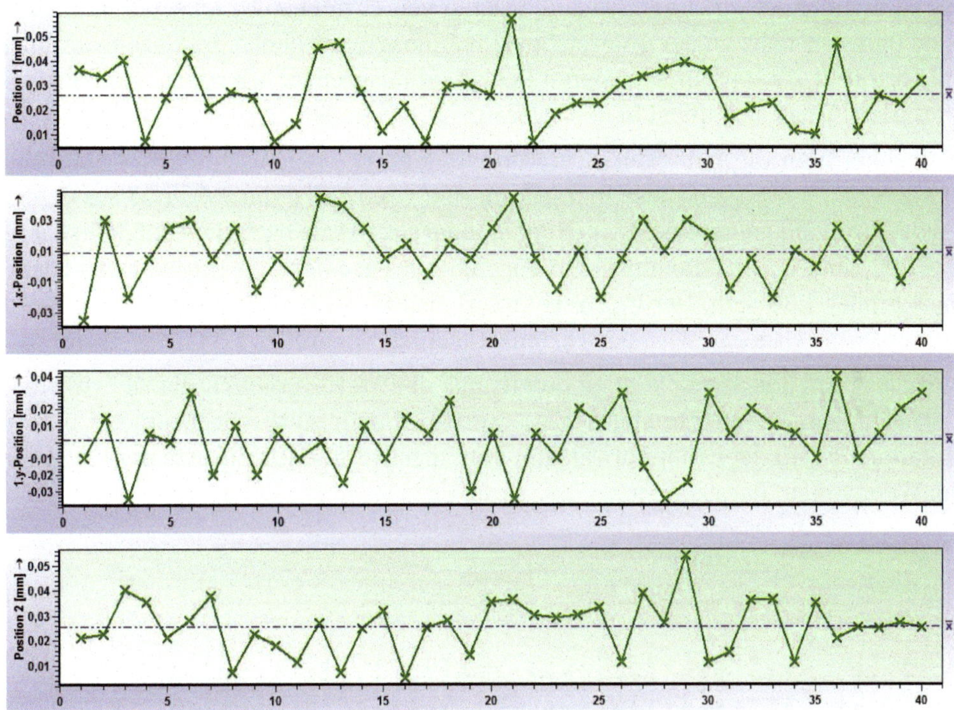

Bild 4.5 Mehrere Merkmale im Vergleich

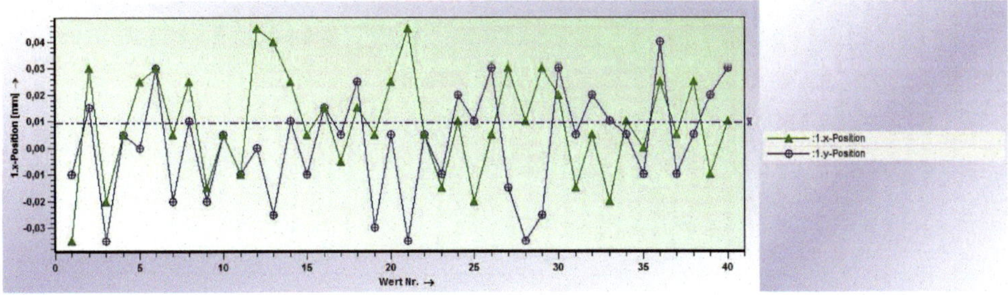

Bild 4.6 Überlagerung von zwei Merkmalen

Aufgrund der getrennten Darstellung der einzelnen Merkmale mit unterschiedlicher Skalierung der y-Achse wird nicht deutlich, ob es zwischen den einzelnen Merkmalen Abhängigkeiten gibt. Dies ist besser zu erkennen, wenn die Werte in ein und denselben Werteverlauf gezeichnet werden (s. Bild 4.6). Dies ist allerdings nur dann sinnvoll, wenn die Werte in einem ähnlichen Wertebereich liegen. Bild 4.7 zeigt einen solchen Datensatz. Die Werte stammen von unterschiedlichen Formnestern. Die Verschiebung der Prozesslage aufgrund der unterschiedlichen Nester ist deutlich zu erkennen.

So ist deutlich zu erkennen, dass die Daten von Formnest 2 und 4 fast identisch sind und sehr nahe an der unteren Spezifikationsgrenze liegen. Im Gegensatz dazu ist Formnest 1 näher an der oberen Spezifikationsgrenze. Am besten zentriert ist Formnest 5, das sich quasi in der Toleranzmitte befindet.

Berechnet man die Fähigkeitskennwerte C_p und C_{pk} (s. Abschnitt 3.2) über alle Formnester, so werden diese den geforderten Grenzwert von z. B. 1,33 verletzen, da die Streuung zu groß ist. Betrachtet man im Gegensatz dazu die Fähigkeitskennwerte C_p und C_{pk} für die einzelnen Formnester, wird der C_p-Wert für jedes Formnest größer 1,33 sein. Der C_{pk}-Wert ändert sich für jedes Formnest entsprechend seiner Prozesslage. So wird das Formnest 5 einen C_{pk} größer 1,33 ausweisen.

Auf diese Art und Weise können bereits aus den Werteverläufen die zu erwartenden Fähigkeitskennwerte abgeschätzt werden. Damit solche Sachverhalte besser erkannt werden, ist es immer ratsam, die Einzelwerte nach Zusatzdaten getrennt im Werteverlauf darzustellen.

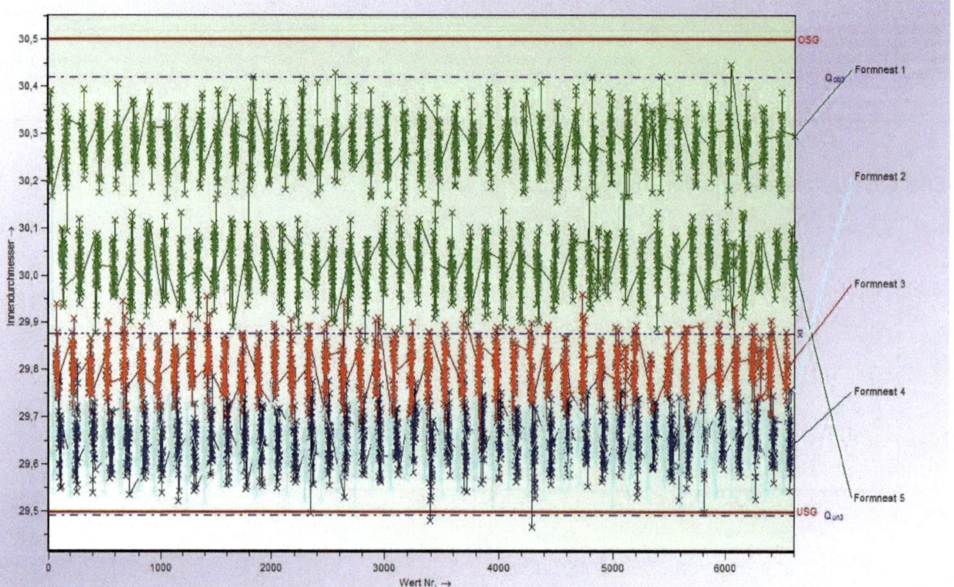

Bild 4.7 Überlagerung mehrerer Merkmale

Neben der Überlagerung können Werte auch seitlich nacheinander in den Werteverlauf eingetragen werden. Bild 4.8 zeigt die einzelnen Formnester der Reihe nach dargestellt.

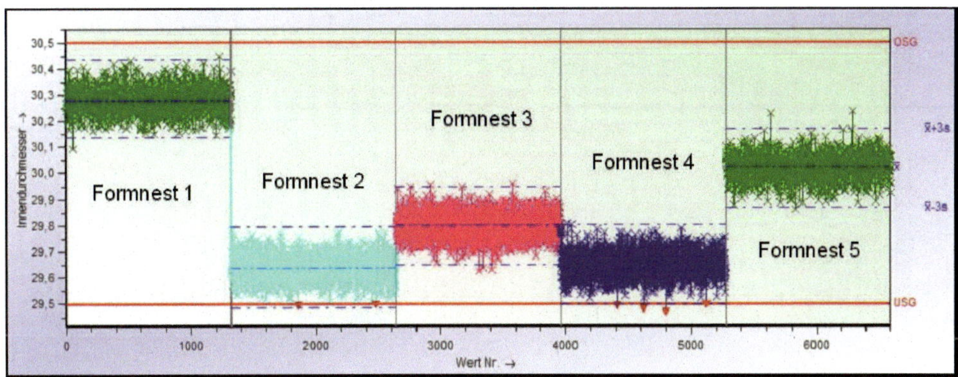

Bild 4.8 Werteverlauf nach Formnestern getrennt

In der Auftrennung der Einzelwerte nach Zusatzdaten wie Maschinen, Nester, Prüfer und dergleichen mehr können Daten im Werteverlauf nach beliebigen bzw. periodischen Zeiträumen dargestellt werden. So zeigt beispielsweise Bild 4.9 die Auftrennung der Daten nach Wochen. Der Zeitraum geht vom 11. Oktober 1999 bis zum 14. November 1999.

Bild 4.9 Aufteilung eines Merkmals in Zeiträume

In Bild 4.10 sind die jeweiligen Wochen dargestellt. Aus dem Verlauf ist deutlich zu erkennen, dass dieser Prozess sich über die Zeit nicht signifikant verändert.

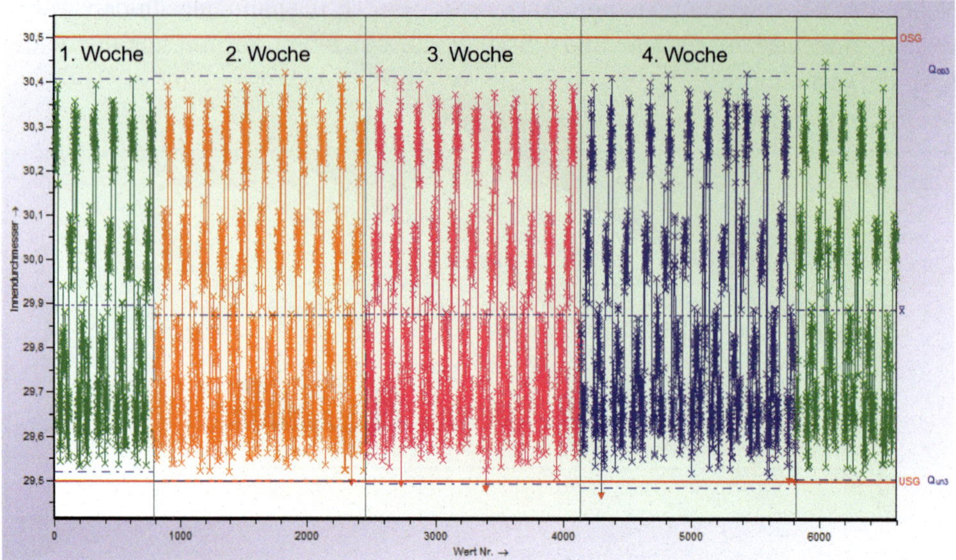

Bild 4.10 Werteverlauf nach Zeitraum getrennt

Kontinuierlich aufgenommene Messwerte können als gesamte Messkurve dargestellt werden. Auch eine Überlagerung mehrerer Messkurven ist möglich (s. Bild 4.11). Das ist besonders interessant, wenn beispielsweise der Maximalwert immer an derselben Stelle auftritt. Dabei wird vorausgesetzt, dass die zu messenden Teile immer gleich eingelegt werden. Die Ursache voneinander abweichender Kurven könnte fertigungsbedingt sein und das Problem kann gezielt verfolgt werden. Dieses Vorgehen kann auf verwandte Messarten, wie beispielsweise Ebenheit, Zerreißkraft oder Temperaturen angewandt werden, um eine Verlaufskurve der Daten, die zum eigentlichen Messwert geführt haben, zu erhalten.

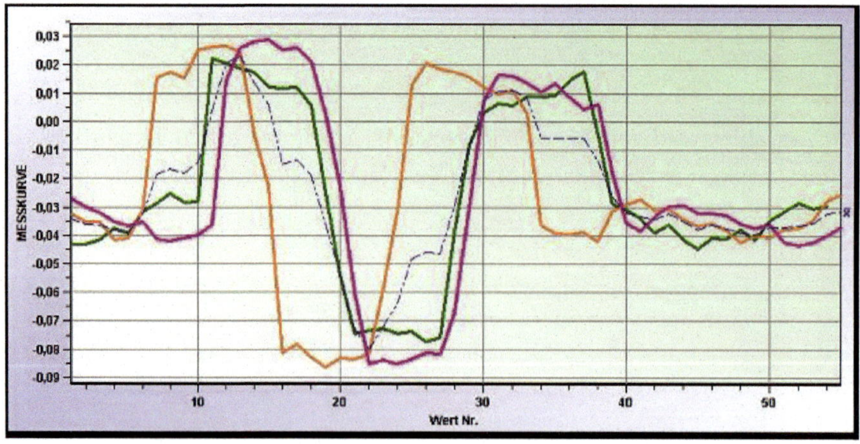

Bild 4.11 Drei Messwertkurven überlagert mit Anzeige des Mittelwerts (blau)

Weiterhin können bei überlagerten Messkurven die Differenzen der einzelnen Messwertkurven zueinander betrachtet werden (s. Bild 4.12). Diese Darstellung gibt Auskunft darüber, wie gleichmäßig und reproduzierbar Messungen verlaufen oder wie gleichmäßig Teile produziert sind.

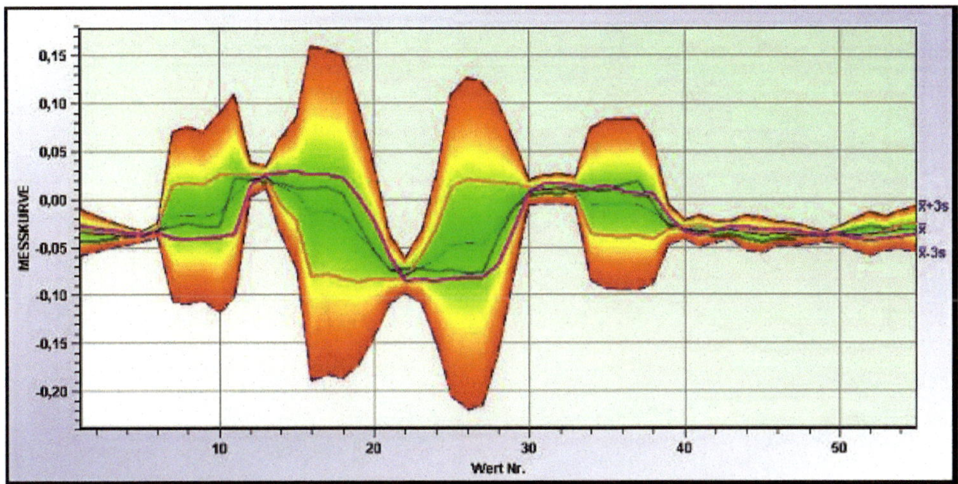

Bild 4.12 Überlagerte Kurven mit Abweichungsgrad voneinander

Die oben beschriebenen Darstellungen beziehen sich auf eine eindimensionale Betrachtungsweise. Häufig müssen in der Praxis Werte räumlich dargestellt werden. Eine typische Anwendung ist die Überprüfung von Bahnen an verschiedenen Positionen. Interessant ist in diesem Fall nicht nur der Werteverlauf an einer bestimmten Position, sondern mehrere Positionen im Vergleich. Bild 4.13 zeigt einen solchen Sachverhalt exemplarisch.

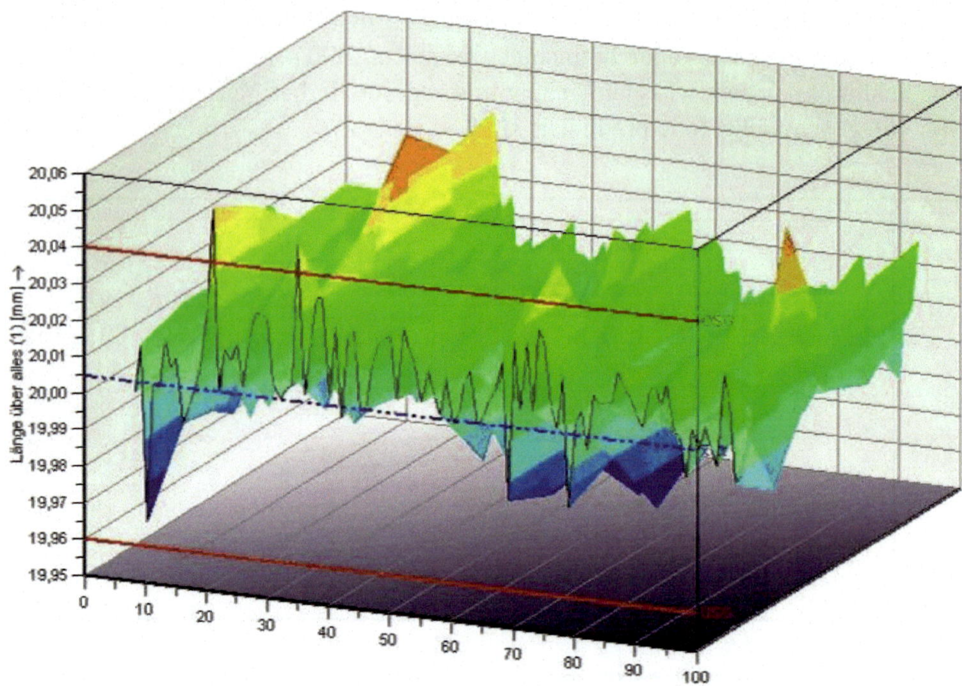

Bild 4.13 Werteverlauf (dreidimensional)

Neben der Veränderung der x-Achse (Abszisse) kann auch die y-Achse (Ordinate) geändert werden. Ein typischer Anwendungsfall ist die Umrechnung einer Skaleneinteilung (z. B. mm) in eine andere Skalenteilung (z. B. inch). Bild 4.14 zeigt den Werteverlauf von 40 Werten sowohl in Inch als auch in Millimeter.

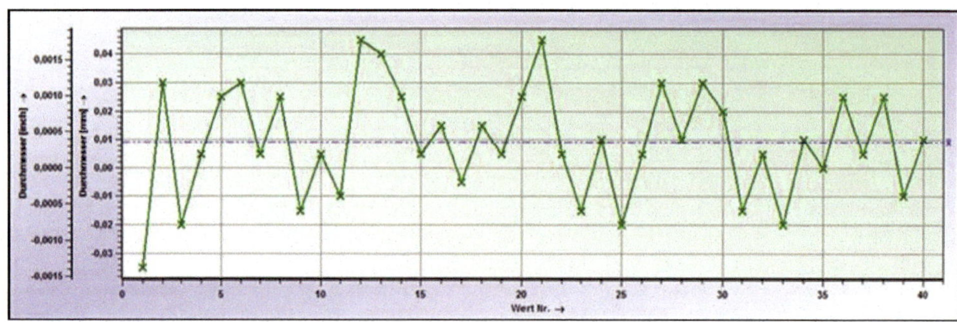

Bild 4.14 Skalenteilung in mm und inch

Häufig werden Messwerte relativ erfasst. Diese Messwerte können in gleicher Form absolut bzw. relativ dargestellt werden.

■ 4.2 Wertestrahl

Aus dem Verlauf der Einzelwerte entsteht durch das Auftragen der Häufigkeiten eines Wertes der sogenannte Wertestrahl. Dazu wird an der x-Achse der Wertebereich und an der y-Achse die Häufigkeit eines Wertes aufgetragen. Diese Darstellungsform hat bei manuellen Auswertungen mit mehr als 50 Werten wegen der zeitaufwendigen Eintragung der Werte nur untergeordnete Bedeutung. Durch den Einsatz von Rechnersystemen ist die Darstellung der Einzelwerte in dieser Form problemlos möglich. Im Gegensatz zum Häufigkeitsdiagramm geht keine Information durch die Klassierung verloren. Erkennbar ist auch die Auflösung des Messmittels, insbesondere - falls eingetragen - im Verhältnis zur Streuung oder den Spezifikationsgrenzen. Damit kann die Eignung eines Messmittels bezüglich der Auflösung grob abgeschätzt werden. So muss beispielsweise die Auflösung nach vielen Firmenrichtlinien und auch VDA Band 5 kleiner als 5 % der Merkmalstoleranz sein.

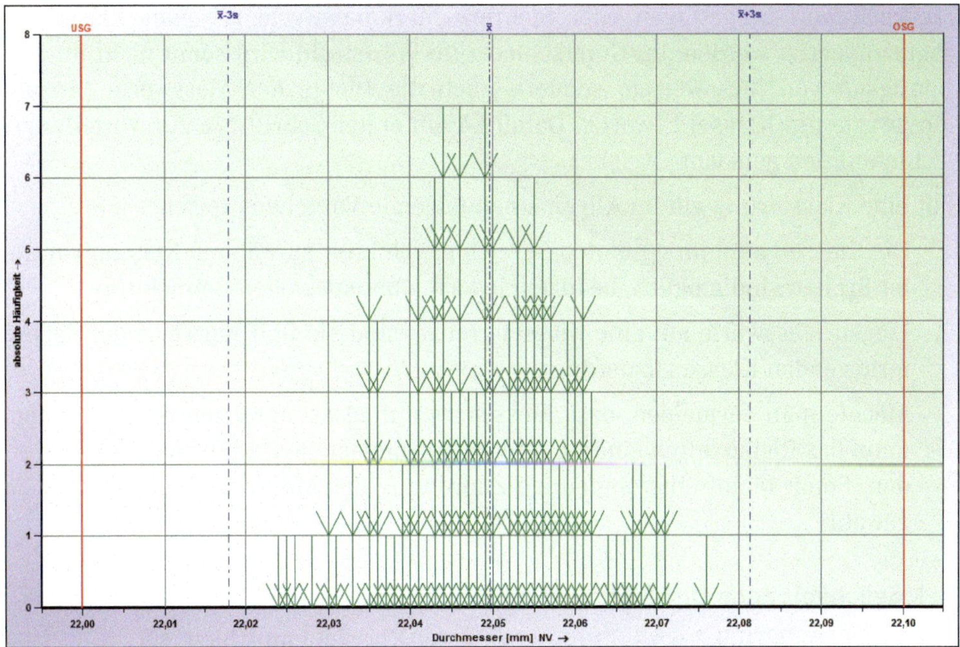

Bild 4.15 Wertestrahl

In Bild 4.15 sind neben den Werten die Spezifikationsgrenzen, der Mittelwert und der ± 3s-Bereich eingetragen. Letzterer ist nur bei einer normalverteilten Messwertreihe sinnvoll. Liegt dem Datensatz ein anderes Verteilungsmodell zugrunde, so ist für die Darstellung der Prozessstreubreite anstelle der hier mit $\overline{x} + 3s$ und

$\overline{x} - 3s$ bezeichneten Linien das 99,865 %-Quantil $X_{99,865\%}$ und das 0,135 %-Quantil $X_{0,135\%}$ des gewählten Verteilungsmodells einzuzeichnen (s. Kapitel 9).

4.3 Histogramm

Ein Histogramm entsteht durch die Klassierung der x-Achse im Wertestrahl. Die Anzahl der Werte innerhalb einer Klasse wird als Klassenbesetzungszahl bezeichnet. Diese kann absolut oder relativ (bezogen auf den gesamten Stichprobenumfang) auf der y-Achse dargestellt (Bild 4.17) werden.

Das Schwierigste bei Erstellung des Histogramms ist die sinnvolle Bestimmung der Klassengrenzen. Denn nur bei einer einheitlichen Vorgehensweise können später Auswertungen miteinander verglichen werden. Insbesondere ist das Ergebnis des χ^2-Tests (s. Abschnitt 6.5) von der Klassierung abhängig. Ist die Anzahl der Messwerte $n \geq 50$, so können die angefallenen Messwerte über dem jeweiligen Merkmalswert aufgetragen oder mehrere Merkmalswerte zu einer Klasse zusammengefasst werden. Im Unterschied zum Wertstrahl wird somit nicht nur die Häufigkeit von Messwerten, sondern auch die Dichte der Messwerte (Anzahl Messwerte pro Klasse) bewertet. Damit ist ein erster Schritt hin zur Verteilungsdichtefunktion gemacht.

Für eine Klassierung gilt im Allgemeinen folgende Vorgehensweise:

1. Die Klassen sind im gesamten Bereich gleich breit zu wählen. Klassen variabler Breiten sind möglich, bedürfen jedoch einer speziellen Betrachtung.
2. Liegen Messwerte auf eine Klassengrenze, sind sie üblicherweise der darunterliegenden Klasse zuzuordnen.
3. Möchte man vermeiden, dass Messwerte auf Klassengrenzen liegen können, kann das Risiko durch eine weitere Nachkommastelle 3 oder 7 verringert werden. Somit bleibt eine eindeutige Zuordnung der Messwerte zu den Klassen gewahrt.

1. Möglichkeit nach DIN-Norm

Nach DIN 55302 Teil 2 wird für die Anzahl der Klassen empfohlen:

Stichprobenumfang n	Anzahl k der Klassen
bis 50	keine Klasseneinteilung
bis 100	mind. 10
bis 1000	mind. 13
bis 10000	mind. 16

2. Möglichkeit

Die Anzahl der Klassen liegt abhängig vom Stichprobenumfang n zwischen $\sqrt{n}$ und $\sqrt[3]{n}$. Klassengrenzen sind sinnvoll zu runden. Für $n \geq 400$ bleibt die Anzahl der Klassen konstant bei 20.

Die Klassenweite ω ist dann $\omega = \frac{x_{max} - x_{min}}{k}$ mit x_{max} = Größtwert und x_{min} = Kleinstwert.

Diese Vorgehensweise ist insbesondere bei automatisierten Auswerteverfahren zu empfehlen.

3. Möglichkeit

In der CNOMO-Norm ist folgende Vorgehensweise vorgeschlagen. Die Anzahl der Klassen k (aufgerundet auf die nächsthöhere Ganzzahl) erhält man über:

$$k = 1 + \frac{10 \log (N)}{3} \quad \text{mit } N = \text{Stichprobenumfang}$$

Die Klassenbreite ω einer Stichprobe N errechnet sich aus:

$$\omega = \frac{R}{k} \quad \text{mit } R = x_{max} - x_{min}$$

Das theoretische Klassenintervall wird auf die mit der Auflösung der Messung kompatible, nächstgrößere Zahl aufgerundet werden.

Bild 4.16 zeigt den Übergang vom Wertestrahl zum Histogramm mit Angabe der Klassengrenzen und der Besetzungszahlen (absolut und relativ) der Klassen. Als Klassenbreite wurde 0,012 gewählt. Die Werte selbst haben drei Nachkommastellen. Deshalb wurden die Klassengrenzen auf 0,0005 erweitert.

Fallbeispiele

Die Klassierung der Messwertreihe aus Tabelle 3.1 kann beispielsweise wie in Tabelle 4.1 dargestellt, erfolgen. Das dazu gehörende Histogramm zeigt Bild 4.17.

Ein andere Klassierung enthält die Tabelle 4.2.

Bild 4.17 und Bild 4.18 zeigen den erheblichen Einfluss der Klassenbildung auf die Form des Histogramms.

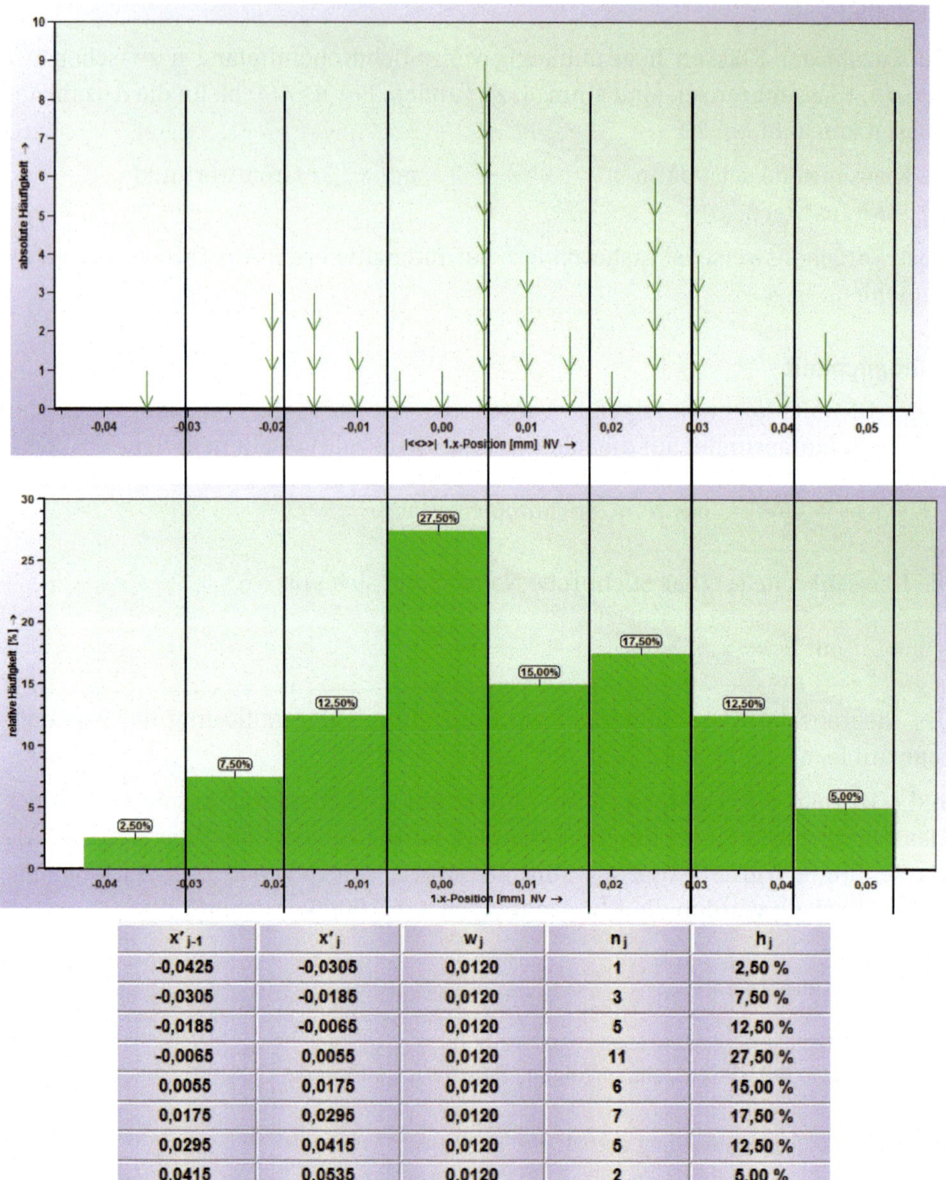

x'_{j-1}	x'_j	w_j	n_j	h_j
-0,0425	-0,0305	0,0120	1	2,50 %
-0,0305	-0,0185	0,0120	3	7,50 %
-0,0185	-0,0065	0,0120	5	12,50 %
-0,0065	0,0055	0,0120	11	27,50 %
0,0055	0,0175	0,0120	6	15,00 %
0,0175	0,0295	0,0120	7	17,50 %
0,0295	0,0415	0,0120	5	12,50 %
0,0415	0,0535	0,0120	2	5,00 %

Bild 4.16 Übergang vom Wertestrahl zum Histogramm

Tabelle 4.1 Klasseneinteilung mit den Besetzungszahlen

Klasse Nr.	Klassen-untergrenze	Klassen-mitte	Klassen-obergrenze	absolute Häu-figkeit	relative Häu-figkeit in %
j	x'_{j-1}	x_j	x'_j	n_j	h_j
1	22,0228	22,0251	22,0275	3	2,22 %
2	22,0275	22,0299	22,0323	4	2,96 %
3	22,0323	22,0346	22,0370	12	8,89 %
4	22,0370	22,0394	22,0418	11	8,15 %
5	22,0418	22,0441	22,0465	24	17,78 %
6	22,0465	22,0489	22,0513	20	14,81 %
7	22,0513	22,0536	22,0560	26	19,26 %
8	22,0560	22,0584	22,0608	15	11,11 %
9	22,0608	22,0631	22,0655	10	7,41 %
10	22,0655	22,0679	22,0703	7	5,19 %
11	22,0703	22,0726	22,0750	2	1,48 %
12	22,0750	22,0774	22,0798	1	0,74 %

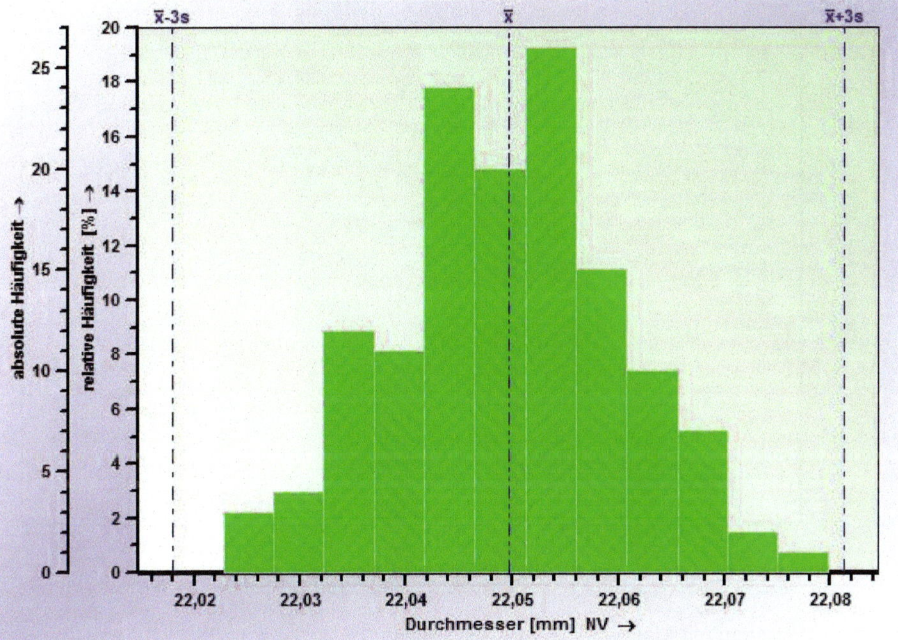

Bild 4.17 Histogramm mit Klasseneinteilung aus Tabelle 4.1

Tabelle 4.2 Klasseneinteilung mit Besetzungszahlen

Klasse Nr.	Klassen-untergrenze	Klassen-mitte	Klassen-obergrenze	absolute Häufigkeit	relative Häufigkeit in %
j	x'_{j-1}	x_j	x'_j	n_j	h_j
1	22,0200	22,0233	22,0267	3	2,22 %
2	22,0267	22,0300	22,0333	6	4,44 %
3	22,0333	22,0367	22,0400	16	11,85 %
4	22,0400	22,0433	22,0467	29	21,48 %
5	22,0467	22,0500	22,0533	30	22,22 %
6	22,0533	22,0567	22,0600	31	22,96 %
7	22,0600	22,0633	22,0667	11	8,15 %
8	22,0667	22,0700	22,0733	8	5,93 %
9	22,0733	22,0767	22,0800	1	0,74 %

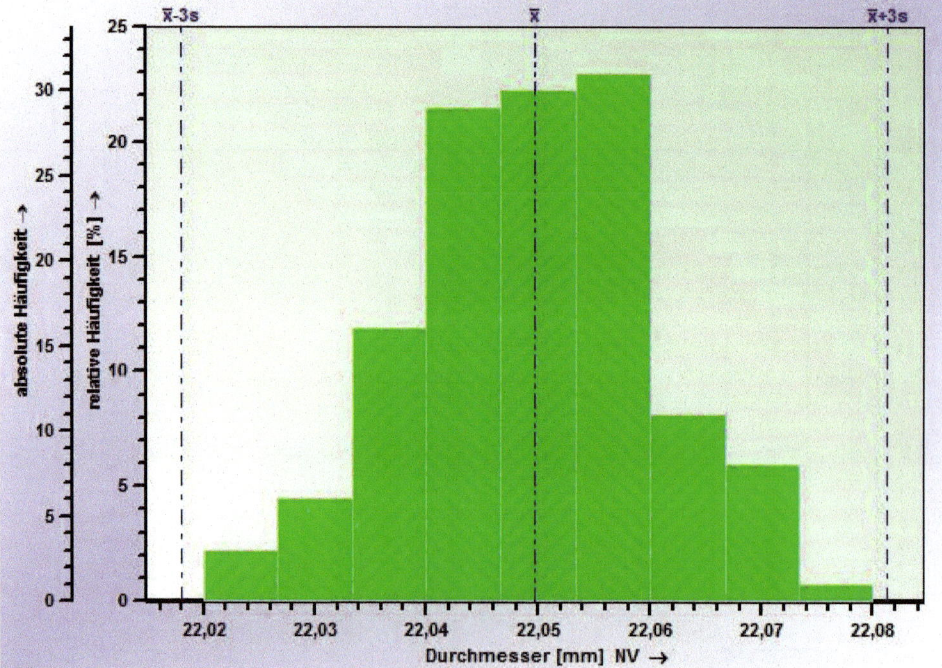

Bild 4.18 Histogramm mit Klasseneinteilung aus Tabelle 4.2

Bild 4.19 zeigt für den gleichen Datensatz eine automatisierte Bestimmung der Klassen durch qs-STAT©. Darüber hinaus ist die relative Häufigkeit grafisch dargestellt. Für den Übergang zur Summenlinie sind die einzelnen Klassenbesetzungszahlen über die Klassen kumuliert sowohl absolut (G_{ij}) wie auch relativ (F_{ij}) grafisch dargestellt. Die Verteilungsfunktion ist in Abschnitt 4.4 näher erläutert.

Teilnr.	=	4711		Teilebez.		=		Testbeispiel	
Merkm.Nr.	=	1		Merkm.Bez.		=		Durchmesser	
j	x'_{j-1}	x_j	x'_j	w_j	n_j	h_j	n_j	G_j	F_j	F_j
1	22,0225	22,0248	22,0270	0,0045	3	2,22 %		3	2,22 %	
2	22,0270	22,0293	22,0315	0,0045	4	2,96 %		7	5,19 %	
3	22,0315	22,0338	22,0360	0,0045	11	8,15 %		18	13,33 %	
4	22,0360	22,0383	22,0405	0,0045	7	5,19 %		25	18,52 %	
5	22,0405	22,0428	22,0450	0,0045	22	16,30 %		47	34,81 %	
6	22,0450	22,0473	22,0495	0,0045	20	14,81 %		67	49,63 %	
7	22,0495	22,0518	22,0540	0,0045	22	16,30 %		89	65,93 %	
8	22,0540	22,0563	22,0585	0,0045	18	13,33 %		107	79,26 %	
9	22,0585	22,0608	22,0630	0,0045	16	11,85 %		123	91,11 %	
10	22,0630	22,0653	22,0675	0,0045	5	3,70 %		128	94,81 %	
11	22,0675	22,0698	22,0720	0,0045	6	4,44 %		134	99,26 %	
12	22,0720	22,0743	22,0765	0,0045	1	0,74 %		135	100,00 %	

x'_{j-1} = untere Klassengrenze
x_j = Klassenmitte
x'_j = obere Klassengrenze
w_j = Klassenweite
n_j = absolute Häufigkeit
h_j = relative Häufigkeit
G_j = absolute Summenhäufigkeit
F_j = relative Summenhäufigkeit

Bild 4.19 Klassierung des Datensatzes mit qs-STAT© (Modell DIN 55302-1/Q-DAS©)

Bild 4.20 zeigt das Histogramm mit den jeweiligen Werten in den einzelnen Klassen.

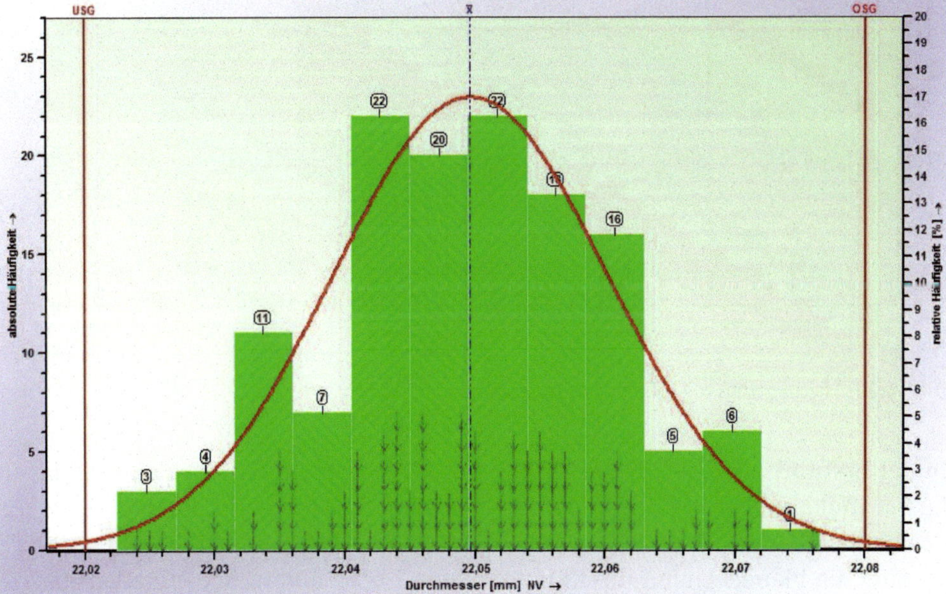

Bild 4.20 Histogramm mit Darstellung der Einzelwerte; grafisch überlagert wurde die Wahrscheinlichkeitsdichtefunktion g(x) der Normalverteilung

Hinweis

Insbesondere bei einseitig nullbegrenzten Merkmalen ist darauf zu achten, dass die untere Klasse bei Null beginnt und nicht in den negativen Bereich geht. Wäre die untere Klassengrenze kleiner Null, könnte man annehmen, dass Werte kleiner Null sind, die bei diesem Merkmalstyp nicht vorkommen können. Das Gleiche gilt für alle Merkmale, die aufgrund technischer oder physikalischer Gegebenheiten einseitig begrenzt sind, unabhängig, ob die Begrenzung von Null abweicht oder oben bzw. unten ist.

In Bild 4.21 sind im gleichen Diagramm die einzelnen Flächenanteile basierend auf dem Verteilungsmodell der Normalverteilung für zwei Positionen dargestellt. Der Flächenanteil für den jeweiligen Bereich kann oberhalb der Grafik abgelesen werden.

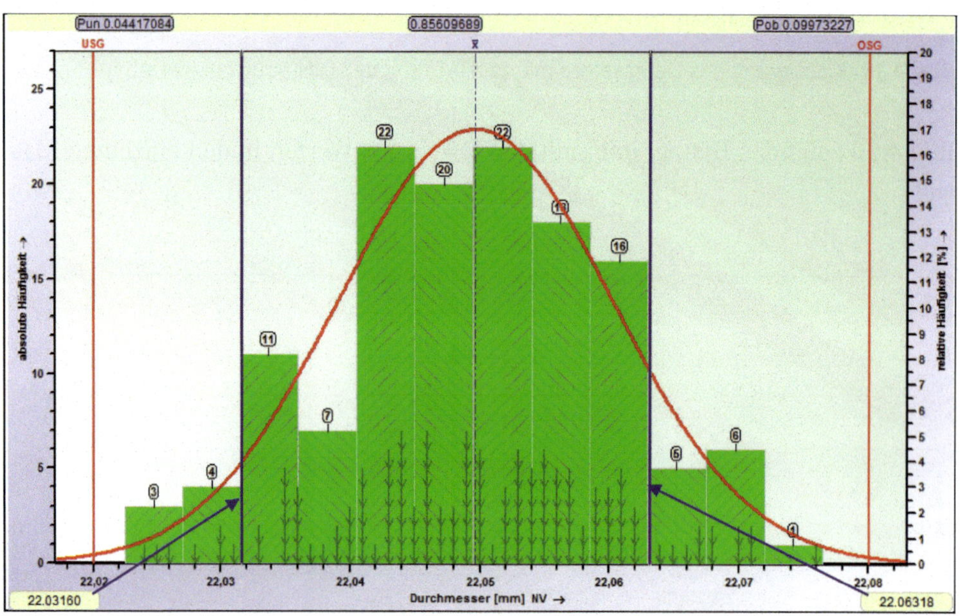

Bild 4.21 Histogramm mit Überschreitungsanteil

In der Software qs-STAT(R) der Q-DAS GmbH, Weinheim, lassen sich die blauen Linien (links und rechts) in Bild 4.21 verschieben. Dabei wird zu jeder Linie die Position auf der x-Achse und P_{un} bzw. P_{ob} im oberen Bereich der Grafik angezeigt. Werden die blauen Linien direkt auf die obere bzw. untere Spezifikationsgrenze bewegt, so dass sich beide überlagern, kann der erwartete %-Anteil oberhalb bzw. unterhalb der Spezifikation direkt abgelesen werden. Die Summe von beiden entspricht dem insgesamt zu erwartenden Fehleranteil.

Hinweis

Was im Fall der Normalverteilung noch relativ einfach auch manuell, z. B. mit Taschenrechner oder grafisch z. B. im Wahrscheinlichkeitsnetz ermittelt werden kann, ist bei anderen Verteilungsmodellen ohne spezielle Software nur noch sehr aufwendig bzw. nicht mehr möglich.

4.4 Relative Summenhäufigkeit oder empirische Verteilungsfunktion

Betrachtet man die Darstellung in Bild 4.22, so erkennt man darin eine rote Linie für die Verteilungsfunktion G(x) der Normalverteilung und eine grüne „Treppenfunktion" für die relative Summenhäufigkeit der beobachteten Einzelwerte. Auf der x-Achse sind die Merkmalswerte dargestellt und auf der y-Achse die relative Summenhäufigkeit F_j bzw. der Wert der Verteilungsfunktion.

Ermittlung der empirischen Verteilungsfunktion (relative Summenhäufigkeit der Einzelwerte)

Zunächst sortiert man die Einzelwerte der Stichprobe aufsteigend, beginnend mit dem Kleinstwert x_{min} bis hin zum Größtwert x_{max}. Anschließend wird jedem der sortierten Werte eine Rangzahl i zugeordnet, beginnend mit der ersten Rangzahl $i = 1$ für x_{min} bis hin zur Rangzahl $i = n$ = Anzahl der Werte für den letzten Wert x_{max}. Nun erhält man den Wert der relativen Summenhäufigkeit F_i für den i-ten Merkmalswert, indem man die zum Merkmalswert gehörige Rangzahl i durch die Anzahl der Werte n teilt: $F_i = i / n$. Wird das Ergebnis in Prozent dargestellt („mit 100 % multipliziert"), so erhält man die relative Summenhäufigkeit. Die relative Summenhäufigkeit in Prozent wird oft als **empirische Verteilungsfunktion** bezeichnet.

Mit der Darstellung in Bild 4.22 kann die Übereinstimmung der Verteilungsfunktion G(x) der Normalverteilung mit der relativen Summenhäufigkeit („Treppenfunktion") visuell beurteilt werden. Bei einer guten Übereinstimmung gilt das gewählte Verteilungsmodell als bestätigt. An den Randbereichen, bei denen sich die Verteilungsfunktion G(x) asymptotisch dem Wert 0 % bzw. 100 % nähert, ist die grafische Auflösung für eine visuelle Beurteilung oft unzureichend klein.

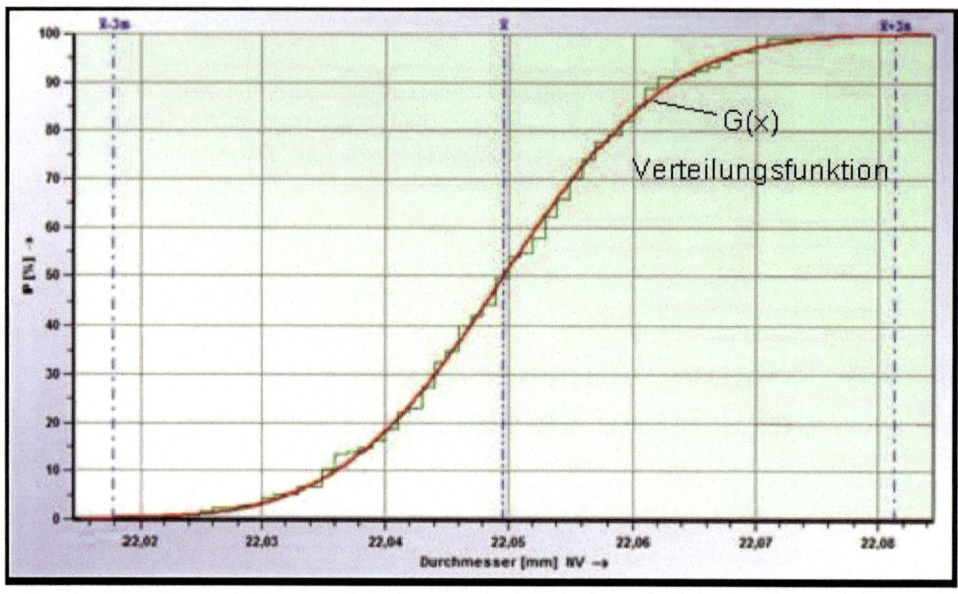

Bild 4.22 Relative Summenhäufigkeit (empirische Verteilungsfunktion), dargestellt als „Treppenfunktion“, mit überlagert eingezeichneter Verteilungsfunktion G(x) der Normalverteilung (rote Linie)

Insbesondere für manuelle Auswertungen ist diese Form der Darstellung nicht geeignet, da die Funktion G(x) nur mit hohem Aufwand annähernd eingetragen werden kann. Zur einfacheren Handhabung und besseren Abschätzung von G(x) in den Randbereichen wurde das sogenannte Wahrscheinlichkeitsnetz (s. Abschnitt 4.5) entwickelt, das allerdings eine nicht-lineare Ordinate besitzt, was das Ablesen einerseits erschwert, andererseits aber auch bei kleinen Wahrscheinlichkeiten noch erlaubt.

In Bild 4.23 ist die relative Summenhäufigkeit („Treppenfunktion“) sowie die Verteilungsfunktion G(x) der Normalverteilung mit dem zweiseitig begrenzten 95 %-Vertrauensbereich für den Unterschreitungsanteil dargestellt. Der Vertrauensbereich drückt die Unsicherheit über den „wahren Wert“ eines Unterschreitungsanteiles aus, der zu einem gegebenen Merkmalswert x abgelesen wird. So entnimmt man als Beispiel aus Bild 4.22, dass der zum Wert x = 22,05 abgelesene Unterschreitungsanteil p = 50 % in Wahrheit ein unsicherer Schätzwert ist. Anhand der Vertrauensbereichsgrenzen liest man ab, dass der „wahre“ Unterschreitungsanteil irgendein Wert zwischen der unteren Vertrauensbereichsgrenze $p_{un} = 40\,\%$ und der oberen Vertrauensbereichsgrenze $p_{ob} = 60\,\%$ sein könnte.

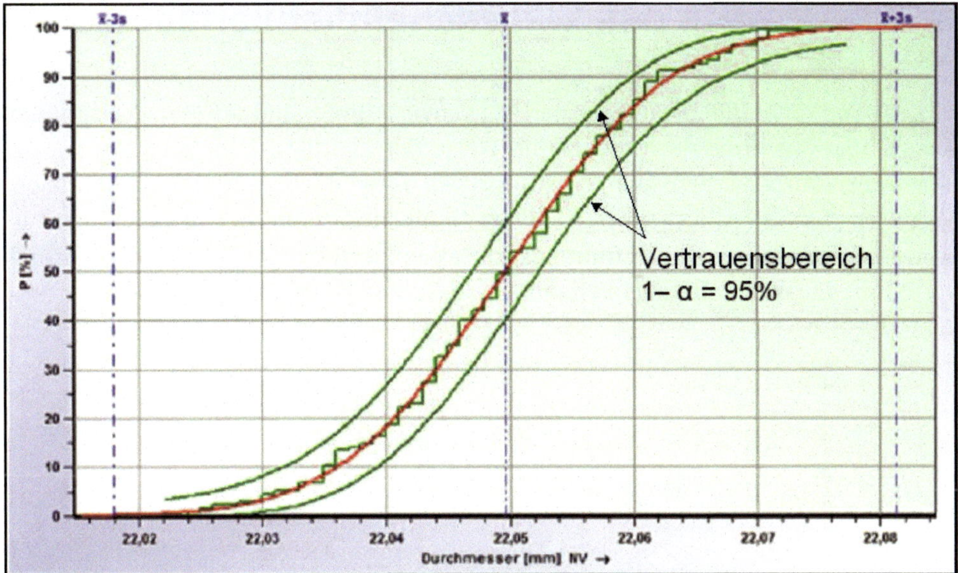

Bild 4.23 Relative Summenhäufigkeit („Treppenfunktion") und Verteilungsfunktion der Normalverteilung G(x) (rote Linie); zusätzlich sind die Grenzen des zweiseitig begrenzten 95%-Vertrauensbereiches des Unterschreitungsanteils p dargestellt (Berechnung s. Abschnitt 5.7.2)

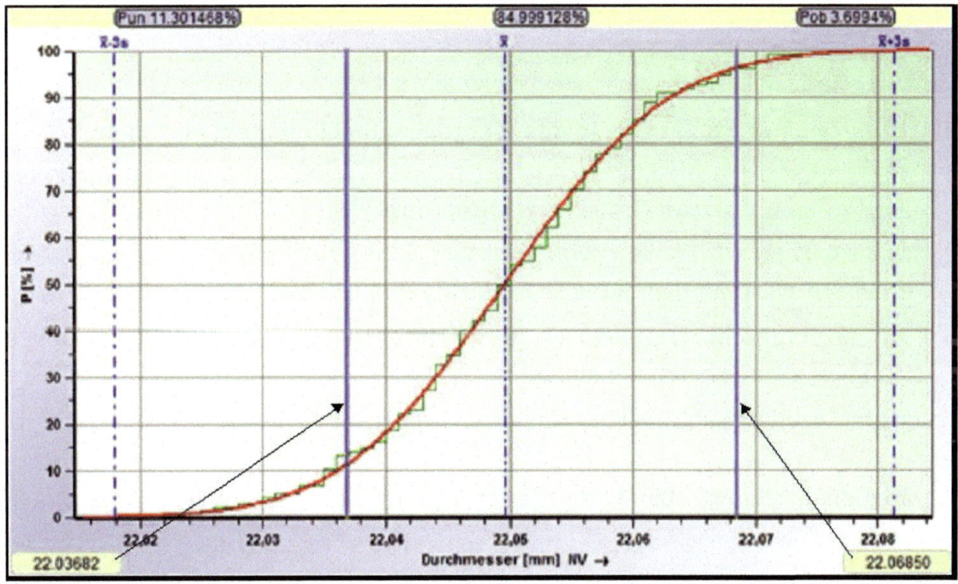

Bild 4.24 Relative Summenhäufigkeit („Treppenfunktion") und Verteilungsfunktion der Normalverteilung G(x) (rote Linie); zusätzlich sind Linien für die Bestimmung des Unterschreitungsanteiles $p_{<x}$ (links) bzw. für den Überschreitungsanteil $p_{>x}$ (rechts) dargestellt.

4.5 Prinzip des Wahrscheinlichkeitsnetzes

In dem Wahrscheinlichkeitsnetz der Normalverteilung sind auf der horizontalen Achse, also von links nach rechts, die Werte der Zufallsvariable x (= Messwerte) abgetragen. Auf der vertikalen Achse, also von unten nach oben, sind die Werte der Verteilungsfunktion G(x) der Normalverteilung dargestellt. Die vertikale Achse ist so transformiert, dass der Funktionsgraf einer Verteilungsfunktion der Normalverteilung im Wahrscheinlichkeitsnetz eine Gerade bildet.

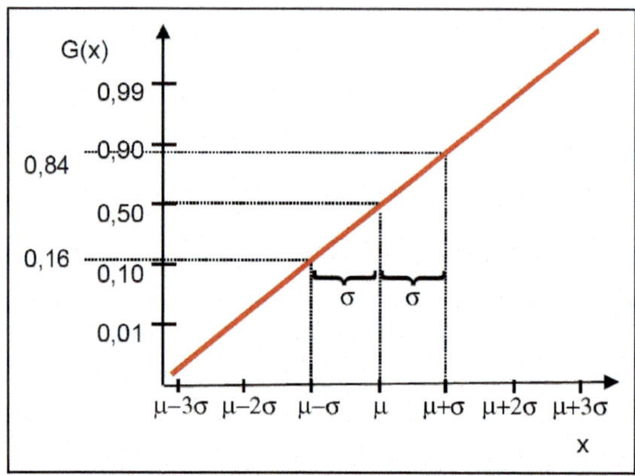

Bild 4.25 Wahrscheinlichkeitsnetz (schematisiert)

Einzelwerte einer Stichprobe in das Wahrscheinlichkeitsnetz eintragen

1. Zunächst werden die Einzelwerte aufsteigend sortiert, also vom kleinsten bis zum größten Wert der Größe nach angeordnet.
2. Anschließend wird jedem Wert eine Rangzahl i zugeordnet, beginnend beim kleinsten Wert mit dem Rang i = 1 bis zum größten Wert mit dem Rang i = n.
3. Mit der Rangzahl wird der Wert der Verteilungsfunktion abgeschätzt. Üblich sind hier zwei Schätzmethoden:

   Mittelwert der Ranggrößen-Verteilung $G\left(x_{(i)}\right) = \frac{i}{n+1}$

   Median der Ranggrößen-Verteilung (genähert) $G\left(x_{(i)}\right) \approx \frac{i-0{,}3}{n+0{,}4}$

Hinweis

Auf die Verteilung der Ranggrößen wird in dieser Einführung nicht weiter eingegangen (Literatur z. B. (Bertsche, Lechner, 2004, Seite 197 ff)).

4. Auf diese Weise sind n Wertepaare $(x_{(i)} | G(x_{(i)}))$ entstanden, die als Koordinaten für das Eintragen der Wertepunkte im Wahrscheinlichkeitsnetz dienen.

Fallbeispiel für eine Stichprobe mit n = 5 Werten

Das vorliegende Beispiel dient nur zur Demonstration des Rechenweges und ist aus diesem Grund auf fünf Werte beschränkt. Aus dem Blickwinkel der Statistik ist das Anpassen des Modells Normalverteilung an so wenig Werte sehr fragwürdig.

Als Faustregel gilt, dass eine Stichprobe aus mindestens 50 Einzelwerten bestehen sollte, bevor damit die Parameter eines Verteilungsmodells geschätzt werden. ■

Tabelle 4.3 Unsortierte Messergebnisse des Füllvolumens von fünf Mineralwasserflaschen

Nummer	Füllvolumen
1	1000,752
2	999,235
3	1002,787
4	1001,375
5	1000,277

Tabelle 4.4 Messergebnisse in aufsteigend sortierter Reihenfolge, inklusive zugeordneter Rangwerte (erste Spalte) und Rangverteilung-Medianwerte (letzte Spalte)

Rang	Sortiertes Füllvolumen	Median Rangverteilung
i	$x_{(i)}$	$G(x_{(i)})$
1	999,235	0,1296
2	1000,277	0,3148
3	1000,752	0,5000
4	1001,375	0,6852
5	1002,787	0,8704

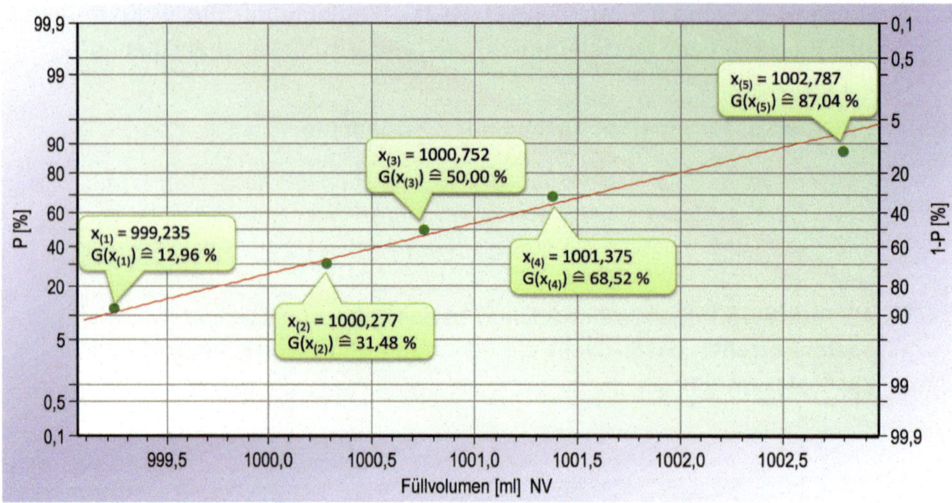

Bild 4.26 Wahrscheinlichkeitsnetz der Normalverteilung mit den eingetragenen Stichprobenwerten (grüne Punkte) und der an diese Stichprobenwerte angepassten Verteilungsfunktion der Normalverteilung (rote Linie)

Wahrscheinlichkeitsnetz auf der Grundlage von klassiert vorliegenden Werten

Sind die ursprünglichen Einzelwerte unbekannt und es liegen nur Informationen über die klassierten Daten vor, so bestimmt man zunächst die relative Summenhäufigkeit F_j für jede Klasse (Klassen und Klasseneinteilung s. Abschnitt 4.3).

Relative Summenhäufigkeit für die Klasse j:

$$F_j = \sum_{k=1}^{j} h_k$$

mit

j = Äußerer Laufindex für die Klassen, geht von 1 bis Anzahl Klassen

k = Innerer Laufindex für die Klassen, geht von 1 bis j

$h_k = \frac{n_k}{n_{gesamt}}$ = relative Klassenhäufigkeit in der Klasse mit dem Laufindex k

n_k = Anzahl der Werte in der Klasse k

n_{gesamt} = Anzahl aller Werte (Stichprobenumfang)

In das Wahrscheinlichkeitsnetz wird für jede Klasse genau ein Punkt eingetragen, dessen x-Koordinate der oberen Klassengrenze x'_j entspricht und dessen y-Koordinate der relativen Summenhäufigkeit F_j gleich ist.

Anwendung des Wahrscheinlichkeitsnetzes

Die wohl wichtigste Anwendung ist der visuelle Schnelltest auf Normalverteilung. Es wird abgeschätzt, ob die Stichprobendaten dem Verlauf der Verteilungsfunktion der Normalverteilung (rote Gerade) gut angeschmiegt folgen. Zeigen die eingezeichneten Stichprobenwerte (grüne Punkte oder Kreuze) einen deutlich von der Geraden abweichenden Verlauf, so ist die Annahme, dass die Werte aus einer Normalverteilung stammen, nicht mehr gültig.

Vertrauensbereich im Wahrscheinlichkeitsnetz

In Bild 4.27 ist die Verteilungsfunktion als rote Linie eingezeichnet. Die darunter- und darüber eingezeichneten gekrümmten Linien entsprechen den 95%-Vertrauensbereichsgrenzen des Unterschreitungsanteils $p_{<x}$. Wählt man auf der x-Achse einen Wert, z. B. die Füllmenge x = 998 ml, so schätzt man mit der Verteilungsfunktion dafür den Anteil (Punktschätzer) $p_{<x} \approx 2{,}2\,\%$. Das heißt, aus dem Modell ergibt sich ein Anteil von 2,2 % Flaschen, die einen Füllmenge gleich oder kleiner 998 ml ist. Das ist natürlich „nur" der rechnerische Schätzwert. Aus der Statistik kann man ableiten, dass der wahre Anteil an Flaschen mit Füllmengen kleiner oder gleich 998 ml ist mit 95 % Wahrscheinlichkeit ein Wert zwischen den unteren und oberen Grenzen des 95%-Vertrauensbereiches für den Unterschreitungsanteil $p_{un} \approx 0{,}3\,\% \le p_{<x} \le p_{ob} \approx 9\,\%$ ist.

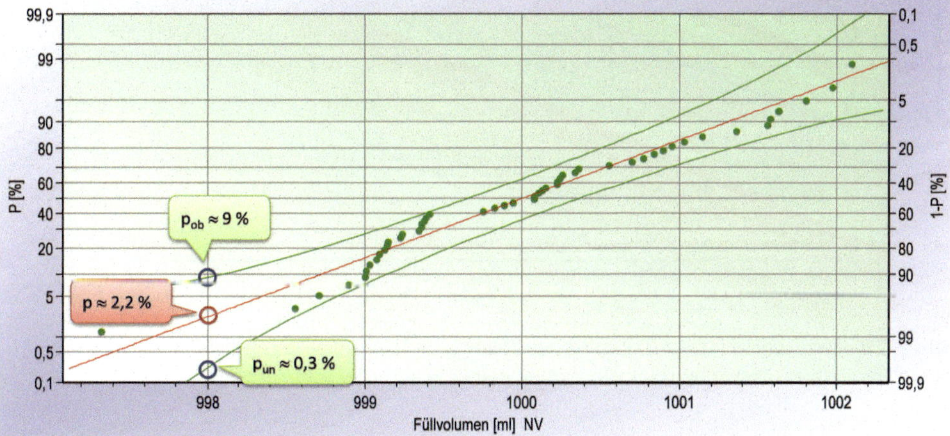

Bild 4.27 Wahrscheinlichkeitsnetz mit dem Punktschätzer für den Unterschreitungsanteil $p_{<x}$ und den beiden 95%-Vertrauensbereichsgrenzen p_{un} und p_{ob} für die Füllmenge x = 998 ml (Formeln: Abschnitt 5.7.2)

Jede Verteilung hat eine andere Skalierung der Ordinaten (und z. T. der Abszisse) und damit ihr eigenes Wahrscheinlichkeitsnetz.

■ 4.6 Darstellung von Wertepaaren

x-y-Plot

Häufig wird eine Merkmalsausprägung nicht durch einen einzelnen Wert, sondern durch ein Wertepaar beschrieben. Typische Beispiele sind Positionstoleranzen (z.B. Bohrungsmittelpunkte) oder das Wuchten (z.B. Radius und Winkel). Das Wertepaar ist durch einen x- und y-Wert bestimmt. Die einzelnen Wertepaare können in kartesischen Koordinaten im sogenannten x-y-Plot (Bild 4.28) dargestellt werden. Die Spezifikationsgrenzen können in Form eines Rechtecks in die Grafik eingetragen werden. Im Gegensatz zu der eindimensionalen Betrachtung ergibt die Spezifikation je nach Skalierung der Achsen in der Ebene einen Kreis bzw. eine Ellipse. Wird für die Verteilung der Werte das Modell der Normalverteilung vorausgesetzt, können Wahrscheinlichkeitsellipsen eingetragen werden. Sie ermöglichen eine Schätzung, welcher Anteil der Grundgesamtheit in den markierten Bereich fällt (s. Abschnitt 5.6). Das letzte Wertepaar ist besonders gekennzeichnet.

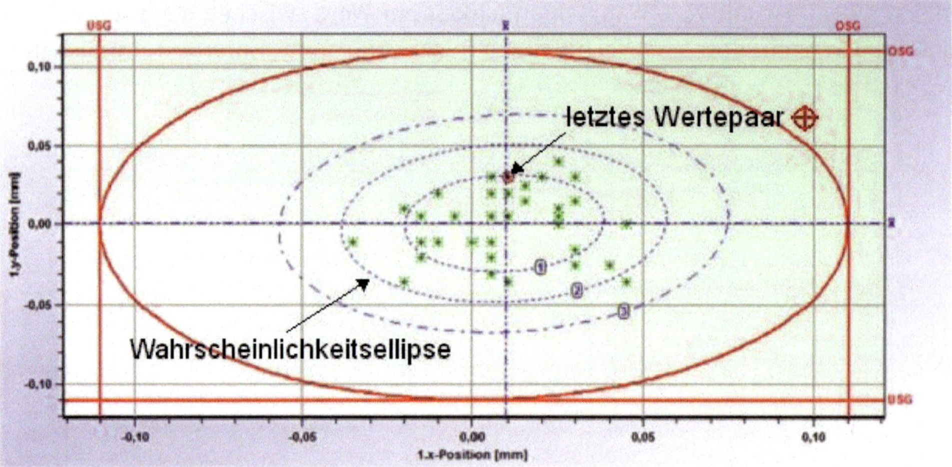

Bild 4.28 Einzelwerte im x-y-Plot mit eingezeichneter Toleranzellipse (rot) und Wahrscheinlichkeitsellipsen (blau gestrichelt) für die Wahrscheinlichkeiten 68,27%, 95,45% und 99,73%

Bild 4.29 enthält den gleichen Datensatz mit einer Nummerierung der Wertepaare. Diese ist besonders hilfreich, wenn beispielsweise mehrere Positionstoleranzen (z.B. Bohrungsmittelpunkte eines Motorblocks) miteinander verglichen werden. Liegen Ausreißer vor, kann durch diese Zuordnung sofort erkannt werden, ob dieser bei allen Positionen vorhanden ist.

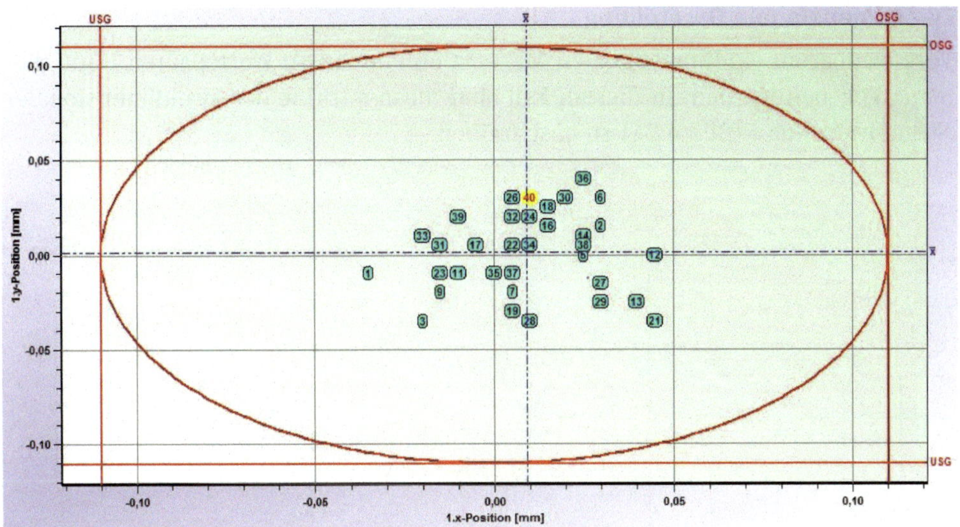

Bild 4.29 x-y-Plot mit nummerierten Wertepaaren

Polardarstellung

Werden Wertepaare in Form von Betrag und Winkel gemessen, können diese in ein Polardiagramm (Bild 4.30) eingetragen werden. Auch in dieser Form können Spezifikationsgrenzen angegeben werden.

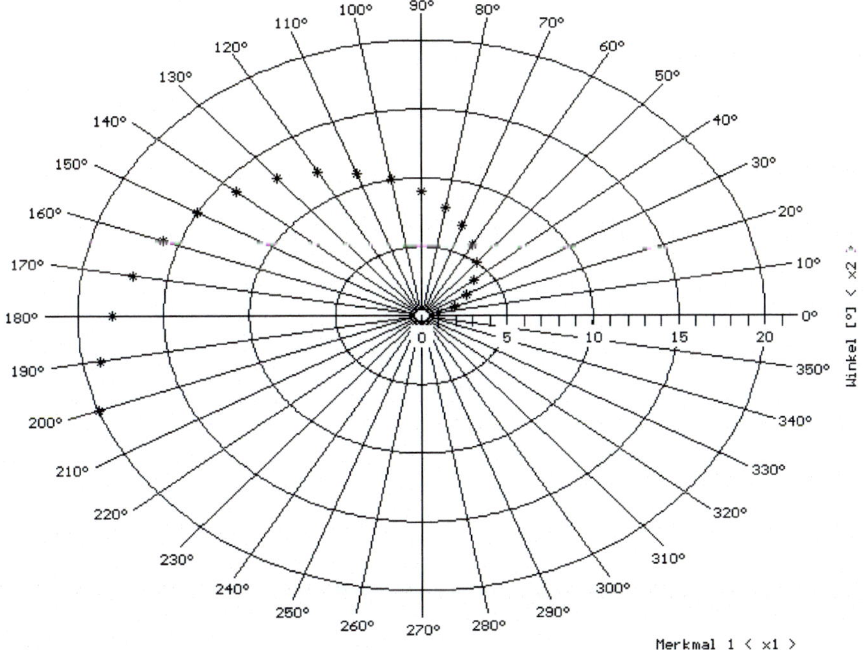

Bild 4.30 Polardarstellung

Zweidimensionale Darstellung

Vergleichbar zu eindimensionalen Merkmalen können zu Wertepaaren Häufigkeiten angegeben werden. In diesem Fall sind diese mithilfe der zweidimensionalen Normalverteilung (Bild 4.31) zu beschreiben.

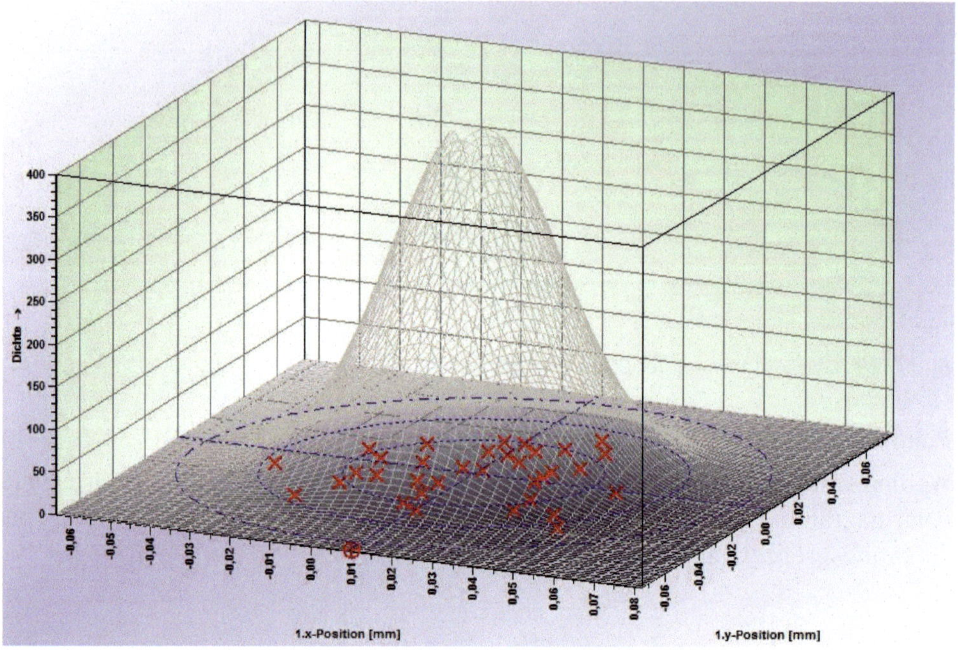

Bild 4.31 Zweidimensionale Normalverteilung

Hinweise

- Die Berechnung der zweidimensionalen Normalverteilung und deren Interpretation ist in Abschnitt 5.6 erläutert, wobei die gleichen Denkweisen wie im Falle einer eindimensionalen Normalverteilung gelten.
- Genauso wie es Wertepaare in einer Ebene gibt, die in Form eines x-y-Plots dargestellt werden, können Werte im Raum, die mit x-y-z Koordinaten beschrieben werden, entsprechend räumlich dargestellt werden. In diesem Falle kann allerdings die dreidimensionale Verteilung grafisch nicht mehr so plastisch dargestellt werden.

Matrix der x-y-Plots

Für die Darstellung der Beziehung zwischen zwei Variablen ist das x-y-Plot vorgestellt worden. Eine Erweiterung stellt die Matrix der x-y-Plots dar. Damit kann die Beziehung zwischen mehr als zwei Variablen grafisch analysiert werden.

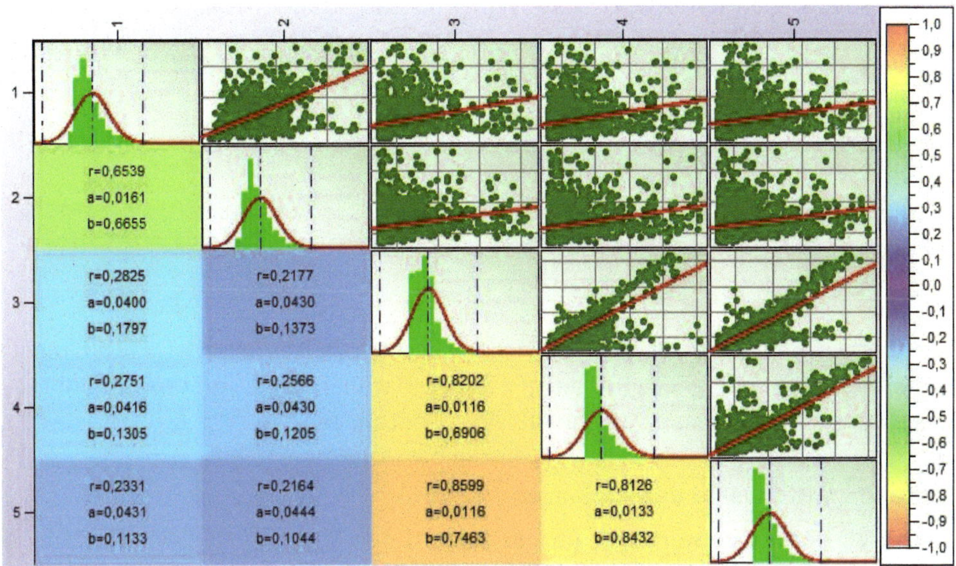

Bild 4.32 Matrix der x-y-Plots. Spiegelt man ein x-y-Plot an der Haupt-Diagonalen, so findet man das zum Bild gehörige Textfeld, welches den Korrelationskoeffizienten r nach Pearson, den Achsenabschnitt a und die Steigung b der an die Werte angepassten Ausgleichsgraden enthält

Die in Bild 4.32 dargestellte Matrix der x-y-Plots stellt die Beziehung zwischen fünf Variablen dar. Für alle Paar-Kombinationen dieser fünf Variablen wird ein eigenes x-y-Plot erzeugt. In der unteren linken Hälfte der Grafik sind Textfelder dargestellt, in denen die Werte der Korrelationskoeffizienten nach Pearson (r-Werte) sowie die Achsenabschnitte (a-Werte) und die Steigungen (b-Werte) der an die Daten angepassten Regressionsgeraden dargestellt sind. Das zu einem bestimmten x-y-Plot gehörende Textfeld wird durch Spiegeln des Bildes an der Hauptdiagonalen der Matrix (= Histogramm-Reihe) ermittelt. Die Farbe des Textfeldes orientiert sich an dem Wert des Korrelationskoeffizienten r. Ist der Wert nahe Null, so hat der Hintergrund eine kalte Farbe. Je höher der Wert des Korrelationskoeffizienten ist, desto wärmer wird die Farbe, desto signifikanter scheint eine Korrelation. Welche Farbe für welchen Wert des Korrelationskoeffizienten gilt, entnimmt man der Farbskala am rechten Bildrand.

Details zur Berechnung und Deutung des Korrelationskoeffizienten finden Sie in Abschnitt 11.2.

4.7 Darstellung von statistischen Kennwerten

Werden aus einem laufenden Prozess Stichproben entnommen, kann von den einzelnen Stichproben jeweils der Mittelwert und die Varianz berechnet werden. Oft stellt sich zur Beurteilung der Grundgesamtheit über alle Stichproben hinweg die Frage, ob:

- die Mittelwerte und die Varianzen zufällig
- die Mittelwerte selbst normalverteilt
- die Varianzen gleich und
- die Varianzen χ^2-verteilt

sind.

Eine der wichtigsten Darstellungen von Stichprobenwerten ist die Qualitätsregelkarte. Dieser ist ein eigenes Kapitel gewidmet. Darüber hinaus gibt es weitere grafische Darstellungsformen von statistischen Kennwerten.

Gleitende Mittelwerte und Varianzen

Analog zu den Einzelwerten kann der Verlauf der Mittelwerte sowie Varianzen über der Zeit dargestellt werden. Diese können zusätzlich mit sogenannten „gleitenden Mittelwerten" überlagert werden. Bei der Bildung von gleitenden Mittelwerten werden einige Werte links und rechts vom aktuellen Wert zusammen mit diesem Wert zur Bildung eines gemeinsamen Mittelwertes herangezogen. Hierdurch tritt eine Glättung des Verlaufes ein, d. h. zufällige Einflüsse werden herausgefiltert.

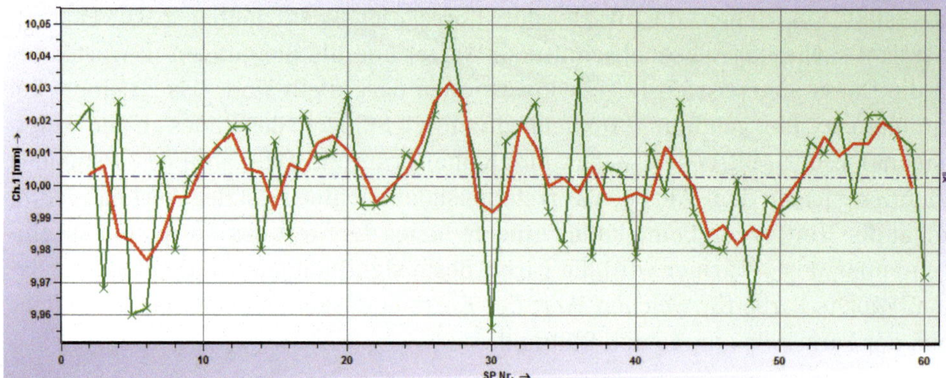

Bild 4.33 Verlauf der Mittelwerte mit gleitenden Werten

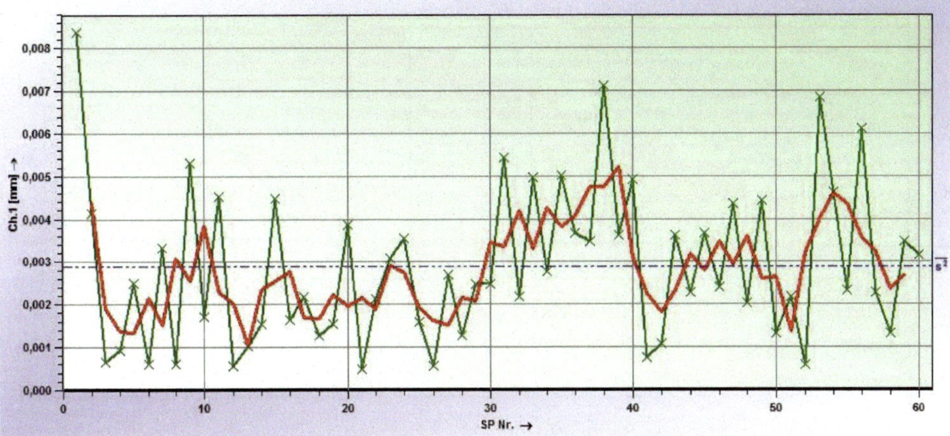

Bild 4.34 Verlauf der Varianzen mit gleitenden Werten

Bei der Berechnung der Mittelwerte wird zwischen einer gewichteten und einer ungewichteten Berechnung unterschieden. Bei einer ungewichteten Zusammenfassung von drei Werten zu einem Mittelwert, wird der erste Mittelwert aus dem 1., 2. und 3. Einzelwert gebildet, der zweite Mittelwert entsprechend aus dem 2., 3. und 4. Einzelwert usw.

Bei einer gewichteten Betrachtung wird beispielsweise der Mittelwert aus 7 Werten gebildet. Die Berechnung erfolgt nach der Formel:

$$\overline{x}_i = \frac{-2x_{i-3} + 3x_{i-2} + 6x_{i-1} + 7x_i + 6x_{i+1} + 3x_{i+2} - 2x_{i+3}}{21} \qquad i = 4,5,6,...$$

Wahrscheinlichkeitsnetz für Mittelwerte

Ob die Mittelwerte mehrerer Stichproben normalverteilt sind, kann analog zu den Urwerten durch Eintragen der Mittelwerte in das W-Netz beurteilt werden. Störungen bezüglich der Prozesslage können damit erkannt werden. Damit hat diese Grafik eine ähnliche Funktion wie eine Shewhart-Mittelwertkarte im Rahmen der Prozessanalyse.

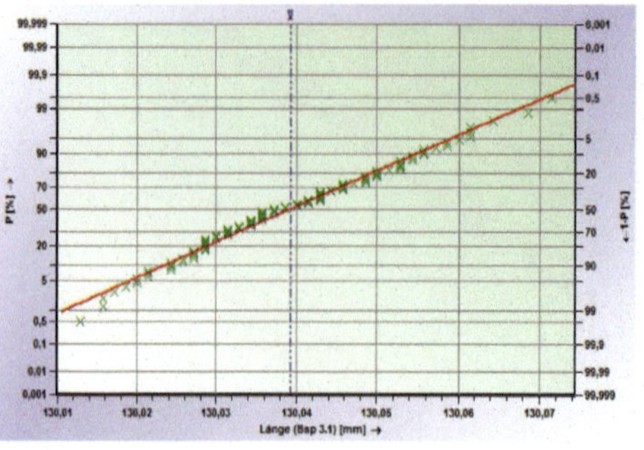

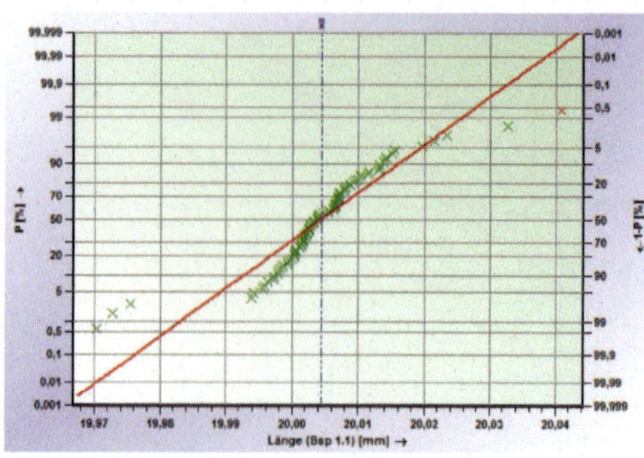

a) ungestörter Prozess
b) gestörter Prozess

Bild 4.35 Eintrag der Mittelwerte ins W-Netz

χ^2-Netz für Varianzen

Durch Eintragen der Varianzen in das χ^2-Netz kann beurteilt werden, ob die Varianzen (Streumaße) χ^2-verteilt sind. Die Interpretation dieses Netzes ist entsprechend dem W-Netz für die Mittelwerte. Störungen bezüglich der Prozessstreuung können erkannt werden. Damit hat diese Grafik eine ähnliche Funktion wie eine Shewhart-Standardabweichungskarte im Rahmen der Prozessanalyse.

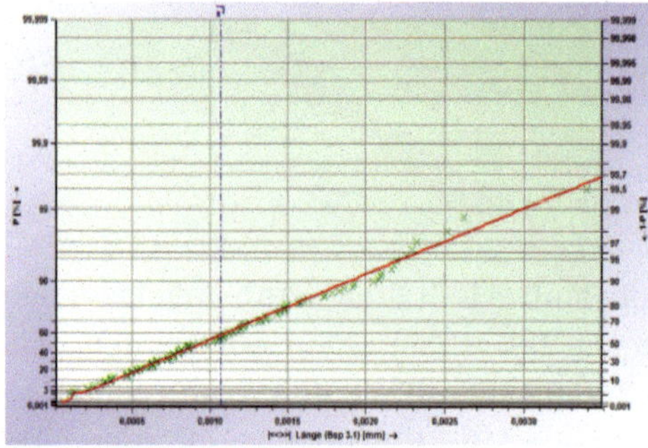

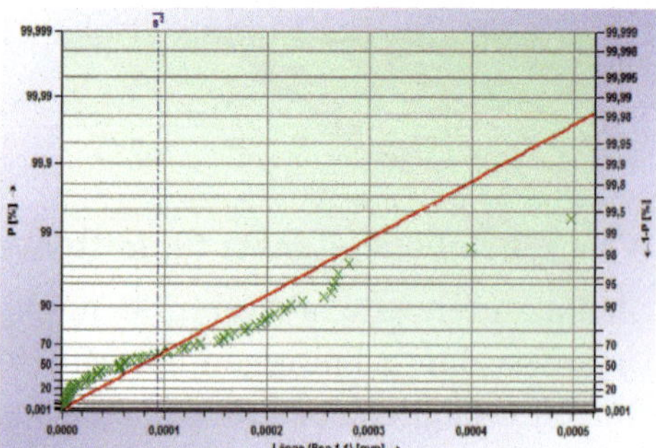

a) ungestörter Prozess
b) gestörter Prozess

Bild 4.36 Eintrag der Varianzen ins χ^2-Netz

■ 4.8 Pareto-Analyse

Der italienische Nationalökonom Vilfredo Pareto (1848 – 1923) postulierte vor mehr als hundert Jahren, dass 20 % der Ursachen etwa 80 % der Wirkung ausmachen. Dieser Grundsatz wird heute als Pareto-Prinzip bezeichnet. Andere Namen sind ABC-Analyse oder Fehlerhäufigkeitsanalyse. In Verbindung mit einer geeigneten grafischen Darstellungsform wird das Prinzip verwendet, um qualitätssichernde Maßnahmen zu fokussieren.

Zunächst werden auf einem Erfassungsblatt oder rechnerunterstützt über eine entsprechende Eingabemöglichkeit Veränderungen von Prozessparametern und Umgebungsbedingungen in Form von sog. Ereignissen festgehalten. Dabei müssen für die spätere Auswertung die Ereignisse katalogisiert und mit einem eindeutigen Schlüssel versehen sein. Einem erfassten Wert oder einer Stichprobe können in der Regel mehrere Ereignisse zugeordnet werden. Bild 4.37 zeigt den Verlauf von Einzelwerten mit der Anzahl von zugeordneten Ereignissen.

In dem vorliegenden Beispiel wurden dem Wert Nr. 11 exemplarisch die Ereignisse

- Werkzeugverschleiß (Ereignis)
- Maschine nachgestellt (Maßnahme)

zugeordnet. An dem Symbol Δ im Werteverlauf ist zu erkennen, dass diesem Wert Ereignisse zugeordnet sind.

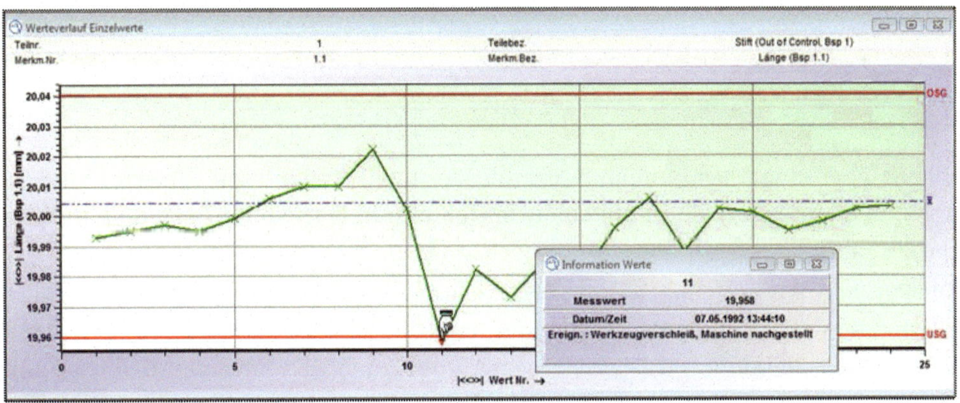

Bild 4.37 Verlauf von Einzelwerten

Hinweis

Sinnvollerweise sollte bereits bei der Erfassung eines Ereignisses zwischen dem Ereignis selbst, den ergriffenen Maßnahmen und dem Auslöser des Ereignisses (Ursache) unterschieden werden. Dann geben spätere Auswertungen bessere Hinweise für Optimierungen.

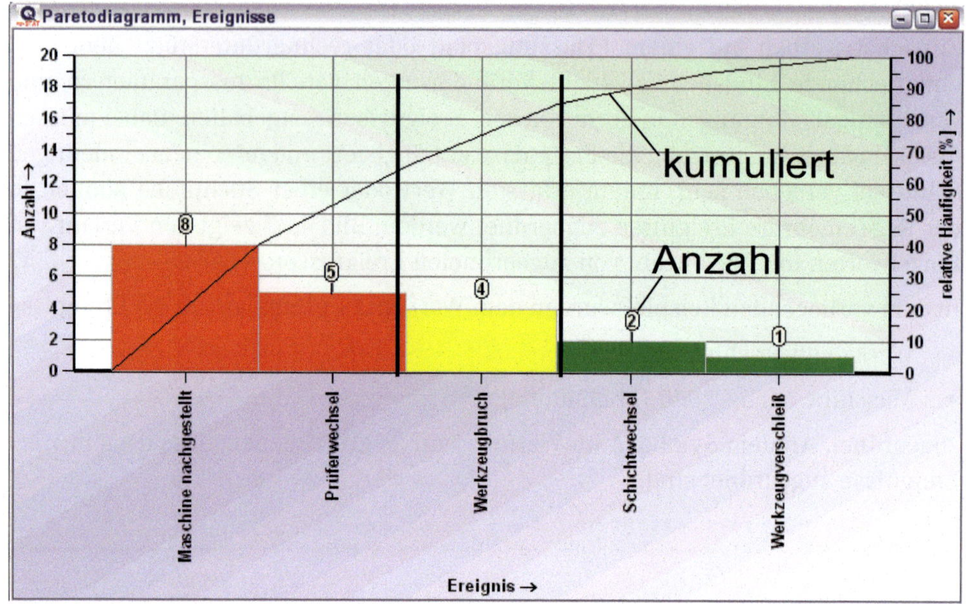

Bild 4.38 Pareto-Diagramm

Liegen über einen bestimmten Zeitraum Werte mit Ereignissen vor, wird die Einzel- und die prozentuale Häufigkeit ermittelt und in Form eines Balkendiagramms dargestellt.

Die Pareto-Analyse ordnet, wie am Beispiel gezeigt, die Ereignisse. Die schrittweise Kumulation ergibt die typische Pareto-Kurve (s. Bild 4.38). Dem Kurvenverlauf mit der größten Steigung wird der Bereich A zugeordnet. Es folgt der Bereich B mit bereits geringerer Steigerung. Dem abgeflachten Kurvenverlauf wird dann der Bereich C zugeordnet (s. Bild 4.39).

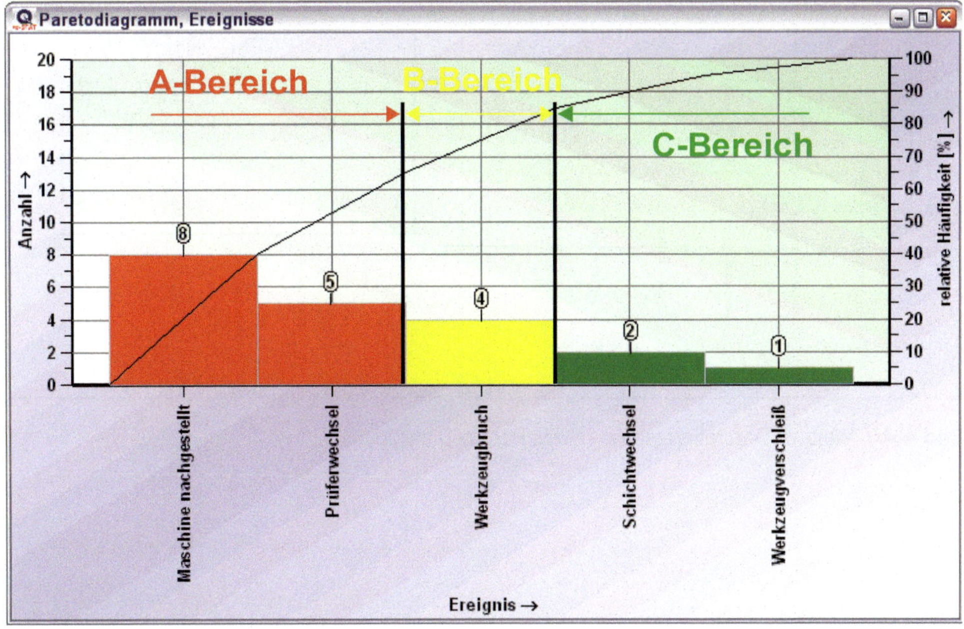

Bild 4.39 Pareto-Diagramm mit ABC-Bereich

A-Bereich (rot): Zwei der Positionen, „Maschine nachgestellt" und Prüferwechsel", verursachten bereits ca. 65 % der gesamten Nacharbeitszeit. In diesem Bereich werden Maßnahmen zur Fehlervermeidung und somit zur Verringerung der Nacharbeit am wirkungsvollsten sein.

B-Bereich (gelb): Eine weitere Position, „Werkzeugbruch", macht 20 % der Nacharbeitszeit aus.

Die A- und B-Positionen zusammen ergeben 85 % der Nacharbeitszeit.

C-Bereich (grün): Die restlichen zwei Positionen verursachen 15 % der Nacharbeitsstunden. Sie sind der unwesentliche Anteil der Positionen.

Damit handelt es sich bei der Pareto-Analyse um ein einfaches, aber sehr vielseitig einsetzbares Hilfsmittel zur Bestimmung und Darstellung von Schwerpunkten wie:

- fehlerhafte Bauteile
- häufige Prozessveränderungen
- unterschiedliche Umgebungsbedingungen.

Die Einflüsse der markanten Größen gilt es gezielt zu untersuchen und ggf. Vorschriften und Hinweise für die Handhabung abzuleiten. Darstellungsformen des Pareto-Diagramms zeigt Bild 4.40.

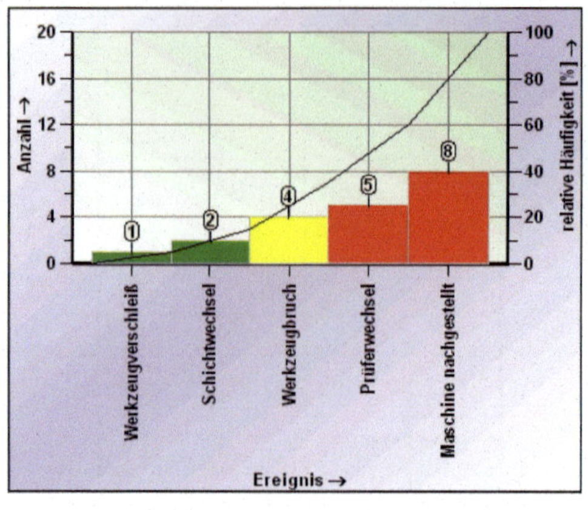

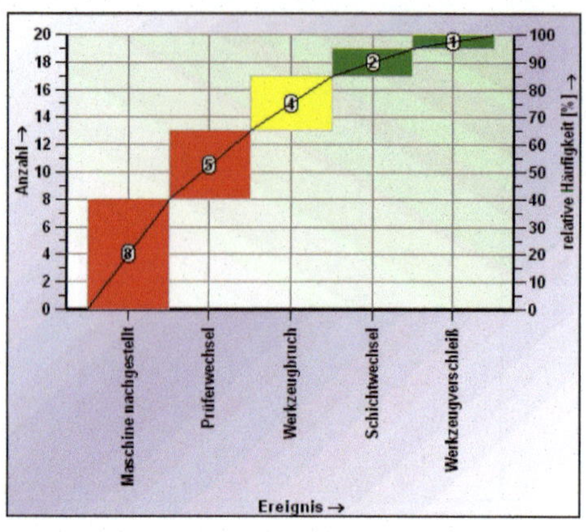

Bild 4.40 Weitere Darstellungsformen des Pareto-Diagramms

■ 4.9 Box-Plot

Für eine vergleichende Beurteilung von Merkmalsausprägungen ist eine übersichtliche Darstellung der wichtigsten statistischen Kenngrößen bedeutungsvoll. Der Box-Plot erfüllt diese Forderungen.

Die Höhe der Box gibt den Bereich an, in dem 50 % der Werte, basierend auf einem angenommenen Verteilungsmodell liegen. Ebenso können Mittelwert und/oder Medianwert eingetragen werden. Zu diesen Kennwerten ist der Vertrauensbereich für 95 %, 99 % und 99,9 % eingezeichnet. Die Breite einer Box hängt vom Stichprobenumfang ab. Dadurch kann aus der Grafik sofort erkannt werden, ob die Anzahl der Werte für alle Merkmale gleich ist oder sich unterscheidet.

Größt- und Kleinstwert der Messreihe sind in Bild 4.41 als Rauten eingetragen.

Die Länge des Intervalls zeigt an, wie viele Prozent der Werte einer Messwertreihe in diesem Bereich liegen. Ein typischer Bereich ist dabei der 99,73 %-Bereich ($\triangleq \pm 3s$ beim Modell der Normalverteilung). Falls keine Normalverteilung vorliegt, ist der Bereich nicht symmetrisch zu der Mitte der Box angeordnet.

Tabelle 4.5 enthält neben der Merkmalsnummer und den Spezifikationsgrenzen die statistischen Ergebnisse, wie sie im Box-Plot grafisch dargestellt werden. Diese zeigt deutlich, dass die numerischen Werte allein für eine Beurteilung fast „nichtssagend“ sind. Vor allem dann, wenn viele Merkmale zu betrachten sind.

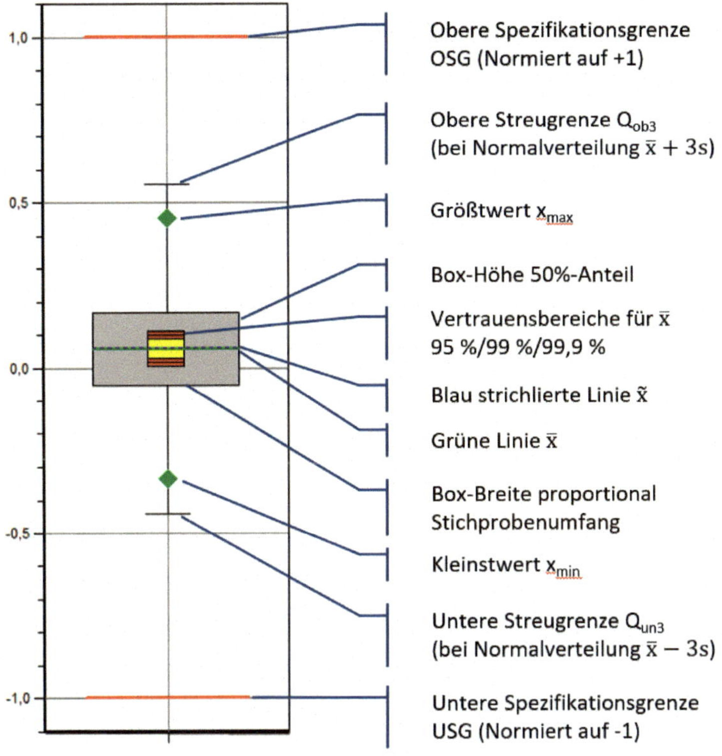

Bild 4.41 Exemplarischer Box-Plot

Tabelle 4.5 Statistische Kennwerte für den Box-Plot

Merkm.Nr.	n_{eff}	USG	x_{min}	$\bar{x}$	$\tilde{x}$	$Q_{50\%}$	x_{max}	OSG	R	$\bar{x}$-3s	$\bar{x}$+3s
1	500	19,800	19,872	20,00176	20,0000	20,00176	20,124	20,150	0,252	19,87225	20,13126
2	100	19,900	19,855	19,99940	19,9990	19,99940	20,150	20,100	0,295	19,87245	20,12635
3	875	19,850	19,873	20,00058	19,9990	20,00058	20,150	20,200	0,277	19,87570	20,12546
4	500	19,870	19,892	20,00042	19,9990	20,00042	20,110	20,130	0,218	19,87923	20,12161
5	600	19,800	19,869	20,00111	20,0020	20,00111	20,113	20,200	0,244	19,87937	20,12284

Die grafische Darstellung im Box-Plot (Bild 4.42) verdeutlicht den Sachverhalt wesentlich besser. So ist beispielsweise sofort zu erkennen, dass bei Merkmal „2“ Werte außerhalb der Spezifikationsgrenzen liegen und der Stichprobenumfang wesentlich geringer ist als bei den anderen Merkmalen. Dies wird durch die unterschiedliche Breite der Box angezeigt.

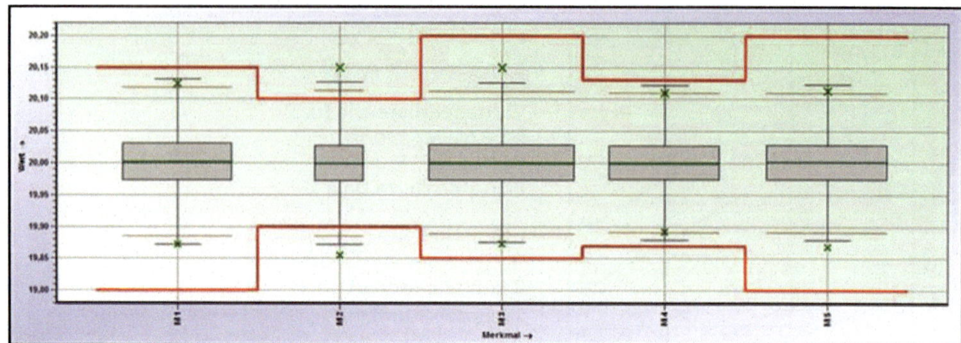

Bild 4.42 Box-Plot mit den Kennwerten aus Tabelle 4.5

Um die Darstellung unabhängig vom Wertebereich der Merkmalsausprägungen zu machen, ist es sinnvoll, die Kennwerte normiert darzustellen. Dazu werden die Spezifikationsgrenzen auf +1 bzw. -1 festgelegt. Dadurch können statistische Kennwerte wie Prozesslage und -streuung miteinander verglichen werden. Fehlt eine Spezifikationsgrenze, ist die normierte Darstellung eines Merkmals nicht möglich.

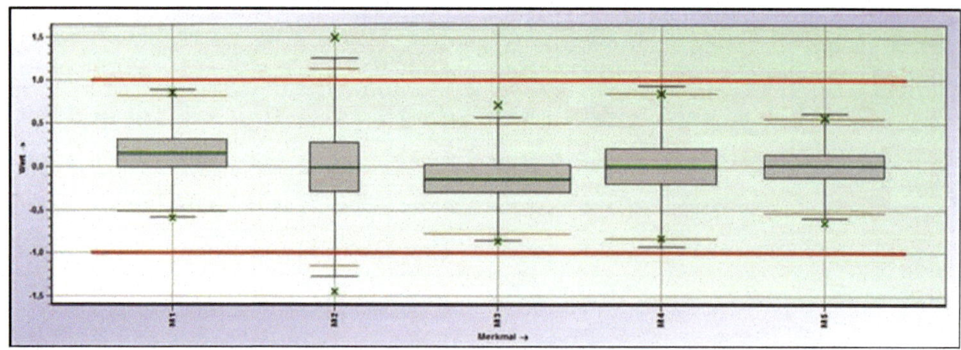

Bild 4.43 Box-Plot mit normierter Spezifikationsgrenze

Liegen die Wertebereiche der Merkmalsausprägung und die Toleranzen nahe beieinander, kann auf eine Normierung verzichtet werden (s. Bild 4.44). Zusätzlich sind dabei die Vertrauensbereiche für die Mittelwerte eingetragen. In Bild 4.45 ist für jedes Merkmal der Medianwert mit Vertrauensbereich dargestellt.

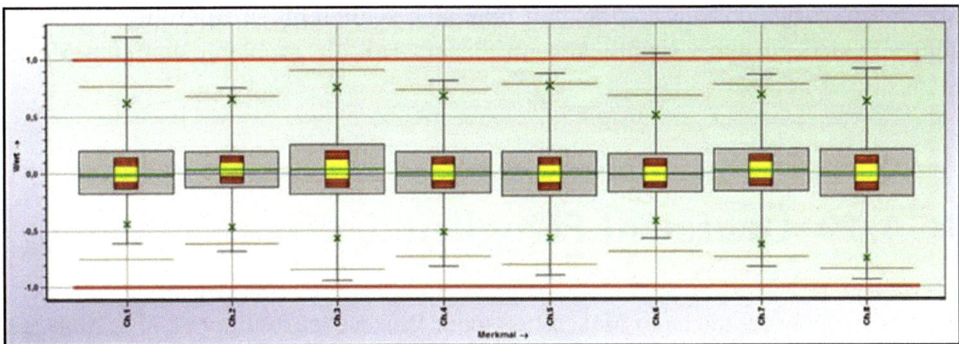

Bild 4.44 Box-Plot mit Vertrauensbereich für Mittelwert

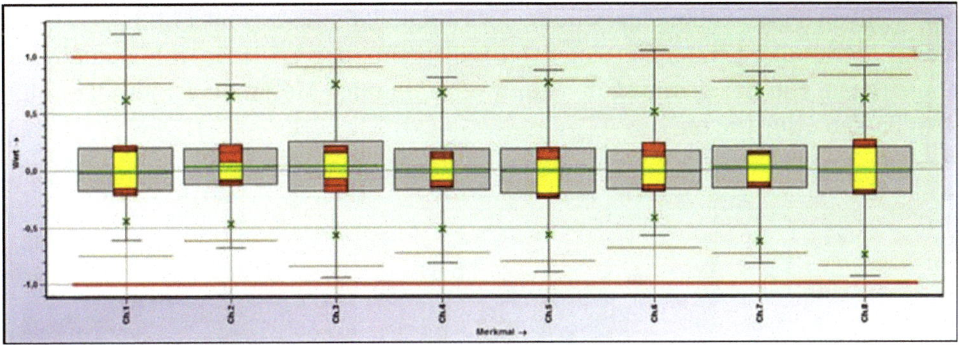

Bild 4.45 Box-Plot mit Vertrauensbereich für Median

Bild 4.46 zeigt ein Beispiel aus der Praxis mit 39 Merkmalen. Es sind deutliche Unterschiede zwischen den Merkmalen zu erkennen. Vor allem die Merkmale mit Werten außerhalb der Spezifikationsgrenzen und mit einer Prozessstreubreite (99,73 %-Bereich) über den normierten Grenzen (±1) sind näher zu betrachten.

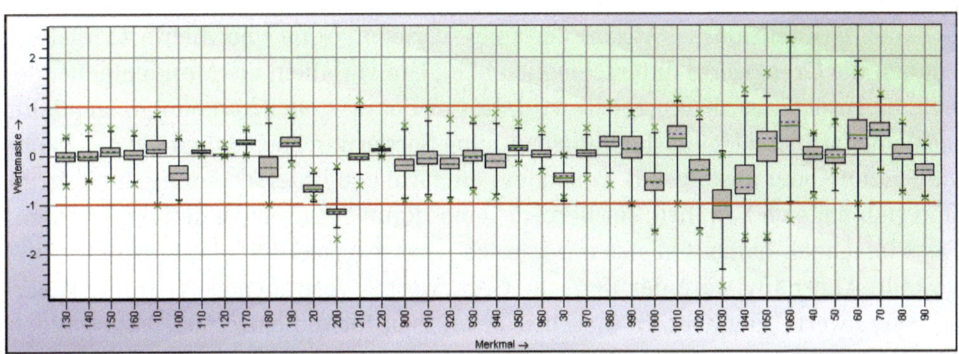

Bild 4.46 Box-Plot für 39 Merkmale

Mit dieser Vorgehensweise verschafft man sich schnell einen Überblick und konzentriert sich auf die wesentlichen, in diesem Fall die problembehafteten Merkmale.

■ 4.10 Übersicht Fähigkeitsindizes

Ein wichtiges Ergebnis jeder Maschinen- oder Prozessbeurteilung ist eine Aussage über die Qualitätsfähigkeit, beschrieben durch die Qualitätsfähigkeitskenngrößen: das Potenzial (z. B. C_p) und den kritischen Fähigkeitsindex (z. B. C_{pk}). Für den Vergleich von mehreren Merkmalen bzw. über unterschiedliche Zeiträume hinweg, empfiehlt sich eine Balkendarstellung der Fähigkeitsindizes gemäß Bild 4.47. Über jedem Merkmal ist links das Potenzial und rechts der kritische Fähigkeitsindex eingetragen. Die Bezeichnung der Kennwerte und des Merkmals ist jeweils unter dem Balken eingetragen.

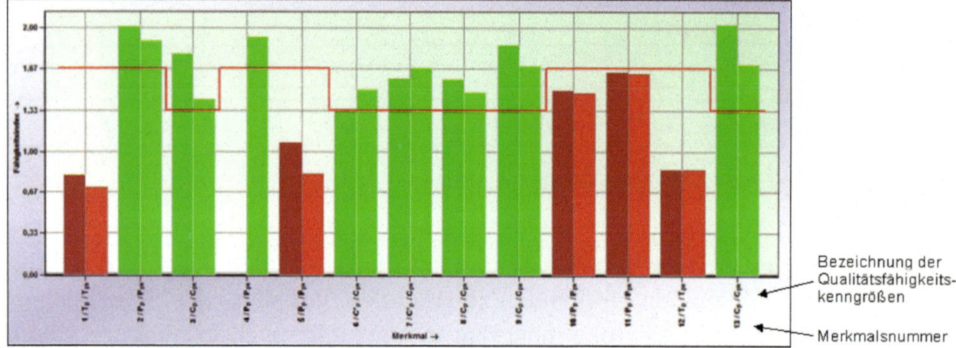

Bild 4.47 Qualitätsfähigkeitskenngrößen (Potenzial, Index getrennt)

Je nach Merkmalsklasse, Anzahl der ausgewerteten Werte und Auswerteergebnis können die Grenzwerte unterschiedlich sein. Um vor allem die Merkmale, bei denen die Forderung nicht erreicht wird, besser herausstellen zu können, empfiehlt sich eine farbliche Unterscheidung bzw. eine Sortierung nach der Größe der Kennzahlen (auf- oder absteigend). Besonders die farbliche Unterscheidung in rot, grün und gelb hat sich bewährt. Der Bereich „gelb“ kann verschieden definiert werden. Der Einfachheit halber hat sich der Bereich „Grenzwert ±10 %“ als sinnvoll herausgestellt. Alternativ wäre der Bereich „Grenzwert ± Vertrauensbereich des Fähigkeitskennwerts“ denkbar. In diesem Fall müssen für die einzelnen Prozesstypen die Vertrauensbereiche berechnet werden, was nicht immer möglich ist.

Hinweise

- Bei einem einseitig begrenzten Merkmal kann eine Spezifikationsgrenze fehlen. In diesem Fall wird nur der kritische Fähigkeitsindex angezeigt.
- Wird bei einem einseitig begrenzten Merkmal eine sogenannte natürliche Grenze angegeben (z. B. bei nullbegrenzten Merkmalen die untere Spezifikationsgrenze „Null"), kann das Potenzial berechnet werden (s. Abschnitt 9.8). In diesem Fall kann das Potenzial kleiner als der kritische Fähigkeitsindex sein.

Um vor allem zwischen „guten" und „schlechten" (Grenzwerte überschritten) Merkmalen zu unterscheiden, sollten die Merkmale der Größe ihrer Potenziale (Bild 4.48) bzw. nach der Größe ihrer kritischen Indizes (Bild 4.49) sortiert werden.

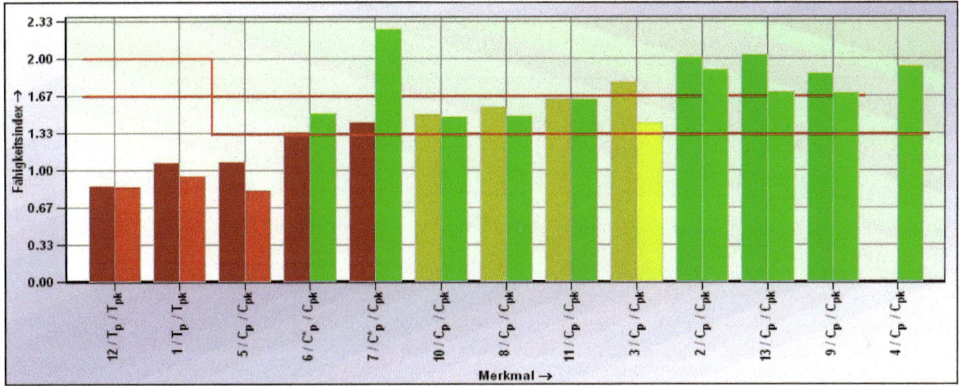

Bild 4.48 Qualitätsfähigkeitskenngrößen sortiert nach Potenzial

Liegen die errechneten Qualitätsfähigkeitskenngrößen unterhalb des „gelben" Bereiches, werden die Balken rot dargestellt. Sind die Qualitätsfähigkeitskenngrößen über dem „gelben" Bereich, werden die Balken grün eingefärbt. Dadurch kann einfach zwischen

- problematischen Merkmalen (rot)
- unproblematischen Merkmalen (grün) und
- Merkmalen unter Beobachtung (gelb)

unterschieden werden. Vor allem die rot dargestellten Merkmale sind näher zu untersuchen.

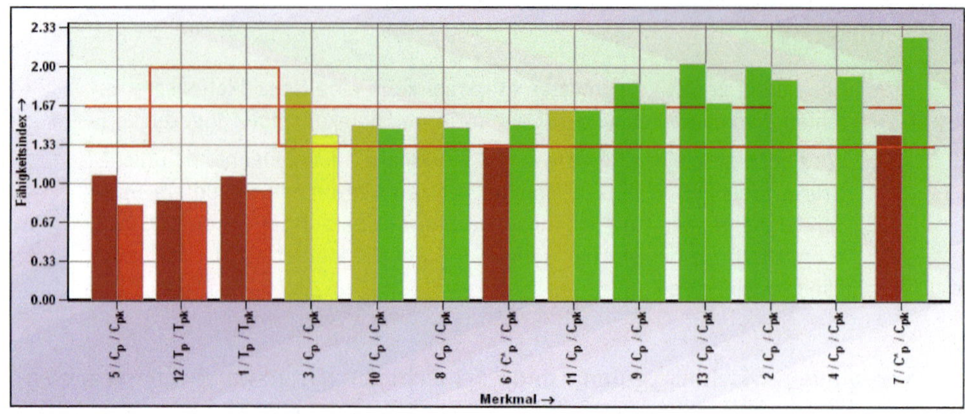

Bild 4.49 Qualitätsfähigkeitskenngrößen sortiert nach kritischen Indizes

Die Qualitätsfähigkeitskenngrößen können auch dreidimensional dargestellt werden (Bild 4.50).

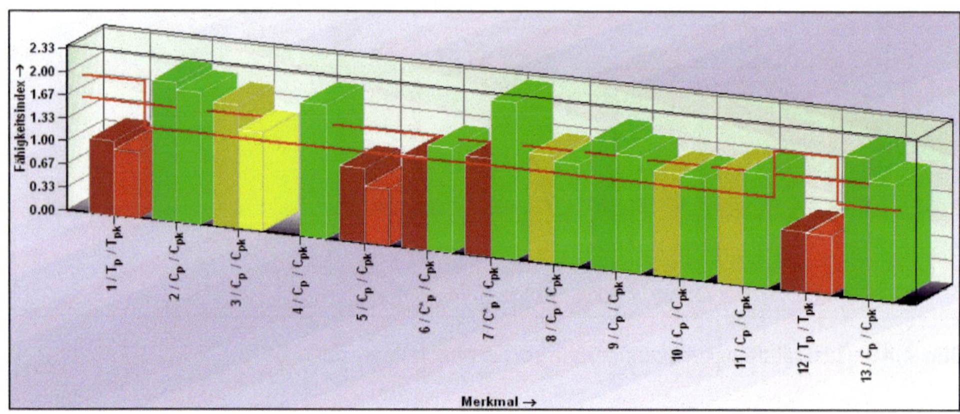

Bild 4.50 Qualitätsfähigkeitskenngrößen dreidimensional

Um vor allem bei vielen Merkmalen die Ergebnisse platzsparend darstellen zu können, ist es sinnvoll, die Qualitätsfähigkeitskenngrößen nicht nebeneinander, sondern hintereinander aufzutragen (Bild 4.51). Der höchste Wert eines Merkmals ist in der Regel das Potenzial und der darunterliegende Wert der kritische Fähigkeitsindex.

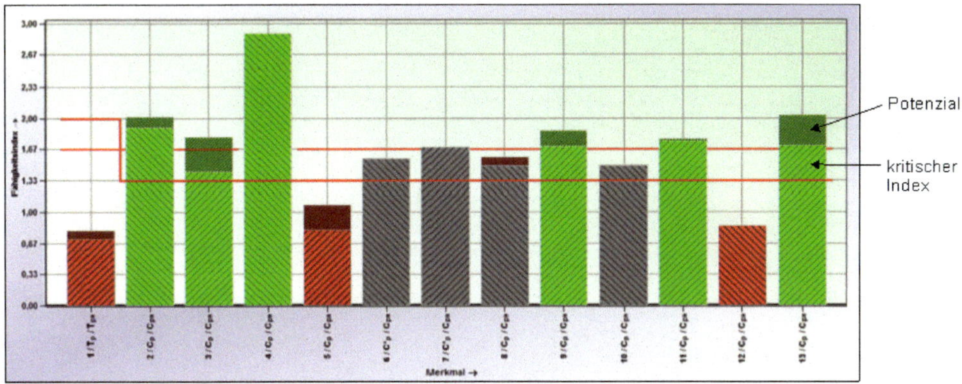

Bild 4.51 Qualitätsfähigkeitskenngrößen (Potenzial, kritische Indizes übereinander)

In Bild 4.52 sind die Fähigkeitskennwerte von 39 Merkmalen dargestellt. Das Beispiel stammt aus der Praxis und spiegelt einen realen Prozess wider (s. auch Bild 4.53). Es ist deutlich zu erkennen, dass viele Merkmale die Anforderungen nicht erfüllen. Gerade in solchen Fällen empfiehlt sich eine Sortierung nach der Größe der Ergebnisse.

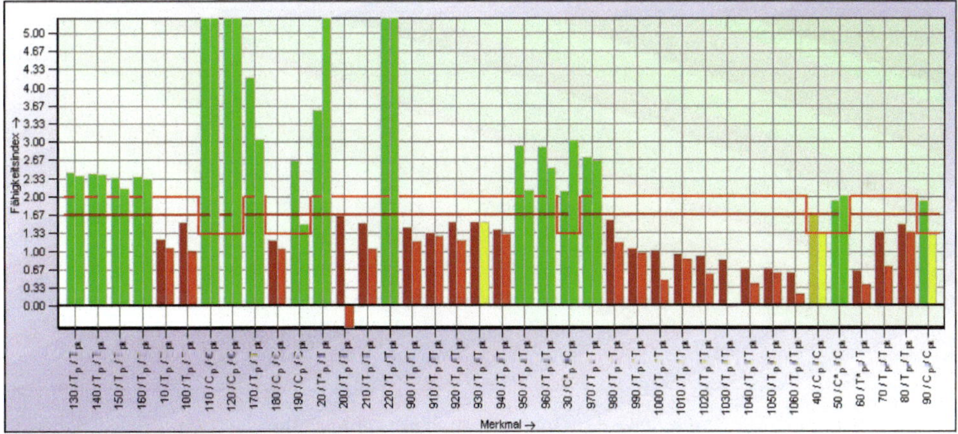

Bild 4.52 Qualitätsfähigkeitskenngrößen für 39 Merkmale

In Bild 4.53 sind die Ergebnisse in Form eines Histogramms dargestellt. Dazu wurden Klassen mit der Klassenbreite von w = 0,33 gebildet und die Qualitätsfähigkeitskenngrößen den Klassen zugeordnet.

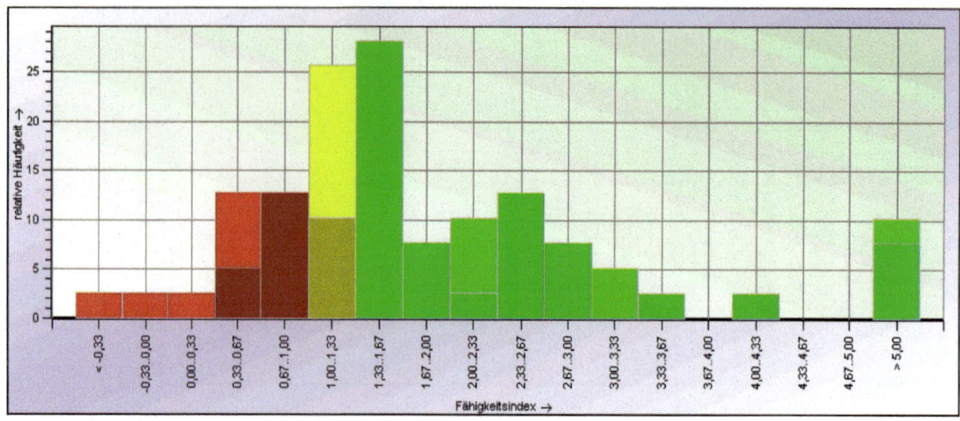

Bild 4.53 klassierte Qualitätsfähigkeitskenngrößen (Klassenweite w = 0,33)

Um besser den Prozentsatz „z. B. wie viel % sind kleiner als 1,0?" ablesen zu können, sind die Klassen in Bild 4.54 kumuliert dargestellt. Die obere Linie entspricht dem Potenzial und die untere stellt die kritischen Fähigkeitskennwerte dar.

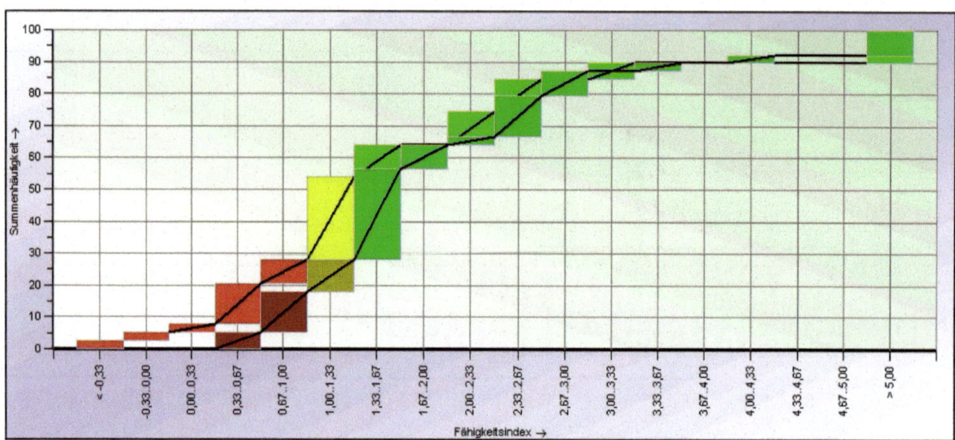

Bild 4.54 Kumulierte Darstellung der Qualitätsfähigkeitskenngrößen

In diesem Fall erfüllen ca. 28 % der Merkmale die Forderung „größer 1" bezüglich des „kritischen Fähigkeitskennwerts" nicht und ca. 18 % der „Potenziale" erreichen ihre vorgegebenen Grenzwerte ebenfalls nicht.

Bei der vorangegangenen Darstellung wurde immer nur ein Teil einzeln betrachtet und die Qualitätsfähigkeitskenngrößen der einzelnen Merkmale in Form eines Balkens angezeigt. Diese Darstellungen sind natürlich auch teileübergreifend (Bild 4.55) möglich. Zur Identifikation ist zusätzlich zum Merkmal die Teilenummer mit anzugeben.

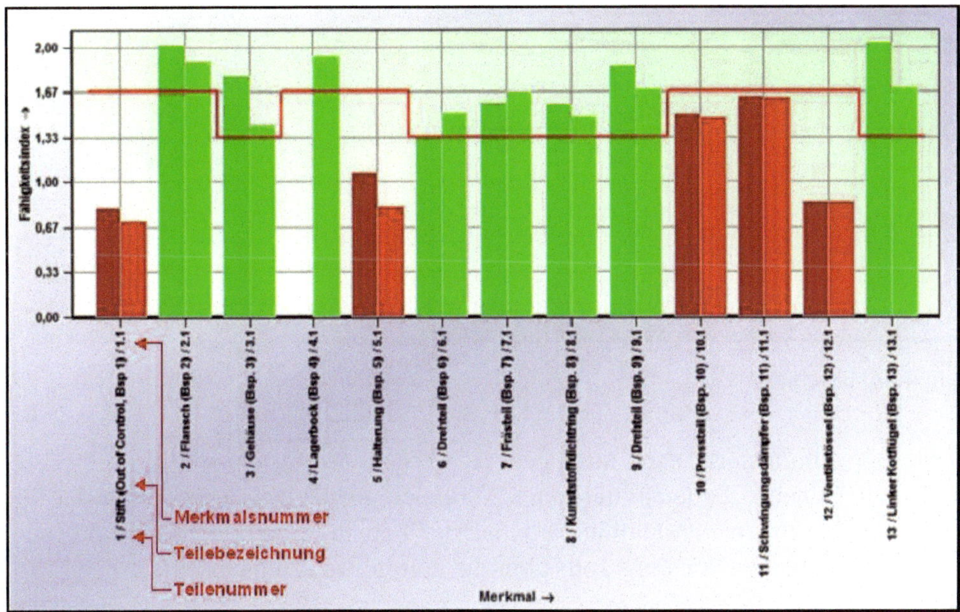

Bild 4.55 Fähigkeitskennwerte von mehreren Teilen

Sollen mehr Teile mit jeweils vielen Merkmalen miteinander verglichen werden, müssen die Ergebnisse weiter verdichtet werden. Bild 4.56 zeigt für mehrere Teile die Qualitätsfähigkeitskenngrößen klassiert in Form einer Benchmark über dem jeweiligen Teil aufgetragen.

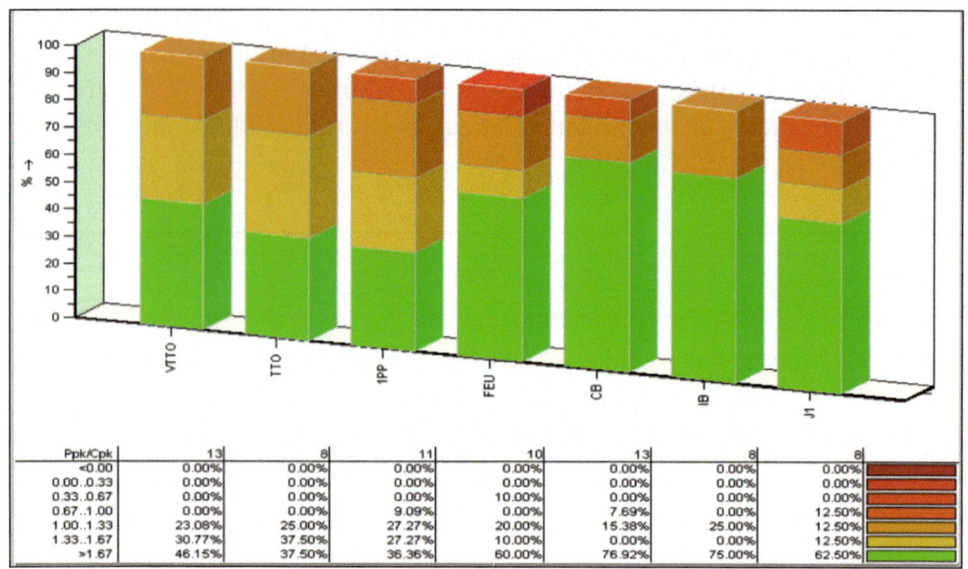

Ppk/Cpk	13	8	11	10	13	8	8
<0.00	0.00%	0.00%	0.00%	0.00%	0.00%	0.00%	0.00%
0.00..0.33	0.00%	0.00%	0.00%	0.00%	0.00%	0.00%	0.00%
0.33..0.67	0.00%	0.00%	0.00%	10.00%	0.00%	0.00%	0.00%
0.67..1.00	0.00%	0.00%	9.09%	0.00%	7.69%	0.00%	12.50%
1.00..1.33	23.08%	25.00%	27.27%	20.00%	15.38%	25.00%	12.50%
1.33..1.67	30.77%	37.50%	27.27%	10.00%	0.00%	0.00%	12.50%
>1.67	46.15%	37.50%	36.36%	60.00%	76.92%	75.00%	62.50%

Bild 4.56 Benchmark

Diese Darstellungsform kann auch genutzt werden, um für ein und dasselbe Teil nach Zeiträumen nebeneinander einen Vergleich anzuzeigen. Diese Form ist besonders hilfreich, um die Qualitätsfähigkeit der Teile untereinander zu vergleichen bzw. die Veränderungen eines Teils über die Zeit hinweg zu beobachten.

Die C-Werte können gemäß ihrem Erfüllungsgrad auch in Form einer Portfolio-Darstellung (s. Bild 4.57) eingetragen werden.

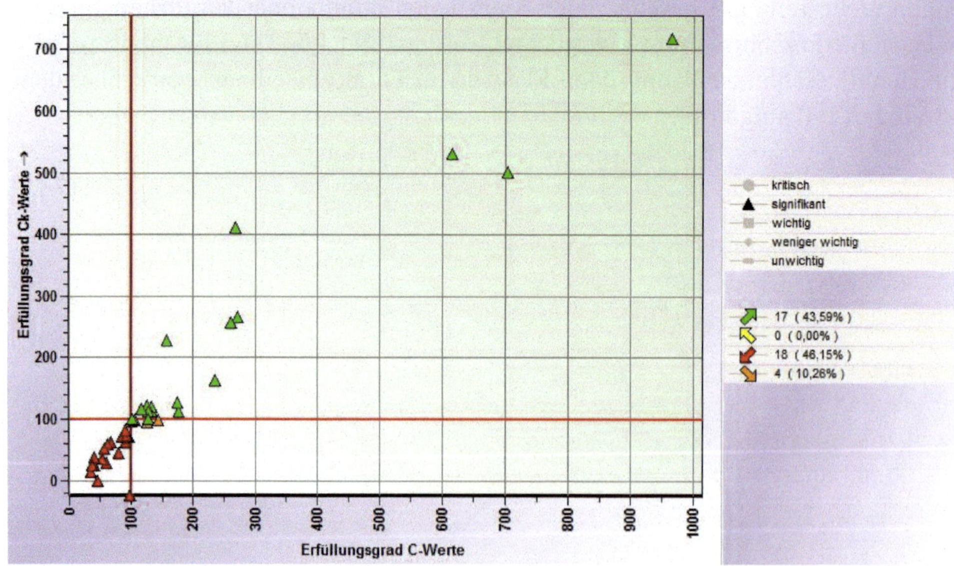

Bild 4.57 Portfolio-Darstellung

Anstatt die C-Werte aufzutragen, kann für jedes Merkmal die Standardabweichung über dem dazugehörenden Mittelwert aufgetragen werden (s. Bild 4.58). Um sofort sehen zu können, welches Merkmal fähig ist, werden gemäß den jeweiligen Vorgaben (z. B. $C_p = 1{,}33$) Grenzlinien eingetragen.

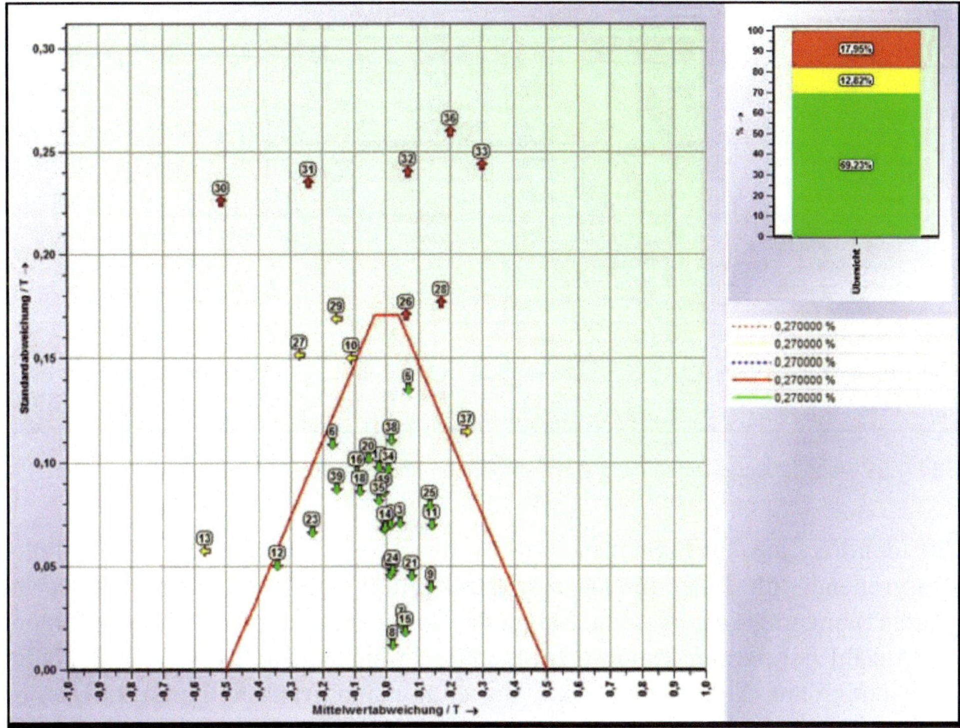

Bild 4.58 s über $\overline{x}$-Darstellung

■ 4.11 Grafische und numerische Darstellung

Die Vorteile der grafischen Visualisierung statistischer Kennwerte wurden mehrfach betont. Trotzdem werden oftmals zur Ergänzung der Grafiken markante Ergebnisse in numerischer Form bevorzugt.

Für ein Teil können die Ergebnisse der einzelnen Merkmale in Form eines Teileprotokolls (Bild 3.17) dargestellt werden. Der Umfang dieses Protokolls ist individuell zusammenzustellen. Damit soll in erster Linie die Lage der Einzelwerte grafisch untersucht werden.

Eine sehr gute Übersicht gibt die in Bild 4.59 gewählte Form, sowohl Grafiken als auch statistische Kennwerte anzuzeigen.

Teil:		1				Teilebez:		A3-Spezial-Schraube (Test_A3)		
Merkm.Nr	Merkm.Bez.	T	n_{eff}	$\bar{x}$	s	Box-Plot	Histogramm Einzel	Index	Index	C-Werte
1	Länge über alles (1)	0,080	500	20,00453	0,012554			T_p = 0,81	T_{pk} = 0,71	
2	Länge Gewinde (2)	0,0150	100	14,067923	0,0012418			P_p = 2,01	P_{pk} = 1,90	
3	Durchmesser Kopf (3)	0,35	875	130,0392	0,032599			C_p = 1,79	C_{pk} = 1,42	
4	Steigung (4)	—	200	0,504	0,36074			P_p = —	P_{pk} = 1,93	
5	Zerreißkraft (5)	420	200	718,30	61,0306			P_p = 1,07	P_{pk} = 0,82	
6	Schichtdicke (6)	0,100	500	0,02527	0,013517			C_p = 1,34	C_{pk} = 1,51	
7	Schichtdicke B (7)	0,040	600	0,00829	0,0046737			C_p = 1,59	C_{pk} = 1,67	
8	Durchmesser Stift (8)	0,260	500	30,00668	0,039701			C_p = 1,58	C_{pk} = 1,48	
9	Durchmesser Verbindungsk	0,60	600	19,9973	0,063738			C_p = 1,87	C_{pk} = 1,69	
10	Masse Max. (10)	10,0	102	64,916	1,10943			P_p = 1,50	P_{pk} = 1,48	
11	Gravur oben (11)	5,0	150	4,491	0,50805			P_p = 1,64	P_{pk} = 1,62	
12	Halterung (12)	1,00	500	26,4991	0,12480			T_p = 0,86	T_{pk} = 0,85	
13	Kern (13)	0,600	500	28,54925	0,049194			C_p = 2,03	C_{pk} = 1,70	

Bild 4.59 Tabellarische Darstellung von Kennwerten und Grafiken

Zur Identifikation der Ergebnisse und Grafiken sollte auf jeden Fall – falls teileübergreifend – die Teilenummer bzw. -bezeichnung und Merkmalsnummer sowie -bezeichnung angezeigt werden. Neben der Spezifikationsgrenze wird empfohlen, die Anzahl der Werte, Mittelwert, Standardabweichung und die Qualitätsfähigkeitskenngrößen darzustellen. Zur Unterteilung sind grafische Elemente wie der Werteverlauf und Box-Plot sinnvoll. Besonders hilfreich ist ein Symbol (Smiley oder Pfeil) das signalisiert, ob die Qualitätsfähigkeitskenngrößen die geforderten Grenzwerte erreichen oder nicht. Auch diese können durch ihre Form oder, wie bei der Balkendarstellung der Qualitätsfähigkeitskenngrößen, farblich die Bedeutung der Ergebnisse symbolisieren.

Hinweis

Mit dieser Darstellungsweise sind viele Kombinationen (Reihenfolge und Inhalt) möglich, um die jeweiligen Sachverhalte zielgerichtet beschreiben zu können. Daher empfiehlt es sich, je nach Aufgabenstellung die Anordnung individuell vorzunehmen.

Um die Ergebnisse einer Auswertung den Merkmalen eines Teils besser zuordnen zu können, sollte auf einem Berichtsblatt das Teil in Form eines Fotos oder einer CAD-Zeichnung abgebildet sein (Bild 4.60). Um dieses Bild herum können dann die Grafiken und die numerischen Ergebnisse angeordnet werden.

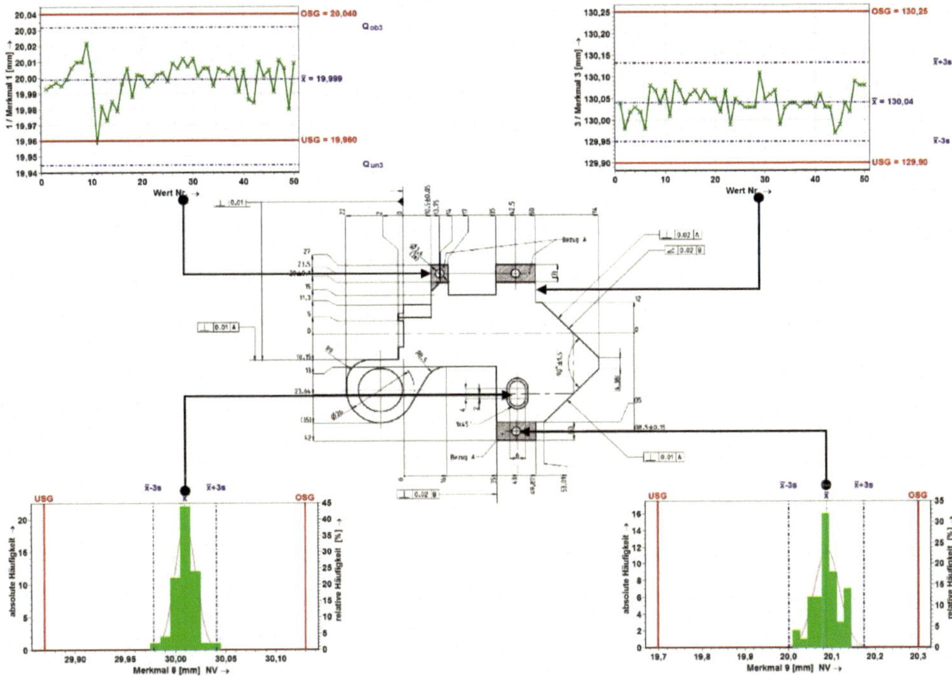

Bild 4.60 CAD-Zeichnung mit Werteverlauf und Histogramm

Dieser Bericht ist als Lösungsvorschlag zu verstehen. Selbstverständlich sind viele andere Kombinationen denkbar. Die Form und der Inhalt solcher Berichte sollten von der Aufgabenstellung bestimmt werden.

■ 4.12 Spezielle Toleranzbetrachtung

Gerade bei der Betrachtung von vielen Merkmalen, mehreren Teilen und unterschiedlichen Zeiträumen ist es besonders wichtig, Besonderheiten und Tendenzen in Grafiken ablesen zu können. Vor allem müssen die Merkmale hervorgehoben werden, bei denen Werte außerhalb der Spezifikationsgrenzen liegen. Weiter ist eine Information über die Ausnutzung der Toleranzen von Interesse.

4.12.1 Überschreitungen der Toleranzgrenzen

Häufig kann in einer laufenden Produktion nicht oder nur bedingt eingegriffen werden. Durch oftmals zu eng gewählte Spezifikationsgrenzen kommt es zwangsläufig zu nicht vermeidbaren Über- bzw. Unterschreitungen dieser Grenzen. Daher ist es von Interesse, die Anzahl der Verletzungen zu kennen. Bild 4.61 zeigt für 33 Merkmale den prozentualen Anteil der Werte außerhalb der Spezifikation. Die Skalierung kann zusätzlich oder alternativ „absolut“ bzw. in „ppm“ (parts per million) erfolgen.

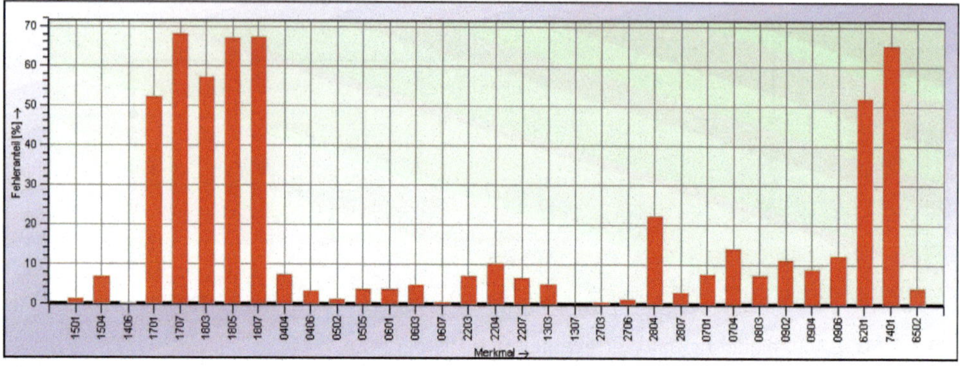

Bild 4.61 Anzahl Überschreitungen der Spezifikationsgrenzen

Wenn fertigungsbedingte Spezifikationsgrenzenverletzungen nicht vermeidbar sind, können zumindest temporär eine bestimmte Anzahl von Verletzungen toleriert werden. Hierbei sind farbliche Abstufungen (Bild 4.62) sinnvoll.

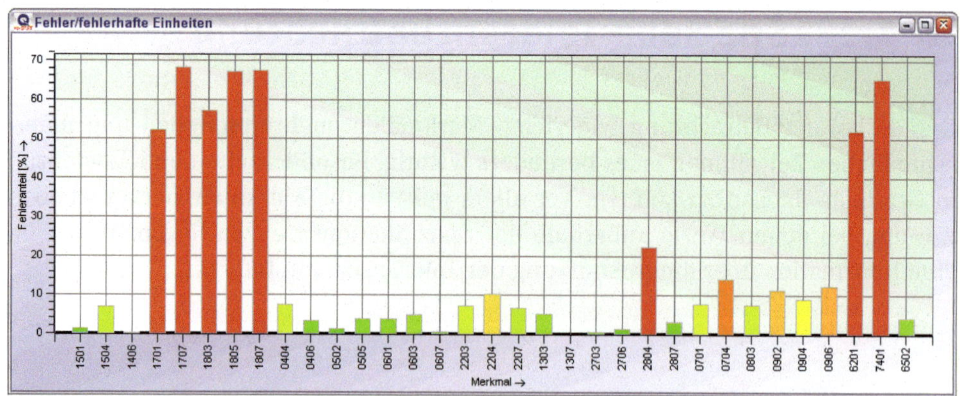

Bild 4.62 Trennung zwischen akzeptablen (grün) und nicht akzeptablen Verletzungen

Zusätzlich können die Vertrauensbereiche mit in die Balken (Bild 4.63) eingetragen werden. Dieser Bereich hängt von dem vorgegebenen Vertrauensniveau und der Anzahl Werte ab.

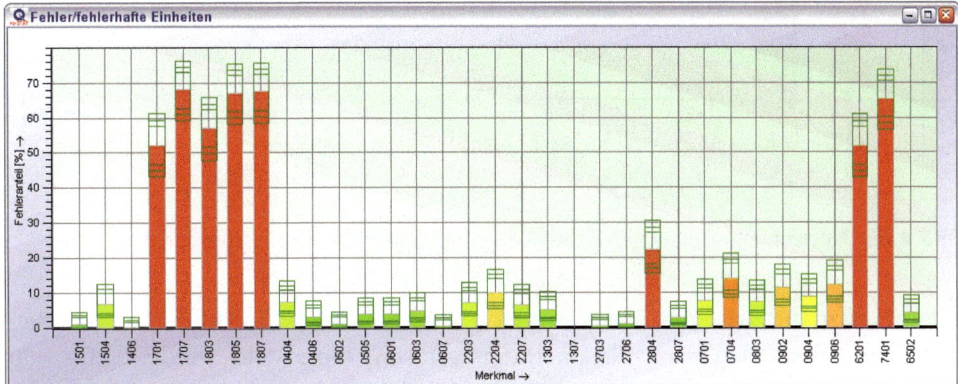

Bild 4.63 Anzahl Überschreitungen mit Vertrauensbereichen

Weiter können die Merkmale nach der Anzahl der Fehler auf- oder absteigend (Bild 4.64) sortiert werden. Damit können, wie bei der Pareto-Analyse, Fehlerschwerpunkte erkannt werden.

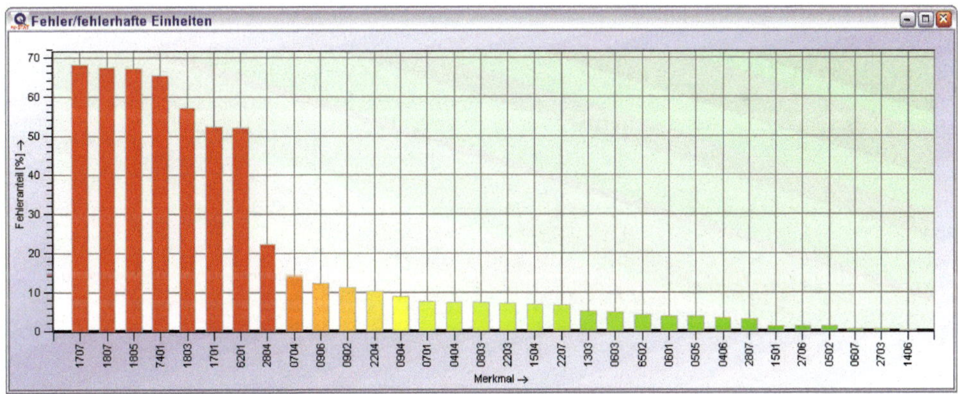

Bild 4.64 Sortierung der Merkmale nach der Anzahl Fehler

Damit das Verhältnis der Über- bzw. Unterschreitung der Spezifikationsgrenzen nachvollziehbar wird, können in die Balken entsprechend des jeweiligen Anteiles Pfeile eingetragen werden (Bild 4.65), die die Überschreitung oberhalb Δ und die Unterschreitung unterhalb ∇ repräsentieren.

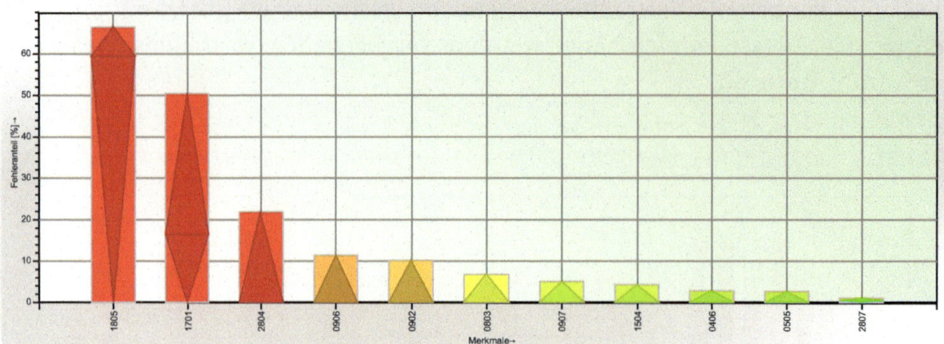

Bild 4.65 Auftrennung nach Unter- bzw. Überschreitungen der Spezifikationsgrenzen

Sind Zusatzdaten wie Maschinennummer, Operation oder Nest hinterlegt, können die Fehler zusätzlich nach diesen Daten getrennt dargestellt werden. Bild 4.66 zeigt eine Aufteilung nach Maschinen. Damit können die Fehler nicht nur den Produktmerkmalen, sondern auch den Maschinen zugeordnet werden.

Hinweis

Die hier dargestellten Grafiken zeigen, wie reale Sachverhalte durch geringfügige Modifikation der Darstellungsweise aus unterschiedlichen Blickrichtungen betrachtet werden können. Welche zur Bewertung die sinnvollste ist, ergibt der jeweilige Einzelfall.

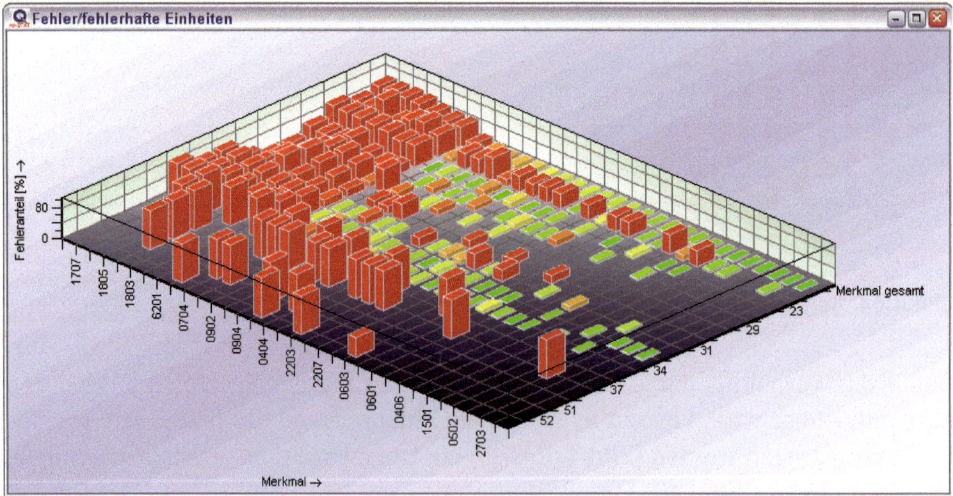

Bild 4.66 Aufteilung nach Maschinen

4.12.2 Toleranzausnutzung

Bild 4.67 zeigt einen Werteverlauf mit eingetragener Toleranzmitte und Bild 4.68 die dazugehörige Toleranzausnutzung der Einzelwerte. In dieser Darstellung wird der Spezifikationsbereich auf 1 normiert und in Form einer „Oberen Spezifikationsgrenze“ eingetragen. Für jeden Wert wird die Differenz zur Toleranzmitte berechnet und in diese normierte Darstellung absolut bzw. prozentual eingezeichnet.

Werte, die der Toleranzmitte entsprechen, haben eine Toleranzausnutzung von 0. Werte entsprechend den Spezifikationsgrenzen haben eine Toleranzausnutzung von 1 bzw. 100 %.

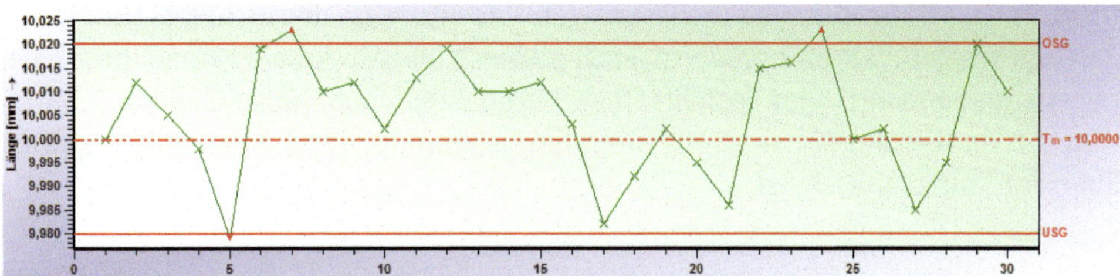

Bild 4.67 Werteverlauf mit Toleranzmitte (T_m)

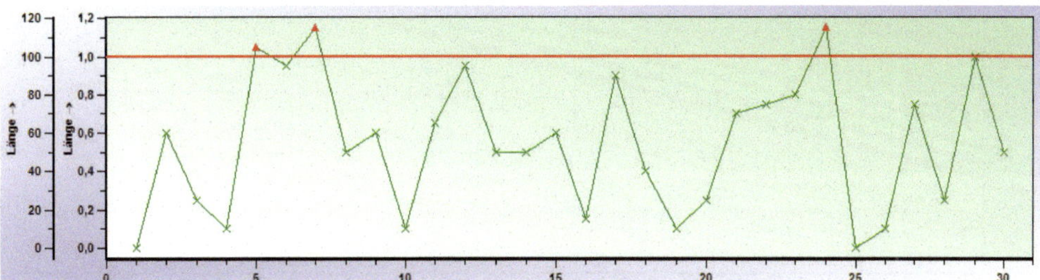

Bild 4.68 Absolute und prozentuale Darstellung der Toleranzausnutzung

Hat ein Teil mehrere Merkmale, müssen die Einzelwerte verdichtet werden. In diesem Fall kann die Toleranzausnutzung über alle Merkmale hinweg in Form von Balken dargestellt werden. Der Balken kennzeichnet den Bereich zwischen der minimalen und maximalen Toleranzausnutzung der Messwerte eines Merkmals. Der Mittelwert der Toleranzausnutzung ist ebenfalls eingetragen.

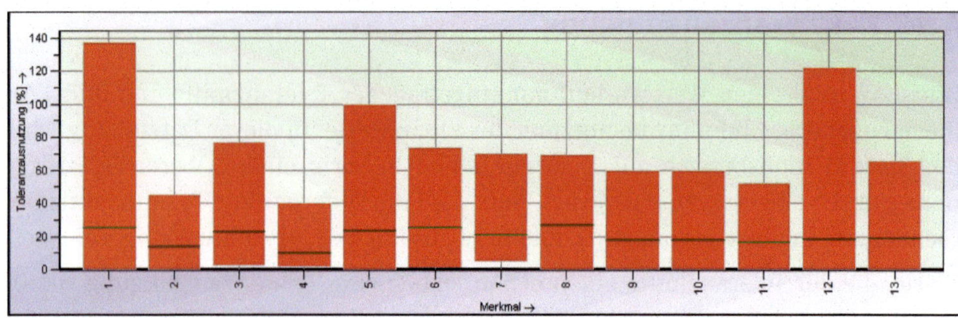

Bild 4.69 Toleranzausnutzung

Diese Art der Darstellung kann als eine vereinfachte Form des Box-Plots (Bild 4.70) gesehen werden. Für eine Analyse ist es hilfreich, die Merkmale gemäß ihrer Toleranzausnutzung auf- oder absteigend sortieren zu können. Eine farbliche Separierung ist vor allem dann sinnvoll, wenn ein bestimmter Prozentsatz der Toleranzüberschreitung zulässig ist.

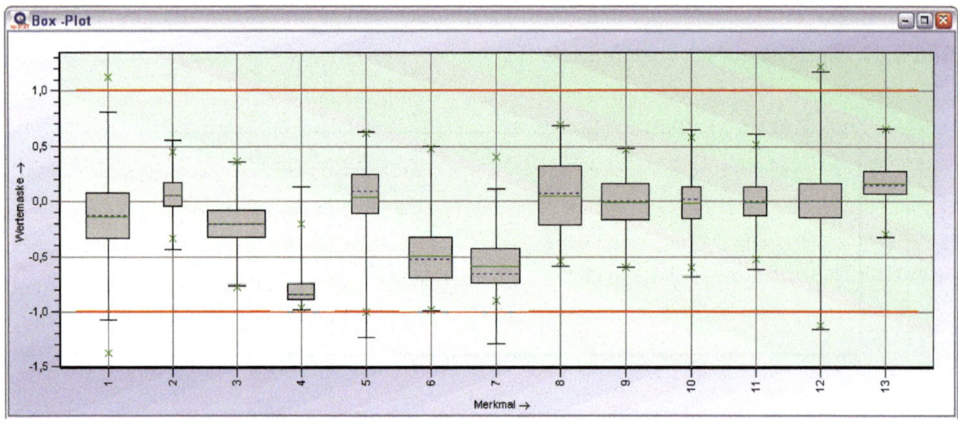

Bild 4.70 Box-Plot im Vergleich zur Toleranzausnutzung

Diese Art der Ergebnisdarstellung kann auch für den zeitlichen Vergleich herangezogen werden. So wird leicht erkennbar, ob sich Merkmale in ihrem Verhalten signifikant verändert haben oder nicht.

Hinweis

In Abschnitt 10.4 werden weitere Verfahren erläutert, um Produkte zu bewerten. Diese Betrachtungen basieren aber auf dem für jedes Merkmal ermittelten Fähigkeitsindex.

5 Wahrscheinlichkeitsverteilungen

5.1 Verteilungen für diskrete Zufallsvariablen

Diskrete Wahrscheinlichkeitsverteilungen geben den Zusammenhang zwischen der Ereignisanzahl für ein diskretes Merkmal (z. B. Anzahl Fehler oder Anzahl fehlerhafter Einheiten) und der zugehörigen Wahrscheinlichkeit an. In den folgenden Abschnitten werden die Formeln und Randbedingungen angegeben. Anschließend verdeutlichen Fallbeispiele den Sachverhalt. Dabei werden die Ergebnisse sowohl numerisch als auch grafisch in Form eines Stabdiagramms dargestellt.

5.1.1 Hypergeometrische Verteilung

Mit der Hypergeometrischen Verteilung kann das allgemeine Problem „Anzahl fehlerhafter Einheiten in einer Stichprobe" behandelt werden. Dabei ist zu beachten, dass ein entnommenes Teil nach der Entnahme und Beurteilung nicht wieder zurückgelegt wird. Damit ist die Veränderung der Grundgesamtheit durch die Entnahme der Stichprobe zu berücksichtigen.

Die Wahrscheinlichkeit, aus einem Los (Grundgesamtheit) vom Umfang N mit d fehlerhaften Einheiten bei einer Stichprobe vom Umfang n „genau x fehlerhafte Einheiten" zu erhalten, kann mit folgender Formel berechnet werden:

$$g(x) = \frac{\binom{d}{x}\binom{N-d}{n-x}}{\binom{N}{n}}$$

N = Größe der Grundgesamtheit

n = Stichprobenumfang

d = Merkmalsträger der Grundgesamtheit

x = Merkmalsträger der Stichprobe

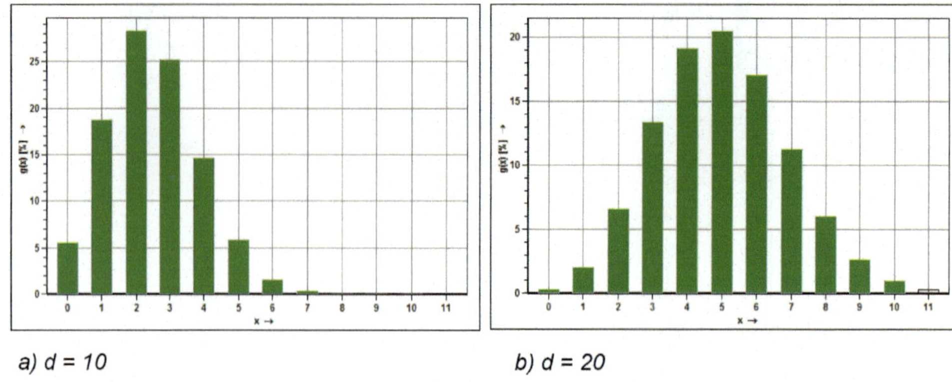

a) d = 10 b) d = 20

Bild 5.1 Hypergeometrische Verteilung (N = 1000 und n = 250 mit unterschiedlicher Anzahl Fehler in der Grundgesamtheit)

Wird für alle x-Werte (x = 0, 1, 2, …) die Wahrscheinlichkeit, „genau x fehlerhafte Einheiten" zu finden, bestimmt, ergibt sich die Verteilungsfunktion in Abhängigkeit der Parameter d, N und n. Bild 5.1 zeigt Veränderungen der Verteilungsform. Oft stellt sich die Frage nach der Wahrscheinlichkeit, in einer Stichprobe „bis zu x fehlerhafte Einheiten" zu finden. Diese Wahrscheinlichkeit kann beantwortet werden mit der Funktion

$$G(x) = \sum_{i=0}^{x} g(i)$$

Typische Fragestellungen (Bild 5.1) **sind:**

Wahrscheinlichkeit, **genau x** fehlerhafte Einheiten zu finden:

g (x) oder

G (0) für x = 0

G (x) - G (x-1) für x ≥ 1

Wahrscheinlichkeit, **bis zu x** oder **höchstens x** fehlerhafte Einheiten zu finden:

G (x)

Wahrscheinlichkeit, **mindestens x** fehlerhafte Einheiten zu finden:

1 für x ≥ 0

1 - G (x-1) für x ≥ 1

Wahrscheinlichkeit, **mehr als x** fehlerhafte Einheiten zu finden:

1 - G (x)

Wahrscheinlichkeit, **weniger als x** fehlerhafte Einheiten zu finden:

G (x-1) für x ≥ 1

Diese Fragestellungen wiederholen sich bei allen diskreten Verteilungen. Bild 5.2 erläutert die Fragestellungen grafisch für x = 3 fehlerhafter Einheiten.

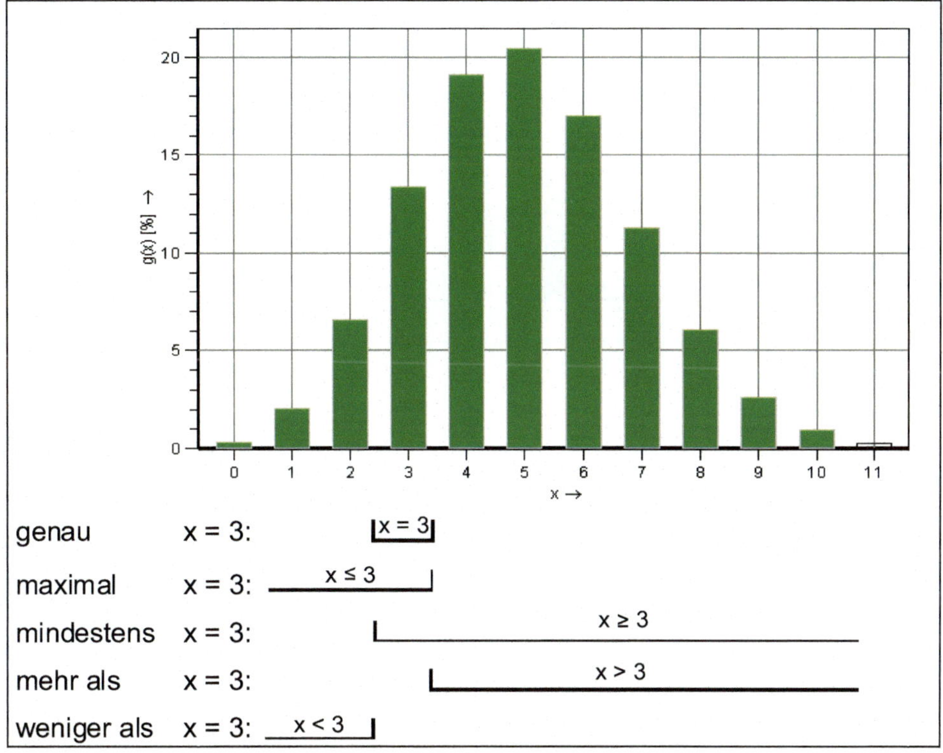

Bild 5.2 Typische Fragestellungen zur Wahrscheinlichkeitsrechnung

Fallbeispiele

1. Einem Los vom Umfang N = 1000 wird eine Stichprobe mit n = 200 entnommen. Die Anzahl fehlerhafter Einheiten beträgt d = 100. Wie groß ist die Wahrscheinlichkeit, in der Stichprobe mindestens x = 15 und maximal x = 20 fehlerhafte Einheiten zu finden?

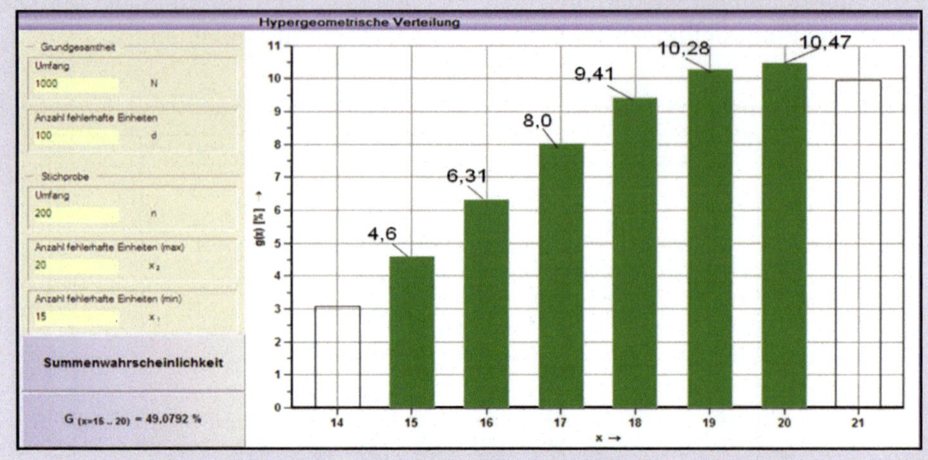

$$G(20) - G(14) = \sum_{i=15}^{20} g(i) = 4{,}6 + 6{,}31 + 8{,}0 + 9{,}41 + 10{,}28 + 10{,}47 = 49{,}07$$

2. Einem Los vom Umfang N = 500 wird eine Stichprobe mit n = 100 entnommen. Die Anzahl fehlerhafter Einheiten beträgt d = 10. Wie groß ist die Wahrscheinlichkeit, in der Stichprobe bis zu 8 Merkmalsträger zu finden?

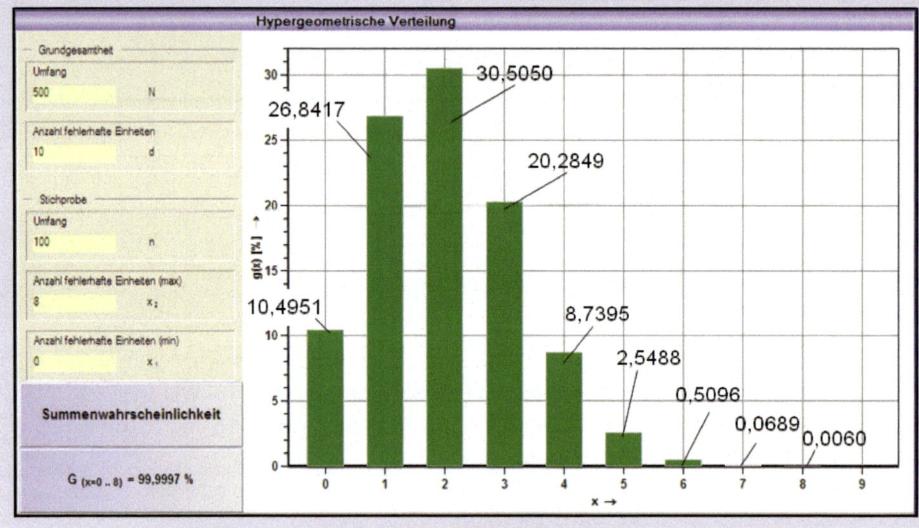

$$G(8) = \sum_{i=0}^{8} g(i) = 99{,}9997\ \%$$

5.1.2 Binomialverteilung

Die Binomialverteilung wird ebenso wie die Hypergeometrische Verteilung verwendet, wenn Auswertungen für „fehlerhafte Einheiten“ erforderlich sind. Der Einfachheit halber wird häufig die Veränderung der Grundgesamtheit durch die Stichprobenentnahme nicht berücksichtigt. Die Einflüsse der Stichprobenentnahme auf die Grundgesamtheit ist vernachlässigbar gering, wenn gilt:

$$n < \frac{N}{10}$$

N = Größe der Grundgesamtheit
n = Stichprobenumfang

Die Wahrscheinlichkeit, x fehlerhafte Einheiten in einer Stichprobe des Umfangs n zu finden, ist bei der Binomialverteilung durch

$$g(x) = \binom{n}{x} \cdot p^x (1-p)^{(n-x)}$$

n = Stichprobenumfang
p = Wahrscheinlichkeit für Einheit ist fehlerhaft

gegeben.

Die Verteilungsfunktion ergibt sich aus:

$$G(x;n,p) = \sum_{i=0}^{x} g(i;n,p) \qquad \text{mit } i = 0, 1, 2,...$$

weiter gilt:

$$G(x;\ n,p) = 1 - G(n-x-1;\ n, 1-p)$$

Da im Allgemeinen der Fehleranteil der Grundgesamtheit p unbekannt ist, wird er aus einem entsprechend „großem Vorlauf“ geschätzt:

$$p \leftarrow \hat{p} = \frac{x_1 + x_2 + x_3 + \ldots + x_k}{n_1 + n_2 + n_3 + \ldots + n_k} = \frac{\sum_{i=1}^{k} x_i}{\sum_{i=1}^{k} n_i}$$

x_i = Anzahl fehlerhafter Einheiten in der i-ten Stichprobe
n_i = Stichprobenumfang der i-ten Stichprobe
k = Anzahl Stichproben

Damit ist $\hat{p}$ der Schätzer für den Parameter p der Grundgesamtheit. Auch hier ist die Verteilungsform (Bild 5.3) von den Parametern n und p abhängig.

In der Praxis ist in der Regel die Forderung „n < N/10" häufig erfüllt. Damit kann die Hypergeometrische Verteilung durch die Binomialverteilung (Bild 2.4) ersetzt werden. mithilfe dieser Funktion können die gleichen Fragestellungen, wie bei der Hypergeometrischen Verteilung aufgeführt, beantwortet werden.

Unter der Bedingung $n \cdot p\left(1-p\right) \geq 9$ kann die Binomialverteilung durch die Normalverteilung angenähert werden. Dann ist:

der Mittelwert $\mu = p \cdot n$

die Standardabweichung $\sigma = \sqrt{n \cdot p \cdot \left(1-p\right)}$

Unter der Bedingung $n \rightarrow \infty$ und $p \rightarrow 0$ kann die Binomialverteilung durch die Poisson-Verteilung (Bild 2.5) mit dem Mittelwert $\mu \approx n \cdot p$ ersetzt werden.

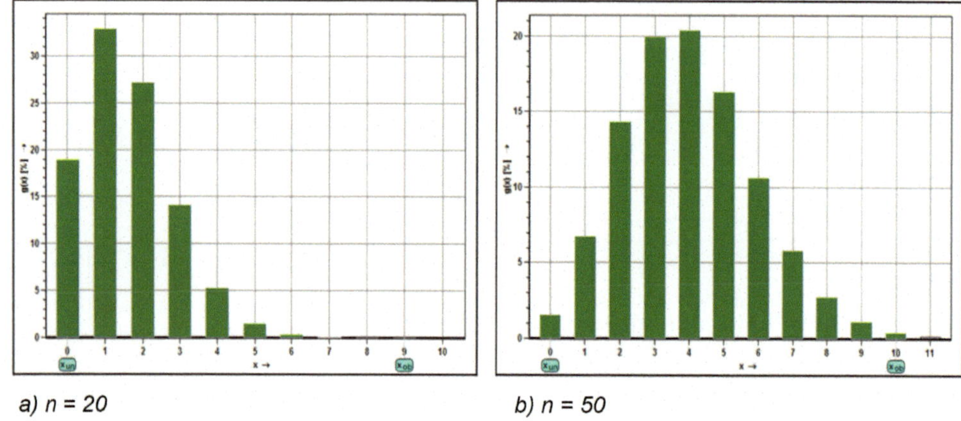

a) n = 20 *b) n = 50*

Bild 5.3 Binomialverteilung (Anteil fehlerhafter Teile p = 0.08 und unterschiedlichem Stichprobenumfang)

Neben der Frage nach Einzel- und Summenwahrscheinlichkeiten gilt es je nach Aufgabenstellung (direkter bzw. indirekter Schluss) die

- Zufallsstreubereiche (s. a. Abschnitt 2.6, Abschnitt 5.7)
- Vertrauensbereiche (s. a. Abschnitt 2.5 und Abschnitt 5.7)

in Abhängigkeit der Irrtumswahrscheinlichkeit α anzugeben. Typische Zahlenwerte sind $\alpha = 0{,}1\,\%$, $1\,\%$ und $5\,\%$, entsprechend $P = 99{,}9\,\%$, $99\,\%$ und $95\,\%$. Dabei wird zwischen den Bereichen einseitig oben, einseitig unten und zweiseitig unterschieden. Die Formeln zur Bestimmung dieser Bereiche sind in Tabelle 5.1 zusammengestellt. Bild 5.4 zeigt die Wahrscheinlichkeitsfunktion für $p = 0{,}08$ und $n = 100$ mit den Zufallsstreubereichen 0,95 bzw. 0,99 entsprechend $\alpha = 0{,}05$ bzw. 0,01.

Tabelle 5.1 Formeln für Zufallsstreu- und Vertrauensbereiche bei Binomialverteilung

	Zufallsstreubereich $x_{un} \leq x \leq x_{ob}$	Vertrauensbereich $p_{un} \leq p \leq p_{ob}$		
einseitig oben	G (x; n, p) ≥ 1 - α	G (x; n, p_{ob}) $0 \leq p \leq 1-\sqrt[n]{\alpha}$	= α	für x < n für x = 0
einseitig unten	G (x - 1; n, p) ≤ α	G (x-1; n, p_{un}) $\sqrt[n]{\alpha} \leq p \leq 1$	= 1 - α	für x ≥ 1 für x = n
zweiseitig	G (x-1; n, p) ≤ α/2 G (x; n, p) ≥ 1 - α/2	G (x-1; n, p_{un}) G (x; n, p_{ob}) $0 \leq p \leq 1-\sqrt[n]{\alpha/2}$ $\sqrt[n]{\alpha/2} \leq p \leq 1$	= 1 - α/2 = α/2	für x ≥ 1 für x < n für x < 0 für x = n

x = Anzahl fehlerhafter Einheiten
n = Stichprobenumfang
p = Anteil fehlerhafter Einheiten
α = Irrtumswahrscheinlichkeit
G(x) = Verteilungsfunktion

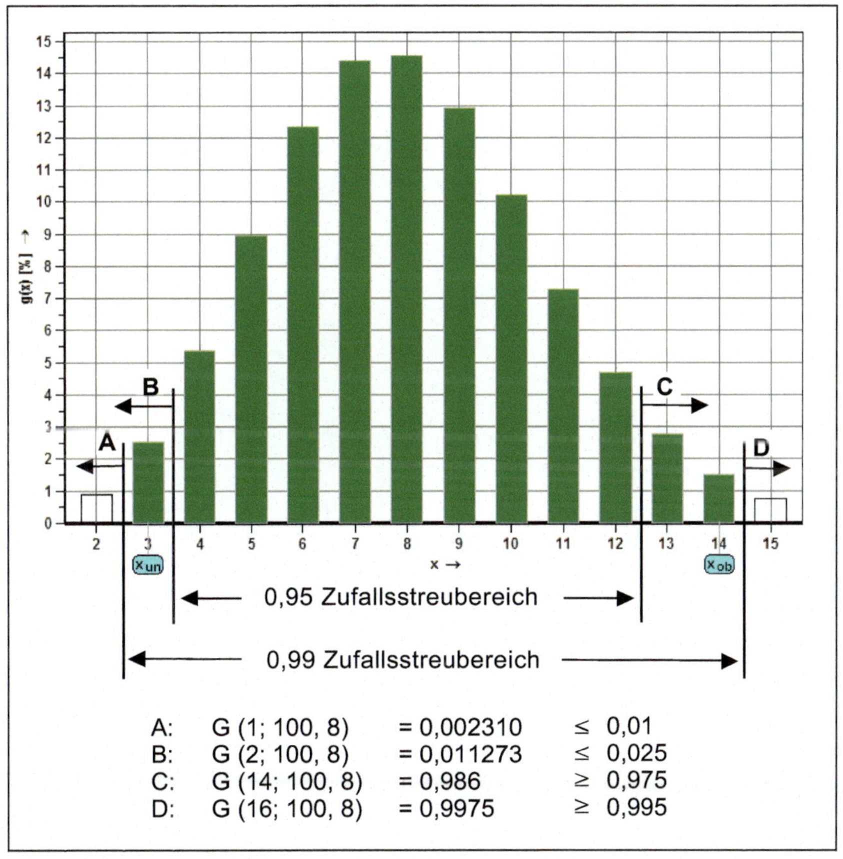

Bild 5.4 Wahrscheinlichkeitsverteilung mit Zufallsstreubereich für p = 0,08 und n = 100

Gemäß Bild 5.4 ergeben sich die zweiseitigen Zufallsstreubereiche für P = 95 % und P = 99 %.

Die **Zufallsstreubereiche** werden mit **nominal** P = 1 - α angegeben. Für den zweiseitigen Bereich wird auf jeder Seite der Verteilung der größtmögliche Zipfel abgeschnitten, der die Bedingung „≤ α/2" bzw. „≥ 1 - α/2" erfüllt.

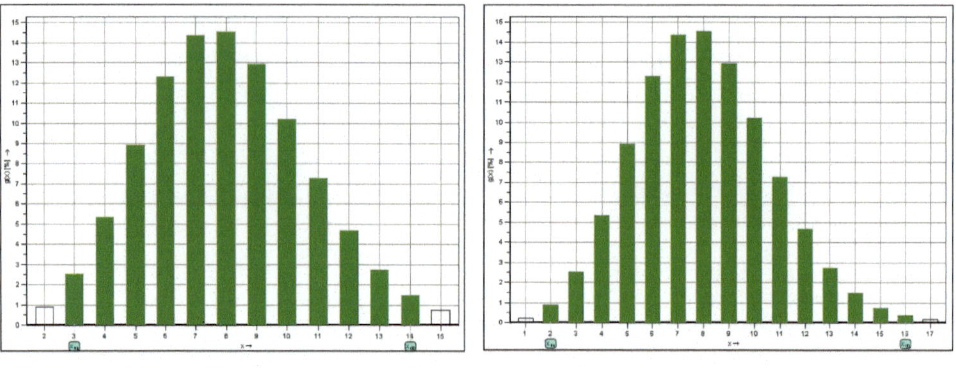

P = 95%: $3 \leq x \leq 14$ P = 99%: $2 \leq x \leq 16$

Bild 5.5 Zweiseitig begrenzter 95 %-Zufallsstreubereich (links) und zweiseitig begrenzter 99 %-Zufallsstreubereich (rechts) der Binomialverteilung mit den Parametern p = 8 % und n = 100

Analog dazu können die einseitigen Zufallsstreubereiche ermittelt werden. Bild 5.6 zeigt für P = 95 % die beiden Zufallsstreubereiche „einseitig oben" und „einseitig unten".

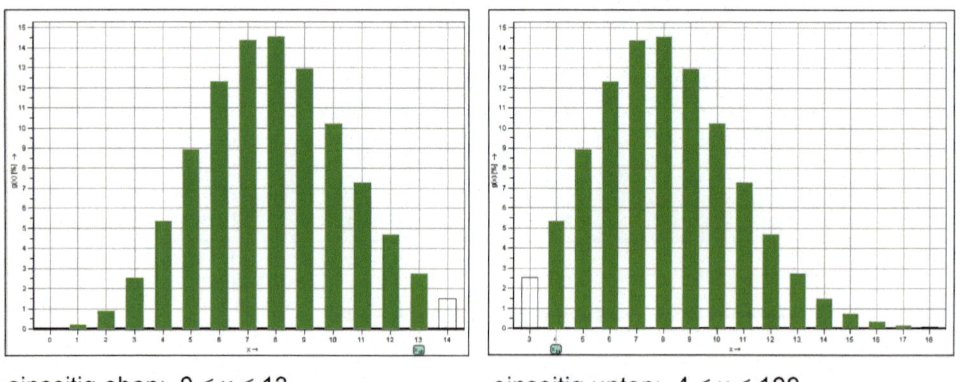

einseitig oben: $0 \leq x \leq 13$ einseitig unten: $4 \leq x \leq 100$

Bild 5.6 Einseitig nach oben begrenzter 95 %-Zufallsstreubereich (links) und einseitig nach unten begrenzter 95 %-Zufallsstreubereich (rechts) der Binomialverteilung mit den Parametern p = 8 % und n = 100

Fallbeispiele

1. **Summenwahrscheinlichkeit**

   Von der Fertigung eines Massenartikels ist bekannt, dass die Grundgesamtheit einen Fehleranteil von p = 1,5 % enthält. Wie groß ist die Wahrscheinlichkeit, in einer Stichprobe des Umfangs n = 200 höchstens 2 fehlerhafte Einheiten zu finden?

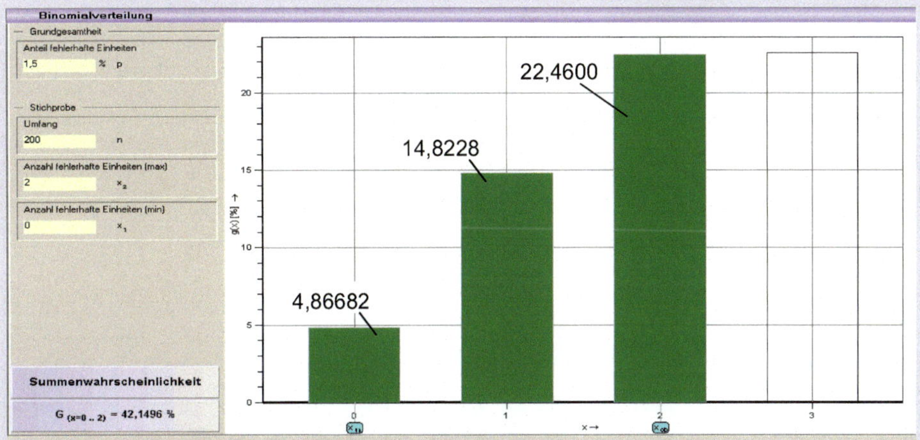

$$G(2) = \sum_{i=0}^{2} g(i) = 4{,}86682 + 14{,}8228 + 22{,}4600 = 42{,}14962\ \%$$

2. **Einzelwahrscheinlichkeit**

   Von der Fertigung eines Massenartikels ist bekannt, dass die Grundgesamtheit einen Fehleranteil von p = 0,5 % enthält. Wie groß ist die Wahrscheinlichkeit, in einer Stichprobe des Umfangs n = 500 genau 3 fehlerhafte Einheiten zu finden?

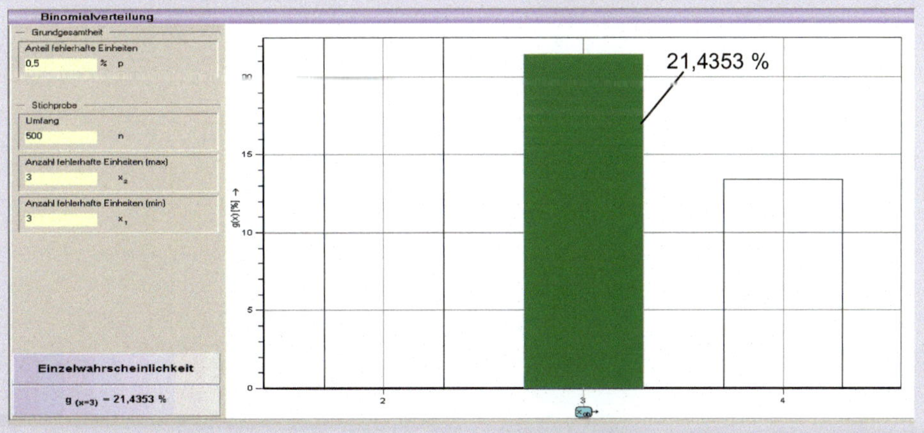

$$g(3) = 21{,}435\ \%$$

3. **Vertrauensbereich (einseitig unten)**
   In einer Stichprobe des Umfangs n = 315 werden x = 10 fehlerhafte Teile gefunden. Mit welchem Anteil fehlerhafter Einheiten basierend auf einem Vertrauensniveau von 95 % → α = 0,05 ist in der Grundgesamtheit mindestens zu rechnen?

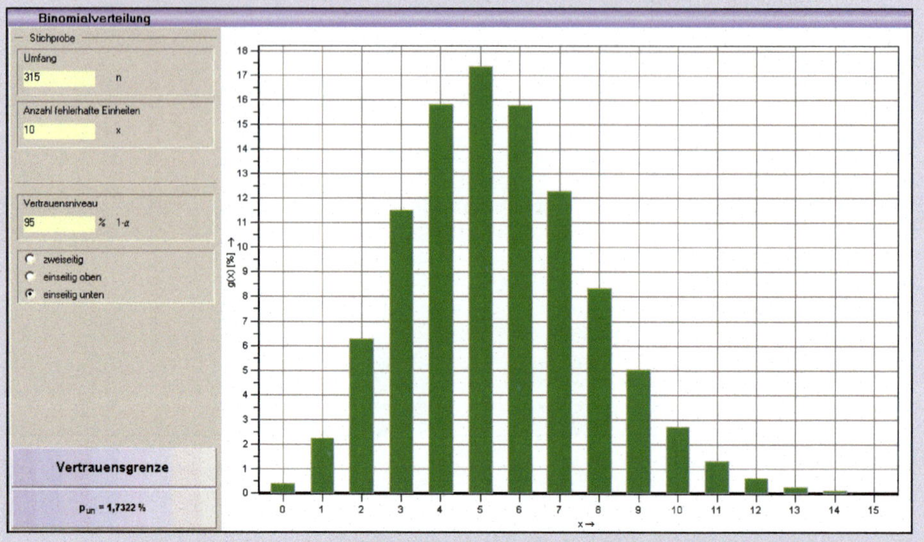

$p_{un} = 1{,}7322\ \%$

4. **Vertrauensbereich (zweiseitig)**
Für die gleiche Aufgabenstellung ist unten der zweiseitige Vertrauensbereich für das Vertrauensniveau von 95 % angegeben.

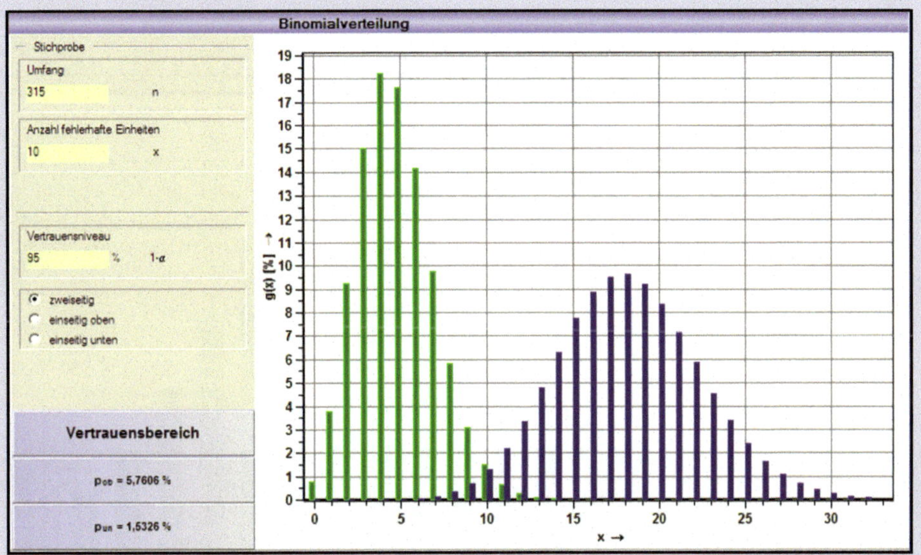

$p_{un} = 1{,}5326\ \%$ $p_{ob} = 5{,}7606\ \%$

5. **Zufallsstreugrenzen (zweiseitig)**
Aus einer binomialverteilten Grundgesamtheit mit p = 0,05 (5 %) wird eine Stichprobe des Umfangs n = 200 entnommen. Die Irrtumswahrscheinlichkeit soll α = 0,05 (5 %) betragen. Gesucht ist der zweiseitige Zufallsstreubereich.

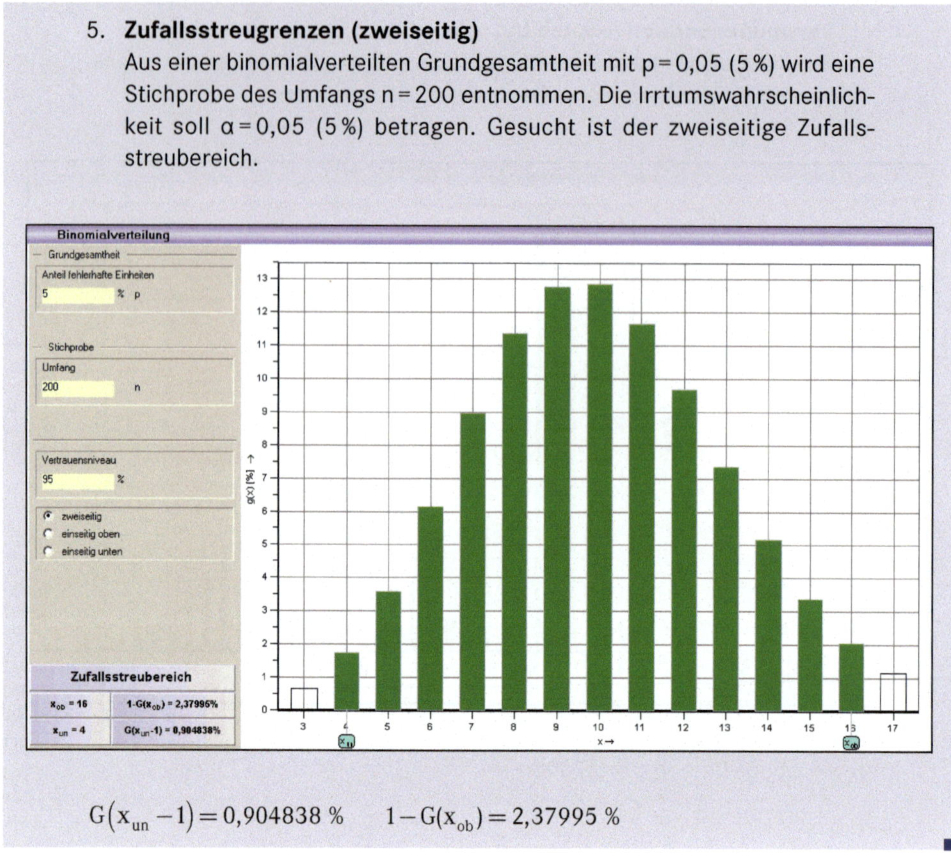

$$G(x_{un} - 1) = 0{,}904838\ \% \qquad 1 - G(x_{ob}) = 2{,}37995\ \%$$

5.1.3 Poisson-Verteilung

Ein weiteres quantitatives Merkmal ist die Aussage **„Fehler pro Einheit"**, z. B. die Anzahl Kratzer auf einer Fläche oder die Isolationsfehler pro Kabelrolle usw. D. h. im Gegensatz zu der Fragestellung, ob Einheiten fehlerhaft sind, geht es hier um die Frage: „ob eine bestimmte Zahl von Fehlern je Einheit" über- oder unterschritten wird. Die Bezugseinheit ist dabei eindeutig festzulegen. Diese kann ein Stück oder eine bestimmte Menge sein:

- Kratzer je Motorhaube
- Astlöcher je Brett
- Isolationsfehler je 25 m Draht
- Knoten je 100 m Garn.

Die mathematische Grundlage zur Berechnung der Einzel- und Summenwahrscheinlichkeit ist in diesem Falle die **Poisson-Verteilung** mit der Verteilungsfunktion:

$$G(x) = \sum_{i=0}^{x} g(i) \qquad \text{mit } i = 0, 1, 2,...$$

und der Wahrscheinlichkeitsfunktion g(x):

$$g(x) = \frac{\mu^x}{x!} e^{-\mu} \qquad x = \text{Fehler pro Einheit} \qquad \text{mit} \qquad x! = 1 \cdot 2 \cdot 3 \cdot ... \cdot x$$

Die Schätzung des Mittelwertes μ erfolgt mithilfe der Stichprobenwerte:

$$\mu \leftarrow \hat{\mu} = \frac{x_1 + x_2 + x_3 + \ldots + x_k}{n_1 + n_2 + n_3 + \ldots + n_k} = \frac{\sum_{i=1}^{k} x_i}{\sum_{i=1}^{k} n_i}$$

x_i = Anzahl Fehler pro Einheiten in der i-ten Stichprobe
n_i = Stichprobenumfang der i-ten Stichprobe
k = Anzahl Stichproben

Mithilfe der Poisson-Verteilung lässt sich nun berechnen, mit welcher Wahrscheinlichkeit in einer Stichprobe 0, 1, 2, … Fehler gefunden werden bzw. welcher Anteil der Stichprobe genau x Fehler aufweist. Außerdem lässt sich die Wahrscheinlichkeit berechnen, „bis zu x Fehler" in der Stichprobe anzutreffen.

Die Verteilungsform wird durch den Parameter μ bestimmt. Bild 5.7 zeigt zwei unterschiedliche Verteilungsformen. Häufig wird die auf eine Einheit bezogene mittlere Fehlerzahl angegeben, z. B. eine Drahtlänge von 100 m weist durchschnittlich 0,8 Isolationsfehler auf. Diese Angabe ist dann auf die reale Länge (z. B. 250 m) umzurechnen. In diesem Fall ist:

$$\mu = \frac{250 \text{ m}}{100 \text{ m}} \cdot 0{,}8 = 2$$

Für $\mu \geq 9$ kann die Poisson-Verteilung durch die Normalverteilung mit dem Mittelwert μ und der Standardabweichung $\sqrt{\mu}$ angenähert werden.

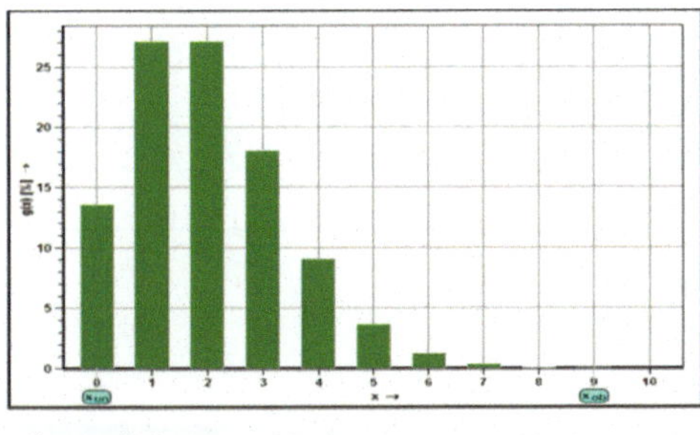

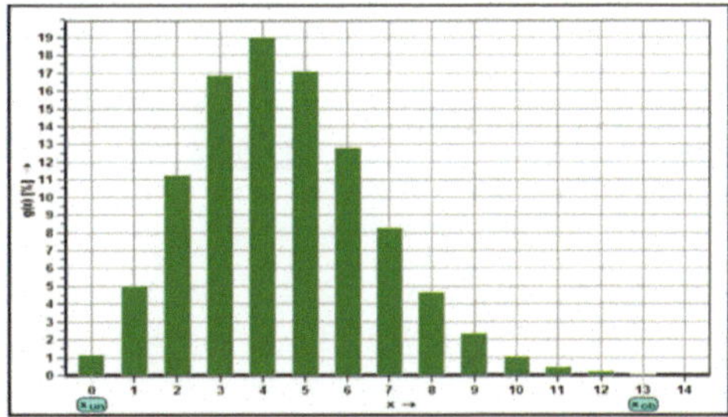

a) μ = 2,0 *b) μ = 4,5*

Bild 5.7 Poisson-Verteilung mit unterschiedlichem μ

Analog zur Binomialverteilung können Zufallsstreu- und Vertrauensbereiche angegeben werden. Diese sind in Tabelle 5.2 zusammengefasst.

Tabelle 5.2 Formeln für Zufallsstreu- und Vertrauensbereiche bei Poisson-Verteilung

	Zufallsstreubereich $x_{un} \leq x \leq x_{ob}$	Vertrauensbereich $\mu_{un} \leq \mu \leq \mu_{ob}$		
einseitig oben	G (x; μ) ≥ - α	G (x; μ_{ob})	= α	
einseitig unten	G (x-1; μ) ≤ α	G (x-1; μ_{un})	= 1 - α	für x ≥ 1
zweiseitig	G (x-1; μ) ≤ α/2	G (x-1; μ_{un})	= 1 - α/2	für x ≥ 1
	G (x; μ) ≥ 1 - α/2	G (x; μ_{ob})	= α/2	

x = Anzahl Fehler pro Einheit
n = Stichprobenumfang
α = Irrtumswahrscheinlichkeit
G(x) = Verteilungsfunktion

Fallbeispiele

1. **Summenwahrscheinlichkeit**
Gegeben ist eine Poisson-Verteilung mit einem Mittelwert von μ = 12. Wie groß ist die Wahrscheinlichkeit, in einer Stichprobe zwischen x = 5 und x = 18 Fehler zu finden?

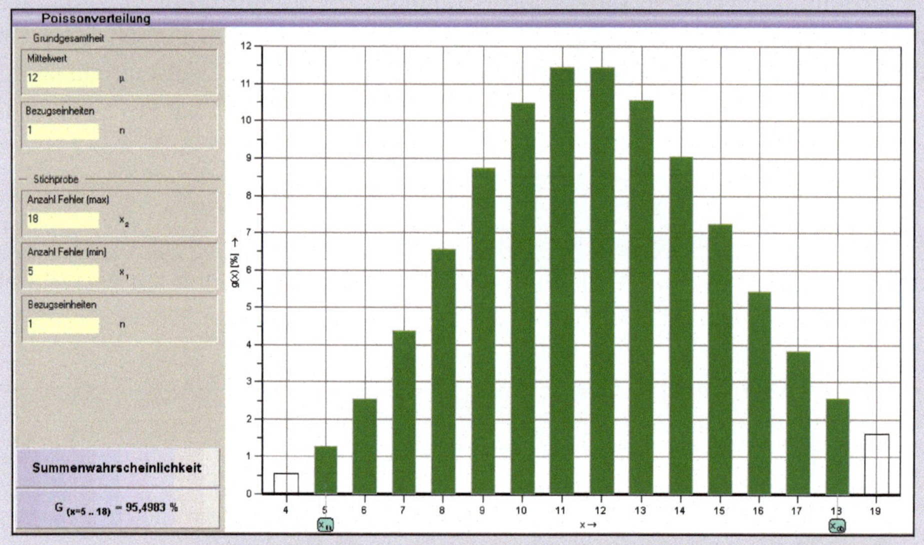

$$G(18) - G(4) = 96{,}2584\% - 0{,}76004\% = 95{,}4983\%$$

2. **Einzelwahrscheinlichkeit**
   Gegeben ist eine Poisson-Verteilung mit einem Mittelwert von $\mu = 25$. Wie groß ist die Wahrscheinlichkeit, in einer Stichprobe genau $x = 33$ Fehler zu finden?

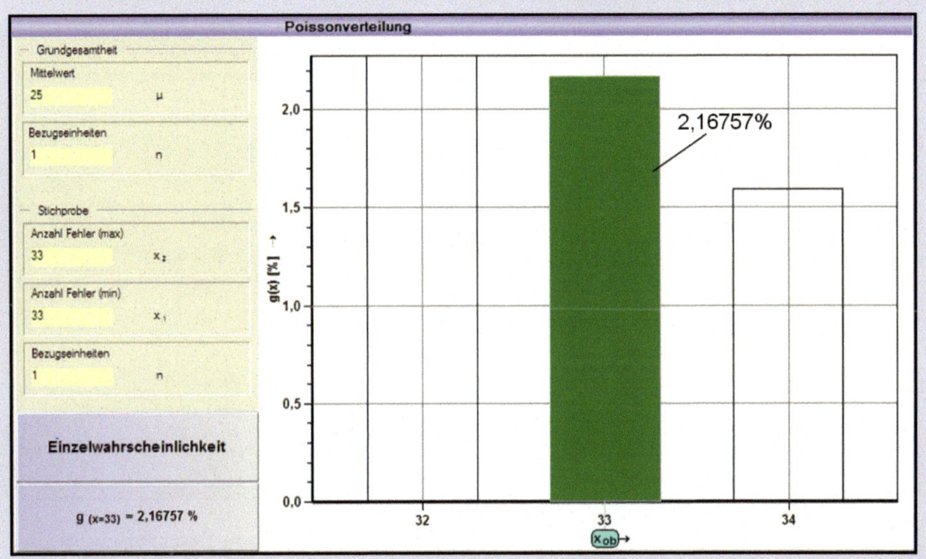

$$g(x) = 2{,}16757\%$$

3. **Vertrauensbereich (einseitig unten)**

Beim Zwirnen von Zwirn auf einer Zwirnmaschine treten in 8 Stunden 6 Zwirnrisse auf. Mit wie viel Zwirnrissen hat man bei $1 - \alpha = 0{,}95$ mindestens zu rechnen?

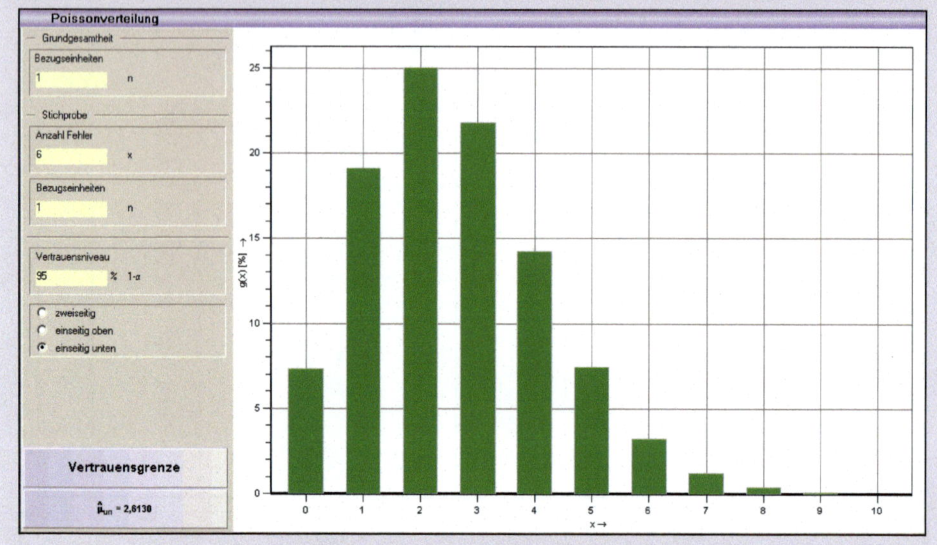

$$\hat{\mu}_{\text{un}} = 2{,}6130$$

4. **Vertrauensbereich (zweiseitig)**
Für die gleiche Aufgabenstellung ist unten der zweiseitige Vertrauensbereich für das Vertrauensniveau von 95 % angegeben.

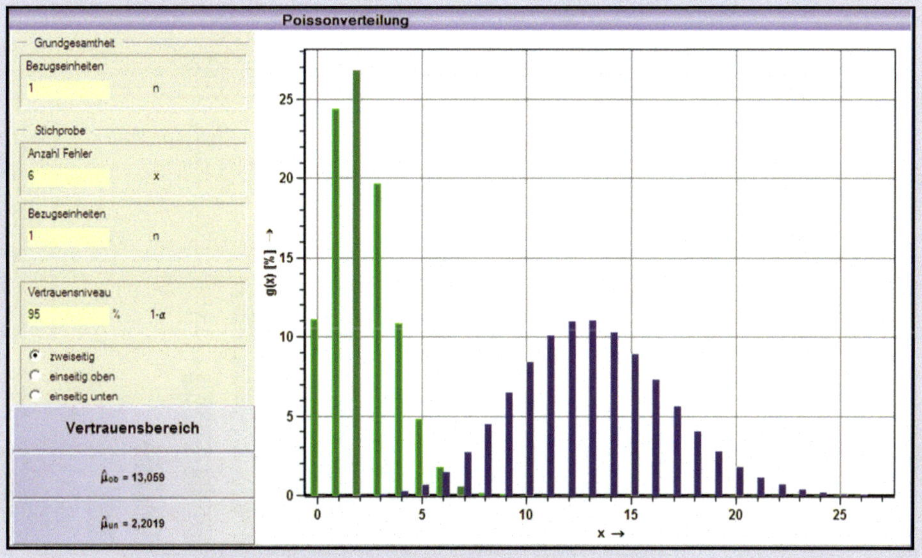

$\hat{\mu}_{un} = 2{,}2019 \qquad \hat{\mu}_{ob} = 13{,}059$

5. **Zufallsstreugrenzen (zweiseitig)**
   Aus einer poissonverteilten Grundgesamtheit mit μ = 6,8 % wurde eine Stichprobe entnommen. Mit wie viel Fehlern muss in der Stichprobe mindestens bzw. maximal gerechnet werden? Die Irrtumswahrscheinlichkeit soll α = 0,05 (5 %) betragen.

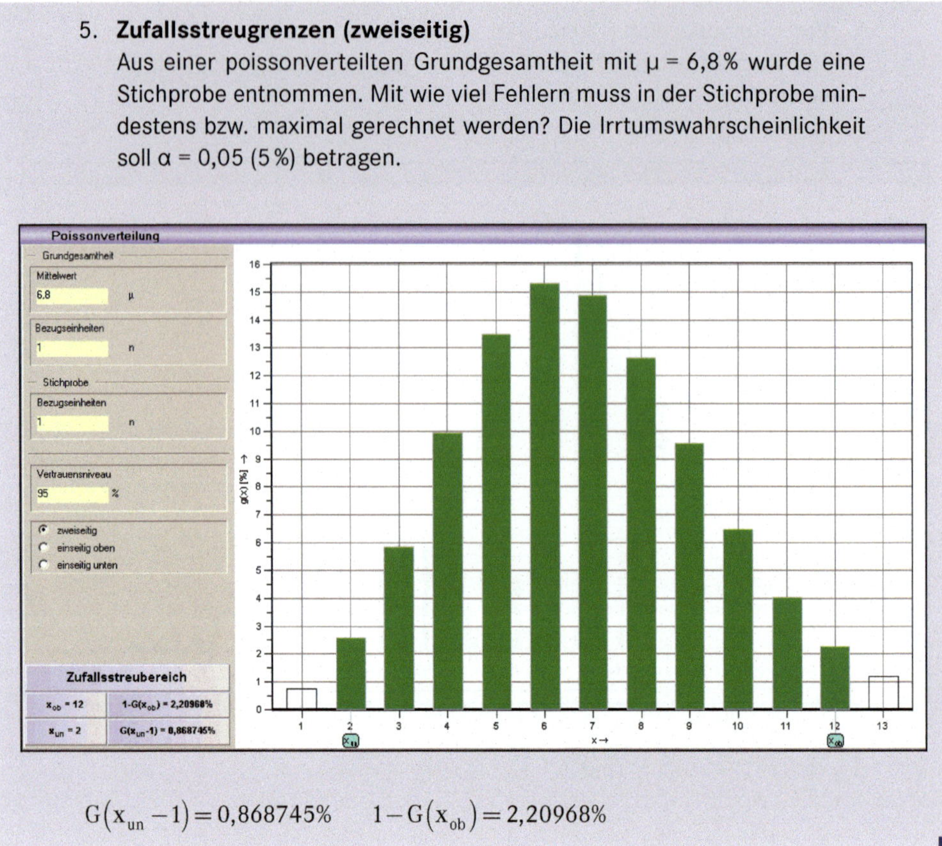

$$G(x_{un}-1)=0{,}868745\% \qquad 1-G(x_{ob})=2{,}20968\%$$

■ 5.2 Verteilungen für kontinuierliche Zufallsvariablen

Für kontinuierlich veränderliche Merkmale wird häufig zum leichteren Verständnis als Modellverteilung die Normalverteilung oder Gauß-Laplace-Verteilung angewendet. Die Gründe für deren Verwendung sind vielfältig:

- Viele Merkmalswerte bei Experimenten und Beobachtungen sind von der Theorie her normalverteilt. Insbesondere ist die Summe von vielen unabhängigen, beliebig verteilten Zufallsvariablen angenähert normalverteilt, und zwar umso besser, je größer ihre Anzahl ist.
- Selbst Merkmalswerte, die nicht normalverteilt sind, können häufig durch die Normalverteilung angenähert werden. Die Annahme, es liege eine Normalver-

teilung vor, führt hier in vielen Fällen zu sinnvollen und praktisch brauchbaren Ergebnissen.

- Bestimmte nicht normalverteilte Merkmalswerte lassen sich so transformieren, dass die transformierte Variable normalverteilt ist.
- Einige kompliziertere Verteilungen lassen sich in Grenzfällen durch die Normalverteilung brauchbar ersetzen.
- Einfache Handhabung der Verteilung als mathematisches Modell.

Selbst die Deutsche Bundesbank hatte diese Verteilung gewürdigt, indem bis zur Einführung des Euro auf jedem 10,-DM-Schein (Bild 5.8) neben dem Bild von Herrn Gauß die Dichtefunktion nebst Formel abgebildet war.

Bild 5.8 10,-DM-Schein mit Herrn Gauß

5.2.1 Normalverteilung

Unter der Annahme, dass unendlich viele Messwerte aus einer normalverteilten Grundgesamtheit vorliegen, entsteht aus dem Wertestrahl oder dem Häufigkeitsdiagramm (Bild 5.9) einer endlichen Stichprobe das stetige Verteilungsdiagramm einer Normalverteilung.

Die Verteilungsfunktion G(x) entsteht durch folgenden Ablauf:

Verlauf Einzelwerte

Im „Verlauf der Einzelwerte" sind die Urwerte entsprechend der zeitlichen Erfassung dargestellt. Dabei wird für die x-Achse eine konstante Skalierung gewählt und mit einer fortlaufenden Wertenummer beschriftet.

Wertestrahl

Entfällt die zeitliche Komponente, können die Werte in Form eines sogenannten „Wertestrahls" dargestellt werden. Der Wertestrahl zeigt die Häufigkeiten einzelner Messwerte. Dabei kann die Frage: „Wie häufig kommt der Wert x vor?" beantwortet werden.

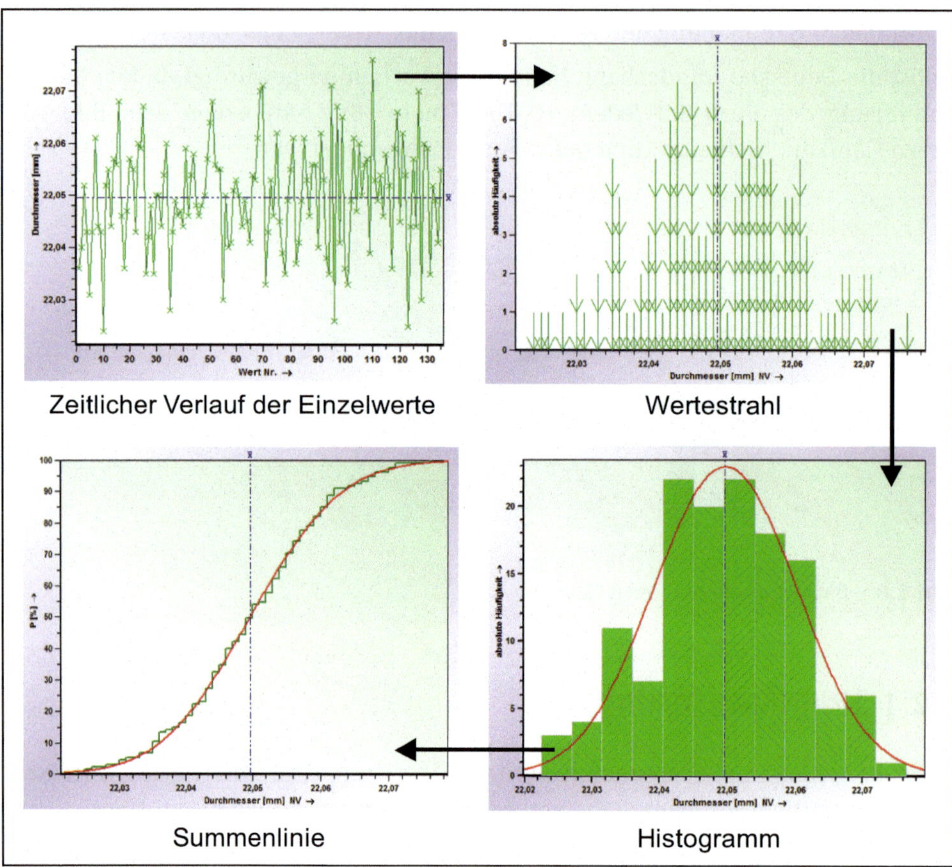

Bild 5.9 Entstehung der Verteilungsfunktion

Histogramm

Zu Klassen zusammengefasste Werte ergeben das Häufigkeitsdiagramm (Histogramm). Diesem ist die theoretische Dichtefunktion überlagert, die sich aus dem errechneten Mittelwert und der Standardabweichung ergibt.

Relative Summenhäufigkeit oder empirische Verteilungsfunktion

Die grafische Darstellung der relativen Summenhäufigkeit ergibt die empirische Verteilungsfunktion („Treppenkurve"). Das Flächenintegral der Wahrscheinlichkeitsdichtefunktion g(x) ergibt die Verteilungsfunktion der Normalverteilung.

Normalverteilung

Der Gipfel der Dichtefunktion der Normalverteilung liegt über dem Mittelwert μ. Die Kurve ist symmetrisch, fällt nach beiden Seiten glockenförmig ab und nähert sich der Abszissenachse asymptotisch, d. h. sie berührt die Abszissenachse erst im Unendlichen. Die Kurve (Bild 5.10) hat zwei Wendepunkte, deren Abstand vom Mittelwert μ als Standardabweichung bezeichnet wird.

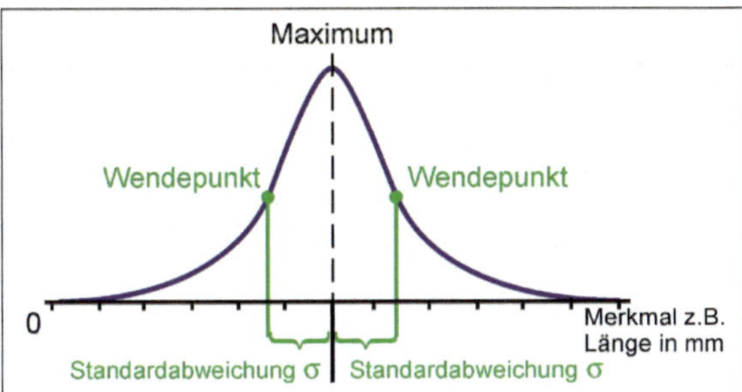

Bild 5.10 Wahrscheinlichkeitsdichtefunktion der Normalverteilung

Der Abstand von Wendepunkt zu Wendepunkt beträgt somit 2σ. Eine Normalverteilung mit gleichem Mittelwert, aber verschiedenen Standardabweichungen zeigt, dass für kleine σ-Werte die Verteilung vom Gipfel nach beiden Seiten steiler abfällt als für große σ-Werte (s. Bild 5.11). Die Breite der Verteilung nimmt entsprechend mit wachsendem σ zu.

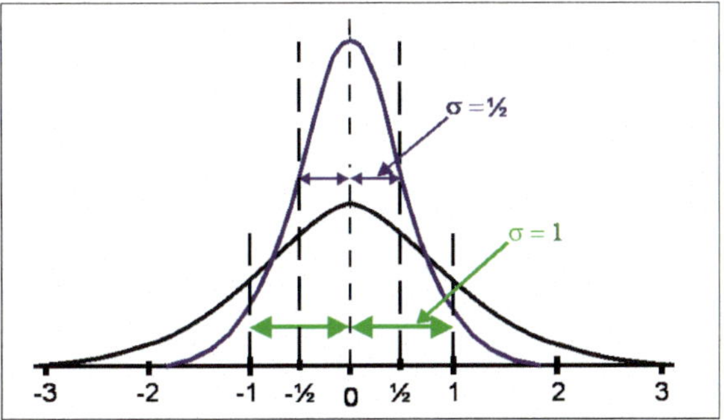

Bild 5.11 Normalverteilung mit unterschiedlicher Standardabweichung

Im Gegensatz zum arithmetischen Mittelwert $\overline{x}$ einer Stichprobe bezeichnet man mit μ den Mittelwert der Grundgesamtheit. Diese Kenngröße ist in der Regel unbekannt.

Die berechnete Stichprobenkenngröße $\overline{x}$ ist dafür ein Näherungswert für μ:

$\overline{x}$ **schätzt** μ.

Die der Standardabweichung s einer Stichprobe entsprechende Kenngröße der Grundgesamtheit ist σ (Standardabweichung der Grundgesamtheit). Diese Kenngröße ist in der Regel ebenfalls unbekannt.

Die berechnete Stichprobenkenngröße s ist dafür ein Näherungswert für σ:

s schätzt σ.

Die Normalverteilung ist eine zum Mittelwert μ symmetrische Verteilungsform. Setzt man die Gesamtzahl aller beobachteten (unendlich vielen) Messwerte - dargestellt als Fläche unter der Glockenkurve - gleich 100 %, so liegen 50 % aller möglicherweise anfallenden Messwerte bei vollständiger Untersuchung der Grundgesamtheit unterhalb dieses Mittelwertes μ, die übrigen 50 % liegen oberhalb von μ (Bild 5.12).

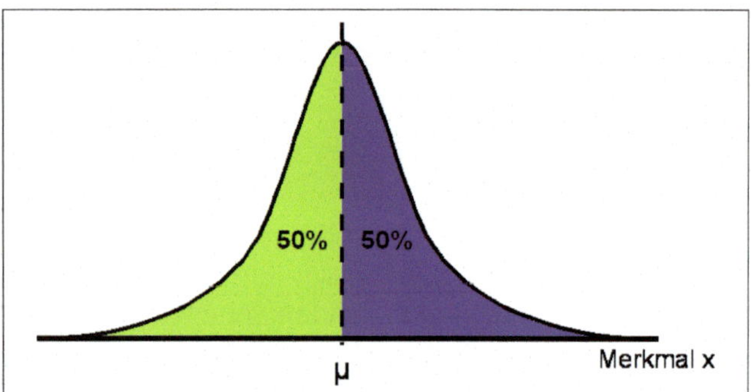

Bild 5.12 Symmetrie der Normalverteilung

Bild 5.13 zeigt die Normalverteilung mit typischen σ-Bereichen unter Angabe der Flächenanteile innerhalb und außerhalb der Bereiche.

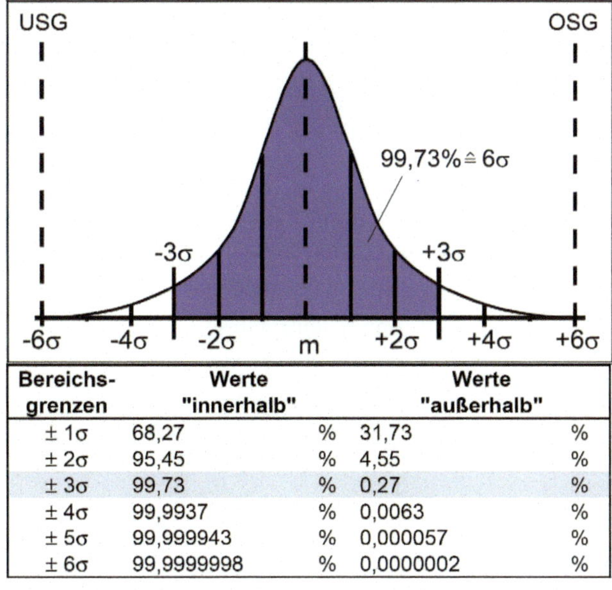

Bereichs-grenzen	Werte "innerhalb"		Werte "außerhalb"	
± 1σ	68,27	%	31,73	%
± 2σ	95,45	%	4,55	%
± 3σ	99,73	%	0,27	%
± 4σ	99,9937	%	0,0063	%
± 5σ	99,999943	%	0,000057	%
± 6σ	99,9999998	%	0,0000002	%

Bild 5.13 Normalverteilung mit s-Bereichen

5.2.2 Mathematische Beschreibung der Normalverteilung

Die Wahrscheinlichkeitsdichte $g(x; \mu, \sigma)$ der Normalverteilung lautet:

$$g(x) = \frac{e^{-\frac{1}{2}\left(\frac{x-\mu}{\sigma}\right)^2}}{\sigma\sqrt{2\pi}}$$

Wie diese Formel zeigt, ist die Normalverteilung durch die Parameter μ und σ vollständig charakterisiert.

Standardisierte Normalverteilung

Für die praktische Berechnung wird die standardisierte Verteilungsfunktion der Normalverteilung mit dem Mittelwert $\mu = 0$ und der Varianz $\sigma^2 = 1$ verwendet, deren Werte Tabellen zu entnehmen sind. Dazu sind die realen Werte zu transformieren. Der Abstand vom Mittelwert wird in Vielfachem der Standardabweichung angegeben und mit u bezeichnet:

$$u = \frac{x-\mu}{\sigma}$$

Die Formel für die Wahrscheinlichkeitsdichte lautet dann:

$$g(u) = \frac{1}{\sqrt{2\pi}} \cdot e^{-\frac{1}{2}u^2}$$

Die Fläche unter der Kurve, d.h. die Wahrscheinlichkeitssumme von $u = -\infty$ bis $u = +\infty$ ist 1 bzw. 100 % und wird mathematisch durch das Integral der Wahrscheinlichkeitsdichte beschrieben:

$$G(u) = \frac{1}{\sqrt{2\pi}} \int_{-\infty}^{+\infty} e^{-\frac{1}{2}u^2} du = 1$$

Die nachfolgenden Zahlentafeln geben für gebräuchliche Zahlenwerte an, wie groß der Flächenanteil $1 - \alpha$ unterhalb eines **einseitigen oberen Schwellenwertes** ist, bzw. die Umkehrung (Bild 5.14). Das heißt, in der einen Tabelle liest man zu einem u-Wert den %-Anteil ab und in der anderen zu einem vorgegebenen %-Anteil den jeweiligen u-Wert.

Einseitiger oberer Schwellenwert	Anteil „unterhalb"
$u_{1-\alpha}$	$1-\alpha$ in %
0	50
1	84,13
2	97,725
3	99,8650
4	99,996833

Anteil „unterhalb"	Einseitiger oberer Schwellenwert
$1-\alpha$ in %	$u_{1-\alpha}$
90	1,282
95	1,645
99	2,326
99,9	3,090

Mit der Umrechnung $x_{oben} = \mu + u_{1-\alpha} \cdot \sigma$ kann der reale Wert ermittelt werden.

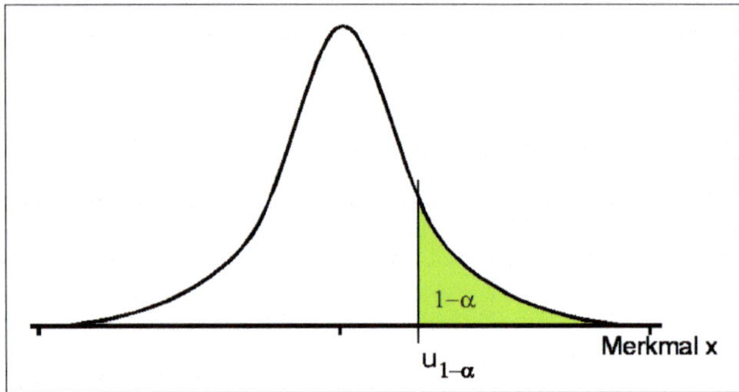

Bild 5.14 Oberer Schwellenwert

Sind die Kenngrößen μ und s der Normalverteilung bekannt, dann überschreiten etwa 84 % der Messwerte in der Grundgesamtheit den Schwellenwert $x_{oben} = \mu + \sigma$ nicht.

Werden **einseitige untere Schwellenwerte** benötigt, sind diese wegen der Symmetrie der Normalverteilung (Bild 5.14) gleich den negativen oberen Schwellenwerten.

$$u_\alpha = -u_{1-\alpha}$$

Neben den einseitigen Schwellenwerten werden häufig die **zweiseitigen symmetrischen Schwellenwerte** der Normalverteilung (Bild 5.15) benötigt.

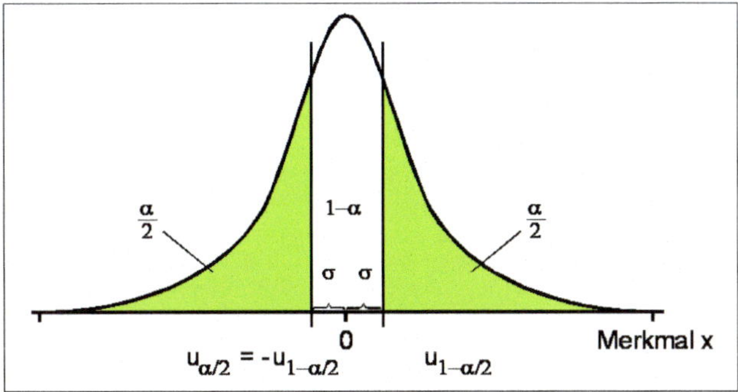

Bild 5.15 Zweiseitiger Schwellenwert

Die nachfolgenden Zahlentafeln geben an, wie groß der Flächenanteil 1 - α innerhalb der zweiseitigen Schwellenwerte ist, bzw. die Umkehrung. Das heißt, in der einen Tabelle liest man zu einem u-Wert den %-Anteil ab und in der anderen zu einem vorgegebenen %-Anteil den jeweiligen u-Wert.

Zweiseitiger Schwellenwert	Anteil „zwischen“
$u_{1-\alpha/2}$	1 - α/2 in %
0	0
1	68,27
2	95,45
3	99,73
4	99,9937

Anteil „zwischen“	Zweiseitiger Schwellenwert
1 - α/2 in %	$u_{1-\alpha/2}$
90	1,654
95	1,960
99	2,576
99,73	3,0
99,9	3,291

Mit der Umrechnung $x_{oben} = \mu + u_{1-\alpha/2} \cdot \sigma$ und $x_{unten} = \mu - u_{1-\alpha/2} \cdot \sigma$ können die realen Werte ermittelt werden.

1. Bestimmen von erwarteten Anteilen (Wahrscheinlichkeiten)

Der erwartete Anteil aller Werte einer Grundgesamtheit, der kleiner oder gleich einem vorgegeben Wert u ist, wird mit der Verteilungsfunktion der standardisierten Normalverteilung G(u) ermittelt. In Bild 5.16 bis Bild 5.18 sind drei Standardanwendungen der Anteilswertermittlung dargestellt: Erwarteter Anteil oberhalb eines vorgegebenen Grenzwertes u (Überschreitungsanteil), erwarteter Anteil unterhalb eines vorgegebenen Grenzwertes u (Unterschreitungsanteil) und der erwartete Anteil zwischen zwei vorgegebenen Grenzwerten.

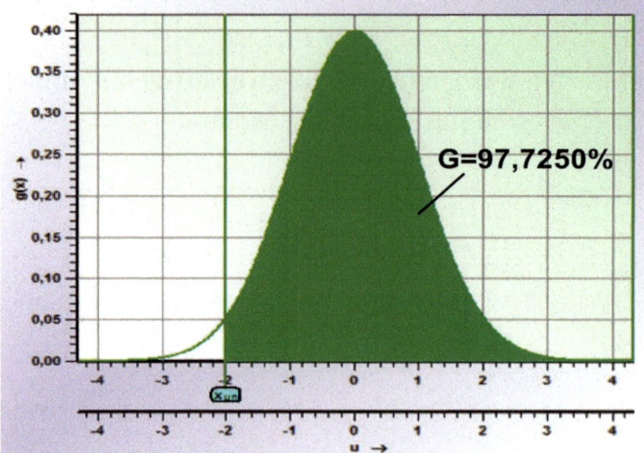

Bild 5.16 Erwarteter Überschreitungsanteil für u = -2, $p_{>u}$ = [1-G(-2)] · 100 % = 97,725 %

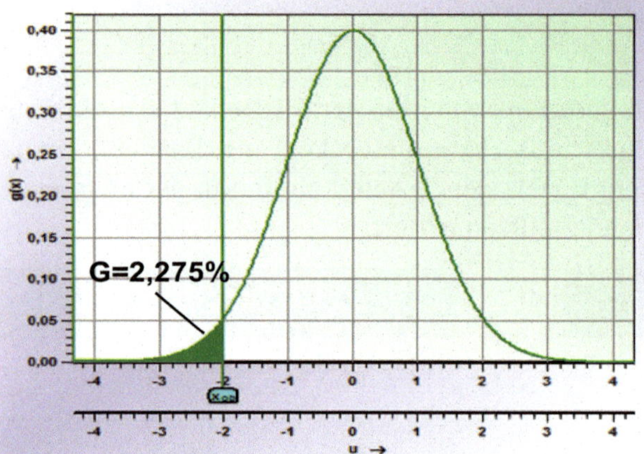

Bild 5.17 Erwarteter Unterschreitungsanteil für u = -2, $p_{<u}$ = G(-2) · 100 % = 2,275 %

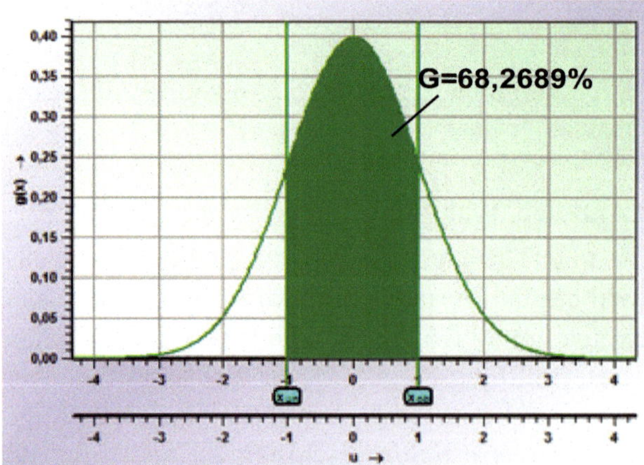

Bild 5.18 Erwarteter Anteil innerhalb des Intervalls -1 ≤ u ≤ 1,
p = [G(1) - G(-1)] · 100 % = 68,2689 %

Fallbeispiel

Eine normalverteilte Grundgesamtheit hat die Parameter μ = 301 und σ = 10. Wie viel Prozent der Werte sind außerhalb der Spezifikation, wenn der untere Grenzwert USG = 275 und der obere Grenzwert OSG = 325 ist?

Zunächst sind über die Transformation die u-Werte zu errechnen. Anschließend kann der dazugehörige p-Wert bestimmt werden.

$$u_{ob} = \frac{OSG - \mu}{\sigma} = \frac{325 - 301}{10} = 2,4$$

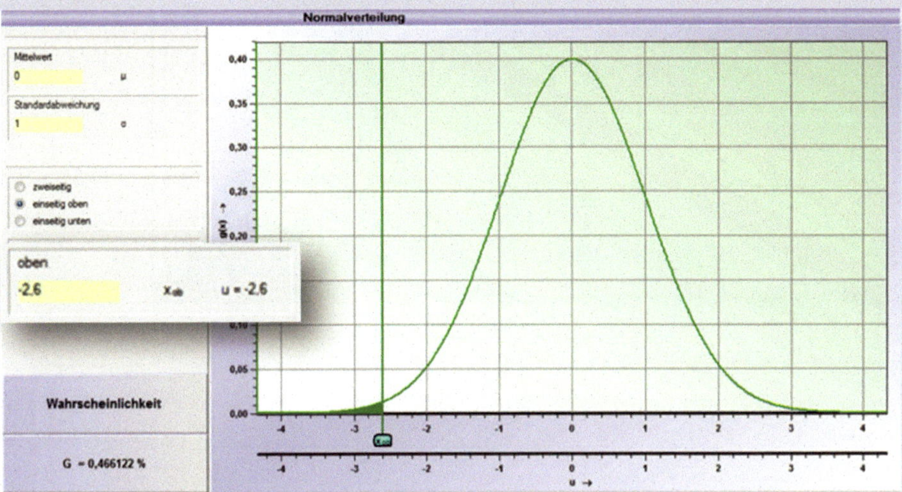

$$u_{un} = \frac{USG - \mu}{\sigma} = \frac{275 - 301}{10} = -2,6$$

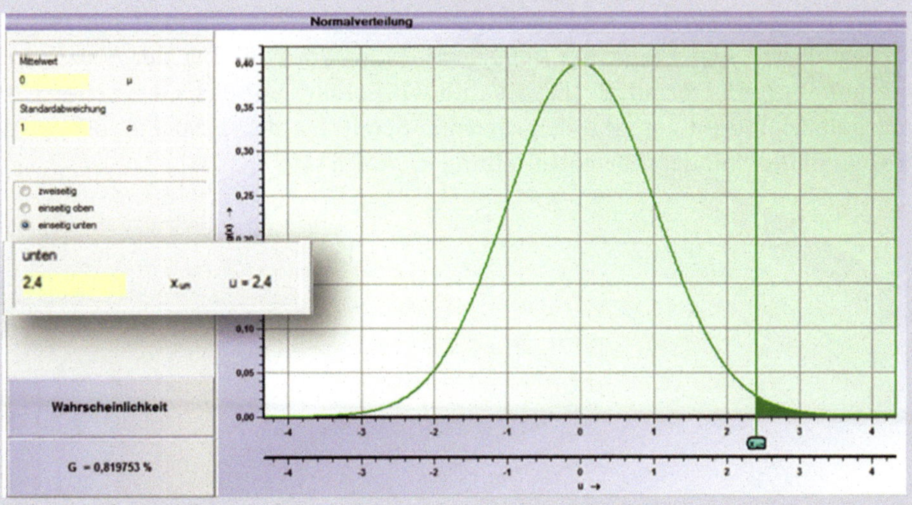

$$p_{ges} = p_{oberhalb} + p_{unterhalb} = 00,8198 + 0,4661 = 1.2859\% \approx 1,23\%$$

Mit Hilfe von Rechnerprogrammen kann die lästige Umrechnung in die standardisierte Normalverteilung mit $\mu = 0$ und $\sigma = 1$ umgangen werden. In das Programm gibt man direkt $\mu = 301$ und $\sigma = 10$ sowie die Spezifikationsgrenzen ein. Der prozentuale Anteil der Werte außerhalb der Spezifikationsgrenzen ist 100% - 98,7141% = 1,2859% ≈ 1,29%.

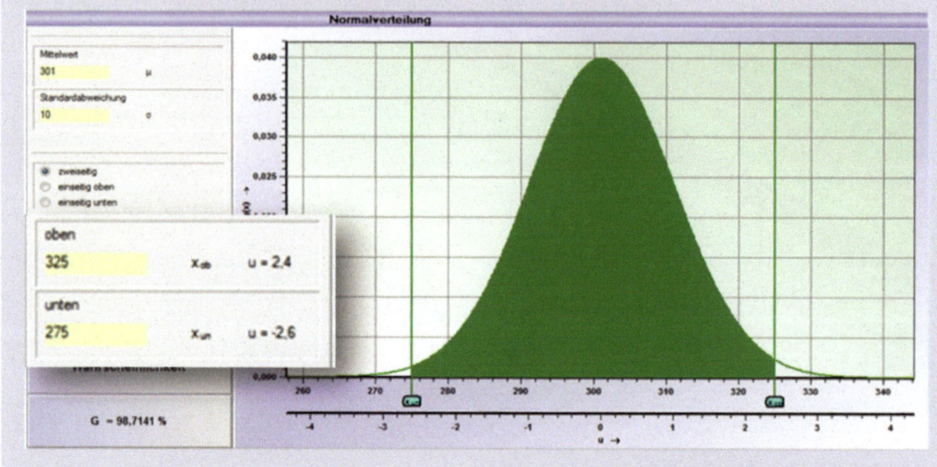

2. Bestimmung von Quantilen

Zu einer vorgegebenen Wahrscheinlichkeit p (= erwarteter Anteil) ist der zugehörige u-Wert zu ermitteln. Gesucht ist also der Wert u, für den die Verteilungsfunktion G(u) der vorgegebenen Wahrscheinlichkeit p entspricht.

Das Ergebnis, der u-Wert, wird als p-Quantil bezeichnet. In dem Beispiel aus Bild 5.19 wurde für den Überschreitungsanteil $p_{>u} = 95\%$ zunächst der Unterschreitungsanteil $p_{<u} = 5\%$ ermittelt (Ein Quantil wird immer auf Basis des Unterschreitungsanteiles berechnet und angegeben). Somit ist der gesuchte u-Wert das 5%-Quantil der Standardnormalverteilung $u_{5\%} = -1,6449$.

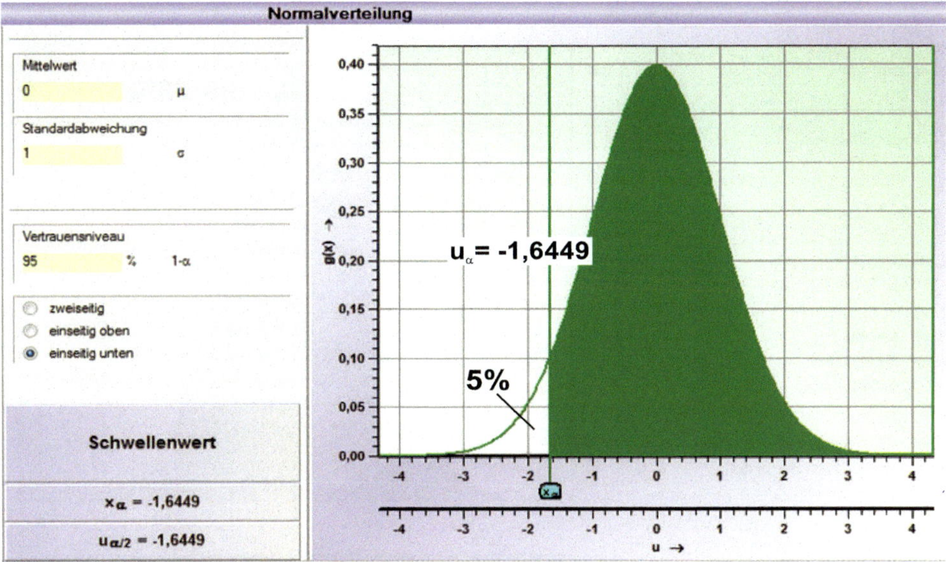

Bild 5.19 Einseitig unten

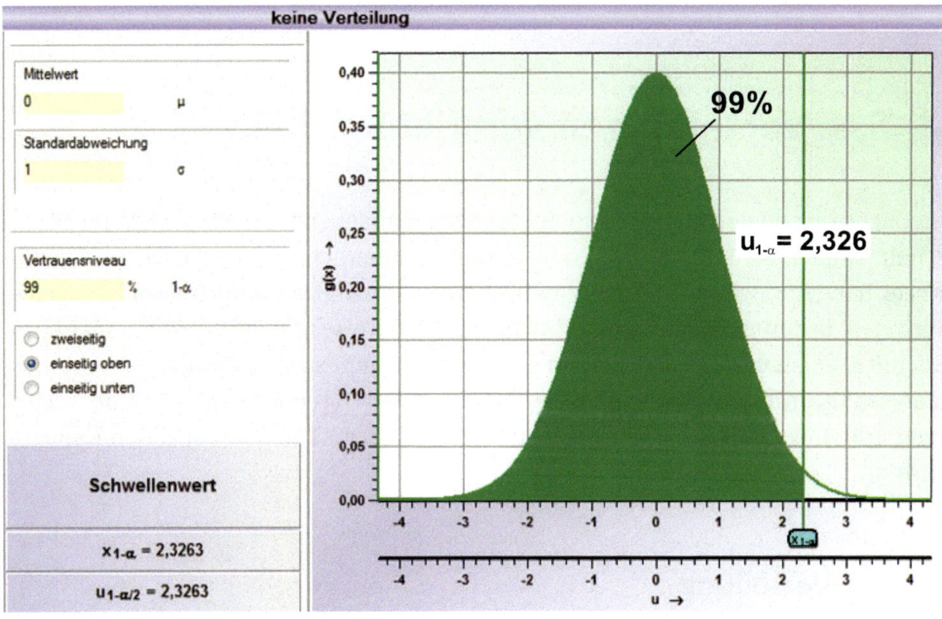

Bild 5.20 Einseitig oben

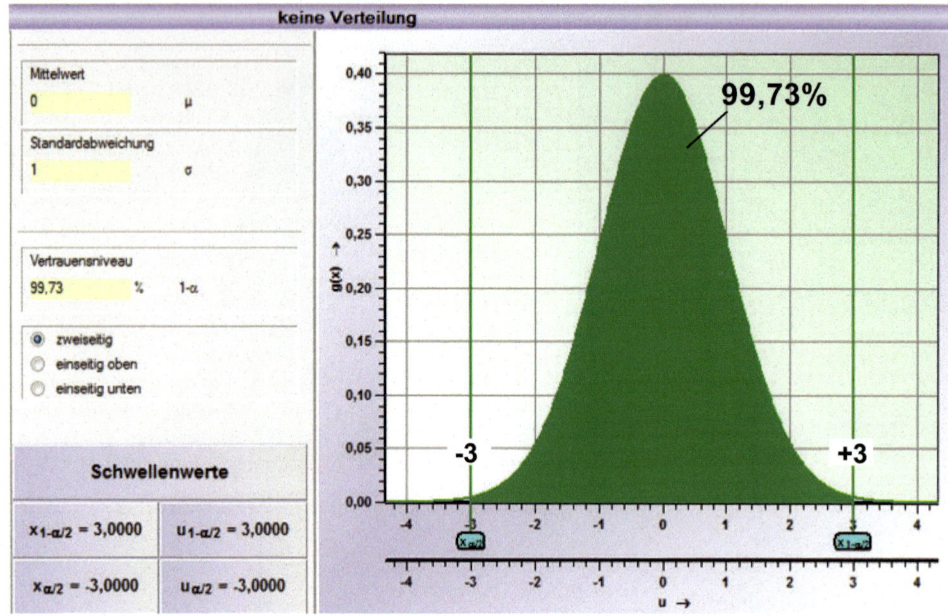

Bild 5.21 Zweiseitig

■ 5.3 Verteilungen von Kenngrößen

Im Gegensatz zu den bisher betrachteten Verteilungen, bei denen es sich um Wahrscheinlichkeitsverteilungen diskreter oder kontinuierlich veränderlicher Merkmalswerte handelte, werden hier Verteilungen von Kenngrößen (Mittelwerte, Varianzen etc.) besprochen. Betrachtet man beispielsweise die Mittelwerte mehrerer Stichproben einer normalverteilten Grundgesamtheit, so sind diese wiederum normalverteilt. In diesem Fall wäre die Normalverteilung eine parametrische Verteilung. Die Anwendungsbereiche dieser Verteilungen sind in den folgenden Kapiteln gezeigt.

5.3.1 t-Verteilung

Neben den Schwellenwerten der Normalverteilung werden bei statistischen Verfahren häufig Schwellenwerte der t-Verteilung verwendet. Die Entstehung der t-Verteilung kann man sich an folgendem Gedankenexperiment veranschaulichen:

„Einer normalverteilten Grundgesamtheit mit den Parametern μ und σ werden sehr viele Stichproben (theoretisch: unendliche Anzahl) des Stichprobenumfangs n entnommen und von jeder Stichprobe kann $\overline{x}$ und s berechnet werden. Dabei bildet die Größe t:

$$t = \frac{\overline{x} - \mu}{s/\sqrt{n}}$$

eine Verteilung, die als t-Verteilung oder Student-Verteilung bezeichnet wird."

Die t-Verteilung ist ebenfalls eine symmetrische Verteilung, so dass die Denkweise bezüglich der einseitigen bzw. zweiseitigen Abgrenzung analog der einer Normalverteilung entspricht. Bei der t-Verteilung ist zusätzlich der Parameter f („Zahl der Freiheitsgrade") enthalten. Der Freiheitsgrad f ergibt sich aus $f = n - 1$ (n = Stichprobenumfang).

Für große Stichprobenumfänge n nähert sich die t-Verteilung der Normalverteilung an und geht im Grenzfall in diese über.

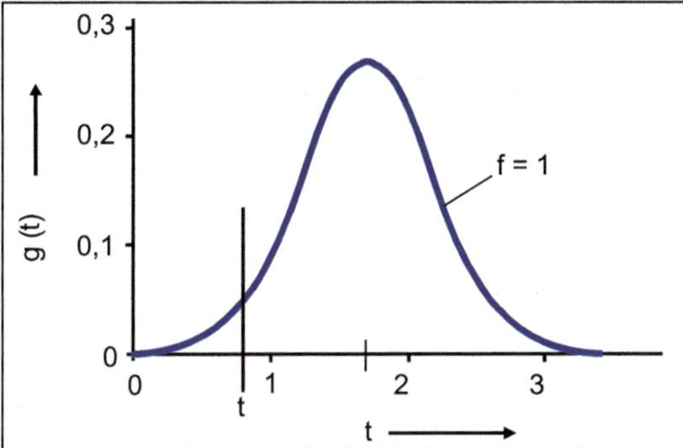

Bild 5.22 t-Verteilung

Hinweis

Angewandt wird die t-Verteilung bei der Berechnung des **Vertrauensbereiches für den Mittelwert** der Grundgesamtheit bei unbekanntem σ.

Fallbeispiel

Für jeweils $1 - \alpha = 0{,}95$ ($\alpha = 0{,}05$) und $f = 30$ sind folgende t-Werte zu berechnen:

1. Einseitiger unterer t-Wert

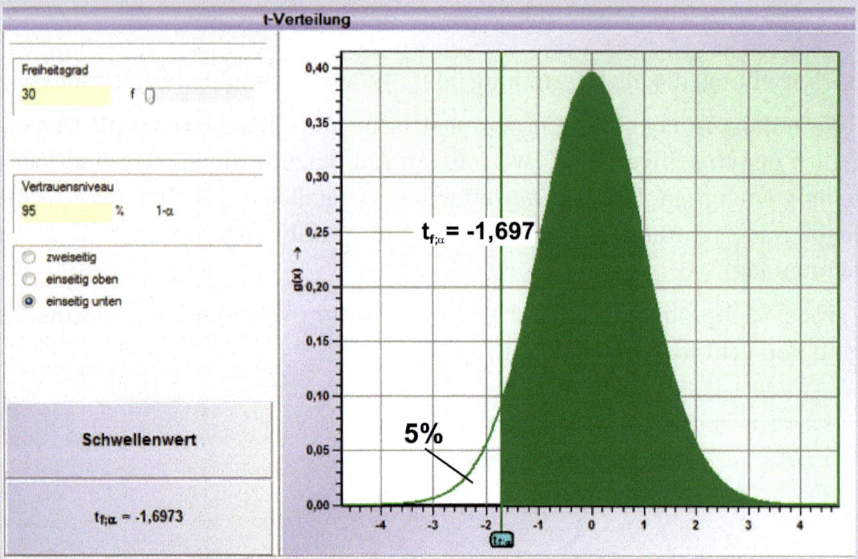

Bild 5.23 Einseitig unten

2. Zweiseitiger unterer und oberer t-Wert

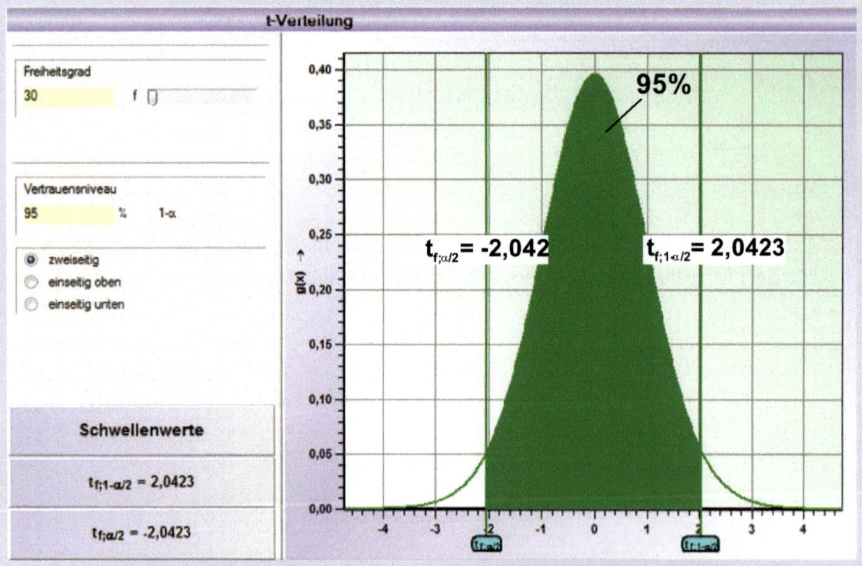

Bild 5.24 Zweiseitig

5.3.2 χ^2-Verteilung

Die Varianzen von Stichproben aus einer normalverteilten Grundgesamtheit sind χ^2-verteilt. Die χ^2-Verteilung ist konsequenterweise eine asymmetrische Verteilung (Varianzen sind nullbegrenzt). Deshalb erhält man die unteren bzw. oberen Schwellenwerte nicht durch Vorzeichenumkehrung des jeweilig anderen Schwellenwertes. Sie müssen jeweils getrennt ermittelt werden. Weiter ist die Zahl der Freiheitsgrade ($f = n - 1$) zu berücksichtigen.

Die Entstehung der χ^2-Verteilung kann man sich an folgendem Gedankenexperiment veranschaulichen:

„Werden einer Grundgesamtheit, deren Varianz σ^2 ist, sehr viele Stichproben (theoretisch: unendlich viele) des Stichprobenumfangs n entnommen und kann von jeder Stichprobe die Standardabweichung s berechnet werden, dann bildet das Verhältnis

$$\chi^2 = f \cdot \frac{s^2}{\sigma^2} \quad \text{mit } f = n - 1$$

eine Verteilung, die als χ^2-Verteilung bezeichnet wird".

Hinweis

Anwendung findet die χ^2-Verteilung beim Rückschluss von der Stichprobenvarianz s^2 auf die **Varianz** der Grundgesamtheit σ^2, d. h. bei der Berechnung des entsprechenden **Vertrauensbereiches.**

Ebenso bei der Frage, welchen Wert die Varianz der Stichprobe mit einer bestimmten Wahrscheinlichkeit erreichen wird, wenn der entsprechende Wert der Grundgesamtheit bekannt ist **(Zufallsstreubereich).**

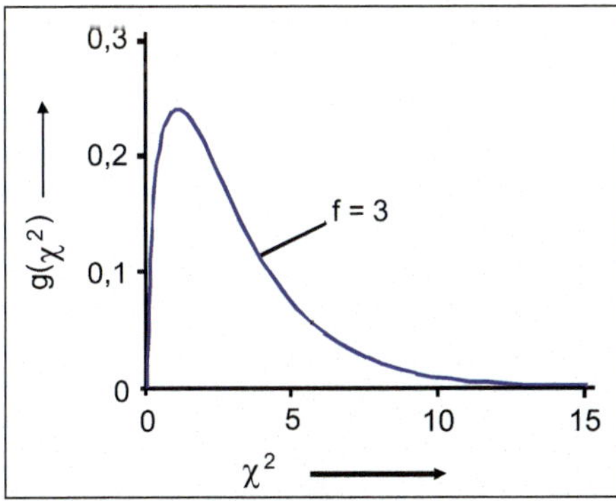

Bild 5.25 χ^2-Verteilung

Fallbeispiel

Für f = 50 und 1 - α = 0,95 (α = 0,05) sind folgende χ^2-Werte zu berechnen:

1. Einseitig unterer χ^2-Wert

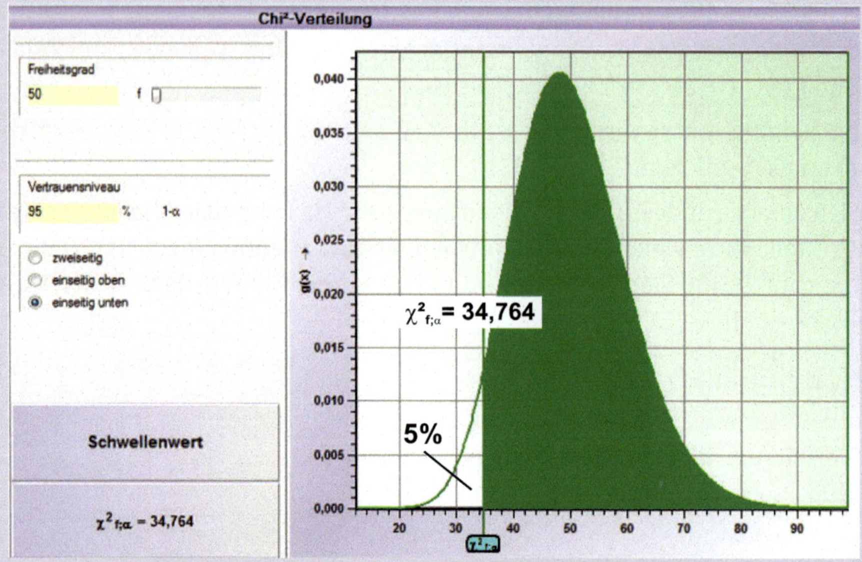

Bild 5.26 Einseitig unten

2. Zweiseitig unterer und oberer χ^2-Wert

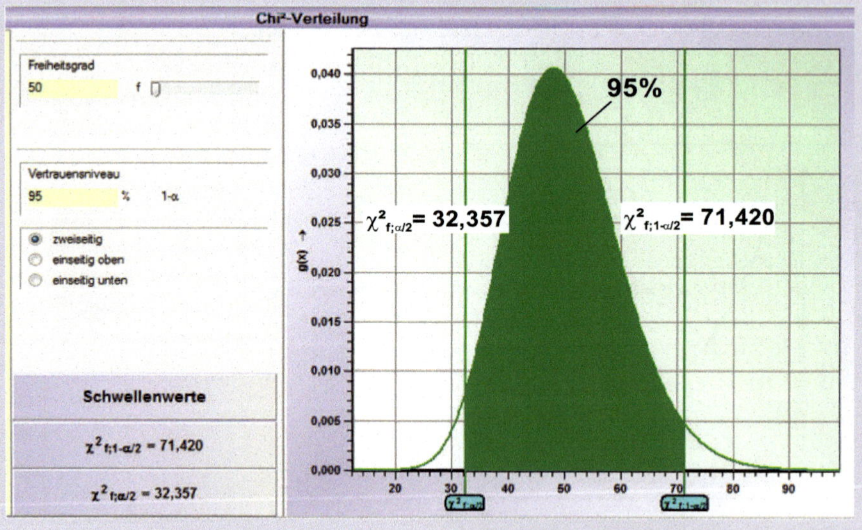

Bild 5.27 Zweiseitig

5.3.3 F-Verteilung

Der Entstehung der F-Verteilung liegt folgendes Gedankenexperiment zugrunde:

> „Für große Stichprobenumfänge n nähert sich die t-Verteilung der Normalverteilung an und geht im Grenzfall in diese über. Einer Grundgesamtheit, bei der die Varianz σ^2 bekannt ist, werden jeweils zwei Stichproben des Stichprobenumfanges n_1 und n_2 entnommen.
>
> Bei entsprechend häufiger Wiederholung der Entnahme bildet das Verhältnis F der beiden Stichprobenvarianzen
>
> $$F = \frac{s_1^2}{s_2^2}$$
>
> eine Verteilung, die als F-Verteilung bezeichnet wird.“

Da s_1 als Minimalwert Null sein kann, ist diese Verteilung asymmetrisch und nimmt Werte von Null bis unendlich an.

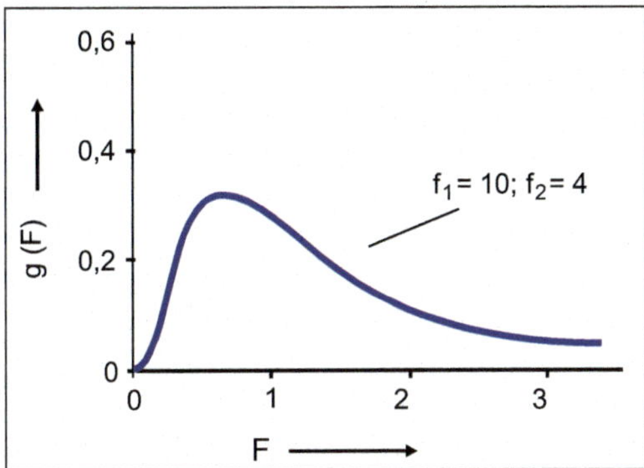

Bild 5.28 F-Verteilung

Hinweis

Anwendung findet diese Verteilung beispielsweise beim Vergleich der Varianzen von zwei Grundgesamtheiten anhand der Stichprobenergebnisse.

Fallbeispiel

Für $f_1 = 79$ und $f_2 = 44$, sowie $1 - \alpha = 0{,}95$ ($\alpha = 0{,}05$) sind folgende F-Werte zu berechnen:

1. Einseitig unten

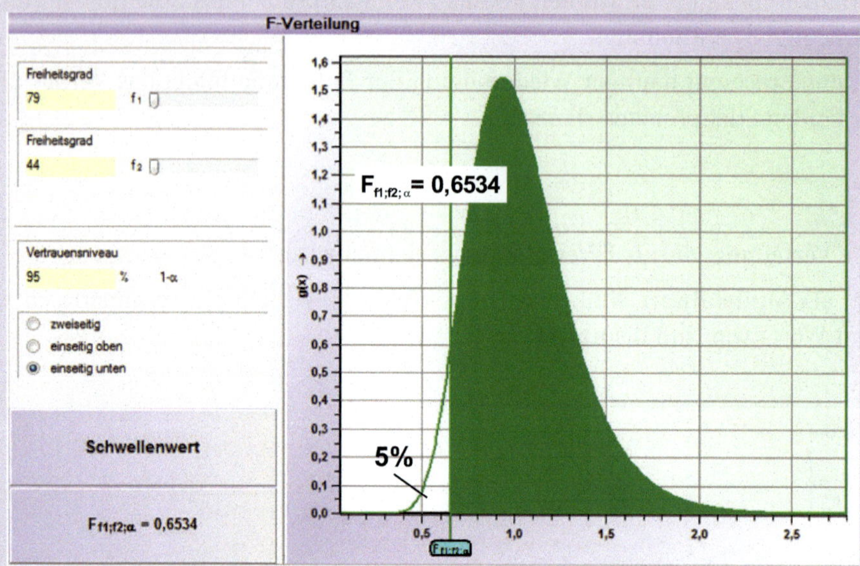

Bild 5.29 Einseitig unten

2. Zweiseitig

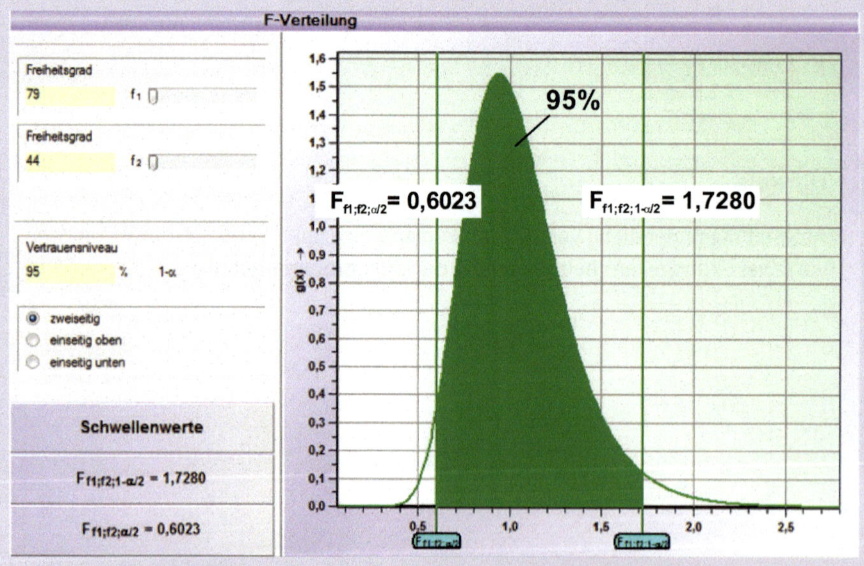

Bild 5.30 Zweiseitig

5.4 Eingipflige unsymmetrische Verteilungen

Nicht alle praxisrelevanten Messwertreihen können mithilfe einer Normalverteilung beschrieben werden. Um diesen Fällen gerecht zu werden, sind weitere Möglichkeiten zur modellhaften Anpassung erforderlich.

- Transformation von Messwertreihen
- Verteilungsmodelle
  - logarithmische Normalverteilung
  - Weibull-Verteilung
  - Betragsverteilung 1. Art
  - Betragsverteilung 2. Art (Rayleigh-Verteilung)
- Pearson-Funktionen
- Johnson-Transformationen
- Mischverteilung.

Abweichungen von der Normalverteilung können beispielsweise im Herstellungsverfahren begründet sein. Die zeitabhängigen Verteilungsmodelle B, C und D (s. Abschnitt 9.2) spiegeln diesen Sachverhalt wider, die durch Trendverhalten, feststehende Werkzeuge, unterschiedliche Fertigungszeiträume, verschiedene Fertigungseinrichtungen, Materialschwankungen und dergleichen mehr entstehen. Dabei handelt es sich in der Regel um die Überlagerung von unterschiedlichen Verteilungen mit verschiedenen Parametern, die zu einer Mischverteilung führt. Die Form dieser Verteilung kann vielfältig sein.

Ansonsten gibt es Merkmale, die aufgrund ihrer Eigenschaften keine normalverteilten Merkmalswerte erwarten lassen. In Tabelle 5.3 sind typische Merkmale und ihre zu erwartende Verteilungsform aufgeführt. Dazu zählen sämtliche Form- und Lagemaße. Diese haben alle eine „natürliche Grenze“ bei Null. Vorausgesetzt, dass das Fertigungsverfahren nicht gestört ist und eine homogene Stichprobe vorliegt, kann eine eingipflige linkssteile Verteilung erwartet werden. In diesen Fällen wäre eine Anpassung durch eine Normalverteilung falsch. Bild 5.31 verdeutlicht die Unterschiede.

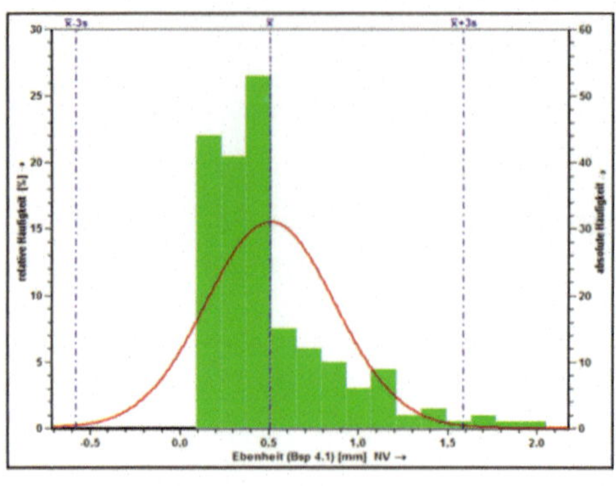

a) Normalverteilung

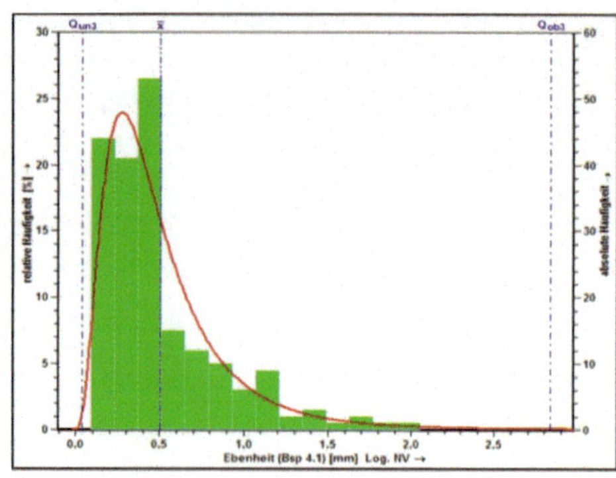

b) logarithmische Normalverteilung

Bild 5.31 Histogramm mit überlagerter Wahrscheinlichkeitsfunktion

Bei Merkmalsarten wie Drehmoment, Schichtdicken oder Härte liegt zwar keine Begrenzung bei Null vor, trotzdem kann es zu Abweichungen von der Normalverteilung kommen. Diese Situation tritt bei ungestörten Prozessen oft dann ein, wenn nur ein Maximal- bzw. Minimalwert gefordert wird. Typische Beispiele sind zum Beispiel „Mindest-Drehmoment“, „Maximale Härte“, „Mindestdicke der Schicht“. Dabei wird versucht, den Prozess an diesen Grenzen zu regeln, wodurch sich die Verteilungsform ändern kann.

Wann welche Verteilungsform zum Tragen kommt, hängt damit von den physikalischen Eigenschaften des Merkmals ab. Dies gilt nur für einen nicht gestörten Prozess und ausreichend viele Werte. Typische Zusammenhänge zeigt Tabelle 5.3 (s. auch Anghel, 1993).

In den folgenden Kapiteln werden die Möglichkeiten, eine Messwertreihe modellhaft zu beschreiben, vorgestellt. Dabei kann es sehr wohl zu Überschneidungen kommen, d. h. eine Messwertreihe kann unter Umständen durch mehrere Verteilungsmodelle in ähnlicher Weise angepasst werden. Um hierfür eine bessere Auswahl treffen zu können, wurden Beurteilungskriterien geschaffen, die eine objektivere Aussage über die Eignung eines Verteilungsmodells zulassen. Diese werden in Kapitel 9 erörtert.

Tabelle 5.3 Merkmal mit Auswerteverfahren

Merkmal		Auswerteverfahren	Merkmal		Auswerteverfahren
Formtoleranzen			**Lagetoleranzen**		
Symbol lt. DIN ISO 1101	tolerierte Eigenschaft		Symbol lt. DIN ISO 1101	tolerierte Eigenschaft	
—	Geradheit	B1	//	Parallelität	B1
▱	Ebenheit	B1	⊥	Rechtwinkligkeit	B1
○	Rundheit	B1	∠	Neigung	B1
⌭	Zylinderform	B1	⌖	Position	B2
⌒	Linienform	B1	◎	Koaxialität	B2
⌓	Flächenform	B1	⌯	Symmetrie	B1
			↗	Rundlauf	B1/B2
			⌰	Planlauf	B1
Sonstige					
Rauheit		B1			
Unwucht		B2			
Drehmoment		N			
Längenmaße		N			

N = Normalverteilung
B1 = Betragsverteilung 1. Art
B2 = Betragsverteilung 2. Art (Rayleigh-Verteilung)

5.4.1 Transformation

Eine Modellanpassung kann auch mithilfe einer Transformation erfolgen. Dabei werden die Werte mit einer beliebigen Funktion so verändert, dass sie im transformierten Bereich einem der oben genannten Verteilungsmodelle (in der Regel der Normalverteilung) entsprechen. Die Berechnung der statistischen Kennwerte erfolgt mit dem angenommenen Verteilungsmodell. Dabei sind die Spezifikationsgrenzen ebenfalls zu transformieren. Typische Transformationen sind die Wurzeltransformationen bzw. die logarithmischen Transformationen mit Verschiebung $\ln(x-a)$ oder mit Spiegelung $\ln(a-x)$ (s. Bild 5.32).

Diese Vorgehensweise kommt nur noch bei rechnerunterstützten Auswertungen zum Tragen, weil das Verfahren sehr aufwendig wird, wenn die Art der Transformation nicht bekannt ist.

Fallbeispiel: logarithmische Transformation

Bild 5.32 verdeutlicht die Vorgehensweise am Beispiel einer logarithmischen Transformation ln (a + bx).

Eine logarithmische Transformation verändert die Form der Verteilung nur wesentlich bei einer linkssteilen Form, wenn die Werte nahe bei Null liegen. Denn zwischen 0 und 1 hat der Logarithmus seinen steilsten Bereich. Je größer die Werte werden, desto geringer sind die Veränderungen der Verteilungsform. Dadurch wird in diesem Bereich keine Veränderung der Verteilungsform erreicht. Ziel dieser Transformation ist es, die Werte so zu verschieben, dass die „neuen" Werte nach der Transformation mit dem Modell der Normalverteilung beschrieben werden können. Im Kapitel 4 wird die Bestimmung und Beurteilung dieser Transformation behandelt.

Die Messwertreihe in Bild 5.32 oben links zeigt einen linkssteilen Verlauf, damit sind die Werte über „x - a" gegen Null zu verschieben. Die Verteilungsform der Messwertreihe oben rechts ist rechtssteil, diese Werte sind über „a - x" zu spiegeln. Durch die Verschiebung oder Spiegelung sind die Vorzeichen der Parameter a und b festgelegt. Anschließend können die Werte logarithmiert werden.

Aus dem Bild in der Mitte entsteht durch das Logarithmieren das Bild unten rechts. Die sich ergebenden Werte können in diesem Fall durch das Modell „Normalverteilung" beschrieben werden.

Bei allen Transformationen wird die Skalierung der x-Achse verändert. Dies ist in der Regel für den ungeübten Betrachter schwer verständlich. Soll die Skalierung der Urwerte beibehalten werden, ist das entsprechende Verteilungsmodell zu wählen. Im vorliegenden Falle ist dies die „logarithmische Normalverteilung". Das Bild unten links zeigt die gleichen Werte wie das Bild in der Mitte, nur mit überlagerter logarithmischer Normalverteilung. ■

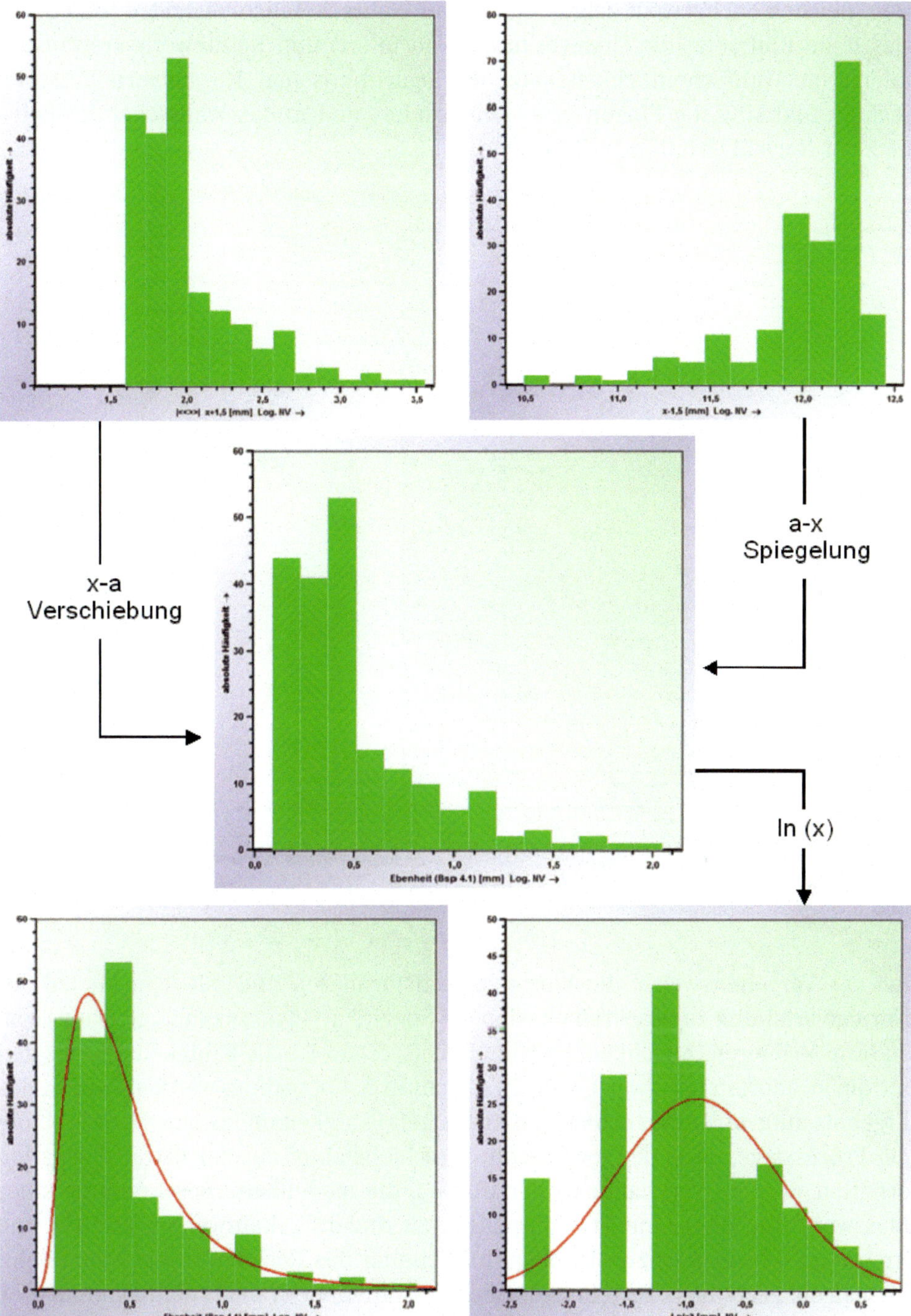

Bild 5.32 Transformation einer Messwertreihe

Den gleichen Sachverhalt zeigen die beiden Wahrscheinlichkeitsnetze (Bild 5.33). Das linke Bild zeigt die Urwerte (untransformiert) und Kennnwerte (retransformiert) im Wahrscheinlichkeitsnetz der logarithmischen Normalverteilung. Im rechten Bild sind die Einzelwerte transformiert und in das Wahrscheinlichkeitsnetz der Normalverteilung eingetragen.

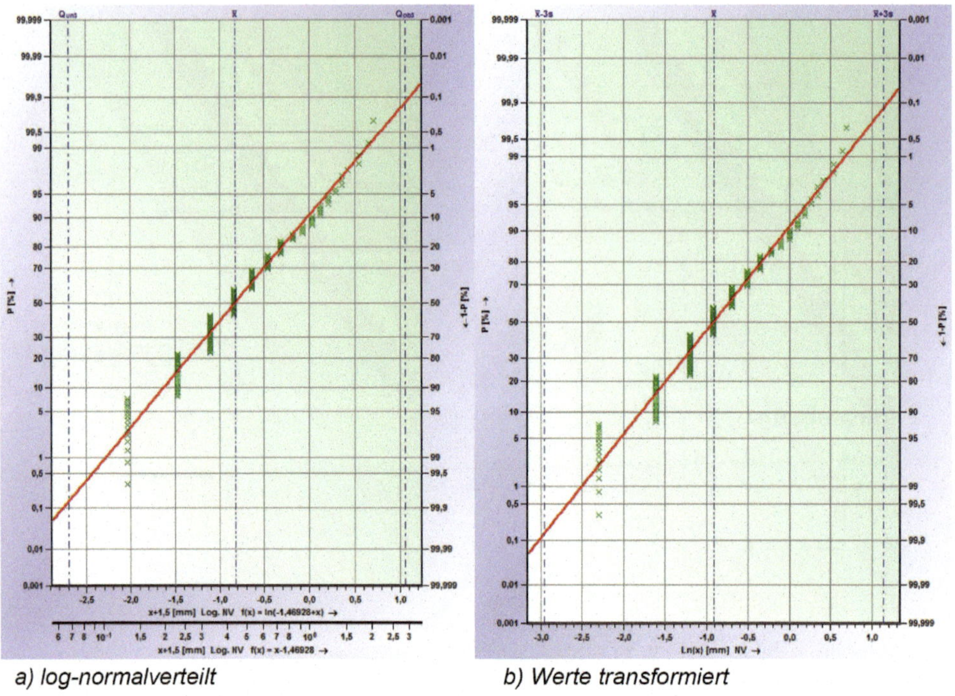

a) log-normalverteilt

b) Werte transformiert

Bild 5.33 Wahrscheinlichkeitsnetze

Bei der Vorgehensweise, die Werte zu transformieren und mit dem Modell der Normalverteilung zu beschreiben, sind die Spezifikationsgrenzen in gleicher Form zu transformieren. Anschließend können beispielsweise die Fähigkeitsindizes den retransformierten Kennwerten wie in Abschnitt 5.4 berechnet werden. Fordert das Ergebnis aufgrund eines schlechten kritischen Fähigkeitsindex eine Verschiebung der Prozesslage, muss der gewünschte Verschiebefaktor aus der Retransformation ermittelt werden. Von daher ist der Umweg, die modellhafte Beschreibung einer Messwertreihe über eine Transformation zu finden, zeitaufwendig und für den Anwender schwer nachzuvollziehen. Im Zeitalter des Rechnereinsatzes empfiehlt es sich, ein geeignetes Verteilungsmodell, anstatt einer Transformation durch eine andere Verteilung zu finden. Die unterschiedlichen Möglichkeiten werden in den nächsten Kapiteln aufgezeigt.

5.4.2 Logarithmische Normalverteilung

Die logarithmische Normalverteilung hat heute zur modellhaften Beschreibung von Datensätzen ihre Bedeutung verloren, da es lt. Tabelle 5.3 keinen technischen Zusammenhang zwischen dem Verteilungsmodell und einem Merkmal gibt. Bei manuellen Auswertungen wurde und wird die logarithmische Normalverteilung nach wie vor wegen der leichten Handhabung (s. Abschnitt 5.4.1) verwendet. Weiterhin überschätzt die logarithmische Normalverteilung oftmals Anteil auf der lang auslaufenden schiefen Seite

Dieses Verteilungsmodell kann in erster Näherung eingesetzt werden, wenn ein Merkmal einseitig begrenzt ist. Da eine Messwertreihe linear verschoben bzw. gespiegelt werden kann, ist die logarithmische Normalverteilung sowohl für links- als auch rechtssteile Häufigkeitsverteilungen einsetzbar. Damit können einseitig nach oben oder nach unten begrenzte Merkmale mit diesem Modell beschrieben werden. Typische Beispiele sind: Form- und Lagemaße wie Rundheit, Koaxialität, Ebenheit, unter Umständen auch Oberflächenkennwerte, Schichtdicken und Härtewerte.

Um festzustellen, ob eine vorliegende Messwertreihe logarithmisch normalverteilt ist, sind die Werte ins logarithmische Wahrscheinlichkeitsnetz einzutragen. Folgen die Werte der Wahrscheinlichkeitsgeraden, ist das Verteilungsmodell bestätigt.

Wahrscheinlichkeitsdichtefunktion:	$g(x)=\frac{1}{\sqrt{2\pi}\,\sigma(x-a)}\exp\left\{-\frac{1}{2}\left(\frac{\ln(x-a)-\mu}{\sigma}\right)^2\right\}$ $a<x<\infty$
Verteilungsfunktion:	$G(x)=\int_a^x g(t)dt$

Bild 5.34 zeigt das Histogramm einer Messwertreihe mit überlagerter logarithmischer Normalverteilung und den Eintrag der Werte im logarithmischen Wahrscheinlichkeitsnetz.

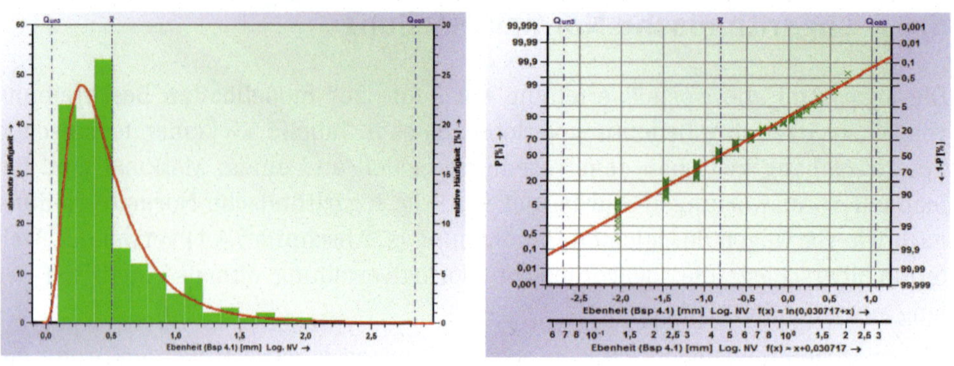

a) Histogramm b) logarithmisches Wahrscheinlichkeitsnetz

Bild 5.34 Logarithmische Normalverteilung, Q_{ob3} = Oberer Prozentpunkt = 99,865 %, Q_{un3} = Unterer Prozentpunkt = 0,135 %

Bei den Punkten Q_{un3} und Q_{ob3} liegen, basierend auf dem jeweiligen Verteilungsmodell, jeweils links und rechts der Punkte 0,135 % der Werte. Das heißt, innerhalb des Q_{ob3}-Q_{un3}-Bereichs liegen 99,73 % der Werte. Dies entspricht bei der Normalverteilung dem ± 3σ-Bereich.

5.4.3 Betragsverteilung 1. Art

Bei der Betragsverteilung 1. Art wird die Normalverteilung an einem beliebigen Punkt $\leq \mu$ gefaltet. Durch die Faltung werden die Werte links von dem Faltungspunkt denen rechts vom Faltungspunkt zugeschlagen. Dadurch entsteht aus der Verteilungsform „a“ nach der Faltung die neue Form der Verteilung „b“ (Bild 5.35).

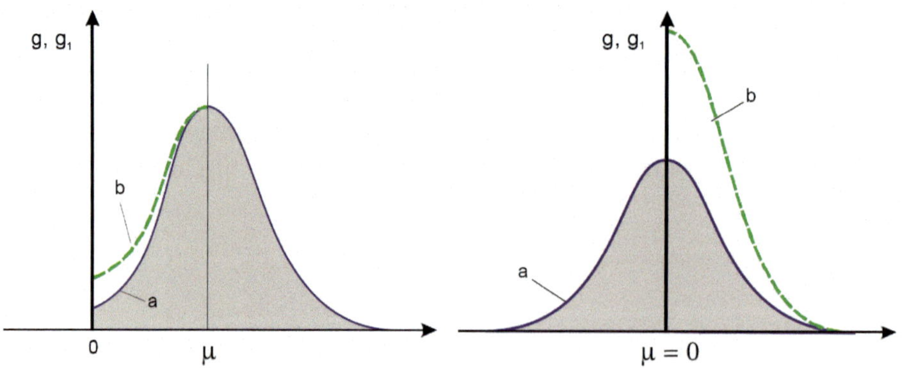

Bild 5.35 Faltung der Normalverteilung

Wahrscheinlichkeitsdichtefunktion:	$g(x)=\frac{1}{\sigma\sqrt{2\pi}}\left[e^{-\frac{1}{2}\frac{(x-\mu)^2}{\sigma^2}}+e^{-\frac{1}{2}\frac{(x+\mu)^2}{\sigma^2}}\right]$ für $x\geq 0$
Verteilungsfunktion:	$G(x)=\frac{1}{\sigma\sqrt{2\pi}}\int_0^x\left[e^{-\frac{1}{2}\frac{(t-\mu)^2}{\sigma^2}}+e^{-\frac{1}{2}\frac{(t+\mu)^2}{\sigma^2}}\right]dt$

Im Wahrscheinlichkeitsnetz für Normalverteilung folgen die Werte keiner Wahrscheinlichkeitsgeraden, sondern einer gekrümmten Kurve (Bild 5.36). Die Krümmung hängt dabei vom Faltungspunkt ab. Die Abbildung zeigt auch die Häufigkeitsverteilung mit überlagerter Verteilungsfunktion.

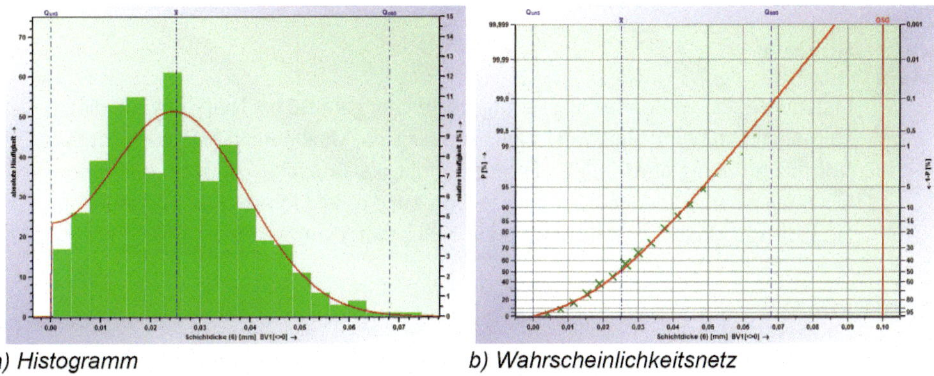

a) Histogramm *b) Wahrscheinlichkeitsnetz*

Bild 5.36 Gefaltete Normalverteilung, Q_{un3} = Unterer Prozentpunkt, Q_{ob3} = Oberer Prozentpunkt

Ein Sonderfall der Betragsverteilung 1. Art ist die Faltung am Mittelwert der Normalverteilung. Darüber hinaus können die Werte z. B. infolge der falschen Kalibrierung des Messverfahrens mit einem Offset beaufschlagt sein. In diesem Fall ist die Verteilung um den Faktor „a“ (s. Bild 5.37) verschoben.

Wahrscheinlichkeitsdichtefunktion:	$g(x)=\frac{2}{\sqrt{2\pi}\,\sigma}\exp\left\{-\frac{1}{2}\left(\frac{\lvert x-a\rvert}{\sigma}\right)^2\right\}$; $0\leq\lvert x\text{-}a\rvert<\infty$
Verteilungsfunktion:	$G(x)=\int_0^{\lvert x-a\rvert}g(t)dt$ a = Abweichung vom Nullpunkt

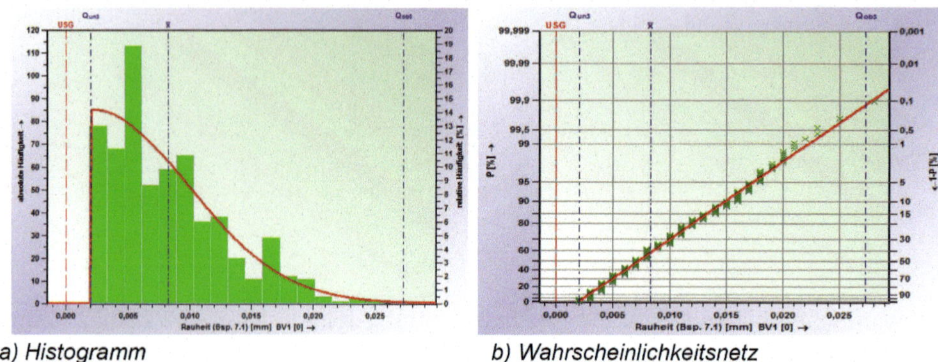

a) Histogramm b) Wahrscheinlichkeitsnetz

Bild 5.37 Betragsverteilung 1. Art bei Faltung am Mittelwert, a = Verschiebefaktor, Q_{un3} = Unterer Prozentpunkt, Q_{ob3} = Oberer Prozentpunkt

Hinweis

Man nennt diesen Sonderfall „Betragsverteilung gefaltet bei Null", obwohl die Faltung nicht beim Messwert Null, sondern im Maximum (Mittelwert) der Normalverteilung stattfindet. Hintergrund ist die Tatsache, dass bei der verallgemeinerten Standard-Normalverteilung, auf die viele Tabellen zurückgeführt sind, dieses Maximum (Mittelwert) auf Null gesetzt wird.

Fallbeispiele

- Lenkungsspiel (Zielgröße = 0) — Abweichung in Grad ohne Beachtung, ob das Spiel nach rechts (plus) oder links (minus) geht.
- Füllgewicht — Abweichung in Gramm ohne Beachtung, ob die Zielgröße (z. B. 500 g) überschritten (plus) oder unterschritten (minus) ist.

5.4.4 Betragsverteilung 2. Art (Rayleigh-Verteilung)

Die Betragsverteilung 2. Art (oder Rayleigh-Verteilung) entsteht aus einer rotationssymmetrischen zweidimensionale Normalverteilung, die dann zum Tragen kommt, wenn sich der Merkmalswert aus zwei Komponenten zusammensetzt und die Streuung der Einzelkomponenten als gleich angesehen werden kann. Diesen Sachverhalt zeigt Bild 5.38.

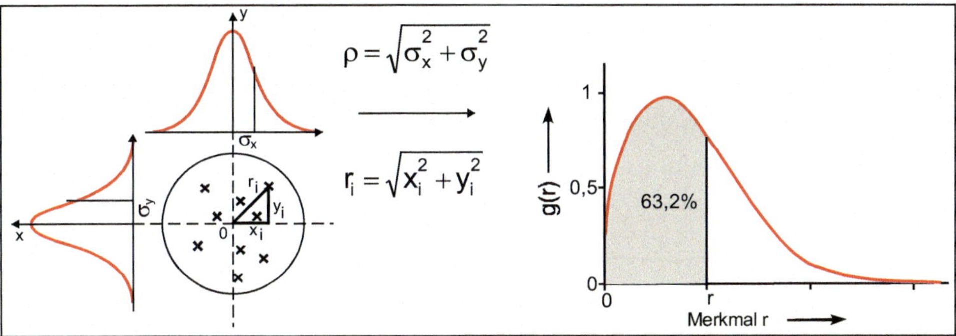

Bild 5.38 Entstehung der Rayleigh-Verteilung, σ_x, σ_y = Standardabweichung der Einzelkomponenten

Die zweidimensionale Normalverteilung ist durch die Wahrscheinlichkeitsdichtefunktion beschrieben:

$$g_{x,y} = \frac{1}{2\pi\sigma^2} \cdot e^{-\frac{x^2+y^2}{2\sigma^2}}$$

Wegen der Rotationssymmetrie kann die Beschreibung in Polarkoordinaten erfolgen. Durch Substitution mit $r^2 = x^2 + y^2$ und Integration von „0 bis 2π“ ergibt sich die Wahrscheinlichkeitsfunktion:

$$g_r = \frac{r}{\sigma^2} \cdot e^{-\frac{r^2}{2\sigma^2}}$$

Bild 5.39 zeigt das Histogramm einer Messwertreihe mit überlagerter Verteilungsfunktion sowie der Eintragung der Werte in das Wahrscheinlichkeitsnetz der Betragsverteilung 2. Art (Rayleigh-Netz).

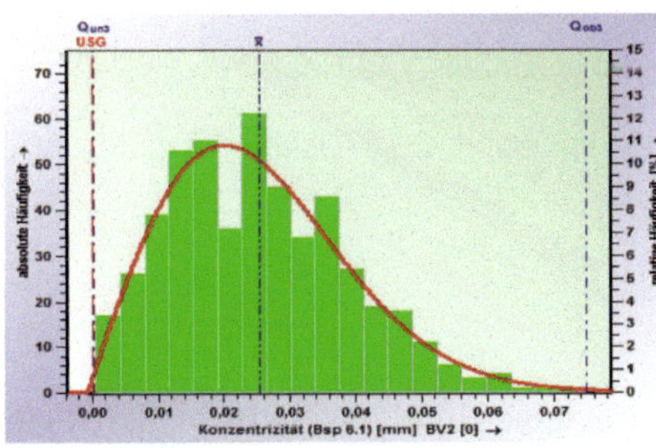

a) Histogramm

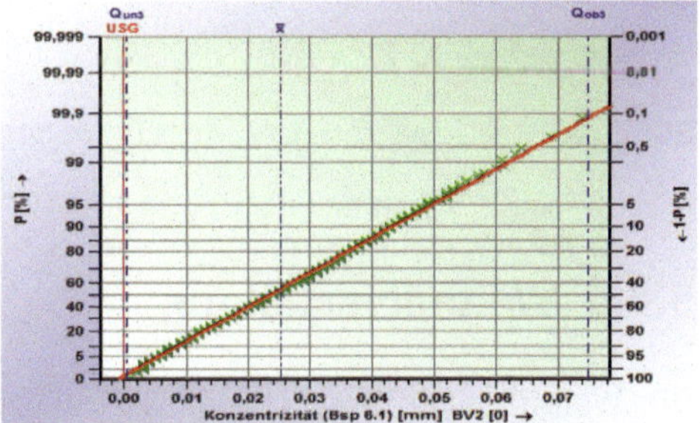

b) Wahrscheinlichkeitsnetz

Bild 5.39 Rayleigh-Verteilung, Q_{un3} = Unterer Prozentpunkt, Q_{ob3} = Oberer Prozentpunkt

Analog zur Betragsverteilung 1. Art (s. Abschnitt 5.4.3) kann auch die Betragsverteilung 2. Art um einen Faktor „a“ von Null verschoben sein. Dies führt, wie bei der Betragsverteilung 1. Art in Bild 5.37 gezeigt, zu einer Verschiebung sowohl im Histogramm als auch im Wahrscheinlichkeitsnetz.

Wird die Betragsverteilung 2. Art an einem beliebigen Punkt gefaltet (s. Betragsverteilung 1. Art, Abschnitt 5.4.3), ergibt sich die Wahrscheinlichkeitsdichtefunktion zu

$$g(x_B) = \frac{x_B}{2\pi\sigma^2} e^{-\frac{1}{2\sigma^2}\left(a^2+x_B^2\right)} \cdot \int_0^{2\pi} e^{\frac{a x_B}{\sigma^2}\cos\alpha}\, dx$$

und die Verteilungsfunktion zu

$$G(x_B) = \frac{1}{2\pi\sigma^2} \cdot \int_0^{x_B} x e^{-\frac{1}{2\sigma^2}\left(a^2+x^2\right)} \cdot \left(\int_0^{2\pi} e^{\frac{ax}{\sigma^2}\cos\alpha}\, d\alpha \right) dx$$

Bild 5.40 zeigt das Histogramm einer Messwertreihe mit überlagerter Betragsverteilung 2. Art und den Eintrag der Werte ins Netz der Betragsverteilung 2. Art. Die Krümmung der Wahrscheinlichkeitskurve hängt von dem Faltungspunkt ab.

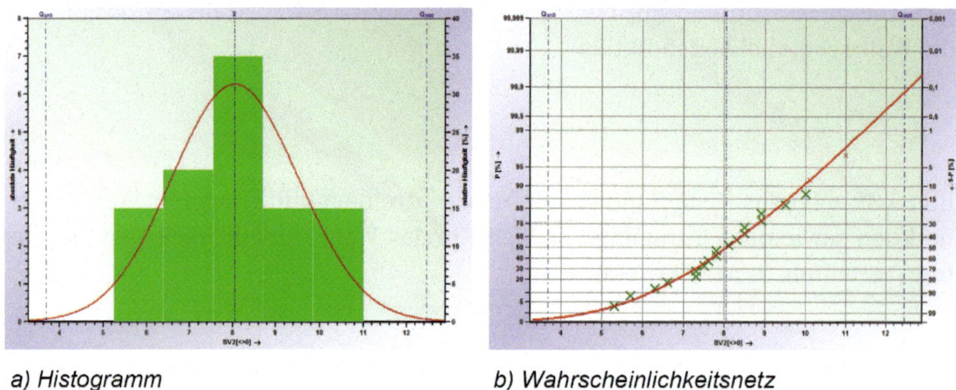

a) Histogramm *b) Wahrscheinlichkeitsnetz*

Bild 5.40 Betragsverteilung 2. Art, Q_{un3} = Unterer Prozentpunkt, Q_{ob3} = Oberer Prozentpunkt

5.4.5 Weibullverteilung

Die Weibullverteilung ist eine übergeordnete, vielseitig einsetzbare Modellverteilung, die sich aufgrund ihrer mathematischen Eigenschaften vielen Formen von Häufigkeitsverteilungen anpasst. Sie wird meist bei Lebensdaueruntersuchungen eingesetzt.

Wahrscheinlichkeitsdichtefunktion:

$$g(x) = \frac{\beta}{\alpha} \cdot \left(\frac{x-a}{\alpha}\right)^{\beta-1} \cdot \exp\left\{-\left(\frac{x-a}{\alpha}\right)^{\beta}\right\}$$

Verteilungsfunktion:

$$G(x) = 1 - \exp\left\{-\left(\frac{x-a}{\alpha}\right)^{\beta}\right\}$$

Damit ist die Form der Weibullverteilung von den drei Parametern (α, β und a) abhängig, die nachfolgend beim Einsatz der Weibull-Verteilung bei Lebensdaueruntersuchungen erklärt werden:

- Maßstabsparameter = Charakteristische Lebensdauer α
- Formparameter = Ausfallsteilheit β
- Lageparameter = Ausfallfreie Zeit a

Die zuvor beschriebenen Verteilungsmodelle können entweder als Sonderfall der Weibull-Verteilung angesehen werden oder durch die Weibull-Verteilung angenähert werden. Die Unterscheidung erfolgt durch den Formparameter β.

$\beta = 1$ → Exponentialverteilung (Sonderfall für $\beta = 1$)
$1{,}5 \le \beta \le 3$ → Logarithmische Normalverteilung
$\beta = 2$ → Betragsverteilung 2. Art (Rayleigh-Verteilung)
$3{,}1 \le \beta \le 3{,}6$ → Logarithmische Normalverteilung
3,6 → Normalverteilung

Bild 5.41 zeigt das Histogramm einer Messwertreihe mit überlagerter Weibullverteilung sowie die Eintragung der Werte in das Weibull-Netz.

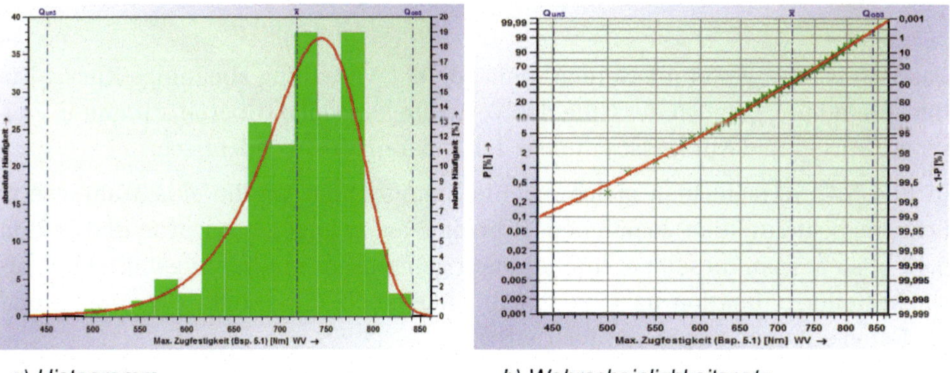

a) Histogramm *b) Wahrscheinlichkeitsnetz*

Bild 5.41 Weibullverteilung, Q_{un3} = Unterer Prozentpunkt, Q_{ob3} = Oberer Prozentpunkt

5.4.6 Pearson-Funktionen

Die Pearson-Funktionen sind eine weitere Möglichkeit, eingipflige Verteilungen modellhaft zu beschreiben. Dabei handelt es sich um ein System von insgesamt 14 Verteilungen (s. Bild 5.42).

Die Auswahl der jeweiligen Verteilung erfolgt anhand der Stichprobenkennwerte Schiefe und Wölbung.

Die sich ergebende Pearson-Funktion kann zur Beurteilung des Modells ins Wahrscheinlichkeitsnetz eingetragen werden. Da es kein „Pearson"-Wahrscheinlichkeitsnetz gibt, wird das Netz der Normalverteilung verwendet.

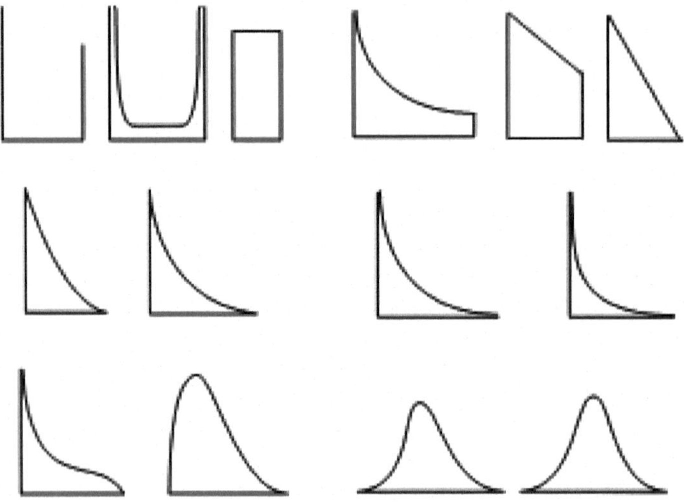

Bild 5.42 Unterschiedliche Formen der Pearson-Funktionen

Dadurch ist die „gewohnte Gerade" eine von der Verteilung abhängige Kurve. Die Interpretation bezüglich der Güte des Verteilungsmodells (Übereinstimmung zwischen Werten und Kurve) ist mit dem der anderen Modelle identisch.

In Bild 5.43 a) sieht man gleichverteilte Zufallszahlen, an die eine Wahrscheinlichkeitsdichtefunktion gemäß dem Pearson-System angepasst wurde und in Bild 5.43 b) sieht man dieselben Zufallszahlen gemeinsam mit der zugehörigen Pearson-Verteilungsfunktion im Wahrscheinlichkeitsnetz dargestellt. Das Modell und die Daten stimmen visuell gut überein.

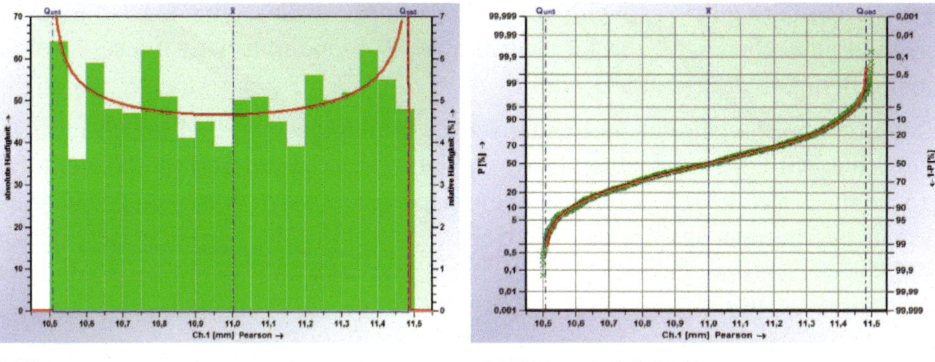

a) Histogramm *b) Wahrscheinlichkeitsnetz*

Bild 5.43 Modellhafte Beschreibung der Rechteckverteilung mit Pearson-Funktion, Q_{un3} = Unterer Prozentpunkt, Q_{ob3} = Oberer Prozentpunkt, Schiefe = -0,01819, Wölbung = 1,72974

5.4.7 Johnson-Transformationen

Basierend auf der Möglichkeit, Werte zu transformieren, entwickelten die amerikanischen Mathematiker Norman L. Johnson und Samuel Kotz ein Transformationssystem, mit dem alle wichtigen kontinuierlichen Verteilungstypen in die Normalverteilung überführt werden können. Die Grundlage für die Transformation bilden die Formkenngrößen Schiefe (g_1) und Wölbung (b_2).

$$\mu_k = \frac{\sum_{i=1}^{n}(x_i - \bar{x})^k}{n}$$

$$g_1 = \frac{m_3}{\sqrt{m_2^3}} = \frac{\frac{1}{n}\sum_{i=1}^{n}(x_i - \bar{x})^3}{\sqrt{\left[\frac{1}{n}\sum_{i=1}^{n}(x_i - \bar{x})^2\right]^3}}$$

$$b_2 = \frac{m_4}{m_2^2} = \frac{\frac{1}{n}\sum_{i=1}^{n}(x_i - \bar{x})^4}{\left[\frac{1}{n}\sum_{i=1}^{n}(x_i - \bar{x})^2\right]^2}$$

x_i = Einzelwert
$\bar{x}$ = Mittelwert
n = Stichprobe
μ_k = k-tes Moment

Rein theoretisch gibt es unendlich viele Wertepaare dieser beiden Größen. Sie spannen eine Ebene auf, die Johnson in drei Bereiche unterteilt. Diese Bereiche sind in Bild 5.44 dargestellt.

Es gibt einen Bereich, der mathematisch nicht abbildbar ist und praktisch nicht beobachtet wird. Das verbleibende Restgebiet wird in zwei Bereiche unterteilt. Ein Areal beherbergt Schiefe/Wölbung-Kombinationen, die sich durch ein Gleichungssystem beschreiben lassen, das im Wertevorrat beidseitig begrenzt ist, Johnson nennt es das „System Bounded", abgekürzt S_B. Dieses Gebiet geht in einen Bereich über, bei dem eine Anpassung durch einen unbegrenzten Gleichungstyp sinnvoll ist. Nach Johnson „System Unbounded" oder kurz S_U genannt.

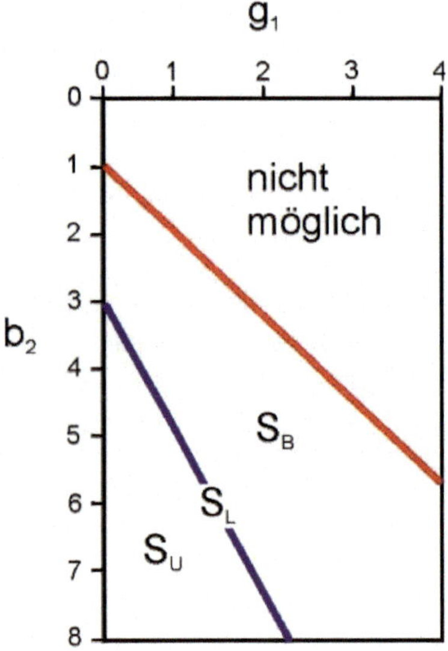

Bild 5.44 Typen des Johnson-Systems in Abhängigkeit von Schiefe g_1 und Wölbung b_2

Zwischen beidseitig begrenzt und beidseitig unbegrenzt ist ein Übergangstyp angesiedelt, ein Gleichungssystem, das einseitig begrenzt ist. Dieses System ist eine dreiparametrige logarithmische Transformation und wird mit S_L abgekürzt.

Die Tatsache, dass zwischen diesen drei Gleichungssystemen ein fließender Übergang besteht, lässt die Vermutung aufkommen, dass ein und derselbe Datensatz durch mehrere Gleichungssysteme annähernd gleich gut beschrieben werden kann. Welches System zur Anwendung gelangt, hängt stark von der Gewichtung der Randbedingungen des Anwenders ab.

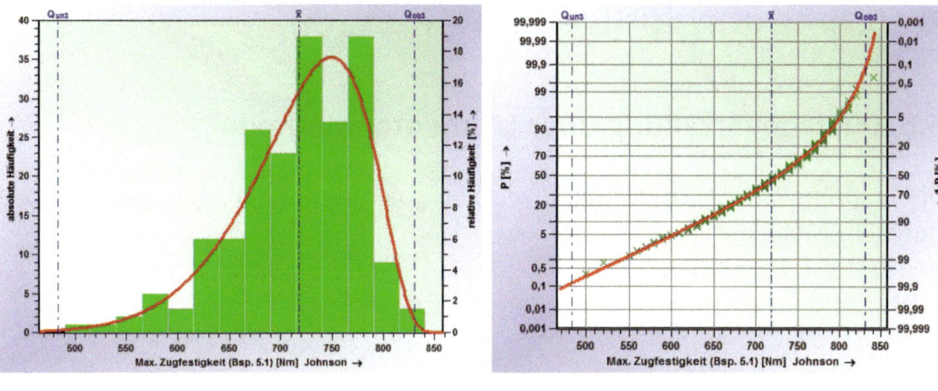

a) Histogramm *b) Wahrscheinlichkeitsnetz*

Bild 5.45 Johnson-Transformation Typ SB, Q_{un3} = Unterer Prozentpunkt, Q_{ob3} = Oberer Prozentpunkt, Schiefe = -0,80810, Wölbung = 3,64173

Bild 5.45 zeigt ein Histogramm einer Messwertreihe mit überlagerter Verteilungsfunktion basierend auf einer Johnson-Transformation sowie die Eintragung der Werte ins Wahrscheinlichkeitsnetz. Die Werte folgen der Wahrscheinlichkeitskurve nach der Johnson-Transformation.

Die dieser Auswertung zugrunde gelegte Messwertreihe ist identisch mit der für das Beispiel „Weibull-Verteilung" (s. Abschnitt 5.4.5). Dies soll nochmals die Tatsache bestätigen, dass es mehrere modellhafte Beschreibungsmöglichkeiten gibt, die zu gleichen oder ähnlichen Ergebnissen führen.

Hinweis

Mit den Pearson-Funktionen bzw. der Johnson-Transformation stehen flexible Werkzeuge zur Verfügung, um für nahezu jeden Datensatz eine modellhafte Beschreibung zu erstellen. Trotzdem findet man die angepassten Möglichkeiten in der Praxis nur selten. Dies dürfte in der Komplexität begründet sein, da deren Anwendung ohne geeignete Rechnerprogramme nicht möglich ist, aber auch in der Tatsache, dass die Modelle eingipflig (unimodal) sind. Untersuchungen haben gezeigt, dass die modellhafte Anpassung von Datensätzen mittels der Mischverteilung (s. Abschnitt 5.5 und Kapitel 10) oftmals besser ist. Daher wird diese bevorzugt und deren Anwendung in mehreren Firmenrichtlinien (s. Kapitel 13) gefordert.

Trotz der automatischen Ermittlung eines bestangepassten Verteilungsmodells sollte der Betrachter die Eigenschaften des zugrundeliegenden Prozesses mit dem Ergebnis der Anpassung vergleichen und die Annahmen des Modells auf Plausibilität prüfen. Dies gilt insbesondere dann, wenn geforderte Grenzwerte (z. B. Fähigkeitsindizes) nicht erreicht oder nur knapp überschritten wurden. ■

5.5 Mehrgipflige Verteilungen

5.5.1 Mischverteilung über Momentenmethode

Die ursprüngliche Form der Mischverteilung beruht auf der Momentenmethode. Durch die Momente

$$EX^k = \frac{1}{n}\sum_{i=1}^{n}(x_i)^k$$

i = 1, 2,..., n
E = Erwartungswert

bzw. die zentralen Momente

$$E(X - EX)^k = \frac{1}{n}\sum_{i=n}^{n}(x_i - \overline{x})^k$$

k = k-ter Moment

lassen sich Verteilungen weitgehend charakterisieren. Somit kann über die Schätzer der Momente die „Form" des vorhandenen Datensatzes gut beschrieben werden.

Zum Beispiel geben die aus dem dritten zentralen Moment hergeleitete Schiefe (s. Abschnitt 3.2) oder die aus dem vierten zentralen Moment hergeleitete Wölbung ein Maß für die Abweichung der Daten von der Normalverteilung. Betrachtet man zusätzlich höhere Momente, so lassen sich die Daten immer genauer beschreiben. Bei der Mischverteilung wird bis auf die ersten 27 Momente (k = 27) zurückgegriffen. Höhere Momente sind zwar möglich, erhöhen aber nur den Berechnungsaufwand, ohne die Genauigkeit der Modellanpassung wesentlich zu verbessern. Mithilfe einer polynomialen Interpolation über die aus den Momenten hergeleiteten Werten findet man überlagerte Normalverteilungen, die aufsummiert den vorhandenen Datensatz gut beschreiben.

Das Fallbeispiel in Bild 5.46 zeigt sowohl im Histogramm als auch im Wahrscheinlichkeitsnetz die „Übereinstimmung" zwischen den Daten und dem durch die Mischverteilung beschriebenen Verteilungsmodell. Die Daten wurden mittels Simulation erzeugt. Der linke Anteil stammt aus einer Grundgesamtheit mit dem Mittelwert $\mu_1 = 2{,}5$ und einer Standardabweichung von $s_1 = 0{,}1$. Der rechte Anteil stammt aus einer Grundgesamtheit mit dem Mittelwert $\mu_2 = 3{,}5$ und einer Standardabweichung von $s_2 = 0{,}15$. Der Anteil der ersten Stichprobe beträgt 30 % der Datenmenge. Insgesamt wurden 1500 Werte erzeugt.

Mit den klassischen unimodalen (eingipfligen) Verteilungsmodellen wie Normalverteilung, logarithmische Verteilung, Betragsverteilung erster bzw. zweiter Art oder Weibull-Verteilung kann ein solcher Datensatz nicht korrekt beschrieben werden. Selbst Verteilungsmodelle wie Pearson-Funktion oder Johnson-Transformation führen zu keinem sinnvollen Ergebnis, da auch diese Modelle in erster Linie für eingipflige Verteilungen geeignet sind.

Die Berechnungsmethodik ist aufgrund des hohen Aufwands ohne Rechnereinsatz nicht anwendbar.

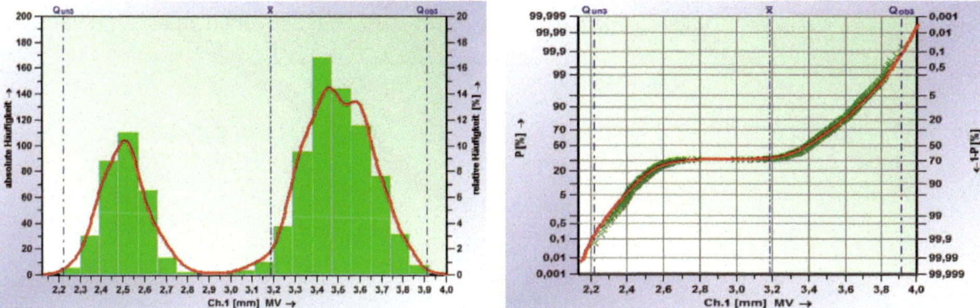

Bild 5.46 Datensatz mit überlagerter Mischverteilung, Q_{un3} = Unterer Prozentpunkt, Q_{ob3} = Oberer Prozentpunkt

5.5.2 Mischverteilung durch Überlagerung

Diese Art der Mischverteilung ergibt sich aus der Überlagerung mehrerer gewichteter Normalverteilungen (Volkswagen/Audi, 2005a, 2005b) mit gleichen Standardabweichungen aber unterschiedlichen Mittelwerten wie folgt:

$$g^*(x) = \sum_{l=i}^{L} g_l \cdot e^{-\frac{1}{2}\left(\frac{x-\mu_l}{\sigma_m}\right)^2} \quad \text{mit den Gewichtsfaktoren} \quad g_l = \frac{t_l}{t_g}$$

L = Anzahl der überlagerten Normalverteilungen

μ_l = Mittelwert der l-ten Normalverteilung

σ_m = Standardabweichung der überlagerten momentanen Normalverteilungen

t_l = l-ter Zeitbereich mit konstanter Prozesslage

t_g = gesamter Untersuchungszeitraum

Mit dem Normierungsfaktor $c = \int_{-\infty}^{\infty} g^*(x) \cdot dx$ ergibt sich die Wahrscheinlichkeitsdichte der Mischverteilung $g(x) = \frac{1}{c} \cdot g^*(x)$.

Ein Beispiel einer Mischverteilung ist in Bild 5.47 dargestellt.

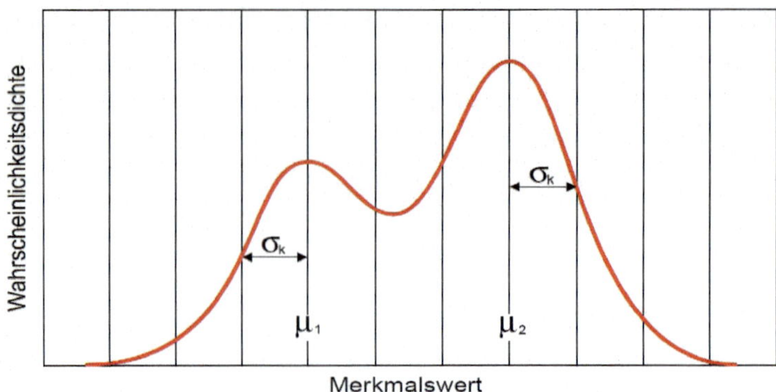

Bild 5.47 Dichtefunktion einer Mischverteilung aus zwei Normalverteilungen mit verschiedenen Mittelwerten

5.6 Zweidimensionale Normalverteilung

Eine zweidimensionale Normalverteilung kommt beispielsweise bei Positionstoleranzen zum Tragen. Deren Dichtefunktion ergibt sich aus:

$$g_{(x,y)} = \frac{1}{2\pi \cdot \sigma_x \cdot \sigma_y \cdot \sqrt{1-\rho^2}} \quad \mathrm{EXP}\left[-\frac{1}{2\left(1-\rho^2\right)}\left(u^2 - 2\rho uv + v^2\right)\right]$$

Mit

$$u = \frac{x-\mu_x}{\sigma_x}; \quad v = \frac{y-\mu_y}{\sigma_y}; \quad -\infty < u, v < +\infty$$

$$\rho = \frac{\sigma_x \cdot \sigma_y}{\sqrt{\sigma_x^2 \cdot \sigma_y^2}}$$

μ_x = Erwartungswert (Mittelwert) der x-Koordinaten des Punktes
μ_y = Erwartungswert (Mittelwert) der y-Koordinaten des Punktes
σ_x^2 = Varianz von x
σ_y^2 = Varianz von y
P = Korrelationskoeffizient von x und y

Bild 5.48 zeigt Bohrungsmittelpunkte mit deren Toleranzellipse und überlagerter Wahrscheinlichkeitsdichtefunktion. Bedingt durch die Tolerierung der x- und y- bzw. z-Koordinaten ergibt sich für die Positionstoleranz als zulässiger Toleranzbereich eine Ellipse (Bild 5.49). Deren Form ist von der Achsenskalierung und den Spezifikationsgrenzen abhängig. Bei gleichen Toleranzen und gleichen Skalierungen in x- als auch in y-Richtung entsteht als Sonderfall ein Kreis. Eine Betrachtung der Positionstoleranz als Rechteck bzw. als Quadrat ist unzulässig, da Werte im Bereich der Eckpunkte bei späteren Verarbeitungsschritten zu Problemen führen können. Damit sind die Werte im schraffierten Bereich als außerhalb der Toleranz anzusehen. Eine koordinatenspezifische Fähigkeitsbetrachtung, d. h. eine separate Auswertung nach x- und y-Koordinaten in der bekannten Form, wäre damit nicht richtig. Für eine korrekte Betrachtung ist als Modellverteilung entweder eine Rayleigh-Verteilung (Abschnitt 5.4.4) oder wie hier aufgeführt, eine zweidimensionale Normalverteilung zugrunde zu legen.

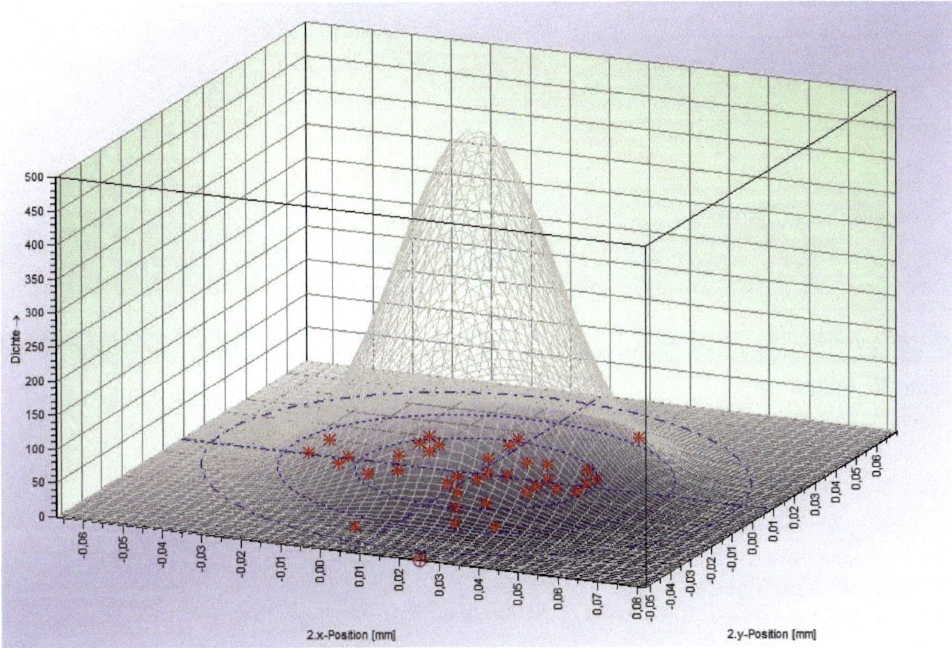

Bild 5.48 Wertepaare mit überlagertem Verteilungsmodell

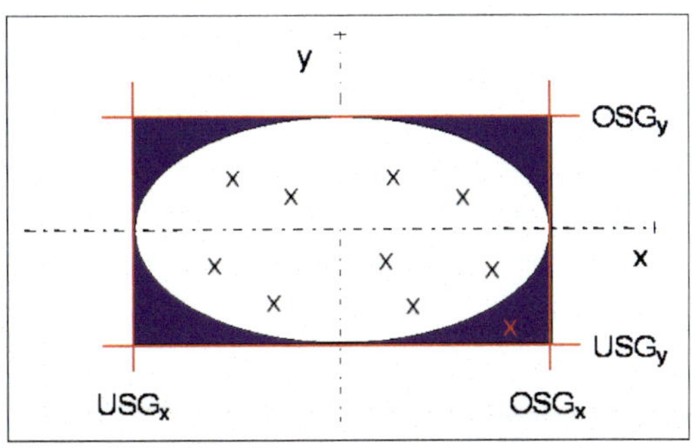

Bild 5.49 Elliptische und rechteckige Positionstolerierung

5.7 Zufalls- und Vertrauensbereiche

5.7.1 Zufallsstreubereiche

An dieser Stelle sind die erforderlichen Berechnungsformeln zur Bestimmung der Zufalls- und Vertrauensbereiche für Mittelwert, Standardabweichung, Überschreitungsanteil und Fähigkeitskennwerte bei einer Normalverteilung übersichtsartig zusammengefasst.

Zufallsstreubereich	Mittelwert $\overline{x}$
einseitig unten	$\mu - \frac{u_{1-\alpha} \cdot \sigma}{\sqrt{n}} \leq \overline{x} < \infty$
einseitig oben	$-\infty < \overline{x} \leq \mu + \frac{u_{1-\alpha} \cdot \sigma}{\sqrt{n}}$
zweiseitig unten/oben	$\mu - \frac{u_{1-\alpha/2} \cdot \sigma}{\sqrt{n}} \leq \overline{x} \leq \mu + \frac{u_{1-\alpha/2} \cdot \sigma}{\sqrt{n}}$

Zufallsstreubereich	für Varianz s^2 mit Freiheitsgrad $f = n - 1$
einseitig unten	$\frac{\chi^2_{f;\alpha}}{f} \cdot \sigma^2 \leq s^2 < \infty$
einseitig oben	$0 \leq s^2 \leq \frac{\chi^2_{f;1-\alpha}}{f} \cdot \sigma^2$
zweiseitig unten/oben	$\frac{\chi^2_{f;\alpha/2}}{f} \cdot \sigma^2 \leq s^2 \leq \frac{\chi^2_{f;1-\alpha/2}}{f} \cdot \sigma^2$

Fallbeispiele

Zufallsstreugrenzen (zweiseitig)

Bei einer gelieferten Charge von Drehteilen wird angegeben, dass der Mittelwert μ bei 100,00 mm und die Standardabweichung s bei 0,1 mm liegt. Wenn die Aussage zutrifft, so muss der Mittelwert einer Stichprobe von $n = 25$ bei einer Irrtumswahrscheinlichkeit von 1 % innerhalb welchen Bereiches liegen?

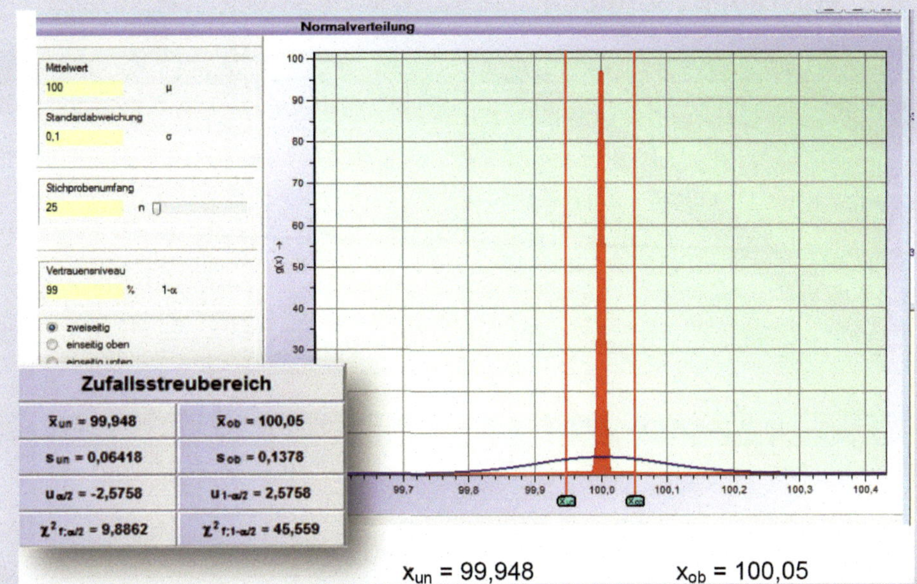

Zufallsstreugrenzen (einseitig oben)

Angegeben ist $\mu = 12{,}00$ mm und $s = 0{,}1$ mm. Wie groß darf bei einer Irrtumswahrscheinlichkeit von 1 % die Standardabweichung maximal werden, wenn eine Stichprobe von 25 Werten geprüft wird?

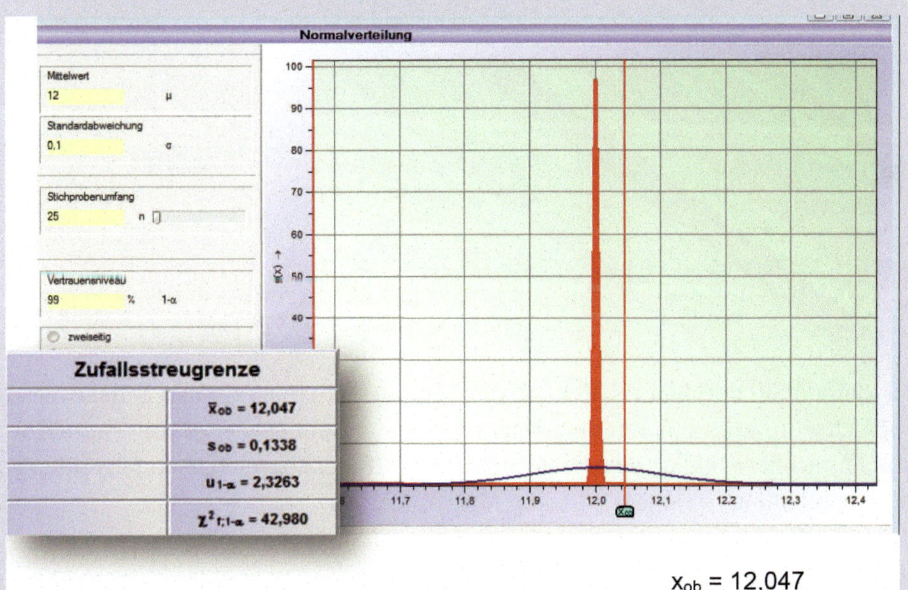

5.7.2 Vertrauensbereiche

Vertrauensbereich	für Mittelwert μ bei bekannter Varianz
einseitig unten	$\overline{x} - \frac{u_{1-\alpha} \cdot \sigma}{\sqrt{n}} \leq \mu < \infty$
einseitig oben	$-\infty < \mu \leq \overline{x} + \frac{u_{1-\alpha} \cdot \sigma}{\sqrt{n}}$
zweiseitig unten/oben	$\overline{x} - \frac{u_{1-\alpha/2} \cdot \sigma}{\sqrt{n}} \leq \mu \leq \overline{x} + \frac{u_{1-\alpha/2} \cdot \sigma}{\sqrt{n}}$

Vertrauensbereich	für Mittelwert μ bei unbekannter Varianz
einseitig unten	$\overline{x} - \frac{t_{f;1-\alpha} \cdot s}{\sqrt{n}} \leq \mu < \infty$
einseitig oben	$-\infty < \mu \leq \overline{x} + \frac{t_{f;1-\alpha} \cdot s}{\sqrt{n}}$
zweiseitig unten/oben	$\overline{x} - \frac{t_{f;1-\alpha/2} \cdot s}{\sqrt{n}} \leq \mu \leq \overline{x} + \frac{t_{f;1-\alpha/2} \cdot s}{\sqrt{n}}$

Vertrauensbereich	für Varianz s^2 mit Freiheitsgrad $f = n - 1$
einseitig unten	$\frac{f}{\chi^2_{f;1-\alpha}} \cdot s^2 \leq \sigma^2 < \infty$
einseitig oben	$0 < \sigma^2 \leq \frac{f}{\chi^2_{f;\alpha}} \cdot s^2$
zweiseitig unten/oben	$\frac{f}{\chi^2_{f;1-\alpha/2}} \cdot s^2 \leq \sigma^2 \leq \frac{f}{\chi^2_{f;\alpha/2}} \cdot s^2$

Bei kleinen Stichproben $n < 30$ kann der Vertrauensbereich für den Schätzwert des Überschreitungsanteils mit dem Durrant-Nomogramm (IATF, 2016) ermittelt werden. Für größere Stichproben lässt sich der Vertrauensbereich nach folgenden Formeln berechnen.

Vertrauensbereich	für Überschreitungsanteile
einseitig unten	$p_{un} \approx 1 - G(u_{un})$ mit $u_{un} = u_{1-\hat{p}} + u_{1-\alpha} \cdot \sqrt{\frac{1}{n} + \frac{u_{1-\hat{p}}^2}{2 \cdot (n-1)}}$
einseitig oben	$p_{ob} \approx 1 - G(u_{ob})$ mit $u_{ob} = u_{1-\hat{p}} - u_{1-\alpha} \cdot \sqrt{\frac{1}{n} + \frac{u_{1-\hat{p}}^2}{2 \cdot (n-1)}}$
zweiseitig unten/oben	$p_{un} \approx 1 - G(u_{un})$ mit $u_{un} = u_{1-\hat{p}} + u_{1-\alpha/2} \cdot \sqrt{\frac{1}{n} + \frac{u_{1-\hat{p}}^2}{2 \cdot (n-1)}}$ $p_{ob} \approx 1 - G(u_{ob})$ mit $u_{ob} = u_{1-\hat{p}} - u_{1-\alpha/2} \cdot \sqrt{\frac{1}{n} + \frac{u_{1-\hat{p}}^2}{2 \cdot (n-1)}}$

Fallbeispiele

Vertrauensbereich Mittelwert zweiseitig

Eine Stichprobe des Umfangs n = 200 aus einer normalverteilten Grundgesamtheit hat einen Mittelwert von $\overline{x} = 20{,}5$ und eine Standardabweichung von s = 0,13. Gesucht ist der zweiseitige Vertrauensbereich zum Vertrauensniveau 1 - α = 0,95 für den Mittelwert.

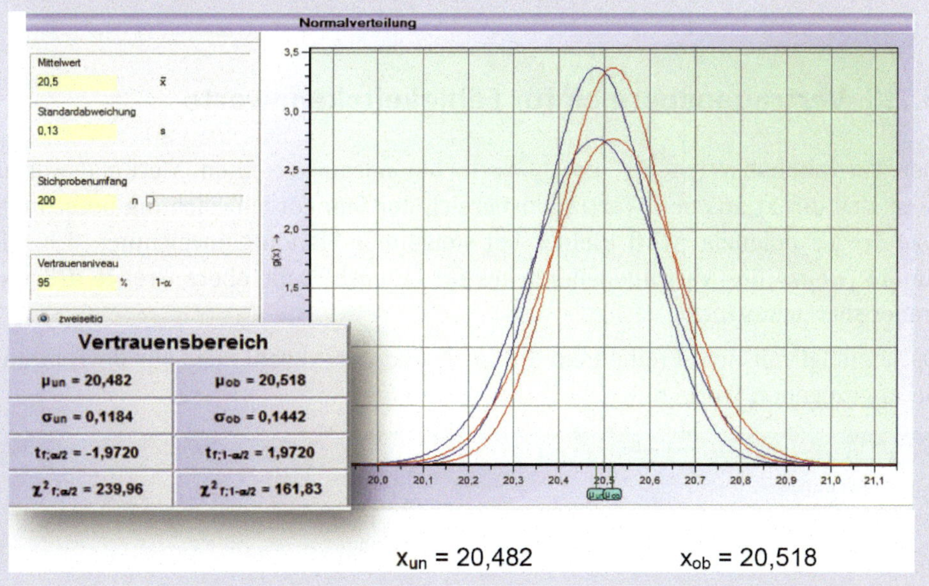

Vertrauensbereich Standardabweichung zweiseitig

Eine Stichprobe des Umfangs n = 100 aus einer normalverteilten Grundgesamtheit ergab eine Varianz von $s^2 = 0{,}86$. Gesucht ist der zweiseitige Vertrauensbereich zum Vertrauensniveau $1 - \alpha = 0{,}95$ für die Standardabweichung.

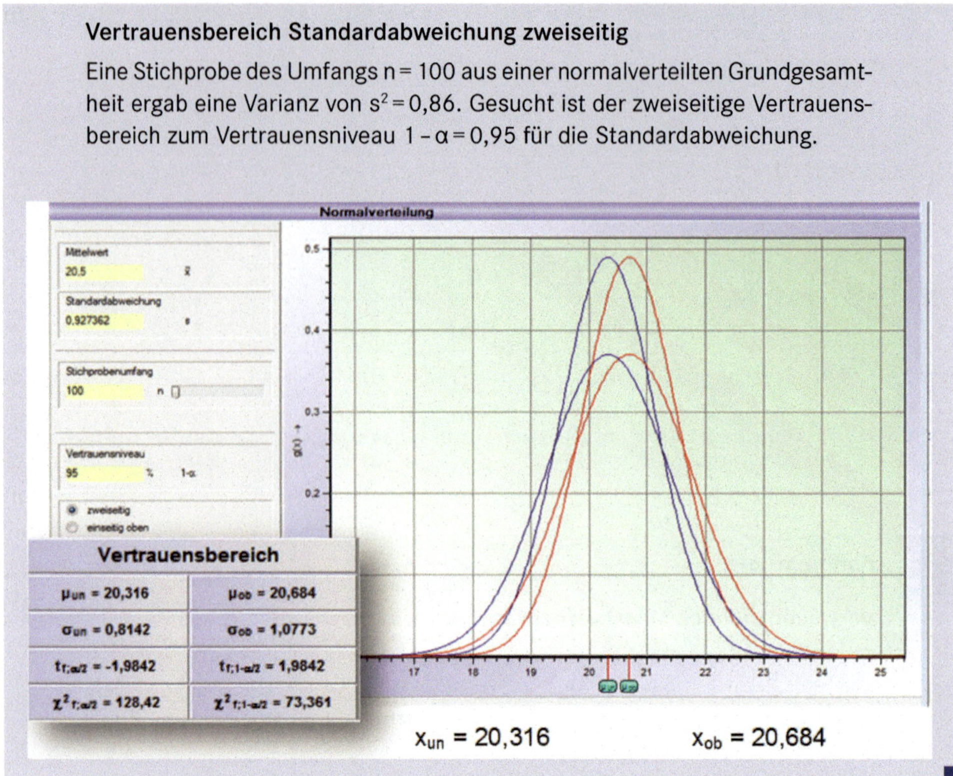

5.7.3 Vertrauensbereich für Fähigkeitskennwerte

Der Vertrauensbereich für die C_p-Werte bei normalverteilten Merkmalswerten lässt sich direkt aus dem Vertrauensbereich der Standardabweichung berechnen. Das Prozesspotenzial wird kleiner bei steigender Standardabweichung, d. h. die untere Grenze des Vertrauensbereiches für C_p enthält die obere Grenze des Vertrauensbereiches für σ.

Daraus folgt mit dem Freiheitsgrad f = n – 1 und der Anzahl aller zur Berechnung herangezogenen Werte n:

Vertrauensbereich	für Fähigkeitskennwerte
einseitig unten	$\sqrt{\frac{\chi^2_{f;\frac{\alpha}{2}}}{f}} \cdot C_p \le C_p < \infty$
einseitig oben	$-\infty < C_p \le \sqrt{\frac{\chi^2_{f;1-\alpha}}{f}} \cdot C_p$

Vertrauensbereich	für Fähigkeitskennwerte
zweiseitig unten/oben	$\sqrt{\frac{\chi^2_{f;\frac{\alpha}{2}}}{f}} \cdot C_p \leq C_p \leq \sqrt{\frac{\chi^2_{f;1-\frac{\alpha}{2}}}{f}} \cdot C_p$

Vertrauensbereichsgrenzen	Formeln für den minimalen Fähigkeitsindex
einseitig unten	$\hat{C}_{pk} - u_{1-\alpha} \cdot \sqrt{\frac{(\hat{C}_{pk})^2}{2 \cdot (N-1)} + \frac{1}{9 \cdot N}} \leq C_{pk} < \infty$
einseitig oben	$\infty > C_{pk} \geq \hat{C}_{pk} + u_{1-\alpha} \cdot \sqrt{\frac{(\hat{C}_{pk})^2}{2 \cdot (N-1)} + \frac{1}{9 \cdot N}}$
zweiseitig	$\hat{C}_{pk} - u_{1-\alpha/2} \cdot \sqrt{\frac{(\hat{C}_{pk})^2}{2 \cdot (N-1)} + \frac{1}{9 \cdot N}} \leq C_{pk} \leq \hat{C}_{pk} + u_{1-\alpha/2} \cdot \sqrt{\frac{(\hat{C}_{pk})^2}{2 \cdot (N-1)} + \frac{1}{9 \cdot N}}$

Die Bestimmungsgleichungen für den Vertrauensbereich des minimalen Fähigkeitsindexes C_{pk} sind eine Näherungslösung, die A.F. Bissel (Bissel, 1990) für Werte aus einer normalverteilten Grundgesamtheit hergeleitet hat. Man sollte sich im Klaren darüber sein, dass besonders der Stichprobenumfang und die Anzahl der Stichproben die Aussagegüte, also den Vertrauensbereich, einer Qualitätsfähigkeitskennzahl beeinflusst. So ist beispielsweise der 99%-Vertrauensbereich einer Qualitätsfähigkeitskennzahl der Bereich, der mit einem Vertrauensniveau von 99% den wahren Wert dieser Qualitätsfähigkeitskennzahl überdeckt.

Man erhält beispielsweise ausgehend von der Normalverteilung folgende 99%-Vertrauensbereiche für C_p:

für 10 Stichproben des Umfanges n = 5 $0{,}75 \cdot \hat{C}_p \leq C_p \leq 1{,}26 \cdot \hat{C}_p$

für 25 Stichproben des Umfanges n = 5 $0{,}82 \cdot \hat{C}_p \leq C_p \leq 1{,}18 \cdot \hat{C}_p$

für 50 Stichproben des Umfanges n = 5 $0{,}87 \cdot \hat{C}_p \leq C_p \leq 1{,}13 \cdot \hat{C}_p$

Eine bis auf zwei Dezimalstellen genau ermittelte Qualitätsfähigkeitskennzahl kann erst, für die Anwendung im Zusammenhang mit SPC als „präzise und richtig“ gelten, wenn sie basierend auf mindestens 1000 Messwerten berechnet wurde.

Bei der bisherigen Erläuterung der Formeln zur Berechnung von Qualitätsfähigkeitskennzahlen ausgehend von der Normalverteilung wurde das Prozessergebnis als eine in sich homogene Grundgesamtheit betrachtet. Die Verteilungsform alleine kann aber noch keinen Aufschluss über die wahre Prozessleistung vermitteln. Das Zeitverhalten der Merkmalswerte ist eine ebenso wichtige Eigenschaft die unter allen Umständen zur Beurteilung der Leistungsfähigkeit von Prozessen herangezogen werden muss.

Beeinflusst durch die Wahl der zur Beschreibung des Prozesses angenommenen Verteilungsform, dem Vertrauensniveau, dem zeitabhängigen Verteilungsmodell und dem Stichprobenumfang, als Grundlage zur Berechnung der Prozessleistung, hängt die Größe des Vertrauensbereichs einer ermittelten Qualitätsfähigkeitskennzahl ab. Die Genauigkeit einer ermittelten Qualitätskennzahl hängt ab von:

- dem zeitabhängigen Verteilungsmodell
- dem Stichprobenumfang
- der Stichprobenanzahl.

Das Zeitverhalten ist besonders wichtig, weil ohne die Beurteilung des Zeitverhaltens überhaupt keine Aussage darüber möglich ist, ob ein Prozess beherrscht (stabil) ist. Ohne den Nachweis der Stabilität ist die Berechnung von Qualitätsfähigkeitskennzahlen nicht zulässig. Von daher ist für die Berechnung von Qualitätsfähigkeitskennzahlen der Nachweis der Stabilität z. B. anhand einer Qualitätsregelkarte zu erbringen. Für die Berechnung der Fähigkeitsindizes wird als Schätzer für die Prozessstreuung $\hat{\sigma}$ der gleiche Schätzer verwendet wie für die Berechnung der Eingriffsgrenzen einer Qualitätsregelkarte. Damit bilden Qualitätsregelkarte und Fähigkeitsindizes eine Einheit.

6 Numerische Testverfahren

Die Berechnung statistischer Kennwerte ist Abschnitt 5.3 ausführlich beschrieben. Die so berechneten Kennwerte sind „rein mathematisch“ gesehen korrekt und richtig. Ob der errechnete Wert allerdings zur Beurteilung des Sachverhaltes herangezogen werden kann, ist damit nicht gesagt. Einerseits gibt es für die Anwendung und Interpretation der Ergebnisse Randbedingungen, die erfüllt sein müssen, andererseits werden die Ergebnisse auf Basis von Beobachtungsdaten errechnet, die für den zu untersuchenden Sachverhalt auch repräsentativ sein müssen. So beschreibt beispielsweise der Fähigkeitsindex basierend auf der Berechnungsmethode von Abschnitt 5.3.1 reale Sachverhalte nur dann korrekt, wenn die Merkmalswerte

- aus einer normalverteilten Grundgesamtheit stammen
- zufällig angeordnet und nicht trendbehaftet sind, und
- keine Werte enthalten, die als Ausreißer zu bewerten sind.

Für eine Aussage, ob diese Sachverhalte zutreffen, können neben grafischen Darstellungen numerische Testverfahren herangezogen werden. In einfachster Form sind dies grafische Darstellungen wie der Werteverlauf der Einzelwerte oder das Wahrscheinlichkeitsnetz. Die Interpretation ist dabei stark von der Qualifikation und der Erfahrung des Betrachters abhängig und eignet sich nicht für automatische Auswertungen mit einem Rechnersystem. Diese Nachteile können zum Teil mithilfe von numerischen Testverfahren umgangen werden. Zumindest geben diese bei rechnerunterstützten Auswertungen dem Anwender nützliche Hinweise, ob beispielsweise ein angenommenes Verteilungsmodell als zutreffend angenommen werden kann oder nicht. Es obliegt dann dem Anwender, dem Hinweis mithilfe anderer Werkzeuge nachzugehen und zu beurteilen.

■ 6.1 Beurteilungskriterien mittels grafischer Darstellungen

Ein weit verbreitetes Beurteilungsverfahren zum Testen, ob eine Normalverteilung vorliegt, ist die grafische Darstellung von Messwertreihen im Wahrscheinlichkeitsnetz (s. Abschnitt 4.5). Hier gilt folgender einfacher Merksatz:

> „Ergibt der vorschriftsmäßige Eintrag der Messwertreihe (klassiert oder unklassiert) im Wahrscheinlichkeitsnetz der Normalverteilung eine Gerade, so kann man davon ausgehen, dass die Stichprobe aus einer normalverteilten Grundgesamtheit stammt."

In Bild 6.1 sind zur Verdeutlichung zwei Messwertreihen gegenübergestellt.

Zu dieser grafischen Methode ein Zitat aus DIN ISO 5479, das auf die Grenzen dieser Vorgehensweise hinweist:

> „Es sollte stets beachtet werden, dass eine derartige grafische Darstellung keinesfalls ein Test auf Abweichung von der Normalverteilung im strengen Sinne ist. Bei Stichproben mit geringem Umfang können deutlich gekrümmte Kurven auch bei Normalverteilungen entstehen, während bei Stichproben mit großem Umfang bereits schwach gekrümmte Kurven auf nicht-normale Verteilungen hinweisen können."

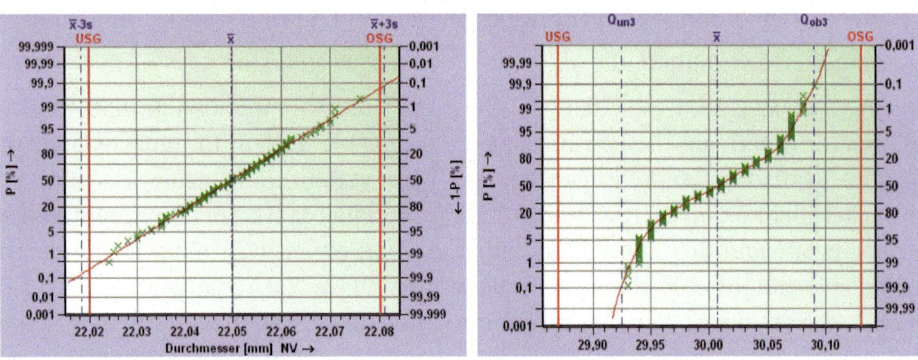

a) normalverteilte Messwertreihe *b) nicht normalverteilte Messwertreihe*

Bild 6.1 Wahrscheinlichkeitsnetze

Neben der Beurteilung eines Verteilungsmodells stellt sich oft die Frage, ob die Messwertreihe Ausreißer, Trends oder Periodizitäten enthält, die ebenfalls zu Fehlinterpretationen führen können. Ein einfaches Werkzeug ist die Darstellung der Einzelwerte über der Zeit (Bild 6.2). Dies zeigt aufsteigende Trends, die beispielsweise durch Nachstellen des Werkzeuges korrigiert werden. Wichtig ist dabei, dass bei jeder Betrachtung eine technische Begründung für das jeweilige

Verhalten mit angegeben wird. Diese Angabe bildet zusammen mit der Auswertung eine Einheit.

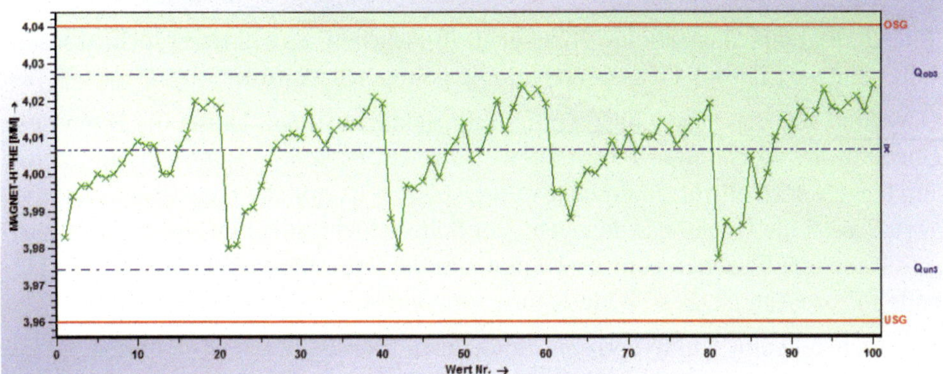

Bild 6.2 Verlauf der Einzelwerte mit Trend

■ 6.2 Beschreibung der numerischen Testverfahren

Für das Verständnis numerischer Testverfahren ist die Kenntnis der Vorgehensweise und der zugrunde liegenden Denkansätze sehr wichtig. Aus einer praktischen Fragestellung werden zwei gegensätzliche und allumfassende, aber sich einander ausschließende Hypothesen abgeleitet, die es dann zu überprüfen gilt. Diese Hypothesen werden **Nullhypothese** und **Alternativhypothese** genannt. Die Hypothesen machen Aussagen über die interessierenden Grundgesamtheiten. Zur Überprüfung kann man aber nur Stichproben heranziehen. Die Nullhypothese gilt so lange als richtig, bis es gelingt, die Alternativhypothese zu beweisen. Damit ist also eine nicht widerlegte Alternativhypothese kein Beweis, dass die Nullhypothese richtig ist, sondern eher ein Beschluss im Sinne „in Zweifel für den Angeklagten“.

Üblicherweise postuliert man also eine Nullhypothese und versucht dann, diese Nullhypothese zu widerlegen und abzulehnen („zu verwerfen“), und damit die Alternativhypothese anzunehmen. Gelingt dies nicht, wird die Nullhypothese beibehalten, bzw. „nicht verworfen“. Die Alternativhypothese enthält damit die Aussage, die man eigentlich aufzeigen möchte. Daher rührt auch der Name Nullhypothese, denn nullify heißt im Englischen ungültig machen, für nichtig erklären. Um eine Hypothese zu bestätigen, wird also versucht, die Gegenhypothese zu widerlegen!

6.2.1 Hypothesenformulierung und Testauswahl

Ein einführendes Beispiel am einfachen Mittelwertvergleich (Lagevergleich) mit einer Vorgabe soll verdeutlichen, wie Hypothesen aufgestellt werden.

Eine Abfüllanlage dosiert eine Flüssigkeit in Flaschen. Es soll untersucht werden, ob der Sollwert für das Flüssigkeitsvolumen eingehalten wird.

Im Vorfeld soll die Frage „nicht-statistisch“ geklärt werden. Lautet die Hypothese „Der Sollwert wird immer eingehalten“, so reicht es, eine einzige Flasche zu finden, bei der der Sollwert über- oder unterschritten ist, um die Hypothese zu widerlegen. Lautet die Hypothese dagegen „Der Sollwert wird nicht immer eingehalten“, so müssen alle Flaschen geprüft werden, um die Hypothese zu widerlegen. In laufenden Prozessen ist diese Widerlegung unmöglich.

Die aufzustellende Nullhypothese lautet also „Der Sollwert wird immer eingehalten“ und ist so lange gültig, bis eine Flasche gefunden wird, die den Sollwert nicht einhält. Ab diesem Moment ist die Alternativhypothese gültig, die besagt „Der Sollwert wird nicht immer eingehalten“.

Im statistischen Fall lautet die Frage eher „Entspricht der Mittelwert des Abfüllvolumens dem geforderten Sollwert von 100 ml?“. Dabei ist uns bewusst, dass das Abfüllvolumen aufgrund des Fertigungsprozesses leicht schwankt, weshalb eben die Frage nach dem Mittelwert und nicht, wie im obigen „nicht-statistischen“ Beispiel, nach Einzelwerten gestellt wird. Daraus folgt sofort, dass bei einer gezogenen zufälligen Stichprobe der Mittelwert sehr wahrscheinlich nicht exakt bei 100 ml liegt, sondern aufgrund der zufälligen Probenentnahme nur „in der Nähe von 100 ml“ liegen wird.

Die Nullhypothese, abgekürzt H_0, behauptet, dass der Sollwert von $\mu_0 = 100$ ml eingehalten wird und die Alternativhypothese, abgekürzt H_1, behauptet, dass der Mittelwert der Abfüllmenge vom Sollwert abweicht. Es können Abweichungen sowohl nach oben als auch nach unten (Volumina >100 ml oder <100 ml) die Nullhypothese widerlegen.

Besteht nur ein geringfügiger Unterschied zum Sollwert, sind die beobachteten Unterschiede vermutlich durch Zufall erklärbar, die Nullhypothese H_0 bleibt gültig. Ist die Abweichung deutlich („signifikant“), so sind die beobachteten Unterschiede vermutlich nicht mehr durch Zufall erklärbar, es gilt die dann die Alternativhypothese H_1.

Wir wollen hier Hypothesen auf der Basis parametrischer Verteilungen betrachten (s. Abschnitt 5.3). Für die zu untersuchenden Grundgesamtheiten wird die Normalverteilung vorausgesetzt. Die Normalverteilung ist durch die Parameter Erwartungswert μ und Standardabweichung σ vollständig charakterisiert. Auf dieser Grundlage kann man folgende Hypothesen für einen Mittelwertvergleich aufstellen:

- Nullhypothese $H_0\text{: } \mu = \mu_0$
- Alternativhypothese $H_1\text{: } \mu \neq \mu_0$

μ ist der Erwartungswert der Grundgesamtheit, auf die geschlossen werden soll, μ_0 soll ein zu überprüfender Vorgabewert sein. Bei der Hypothesenformulierung werden immer Parameter in griechischen Buchstaben verwendet, da Aussagen über Grundgesamtheiten getroffen werden.

Zwei Unterfälle unterscheiden zwischen einem Mittelwertvergleich mit bekannter Standardabweichung und einem Mittelwertvergleich mit nicht bekannter Standardabweichung. Bei unbekannter Standardabweichung σ, wie in unserem Abfüllmengenbeispiel, wird statt der Normalverteilung die t-Verteilung benutzt. Die unbekannte Standardabweichung kann durch die Standardabweichung s der Stichprobe geschätzt werden.

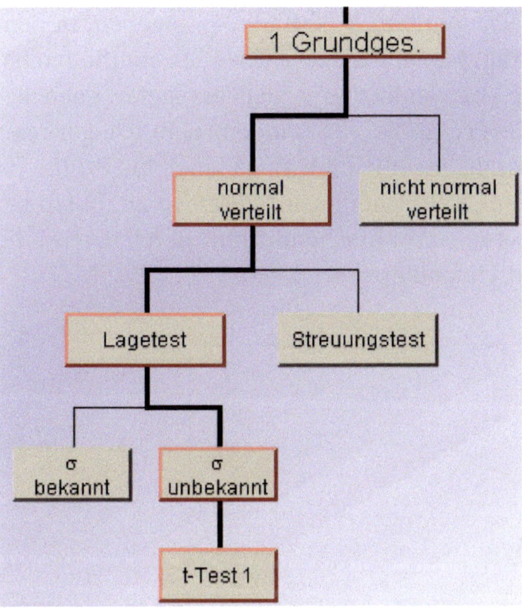

Bild 6.3 Auswahl unterschiedlicher Testverfahren

6.2.2 Prüfgröße

Die Prüfgröße ordnet den Daten der Stichprobe einen Zahlenwert zu, die für das Vorliegen der Null- oder der Alternativhypothese spricht.

Eine Stichprobe, bestehend aus sechs abgefüllten Flaschen, ergaben folgende gemessene Füllvolumina: 100,4 ml; 102,8 ml; 103,5 ml; 102,6 ml; 99,8 ml und 102,2 ml. Der Mittelwert errechnet sich zu 101,88 ml. Auf den ersten Blick scheint eine Abweichung zum Sollwert 100 ml vorzuliegen. Allerdings muss berücksichtigt werden, dass nur eine kleine Stichprobe abgefüllter Flaschen (n = 6) entnommen wurde, und der Stichprobenmittelwert deshalb nur zufälligerweise vom Sollwert abweichen könnte.

In unserem Fall ergibt sich für die testtypische (t-verteilte) Prüfgröße zu:

$$\frac{\overline{x}-\mu_0}{s}\ \sqrt{n} = 3{,}167$$

Die Prüfgröße entspricht der Differenz des Vorgabewerts zum Mittelwert der Stichprobe im Vergleich zur Zufallsstreuung der Mittelwerte. Um eine Entscheidung zugunsten einer der beiden Hypothesen treffen zu können, muss der Zahlenwert der Prüfgröße anschließend bewertet werden. Die Nullhypothese mit dem Vorgabewert μ_0 als Erwartungswert ist von zentraler Bedeutung, denn dadurch ist die Verteilung der Prüfgröße bekannt.

Mit der Nullhypothese lässt sich ein Zahlenbereich (s. Bild 6.4) angeben, in dem die Prüfgröße mit einer bestimmten Wahrscheinlichkeit (z. B. 95 %) vorzufinden ist. Außerhalb des Zahlenbereiches, hier angedeutet durch den orangefarbenen Bereich, ist die Wahrscheinlichkeit, die Prüfgröße vorzufinden, deutlich geringer (z. B. 5 %). Die Nullhypothese gilt somit als nicht widerlegt, so lange die Prüfgröße des Stichprobenergebnisses im inneren „wahrscheinlichen" Bereich zu finden ist. Liegt die Prüfgröße allerdings im äußeren „unwahrscheinlichen" Bereich, wird die Nullhypothese zugunsten der Alternativhypothese verworfen.

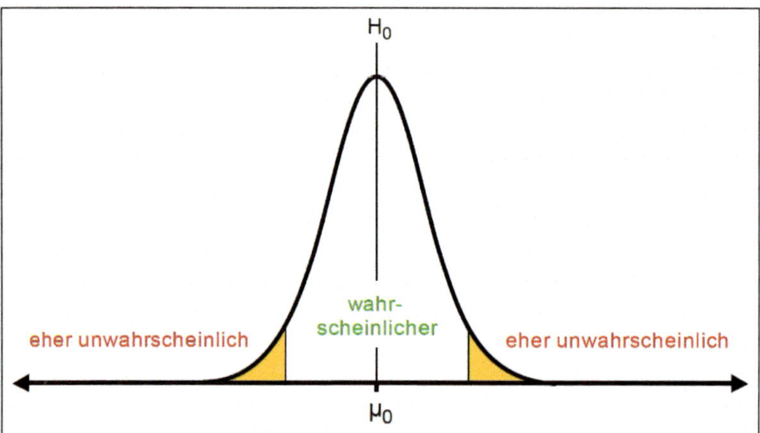

Bild 6.4 Wahrscheinlichkeit für den Prüfgrößenwert unter der Nullhypothese H_0

Das Stichprobenergebnis Prüfgröße widerlegt also dann die Nullhypothese, wenn die Wahrscheinlichkeit ihres Zustandekommens unter Gültigkeit der Nullhypothese sehr gering ist. Die orangefarbenen Flächen sind über die Wahrscheinlichkeit (Irrtumswahrscheinlichkeit) definiert, unter Gültigkeit der Nullhypothese den beobachteten Prüfgrößenwert zu erhalten.

6.2.3 Irrtumswahrscheinlichkeit

Vereinbarungsgemäß wird die Irrtumswahrscheinlichkeit α zur Testentscheidung benutzt. Irrtumswahrscheinlichkeiten sind die an den Verteilungsenden einer Prüfverteilung liegenden Flächenanteile, die durch kritische Werte (Schwellenwerte) abgegrenzt werden. Vor Festlegung der kritischen Werte muss festgelegt werden, ob man einen einseitigen oder einen zweiseitigen Test wünscht. Folglich gibt es drei Fälle: zweiseitig, einseitig unten und einseitig oben (s. Abschnitt 5.2.2).

Der Größenwert der Irrtumswahrscheinlichkeit α wird vom Anwender des Tests festgelegt. Gesetzt den Fall, wir wählen für $\alpha = 5\,\%$, dann muss in der Prüfverteilung eine Gesamtfläche von 5 % ermittelt werden, es werden dann bei zweiseitiger Betrachtungsweise an beiden Seiten die extremen 2,5 % abgeschnitten. Die beiden dazu notwendigen Punkte bezeichnet man als oberen (K_0) und unteren (K_u) kritischen Punkt oder Schwellenwert (Bild 6.5). Bei der Standardnormalverteilung wären dies die u-Quantile ±1,956.

Die Abweichungen nach links wie nach rechts werden als gleich bedeutsam eingestuft.

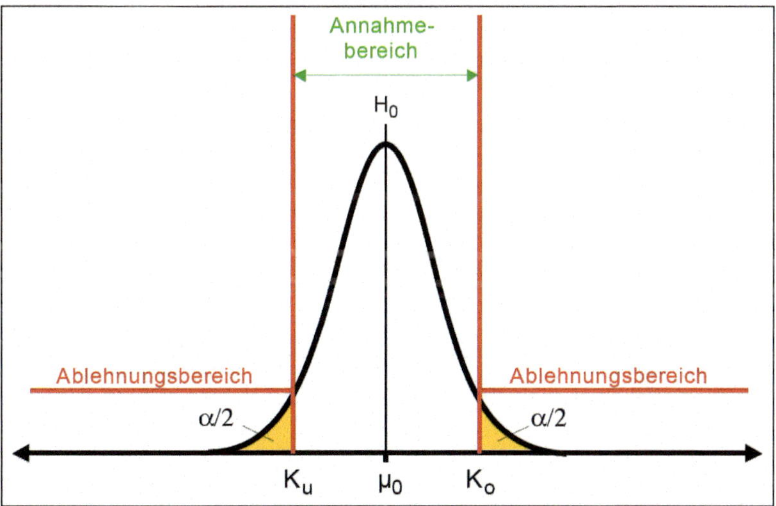

Bild 6.5 Annahme- und Ablehnungsbereich

6.2.4 Testentscheidung

Die Entscheidung wird durch den Vergleich der Prüfgröße mit den Schwellwerten passend zur gegebenen Irrtumswahrscheinlichkeit α getroffen. Liegt die Prüfgröße innerhalb des durch K_u und K_0 begrenzten Intervalls, so wird die Nullhypothese angenommen, man bezeichnet den Bereich als Annahmebereich (s. Bild 6.5). Liegt die Prüfgröße aber im Ablehnungsbereich, das heißt unterhalb des unteren kritischen Wertes oder aber oberhalb des oberen kritischen Wertes, so wird die Nullhypothese verworfen und die Alternativhypothese angenommen.

Basierend auf diesem Prinzip gibt es drei Entscheidungsvarianten für Testverfahren, die sich durch die Darstellung unterscheiden, aber bei gleicher Parametrierung zu gleichen Ergebnissen führen: die Methode der kritischen Werte, die Vertrauensbereichs-Methode und die Bewertung des P-Werts.

Kritische Wert Methode

Hierbei werden drei Irrtumswahrscheinlichkeiten gewählt, die sogenannten Signifikanzniveau: 5 %; 1 %; 0,1 %. Will man mit einer besonders hohen Wahrscheinlichkeit Schlüsse ziehen, so verwendet man eine möglichst kleine Irrtumswahrscheinlichkeit α von 0,1 %. Die Ablehnung der Nullhypothese ist identisch mit der Annahme der Alternativhypothese. Bild 6.6 erläutert die Testentscheidung. Es wird zu dem kleinsten Signifikanzniveau entschieden, bei dem die Prüfgröße noch außerhalb des kritischen Bereiches liegt.

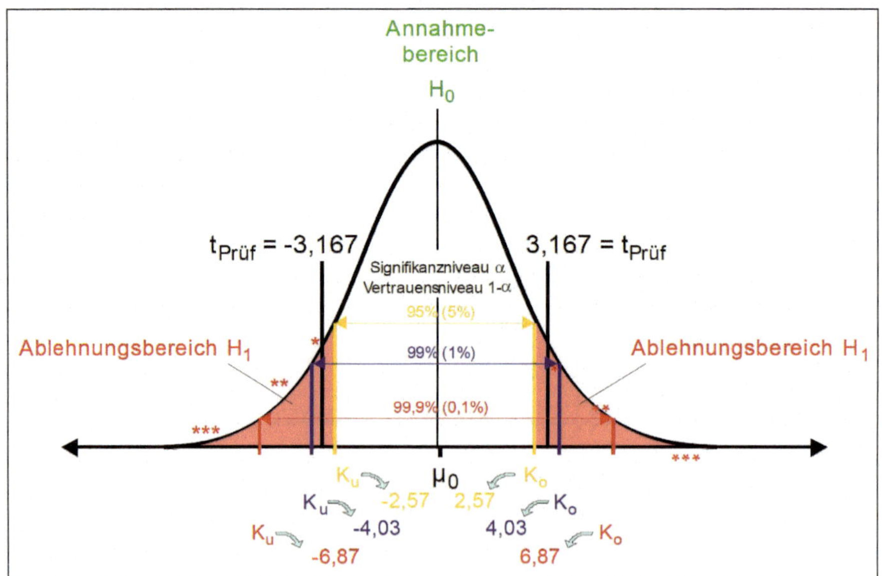

Bild 6.6 Testentscheidung anhand dreier Signifikanzniveau

Die Prüfgröße $t_{Prüf} = 3{,}167$, oder mit identischen Ergebnis $t_{Prüf} = -3{,}167$, liegt außerhalb des, durch ±2,57 eingegrenzten, 95 %-Vertrauensbereiches, aber innerhalb des 99 %- und des 99,9 %-Vertrauensbereiches. Die Testentscheidung lautet: die Nullhypothese H_0 wird zu α gleich ≤ 5 % abgelehnt (verworfen).

Die zur Kennzeichnung der Entscheidung angewandte Sternsymbolik und Benennung gibt das Signifikanzniveau an:

*	=	indifferent:	$5\,\% \geq \alpha > 1\,\%$	mit $K_u = -2{,}57$ und $K_o = 2{,}57$
**	=	signifikant:	$1\,\% \geq \alpha > 0{,}1\,\%$	mit $K_u = -4{,}03$ und $K_o = 4{,}03$
***	=	hochsignifikant:	$\alpha \leq 0{,}1\,\%$	mit $K_u = -6{,}87$ und $K_o = 6{,}87$

P-Wert Methode

Der P-Wert ist, vereinfacht gesprochen, diejenige Wahrscheinlichkeit, mit der man sich irrt, wenn man die Nullhypothese ablehnt, und entspricht damit der tatsächlichen Irrtumswahrscheinlichkeit. Aus der Perspektive der Alternativhypothese gibt der der P-Wert diejenige Wahrscheinlichkeit an, mit der man sich irrt, wenn man die Alternativhypothese annimmt.

Der Prüfgrößenwert schneidet eine bestimmte Wahrscheinlichkeit der entsprechenden Verteilung ab. Diese Wahrscheinlichkeit ist der P-Wert. Bei zweiseitiger Betrachtungsweise wird an beiden Verteilungsenden P/2 abgeschnitten.

H_0 wird angenommen, solange der P-Wert größer oder gleich dem Signifikanzniveau α ist.

$P \geq \alpha$ dann H_0

Der Unterschied zwischen Vorgabewert zum Mittelwert ist dann rein zufällig. H_0 wird verworfen, sobald der P-Wert kleiner als das Signifikanzniveau α = 5 % ist.

$P < \alpha$ dann H_1

Man definiert zumeist α = 5 % als signifikanten Unterschied zwischen Vorgabewert und Mittelwert.

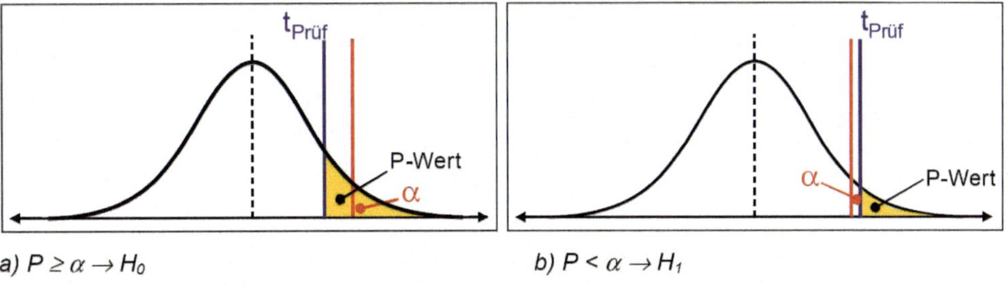

Bild 6.7 Testentscheidung nach der P-Wert Methode (II)

In unserem Beispiel der Abfüllanlage ergab sich ein P-Wert von 2,489 %. Mit 2,489 % Wahrscheinlichkeit ist ein Ablehnen der Nullhypothese und damit das Annehmen der Alternativhypothese trotzdem falsch.

Testergebnis	
Nullhypothese wird zum Niveau $\alpha \leq 5\%$ verworfen	
P-Wert	2,48953 %

Bild 6.8 P-Wert

Bild 6.9 zeigt die P-Wert Methode im Detail für einen zweiseitigen t-Test mit P/2 = 1,2449 % und einem P-Wert von 2,489 %.

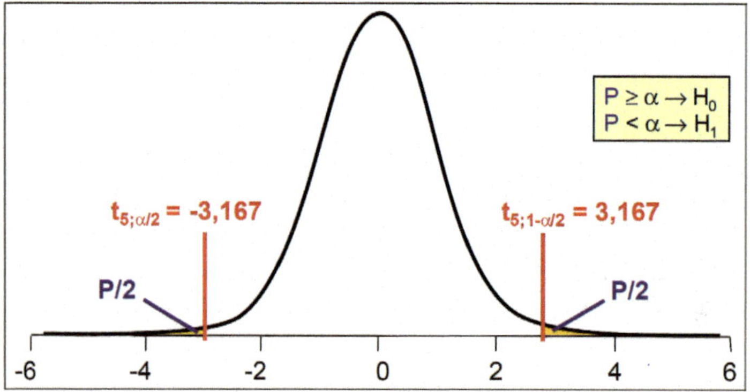

Bild 6.9 P-Wert-Methode im Detail für einen zweiseitigen t-Test

Vertrauensbereichsmethode

Ist der Vorgabewert μ_0 in allen Vertrauensbereichen (der Mittelwertdifferenzen) enthalten gilt die Nullhypothese. Befindet sich der Vorgabewert μ_0 außerhalb des grünen, aber innerhalb der ockerfarbenen, orangefarbenen und roten Bereiche wird die Nullhypothese mit ≤ 5 % abgelehnt (s. Bild 6.10). Die Tabelle erläutert die Testentscheidung in verallgemeinerter Form:

Tabelle 6.1 Testentscheidung

H_0	H_0 zufällig	H_1 indifferent	H_1 signifikant	H_1 hoch-signifikant
verworfen mit	-	$\alpha \leq 5\,\%$	$\alpha \leq 1\,\%$	$\alpha \leq 0{,}1\,\%$.
Sollwertlinie innerhalb Bereich	grün, ocker, orange, rot	ocker, orange, rot	orange, rot	rot
μ_0 innerhalb Bereich		$5\,\% \geq \alpha > 1\,\%$	$1\,\% \geq \alpha > 0{,}1\,\%$	$\alpha \leq 0{,}1\,\%$

Schrittfolgen der Testdurchführung

- Testauswahl (zumeist mit Prüfverteilung)
- Festlegung von Nullhypothese und Alternativhypothese
- Festlegung Signifikanzniveau α
- Errechnung der Prüfgröße
- Bestimmung kritischer Bereich (kritische Werte)
- Testentscheidung (kritische Wert-Methode und P-Wert-Methode).

Bild 6.10 enthält für das Fallbeispiel „Abfüllungen" die Testentscheidungen nach der Kritischen Wert-Methode **(I)** und der P-Wert-Methode **(II)** mit der Darstellung des Vertrauensbereichs der Mittelwertdifferenzen **(III).**

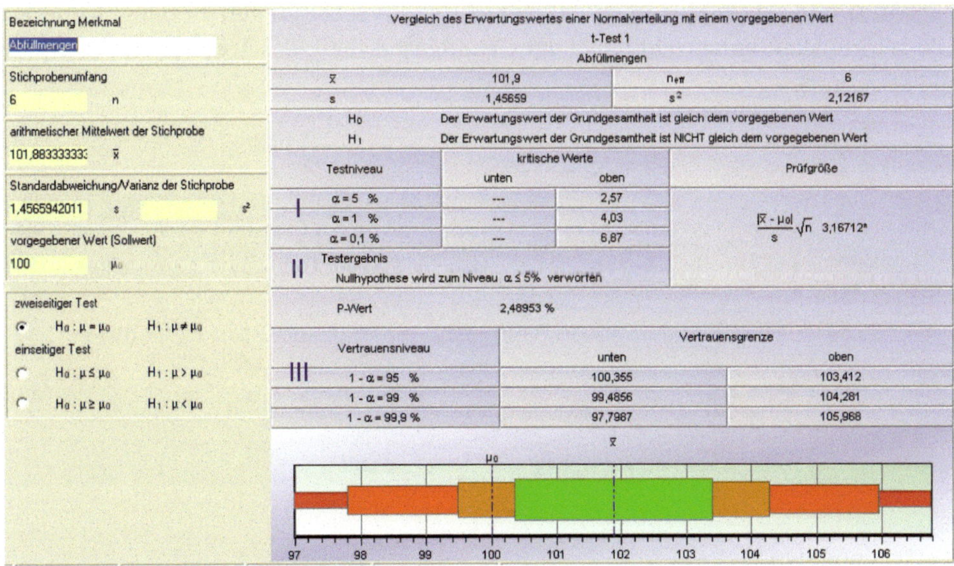

Bild 6.10 Testentscheidung

6.2.5 Fehlerrisiken bei der Testentscheidung

Hypothesentesten bergen die Gefahr von zwei sich gegenseitig ausschließende Fehlentscheidungen, da zur Überprüfung nur auf Stichproben aus Grundgesamtheiten zurückgegriffen werden kann.

Fehler 1. Art (Annahme: Nullhypothese sei richtig)

Ein Fehler 1. Art (oder α-Fehler) liegt vor, wenn man die **Nullhypothese H_0 zu Unrecht ablehnt,** obwohl sie wahr ist. Dieser Fehler besitzt ein definiertes Fehlerniveau, die Irrtumswahrscheinlichkeit α, die auch Signifikanzniveau genannt wird und per Konvention festgelegt wird (s. Abschnitt 6.2.3).

Aus der Perspektive der Alternativhypothese bedeutet das, die Alternativhypothese wird angenommen, obwohl sie falsch ist.

Fehler 2. Art (Annahme: Alternativhypothese sei richtig)

Ein Fehler 2. Art (oder β-Fehler) liegt vor, wenn man die **Nullhypothese irrtümlich beibehält**, obwohl sie nicht wahr ist. Das Fehlerniveau β kann auch im Vorfeld festgelegt zum Design des Testverfahrens herangezogen werden.

Aus der Perspektive der Alternativhypothese bedeutet das, die Alternativhypothese wird nicht angenommen, obwohl sie wahr ist.

Die folgende Tabelle gibt Aufschluss über die beiden Hypothesen, deren Fehlerrisiken **II** und **III** und die Möglichkeit richtige Entscheidungen zu fällen **I** und **IV.** Die Wirklichkeit entspricht dabei der Grundgesamtheit, das Testergebnis steht für die Stichprobe.

Tabelle 6.2 Fehlerarten und richtige Entscheidungsmöglichkeiten

		WIRKLICHKEIT			
		H0 trifft zu		H1 trifft zu	
Testergebnis	H_0	richtige Entscheidung! Vertrauensniveau 1 – α	I	falsche Entscheidung! Wahrscheinlichkeit für diesen **Fehler 2. Art ist β**	III
	H_1	falsche Entscheidung! Wahrscheinlichkeit für diesen **Fehler 1. Art ist α**	II	richtige Entscheidung! Power 1 – β	IV

Vertrauensniveau 1 – α

Im Beispiel des Mittelwertvergleichs entspricht das Vertrauensniveau (1 – α) der Wahrscheinlichkeit, zu erkennen, dass der Mittelwertunterschied nur zufällig von μ_0 abweicht.

Angenommen, nicht der von der Nullhypothese angenommene Mittelwert $\mu_0 = 100$, sondern der Alternativwert $\mu = 102$ sei der korrekte Mittelwert. Dazu betrachtet man zwei deckungsgleiche, aber verschobene Normalverteilungen (falls σ unbekannt: t-Verteilungen) mit gleicher Standardabweichung.

Um den β-Fehler bestimmen zu können, muss man eine der möglichen Alternativhypothesen (z. B. $\mu = 102$) festlegen. Für diesen speziellen Fall kann man nun den β -Fehler berechnen. Der β-Fehler ist gleich der Fläche, die der zu α gehörende kritische Wert K_0 der Normalverteilung (100, 1) von der Normalverteilung (102, 1) abschneidet. Die Wahrscheinlichkeit des β-Fehlers entspricht somit der gelben Fläche in Bild 6.11 unter der rechten Verteilung (der Alternativhypothese) im Bereich der Annahme der Nullhypothese.

Wenn man nun bei gegebener Nullhypothese und gegebenem α-Fehler zu allen möglichen Parameterwerten die entsprechende Alternativhypothese annimmt, erhält man für jede Alternativhypothese eine eigene Wahrscheinlichkeit des β-Fehlers.

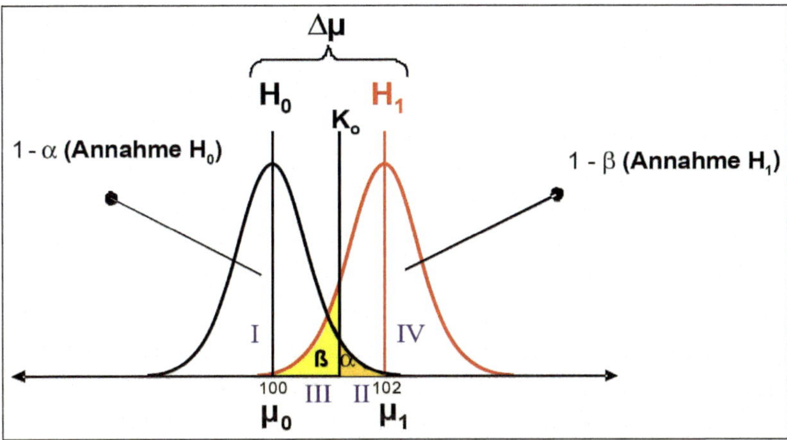

Bild 6.11 β-Fehler

6.2.6 Operationscharakteristik

Wenn die β-Werte verschiedener Alternativhypothesen gegen den Mittelwert der Alternativhypothese in Einheiten von σ standardisiert aufgetragen werden, erhält man die Verteilungsfunktion der Alternativhypothese H_1, die sogenannte Operationscharakteristik (OC) (s. Bild 6.12).

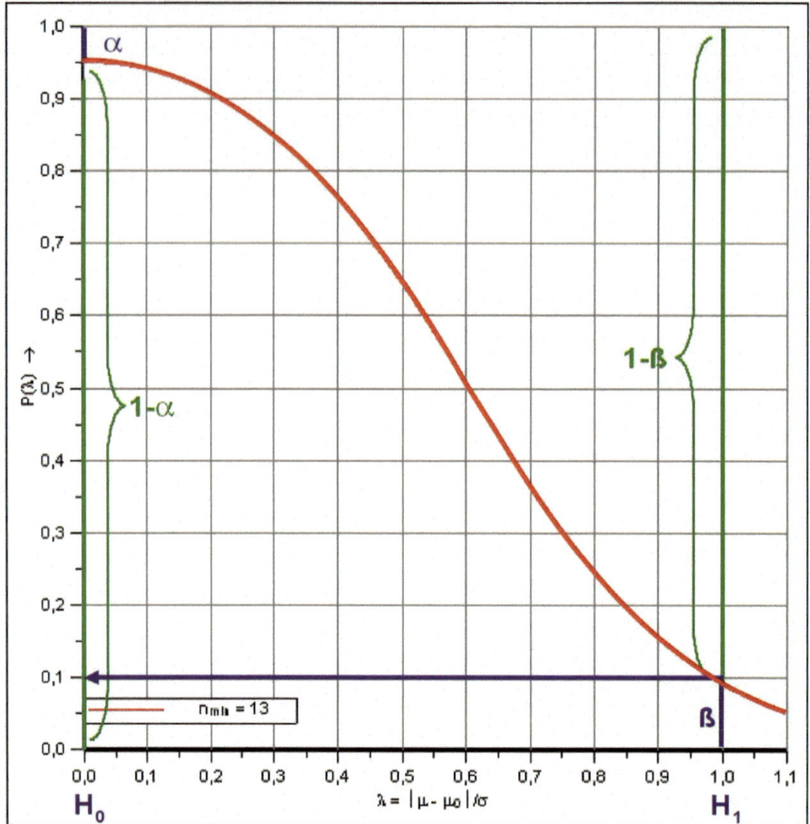

Bild 6.12 Operationscharakteristik OC

Je nach gewählter Alternativhypothese ergibt sich ein unterschiedlicher β-Fehler. Der Abstand nach oben ist der α-Fehler. Die Werte auf der y-Achse kann man aus der Perspektive der Nullhypothese H_0 als Annahmewahrscheinlichkeit der richtigen Nullhypothese H_0 lesen oder aus der Perspektive der Alternativhypothese H_1 als β-Fehler. Beide Fehler, α- und β-Fehler, können in Abhängigkeit vom zu untersuchenden Parameter abgelesen werden, d.h. in diesem Beispiel von dem tatsächlich vorliegenden Betrag der Mittelwertabweichung μ-μ_0.

6.2.7 Power (1 – β)

Die Teststärke, Trennschärfe oder Power (1 - β) ist gegenläufig zum β-Fehler und ist die Wahrscheinlichkeit keinen β-Fehler zu begehen und damit die Wahrscheinlichkeit die Alternativhypothese als solche zu erkennen und anzunehmen, wenn die Alternativhypothese richtig ist.

Bild 6.13 entspricht einer horizontal gespiegelten OC-Kurve. α wird nach unten abgetragen. Die Power gibt die „Chance“ an, einen vorhandenen Unterschied zu finden. Aus der Perspektive der Nullhypothese ist das die Wahrscheinlichkeit, die falsche Nullhypothese auch tatsächlich abzulehnen. Auch hier können beide Fehler α wie β in Abhängigkeit vom wirklichen Parameter μ-μ_0 ausgedrückt werden.

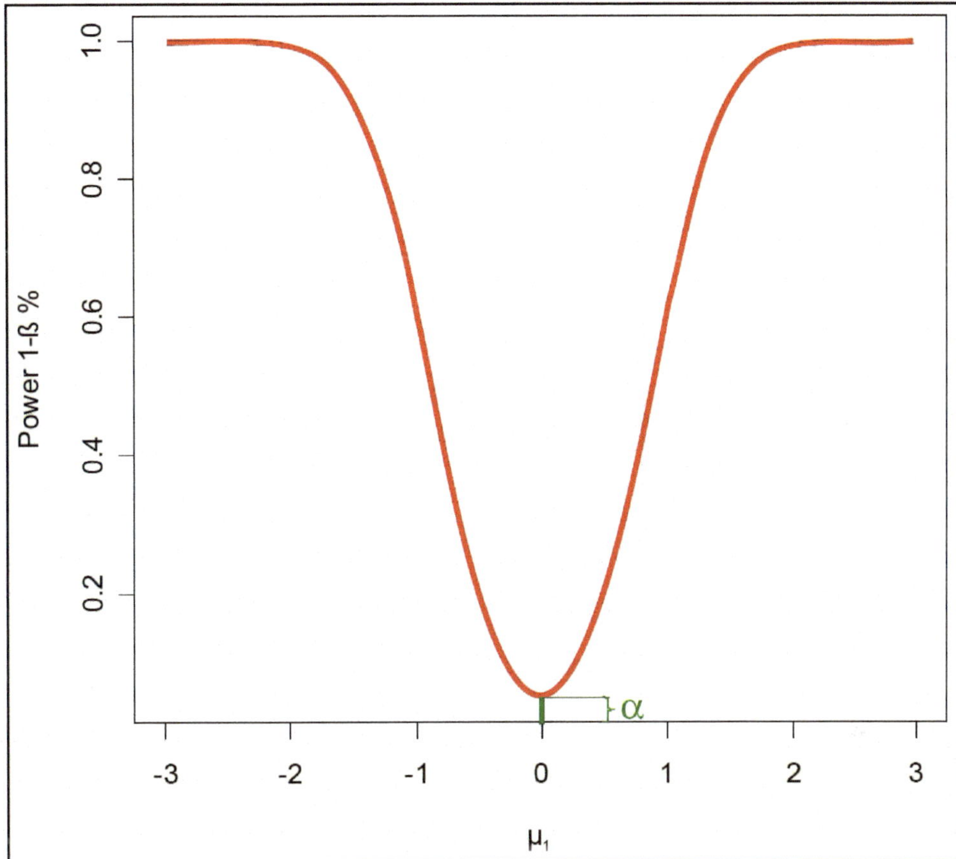

Bild 6.13 Power-Kurve eines zweiseitigen t-Tests

Wie wirkt sich eine Änderung von α und vom Stichprobenumfang n auf die Powerkurve aus? Eine Vergrößerung von α bewirkt nur ein Verschieben der Kurve entlang der y-Achse nach oben. Bei Vergrößerung des Stichprobenumfangs werden die Kurvenzüge steiler. Die heißt, dass sich die Power (Trennschärfe) eines Tests durch Erhöhung des Stichprobenumfangs verbessert und steuern lässt.

6.2.8 Wichtige Einflüsse auf die Power von Testverfahren

Einfluss des α-Fehlers

α- und β-Fehler verhalten sich gegenläufig. Je größer α, umso größer ist der Ablehnungsbereich und desto kleiner ist der β-Fehler. In Bild 6.14 wird dies durch Übergang von der grünen Linie (größeres α) zur blauen Linie (kleineres α) gezeigt. Je kleiner der β-Fehler umso größer ist aber die Power (1 - β).

Das α-Niveau sollte nicht zu klein gewählt werden, denn ein kleineres α-Niveau ergibt einen größeren kritischen Wert und dieser erhöht den β-Fehler und verringert damit die Trennschärfe.

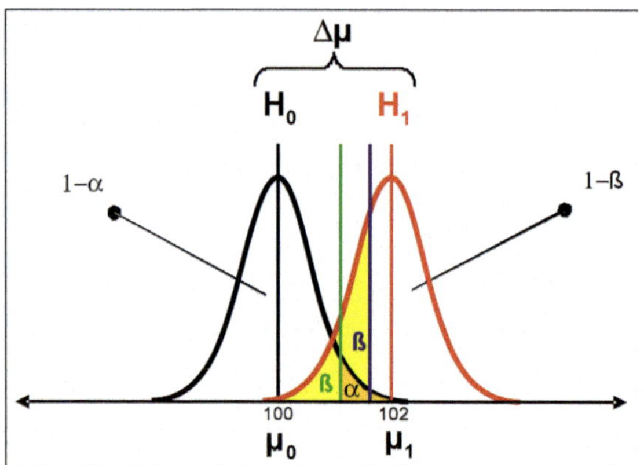

Bild 6.14
Einfluss der Fehler

Einfluss der Alternativhypothese

Der β-Fehler wird umso größer, je kleiner Δμ ist bzw. je näher der gewählte Wert μ_1 für die Alternativhypothese H_1 an den Wert μ_0 für die Nullhypothese H_0 „heranrückt". Je größer der β-Fehler, umso kleiner ist aber die Power (1 - β).

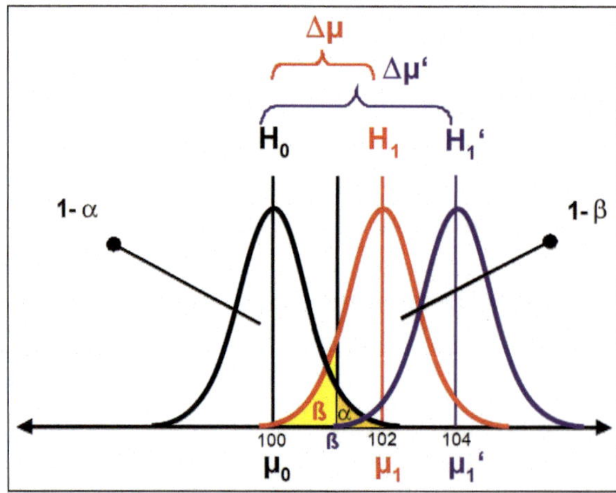

Bild 6.15
Einfluss Alternativhypothese

Einfluss des Stichprobenumfangs

Die Erhöhung der Anzahl der Messungen bewirkt eine Verkleinerung von β, umso besser gelingt es Unterschiede zum Beispiel von Mittelwerten oder Standardabweichungen erkennen zu können. Der β-Fehler wird mit größer werdendem Stichprobenumfang kleiner. Ein kleinerer β-Fehler entspricht aber größerer Trennschärfe (1 - β).

Bild 6.16 zeigt, dass eine Vervierfachung des Stichprobenumfangs einer Halbierung der Standardabweichung entspricht.

Bezogen auf das Beispiel der Abfüllanlage sind die Stichprobenschätzwerte normalverteilt mit $\frac{\sigma}{\sqrt{n}}$. Ein vierfacher Stichprobenumfang bedeutet Halbierung der Standardabweichung, n = 10 entspricht $\frac{\sigma}{\sqrt{10}}$ und n = 40 entspricht

$$\frac{\sigma}{\sqrt{40}} = \frac{\sigma}{2\sqrt{10}} = 0{,}5\frac{\sigma}{\sqrt{10}}.$$

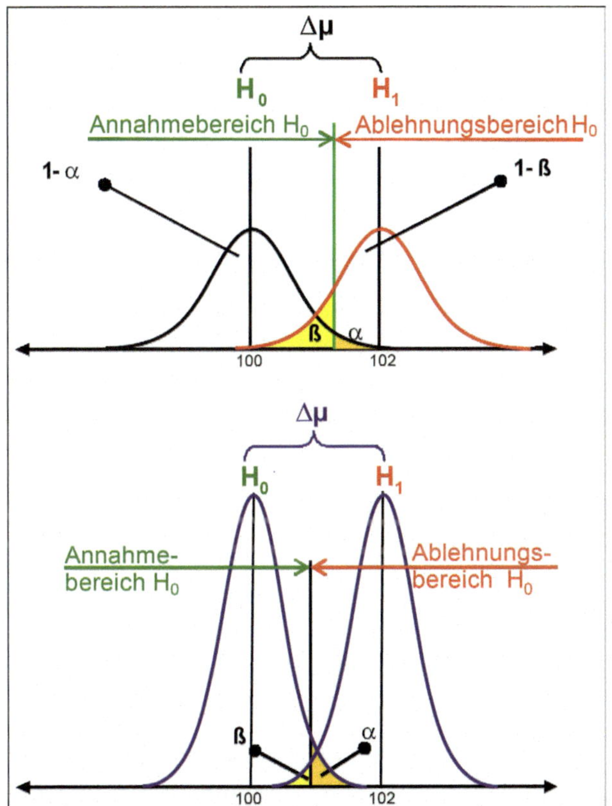

Bild 6.16
Einfluss des Stichprobenumfangs

Ein größerer Stichprobenumfang (blau gezeichnete Verteilungen) lässt deutlich kleinere Unterschiede erkennen. Der β-Fehler wird kleiner, die Power (1 - β) größer.

Einfluss der Streuung

Je geringer das untersuchte Merkmal streut, desto kleiner wird der β-Fehler, und der Test wird so trennschärfer (größere Power).

Einfluss der Wahl eines ein- oder zweiseitigen Tests

Ein zweiseitiger Test hat einen höheren β-Fehler zur Folge, da der kritische Wert größer ist. Bei $\alpha = 5\,\%$ ergibt der einseitige Test auf Basis der Normalverteilung die u-Quantile 1,65 und der zweiseitige 1,96 (kleineres α bedeutet größeres β und dies wiederum kleinere Power $(1 - \beta)$). Man sollte deshalb immer einen einseitigen Test verwenden, wenn inhaltlich begründete Hypothesen formuliert werden können!

Zusammenfassend lässt sich sagen, dass ein Test umso trennschärfer ist, je größer α und n und je kleiner β und die Streuung sind. Ein einseitiger Test ist, verglichen mit dem zweiseitigen, trennschärfer.

6.2.9 Einseitige Testverfahren

Bei unserem Beispiel der Abfüllanlage soll also überwacht werden, ob der Sollwert eingehalten wird und die Anlage richtig eingestellt ist. In einer neuen Fragestellung interessiert uns jetzt nur eine Mindestabfüllmenge, die nicht unterschritten werden darf.

Nullhypothese H_0	Alternativhypothese H_1	Gestalt von H_1	
$\theta = \theta_0$ gewünscht	$\theta \neq \theta_0$ befürchtet	**zweiseitig**	Abweichung
$\theta \leq \theta_0$ gewünscht	$\theta > \theta_0$ befürchtet	**einseitig oben**	Überschreitung von Höchstwerten
$\theta \geq \theta_0$ gewünscht	$\theta < \theta_0$ befürchtet	**einseitig unten**	Unterschreitung von Mindestwerten

Die Tabelle zeigt die Hypothesen von einseitigen und zweiseitigen Tests. Der Parameter θ steht stellvertretend für μ oder σ oder Anteilswerte P von diskreten Merkmalen.

Der Mittelwert der Abfüllmenge ist …

- Nullhypothese H_0 $\mu\ ^{3}\ \mu_0$ … größer oder gleich dem Vorgabewert.
- Alternativhypothese H_1 $\mu < \mu_0$ … kleiner als der Vorgabewert.

Auch hier belegen frühere Messungen der Abfüllmengen einen näherungsweise normalverteilten Abfüllprozess, die Standardabweichung ist unbekannt. Es wird dem Abfüllprozess eine Stichprobe von sechs befüllten Flaschen entnommen (Abfüllmengen 100,4 ml; 98,8 ml; 97,3 ml; 99,2 ml; 97,8 ml; 99,1 ml). Der Mittelwert der Abfüllmengen wird zu 98,7666 ml bestimmt (= bester Schätzwert für den wahren, aber unbekannten Wert μ).

Diese Voraussetzungen führen zum einseitigen Einstichproben-t-Test.

Natürlich wird der Mittelwert dieser Stichprobe von dem Vorgabewert abweichen. Die entscheidende Frage ist aber:

> „Ist die Abweichung durch Zufall erklärbar (= zufällige Abweichung) oder ist die Abweichung so groß, dass diese nicht mehr durch Zufall erklärt werden kann (= systematische Abweichung)?"

Es wird die Prüfgröße als Zahlenwert errechnet. Die Prüfgröße ist im zweiseitigen und im einseitigen Fall identisch. In der t-Verteilung werden die Flächenanteile der drei typischen Signifikanzniveaus einseitig an der unteren Seite eingetragen. Die Prüfgröße wird mit den entsprechenden drei kritischen Werten K_u verglichen. Deshalb wird die Nullhypothese zu $\alpha \leq 5\,\%$ abgelehnt (verworfen). Der P-Wert wird mit 2,02597 % angegeben. Mit dieser Wahrscheinlichkeit von rund 2 % ist die Entscheidung falsch, die Nullhypothese zu verwerfen (abzulehnen).

In Bild 6.17 ist dieser Sachverhalt grafisch erläutert. Für das Fallbeispiel „Abfüllvolumina" ist die Testentscheidung dargestellt. Die Anlage muss also nachjustiert werden, um die Mindestabfüllmenge nicht zu unterschreiten.

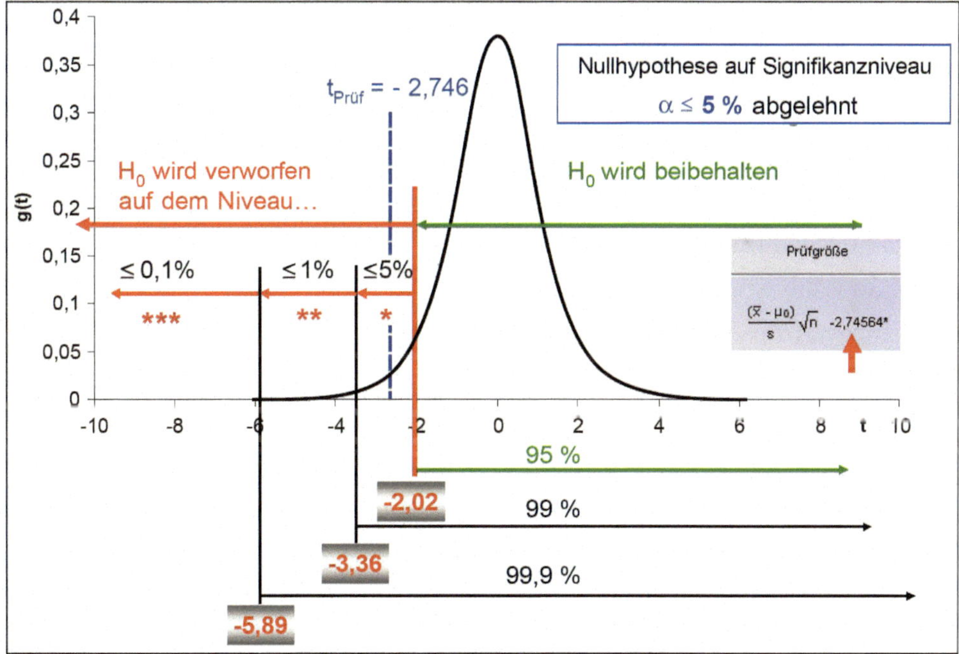

Bild 6.17 Testentscheidung für den einseitigen Einstichproben-t-Test

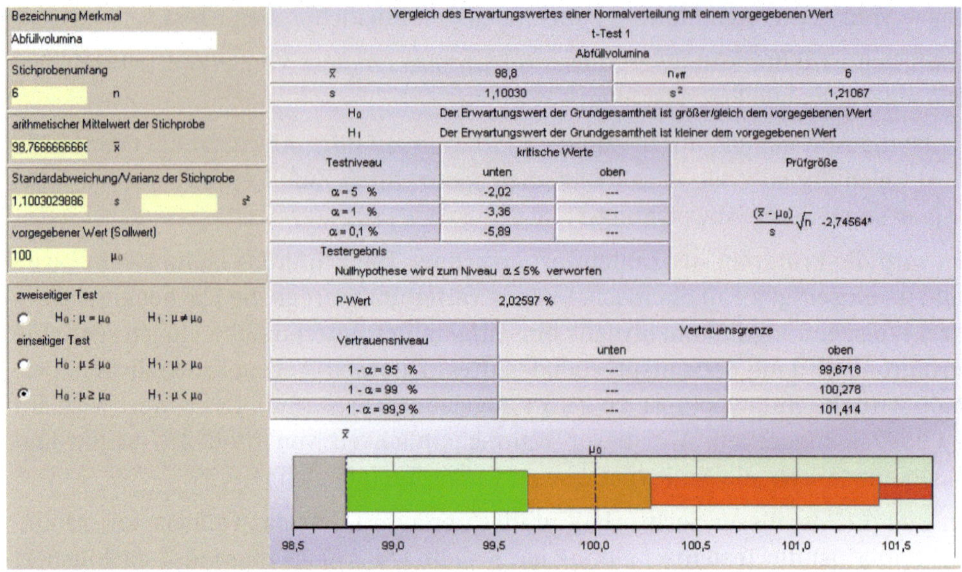

Bild 6.18 Einseitiger Einstichproben-t-Test des Abfüllbeispiels

6.2.10 Testplanung für den optimalen Stichprobenumfang

Zur Errechnung des optimalen Stichprobenumfangs sind für das Beispiel die folgenden Angaben notwendig:

1. Kritische zu erkennende Abweichung des Mittelwertes μ vom Vorgabewert μ_0, d. h. welchen Unterschied zum Vorgabewert will ich erkennen können?
   - Gewählt wurde $\Delta\mu = 1$ ml
2. Schätzwert für die Standardabweichung der Abfüllmenge. Dieser Wert ist oft aus vergangenen Untersuchungen abschätzbar.
   - $\sigma = 1$ ml
3. Festlegung des Fehlers 1. Art (Irrtumswahrscheinlichkeit)
   - Gewählt: $\alpha = 5\,\%$
4. Festlegung des Fehlers 2. Art (1-Power)
   - Gewählt: $\beta = 10\,\%$
   - Damit ist die Power $(1 - \beta) = 90\,\%$.

Die Power ist die gewählte Wahrscheinlichkeit mit der die kritische Differenz Δμ von Mittelwert $\bar{x}$ und Vorgabewert μ_0 erkannt werden soll, falls diese vorhanden sein sollte. Das heißt, der statistische Test soll einen Unterschied zwischen Vorgabewert und Mittelwert von 1 ml mit 90 % Wahrscheinlichkeit erkennen. Die Vorgaben der Irrtumswahrscheinlichkeit α sagt, dass die Wahrscheinlichkeit, damit eine Falschaussage zu treffen, zugleich nur 5 % betragen darf. Der erforderliche Stichprobenumfang ergibt n = 11 (rote OC-Kurve, Bild 6.19).

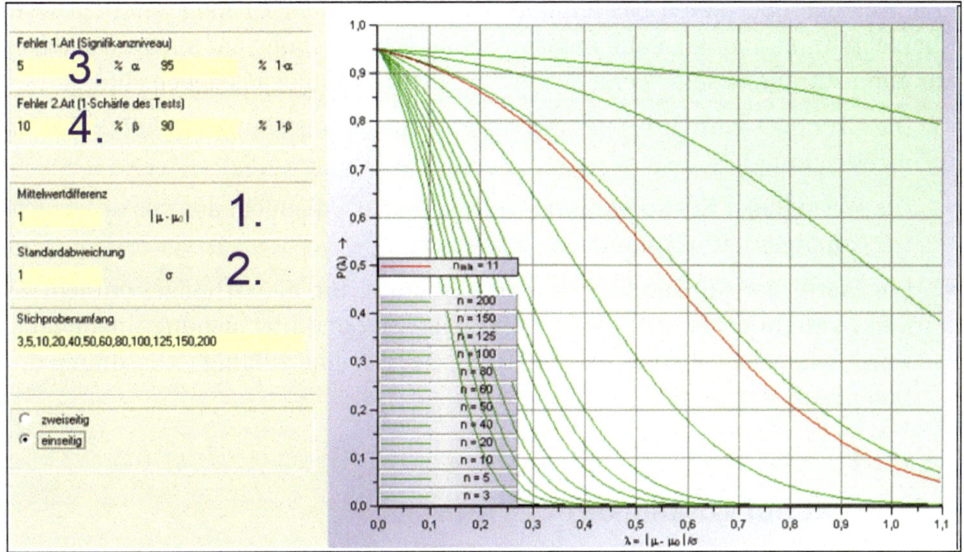

Bild 6.19 Planung des optimalen Stichprobenumfangs

Da der Stichprobenumfang nur ganzzahlig sein kann, wird die OC nur die beste Annäherung sein und die Punkte α = 5 % und β = 10 % nicht exakt treffen. Die Vorgaben sind also im Sinne von Größtwerten zu verstehen, von denen nur einer exakt eingestellt werden kann. Meist wird die Irrtumswahrscheinlichkeit α exakt und der Fehler 2. Art β dann als Maximalwert, bzw. die Power (1 – β) als Minimalwert übernommen. In diesem Fall für n = 11 und $\lambda = \Delta\mu/\sigma = 1$ liegt β bei etwa 8 %, die Power (1 – β) also bei 92 %. Als sinnvolle Voreinstellung gilt üblicherweise für den α-Fehler 5 % und den β-Fehler 10 %.

6.3 Tests auf spezielle Eigenschaften von Datenreihen

Eine Aussage über einen bestimmten Sachverhalt in der Grundgesamtheit (z. B. Überschreitungsanteile), kann aufgrund einer Untersuchung auf Stichprobenbasis nur dann zutreffend sein, wenn bestimmte Voraussetzungen gegeben sind:

- Die Grundgesamtheit besitzt das angenommene Verteilungsmodell (z. B. Normalverteilung).
- Die Werte in der Stichprobe sind frei von Werten, die nicht aus der untersuchten Grundgesamtheit stammen (Ausreißer).
- Die Werte der Stichproben sind repräsentativ für die Grundgesamtheit. Es muss gewährleistet sein, dass die Ergebnisse der Untersuchung unabhängig vom Umfang der Stichprobe sind. Dies setzt i. a. eine zufällige Anordnung des Datenmaterials voraus.

6.3.1 Test auf Zufälligkeit

Test nach Swed und Eisenhart

Ein „Test auf Zufälligkeit“ zur Überprüfung der zufälligen Anordnung des Datenmaterials wurde von Swed und Eisenhart entwickelt und beruht auf der Analyse des Verlaufs der Werte im Vergleich zum Medianwert. Der Bezug auf den Medianwert ist hierzu besonders gut geeignet, da unabhängig von der Verteilungsform 50 % der Werte über bzw. unter diesem Wert angeordnet sind. Dazu werden sogenannte Runs gebildet, d. h. Wertefolgen oberhalb oder Unterhalb des Medians. Bild 6.20 zeigt einen solchen Fall.

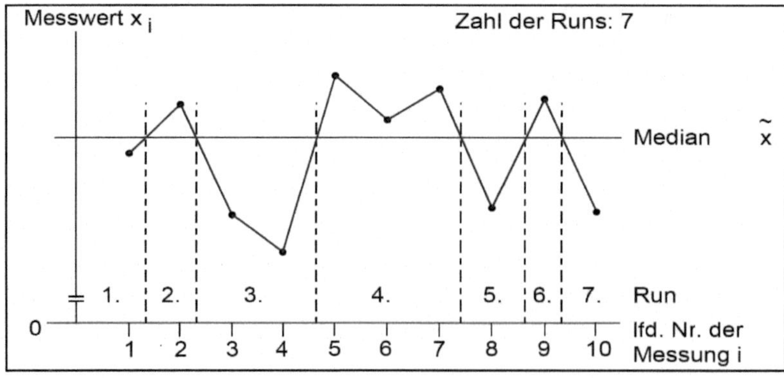

Bild 6.20 Bestimmung des Runs

Unterschreitet die Gesamtzahl der Runs eine

- untere Grenze, so weist die Wertereihe einen Trend auf.
- obere Grenze, so deutet dies auf ein Schwingungsverhalten hin.

Ein wesentlicher Vorteil dieses Tests ist die Unabhängigkeit von der Verteilungsform der Grundgesamtheit.

Nullhypothese H_0	Alternativhypothese H_1
Die Anordnung der Werte in der Stichprobe ist zufällig.	Die Anordnung der Werte in der Stichprobe ist nicht zufällig.

Nach der Bestimmung der Anzahl der Runs r wird die Anzahl der Werte über bzw. unter dem Medianwert ermittelt:

n_1 → Anzahl Werte mit $x_i > \tilde{x}$

n_2 → Anzahl Werte mit $x_i \leq \tilde{x}$ $i = 1, 2, \ldots, n$

r → Anzahl der Runs (Folgen)

Alternativhypothese H_1	Die Nullhypothese H_0 wird zugunsten der Alternativhypothese H_1 verworfen, falls		
	Prüfgröße		kritischer Wert
Testversion 1 $n_1, n_2 \leq 20$	r	$\leq$ $\geq$	$r_{\alpha/2;n_1;n_2}$ $r_{1-(\alpha/2);n_1;n_2}$
Testversion 2 $n_1, n_2 > 20$	$\frac{\lvert r-\mu_r \rvert}{\sigma_r}$	>	$u_{1-(\alpha/2)}$
mit	$\mu_r = \frac{2n_1n_2}{n_1+n_2}+1$ $\sigma_r^2 = \frac{2n_1n_2(2n_1n_2-n_1-n_2)}{(n_1+n_2)^2(n_1+n_2-1)}$		

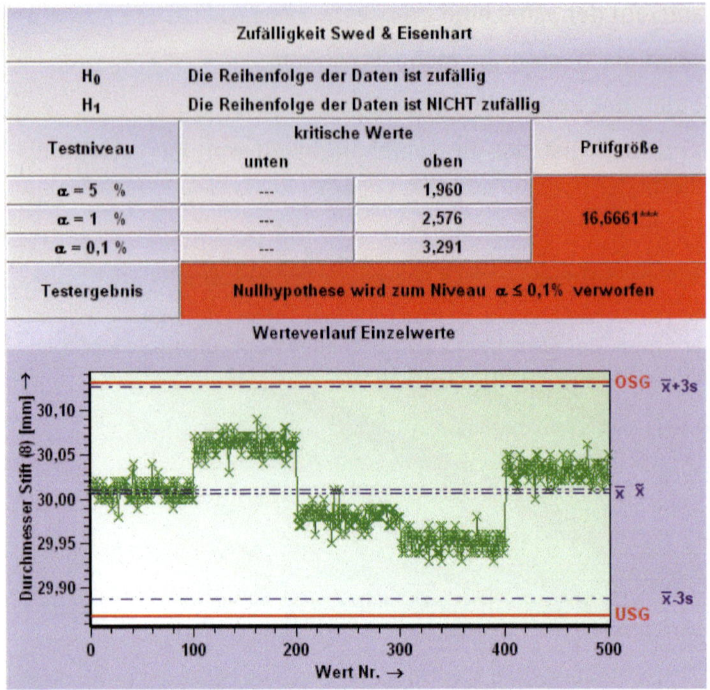

Zufälligkeit Swed & Eisenhart			
H_0	Die Reihenfolge der Daten ist zufällig		
H_1	Die Reihenfolge der Daten ist NICHT zufällig		
Testniveau	kritische Werte unten	kritische Werte oben	Prüfgröße
α = 5 %	---	1,960	16,6661***
α = 1 %	---	2,576	
α = 0,1 %	---	3,291	
Testergebnis	Nullhypothese wird zum Niveau α ≤ 0,1% verworfen		

Bild 6.21 Test auf Zufälligkeit nach Swed & Eisenhart

Bild 6.21 enthält für den darin dargestellten Werteverlauf die Prüfgröße 16,6661. Der Vergleich mit den kritischen Werten ergibt, dass die Nullhypothese zugunsten der Alternativhypothese verworfen wird.

6.3.2 Tests auf Trend

Häufig unterliegen Prozesse systematischen Veränderungen. Ein typisches Beispiel dafür ist der Verschleiß von Werkzeugen. Je nach Werkzeug führt dies zu einem langfristigen linearen Trend oder durch regelmäßiges Nachstellen zu kurzfristigen linearen Trends.

Im Folgenden sind Testverfahren aufgeführt, die in der Lage sind, die jeweilige Situation zu erkennen.

Sukzessive Differenzenstreuung

Ein einfacher Trendtest anhand der Streuung zeitlich aufeinanderfolgender Stichprobenwerte $x_1, x_2, \ldots, x_i, \ldots, x_n$, die einer normalverteilten Grundgesamtheit entstammen, basiert auf dem Verhältnis der Varianz s^2 zu der sukzessiven Differenzenstreuung Δ^2:

$$\Delta^2 = \frac{1}{n-1}\left[(x_1 - x_2)^2 + (x_2 - x_3)^2 + (x_3 - x_4)^2 + \ldots (x_i - x_{i+1})^2 + \ldots (x_{n-1} - x_n)^2\right]$$

d. h.

$$\Delta^2 = \sum_{i=1}^{n-1} \frac{(x_i - x_{i+1})^2}{n-1}$$

Sind die aufeinanderfolgenden Werte unabhängig, dann gilt $\Delta^2 \cong 2s^2$ oder $\Delta^2/s^2 \cong 2$. Sobald ein Trend vorliegt, wird $\Delta^2 < 2s^2$, da dann benachbarte Werte ähnlicher sind als entferntere, d. h. $\Delta^2/s^2 < 2$.

Nullhypothese H_0	Alternativhypothese H_1
Die sukzessiven Differenzen sind unkorreliert.	Die sukzessiven Differenzen sind korreliert.

Alternativhypothese H_1	Die Nullhypothese H_0 wird zugunsten der Alternativhypothese H_1 verworfen, falls		
	Prüfgröße		kritischer Wert
$n \leq 60$	Δ^2/s^2	$\leq$	s. Tabelle 14.8
$n > 60$	Δ^2/s^2	$\leq$	$2 - 2 \cdot u_{1-\alpha}\sqrt{\frac{n-2}{(n-1)(n+1)}}$

Die Tabelle 14.8 zeigt die kritischen Werte für den Test auf Trend.

Test auf Trend unter Berücksichtigung von Lagesprüngen (Volkswagen AG – Audi AG 2005b)

Im Fall einer konstanten Streuung und nicht konstanten Lage wird zunächst getestet, ob ein Trend vorliegt. Prozesse mit Trend weisen im Untersuchungszeitraum in der Regel keinen monoton steigenden oder fallenden zeitlichen Verlauf auf. Vielmehr wird deren Verlauf durch Lagesprünge unterbrochen, die sich aus Korrekturmaßnahmen nach Überschreitung der Eingriffsgrenzen von Qualitätsregelkarten ergeben (sogenannter Sägezahnverlauf, s. Bild 6.22). Ein Test auf Trend über diese Sprungstellen würde zu einem unbrauchbaren Ergebnis führen. Daher müssen dazu im ersten Schritt die Bereiche ermittelt werden, die zwischen den Sprungstellen liegen.

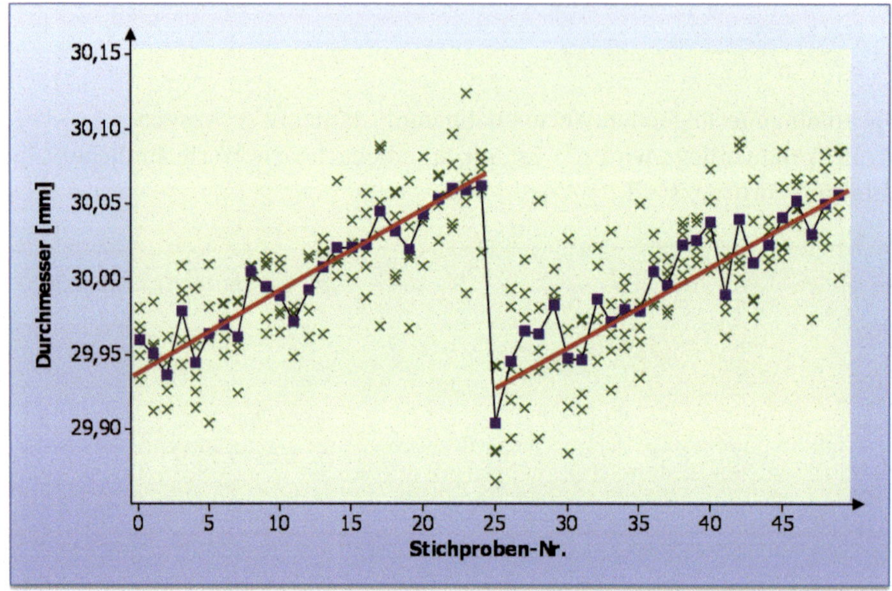

Bild 6.22 Beispiel eines Prozessverlaufs mit Trend und Lagekorrektur

Nullhypothese H_0	Alternativhypothese H_1
Die Lage ändert sich nicht oder nur stetig.	Die Lage ändert sich sprunghaft.

Alternativhypothese H_1	Die Nullhypothese H_0 wird zugunsten der Alternativhypothese H_1 verworfen, falls		
	Prüfgröße		kritischer Wert
s. o.	$\left(\Delta\overline{x}_j\right)^2 = \left(\overline{x}_{j+2} + \overline{x}_{j+1} + \overline{x}_j - \overline{x}_{j-1} - \overline{x}_{j-2} - \overline{x}_{j-3}\right)^2$ j = 1, 2, …, m wobei $\overline{x}_j$: Mittelwert der j-ten Stichprobe des Umfanges n	>	$E = \chi^2_{1-\alpha;1} \cdot \frac{6}{n} \cdot \hat{\sigma}^2_m + \frac{27}{4} \cdot \hat{\sigma}^2_R$ wobei $\hat{\sigma}^2_R = \hat{\sigma}^2 - \hat{\sigma}^2_m$ $\hat{\sigma}^2$: geschätzte Gesamtvarianz $\hat{\sigma}^2_m$: geschätzte Momentan-varianz $\chi^2_{1-\alpha;1}$: Quantil der Chi-Quadrat-Verteilung mit dem Freiheitsgrad 1

Aus j wird dann die l-te Sprungstelle ermittelt durch

$$J_l = \begin{cases} j+2 & \left(\Delta\overline{x}_{j+2}\right)^2 = \max\left\{\left(\Delta\overline{x}_{j+2}\right)^2, \left(\Delta\overline{x}_{j+1}\right)^2, \left(\Delta\overline{x}_j\right)^2\right\} \\ j+1 \text{ für} & \left(\Delta\overline{x}_{j+1}\right)^2 = \max\left\{\left(\Delta\overline{x}_{j+2}\right)^2, \left(\Delta\overline{x}_{j+1}\right)^2, \left(\Delta\overline{x}_j\right)^2\right\} \\ j & \left(\Delta\overline{x}_j\right)^2 = \max\left\{\left(\Delta\overline{x}_{j+2}\right)^2, \left(\Delta\overline{x}_{j+1}\right)^2, \left(\Delta\overline{x}_j\right)^2\right\} \end{cases}$$

Somit wird der l-te Bereich zwischen zwei Sprungstellen

$$J_{ul} \le j \le J_{ol}$$

festgelegt durch

$$J_{ul} = \begin{cases} 1 & \\ & \text{für} \\ J_{l-1}+1 & \end{cases} \begin{matrix} l=1 \\ l>1 \end{matrix} \qquad J_{ol} = \begin{cases} J_l - 2 & \\ & \text{für} \\ m & \end{cases} \begin{matrix} l<L \\ l=L \end{matrix}$$

wobei L: Anzahl der sprungstellenfreien Bereiche

Im zweiten Schritt erfolgt dann der Test auf Trend. Dazu werden zunächst für die sprungstellenfreien Bereiche mit einer Stichprobenanzahl $m \geq 7$ jeweils die Konstante a_0 und die Steigung a_1 der Regressionsgeraden wie folgt geschätzt:

	$\hat{a}_0 = \overline{\overline{x}}_l - \hat{a}_1 \cdot \overline{j}_l$	$\hat{a}_1 = \frac{s_{\overline{x}_J}}{s_J^2}$
wobei	$s_{\overline{x}_l} = \frac{1}{m_l - 1} \cdot \left(\sum_{j=J_{ul}}^{J_{ol}} j \cdot \overline{x}_j - m_l \cdot \overline{j}_l \cdot \overline{\overline{x}}_l\right)$	Kovarianz
	$s_J^2 = \frac{1}{m_l - 1} \cdot \left(\sum_{j=J_{ul}}^{J_{ol}} j^2 - m_l \cdot \overline{j}_l^2\right)$	Varianz der Stichprobennummern
	$\overline{j}_l$	Mittelwert der Stichprobennummern
	$\overline{\overline{x}}_l$	Mittelwert der Stichprobenmittelwerte

Anschließend erfolgt ein Test auf Abweichung der Regressionsgeradensteigung von Null:

Nullhypothese H_0	Alternativhypothese H_1
Die Steigung der Regressionsgeraden ist Null. $a_1 = 0$	Die Steigung der Regressionsgeraden ist ungleich Null. $a_1 \neq 0$

Alternativhypothese H_1	Die Nullhypothese H_0 wird zugunsten der Alternativhypothese H_1 verworfen, falls		
	Prüfgröße		kritischer Wert
s. o.	$t = \frac{\hat{a}_1}{s_{a_1}}$	>	$t > t_{1-\frac{\alpha}{2};f_1}$
	wobei $s_{a_1}^2 = \frac{1}{(m_1 - 1)} \cdot \frac{s_r^2}{s_J^2}$: Varianz der Geradensteigung $s_r^2 = \frac{1}{f_1} \sum_{j=J_{ul}}^{J_{ol}} (\bar{x}_j - \hat{\bar{x}}_j)^2$: Varianz der Residuen $\hat{\bar{x}}_j = \hat{a}_0 + \hat{a}_1 \cdot j$: Schätzwerte für linearen Trend $f_1 = m_1 - 2$: Freiheitsgrad		wobei $t > t_{1-\frac{\alpha}{2};f_1}$: Quantil der t-Verteilung (Graf et al., 1998)

Zur Vermeidung der irrtümlichen Ermittlung eines Trends bei einem Lagesprung wird zudem der folgende Test auf Linearitätsabweichung durchgeführt:

Nullhypothese H_0	Alternativhypothese H_1
Trend linear	Trend nicht linear

Alternativhypothese H_1	Die Nullhypothese H_0 wird zugunsten der Alternativhypothese H_1 verworfen, falls		
	Prüfgröße		kritischer Wert
s. o.	$F = n \cdot \frac{s_r^2}{s_K^2}$	>	$F > F_{1-\alpha;\, f_1;\, f_2}$
			wobei $F_{1-\alpha;\, f_1;\, f_2}$: Quantil der F-Verteilung (Graf et al., 1998) $f_1 = m_1 - 2$ $f_2 = m_1 \cdot (n-1)$

Werden für mindestens zwei Drittel aller sprungstellenfreien Bereiche lineare Trends ermittelt, dann wird das zeitabhängige Verteilungsmodell C3 (s. Kapitel 9) angenommen.

Ergibt sich nach dem beschriebenen Test auf Trend keine Annahme des zeitabhängigen Verteilungsmodells C3, dann werden die erfassten Messwerte auf Abweichung von einer normalverteilten Grundgesamtheit getestet. Ergibt sich kein Widerspruch zur Hypothese einer Normalverteilung, dann wird das Prozesszeitmodell C1 angenommen. Andernfalls wird das zeitabhängige Verteilungsmodell C4 angenommen, wobei der Test auf Lagesprünge zur Ermittlung der Mischverteilung bis auf den Schwellenwert

$$E = \chi^2_{1-\alpha;1} \cdot \frac{6}{n} \cdot \hat{\sigma}^2_m$$

in gleicher Weise erfolgt wie beim Test auf Trend.

6.3.3 Tests auf Normalverteilung

Viele statistische Verfahren setzen Werte aus einer normalverteilten Grundgesamtheit voraus. Werden „robuste" statistische Verfahren (hierzu zählen die meisten Mittelwertvergleiche) angewendet, so wirken sich Abweichungen der tatsächlichen Wahrscheinlichkeitsverteilung von der Normalverteilung auf das Testergebnis meist nur gering aus.

Bei anderen statistischen Verfahren und hierzu zählt vor allem die Stichprobenprüfung anhand quantitativer Merkmale (Variablenprüfung) sind die Aussagen jedoch nur dann zutreffend, wenn die Werte tatsächlich aus einer normalverteilten Grundgesamtheit stammen.

Das Testen der Normalverteilungshypothese unter Ausnutzung aller zur Verfügung stehenden Informationen ist hier unumgänglich!

Testverfahren, die eine hohe „Schärfe" aufweisen, sind meist sehr rechenintensiv. Erst der Einsatz von Computern ermöglicht daher die sinnvolle Anwendung dieser Verfahren. Folgende Testverfahren werden näher betrachtet:

- der klassische χ^2-Anpassungstest ($n \geq 50$)
- der d'Agostino-Test ($50 \leq n \leq 1000$)
- der Epps-Pulley-Test ($8 \leq n \leq 200$)
- der Shapiro-Wilk-Test ($3 \leq n \leq 50$)
- der erweiterte Shapiro-Wilk-Test (kleine Stichprobengrößen)
- der Test auf Asymmetrie
- der Test auf Kurtosis.

Manche Tests überschneiden sich in ihren Anwendungsbereichen. Vergleiche der Testverfahren haben gezeigt, dass diese bei gleichen Messwertreihen je nach Struktur der Daten unterschiedlich gut ansprechen. Entscheidet man sich deshalb, mehrere Tests parallel zu bewerten, ist zu beachten, dass der Fehler 1. Art (Irrtumswahrscheinlichkeit, Verwerfen von H_0, obwohl H_0 zutrifft) in der Summe über alle Tests größer wird.

Die genannten Tests sind bis auf den χ^2-Test und d'Agostino-Test in DIN ISO 5479 (DIN, 1997) beschrieben. In dieser Norm sind auch die Koeffizienten und kritischen Werte der Tests enthalten.

χ^2-Anpassungstest

Das Grundprinzip beim χ^2-Test ist recht einfach:

Man klassiert die Stichprobe, berechnet sich aus der angenommenen Verteilungsfunktion die theoretisch zu den Klassen gehörenden Wahrscheinlichkeiten (Erwartungswerte) und vergleicht diese mit den Klassenhäufigkeiten der gegebenen Stichprobe (Beobachtungswerte).

Voraussetzungen:

a) Alle Erwartungswerte müssen größer als 1 sein.

b) Es dürfen nicht mehr als 20 % aller Erwartungswerte kleiner als 5 sein.

Diese Voraussetzungen können durch das Zusammenfassen der „Randklassen“ meist erfüllt werden.

Nullhypothese H_0	Alternativhypothese H_1
Die Stichprobe stammt aus der angenommenen Verteilung (z. B. Normalverteilung).	Die Stichprobe stammt nicht aus der angenommenen Verteilung

Alternativhypothese H_1	Die Nullhypothese H_0 wird zugunsten der Alternativhypothese H_1 verworfen, falls		
	Prüfgröße		kritischer Wert
s. o.	$\sum_{j=1}^{k}\frac{(\text{Beobachtw.-Erwartw.})^2}{\text{Erwartungswert}}$	>	$\chi^2_{f;1-\alpha}$
mit	$f = k - a - 1$ k = Klassenzahl a = Anzahl der unbekannten Parameter, die mithilfe der Stichprobe geschätzt werden.		

Beim Test auf Normalverteilung ist $a = 2$, wenn die Stichprobenkennwerte für Mittelwert und Standardabweichung gleichzeitig die Schätzwerte für μ und σ der Grundgesamtheit sind.

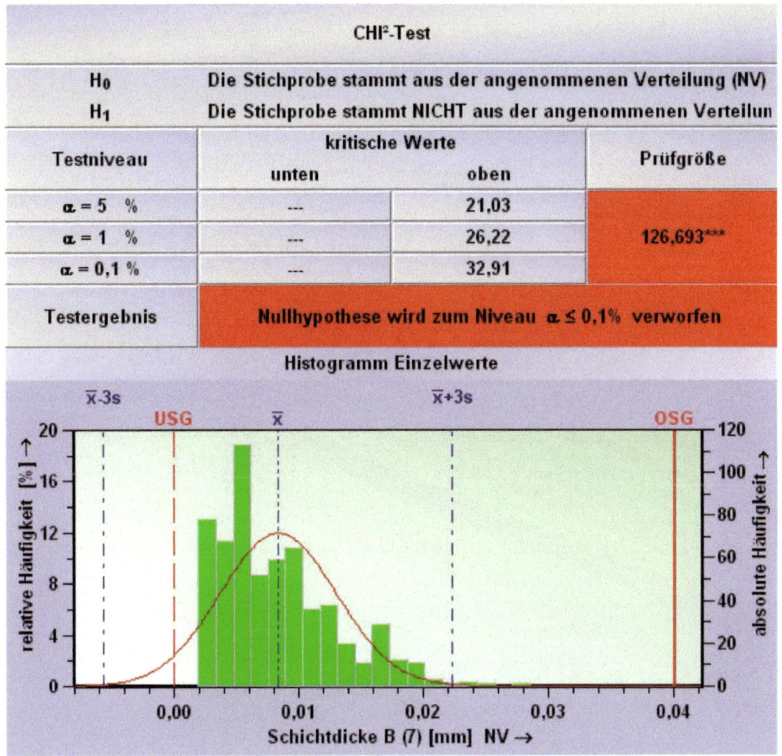

CHI²-Test			
H_0	Die Stichprobe stammt aus der angenommenen Verteilung (NV)		
H_1	Die Stichprobe stammt NICHT aus der angenommenen Verteilun		
Testniveau	kritische Werte		Prüfgröße
	unten	oben	
α = 5 %	---	21,03	126,693***
α = 1 %	---	26,22	
α = 0,1 %	---	32,91	
Testergebnis	Nullhypothese wird zum Niveau α ≤ 0,1% verworfen		

Bild 6.23 CHI²-Anpassungstest

Hinweis

Dieser Test ist sehr stark von der jeweils gewählten Klassierung abhängig. Daher sollte im Histogramm zunächst bestätigt werden, ob dieser Test überhaupt für einen vorliegenden Datensatz sinnvoll ist. Das Ergebnis wird sofort unbrauchbar, wenn Klassen nicht besetzt sind.

Für den vorliegenden Datensatz ergibt sich als Prüfgröße 126,693. Verglichen mit dem kritischen Wert der CHI²-Anpassungstests ist das Ergebnis „Nullhypothese wird zum Niveau $\alpha \leq 0{,}1\,\%$ verworfen“

d‘Agostino-Test

Der d’Agostino-Test wurde lange Zeit als Anpassungstest auf Normalverteilung verwendet. Untersuchungen haben gezeigt, dass es sich bei diesem Test nicht um einen gezielten Test auf Normalverteilung handelt. In der aktuellen DIN ISO 5479 (DIN, 1997) ist der d’Agostino-Test nicht mehr enthalten.

Nullhypothese H_0	Alternativhypothese H_1
Die Stichprobe stammt aus einer normalverteilten Grundgesamtheit.	Die Stichprobe stammt nicht aus einer Normalverteilung.
Mithilfe der sortierten Werte werden zunächst die Hilfsgrößen S und D berechnet: $S=\sum \alpha_k \cdot \left[x_{(n+1-k)} - x_{(k)}\right]$ mit $\alpha_k = \frac{n+1}{2} - k$	
$D = S / \left(n^2 \cdot \sqrt{m_2}\right)$	Dabei läuft der Index k von 1 bis n/2 bzw. (n - 1)/2, je nachdem ob n gerade oder ungerade ist.

Alternativhypothese H_1	Die Nullhypothese H_0 wird zugunsten der Alternativhypothese H_1 verworfen, falls		
	Prüfgröße		kritischer Wert
s.o.	$\frac{\sqrt{n} \cdot (D - 0.28209479)}{0.02998598}$	< oder >	$DA_{n;\alpha/2}$ $DA_{n;1-\alpha/2}$ s. (Graf et al., 1998)

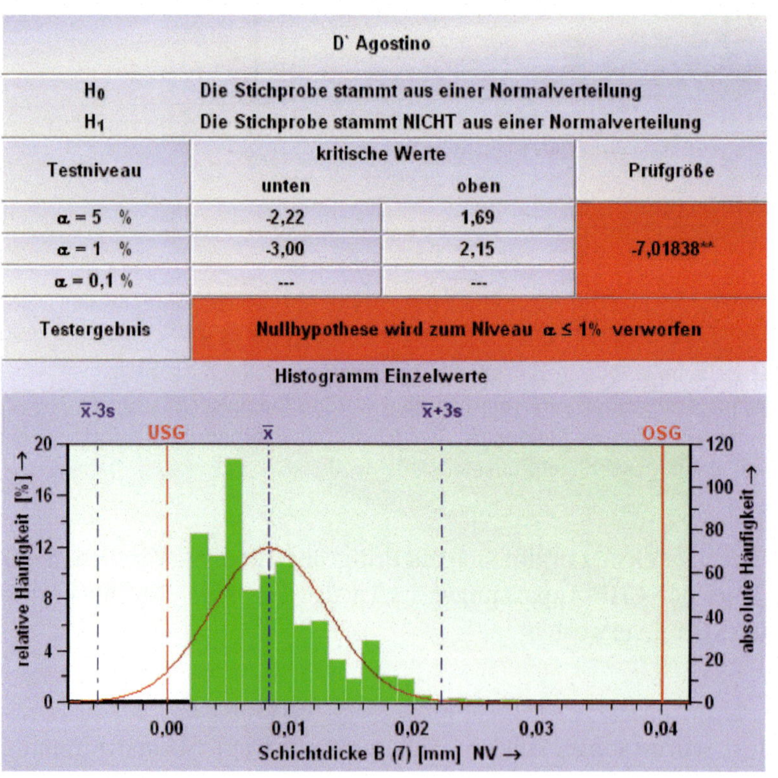
D` Agostino

H_0	Die Stichprobe stammt aus einer Normalverteilung
H_1	Die Stichprobe stammt NICHT aus einer Normalverteilung

Testniveau	kritische Werte unten	kritische Werte oben	Prüfgröße
α = 5 %	-2,22	1,69	-7,01838**
α = 1 %	-3,00	2,15	
α = 0,1 %	---	---	
Testergebnis	Nullhypothese wird zum Niveau α ≤ 1% verworfen		

Bild 6.24 Test nach d'Agostino

Für den vorliegenden Datensatz ergibt sich als Prüfgröße 7,01838. Verglichen mit den kritischen Werten des d-Agostino-Tests lautet das Ergebnis „Nullhypothese wird zum Niveau $\alpha \leq 1\,\%$ verworfen“.

Epps-Pulley-Test

Dieser Test ist in der aktuellen DIN ISO 5479 (DIN, 1997) (Tests auf Normalverteilung) als Ersatz für den d'Agostino-Test enthalten.

Nullhypothese H_0	Alternativhypothese H_1
Die Stichprobe stammt aus einer normalverteilten Grundgesamtheit.	Die Stichprobe stammt nicht aus einer Normalverteilung.

Die Prüfgröße berechnet sich aus:

$$T_{EP} = 1 + \frac{n}{\sqrt{3}} + \frac{2}{n} \sum_{k=2}^{n} \sum_{j=1}^{k-1} \exp\left\{ \frac{-(x_j - x_k)^2}{2m_2} \right\} - \sqrt{2} \sum_{j=1}^{n} \exp\left\{ \frac{-(x_j - \overline{x})^2}{4m_2} \right\}$$

Alternativhypothese H_1	Die Nullhypothese H_0 wird zugunsten der Alternativhypothese H_1 verworfen, falls		
	Prüfgröße		kritischer Wert
s. o.	T_{EP}	>	$EP_{n;1-\alpha}$ s. Tabelle 14.9
mit	m_2 = Moment 2. Ordnung $m_2 = \frac{1}{n} \cdot \sum_{i=1}^{n} (x_i - \overline{x})^2$		

Die Tabelle 14.9 enthält kritische Werte für den Epps-Pulley-Test.

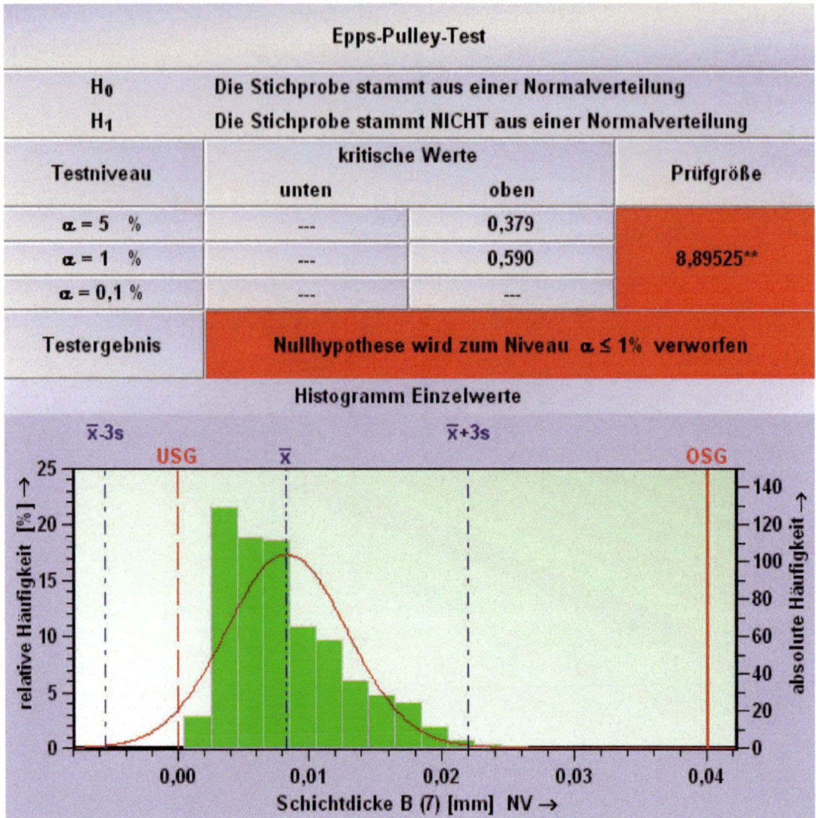

Epps-Pulley-Test			
H_0	Die Stichprobe stammt aus einer Normalverteilung		
H_1	Die Stichprobe stammt NICHT aus einer Normalverteilung		
Testniveau	kritische Werte unten	kritische Werte oben	Prüfgröße
α = 5 %	---	0,379	8,89525**
α = 1 %	---	0,590	
α = 0,1 %	---	---	
Testergebnis	Nullhypothese wird zum Niveau α ≤ 1% verworfen		

Bild 6.25 Epps-Pulley-Test

Für den vorliegenden Datensatz ergibt sich als Prüfgröße 8,89525. Verglichen mit den kritischen Werten des Epps-Pulley-Tests ist das Ergebnis „Nullhypothese wird zum Niveau $\alpha \leq 1\,\%$ verworfen“.

Shapiro-Wilk-Test

Nullhypothese H_0	Alternativhypothese H_1
Die Stichprobe stammt aus einer normalverteilten Grundgesamtheit.	Die Stichprobe stammt nicht aus einer Normalverteilung.

Mithilfe der sortierten Werte wird zunächst die Hilfsgröße S berechnet:

$$S = \sum \alpha_k \cdot \left[x_{(n+1-k)} - x_{(k)} \right]$$

Dabei läuft der Index k von 1 bis n/2 bzw. (n - 1)/2, je nachdem ob n gerade oder ungerade ist. Die Koeffizienten α_k sind vom Stichprobenumfang n abhängig.

Alternativhypothese H_1	Die Nullhypothese H_0 wird zugunsten der Alternativhypothese H_1 verworfen, falls		
	Prüfgröße		kritischer Wert
s.o.	$\frac{s^2}{n \cdot m_2}$	<	$SW_{n;1-\alpha}$
mit	$m_2 = \text{Moment 2. Ordnung}$ $m_2 = \frac{1}{n} \cdot \sum_{i=1}^{n} (x_i - \bar{x})^2$		

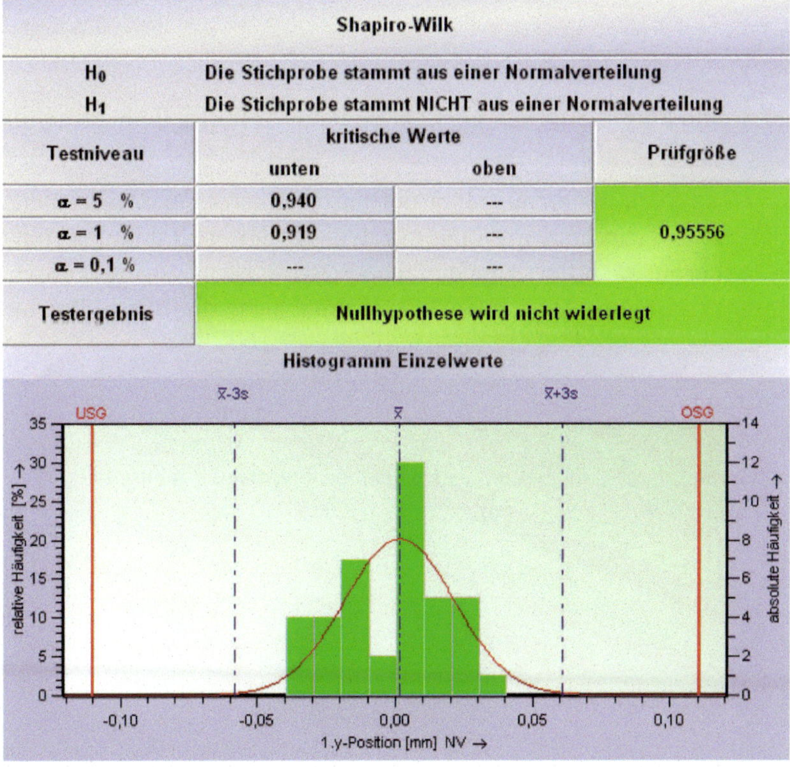

Shapiro-Wilk			
H_0	Die Stichprobe stammt aus einer Normalverteilung		
H_1	Die Stichprobe stammt NICHT aus einer Normalverteilung		
Testniveau	kritische Werte unten	kritische Werte oben	Prüfgröße
α = 5 %	0,940	---	0,95556
α = 1 %	0,919	---	
α = 0,1 %	---	---	
Testergebnis	Nullhypothese wird nicht widerlegt		

Bild 6.26 Shapiro-Wilk-Test

Für den vorliegenden Datensatz ergibt sich als Prüfgröße 0,95556. Verglichen mit den kritischen Werten des Shapiro-Wilk-Tests ist das Ergebnis „Nullhypothese wird nicht widerlegt".

Erweiterter Shapiro-Wilk-Test

Eine Beurteilung der Normalität ist beim Vorliegen von Stichproben mit wenigen Werten immer mit einer großen Unsicherheit verbunden (Fehler 2. Art). Liegen nun mehrere solcher Stichproben aus einer Grundgesamtheit vor, stellt sich die Frage nach einer gemeinsamen Beurteilung dieser Stichproben. Die häufig angewandte Methode der Zusammenfassung einzelner Stichproben zu einer gemeinsamen Stichprobe ist nur dann sinnvoll, wenn der Mittelwert der Grundgesamtheit konstant ist. Da sich die Frage nach der Normalität der Einzelwertverteilung jedoch häufig im Zusammenhang mit nicht konstanten Mittelwerten bei Prozessfähigkeitsuntersuchungen stellt, erweist sich obiges Verfahren als ungeeignet.

Ein geeignetes Verfahren zur gemeinsamen Beurteilung mehrerer Stichprobenergebnisse stellt der erweiterte Shapiro-Wilk-Test dar.

Zunächst wird für jede Stichprobe die Prüfgröße W gebildet (bei entsprechend großen Abweichungen von der Normalität ist bereits bei diesen Tests das Verwerfen der Normalverteilungshypothese wahrscheinlich). Mithilfe dieser Prüfgröße berechnet man die G_T-Werte entsprechend folgender Formel:

$$G_T = \tau + \delta \ln \frac{W - \varepsilon}{1 - W}$$

Die Werte von τ, δ, ε sind Funktionen von n und in Biometrika Tables II für $3 \leq n \leq 50$ enthalten.

Stammen die einzelnen Stichproben aus einer normalverteilten Grundgesamtheit, so bilden die G_T-Werte eine Normalverteilung mit dem Mittelwert 0 und der Standardabweichung 1. Hieraus resultiert eine einfache Bewertungsmöglichkeit durch das Eintragen der Werte in ein Wahrscheinlichkeitsnetz sowie die Durchführung eines u-Tests.

Hinweis

Dieses Testverfahren wird nur bei der gemeinsamen Beurteilung mehrerer Stichproben verwendet.

Ziel des Tests ist es festzustellen, ob die entnommenen Stichproben von einer normalverteilten Grundgesamtheit stammen. Beim erweiterten Shapiro-Wilk-Test werden Kenngrößen berechnet und diese ins W-Netz eingetragen. Liegt der Mittelwert der Kenngrößen bei 0 und die Standardabweichung bei 1, so kann von einer normalverteilten Grundgesamtheit ausgegangen werden.

Für den vorliegenden Datensatz ergibt sich als Prüfgröße 2,26934. Verglichen mit den kritischen Werten des Erweiterten Shapiro-Wilk-Tests lautet das Ergebnis „Nullhypothese wird zum Niveau $\alpha \leq 5\,\%$ verworfen“.

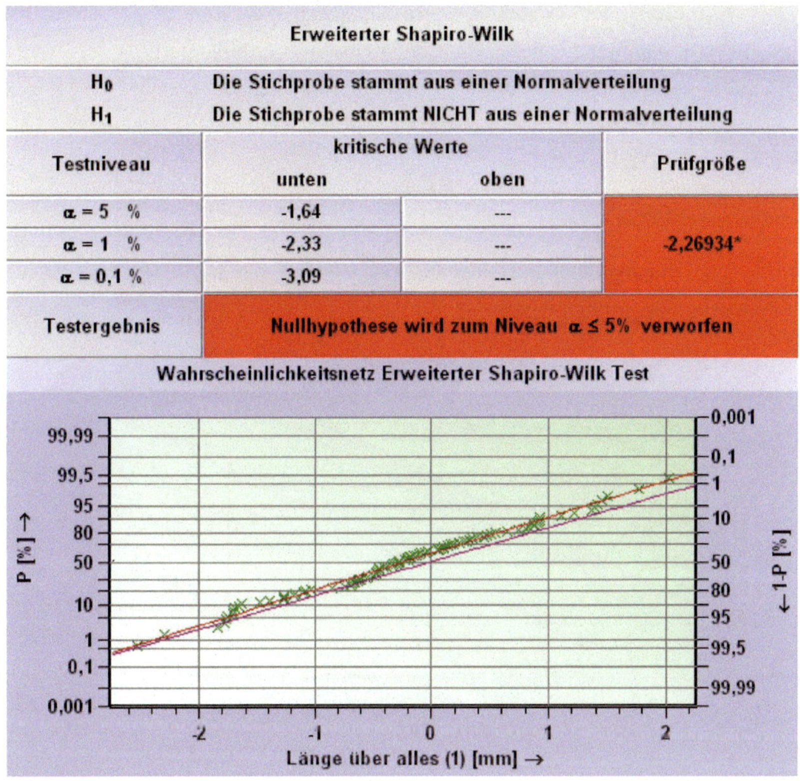

Erweiterter Shapiro-Wilk

H_0	Die Stichprobe stammt aus einer Normalverteilung
H_1	Die Stichprobe stammt NICHT aus einer Normalverteilung

Testniveau	kritische Werte unten	kritische Werte oben	Prüfgröße
α = 5 %	-1,64	---	-2,26934*
α = 1 %	-2,33	---	
α = 0,1 %	-3,09	---	
Testergebnis	Nullhypothese wird zum Niveau $\alpha \leq 5\%$ verworfen		

Bild 6.27 Erweiterter Shapiro-Wilk-Test

Test auf Asymmetrie

Der Test auf Asymmetrie nutzt den Formkennwert der Schiefe (links- bzw. rechtssteil) einer Verteilung. Die Prüfgröße ist identisch mit dem Betrag des statistischen Kennwerten „Schiefe“ (s. Abschnitt 3.2). Die Beurteilung, ob die „Null- oder Alternativhypothese zutreffend“ ist, erfolgt durch den Vergleich mit den kritischen Werten. Diese sind in der DIN ISO 5479 (DIN, 1997) angegeben.

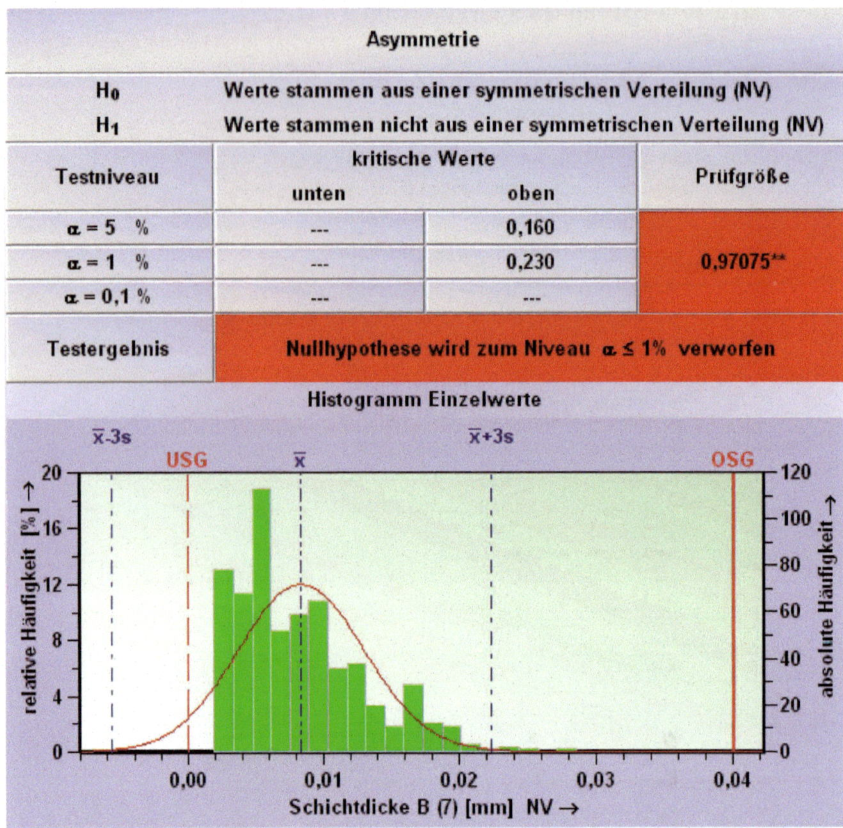

Asymmetrie			
H_0	Werte stammen aus einer symmetrischen Verteilung (NV)		
H_1	Werte stammen nicht aus einer symmetrischen Verteilung (NV)		
Testniveau	kritische Werte unten	kritische Werte oben	Prüfgröße
α = 5 %	---	0,160	0,97075**
α = 1 %	---	0,230	
α = 0,1 %	---	---	
Testergebnis	Nullhypothese wird zum Niveau α ≤ 1% verworfen		

Bild 6.28 Test auf Asymmetrie

Für den vorliegenden Datensatz ergibt sich als Prüfgröße 0,97075. Verglichen mit den kritischen Werten des Tests auf Asymmetrie ist das Ergebnis „Nullhypothese wird zum Niveau α ≤ 1 % verworfen“.

Test auf Kurtosis

Der Test auf Kurtosis ist ebenfalls ein expliziter Formtest und nutzt die Wölbung (steil- oder flachgipflig) einer Verteilung. Die Prüfgrößen sind identisch mit den statistischen Kennwerten „Wölbung“ (s. Abschnitt 3.2).

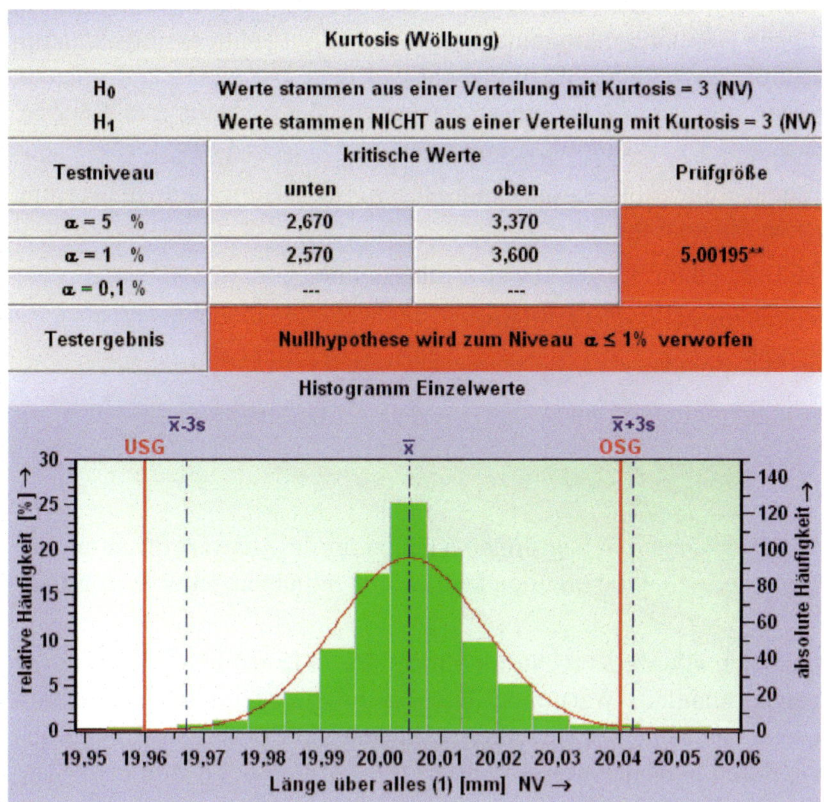

Kurtosis (Wölbung)			
H_0	Werte stammen aus einer Verteilung mit Kurtosis = 3 (NV)		
H_1	Werte stammen NICHT aus einer Verteilung mit Kurtosis = 3 (NV)		
Testniveau	kritische Werte unten	kritische Werte oben	Prüfgröße
α = 5 %	2,670	3,370	5,00195**
α = 1 %	2,570	3,600	
α = 0,1 %	---	---	
Testergebnis	Nullhypothese wird zum Niveau α ≤ 1% verworfen		

Bild 6.29 Test auf Kurtosis

Für den vorliegenden Datensatz ergibt sich als Prüfgröße 5,00195. Verglichen mit den kritischen Werten des Tests auf Kurtosis ist das Ergebnis „Nullhypothese wird zum Niveau α ≤ 1 % verworfen“.

6.3.4 Tests auf Ausreißer

Die Diskussion über Ausreißer ist ein sehr beliebtes Thema in der Statistik. Die Definitionen unterscheiden sich je nach Betrachtungsweise. Grundsätzlich ist davon auszugehen, dass ein Ausreißer ein Wert ist, der nicht die untersuchte Grundgesamtheit beschreibt, also ein Element der Stichprobe, das nicht repräsentativ ist für die tatsächliche Population. Ein einfaches Beispiel sind Fehlmessungen, deren Ergebnisse nicht die tatsächliche Situation widerspiegeln. Das wiederum bedeutet, dass für eine Begründung vorliegen muss, warum ein Messwert als Ausreißer betrachtet wird.

Auch und gerade bei der vollelektronischen Messwerterfassung und -auswertung sind die Ursachen für Ausreißer vielfältig:

- zu früh betätigte Taster bei der Messwertübernahme
- hängen gebliebene Messwertaufnehmer
- elektrische Störimpulse
- mechanische Erschütterungen
- Schmutz am Prüfobjekt
- etc.

Gefundene Ausreißer können in begründeten Fällen für die Auswertung eliminiert werden. Die Werte selbst sollten erhalten bleiben und mit einem Hinweis versehen werden.

Ausreißertests dürfen allerdings nicht mit einer solchen Begründung verwechselt werden. Sie zeigen allenfalls Werte auf, die typische Symptome von Ausreißern tragen. Im Wesentlichen sind das Extremwerte in einer Stichprobe, die unnatürlich weit von den anderen Merkmalswerten entfernt liegen und bei denen daher vermutet werden kann, **dass sie nicht aus derselben Grundgesamtheit stammen wie die übrigen Werte.**

Messwerte sollten also nicht allein aufgrund von Ausreißertests eliminiert und aus der Auswertung entnommen werden. Daraus folgt wiederum, dass bei der Datenerfassung sämtliches Wissen zur Entstehung der Daten protokolliert werden sollte, um daraus im Nachgang auf die Entstehung von Ausreißern schließen zu können.

Ausreißer können allerdings auch durch versehentliche Doppelmessungen, fälschlich abgespeicherte Kalibriermessungen und ähnliches entstehen, müssen also nicht zwangsläufig am Rand einer Verteilung liegen. Diese Werte können durch Ausreißertests nicht erkannt werden.

Ausreißer müssen die Ausnahme sein. Werden beim Auswerten derselben Merkmale immer wieder „Ausreißer“ gefunden, bzw. werden in einem Merkmal zu viele Ausreißer gefunden, so stimmt vermutlich die vorausgesetzte Verteilungsform nicht. Da die meisten Ausreißertests auf der Normalverteilung basieren, können diese Tests sogar als vereinfachte Tests auf Normalverteilung interpretiert werden.

Weiterhin muss bewusst sein, dass die Entstehung eines jeden Ausreißers ein Verlust darstellt. Technische und personelle Ressourcen wurden eingesetzt, um Messungen durchzuführen, die im Nachgang nicht verwertbar sind. Deshalb ist darauf zu achten, dass bei automatisierten Auswertungen mit ebenfalls automatisierter Ausreißererkennung Alarme gesetzt werden, wenn Ausreißer gefunden werden. Typischerweise muss die Software Alarme oder Hinweise ausgeben, wenn z. B. mehr als 2 % oder mehr als 2 aufeinanderfolgende Ausreißer gefunden werden.

Die beiden folgenden Testverfahren auf Ausreißer setzen voraus, dass die Merkmalswerte aus einer normalverteilten Grundgesamtheit stammen. Dies ist erfahrungsgemäß bekannt oder wird durch einen entsprechenden Test überprüft.

Hinweis

In der Praxis gibt es immer wieder Diskussionen, ob Ausreißer automatisch für eine Auswertung aufgrund der Ergebnisse eines „Tests auf Ausreißer" entfernt werden sollen oder nicht. Prinzipiell ist von einer automatischen Eliminierung von Messwerten abzusehen. Kennt man allerdings einen Prozess sehr genau und sind die Ursachen für einen Ausreißer bekannt, kann man durchaus von diesem Prinzip abweichen. Oftmals sind sogar keine Testverfahren erforderlich, um Ausreißer zu erkennen. Über- oder unterschreitet beispielsweise ein Messwert eine vordefinierte Plausibilitätsgrenze, so kann dieser als Ausreißer angesehen und für die Auswertung eliminiert werden. ■

Test auf Ausreißer nach David, Hartley und Pearson

Nullhypothese H_0	Alternativhypothese H_1
Weder der Größtwert x_{max} noch der Kleinstwert x_{min} ist ein Ausreißer.	Entweder der Größtwert x_{max} oder der Kleinstwert x_{min} ist ein Ausreißer.

Alternativhypothese H_1	Die Nullhypothese H_0 wird zugunsten der Alternativhypothese H_1 verworfen, falls		
	Prüfgröße		kritischer Wert
s. o.	$\frac{R}{s}$	>	$A_{1-\alpha;n}$ s. (Graf et al., 1998)

Sollte die Nullhypothese verworfen werden, so ist der Extremwert mit dem größeren Abstand zum arithmetischen Mittelwert ein Ausreißer. Nur bei gleichem Abstand beider Extremwerte zum Mittelwert werden aufgrund einmaliger Prüfung beide Werte zugleich als Ausreißer erkannt. Wird ein Wert als Ausreißer eliminiert, so ist der Test mit den verbleibenden Werten zu wiederholen.

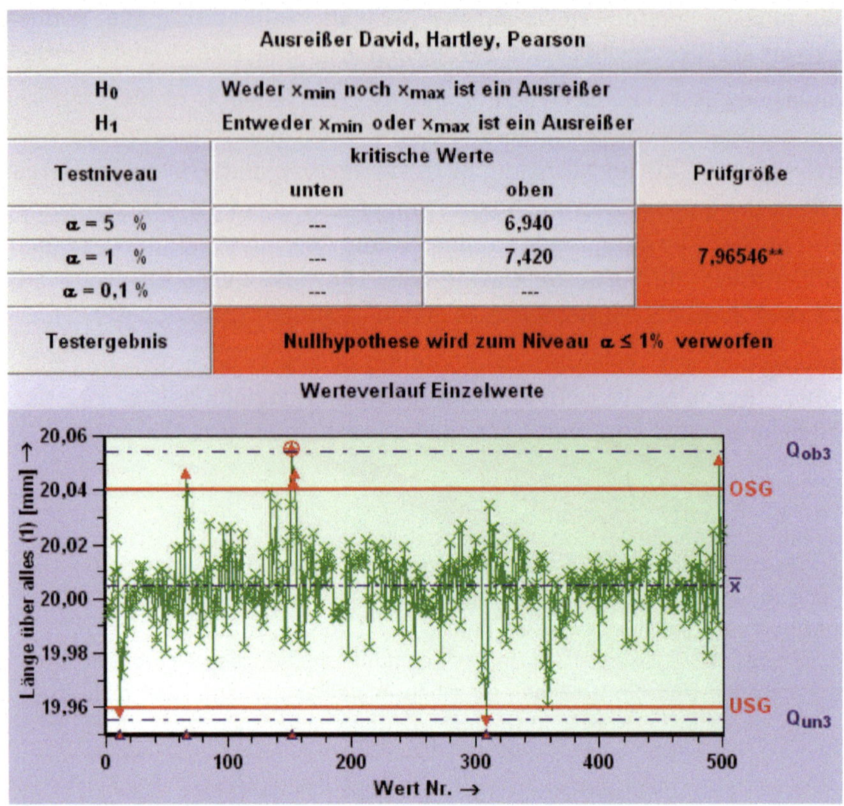

Bild 6.30 Test auf Ausreißer nach David, Hartley, Pearson

Für den vorliegenden Datensatz ergibt sich als Prüfgröße 7,96546. Verglichen mit den kritischen Werten des Tests auf Ausreißer nach David, Hartley, Pearson ist das Ergebnis „Nullhypothese wird zum Niveau $\alpha \leq 1\,\%$ verworfen“.

Test auf Ausreißer nach Grubbs

Nullhypothese H_0	Alternativhypothese H_1
Der Kleinstwert bzw. der Größtwert ist kein Ausreißer.	Der Kleinstwert bzw. der Größtwert ist ein Ausreißer.

Alternativhypothese H_1	Die Nullhypothese H_0 wird zugunsten der Alternativhypothese H_1 verworfen, falls		
	Prüfgröße		kritischer Wert
s. o. einseitig für Kleinstwert $x_{(1)}$	$\frac{\overline{x} - x_{(1)}}{s}$	>	$B_{1-\alpha;n}$
s. o. einseitig für Größtwert $x_{(n)}$	$\frac{x_{(n)} - \overline{x}}{s}$	>	$B_{1-\alpha;n}$ s. (Graf et al., 1998)

Wird ein Ausreißer festgestellt, so ist die vollständige Auswertung mit den restlichen Werten zu wiederholen.

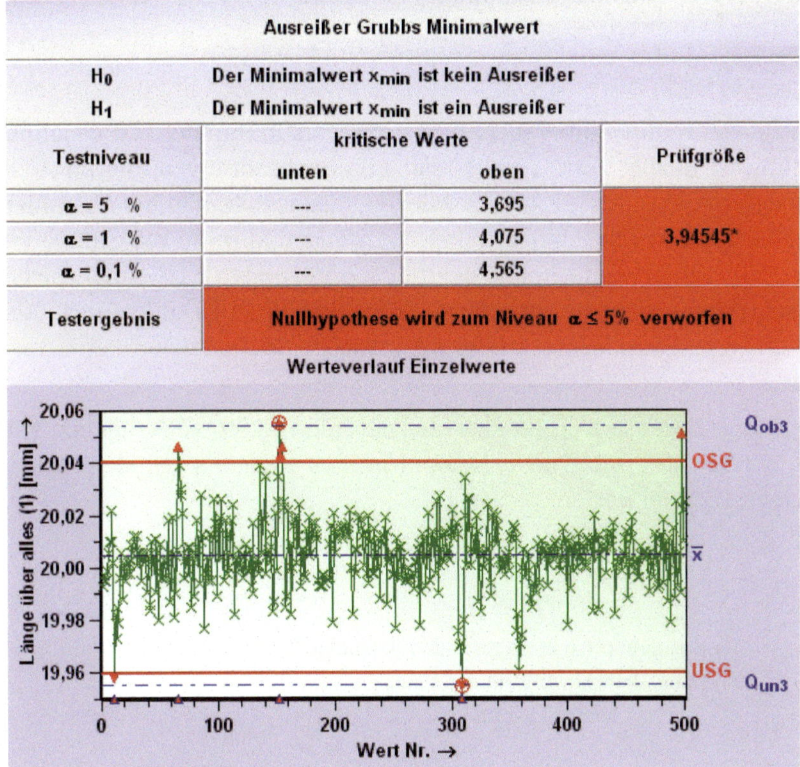

Ausreißer Grubbs Minimalwert			
H_0	Der Minimalwert x_{min} ist kein Ausreißer		
H_1	Der Minimalwert x_{min} ist ein Ausreißer		
Testniveau	kritische Werte unten	kritische Werte oben	Prüfgröße
$\alpha = 5$ %	---	3,695	3,94545*
$\alpha = 1$ %	---	4,075	
$\alpha = 0{,}1$ %	---	4,565	
Testergebnis	Nullhypothese wird zum Niveau $\alpha \leq 5\%$ verworfen		

Bild 6.31 Test auf Ausreißer nach Grubbs

Für den vorliegenden Datensatz ergibt sich als Prüfgröße 3,94545. Verglichen mit dem kritischen Wert des Tests auf Ausreißer nach Grubbs ist das Ergebnis „Nullhypothese wird zum Niveau $\alpha \leq 5\%$ verworfen".

Hampel-Test

Die Hauptursache für das Versagen des Grubbs-Tests ist die Schätzung des Mittelwerts und der Standardabweichung. Extreme Beobachtungen, d. h. potenzielle Ausreißer, haben einen enormen Effekt auf diese Werte. Besser wäre es demnach, robuste Schätzungen zu verwenden. Anstatt des Mittelwerts liegt es nahe, den Median zu wählen. Auch für die Streuung existiert ein robuster Schätzer, der sogenannte MAD (Median der absoluten Abweichungen vom Median oder Median Absolute Deviation). Bezeichnet $m = \text{median}\,(x_i, \ldots, x_n)$ den Median der Stichprobe $x_i, \ldots, x_n$, dann ist der MAD definiert als:

$$\mathrm{MAD}(x_1,\ldots,x_n) = \mathrm{median}(|x_i - m|,\ldots,|x_n - m|)\,/\,0{,}6745$$

Damit der MAD die Standardabweichung schätzt, muss dabei durch die Konstante 0,6745 dividiert werden. Die neue Teststatistik ist dann:

$$\overline{R}_i = \frac{|x_i - m|}{\mathrm{MAD}}$$

Dieser Test wurde von Hampel untersucht und wird deshalb Hampel-Test genannt. Seine Anwendung ist analog zum Grubbs-Test. Alle Beobachtungen, die im Ausreißerbereich begrenzt durch $m \pm T_{n,\alpha} \cdot \mathrm{MAD}$ liegen, bezeichnet man als Ausreißer gemäß Hampel-Test. Die kritischen Schranken $T_{n,\alpha}$ wurden mithilfe von Simulationen bestimmt. Für Fehlerwahrscheinlichkeiten $\alpha = 5\,\%$ und $\alpha = 1\,\%$ sind solche Werte für verschiedene Stichprobenumfänge n in Tabelle 14.10 aufgeführt. Als allgemein gültige grobe Faustregel kann für die kritische Schranke der Wert 5 verwendet werden.

Für den vorliegenden Datensatz ergibt sich als Prüfgröße 4,23971. Verglichen mit den kritischen Werten des Tests nach Hampel ist das Ergebnis „Nullhypothese wird zum Niveau $\alpha \leq 5\,\%$ verworfen“.

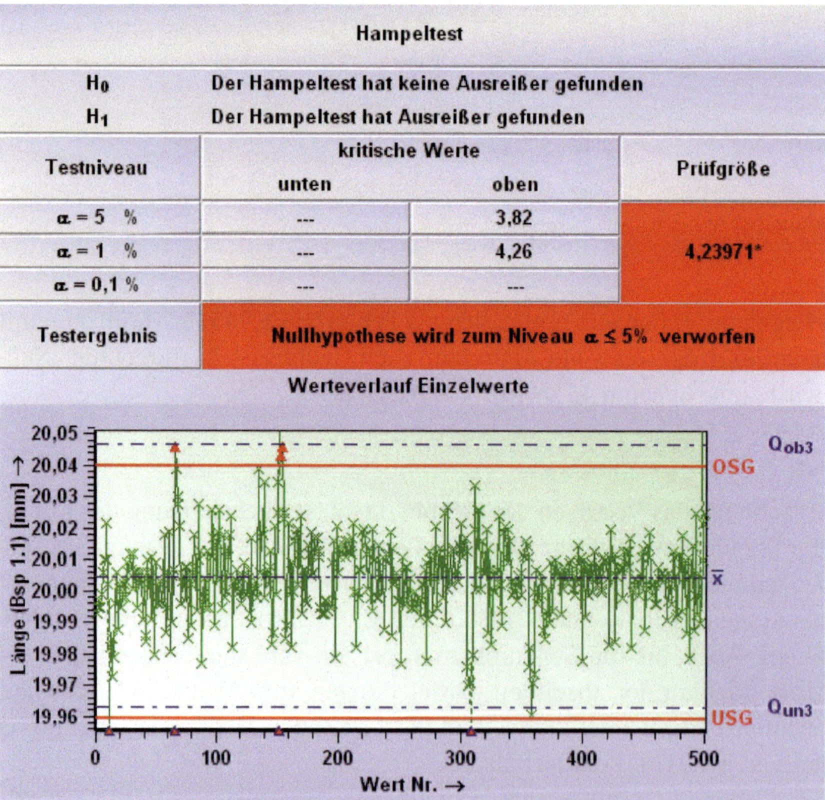

Hampeltest

H_0	Der Hampeltest hat keine Ausreißer gefunden
H_1	Der Hampeltest hat Ausreißer gefunden

Testniveau	kritische Werte unten	kritische Werte oben	Prüfgröße
α = 5 %	---	3,82	4,23971*
α = 1 %	---	4,26	
α = 0,1 %	---	---	
Testergebnis	Nullhypothese wird zum Niveau $\alpha \leq 5\%$ verworfen		

Bild 6.32 Test nach Hampel

6.4 Vergleich von Varianzen und Mittelwerten

Werden Messwerte von unterschiedlichen Lieferungen und Losen oder die Fertigung von gleichen Teilen auf verschiedenen Maschinen bzw. in unterschiedlichen Zeiträumen erfasst, so stellt sich oft die Frage, ob sich beispielsweise die Varianz aufgrund der unterschiedlichen Situationen verändert hat. Dazu gibt es Testverfahren, die die Gleichheit der Varianz aus zwei bzw. mehr Stichproben untersuchen.

Analog dazu kann gefragt werden, ob die Mittelwerte zweier Grundgesamtheiten gleich sind oder nicht. Dabei wird zusätzlich unterschieden, ob die Varianzen der Grundgesamtheiten

- unbekannt und gleich, oder
- unbekannt und ungleich

sind.

6.4.1 Normalverteilte Messwertreihen

Für normalverteilte Messwertreihen ergeben sich je nach Aufgabenstellung folgende Testverfahren:

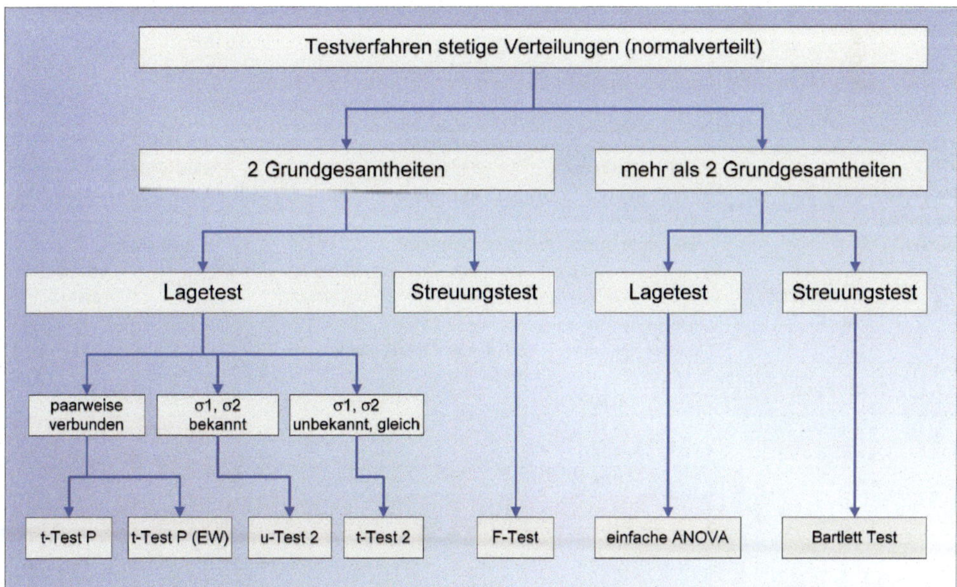

Bild 6.33 Testverfahren stetige Verteilungen (normalverteilt)

Vergleich der Varianzen von zwei Grundgesamtheiten (F-Test)

Aufgrund zweier Stichprobenvarianzen s_A^2 und s_B^2 soll überprüft werden, ob sich die Varianzen der beiden Grundgesamtheiten wesentlich voneinander unterscheiden. Dieses Testverfahren wird auch als F-Test bezeichnet. Dieses Verfahren wird bei der Prozessanalyse verwendet, um durch die Analyse von Varianzen festzustellen, ob der Mittelwert der Grundgesamtheit über die Zeit als konstant angesehen werden kann.

Nullhypothese H_0	Alternativhypothese H_1
$\sigma_A^2 = \sigma_B^2$ bzw. $\sigma_A^2 \geq \sigma_B^2$	$\sigma_A^2 \neq \sigma_B^2$ bzw. $\sigma_A^2 < \sigma_B^2$

Alternativhypothese H_1	Die Nullhypothese H_0 wird zugunsten der Alternativhypothese H_1 verworfen, falls			
	Prüfgröße		kritischer Wert	
$\sigma_A^2 \neq \sigma_B^2$ zweiseitig	$\frac{s_A^2}{s_B^2}$	>	$F_{1-\frac{\alpha}{2};f_1;f_2}$	$f_1 = n_A - 1$
$\sigma_A^2 > \sigma_B^2$ einseitig	$\frac{s_A^2}{s_B^2}$	>	$F_{1-\alpha;f_1;f_2}$	$f_2 = n_B - 1$

Hinweis

Die Indizierung ist immer so zu wählen, dass s_A^2 **die größere Varianz** zugeordnet wird.

F-Test							
Teilnr.	1			Teilnr.	1		
Teilebez.	Positionstoleranzen			Teilebez.	Positionstoleranzen		
Merkm.Nr.	1.x			Merkm.Nr.	1		
Merkm.Bez.	1.x-Position			Merkm.Bez.	Position 1		
Verteilung	Normalverteilung			Verteilung	Normalverteilung		
n_{eff}	40	$\bar{x}$	0,00925	n_{eff}	40	$\bar{x}$	0,02606
s^2	0,00036865	s	0,019200	s^2	0,00015820	s	0,012578
H_0	Varianzen der Grundgesamtheiten sind gleich						
H_1	Varianzen der Grundgesamtheiten sind NICHT gleich						
Testniveau	kritische Werte unten			kritische Werte oben		Prüfgröße	
α = 5 %	0,53			1,89		2,33038**	
α = 1 %	0,43			2,32			
α = 0,1 %	0,34			2,96			
Testergebnis	Nullhypothese wird zum Niveau α ≤ 1% verworfen						

Bild 6.34 F-Test

Für den vorliegenden Datensatz ergibt sich als Prüfgröße 2,33038. Verglichen mit den kritischen Werten des F-Tests ist das Ergebnis „Nullhypothese wird zum Niveau $\alpha \leq 1\,\%$ verworfen“.

Vergleich der Varianzen mehrerer Grundgesamtheiten (Bartlett-Test)

Nullhypothese H_0		Alternativhypothese H_1	
$\sigma_1^2 = \sigma_2^2 = \ldots = \sigma_k^2 = \sigma^2$		$\sigma_i^2 \neq \sigma_j^2$ für mindestens ein Paar (i, j)	
Voraussetzung: $f_i \geq 5$			
Alternativhypothese H_1	Die Nullhypothese H_0 wird zugunsten der Alternativhypothese H_1 verworfen, falls		
	Prüfgröße		kritischer Wert
s. o.	$-\frac{1}{c}\sum_{i=1}^{k} f_i \ln \frac{s_i^2}{s^2}$	>	$\chi^2_{k-1;1-\alpha}$
mit	$f_i = k_i$ $c = 1 + \frac{1}{3(k-1)} \cdot \left(\sum_{i=1}^{k} \frac{1}{f_i} - \frac{1}{f_g}\right)$ $f_g = \sum_{i=1}^{k} f_i$ $s^2 = \left(\sum_{i=1}^{k} f_i \cdot s_i^2\right) / f_g$		

Vergleich der Varianzen von mehr als zwei Normal-Verteilungen (Bartlett-Test)			
Bartlett Test			
H_0	Die Varianzen der Grundgesamtheiten sind gleich		
H_1	Die Varianzen der Grundgesamtheiten sind NICHT gleich (für mindestens ein Paar)		
Testniveau	kritische Werte unten	kritische Werte oben	Prüfgröße
α = 5 %	---	9,49	5,31528
α = 1 %	---	13,28	
α = 0,1 %	---	18,47	
Testergebnis: Nullhypothese wird nicht widerlegt			

GG	aktiv	Bezeichnung	n	Mittelwert	Standardabweichung	Varianz
1	X	Ch.1	400	0,0082025000	0,0989474000	0,0097905880
2	X	Ch.2	400	-0,0030050000	0,1035019401	0,0107126516
3	X	Ch.3	400	0,0012675000	0,0978747138	0,0095794596
4	X	Ch.4	400	0,0026450000	0,1067120078	0,0113874526
5	X	Ch.5	400	-0,0003250000	0,1067180924	0,0113887513

Bild 6.35 Bartlett-Test

Vergleich der Mittelwerte zweier Grundgesamtheiten, bei der die Varianzen unbekannt und ungleich sind (t-Test)

Nullhypothese H_0	Alternativhypothese H_1
$\mu_A = \mu_B \quad \mu_A \geq \mu_B \quad \mu_A \leq \mu_B$	$\mu_A \neq \mu_B \quad \mu_A > \mu_B \quad \mu_A < \mu_B$

Berechnung der Hilfsgröße: $s_d = \sqrt{\frac{s_A^2}{n_1} + \frac{s_B^2}{n_2}}$

Alternativhypothese H_1	Die Nullhypothese H_0 wird zugunsten der Alternativhypothese H_1 verworfen, falls			
	Prüfgröße		kritischer Wert	
$\mu_A \neq \mu_B$ zweiseitig	$\frac{\lvert\bar{x}_A - \bar{x}_B\rvert}{s_d}$	>	$t_{1-\frac{\alpha}{2};f}$	$\frac{1}{f} = \frac{c^2}{n_A - 1} + \frac{(1-c)^2}{n_B - 1}$ mit $c = \frac{\frac{s_A^2}{n_A}}{\left(\frac{s_A^2}{n_A}\right) + \left(\frac{s_B^2}{n_B}\right)}$
$\mu_A > \mu_B$ einseitig	$\frac{\bar{x}_A - \bar{x}_B}{s_d}$	>	$t_{1-\alpha;f}$	
$\mu_A < \mu_B$ einseitig	$\frac{\bar{x}_A - \bar{x}_B}{s_d}$	<	$-t_{1-\alpha;f}$	

t-Test							
Teilnr.	1			Teilnr.	1		
Teilebez.	Positionstoleranzen			Teilebez.	Positionstoleranzen		
Merkm.Nr.	1.x			Merkm.Nr.	1.y		
Merkm.Bez.	1.x-Position			Merkm.Bez.	1.y-Position		
Verteilung	Normalverteilung			Verteilung	Normalverteilung		
n_{eff}	40	$\bar{x}$	0,00925	n_{eff}	40	$\bar{x}$	0,00137
s^2	0,00036865	s	0,019200	s^2	0,00039614	s	0,019903
H_0	Mittelwerte der Grundgesamtheiten sind gleich						
H_1	Mittelwerte der Grundgesamtheiten sind NICHT gleich						
Testniveau	kritische Werte unten		kritische Werte oben		Prüfgröße		
α = 5 %	---		1,99		1,80098		
α = 1 %	---		2,64				
α = 0,1 %	---		3,42				
Testergebnis	Nullhypothese wird nicht widerlegt						

Bild 6.36 t-Test

Für den vorliegenden Datensatz ergibt sich als Prüfgröße 1,80098. Verglichen mit den kritischen Werten des t-Tests ist das Ergebnis „Nullhypothese wird nicht widerlegt".

Vergleich der Mittelwerte mehrerer Grundgesamtheiten mit unbekannten, aber als gleich vorausgesetzten Varianzen σ2 (einfache ANOVA)

Nullhypothese H_0	Alternativhypothese H_1
$\mu_1 = \mu_2 = \ldots \mu_k = \mu$	$\mu_i \,{}^1\mu_j$ für mindestens ein Paar (i, j)

Alternativhypothese H_1	Die Nullhypothese H_0 wird zugunsten der Alternativhypothese H_1 verworfen, falls		
	Prüfgröße		kritischer Wert
s.o.	$\dfrac{(n-k)\sum_{i=1}^{k}\left(\bar{x}_i - \bar{\bar{x}}\right)^2 n_i}{(k-1)\sum_{i=1}^{k} s_i^2 (n_i - 1)}$	>	$F_{1-\alpha;f_1;f_2}$ $f_1 = k-1$ $f_2 = n-k$
mit	$\bar{\bar{x}} = \dfrac{\sum_{i=1}^{k} n_i \bar{x}_i}{\sum_{i=1}^{k} n_i} = \dfrac{1}{n}\sum_{i=1}^{k} n_i \bar{x}_i$		

Vergleich der Erwartungswerte von mehr als zwei Normal-Verteilungen einfache ANOVA			
H_0	Die Erwartungswerte der Grundgesamtheiten sind gleich		
H_1	Die Erwartungswerte der Grundgesamtheiten sind NICHT gleich (für mindestens ein Paar)		
Testniveau	kritische Werte unten	kritische Werte oben	Prüfgröße
α = 5 %	---	2,38	14,4194***
α = 1 %	---	3,33	
α = 0,1 %	---	4,64	
Testergebnis: Nullhypothese wird zum Niveau α ≤ 0,1% verworfen			

GG	aktiv	Bezeichnung	n	Mittelwert	Standardabweichung	Varianz
1	X	Ch.1	300	-0,0024366667	0,0996243076	0,0099250027
2	X	Ch.2	300	0,0149000000	0,1009830775	0,0101975819
3	X	Ch.3	300	0,0270666667	0,1004567939	0,0100915674
4	X	Ch.4	300	0,0436933333	0,0992055025	0,0098417317
5	X	Ch.5	300	0,0521866667	0,1001556238	0,0100311490

Bild 6.37 Einfache ANOVA

Vergleich der Mittelwerte zweier Grundgesamtheiten, bei denen die Varianzen unbekannt, aber gleich sind (Zweistichproben t-Test)

Nullhypothese H_0	Alternativhypothese H_1
$\mu_A = \mu_B \quad \mu_A \leq \mu_B \quad \mu_A \geq {}^3\mu_B$	$\mu_A = {}^1\mu_B \quad \mu_A > \mu_B \quad \mu_A < \mu_B$

Berechnung der Hilfsgröße: $s_d = \sqrt{\frac{(n_A - 1) \cdot s_A^2 + (n_B - 1) \cdot s_B^2}{n_A + n_B - 2} \cdot \frac{n_A + n_B}{n_A \cdot n_B}}$

falls $n_A = n_B = n$: $\quad n_A = n_B = n$:

Alternativhypothese H_1	Die Nullhypothese H_0 wird zugunsten der Alternativhypothese H_1 verworfen, falls			
	Prüfgröße		kritischer Wert	
$\mu_A \neq \mu_B$ zweiseitig	$\frac{\lvert \bar{x}_A - \bar{x}_B \rvert}{s_d}$	>	$t_{1-\frac{\alpha}{2};f}$	$f = n_A + n_B - 2$
$\mu_A > \mu_B$ einseitig	$\frac{\bar{x}_A - \bar{x}_B}{s_d}$	>	$t_{1-\alpha;f}$	
$\mu_A < \mu_B$ einseitig	$\frac{\bar{x}_A - \bar{x}_B}{s_d}$	<	$-t_{1-\alpha;f}$	

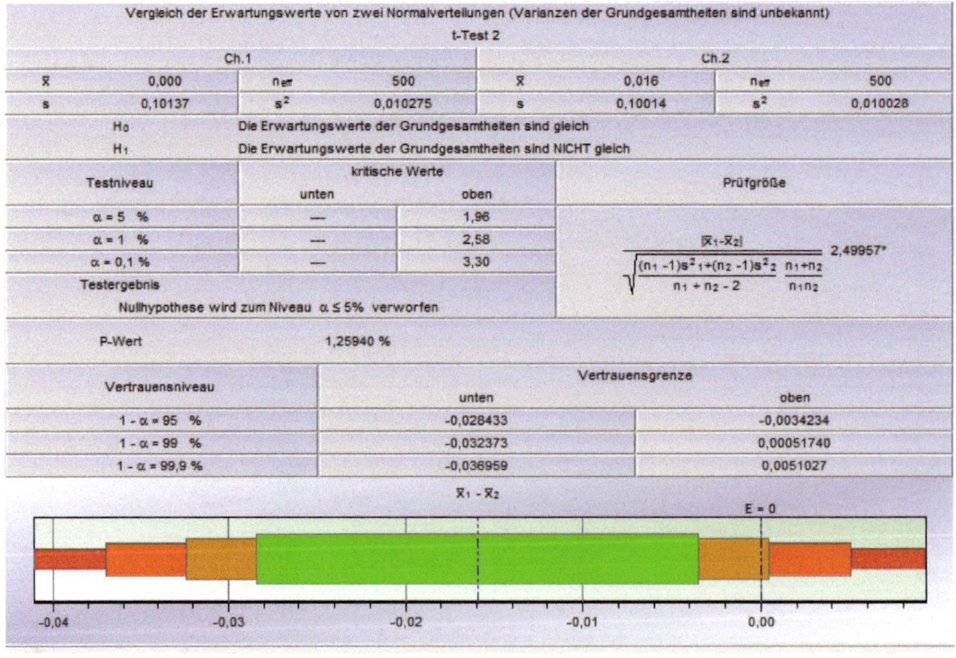

Vergleich der Erwartungswerte von zwei Normalverteilungen (Varianzen der Grundgesamtheiten sind unbekannt)

t-Test 2

Ch.1				Ch.2			
x̄	0,000	n_{eff}	500	x̄	0,016	n_{eff}	500
s	0,10137	s^2	0,010275	s	0,10014	s^2	0,010028

H_0 Die Erwartungswerte der Grundgesamtheiten sind gleich

H_1 Die Erwartungswerte der Grundgesamtheiten sind NICHT gleich

Testniveau	kritische Werte unten	kritische Werte oben	Prüfgröße
α = 5 %	—	1,96	$\frac{\lvert \bar{x}_1 - \bar{x}_2 \rvert}{\sqrt{\frac{(n_1-1)s^2_1 + (n_2-1)s^2_2}{n_1+n_2-2} \frac{n_1+n_2}{n_1 n_2}}}$ 2,49957*
α = 1 %	—	2,58	
α = 0,1 %	—	3,30	

Testergebnis

Nullhypothese wird zum Niveau α ≤ 5% verworfen

P-Wert 1,25940 %

Vertrauensniveau	Vertrauensgrenze unten	Vertrauensgrenze oben
1 - α = 95 %	-0,028433	-0,0034234
1 - α = 99 %	-0,032373	0,00051740
1 - α = 99,9 %	-0,036959	0,0051027

Bild 6.38 Zweistichproben t-Test

6.4.2 Nicht normalverteilte Messwertreihen

Für nicht normalverteilte Messwertreihen ergeben sich je nach Aufgabenstellung folgende Testverfahren:

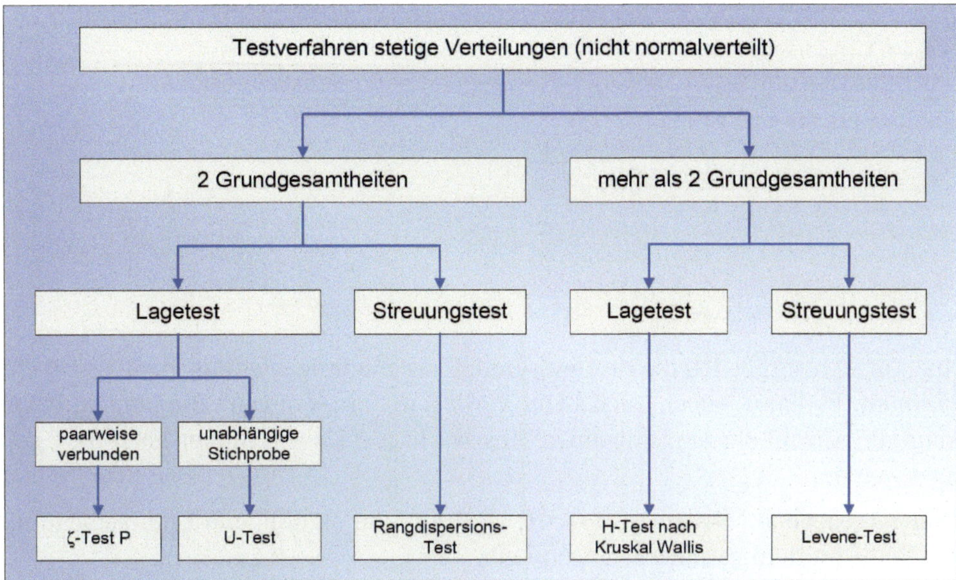

Bild 6.39 Testverfahren stetige Verteilungen (nicht normalverteilt)

6.4.3 Test von Kruskal und Wallis

Der Kruskal-Wallis-Test prüft, ohne eine Normalverteilung vorauszusetzen (lediglich eine stetige Verteilung wird gefordert), ob die Mittelwerte von p Messreihen der Längen $n_1, \ldots, n_p$ als signifikant verschieden angesehen werden können.

Dabei geht man so vor, dass man zunächst den N Messwerten $Y_{11}, \ldots, Y_{pnp}$ Rangzahlen r_{ij} zuordnet, wobei der r-kleinste Messwert Y_{ij} den Rang $r_{ij} = r$ erhält. Beim Vorliegen von Bindungen, d.h. wenn mehrere Messwerte gleich sind, werden jeweils die mittleren der in Frage stehenden Ränge zugewiesen, vgl. Beispiel. Präziser formuliert:

Treten insgesamt g verschiedene Messwerte $z_1 < z_2 < \ldots < z_g$ auf
und zwar z_k genau t_k-mal, $t_k \geq 1$, $\sum_{k=1}^{g} t_k = N$,
so entspricht der Fall $g < N$ [also $t_k > 1$ für mindestens ein k] gerade dem Vorliegen von Bindungen.

Dem Messwert Y_{ij} wird jeweils der Rang $r_{ij} = \sum_{l=0}^{k-1} t_l + \frac{t_k + 1}{2}$ zugeordnet.
Falls $Y_{ij} = z_k$ ist; dabei wird $t_0 = 0$ gesetzt.

Für jede der Messreihen berechnet man dann die Summe der Ränge, die den Messwerten der betreffenden Reihe zugeordnet sind:

$$r_{i\bullet} = \sum_{j=1}^{n_i} r_{ij}, \quad 1 \leq i \leq p,$$

und hieraus die Prüfgröße

$$H = \frac{1}{B}\left[\frac{12}{N(N+1)} \sum_{i=1}^{p} \frac{1}{n_i} r_{i\bullet}^2 - 3(N+1)\right],$$

$$\text{wobei} \quad B = 1 - \frac{1}{N^3 - N} \sum_{l=1}^{g} \left(t_l^3 - t_l\right)$$

eine Korrekturgröße ist, die in Abwesenheit von Bindungen gerade den Wert $B = 1$ annimmt. Es kann jedoch auch beim Vorliegen von „wenigen“ Bindungen, etwa wenn die Anzahl der verschiedenen Messwerte $g \geq \frac{3}{4} N$ ist, immer noch $B = 1$ gesetzt werden.

Zum vorgegebenen Niveau γ, $0 < \gamma < 1$, wird nun auf signifikante Unterschiede in den Reihenmitteln geschlossen, wenn gilt

$$H > h_{p,(n_1,\ldots,n_p);1-\gamma}$$

Die kritischen Werte sind unter anderem in (Hartung, 1982) angegeben.

Für den vorliegenden Datensatz ergibt sich als Prüfgröße 215,144. Verglichen mit dem kritischen Wert des Tests nach Kruskal-Wallis ist das Ergebnis „Nullhypothese wird zum Niveau $\alpha \leq 0{,}1\,\%$ verworfen“.

Kruskal-Wallis-Test			
H_0	Der Kruskal-Wallis Test hat keine Lageschwankungen erkannt		
H_1	Der Kruskal-Wallis Test hat Lageschwankungen erkannt		
Testniveau	kritische Werte unten	kritische Werte oben	Prüfgröße
$\alpha = 5\ \%$	---	123,23	215,144***
$\alpha = 1\ \%$	---	134,64	
$\alpha = 0{,}1\ \%$	---	148,23	
Testergebnis	Nullhypothese wird zum Niveau $\alpha \leq 0{,}1\%$ verworfen		

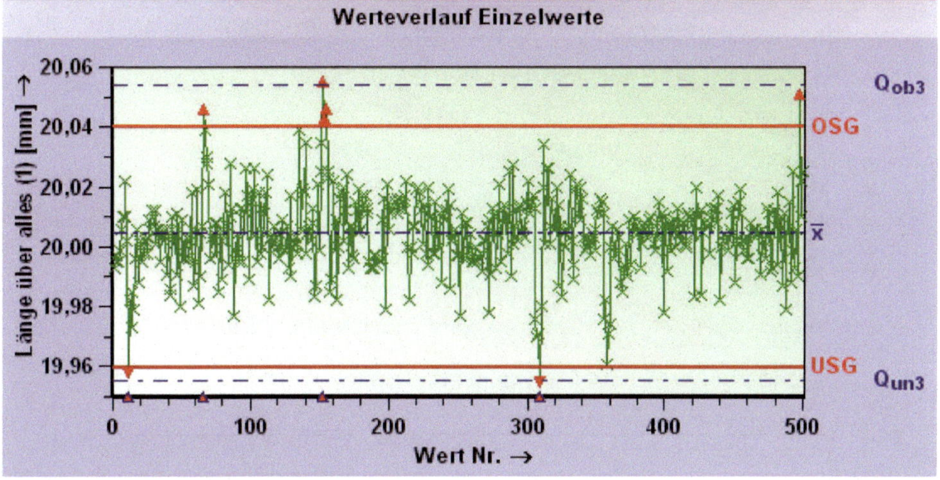

Werteverlauf Einzelwerte

Bild 6.40 Test nach Kruskal-Wallis

6.4.4 Levene-Test

Mit diesem Test nach Howard Levene kann überprüft werden, ob die Varianzen der Stichproben signifikant verschieden sind.

Der Levene-Test verzichtet im Gegensatz zum Bartlett-Test auf die Normalverteilungsannahme und setzt lediglich eine stetige Verteilung der den Messreihen zugrunde liegenden Gesamtheiten voraus.

Man berechnet die arithmetischen Mittel Y_i der p Messreihen und daraus die transformierten Werte

$$X_{ij} = \left|Y_{ij} - Y_{i\bullet}\right|, \text{ für } 1 \leq j \leq n_i,\ 1 \leq i \leq p.$$

Letzteren Werten X_{ij} ordnet man Rangzahlen r_{ij} zu, wobei dem r-kleinsten der X_{ij} der Rang $r_{ij} = r$ zugewiesen wird. Beim Vorliegen von Bindungen, d. h. mehrere der

X_{ij} haben gleiche Werte, werden jeweils die mittleren der in Frage stehenden Ränge zugewiesen. Auf diese Rangzahlen wendet man den Test von Kruskal und Wallis an, wie er im Abschnitt 6.4.3 beschrieben wird. Ergibt die dort definierte Prüfgröße zum gewählten Niveau γ eine Signifikanz, so darf man mit der Irrtumswahrscheinlichkeit γ schließen, dass nicht alle Varianzen gleich sind.

Für den vorliegenden Datensatz ergibt sich als Prüfgröße 233,624. Verglichen mit dem kritischen Wert des Tests nach Levene ist das Ergebnis „Nullhypothese wird zum Niveau $\alpha \leq 0{,}1\,\%$ verworfen".

Test nach Levene			
H_0	Die Varianzen aller Zellen sind NICHT gleich		
H_1	Die Varianzen aller Zellen sind gleich		
Testniveau	kritische Werte unten	kritische Werte oben	Prüfgröße
α = 5 %	---	123,23	234,624***
α = 1 %	---	134,64	
α = 0,1 %	---	148,23	
Testergebnis	Nullhypothese wird zum Niveau $\alpha \leq 0{,}1\%$ verworfen		

Werteverlauf Einzelwerte

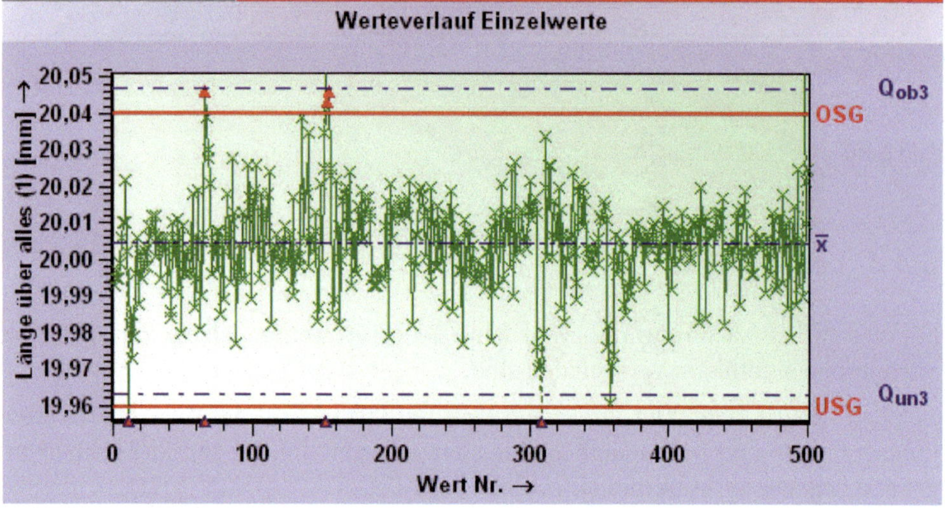

Bild 6.41 Test nach Levene

6.5 Übersichtsdarstellung von Testergebnissen

Mithilfe der numerischen Testverfahren will sich der Anwender über signifikante Eigenschaften einer Messwertreihe informieren. Wie bereits erwähnt, sind diese Verfahren meist sehr aufwendig und nur mit Rechnerprogrammen effizient einsetzbar. Von daher werden vor einer Analyse auf eine Messwertreihe mehrere Testverfahren angewandt, um sich schnell einen Überblick zu verschaffen. Damit kommt der übersichtlichen Darstellung der Ergebnisse ein hoher Stellenwert zu. Unterschieden wird zwischen der Darstellung eines einzelnen Testergebnisses (Tabelle 6.3) und einer Übersicht über mehrere Testergebnisse (s. Bild 6.42).

Tabelle 6.3 Ergebnis F-Test

Nullhypothese H_0	$\sigma_1^2 = \sigma_2^2$ Die Varianz zwischen den Stichproben ist Null		
Alternativhypothese H_1	$\sigma_1^2 \neq \sigma_2^2$ Die Varianz ist N I C H T gleich Null		
Signifikanzniveaus	**kritische Werte**		**Prüfgröße**
	unten	oben	
α = 5 %	0,53	1,89	0,931
α = 1 %	0,43	2,32	
α = 0,1 %	0,34	2,96	

Der F-Test liefert die Prüfgröße 0,931. Diese ist mit den kritischen Werten (s. Bild 6.42) zu vergleichen. Damit ist das Testergebnis: **„Die Nullhypothese wird nicht widerlegt".**

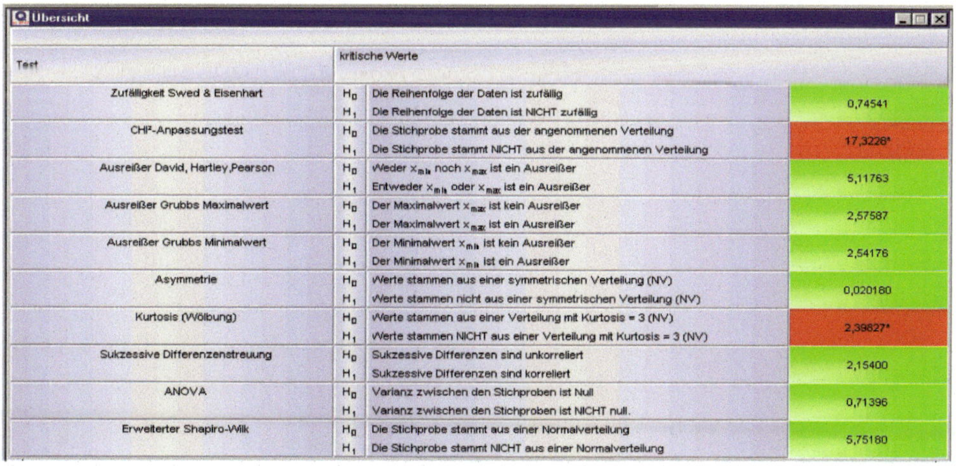

Übersicht

Test	kritische Werte		
Zufälligkeit Swed & Eisenhart	H_0 H_1	Die Reihenfolge der Daten ist zufällig Die Reihenfolge der Daten ist NICHT zufällig	0,74541
CHI²-Anpassungstest	H_0 H_1	Die Stichprobe stammt aus der angenommenen Verteilung Die Stichprobe stammt NICHT aus der angenommenen Verteilung	17,3228*
Ausreißer David, Hartley,Pearson	H_0 H_1	Weder x_{min} noch x_{max} ist ein Ausreißer Entweder x_{min} oder x_{max} ist ein Ausreißer	5,11763
Ausreißer Grubbs Maximalwert	H_0 H_1	Der Maximalwert x_{max} ist kein Ausreißer Der Maximalwert x_{max} ist ein Ausreißer	2,57587
Ausreißer Grubbs Minimalwert	H_0 H_1	Der Minimalwert x_{min} ist kein Ausreißer Der Minimalwert x_{min} ist ein Ausreißer	2,54176
Asymmetrie	H_0 H_1	Werte stammen aus einer symmetrischen Verteilung (NV) Werte stammen nicht aus einer symmetrischen Verteilung (NV)	0,020180
Kurtosis (Wölbung)	H_0 H_1	Werte stammen aus einer Verteilung mit Kurtosis = 3 (NV) Werte stammen NICHT aus einer Verteilung mit Kurtosis = 3 (NV)	2,39827*
Sukzessive Differenzenstreuung	H_0 H_1	Sukzessive Differenzen sind unkorreliert Sukzessive Differenzen sind korreliert	2,15400
ANOVA	H_0 H_1	Varianz zwischen den Stichproben ist Null Varianz zwischen den Stichproben ist NICHT null.	0,71396
Erweiterter Shapiro-Wilk	H_0 H_1	Die Stichprobe stammt aus einer Normalverteilung Die Stichprobe stammt NICHT aus einer Normalverteilung	5,75180

Bild 6.42 Übersicht Testergebnisse von qs-STAT©

7 Qualitätsregelkarten-technik

7.1 Was ist eine Qualitätsregelkarte?

Die Bewertung eines Prozesses basiert auf vorhandenen Daten/Informationen (Untersuchung der Langzeitfähigkeit) oder auf sogenannten vorläufigen Untersuchungen (Maschinenfähigkeit, vorläufige Prozessfähigkeit). Wird ein Prozess aufgrund dieser Untersuchungen als fähig bzw. geeignet eingestuft, gilt es, den einmal erreichten Zustand mindestens aufrecht zu halten bzw. möglichst zu verbessern. Mithilfe von Qualitätsregelkarten kann das Prozessverhalten visualisiert und überwacht werden. Oberstes Ziel ist dabei, festzustellen, ob sich ein laufender Prozess signifikant verändert, und wenn ja, in welche Richtung die Veränderung stattfindet. Um dies zu signalisieren, werden die Prozessparameter „Lage" und „Streuung" herangezogen.

Dazu werden Kennwerte (z.B. Anzahl fehlerhafter Einheiten, Anzahl Fehler je Einheit, Urwerte, Mittelwerte, Mediane (Zentralwerte), Standardabweichungen und Spannweiten) zur Lage- und Streuungsbeurteilung über der Zeit dargestellt und mit Grenzlinien (sog. Eingriffsgrenzen) verglichen. Anhand dieser Vergleiche kann eine Aussage über die Stabilität der Prozesse und damit seiner signifikanten Veränderungen getroffen werden.

Es ist sehr wichtig zu verstehen, dass nicht jeder Werteverlauf auch zugleich eine Regelkarte ist. Die Regelkarte zeichnet sich durch Grenzvorgaben aus, die aufgrund des bekannten Prozessverhalten und eine Prozessanalyse ermittelt wurde. Diese Grenzen werden in der Regelkarte als Alarmkriterien festgehalten und diesen zur Regelung des Prozesses. Diese Grenzen hängen auch von der geplanten Größe zukünftiger Stichproben zur Prozessüberwachung ab. Das heißt, ein einfacher Werteverlauf mit Angaben der Toleranzen und/oder aus der Verteilung ermittelten aktuellen Streumaßen (Quantile, ±3 s) ist keine Regelkarte in diesem Sinne. Da man gerade bei einer Prozessregelung mit dem Ziel fähiger und optimierter Prozesse nicht nach Toleranzgrenzen regeln möchte, sind Toleranzgrenzen in Regelkarten bewusst nicht eingezeichnet.

Zur Darstellung der Qualitätsregelkarte (Bild 7.1) wird auf der horizontalen Achse (Abszisse, x-Achse) alternativ:

- die Nummer der Stichprobe,
- der Zeitpunkt (Datum/Uhrzeit) der Stichprobenentnahme oder
- die Chargennummer bzw. eine sonstige Kennzeichnung

aufgetragen. Bei manuell geführten Karten werden üblicherweise 25 bis 30 Stichproben dargestellt. Bei rechnergeführten Karten können je nach Auflösung wesentlich mehr Stichproben dargestellt werden. Die vertikale Achse (Ordinate, y-Achse) ist von der Merkmalsausprägung abhängig.

Bei **kontinuierlich** veränderlichen Merkmalen bestimmt der jeweilige Kennwert die Skalierung der Ordinate:

- eine Skala für die Urwerte oder
- eine Skala für die Kennwerte der Stichprobe (Mittelwert, Median (Zentralwert), Standardabweichung oder Spannweite).

Bei **diskreten** Merkmalen ist die Skalierung der Ordinate entweder die „Anzahl fehlerhafter Einheiten" bzw. der „Anteil fehlerhafter Einheiten" oder „Anzahl Fehler je Einheit".

In Abhängigkeit der Qualitätsregelkarte können:

- Mittellinie (M)
- Warngrenze (WG)
- Eingriffsgrenze (EG)

berechnet und eingezeichnet werden. Damit entsteht das in Bild 7.1 dargestellte Bild, in das die „Werte" eingetragen werden.

Die Berechnung der Grenzen wird in den folgenden Abschnitten erläutert. Heute werden in der Regel keine oder nur noch selten Warngrenzen verwendet. Ob und wann untere Eingriffsgrenzen (z. B. bei Streuungskarten) hinfällig sind, ist im Einzelfall zu begründen.

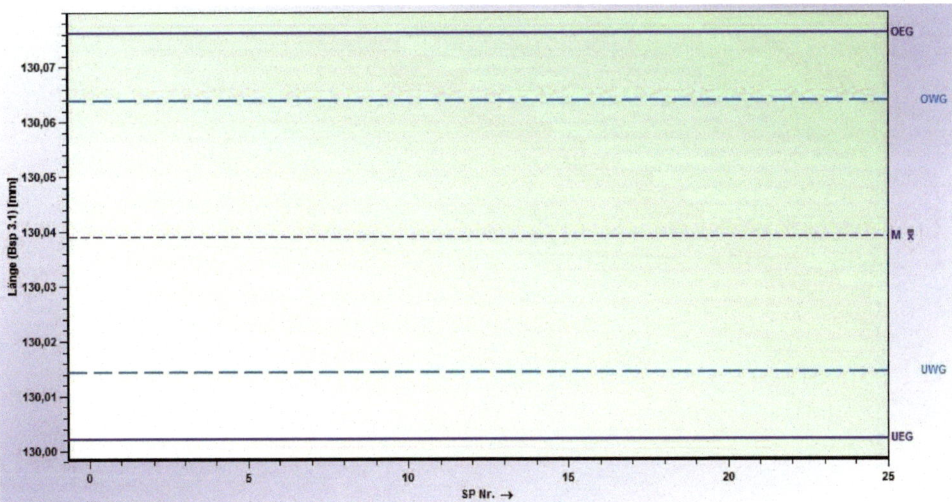

Bild 7.1 Schematisierte Qualitätsregelkarte mit: OWG = obere Warngrenze; UWG = untere Warngrenze; OEG = obere Eingriffsgrenze; UEG = untere Eingriffsgrenze; M = Mittellinie

Interpretation einer Qualitätsregelkarte

Zu bestimmten Zeiten werden der laufenden Fertigung in sinnvollen, meist möglichst gleichen Zeitabständen Stichproben des Umfangs n entnommen. Das in der Qualitätsregelkarte darzustellende Merkmal ist zu prüfen. Handelt es sich um ein diskretes Merkmal, ist die Anzahl fehlerhafter Einheiten bzw. die Anzahl Fehler je Einheit festzustellen und in die Regelkarte einzutragen. Der Stichprobenumfang kann von Stichprobe zu Stichprobe variieren. Im Gegensatz dazu sollte bei kontinuierlichen Merkmalsarten der Stichprobenumfang immer konstant sein. Veränderliche Stichprobengrößen verändern die Eingriffsgrenzen bei jeder Stichprobe, was nur rechnergestützt handhabbar ist. Unvollständige Stichproben sollten deshalb nicht in die Betrachtung mit einbezogen werden. In der Literatur wird als Stichprobenumfang in der Regel n = 5 gewählt. Diese Größe hat sich aus statistischen Gründen als praktikabel erwiesen, weil dann verschiedene vereinfachenden Annahmen getroffen werden können und die „Schärfe" der Regelkarte ausreichend ist. Rechnergestützt sind oft andere Stichprobengrößen üblich. Alle Teile der Stichprobe werden auf das zu überwachende Merkmal geprüft. Werden mehrere Merkmale überwacht, sind i. A. auch mehrere Regekarten zu führen. Aus den n Urwerten können statistische Kennwerte wie $\overline{x}, \tilde{x}$, R oder s errechnet werden. Je nach Qualitätsregelkartentyp sind die Urwerte selbst oder die statistischen Kennwerte in die Grafik eingetragen. Bild 7.2 zeigt zur Überwachung eines stetigen Merkmals die Mittelwerte in einer sogenannten Mittelwertkarte ($\overline{x}$-Karte).

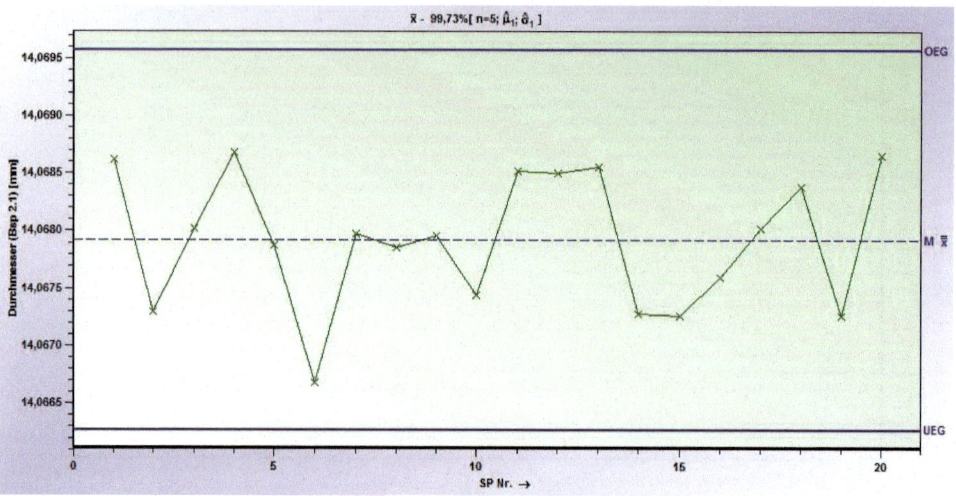

Bild 7.2 Darstellung von 20 Mittelwerten in einer $\overline{x}$-Karte

Die Beurteilung einer Qualitätsregelkarte erfolgt nach folgenden Kriterien:

Möglichkeiten	Folgerungen
Ur- oder Kennwert(e) innerhalb der Warngrenzen	Fertigung läuft wie gehabt weiter
Ur- oder Kennwerte(e) außerhalb der Warngrenzen aber innerhalb der Eingriffsgrenzen	Fertigung läuft wie gehabt weiter, aber häufiger prüfen, ggf. sofort neue Stichprobe
Ur- oder Kennwert(e) außerhalb von Eingriffsgrenzen	Fertigung neu einstellen; ggf. seit letzter Prüfung gefertigte Teile aussortieren

Je nach Kartentyp können weitere Kriterien, wie „Run“, „Trend“ oder „Middle Third„ (s. Abschnitt 7.6.3) beurteilt werden. Die Betrachtung dieser Kriterien ist in der allgemein üblichen Berechnung aber nur sinnvoll, wenn es sich um eine normalverteilte Messwertreihe handelt. Da diese in der Praxis aufgrund der vielen Einflussfaktoren auf die jeweiligen Prozesse eher selten vorkommen, spielen diese Kriterien eine untergeordnete Rolle. Hinzu kommt, dass diese von einem Bediener nur schwer zu ermitteln sind, es müssen dazu rechnergestützte Regelkarten vorliegen. Besonders kritisch ist es, wenn es wegen falscher Voraussetzungen (z.B. normalverteilte Messwertreihe) zu Fehlalarmen käme. Ähnliches gilt für weitere Kriterien wie die Western Electric Rules. Daher empfiehlt es sich, eher nach dem Motto „Weniger wäre mehr gewesen“ zu handeln und Stabilitätskriterien mit Bedacht auszuwählen. Darüber hinaus sollte der Bediener Handlungsanweisungen bekommen, welche Aktion bei welchen Alarmen zu erfolgen hat.

Grundsätze für das Führen einer Qualitätsregelkarte

Beim Führen von Qualitätsregelkarten sollten folgende Regeln eingehalten werden:

- **Regelmäßig prüfen**

  Die zeitlichen Abstände können zwischen wenigen Minuten und einigen Stunden (Tagen) liegen, je nach Art des Fertigungsprozesses und den Erfahrungen, die über seine Anfälligkeit vorliegen. Die zeitlichen Abstände sollten beim Festlegen der Qualitätsregelkarte vorgegeben werden.

- **Stichprobenumfang konstant halten**

  Bei kontinuierlichen Merkmalsausprägungen sollte der Stichprobenumfang konstant gehalten werden, da bei allen Qualitätsregelkarten die statistisch errechneten Grenzen von „n“ abhängig sind.

- **Vermerk des Eingriffes in den Fertigungsprozess**

  Um bei einer späteren Beurteilung Gründe für die Eingriffe noch nachvollziehen zu können, sollten Informationen wie z.B. Nachstellen des Werkzeuges, Werkzeugwechsel, Störung der Maschine etc., den erfassten Werten oder Stichproben zugeordnet werden. In der Regel lassen sich Eingriffe in Abhängigkeit des Prozesstyps auf einige wenige Maßnahmen reduzieren. Diese sollten mit Codes versehen und katalogisiert werden. Dadurch wird die Erfassung und vor allem die Analyse erleichtert. So können über längere Zeiträume hinweg Pareto-Analysen durchgeführt werden, Schwachstellen quantifiziert und Abstellmaßnahmen eingeleitet werden.

- **Zeit und Prüfer festhalten**

  Aufgrund der Dokumentationspflicht ist neben dem Datum und der Uhrzeit auch die Kennung des Prüfers und die Messeinrichtung festzuhalten. Weiterhin ist sicherzustellen, dass einmal erfasste Messergebnisse ohne Angabe von Gründen nicht mehr verändert werden dürfen. Darüber hinaus ist eine eindeutige Zuordnung zu dem jeweiligen Fertigungsprozess, z.B. Teile-, Merkmals- und Maschinennummer, herzustellen. Ebenso muss die Berechnungsbasis für die Eingriffsgrenzen nachvollziehbar sein.

Allgemeine Bemerkungen zur Überwachung der Streuung

Die Berechnung der Warn- und Eingriffsgrenzen für die Urwert-, Mittelwert- und Mediankarte erfolgt mithilfe eines Schätzers für die Streuung der Grundgesamtheit. Die Gültigkeit dieser Grenzen setzt daher eine konstante Streuung voraus. Ist zu erwarten, dass die Streuung der Grundgesamtheit nicht konstant bleibt, ist die Überwachung dieses Parameters notwendig. Darüber hinaus gibt es Fertigungsprozesse, die bezüglich der Streuung besonders störanfällig sind. Auch in diesen Fällen müssen Qualitätsregelkarten für ein Streumaß angelegt und geführt werden. Allerdings kann in den meisten Fällen nicht von Prozessregelung bezüglich der Streuung gesprochen werden, da eine überzufällige Vergrößerung der Streuung und damit eine Verletzung der oberen Eingriffsgrenze in der Regel nicht durch einen unmittelbaren Eingriff abgestellt werden kann. Die Streuung kann in der Regel nur durch langfristige Maßnahmen wie Überholung der Maschine oder sorgfältigere Auswahl der zu verarbeitenden Werkstoffe verringert werden. Wird eine überzufällige Verringerung der Streuung festgestellt, so ist die Ursache zu finden und nach Möglichkeit beizubehalten. Allerdings ist zu beachten, dass eine überzufällige Verringerung des Streuung nicht notwendigerweise mit einer Prozessverbesserung einhergeht, sondern z. B. auch durch defekte Messmittel hervorgerufen werden kann.

7.2 Stichprobenentnahme und -frequenz

Um einen laufenden Prozess kontinuierlich beurteilen zu können, sind diesem entweder zur 100 %-Prüfung oder stichprobenartig in bestimmten Zeitabständen Teile zu entnehmen, die qualitätsrelevanten Merkmale zu messen und auszuwerten. Auf diese Art und Weise erhält man einen Überblick über die laufende Fertigung. Dabei ist prinzipiell zwischen einer Serienfertigung mit hohen Stückzahlen und sich häufig wiederholende Prozesse mit geringen Losgrößen (z. B. 20 Teile pro Monat) zu unterscheiden. Während man in der kontinuierlichen Serienfertigung sicherlich Stichproben in größeren Zeitabständen zur Beurteilung entnimmt, kann es bei kleinen Losgrößen sinnvoll sein, jedes einzelne Teil zu messen. Gerade bei geringen Losgrößen kann zunächst keine Qualitätskennzahl angegeben werden. Trotzdem sollten die wenigen Werte erfasst und grafisch dargestellt werden. So lassen sich Veränderungen leichter erkennen. Wiederholen sich solche Prozesse, sind die Daten aus vorangegangenen Prozessen heranzuziehen. Dadurch erhält man eine größere Anzahl von Werten erst über einen sehr langen Zeitraum. Über diesen vergrößerten Datensatz können Fähigkeitskennwerte berechnet werden.

Bei der Erfassung der Merkmalswerte für Produktmerkmale sind zusätzlich die Prozessmerkmale festzuhalten. Ohne die Prozesszustände bei der Analyse zu kennen, ist keine Lenkung oder Verbesserung eines Prozesses möglich. Typische Prozessmerkmale sind in diesem Zusammenhang: Datum/Uhrzeit, Maschine/Nr., Bediener, Material, Werkzeug, Drehzahl, Vorschub, Temperatur, Lage des Teils, verwendete Spannvorrichtung, etc.

Die Stichprobenentnahme und deren Häufigkeit hängt sehr stark vom jeweiligen Prozess ab. Ein Kriterium ist beispielsweise die Taktzeit zur Herstellung eines Merkmals, ein anderes Kriterium die Qualitätsfähigkeit eines Prozesses. Ein weiteres Kriterium ist die Merkmalsart und das Messverfahren. So wird man sicherlich bei einer zerstörenden Prüfung mit möglichst geringen Prüfungen auskommen wollen, bei hoch kritischen Merkmalen möglicherweise lieber zu einer 100%-Prüfung übergehen.

Ist über einen Prozess wenig bzw. nichts bekannt, wird man von Ergebnissen der Maschinenfähigkeitsuntersuchung (Daimler, 2008) ausgehen und dem Prozess in bestimmten Abständen Teile entnehmen. **In der Regel werden $k = 25$ Stichproben mit einem Stichprobenumfang von $n = 5$ Teilen (im Minimum $n = 3$ und in der Summe mindestens 125) überprüft.** Einige Entnahmekriterien sind in Tabelle 7.1 aufgeführt.

Prinzipiell hängen die Stichprobenfrequenz und der Stichprobenumfang von der bisherigen Fähigkeit eines Prozesses ab. Je höher die Fähigkeit und je weniger sich diese verändert, desto niedriger kann die Stichprobenfrequenz und der Stichprobenumfang ausfallen (tendenziell geringer Stichprobenumfang). Je kleiner die Fähigkeit ($C_{pk} \approx 1,33$) und je mehr dieser Wert aufgrund von Prozessveränderung schwankt, desto höher muss die Stichprobenfrequenz und der Stichprobenumfang ausfallen (tendenziell höhere Stichprobenfrequenz).

Tabelle 7.1 Vorschlag für Prüffrequenz und Stichprobenumfang

Höhere Prüffrequenz	Niedrigere Prüffrequenz
▪ instabilen Prozessen und/oder kleinen Prozessfähigkeitskennwerten ($C_{pk} \approx 1,33$) ▪ funktions-/prozesskritischen Merkmalen ▪ neuen Fertigungstechnologien ▪ nicht vorhandenen Erfahrungswerten ▪ geringen Werkzeugstandzeiten ▪ wenig zeit- und kostenintensiven Prüfungen ▪ Forderung nach hoher statistischer Aussagewahrscheinlichkeit ▪ Erfordernis von schneller Reaktionsmöglichkeit zur Sicherstellung des Teilezugriffs für Sortierprüfung im n. i. O.-Fall (Rückverfolgbarkeit)	▪ stabilen Prozessen und/oder großen Prozessfähigkeitskennwerten ($C_{pk} >> 2,5$) ▪ funktions-/prozessunkritischen Merkmalen ▪ bekannten Fertigungstechnologien ▪ vorhandenen Erfahrungswerten ▪ hohen Werkzeugstandzeiten ▪ zeit- und kostenintensiven Prüfungen (z. B. bei zerstörender Prüfung) ▪ nicht zwingend erforderlicher hoher statistischer Aussagewahrscheinlichkeit ▪ Gewährleistung rechtzeitiger Reaktionsmöglichkeit und Teilezugriff für Sortierprüfung im n. i. O.-Fall (Rückverfolgbarkeit)

Je nach Prozesstyp sind weitere Abstufungen und geringere Stichprobengrößen möglich. Dabei ist immer der zeitliche Versatz (vor-/nachmittags/ Schichtwechsel etc.) zu beachten.

Die Stichproben sind während der gesamten Dauer der Untersuchung in regelmäßigen Zeitabständen zu ziehen. Wenn der Produktionslauf nur die Mindestanzahl Teile für eine Untersuchung umfasst, sollten die Teile in direkter Reihenfolge entnommen und zu Stichproben zusammengefasst werden. Wenn in Ausnahmefällen die Mindestforderung von z. B. 25 Stichproben verbunden mit einer Mindestanzahl von Teilen (mindestens 125) aus wirtschaftlichen oder technischen Gründen nicht erfüllt ist, sind die Vertrauensbereiche für die Ergebnisse der Untersuchung mit einzubeziehen. Grundsätzlich kann festgestellt werden, dass mit jeder Verringerung des Prüfungsumfanges eine Vorhersage über die künftige Qualitätsfähigkeit eines Prozesses an Aussagekraft verliert.

Die endgültige Festlegung des Stichprobenumfangs und der Stichprobenfrequenz im Serienbetrieb liegt beim Prozesseigner.

■ 7.3 Gebräuchliche Qualitätsregelkarten

Bei qualitativen Merkmalen kommen Fehlersammelkarten zum Tragen. In Abhängigkeit der Merkmalsart können die Qualitätsregelkarten in Regelkarten für diskrete und kontinuierliche Merkmalswerte eingeteilt werden. Bei kontinuierlichen Merkmalswerten wird zusätzlich zwischen Shewhart-Karten und Annahme-Qualitätsregelkarten unterschieden. Bei Shewhart-Karten werden die Eingriffsgrenzen unabhängig von einer vorgegebenen Merkmalstoleranz ausschließlich basierend auf den Daten eines Vorlaufes ermittelt. Grundlage der Berechnung sind $k = 25$ Stichproben mit dem Stichprobenumfang $n = 3 \dots 5$. Im Gegensatz dazu erfolgt bei Annahme-Qualitätsregelkarten die Berechnung der Eingriffsgrenzen in Abhängigkeit der Toleranzgrenzen. Unter dem Prinzip der „ständigen Qualitätsverbesserung" und einer zielwertorientierten Ausnutzung der Toleranz ist nur die Anwendung der Shewhart-Karten sinnvoll. Daher sind diese Regelkarten heute gebräuchlich.

Mithilfe einer Qualitätsregelkarte soll sowohl die Prozesslage als auch die Streuung kontinuierlich überwacht werden. Damit besteht die Regelkarte aus einer sogenannten **Lage-Spur** (Darstellung von Urwerten, Mittelwerten oder Medianwerten) und einer sogenannten **Streuungs-Spur** (Darstellung von Standardabweichung oder Spannweite).

Typische Kombinationen sind daher x/s-Karte, $\bar{x}$/s-Karte oder $\tilde{x}$/R-Karte. Bild 7.3 zeigt eine Übersicht der wichtigsten Qualitätsregelkarten. Wann welche Kartenkombination sinnvoll ist, wird in den folgenden Abschnitten näher besprochen.

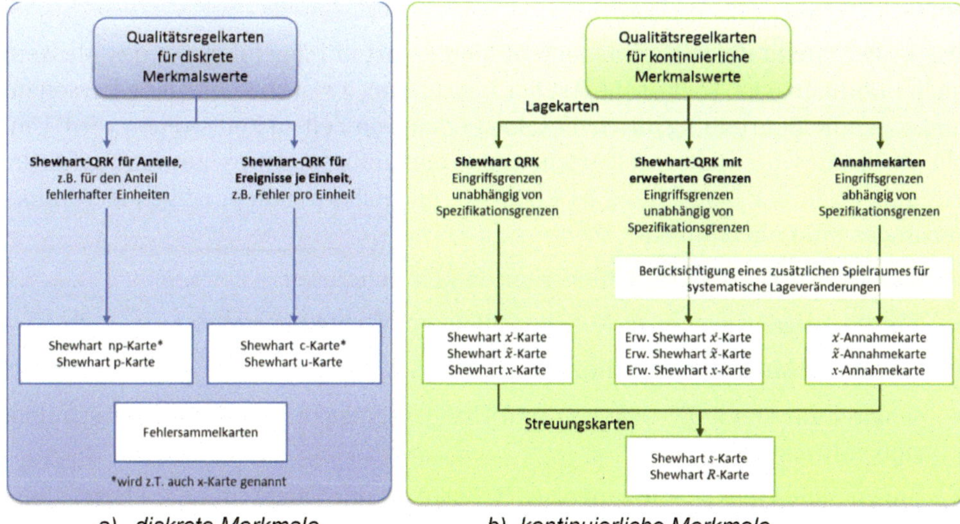

a) diskrete Merkmale *b) kontinuierliche Merkmale*

Bild 7.3 Gebräuchliche Qualitätsregelkarten in der Übersicht

■ 7.4 Qualitätsregelkarten für diskrete Merkmalswerte

Grundsätzlich sollten bei der statistischen Prozessregelung alle qualitätsrelevanten Merkmale einer quantitativen Prüfung (also messenden Prüfung) unterzogen werden. Ist das nicht oder nicht mit wirtschaftlich vertretbarem Aufwand möglich, muss eine Beurteilung anhand qualitativer Beobachtungen erfolgen. Das Ergebnis dieser Beurteilung sind diskrete Merkmalsausprägungen wie „Anzahl fehlerhafter Einheiten" bzw. „Anteil fehlerhafter Einheiten" oder „Anzahl Fehler je Einheit".

Vorteile und Einschränkungen

Die Qualitätsregelkarten für diskrete Merkmalsausprägungen basieren auf dem Vorhandensein und Entdecken von „Anzahl, bzw. Anteil fehlerhafter Einheiten" oder „Anzahl Fehler je Einheit". Anders als Qualitätsregelkarten für kontinuierliche Merkmale warnen sie nicht vor negativen Prozessänderungen, bevor nicht bereits eine Anzahl Fehler aufgetreten ist. Eine der Erfahrung nach unvermeidbare, mehr oder weniger große Anzahl fehlerhafter Einheiten bzw. Fehler je Einheit wird daher von vornherein zugestanden. Während Regelkarten für kontinuierliche Merkmalswerte sowohl die Richtung als auch die Größe einer Änderung in Lage und Streuung anzeigen, können attributive Karten nur den Anteil der Produkte anzeigen, die **nicht in Ordnung** (n. i. O.) sind.

Fehlerkriterien

Das Prüfen qualitativer Merkmale wird häufig dort durchgeführt, wo das Messen nicht praktikabel ist, so dass die Art der Beurteilung zwischen einzelnen Personen und sogar die Beurteilung durch dieselbe Person von Zeit zu Zeit streuen wird. Um ein wirksames Qualitätsregelkartensystem einzuführen, ist es notwendig, diese Streuungen in der Beurteilung so klein wie möglich zu halten. Folgende Voraussetzungen sind unabdingbar:

- Qualitätsstandards und Fehlerkriterien klar definieren
- für die Aufgabe geeignete visuelle Hilfen zur Verfügung stellen
- betroffene Mitarbeiter qualifizieren
- fehlerentdeckende Fertigkeiten und Urteilsvermögen der Mitarbeiter schulen und entwickeln
- angepasste Arbeitsbedingungen (z. B. Beleuchtung, Lärmschutz, …) herstellen.

Überwachung eines Anteils oder einer Anzahl Ereignisse je Einheit

Je nach Aufgabenstellung kommen folgende Qualitätsregelkarten zum Tragen:

- np-Karte (oder x-Karte) für die Überwachung eines Anteilswerts
- p-Karte (*p*, für engl. *proportion*) für die Überwachung eines Anteilswerts
- c-Karte (*c*, engl. *count/(non-)conformities*) für die Überwachung einer Anzahl Ereignisse je Einheit
- u-Karte (*u*, engl. *unit*) für die Überwachung einer Anzahl Ereignisse je Einheit

Beispiele, in denen diese Karten angewandt werden können, zeigt die Tabelle 7.2.

Tabelle 7.2 Anwendungsbeispiele ausgewählter Qualitätsregelkarten für die Überwachung eines Anteilswertes und für die Überwachung einer Anzahl Ereignisse je Einheit

diskrete Merkmale	verwendete Regelkarte
▪ Vorhandensein oder Fehlen erforderlicher Schrauben ▪ Elektrischer Strom fließt oder fließt nicht ▪ Person ist Raucher oder Nichtraucher	Shewhart np-Karte Shewhart p-Karte
▪ Lötfehler auf Platinen ▪ Farbfehler auf einer Tür ▪ Anfragen an eine Website pro Tag	Shewhart c-Karte Shewhart u-Karte

Reaktion auf Verletzung der Eingriffsgrenzen:

- Wird die **obere Eingriffsgrenze** überschritten, deutet dies auf eine Verschlechterung des Fertigungsprozesses hin. Die Ursache muss untersucht und abgestellt werden.

- Wird die **untere Eingriffsgrenze** (häufig) unterschritten, deutet dies auf eine Verbesserung des Fertigungsprozesses hin. Die Gründe sind festzuhalten und soweit möglich auf andere Prozesse zu übertragen. Die Qualitätsregelkarte ist dann neu zu berechnen.

Ist der zugestandene Sollwert klein, dann ist die Wahrscheinlichkeit für das Auftreten des Merkmalswertes „Null" so groß, dass die untere Grenze der Karte entfällt. Eine Qualitätsverbesserung kann dann allenfalls dadurch erkannt werden, dass der Abstand zu den oberen Grenzen auffallend größer wird, d.h. Stichproben mit niedriger Fehlerstückzahl oder Fehlerzahl häufiger als erwartet auftreten.

Um beim Führen der Qualitätsregelkarte von diskreten Merkmalswerten (d.h. ganze positive Zahlen) eindeutige Aussagen („Eingreifen" bzw. „Nicht-Eingreifen") zu erhalten, werden die Grenzen bei x, np und u-Karten auf halbe Fehlerzahlen festgesetzt (z.B. OEG = 13,5). Damit wären 13 Fehler noch keine Verletzung der oberen Eingriffsgrenze (OEG). Erst ab 14 Fehlern liegt eine Verletzung der OEG vor.

7.4.1 Berechnung der Eingriffsgrenzen

Die Eingriffsgrenzen einer Qualitätsregelkarte basieren auf den zweiseitigen Zufallsstreubereichen. Deren Bestimmung muss ein Verteilungsmodell zugrunde liegen. Bei diskreten Merkmalen ist dies entweder die Binomialverteilung (Anzahl fehlerhafter Einheiten) oder die Poisson-Verteilung (Anzahl Fehler pro Einheit). Unter bestimmten Voraussetzungen können beide Verteilungen der Einfachheit halber näherungsweise durch eine Normalverteilung ersetzt werden. Die Voraussetzungen für die Näherung sind in Bild 7.4 dargestellt. Dabei zeigt sich, dass für die Übergänge zu einer anderen Verteilung p und n groß sein müssen. Diese Forderung ist im Zeitalter der ppm (Parts per Million) oder „Null-Fehler"-Konzepten meistens nicht gegeben. Während es ohne Rechnerprogramm für die Binomial- und Poisson-Verteilung nur eine grafische oder tabellarische Lösung gibt, können die Grenzen für die Normalverteilung leicht rechnerisch bestimmt werden. Daher wurde in der Vergangenheit häufig auf die Näherung zurückgegriffen. Bei kleinen prozentualen Fehleranteilen und geringem Stichprobenumfang muss allerdings bei einer Näherung durch die Normalverteilung mit erheblichen Fehlern gerechnet werden.

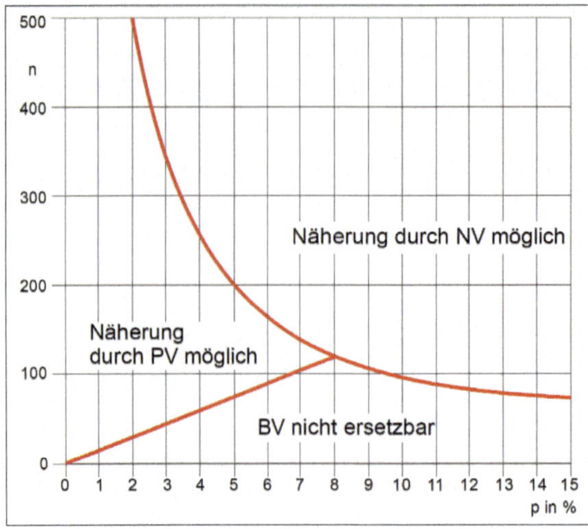

Bild 7.4
Näherung durch Verteilungsmodell

7.4.2 Shewhart np-Karte (BV) für Anteilwerte

Die np-Karte wird im deutschsprachigen Raum gelegentlich als x-Karte bezeichnet. Sie ist besonders einfach zu führen: Der Anwender entnimmt eine Stichprobe mit n Einheiten und prüft diese. Die entdeckte Anzahl fehlerhafter Einheiten x wird in die Regelkarte eingetragen und grafisch beurteilt, ob diese innerhalb oder außerhalb der Eingriffsgrenzen liegt.

Die Bestimmung der Shewhart np-Karte (x-Karte) ist im Folgenden in fünf Schritten beschrieben.

1. Schritt: Vorlaufanalyse

Im ersten Schritt ist mit einer Vorlaufanalyse der mittlere Anteil in der Grundgesamtheit zu schätzen. Empfohlen sind mindestens 25 Stichproben, gesammelt unter Berücksichtigung verschiedener Tage.

Schätzer für den mittleren Anteil fehlerhafter Einheiten in der Grundgesamtheit:

$$\hat{p} = \frac{\sum_{i=1}^{k} x_i}{\sum_{i=1}^{k} n_i}$$

mit

n_i = Umfang der Stichprobe i

x_i = Anzahl der fehlerhaften Einheiten in Stichprobe i

In Worten: Der Schätzer für den mittleren Anteil fehlerhafter Einheiten in der Grundgesamtheit ist gleich der Summe der fehlerhaften Einheiten geteilt durch die Summe der untersuchten Einheiten.

Hinweis

Hier wird der Anteilswert im Zusammenhang mit Qualitätsprüfungen verwendet. Jedoch kann das Konzept eines Anteilswertes leicht auf andere Anwendungsgebiete übertragen werden, wie z. B. der Anteil Leser einer Tageszeitung unter 18 Jahren oder der Anteil verkaufter Fahrzeuge einer bestimmten Marke in einem Autohaus.

Fallbeispiel

Zur Schätzung des Anteils fehlerhafter Einheiten in der Fertigung (Grundgesamtheit) wurden folgende Daten gesammelt und ausgewertet:

Schicht	Anzahl fehlerhafter Einheiten	Stichprobenumfang
F/S/N	**x**	**n**
F	10	300
S	9	300
N	15	300
F	15	300
S	18	300
N	16	300
F	9	300
S	12	300
N	11	300
F	16	300
S	8	300
N	11	300
F	17	300
S	15	300
N	10	300
F	15	300
S	15	300
N	15	300
F	14	300
S	10	300
N	13	300
F	22	300
S	10	300
N	13	300
F	17	300
Summe:	336	7500

Der Schätzwert für den Anteil fehlerhafter Einheiten in der Grundgesamtheit ist gleich der der Summe der fehlerhaften Einheiten geteilt durch die Summe der untersuchten Einheiten.

$$\hat{p} = \frac{336}{7500} = 0{,}0448 = 4{,}48\%$$

■

2. Schritt: Festlegen des Stichprobenumfangs n

Der Stichprobenumfang n für die Fertigungsüberwachung ist zu wählen. Auf der einen Seite wünscht man sich wenig Prüfaufwand aufgrund der damit verbundenen Kosten. Auf der anderen Seite möchte man eine Prozessverschlechterung ausreichend sicher erkennen können. Die Beurteilung der Schärfe einer Regelkarte mithilfe der Operationscharakteristik zu bewerten, ist im fünften Schritt beschrieben.

Fallbeispiel

Der Stichprobenumfang für die Prozessüberwachung wurde auf n = 300 Einheiten festgelegt.

■

Hinweis

Aus der Operationscharakteristik in Schritt 5 ergibt sich, dass bei Erhöhung der mittleren Anzahl fehlerhafter Einheiten auf 10 % die Wahrscheinlichkeit für eine Eingriffsgrenzenverletzung für diesen Stichprobenumfang erstmalig größer ist als 80 %.

■

3. Schritt: Festlegen der Annahmewahrscheinlichkeit (= Nichteingriffswahrscheinlichkeit) P_a

Die Eingriffsgrenzen werden so gewählt, dass bei gleichbleibendem Anteil fehlerhafter Einheiten in der Fertigung (Grundgesamtheit) das Stichprobenergebnis (die Fehlerzahl x) mit hoher Wahrscheinlichkeit innerhalb der Eingriffsgrenzen liegen, also Fehlalarme vermieden werden. Dazu muss die Annahmewahrscheinlichkeit P_a sinnvoll gewählt werden. International ist $P_a = 99{,}73\,\%$ üblich, speziell in Europa sieht man oft auch $P_a = 99\,\%$.

Zu deuten ist die Annahmewahrscheinlichkeit wie folgt: Wählt man $P_a = 99{,}73\,\%$ und entnimmt eine Stichprobe aus dem ungestörten Prozess, so liegt die tatsächliche Anzahl fehlerhafter Einheiten x dieser Stichprobe mit einer Wahrscheinlichkeit („Sicherheit“) von $P_a = 99{,}73\,\%$ innerhalb der Eingriffsgrenzen.

Fallbeispiel:

Für die Annahmewahrscheinlichkeit wurde $P_a = 1 - \alpha = 99{,}73\,\%$ gewählt.

Aus der nachfolgenden Berechnung wird ersichtlich, dass aufgrund der diskreten (ganzzahligen) Merkmalsausprägungen (Anzahl Fehler) die vorgegebene Annahmewahrscheinlichkeit nicht exakt erfüllt werden kann. Die Grenzen müssen so gelegt werden, dass die tatsächliche Annahmewahrscheinlichkeit mindestens der Vorgabe entspricht.

4. Schritt: Berechnung der Mittellinie sowie der unteren und oberen Eingriffsgrenze

Die Mittellinie M berechnet sich aus dem Stichprobenumfang n und dem Schätzwert für den Anteil fehlerhafter Einheiten in der Grundgesamtheit $\hat{p}$.

$$M = n \cdot \hat{p}$$

Für die Bestimmung der unteren und oberen Eingriffsgrenze wird die untere und obere Streugrenze des zweiseitigen 99,73 %-Zufallsstreubereiches der Binomialverteilung verwendet.

Die **untere Streugrenze x_{un}** der Binomialverteilung wird mit der Verteilungsfunktion der Binomialverteilung iterativ bestimmt: Gesucht ist der x-Wert, für den die Verteilungsfunktion der Binomialverteilung $G(x,n,\hat{p})$ erstmalig einen Wert annimmt, der gleich oder größer ist als die Wahrscheinlichkeit $P_{un} = (P_a)/2$ ist. Man beginnt mit dem Startwert $x = 0$ und prüft, ob die Bedingung $G(x,n,\hat{p}) \geq P_{un}$ erfüllt ist. Falls nicht, so wird x im nächsten Iterationsschritt um 1 erhöht, $G(x,n,\hat{p})$ berechnet und die Bedingung geprüft. Solange die Bedingung nicht erfüllt ist, wird x in jedem Iterationsschritt um den Wert 1 erhöht. Der Iterationsvorgang ist beendet, sobald die Bedingung erstmalig erfüllt ist.

Analog wird die **obere Streugrenze x_{ob}** der Binomialverteilung ermittelt: Gesucht ist der x-Wert, für den die Verteilungsfunktion der Binomialverteilung $G(x,n,\hat{p})$ erstmalig einen Wert annimmt, der gleich oder größer als die Wahrscheinlichkeit $P_{ob} = 1 - (P_a)/2$ ist.

Die obere und untere Eingriffsgrenze wird mit den Streugrenzen wie folgt ermittelt:

Obere Eingriffsgrenze der Shewhart np-Karte: $OEG = x_{ob} + 0{,}5$

Untere Eingriffsgrenze der Shewhart np-Karte: $UEG = x_{un} - 0{,}5$

Fallbeispiel

Mittellinie M = 0,0448 · 300 = 13,44

Für das Beispiel berechnet man zunächst iterativ die beiden Streugrenzen mit der Verteilungsfunktion der Binomialverteilung $G(x,n,\hat{p})$ für den Stichprobenumfang n = 300, den Anteil fehlerhafter Einheiten $\hat{p}$ = 4,48 % sowie der Wahrscheinlichkeiten p_{un} = (100 % – 99,73 %)/2 = 0,135 % und p_{ob} = 100 % – (100 % – 99,73 %) = 99,865 %.

Anzahl fehlerhafter Einheiten	Verteilungsfunktion Binomialverteilung	Bedingung	Streugrenze
x	$G(x,n,\hat{p})$		
0	0.000 %		
1	0.002 %		
2	0.012 %		
3	0.061 %		
4	0.232 %	> 0,135 %	X_{un}
5	0.706 %		
6	1.800 %		
7	3.955 %		
8	7.656 %		
9	13.288 %		
10	20.975 %		
11	30.479 %		
12	41.215 %		
13	52.369 %		
14	63.094 %		
15	72.685 %		
16	80.698 %		
17	86.976 %		
18	91.605 %		
19	94.827 %		
20	96.951 %		
21	98.279 %		
22	99.069 %		
23	99.517 %		
24	99.759 %		
25	99.884 %	> 99,865 %	x_{ob}

Auf der Grundlage der beiden Streugrenzen berechnet man die obere Eingriffsgrenze (OEG) und die untere Eingriffsgrenze (UEG):

$$\text{OEG} = 25 + 0{,}5 = 25{,}5$$

$$\text{UEG} = 4 - 0{,}5 = 3{,}5$$

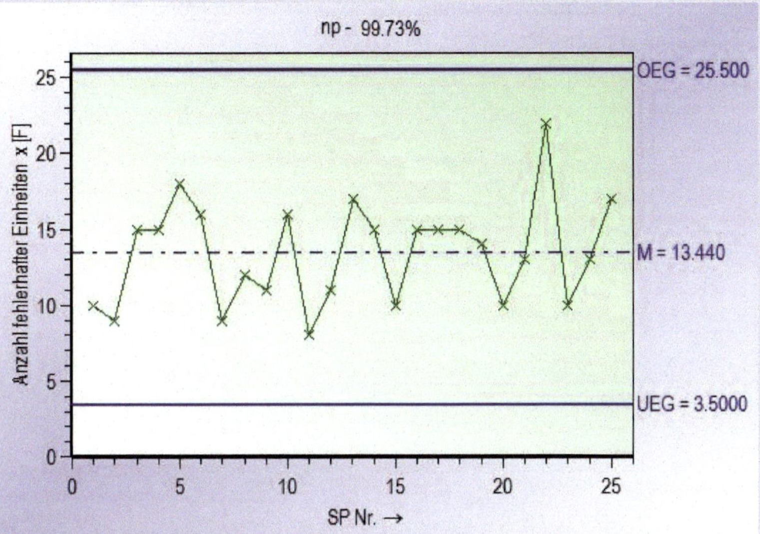

Bild 7.5 Shewhart np-Karte (x-Karte) mit eingezeichneten Daten aus der Vorlaufanalyse, berechnet mit p = 4,48 %, n = 300 und P_a = 99,73 %

Man sieht in der Abbildung, dass die Vorlaufdaten zufällig um die Mittellinie M streuen, ohne die Eingriffsgrenzen zu verletzen. Ein derartiger Verlauf wird als Indiz für einen ungestörten Prozess gedeutet. ■

5. Schritt: Eingriffswahrscheinlichkeit P_e der Shewhart np-Karte

In der Grafik zur Eingriffswahrscheinlichkeit P_e befindet sich auf der X-Achse der Anteil fehlerhafter Einheiten p in der Grundgesamtheit als unabhängige Variable. Auf der Y-Achse ist die Wahrscheinlichkeit für einen Eingriff $P_e = P_a$ dargestellt. Bei dieser Grafik wählt man sich auf der X-Achse einen Wert für den Anteil fehlerhafter Einheiten und liest dafür die Wahrscheinlichkeit P_e ab, mit der die Anzahl fehlerhafter Einheiten x in der nächsten Stichprobe außerhalb der Eingriffsgrenzen liegen wird.

Die Eingriffswahrscheinlichkeit P_e wird mit der Verteilungsfunktion der Binomialverteilung $G(x, n, \hat{p})$ und den beiden Streugrenzen x_{un} und x_{ob} aus Schritt 4 wie folgt berechnet:

$$P_e = G(x_{un} - 1, n, \hat{p}) + [1 - G(x_{ob} + 1, n, \hat{p})] \quad \text{für } x_{un} > 1 \text{ bzw.}$$

$$P_e = 1 - G(x_{ob} + 1, n, \hat{p}) \quad \text{für } x_{un} \leq 1$$

Fallbeispiel

Für die zuvor berechnete Shewhart np-Karte ist nachfolgend das Diagramm der Eingriffswahrscheinlichkeit P_e dargestellt.

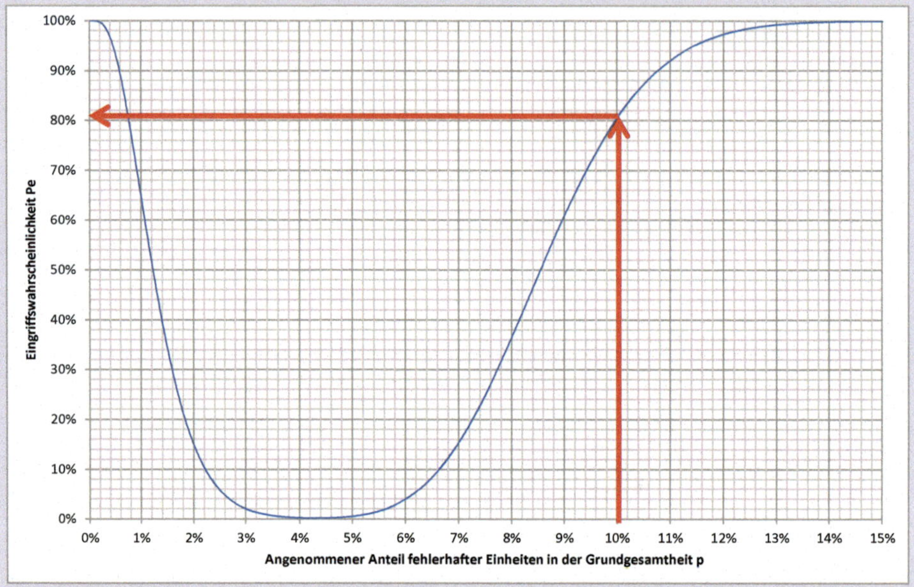

Bild 7.6 Diagramm der Eingriffswahrscheinlichkeit P_e für eine Shewhart np-Karte, berechnet mit der Binomialverteilung für $P_a = 99{,}73\,\%$, $n = 300$ und $p_0 = 4{,}48\,\%$

Die Eingriffswahrscheinlichkeit P_e dient zur Durchführung eines „Was wäre, wenn"-Szenarios: Möchte man z. B. wissen, wie sicher die np-Karte reagiert, wenn sich der Anteil fehlerhafter Einheiten auf $p = 10\,\%$ erhöht hat, so sucht man zunächst auf der x-Achse den Wert $p = 10\,\%$. Ausgehend von diesem Punkt geht man senkrecht nach oben bis zu dem Funktionsgrafen. Anschließend geht man waagerecht nach links zur Y-Achse. Dort liest man die Eingriffswahrscheinlichkeit $P_e \approx 80\,\%$ ab. Das ist wie folgt zu deuten: Entnimmt man einer Grundgesamtheit mit $p = 10\,\%$ Anteil fehlerhafter Einheiten eine Stichprobe mit 300 Einheiten, so wird die Anzahl fehlerhafter Einheiten x in dieser Stichprobe mit 80 % „Sicherheit" größer als die obere Eingriffsgrenze OEG = 25,5 sein. ■

Hinweis

Der Stichprobenumfang im Schritt 2 wurde iterativ ermittelt

a) Wahl des Stichprobenumfangs n = 1
b) Ermitteln der Eingriffsgrenzen OEG und UEG sowie der Eingriffswahrscheinlichkeit P_e
c) Prüfen: Ist die Bedingung $P_e \geq 80\,\%$ für den Anteil fehlerhafter Einheiten p = 10 % erfüllt?
d) Ist die Bedingung (c) nicht erfüllt, so wird der Stichprobenumfang n um eins erhöht und das Verfahren mit (b) fortgesetzt.

7.4.3 Shewhart np-Karte, Näherung auf Basis der Normalverteilung

Wie in Bild 7.4 dargestellt, kann das Modell **Binomialverteilung** durch das Modell **Normalverteilung** unter den dort gezeigten Bedingungen angenähert werden. Benötigt werden die Parameter **Erwartungswert** und **Standardabweichung,** die beide von der Binomialverteilung übernommen werden.

Standardabweichung σ der Normalverteilung: $\hat{\sigma} = \sqrt{n \cdot \hat{p} \cdot (1 - \hat{p})}$

Erwartungswert μ der Normalverteilung: $\hat{\mu} = n \cdot \hat{p}$

Damit die Näherungslösung über die Normalverteilung praktisch ausreichend genau ist, sollte die Standardabweichung mindestens drei sein:

Anwendungsbedingung für Näherung mit NV: $\hat{\sigma} = \sqrt{n \cdot \hat{p} \cdot (1 - \hat{p})} \geq 3$

Diese Anwendungsbedingung sollte vor der Verwendung geprüft werden. Ist die Bedingung nicht erfüllt, sollte nur die Shewhart np-Karte auf der Grundlage der Binomialverteilung aus Abschnitt 7.4.2 verwendet werden.

Fallbeispiel

Mit dem Anteil fehlerhafter Einheiten $\hat{p}$ = 0,0448 und dem Stichprobenumfang n = 300 ergibt sich für die Standardabweichung ein Wert größer als drei, somit kann die Näherung angewendet werden.

$$\hat{\sigma} = \sqrt{300 \cdot 0{,}0448 \cdot (1 - 0{,}0448)} \approx 3{,}58 > 3$$

Das Vorgehen zur Berechnung der Shewhart np-Karte auf Basis der Normalverteilung unterscheidet sich nur bezüglich der Eingriffsgrenzenberechnung von demjenigen auf Basis der Binomialverteilung. Die Schritte (1) **Vorlaufanalyse für das**

Schätzen des mittleren Anteils fehlerhafter Einheiten, (2) **Wahl des Stichprobenumfangs n** und die (3) **Wahl der Annahmewahrscheinlichkeit P_a** sind identisch zum Abschnitt 7.4.2, Schritte 1 bis 3. Daher ist im Folgenden nur die Bestimmung der Mittellinie und Eingriffsgrenzen beschrieben.

1. Schritt: Vorlaufanalyse

Zunächst muss eine repräsentative Datenerhebung durchgeführt werden. Empfohlen sind mindestens 25 Stichproben, gesammelt unter Berücksichtigung verschiedener Tage. Aus diesen Daten wird der Schätzer für den mittleren Anteil fehlerhafter Einheiten in der Grundgesamtheit berechnet:

$$\hat{p} = \frac{\sum_{i=1}^{k} x_i}{\sum_{i=1}^{k} n_i}$$

Mit

n_i = Umfang der Stichprobe i

x_i = Anzahl der fehlerhaften Einheiten in Stichprobe i

In Worten: Der Schätzer für den mittleren Anteil fehlerhafter Einheiten in der Grundgesamtheit ist gleich der Summe der fehlerhaften Einheiten geteilt durch die Summe der untersuchten Einheiten.

Fallbeispiel

Es wird der Schätzwert aus Schritt 1 im Abschnitt 7.4.2 übernommen.

$$\hat{p} = \frac{336}{7500} = 0{,}0448 = 4{,}48\%$$

2. Schritt: Wahl des Stichprobenumfangs

Der Stichprobenumfang muss zum einen ausreichend hoch sein, damit die Qualitätsregelkarte bei einer unerwünschten Verschlechterung des Prozesses mit einer Eingriffsgrenzenverletzung reagiert. Zum anderen soll der Stichprobenumfang nicht unnötig hoch sein, um die damit verbundenen Prüfkosten so gering wie möglich zu halten.

Fallbeispiel

Für den Stichprobenumfang wurde n = 300 festgelegt. Für diesen Stichprobenumfang reagiert die Shewhart np-Karte mit einer Wahrscheinlichkeit von $P_e = 80\,\%$ mit einer Eingriffsgrenzenverletzung, wenn der Anteil fehlerhafter Einheiten von ursprünglich $p_0 = 4{,}48\,\%$ auf $p_1 = 10\,\%$ steigt.

3. Schritt: Wahl der Annahmewahrscheinlichkeit

Bleibt der Anteil fehlerhafter Einheiten in der Fertigung (Grundgesamtheit) unverändert, so soll das Stichprobenergebnis – die Fehlerzahl x – möglichst „sicher" innerhalb der Eingriffsgrenzen liegen. Dazu wählt man die Annahmewahrscheinlichkeit P_a. International ist $P_a = 99{,}73\,\%$ üblich, speziell in Europa sieht man oft auch $P_a = 99\,\%$.

Zu deuten ist die Annahmewahrscheinlichkeit wie folgt: Wählt man $P_a = 99{,}73\,\%$ und entnimmt man eine Stichprobe aus dem ungestörten Prozess, so ist die tatsächliche Anzahl fehlerhafter Einheiten x in dieser Stichprobe mit der „Sicherheit" $P_a = 99{,}73\,\%$ ein Wert innerhalb der Eingriffsgrenzen.

4. Schritt: Berechnen der Mittellinie sowie der oberen und unteren Eingriffsgrenze

Berechnung der Mittellinie:

$$M = \hat{\mu} = n \cdot \hat{p}$$

In diese Formel wird der geschätzte Anteil fehlerhafter Einheiten aus Schritt 1 eingesetzt oder ein Zielwert vorgegeben.

Die untere und obere Eingriffsgrenze ermittelt man wie folgt:

Obere Eingriffsgrenze der Shewhart np-Karte (Basis Normalverteilung)

$$OEG = \hat{\mu} + u_{1-\alpha/2} \cdot \hat{\sigma} = n \cdot \hat{p} + u_{1-\alpha/2} \cdot \sqrt{n \cdot \hat{p} \cdot (1 - \hat{p})}$$

Untere Eingriffsgrenze der Shewhart np-Karte (Basis Normalverteilung)

$$UEG = \hat{\mu} - u_{1-\alpha/2} \cdot \hat{\sigma} = n \cdot \hat{p} - u_{1-\alpha/2} \cdot \sqrt{n \cdot \hat{p} \cdot (1 - \hat{p})}$$

Fallbeispiel

Gegeben ist der Anteil fehlerhafter Einheiten $p = 0{,}0448$, der Stichprobenumfang $n = 300$ und die Annahmewahrscheinlichkeit $P_a = 1 - \alpha = 99{,}73\,\%$. Für das 99,865 %-Quantil der Standardnormalverteilung gilt $u_{1-\alpha/2} = u_{99{,}865\,\%} = 3$.

Mittellinie M:

$$M = 300 \cdot 0{,}0448 = 13{,}44$$

Obere Eingriffsgrenze OEG:

$$OEG = 300 \cdot 0{,}0448 + 3 \cdot \sqrt{300 \cdot 0{,}0448 \cdot (1 - 0{,}0448)} \approx 24{,}189$$

Untere Eingriffsgrenze UEG:

$$UEG = 300 \cdot 0{,}0448 - 3 \cdot \sqrt{300 \cdot 0{,}0448 \cdot (1 - 0{,}0448)} \approx 2{,}691$$

■

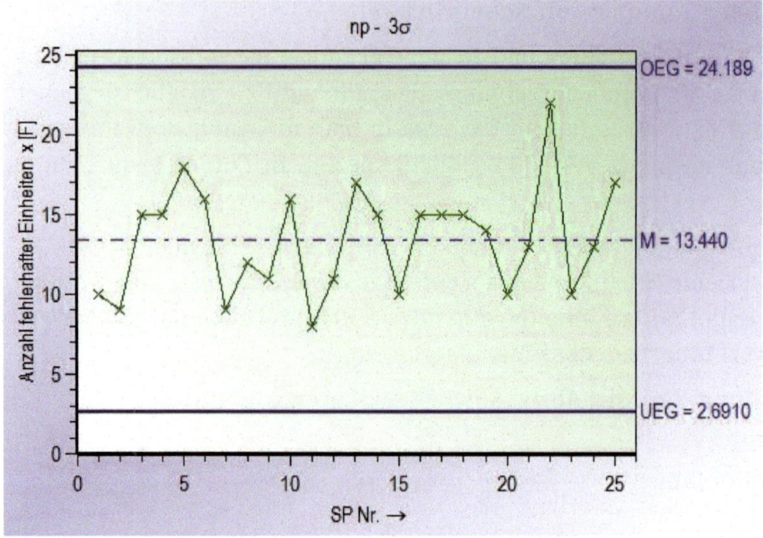

Bild 7.7 Shewhart np-Karte (Basis Normalverteilung) für die Überwachung des Anteils fehlerhafter Einheiten, berechnet mit p = 0,0448, n = 300 und der Annahmewahrscheinlichkeit $P_a = 1 - \alpha = 99{,}73\,\%$

5. Schritt: Eingriffswahrscheinlichkeit der Shewhart np-Karte (Normalverteilungsapproximation)

Für die Bestimmung der Eingriffswahrscheinlichkeit wird die obere Eingriffsgrenze auf die nächstgrößere Ganzzahl aufgerundet und die untere Eingriffsgrenze auf die nächstkleinere Ganzzahl abgerundet.

P_e = G(Abrunden(UEG), n, p) + 1-G(Aufrunden(OEG), n, p) für UEG ≥ 1 und

P_e = 1- G(Aufrunden(OEG), n, p), wenn UEG entfällt

Fallbeispiel

Für das Zahlenbeispiel zur Shewhart np-Karte auf Basis der Normalverteilungsapproximation erhält man das folgende Diagramm der Eingriffswahrscheinlichkeit:

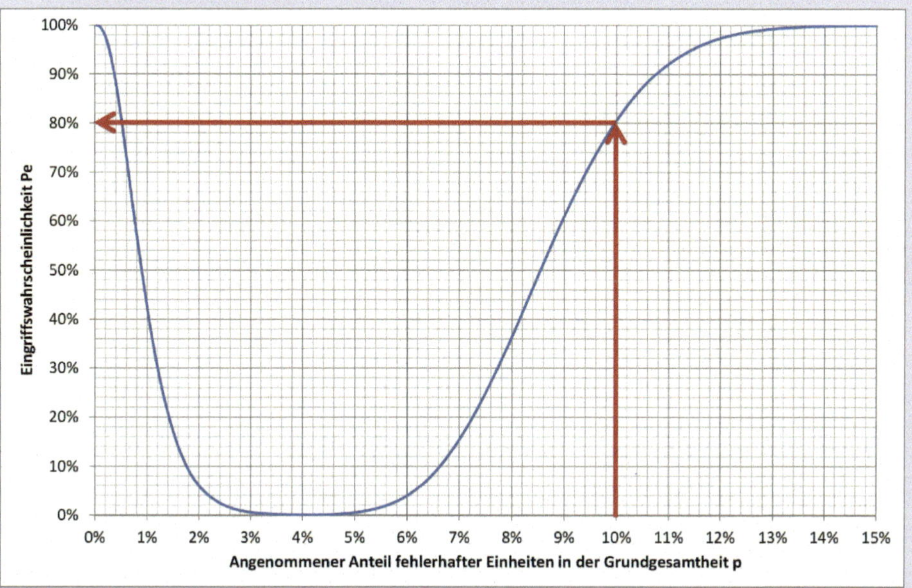

Bild 7.8 Eingriffswahrscheinlichkeit Pe der Shewhart np-Karte mit Eingriffsgrenzen auf Basis der Normalverteilung (p = 4,48 %, n = 300, P_a = 99,73 %). In das Diagramm ist die Eingriffswahrscheinlichkeit P_e = 80 % für einen Anteil fehlerhafter Einheiten p = 10 % eingezeichnet

Anhand des Diagramms ermittelt man für den Anteil fehlerhafter Einheiten p = 10 % die Eingriffswahrscheinlichkeit P_e = 80 %. Das bedeutet, mit der „Sicherheit" P_e = 80 % wird die Anzahl fehlerhafte Einheiten in der nächsten Stichprobe größer sein als die obere Eingriffsgrenze.

7.4.4 Shewhart p-Karte (BV) für die Überwachung des Anteils fehlerhafter Einheiten

Beim Führen einer p-Karte entnimmt der Anwender zunächst eine Stichprobe mit n Einheiten und prüft diese. Die gefundene Anzahl fehlerhafter Einheiten x wird durch den Stichprobenumfang n geteilt. Das Ergebnis ist der Anteil fehlerhafter Einheiten p in der Stichprobe. Dieser p-Wert wird in die Regelkarte eingetragen und die Lage geprüft. Liegt der Wert innerhalb der Eingriffsgrenzen, so geht man von einem ungestörten Prozess aus, andernfalls von einem gestörten Prozess. Aufgrund des Rechenschrittes sollte diese Karte mit Rechnerunterstützung geführt werden. Der Rechenaufwand ist zwar gering, kostet dennoch Zeit und ist fehleranfällig.

Die Bestimmung der p-Karte ist nachfolgend in fünf Schritten beschrieben:

1. Schritt: Vorlaufanalyse

Zu Beginn muss der Anteil fehlerhafter Einheiten in der Grundgesamtheit abgeschätzt werden. Für diesen Zweck werden mehrere repräsentative Stichproben dem Prozess entnommen, z. B. Stichprobenergebnisse einer Woche oder eines Monats. Empfohlen ist eine Datenbasis von mindestens 25 Stichproben.

Fallbeispiel

Aus dem ersten Schritt im Abschnitt 7.4.2 wird der Anteil fehlerhafter Einheiten p = 4,48 % übernommen. ■

2. Schritt: Festlegen des Stichprobenumfangs n

Bei der Wahl des Stichprobenumfangs ist zu beachten, dass zum einen der Prüfaufwand und die damit verbundenen Prüfkosten so gering wie möglich sind und zum anderen die Wahrscheinlichkeit für das Erkennen einer Prozessverschlechterung groß genug ist.

Fallbeispiel

Für die Prozessüberwachung wurde der Stichprobenumfang n = 300 Einheiten gewählt.

Hintergrund: Der Stichprobenumfang wurde für die Vorgabe „Eingriffswahrscheinlichkeit P_e = 80 % für den Anteil fehlerhafter Einheiten p = 10 %“ iterativ ermittelt. ■

3. Schritt: Festlegen der Annahmewahrscheinlichkeit P_a

Ist der Prozess ungestört, so wird mit der „Sicherheit“ P_a keine Eingriffsgrenzenverletzung auftreten. International ist die Annahmewahrscheinlichkeit P_a = 99,73 % üblich, speziell in Europa sieht man oft auch P_a = 99 %.

Fallbeispiel

Für das Beispiel wurde die Annahmewahrscheinlichkeit P_a = 99,73 % gewählt. ■

4. Schritt: Berechnen der Mittellinie M und der Eingriffsgrenzen OEG und UEG der Shewhart p-Karte

Zunächst wird die Mittellinie M festgelegt. In der Regel wird der Schätzwert für den Anteil fehlerhafter Einheiten p in der Grundgesamtheit direkt oder gerundet übernommen.

Mittellinie $M = \hat{p}$

Die Bestimmung der unteren und oberen Eingriffsgrenze für den Anteil fehlerhafter Einheiten basiert auf dem zweiseitigen Zufallsstreubereich der Binomialverteilung zur Wahrscheinlichkeit P_a. Das Prinzip für die Ermittlung der Streugrenzen ist im Abschnitt 7.4.2 unter Schritt 4 beschrieben.

Fallbeispiel

Aus Schritt 4 im Abschnitt 7.4.2 werden die untere Streugrenze $x_{un} = 4$ und die obere Streugrenze $x_{ob} = 25$ übernommen. ■

Die Eingriffsgrenzen der Shewhart p-Karte berechnen sich wie folgt:

Untere Eingriffsgrenze der Shewhart p-Karte (Berechnung mit Binomialverteilung):

$$UEG = \frac{x_{un} - 0{,}5}{n}$$

Obere Eingriffsgrenze der Shewhart p-Karte (Berechnung mit Binomialverteilung):

$$OEG = \frac{x_{ob} + 0{,}5}{n}$$

Schaut man genauer hin, so erkennt man, dass im Zähler bei beiden Formeln die Eingriffsgrenzen der Shewhart np-Karte stehen.

Fallbeispiel

Für die Beispieldaten ergeben sich die folgenden Eingriffsgrenzen:

Obere Eingriffsgrenze

$$OEG = \frac{25{,}5}{300} = 0{,}085 \text{ oder } 0{,}085 \cdot 100\,\% = 8{,}5\,\%$$

Untere Eingriffsgrenze

$$UEG = \frac{4 - 0{,}5}{300} = 0{,}01\overline{166} \text{ oder } 0{,}01\overline{166} \times 100\,\% = 1{,}\overline{166}\,\%.$$

■

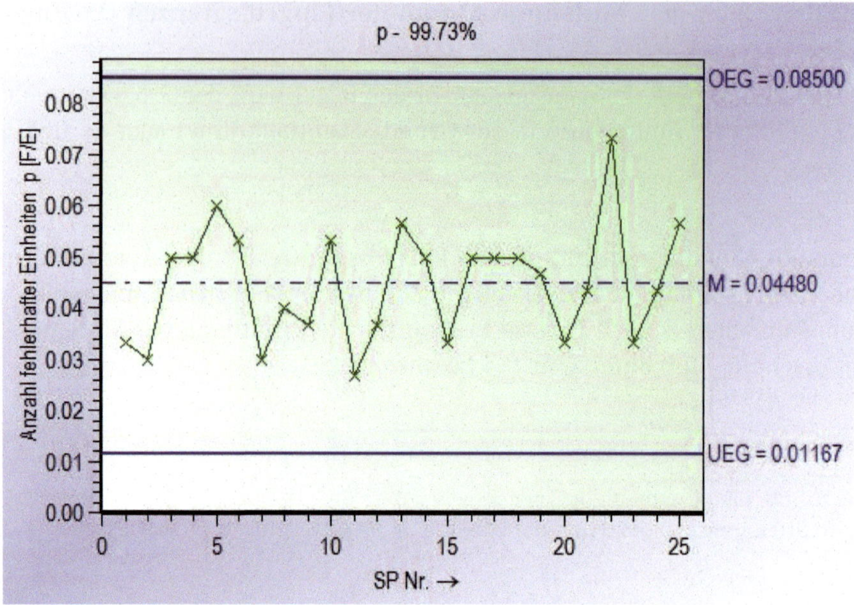

Bild 7.9 Shewhart p-Karte für die Überwachung des Anteils fehlerhafter Einheiten. Berechnet auf der Grundlage der Binomialverteilung mit p = 4,48 % für die Annahmewahrscheinlichkeit P_a = 99,73 % und den Stichprobenumfang n = 300

5. Schritt: Berechnung der Eingriffswahrscheinlichkeit P_e

Die Eingriffswahrscheinlichkeit der Shewhart p-Karte ist mit derjenigen von der Shewhart np-Karte identisch. Details der Berechnung und die Grafik der Eingriffswahrscheinlichkeit sind im 5. Schritt des Abschnitt 7.4.2 dargestellt.

7.4.5 Shewhart p-Karte (NV) für Anteilswerte

Möchte man die Eingriffsgrenzen der Shewhart p-Karte näherungsweise mit der Normalverteilung statt mit der Binomialverteilung lösen, so sind die Schritte **(1) Vorlaufanalyse und Schätzen des Anteils fehlerhafter Einheiten, (2) Wahl des Stichprobenumfangs und (3) Wahl der Annahmewahrscheinlichkeit** identisch zu den Schritten eins bis drei aus Abschnitt 7.4.4 anzuwenden. Unterschiede ergeben sich erst bei der Berechnung der Eingriffsgrenzen:

Mittellinie M:

$$M = \hat{p}$$

Obere Eingriffsgrenze OEG der Shewhart p-Karte (Näherungslösung mit Normalverteilung):

$$OEG = \hat{p} + u_{1-\alpha/2} \cdot \sqrt{\frac{\hat{p} \cdot (1-\hat{p})}{n}}$$

Untere Eingriffsgrenze UEG der Shewhart p-Karte (Näherungslösung mit Normalverteilung):

$$UEG = \hat{p} - u_{1-\alpha/2} \cdot \sqrt{\frac{\hat{p} \cdot (1-\hat{p})}{n}}$$

Fallbeispiel

Gegeben ist der Anteil fehlerhafter Einheiten p = 4,48 %, der Stichprobenumfang n = 300, die Annahmewahrscheinlichkeit P_a = 99,73 % und das 99,865 %-Quantil der Standardnormalverteilung $u_{99,865\%} = 3$ (0,135 %-Quantil der Standardnormalverteilung $u_{0,135\%} = -3$).

Berechnungen:

Mittellinie M = 0,0448 oder 0,0448 · 100 % = 4,48 %

Obere Eingriffsgrenze OEG der Shewhart p-Karte auf Basis der Normalverteilung:

$$OEG = 0,0448 + 3 \cdot \sqrt{\frac{0,0448 \cdot (1-0,0448)}{300}} = 0,08063$$

oder 0,08063 · 100 % = 8,063 %

Untere Eingriffsgrenze UEG der Shewhart p-Karte auf Basis der Normalverteilung:

$$UEG = 0,0448 - 3 \cdot \sqrt{\frac{0,0448 \cdot (1-0,0448)}{300}} = 0,00897$$

oder 0,00897 · 100 % = 0,897 % ■

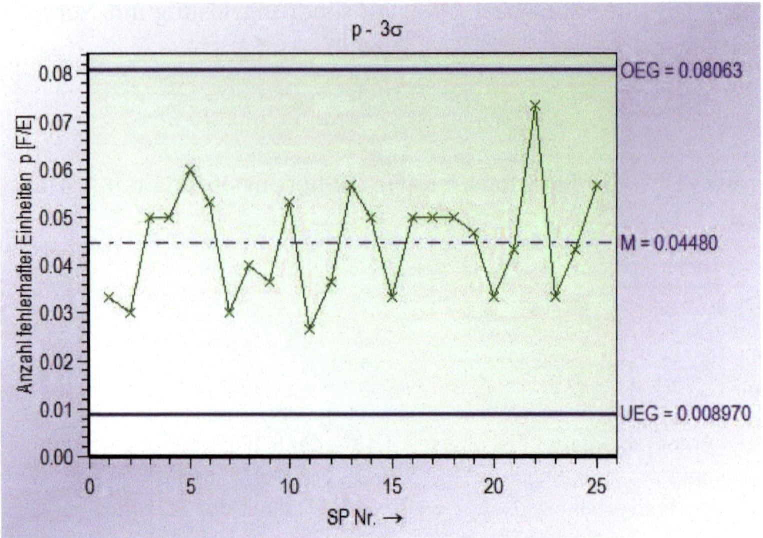

Bild 7.10 Shewhart p-Karte für einen Prozess mit p = 4,48 % Anteil fehlerhafter Einheiten, Stichprobenumfang n = 300 und einer Annahmewahrscheinlichkeit P_a = 99,73 %. Die Eingriffsgrenzen wurden näherungsweise auf Basis Normalverteilung berechnet

Die Eingriffswahrscheinlichkeit P_e kann direkt von der Shewhart np-Karte auf Basis der Normalverteilung übernommen werden, da beide Karten äquivalent zueinander sind (s. im Abschnitt 7.4.3 unter Schritt 5).

7.4.6 Shewhart c-Karte für Ereignisse je Einheit (PV)

Die Shewhart c-Karte wird unglücklicher Weise in Deutschland oft auch als x-Karte bezeichnet, was möglichst vermieden werden sollte. In diesem Fall wird die Anzahl der Fehler f auf den untersuchten Einheiten gezählt, die der Anwender bei der Prüfung einer Stichprobe entdeckt hat, wie z. B. die Anzahl der Lötfehler auf 10 Platinen.

Die Anzahl der Fehler f wird in die Qualitätsregelkarte als Punkt eingetragen und die Lage zu den Eingriffsgrenzen geprüft. Liegt der Punkt innerhalb der Eingriffsgrenzen, so geht man von einem ungestörten Prozess aus.

Die Berechnung der Shewhart c-Karte ist nachfolgend in fünf Schritten beschrieben.

1. Schritt: Vorlaufanalyse

Zu Beginn ist eine repräsentative Datensammlung über einen längeren Zeitraum durchzuführen. Empfohlen sind mindestens 25 Stichproben. Aus den Vorlaufdaten wird die mittlere Anzahl Fehler je Einheit geschätzt.

$$\hat{u} = \frac{\sum_{i=1}^{k} f_i}{\sum_{i=1}^{k} n_i}$$

mit

f_i = Anzahl der Fehler in der i-ten Stichprobe

n_i = Stichprobenumfang der i-ten Stichprobe

In Worten: Die mittlere Anzahl Fehler je Einheit ist die Summe der Fehler geteilt durch die Summe der untersuchten Einheiten.

Eine Einheit im obigen Sinne ist eine auf das Merkmal bezogen sinnvoll festgelegte Einheit. Das kann 1 m sein, aber auch 1 Coil mit 15 m Länge, bzw. 1 einzelne Flasche, aber auch eine Getränkekiste mit 12 Wasserflaschen oder 20 bzw. 24 Bierflaschen. Der Anwendungsfall entscheidet und legt mit dem Vorlauf diese Einheit fest. Im nächsten Schritt wird festgelegt, wie viele dieser Einheiten eine Bezugsgröße hat, weshalb es sinnvoll sein kann, einer kleinere Einheit (z. B. 1 Flasche) zu wählen.

Der Stichprobenumfang für die Vorlaufanalyse muss nicht zwingend konstant sein.

Fallbeispiel

Gegeben sind folgende Vorlaufdaten von einem Verpackungsmaterial-Produzenten. Jede Stichprobe umfasste 100 Laufmeter und gezählt wurde die Anzahl der Farbfehler je Stichprobe.

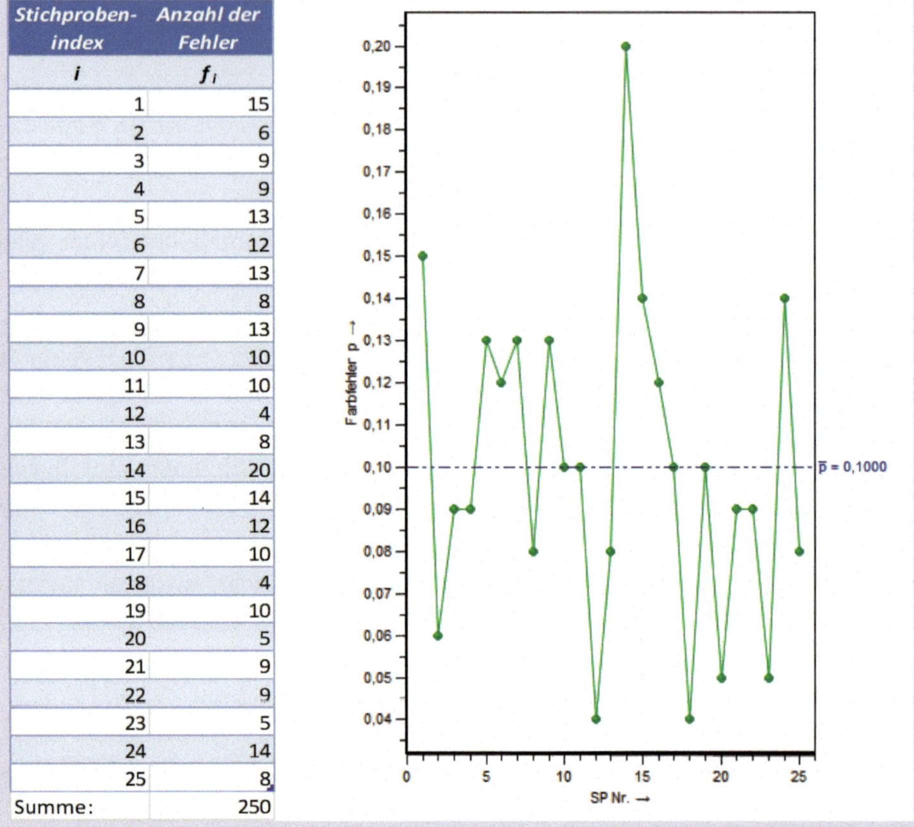

Stichproben-index	Anzahl der Fehler
i	f_i
1	15
2	6
3	9
4	9
5	13
6	12
7	13
8	8
9	13
10	10
11	10
12	4
13	8
14	20
15	14
16	12
17	10
18	4
19	10
20	5
21	9
22	9
23	5
24	14
25	8
Summe:	250

Bild 7.11 Gefundene Anzahl Farbfehler je Laufmeter auf einem Verpackungsmaterial

Teilt man die Summe der Fehler durch die Anzahl der physischen Einheiten, so erhält man den Schätzer für die mittlere Anzahl Fehler je Einheit, in diesem Fall „Laufmeter".

$$\hat{u} = \frac{250}{25 \cdot 100} = 0{,}1$$

Im Produktionsprozess entstehen durchschnittlich 0,1 Farbfehler je Laufmeter. ■

2. Schritt: Wahl des Stichprobenumfangs

Der Stichprobenumfang n für die regelmäßige Prozessüberwachung wird gewählt. Auf der einen Seite soll der Prüfaufwand aufgrund der Prüfkosten klein sein. Auf der anderen Seite soll die Eingriffswahrscheinlichkeit im Falle der unerwünschten Vergrößerung der mittleren Fehlerzahl angemessen sein.

Sobald der Stichprobenumfang gewählt ist, wird die mittlere Fehlerzahl für die Bezugsgröße **Stichprobe** berechnet.

$$\hat{\mu} = n \cdot \hat{u}$$

Ab diesem Zeitpunkt gilt: Eine Bezugsgröße = eine Stichprobe mit n Einheiten.

Fallbeispiel

Es wird festgelegt: Sollte sich die mittlere Anzahl Fehler je Einheit auf $u_1 = 0{,}2$ erhöhen, so soll die Wahrscheinlichkeit für eine Eingriffsgrenzenverletzung (Eingriffswahrscheinlichkeit) $P_e = 80\,\%$ betragen. Diese Eingriffswahrscheinlichkeit ist für den Stichprobenumfang n = 226 Laufmeter erstmalig erfüllt. Daher wird der Stichprobenumfang auf n = 226 festgelegt, was bedeutet, dass eine Bezugseinheit aus 226 Laufmetern besteht. Die mittlere Fehlerzahl für die Bezugseinheit Stichprobe ist:

$$\hat{\mu} = 226 \cdot 0{,}1 = 22{,}6$$

Es werden auf 226 Laufmeter Verpackungsmaterial durchschnittlich 22,6 Farbfehler erwartet.

Näheres zur Ermittlung des Stichprobenumfangs erfolgt im Schritt 5. ■

3. Schritt: Wahl der Annahmewahrscheinlichkeit P_a

Die Annahmewahrscheinlichkeit P_a drückt aus, mit welcher Wahrscheinlichkeit KEINE Eingriffsgrenzenverletzung auftritt, wenn der Prozess ungestört ist. International ist die Annahmewahrscheinlichkeit $P_a = 99{,}73\,\%$ üblich. In Europa sieht man oft auch $P_a = 99\,\%$.

Fallbeispiel

Für die Shewhart c-Karte wird die international übliche Annahmewahrscheinlichkeit $P_a = 1 - \alpha = 99{,}73\,\%$ gewählt. ■

4. Schritt: Berechnung der Mittellinie und Eingriffsgrenzen der Shewhart c-Karte

Der Wert für die Mittellinie M entspricht dem Erwartungswert

$$M = \hat{\mu} = 22{,}6$$

Die Eingriffsgrenzen werden aus den Streugrenzen des zweiseitigen Zufallsstreubereiches der Poissonverteilung für die Wahrscheinlichkeit $P_a = 1 - \alpha$ berechnet:

Obere Eingriffsgrenze OEG der Shewhart c-Karte:

$$OEG = f_{ob} + 0{,}5$$

Untere Eingriffsgrenze der Shewhart c-Karte:

$$UEG = f_{un} - 0{,}5$$

Zunächst müssen also die beiden Streugrenzen des zweiseitigen Zufallsstreubereiches der Poissonverteilung ermittelt werden. Dies erfolgt in der Regel iterativ:

Man beginnt mit dem Wert f =0 und berechnet dafür den Wert der Verteilungsfunktion der Poissonverteilung $G(f,\mu)$. Ist dieser gleich oder größer als die Wahrscheinlichkeit $P = \alpha/2$, so ist die untere Streugrenze f_{un} gefunden. Ist die Bedingung nicht erfüllt, so muss der Wert f um eins erhöht und die Verteilungsfunktion erneut berechnet werden. Dieser Prozess wird so lange wiederholt, bis die Bedingung $G(f,\mu) \geq \alpha/2$ **erstmalig** erfüllt ist.

Analog wird die obere Streugrenze f_{ob} iterativ ermittelt: Beginnend mit $f = f_{un}$ wird die Fehlerzahl so lange um eins erhöht, bis die Bedingung $G(f,\mu) \geq 1 - \alpha/2$ **erstmalig** erfüllt ist.

Fallbeispiel

Gegeben ist die mittlere Anzahl Fehler je Stichprobe $\hat{\mu} = 22{,}6$ und die Annahmewahrscheinlichkeit $P_a = 99{,}73\,\%$. Gesucht sind die beiden Streugrenzen des 99,73 %-Zufallsstreubereiches der Poissonverteilung.

f	G(f,µ0)	Bedingung	Streugrenze
0	0.00%		
1	0.00%		
2	0.00%		
3	0.00%		
4	0.00%		
5	0.00%		
6	0.00%		
7	0.01%		
8	0.04%		
9	0.10%		
10	0.25%	>0.135 %	f_{un}
11	0.55%		
12	1.12%		
13	2.11%		
14	3.70%		
15	6.10%		
16	9.49%		
17	13.99%		
18	19.65%		
19	26.38%		
20	33.98%		
21	42.16%		
22	50.57%		
23	58.83%		
24	66.60%		
25	73.63%		
26	79.75%		
27	84.86%		
28	88.99%		
29	92.21%		
30	94.63%		
31	96.40%		
32	97.65%		
33	98.50%		
34	99.07%		
35	99.44%		
36	99.67%		
37	99.81%		
38	99.89%	>99.865 %	f_{ob}

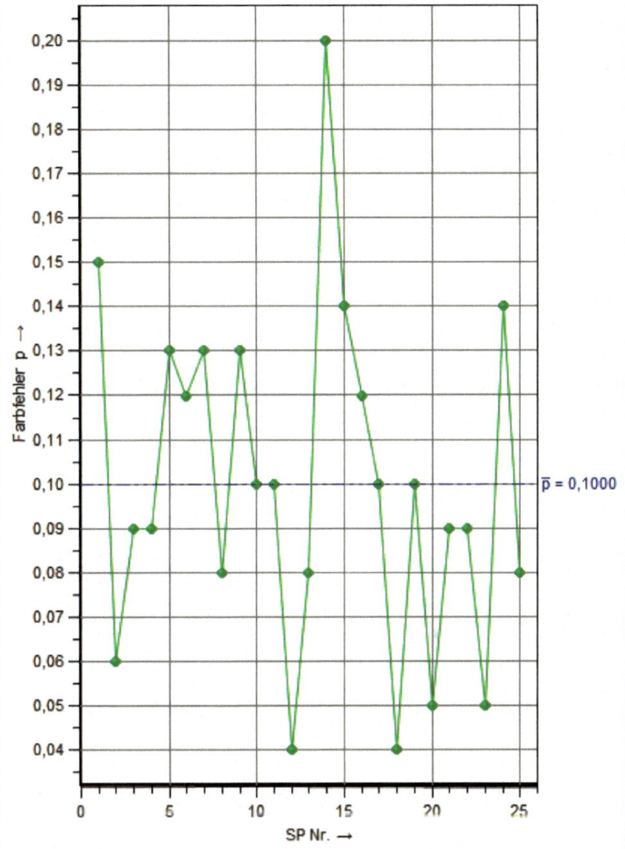

Bild 7.12 Werteverlauf der Anzahl Farbfehler je Laufmeter (1 physische Einheit = 1 Meter)

Die Streugrenzen des zweiseitigen 99,73 %-Zufallsstreubereiches der Poissonverteilung sind $f_{un} = 10$ und $f_{ob} = 38$. Mit diesen Streugrenzen erhält man:

Obere Eingriffsgrenze OEG = 38 + 0,5 = 38,5

Untere Eingriffsgrenze UEG = 10 − 0,5 = 9,5

Hinweis

Da die Fehlerzahl nicht kleiner als Null sein kann, entfällt die untere Eingriffsgrenze, wenn die untere Streugrenze auf den Wert Null fällt.

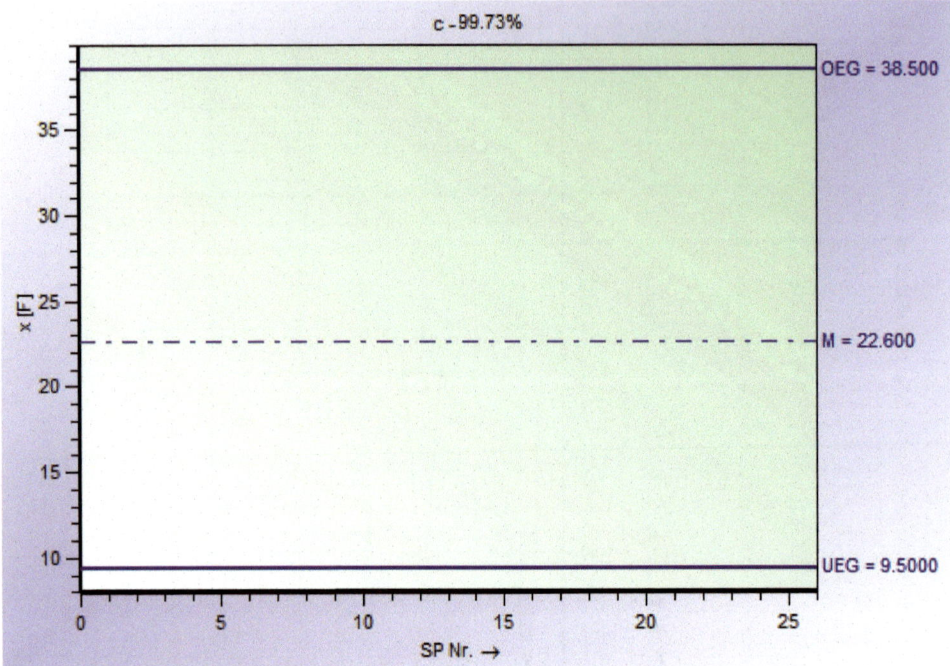

Bild 7.13 Shewhart c-Karte für die Überwachung der mittleren Anzahl Fehler. Berechnung der Eingriffsgrenzen mit der Poissonverteilung ($\mu = 22{,}6$ und $P_a = 99{,}73\,\%$)

5. Schritt: Erstellung des Diagramms der Eingriffswahrscheinlichkeit P_e

Zum Schluss wird die Eigenschaft der Karte beurteilt, mit der diese in der Lage ist, eine Prozessverschlechterung, also einen Anstieg der mittleren Anzahl Fehler zu erkennen. Für diesen Zweck wird die Grafik der Eingriffswahrscheinlichkeit erstellt und beurteilt.

Die Eingriffswahrscheinlichkeit P_e berechnet man mit der Verteilungsfunktion der Poissonverteilung und den Streugrenzen wie folgt:

$$P_e = G(f_{un} - 1, \mu) + 1 - G(f_{ob} + 1, \mu) \text{ für } f_{un} > 0 \text{ bzw. } P_e = 1 - G(f_{ob} + 1, \mu) \text{ für } f_{un} = 0$$

Fallbeispiel

Gegeben ist die mittlere Anzahl Fehler je Stichprobe $\hat{\mu}$ = 22,6 und eine Shewhart c-Karte mit den Eingriffsgrenzen UEG = 9,5 und OEG = 38,5. Für diese Karte wird die Grafik der Eingriffswahrscheinlichkeit erstellt:

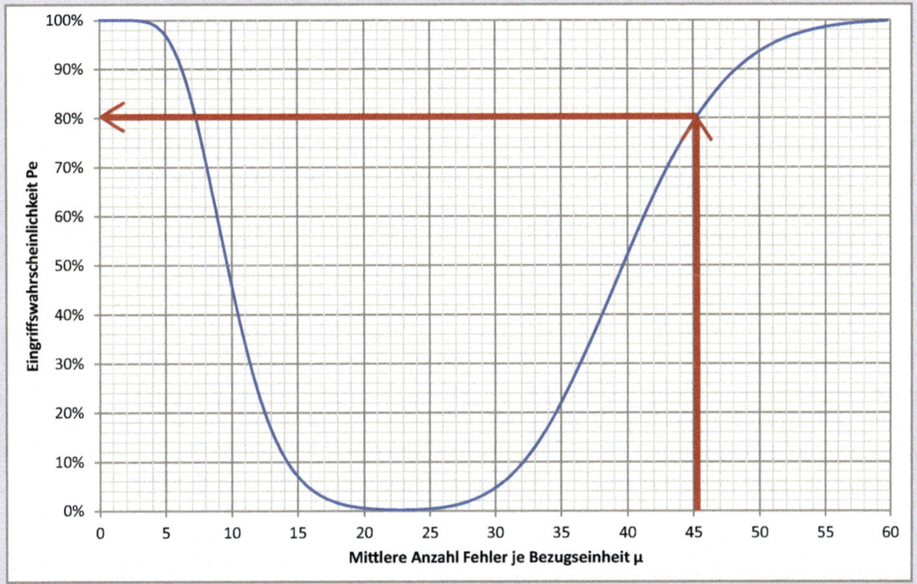

Bild 7.14 Grafik der Eingriffswahrscheinlichkeit für eine Shewhart c-Karte in Abhängigkeit von der mittleren Anzahl Farbfehler in der Grundgesamtheit, bezogen auf die Einheit 226 Laufmeter. Die Shewhart c-Karte wurde mit der Poissonverteilung berechnet (μ = 22,6; P_a = 99,73 %)

Die Grafik ist wie folgt zu deuten: Angenommen, der Prozess verschlechtert sich und die Anzahl Farbfehler je 226 Laufmeter erhöht sich auf μ_1 = 45,2. Entnimmt man in diesem Fall eine Stichprobe (n = 226 Laufmeter), so wird die Anzahl Farbfehler f in dieser Stichprobe mit einer Wahrscheinlichkeit P_e = 80 % größer sein als die obere Eingriffsgrenze. Diese Verschlechterung wird also vergleichsweise „sicher“ erkannt. ■

Hinweis

Der Stichprobenumfang im Schritt 2 wurde hier iterativ unter Berücksichtigung der Eingriffswahrscheinlichkeit P_e ermittelt:

a) Stichprobenumfang n=1 wählen
b) Eingriffsgrenzen und Eingriffswahrscheinlichkeit berechnen (Schritte 4 und 5)

c) Bedingung $P_e \geq 80\,\%$ prüfen
d) Falls (c) nicht erfüllt ist, wird der Stichprobenumfang n um eins erhöht und das Verfahren mit (b) fortgesetzt.

Die Iteration endet, wenn die Bedingung (c) erstmalig erfüllt ist.

7.4.7 Shewhart c-Karte für Ereignisse je Einheit (NV)

Die Eingriffsgrenzen können näherungsweise mit der Normalverteilung ermittelt werden. Dies ist insbesondere in den USA üblich. Die Parameter der Normalverteilung, μ und σ, können beide direkt von der Poissonverteilung übernommen werden.

Erwartungswert: $\hat{\mu}_{NV} = \hat{\mu}_{PV}$

Standardabweichung: $\hat{\sigma} = \sqrt{\hat{\mu}}$

Damit die Poissonverteilung durch die Normalverteilung ausreichend genau approximiert wird, sollte die Standardabweichung größer oder gleich drei sein.

Bedingung für die Normalverteilungsapproximation: $\hat{\sigma} = \sqrt{\hat{\mu}} \geq 3$

1. Schritt: Vorlaufanalyse

Zu Beginn sollte eine repräsentative Datensammlung mit mindestens 25 Stichproben durchgeführt werden. Anhand der Daten wird der Schätzwert für die mittlere Anzahl Fehler je Einheit berechnet.

$$\hat{u} = \frac{\sum_{i=1}^{k} f_i}{\sum_{i=1}^{k} n_i}$$

mit

n_i = Umfang der Stichprobe i

f_i = Anzahl der Fehler in der Stichprobe i

In Worten: Die mittlere Anzahl Fehler je Einheit ist die Summe der Fehler geteilt durch die Summe der Einheiten. Es gilt die Anmerkung zum Begriff „Einheit“ wie im gleichen Schritt in Abschnitt 7.4.6

Fallbeispiel

Aus dem Vorlaufbeispiel des ersten Schrittes im Abschnitt 7.4.6 wird der Wert $\hat{u} = 0{,}1$ Farbfehler je Laufmeter übernommen.

2. Schritt: Wahl des Stichprobenumfangs n

Es muss der Stichprobenumfang für die Überwachung so gewählt werden, dass zum einen der Prüfaufwand gering bleibt und zum anderen die Regelkarte „sicher" mit einer Eingriffsgrenzenverletzung reagiert, wenn sich der Prozess unerwünscht verschlechtert. Die Eingriffswahrscheinlichkeit wird im fünften Schritt genauer beleuchtet.

Sobald der Stichprobenumfang gewählt ist, kann die mittlere Fehlerzahl für diesen Stichprobenumfang berechnet werden. Ab diesem Zeitpunkt gilt: Eine Bezugseinheit = eine Stichprobe, bestehend aus n physischen Einheiten.

Mittlere Fehlerzahl für die Bezugseinheit **Stichprobe:** $\hat{\mu} = \hat{u} \cdot n$

Fallbeispiel

Es wird der Stichprobenumfang n = 194 Laufmeter festgelegt. Für diesen Wert ergibt sich eine Eingriffswahrscheinlichkeit $P_e = 80\,\%$, wenn sich die mittlere Fehlerzahl je Laufmeter von ursprünglich $\hat{u}_0 = 0{,}1$ auf $\hat{u}_1 = 0{,}2$ Fehler je Laufmeter verschlechtern sollte.

Es ergibt sich damit die mittlere Fehlerzahl für die Bezugseinheit Stichprobe:

$$\hat{\mu} = \hat{u} \cdot n = 0{,}1 \cdot 194 = 19{,}4$$

■

3. Schritt: Wahl der Annahmewahrscheinlichkeit P_a

Die Annahmewahrscheinlichkeit drückt aus, mit welcher Wahrscheinlichkeit **KEINE** Eingriffsgrenzenverletzung eintreten wird, wenn der Prozess ungestört ist. International ist die Annahmewahrscheinlichkeit $P_a = 1 - \alpha = 99{,}73\,\%$ üblich, in Europa sieht man oft auch $P_a = 99\,\%$.

4. Schritt: Berechnung der Mittellinie und der Eingriffsgrenzen

Für die Mittellinie M wird der Schätzwert für die mittlere Anzahl Fehler je Bezugseinheit gewählt oder ein Vorgabewert.

$$M = \hat{\mu}$$

Obere Eingriffsgrenze der Shewhart c-Karte (NV)

$$OEG = \hat{\mu} + u_{1-\alpha/2} \cdot \hat{\sigma} = \hat{\mu} + u_{1-\alpha/2} \cdot \sqrt{\hat{\mu}}$$

Untere Eingriffsgrenze der Shewhart c-Karte (NV)

$$UEG = \hat{\mu} - u_{1-\alpha/2} \cdot \hat{\sigma} = \hat{\mu} - u_{1-\alpha/2} \cdot \sqrt{\hat{\mu}}$$

Fallbeispiel

Gegeben ist die mittlere Anzahl Fehler je Stichprobe $\mu = 19{,}4$ und das 99,865 %-Quantil der Standardnormalverteilung $u_{99{,}865\%} = 3$ (0,135 %-Quantil der Standardnormalverteilung $u_{0{,}135\%} = -3$). Mit diesen Werten berechnet man die Mittellinie und die Eingriffsgrenzen wie folgt:

$$M = 19{,}4$$

$$OEG = 19{,}4 + 3 \cdot \sqrt{19{,}4} \approx 32{,}614$$

$$UEG = 19{,}4 - 3 \cdot \sqrt{19{,}4} \approx 6{,}186$$

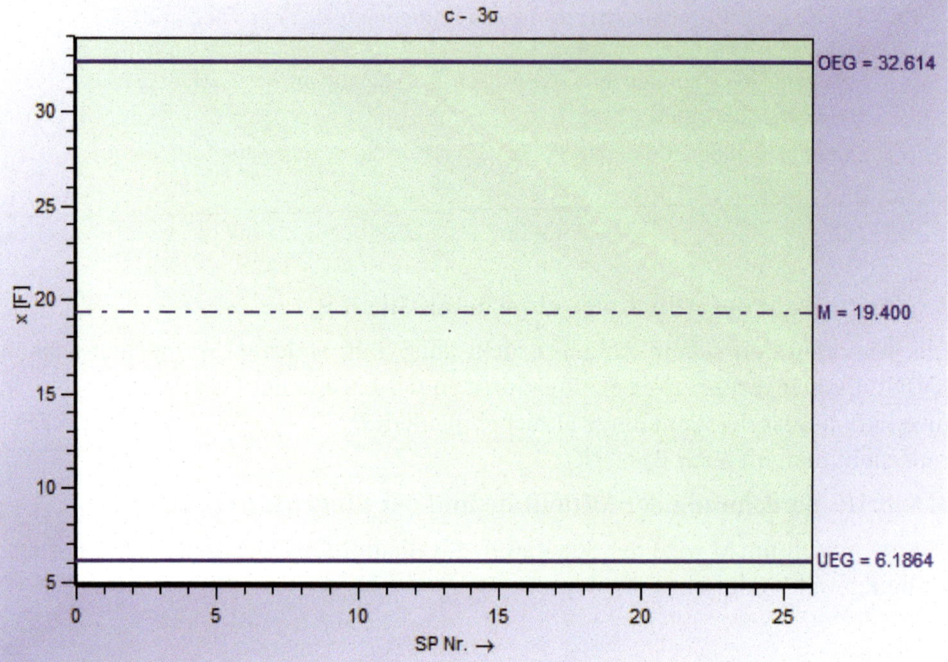

Bild 7.15 Eine Shewhart c-Karte, bei der die Eingriffsgrenzen mit der Normalverteilungsapproximation berechnet wurden ($\mu = 19{,}4$; $\sigma = 4{,}4045$ und $P_a = 99{,}73\,\%$)

5. Schritt: Grafik der Eingriffswahrscheinlichkeit

Im letzten Schritt ist die Empfindlichkeit der Shewhart c-Karte zu beurteilen. Dazu wird die Eingriffswahrscheinlichkeit P_e in Abhängigkeit von der mittleren Anzahl Fehler in der Grundgesamtheit grafisch dargestellt.

Für die Berechnung wird die obere Eingriffsgrenze auf die nächstgrößere ganze Zahl aufgerundet und die untere Eingriffsgrenze auf die nächstkleinere ganze Zahl abgerundet.

P_e = G(Abrunden(UEG), $\hat{\mu}$)+1-G(Aufrunden(OEG),μ) für UEG ≥ 1 bzw.

P_e = 1-G(Aufrunden(OEG), $\hat{\mu}$) für den Fall, dass UEG entfällt.

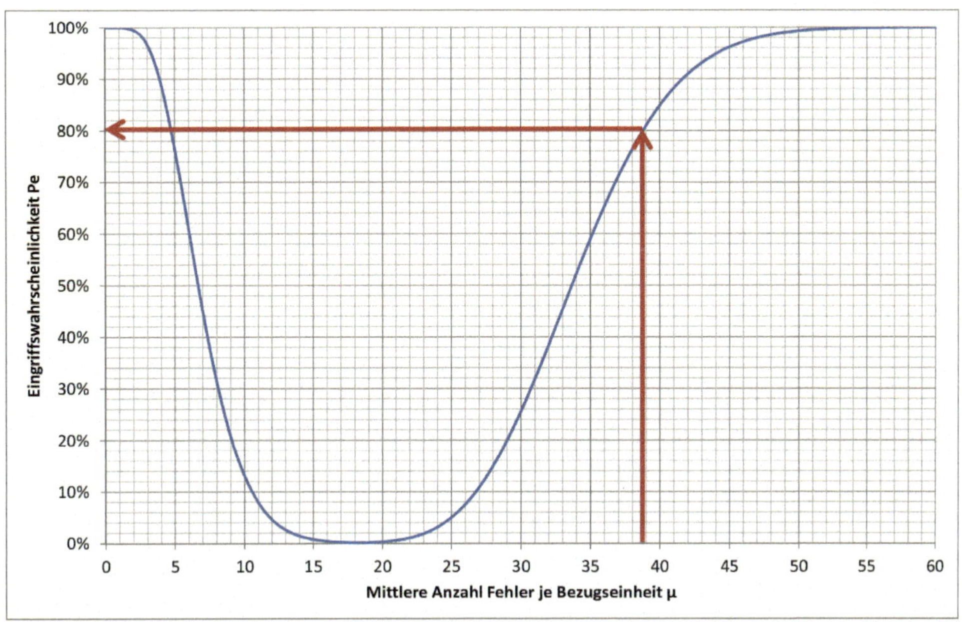

Bild 7.16 Grafik der Eingriffswahrscheinlichkeit P_e für die Shewhart c-Karte, deren Eingriffsgrenzen auf Basis der Normalverteilungsapproximation berechnet wurden ($\hat{\mu}$ = 19,4 und Annahmewahrscheinlichkeit P_a = 99,73 %). Darin eingezeichnet ist die in Schritt 2 erwähnte Eingriffswahrscheinlichkeit P_e = 80 % für die Verdoppelung der mittleren Fehlerzahl auf $\hat{\mu}$ = 38,8

7.4.8 Shewhart u-Karte für die Überwachung der mittleren Anzahl Fehler je Einheit

Bei der Shewhart u-Karte entspricht die Bezugseinheit einer einzigen Einheit (s. Abschnitt 7.4.6, Schritt 1). Sie wird hauptsächlich in Situationen angewendet, wenn der Stichprobenumfang variabel ist, beispielsweise, wenn von Schicht zu Schicht eine unterschiedliche Menge an Einheiten produziert/montiert wird und jede Einheit geprüft wird.

1. Schritt: Vorlaufanalyse

Es ist eine repräsentative Datenerhebung durchzuführen. Empfohlen sind 25 Stichproben, die über einen längeren Zeitraum gesammelt werden. Aus den Daten ist die mittlere Anzahl Fehler je Einheit zu ermitteln:

$$\hat{u} = \frac{\sum_{i=1}^{k} f_i}{\sum_{i=1}^{k} n_i}$$

mit

n_i = Umfang der i-ten Stichprobe

f_i = Anzahl der Fehler in der i-ten Stichprobe

In Worten: Die mittlere Anzahl Fehler je Einheit Lambda ist die Summe der Fehler geteilt durch die Summe der untersuchten Einheiten.

Fallbeispiel

Es wird der Schätzwert $\hat{u}$ = 0,1 aus dem Schritt 1 im Abschnitt 7.4.6 übernommen.

2. Schritt: Wahl des Stichprobenumfangs

Der Stichprobenumfang muss so gewählt werden, dass zum einen kein unnötig hoher Prüfaufwand und die damit verbundenen Prüfkosten entstehen und zum anderen muss eine unerwünschte Prozessverschlechterung ausreichend sicher erkannt werden.

Fallbeispiel

Als Beispiel wird aus Schritt 2 im Abschnitt 7.4.6 der Stichprobenumfang n = 226 übernommen.

Hinweis

Mit diesem Stichprobenumfang wird eine Erhöhung der mittleren Anzahl Fehler je Einheit auf $\hat{u}$ = 0,2 mit einer „Sicherheit" P_e = 80 % entdeckt.

3. Schritt: Wahl der Annahmewahrscheinlichkeit

International ist die Annahmewahrscheinlichkeit P_a = 99,73 % üblich, speziell in Europa sieht man oft auch P_a = 99 %.

Fallbeispiel

Für die Annahmewahrscheinlichkeit wird P_a = 99,73 % gewählt.

4. Schritt: Berechnen der Mittellinie und der Eingriffsgrenzen

Für die Lage der Mittellinie M wählt man üblicher Weise die mittlere Anzahl Fehler je Einheit, alternativ kann man auch einen gerundeten Wert vorgeben.

$M = \hat{u}$ oder $M = \hat{u}_{Vorgabe}$

Die obere und untere Eingriffsgrenze werden auf Basis der Streugrenzen des zweiseitigen Zufallsstreubereiches zur Annahmewahrscheinlichkeit P_a wie folgt berechnet:

Obere Eingriffsgrenze der Shewhart u-Karte:

$$OEG = \frac{f_{ob} + 0{,}5}{n}$$

mit
f_{ob} = obere Streugrenze
n = Stichprobenumfang

Untere Eingriffsgrenze der Shewhart u-Karte:

$$UEG = \frac{f_{un} - 0{,}5}{n}$$

mit
f_{un} = untere Streugrenze
n = Stichprobenumfang

Fallbeispiel

Gegeben ist die mittle Anzahl Fehler je Einheit $\hat{u}$ =0,1 und der Stichprobenumfang n = 226. Aus Schritt 4 im Abschnitt 7.4.6 werden die Streugrenzen f_{ob} = 38 und f_{un} = 10 übernommen. Setzt man diese Werte in die Formeln ein, so erhält man:

$$M = 0{,}1$$

$$OEG = \frac{38 + 0{,}5}{226} \approx 0{,}170$$

$$UEG = \frac{10 - 0{,}5}{226} \approx 0{,}042$$

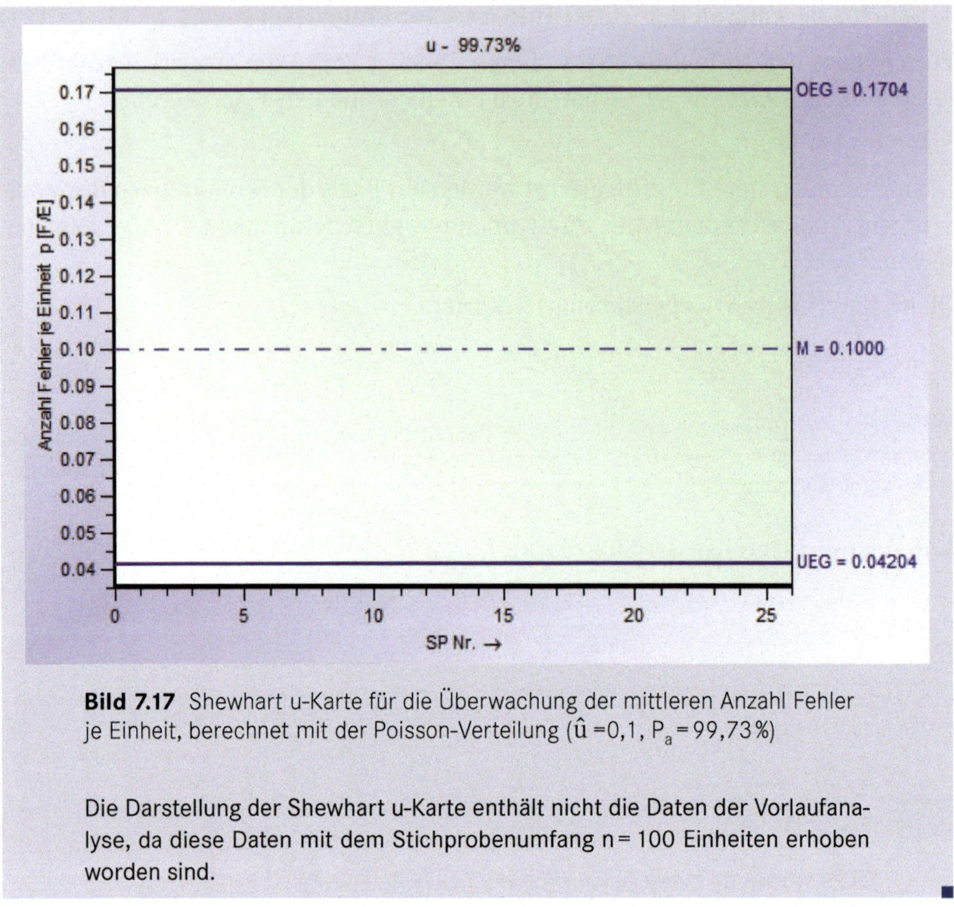

Bild 7.17 Shewhart u-Karte für die Überwachung der mittleren Anzahl Fehler je Einheit, berechnet mit der Poisson-Verteilung ($\hat{u}$ =0,1, P_a=99,73 %)

Die Darstellung der Shewhart u-Karte enthält nicht die Daten der Vorlaufanalyse, da diese Daten mit dem Stichprobenumfang n = 100 Einheiten erhoben worden sind. ∎

5. Schritt: Berechnen der Eingriffswahrscheinlichkeit für eine Shewhart u-Karte

Die Ermittlung der Eingriffswahrscheinlichkeit erfolgt exakt auf die gleiche Weise wie im Abschnitt 7.4.6 unter Schritt 5 beschrieben. Auch kann das dort dargestellte Beispiel des Diagramms der Eingriffswahrscheinlichkeit direkt auf das hier gezeigte Beispiel übertragen werden.

7.4.9 Shewhart u-Karte für Ereignisse je Einheit (NV)

Auch die Eingriffsgrenzen der Shewhart u-Karte können in guter Näherung mit der Normalverteilung statt mit der Poisson-Verteilung berechnet werden. Damit die Näherung durch die Normalverteilung praktisch ausreichend genau ist, sollte die Bedingung $\sqrt{n \cdot \hat{u}} \geq 3$ erfüllt sein.

Mittellinie der Shewhart u-Karte:

$$M = \hat{u}$$

Mit
$\hat{u}$ = Summe der Fehler geteilt durch die Summe der Einheiten aus dem Vorlauf.
Alternativ kann man auch einen Vorgabewert wählen.

Obere Eingriffsgrenze der Shewhart u-Karte auf Basis der Normalverteilungsapproximation:

$$OEG = \hat{u} + u_{1-\alpha/2} \cdot \sqrt{\frac{\hat{u}}{n}}$$

Untere Eingriffsgrenze der Shewhart u-Karte auf Basis der Normalverteilungsapproximation:

$$UEG = \hat{u} - u_{1-\alpha/2} \cdot \sqrt{\frac{\hat{u}}{n}}$$

Fallbeispiel

Gegeben ist die mittlere Anzahl Fehler je Einheit $\hat{u}$ = 0,1, die Annahmewahrscheinlichkeit P_a = 99,73 % und der Stichprobenumfang n = 194. Damit berechnet man die Mittellinie und Eingriffsgrenzen der Shewhart u-Karte auf Basis der Normalverteilungsapproximation wie folgt:

$$M = 0{,}1$$

$$OEG = 0{,}1 + 3 \cdot \sqrt{\frac{0{,}1}{194}} \approx 0{,}168$$

$$OEG = 0{,}1 - 3 \cdot \sqrt{\frac{0{,}1}{194}} \approx 0{,}032$$

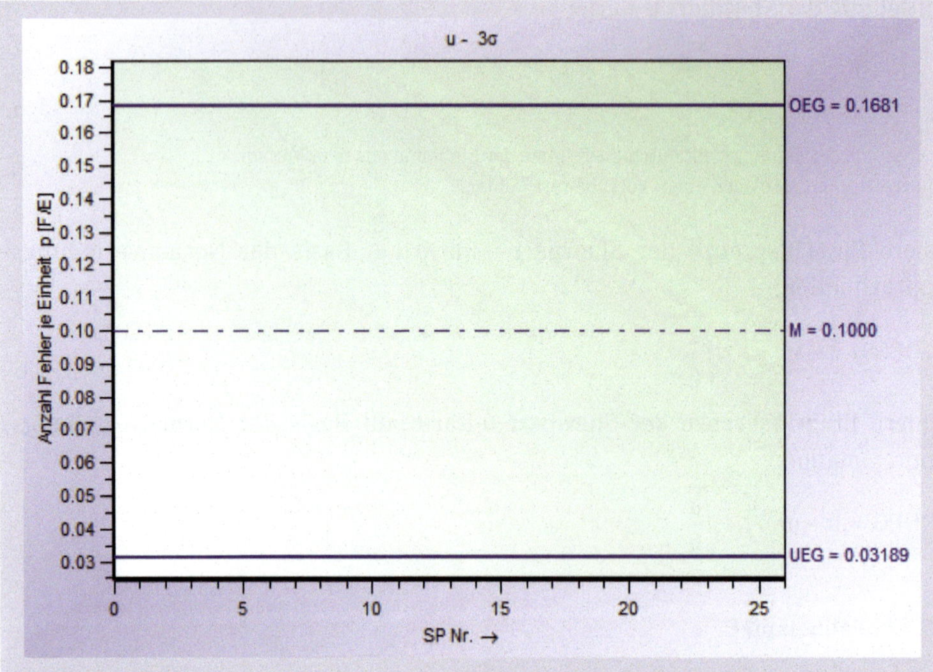

Bild 7.18 Shewhart u-Karte für die Überwachung der mittleren Anzahl Fehler je Einheit. Berechnung basierend auf der Normalverteilung mit $\hat{u} = 0{,}1$, Stichprobenumfang $n = 194$ und Annahmewahrscheinlichkeit $P_a = 99{,}73\,\%$

Die Darstellung der Shewhart u-Karte enthält nicht die Daten des Vorlaufes, da diese mit dem Stichprobenumfang n = 100 erhoben worden sind. ∎

Das Diagramm der Eingriffswahrscheinlichkeit in Abhängigkeit von der mittleren Anzahl Fehler je Einheit kann von der Shewhart c-Karte (Normalverteilungsapproximation) übernommen werden, da beide Karten äquivalent zueinander sind (s. Schritt 5 im Abschnitt 7.4.7).

7.5 Fehlersammelkarten

Bei vielen Prozessen muss mehr als ein qualitatives Merkmal geregelt werden. Manchmal ist es vorteilhaft, die Daten zu sammeln und auf einer Karte einzutragen. Diese wird als Fehlersammelkarte bezeichnet.

Bei den Merkmalen handelt es sich um Einheiten (Baugruppen, Einzelteilen, Geräten oder Prozessen) mit mehreren Fehlerarten. Zur Überwachung der laufenden Fertigung werden dieser in Abständen Stichproben vom Umfang u = 1, 2, 3, … entnommen. Die Anzahl Fehler pro Fehlerart sind zu ermitteln und in der Fehlersammelkarte einzutragen. Der Stichprobenumfang kann sich dabei mit jeder Stichprobe ändern. In welchen Abständen Stichproben entnommen werden sowie der Stichprobenumfang hängt von dem jeweiligen Produkt bzw. der Fertigung ab. Dies können sein: in festen Zeitabständen, ganze Chargen, schichtweise oder 100 %-Prüfung. Die qualitative Prüfung (Fehler einer Fehlerart vorhanden oder nicht vorhanden) wird gewählt, wenn eine quantitative (messende) Prüfung nicht möglich oder unwirtschaftlich ist.

Damit erhält man in komprimierter und trotzdem übersichtlicher Form Angaben über:

- Qualitätsgeschichte einer Einheit
- mittlere Anzahl Fehler von Anlieferungen
- Prozesse und die Beurteilung von Lieferanten.

7.5.1 Aufbau einer Fehlersammelkarte

Fehlersammelkarten (FSK) werden heute meist elektronisch geführt. Zur besseren Veranschaulichung wird hier eine „Papier“-FSK vorgestellt. Die Fehlersammelkarte (Bild 7.19) kann in drei Bereiche A, B und C eingeteilt werden.

Oberer Teil (A):	
links:	Liste der Fehlerarten (F 1, F2, F3, …) gemäß Fehlerkatalog
Mitte:	Eintrag der Anzahl Fehler je Fehlerart und Stichprobe
rechts:	Auswertung der Anzahl Fehler in: „Summen“ und „prozentualer Anteil“ einer Fehlerart.
Unterer Teil (B):	bildliche Darstellung der Anzahl Fehler je Stichprobe
Rechter Teil (C):	mittlere Anzahl Fehler pro 1 Einheit (%-Wert) in Form eines Balkendiagramms

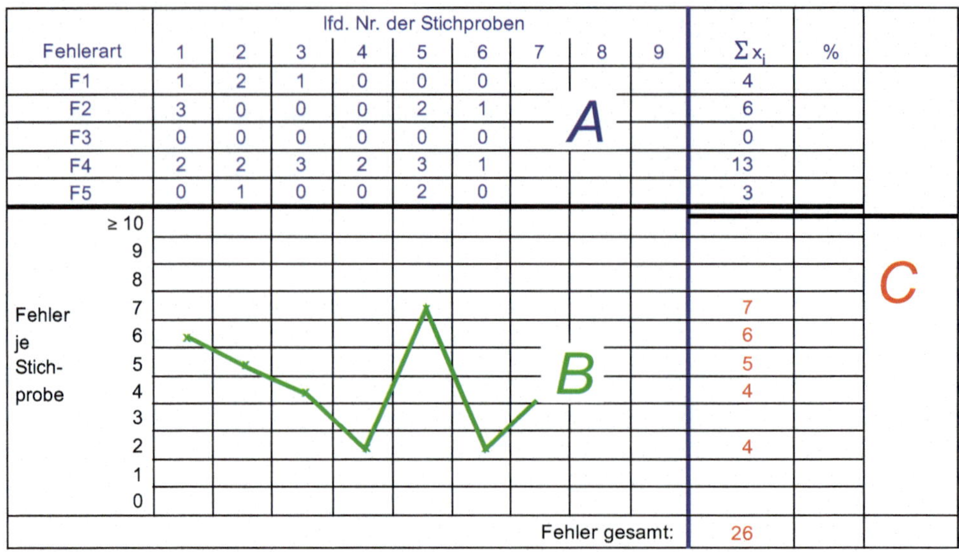

Fehlerart	1	2	3	4	5	6	7	8	9	Σ x_i	%	
F1	1	2	1	0	0	0				4		
F2	3	0	0	0	2	1				6		
F3	0	0	0	0	0	0				0		
F4	2	2	3	2	3	1				13		
F5	0	1	0	0	2	0				3		

Bild 7.19 Schema einer Fehlersammelkarte

Bild 7.20 zeigt exemplarisch ein Leerformular der Fehlersammelkarte.

Kopfteil

Fehlerart | 1. 2. 3. 4. 5. 6. 7. | Σ x_i | % | festgestellter Fehleranteil

n:
Zeit:

Fehler je Stichprobe (s)

Fehler gesamt:

Zeit: ⟶

Datum / Prüfer

Bild 7.20 Leerformular einer Fehlersammelkarte

Durch diese Art der Datenerfassung und Darstellung kann sowohl eine Fehlerart mit einer Qualitätsregelkarte als auch die Summe aller Fehler einer Stichprobe überwacht werden. So werden mithilfe einer Pareto-Analyse die am häufigsten auftretenden Fehlerarten deutlich und es können fehlerverhütende Maßnahmen eingeleitet werden. Als Regelkarte wird für die Überwachung mehrerer Fehlerarten die u-Karte (s. Abschnitt 7.4.8) verwendet.

7.5.2 Erstellung einer Fehlersammelkarte

Erfassen und grafische Darstellung

Unter der laufenden Stichprobennummer wird

- in Teil A für jede Fehlerart die ermittelte Anzahl Fehler eingetragen und
- in Teil B die Summe aller Fehler in dieser Stichprobe durch ein Kreuz (x) markiert.

Auswerten der Fehlersammelkarte

Nach den Prüfungen sind für jede Fehlerart die Summe aller Fehler dieser Fehlerart zu berechnen und in der Spalte $\sum x_i$ in Teil C einzutragen.

Daraus wird dann die mittlere Anzahl Fehler **pro 1 Einheit** je Fehlerart $\overline{x}(F)$ berechnet:

$$\overline{x}(F) = \frac{1}{k \cdot n} \cdot (x_1 + x_2 + \ldots + x_k) = \frac{1}{k \cdot n} \cdot \sum_{i=1}^{k} x_i$$

Mit
$\overline{x}(F)$ = mittlere Anzahl Fehler der Fehlerart F pro 1 Einheit
$\sum x_i$ = Summe aller Fehler der Fehlerart F
k = Anzahl der Stichproben
n = Stichprobenumfang

Falls der Stichprobenumfang nicht konstant ist, ergibt sich $\overline{x}(F)$ aus:

$$\overline{x}(F) = \frac{x_1 + x_2 + \ldots + x_k}{n_1 + n_2 + \ldots + n_k} = \frac{\sum_{i=1}^{k} x_i}{\sum_{i=1}^{k} n_i}$$

Dementsprechend ändern sich die Eingriffsgrenzen von Stichprobe zu Stichprobe. Bild 7.21 zeigt exemplarisch die statistischen Kennwerte der Auswertung einer Fehlersammelkarte für eine Fehlerart. Dabei basieren die Ergebnisse auf der Fehlerart „Winkel falsch“ aus Tabelle 7.3.

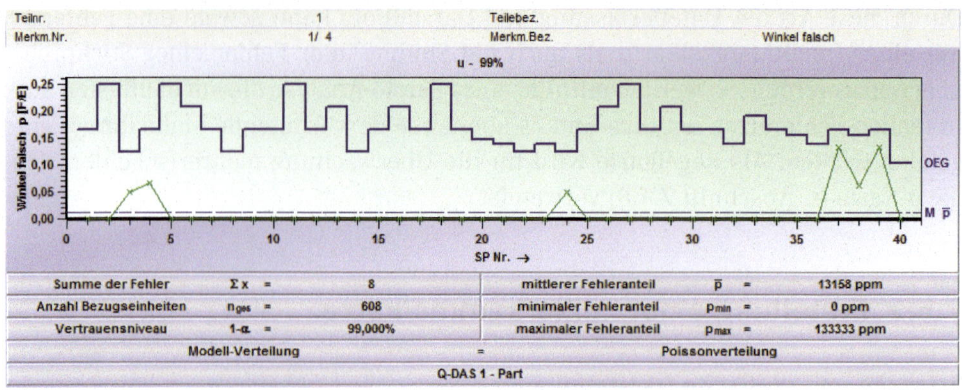

Bild 7.21 Auswertung einer Fehlerart

Basierend auf der Poisson-Verteilung und dem errechneten Schätzer für μ können aus den zweiseitigen Zufallsstreubereichen die Eingriffsgrenzen der u-Karte berechnet werden. Alternativ dazu können die Eingriffsgrenzen auch basierend auf der Normalverteilung ermittelt werden.

Fallbeispiel

Alle 40 Minuten wurden Stanzteile mit unterschiedlichen Stichprobenumfängen der laufenden Fertigung entnommen und auf sieben Fehlerarten laut Fehlersammelkarte geprüft. Tabelle 7.3 enthält die Stichprobenergebnisse von k = 40 Stichproben. Die Werte sind in die Fehlersammelkarte einzutragen und auszuwerten.

Tabelle 7.3

Fehlerart	Druckstelle	verbogen	gerissen	Winkel falsch	Grat	Korrosion	Fehlstellen	Anzahl Teile	Summe Fehler	Fehler / 100 Teile in %
1	1	0	0	0	0	0	0	15	1	6,7
2	0	0	0	0	0	0	1	10	1	10,0
3	0	0	0	1	0	0	0	20	1	5,0
4	3	0	0	1	0	0	0	15	4	26,7
5	0	0	2	0	0	0	0	10	2	20,0
6	0	1	0	0	3	0	0	12	4	33,3
7	1	0	0	0	0	0	0	15	1	6,7
8	0	0	0	0	0	0	0	20	0	0,00
9	0	0	0	0	0	0	1	15	1	6,7
10	2	0	1	0	0	0	0	15	3	20,0

Fehlerart	Druckstelle	verbogen	gerissen	Winkel falsch	Grat	Korrosion	Fehlstellen	Anzahl Teile	Summe Fehler	Fehler/100 Teile in %
11	0	0	0	0	0	0	0	10	0	0,0
12	0	0	0	0	2	0	0	15	2	13,3
13	0	1	0	0	1	0	0	12	2	16,7
14	0	0	2	0	0	0	0	20	2	10,0
15	3	0	0	0	0	0	0	15	3	20,0
16	0	0	0	0	0	0	3	12	3	25,0
17	4	0	0	0	0	1	4	15	9	60,0
18	0	0	0	0	1	0	0	10	1	10,0
19	0	0	1	0	0	0	2	15	3	20,0
20	0	0	1	0	0	1	0	17	2	11,8
21	2	0	0	0	0	0	0	18	2	11,1
22	0	0	0	0	2	1	0	20	3	15,0
23	0	0	0	0	0	2	0	18	2	11,1
24	1	0	0	1	0	0	0	20	2	10,0
25	3	0	0	0	0	2	0	15	5	33,3
26	4	0	0	0	3	0	0	12	7	58,3
27	0	0	0	0	0	0	0	10	0	0,00
28	0	0	0	0	0	0	1	15	1	6,7
29	0	0	0	0	0	0	0	12	0	0,00
30	0	1	0	0	1	0	0	15	2	13,3
31	0	2	0	0	0	0	0	15	2	13,3
32	4	0	2	0	0	0	0	18	6	33,3
33	0	0	0	0	4	0	0	13	4	30,8
34	0	0	1	0	0	0	0	15	1	6,7
35	2	0	1	0	0	0	0	16	3	18,8
36	0	1	0	0	0	0	1	18	2	11,1
37	0	0	0	2	1	0	0	15	3	20,0
38	0	0	0	1	0	0	0	16	1	6,3
39	3	0	1	2	0	0	0	15	6	40,0
40	0	0	0	0	3	0	0	24	3	12,5
Summe	**33**	**6**	**12**	**8**	**21**	**7**	**13**	**608**	**100**	**16,4**
F/100E	**5,4276**	**0,9868**	**1,9737**	**1,3158**	**3,4539**	**1,1513**	**2,1382**			

Basierend auf den Daten aus Tabelle 7.3 kann die Häufigkeit der einzelnen Fehlerarten in Form eines Pareto-Diagramms (s. Bild 7.22) dargestellt werden. Darüber hinaus überwacht die u-Karte die maximal zulässige Anzahl Fehler pro Stichprobe. Insgesamt sind bei 608 Prüfungen 100 Fehler entdeckt worden. Die Eingriffsgrenzen für eine Nichteingriffswahrscheinlichkeit von 99,73 % (entspricht $\pm 3\sigma$-Grenzen) ergeben sich aus (s. Abschnitt 7.4.7):

$$\text{OEG} = \overline{x}(F) + 3 \cdot \sqrt{\frac{\overline{x}(F)}{\overline{n}}} = 0{,}165 + 3 \cdot \sqrt{\frac{0{,}165}{15{,}2}} = 0{,}474$$

$$\text{UEG} = \overline{x}(F) - 3 \cdot \sqrt{\frac{\overline{x}(F)}{\overline{n}}} = 0{,}165 - 3 \cdot \sqrt{\frac{0{,}165}{15{,}2}} = -0{,}147$$

$$\text{mit } \overline{x}(F) = \frac{\sum_{i=1}^{k} x_i}{\sum_{i=1}^{k} n_i} = \frac{100}{608} = 0{,}165$$

$$\text{und } \overline{n} = \frac{1}{k} \cdot \sum_{i=1}^{n} n_i = \frac{608}{40} = 15{,}2$$

Damit entfällt die untere Eingriffsgrenze. Den unterschiedlichen Stichprobenumfängen wird durch sich ändernde Eingriffsgrenze (gestrichelte Linie in Bild 7.23) Rechnung getragen. Die Regelkarte zeigt Verletzungen der Eingriffsgrenze bei Stichprobe Nr. 17 und 25.

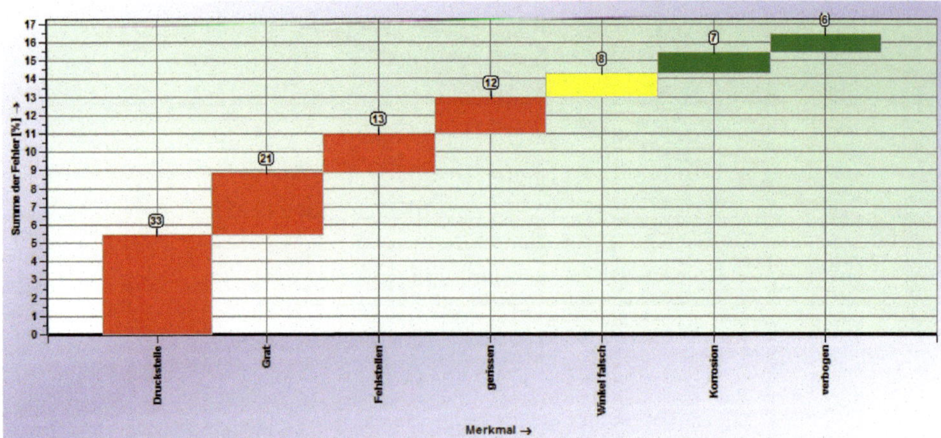

Bild 7.22 Pareto-Analyse der Fehlerarten

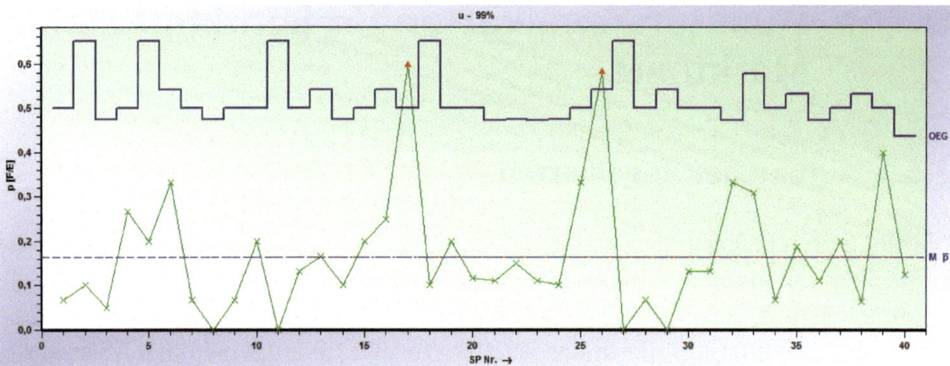

Bild 7.23 u-Karte

Davon unabhängig kann jede Fehlerart separat mit einer aus Abschnitt 7.4 zutreffenden Qualitätsregelkarte überwacht werden.

Eine Alternative zum Pareto-Diagramm ist das Kreis- oder Tortendiagramm. Man muss sich jedoch bewusst sein, dass die Anteilswerte in der Form eines Kreissegmentes im Vergleich zum Balken (Pareto-Diagramm) visuell eine größere Häufigkeit suggerieren und ohne explizite Beschriftung schwer lesbar sind. Aus diesem Grund ist die Anwendung nicht empfohlen.

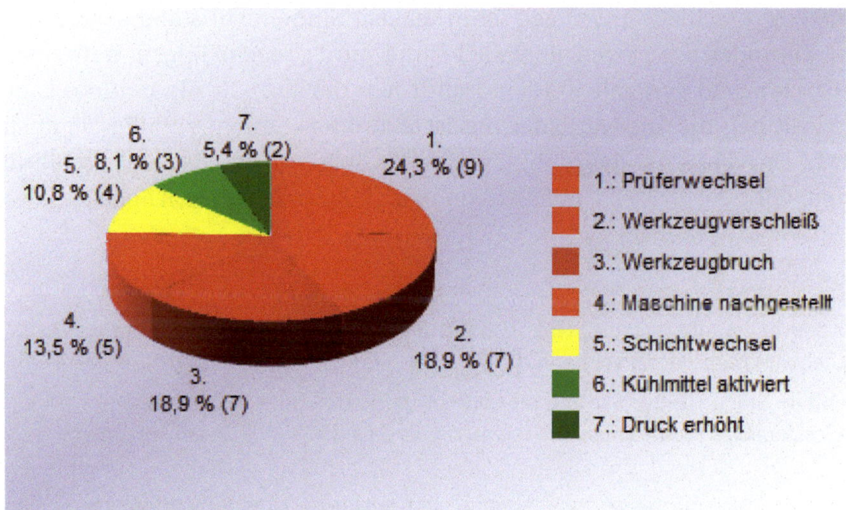

Bild 7.24 Kreisdiagramm mit den relativen und absoluten Häufigkeiten (in Klammern) der Ursachen für Störzeiten

7.6 Qualitätsregelkarten für kontinuierliche Merkmale

7.6.1 Aufbau der Regelkarten

Die Qualitätsregelkarte ist das Kernstück aller SPC-Aktivitäten. Allein durch die grafische Darstellung der Messwerte lässt sich das Prozessverhalten und somit die Qualitätsleistung des Prozesses schon sehr gut abschätzen. Ergänzende Auswertungen, gestützt auf die in der Qualitätsregelkarte aufgenommen Messwerte, ermöglichen eine aussagekräftige Beurteilung der Qualitätsleistung des zu bewertenden Prozesses.

Von ganz entscheidender Wichtigkeit ist jedoch die Tatsache, dass nur Qualitätsregelkarten zum Einsatz gelangen deren Eingriffsgrenzen basierend auf der tatsächlichen Leistung des zu beurteilenden Prozesses ermittelt wurden. Nur die Anwendung von Qualitätsregelkarten mit prozessbezogenen Eingriffsgrenzen lässt eine einfache Beurteilung zu, ob der Prozess „under statistical control/unter statistischer Regelung" steht, also stabil ist. Dabei ist zu beachten, dass nach VIM (Brinkmann, 2012) ein Prozess nur stabil ist, wenn seine Kennwerte (Lage und Streuung) zeitlich unveränderlich sind, bzw. einer vorhersagbaren zufälligen Streuung unterliegen. Das heißt, ein Prozess, der z. B. einer Lageveränderung durch Werkzeugverschleiß unterliegt, ist in diesem Sinne nicht stabil. Allerdings kann diese Veränderung gezielt überwacht und durch regelmäßigen Werkzeugwechsel hervorragend geregelt werden. Damit hält der Prozess die mittlere Lage über lange Zeit bei, die Lageveränderung ist allerdings sowohl zufällig als auch systematisch. Um diese Art der Stabilität von der obigen „statistischen" Stabilität abzugrenzen, wird der Prozess im Deutschen als „beherrscht" bezeichnet.

Hinweis

Der Begriff „stabil"/„stable" wird insbesondere im Englischen (aber auch im Deutschen) mehrdeutig verwendet.

Stabil im Sinne **„under statistical control"** bedeutet, dass Änderungen der Prozesskennwerte nur ein einem vorhersagbaren zufälligen Rahmen vorkommen.

Stabil im Sinne **„under control"** können auch systematische Veränderungen umfassen, die durch externe Prozessregelung gegengesteuert werden und sich somit in einem vorhersagbaren Rahmen befinden. Ein Beispiel dafür ist ein bekannter Werkzeugverschleiß in Verbindung mit optimierter Standzeit des Werkzeugs. Ein solcher Prozess wird im Deutschen gerne auch als **„beherrscht"** bezeichnet.

Einige Regelkarten bewerten die Stabilität eines Prozesses im Sinne „beherrscht", was der betrieblichen Praxis näherkommt.

Das Wissen darüber, ob der zu beurteilende Prozess beherrscht ist, ist eine zwingende Voraussetzung zur Bestimmung von Qualitätskennzahlen. Die zur Berechnung von Qualitätskennzahlen gültigen Formeln lassen sich zwar auch dann anwenden, wenn die Prozessstabilität oder -beherrschtheit vorher nicht nachgewiesen wurde, die bei einer solchen Berechnung ermittelten Zahlenwerte dürfen jedoch auf gar keinen Fall als dauerhaft verlässliche Qualitätskennzahlen angesehen werden. Sie geben allenfalls den aktuellen Zustand wieder. Qualitätskennzahlen sollen allerdings dazu dienen, eine Vorhersage über die künftig zu erwartende Qualitätsleistung eines Prozesses zu ermöglichen. Wenn die zur Beurteilung der Prozessleistung herangezogenen Daten aus einem als möglicherweise nicht stabil bewerteten Vorlauf oder Beurteilungszeitraum stammen, wird man einen Schluss ziehen, der zwar das Geschehen der Vergangenheit möglicherweise noch richtig einschätzt, eine Vorschau in die Zukunft allerdings keineswegs ermöglicht.

Hinweis

Oftmals wird gefordert, dass ein Prozess „nachgewiesen“ stabil ist. Dieser Nachweis ist mit statistischen Methoden nicht zu führen, siehe dazu die Grundlagen zu statistischen Testverfahren in Kapitel 6.

Ein Prozess wird als stabil angenommen, solange keine Instabilitäten gefunden wurden. Das setzt wiederum voraus, dass der Prozess ausreichend lange und sorgfältig beobachtet wurde, um eine repräsentative Datengrundlage zu haben. Insofern werden vorläufige Prozessuntersuchungen oder Kurzzeituntersuchungen per se als „nicht nachgewiesen stabil“ eingeschätzt, weil der Zeitraum zur Stabilitätsbewertung im obigen Sinne nicht ausreichend repräsentativ ist. ■

Um also Missverständnisse von Anfang an auszuschließen, sollte berechnete Qualitätsfähigkeitskenngrößen deshalb immer dahingehend gekennzeichnet werden, ob eine Prozessstabilität angenommen werden kann oder nicht. In der aktuellen Normung unterscheidet man deshalb die Begriffe „Prozessleistung/Performance“ P oder „Prozessfähigkeit/Capability“ C, wobei der Begriff „Fähigkeit“ oft als Überbegriff verwendet wird.

Grundsätzlich sollte zur Überwachung der laufenden Fertigung der Regelkartentyp angewandt werden, der sich für die spezifischen Prozessbedingungen am besten eignet. Die Entscheidung für den am besten geeigneten Qualitätsregelkartentyp hängt von der spezifischen Anwendung ab, auf jeden Fall sollte auf vorliegende Langzeiterfahrung zurückgegriffen werden. Für den Beginn einer Untersuchung wird vorgeschlagen, eine Qualitätsregelkarte zu nutzen in der die Prozesslage und Prozessstreuung getrennt voneinander dargestellt werden. Diese Mittelwert-/Streuungskarten liefern meist leicht interpretierbare Informationen über die Lage und Streuung des zu überwachenden Prozesses. Gemäß dem zentralen Grenzwertsatz für Stichprobenumfänge $n \geq 5$ können die Karten oft mit Normalverteilung berechnet werden, auch wenn die Einzelwerte nicht normalverteilt sind. Das erleichtern das Verständnis und den Einstieg in die Regelkartentechnik, vor allem bei handgeführten und manuell berechneten Karten. Da heute SPC weitgehend nur rechnergestützt durchgeführt wird, können auch exaktere und die Situation besser beschreibende Regelkarten in Sekundenbruchteilen erstellt und einfach angewandt werden.

Es ist deshalb ratsam, sich bei Einführung der Regelkartentechnik nicht zu sehr in theoretischen Betrachtungen zu verlieren, sondern mit dem leicht verständlichen und auch leicht zu handhabenden Werkzeug der Qualitätsregelkarte den Einstieg in SPC zu vollziehen.

In einem ersten Schritt kann eine $\bar{x}$/R-, $\tilde{x}$/R- oder $\bar{x}$/s-Qualitätsregelkarte verwendet werden. Liegen nur wenige Werte vor, empfiehlt sich eine Urwertkarte. Die grafische Darstellung in der Qualitätsregelkarte macht das Prozessgeschehen transparent. In vielen Fällen ist es ohne weiteren Aufwand möglich, die in der Regelkarte enthaltenen Informationen direkt zur Stabilisierung und Verbesserung der Prozessleistung zu nutzen.

Da in den meisten Anwendungsfällen die Messdaten heute automatisch erfasst werden, ist es mit Sicherheit sinnvoll auch die Qualitätsregelkarten in einer direkten Verknüpfung durch automatische Systeme zu führen. Hierbei sollten die installierten Systeme es zulassen, alle Messdaten für später eventuell notwendig werdende, weiterführende Analysen zu speichern und bereitzustellen.

Aus den oben genannten Gründen stützt sich die nachfolgende Erklärung auf die Anwendung der $\bar{x}$/s-Qualitätsregelkarte nach Shewhart. Sollten jedoch andere Mittelwertkarten zum Einsatz gelangen, gilt die gleiche Vorgehensweise, wobei die zur Berechnung notwendigen Formeln natürlich entsprechend angepasst werden müssen.

Aus rein wirtschaftlichen Überlegungen ist es wenig sinnvoll, solche Berechnungen manuell und gestützt auf Lehrbücher und entsprechende Formelsammlungen durchzuführen. Es gibt heute eine Vielzahl von computergestützten Softwareprogrammen, die solche Berechnungen sehr schnell, präzise und zeitsparend durchführen. Es ist jedoch wichtig, dass vor dem Einsatz solcher Computersysteme der Nachweis erbracht wurde, dass alle Berechnungen auch korrekt durchgeführt werden. Das umfasst sowohl eine Verifizierung, in dem Sinne, dass die Berechnungen korrekt sind, als auch eine Validierung, dass die richtige Berechnung durchgeführt wurde, also z. B. die richtige Art der Regelkarte gewählt wurde.

Wie bereits erwähnt ist es wichtig, dass bei der Anwendung von SPC nur prozessbezogene Qualitätsregelkarten zum Einsatz gelangen, weil nur diese den Ansatz einer kontinuierlichen Verbesserung von Prozessen (KVP) unterstützen.

7.6.2 Vorgehensweise anhand einer $\overline{x}$/s-Karte

Die hier vorgestellte Vorgehensweise stellt ein Fallbeispiel vor, an dem das Prinzip erläutert werden soll. In den nächsten Abschnitten wird das Thema verallgemeinert. Die in einem Vorlauf gesammelten Daten werden in die jeweils dafür vorgesehene Spur der Qualitätsregelkarte eingetragen. Bild 7.25 zeigt die $\overline{x}$-Spur und Bild 7.26 die s-Spur.

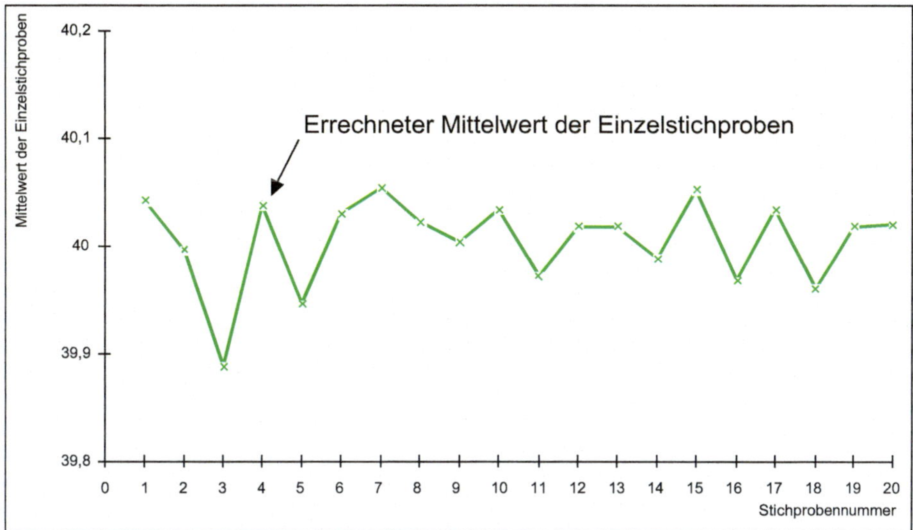

Bild 7.25 Verlauf von $\overline{x}$ zur Beurteilung der Prozesslage

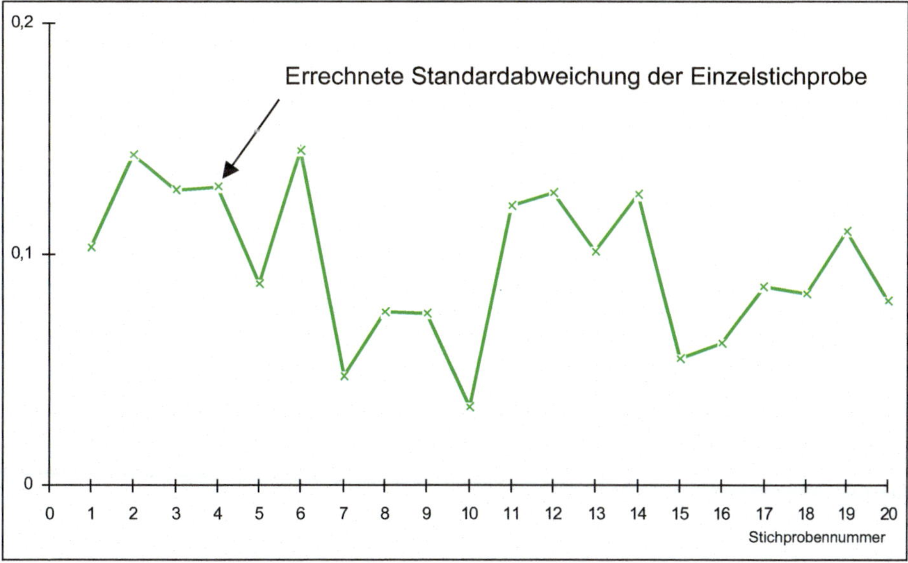

Bild 7.26 Verlauf von s zur Beurteilung der Prozessstreuung

Auf der Grundlage der aufgenommenen Einzelmesswerte werden die zur Eintragung in die jeweilige Spur der Qualitätsregelkarte erforderlichen Kennwerte (Mittelwert und Standardabweichung) für die Einzelstichprobe nach folgenden Formeln berechnet.

Der Mittelwert $\overline{x}_k$ der k-ten Stichprobe errechnet sich aus allen zu einer Einzelstichprobe zusammengefassten Messergebnissen vom Umfang n:

$$\overline{x}_k = \frac{x_1 + x_2 + x_3 + \cdots x_n}{n} = \frac{1}{n}\sum_{i=1}^{n} x_i$$

mit
x_i = i-ter Messwert
n = Stichprobenumfang

Analog ergibt sich die Standardabweichung s_k aus:

$$s_k = +\sqrt{\frac{\sum_{i=1}^{n}\left(x_i - \overline{x}_k\right)^2}{n-1}}$$

Aus allen k-Stichproben kann z. B. als Schätzwert der Prozesslage der Mittelwert $\overline{\overline{x}}$ aus allen Stichprobenmittelwerten herangezogen werden. Dieser ergibt sich aus:

$$\overline{\overline{x}} = \frac{1}{k}\sum_{j=1}^{k}\overline{x}_j$$

Mit
$\overline{x}_j$ = Mittelwert der j-ten Stichprobe
k = Anzahl Stichproben

Analog kann als Schätzer für die Streuung der Mittelwert $\overline{s}$ der k-Stichproben Standardabweichungen herangezogen werden.

$$\overline{s} = \frac{1}{k}\sum_{j=1}^{k} s_j$$

mit
s_j = Standardabweichung der j-ten Stichprobe
k = Anzahl Stichproben

Nachdem ca. 20 Eintragungen mit dem Stichprobenumfang n = 3 … 5 in jeder Spur vorhanden sind, werden die prozessbezogenen Eingriffsgrenzen für die Regelkarte nach folgenden Formeln berechnet. Liegen der Berechnung weniger Werte zugrunde, muss mit erheblichen Unsicherheiten gerechnet werden (s. Vertrauensbereich, Abschnitt 5.7).

Eingriffsgrenzen für die Mittelwertkarte:

Obere Eingriffsgrenze	$OEG_{\overline{x}} = \overline{\overline{x}} + A_3 \cdot \overline{s}$
Untere Eingriffsgrenze	$UEG_{\overline{x}} = \overline{\overline{x}} - A_3 \cdot \overline{s}$

Eingriffsgrenzen für die Standardabweichungskarte:

Obere Eingriffsgrenze	$OEG_s = B_4 \cdot \overline{s}$
Untere Eingriffsgrenze	$UEG_s = B_3 \cdot \overline{s}$ (nur gültig für Einzelstichproben n ≥ 6)[1]

Wobei $\overline{\overline{x}}$ bzw. $\overline{s}$ den jeweiligen Mittelwert aus allen in der Qualitätsregelkarte eingetragenen Werte für $\overline{x}$ und s darstellt. Die Konstanten A_3, B_3 und B_4 sind Zahlenfaktoren (Anghel et al., 1992), die vom Stichprobenumfang n der Einzelstichprobe abhängig sind und die Nichteingriffswahrscheinlichkeit von 99.73 % (entspricht ±3s) gelten. Die Zahlenwerte sind auch in Tabelle 14.7 dargestellt.

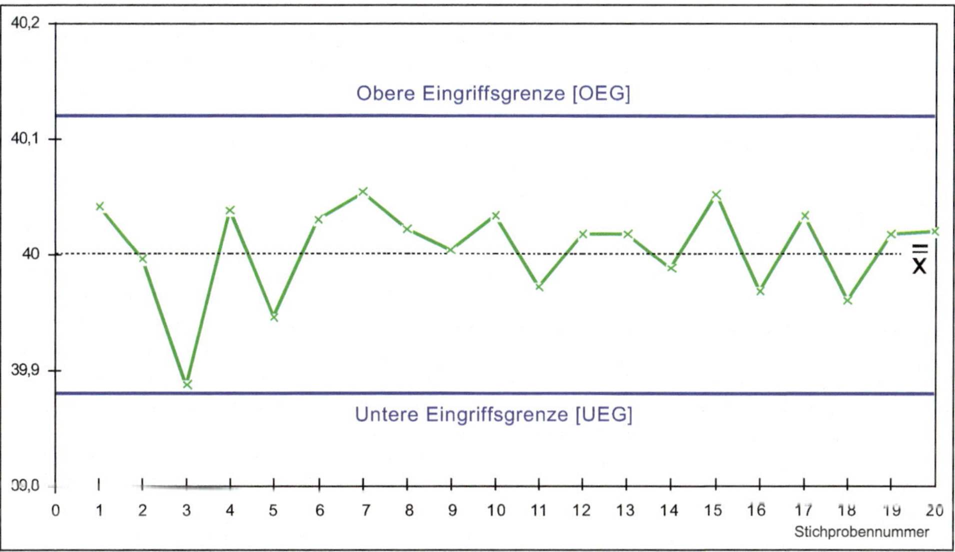

Bild 7.27 Lagekarte zur Beurteilung der Prozesslage ($\overline{x}$) mit Eingriffsgrenzen

[1] Die Eingriffsgrenzen der s-Karte müssten basierend auf der χ^2-Verteilung berechnet werden. Der Einfachheit halber kann diese für große Stichprobenumfänge durch eine Normalverteilung angenähert werden. Darauf basierend wurden die Faktoren B_3 und B_4 bestimmt. Die Annäherung gilt nicht mehr für n ≤ 5.

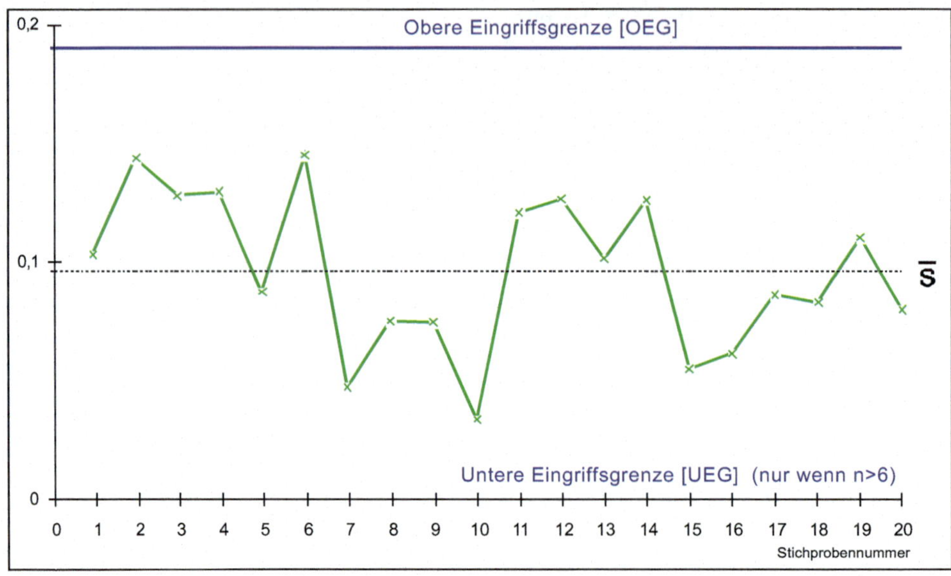

Bild 7.28 Streuungskarte zur Beurteilung der Prozessstreuung (s) mit Eingriffsgrenzen

Bild 7.27 und Bild 7.28 stellt jeweils basierend auf den erörterten Formeln eine $\bar{x}$/s-Qualitätsregelkarte mit Eingriffsgrenzen dar. Dieser Vorgehensweise lag nur eine Schätzmethode für die Prozesslage bzw. -streuung und nur die Nichteingriffswahrscheinlichkeit von 99,73 % zugrunde. Dieser Sachverhalt wird am Beispiel der $\bar{x}$-Lagekarte verallgemeinert.

Die allgemeine Formel zur Bestimmung der Eingriffsgrenzen einer Shewhart-Qualitätsregelkarte für Mittelwerte (Bild 7.27) lautet:

$$\text{OEG} = \mu + u_{1-\alpha/2} \cdot \frac{\hat{\sigma}}{\sqrt{n}}$$

$$\text{UEG} = \mu - u_{1-\alpha/2} \cdot \frac{\hat{\sigma}}{\sqrt{n}}$$

α = Irrtumswahrscheinlichkeit

Typische Werte für Eingriffsgrenzen sind a = 1 % (≙ 99 % Nichteingriffswahrscheinlichkeit) bzw. a = 0,27 % (≙ 99,73 % Nichteingriffswahrscheinlichkeit).

Schätzwerte für die Prozesslage μ:

$$\hat{\mu}_1 \Leftarrow \bar{\bar{x}} = \frac{1}{k} \cdot \sum_{i=1}^{k} \bar{x}_i \text{ (Gesamtmittelwert)}$$

$$\hat{\mu}_2 \Leftarrow \bar{\tilde{x}} = \frac{1}{k} \cdot \sum_{i=1}^{k} \tilde{x}_i \text{ (Mittelwert der Medianwerte)}$$

Schätzwerte für die Prozessstreuung $\hat{\sigma}$:

$$\hat{\sigma}_1 \quad \Leftarrow \quad \sqrt{\overline{s^2}} = \sqrt{\frac{1}{k} \cdot \sum_{i=1}^{k} s_i^2}$$

$$\hat{\sigma}_2 \quad \Leftarrow \quad \frac{\overline{s}}{a_n} = \frac{1}{a_n} \cdot \frac{\sum_{i=1}^{k} s_i}{k}$$

$$\hat{\sigma}_3 \quad \Leftarrow \quad \frac{\overline{R}}{d_n} = \frac{1}{d_n} \cdot \frac{\sum_{i=1}^{k} R_i}{k}$$

$$\hat{\sigma}_4 \quad \Leftarrow \quad s_{ges} = +\sqrt{\frac{1}{n \cdot k - 1} \cdot \sum_{i=1}^{n \cdot k} (x_i - \overline{x})^2}$$

Mit

n	=	Stichprobenumfang		
k	=	Anzahl Stichproben		
a_n	=	0,940	für $n = 5$ (s. Tabelle in Abschnitt 14.3)	
d_n	=	2,326	für $n = 5$ (s. Tabelle in Abschnitt 14.3)	
$u_{1-\alpha/2}$	=	3,0	für $\alpha = 0{,}27\,\%$	$\triangleq$ 99,73 % Nichteingriffswahrscheinlichkeit
$u_{1-\alpha/2}$	=	2,578	für $\alpha = 1\,\%$	$\triangleq$ 99,00 % Nichteingriffswahrscheinlichkeit
$u_{1-\alpha/2}$	=	1,96	für $\alpha = 5\,\%$	$\triangleq$ 95,00 % Nichteingriffswahrscheinlichkeit

Für eine korrekte Ermittlung des Parameters müssen folgende Bedingungen erfüllt sein:

- der Prozess muss während des Vorlaufes ungestört verlaufen (stabil im Sinne „under statistical control“ sein) und
- die Größe des Vorlaufes sollte $n \cdot k \geq 100$ sein (n = Stichprobenumfang, k = Anzahl der Stichproben).

Bild 7.29 verdeutlicht nochmals die Entstehung der Qualitätsregelkarte und die verschiedenen Möglichkeiten der Schätzer für die Berechnung der Eingriffsgrenzen.

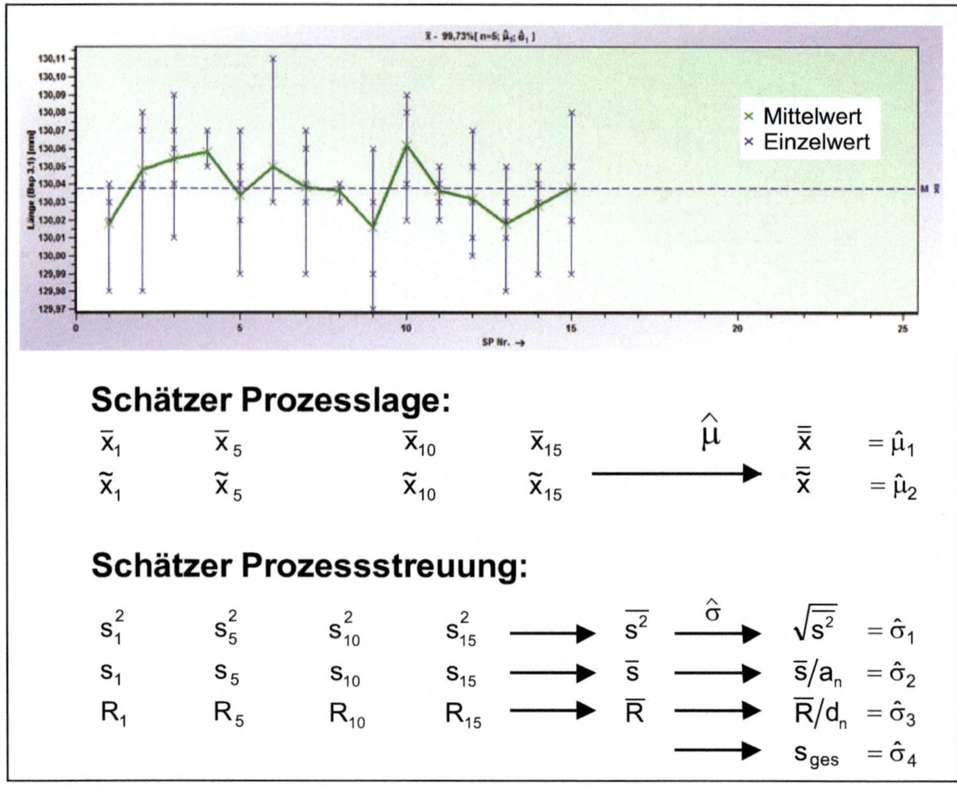

Bild 7.29 Unterschiedliche Berechnungsmethoden zur Bestimmung der Schätzparameter für Lage und Streuung

Wird $\hat{\sigma}$ durch $\sqrt{\overline{s^2}}$, $\bar{s}/a_n$ oder $\bar{R}/d_n$ geschätzt und darauf basierend die Eingriffsgrenzen berechnet, liegt der Bestimmung die „momentane“ Streuung (Streuung innerhalb der Stichproben) zugrunde. Dadurch werden die Grenzen sehr eng und es bleibt kaum Spielraum für prozessabhängige Schwankungen und Trends. Diese praxisrelevanten Fälle werden in Abschnitt 7.10 behandelt. In Abschnitt 7.6.4 sind die restlichen Shewhart-Regelkarten für x, $\tilde{x}$, R und s erörtert.

Fallbeispiel

Beim Wickeln von Federn soll die Ausgangsfestigkeit der Drähte überwacht werden. Ein Vorlauf ergab die in Tabelle 7.4 aufgeführten Zerreißlasten in daN.

Tabelle 7.4 Zerreißlasten in daN mit Stichprobenkennwerten

Tag:	1	2	3	4	5	6	7	8	9	10	
1	135	138	136	134	131	134	137	131	131	133	
2	135	126	135	133	128	131	139	140	130	135	
3	130	129	135	135	130	131	131	132	132	138	
4	132	131	133	127	131	137	133	131	137	133	Schätzer Prozesslage und -streuung
5	126	138	138	126	131	135	140	128	138	135	$\bar{\bar{x}} = 133{,}10 \mathrel{\hat{=}} \hat{\mu}_1$
$\bar{x}_i$	131,6	132,4	135,4	131,0	130,2	133,6	136,0	132,4	133,6	134,8	$\bar{\bar{x}} = 133{,}10 \mathrel{\hat{=}} \hat{\mu}_1$
$\tilde{x}_i$	132	131	135	133	131	134	137	131	132	135	$\bar{\tilde{x}} = 133{,}10 \mathrel{\hat{=}} \hat{\mu}_2$
s_i^2	14,30	29,27	3,31	17,50	1,70	6,77	15,00	20,30	13,30	4,20	$\sqrt{\overline{s^2}} = 3{,}545 \mathrel{\hat{=}} \hat{\sigma}_1$
s_i	3,78	5,41	1,82	4,18	1,30	2,61	3,87	4,51	3,65	2,05	$\bar{s}/a_n = 3{,}530 \mathrel{\hat{=}} \hat{\sigma}_2$
R_i	9	12	5	9	3	6	9	12	8	5	$\bar{R}/d_n = 3{,}353 \mathrel{\hat{=}} \hat{\sigma}_3$
											$s_{ges} = 3{,}694 \mathrel{\hat{=}} \hat{\sigma}_4$

Wird als Schätzer für die Prozesslage $\hat{\mu}_1 = \bar{\bar{x}}$ und für die Prozessstreuung $\hat{\sigma}_1 = \sqrt{\overline{s^2}}$ verwendet, ergeben sich nach Tabelle 7.9 für die $\bar{x}$-Karte mit der Annahmewahrscheinlichkeit $P_a = 1 - \alpha = 99{,}73\,\%$ folgende Eingriffsgrenzen:

$$\begin{matrix} OEG_{\bar{x}} \\ UEG_{\bar{x}} \end{matrix} = \hat{\mu} \pm u_{1-\alpha/2} \cdot \frac{\hat{\sigma}}{\sqrt{n}} = 133{,}1 \pm 3 \cdot \frac{3{,}545}{\sqrt{5}} \approx \begin{matrix} 137{,}86 \\ 128{,}34 \end{matrix}$$

Zum Vergleich hat eine $\bar{x}$-Karte mit $P_a = 1 - \alpha = 99\,\%$ die Eingriffsgrenzen:

$$\begin{matrix} OEG_{\bar{x}} \\ UEG_{\bar{x}} \end{matrix} = \hat{\mu} \pm u_{1-\alpha/2} \cdot \frac{\hat{\sigma}}{\sqrt{n}} = 133{,}1 \pm 2{,}578 \cdot \frac{3{,}545}{\sqrt{5}} \approx \begin{matrix} 137{,}18 \\ 129{,}02 \end{matrix}$$

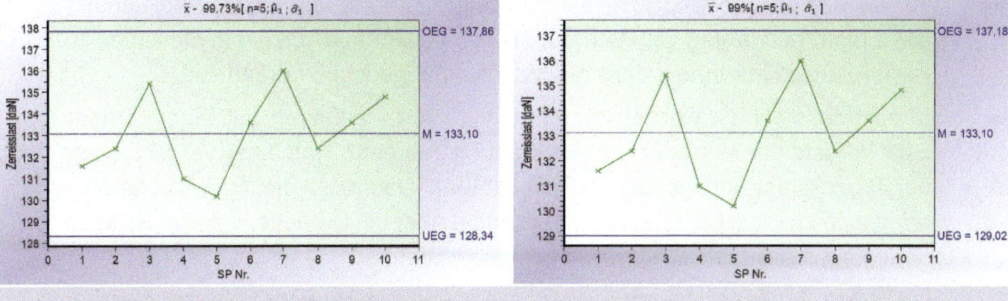

Bild 7.30 $\bar{x}$-Karte mit unterschiedlichen Nichteingriffsgrenzen

7.6.3 Stabilitätskriterien für Normalverteilung

Auf der Grundlage der nun bekannten Eingriffsgrenzen lässt sich anhand statistischer Kriterien beurteilen, ob der Prozess stabil ist. Ausgehend von einer Shewhart-Qualitätsregelkarte bei der die Eingriffsgrenzen für die $\bar{x}$-Karte basierend auf 99,73 % (also ±3σ) der Streuung der Mittelwerte bestimmt werden, ist es möglich die auftretende Prozessstreuung nach den beiden Streuungsarten

- zufällige Streuung
- zuordenbare/nicht zufällige/überzufällige Streuung

zu unterscheiden.

Hinweis

Vergleicht man die Literatur, scheint es so, dass es hier nicht trivial ist, kurze und dennoch passende Begriffe zu finden. W. A. Shewhart, der „Erfinder" der Regelkarte, hat die Gründe für diese Streuungen „random" und „assignable" genannt, was so viel wie „zufällig" und „zuordenbar" bedeutet. Die zufällige Streuung produziert so etwas wie Rauschen im Prozess, die zuordenbare Streuung erzeugt Signale, die über das Rauschen hinausgehen und somit erkennbar sind. Damit erzeugt die zuordenbare Streuung eine Störung, die mit der Regelkarte erkannt wird und deren Ursache identifiziert und abgestellt werden sollte.

Die zufällig Streuung ist im aktuellen Prozesszustand keiner speziellen Ursache zuweisbar und kann deshalb auch nicht abgestellt werden. Das bedeutet allerdings nicht, dass im Rahmen einer Prozessoptimierung nicht doch weitere Anteile zuweisbar und damit minimierbar werden. Diese Optimierung ist allerdings kein Anwendungsbereich der Regelkartentechnik.

Dieser Begriff „zufällig" ist auch eindeutig von dem umgangssprachlichen Begriff des Zufalls abzugrenzen, den manche Seminarteilnehmer ansprechen, wenn zufällig der Schraubendreher in die laufende Maschine fällt. Es mag sein, dass dies ein zufälliger Missgriff war, aber die Ursache für die Störung der Maschine ist eindeutig zuordenbar und somit nicht zufällig.

In manchen Fällen werden nicht zufällige/überzufällige/zuordenbare Streuungen auch als systematische Streuung bezeichnet. Es ist nicht auszuschließen, dass die Störungen systematisch sind, aber es ist nicht notwendigerweise so, wie das Schraubendreher-Beispiel zeigt. Es reicht ein einziger Vorfall und es ist nicht notwendig, den Schraubendreher systematisch in die Maschine zu werfen, um zu erkennen, dass die Maschine abgedeckt werden soll.

In der Messtechnik werden systematische Abweichungen mit einem Offset oder Versatz der Messwerte in Verbindung gebracht, was einer Verschiebung der Prozesslage in der Lagekarte bedeutet. Damit ist die Auswirkung systematisch im messtechnischen Sinne, nicht aber die Ursache, die zum Beispiel darin liegt, dass man zufällig den Hebel betätigt hat.

In diesem Sinne empfehlen die Autoren, weiterhin die Begriffe zufällig Streuung und zuordenbare/nicht zufällige/überzufällige Streuung zu nutzen. ■

Wird bei der Beurteilung eines Prozesses mittels Qualitätsregelkarte die Einhaltung aller Stabilitätsregeln bestätigt, so kann das als Nachweis angesehen werden, dass nur zufällige Streuungseinflüsse in diesem Prozess wirken. Durch diese Untersuchung wird dann auch gleichzeitig die Größe dieser zufälligen Streuung bekannt. Mit den durch die Anwendung der Qualitätsregelkarte abgesicherten Fakten, dem Nachweis der Stabilität und die Größe der Prozessstreuung, kann eine einfache und zuverlässige Einschätzung der Qualitätsleistung dieses Prozesses vorgenommen werden.

Liegen weitere nicht zufällige/zuordenbare Einflussgrößen in einem Prozess vor, so wirken sich diese Einflüsse als nicht zufällige Streuung oder Störung aus. Nicht zufällige Streuung ist ganz einfach als Verletzung einer oder mehrerer Stabilitätsbedingungen zu erkennen.

Die Stabilitätsverletzungen sind:

- Überschreitung der oberen Eingriffsgrenze
- Unterschreitung der unteren Eingriffsgrenze
- 7 aufeinanderfolgende Werte/Kennwerte oberhalb der Mittellinie (Run)
- 7 aufeinanderfolgende Werte/Kennwerte unterhalb der Mittellinie (Run)
- 7 aufeinanderfolgende Intervalle aufsteigend (Trend)
- 7 aufeinanderfolgende Intervalle absteigend (Trend)
- über 90 % der Punkte liegen innerhalb des mittleren Drittels der Eingriffsgrenzen (Middle Third)
- 40 % der Punkte und weniger liegen innerhalb des mittleren Drittels (Middle Third).

Hinweis

Der Middle Third wird üblicherweise auf 25 aufeinanderfolgende Eintragungen in der Regelkarte bezogen. Das bedeutet in diesem Fall, dass 11 – 22 Eintragungen, d. h. mehr als 40 %, aber auch weniger als 90 % der Eintragungen im mittleren Drittel zu erwarten sind. Ist dem nicht so, liegt eine Stabilitätsverletzung vor. Betrachtet man andere Lauflängen, sind die Zahlen anzupassen (siehe nachfolgende Erläuterungen zum Middle Third).

Diese Stabilitätsbedingungen gelten bei der Anwendung einer Qualitätsregelkarte nach Shewhart uneingeschränkt für die Überwachung der Prozesslage ($\overline{x}$). Zur Überwachung der Streuung (s) helfen diese Regeln erst für Stichprobengrößen $n \geq 25$. Erst dann kann die χ^2-Verteilung als symmetrisch angesehen werden. Allerdings können die Stabilitätskriterien sinngemäß passend auf schiefe Verteilungen umgerechnet wenden.

Nicht alle Stabilitätsverletzungen sind per se negativ zu sehen. Verringert sich z.B. die Streuung, kann das ein positives Signal sein, ist aber eine Veränderung, die erkannt werden sollte. Hat sich der Prozess wirklich verbessert, z.B. durch bessere Kenntnis der einzustellenden Prozessparameter, dann sollte man diese Verbesserungen institutionalisieren und beibehalten. Es könnte allerdings auch sein, dass z.B. ein Messmittel defekt ist und sich die Streuung nur scheinbar verringert, worauf dann der Fehler im Messsystem zu beheben ist.

Prinzipiell ist auch zu bedenken, dass eine jede Regel auf der Basis einer Irrtumswahrscheinlichkeit α definiert ist, d.h. die Nichteingriffswahrscheinlichkeit bei einem ungestörten Prozess ist $(1-\alpha)$. Wendet man nun mehrere Regeln auf den gleichen Datensatz an, so steigt die Irrtumswahrscheinlichkeit in der Summe, die Nichteingriffswahrscheinlichkeit bei einem ungestörten und stabilen Prozess sinkt. Das heißt, wendet man 5 Regeln mit je einer Irrtumswahrscheinlichkeit von $\alpha = 1\,\%$ an, so sinkt die Nichteingriffswahrscheinlichkeit P auf $P = (1-\alpha)^5 = 0{,}99^5 = 0{,}951 = 95{,}1\,\%$. Das heißt, die Irrtumswahrscheinlichkeit für einen Fehlalarm steigt auf 4,9 %. Dieses Phänomen ist auch als „α-Inflation“ bekannt. Im Schnitt ist somit trotz ungestörtem und stabilen Prozess bei jeder zwanzigsten Stichprobe ein Fehlalarm zu erwarten. Berücksichtig man nun noch der Zufallsstreubereich mit einem Vertrauensniveau von 95 %, so sind bei einer Regelkarte mit 25 Stichproben bis zu 4 Fehlalarme möglich. Es ist zu hinterfragen, ob damit noch eine sinnvolle Regelung möglich ist.

Am Beispiel der Mittelwertspur Shewhart-Karte sind in Bild 7.31 und in Bild 7.32 alle möglichen Stabilitätsverletzungen dargestellt.

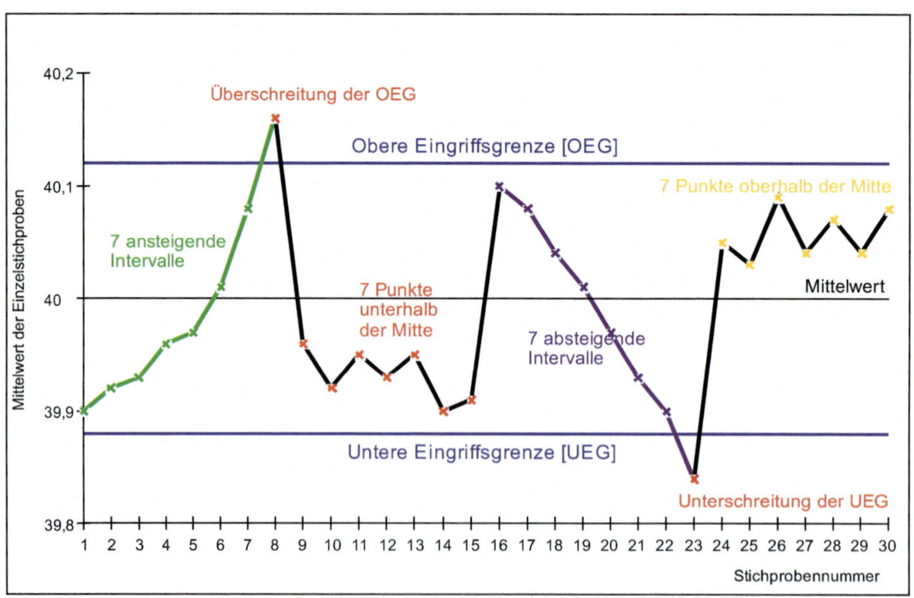

Bild 7.31 Shewhart-Karte mit Stabilitätsverletzungen

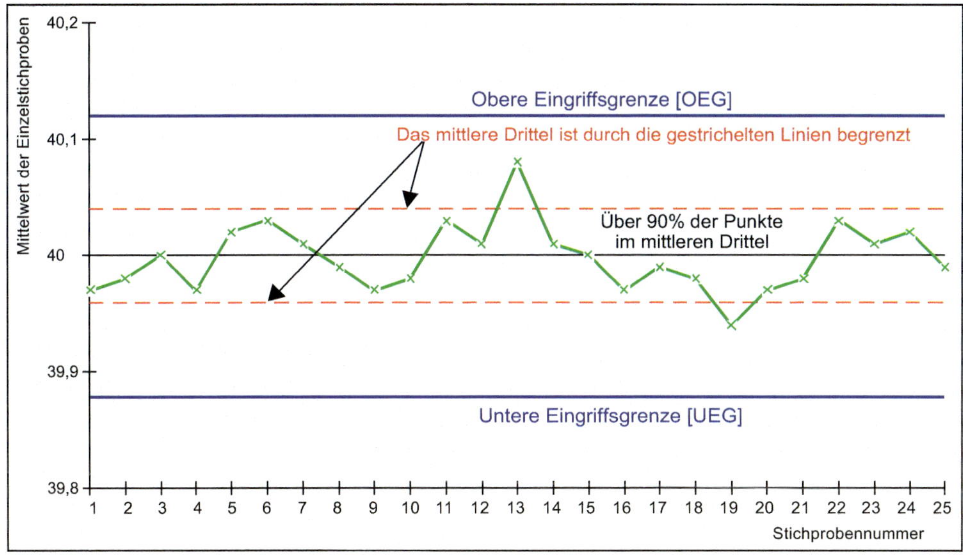

Bild 7.32 Shewhart-Karte mit Stabilitätsverletzung „Middle Third“

Ein Fall, bei dem 40 % der Punkte und weniger im mittleren Drittel liegen, ist nicht bildlich dargestellt.

Was ist ein Run?

Unter einem Run versteht man bei einer Qualitätsregelkarte eine Folge von 7 Werten/ Kennwerten (Bild 7.33), die unterhalb bzw. oberhalb der Mittellinie liegen. Dies gilt sowohl für eine $\bar{x}$- als auch eine s-Karte. Worin ist die Zahl „7“ begründet?

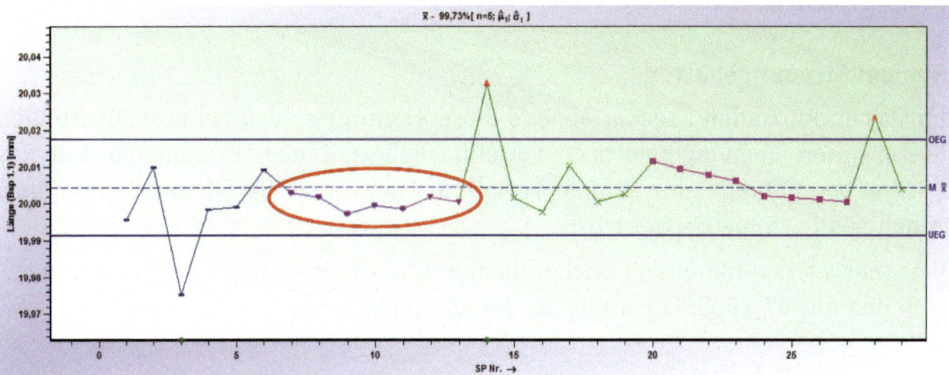

Bild 7.33 $\bar{x}$-Karte mit Run zwischen Stichprobe 7 und 13

Run bei Lagekarten

Bei Mittelwert- und Medianwertqualitätsregelkarten sind bei ungestörten normalverteilten Prozessen jeweils 50 % der Kennwerte oberhalb und unterhalb der Mittellinie zu erwarten. Für den Fall eines ungestörten Prozessverlaufs soll die Wahrscheinlichkeit für einen „Fehlalarm" kleiner gleich 1 % sein (Fehler 1. Art). Hieraus resultiert die Anzahl der Werte, die für eine Run-Anzeige auftreten müssten (Tabelle 7.5).

Tabelle 7.5 Wahrscheinlichkeiten für Run-Anzeige bei Lagekarten

Anzahl Werteoberhalb (bzw. unterhalb) der Mittellinie	Fehler 1. Art α in %	Wahrscheinlichkeit für keine Run-Anzeige
k	0.5^k	1 - α in %
1	50 %	50 %
2	25 %	75 %
3	12,5 %	87,5 %
4	6,25 %	93,75 %
5	3,125 %	96,875 %
6	1,5625 %	98,5375 %
7	0,78125 %	99,21875 %
8	0,390625 %	99,609375 %

Wie aus den Tabellenwerten ersichtlich, ist die Forderung $\alpha \leq 1\,\%$ bei 7 aufeinanderfolgenden Werten erstmals erfüllt. Würde man weniger Werte zugrunde legen, wäre die Irrtumswahrscheinlichkeit zu groß, wären es mehr, würde zu spät gewarnt. Damit tritt ein Run ein, wenn 7 aufeinanderfolgende Kennwerte unterhalb oder oberhalb der Mittellinie liegen.

Run bei Streuungskarten

Im Gegensatz zu den Lagekarten sind diese Kennwerte auch bei normalverteilten Einzelwerten nicht symmetrisch verteilt, sondern bilden in Abhängigkeit des Stichprobenumfangs eine schiefe Verteilung, die für große Stichprobenumfänge zunehmend symmetrischer wird.

Bei einer s-Karte mit einem Stichprobenumfang von n = 5 liegen 52,7335 % unterhalb und nur 47,2665 % oberhalb der Mittellinie k.

$$\chi^2_{f;G} = f \cdot (s \cdot a_n)^2$$

mit f = 4 (n = 5) und $\sigma = 1$ ist $\chi^2_{f;G} = 4 \cdot 0{,}94^2 = 3{,}5344$ und $G = 52{,}7335\,\%$

Hieraus ergeben sich folgende Wahrscheinlichkeiten für eine Run-Anzeige (Tabelle 7.6).

Tabelle 7.6 Wahrscheinlichkeiten für Run-Anzeige

	Bereich unterhalb der Mittellinie		Bereich oberhalb der Mittellinie	
Anzahl Werte oberhalb bzw. Unterhalb der Mittellinie	**Wahrscheinlichkeit für keine Run-Anzeige**	**Fehler 1. Art**	**Wahrscheinlichkeit für keine Run-Anzeige**	**Fehler 1. Art**
k	1 - α in%	α in%	1 - α in%	α in%
1	47,2665	52,7335	47,2665	52,2665
⋮	⋮	⋮	⋮	⋮
5	95,9221	4,0779	97,6408	2,3592
6	97,8496	2,1504	98,8849	1,1151
7	98,8660	1,1340	99,4729	0,5271
8	99,4020	0,5980	99,7509	0,2401
k	1 - α in%	α in%	1 - α in%	α in%

Aus diesen Werten ist deutlich zu erkennen, dass bei dieser s-Karte mit n = 5 ein Run unterhalb der Mittellinie erst ab 8 Werten und ein Run oberhalb der Mittellinie ab 7 Werten angezeigt werden müsste. Aus pragmatischen Gründen betrachtet man in der Praxis diese Verteilung als „hinreichend symmetrisch“ und geht in beiden Fällen bei Folgen von 7 und mehr Werten von einem Run aus. Daher erfolgt sinnvollerweise nur bei Streuungskarten mit n < 5 eine Differenzierung für Run unterhalb und oberhalb der Mittellinie.

Trend

Unter einem Trend versteht man bei einer Qualitätsregelkarte eine kontinuierlich an- oder absteigende Folge von Kennwerten (s. Bild 7.33 zwischen Stichprobennummer 20 und 27).

Geht man von einer zufälligen zeitlichen Anordnung der Kennwerte aus, so gibt es für k Stichproben k! (k-Fakultät) Möglichkeiten der Anordnung. Jeweils eine dieser Möglichkeiten beschreitet eine an- oder absteigende Folge (die Möglichkeit, dass zwei Kennwerte exakt gleich sind, wird nicht berücksichtigt.).

Für k = 3 Stichproben ergibt sich zum Beispiel 3! = 6 Möglichkeiten, die in Bild 7.34 dargestellt sind.

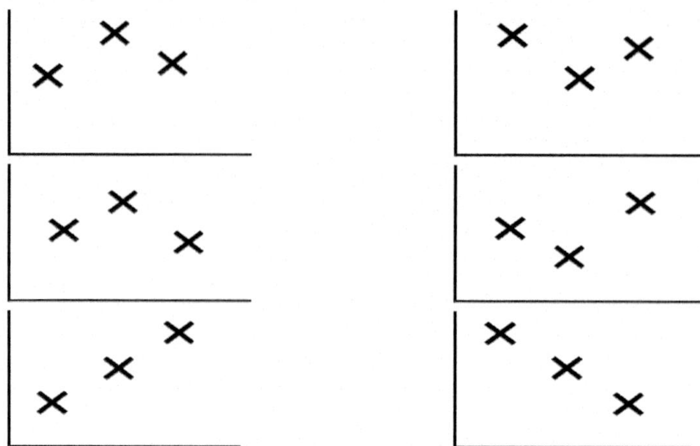

Bild 7.34 Wahrscheinlichkeiten für Trend

Die Wahrscheinlichkeit für eine an- oder absteigende Folge beträgt somit für 3 Werte $1/6 = 0{,}1\overline{6}$. In Tabelle 7.7 sind die Wahrscheinlichkeiten von k = 2 bis 8 angegeben.

Tabelle 7.7 Wahrscheinlichkeit für Trend

k	Wahrscheinlichkeit für einen einseitigen Trend	
2	1/2	= 50 %
3	1/6	= 16,667 %
4	1/24	= 4,167 %
5	1/120	= 0,833 %
6	1/720	= 0,1388 %
7	1/5040	= 0,01984 %
8	1/40320	= 0,00248 %

Soll diese Wahrscheinlichkeit < 1 % sein, so bedeutet dies, dass eine „sinnvolle" Trendanzeige sich bei 5 Werten in Folge ergeben würde. Im Allgemeinen soll über diese Regel nur ein „extremer" Trendprozess signalisiert werden. Daher wird häufig die Regel verwendet, dass 8 Werte in Folge, also 7 Intervalle steigend oder fallend, vorliegen müssen.

Middle Third

Ein weiteres Kriterium zur Beurteilung des Prozessverhaltens ist das sogenannte „mittlere Drittel" (Middle Third, Bild 7.35). In diesem Bereich müssen bei 25 Stichproben mindestens 40 % und nicht mehr als 90 % der Werte liegen.

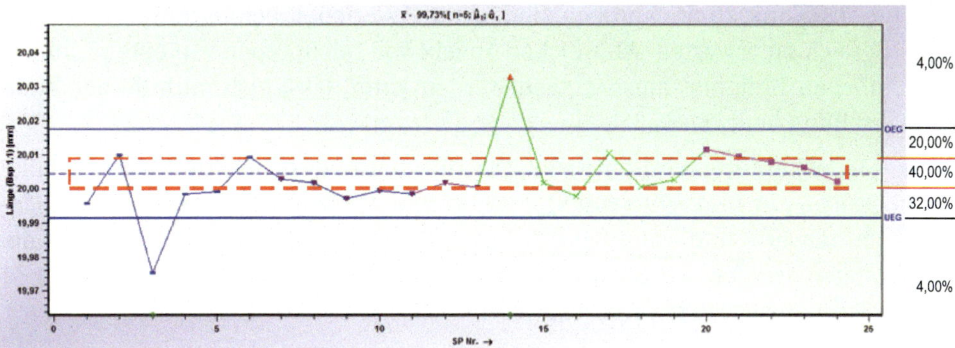

Bild 7.35 $\overline{x}$-Karte mit der Verletzung „Middle Third ≤ 40 %"

Die Anwendung dieses Kriteriums setzt in der Regel voraus, dass

- die Kennwerte aus einer normalverteilten Grundgesamtheit ohne Mittelwertschwankungen stammen,
- die Grenzen der QRK aus den ±3σ-Grenzen der Kennwertverteilung bestimmt sind und
- jeweils eine gleiche Anzahl von Stichproben (in der Regel k = 25) zur Beurteilung herangezogen wird.

Dies soll am Beispiel einer Mittelwertkarte (Bild 7.36) verdeutlicht werden. Im mittleren Bereich ($\mu \pm 1\sigma_{\overline{x}}$) sind 68,27 % der Mittelwerte bei ungestörtem Prozess zu erwarten.

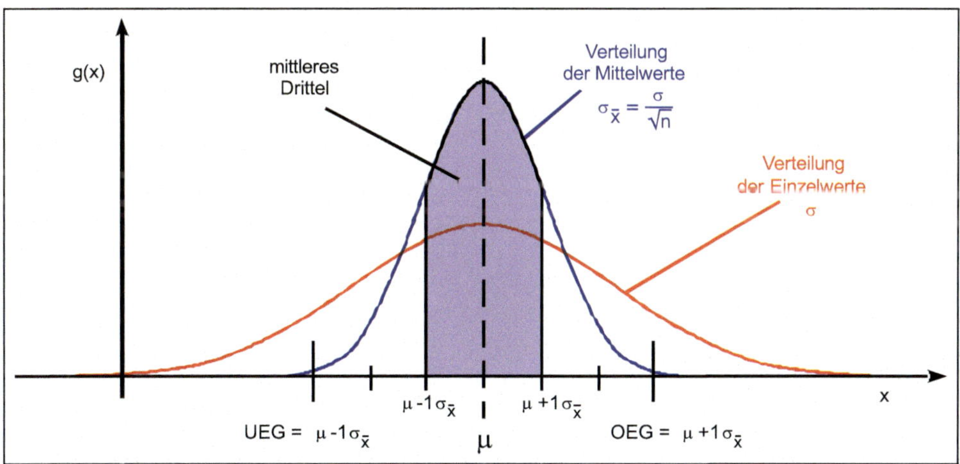

Bild 7.36 Verteilung der Einzel- und Mittelwerte

Bei einer QRK mit 25 Stichproben sind somit 17 Stichprobenmittelwerte im mittleren Bereich zu erwarten. Ab welcher Anzahl von Stichproben von einem „außergewöhnlichen Ereignis“ ausgegangen werden kann, lässt sich mithilfe der Binomialverteilung beurteilen.

Für $k = 25$ Mittelwerte wird für $p = 68{,}27\,\%$ die Grenze des einseitig oberen Zufallsstreubereichs mit $1 - \alpha = 99\,\%$ mit $x_{ob} = 22$ bestimmt. Wenn nicht mehr als 22 Stichprobenmittelwerte in diesem Bereich liegen, kann von einem zufälligen Ergebnis ausgegangen werden, ab 23 Mittelwerten $= 23/25 \cdot 100\,\% = 92\,\%$ kann von einem Middle Third ausgegangen werden.

Die untere Grenze des Zufallsstreubereichs ergibt sich für $1 - \alpha = 99\,\%$ einseitig unten zu $x_{un} = 11$, d.h. bei 10 und weniger Mittelwerten ($10/25 \cdot 100\,\% = 40\,\%$) wird von einem Middle Third ausgegangen.

Bei nicht symmetrischen Verteilungen, z.B. bei Streuungskarten, bzw. anders definierten Eingriffsgrenzen gelten selbstverständlich andere Grenzen der Zufallsstreubereiche. Gleiches gilt für von $k = 25$ abweichende Stichprobenanzahlen.

Stabilitätsbedingungen nach Western Electric Rules

Die Firma Western Electric hat 1956 neben den oben beschriebenen Stabilitätskriterien weitere Kriterien definiert, die ausschließlich für Shewhart-Karten mit einer Nichteingriffswahrscheinlichkeit von 99,73 % gelten, allerdings eher Einzelwerte als Stichprobenkennwerte im Blick haben. In Bild 7.37 sind diese aufgeführt. Allerdings sollte beachtet werden, dass auch hier mit jeder Regel die Wahrscheinlichkeit für das Auftreten einer Stabilitätsverletzung zunimmt. Dies mag den Werker bei der Überwachung der Prozesse eher behindern, als dass es ihm hilft. Daher ist sehr sorgfältig zu prüfen, wann welche Stabilitätskriterien sinnvollerweise angewandt werden.

Ähnliche Sätze von Regeln findet man auch unter den Namen „Nelson Rules“ oder „Westgard Rules“.

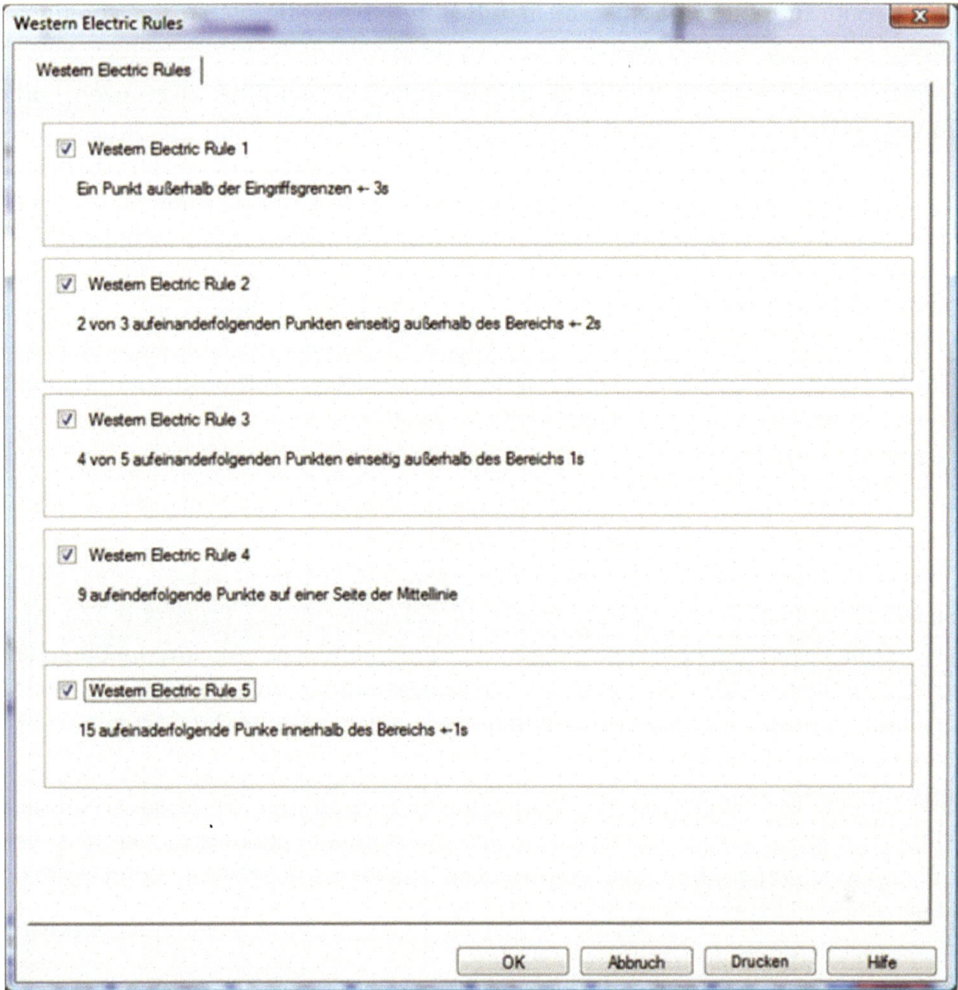

Bild 7.37 Western Electric Rules

Stabilitätsbedingungen bei Shewhart-Karten mit erweiterten Grenzen

Bei vielen Prozessen liegen Mittelwertschwankungen (zeitabhängige Verteilungsmodelle C und D, s. Kapitel 9) vor. In diesen Fällen werden Shewhart-Karten mit erweiterten Grenzen (s. Abschnitt 7.10) verwendet. Sind die Voraussetzungen für die Anwendung dieser Karten gegeben, ist eine Anzeige von „Run", „Trend" und „Middle Third" nicht mehr sinnvoll.

Stabilitätsverletzungen bei einer großen Anzahl von Stichproben

Ist die Stabilität in der Qualitätsregelkarte die zwingende Voraussetzung für die Beurteilung der Fähigkeit und der Berechnung von Fähigkeitsindizes, dann stellt sich bei einer großen Anzahl von Stichproben das Problem, dass unweigerlich

Fehlalarme auftreten, die aber nicht unbedingt eindeutig als solche erkennbar sind.

Liegt nun ein oder einige wenige Kennwerte außerhalb der Eingriffsgrenzen, dann ist gemäß Definition die Stabilität nicht gegeben und es müssen Leistungsindizes statt Fähigkeitsindizes berechnet werden. Tabelle 7.8 zeigt die Wahrscheinlichkeiten, für eine bestimmte Anzahl von Stichproben trotz ungestörtem und normalverteiltem Prozess tatsächlich keine Eingriffsgrenzenverletzung signalisiert zu bekommen. Es ist erkennbar, dass die Wahrscheinlichkeit, bei einem ungestörten Prozess keine Eingriffsgrenzenverletzungen angezeigt zu bekommen, bei einer großen Anzahl von Stichproben sehr gering wird. Werden die anderen Stabilitätsbedingungen Run, Trend, Middle Third noch zusätzlich berücksichtigt, so sinkt diese Wahrscheinlichkeit auf noch kleinere Werte.

Damit stellt sich die Frage, inwieweit Überschreitungen der Eingriffsgrenzen als „normal" (d. h. zufällig) zu betrachten, und somit auch als erwartbar und zulässig von der Stabilitätsbetrachtung auszuschließen sind.

Dieses Problem kann auch folgendermaßen beschrieben werden: Bei einer Shewhart-Lagekarte mit ±3σ-Grenzen sind bei ungestörtem Prozess 0,27 % Eingriffsgrenzenverletzungen zu erwarten. Die Frage, ab welcher Anzahl von Eingriffsgrenzenverletzungen nicht mehr von ‚zufälligen Einflüssen', sondern von einem instabilen Prozess ausgegangen werden muss, kann mithilfe der Binomialverteilung beantwortet werden:

„Die Summe der Eingriffsgrenzenverletzungen (Anzahl der Werte außerhalb der Eingriffsgrenze) dürfen die Grenzen des zweiseitigen Zufallsstreubereichs der Binomialverteilung (mit einem Vertrauensniveaus von z. B. 99 %) nicht überschreiten."

Tabelle 7.8 Wahrscheinlichkeiten für keine Eingriffsgrenzenverletzungen

Anzahl Stichproben	Wahrscheinlichkeit für keine Eingriffsgrenzenverletzung		
	Lagekarte	Streuungskarte	gesamt
1	99,73	99,6105	99,3416
10	97,33	93,6072	91,1103
25	93,4642	90,7043	84,7761
50	87,3556	82,2727	71,8700
100	76,3100	67,6880	51,6528
200	58,2323	46,2326	26,9223
400	33,9100	20,9917	7,1182
600	19,7466	9,8820	1,9513
800	11,4999	4,4065	0,5067
1000	6,6961	2,0189	0,1352
2000	0,0407	0,0407	0,00018

Fallbeispiel

Es sind 100 Stichproben zu analysieren. In welchem Bereich sind die Eingriffsgrenzenverletzungen für eine Shewhart-Lagekarte (99,73 % Eingriffsgrenzen) zu erwarten?

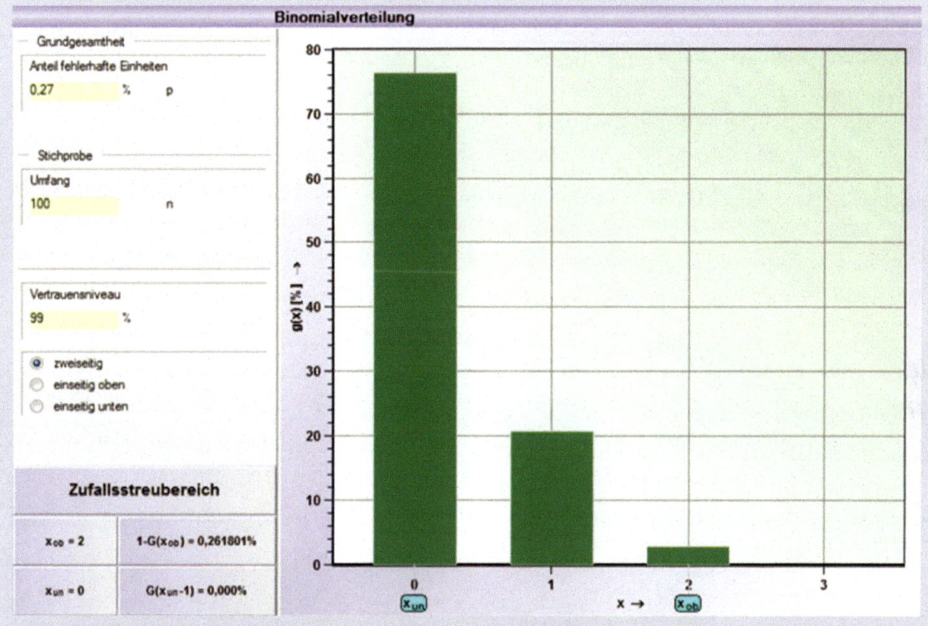

Bild 7.38 Zweiseitiger Zufallsstreubereich der Binomialverteilung

Für p = 100 % - 99,73 % = 0,27 % und 100 Stichproben liegen die Grenzen bei der Binomialverteilung des 99 % Zufallsstreubereiches bei $x_{un} = 0$ und $x_{ob} = 2$ (s. Bild 7.38). Das bedeutet, dass bis zu zwei Eingriffsgrenzenverletzungen akzeptiert werden bzw. als noch „normal" angesehen werden. ■

7.6.4 Shewhart-Karten

Nachdem in Abschnitt 7.6.1 der Aufbau und in Abschnitt 7.6.2 die Bestimmung von Lage- und Streuungsschätzern für eine kombinierte Shewhart $\overline{x}$/s-Qualitätsregelkarte erläutert wurde, sind in diesem Abschnitt die Formeln für weitere gebräuchliche Qualitätsregelkarten nach W.A. Shewhart zusammengefasst. Die Vorgehensweise für die Stabilitätsbeurteilung entspricht den Beschreibungen in Abschnitt 7.6.2 und Abschnitt 7.6.3.

Die Tabelle 7.9 zeigt die Berechnungsformeln ausgewählter Shewhart-Lagekarten für das Verteilungszeitmodell A1. Die Faktoren A_E und C_E sind für die Annahmewahrscheinlichkeit $P_a = 99\,\%$ berechnet und die Faktoren A_w und C_w für $P_a = 95\,\%$. Eine Tabelle mit praktisch relevanten Werten dieser Faktoren finden Sie im Anhang 14.3 (Tabelle 14.2, Tabelle 14.3 und Tabelle 14.4).

Tabelle 7.9 Berechnungsformeln für ausgewählte Shewhart-Lagekarten nach der in Europa üblichen Vorgehensweise mit Eingriffsgrenzen ($P_a = 99\,\%$) und Warngrenzen ($P_a = 95\,\%$)

Mittelwertkarte	$OEG = \mu + u_{1-\alpha/2} \cdot \frac{\hat{\sigma}}{\sqrt{n}} = \mu + A_E \cdot \hat{\sigma}$ $OWG = \mu + u_{1-\alpha/2} \cdot \frac{\hat{\sigma}}{\sqrt{n}} = \mu + A_W \cdot \hat{\sigma}$ $UWG = \mu - u_{1-\alpha/2} \cdot \frac{\hat{\sigma}}{\sqrt{n}} = \mu - A_W \cdot \hat{\sigma}$ $UEG = \mu - u_{1-\alpha/2} \cdot \frac{\hat{\sigma}}{\sqrt{n}} = \mu - A_E \cdot \hat{\sigma}$
Mediankarte	$OEG = \mu + u_{1-\alpha/2} \cdot \frac{c_n \cdot \hat{\sigma}}{\sqrt{n}} = \mu + C_E \cdot \hat{\sigma}$ $OWG = \mu + u_{1-\alpha/2} \cdot \frac{c_n \cdot \hat{\sigma}}{\sqrt{n}} = \mu + C_W \cdot \hat{\sigma}$ $UWG = \mu - u_{1-\alpha/2} \cdot \frac{c_n \cdot \hat{\sigma}}{\sqrt{n}} = \mu - C_W \cdot \hat{\sigma}$ $UEG = \mu - u_{1-\alpha/2} \cdot \frac{c_n \cdot \hat{\sigma}}{\sqrt{n}} = \mu - C_E \cdot \hat{\sigma}$
Urwertkarte	$OEG = \hat{\mu} + u_{0,5+\left(\sqrt[n]{1-\alpha}\right)/2} \cdot \hat{\sigma}$ $OWG = \hat{\mu} + u_{0,5+\left(\sqrt[n]{1-\alpha}\right)/2} \cdot \hat{\sigma}$ $UWG = \hat{\mu} - u_{0,5+\left(\sqrt[n]{1-\alpha}\right)/2} \cdot \hat{\sigma}$ $UEG = \hat{\mu} - u_{0,5+\left(\sqrt[n]{1-\alpha}\right)/2} \cdot \hat{\sigma}$

In der Tabelle 7.10 sind die Berechnungsformeln für ausgewählte Shewhart Streuungskarten abgebildet. Die Eingriffsgrenzen-Faktoren B_{Eob}, B_{Eun}, D_{Eob} und D_{Eun} sind mit der Annahmewahrscheinlichkeit $P_a = 99\,\%$ berechnet und die Warngrenzen-Faktoren B_{Wob}, B_{Wun}, D_{Wob} und D_{Wun} mit der Annahmewahrscheinlichkeit $P_a = 95\,\%$. Praktisch relevante Werte für diese Faktoren findet man im Anhang 14.3 (Tabelle 14.5 und Tabelle 14.6).

Tabelle 7.10 Berechnungsformeln für ausgewählte Shewhart-Streuungskarten, europäische Vorgehensweise mit Eingriffsgrenzen ($P_a \geq 99\,\%$) und Warngrenzen ($P_a = 95\,\%$)

Standardabweichungskarte	$OEG = \sqrt{\frac{\chi^2_{f;1-\alpha/2}}{f}} \cdot \hat{\sigma} = B_{E_{ob}} \cdot \hat{\sigma}$ $OWG = \sqrt{\frac{\chi^2_{f;1-\alpha/2}}{f}} \cdot \hat{\sigma} = B_{W_{ob}} \cdot \hat{\sigma}$ $UWG = \sqrt{\frac{\chi^2_{f;\alpha/2}}{f}} \cdot \hat{\sigma} = B_{W_{un}} \cdot \hat{\sigma}$ $UEG = \sqrt{\frac{\chi^2_{f;\alpha/2}}{f}} \cdot \hat{\sigma} = B_{E_{un}} \cdot \hat{\sigma}$
Spannweitenkarte	$OEG = w_{n;1-\alpha/2} \cdot \hat{\sigma} = D_{E_{ob}} \cdot \hat{\sigma}$ $OWG = w_{n;1-\alpha/2} \cdot \hat{\sigma} = D_{W_{ob}} \cdot \hat{\sigma}$ $UWG = w_{n;\alpha/2} \cdot \hat{\sigma} = D_{W_{un}} \cdot \hat{\sigma}$ $UEG = w_{n;\alpha/2} \cdot \hat{\sigma} = D_{E_{un}} \cdot \hat{\sigma}$

International ist es üblich, die Qualitätsregelkarten nur mit Eingriffsgrenzen – also ohne Warngrenzen – basierend auf der Annahmewahrscheinlichkeit $P_a = 1 - \alpha = 99{,}73\,\%$ zu berechnen. Für die Überwachung der Prozessstreuung wird die Verwendung der Spannweite gegenüber der Standardabweichung bevorzugt, vermutlich aufgrund der einfacheren Bestimmbarkeit.

Tabelle 7.11 Berechnungsformeln für Shewhart Lage- und Streuungskarten gemäß der international üblichen Vorgehensweise, mit Eingriffsgrenzen ($P_a = 99{,}73\,\%$) und ohne Warngrenzen

Mittelwert/Spannweitenkarte $\overline{x}$/R-Karte	$OEG_{\overline{x}} = \overline{\overline{x}} + A_2 \cdot \overline{R}$ $UEG_{\overline{x}} = \overline{\overline{x}} - A_2 \cdot \overline{R}$ $OEG_R = D_4 \cdot \overline{R}$ $UEG_R = D_3 \cdot \overline{R}$

Tabelle 7.11 Berechnungsformeln für Shewhart Lage- und Streuungskarten gemäß der international üblichen Vorgehensweise, mit Eingriffsgrenzen (P_a = 99,73 %) und ohne Warngrenzen *(Fortsetzung)*

Median/Spannweitenkarte $\tilde{x}$/R-Karte	$OEG_{\tilde{x}} = \bar{\tilde{x}} + \tilde{A}_2 \cdot \bar{R}$ $UEG_{\tilde{x}} = \bar{\tilde{x}} - \tilde{A}_2 \cdot \bar{R}$ $OEG_R = D_4 \cdot \bar{R}$ $UEG_R = D_3 \cdot \bar{R}$
Mittelwert/Standardabweichung $\bar{x}$/s-Karte	$OEG_{\bar{x}} = \bar{\bar{x}} + A_3 \cdot \bar{s}$ $UEG_{\bar{x}} = \bar{\bar{x}} - A_3 \cdot \bar{s}$ $OEG_s = B_4 \cdot \bar{s}$ $UEG_s = B_3 \cdot \bar{s}$
Einzelwertkarten	$OEG_x = \bar{\bar{x}} + E_2 \bar{R}$ $UEG_x = \bar{\bar{x}} - E_2 \bar{R}$

Hinweise zu den Konstanten

$$A_E \text{ bzw. } A_W = \frac{u_{1-\alpha/2}}{\sqrt{n}}$$

$$C_E \text{ bzw. } C_W = \frac{c_n \cdot u_{1-\alpha/2}}{\sqrt{n}}$$

Die Faktoren A_2, $\tilde{A}_2$, B_3, B_4, D_3 und D_4 sind Tabelle 14. 7 zu entnehmen.

Fallbeispiele

Basierend auf dem Datensatz in Tabelle 7.12 und den in Abschnitt 7.6.4 aufgeführten Formeln werden die Eingriffsgrenzen für verschiedene Regelkarten berechnet und dargestellt (s. Bild 7.39 bis Bild 7.43). Dabei kommen unterschiedliche Schätzer für Prozesslage und -streuung zum Tragen. Ebenso variiert die Nichteingriffswahrscheinlichkeit zwischen 99 % und 99,73 %. Die Vorgaben und die daraus ermittelten Ergebnisse sind unterhalb der Karte dargestellt. ■

Tabelle 7.12 Merkmalswerte in 20 Stichproben mit Stichprobenumfang n = 5

i	xi	i	xi	i	xi	i	xi	i	xi
1	130,04	6	129,98	11	130,01	16	130,07	21	130,02
2	120,08	7	130,08	12	130,09	17	10,05	22	130,07
3	130,02	8	130,07	13	130,07	18	130,07	23	129,99
4	130,03	9	130,04	14	130,04	10	130,05	24	130,05
5	130,02	10	130,07	15	130,06	20	130,05	25	130,04
i	xi	i	xi	i	xi	i	xi	i	xi
26	130,03	31	130,06	36	130,04	41	130,06	46	130,04
27	130,03	32	130,07	37	130,03	42	130,03	47	130,02
28	130,03	33	129,99	38	130,04	43	130,03	48	130,09
29	130,11	34	130,03	30	130,04	44	129,97	49	130,08
30	130,05	35	130,04	40	130,03	45	129,99	50	130,08
i	xi	i	xi	i	xi	i	xi	i	xi
51	130,04	56	130,03	61	130,01	66	130,03	71	129,99
52	130,05	57	130,01	62	130,03	67	130,03	72	130,02
53	130,03	58	130,05	63	130,02	68	129,99	73	130,08
54	130,02	59	130,00	64	130,05	60	130,04	74	130,05
55	130,04	60	130,07	65	129,98	70	130,05	75	130,05
i	xi	i	xi	i	xi	i	xi	i	xi
76	130,04	81	130,06	86	130,03	91	130,07	96	130,00
77	130,03	82	130,01	87	130,08	92	130,08	97	130,05
78	130,04	83	130,04	88	130,00	93	130,06	98	129,99
79	129,99	84	130,04	89	130,06	94	130,11	99	130,03
80	130,07	85	130,05	90	130,08	95	130,05	100	130,01

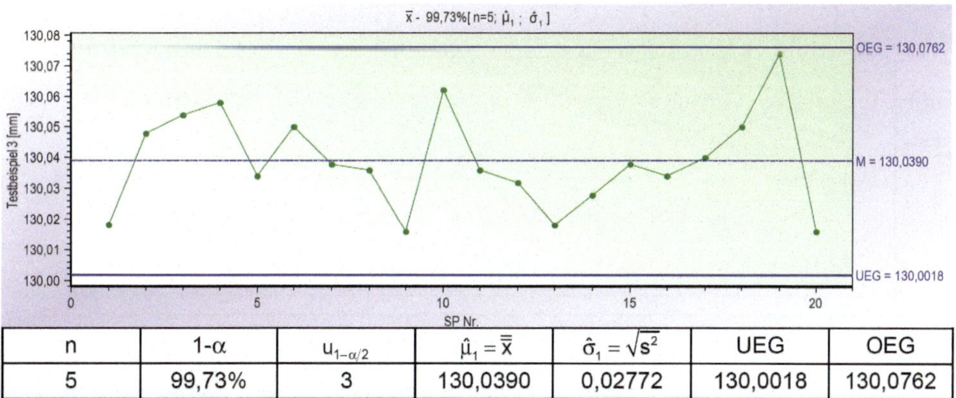

n	1-α	$u_{1-\alpha/2}$	$\hat{\mu}_1 = \bar{\bar{x}}$	$\hat{\sigma}_1 = \sqrt{s^2}$	UEG	OEG
5	99,73%	3	130,0390	0,02772	130,0018	130,0762

Bild 7.39 Mittelwertkarte

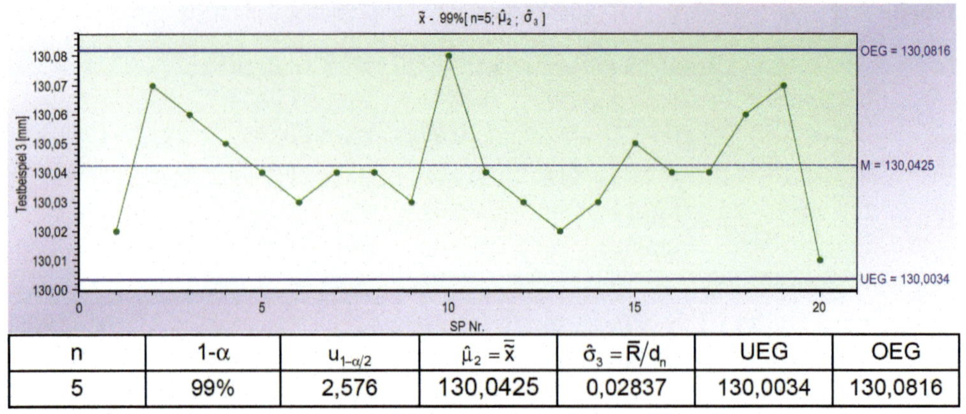

n	1-α	$u_{1-\alpha/2}$	$\hat{\mu}_2 = \bar{\tilde{x}}$	$\hat{\sigma}_3 = \bar{R}/d_n$	UEG	OEG
5	99%	2,576	130,0425	0,02837	130,0034	130,0816

Bild 7.40 Mediankarte

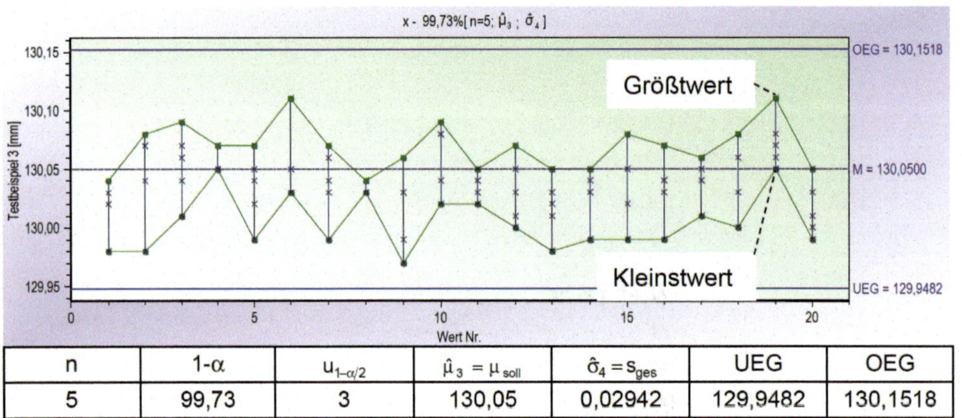

n	1-α	$u_{1-\alpha/2}$	$\hat{\mu}_3 = \mu_{soll}$	$\hat{\sigma}_4 = s_{ges}$	UEG	OEG
5	99,73	3	130,05	0,02942	129,9482	130,1518

Bild 7.41 Urwertkarte

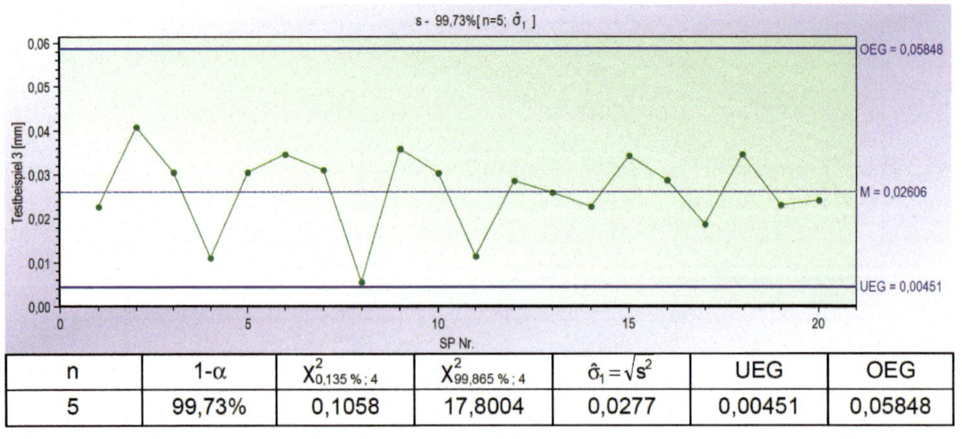

n	1-α	$\chi^2_{0,135\,\%;\,4}$	$\chi^2_{99,865\,\%;\,4}$	$\hat{\sigma}_1 = \sqrt{s^2}$	UEG	OEG
5	99,73%	0,1058	17,8004	0,0277	0,00451	0,05848

Bild 7.42 Standardabweichungskarte

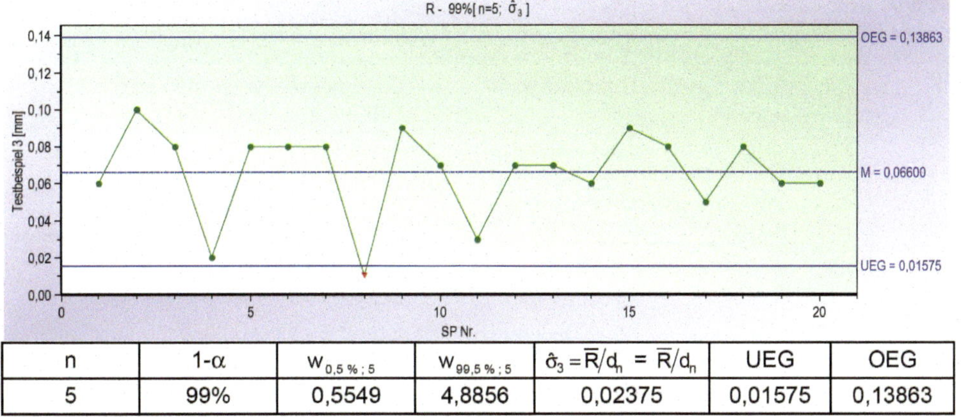

n	1-α	$w_{0,5\,\%\,;\,5}$	$w_{99,5\,\%\,;\,5}$	$\hat{\sigma}_3 = \overline{R}/d_n = \overline{R}/d_n$	UEG	OEG
5	99%	0,5549	4,8856	0,02375	0,01575	0,13863

Bild 7.43 Spannweitenkarte

Hinweis

Typische Kombinationen für Lage- und Streuungskarten sind $\overline{x}$/s-Karten bzw. $\overline{x}$/R-Karten, wobei der $\overline{x}$/s-Karte der Vorzug zu geben ist. Die $\overline{x}$/R-Karte ist insbesondere dann sinnvoll, wenn die Karte manuell geführt, da $\tilde{x}$ und R ohne Rechner bestimmt werden können. Urwertkarten sind nur bei sehr wenigen Werten sinnvoll (s. Abschnitt 7.6.5). Beim Einsatz von Rechnerprogrammen können die Einzelwerte einer Stichprobe bei Bedarf eingeblendet werden (s. Bild 7.29). Dies empfiehlt sich, wenn die Streuung einer Stichprobe zu groß ist.

7.6.5 Bewertung der verschiedenen Lage- und Streuungskarten

Die Tabelle 7.13 vergleicht die verschiedenen Lagekarten bezüglich ihrer Vor- und Nachteile.

Der Vergleich der Streuungskarten (s- bzw. R-Karte) fällt bezüglich der Empfindlichkeit zugunsten der s-Karte aus. Allerdings setzt die s-Karte Rechnerunterstützung voraus. Eine Spannweite kann in der Regel noch ohne Verwendung eines Rechners ermittelt und dargestellt werden.

Unter diesen Gesichtspunkten verwendet man heute beim Einsatz eines Rechnersystems meist $\overline{x}$/s-Karten. Werden Qualitätsregelkarten manuell geführt, sind $\tilde{x}$/R-Karten zu bevorzugen.

Tabelle 7.13 Lagekarten im Vergleich

	Vorteile	Nachteile
Mittelwertkarte	▪ Die Empfindlichkeit ist größer als bei Urwertkarten ▪ Abweichungen der Verteilungsform von der Normalverteilung sind wesentlich unkritischer als bei der Urwertkarte ▪ Ideal bei Rechnereinsatz.	▪ Die Einzelwerte werden auf der QRK nicht dokumentiert. Dies ist allerdings bei DV-gestützten Systemen unkritisch, wenn eine Abspeicherung der Urwerte erfolgt. ▪ Die Berechnung des Mittelwertes ist ohne Taschenrechner schwierig.
Urwertkarte	▪ Die Urwerte können ohne Rechnung eingetragen werden. Sie wird daher auch von ungeschultem Personal nach kurzer Einweisung verstanden. ▪ Alle Messwerte werden eingetragen und damit dokumentiert. ▪ Die Urwertkarte zeigt - bedingt - eine Vergrößerung der Fertigungsstreuung an. Sie kann jedoch nicht als vollwertiger Ersatz für eine Spannweitenkarte oder Standardabweichungskarte angesehen werden. ▪ Einsatz bei geringen Stichprobenumfängen (insbesondere bei ca. n = 1)	▪ Eine normalverteilte Fertigung wird vorausgesetzt. ▪ Geringe Empfindlichkeit. ▪ Durch das Eintragen aller Werte wird die Karte schnell unübersichtlich.
Medianwertkarte	▪ Einfaches Führen der Karte bei ungeraden Stichprobengrößen. Durch das Eintragen der Urwerte werden diese automatisch sortiert. Der statistische Kennwert „Median" kann leicht durch Abzählen festgestellt und gekennzeichnet werden. ▪ Kommt häufig bei manuellem Führen und späterem Einlesen mittels Belegleser zum Tragen.	▪ Geringe Empfindlichkeit gegenüber der Mittelwertkarte. ▪ Kann bei Eintrag der Einzelwerte unübersichtlich werden.

7.7 Annahmequalitätsregelkarten

Eine Annahmekarte ist eine toleranzbezogene Regelkarte. Damit ist sie das geeignete Werkzeug für Prozesse, bei denen systematische Veränderungen der Prozesslage μ nicht vermieden werden können und der Fokus z. B. auf der maximalen Standzeit des Werkzeugs liegt. So ist z. B. beim Umformen oder Stanzen ein Verschleiß des Werkzeuges vorhanden, der aus Kostengründen nicht durch ein sofortiges Nachschleifen oder Austauschen des Werkzeuges verhindert werden kann. In diesem Fall kann die Anwendung einer Annahmekarte in Betracht gezogen werden.

Annahmekarten haben den Nachteil, dass zur Berechnung ein „erlaubter Fehleranteil" festzulegen ist, der größer Null sein muss. Im Sinne einer Null-Fehler-Strategie ist das nicht akzeptabel und führt bei sehr kleinen Werten zu sehr engen Grenzen, die der eigentlichen Intention eines möglichst großen „Spielraums" für die Werkzeugstandzeit entgegenlaufen. Teilweise können die Eingriffsgrenzen dann enger zusammenliegen als bei einer prozessbezogenen Shewhart-Karte

Deshalb sollte die folgende Faustregel berücksichtigt werden:

Faustregel: Eine Annahmekarte ist nur zur Überwachung von Merkmalen geeignet, für die ein Maschinenleistungsindex $P_m \geq 1{,}67$ erreicht worden ist.

Betrachtet man sich die unten genannten Formeln für die Eingriffsgrenzen, so fällt auf, dass der Abstand der Eingriffsgrenzen von den Spezifikationsgrenzen direkt von der Standardabweichung abhängig ist. Je kleiner die Prozessstreuung wird, desto weiter auseinander und näher an den Toleranzgrenzen liegen die Eingriffsgrenzen. Dadurch wird es nicht möglich sein, die Prozessqualität auf ein Optimum zu regeln, es wird vielmehr ein Minimum an Qualität einstellen, das gerade noch akzeptabel ist. Einige Unternehmen sehen in dieser Eigenschaft einen Verstoß gegen das Prinzip des „Never Ending Improvement" oder der „kontinuierlichen Verbesserung der Prozesse", und untersagen aus diesem Grund den Einsatz dieser Karten.

Von daher ist eine Anwendung der Annahmekarte in vielen Unternehmen nur bei Trendprozessen erlaubt. Eine Alternative zu Annahmekarten sind Shewhart-Karten mit erweiterten Grenzen (s. Abschnitt 7.10.1).

7.7.1 Entstehung einer Annahmekarte

In Bild 7.44 ist für eine Mittelwert-Annahmekarte das Prinzip der Eingriffsgrenzenermittlung dargestellt.

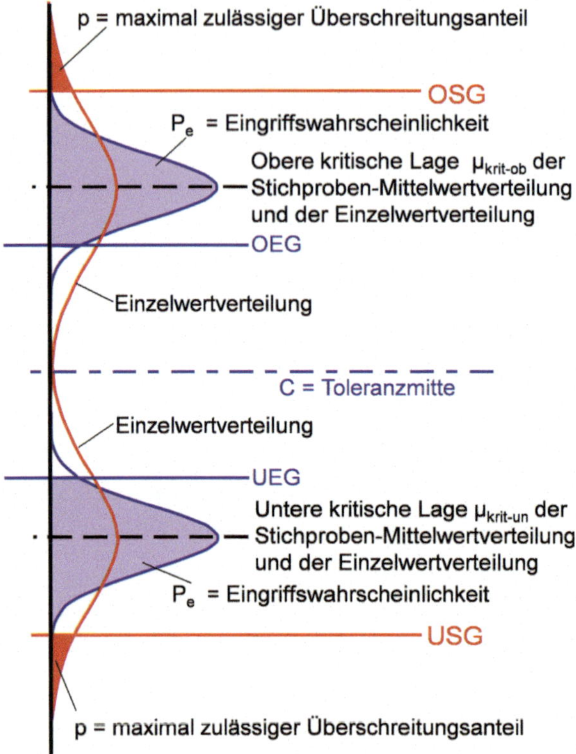

Bild 7.44 Ermittlung der Eingriffsgrenzen einer $\overline{x}$-Annahmekarte

Wahl des maximal erlaubten Überschreitungsanteiles p

In der Vergangenheit war es oft üblich, für den maximal erlaubten Überschreitungsanteil p einen Wert festzulegen, der durchaus mehrere Prozent umfassen konnte. In der heutigen Zeit ist dies nicht mehr akzeptiert und man leitet den maximal erlaubten Überschreitungsanteil p in der Regel aus Vorgaben für den minimalen Maschinenleistungsindex P_{mk} ab.

Tabelle 7.14 Überschreitungsanteile p in Abhängigkeit vom Vorgabewert für den minimalen Maschinenfähigkeitsindex P_{mk} (Berechnungsgrundlage: Normalverteilung)

P_{mk}	p
1,00	0,1349898 %
1,33	0,0031671 %
1,67	0,0000287 %
2,00	0,0000001 %

Der für das zu überwachende Merkmal ermittelte Wert für den Maschinenleistungsindex P_m muss stets größer sein als der gewählte P_{mk}-Vorgabewert aus Tabelle 7.14. Andernfalls fallen die berechneten Eingriffsgrenzen zu eng aus und der Prozess hat keinen Spielraum für Prozesslageverschiebungen. Beispiel: Wurde für ein Merkmal der Maschinenleistungsindex $P_m = 1{,}67$ ermittelt, so wählt man aus Tabelle 7.14 die Vorgabe $P_{mk} = 1$ mit $p = 0{,}1349898\,\%$.

Wahl der Eingriffswahrscheinlichkeit P_e

Mit der Eingriffswahrscheinlichkeit P_e wird festgelegt, wie „sicher" die Annahme-Mittelwertkarte mit einer Eingriffsgrenzenverletzung reagiert, wenn sich die momentane Lage μ_{Ist} der „wandernden" Prozessverteilung an eine der kritischen Lagen – $\mu_{krit\text{-}ob}$ oder $\mu_{krit\text{-}un}$ – der Mittelwert-Verteilung annähert (Bild 7.44). Üblich ist $P_e \geq 80\,\%$.

Deutung der Eingriffswahrscheinlichkeit für das Beispiel $P_e = 90\,\%$: Angenommen, die momentane Prozesslage $\mu_{ist} = \mu_{krit\text{-}un}$, womit ein gestörter Prozess vorliegen würde. Nun würde man 10 Stichproben entnehmen und deren Mittelwerte in die Annahmekarte einzeichnen. Von diesen 10 Stichprobenmittelwerten würden erwartungsgemäß neun die untere Eingriffsgrenze USG unterschreiten.

Berechnung der Eingriffsgrenzen einer Mittelwert-Annahmekarte

In Bild 7.45 ist das Prinzip zur Ermittlung der Eingriffsgrenzen einer Mittelwert-Annahmekarte dargestellt.

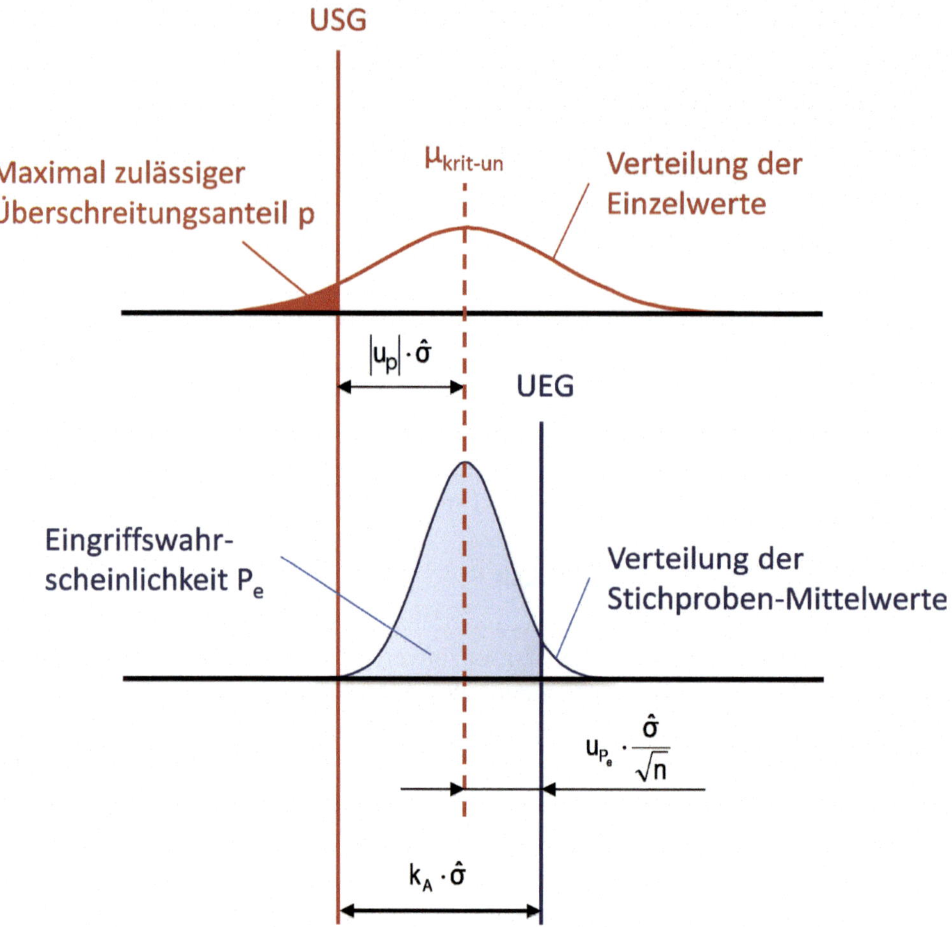

Bild 7.45 Veranschaulichung, wie ausgehend von der unteren Spezifikationsgrenze USG die untere Eingriffsgrenze UEG mit dem Abgrenzungsfaktor k_A einer Mittelwert-Annahmekarte ermittelt wird

Obere Eingriffsgrenze OEG:

$$\mathrm{OEG} = \mathrm{OSG} - k_A \cdot \hat{\sigma}$$

Untere Eingriffsgrenze UEG:

$$\mathrm{UEG} = \mathrm{USG} + k_A \cdot \hat{\sigma}$$

mit
Schätzer für die Prozessstreuung: $\hat{\sigma} = \sqrt{\overline{s^2}}$
Abgrenzungsfaktor der Annahme-Mittelwertkarte: $k_A = |u_p| + \frac{u_{P_e}}{\sqrt{n}}$

u_{P_e} und u_p sind Quantile der Standardnormalverteilung, berechnet für die Eingriffswahrscheinlichkeit P_e bzw. den maximal zulässigen Überschreitungsanteil p

Spielraum S für systematische Veränderungen des Prozesslageparameters μ

Die Annahmekarte wird, wie oben beschrieben, oft für Prozesse verwendet, bei denen eine Prozesslageverschiebung technisch unvermeidlich ist wie z. B. eine Lageveränderung durch Werkzeugverschleiß beim Stanzen oder Umformen. Nun ist die Annahmekarte nur dann von Vorteil gegenüber einer Shewhart-Karte, wenn für das „Wandern" der Prozesslage μ ein zusätzlicher Spielraum innerhalb der Eingriffsgrenzen verbleibt.

Vor der Berechnung des Spielraumes wählt man sich einen Wert für die Überschreitungswahrscheinlichkeit einer Eingriffsgrenze, die hier mit p_{EG} bezeichnet wird. Üblich ist entweder p_{EG} = 0,5 % (P_a = 99 %) oder p_{EG} = 0,135 % (P_a = 99,73 %).

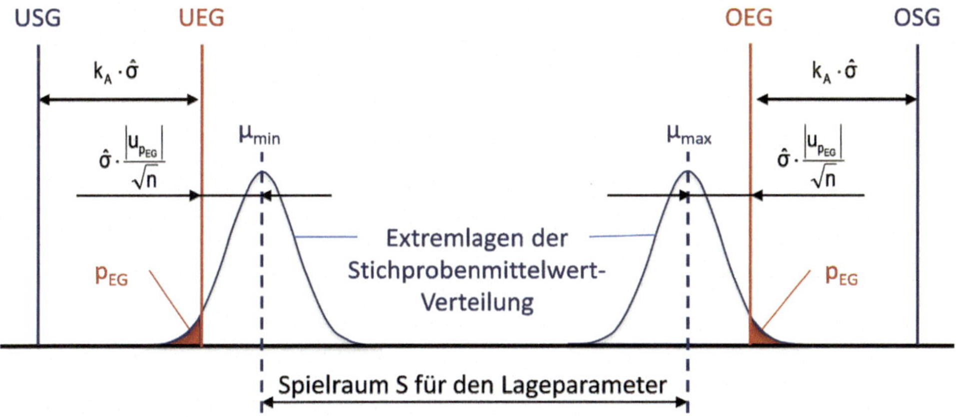

Bild 7.46 Ermittlungsprinzip für den Spielraum S des Lageparameters einer Mittelwert-Annahmekarte

Aus Bild 7.46 leitet man die folgende Spielraum-Bestimmungsgleichung ab:

$$S = T - 2 \cdot \hat{\sigma} \cdot \left(k_A + \frac{|u_{p_{EG}}|}{\sqrt{n}} \right)$$

mit

Toleranz des Merkmals: T = OSG - USG

Schätzer für die Prozessstreuung: $\hat{\sigma}_1 = \sqrt{s^2}$ oder $\hat{\sigma}_2 = \frac{\bar{s}}{a_n}$ oder $\hat{\sigma}_3 = \frac{\bar{R}}{d_n}$

Quantil der Standardnormalverteilung für die Wahrscheinlichkeit p_{EG}: $u_{p_{EG}} = G^{-1}(p_{EG})$

Manchmal erhalten Anwender schwer verständliche Ergebnisse: Beispielsweise einen negativen Wert für den Spielraum S oder einen Wert für die untere Eingriffsgrenze, der größer ist als derjenige für die obere Eingriffsgrenze.

In diesen Fällen ist zu prüfen:

- Ist der Maschinenleistungsindex des Merkmals $P_m \geq 1{,}67$?
- Wurde der maximal zulässige Überschreitungsanteil p zu klein gewählt?
- Wurde die Eingriffswahrscheinlichkeit P_e zu hoch angesetzt?

Die Eingriffsgrenzen-Bestimmungsgleichungen für eine Mittelwert-, Median- und Urwert-Annahmekarte sind in der Tabelle 7.15 enthalten

Tabelle 7.15 Bestimmungsgleichungen für ausgewählte Annahmekarten

Berechnungsformel für Annahme-QRK Prozesslage	
Mittelwert-Annahmekarte	$\begin{matrix} OEG = OSG - k_A \cdot \hat{\sigma} \\ UEG = USG + k_A \cdot \hat{\sigma} \end{matrix}$ mit $k_A = \lvert u_p \rvert + \frac{u_{P_e}}{\sqrt{n}}$ $S_{\bar{x}} = T - 2 \cdot \hat{\sigma} \cdot \left(k_A + \frac{\lvert u_{P_{EG}} \rvert}{\sqrt{n}} \right)$ $P_e = G\left[\sqrt{n} \cdot \left(k_A - \lvert u_p \rvert\right)\right]$
Median-Annahmekarte	$\begin{matrix} OEG = OSG - k_c \cdot \hat{\sigma} \\ UEG = USG + k_c \cdot \hat{\sigma} \end{matrix}$ mit $k_c = \lvert u_p \rvert + c_n \cdot \frac{u_{P_e}}{\sqrt{n}}$ $S_{\tilde{x}} = T - 2 \cdot \hat{\sigma} \cdot \left(k_c + c_n \cdot \frac{\lvert u_{P_{EG}} \rvert}{\sqrt{n}} \right)$ $P_e = G\left[\frac{\sqrt{n}}{c_n} \cdot \left(k_C - \lvert u_p \rvert\right)\right]$
Urwert-Annahmekarte	$\begin{matrix} OEG = OSG - k_E \cdot \hat{\sigma} \\ UEG = USG + k_E \cdot \hat{\sigma} \end{matrix}$ mit $k_E = \lvert u_p \rvert + u_{\sqrt[n]{P_a}}$ $S_x = T - 2 \cdot \hat{\sigma} \cdot \left(k_E + \lvert u_{P_{EG}} \rvert\right)$ $P_e = 1 - G\left(\lvert u_p \rvert - k_E\right)^n$
Mittelwert-Annahmekarte	$\begin{matrix} OEG = OSG - k_A \cdot \hat{\sigma} \\ UEG = USG + k_A \cdot \hat{\sigma} \end{matrix}$ mit $k_A = \lvert u_p \rvert + \frac{u_{P_e}}{\sqrt{n}}$ $S_{\bar{x}} = T - 2 \cdot \hat{\sigma} \cdot \left(k_A + \frac{\lvert u_{P_{EG}} \rvert}{\sqrt{n}} \right)$ $P_e = G\left[\sqrt{n} \cdot \left(k_A - \lvert u_p \rvert\right)\right]$

Für die Bestimmung eines Schätzwertes σ stehen mehrere übliche Schätzer zur Verfügung:

$$\hat{\sigma}_1 = \sqrt{\overline{s^2}}\,,\ \hat{\sigma}_2 = \frac{\overline{s}}{a_n} \text{ oder } \hat{\sigma}_3 = \frac{\overline{R}}{d_n}\,.$$

Sind noch keine Daten vorhanden, kann auch ein plausibler Wert für σ vorgegeben werden. Dabei kann man sich an Werten aus vergleichbaren Prozessen orientieren oder z. B. die P_m-Formel nach Sigma umstellen.

7.7.2 Fallbeispiele zur Annahmekarte

Für einen Prozessverlauf gemäß Bild 7.47 sind Eingriffsgrenzen basierend auf den Formeln von Shewhart und zum Vergleich als Annahmekarte (s. Abschnitt 7.7.1) zu bestimmen. Werden die Grenzen für die ersten 120 Werte (entspricht 24 Stichproben) berechnet, ergeben sich die in Bild 7.48 und Bild 7.49 links dargestellten Regelkarten. Die Eingriffsgrenzen sind bei beiden Karten ungefähr gleich (s Tabelle 7.16). Danach hat sich die Streuung verkleinert. Daher werden die Eingriffsgrenzen für den Wertebereich 121 bis 240 neu berechnet (s. Bild 7.48, Bild 7.49 rechts und Tabelle 7.16). Die neuen Grenzen der Shewhart-Karte sind enger, die der Annahmekarte weiter.

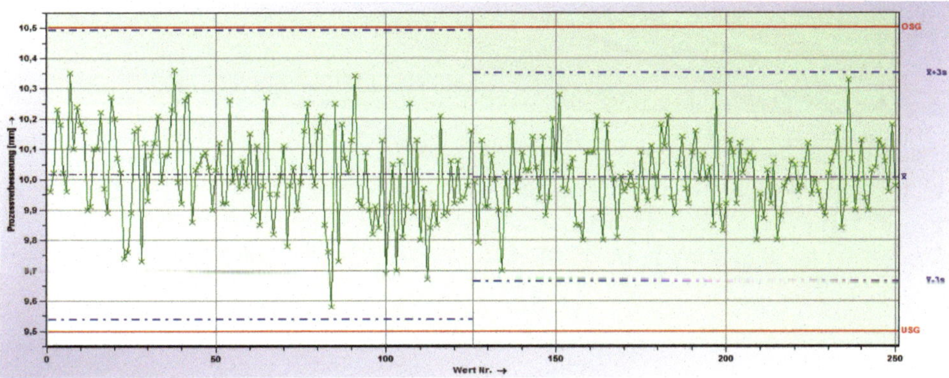

Bild 7.47 Prozessverlauf mit kleiner werdender Prozessstreuung

Tabelle 7.16 Eingriffsgrenzen im Vergleich

Wertebereiche	Schätzer Lage und Streuung	Überschreitungsanteil Eingriffswahrscheinlichkeit	Shewhart-Karte	Annahmekarte
1-125	$\hat{\mu} = 10{,}0158$	p = 5 %	OEG = 10,22	OEG = 10,162
	$\bar{s}/a_n = 0{,}154$	$P_e = 90\,\%$	UEG = 9,81	UEG = 9,838
126-250	$\hat{\mu} = 10{,}0081$	p = 5 %	OEG = 10,164	OEG = 10,244
	$\bar{s}/a_n = 0{,}117$	$P_e = 90\,\%$	UEG = 9,852	UEG = 9,758

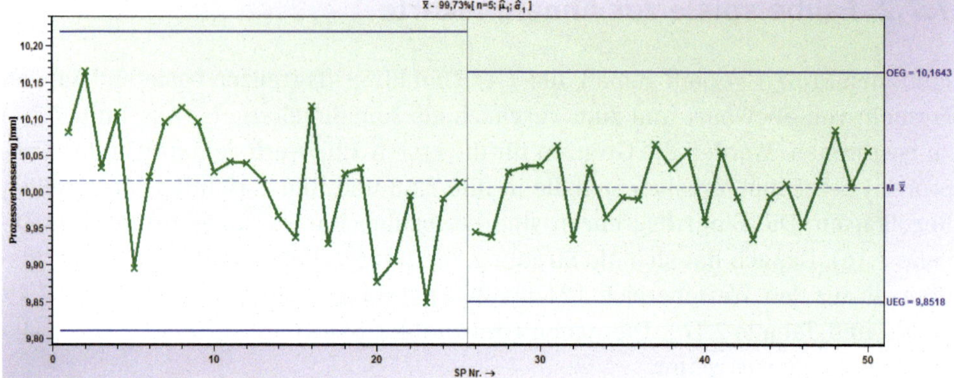

Bild 7.48 Shewhart-Karte mit Prozessveränderung

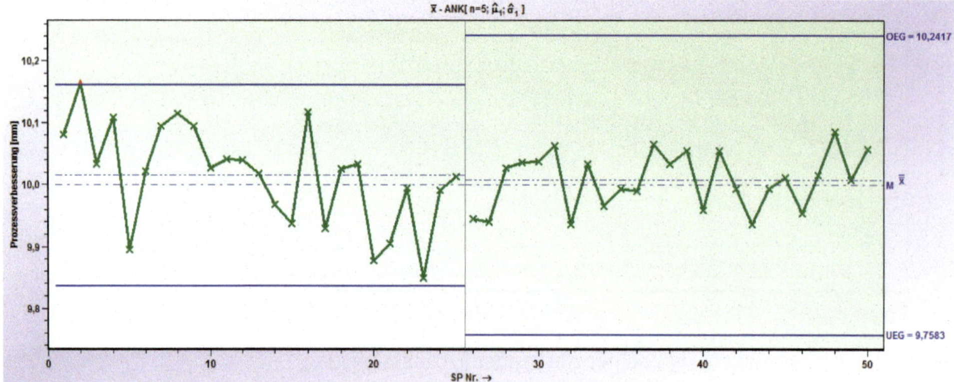

Bild 7.49 Annahmekarte mit Prozessveränderung

Die Eingriffsgrenzen einer Shewhart-Karte mit dem Ziel, eine optimale Qualität zu halten, werden konsequenterweise bei kleiner Streuung auch enger. Die Grenzen der Annahmekarte mit dem Ziel, einen maximalen Spielraum zu geben, werden demgegenüber weiter. Diese Eigenschaft führt oftmals zur Aussage, dass eine Annahmekarte nur eine Prozess-, aber niemals eine Qualitätsregelkarte sein kann.

7.7.3 Eingriffsgrenzen der Annahmekarten

Fallbeispiel

Der Bunddurchmesser eines Drehteils soll das Maß d = 15,1 ± 0,1 mm haben. Dem Fertigungsprozess werden über einen längeren Zeitraum in einem halbstündigen Turnus insgesamt 50 Stichproben mit je 5 Teilen entnommen und gemessen. Dabei ergaben sich die in Tabelle 7.17 dargestellten Werte.

Tabelle 7.17 Merkmalswerte mit Trend

i	xi	i	xi	i	xi	i	xi	i	xi
1	15,08	6	15,10	11	15,08	16	15,12	21	15,14
2	15,09	7	15,05	12	15,09	17	15,08	22	15,12
3	15,06	8	15,11	13	15,08	18	15,10	23	15,13
4	15,07	9	15,05	14	15,07	19	15,09	24	15,15
5	15,04	10	15,09	15	15,08	20	15,13	25	15,13
i	xi	i	xi	i	xi	i	xi	i	xi
26	15,10	31	15,12	36	15,13	41	15,13	46	15,17
27	15,12	32	15,11	37	15,12	42	15,15	47	15,17
28	15,15	33	15,15	38	15,13	43	15,15	48	15,12
29	15,11	34	15,12	39	15,14	44	15,13	49	15,14
30	15,14	35	15,13	40	15,12	45	15,12	50	15,14

Basierend auf verschiedenen Vorgaben für den Überschreitungsanteil p und der Eingriffswahrscheinlichkeit P_e werden die Eingriffsgrenzen gemäß den Formeln aus Tabelle 7.15 für Mittelwert-, Median- und Urwertkarten bestimmt. Die Werte bzw. Kennwerte der 10 Stichproben werden in der jeweiligen Annahmekarte (Bild 7.50 bis Bild 7.52) eingetragen. ■

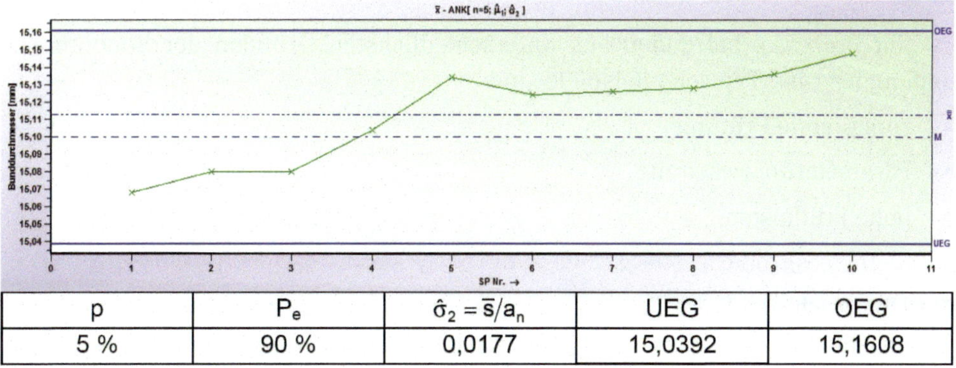

p	P_e	$\hat{\sigma}_2 = \bar{s}/a_n$	UEG	OEG
5 %	90 %	0,0177	15,0392	15,1608

Bild 7.50 Annahmekarte - Mittelwerte

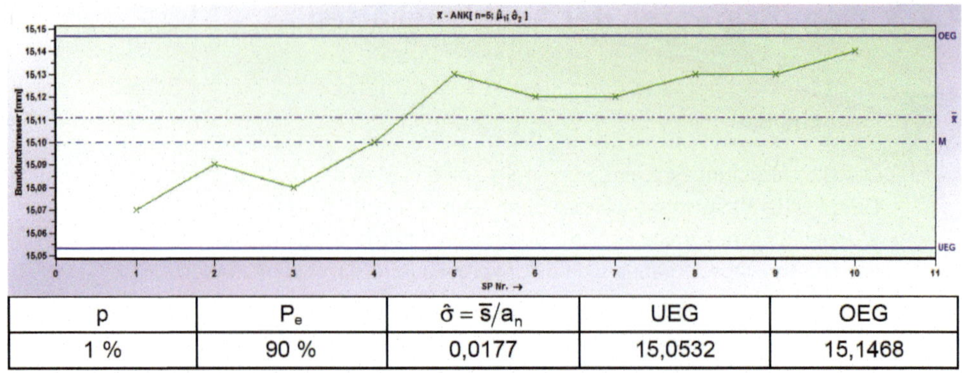

p	P_e	$\hat{\sigma} = \bar{s}/a_n$	UEG	OEG
1 %	90 %	0,0177	15,0532	15,1468

Bild 7.51 Annahmekarte - Medianwerte

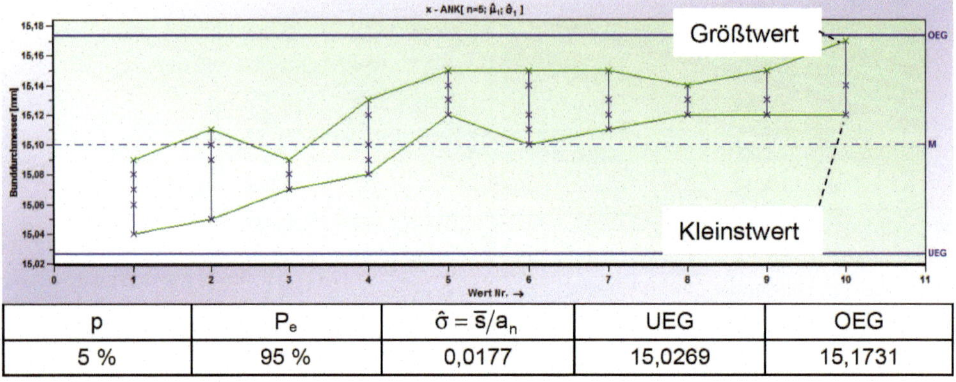

p	P_e	$\hat{\sigma} = \bar{s}/a_n$	UEG	OEG
5 %	95 %	0,0177	15,0269	15,1731

Bild 7.52 Annahmekarte - Urwerte

■ 7.8 Shewhart-Karte mit gleitenden Kennwerten

Es gibt Prozesse, bei denen aus unterschiedlichsten Gründen der Stichprobenumfang $n = 1$ ist. Typische Beispiele sind:

- zerstörende Prüfung
- Parameterüberwachung
- hohe Prüfkosten
- kleine Losgröße.

Zur Überwachung dieser Prozesse können einfachen Einzelwertkarten oder Regelkarten mit gleitenden Kennwerten herangezogen werden, falls der Fokus auf der

Überwachung der momentanen Streuung liegt oder der Wunsch nach Karten mit höherer Trennschärfe im Vordergrund steht. So werden beispielsweise bei der gleitenden Mittelwertkarte jeweils zwei, drei oder mehr aufeinander folgende Werte zu einem gleitenden Mittelwert zusammengefasst. Diese stellen quasi eine Stichprobe vom Umfang n = 2, 3, 4, … dar. Basierend auf diesen „Pseudo"-Stichproben kann eine momentane Streuung berechnet werden, die zur Bestimmung der Eingriffsgrenzen gemäß den Shewhart-Formeln aus Tabelle 7.9 dient. Die Streuungskarte wird ebenfalls aus der Streuung der zusammengefassten Stichproben berechnet und als s- oder R-Karte dargestellt. Bild 7.53 zeigt beispielhaft die Entstehung einer solchen Karte. Zu Beginn der Karte mit gleitenden Kennwerten entsteht entsprechend dem gleitenden Stichprobenumfang eine gewisse „Totzeit", in der noch keine Alarme angezeigt werden können.

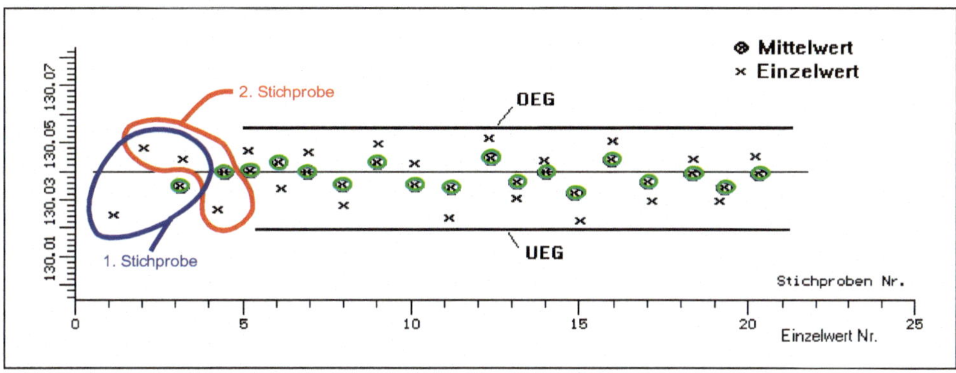

Bild 7.53 Shewhart-Karte mit gleitenden Mittelwerten („Pseudo"-Stichprobe n = 3)

Für eine Mittelwertkarte werden die Eingriffsgrößen mit folgender Formel berechnet:

$$OEG = \mu + u_{1-\alpha/2} \cdot \frac{\hat{\sigma}}{\sqrt{n}}$$

$$UEG = \mu - u_{1-\alpha/2} \cdot \frac{\hat{\sigma}}{\sqrt{n}}$$

Mit
n = Umfang der „Pseudo"-Stichprobe
$\hat{\mu} = \bar{\bar{x}}$ oder $\bar{\tilde{x}}$

$\hat{\sigma} = \sqrt{\bar{s^2}}$, $\bar{s}/a_n$ oder $\bar{R}/d_n$

Analog dazu können gemäß Tabelle 7.4 bis Tabelle 7.11 die Grenzen für x, $\tilde{x}$, R bzw. s-Karte berechnet werden.

Fallbeispiel

Einer laufenden Fertigung werden kontinuierlich 102 Werte (s. Tabelle 7.18) entnommen. Die sich daraus ergebenden Regelkarten sind in Bild 7.54 (Mittelwertkarte mit gleitenden Standardabweichungen) und Bild 7.55 (Shewhart-Karte mit gleitenden Spannweiten) dargestellt.

Tabelle 7.18 Ford Testbeispiel 10

xi	xi	xi	xi	xi	xi	xi	xi	xi	xi	xi
64,5	64,4	65,5	65,8	65,4	65,3	65,8	62,8	64,6	5,5	63,3
64,1	63,3	63,8	63,6	65,2	64,6	64,5	66,3	65,1	65,7	65,8
65,6	65,6	65,1	64,4	67,9	64,0	62,0	65,5	64,6	63,4	
66,0	66,1	65,9	64,7	65,5	66,4	65,3	64,6	66,8	65,2	
63,0	65,4	64,0	66,9	65,4	64,9	64,3	64,6	64,7	63,8	
65,5	66,5	64,6	63,3	64,2	65,1	65,7	65,2	64,9	66,1	
65,0	66,4	65,2	64,9	65,1	63,7	65,9	62,6	65,2	65,4	
65,9	63,6	63,2	64,9	66,5	63,6	62,8	66,1	64,5	65,1	
65,7	63,3	65,0	65, 7	63,4	66,2	64,5	65,2	62,8	67,1	
65,8	66,8	65,3	64,1	64,3	65,1	65,5	64,5	64,4	63,3	

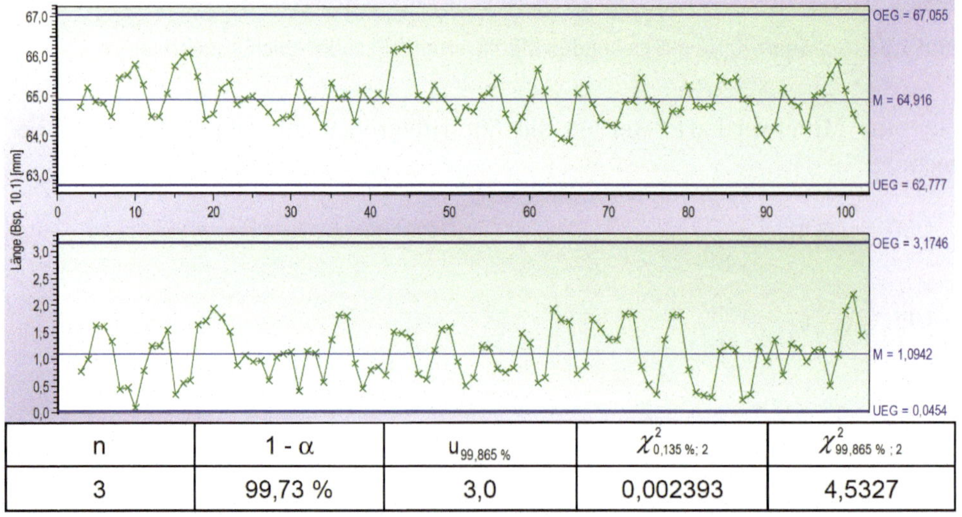

n	1 - α	$u_{99,865\,\%}$	$\chi^2_{0,135\,\%;\,2}$	$\chi^2_{99,865\,\%\,;\,2}$
3	99,73 %	3,0	0,002393	4,5327

Bild 7.54 Mittelwertkarte mit Einzelwerten und gleitenden Standardabweichungen

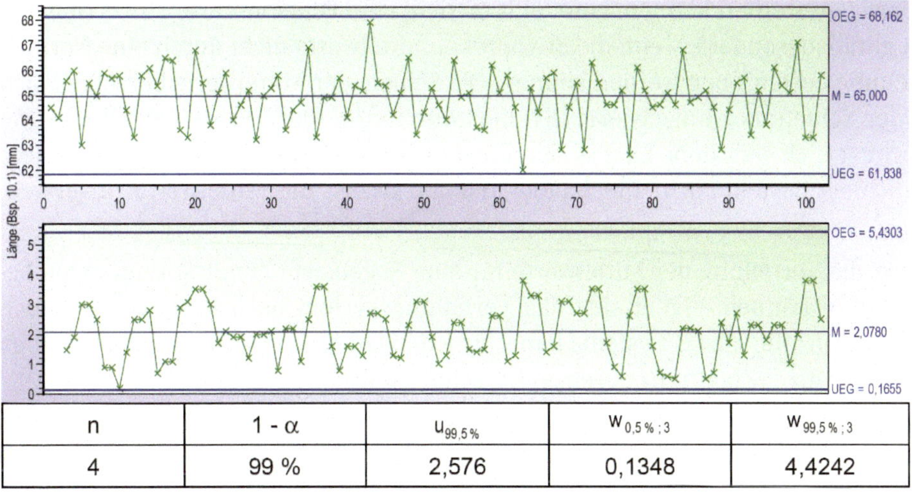

n	1 - α	$u_{99,5\%}$	$w_{0,5\%;3}$	$w_{99,5\%;3}$
4	99 %	2,576	0,1348	4,4242

Bild 7.55 Urwertkarte mit gleitenden Spannweiten

Bei diesen Regelkarten mit gleitenden Kennwerten entsteht allerdings ein Problem nach Eingriffsgrenzenverletzungen. aufgrund der Tatsache, dass der Messwert, der die Störung anzeigt, in mehreren aufeinanderfolgenden Stichproben enthalten ist, werden entsprechend der Stichprobengröße möglicherweise auch mehrere aufeinanderfolgende Alarme angezeigt, obwohl die Störung nur in einem Wert sichtbar war und danach sofort behoben wurde. Die Shewhart-Karte mit gleitenden Kennwerten hat somit nach einem Alarm maximal eine „Totzeit“ wie zu Beginn der Karte, bis sie wieder Alarme sinnvoll anzeigen kann.

■ 7.9 Pearson- oder Johnson-Qualitätsregelkarten

Bei zeitabhängigen Verteilungsmodellen, die durch eingipflige, schiefe Verteilungsmodelle wie

- log. Normalverteilung
- Betragsverteilung 1. Art
- Rayleigh-Verteilung
- Weibull-Verteilung
- Johnson-Transformation
- Pearson-Funktion
- Mischverteilung

beschrieben werden können, empfiehlt es sich, eine Pearson-Karte zu verwenden. Dies gilt insbesondere, wenn die Stichprobenmittelwerte nicht durch eine Normalverteilung beschrieben werden können. Die Schiefe der Mittelwerte berechnet sich aus der Schiefe der Einzelwerte dividiert durch $\sqrt{n}$. Der Exzess der Mittelwerte berechnet sich aus dem Exzess der Einzelwerte dividiert durch n. Eine andere Möglichkeit besteht darin, die Schiefe und den Exzess der Mittelwerte zu verwenden.

Um für die Verteilung der Mittelwerte für eine Regelkarte Zufallsstreugrenzen berechnen zu können, eignet sich das Verteilungssystem nach Pearson oder auch Johnson. Mithilfe dieses Systems kann für jede Schiefe und Wölbung die jeweilige Eingriffsgrenze (Zufallsstreugrenze) berechnet werden.

Bild 7.56 zeigt für eine Messwertreihe (logarithmisch normalverteilt) eine Johnson-Karte. Die Daten stammen vom Testbeispiel 4 der Firma Ford (s. Abschnitt 13.1).

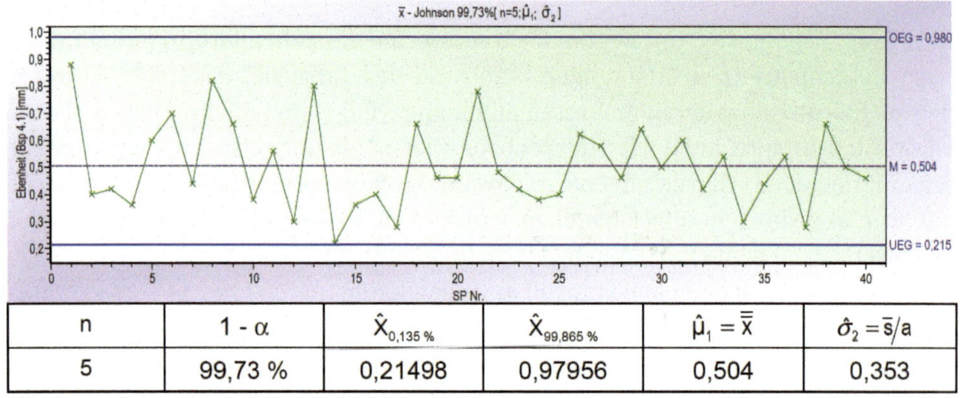

n	1 - α	$\hat{X}_{0,135\,\%}$	$\hat{X}_{99,865\,\%}$	$\hat{\mu}_1 = \bar{\bar{x}}$	$\hat{\sigma}_2 = \bar{s}/a$
5	99,73 %	0,21498	0,97956	0,504	0,353

Bild 7.56 Johnson-Qualitätsregelkarte

An die Häufigkeitsverteilung der Stichprobenmittelwerte wurde eine Johnson-Verteilung angepasst. Das 0,135 %-Quantil $X_{0,135\,\%}$ und das 99,865 %-Quantil $X_{99,865\,\%}$ der Johnson-Verteilung entsprechen den Eingriffsgrenzen der Pearson-Mittelwertkarte.

Allgemein gilt: Stammen die Urwerte nicht aus einer normalverteilten Grundgesamtheit und weist die Häufigkeitsverteilung der Urwerte eine extreme Schiefe auf, so können die Verteilungen der zugehörigen Stichprobenkenngrößen gut durch eine Johnson-Verteilung angenähert werden. Deshalb ist die Verwendung der Johnson-Karte auch für die Überwachung der Stichprobenkenngrößen Standardabweichung, Median, usw. geeignet.

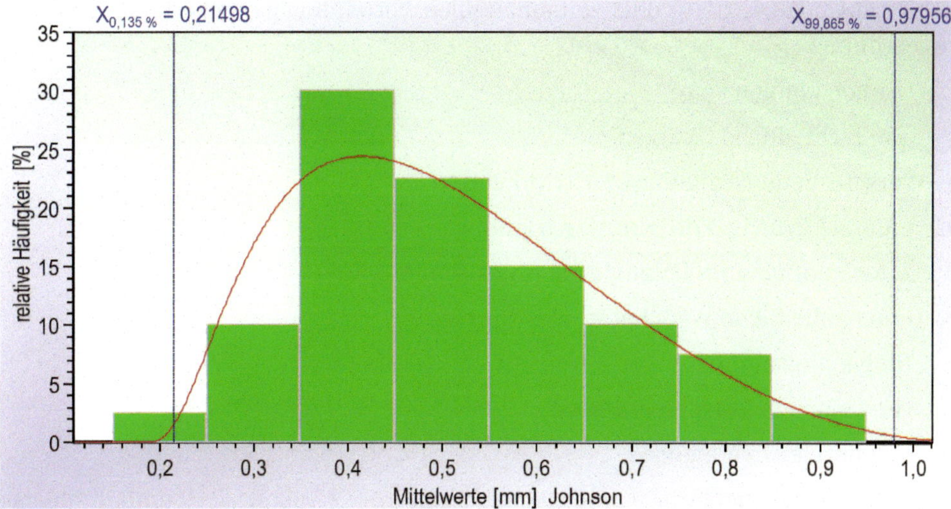

Bild 7.57 Histogramm der Stichprobenmittelwerte (Test 04) mit überlagerter Wahrscheinlichkeitsdichtefunktion der Johnson-Verteilung. Eingeblendet sind das 0,135%-Quantil $X_{0,135\%}$ und das 99,865%-Quantil $X_{99,865\%}$ dieser Verteilung

■ 7.10 Shewhart-Karten mit erweiterten Grenzen

Die meisten Prozesse aus der Praxis unterliegen äußeren Einflüssen. Dadurch verändern sich über die Zeit sowohl die Prozesslage als auch die Prozessstreuung. Sofern diese Veränderung unvermeidlich aber steuerbar ist, und sie in einem Umfang vorliegt, die die Prozessqualität nicht gefährdet, sind diese Veränderungen auch akzeptabel. Der Prozess ist dann beherrscht und „under control", wenn auch nicht „under statistical control". Um solche Prozesse sinnvoll überwachen zu können, sind die Eingriffsgrenzen zu erweitern. In den folgenden Abschnitten werden Vorgehensweisen und Verfahren aufgezeigt, wie das „Maß der Erweiterung" ermittelt werden kann.

7.10.1 Prozess mit zufälligen Schwankungen

Es gibt Prozesse, die auch bei ungestörtem Prozess unvermeidbare Schwankungen des Mittelwertes der Grundgesamtheit aufweisen. Charakteristisch für diese Prozesse ist eine große Streuung zwischen den einzelnen Stichproben im Verhältnis zur Streuung der Werte innerhalb der Stichproben. Diese werden nach

ISO 22514-2 (DIN, 2019) dem zeitabhängigen Verteilungsmodell C4 (s. Kapitel 9) zugeordnet.

Die Gründe können sein:

- unterschiedliche Chargen
- verschiedene Fertigungseinrichtungen
- unterschiedliche Fertigungszeiträume
- Schwankungen im Rohmaterial (insbesondere Naturprodukte)
- unterschiedliche Werkzeuge oder Nester
- Umgebungseinflüsse
- verschiedene Prozessparameter
- und dergleichen mehr.

Bild 7.58 zeigt exemplarisch eine solche Situation. Die Tabelle 7.19 enthält die dazugehörigen Messwerte. Der Verlauf weist Stichproben mit geringer Streuung auf. Im Gegensatz dazu streuen die Mittelwerte der Stichproben sehr stark. Die in der Praxis vorkommenden Fälle haben zwar andere Verläufe, lassen sich aber mit der hier behandelten Methodik bearbeiten. Das Beispiel dient also in erster Linie dazu, die Vorgehensweise verständlich zu machen.

Tabelle 7.19 Merkmalswerte mit zufälligen Mittelwertschwankungen

i	xi	i	xi	i	xi	i	xi	i	xi
1	8,12	6	7,96	11	8,07	16	7,91	21	7,96
2	8,14	7	7,94	12	8,06	17	7,89	22	7,95
3	8,13	8	7,98	13	8,05	18	7,92	23	7,97
4	8,11	9	7,95	14	8,08	19	7,91	24	7,96
5	8,14	10	7,96	15	8,07	20	7,90	25	7,98
i	Xi	i	Xi	i	Xi	i	Xi	i	Xi
26	8,14	31	8,01	36	7,91	41	8,05	46	7,91
27	8,12	32	8,00	37	7,88	42	8,04	47	7,92
28	8,13	33	8,01	38	7,92	43	8,06	48	7,93
29	8,12	34	8,02	39	7,90	44	8,05	49	7,92
30	8,11	35	8,01	40	7,90	45	8,06	50	7,91
i	xi	i	xi	i	xi	i	xi	i	xi
51	7,99	56	8,12	61	8,06	66	8,13	71	7,99
52	7,98	57	8,13	62	8,03	67	8,11	72	7,98
53	7,96	58	8,14	63	8,04	68	8,10	73	7,97
54	7,97	59	8,13	64	8,03	69	8,09	74	7,98
55	7,97	60	8,12	65	8,05	70	8,12	75	7,96

i	xi	i	xi	i	xi	i	xi	i	xi
76	8,02	81	7,91	86	7,94	91	8,08	96	7,98
77	8,01	82	7,92	87	7,95	92	8,07	97	7,97
78	8,03	83	7,90	88	7,97	93	8,06	98	7,98
79	8,03	84	7,90	89	7,96	94	8,07	99	7,96
80	8,04	85	7,92	90	7,95	95	8,06	100	7,97

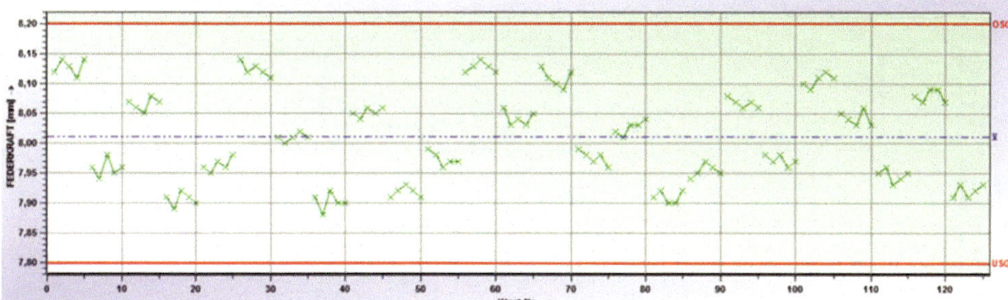

Bild 7.58 Verlauf der Einzelwerte aus Prozess mit Mittelwertschwankungen

Werden die Eingriffsgrenzen für eine Mittelwertkarte nach Shewhart ohne Berücksichtigung der Mittelwertschwankungen berechnet, ergeben sich die Eingriffsgrenzen aus:

$$\begin{matrix} OEG \\ UEG \end{matrix} = \hat{\mu} \pm u_{1-\alpha/2} \cdot \frac{\hat{\sigma}}{\sqrt{n}}$$

mit
n = Stichprobenumfang
$\hat{\mu}$ = Mittelwert
$\hat{\sigma}$ = Schätzer für σ

Dabei ist $\hat{\sigma}$ der Schätzwert für die Prozessstreuung und $1-\alpha$ je nach Nichteingriffswahrscheinlichkeit z. B. 99 % bzw. 99,73 %.

Wählt man als Schätzwert für die Prozesslage $\hat{\mu}_1 = \overline{\overline{x}}$ und für die Prozessstreuung $\hat{\sigma}_2 = \overline{s}/a_n$ (s. Abschnitt 10.2.2), so ergibt sich eine Regelkarte mit zu engen Eingriffsgrenzen (Bild 7.59).

$$OEG = 8{,}0094 + 3 \cdot \frac{0{,}0011791}{\sqrt{5}} = 8{,}025$$

$$UEG = 8{,}0094 - 3 \cdot \frac{0{,}0011791}{\sqrt{5}} = 7{,}994$$

Zusätzlich sind - obwohl bei Regelkarten unüblich - die Spezifikationsgrenzen (OSG, USG) und exemplarisch für einige Stichproben andeutungsweise die Einzelwerte einer Stichprobe mit überlagerter Normalverteilung eingetragen. Damit wird verdeutlicht, dass trotz Verletzung der Eingriffsgrenzen alle Werte innerhalb der vorgegebenen Toleranz liegen. Eine solche Karte kann für den vorliegenden Prozess nicht angewendet werden, da aufgrund von Stabilitätsverletzungen ständig eingegriffen werden müsste.

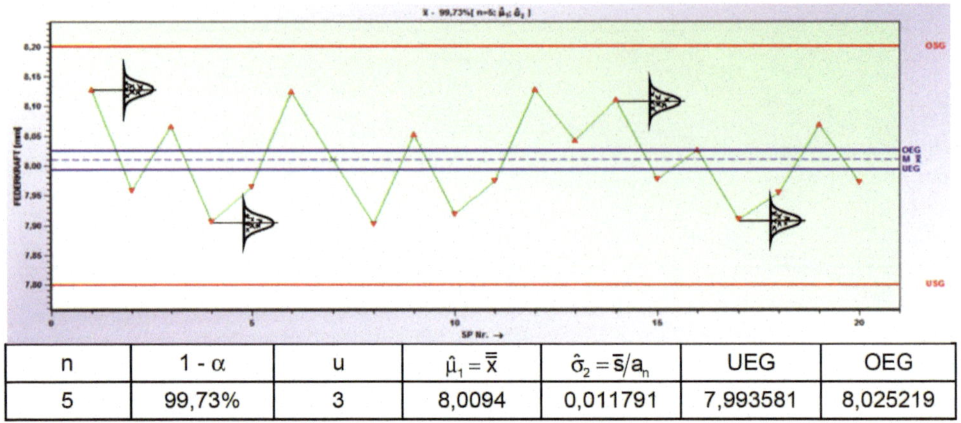

n	1 - α	u	$\hat{\mu}_1 = \bar{\bar{x}}$	$\hat{\sigma}_2 = \bar{s}/a_n$	UEG	OEG
5	99,73%	3	8,0094	0,011791	7,993581	8,025219

Bild 7.59 $\bar{x}$-Karte mit Eingriffsgrenzen basierend auf der inneren Streuung

Die Frage, ob ein Prozess mit Streuungseinflüssen vorliegt, kann einerseits grafisch, z. B. in der Qualitätsregelkarte und andererseits numerisch, z. B. anhand einer Varianzanalyse mit anschließendem Signifikanztest (z. B. F-Test) erkannt werden. Die Aufgabe der einfachen Varianzanalyse ist es, verschiedene Streuungseinflüsse zu erkennen und diese zu quantifizieren. Die induktive Statistik kennt zwei Modelle der einfachen Varianzanalyse, das **Modell I** mit nicht zufälligem (fixem) Faktor und das **Modell II** mit zufälligem Faktor. Die beiden Modelle sind in Abschnitt 14.1 näher erläutert.

Um numerisch feststellen zu können, ob die Varianzen zwischen den Stichproben als Null angenommen werden kann, also keine signifikante Schwankungen der Mittelwerte der Grundgesamtheit vorliegt, wird der F-Test herangezogen. Das Testergebnis ist in Tabelle 7.20 dargestellt. Zur Interpretation und Handhabung der Testverfahren sei auf Abschnitt 7.10.2 verwiesen. In diesem Fall bedeutet das Ergebnis: **„Die Varianz zwischen den Stichproben ist nicht Null“.**

Tabelle 7.20 Ergebnis des F-Tests

	kritische Werte		Prüfgröße
	unten	oben	
$\alpha = 5\ \%$	---	1,72	231,777 * * *
$\alpha = 1\ \%$	---	2,14	
$\alpha = 0{,}1\ \%$	---	2,73	
Das Ergebnis lautet: „Die Null-Hypothese wird zugunsten der Alternativhypothese verworfen."			

Damit ist sowohl grafisch in der Regelkarte als auch numerisch durch den F-Test bestätigt, dass Schwankungen des Mittelwertes der Grundgesamtheit vorliegen. Lassen sich diese begründen und werden als akzeptabel angesehen, können die Eingriffsgrenzen der Regelkarte erweitert werden. Um die Größe der Erweiterung bestimmen zu können, stehen mehr Möglichkeiten zur Verfügung:

- **Varianzanalyse**

  Empfohlen für die Größe der Mittelwertschwankung wird der 86,64 %-Bereich (entspricht u = 1,5) der normalverteilten Grundgesamtheit der Mittelwerte. Dies ist ein empirisch ermittelter Wert, der sich als praktikabel herausgestellt hat. Die Parameter für Lage und Streuung der „Verteilung der Mittelwerte" werden varianzanalytisch bestimmt (s. Abschnitt 14.1). Damit steht eine numerische Berechnungsmethode zur Bestimmung der Mittelwertschwankungen zur Verfügung. Der sich daraus ergebende Schwankungsbereich wird bei der Berechnung der Eingriffsgrenzen (Shewhart-Karte) durch Addition hinzugefügt.

- **Größe visuell abschätzen**

  Anhand der Qualitätsregelkarte (Lage-Karte), dem Verlauf der Mittelwerte oder basierend auf einem Erfahrungswert kann der Schwankungsbereich der Mittelwerte abgeschätzt werden. Der sich daraus ergebende Schwankungsbereich wird bei der Berechnung der Eingriffsgrenzen (Shewhart-Karte) durch Addition hinzugefügt. Diese Methode ist naturgemäß für automatisierte Auswertungen nicht geeignet.

- **Streuung der Mittelwerte**

  Die Streuung der Stichprobenmittelwerte ist Grundlage für die Berechnung der Eingriffsgrenzen. In Analogie zur Berechnung der Eingriffsgrenzen aus der inneren Streuung führt hier ein Zufallsstreubereich von 99 % bzw. 99,73 % zu Eingriffsgrenzen, die in der Regel zu weit auseinander liegen. Als ein tragbarer Erfahrungswert hat sich hierfür u = 2,0 (entspricht 95,45 %) eingebürgert.

  Voraussetzung: Die Mittelwerte müssen normalverteilt sein. Dies kann durch das Eintragen der Mittelwerte ins Wahrscheinlichkeitsnetz überprüft werden.

- **„Prozesslage oben" und „Prozesslage unten" getrennt vorgeben**

  Bedingt durch technische Gegebenheiten kann es sinnvoll sein, die Prozesslage nicht den aus Messwerten zu errechneten, sondern aus bekannte vorab ermittelte Werte zu nutzen. Ebenso kann der Schwankungsbereich der Mittelwerte unsymmetrisch zu dem Gesamtmittelwert sein. Dann empfiehlt es sich Werte für die Parameter „Prozesslage μ_{oben}" und „Prozesslage μ_{unten}" getrennt vorzugeben. Ansonsten gelten die gleichen Bedingungen der Shewhart-Karte.

Die grafischen Möglichkeiten sind immer subjektiv und eignen sich nicht für eine automatische Bestimmung mit einem Rechnerprogramm. Daher sind die numerischen Verfahren vorzuziehen. Anhand der Messwertreihe aus Tabelle 7.19 wird die Vorgehensweise mit der Varianzanalyse gezeigt. Zunächst sind für jede Stichprobe „Mittelwert" und „Standardabweichung" zu berechnen (Tabelle 7.21). Für das Modell II (s. Abschnitt 14.1) ergibt sich die Gesamtstandardabweichung $\hat{\sigma}_{ges}$ für die Zahlenwerte von Tabelle 7.21 aus:

Standardabweichung zwischen den Stichproben $\hat{\sigma}_A$: 0,0770128

Standardabweichung zwischen den Stichproben $\hat{\sigma}_A$: 0,0770128

Standardabweichung innerhalb der Stichproben $\hat{\sigma}_\varepsilon$: 0,0113358

Gesamtstandardabweichung nach dem ANOVA-Modell $\hat{\sigma}_{ges} = \sqrt{\hat{\sigma}_A^2 + \hat{\sigma}_\varepsilon^2}$: 0,0778426

Tabelle 7.21 Stichprobenergebnisse

j	Mittelwert	Standardabw.	j	Mittelwert	Standardabw.
1	8,12800	0,013038	11	7,97400	0,011402
2	7,95800	0,014832	12	8,12800	0,008367
3	8,06600	0,011402	13	8,04200	0,013038
4	7,90600	0,011402	14	8,11000	0,015811
5	7,96400	0,011402	15	7,97600	0,011402
6	8,12400	0,011402	16	8,02600	0,011402
7	8,01000	0,007071	17	7,91000	0,010000
8	7,90200	0,014832	18	7,95400	0,011402
9	8,05200	0,008367	19	8,06800	0,008367
10	7,91800	0,008367	20	7,97200	0,008367
j	**Mittelwert**	**Standardabw.**	**j**	**Mittelwert**	**Standardabw.**
Gesamt:		$\bar{\bar{x}}$ = 8,00940		$\bar{s}$ = 0,011084	

Für sinnvolle Eingriffsgrenzen sind **beide** Streuungseinflüsse zu berücksichtigen. Dazu müssen die Grenzen der Shewhart-Karte um die Streuung zwischen den

Stichproben erweitert werden. Bild 7.60 verdeutlicht die Entstehung der Eingriffsgrenzen aus den beiden Streuungseinflüssen.

Damit errechnen sich die Eingriffsgrenzen nach der folgenden Formel:

$$\begin{matrix} OEG \\ UEG \end{matrix} = \hat{\mu} \pm \left(u_{1-\frac{\alpha}{2}} \cdot \frac{\hat{\sigma}}{\sqrt{n}} + \hat{u}_{1-\frac{\alpha}{2}} \cdot \hat{\sigma}_A \right)$$

mit

$\hat{\mu}_1 = \bar{\bar{x}}$

und $\hat{\sigma} = \sqrt{\overline{s^2}}$, $\bar{s}/a_n$ oder $\bar{R}/d_n$

$\hat{\sigma}_A$ = Standardabweichung zwischen den Stichproben nach ANOVA-Modell II

$u_{1-\alpha/2}$ = 3 für P = 99,73 %

und $\hat{u}_{1-\alpha/2}$ = 1,5 für P = 86,6 % (Erfahrungswert)

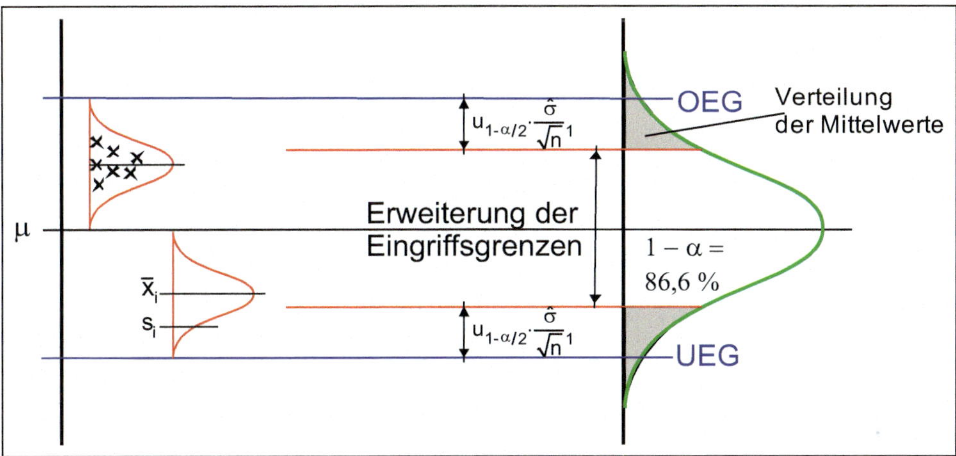

Bild 7.60 Erweiterung der Eingriffsgrenzen

Damit kann die Aufweitung der Grenzen über den Faktor $\hat{u}_{1-\alpha/2}$ gesteuert werden. Als eine geeignete Größe hat sich für 1 - α = 86,64 % ($\hat{u}$ = 1,5) erwiesen.

Damit ergeben sich für die Werte aus Tabelle 7.19 folgende Eingriffsgrenzen:

mit $\hat{\mu}_1 = \bar{\bar{x}} = 8{,}0094$; $u_{1-\alpha/2} = 3$ $\hat{\sigma}_1 = \sqrt{\overline{s^2}} = 0{,}0113358$

$\hat{u}_{1-\alpha/2} = 1{,}5$ $\hat{\sigma}_A = 0{,}0770128$ (ANOVA)

$$OEG = 8{,}0094 + 3 \cdot \frac{0{,}0113358}{\sqrt{5}} + 1{,}5 \cdot 0{,}0770128 = 8{,}1401$$

$$UEG = 8{,}0094 - 3 \cdot \frac{0{,}0113358}{\sqrt{5}} - 1{,}5 \cdot 0{,}0770128 = 7{,}8787$$

Die neue Regelkarte ist in Bild 7.61 dargestellt. Die Eingriffsgrenzen sind um 0,231 erweitert.

Hinweis

In der Praxis hat sich die Varianzanalyse als das beste Verfahren herausgestellt, um den Wert für die Erweiterung der Eingriffsgrenzen zu bestimmen. Einerseits kann die Erweiterung automatisch ermittelt werden und andererseits treffen die damit ermittelten Werte die realen Sachverhalte äußerst gut. Im Gegensatz dazu wird die Erweiterung mit dem Verfahren „Streuung der Mittelwerte“ oftmals zu ungenau berechnet.

Bei den anderen Verfahren handelt es sich um eine visuelle Abschätzung, die für jedes Merkmal manuell eingegeben werden muss. Dies ist bei vielen Merkmalen, die automatisiert ausgewertet werden sollen, nicht möglich. Daher wird in vielen Firmenrichtlinien (s. Kapitel 13) die Verwendung der Varianzanalyse gefordert.

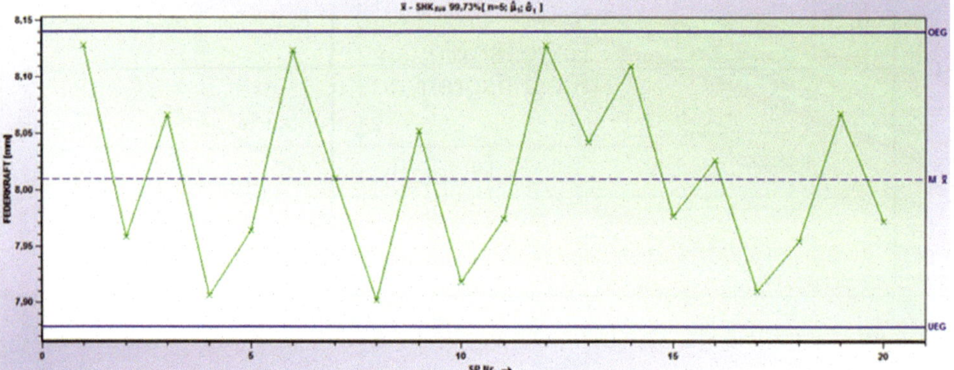

Bild 7.61 $\overline{x}$-Karte mit erweiterten Grenzen

Die Erweiterung der Eingriffsgrenzen ist gedanklich verbunden mit der Vorstellung des Verteilungsmodell der „erweiterten Normalverteilung“ (s. Bild 7.62). Die beiden Flanken auf der linken bzw. rechten Seite entsprechen der Normalverteilung basierend auf dem Schätzparameter $\hat{\sigma}$ aus der inneren Streuung. Der konstante Bereich dazwischen entspricht $\overline{x}_{zus}$ (= Erweiterung der Eingriffsgrenzen in der Regelkarte). In einigen Firmenrichtlinien wird damit ist ein fester Zusammenhang zwischen der Regelkarte und dem Verteilungsmodell zur Berechnung der Fähigkeitsindizes (s. Kapitel 9) hergestellt.

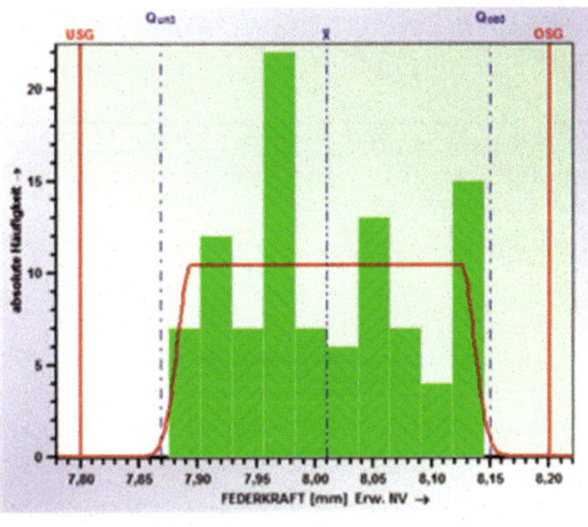

a) Histogramm

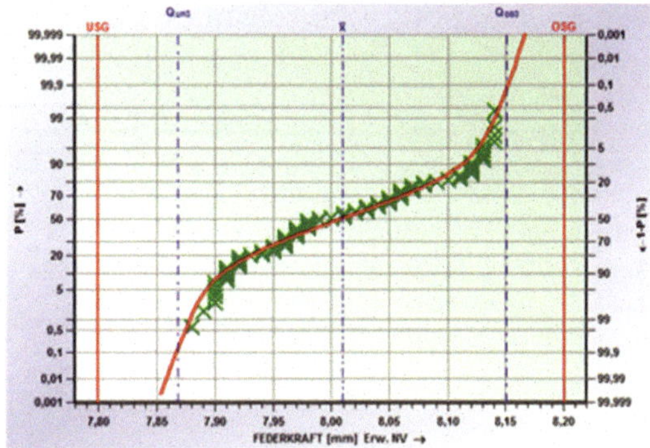

b) Wahrscheinlichkeitsnetz

Bild 7.62 Prozesse mit $\mu_{(t)} \neq$ konstant

7.10.2 Prozesse mit systematischem Trend

Bedingt durch Verschleiß, Abnutzung, Prozessschwankungen etc. entstehen trendbehaftete Prozesse. Dies sind in der Regel systematische Einflüsse, die aus wirtschaftlichen Gründen hingenommen werden müssen. So wird es Ziel jeder Fertigung sein, eine möglichst lange Standzeit eines Werkzeuges zu erreichen. Dies bedeutet entgegen der zielwertorientierten Denkweise eine möglichst große Ausnutzung der Toleranz. Dieser Sachverhalt muss bei der Bestimmung der Eingriffsgrenzen berücksichtigt werden. Auch bei trendbehafteten Prozessen ändert sich der Mittelwert der Grundgesamtheit über die Zeit. Von daher gelten die beim „zeitabhängigen Verteilungsmodell C3“ (s. Kapitel 9) behandelten Vorgehensweisen. Dies gilt sowohl zum Erkennen der Situation „Trendprozess“ als auch für die Berechnung der Eingriffsgrenzen. Das Vorhandensein eines Trends kann ebenfalls anhand des „Tests auf Trend“ (s. Abschnitt 6.4) festgestellt werden. In der Regel wird bei solchen Messwerten auch der „Test auf Zufälligkeit“ (s. Abschnitt 6.3) ansprechen. Beim „zeitabhängigen Verteilungsmodell C3“ (s. Kapitel 9) sind neben Shewhart-Karten auch Annahmekarten verwendbar.

Bild 7.63 und Bild 7.64 zeigen exemplarisch zwei unterschiedliche Trendverläufe.

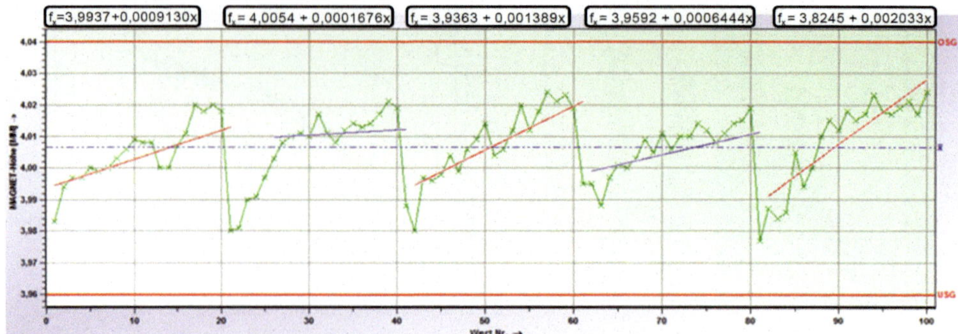

Bild 7.63 Trendverläufe steigend

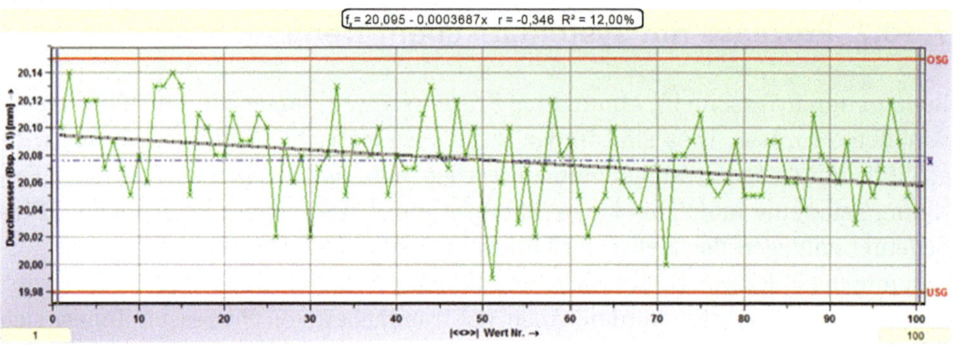

Bild 7.64 Trendverlauf fallend

Die Berechnung der Eingriffsgrenzen basierend auf der inneren Streuung der Stichproben ergibt wie beim zeitabhängigen Verteilungsmodell C3 (s. Kapitel 9) zu engen Eingriffsgrenzen. Daher sind Shewhart-Karten mit erweiterten Grenzen oder Annahmekarten zu verwenden. Im folgenden Fallbeispiel wurden unterschiedliche Berechnungsmethoden miteinander verglichen.

Fallbeispiel

Einem trendbehafteten Prozess sind 20 Stichproben vom Umfang n = 5 entnommen. Tabelle 7.22 enthält die Ergebnisse. Der Werteverlauf ist in Bild 7.64 dargestellt. Die Eingriffsgrenzen sind für P = 99,73 % zu bestimmen.

Tabelle 7.22 Stichprobenergebnisse – Trendprozess

i	xi	i	xi	i	xi	i	xi	i	xi
1	20,10	6	20,07	11	20,06	16	20,05	21	20,11
2	20,14	7	20,09	12	20,13	17	20,11	22	20,09
3	20,09	8	20,07	13	20,13	18	20,10	23	20,09
4	20,12	9	20,05	14	20,14	19	20,08	24	20,11
5	20,12	10	20,08	15	20,13	20	20,08	25	20,10
i	xi	i	xi	i	xi	i	xi	i	xi
26	20,02	31	20,07	36	20,09	41	20,07	46	20,07
27	20,09	32	20,08	37	20,08	42	20,07	47	20,12
28	20,06	33	20,13	38	20,10	43	20,11	48	20,03
29	20,08	34	20,05	39	20,05	44	20,13	49	20,10
30	20,02	35	20,09	40	20,08	45	20,08	50	20,04
i	xi	i	xi	i	xi	i	xi	i	xi
51	19,99	56	20,02	61	20,05	66	20,06	71	20,00
52	20,06	57	20,07	62	20,02	67	20,05	72	20,03
53	20,10	58	20,12	63	20,04	68	20,04	73	20,03
54	20,03	59	20,08	64	20,05	69	20,07	74	20,09
55	20,07	60	20,09	65	20,10	70	20,07	75	20,11
i	xi	i	xi	i	xi	i	xi	i	xi
76	20,06	81	20,05	86	20,06	91	20,06	96	20,07
77	20,05	82	20,05	87	20,04	92	20,09	97	20,12
78	20,06	83	20,09	88	20,11	93	20,03	98	20,09
79	20,09	84	20,09	89	20,08	94	20,07	99	20,05
80	20,05	85	20,06	90	20,07	95	20,05	100	20,04

Für eine Shewhart-Karte mit erweiterten Eingriffsgrenzen stehen die in Abschnitt 7.10.2 gezeigten Möglichkeiten zur Verfügung.

a) Varianzanalyse

mit $\hat{\mu}_1 = \overline{\overline{x}}$ = 4,00657

$\hat{\sigma}_2 = \overline{s}/a_n$ = 0,005284

$\hat{\sigma}_A$ = 0,010159 Standardabweichung zwischen den Stichproben aus ANOVA-Modell II

ist:

$$OEG = \hat{\mu}_1 + 3 \cdot \frac{\hat{\sigma}}{\sqrt{n}} + 1{,}5 \cdot \hat{\sigma}_A = 4{,}00657 + 3 \cdot \frac{0{,}00528}{\sqrt{5}} + 1{,}5 \cdot 0{,}010159 = 4{,}0289$$

$$UEG = \hat{\mu}_1 - 3 \cdot \frac{\hat{\sigma}}{\sqrt{n}} - 1{,}5 \cdot \hat{\sigma}_A = 4{,}00657 - 3 \cdot \frac{0{,}00528}{\sqrt{5}} - 1{,}5 \cdot 0{,}010159 = 3{,}984$$

Die Regelkarte ist in Bild 7.65 links dargestellt. Die Erweiterung der Eingriffsgrenzen beträgt 0,030476.

b) Streuung der Mittelwerte

mit $\hat{\mu}_1 = \overline{\overline{x}} \qquad = 4{,}00657$

$\hat{\sigma} = s_{\overline{x}} \qquad = 0{,}01044$

ist $\mathrm{OEG} = \hat{\mu}_1 + u_{1-\alpha/2} \cdot \hat{\sigma} = 4{,}00657 + 2 \cdot 0{,}0104 = 4{,}027$

$\mathrm{UEG} = \hat{\mu}_1 - u_{1-\alpha/2} \cdot \hat{\sigma} = 4{,}00657 - 2 \cdot 0{,}0104 = 3{,}99$

Bei dieser Berechnung hat sich ein u-Wert von $u_{1-\alpha/2} = 2$ (P = 95 %) als praktikabel erwiesen. Die Regelkarte ist in Bild 7.65 rechts dargestellt. Dies entspricht einer Erweiterung der Eingriffsgrenzen um 0,027592.

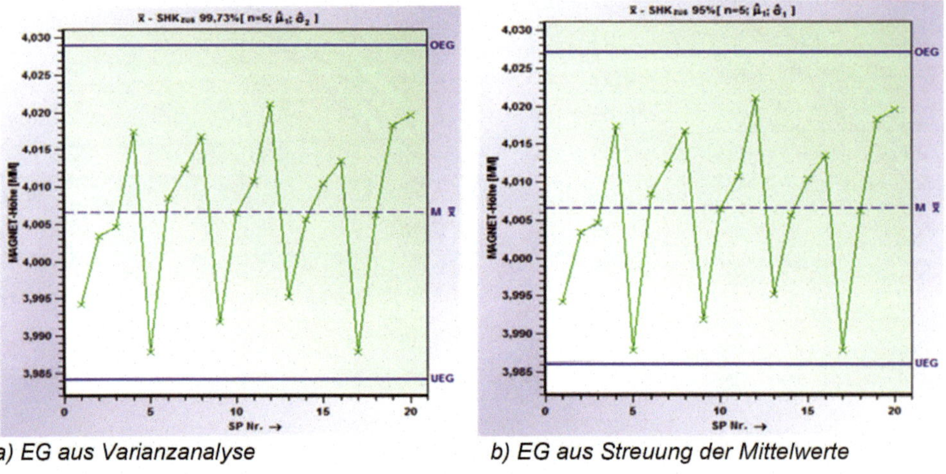

a) EG aus Varianzanalyse *b) EG aus Streuung der Mittelwerte*

Bild 7.65 $\overline{x}$-Karte mit erweiterten Grenzen

c) Schätzwerte für „Prozesslage oben" und „unten" getrennt vorgeben

Bei Trendprozessen lässt sich aus einer Trendspitze oder z. B. aus den Mittelwerten mehrerer Trendspitzen ein Schätzwert für einen oberen bzw. unteren Sollwert (μ_{oben} bzw. μ_{unten}) ermitteln. Damit ergeben sich für P = 99,73 % folgende Eingriffsgrenzen:

mit $\mu_{oben} = 4{,}018$

$\mu_{unten} = 3{,}992$

$\hat{\sigma}_2 = \bar{s}/a_n = 0{,}005284$

$$OEG = \mu_{oben} + 3 \cdot \frac{\hat{\sigma}_2}{\sqrt{n}} = 4{,}018 + 3 \cdot \frac{0{,}005284}{\sqrt{5}} = 4{,}025$$

$$UEG = \mu_{unten} - 3 \cdot \frac{\hat{\sigma}_2}{\sqrt{n}} = 3{,}992 - 3 \cdot \frac{0{,}005284}{\sqrt{5}} = 3{,}985$$

Die Regelkarte ist in Bild 7.66 links dargestellt. Die Erweiterung der Eingriffsgrenzen ergibt sich aus $\mu_{oben} - \mu_{unten} = 0{,}026$.

d) Gesamtstandardabweichung

Bei Prozessen mit Schwankung der Mittelwerte der Grundgesamtheit kann in Einzelfällen die Gesamtstandardabweichung (= Standardabweichung aus allen Werten errechnet) zur Bestimmung der Eingriffsgrenzen herangezogen werden. Allerdings muss man sich z. B. im Wahrscheinlichkeitsnetz bzw. im Histogramm überzeugen, dass das angenommene zeitabhängige Verteilungsmodell zutreffend ist. Unter dieser Annahme ergeben sich folgende Eingriffsgrenzen:

mit $\hat{\mu}_1 = \bar{\bar{x}} = 4{,}00657$

$\hat{\sigma}_4 = s_{ges} = 0{,}01133$

ist
$$OEG = \hat{\mu}_1 + 3 \cdot \frac{\hat{\sigma}_4}{\sqrt{n}} = 4{,}00657 + 3 \cdot \frac{0{,}01133}{\sqrt{5}} = 4{,}022$$

$$UEG = \hat{\mu}_1 - 3 \cdot \frac{\hat{\sigma}_4}{\sqrt{n}} = 4{,}00657 - 3 \cdot \frac{0{,}01133}{\sqrt{5}} = 3{,}991$$

Die Regelkarte ist in Bild 7.66 rechts dargestellt. Die Eingriffsgrenzen sind im Gegensatz zu den anderen Berechnungsmethoden enger. Die untere Eingriffsgrenze wird bei zwei Stichproben unterschritten. Da es sich um einen steigenden Trend handelt, ist dies als weniger kritisch anzusehen.

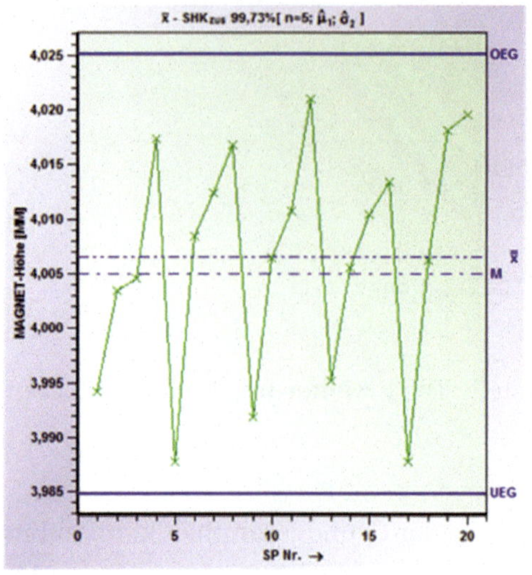

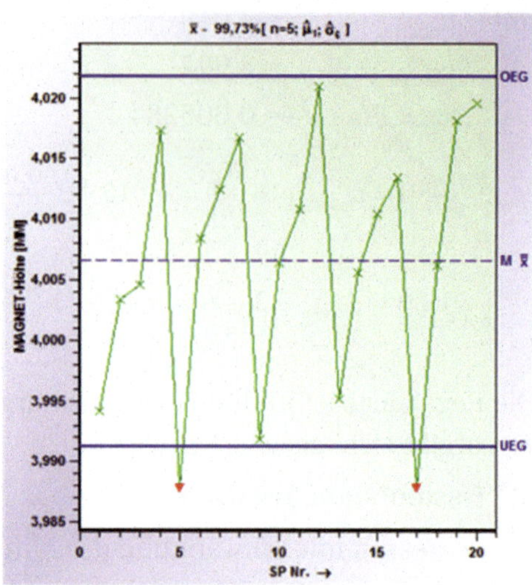

a) EG aus μ_{oben} und μ_{unten} getrennt

b) EG aus Gesamtstandardabweichung

Bild 7.66 $\overline{x}$-Karte mit erweiterten Grenzen

e) Annahmequalitätsregelkarten

Auch wenn eine Annahmequalitätsregelkarte nicht der zielwertorientierten Denkweise entspricht, so ist deren Anwendung bei trendbehafteten Prozessen durchaus sinnvoll, zumal der Trendanteil in der Regel aus wirtschaftlichem Gesichtspunkt von vornherein festgelegt wird. Die Eingriffsgrenzen für unterschiedliche Fehleranteile ergeben sich aus (s. Tabelle 7.15):

OSG $= 4{,}04$ und USG $= 3{,}97$

mit $1 - P_a = 90\,\%$ und $\hat{\sigma}_1 = \sqrt{\overline{s^2}} = 0{,}00541$

für p = 1 %

$$\text{OEG} = \text{OSG} - \left(u_{1-p} + \frac{u_{1-P_a}}{\sqrt{n}}\right) \cdot \hat{\sigma}_1 = 4{,}04 - \left(2{,}3265 + \frac{1{,}28155}{\sqrt{5}}\right) \cdot 0{,}00541 = 4{,}024$$

$$\text{UEG} = \text{USG} + \left(u_{1-p} + \frac{u_{1-P_a}}{\sqrt{n}}\right) \cdot \hat{\sigma}_1 = 3{,}97 + \left(2{,}3265 + \frac{1{,}28155}{\sqrt{5}}\right) \cdot 0{,}00541 = 3{,}975$$

für p = 5 %

$$\text{OEG} = \text{OSG} - \left(u_{1-p} + \frac{u_{1-P_a}}{\sqrt{n}}\right) \cdot \hat{\sigma}_1 = 4{,}04 - \left(1{,}6448 + \frac{1{,}28155}{\sqrt{5}}\right) \cdot 0{,}00541 = 4{,}028$$

$$\text{UEG} = \text{USG} + \left(u_{1-p} + \frac{u_{1-P_a}}{\sqrt{n}}\right) \cdot \hat{\sigma}_1 = 3{,}97 + \left(1{,}6448 + \frac{1{,}28155}{\sqrt{5}}\right) \cdot 0{,}00541 = 3{,}972$$

Die Regelkarten sind in Bild 7.67 dargestellt.

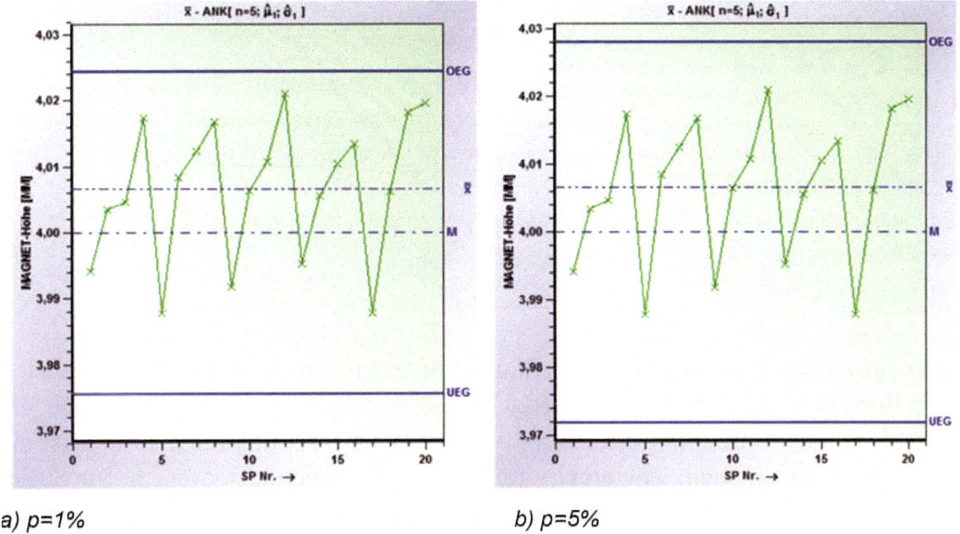

a) p=1% b) p=5%

Bild 7.67 $\overline{x}$-Annahmekarte mit unterschiedlichen Fehleranteilen

■ 7.11 Qualitätsregelkarten und zeitabhängige Verteilungsmodelle

Ist das zeitabhängige Verteilungsmodell nach ISO 22514-2 (DIN, 2019) (s. Kapitel 9) bekannt, kann diesem eine entsprechende Qualitätsregelkarte zugeordnet werden. Es gelten die in der Tabelle 7.23 gezeigten Zusammenhänge:

Tabelle 7.23 Zeitabhängige Verteilungsmodelle mit zugehöriger Qualitätsregelkarte

Zeitabhängiges Verteilungsmodell	Qualitätsregelkarte
A1	Shewhart-Karte
A2	Pearson-Karte (alternativ Shewhart-Karte)[2]
C1, C2, C4, B und D	Shewhart-Karte mit erweiterten Grenzen
C3	Shewhart-Karte mit erweiterten Grenzen alternativ Annahmekarten[3]
▪ zerstörende Prüfung ▪ Parameterüberwachung ▪ geringe Losgrößen	Shewhart-Karte mit gleitenden Kennwerten Stichprobenumfang n = 1

Bild 7.68 zeigt typische Prozessverläufe mit zugeordneten Qualitätsregelkarten und Berechnungsformeln für die Eingriffsgrenzen der Karte. Die Beispiele für die Shewhart-Karte mit erweiterten Grenzen und die Zuordnung der Formeln ist als Vorschlag zu verstehen. Jede andere Kombination ist ebenfalls möglich. Die Streuungskarten sind in der Regel unabhängig von dem Prozesstyp, da eine über die Zeit konstante Streuung angenommen wird. Diese Annahme kann beispielsweise für die Standardabweichung im χ^2-Netz überprüft werden. Ist dies nicht gegeben, kann für die Berechnung die Eingriffsgrenzen die Pearson-Methode verwendet werden.

Beim Einsatz von Qualitätsregelkarten mit erweiterten Eingriffsgrenzen handelt es sich um eine spezielle Prozesssituation. Die Größe der Aufweitung ist gegebenenfalls zwischen Lieferant und Abnehmer abzustimmen. Die Modifizierung der Grenzen ist nur dann zulässig, wenn für die zusätzlichen Schwankungen technische Erklärungen vorliegen, deren Reduzierung und Beseitigung technisch nicht möglich oder wirtschaftlich nicht vertretbar ist.

[2] Ob eine Pearson-Karte oder Shewhart-Karte sinnvoll ist, hängt von der Verteilungsform der Mittelwerte ab. Können diese bei extrem schiefen Verteilungen und bei kleinen Stichprobenumfängen als nicht normalverteilt angesehen werden, empfiehlt sich eine Pearsonkarte. Bei großen Stichproben und geringen Symmetrieabweichungen können auch Shewhart-Karten verwendet werden. Beurteilt wird diese Situation im W-Netz der Mittelwerte.

[3] Annahme-Qualitätsregelkarten widersprechen dem Prinzip „Never Ending Improvement"/„KVP" und sind daher eingeschränkt empfehlenswert.

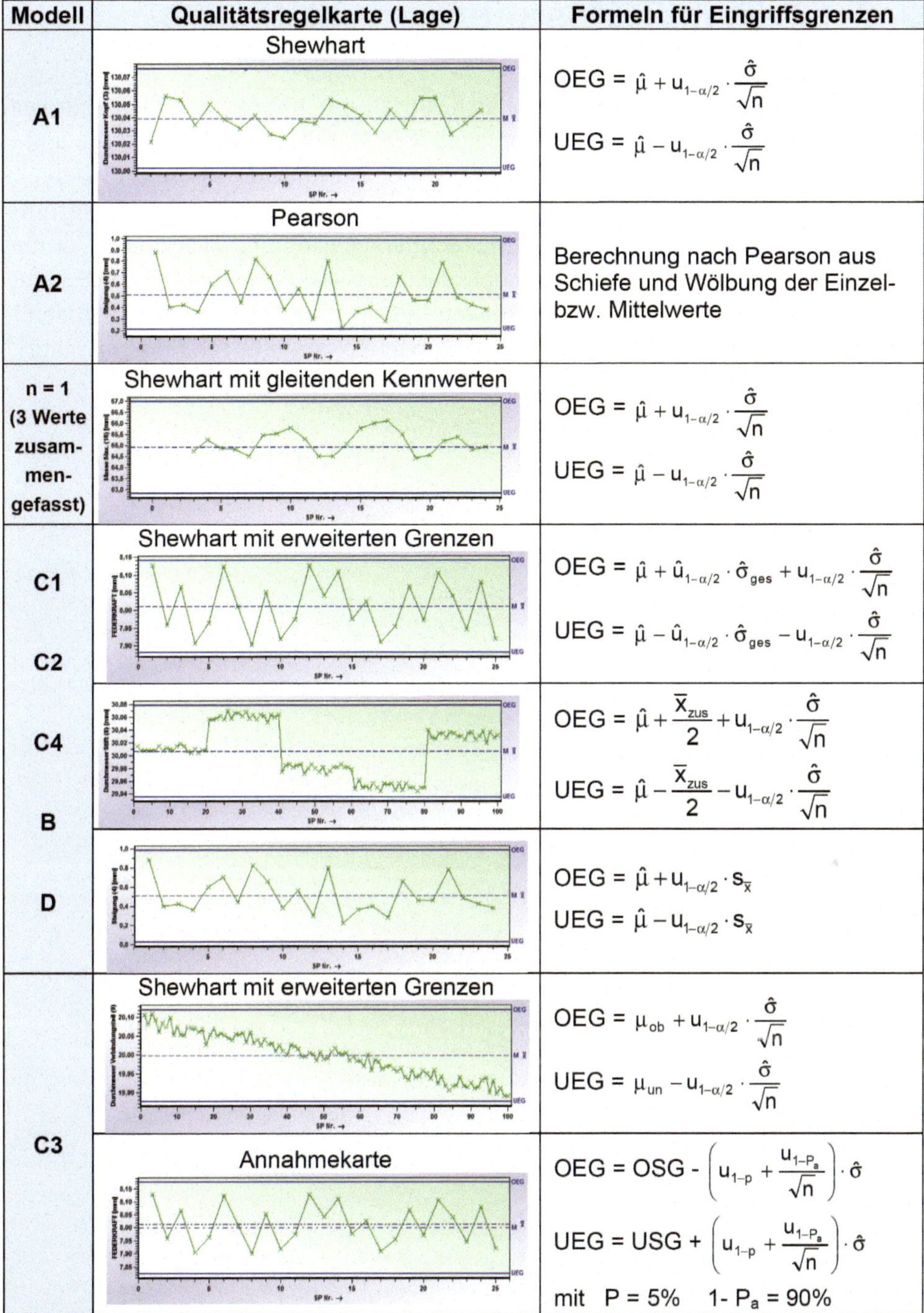

Modell	Qualitätsregelkarte (Lage)	Formeln für Eingriffsgrenzen
A1	Shewhart	$OEG = \hat{\mu} + u_{1-\alpha/2} \cdot \frac{\hat{\sigma}}{\sqrt{n}}$ $UEG = \hat{\mu} - u_{1-\alpha/2} \cdot \frac{\hat{\sigma}}{\sqrt{n}}$
A2	Pearson	Berechnung nach Pearson aus Schiefe und Wölbung der Einzel- bzw. Mittelwerte
n = 1 (3 Werte zusammengefasst)	Shewhart mit gleitenden Kennwerten	$OEG = \hat{\mu} + u_{1-\alpha/2} \cdot \frac{\hat{\sigma}}{\sqrt{n}}$ $UEG = \hat{\mu} - u_{1-\alpha/2} \cdot \frac{\hat{\sigma}}{\sqrt{n}}$
C1 C2	Shewhart mit erweiterten Grenzen	$OEG = \hat{\mu} + \hat{u}_{1-\alpha/2} \cdot \hat{\sigma}_{ges} + u_{1-\alpha/2} \cdot \frac{\hat{\sigma}}{\sqrt{n}}$ $UEG = \hat{\mu} - \hat{u}_{1-\alpha/2} \cdot \hat{\sigma}_{ges} - u_{1-\alpha/2} \cdot \frac{\hat{\sigma}}{\sqrt{n}}$
C4 B		$OEG = \hat{\mu} + \frac{\bar{x}_{zus}}{2} + u_{1-\alpha/2} \cdot \frac{\hat{\sigma}}{\sqrt{n}}$ $UEG = \hat{\mu} - \frac{\bar{x}_{zus}}{2} - u_{1-\alpha/2} \cdot \frac{\hat{\sigma}}{\sqrt{n}}$
D		$OEG = \hat{\mu} + u_{1-\alpha/2} \cdot s_{\bar{x}}$ $UEG = \hat{\mu} - u_{1-\alpha/2} \cdot s_{\bar{x}}$
C3	Shewhart mit erweiterten Grenzen	$OEG = \mu_{ob} + u_{1-\alpha/2} \cdot \frac{\hat{\sigma}}{\sqrt{n}}$ $UEG = \mu_{un} - u_{1-\alpha/2} \cdot \frac{\hat{\sigma}}{\sqrt{n}}$
	Annahmekarte	$OEG = OSG - \left(u_{1-p} + \frac{u_{1-P_a}}{\sqrt{n}}\right) \cdot \hat{\sigma}$ $UEG = USG + \left(u_{1-p} + \frac{u_{1-P_a}}{\sqrt{n}}\right) \cdot \hat{\sigma}$ mit $P = 5\%$ $1 - P_a = 90\%$

Bild 7.68 Typische Qualitätsregelkarten in der Übersicht

7.12 Stabilitätsstufen

In Abschnitt 7.6.3 wurden die Stabilitätskriterien nur für das zeitabhängige Verteilungsmodell A1 (s. Kapitel 9) besprochen. Die Stabilitätskriterien für die anderen zeitabhängigen Verteilungsmodelle sowie Shewhart-Karte mit gleitenden Kennwerten müssen anders aussehen. Daher wurden für die Stabilitätsbewertung zwei Stufen (Bild 7.69) eingeführt. Die Stabilitätsbeurteilung nach Stufe 1 ist nur beim zeitabhängigen Verteilungsmodell A1 möglich. Prinzipiell dürfen keine Werte außerhalb der Spezifikationsgrenzen liegen. In begründeten Ausnahmefällen wird davon abgewichen werden. Um wie viel Prozent die Toleranz „erweitert" wird, ist dann genau festzulegen.

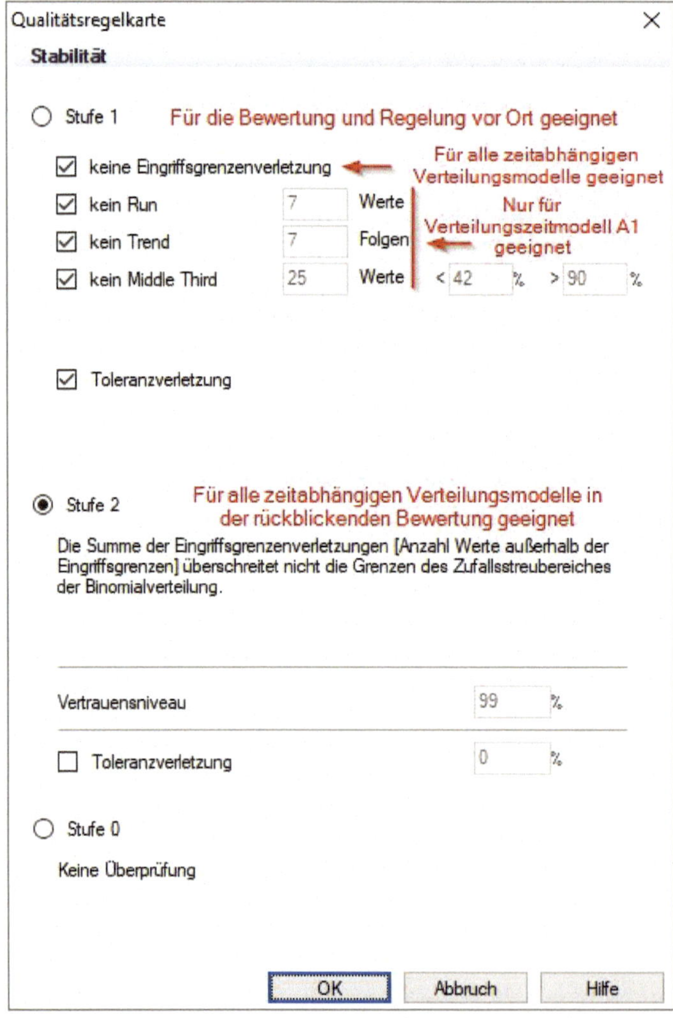

Bild 7.69 Kriterien für die Prozessstabilität

Als Stabilitätskriterium mit Regelungsbedarf sollte bei Streuungskarten (s- oder R-Karten) nur die Verletzung der oberen Eingriffsgrenzen herangezogen werden. Eine Verletzung der unteren Eingriffsgrenze (falls größer 0) sollte beobachtet werden, ist jedoch nicht als Instabilität im negativen Sinne zu bewerten.

Bei Prozessen mit größerem Stichprobenumfang sind eine bestimmte Anzahl von Stabilitätsverletzungen aufgrund von Fehlalarmen zu erwarten. Diese sind durch die Nicht-Eingriffswahrscheinlichkeit (z. B. 99,73 % bzw. 99 %) festgelegt. Damit stellt sich die Frage, wie viele Überschreitungen der Eingriffsgrenzen als „normal“ (= zufällige Einflüsse) und „zulässig“ zu betrachten sind.

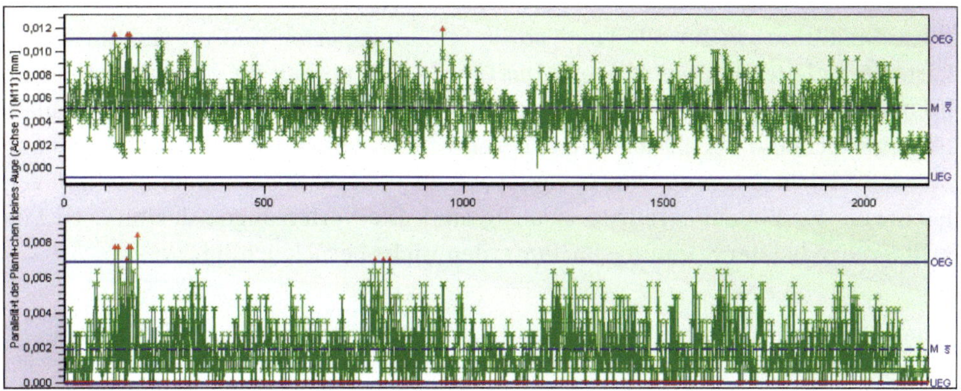

Bild 7.70 Die QRK weist einen Anteil < 1 % Grenzverletzungen aus. Der Prozess ist stabil

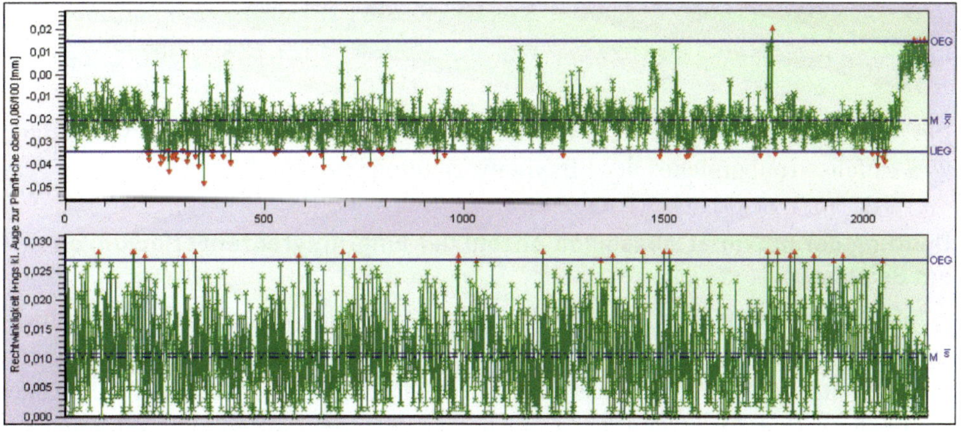

Bild 7.71 Wesentlich mehr als 1 % der Stichprobenkennwerte verletzen die Eingriffsgrenze

Dieser Sachverhalt wurde in Abschnitt 7.6.3 genauer beschrieben und lässt sich auf beliebige Verteilungszeitmodelle übertragen.

Bei einer Shewhart-Lagekarte mit 99 %-Grenzen sind 1 % Eingriffsgrenzenverletzungen bei ungestörtem Prozess zu erwarten. Die Frage, ab welcher Anzahl von Eingriffsgrenzenverletzungen nicht mehr von „zufälligen Einflüssen", sondern von einem instabilen Prozess ausgegangen werden muss, kann mithilfe der Binomialverteilung beantwortet werden.

Die Definition „Stabilität„ lautet in diesem Fall (Bild 7.69, Stufe 2):

> Die Anzahl der Eingriffsgrenzenverletzungen einer Lagekarte darf den zweiseitigen Zufallsstreubereich (99 %) einer Binomialverteilung nicht überschreiten.
>
> Bei einer Streuungskarte gilt diese Regel sinnvollerweise nur für die obere Eingriffsgrenze (einseitiger Zufallsstreubereich).

Diese Definition gilt für alle Lage- sowie Streuungskarten und für Qualitätsregelkarten mit gleitenden Kennwerten. Die Tabelle 7.24 enthält für verschiedene Stichprobenumfänge die Anzahl der zulässigen Überschreitungen bei einer $\overline{x}$ / s-Qualitätsregelkarte mit einer Nichteingriffswahrscheinlichkeit von 99 % nach Lage- und Streuungskarte getrennt. Dies bedeutet z. B. für k = 100 Stichproben, dass 2/1 Verletzungen der Eingriffsgrenzen zulässig sind. Die Verletzungen der unteren Eingriffsgrenze bei der Streuungskarte werden **nicht** berücksichtigt.

Tabelle 7.24 Die maximal zulässige Anzahl Eingriffsgrenzenverletzungen in einer Shewhart-Mittelwertkarte (L_{max}) und in einer Shewhart-Standardabweichungskarte (S_{max}) in Abhängigkeit von dem Parameter k, dessen Wert der Anzahl Stichprobenmittelwerte bzw. Standardabweichungen in der Karte entspricht

Maximal zulässige Anzahl Eingriffsgrenzenverletzungen in einer Shewhart $\overline{x}$-Karte/s-Karte								
k	100	500	1.000	2.000	5.000	10.000	100.000	1.000.000
L_{max}/S_{max}	4/3	12/7	19/12	32/19	69/39	127/69	1028/558	10257/5183

Die Werte in der Tabelle 7.24 wurden mit den Streugrenzen des zweiseitigen 99 %-Zufallsstreubereiches der Binomialverteilung berechnet.

Deutung der maximal zulässigen Anzahl der Eingriffsgrenzenverletzungen am Beispiel

Werden in eine Shewhart Mittelwertkarte k = 100 Stichproben-Mittelwerte eingetragen, so ist zu erwarten, dass bis zu $L_{max} = 4$ Mittelwerte die Eingriffsgrenzen überschreiten können, ohne dass eine Prozessstörung vorliegt. Das heißt, der Lageparameter μ und der Streuungsparameter σ der Prozessverteilung sind konstant. Die oben in Tabelle 7.24 dargestellten Werte gelten stets unter der Annahme, dass die Stichprobenmittelwerte und Stichprobenstandardabweichungen rein zufällig streuen und damit ein ungestörter Prozess vorliegt.

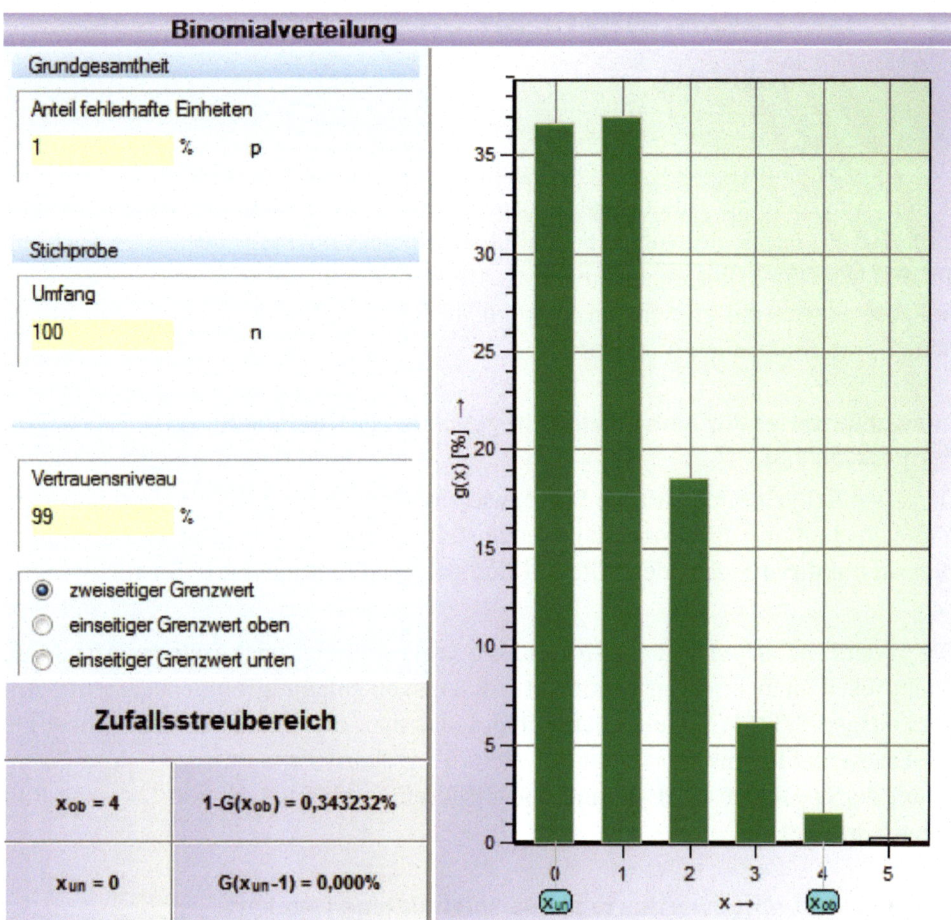

Bild 7.72 Berechnete Anzahl der durch Zufall zu erwartenden Überschreitungen der oberen und unteren Eingriffsgrenze einer Shewhart $\overline{x}$-Karte mit k = 100 eingetragenen Stichproben-Mittelwerten

Der in Bild 7.72 dargestellte zweiseitige 99 %-Zufallsstreubereich der Binomialverteilung wurde für eine Shewhart Mittelwertkarte berechnet, in die k = 100 Stichproben-Mittelwerte aus einem ungestörten Prozess eingetragen wurden. Die zugehörige Shewhart-Mittelwertkarte wurde mit der Annahmewahrscheinlichkeit $P_a = 99\,\%$ berechnet, wodurch sich eine Eingriffswahrscheinlichkeit $P_e = 1\,\%$ für ein zufälliges Überschreiten der Eingriffsgrenzen ergibt.

Bei einer Shewhart-Streuungskarte wird nur das Überschreiten der oberen Eingriffsgrenze als Stabilitätsverletzung gewertet. Daher wird in diesem Fall die obere Streugrenze x_{ob} des 99 %-Zufallsstreubereiches der Binomialverteilung mit der Eingriffswahrscheinlichkeit $P_e = 0{,}5\,\%$ statt mit $P_e = 1\,\%$ berechnet.

7.13 Empfindlichkeit von Qualitätsregelkarten

Das Ziel der statistischen Prozessregelung mit Qualitätsregelkarten ist das Vermeiden von nicht spezifikationskonformen Teilen. Um diesem Ziel möglichst nahe zu kommen, ist es sinnvoll, die Qualitätsregelkarte für die Prozessüberwachung anhand von Gütekriterien auszuwählen. Um dem Benutzer diese Auswahl der Qualitätsregelkarten zu erleichtern, wurden in dem Programm qs-STAT® (ab ME 4) neue Zusatzfunktionen integriert.

Auswahlkriterien für eine Qualitätsregelkarte zur Überwachung der Prozesslage

Das erste Kriterium betrifft die Frage, wie empfindlich die gewählte Lagekarte auf eine Verschiebung der Prozesslage reagiert. Die Antwort findet man mit der Operationscharakteristik oder der Gütefunktion der Qualitätsregelkarte für die Prozesslage.

Das zweite Kriterium bezieht sich auf die Fragestellung, nach welcher Anzahl an Stichproben man eine bestimmte Prozesslageverschiebung entdecken wird. Anders ausgedrückt: Wie viele Stichproben muss man erwartungsgemäß ziehen, bis die Lageverschiebung mit der ausgewählten Lagekarte erkannt wird. Diese Eigenschaft der Lagekarte wird anhand der mittleren Lauflänge beurteilt (Average Run Length, kurz: ARL).

Die Shewhart-Mittelwertkarte als Beispiel für eine Lagekarte

Die in Bild 7.73 dargestellte Mittelwertkarte wurde für den Idealfall des auf Toleranzmitte zentrierten und stabilen Prozesses konstruiert (In der Abbildung wurden die Werte des Vorlaufes ausgeblendet).

Die obere Eingriffsgrenze OEG und die untere Eingriffsgrenze UEG der Shewhart-Mittelwertkarte entsprechen den beiden Grenzwerten des zweiseitigen 99,73 %-Zufallsstreubereiches der Mittelwertverteilung (Basis: Normalverteilung). In der folgenden Abbildung ist die Wahrscheinlichkeitsdichtefunktion der Mittelwerte mit dem 99,73 %-Zufallsstreubereich zu sehen. Die Grenzwerte des 99,73 %-Zufallsstreubereiches sind die Quantile für $P = 0{,}135\,\%$ ($X_{0{,}135\,\%} = 14{,}06586$) und $P = 99{,}865\,\%$ ($X_{99{,}865\,\%} = 14{,}06914$).

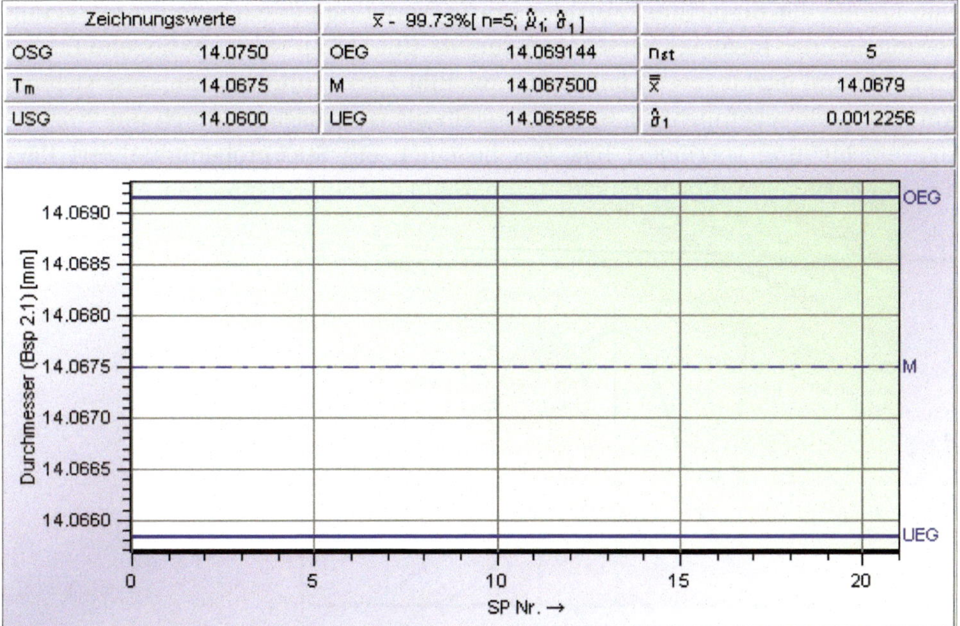

Bild 7.73 Beispiel einer klassischen Shewhart-Mittelwertkarte

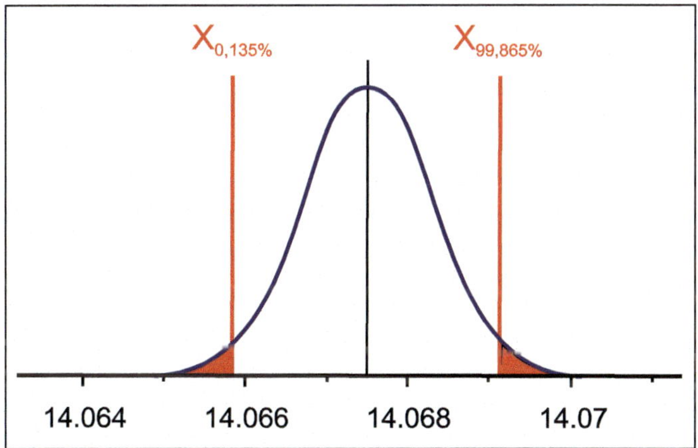

Bild 7.74 Nichteingriffswahrscheinlichkeit bei idealer Prozesslage

Reaktion einer Shewhart-Mittelwertkarte auf eine Prozesslageverschiebung

Die in Bild 7.74 weiß dargestellte Fläche unterhalb der Wahrscheinlichkeitsdichtefunktion entspricht der Annahmewahrscheinlichkeit $P_a = 99{,}73\,\%$. Diese wird wie folgt interpretiert: Der Stichproben-Mittelwert der nächsten Stichprobe wird mit $P_a = 99{,}73\,\%$ innerhalb der Eingriffsgrenzen liegen. Notwendige Voraussetzung: Der Prozess bleibt ohne Störungen und der Erwartungswert der Prozessverteilung entspricht der Toleranzmitte ($\mu_{Tm} = 14{,}0675$ mm).

Nun könnte der Erwartungswert der Prozessverteilung durch eine Prozessveränderung aus der Ideallage verschoben sein (s. Bild 7.75). Der verschobene Erwartungswert sei jetzt $\mu_{Shift} = 14{,}0685$ mm. Aus Bild 7.75 entnimmt man, dass sich die Annahmewahrscheinlichkeit P_a – dargestellt als rote Fläche – durch die Prozesslageverschiebung verringert hat. Das bedeutet, ein Stichprobenmittelwert liegt nun mit geringer Wahrscheinlichkeit innerhalb der Eingriffsgrenzen.

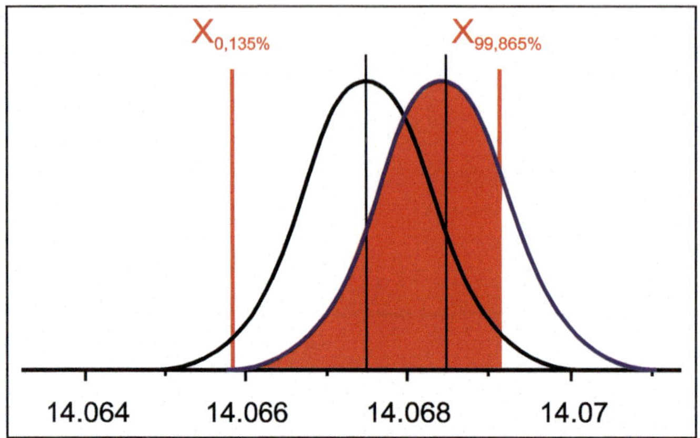

Bild 7.75 Nichteingriffswahrscheinlichkeit bei Prozesslageverschiebung

Trägt man die Annahmewahrscheinlichkeit P_a als Funktion des verschobenen Lageparameters der Prozessverteilung μ_{Shift} auf, so erhält man die Darstellung gemäß Bild 7.76.

Die rote Fläche (Nichteingriffswahrscheinlichkeit $P_a = 88\,\%$) ist jetzt bei verschobener Prozessmittelwertlage μ_{Shift} deutlich kleiner im Vergleich zur idealen Prozessmittelwertlage μ_{Tm}. Die Aussage der Nichteingriffswahrscheinlichkeit lautet nun: Mit welcher Wahrscheinlichkeit tritt keine Eingriffsgrenzenverletzung bei der ersten gezogenen Stichprobe nach dem Auftreten der Lageverschiebung auf? Führt man dieses Gedankenexperiment für sehr viele verschiedene Lageverschiebungen durch, so kann man die Werte der Nichteingriffswahrscheinlichkeit in Abhängigkeit vom Mittelwert μ_{Shift} als Linienzug in einem Diagramm einzeichnen. Die horizontale Achse (x-Achse) ist die Merkmalsachse und auf der vertikalen Achse (y-Achse) ist die Nichteingriffswahrscheinlichkeit dargestellt (Bild 7.76). Nun kann man für beliebige Mittelwertverschiebungen μ_{Shift} die zugehörige Nichteingriffswahrscheinlichkeit einfach ablesen. Die funktionale Darstellung der Nichteingriffswahrscheinlichkeit in Abhängigkeit von der Lageverschiebung bezeichnet man als Operationscharakteristik (Kurzbezeichnung: OC).

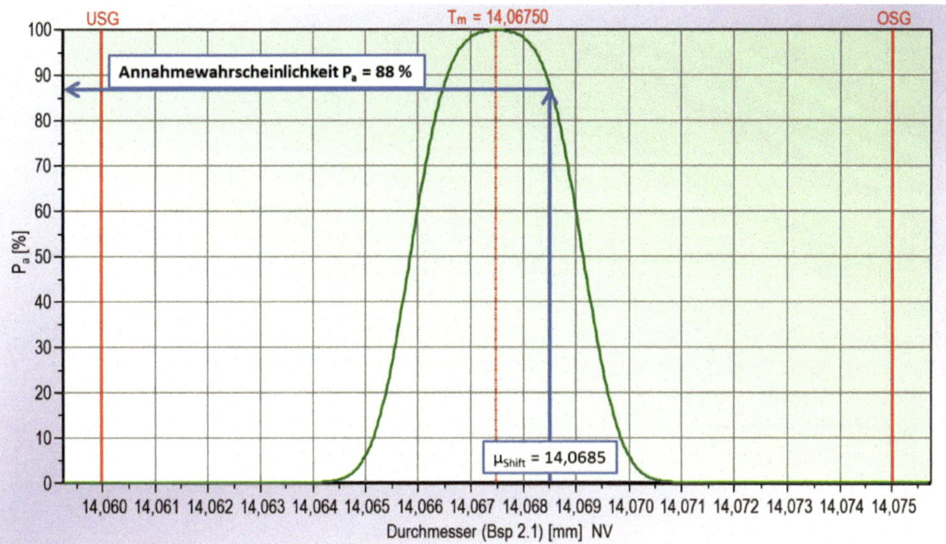

Bild 7.76 Dargestellt ist die Annahmewahrscheinlichkeit P_a einer Shewhart-Lagerkarte als Funktion des aus der Soll-Lage verschobenen Prozessmittelwertes μ_{Shift}

Berechnet wird die Annahmewahrscheinlichkeit gemäß der folgenden Beziehung:

$$P_a = G\left(OEG, \mu_{Shift}, \frac{\hat{\sigma}}{\sqrt{n}}\right) - G\left(UEG, \mu_{Shift}, \frac{\hat{\sigma}}{\sqrt{n}}\right)$$

mit

$G()$ = der Verteilungsfunktion der Normalverteilung

n = Stichprobenumfang der einzelnen Stichprobe

$\hat{\sigma}$ = Schätzwert für die Standardabweichung der Prozessverteilung

Eingriffswahrscheinlichkeit P_e oder Operationscharakteristik OC

Die zur Annahmewahrscheinlichkeit P_a komplementäre Wahrscheinlichkeit ist die Eingriffswahrscheinlichkeit $P_e = 1 - P_a$. Mit der Eingriffswahrscheinlichkeit P_e lässt sich die Fragestellung beantworten, mit welcher „Sicherheit“ bei einer Prozesslageverschiebung eine Eingriffsgrenzenverletzung auftreten wird. Die grafische Darstellung der Eingriffswahrscheinlichkeit P_e (Operationscharakteristik OC) als Funktion des verschobenen Prozesslageparameters μ_{Shift} ist in Bild 7.77 dargestellt.

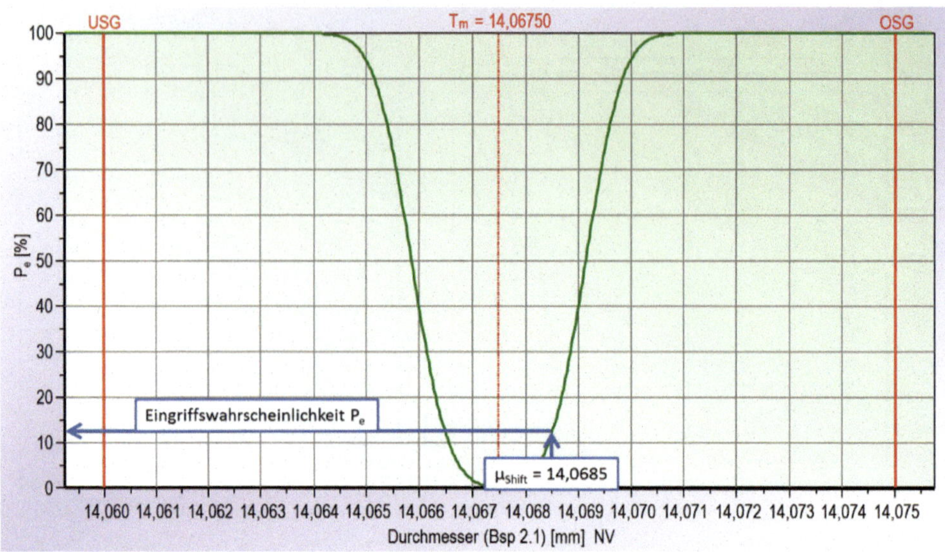

Bild 7.77 Die Operationscharakteristik einer Shewhart-Lagekarte. Dargestellt ist die Eingriffswahrscheinlichkeit P_e als Funktion des aus der Soll-Lage verschobenen Prozessmittelwertes μ_{Shift}

Diese funktionale Darstellung der Eingriffswahrscheinlichkeit P in Abhängigkeit von der Prozesslageverschiebung μ_{Shift} bezeichnet man auch als Gütefunktion (DIN 55350 Teil 24). Sie ist ein wichtiges Kriterium für die Beurteilung der Empfindlichkeit der Lagekarte.

Mittlere Lauflänge ARL

Das zweite Kriterium für die Auswahl einer Lagekarte ist die mittlere Lauflänge ARL (Average Run Length). Die mittlere Lauflänge erlaubt die Abschätzung, wie viele Stichproben nach einer aufgetretenen Lageverschiebung im Mittel gezogen werden müssen, bis die Lageverschiebung bemerkt wird.

Eine Verschiebung der Prozesslage auf $\mu_{Shift} = 14{,}0685$ mm wird im Mittel nach der 10-ten Stichprobe erkannt. Anders ausgedrückt: Eine Eingriffsgrenzenverletzung der Mittelwertkarte tritt im Mittel bei der 10-ten gezogenen Stichprobe nach dem Auftreten der Lageverschiebung auf. Im konkreten Einzelfall kann diese Eingriffsgrenzenverletzung natürlich schon bei einer früher oder auch später gezogenen Stichprobe auftreten.

Ist die Empfindlichkeit der gewählten Mittelwertkarte noch nicht ausreichend, so kann man sie z. B. dadurch erhöhen, dass man den Stichprobenumfang vergrößert. In dem beschriebenen Beispiel wurden die Eingriffsgrenzen der Mittelwertkarte für einen Stichprobenumfang von n = 5 Werte berechnet. Die Empfindlichkeit der Mittelwertkarte wird größer, wenn man den Stichprobenumfang z. B. auf n = 8 Werte erhöht.

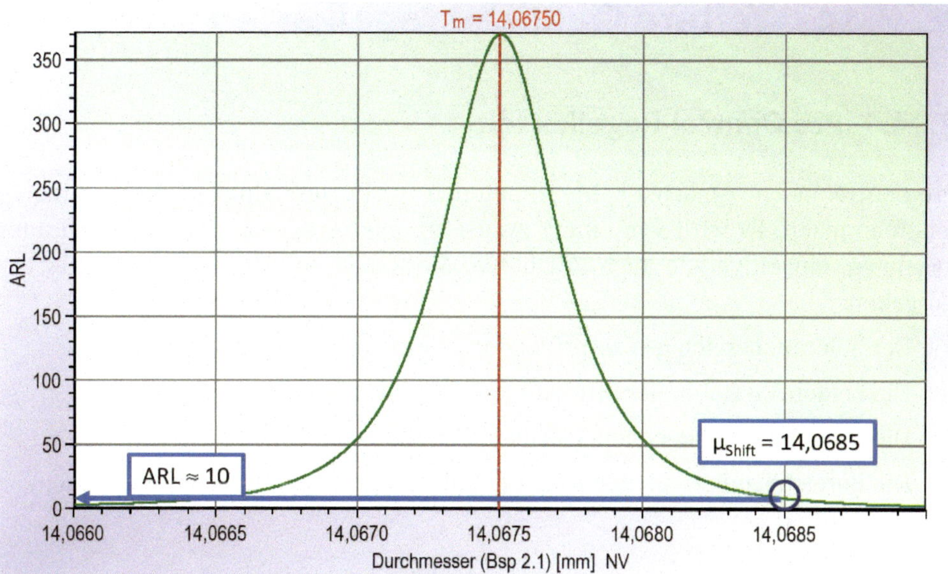

Bild 7.78 Mittlere Lauflänge ARL der Mittelwertkarte

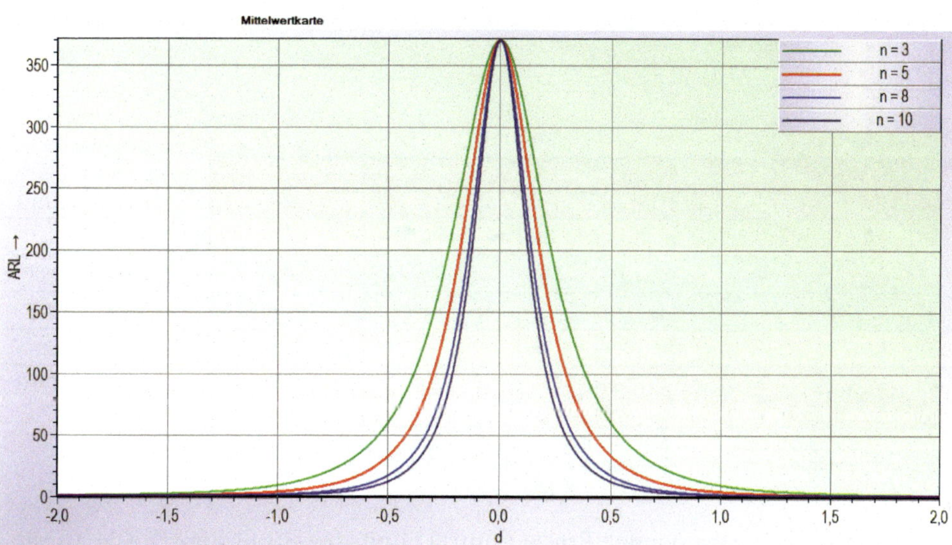

Bild 7.79 OC-Planung für mittlere Lauflänge ARL bei verschiedenen Stichprobengrößen

Mithilfe der OC-Planung kann man mit qs-STAT® die optimale Lagekarte ermitteln, bei der sowohl die Wirtschaftlichkeitsziele (Stichprobenumfang) als auch die Fehlentscheidungsrisiken (Nichteingriffswahrscheinlichkeit bei aufgetretener Lageverschiebung) in einem ausgewogenen Verhältnis zueinander stehen.

7.14 Weitere Qualitätsregelkarten

7.14.1 Pre-Control-Regelkarten

Pre-Control macht zunächst keine Annahmen zur Prozessfähigkeit bei spezifizierten Toleranzen. Es wird von einem zweiseitig tolerierten Qualitätsmerkmal ausgegangen, einseitige wie auch attributive Merkmale erfordern ein modifiziertes Vorgehen:

- Der Toleranzbereich des zu prüfenden Merkmals wird geviertelt.
- Die beiden Viertel in der Mitte bilden die grüne Zone.
- Die beiden außenliegenden Viertel bilden die gelbe Zone.
- Die Bereiche außerhalb der Toleranz links und rechts bilden die rote Zone.

Hinweis

1. Es sind auch andere Formen zur Berechnung der Zonen bekannt.
2. Diese Form der Qualitätsregelkarten sollten nur eingesetzt werden, wenn aus dem Vorlauf Prozessstabilität und ausreichende Fähigkeit (C_p, $C_{pk} \geq 2{,}0$) gegeben ist.

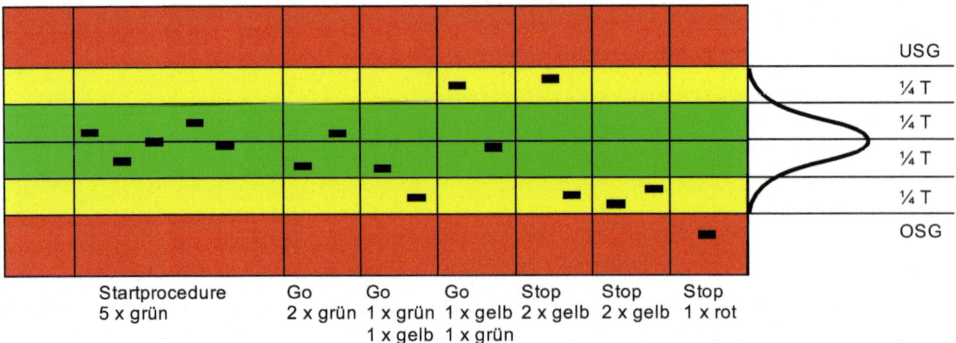

Damit sind die entscheidenden Preset Control Limits bereits bestimmt. Die Anwendung ist ebenso einfach:

- Startprozedur: Nach dem neuen Einrichten einer Maschine werden fünf aufeinanderfolgende Teile geprüft.
- Ist mindestens 1 Teil in der gelben oder sogar in der roten Zone, muss die Maschine überprüft und korrigiert und die Startprozedur wiederholt werden.
- Sind alle 5 Teile „grün“, d. h. in der grünen Zone, ist der Prozess fähig, die Ver-

teilung schmal und zentriert, und es kann zur normalen 2er-Stichprobe übergegangen werden.

- Die 2er-Stichproben werden im Abstand von einem Sechstel des Intervalls zwischen zwei Maschineneinstellungen vorgenommen, z. B. alle 40 Minuten bei einem 4 Stunden-Intervall.
- Entscheidungsregeln bei der 2er-Stichprobe:

2-mal Grün	Go
1-mal Grün, 1-mal Gelb	Go
2-mal Gelb	Stopp, Maschine nachstellen
1-mal Rot	Stopp, Maschine nachstellen

- Wurde die Maschine nachgestellt, muss die Startprozedur erneut durchlaufen werden.

Hierbei handelt es sich um ein sehr einfaches Verfahren der Prozessregelung, was vornehmlich für den „vor Ort"-Einsatz einfach zu handhaben ist, aber Prozesseigenschaften und Fähigkeitsanforderungen nicht berücksichtigt.

Nachteile dieser Karten sind:

- Durch den Toleranzbezug wird das Prinzip der ständigen Prozessverbesserung nicht berücksichtigt.
- Bedingt durch den kleinen Stichprobenumfang ist die Empfindlichkeit der Pre-Control-Karte gering.
- Da bei einem Wert im roten Bereich der Prozess nachgestellt wird, können sich unterschiedliche Stichprobenumfänge (im obigen Beispiel n = 2 und n = 1) ergeben. Diese Daten sind damit nur sehr bedingt für eine erneute Prozessfähigkeitsanalyse geeignet.

Der letzte Nachteil kann dadurch umgangen werden, dass bei laufendem Prozess immer „Zweier-Stichproben" entnommen werden.

7.14.2 CUSUM-Regelkarten

Mit der Regelkarte für kumulierte Werte (CUSUM = **Cu**mulative **Sum** Chart) können durch Aufsummieren von Abweichungen der Merkmals- oder Kennwerte von ihrem Sollwert auch relativ kleine systematische Änderungen eines Parameters (im Bereich von 0,5σ bis 1,5σ) relativ bald erkannt werden, auch wenn diese nur über wenige Stichprobenintervalle anhalten. Hier ist die übliche Mittelwert-Karte zu träge und zu unempfindlich. Hingegen ist jene empfindlicher als die CUSUM-Karte für größere Lageänderungen des Prozesses (≥ 2σ).

Die CUSUM-Karte eignet sich für Mess- und Zählwerte und bei Messwerten auch für Einzelwerte. Sie hat einen völlig anderen Aufbau als die bisher genannten Karten, obwohl sie den gleichen Input verwendet. Die jeweils neu eingezeichneten Punkte enthalten **Informationen über alle bisher angefallenen Werte,** einschließlich dem jüngsten. Jeder neue Wert baut auf dem vorhergehenden auf, zuzüglich eines statistischen Zuschlags, der auf der unmittelbar zuvor ermittelten Stichprobe beruht.

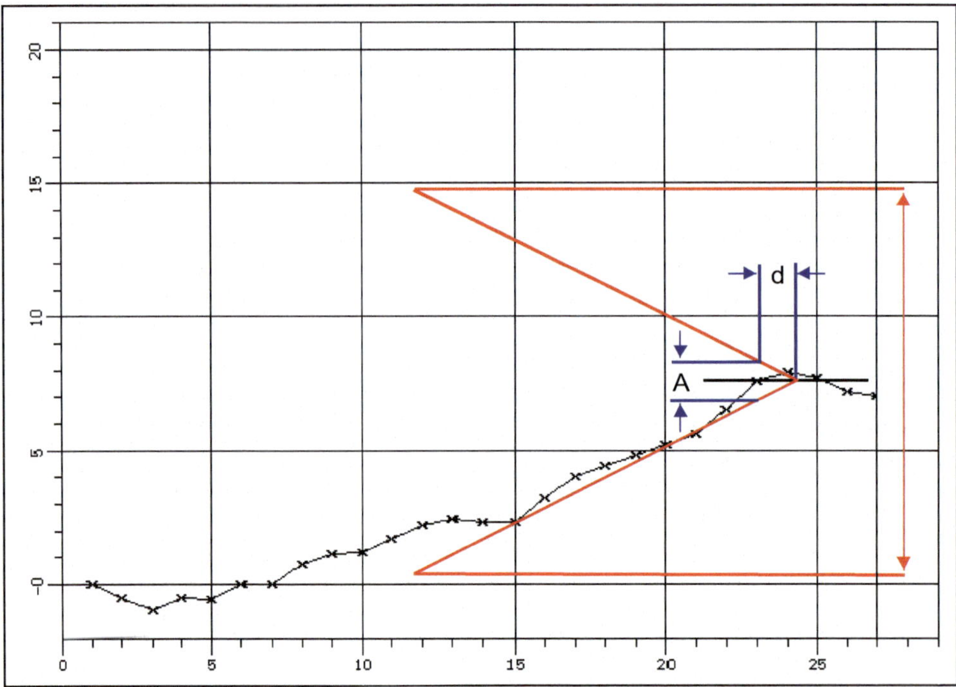

Bild 7.80 CUSUM-Karte

Die Eingriffsgrenzen der CUSUM-Karte (in einer üblichen Variante) werden von einer darübergelegten Maske gebildet. Diese vergleicht die Steigung der Kurve im Verhältnis zu Steigungen an früheren Zeitpunkten und die Lage des letzten Punktes im Verhältnis zu allen vorherigen Punkten.

Nachteile der CUSUM-Karte:

- Ungewöhnlich, da die Regelgröße nicht mehr die Ordinate, sondern die **Steigung** der Kurve ist.
- Die Interpretation der Karte ist komplizierter; sie sollte deshalb über den Rechner laufen.
- Die Berechnungen sind zwar einfach, ermangeln jedoch des praktischen Bezugs.

- Alle vorhandenen Werte werden gleichgewichtet in die Berechnung einbezogen, dies führt bei plötzlichen Veränderungen der Prozesslage in der Regel zu einer geringeren Eingriffswahrscheinlichkeit im Vergleich zu Shewhart-Karten.

Berechnung für CUSUM-Regelkarte:

a) Ziehe von jedem neuen Stichproben-Kennwert ($\overline{x}$ bzw. x) den sog. **Referenzwert** T ab. T ist üblicherweise die Zielgröße (μ_0) des Prozesses.

b) Addiere das Ergebnis zu der kumulierten Summe aller vorausgehenden Werte und zeichne dieses Ergebnis in die CUSUM-Karte ein. Der Wert der ersten Stichprobe wird zu dem neutralen Startwert „0“ addiert. Die Addition von negativen Ergebnissen führt zu einem abfallenden Kurvenzug.

Eine andere übliche Interpretation der CUSUM-Karte nutzt „Entscheidungs-Intervalle“, die sich nach der Zahl der Stichproben-Zeitspannen richten, bis eine Änderung im Prozess eingetreten ist. Die Intervalle werden immer wieder von Null an gezählt. („Average Run Length“, ARL: durchschnittliche Lauflänge bis zum Entdecken einer Abweichung).

7.14.3 EWMA-Regelkarten

Bei den EWMA-Karten (**E**xponentially **W**eighted **M**oving **A**verage Chart) handelt es sich um eine QRK mit Gedächtnis, die von Roberts 1959 vorgestellt wurde. Im Gegensatz zur CUSUM-Karte werden die rückliegenden Stichprobenkennwerte nicht gleich, sondern exponentiell gewichtet. Die Werte der Vergangenheit „klingen ab“, wirken sich jedoch noch so stark aus, dass dieser Karte auch vorhersagende Eigenschaften zugewiesen werden können: Zu wissen, wo sich der Prozess zum Zeitpunkt der nächsten Stichprobe wahrscheinlich befinden wird. Solche Regelkarten sind geeignet, um einen komplexen Prozess feinfühlig zu führen.

Durch die Wahl des Gewichtungsfaktors (λ) kann die Gedächtnisfunktion beeinflusst werden. Als Grenzfälle sind die (gedächtnislose) Shewhart-Karte und die CUSUM-Karte enthalten.

Die Berechnung der Eingriffsgrenzen für eine Mittelwertkarte erfolgt für jede Stichprobe neu mit:

$$\begin{matrix} OEG = \mu_0 + k \cdot \sigma_{(t)} \\ UEG = \mu_0 - k \cdot \sigma_{(t)} \end{matrix} ; \quad \sigma_{(t)} = \sqrt{\frac{\lambda}{n \cdot (2-\lambda)} \cdot \left[1-(1-\lambda)^{2t}\right] \cdot \sigma_0^2}$$

mit λ und k aus dem Crowder-Nomogramm (Crowder, 1989)

Damit sind für Berechnung der Qualitätsregelkarten zwei Konstanten (λ und k) notwendig. Diese beiden Konstanten bestimmen die mittlere Lauflänge (ARL) der

Qualitätsregelkarte, d.h. die mittlere Anzahl von Stichproben ohne Prozesseingriff.

Nachteil:

Da die EWMA-Karte geeignet ist, kleine Abweichungen anzuzeigen, führt dies bei Prozessen mit Mittelwertschwankungen zu erheblichen Problemen.

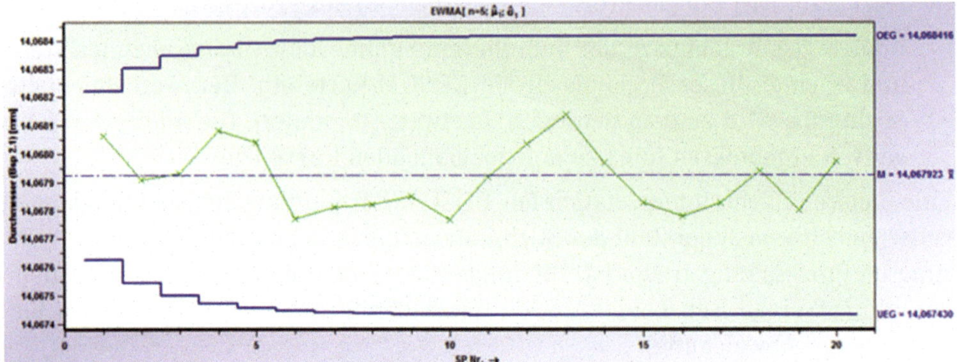

Bild 7.81 EWMA-Karte mit λ = 0,2 und k = 2,7

8 Prozessbewertung anhand diskreter Merkmale

8.1 Einleitung

Quantitative Merkmale unterteilen sich in variable und diskrete Merkmale. Die Qualitätsbeurteilung von variablen Merkmalen basiert in erster Linie auf der Prozessfähigkeit oder der Prozessleistung. Die Bestimmung dieser Kennzahlen ist in Kapitel 9 näher erläutert. Die Grundlagen hierfür sind Normen, Verbands- und Firmenrichtlinien. Für die Qualitätsbeurteilung von diskreten Merkmalen sind Fähigkeitskennzahlen eher unüblich. Dies zeigt beispielsweise das SPC Manual (A. I. A. G., 1998). Dort ist zu dem Thema Prozessfähigkeit von diskreten Merkmalen nur ein Satz vermerkt: „This is usually defined as the average proportion or rate of non-conformances or non-conformities“ (Dies wird üblicherweise durch eine durchschnittliche Nicht-Übereinstimmungsanteil bestimmt). In einem VDA-Band (VDA, 2020) steht dazu: „Die Berechnung von Qualitätsfähigkeitskennzahlen wird nicht empfohlen. Zur Beschreibung der Qualitätsfähigkeit von diskreten Merkmalen ist es sinnvoll, den ermittelten Ausschussanteil direkt als Prozentsatz anzugeben.“

Für die Überwachung diskreter Merkmale stehen die in Bild 7.3 aufgeführten Qualitätsregelkarten zur Verfügung. Diskrete Merkmale unterteilen sich in Merkmale, bei denen

- die Anzahl fehlerhafter Einheiten bzw. Merkmale
- die Anzahl Fehler pro Einheit

betrachtet wird. Tabelle 7.2 enthält für diese beiden Merkmalsarten typische Anwendungsfälle. Die Merkmale selbst sind qualitativer Natur, deren Ergebnisse allerdings diskret (z. B. „10 Teile i. O.“ oder „1 Teil n. i.O“) sind. Damit werden die Prüfergebnisse von qualitativen Merkmalen wie diskrete Merkmale behandelt und ausgewertet.

Zur Qualitätsbeurteilung diskreter Merkmale sind neben der Anzeige von Prozentsätzen und Häufigkeit die Kennzahlen DPU (Defects per Unit/Fehler pro Einheit), DPO (Defects per Opportunity/Fehler pro Fehlermöglichkeit) und DPMO (Defects per Million Opportunities/Fehler pro Millionen Fehlermöglichkeiten) üblich, die in Abschnitt 8.2 näher beschrieben werden.

Die Häufigkeit des Auftretens einer Fehlerart ist über die Zeit hinweg zu beurteilen. Dies kann zu 100% (Prüfung an jedem Teil) oder auf Stichprobenbasis (Entnahme von n Teilen zu vorgegebenen Zeitpunkten und deren Prüfung) erfolgen. Um diese Fehlerarten und deren Häufigkeiten zu dokumentieren bzw. zu überwachen, haben sich Fehlersammelkarten (s. Abschnitt 7.5) als geeignetes Instrument herausgestellt.

■ 8.2 DPU und DPO als Kennzahl für diskrete Merkmale

Bei der Bewertung und Verbesserung von Prozessen mit variablen Merkmalen steht die Zielwertorientierung im Vordergrund. Darunter wird die Reduzierung der Streuung (Optimierung der Prozessstreuung) und die Ausrichtung der Prozesslage an einem vorgegebenen Zielwert verstanden. Ist für einen Prozess eine Verlustfunktion bekannt, kann anhand der gemessenen Werte ein Verteilungsmodell bestimmt und der Verlust (Bild 8.1) errechnet werden.

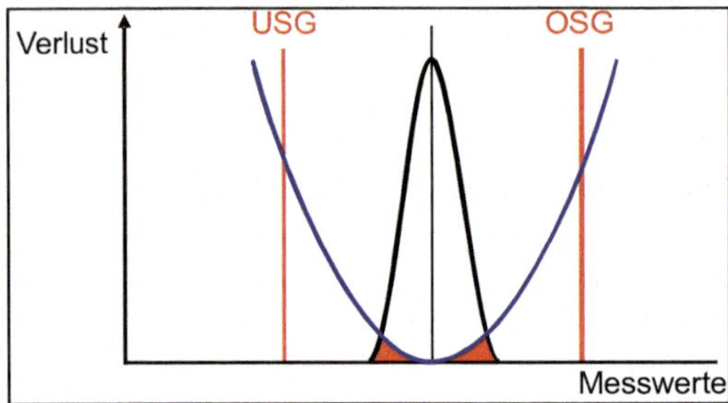

Bild 8.1 Zielwertorientierung anhand der Verlustfunktion

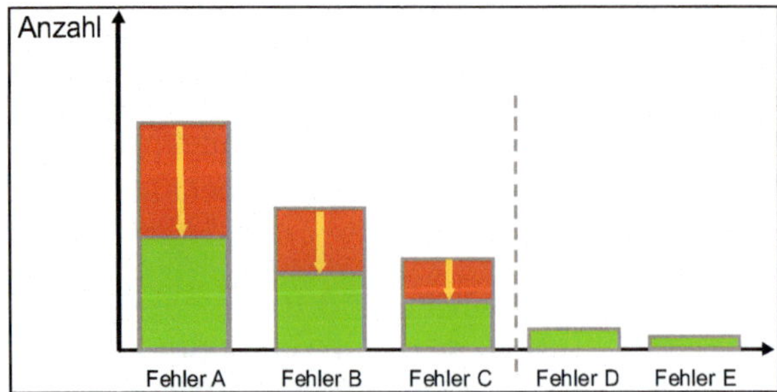

Bild 8.2 Fehlerhäufigkeit

Bei diskreten Merkmalen steht die Reduzierung der Anzahl der Fehler im Vordergrund. In Bild 8.2 ist die Anzahl der Fehler bei „Fehler D“ und „Fehler E“ als akzeptabel eingestuft. Die restlichen Fehlerarten müssen verbessert, d. h. die Fehlerzahl muss verringert werden. Zur Bewertung von diskreten Merkmalen werden folgende Kennzahlen herangezogen:

- DPU Defects per Unit, Anzahl Fehler pro Einheit
- DPO Defects per Opportunity, Fehler pro Fehlermöglichkeit
- DPMO Defects per Million Opportunities, Fehler pro Million Fehlermöglichkeiten.

Die Berechnung dieser Kennzahlen soll am folgenden Beispiel verdeutlicht werden:

Zur Beurteilung eines Bestückungsprozesses von Platinen werden pro Platine 20 Merkmale (m = 20) geprüft. Ein Merkmal kann i. O. (kein Fehler) oder „n. i. O.“ (Fehler) sein. Bei der Prüfung von 5 Platinen (n = 5) wurden insgesamt 3 Fehler (x = 3) entdeckt. Bei 20 Merkmalen pro Platine und 5 untersuchten Platinen ergeben sich 100 Fehlermöglichkeiten (Opportunities = m · n = 20 · 5 = 100).

Damit ist

$$DPU = \frac{x}{n} = \frac{3}{5} = 0{,}6$$

$$DPO = \frac{x}{m \cdot n} = \frac{3}{20 \cdot 5} = 0{,}03$$

$$DPMO = \frac{x}{m \cdot n} \cdot 10^6 = 30000$$

Damit bedeutet 30 000 DPMO, dass bezogen auf 1 Million Fehlermöglichkeiten insgesamt 30 000 fehlerhaft sind.

Dieses Beispiel kann beliebig verallgemeinert werden. So kann beispielsweise ein Pkw an 842 Fehlerorten (m = 842) geprüft werden. Treten bei einer Prüfung von insgesamt 1496 Fahrzeugen (n = 1496) 173 Fehler (x = 173) auf, errechnet sich DPU = 0,116 und DPO = 0,0001373 was einem DPMO von 137,3 entspricht. Wird jeder Fehlerart eine Gewichtung (z. B. Aufwand zur Verbesserung des Fehlers) zugeordnet, kann im Anschluss an die Prüfung ein Portfolio (Bild 8.3) erstellt werden. Damit ergibt sich je nach Lage einer Fehlerart innerhalb des Portfolios eine Prioritätenliste. Typischerweise teilt man dies in vier Quadranten ein. Dementsprechend können Fehlerarten den vier sich ergebenden Prioritätsklassen zugeordnet werden.

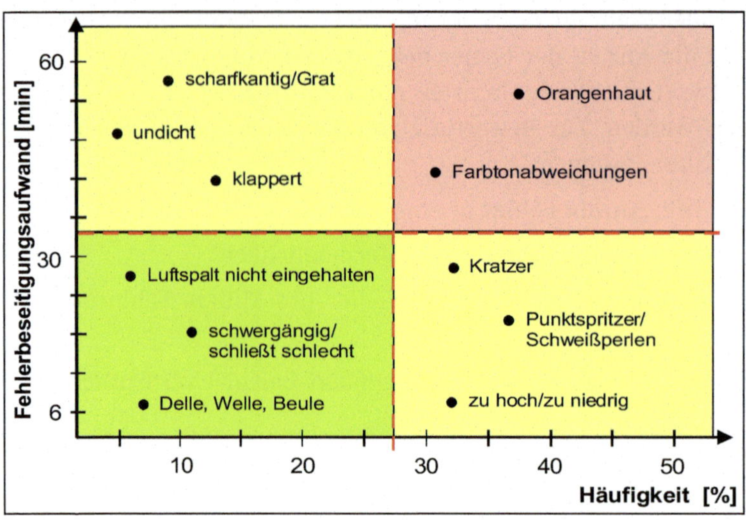

Bild 8.3 Portfolio

8.3 Fähigkeitskennzahlen für diskrete Merkmale

Obwohl, wie in Abschnitt 8.1 beschrieben, im Allgemeinen von der Verwendung von Fähigkeitskennwerten zur Beurteilung bei diskreten Merkmalwerten abgeraten wird, soll hier dennoch aufgezeigt werden, wie diese prinzipiell ermittelt werden können.

Ergebnisse aus einer Gut-Schlecht-Prüfung

Werden Produkte bei einer Prüfung in die Kategorien **Einheit gut** und **Einheit schlecht** eingeteilt, lassen sich die Ergebnisse der Prüfung dazu verwenden, einen kritischen Fähigkeitsindex zu berechnen. Bei diskreten Merkmalen ist im Allgemeinen nur der kritische Fähigkeitsindex C_{pk} interessant, da auch bei zweiseitigen Toleranzen selten zwischen Toleranzüberschreitung und -unterschreitung unterschieden wird. Sollten diese Fehler getrennt gezählt werden, so ist nach analog zum nachfolgend vorgestellten Konzept auch die Berechnung eines C_p möglich.

Ist P der ermittelte Schätzwert für den **zu erwartenden Anteil guter Einheiten** in der Grundgesamtheit (P = Anzahl guter Einheiten/Anzahl geprüfter Einheiten), so lässt sich für diesen Anteilswert das P-Quantil der Standardnormalverteilung u_p berechnen. Dieses P-Quantil erhält man aus der inversen Verteilungsfunktion der Standardnormalverteilung $u_p = G^{-1}(P)$und es entspricht dem Abstand der Mittellage von einer (theoretischen) Toleranzgrenze in der Einheit „Standardabweichungen“. Dividiert man dieses Quantil u_p durch 3, so erhält man den kritischen Fähigkeitsindex $C_{pk\text{-}p}$.

Kritischer Fähigkeitsindex (Gut-Schlecht-Prüfung):

$$C_{pk-p} = \frac{u_p}{3}$$

Anzahl Ereignisse je Bezugseinheit (Defekts per Unit DPU)

Auch für die Anzahl Ereignisse je Bezugseinheit (Fehler je Einheit) $\mu = DPU$ kann ein kritischer Fähigkeitskennwert $C_{pk,DPU}$ berechnet werden.

Zunächst wird der **zu erwartende Anteil fehlerfreier Einheiten P** mit der Verteilungsfunktion der Poisson-Verteilung abgeschätzt, indem man in diese den Wert $x = 0$ einsetzt:

$$P = G(x \mid \mu) = \sum_{i=0}^{x} \frac{\mu^x}{x!} \cdot e^{-\mu} \quad \text{bzw. mit } x = 0 \text{ gilt} \quad G(0 \mid \mu) = e^{-\mu}$$

Mit dem zu erwartenden Anteil fehlerfreier Einheiten $P = e^{-\mu}$ berechnet man im zweiten Schritt das Quantil der Standardnormalverteilung. Dafür verwendet man die inverse Verteilungsfunktion der Standardnormalverteilung: $u_p = G^{-1}(P = e^{-\mu})$.

Im dritten und letzten Schritt wird der kritische Fähigkeitsindex (DPU) berechnet:

$$C_{pk\%,DPU} = \frac{u_p}{3}$$

Für das Beispiel $\mu = DPU = \frac{x}{n} = \frac{4}{200} = 0{,}02$ erhält man den zu erwartenden Anteil fehlerfreier Einheiten $G(x = 0) = e^{-\mu} = e^{-0{,}02} \approx 0{,}98$ bzw. als Prozentwert $0{,}98 \cdot 100\,\% = 98\,\%$.

Mit dieser Wahrscheinlichkeit berechnet man das 98 %-Quantil $u_{98\,\%} = 2{,}054$.

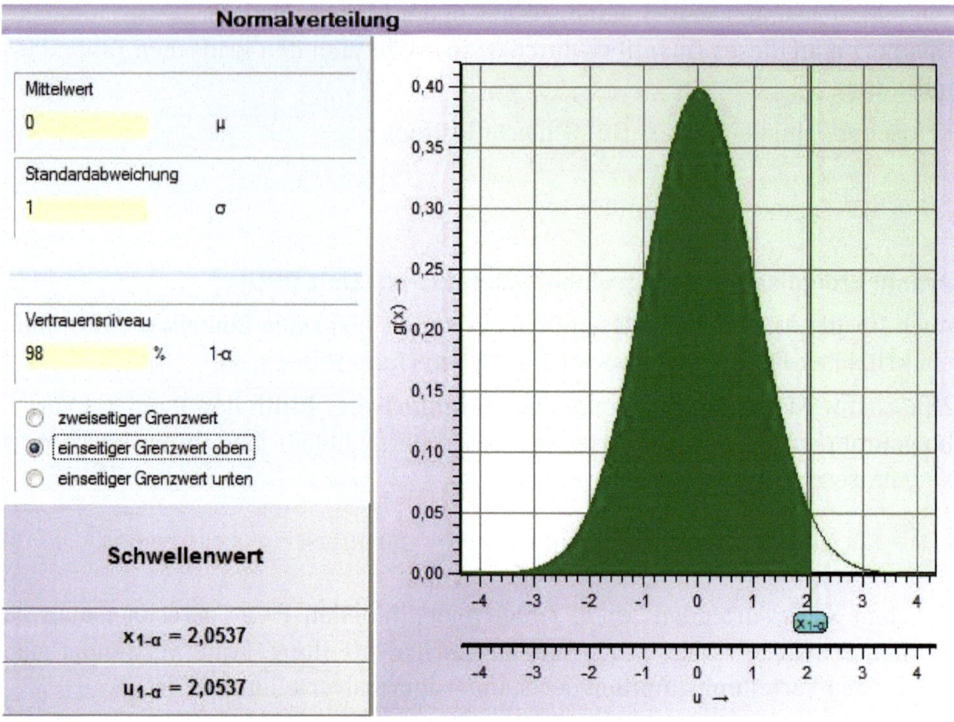

Bild 8.4 Ermittlung des 98 %-Quantils der Standardnormalverteilung mit dem Modul Verteilungen des Programmes qs-STAT®

Der kritische Fähigkeitsindex ergibt sich somit zu

$$C_{pk-DPU} = \frac{u_p}{3} = \frac{u_{98\,\%}}{3} = \frac{2{,}054}{3} \approx 0{,}685$$

9 Prozessbewertung kontinuierlicher Merkmale

9.1 Allgemeines

Für eine umfassende und korrekte Maschinen- und Prozessqualifikation ist es erforderlich, mithilfe statistischer Verfahren den jeweiligen Zustand ausreichend genau modellhaft zu beschreiben. Je besser dies gelingt, desto exakter sind die Ergebnisse und umso wertvoller die daraus gewonnenen Informationen. Wie können also geeignete statistische Modelle gefunden werden, die diesen Ansprüchen genügen?

Dazu werden von einer Fertigungseinrichtung entweder Prozessmerkmale oder Qualitätsmerkmale von gefertigten Teilen bzw. produzierten Produkten gemessen. Diese Messdaten repräsentieren – ein fähiges Messverfahren und ausreichend große Stichproben, vorausgesetzt – das Verhalten der Maschine bzw. des Prozesses. Bei einer determinierten Beschreibung müsste eine Funktion $f(x_i)$ gefunden werden, die den Zusammenhang zwischen den Parametern x_i und dem zutreffenden Funktionswert eindeutig widerspiegelt. Aufgrund der komplexen Zusammenhänge ist dies in der Regel nicht möglich. Daher wird der Prozess durch ein mathematisches Modell nachgebildet. Die Parameter zur Bestimmung des Modells werden mithilfe statistischer Verfahren den Messdaten entnommen. Sämtliche Beurteilungen und Fähigkeitsstudien basieren auf diesem Modell. Damit hängt die Güte des Ergebnisses eindeutig mit der Exaktheit des theoretischen Modells zusammen.

Die Qualifizierung eines Prozesses kann grob in vier Phasen eingeteilt werden. Diese sind in Bild 9.1 veranschaulicht.

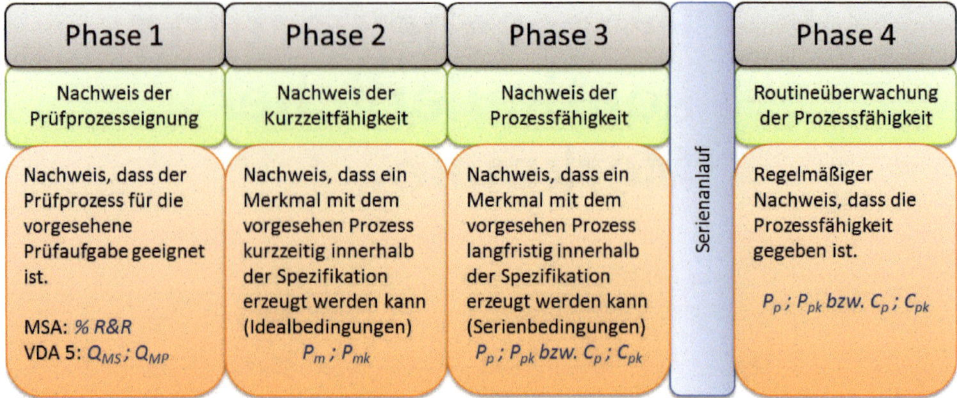

Bild 9.1 Qualifikationsphasen der Prozessbeurteilung

Der **primäre Zweck** ist der **Nachweis der Prozessqualifikation** vor dem Serienanlauf, sowie nachfolgend das **Monitoring** der Fertigungsprozesse über die **fortdauernde Fähigkeit.** Wird das Merkmal nach der erfolgreichen Prozessqualifikation in der Serie mit SPC-Qualitätsregelkarten überwacht, so können die dabei anfallenden Daten leicht für routinemäßige Bewertungen der Prozessleistung – z. B. für Quartalsberichte – verwendet werden. Man sollte jedoch nicht vergessen, dass auch eine Fähigkeitskenngröße, berechnet aus einer Stichprobe, eine Zufallsgröße ist. Das heißt, auch Fähigkeitskenngrößen unterliegen der Zufallsstreuung. Insofern ist es völlig normal, dass die Werte der Fähigkeitskennwerte streuen.

Im Folgenden ist die typische Schrittfolge für die Durchführung der Prozessbeurteilung in den Phasen zwei und drei dargestellt:

1. Beschaffung von Informationen zu dem Merkmal, wie Spezifikation, Anforderungen, Messsystem, usw.
2. Repräsentative Datenerhebung mit einem dafür geeigneten Messprozess
3. Plausibilität der Daten prüfen und ggf. Ausreißer entfernen
4. Prüfen der Stabilität des Lage- und Streuungsparameters (Zeitabhängigkeit!)
5. Anpassung eines Verteilungsmodells an die Daten und dessen Anpassungsgüte beurteilen
6. Ermittlung des zweiseitigen 99,73 %-Zufallsstreubereiches anhand des ausgewählten Verteilungsmodells.

Hinweis

Die zweite, dritte und vierte Phase unterscheiden sich vordergründig bezüglich des Datenvolumens und hinsichtlich des berücksichtigten Zeitraumes bei der Datenerhebung. Die eigentliche Intention ist aber, beginnend mit maschinen bedingten Einflüssen in Phase 2 zu allen Prozesseinflüssen in Phase 3 überzugehen, wobei Phase 4 letztlich alle dauerhaft im Prozess aufgetretenen Einflüsse bewerten soll. Diese Prozesseinflüsse werden oft mit den „5M" Mensch, Maschine, Material, Methode und Mitwelt zusammengefasst. Die Berechnungsmethoden für die Kennzahlbildung sollten in allen Phasen identisch sein.

9.2 Zeitabhängige Verteilungsmodelle

Erfahrungen haben gezeigt, dass sich reale Prozesse je nach Typ durch verschiedene zeitabhängige Verteilungsmodelle annähern lassen (Nowack/Kaiser, 1999). Die Erkenntnisse über zeitabhängige Verteilungsmodelle und die damit verbundene Bestimmung von Prozesskenngrößen sind in der internationalen Norm ISO 22514-2 (DIN, 2019) beschrieben.

Die in (DIN, 2019) gezeigten Modelle sind idealisiert dargestellt. In Wirklichkeit gehen die Modelle fließend ineinander über. Daher bleibt es dem Prozessanalysten überlassen, anhand geeigneter Verfahren die richtige Zuordnung zu finden. Insbesondere vergleichende Darstellungen erleichtern die Abschätzung, um Fehlinterpretationen zu vermeiden.

Ziel der Beurteilung ist es, mithilfe statistischer Verfahren:

- das geeignete Modell zu finden
- die Güte des gefundenen Modells zu beurteilen
- die statistischen Kennwerte mit dem gefundenen Modell zu berechnen
- die Ergebnisse zu interpretieren.

Dabei stehen neben den rein numerischen Verfahren auch grafische Darstellungen zur Verfügung. Beide werden in dem vorliegenden Buch behandelt.

Die ISO 22514-2 (DIN, 2019) setzt voraus, dass vor Berechnung der Indizes eine Prozessbeurteilung stattgefunden hat, und daran anschließend gegebenenfalls Prozessverbesserungen durchgeführt wurden. Die Prozessbeurteilung beinhaltet vor allem die Identifizierung eines sogenannten Verteilungszeitmodells aus dem zeitlichen Verhalten des Prozesses. Das heißt, das Verhalten eines betrachteten Merkmals kann anhand seiner Verteilung beschrieben werden, wobei sich die Verteilungsparameter wie Lage, Streuung und Form zeitabhängig verändern können. Diese zeitabhängigen Verteilungsmodelle sind im Folgenden beschrieben. Zusammenfassend sind folgende vier Fälle zu unterschieden:

Zeitabhängiges Verteilungsmodell	Lage konstant	Lage nicht konstant
Streuung konstant	A	C
Streuung nicht konstant	B	D

Für das Verteilungsmodell A gibt es folgende Untervarianten:

A1	Normalverteilt
A2	Nicht normalverteilt, aber eingipflig (unimodal)

Ebenso unterscheidet man beim Verteilungsmodell C vier verschiedene Ausprägungen der Lageveränderungen:

C1	Lageänderung auf Basis einer Normalverteilung, die resultierende Verteilung ist wieder eine Normalverteilung
C2	Zufällige Lageänderung, die resultierende Verteilung ist keine Normalverteilung aber eingipflig (unimodal)
C3	Systematische Lageänderungen, die resultierende Verteilung hat eine beliebige Form und kann möglicherweise mit erweiterter Normalverteilung beschrieben werden
C4	Zufällige und systematische Änderungen, resultierende Verteilung hat eine beliebige Form, kann ggf. nur mit einer mehrgipfligen (multimodalen) Mischverteilung sinnvoll beschrieben werden.

In Tabelle 9.1 sind alle zeitabhängigen Verteilungsmodelle zusammengefasst.

Tabelle 9.1 Übersicht zeitabhängiger Verteilungsmodelle

Merkmal	Zeitabhängige Verteilungsmodelle[c]							
	A1	A2	B	C1	C2	C3	C4	D
Lage[a]	c	c	c	r	r	s	sr	sr
Streuung[a]	c	c	sr	c	c	c	c	sr
Momentanverteilung[b]	nd	1 m	nd	nd	nd	nd	nd	as
Resultierende Verteilung[b]	nd	1 m	1 m	nd	1 m	as	as	as
Siehe Abschnitt 9.2.1 bis Abschnitt 9.2.9	9.2.1	9.2.2	9.2.3	9.2.4	9.2.5	9.2.6	9.2.7	9.2.8

a Lage/Verteilung:
„c“ = Parameter bleibt konstant (*c*onstant);
„r“ = Parameter ändert sich ausschließlich zufällig (*r*andomly);
„s“ = Parameter ändert sich ausschließlich systematisch (*s*ystematically);
„sr“ = Parameter ändert sich zufällig und systematisch.

b Momentan-/resultierende Verteilung:
„nd“ = normalverteilt (*n*ormally *d*istributed);
„1 m“ = nicht normalverteilt, ausschließlich unimodal (*one mode*);
„as“ = beliebige Form (*a*ny *s*hape).

c Die Auswahl des Modells ergibt sich aus der Prozessbeurteilung.

9.2.1 Zeitabhängiges Verteilungsmodell A1

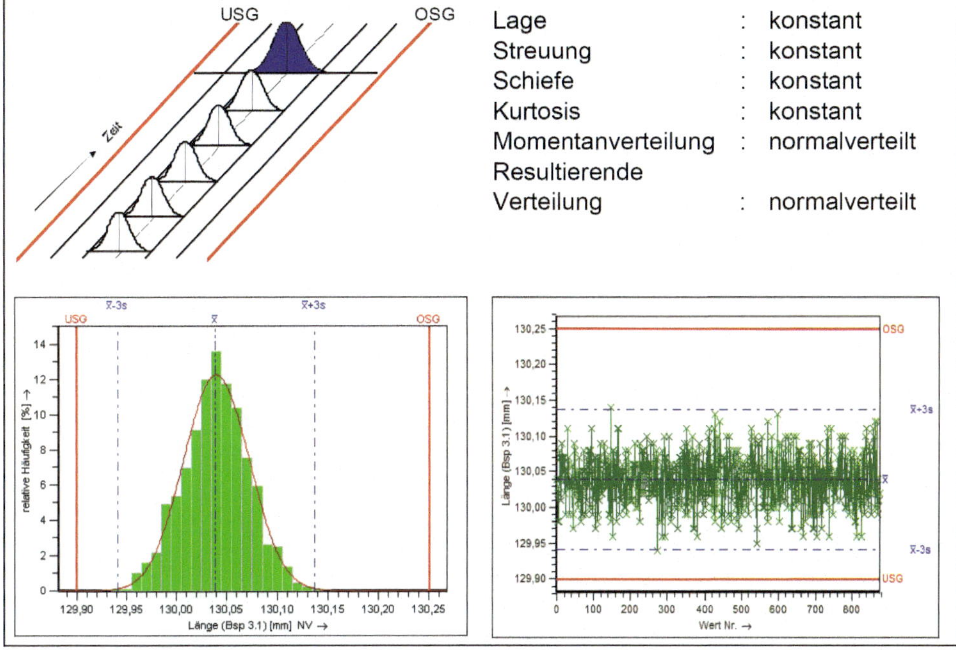

Bild 9.2 Zeitabhängiges Verteilungsmodell A1

Das zeitabhängige Verteilungsmodell A1 repräsentiert einen idealisierten Prozess, der in der Praxis sehr selten auftritt. Die Forderungen an diesen Prozesstyp lauten, dass die Parameter Lage, Streuung, Schiefe und Kurtosis sich über die Zeit nicht verändern und damit konstant bleiben. Darüber hinaus müssen die jeweiligen Momentanverteilungen normalverteilt sein. aufgrund von Einflüssen, die auf einen inneren Prozess wirken, kann die Konstanz über längere Zeit in der Regel nicht aufrecht erhalten bleiben. Konsequenterweise müssen in solchen Fällen andere Verteilungsmodelle zum Tragen kommen.

Speziell im Bereich der Lehre wird dieses Modell gerne herangezogen, weil die mathematischen Verfahren zur Bestimmung des Fähigkeitskennwertes und das Abschätzen der Überschreitungsanteile in diesem Fall sehr einfach dargestellt werden können.

9.2.2 Zeitabhängiges Verteilungsmodell A2

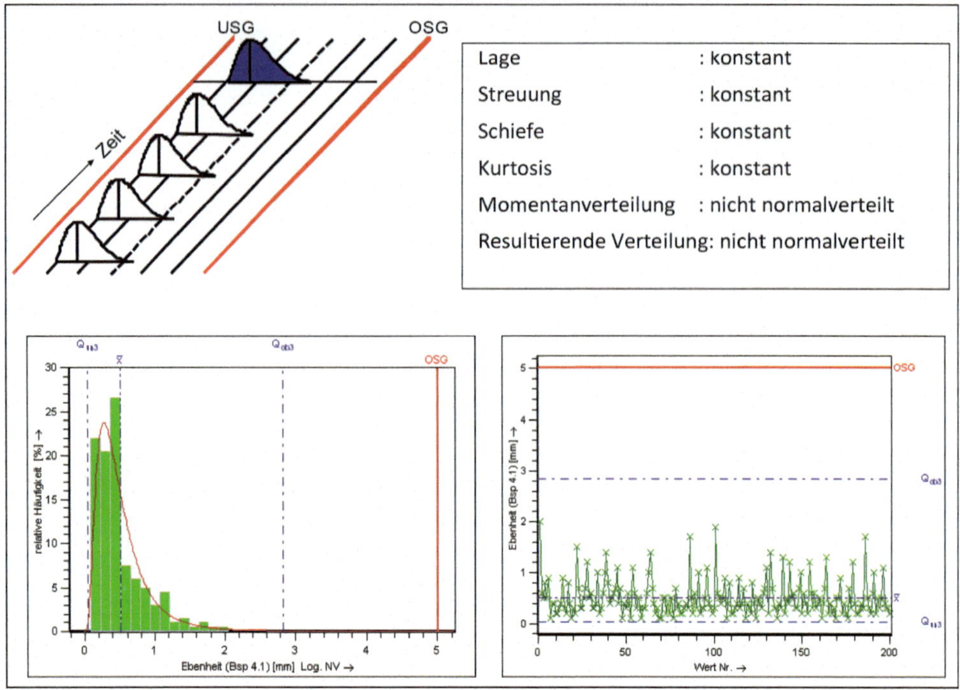

Bild 9.3 Zeitabhängiges Verteilungsmodell A2

Bei dem zeitabhängigen Verteilungsmodell A2 sind die statistischen Parameter ähnlich wie bei dem Modell A1 konstant, allerdings handelt es sich dabei um eine schiefe Verteilung. Das heißt, der Prozess bleibt bezüglich seiner Lage und Streuung konstant, die beiden Parameter Schiefe und Kurtosis weichen von den Werten der Normalverteilung ab, bleiben aber ebenfalls zeitlich konstant. Konsequenterweise ist die resultierende Verteilung nicht normalverteilt. Zur Beschreibung dieses Verteilungszeitmodells können eingipflige Verteilungen wie logarithmische Normalverteilung, Betragsverteilung 1. und 2. Art, Weibull-Verteilung, Johnson Transformationen und ähnliche Modelle herangezogen werden.

Dieses Verteilungszeitmodell kommt typischerweise bei Form- und Lagemaßen, Oberflächenmessungen, Schichtdickemessungen, Drehmoment oder Härte zum Tragen. Diese Situation tritt oft dann auf, wenn, wie beispielsweise bei Form und Lage, eine einseitige physikalische/technische Grenze (meist Null) vorliegt, oder wenn der Prozess wie z. B. bei Schichtdicke oder Drehmoment gezielt in Richtung eines Grenzwertes gesteuert wird. Je nach Prozesstyp ist die Verteilung links- oder rechtsschief. Eine eingipflige Verteilung für diese Art von Produktmerkmalen kann in der Regel nur für eine geringe Anzahl von Werten bzw. über kürzere

Zeiträume nachgewiesen werden, da auch solche Prozesse Streuungsänderungen unterliegen und dann in ein anderes Verteilungszeitmodell übergehen.

9.2.3 Zeitabhängiges Verteilungsmodell B

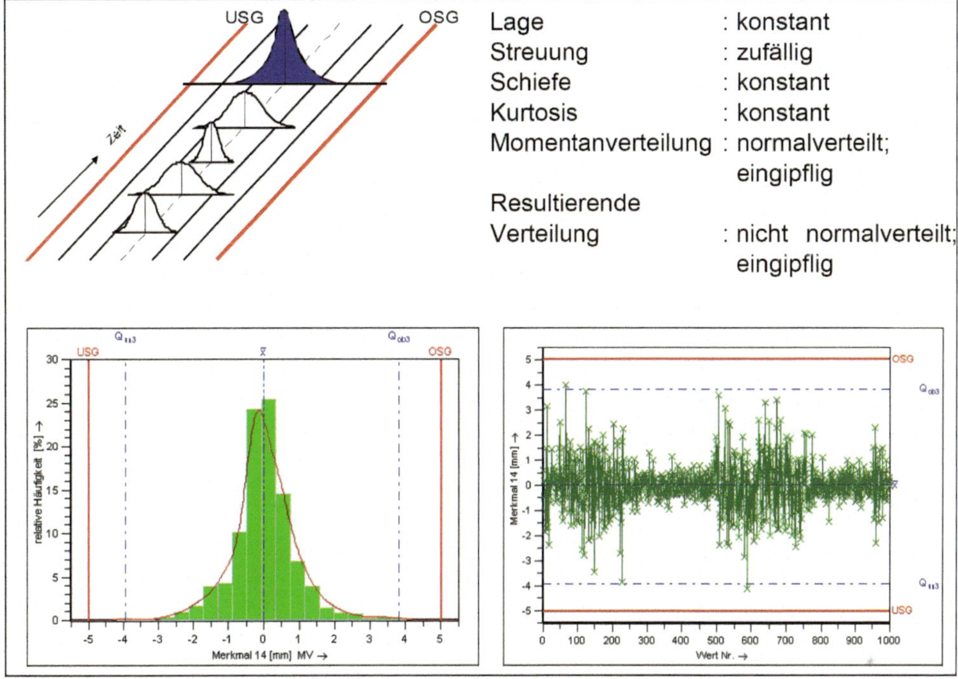

Bild 9.4 Zeitabhängiges Verteilungsmodell B

Prozesse, die bezüglich der Lage, der Schiefe und Kurtosis konstant sind, deren Streuung sich aber über die Zeit hinweg verändert, können mit dem zeitabhängigen Verteilungsmodell B beschrieben werden. Dabei ist die Momentanverteilung eingipflig und normalverteilt. Konsequenterweise wird dann die resultierende Verteilung ebenfalls eingipflig aber nicht normalverteilt.

Der Werteverlauf in Bild 9.4 zeigt deutliche Veränderungen des Prozesses bezüglich seiner Streuung. Der Mittelwert bleibt über den gesamten Beobachtungszeitraum konstant. In der Regel ist es schwierig, die Hintergründe für die Streuungsveränderungen herauszufinden bzw. diese durch entsprechende Maßnahmen zu reduzieren. Solche Prozesse können beispielsweise bei Materialschwankungen auftreten, auf das aufgrund seiner Beschaffenheit (z. B. Naturprodukte) kein oder nur bedingt Einfluss genommen werden kann.

9.2.4 Zeitabhängiges Verteilungsmodell C1

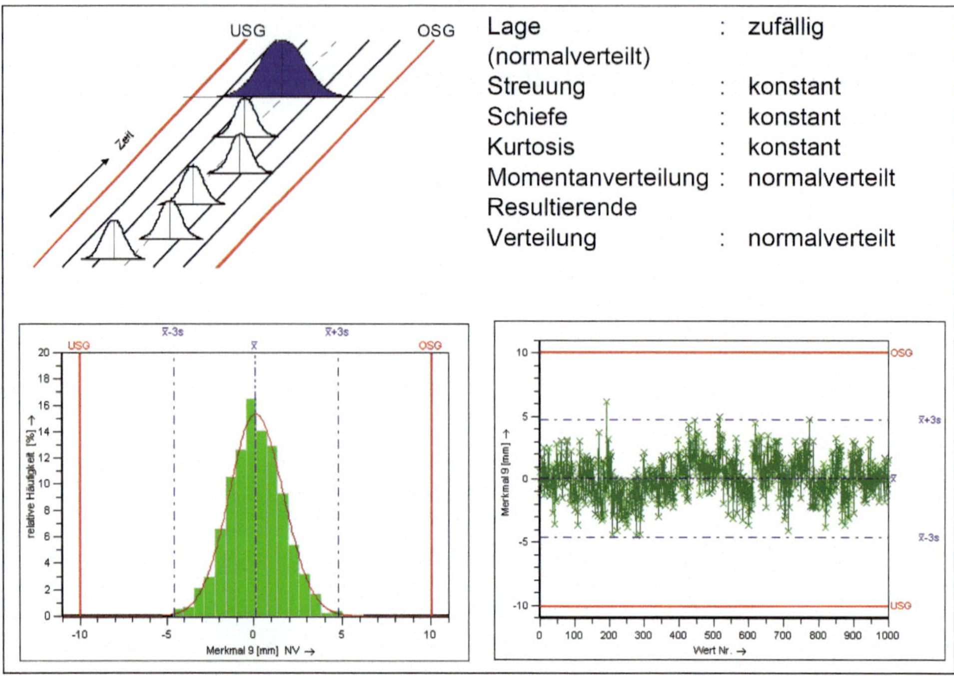

Bild 9.5 Zeitabhängiges Verteilungsmodell C1

Typisches Merkmal aller zeitabhängigen Verteilungszeitmodelle, die mit C bezeichnet sind, ist die unterschiedliche Veränderung der Lage. Alle anderen Parameter wie Streuung, Schiefe und Kurtosis bleiben über die Zeit weitestgehend konstant. Bei dem zeitabhängigen Verteilungsmodell C1 verändert sich die Prozesslage zufällig. Allerdings sind die Veränderungen der Prozesslage (z. B. Mittelwerte der Momentanverteilung) ebenso wie die Momentanverteilung normalverteilt. Hieraus ergibt sich wiederum eine resultierende Normalverteilung.

Der in Bild 9.5 dargestellte Werteverlauf und das Histogramm zeigen eine solche Situation. Obwohl es zunächst vermutet werden kann, dass sich praxisrelevante Prozesse so verhalten, ist dieser Prozesstyp relativ selten zu finden, was daran liegt, dass die Veränderung der Lage oft nicht normalverteilt ist.

9.2.5 Zeitabhängiges Verteilungsmodell C2

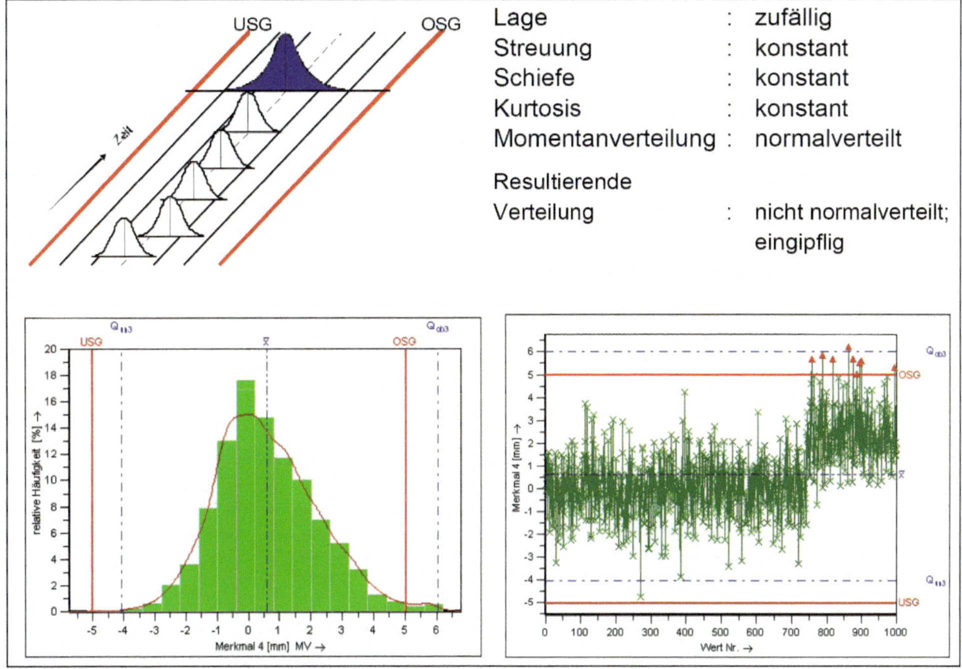

Bild 9.6 Zeitabhängiges Verteilungsmodell C2

Das zeitabhängige Verteilungsmodell C2 ist analog zu dem zeitabhängigen Verteilungsmodell C1 bezüglich seiner Streuung, Schiefe und Kurtosis konstant. Die Momentanverteilung ist eingipflig normalverteilt, aber aufgrund der Lageveränderungen ergibt sich eine resultierende Verteilung, die nicht mehr als normalverteilt bezeichnet werden kann. Trotzdem ist diese Verteilung eingipflig.

Dieses zeitabhängige Verteilungsmodell kommt, wie das zeitabhängige Verteilungsmodell C1, in der Praxis selten vor und geht oft in ein Verteilungszeitmodell C4 über.

9.2.6 Zeitabhängiges Verteilungsmodell C3

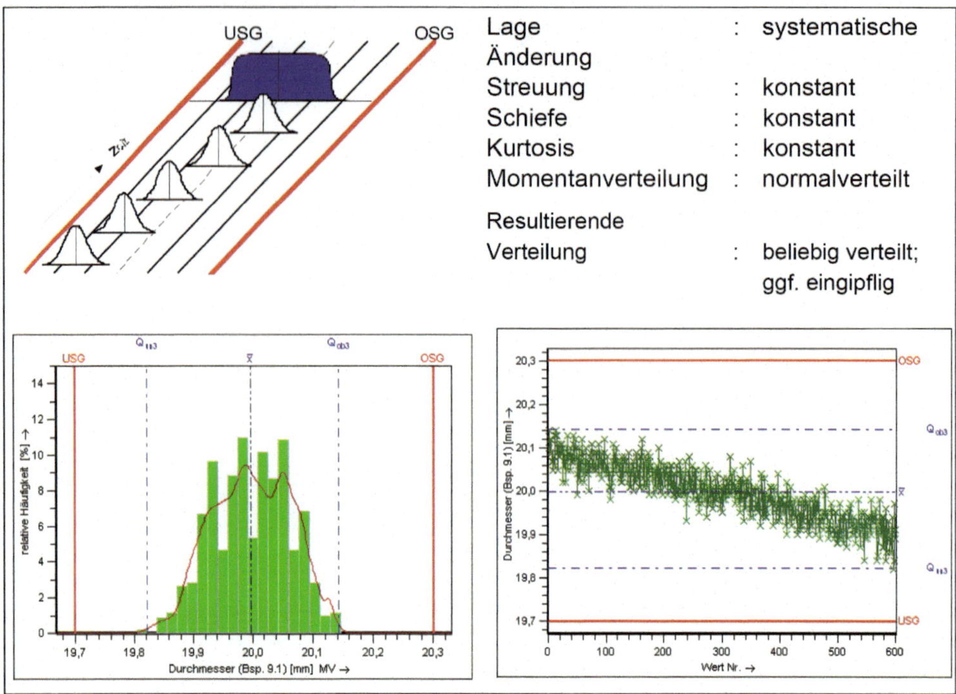

Bild 9.7 Zeitabhängiges Verteilungsmodell C3

Bei dem zeitabhängigen Verteilungsmodell C3 sind Streuung, Schiefe und Kurtosis konstant. Allerdings ändert sich der Prozess bezüglich seiner Lage systematisch. Daraus ergibt sich eine resultierende Verteilung, die beliebig verteilt sein kann. Im Idealfall wäre dies eine angenäherte Rechteckverteilung, in der Praxis eher eine Trapezverteilung oder, mehr statistisch, eine erweiterte Normalverteilung.

Typische Prozesse sind Trendprozesse z. B. aufgrund von gleichbleibendem Verschleiß. Die systematischen Veränderungen können auch zyklisch erfolgen, wodurch der Werteverlauf einem Sägezahn ähnelt. Dies ist in der Regel dann der Fall, wenn bei einem Verschleiß ein Werkzeug entweder in Abhängigkeit des Grades des Verschleißes oder in festen Zeitabständen nachgestellt wird. Unterliegen bei einem Prozess die Prozessparameter periodischen Einflüssen, kann von ähnlichem Verhalten ausgegangen werden.

9.2.7 Zeitabhängiges Verteilungsmodell C4

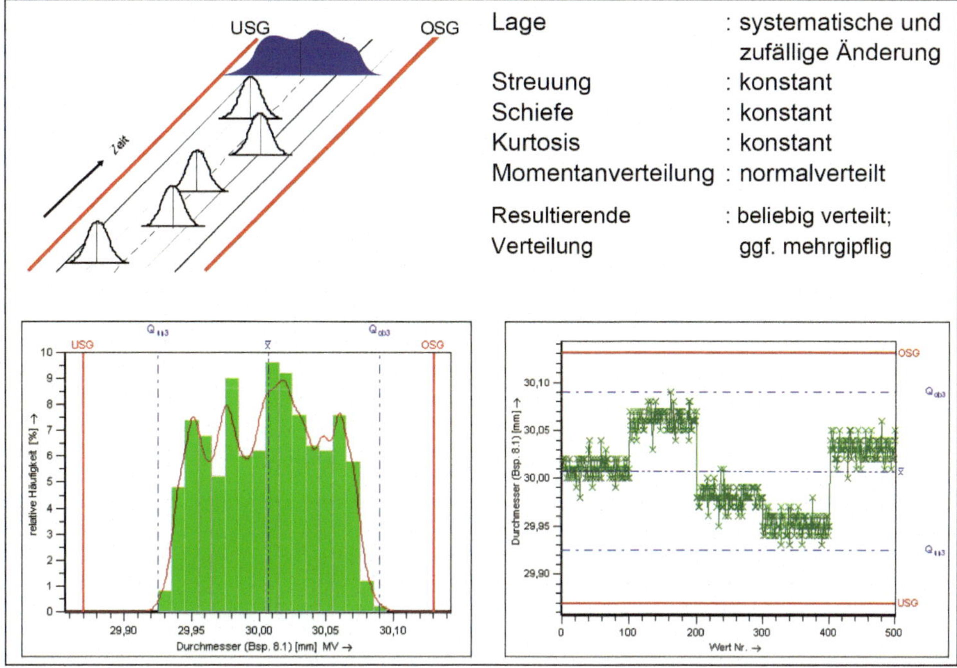

Bild 9.8 Zeitabhängiges Verteilungsmodell C4

Beim zeitabhängigen Verteilungsmodell C4 sind Streuung, Schiefe und Kurtosis konstant. Die Prozesslage kann sich aber zufällig oder systematisch verändern. Das Ergebnis für die resultierende Verteilung ist damit beliebig und in der Regel mehrgipflig.

Typische Prozesse, bei denen dieses zeitabhängige Verteilungsmodell zum Tragen kommt, sind Prozesse, bei denen die Veränderungen aufgrund von Chargen- oder Werkzeugwechsel entstehen.

Dieses zeitabhängige Verteilungsmodell ist umso deutlicher ausgebildet, je geringer die Streuung der Momentanverteilung im Verhältnis zu der Streuung der Prozesslage ist. Diese Art von Prozess kommt in der Praxis häufig vor. Typisches Beispiel sind feststehende Werkzeuge, bei denen die Streuung zwischen den einzelnen Teilen gering ist, bei einem Wechsel aber Veränderungen bezüglich der Lage auftreten.

Die im Werteverlauf (Bild 9.8) dargestellte Situation kann auch aufgrund unterschiedlicher Zeiträume, Maschinen, Nester und ähnlichen Einflüssen auftreten.

9.2.8 Zeitabhängiges Verteilungsmodell D

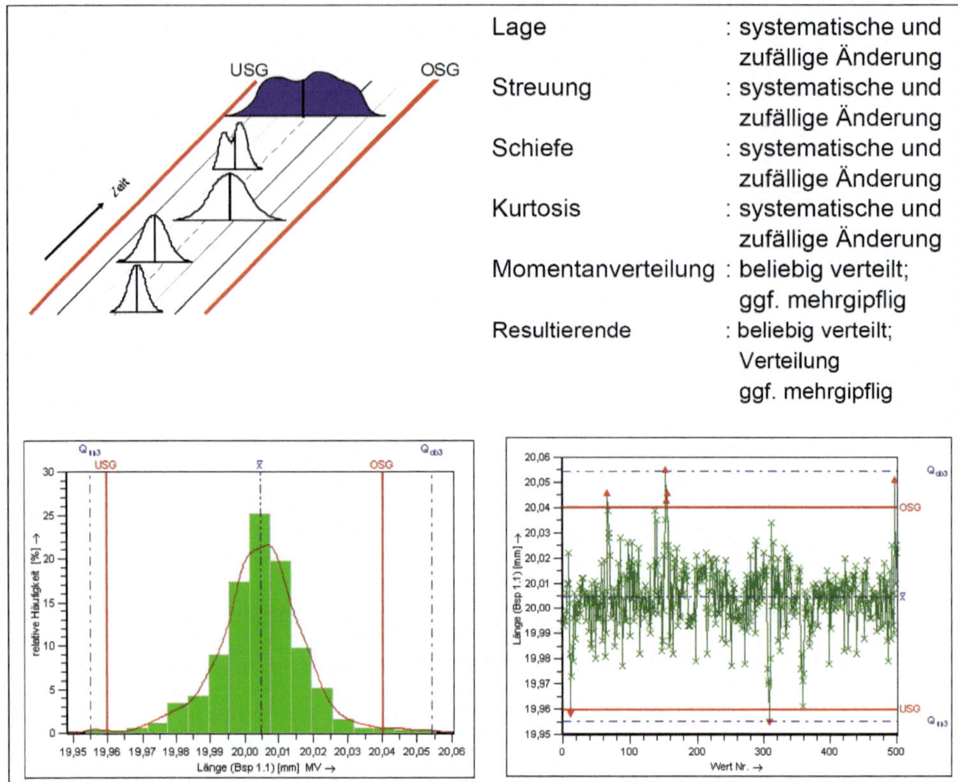

Bild 9.9 Zeitabhängiges Verteilungsmodell D

Bei dem zeitabhängigen Verteilungsmodell D handelt es sich um eine Art „Worst Case“-Fall, der leider in der Praxis aufgrund nicht konsequent geregelter Prozesse sehr oft zu sehen ist. Alle Parameter wie Lage, Streuung, Schiefe und Kurtosis können sich sowohl systematisch als auch zufällig ändern. Konsequenterweise kann auch die Momentanverteilung beliebig verteilt bzw. mehrgipflig sein. Die daraus resultierende Verteilung ist ebenfalls beliebig und oft mehrgipflig.

In der Praxis treten aufgrund der Vielzahl der Einzelfaktoren solche Situationen sehr häufig auf. Der Werteverlauf in Bild 9.9 zeigt deutlich die Veränderung des Prozesses über die Zeit bezüglich Lage und Streuung.

9.2.9 Qualitätsfähigkeit eines Prozesses

Um ein besseres Verständnis für den Ausdruck „Prozessfähigkeit“ zu vermitteln, die als die Qualitätsfähigkeit eines Prozesses definiert ist, zeigen Bild 9.10 und Bild 9.11 zwei unterschiedliche Situationen:

- Bild 9.10 zeigt die schematische Positionierung einiger Momentanverteilungen entlang der Zeitachse. Was die Stichproben betrifft, liegen alle Momentanverteilungen innerhalb der Grenzwerte, auch wenn deren Lage und Streuung unterschiedlich sind.

  Daher verbleibt auch die resultierende Verteilung innerhalb der Grenzwerte und stellt Produktmerkmale sicher, welche im gezeigten Zeitabschnitt die Qualitätsforderung an dieses Produktmerkmal erfüllen.

  Die Forderungen an die Qualitätsfähigkeitskenngrößen sind gegebenenfalls erfüllt.

- Bild 9.11 veranschaulicht einen Prozess mit einer nicht zufriedenstellenden Qualitätsfähigkeit. Die Forderungen an die Qualitätsfähigkeitskenngrößen sind nicht erfüllt.

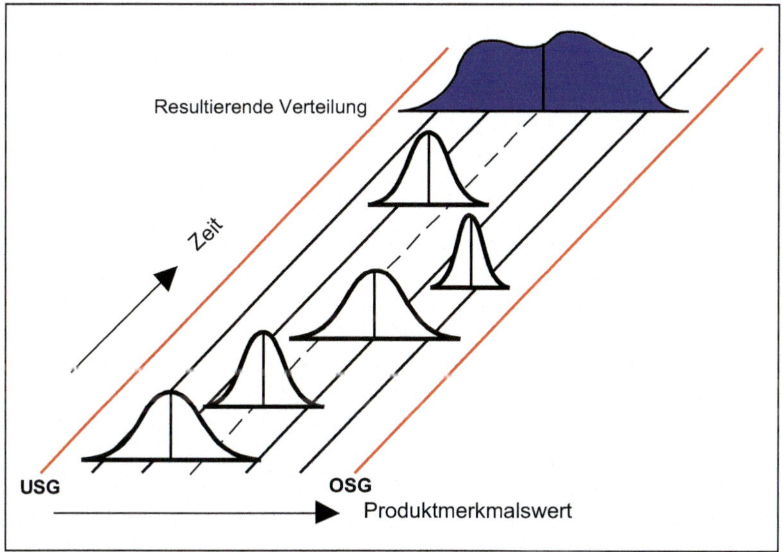

Bild 9.10 Qualitätsfähiger Prozess

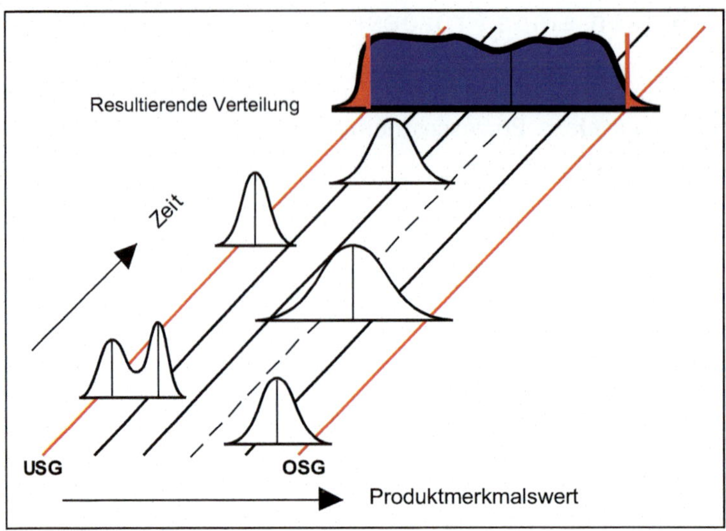

Bild 9.11 Nicht qualitätsfähiger Prozess

Die Aussage „qualitätsfähiger Prozess“ oder „nicht qualitätsfähiger Prozess“ gilt es zu präzisieren. Dazu werden die Kennwerte (Indizes) „Prozessleistung“ und „Prozessfähigkeit“ berechnet und dieser mit vorgegebenen Grenzwerten verglichen (s. Abschnitt 9.2.6). Anhand dieser Vergleiche erfolgt die Bewertung, ob der Prozess „qualitätsfähig“ oder „nicht qualitätsfähig“ ist.

9.3 Typische Kenngrößen

In erster Linie sollte man sich bei der Anwendung von SPC auf die Beurteilung und Überwachung der Herstellprozesse konzentrieren. Basierend auf dem Konzept der ständigen Qualitätsverbesserung müssen zweckentsprechende, prozessbezogene Qualitätsregelkarten zum Einsatz gelangen, die es erlauben, Erkenntnisse zu gewinnen, die erreichte Qualitätsleistung aufrechtzuerhalten und, wenn immer technisch sinnvoll und wirtschaftlich vertretbar, zu verbessern.

Darüber hinaus bietet eine korrekte Anwendung von SPC zusätzlich die Möglichkeit die aktuell erreichte und in der Zukunft zu erwartende Qualitätsleistung des zu beurteilenden Prozess durch eine einfache und leicht verständliche Qualitätsfähigkeitskenngröße zu beschreiben. Es ist allerdings wichtig, dass diese Qualitätsfähigkeitskenngröße allgemein gültig verständlich definiert ist und den zu betrachtenden Sachverhalt ausreichend genau repräsentiert.

In der Vergangenheit wurde häufig über die richtige Bestimmung der Qualitätsfähigkeitskenngrößen diskutiert, vor allem, welche Formel für die Berechnung angewandt werden soll. Diese Diskussion erübrigt sich mit der ISO Reihe 22514, speziell für Prozessfähigkeiten mit ISO 22514-2 (DIN, 2019). Dort sind nicht nur die typischen zeitabhängigen Verteilungsmodelle definiert, sondern auch eindeutig festgelegt, bei welchem zeitabhängigen Verteilungsmodell (Abschnitt 9.2) welche Berechnungsformeln zu verwenden sind.

Die im Folgenden vorgestellte Methode zur Berechnung von Prozessfähigkeitskenngrößen ist in der Norm ISO 22514-2 als allgemeine geometrische Methode $M_{l,d}$ definiert.

9.3.1 Prozessleistung (Prozesspotenzial)

In Bild 9.12 sind die Strecken **Toleranz T** und **Prozessstreubreite Δ** dargestellt. Der Prozessfähigkeitsindex C_p wird berechnet, indem man die Toleranz T durch die Prozesstreubreite Δ teilt.

Die Prozessfähigkeit C_p

- ... ist ein Maß für die Leistung, die ein Prozess bei optimaler Einstellung erbringen könnte
- ... hängt von der Prozessstreubreite ab
- ... ist von der Merkmalstoleranz abhängig
- ... drückt aus, „wie oft die Prozessstreubreite Δ in die Toleranz passt“.

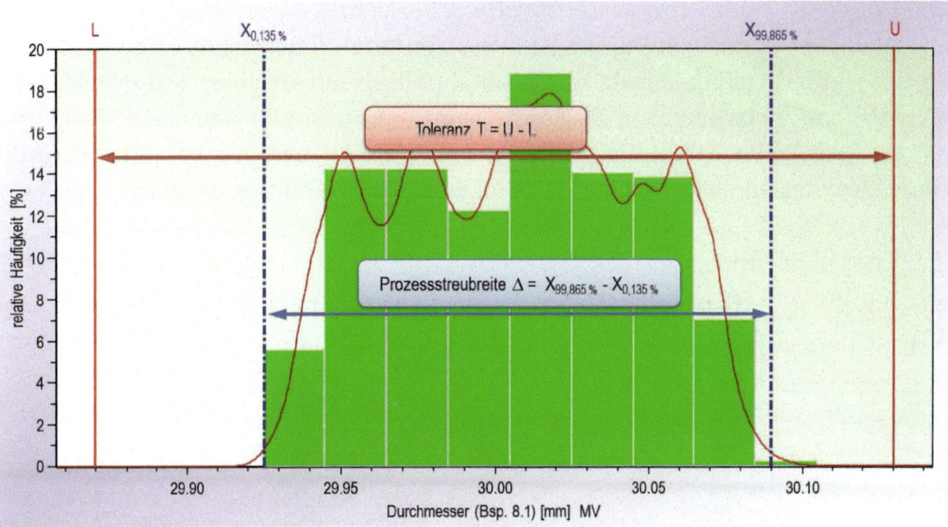

Bild 9.12 Veranschaulichung der Strecken Toleranz T und Prozessstreubreite Δ, die für die Berechnung des Prozessfähigkeitsindexes C_p verwendet werden

Nach dieser Definition ist die **Prozessfähigkeit C_p** unabhängig von der Prozesslage.

Der Zweck der Kennzahl C_p ist, ein Maß dafür zu haben, wie sicher die zu erwartenden Merkmalswerte – ausgedrückt durch die **Prozesstreubreite Δ** – innerhalb der **Toleranz T** erzeugt werden könnten.

Hinweis

Da es immer wieder Diskussionen gibt, was mit der (spezifizierten) Toleranz gemeint ist, soll hier eine Definition aus ISO 3534-2 zitiert werden: Die spezifizierte Toleranz ist Differenz zwischen oberer und unterer Spezifikationsgrenze. Wenn fälschlich von oberer und unterer Toleranz gesprochen wird, dann sind entweder obere und untere Abmaße oder stellvertretend dafür auch Spezifikationsgrenzen gemeint, aber keine Toleranzen. Um Missverständnisse zu vermeiden, werden hier ISO-konform die Abkürzungen U für die obere Spezifikationsgrenze (**U**pper specification limit) und L für die untere Spezifikationsgrenze (**L**ower specification limit) verwendet. ■

Die **Toleranz T** wird also aus den Spezifikationsgrenzen berechnet, indem man von der **oberen Spezifikationsgrenze U** die **untere Spezifikationsgrenze L** abzieht (Die Bezeichnung der Spezifikationsgrenzen folgt hier ebenso der Festlegung in ISO 3534-2 und ISO 22514-2).

Toleranz $T = U - L$

Definition des zweiseitigen 99,73 %-Zufallsstreubereiches Δ (Prozessstreubreite)

Das in Bild 9.12 mit **Prozessstreubreite Δ** bezeichnete Werteintervall entspricht formal dem **zweiseitigen 99,73 %-Zufallsstreubereich** des an die Merkmalswerte angepassten Verteilungsmodells. Dieser Zufallsstreubereich ist festgelegt durch den Abstand zwischen dem 99,865 %-Quantil $\hat{X}_{99,865\%}$ und dem 0,135 %-Quantil $\hat{X}_{0,135\%}$. Diese beiden Quantile berechnet man mit der **inversen Verteilungsfunktion $G^{-1}(p)$** des an die Merkmalswerte angepassten Verteilungsmodells.

Prozessstreubreite $\Delta = \hat{X}_{99,865\%} - \hat{X}_{0,135\%}$

Speziell für das Modell der Normalverteilung ist die Berechnung besonders einfach:

$$\hat{X}_{99,865\,\%} = \hat{\mu} + 3 \cdot \hat{\sigma}$$

$$\hat{X}_{0,135\%} = \hat{\mu} - 3 \cdot \hat{\sigma}$$

$$\Delta = X_{99,865\%} - X_{0,135\%} = (\hat{\mu} + 3 \cdot \hat{\sigma}) - (\hat{\mu} - 3 \cdot \hat{\sigma}) = 6 \cdot \hat{\sigma}$$

Den **Prozessfähigkeitsindex C_p** erhält man, indem man die **Toleranz T** durch die **Prozessstreubreite Δ** teilt:

$$\text{Prozessfähigkeitsindex} \quad C_p = \frac{T}{\Delta}$$

Gemäß der Norm ISO 22514-2 ist für eine zeitlich **stabil** eingestufte Prozessverteilung eine andere Bezeichnung für diese Fähigkeitskenngröße zu wählen als für **instabil** eingestufte Prozessverteilungen.

Es gilt

- **Prozessfähigkeitsindex C_p** (Capability) für eine **stabil** eingestufte Prozessverteilung
- **Prozessleistungsindex P_p** (Performance) für eine **instabil** (oder nicht sicher stabil) eingestufte Prozessverteilung

9.3.2 Kleinster Fähigkeitsindex C_{pk} (P_{pk})

Der **Prozessfähigkeitsindex C_p** ist, wie oben dargestellt, unabhängig von der tatsächlichen Prozesslage. Daher ist es notwendig, zusätzlich zum **Prozessfähigkeitsindex C_p** auch den **kleinsten Prozessfähigkeitsindex C_{pk}** zu ermitteln, der im Deutschen oft „kritischer Fähigkeitsindex" genannt wird. Nur wenn beide Kenngrößen gemeinsam vorliegen, ist eine vollständige Beurteilung der Prozessstreuung und -lage im Vergleich zur Toleranz möglich.

Hinweis

Der Bezug „kleinster" wird oft missverstanden, denn er vergleicht zwei einseitig berechnete Fähigkeitsindizes, wie nachfolgend dargestellt, und meint den davon kleineren. Dieser C_{pk} ist zwar im Allgemeinen auch kleiner als C_p, was mit diesem Zusatz aber nicht gemeint ist.

Der **kleinste Prozessfähigkeitsindex** beschreibt die tatsächliche Fähigkeit eines Prozesses, die Werte eines bestimmten Merkmals in gleichbleibender Weise innerhalb der vorgegebenen Spezifikationsgrenzen erzeugen zu können. Der kleinste Prozessfähigkeitsindex beurteilt die Qualitätsleistung eines Prozesses anhand eines Vergleiches der **Prozessstreubreite** mit der **Toleranzbreite** unter gleichzeitiger Berücksichtigung der Prozesslage.

Der kleinste Fähigkeitsindex

- berücksichtigt die tatsächliche Prozesslage im Verhältnis zu den Spezifikationsgrenzen
- ist abhängig von der Prozesslage und der Prozessstreubreite.

In Bild 9.13 sind die Strecken dargestellt, die für die Bestimmung des **kleinsten Prozessfähigkeitsindexes C_{pk}** von Bedeutung sind.

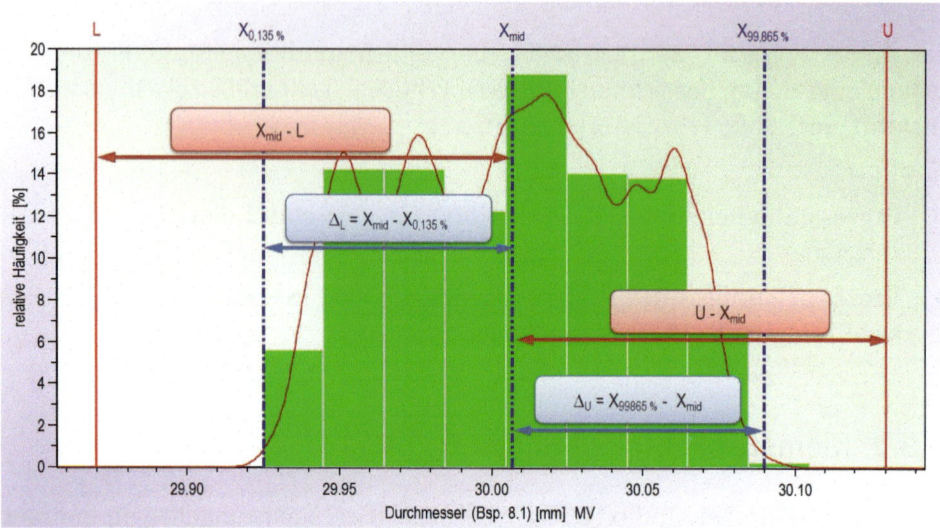

Bild 9.13 Veranschaulichung der Strecken, die für die Ermittlung des kleinsten Fähigkeitsindexes verwendet werden

Für die Berechnung ist eine weitere Größe hinzugekommen, die Prozesslage X_{mid}. Diese wird üblicherweise durch das 50%-Quantil $\hat{X}_{50\%}$ der an die Merkmalswerte angepassten Verteilung festgelegt (Median der Verteilung). Alternativ wird manchmal der Erwartungswert $\hat{\mu}$d, bzw. der Mittelwert $\overline{x}$ der Verteilung gewählt, was laut ISO 22514-2 aber nicht verallgemeinert werden kann.

In Bild 9.13 sind die Strecken veranschaulicht, die in den folgenden Bestimmungsgleichungen verwendet werden.

Kleinster Prozessfähigkeitsindex $$C_{pk} = \min\left\{\frac{U - X_{mid}}{\Delta_U}; \frac{X_{mid} - L}{\Delta_L}\right\}$$

Aufgrund der **min**-Funktion vor der geschweiften Klammer ist also der kleinere Ergebniswert der beiden Brüche innerhalb der Klammern zu übernehmen.

Gemäß der internationalen Norm ISO 22514-2 sind für **stabil** eingestufte Prozessverteilungen andere Bezeichnungen zu verwenden als für **instabil** eingestufte Prozessverteilungen.

Es gilt:

- **Kleinster Prozessfähigkeitsindex C_{pk}** (Capability) für **stabil** eingestufte Prozessverteilungen
- **Kleinster Prozessleistungsindex P_{pk}** für eine **instabil** (oder nicht sicher stabil) eingestufte Prozessverteilung.

9.3.3 Qualifikationsphasen und Indizes

In vielen Organisationen ist die Wahl der Symbole und Bezeichnungen für die Fähigkeitskenngrößen davon abhängig, welches Zeitintervall für die Untersuchung berücksichtigt wurde. So wird unterschieden, ob bei der Datenerhebung nur eine einzelne Stichprobe, mehrere Stichproben innerhalb von 30 Tagen oder viele Stichproben über mehrere Monate berücksichtigt worden sind. In Bild 9.14 ist zu erkennen, in welcher Prozessqualifizierungsphase typischer Weise welche Symbole und Bezeichnungen verwendet werden.

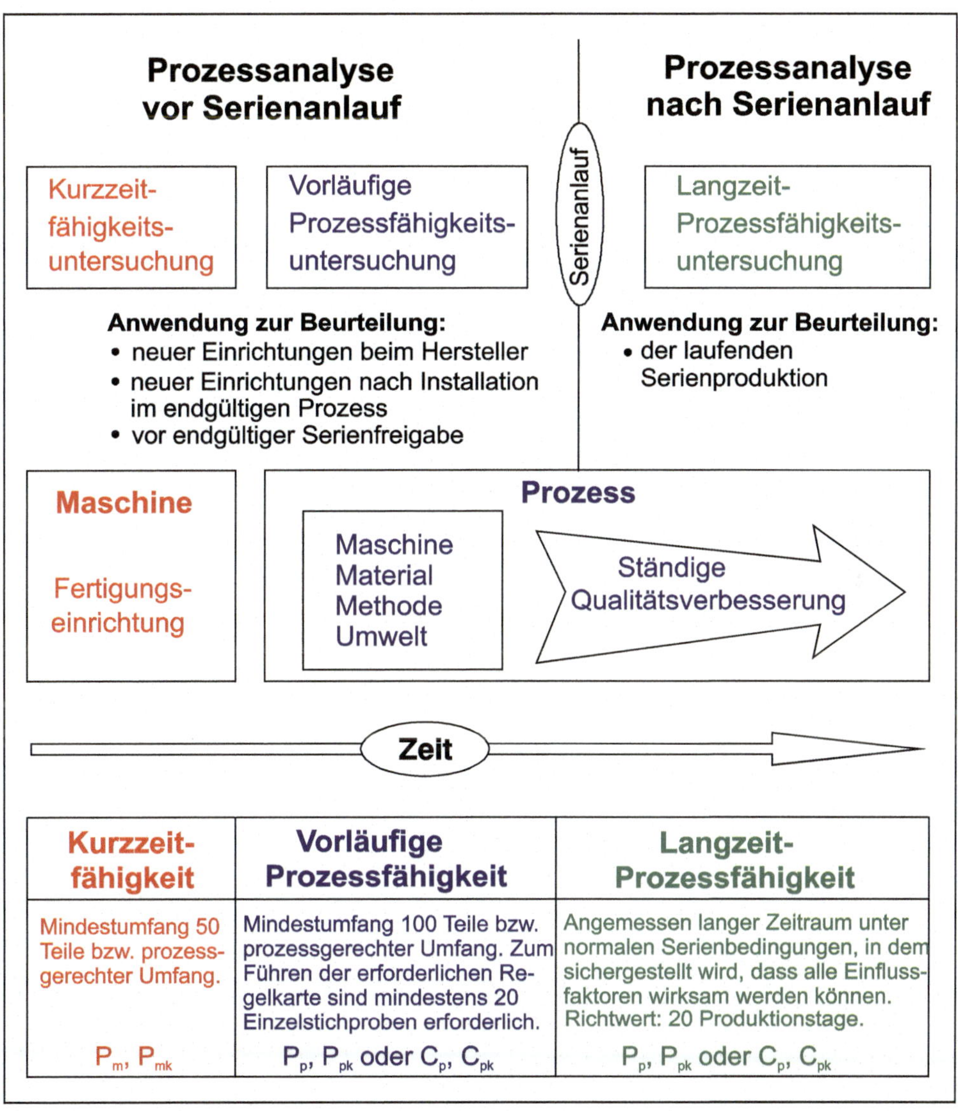

Kurzzeit-fähigkeit	Vorläufige Prozessfähigkeit	Langzeit-Prozessfähigkeit
Mindestumfang 50 Teile bzw. prozessgerechter Umfang.	Mindestumfang 100 Teile bzw. prozessgerechter Umfang. Zum Führen der erforderlichen Regelkarte sind mindestens 20 Einzelstichproben erforderlich.	Angemessen langer Zeitraum unter normalen Serienbedingungen, in dem sichergestellt wird, dass alle Einflussfaktoren wirksam werden können. Richtwert: 20 Produktionstage.
P_m, P_{mk}	P_p, P_{pk} oder C_p, C_{pk}	P_p, P_{pk} oder C_p, C_{pk}

Bild 9.14 Prozessbeurteilung vor und nach Serienanlauf (VDA, 2020)

Kurzzeit- oder Maschinenfähigkeitsuntersuchung

Insbesondere die Erstqualifizierung eines Systems und die Prozessbeurteilung vor dem Serienanlauf ist ein einmaliger Vorgang. Gegebenenfalls sind diese Analysen nach Umbauten, örtlichen Verlagerung und Wartungen erneut durchzuführen. Eine Kurzzeit- oder Maschinenfähigkeitsuntersuchung kommt nur zum Tragen, wenn es bei der Untersuchung gelingt, ausschließlich die durch die Maschine bedingten Einflüsse zu beurteilen. Andere Einflusskomponenten wie Material, Mensch, Umwelt usw. sind während der Betrachtung konstant zu halten. Typisch ist hier die Entnahme einer einzigen Stichprobe mit mindestens 50 Einheiten, die in der Regel direkt in Fertigungsreihenfolge entnommen werden. Können diese Bedingungen nicht realisiert werden, ist stattdessen eine (vorläufige) Prozessfähigkeitsanalyse zu verwenden. Das Vorgehen zur Maschinenfähigkeit ist in der internationalen Norm ISO 22514-3 beschrieben. Aus dieser Norm sind auch die Bezeichnungen **Maschinenleistungsindex P_m** und **kleinster Maschinenleistungsindex P_{mk}** übernommen worden.

Hinweis

In vielen Firmenrichtlinien werden diese Indizes noch als Maschinenfähigkeitsindizes C_m und C_{mk} bezeichnet. Das würde jedoch einen Stabilitätsnachweis voraussetzen, der oft nicht durchgeführt wird und meist aufgrund der kurzen Entnahmedauer auch gar nicht durchgeführt werden kann. Deshalb wurde konsequenterweise der Begriff Leistung und die Kürzel P_m/P_{mk} verwendet. Da aber die „Fähigkeit" meist als Überbegriff genutzt wird, wird in diesem Buch gleichbedeutend sowohl von Maschinenfähigkeit als auch Maschinenleistung gesprochen.

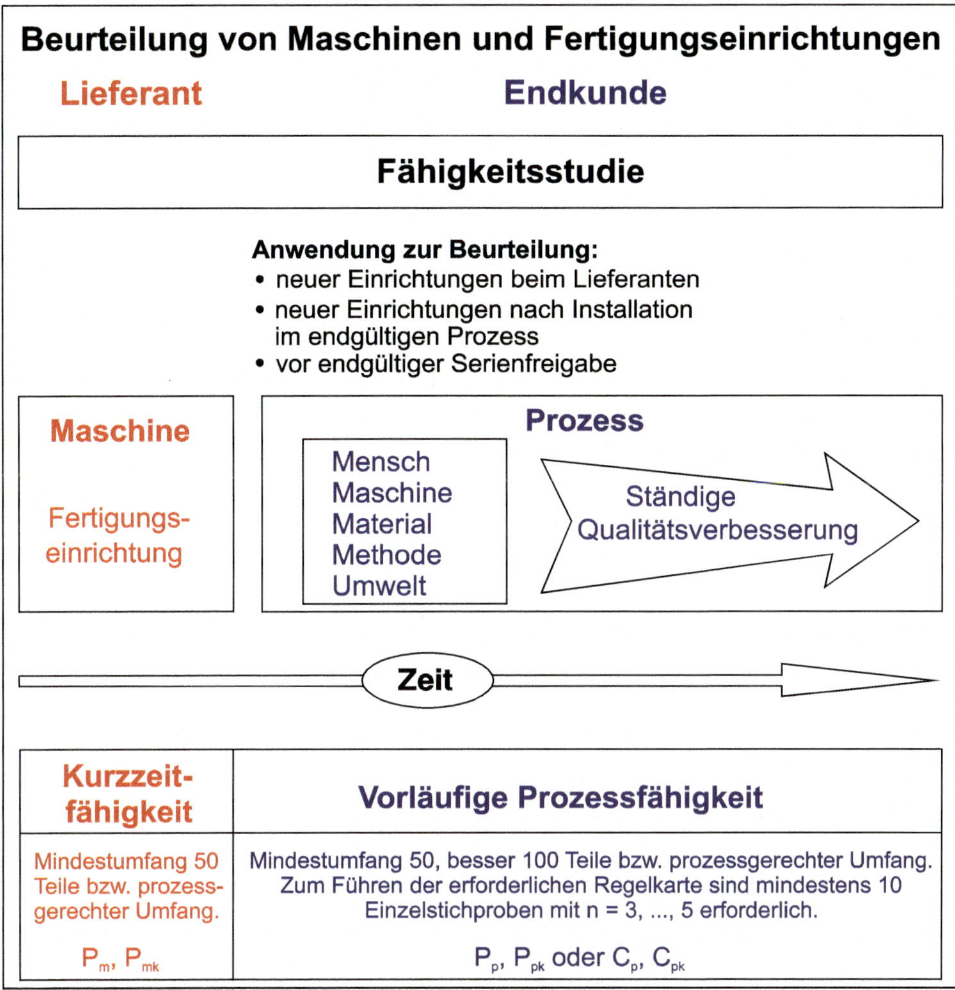

Bild 9.15 Abnahme von Maschinen und Fertigungseinrichtungen

Prozessfähigkeitsanalyse

Ist die Kurzzeitanalyse erfolgreich abgeschlossen oder nicht möglich, so gilt es festzustellen, inwieweit sich die Ergebnisse dieser Systeme unter realen Serienbedingungen verändern. Dazu werden dem Prozess während der Serie in definierten Zeitabständen kleiner Stichproben (z. B. Stichprobenumfang $n = 5$) entnommen. Für eine Fähigkeitsanalyse ist es wünschenswert, 20 bis 25 solcher Stichproben über mindestens 20 Produktionstage zu verwenden, meist werden in der Summe mindestens 125 Werte verlangt. Ist der Umfang des Datenmaterials deutlich kleiner, so ist zu bedenken, dass die Aussagekraft der Fähigkeitskenngrößen bis zur Bedeutungslosigkeit schrumpfen kann, einerseits aufgrund der nicht beobachteten Einflussgrößen, andererseits aber auch aufgrund des sehr großen Vertrauensbereichs der Fähigkeitskenngrößen bei kleinen Datensätzen.

C_p	1.04 ≤ **1.90** ≤ 2.76
C_{pk}	0.97 ≤ **1.85** ≤ 2.73

Bild 9.16 Beispiel für Fähigkeitskennwerte (fett formatiert) mit ihren zweiseitigen 95%-Vertrauensbereichsgrenzen, berechnet aus einer Gesamtstichprobe mit 10 Werten; die Aussagesicherheit ist bei diesem Stichprobenumfang zu gering

Langzeitanalyse

Wird der Prozess in der Serie mit Qualitätsregelkarten überwacht, so verfügt man mit der Zeit über viele Stichproben. Liegen beispielsweise 50 Stichproben zu je fünf Werten aus einem Quartal vor, so können die daraus berechneten Fähigkeitskenngrößen als Langzeitergebnisse betrachtet werden.

Viele Firmen verwenden in ihren Richtlinien eigene Bezeichnungen und Symbole. Daher ist insbesondere bei einer Kunden-Lieferanten-Beziehung im Interesse beider Seiten genau festzulegen

- welche Kenngrößen und Symbole für Kurz- und Prozessanalysen zu verwenden sind
- welcher Zeitraum und Datenumfang mindestens zu beachten ist
- welche Berechnungsgrundlagen anzuwenden sind
- welche Mindestwerte zu erreichen bzw. zu überschreiten sind
- welche Maßnahmen bei Nichterfüllung der Anforderungen zu ergreifen sind.

9.3.4 Beherrscht und stabil

In den vorhergehenden Abschnitten wurden die Begriffe **stabile Prozessverteilung** bzw. **instabile Prozessverteilung** verwendet. In Abschnitt 7.6.1 wurde der Begriff **beherrschter Prozess** eingeführt, um „statistisch in sich stabil" und „durch Regelung beherrscht" zu unterscheiden. Leider sind diese Begriffe auch in den Normen nicht eindeutig übersetzt.

In der DIN ISO 3534-2 ist der Begriff **beherrschter Prozess** wie folgt definiert:

2.2.7 beherrschter Prozess

<konstanter Mittelwert> Prozess (2.1.1), der nur inhärenten Streuungsursachen (2.2.5) unterliegt.

Anmerkung 1

Ein beherrschter Prozess verhält sich im Allgemeinen so, als wenn die aus dem Prozess gezogenen Proben (1.2.17) zu jeder Zeit einfache Zufallsstichproben (1.2.24) aus derselben Grundgesamtheit (1.2.1) sind.

Anmerkung 2

Dieser Zustand bedeutet nicht, dass die Zufallsstreuung klein oder groß ist, oder innerhalb oder außerhalb einer Spezifikation (3.1.1) liegt, sondern dass die Streuung (2.2.1) mittels statistischer Methoden vorhersagbar ist.

In DIN ISO 22514-1 ist dieser Begriff jedoch wortgetreu identisch mit „stabil" übersetzt. In einer nationalen Fußnote zwischen einem stabilen Prozess und beherrschten Produktmerkmal gesprochen.

Hinweis

Der englische Begriff *stable* für einen Prozess „in a state of statistical control" wurde in der deutschen Fassung der ISO 3534-2:2010 mit **beherrscht** übersetzt. Davon abweichend wird in diesem Buch der Begriff **stabil** verwendet. „Beherrscht" meint in diesem Buch, dass der Prozess nach Regelkarte stabil sein kann, was auch durch gezielte Regelung und nicht nur auf Basis seines statistischen Verhaltens und inhärenten Streuungsursachen begründet sein kann. Damit folgt das Buch der ISO 22514-2, die in Kapitel 4 sagt, „zur Bewertung der Stabilität des Prozesses sollte eine Regelkarte verwendet werden." ■

Nach der Definition „stabil" – alle Werte aus derselben Grundgesamtheit – ist das Kriterium für die Einstufung einer Prozessverteilung als **statistisch beherrscht** bzw. **stabil** an die Parameter der Verteilung gebunden: Dieselbe Grundgesamtheit liegt vor, wenn der Lage- und Streuungsparameter zeitlich unveränderlich geblieben ist. Nur dann ist eine Prozessverteilung **statistisch beherrscht.** Hat sich mindestens einer der Parameter über die Zeit verändert, so ist die Prozessverteilung als **zeitlich instabil** oder **statistisch nicht beherrscht** zu bezeichnen. Demnach gilt auch ein Prozess, der Werkzeugverschließ unterliegt, per se als instabil, auch wenn die Regelkarte zeigt, dass der Prozess vollständig beherrscht ist.

Ein instabil eingestufter Prozess ist nicht automatisch ein schlechter Prozess

Wurde eine Prozessverteilung als **statistisch nicht beherrscht** eingestuft, so bedeutet dies also nicht, dass der Prozess **technologisch** bzw. **organisatorisch** nicht beherrscht sei. So ist z. B. aufgrund eines Werkzeugverschleißes der Lageparameter eines Schneidprozesses über die Zeit veränderlich. Jedoch kann ein unerwünscht großes Ausmaß der Lageveränderung beispielsweise durch Nachstellen oder einen Werkzeugwechsel vom Prozessmanagement vermieden werden; derart, dass dieser Prozess fähig ist. Anders ausgedrückt: Ist der Prozess fähig und organisatorisch beherrscht, ist es in der Regel unnötig, Korrekturmaßnahmen einzuleiten.

Die Begriffe *stabiler Prozess* und *fähiger Prozess* dürfen nicht verwechselt/ gleichgesetzt werden

Die Einstufung einer Prozessverteilung als **statistisch beherrscht** impliziert nicht automatisch einen **fähigen** Prozess. Ob eine Prozessverteilung als **fähig** oder **nicht fähig** beurteilt wird, hängt vom Verhältnis der Prozess-Gesamtstreuung zur Merkmalstoleranz ab. Die Fähigkeit ist durch das Bestimmen der Fähigkeitskenngrößen und dem anschließenden Vergleich der Istwerte mit den geforderten Mindestwerten abzuleiten.

Nicht beherrschte Prozesse benötigen mehr Spielraum als stabile (und beherrschte instabile) Prozesse

Eine Prozessverteilung mit zeitlich veränderlichem Lage- und/oder Streuungsparameter benötigt im Vergleich zu einer Prozessverteilung mit zeitlich unveränderlichen Parametern „mehr Platz“. Im Sinne „statistisch instabil“ führt dieser Zustand zu erweiterten Shewhart- oder Annahme-Karten, bei denen dieses Mehr an Platz innerhalb der Regelgrenzen liegt. Ist der Prozess allerdings nicht beherrscht, d. h. instabil im Sinne der Regelkarte, so dass nicht vorhersagbare Störungen auftreten, muss dieser Platz außerhalb der Regelgrenzen liegen, d. h. der Prozess braucht einen größeren Sicherheitsabstand zu den Toleranzgrenzen. Damit diese Tatsache praktisch Berücksichtigung findet, sollten die geforderten Fähigkeits-Mindestwerte für instabil und nicht beherrscht eingestufte Prozesse größer gewählt werden als für stabil eingestufte.

Im nächsten Abschnitt ist beschrieben, wie eine zeitliche Instabilität des Lage- und Streuungsparameters erkannt werden kann.

9.3.4.1 Stabilitätsbewertungen mit Analyse-Qualitätsregelkarten nach W. A. Shewhart

Eine vergleichsweise anwenderfreundliche Möglichkeit, die Stabilität des Lage- und Streuungsparameters einer Prozessverteilung zu prüfen, besteht darin, die Stichprobenkenngrößen in einer Shewhart-Qualitätsregelkarte darzustellen. Der Zweck ist allein die Stabilitätsbewertung im Rahmen der Prozessanalyse, weshalb im Sinne dieser Anwendung oft von Analyse-Qualitätsregelkarten gesprochen wird.

Stabilitätsbewertung der Prozesslage mit einer Shewhart-Mittelwertkarte

Mit einer Shewhart-Mittelwertkarte wird geprüft, ob die Prozesslage zeitlich stabil gewesen ist. Das Indiz für eine **statistisch stabile** Prozesslage ist gegeben, wenn die Stichprobenmittelwerte, eingetragen in eine Shewhart-Mittelwertkarte, um die Mittellinie M zufällig streuen und innerhalb der Eingriffsgrenzen verbleiben.

Hinweis

Die Shewhart-Mittelwertkarte entspricht hinsichtlich der Eingriffsgrenzen dem „Einstichproben u-Test".

Stabilitätsbewertung der Prozessstreuung mit einer Shewhart-Standardabweichungskarte

Analog wird die Stabilität des Streuungsparameters mit einer Shewhart-Standardabweichungskarte geprüft. Das Indiz für einen **statistisch stabilen** Streuungsparameter ist gegeben, wenn die in die Regelkarte eingezeichneten Standardabweichungen innerhalb der Eingriffsgrenzen zufällig um die Mittellinie M streuen.

Hinweis

Die Standardabweichungskarte entspricht hinsichtlich der Eingriffsgrenzen dem Einstichproben Chi-Quadrat-Test (χ^2-Test).

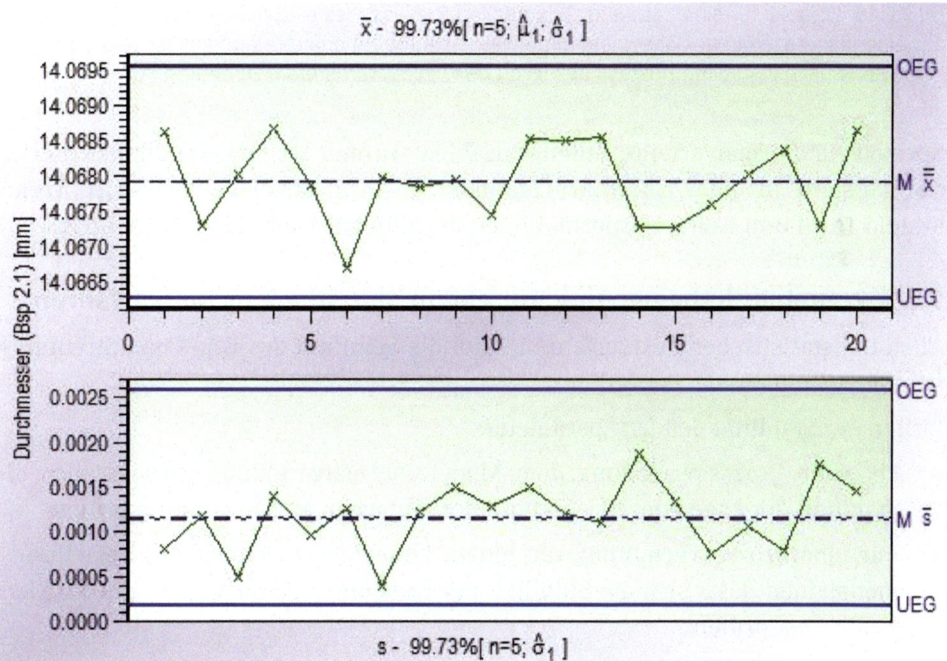

Bild 9.17 Beispiel für einen statistisch stabilen Prozess – weder in der Shewhart-Mittelwertkarte (oben) noch in der Shewhart-Standardabweichungskarte sind Eingriffsgrenzenverletzungen aufgetreten; dies ist als Indiz für einen statistisch stabilen Prozess zu deuten

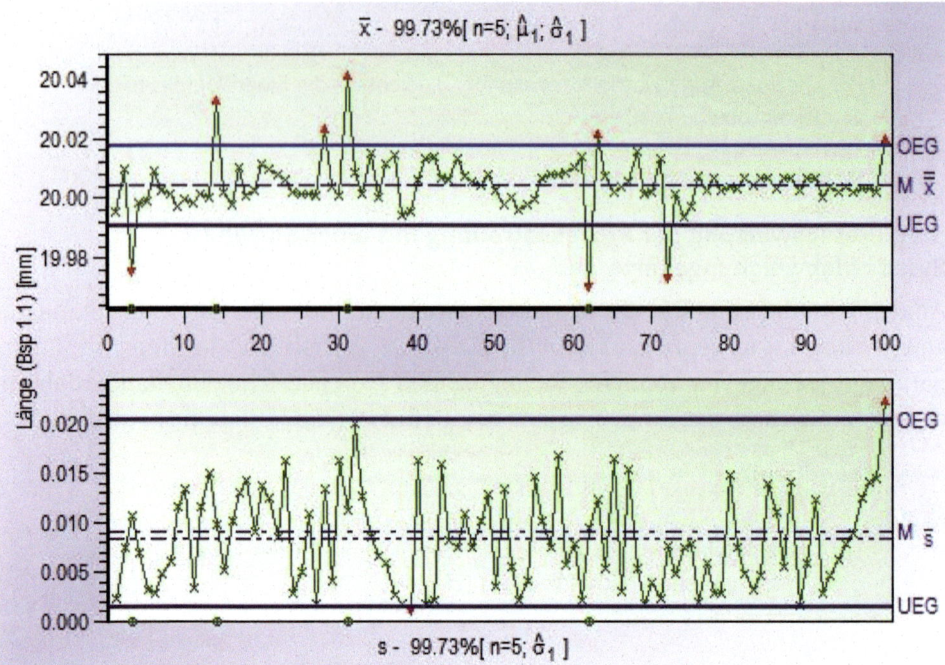

Bild 9.18 Beispiel für einen statistisch instabilen Prozess – es sind mehrere Überschreitungen der Eingriffsgrenzen in der Shewhart-Mittelwertkarte (oben) aufgetreten; dies ist als Indiz für einen statistisch instabilen Prozess bezüglich des Lageparameters μ zu deuten

Speziell für normalverteilte Zufallsvariablen wurden weitere Stabilitätskriterien aus Mustern in einer Shewhart-Qualitätsregelkarte abgeleitet, wie z. B. Trend, Middle Third und weitere. Informationen dazu finden Sie im Abschnitt 7.6.3.

9.3.4.2 Stabilitätsbewertung mit einem statistischen Testverfahren

Auch mit statistischen Testverfahren kann die Stabilität des Lage- und Streuungsparameters eingeschätzt werden.

Prüfen der Stabilität des Lageparameters

- Folgt die Prozessverteilung dem Modell Normalverteilung, so lässt sich die Stabilität der Lage zum Beispiel mit der einfachen Varianzanalyse prüfen.
- Für eine Prozessverteilung, die einem beliebigen (unimodalen) Verteilungsmodell folgt, lässt sich die Stabilität der Lage beispielsweise mit dem Kruskal-Wallis-Test prüfen.

Prüfen der Stabilität des Streuungsparameters

- Folgt die Prozessverteilung dem Modell Normalverteilung, so lässt sich die Stabilität des Streuungsparameters beispielsweise mit dem Bartlett-Test prüfen.

- Für eine Prozessverteilung, die einem beliebigen (unimodalen) Verteilungsmodell folgt, lässt sich die Stabilität der Streuung beispielsweise mit dem Levene-Test Bild 9.19 prüfen.

Kruskal-Wallis-Test			
H_0	Der Kruskal-Wallis Test hat keine Lageschwankungen erkannt		
H_1	Der Kruskal-Wallis Test hat Lageschwankungen erkannt		
Testniveau	kritische Werte unten	kritische Werte oben	Prüfgröße
α = 5 %	---	123.23	215.144***
α = 1 %	---	134.64	
α = 0.1 %	---	148.23	
Testergebnis	Nullhypothese wird zum Niveau α ≤ 0.1% verworfen		

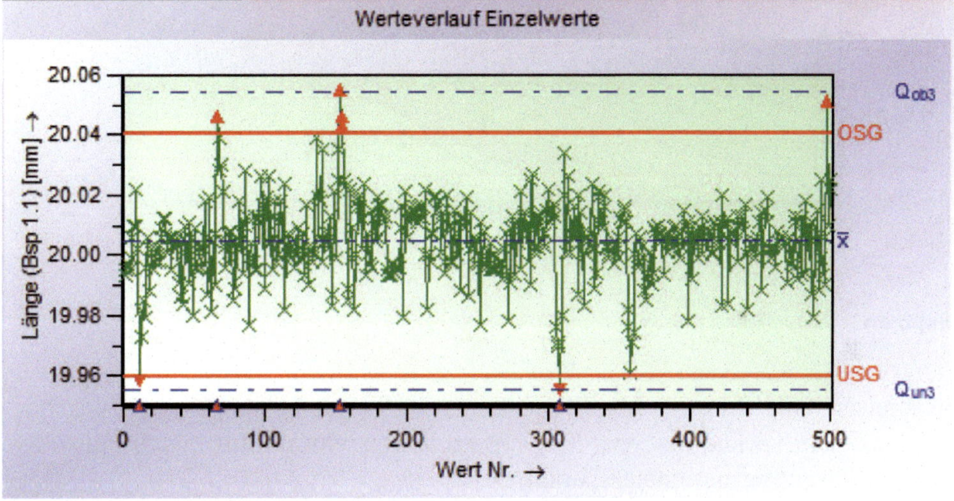

Werteverlauf Einzelwerte

Länge (Bsp 1.1) [mm] →
20.06
20.04
20.02
20.00
19.98
19.96
Q_{ob3}
OSG
$\bar{x}$
USG
Q_{un3}
0
100
200
300
400
500
Wert Nr. →

Bild 9.19 Levene-Test

Beispiel für die Prüfung der Stabilität des Lageparameters, hier durchgeführt mit dem Kruskal-Wallis-Test (Bild 9.20). Der Test hat Lageschwankungen, also Instabilitäten des Lageparameters, erkannt.

Test nach Levene			
H_0	Der Test von Levene hat keine Streuungsschwankungen erkannt		
H_1	Der Test von Levene hat Streuungsschwankungen erkannt		
Testniveau	kritische Werte unten	kritische Werte oben	Prüfgröße
α = 5 %	---	123.23	233.014***
α = 1 %	---	134.64	
α = 0.1 %	---	148.23	
Testergebnis	Nullhypothese wird zum Niveau α ≤ 0.1% verworfen		

Werteverlauf Einzelwerte

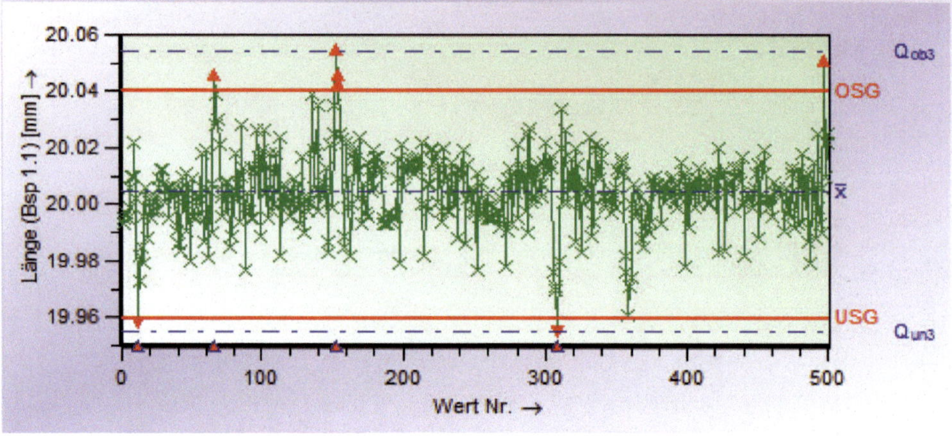

Bild 9.20 Kruskal-Wallis-Test

Beispiel für eine Prüfung des Streuungsparameters auf Stabilität, hier durchgeführt mit dem Levene-Test. Der Test hat Streuungsschwankungen, also Instabilitäten des Streuungsparameters, erkannt.

■ 9.4 Allgemeine geometrische Methode $M_{l,d}$

In Abschnitt 9.3.1 und Abschnitt 9.3.2 wurde das Bestimmen der Fähigkeitskenngrößen nach der allgemeinen geometrischen Methode anschaulich hergeleitet. Weitere Details betreffen die Bezeichnung der Fähigkeitskenngrößen und die Auswahl des Lage- und Streuungsschätzers. Die folgenden Angaben sind in enger Anlehnung der Norm ISO 22514-2 entnommen.

9.4.1 Fähigkeitskenngrößen nach ISO 22514-2:2019

Gemäß der internationalen Norm ISO 22514-2 wird unterschieden in

1. Prozessleistungsindizes für eine instabil eingestufte Prozessverteilung
2. Prozessfähigkeitsindizes für stabil eingestufte Prozessverteilungen.

Der Begriff **stabile** bzw. **instabile Prozessverteilung** ist im Abschnitt 9.3.4 näher erläutert.

Prozessleistungskenngrößen für instabil eingestufte Prozessverteilungen

In den Formeln für die Prozessleistungskenngrößen wird das Symbol X_{mid} als Platzhalter für den Lageschätzer und die Symbole Δ, Δ_U und Δ_L als Platzhalter für die Streuungsschätzer verwendet. Die Bestimmungsgleichungen für den Lageschätzer sind im Abschnitt 9.4.2 und diejenigen für die Streuungsschätzer sind im Abschnitt 9.4.3 beschrieben.

Prozessleistungsindex

$$P_p = \frac{U - L}{\Delta}$$

Unterer Prozessleistungsindex

$$P_{pkL} = \frac{X_{mid} - L}{\Delta_L}$$

Oberer Prozessleistungsindex

$$P_{pkU} = \frac{U - X_{mid}}{\Delta_U}$$

Kleinster Prozessleistungsindex

$$P_{pk} = \min\left\{P_{pkL}; P_{pkU}\right\}$$

Prozessfähigkeitskenngrößen für stabil eingestufte Prozessverteilungen

In den Formeln für die Prozessfähigkeitskenngrößen wird das Symbol X_{mid} als Platzhalter für den Lageschätzer und die Symbole Δ, Δ_U und Δ_L als Platzhalter für die Streuungsschätzer verwendet. Die Bestimmungsgleichungen für den Lageschätzer sind im Abschnitt 9.4.2 und diejenigen für die Streuungsschätzer sind im Abschnitt 9.4.3 beschrieben.

Hinweis

Mit unterschiedlichen Schätzmethoden berechnete Fähigkeitskenngrößen führen zu unterschiedlichen Ergebnissen, die auch nicht direkt miteinander verglichen werden können. ■

Prozessfähigkeitsindex

$$C_p = \frac{U - L}{\Delta}$$

Unterer Prozessfähigkeitsindex

$$C_{pkL} = \frac{X_{mid} - L}{\Delta_L}$$

Oberer Prozessfähigkeitsindex

$$C_{pkU} = \frac{U - X_{mid}}{\Delta_U}$$

Kleinster Prozessfähigkeitsindex

$$C_{pk} = \min\left\{C_{pkL}; C_{pkU}\right\}$$

In der Norm ISO 22514-2 sind auch Empfehlungen bezüglich der Ergebnisdarstellung zu Fähigkeitskenngrößen in Berichten enthalten. In der Tabelle 9.2 ist ein Beispiel für eine normenkonforme Ergebnisausgabe dargestellt.

Tabelle 9.2 Beispiel für die Ergebnisausgabe einer Fähigkeitskenngröße nach ISO 22514-2

Prozessleistungsindex/-fähigkeitsindex	C_p = 1,69
Kleinster Prozessleistungsindex/-fähigkeitsindex	C_{pk} = 1,54
Berechnungsmethode	$M_{1,1}$
Anzahl der Werte	325
Messunsicherheit	0,0014 mm
Verteilungszeitmodell	A1

Die relativ grobe Angabe eines Verteilungszeitmodells ist nicht eindeutig. Zu empfehlen ist daher, das verwendete Verteilungsmodell inklusive der zugehörigen Parameter anzugeben, um dem Berichtsempfänger das Nachvollziehen von Ergebnissen zu ermöglichen. So könnte das Verteilungszeitmodell A1 beispielsweise präziser als Normalverteilung mit den Parametern μ = 33,10 mm und σ = 0,0023 mm angegeben werden.

In der Ergebnisausgabe ist stets die **Berechnungsmethode $M_{l,d}$** mit anzugeben. Der erste **Index l** steht für den verwendeten **Lageschätzer** und der zweite **Index d** ist der Platzhalter für den verwendeten **Streuungsschätzer.** In dem Beispiel zur Ergebnisausgabe aus Tabelle 9.2 entnimmt man die Berechnungsmethode $M_{1,1}$. Es wurde also der Lageschätzer l = 1 und der Streuungsschätzer d = 1 verwendet. Die Bedeutung dieser Indizes ist in den folgenden Abschnitten dargestellt.

9.4.2 Bezeichnungen und Bestimmungsgleichungen für den Lageschätzer l nach ISO 22514-2

Es können grundsätzlich vier verschiedene Berechnungsmethoden für die Ermittlung der Prozesslage verwendet werden. Allerdings ist nicht jede Berechnungsmethode gleichermaßen geeignet. Nur l = 2 ist universell für alle Verteilungszeitmodelle geeignet und daher farblich hervorgehoben. Die Darstellung der Lageschätzer in Tabelle 9.3 ist der internationalen Norm ISO 22514-2 entnommen.

Tabelle 9.3 Bezeichnungen und Bestimmungsgleichungen für den Lageschätzer l nach der internationalen Norm ISO 22514-2. Hervorgehoben ist der für alle Verteilungszeitmodelle geeignete Lageschätzer l = 2

Bezeichnung für den Lageschätzer l	Bestimmungsgleichung für den Lageschätzer l $M_{l,d}$
1	$\hat{X}_{mid} = \overline{x} = \frac{1}{n}\sum_{i=1}^{n} x_i$
2	$\hat{X}_{mid} = \tilde{x} = \begin{cases} x_{\left(\frac{n+1}{2}\right)} & ;\text{n gerade} \\ \frac{1}{2}\left[x_{\left(\frac{n}{2}\right)} + x_{\left(\frac{n}{2}+1\right)}\right] & ;\text{n ungerade} \end{cases}$
3	$\hat{X}_{mid} = \overline{\overline{x}} = \frac{1}{k}\sum_{i=1}^{k} \overline{x}_i$
4	$\hat{X}_{mid} = \overline{\tilde{x}} = \frac{1}{k}\sum_{i=1}^{k} \tilde{x}_i$

n = Stichprobenumfang (alle Werte)
k = Anzahl der Stichproben
$\tilde{x}$ = Median aller Werte
$\overline{x}$ = arithmetischer Mittelwert aller Werte
$\overline{x}_i$ = Arithmetischer Mittelwert der i-ten Stichprobe
$\tilde{x}_i$ = Median der i-ten Stichprobe

Ein weiterer universell anwendbarer Lageschätzer ist das 50 %-Quantil $X_{50\%}$ des an Merkmalswerte angepassten Verteilungsmodells. Jedoch ist dieser Schätzer nicht explizit in der Norm ISO 22514-2 erwähnt. Wird aber als Streuungsschätzer d = 1 gewählt, so sollte als Lageschätzer auch das 50 %-Quantil der an die Merkmalswerte angepassten Verteilung verwendet werden. So wird z. B. in Bosch Heft 9 beschrieben, dass das 50 %-Quantil der bessere Lageschätzer ist, was auch vielen weiteren Firmenrichtlinien so umgesetzt wurde. Meist wird deshalb als Lageschätzer l = 2 der „Median der Grundgesamtheit" X50 % anstelle des Stichprobenmedians genutzt.

9.4.3 Bezeichnungen und Bestimmungsgleichungen für den Streuungsschätzer d nach ISO 22514-2

Insgesamt fünf verschiedene Berechnungsmethoden stehen für die Prozessstreubereichsermittlung zur Verfügung. Auch hier gilt, dass nicht jede Schätzmethode universell für alle Verteilungszeitmodelle gültig anwendbar ist. Lediglich die Methode d = 1 ist universell anwendbar und daher farblich hervorgehoben.

Tabelle 9.4 Bezeichnungen und Bestimmungsgleichungen für den Streuungsschätzer d nach der internationalen Norm ISO 22514-2:2019. Farblich hervorgehoben ist die für alle Verteilungszeitmodelle geeignete Schätzmethode d = 1

Bezeichnung für den Streuungsschätzer d	Bestimmungsgleichung für den Streuungsschätzer d $M_{l,d}$	
1	$\hat{\Delta} = \hat{X}_{99,865\,\%} - \hat{X}_{0,135\,\%}$; $\hat{\Delta}_U = \hat{X}_{99,865\,\%} - \hat{X}_{mid}$; $\hat{\Delta}_L = \hat{X}_{mid} - \hat{X}_{0,135\,\%}$	
2	$\hat{\Delta} = 6\hat{\sigma}$; $\hat{\Delta}_U = 3\hat{\sigma}$; $\hat{\Delta}_L = 3\hat{\sigma}$	mit $\hat{\sigma} = \sqrt{\frac{1}{k}\sum_{i=1}^{k} s_i^2}$
3	$\hat{\Delta} = 6\hat{\sigma}$; $\hat{\Delta}_U = 3\hat{\sigma}$; $\hat{\Delta}_L = 3\hat{\sigma}$	mit $\hat{\sigma} = \frac{1}{k \cdot c_4}\sum_{i=1}^{k} s_i$
4	$\hat{\Delta} = 6\hat{\sigma}$; $\hat{\Delta}_U = 3\hat{\sigma}$; $\hat{\Delta}_L = 3\hat{\sigma}$	mit $\hat{\sigma} = \frac{1}{k \cdot d_2}\sum_{i=1}^{k} R_i$
5	$\hat{\Delta} = 6\hat{\sigma}$; $\hat{\Delta}_U = 3\hat{\sigma}$; $\hat{\Delta}_L = 3\hat{\sigma}$	mit $\hat{\sigma} = s_t = \sqrt{\frac{1}{n-1}\sum_{i=1}^{n} (x_i - \bar{x})^2}$

$s_i 2$ = Varianz der i-ten Stichprobe
s_i = Standardabweichung der i-ten Stichprobe
k = Anzahl der Stichproben
R_i = Spannweite der i-ten Stichprobe
s_t = Standardabweichung aller Werte
$\hat{X}_{0,135\,\%}$ = 0,135 %-Quantil der resultierenden Verteilung
$\hat{X}_{99,865\,\%}$ = 99,865 %-Quantil der resultierenden Verteilung

9.4.4 Zuordnung von Schätzmethoden zu den Verteilungszeitmodellen nach ISO 22514-02:2019

Wie schon erwähnt, sind nicht alle der in Abschnitt 9.4.2 und Abschnitt 9.4.3 aufgeführten Schätzmethoden universell für alle Verteilungszeitmodelle anwendbar. Aus diesem Grund ist in der ISO-Norm eine Auswahlmatrix angegeben, in der jedem Verteilungszeitmodell eine oder mehrere geeignete Schätzer zugeordnet sind. Die Darstellung in Tabelle 9.5 entspricht dieser Auswahlmatrix.

Tabelle 9.5 Zuordnung von Schätzmethoden zu den Verteilungszeitmodellen nach ISO 22514-2. Der Lageschätzer l = 2 und der Streuungsschätzer d = 1 sind universell für alle Verteilungszeitmodelle anwendbar

$M_{l,d}$	Verteilungs-zeitmodell	A1	A2	B	C1	C2	C3	C4	D
Lageschätzer l	1	X		X					
	2	X	X	X	X	X	X	X	X
	3	X							
	4	X	X	X					
Streuungs-schätzer d	1	X	X	X	X	X	X	X	X
	2	X							
	3	X							
	4	X							
	5	X	X	X	X				X

X = Schätzmethoden, die für das jeweilige Verteilungszeitmodell geeignet sind

Hinweis

Die Verteilungszeitmodelle A1 bis D sind in Abschnitt 9.2.1 bis Abschnitt 9.2.8 dargestellt und erläutert.

9.5 Fähigkeitsermittlung bei nicht definierten Verteilungsmodellen

Lässt sich einem Fertigungsmerkmal kein passendes Verteilungsmodell zuordnen, oder widersprechen die Messwerte der entnommenen Stichprobe dem angenommenen Verteilungsmodell, so kann ersatzweise eine verteilungsfreie Berechnung der Fähigkeitskennwerte nach der Spannweitenmethode in der folgenden modifizierten Form unter Berücksichtigung des Stichprobenumfanges erfolgen. Diese Methode nutzt trotz der üblichen Bezeichnung „Verteilungsfreie Berechnung" einen Korrekturwert der Normalverteilung für die Streuung und sollte deshalb nur für eine vorläufige Schätzung, nicht aber für eine abschließende Bewertung genutzt werden.

Fähigkeitskennwerte für zweiseitig toleriertes Merkmal:

$$\hat{p}_m = \frac{OSG - USG}{o_p - u_p}$$

$$\hat{p}_{mk} = \min\left\{\frac{OSG - \hat{\mu}}{o_p - \hat{\mu}}; \frac{\hat{\mu} - USG}{\hat{\mu} - u_p}\right\}$$

Fähigkeitskennwerte für einseitig nach oben toleriertes Merkmal mit natürlichem unteren Grenzwert Null:

$$\hat{c}_p = \frac{OSG}{o_p - u_p}$$

$$\hat{c}_{pk} = \frac{OSG - \hat{\mu}}{o_p - \hat{\mu}}$$

Fähigkeitskennwert für einseitig nach unten toleriertes Merkmal:

$$\hat{c}_{pk} = \frac{\hat{\mu} - USG}{\hat{\mu} - u_p}$$

mit

Q_{ob3}, Q_{un3} = Schätzwerte der oberen und unteren Streubereichsgrenze

$\hat{\mu} = \tilde{x}$ = Schätzwert des Stichproben-Medians

$\tilde{x}$ = Medianwert; der Wert, der in der Mitte einer geordneten Folge von Messwerten liegt

Die Schätzung der Streubereichsgrenzen erfolgt durch

$$\left.\begin{matrix} o_p \\ u_p \end{matrix}\right\} = x_c \pm k \cdot \frac{R}{2}$$

mit

$$x_c = \frac{x_{max} + x_{min}}{2}$$

$R = x_{max} - x_{min}$ = Spannweite

x_{max}, x_{min} = maximaler bzw. minimaler Messwert der effektiven Gesamtstichprobe

Durch den Korrekturfaktor

$$k = \frac{6}{d_n}$$

wird dabei der effektive Stichprobenumfang n_e berücksichtigt

mit

d_n: Erwartungswert der w-Verteilung[1]

Für einige Stichprobenumfänge n_e ist der Wert d_n in Tabelle 14.1 angegeben.

[1] Streng genommen wird für den Erwartungswert der w-Verteilung eine normalverteilte Grundgesamtheit der Einzelwerte vorausgesetzt. In Ermangelung einer geeigneteren Methode für die verteilungsfreie Berechnung der Fähigkeitskennwerte wird aber diese Voraussetzung nicht berücksichtigt.

Für Stichprobenumfänge, die größer als 20 sind, können die Erwartungswerte der w-Verteilung nach der folgenden Näherungsformel ermittelt werden:

$$d_n \cong 1{,}748 \cdot \left(\ln\left(n_e\right)\right)^{0{,}693}$$

Werden die Daten des Testbeispiels 1 von Ford (s. Kapitel 13) nach diesem Verfahren ausgewertet, ergeben sich die in Bild 9.21 dargestellten Ergebnisse. Diese unterscheiden sich nur unwesentlich von der Berechnung nach der allgemeinen geometrischen Methode nach ISO 22514-2 (s. Abschnitt 9.4). Dabei erhält man die Werte $C_p = 0{,}8$ und $C_{pk} = 0{,}71$.

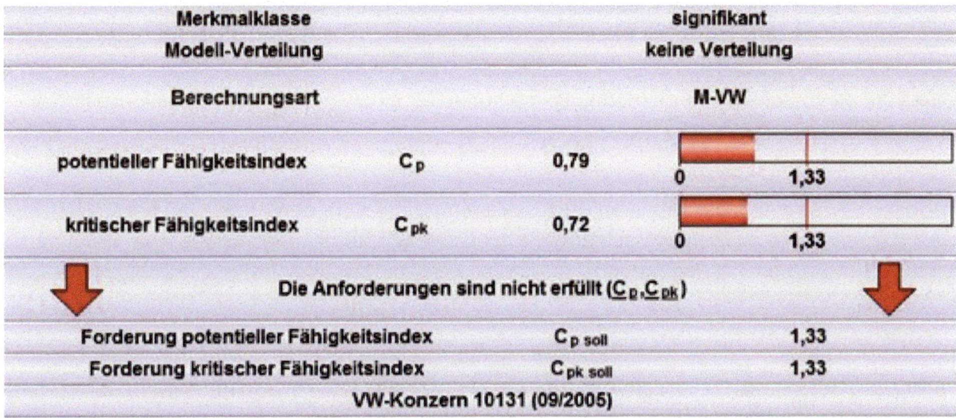

Bild 9.21 Mit der verteilungsfreien Methode berechnete Fähigkeitsindizes

■ 9.6 Falsche Berechnungsmethoden

In Bild 9.22 ist die empirische Häufigkeitsverteilung für den Testbeispiels 8 von Ford (Datensatz Test_08.dfq) dargestellt. Nun wurde für diesen Datensatz der kleinste Prozessleistungsindex mit verschiedenen Schätzern für die Lage und Streuung berechnet. Die verwendeten Schätzer und die zugehörigen Berechnungsergebnisse sind in der Tabelle 9.6 dargestellt.

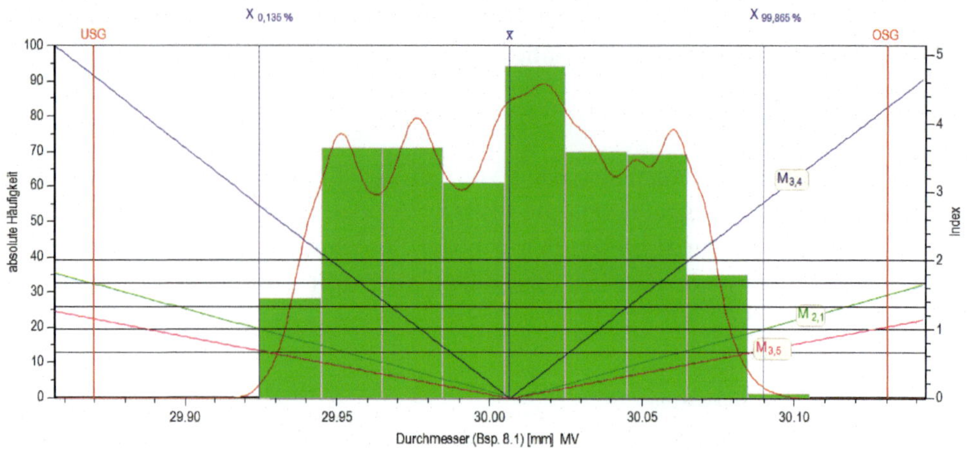

Bild 9.22 Unterschiedliche Berechnungsmethoden für ein zeitabhängiges Verteilungsmodell im Vergleich

Tabelle 9.6 Vergleich der kleinsten Prozessleistungsindizes für denselben Datensatz (Test_08.dfq), berechnet mit verschiedenen Schätzwerten für die Prozesslage und -streuung

Berechnungsmethode	P_{pk}	Beurteilung
$M_{3,4}(X_{mid} = \bar{\bar{x}}; \hat{\Delta}_U = 3\bar{R}/d_2)$	4,23	falsch
$M_{2,1}(X_{mid} = X_{50\%}; \hat{\Delta}_U = X_{99,865\%} - X_{50\%})$	1,50	empfohlen
$M_{3,5}(X_{mid} = \bar{\bar{x}}; \hat{\Delta}_U = 3s_{ges})$	1,04	falsch

Die Ergebnisse für den kleinsten Prozessleistungsindex P_{pk} unterscheiden sich dramatisch. Die Ursache kann unter Betrachtung des Werteverlaufs diskutiert werden.

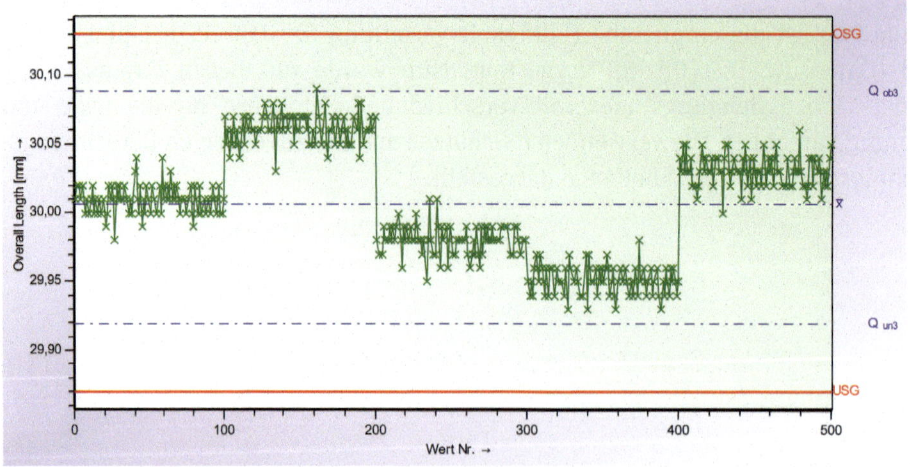

Bild 9.23 Werteverlauf zu Bild 9.22

Der Streuungsschätzer d=4 ($\hat{\Delta}_U = 3\overline{R} / d_2$) hat hier einen erheblichen Nachteil: Die zusätzliche Streuung, die aufgrund der Lageverschiebungen vorhanden ist, wird nicht berücksichtigt! Daher wäre dieser Schätzer einzig und allein für das Verteilungszeitmodell A1 zutreffend. Für diesen Datensatz ist der Schätzer schlichtweg falsch.

Die in Bild 9.22 dargestellte Wahrscheinlichkeitsdichte repräsentiert ein Gemenge aus mehreren überlagerten Normalverteilungen. Da diese Mischverteilung eine sehr gute Übereinstimmung mit der empirischen Verteilung zeigt, ist der Schätzer d=1 ($\hat{\Delta}_U = X_{99,865\%} - X_{50\%}$) hier die beste Wahl. Zur Erinnerung: Beide Quantile werden auf der Grundlage des an die Daten angepassten Verteilungsmodells bestimmt; hier also anhand der Mischverteilung.

Wählt man den Streuungsschätzer d=5 ($\hat{\Delta}_U = 3s_{ges}$), so ist der berechnete kleinste Prozessleistungsindex wieder falsch. Zwar sind durch die Verwendung aller Werte bei der Berechnung der Standardabweichung auch die Lageschwankungen berücksichtigt, jedoch ist der Zusammenhang zwischen Flächenanteil unterhalb der Wahrscheinlichkeitsdichtefunktion und Anzahl Standardabweichungen nur für das Modell Normalverteilung richtig. Korrekt wäre die Verwendung nur für die Verteilungszeitmodelle A1 und C1 (resultierende Normalverteilung).

Aus diesem kleinen Vergleich wird deutlich, dass es dringend erforderlich ist, die Berechnungsgrundlagen exakt abzustimmen und zu dokumentieren.

9.7 Kompensation der zusätzlichen $\overline{x}$-Streuung

Insbesondere bei der Beurteilung von Fertigungseinrichtungen mit unvermeidbarem Trend stellt sich im Rahmen der Abnahme die Frage: „In wieweit ist es sinnvoll, die zusätzliche $\overline{x}$-Streuung zu kompensieren, wenn diese nicht von der Einrichtung selbst verursacht wird?“ Das typische Beispiel ist das zeitabhängige Verteilungsmodell C, bei dem die Veränderung des Mittelwertes über die Zeit durch den Werkzeugverschleiß, und aufgrund von Störungen der Fertigungseinrichtung selbst verursacht wird. Andere Beispiele sind Materialschwankungen oder unterschiedliche Einstellungen durch den Bediener.

Fallbeispiel

Gegeben ist ein Prozess mit den Spezifikationsgrenzen OSG = 4,04 und USG = 3,97. Die Prozessmitte ist $\overline{X}$ = 4,0066. Für diesen Prozess sind die Fähigkeitsindizes zu bestimmen. Für die in der Messwertreihe enthaltenen Trends wird jeweils eine Regressionsgerade ermittelt (s. Bild 9.24).

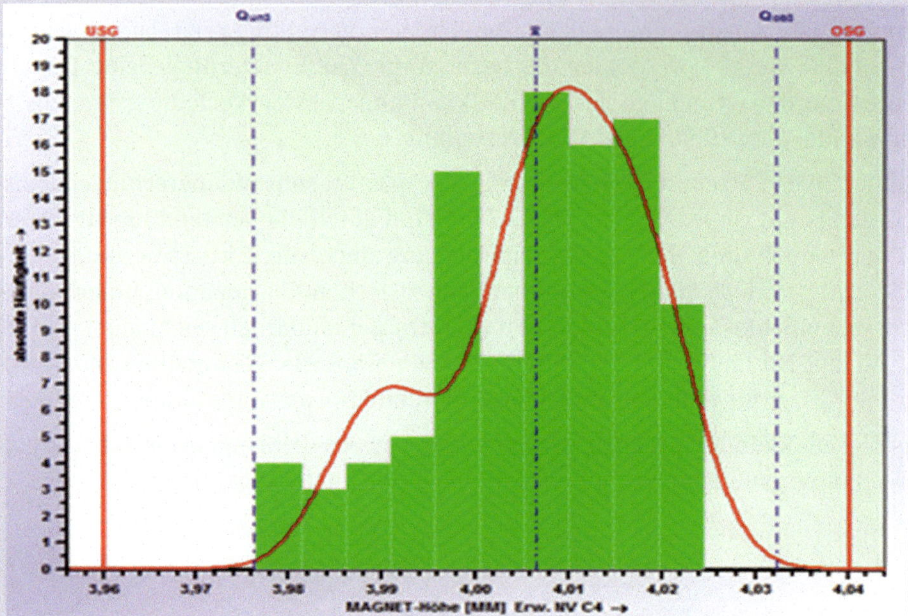

Bild 9.24 Histogramm mit Trend

In Absprache zwischen Kunde und Lieferant kann eine rechnerische Trendkompensation vereinbart werden, wenn der Trend linear und die Ursache außerhalb der Fertigungseinrichtung eindeutig bekannt ist. Die Fähigkeitsindizes können sowohl mit Trend zu C_p = 1,43 nach der Berechnungsmethode $M1_{1,6}$ (s. Bild 9.24) bzw. basierend auf einer Trendkompensation zu C_p = 2,7 berechnet werden. Die Ergebnisse sind in Bild 9.25 dargestellt. Die Differenz zwischen der Berechnung der Fähigkeitsindizes mit und ohne Trendkompensation ist in diesem Fall eindeutig dem Werkzeugverschleiß und nicht der Fertigungseinrichtung zuzuordnen. Diese Betrachtung ist aus Sicht des Herstellers der Fertigungseinrichtung korrekt. Daher sind bBeimi Kaufvertrag der Beschaffung von Fertigungseinrichtungen sind diese die Modalitäten der Berechnung im Vorfeld klar festzulegen. Für die Beurteilung der auf dieser Einrichtung gefertigten Teile im Sinne einer Prozessfähigkeit ist allerdings die Berechnung unter Berücksichtigung inklusive des Trends zu verwenden, eine Trendkompensation ist dann nicht erlaubt.

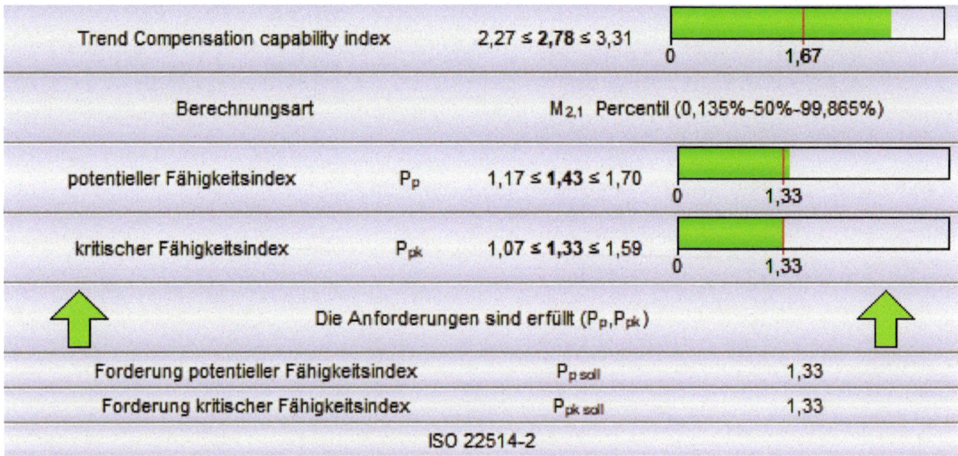

Bild 9.25 Fähigkeitsindizes mit und ohne Trendkompensation

■ 9.8 Sonderfall – „Potenzial“ kleiner als Fähigkeit

Bei vielen Merkmalen aus den Bereichen Form, Lage, Kraft, etc. ist oft nur eine Spezifikationsgrenze angegeben. Die Berechnung des Prozesspotenzials ist damit zunächst nicht möglich. Sofern jedoch eine natürliche/physikalische Grenze existiert, deren Überschreitung nicht möglich ist, so kann man diese als zweite Spezifikationsgrenze nutzen. Setzt man in die Formel des Prozesspotenzials nach der Prozentanteilmethode die natürliche Grenze ein, so erhält man ebenfalls ein „Fähigkeitspotenzial“. Da die Fähigkeit jedoch immer in Richtung der Spezifikationsgrenze (und nie zur natürlichen Grenze) berechnet werden muss, kann es vorkommen, dass dieses „Potenzial“ kleiner als der Fähigkeitsindex wird.

Fallbeispiel: „C_p“ < C_{pk}

Die Daten stammen vom Testbeispiel 6 der Ford Werke AG, Köln (s. Kapitel 13). Die Spezifikationsgrenzen sind „USG“ = 0 (natürliche Grenze) und OSG = 0,1. Als geeignetes Verteilungsmodell ist die Rayleigh-Verteilung anzuwenden. Es ergibt sich Prozessmitte $\bar{\bar{x}} = 0{,}02527$ und die Prozessstreubreite $X_{0,135\%} = 0{,}07483$ und $X_{99,865\%} = 0{,}00028$. Bild 9.26 stellt den Sachverhalt grafisch dar.

Mit der Berechnungsmethode $M1_{1,6}$ ergibt sich

$$"C_p" = \frac{OSG - "USG"}{X_{99,865\%} - X_{0,135\%}} = \frac{0,1 - 0}{0,07331 - 0,00105} = 1,38$$

$$C_{po} = \frac{OSG - \bar{\bar{x}}}{X_{99,865\%} - \bar{\bar{x}}} = \frac{0,1 - 0,02527}{0,07331 - 0,02527} = 1,56$$

$$C_{pk} = 1,56 \overset{!}{>} "C_p" = 1,38$$

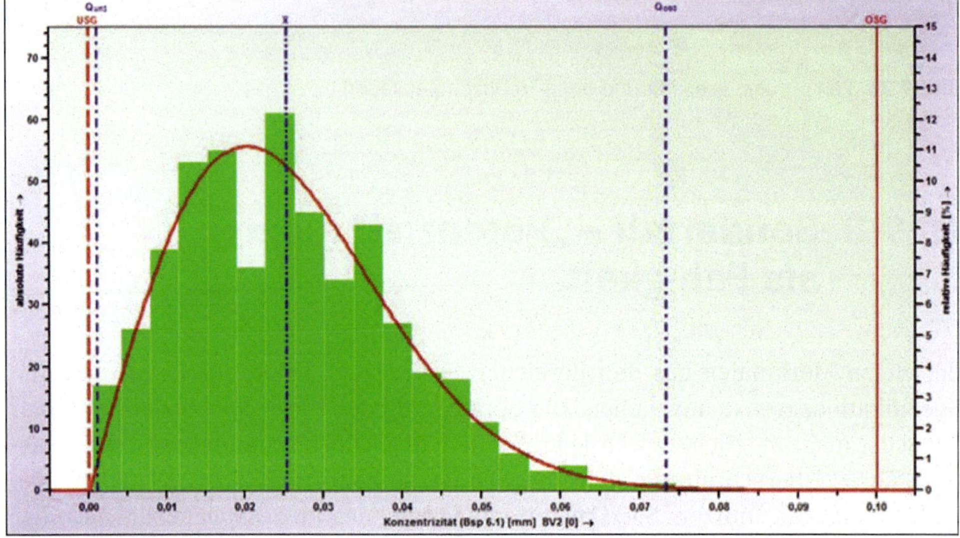

Bild 9.26 Rayleigh-Verteilung

Obwohl dieser Punkt sehr konträr diskutiert wird, ist diese Vorgehensweise sinnvoll, weil der kleinste Fähigkeitsindex alleine keine eindeutige Situation darstellt. In der nachfolgenden Grafik zeigen zwei grundlegend unterschiedliche Prozesssituationen den gleichen Fähigkeitsindex von $C_m = 1,71$, so dass die Lage nur durch den ergänzenden C_m beschrieben werden kann. Wird der C_m zur Information angegeben (Index 15 in Bild 9.27) , dann ist er meist nicht mit einem Grenzwert belegt, so dass nur der C_{mk} über die Fähigkeit entscheidet.

Zeichnungswerte		Gemessene Werte		Statistische Werte	
T_m	0,050			$\bar{x}$	0,02527
USG*	0,000	x_{min}	0,001	Q_{un3}	0,00105
OSG	0,100	x_{max}	0,074	Q_{ob3}	0,07331
T*	0,100	R	0,073	Q_{ob3}-Q_{un3}	0,07226
		$n_{<T>}$	500	$p_{<T>}$	99,99954 %
		$n_{>OSG}$	0	$p_{>OSG}$	0,00046%
		$n_{<USG}$	---	$p_{<USG}$	---
		n_{eff}	500		
		n_{ges}	500		
Merkmalklasse			signifikant		
Modell-Verteilung			Betragsverteilung 2.Art (Faltung bei 0)		
Berechnungsart			$M1_{1,6}$ Percentil (0,135%-$\bar{x}$-99,865%)		
potentieller Fähigkeitsindex	C_p	$1{,}30 \leq 1{,}38_{15} \leq 1{,}47$	0 1 2		
kritischer Fähigkeitsindex	C_{pk}	$1{,}45 \leq 1{,}56 \leq 1{,}66$	0 1,33		
Die Anforderungen sind erfüllt (C_p,C_{pk})					
Forderung potentieller Fähigkeitsindex		$C_{p\ soll}$	1,33		
Forderung kritischer Fähigkeitsindex		$C_{pk\ soll}$	1,33		
ISO 21747					

Bild 9.27 Ergebnis der Berechnung

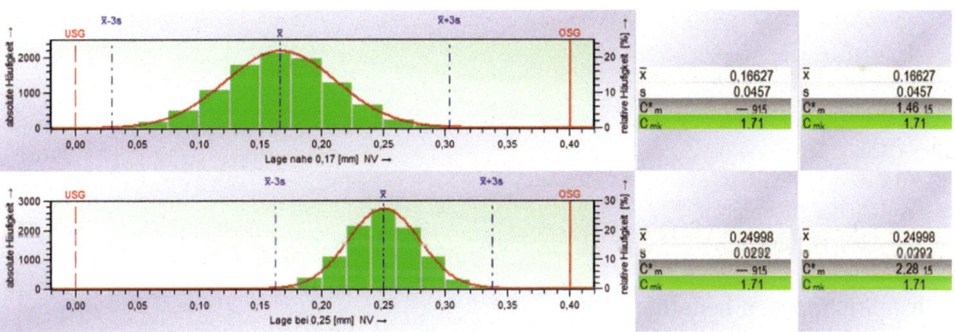

Bild 9.28 Zwei Situationen bei natürlich begrenztem Prozess mit gleichem C_{mk}

9.9 Berechnungsmethode nach CNOMO

In der älteren CNOMO-Norm E41.32.110.N (CNOMO, 1990) wird die Fähigkeit als Eignungskoeffizient des Produktionsmittels bezeichnet und mit CAM abgekürzt. Dieser entspricht dem C_p-Wert, da die Prozessstreuung über die Kennwerte der Stichprobe berechnet wird.

Ein weiterer Kennwert ist der „Positions- und Streuungskoeffizient der Produktion". Dieser wird mit C_{pk} bezeichnet. Dabei wird die Streuung aus der Gesamtstandardabweichung bestimmt. Damit ist dieser Kennwert mit dem Fähigkeitsindex C_{mk} oder dem Leistungsindex P_{mk} vergleichbar.

Berechnung von CAM:

$$CAM = \frac{OSG - USG}{6 \cdot \hat{\sigma}_i}$$

Die Momentanstandardabweichung $\hat{\sigma}_i$ wird anhand von d_5^* geschätzt, das mit einer einseitigen Sicherheitsschwelle von 95 % berechnet und in Abhängigkeit von der Anzahl der entnommenen Proben gewichtet wird.

$$\hat{\sigma}_i = \frac{\overline{R}}{d_5^*}$$

Dabei ist $\overline{R}$ der Mittelwert der Spannweiten ($R = x_{max} - x_{min}$) aus k Stichproben.

Der Faktor d_5^* ergibt sich für Stichproben vom Umfang $n = 5$ aus:

$$d_5^* = d_5 - U_{1-\alpha} \cdot \frac{\beta_5}{\sqrt{k}}$$

mit
d_5 = 2,326 (s. Tabelle 14.7)
β_5 = 0,864
k = Anzahl der Stichproben
$U_{1-\alpha}$ = 1,645 (s. Kapitel 5.2)

Für 6 Stichproben bedeutet dies:

$$d_5^* = 2{,}326 - 1{,}645 \cdot \frac{0{,}864}{\sqrt{6}} = 1{,}746$$

Alternativ kann für die jeweilige Anzahl Stichproben der d_5^*-Faktor der folgenden Tabelle entnommen werden.

Anzahl Stichproben	6	7	8	9	10	12	15	19	24	30	40
Wert d_5^* 95 %	1,746	1,789	1,824	1,852	1,877	1,916	1,959	2,000	2,036	2,067	2,101

Der errechnete CAM-Wert darf nicht kleiner als 1,3 sein. Diese Analyse ist nur zulässig, wenn die Homogenität der Probenentnahmen gewährleistet ist. Um dies zu überprüfen, werden die Spannweiten R_i der Stichproben mit einem Grenzwert verglichen. Dabei gilt:

$$R_i < 0{,}643 \cdot \frac{OSG - USG}{1{,}3} \qquad \text{mit } i = 1,2,\ldots,k$$

Dies entspricht einer Stabilitätsprüfung anhand der oberen Eingriffsgrenzen in einer Regelkarte.

Berechnung C_{pk}-Wert

Dieser Koeffizient wird erst nach Überprüfung auf Normalverteilung berechnet. Dabei ergibt sich der Wert aus

$$C_{pk} = \min \left\{ \frac{OSG - \overline{x}}{3 \cdot \hat{\sigma}_0}; \frac{\overline{x} - USG}{3 \cdot \hat{\sigma}_0} \right\}$$

Die Streuung σ_0 der Produktion wird über die Gesamtstandardabweichung geschätzt. Dies wird mit dem einseitigen oberen Schwellenwert von 95% und dem Stichprobenumfang gewichtet.

$$\hat{\sigma}_0 = C \cdot \sqrt{\frac{1}{N-1} \cdot \sum_{i=1}^{N} (x_i - \overline{x})^2}$$

$$\overline{x} = \frac{1}{N} \cdot \sum_{i=1}^{N} x_i \qquad i = 1,2,\ldots,N$$

$$C = \frac{1}{\sqrt{\frac{\chi^2_{\alpha;f}}{f}}} \qquad \text{mit } f = N - 1$$

N = Stichprobenumfang

Die C-Koeffizienten können entsprechend berechnet oder der folgenden Tabelle entnommen werden:

Anzahl Stichproben	**30**	**35**	**40**	**45**	**50**	**60**	**75**	**95**	**120**	**150**	**200**
Wert C 95%	1,28	1,26	1,24	1,22	1,21	1,18	1,16	1,14	1,12	1,11	1,09

Der errechnete C_{pk}-Wert muss größer sein als 1,0.

Hinweis

Die Berechnung des CAM- und C_{pk}-Wertes sollte nur durchgeführt werden, wenn die Homogenität gewährleistet ist und die Werte normalverteilt sind. Diese Forderung entspricht dem zeitabhängigen Verteilungsmodell A. Da reale Prozesse sicher nur bedingt dieser Forderung entsprechen, kommt die oben beschriebene Berechnungsmöglichkeit nur selten zum Tragen. ■

Fallbeispiel für CNOMO-Norm

Die Tabelle 9.7 enthält 40 Stichproben vom Umfang n = 5. Die Spezifikationsgrenzen sind OSG = 21,0 mm und USG = 20,0 mm.

Tabelle 9.7 Merkmalswerte zur Bestimmung von CAM und C_{pk} nach CNOMO

1	**2**	**3**	**4**	**5**	**6**	**7**	**8**	**9**	**10**
20,83	20,64	20,68	20,70	20,75	20,56	20,66	20,80	20,55	20,77
20,47	20,69	20,57	20,56	20,56	20,58	20,44	20,52	20,54	20,59
20,64	20,67	20,57	20,42	20,48	20,64	20,35	20,53	20,57	20,71
20,64	20,70	20,67	20,69	20,67	20,67	20,53	20,79	20,57	20,55
20,59	20,29	20,65	20,63	20,58	20,73	20,55	20,70	20,57	20,55
11	**12**	**13**	**14**	**15**	**16**	**17**	**18**	**19**	**20**
20,62	20,62	20,50	20,56	20,63	20,50	20,65	20,63	20,55	20,57
20,41	20,67	20,62	20,71	20,66	20,69	20,53	20,68	20,52	20,46
20,78	20,45	20,54	20,55	20,49	20,40	20,69	20,70	20,65	20,58
20,67	20,53	20,62	20,63	20,58	20,78	20,76	20,60	20,51	20,50
20,64	20,65	20,64	20,64	20,49	20,55	20,58	20,48	20,52	20,53
21	**22**	**23**	**24**	**25**	**26**	**27**	**28**	**29**	**30**
20,44	20,53	20,75	20,68	20,56	20,72	20,60	20,49	20,64	20,65
20,59	20,67	20,59	20,55	20,67	20,47	20,59	20,55	20,58	20,64
20,61	20,59	20,58	20,50	20,66	20,50	20,62	20,56	20,44	20,54
20,51	20,50	20,45	20,77	20,57	20,71	20,56	20,43	20,41	20,53
20,54	20,58	20,55	20,60	20,48	20,51	20,50	20,62	20,38	20,44
31	**32**	**33**	**34**	**35**	**36**	**37**	**38**	**39**	**40**
20,72	20,55	20,45	20,46	20,57	20,53	20,60	20,68	20,67	20,66
20,79	20,60	20,65	20,58	20,69	20,60	20,57	20,55	20,60	20,59
20,58	20,68	20,55	20,47	20,69	20,55	20,62	20,68	20,69	20,71
20,52	20,69	20,54	20,50	20,48	20,64	20,56	20,69	20,61	20,52
20,45	20,53	20,74	20,44	20,70	20,61	20,46	20,59	20,76	20,64

Damit ergeben sich folgende statistischen Kennwerte:

Mittelwert	$\overline{x}$	= 20,5904	$d_5^* = 2{,}101$
Mittelwert der Spannweite	$\overline{R}$	= 0,216	C = 1,09
Gesamtstandardabweichung	s	= 0,095082	
CAM	$= \dfrac{OSG - USG}{6 \cdot \hat{\sigma}_i} = \dfrac{21{,}0 - 20{,}0}{6 \cdot \frac{0{,}216}{2{,}101}}$	= 1,62	
C_{pk}	$= \dfrac{OSG - \overline{x}}{3 \cdot \tilde{\sigma}_o} = \dfrac{21{,}0 - 20{,}5904}{3 \cdot 1{,}09 \cdot 0{,}095082}$	= 1,32	

■

■ 9.10 Kenngrößen für zweidimensionale Normalverteilungen

Zur Bestimmung der Qualitätskennzahlen für die zweidimensionale Normalverteilung (s. Abschnitt 5.6) werden in Analogie zur eindimensionalen Normalverteilung die Zufallsstreubereiche in Abhängigkeit einer vorgegebenen Wahrscheinlichkeit (z. B.: $1 - \alpha = 99{,}73\,\%$) betrachtet. Tabelle 9.8 zeigt exemplarisch den Zusammenhang zwischen den Zufallsstreubereichen, den n Standardabweichungen und den Fähigkeitsindizes. Erforderliche Zwischenwerte können, basierend auf der jeweiligen Dichtefunktion, sowohl für die eindimensionale als auch für die zweidimensionale Normalverteilung berechnet werden.

Für eine vorgegebene Wahrscheinlichkeit $1 - \alpha$ ergibt sich im zweidimensionalen Fall ein Zufallsstreubereich, der in Form einer Wahrscheinlichkeitsellipse in den x y-Plot eingezeichnet werden kann. Dieser Bereich darf bei Erfüllung der Forderung nach einer bestimmten Fähigkeit die Toleranzellipse nicht schneiden.

Fähigkeitspotenzial P_o

Bei der Bestimmung des elliptischen Zufallsstreubereichs und damit der Fähigkeit wird der Mittelpunkt der Ellipse auf den Toleranzmittelpunkt ($\mu_x = M_{px}$, $\mu_y = M_{py}$) gelegt. Anschließend ist der elliptische Zufallsstreubereich zu bestimmen, der die Toleranzellipse gerade noch berührt (Bild 9.29). Die zu diesem Bereich gehörige Wahrscheinlichkeit $1 - \alpha$ wird für die Bestimmung des Fähigkeitspotenzials P_o herangezogen.

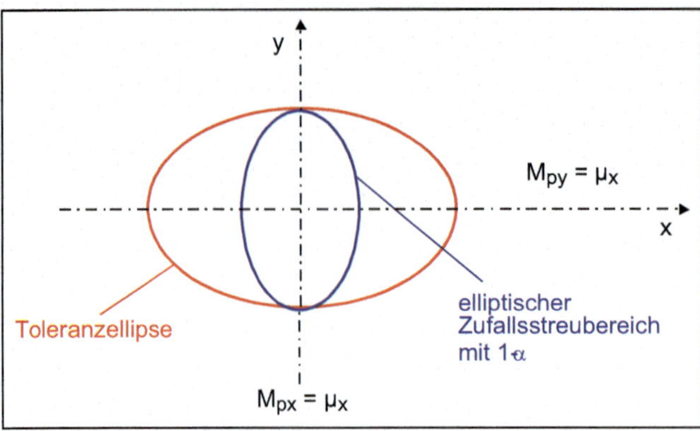

Bild 9.29 Bestimmung des Fähigkeitspotenzials P_o

Fähigkeitsindex P_{ok}

Zur Bestimmung der Fähigkeit P_{ok} wird der elliptische Zufallsstreubereich bestimmt, der die Toleranzellipse gerade berührt (Bild 9.30). Bei der Bestimmung des Mittelpunktes der Ellipse wird von den Schätzwerten der zweidimensionalen Normalverteilung μ_x und μ_y ausgegangen. Die zu diesem elliptischen Zufallsstreubereich gehörige Wahrscheinlichkeit $1 - \alpha$ bestimmt den Fähigkeitsindex P_{ok}. Liegen μ_x, μ_y außerhalb der Toleranzellipse, wird kein Fähigkeitsindex P_{ok} angegeben.

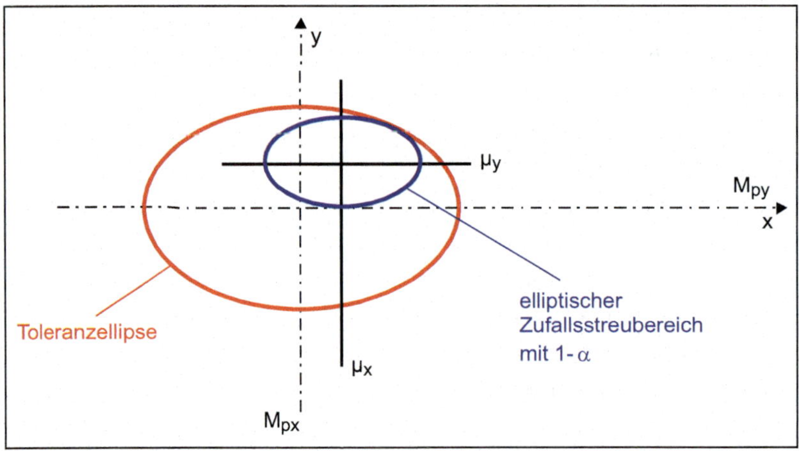

Bild 9.30 Bestimmung des Fähigkeitsindizes P_{ok}

Tabelle 9.8 Zusammenhang zwischen Zufallsstreubereich, Bereich aus ±nσ und Qualitätskennzahl mit σ = Standardabweichung, α = Irrtumswahrscheinlichkeit

Wahrscheinlichkeit 1 − α in%	Bereich in Standardabweichungen bei einer Normalverteilung	Fähigkeitsindex P_p bzw. P_{pk} C_p bzw. C_{pk}
99,73	± 3 σ	1,0
99,9937	± 4 σ	1,33
99,99994	± 5 σ	1,67
99,9999998	± 6 σ	2,0

Fallbeispiel: Positionstoleranz

In Tabelle 9.9 sind die x- und y-Koordinaten von Bohrungsmittelpunkten dargestellt. Hierfür sind die Fähigkeitsindizes P_o und P_{ok} zu bestimmen.

Die Wertepaare sind in Bild 9.31 eingetragen. Ebenso sind die Wahrscheinlichkeitsellipsen zur Bestimmung von P_o bzw. P_{ok} und die Spezifikationsgrenze eingezeichnet. ■

Tabelle 9.9 Bohrungsmittelpunkte

Wert Nr.	x-Position	y-Position	Wert Nr.	x-Position	y-Position
1	-0,035	-0,010	21	0,045	-0,035
2	0,030	0,015	22	0,005	0,005
3	-0,020	-0,035	23	-0,015	-0,010
4	0,005	0,005	24	0,010	0,020
5	0,025	0,000	25	-0,020	0,010
6	0,030	0,030	26	0,005	0,030
7	0,005	-0,020	27	0,030	-0,015
8	0,025	0,010	28	0,010	-0,035
9	-0,015	-0,020	29	0,030	-0,025
10	0,005	0,005	30	0,020	0,030
11	-0,010	-0,010	31	-0,015	0,005
12	0,045	0,000	32	0,005	0,020
13	0,040	-0,025	33	-0,020	0,010
14	0,025	0,010	34	0,010	0,005
15	0,005	-0,010	35	0,000	-0,010
16	0,015	0,015	36	0,025	0,040
17	-0,005	0,005	37	0,005	-0,010
18	0,015	0,025	38	0,025	0,005
19	0,005	-0,030	39	-0,010	0,020
20	0,025	0,005	40	0,010	0,030

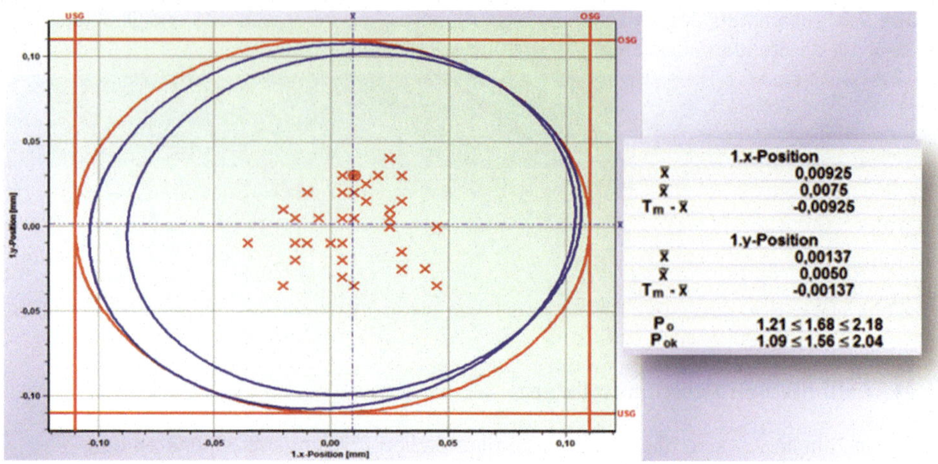

Bild 9.31 x-y-Plot

Best Fit Move

In qs-STAT® ist das sogenannte „Best fit move"-Verfahren enthalten. Anwendung findet diese Funktion bei Positionstoleranzen, wie sie z. B. für Bohrungen benötigt werden. Bei Bohrungen ist die zulässige Abweichung von der Soll-Lage durch einen Toleranzkreis bzw. durch eine Toleranzellipse festgelegt. Eine eventuell erforderliche Lagekorrektur einer einzelnen Bohrung ist verhältnismäßig einfach zu realisieren. Was aber, wenn die Lage von mehreren Bohrungen zugleich betrachtet werden muss?

Häufig werden mehrere Bohrungen an einer Maschine in einem einzigen Arbeitsgang gefertigt, so z. B. bei Motorblöcken. Ist nun die Lage von den Bohrungen nicht befriedigend, so stellt sich die Frage nach einer Gesamt-Lage-Korrektur. Vor dem Hintergrund, dass das Einrichten der Werkzeuge verhältnismäßig aufwendig ist, sucht man nach einem „schnellen" Weg für die Korrektur der Prozesslagen, ohne die Werkzeuge erneut einrichten zu müssen.

Vorschlag für eine „einfache" Lagekorrektur

Das Verfahren des „Best fit move" ist eine Möglichkeit zur Lösung des Problems. Die Bohrungen eines Motorblocks werden zu einer gemeinsamen Gruppe zusammengefasst und die Analysesoftware kennt die Bezüge der Bohrungen zueinander. Es werden mehrere gefertigte Blöcke vermessen und dann mit einem Ausgleichsalgorithmus die Lagekorrektur des gesamten Motorblocks errechnet. Das Programm gibt somit Korrekturwerte für beide Achsrichtungen und einen Korrektur-Drehwinkel aus. Die Lage der zu bearbeitenden Werkstücke wird an der Bearbeitungsmaschine entsprechend den Korrekturwerten neu eingestellt. Dadurch ergibt sich eine gemeinsame Optimierung der Lage Bohrungs-Positionen.

Freie Wahl des Bezugssystems

Das Programm kann die Korrekturwerte für die folgenden Bezugssysteme berechnen:

1. Bezug für die Korrekturwertberechnung ist der Schwerpunkt des Bohrlochmusters
2. Bezug für die Korrekturwertberechnung ist der Koordinatenursprung.

In Bild 9.32 sieht man ein Beispiel für die Drehung um den Koordinatenursprung der Maschine, der als Bezugspunkt für den Drehwinkel verwendet wird. Die Korrekturwerte sind damit nur für das gewählte Bezugssystem gültig.

Bild 9.33 stellt einen Ausschnitt aus der Zeichnung vergrößert dar. Das obere Kreuz stellt die ursprüngliche Lage des Mittelwertes von den Messwerten dar. Das zweite Kreuz stellt die berechnete Lage des Mittelwertes nach der Korrektur dar. Der Weg der Verschiebung ist eingezeichnet. Der braun eingezeichnete Weg ist die Korrektur des Winkels. Die blau und rot eingezeichneten Geraden sind die Korrekturverschiebungen in x- und y-Richtung.

Die nummerische Ausgabe der Korrekturwerte ist im Fußteil von Bild 9.32 enthalten. Wie man aus den Textfeldern in Bild 9.32 schon vermuten kann, bietet das Programm zwei Berechnungsverfahren zur Bestimmung der Korrekturwerte an:

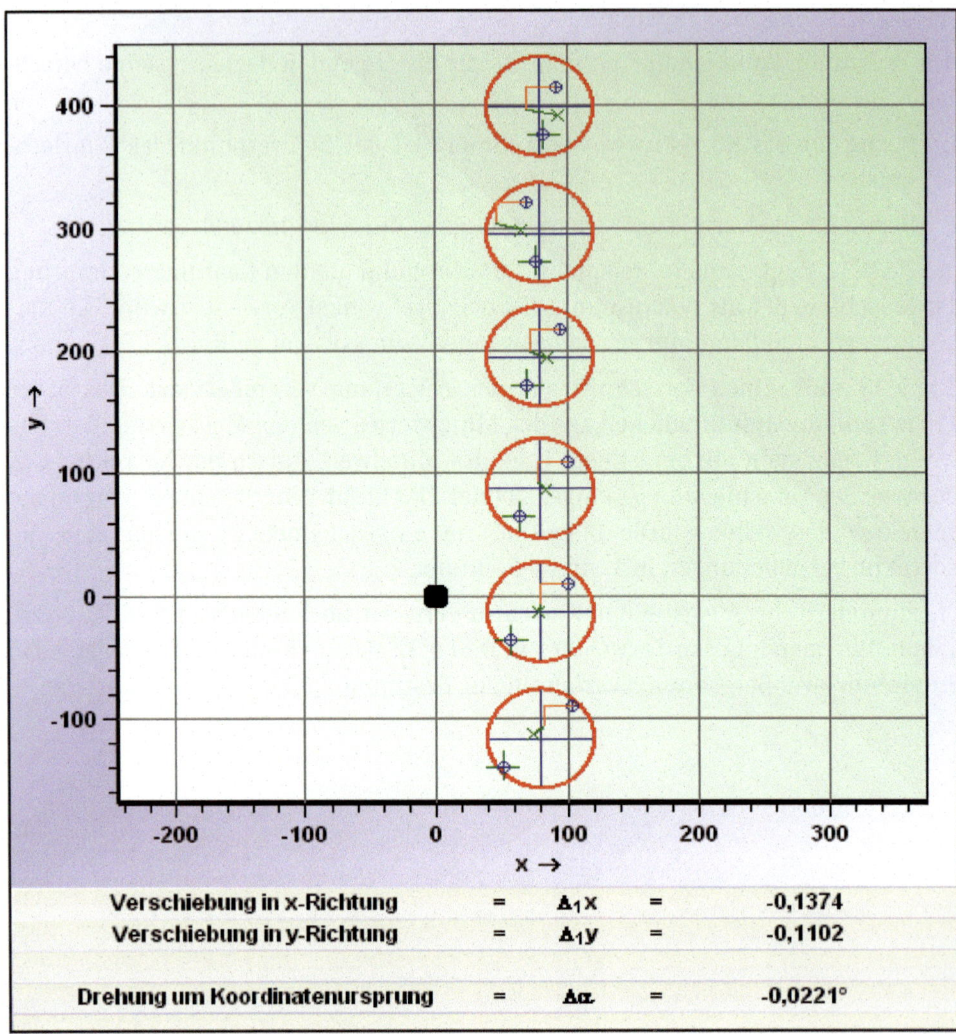

Bild 9.32 Beispiel für die Korrekturwert-Ausgabe

Berechnungsverfahren 1

Hier wird erst die Korrektur für die Verschiebung in den Koordinatenachsen berechnet und anschließend der Korrekturwert für den Winkel.

Berechnungsverfahren 2

Es wird erst der Korrekturwert für den Drehwinkel und anschließend die Korrekturwerte für die Verschiebung in den Koordinatenachsen berechnet.

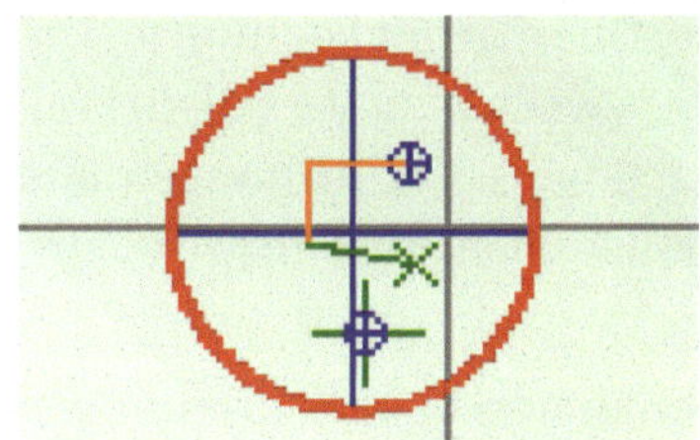

Bild 9.33
Grafische Darstellung der Korrekturwerte

9.11 Grenzwerte für Qualitätsfähigkeitskenngrößen

Eine allgemein gültige Festlegung von Grenzwerten für die unterschiedlichen Qualitätsfähigkeitskenngrößen gibt es nicht, auch keine allgemein normierte Vorgaben. Diese werden in der Regel firmenspezifisch individuell vereinbart und in Richtlinien bzw. Verfahrensanweisungen festgehalten. Damit sind diese Grenzwerte für das jeweilige Unternehmen und in der Regel für Lieferanten verbindlich.

In der Tabelle 9.10 sind für die unterschiedlichen Abnahme- bzw. Beurteilungssituationen typische Grenzwerte angegeben.

Tabelle 9.10 Typische Grenzwerte für Qualitätsfähigkeitskennwerte

Situation	Prozesspotenzial	Prozessfähigkeit
Maschinenabnahme (Maschinenfähigkeit)	$P_m \geq 2{,}3$	$P_{mk} \geq 2{,}0$
Vorläufige Prozessfähigkeit	C_p bzw. $P_p \geq 2{,}0$	C_{pk} bzw. $P_{pk} \geq 1{,}67$
Fortdauernde Prozessfähigkeit (Langzeitfähigkeit)	P_p bzw. $C_p \geq 1{,}33$	C_{pk} bzw. $C_{pk} \geq 1{,}33$

Darüber hinaus ist die Situation für instabile Prozesse zu betrachten. Die Instabilität wird anhand der Qualitätsregelkarte nachgewiesen. Tritt diese Situation ein, ist der Grenzwert typischerweise eine Stufe höher. Das heißt, beispielsweise bei einer Langzeitanalyse wird der Grenzwert von $C_p \geq 1{,}33$ auf $P_p \geq 1{,}67$ angehoben. Zur Kennzeichnung der instabilen Situation wird der Qualitätsfähigkeitskennwert mit P (Performance) abgekürzt.

Die in Tabelle 9.10 aufgeführten Grenzwerte gelten nicht für alle Merkmalstypen in gleicher Weise. So kann man beispielsweise Merkmale in Klassen einteilen. Typische Merkmalsklassen wären kritische Merkmale, signifikante Merkmale und weniger wichtige Merkmale. Die Grenzwerte für die jeweiligen Merkmalsklassen sind dann unterschiedlich.

Weiter sind bestimmte Merkmale wie Härtekennwerte, Oberflächenkennwerte, Unwucht oder Härte ebenfalls mit unterschiedlichen Grenzwerten zu versehen. Weiter wird man zur besseren Toleranzausnutzung speziell bei 100% Prüfungen und damit ggf. verbundenen In-Prozessmessungen ebenfalls einen wesentlich niedrigeren Grenzwert ansetzen.

Ein weiterer Sonderfall ist die Situation, wenn bei Abnahmen bzw. Beurteilungen nicht genügend Werte vorhanden sind. Bei einem geringeren Stichprobenumfang ist der Vertrauensbereich für die Kennwerte entsprechend groß (s. Tabelle 2.1). Dementsprechend werden mit abnehmenden Stichprobenumfang die Grenzwerte für die Qualitätsfähigkeitskennwerte angehoben. Die Tabelle 9.11 zeigt typische Grenzwerte für den Fall, dass weniger als 50 Werte vorliegen.

Tabelle 9.11 Grenzwerte für P_m, P_{mk} bei 50 und weniger Werten

Stückzahl	P_m bzw. P_{mk}-Grenzwerte		
50	1,33	1,67	2,00
40	1,62	2,04	2,44
30	1,67	2,09	2,51
20	1,75	2,20	2,60
15	1,82	2,28	2,73

In der VW Norm 101 31 (Volkswagen/Audi, 2005b) Prozessfähigkeitsuntersuchungen für messbare Merkmale ist eine Berechnungsmethode vorgeschlagen, die die Grenzwerte in Abhängigkeit der Anzahl Merkmalswerte berechnet.

In Fällen, in denen unter vertretbarem Aufwand nur eine Untersuchung mit einem kleineren effektiven Gesamtstichprobenumfang als 125 möglich ist, muss der daraus folgenden größeren Unsicherheit der ermittelten Fähigkeitskennwerte durch entsprechend größere Grenzwerte wie folgt Rechnung getragen werden.

Bei einem effektiven Gesamtstichprobenumfang von $n_g \geq 125$ sind für zweiseitig tolerierte Merkmale die Grenzwerte $C_p \geq 1{,}33$ und $C_{pk} \geq 1{,}33$.

Die Ermittlung der Grenzwerte für effektive Gesamtstichprobenumfänge kleiner als 125 wird dabei auf die Grenzwerte bezogen, die sich aus der o. g. Forderung für die zu untersuchende Grundgesamtheit mit 95%-iger Wahrscheinlichkeit einhalten lassen (untere Vertrauensbereichsgrenzen). Diese ergeben sich unter der Annahme einer normalverteilten Grundgesamtheit aus der oberen Vertrauensbereichsgrenze der Standardabweichung

$$\sigma_o = \hat{\sigma} \cdot \sqrt{\frac{124}{\chi^2_{5\%;124}}}$$

und dem statistischen Anteilsbereich für die Fertigungsstreuung

$$\left.\begin{matrix} x_{99,865\%} \\ x_{0,135\%} \end{matrix}\right\} = \hat{\mu} \pm u_{99,865\%} \cdot \left(1 + \frac{1}{2 \cdot 125}\right) \cdot \sqrt{\frac{124}{\chi^2_{5\%;\,124}}} \cdot \hat{\sigma}$$

wobei

$u_{99,865\%} = 3{,}0$ = Quantil der standardisierten Normalverteilung

$\chi^2_{5\%;\,124} = 99{,}3$ = Quantil der Chi-Quadrat-Verteilung bei einem Freiheitsgrad von f=124
(Graf et al., 1998)

Durch Umformen und Einsetzen ergeben sich daraus die Fähigkeitsgrenzwerte für die Grundgesamtheit

$$C_p \geq 1{,}33 \cdot \sqrt{\frac{\chi^2_{5\%;\,124}}{124}} = 0{,}895 \cdot c_{p;\,\text{Grenz}}$$

$$C_{pk} \geq 1{,}33 \cdot \frac{1}{1 + \frac{1}{250}} \cdot \sqrt{\frac{\chi^2_{5\%;\,124}}{124}} = 0{,}891 \cdot c_{pk;\,\text{Grenz}}$$

Somit ergeben sich für effektive Gesamtstichprobenumfänge $n_g < 125$ folgende angepasste Fähigkeitsgrenzwerte

$$\hat{c}_p \geq 1{,}33 \cdot 0{,}895 \cdot \sqrt{\frac{f}{\chi^2_{5\%;\,f}}}$$

$$\hat{c}_{pk} \geq 1{,}33 \cdot 0{,}891 \cdot \left(1 + \frac{1}{2 \cdot n_g}\right) \cdot \sqrt{\frac{f}{\chi^2_{5\%;\,f}}}$$

mit dem Freiheitsgrad

$$f = n_g - 1$$

Fallbeispiel

Bei festgelegten Fähigkeitsgrenzwerten von $C_p \geq 1{,}33$, $C_{pk} \geq 1{,}33$ und einem effektiven Gesamtstichprobenumfang von $n_g = 50$ ergeben sich die folgenden angepassten Grenzwerte für ein zweiseitig toleriertes Merkmal:

$$\hat{c}_p \geq 1{,}33 \cdot 0{,}895 \cdot \sqrt{\frac{50 - 1}{33{,}9}} = 1{,}43$$

$$\hat{c}_{pk} \geq 1{,}33 \cdot 0{,}891 \cdot \left(1 + \frac{1}{2 \cdot 50}\right) \cdot \sqrt{\frac{50 - 1}{33{,}9}} = 1{,}44$$

Da bei einem zweiseitig tolerierten Merkmal der C_p-Wert nicht kleiner als der C_{pk}-Wert sein kann, wird in diesem Fall der Grenzwert für C_p gleichgesetzt mit dem für C_{pk}. ■

10 Prozess- und Produktbeurteilung

10.1 Zeitliche Abfolge der Fähigkeitsbeurteilung

In VDA 4 (VDA, 2020) (s. Kapitel 9) wird bei einer Prozessstudie zwischen mehreren Stufen unterschieden.

Kurzzeitfähigkeit/Maschinenfähigkeit

Bei der Kurzzeitfähigkeit wird versucht – soweit möglich – ausschließlich das Verhalten der Maschine bzw. Fertigungseinrichtung zu beurteilen. Diese Studie kommt in der Regel sowohl beim Neuerwerb beim Lieferanten als auch bei der Inbetriebnahme beim Kunden zum Tragen. Aus Kostengründen werden nur wenige Teile ($n \approx 50$) produziert und vermessen. Aus den vorliegenden Messwerten wird versucht, ein Verteilungsmodell zu finden. Darauf basierend werden die Fähigkeitsindizes berechnet. Diese werden mit C_m bzw. C_{mk} für **M**aschinenfähigkeit bezeichnet. Die Aussagen basierend auf diesen Zahlen sind aufgrund des geringen Stichprobenumfanges vage (s. Abschnitt 2.4). Empfohlen werden Grenzwerte C_m und C_{mk} von 1,67 bei $n = 50$. Bei geringeren Stichprobengrößen werden die Forderungon auf Basis des Vertrauensbereichs höher gesetzt.

Vorläufige Prozessfähigkeit

Liegen endgültige Serienbedingungen vor, kann mit der vorläufigen Prozessfähigkeitsuntersuchung begonnen werden. Dem Prozess werden Stichproben vom Umfang $n = 3 - 5$ entnommen und grafisch in Form einer Regelkarte dargestellt. Die Anzahl der Stichproben ist so groß zu wählen bzw. die Dauer der Fähigkeitsuntersuchung ist so lange aufrecht zu erhalten, bis ausreichend Datenmaterial für einen Überblick über das Prozessverhalten vorliegt. In der Regel sind mindestens 25 Stichproben bzw. mindestens 125 Werte erforderlich. Daraus ergibt sich die folgende Darstellung (Bild 10.1).

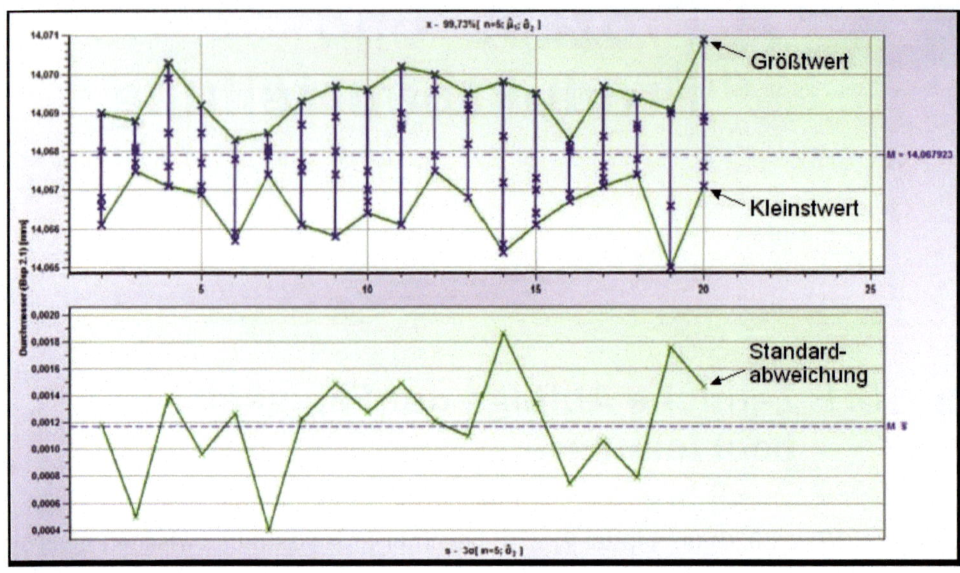

Bild 10.1 Erfasste Stichproben mit Einzelwerten und Standardabweichung

Anschließend werden prozessbezogen die oberen und unteren Eingriffsgrenzen bestimmt und in der Regelkarte eingetragen. Ist die Stabilität gemäß den bekannten Bedingungen erfüllt, können die vorläufigen Indizes berechnet werden. Sind die vorgegebenen Mindestgrenzen (z.B. 1,67) eingehalten, ist die Grundlage für das Weiterführen dieses Prozesses gegeben. Für die „Langzeitfähigkeit" (fortdauernde Prozessfähigkeit) müssen weitere Daten gesammelt werden (Bild 10.2).

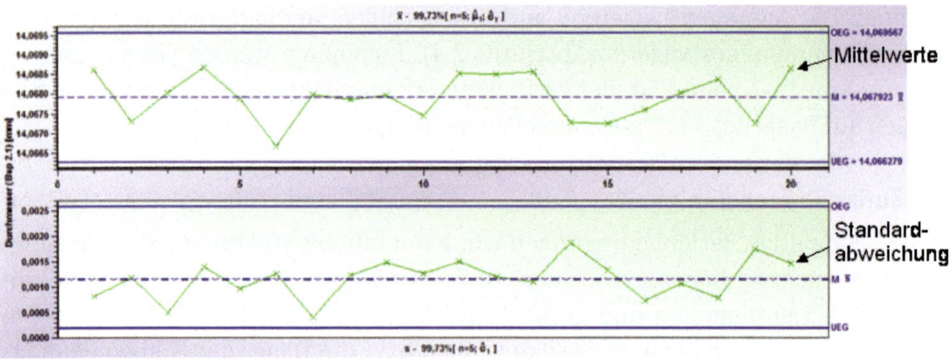

Bild 10.2 $\overline{x}$ / s-Karte aus vorläufiger Prozessfähigkeitsuntersuchung

Langzeitfähigkeit ohne Veränderung der Eingriffsgrenzen

Basierend auf der vorläufigen Fähigkeitsuntersuchung und den daraus bestimmten Eingriffsgrenzen wird der Prozess weitergefahren. Während des Untersuchungszeitraumes sollten **alle** im „Normalbetrieb" denkbaren und möglichen Einflüsse mit ihren Auswirkungen zum Tragen kommen. Nur so sind die berechneten Eingriffsgrenzen und Fähigkeitsindizes eine realistische Vorgabe und Beschreibung für das künftige Verhalten des Prozesses. Die Dauer dieser Phase hängt vom Fertigungs- bzw. Produktionsverfahren ab und kann unterschiedlich sein. Üblich sind 20 Produktionstage. Auf Basis der Qualitätsregelkarte werden Eingriffshäufigkeit, Stabilität und Werteverteilung untersucht sowie die Qualitätsfähigkeitsindizes (C_p/C_{pk}) bzw. Prozessleistungsindizes (P_p/P_{pk}) berechnet. Die berechneten Eingriffsgrenzen sind gleichzeitig die Vorgabe für die eigentliche Überwachung vor Ort. Bild 10.3 verdeutlicht diese Situation.

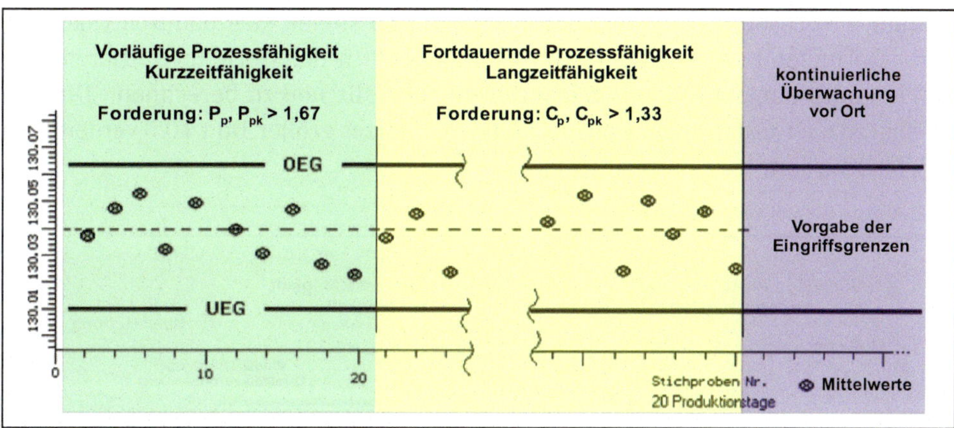

Bild 10.3 Kontinuierliche Prozessüberwachung ohne Neuberechnung

Langzeitfähigkeit mit Veränderung der Eingriffsgrenzen

Kann die bei der vorläufigen Prozessfähigkeit erreichte Stabilität (z. B. Verletzung der Eingriffsgrenze) nicht gehalten werden, sind Verbesserungen vorzunehmen und Abstellmaßnahmen einzuleiten. Bei begründetem Sachverhalt können auch neue Festlegungen getroffen werden. Diese führen zu neuen Eingriffsgrenzen und Fähigkeitsindizes. Anschließend wird der Prozess unter diesen Bedingungen weitergeführt. Bild 10.4 verdeutlicht diese Situation.

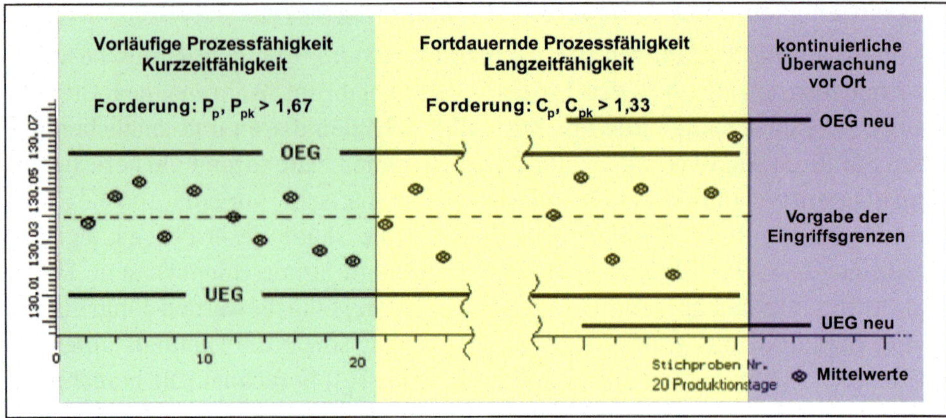

Bild 10.4 Kontinuierliche Prozessüberwachung mit Neuberechnung

Können Prozessstörungen verringert werden und stellen sich dadurch Qualitätsverbesserungen (z. B. an Middle Third „mehr als 90 % der Werte im mittleren Drittel" erkannt) ein, sind die Eingriffsgrenzen ebenfalls neu zu berechnen. Die Eingriffsgrenzen werden enger und die Fähigkeitsindizes größer. Bild 10.5 verdeutlicht den Sachverhalt.

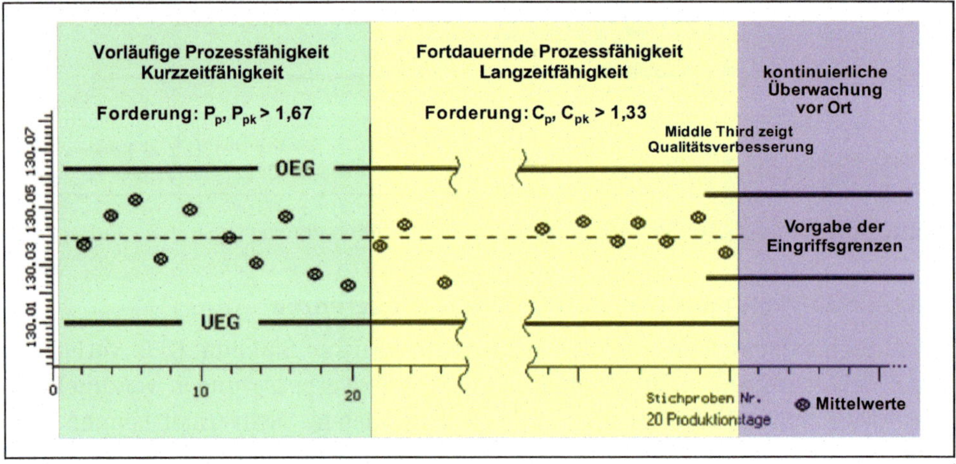

Bild 10.5 Shewhart-Mittelwertkarte mit engeren Eingriffsgrenzen

Mit der „Langzeitfähigkeit" ist die Analysephase abgeschlossen. Die kontinuierliche Überwachung vor Ort erfolgt im Anschluss.

Um jedoch dem Aspekt „Never Ending Improvement" gerecht zu werden, sind auch weiterhin alle Einflüsse und deren Auswirkungen zu analysieren. Aus den Erkenntnissen können Konsequenzen und Abstellmaßnahmen zur Verringerung der

Prozessstreuung eingeleitet werden. Diese Vorgehensweise stellt damit die Basis der ständigen Qualitätsverbesserung dar.

Die Grundlage dieser Betrachtungen sind genau genommen das jeweils zutreffende zeitabhängige Verteilungsmodell mit den daraus abgeleiteten Fähigkeitsindizes und der geeigneten Qualitätsregelkarte mit den dazugehörigen Eingriffsgrenzen. Für ein einziges Merkmal kann die Berechnung je nach Komplexitätsgrad und Datenmenge noch relativ einfach von Hand bzw. mit einem Rechnerprogramm durchgeführt werden. In der Praxis sind es aber in der Regel viele Merkmale zu mehreren Teilen und oft größere Datenmengen. Daher benötigt man einen Automatismus, anhand dessen in validierter Form die erforderlichen Berechnungen vorgenommen werden. Das spart nicht nur Zeit, sondern stellt auch die Vergleichbarkeit der Ergebnisse innerhalb eines Unternehmens sicher.

In den folgenden Abschnitten sind Wege aufgezeigt, wie ein solcher Automatismus funktioniert.

10.2 Auswahl der zeitabhängigen Verteilungsmodelle

In den vorangegangenen Kapiteln wurden grundlegende statistische Verfahren behandelt. Ziel dieses Kapitels ist es, deren Anwendung bei der Analyse eines Datensatzes aufzuzeigen, um das geeignete zeitabhängige Verteilungsmodell, die richtige Berechnungsmethode für Qualitätsfähigkeitsindizes und die adäquate Qualitätsregelkarte zu finden. Weiter muss diese Vorgehensweise validierbar sein. Nur so können vergleichbare Ergebnisse von unterschiedlichen Datensätzen sichergestellt werden. Gerade bei statistischen Auswertungen gibt es viele ähnliche oder gleichwertige Vorgehensweisen. Daher wird man nie genau „eine richtige" Vorgehensweise haben. Ein Unternehmen muss daher eine Auswertestrategie finden und festlegen, die den eigenen Anforderungen genügt. Diese ist zu validieren und unternehmensweit anzuwenden.

Im Folgenden ist eine allgemeine Vorgehensweise aufgezeigt, mit der Datensätze sehr differenziert analysiert werden können.

Um die Vorgehensweise zu vereinfachen, wird ein Ablauf (Bild 10.6) aufgezeigt, anhand dessen ein Prozess unter Anwendung der statistischen Verfahren modellhaft beschrieben werden kann. Dazu wird zunächst das geeignete Verteilungsmodell gesucht bzw. ein vermutetes bestätigt (siehe Kapitel 9). Diesem ist eine adäquate Qualitätsregelkarte (siehe Kapitel 7) und die Berechnungsmethode der Qualitätsfähigkeitskenngrößen nach ISO 22514-2 (DIN, 2019) (siehe Kapitel 9) zugeordnet.

Gerade wenn es darum geht, viele Daten auszuwerten, müssen Automatismen geschaffen werden, die in der Lage sind, diesen Vorgang selbständig durchzuführen. Dabei ist besonders wichtig, dass die von der automatischen Auswertung vorgeschlagenen Ergebnisse den realen Sachverhalt ausreichend genau treffen und beschreiben. Die Werkzeuge hierfür sind in erster Linie die numerischen Testverfahren und sinnvolle Analysen auf Basis anerkannter Gütekriterien, deren Abfolge durch ein Flussdiagramm „gelenkt“ wird. Am Ende des Flussdiagramms stehen die wichtigsten Werkzeuge fest: ein zeitabhängiges Verteilungsmodell, eine Gesamtverteilung, die Qualitätsregelkarte und die Berechnungsmethode für die Qualitätsfähigkeitsindizes. Um die Eignung eines vorgeschlagenen Verteilungsmodells zu beurteilen, werden Regressionskoeffizienten berechnet, deren Wert ein Gütemaß für Übereinstimmung mit den realen Daten darstellt.

Ist ein zeitabhängiges Verteilungsmodell gefunden, wird dieses eindeutig einer Qualitätsregelkarte zugeordnet (Tabelle 7.23). Weiter enthält die ISO 22514-2 (DIN, 2019) Vorschläge, welche Berechnungsmethode der Qualitätsfähigkeitsindizes für welches Verteilungsmodell sinnvoll bzw. zutreffend ist.

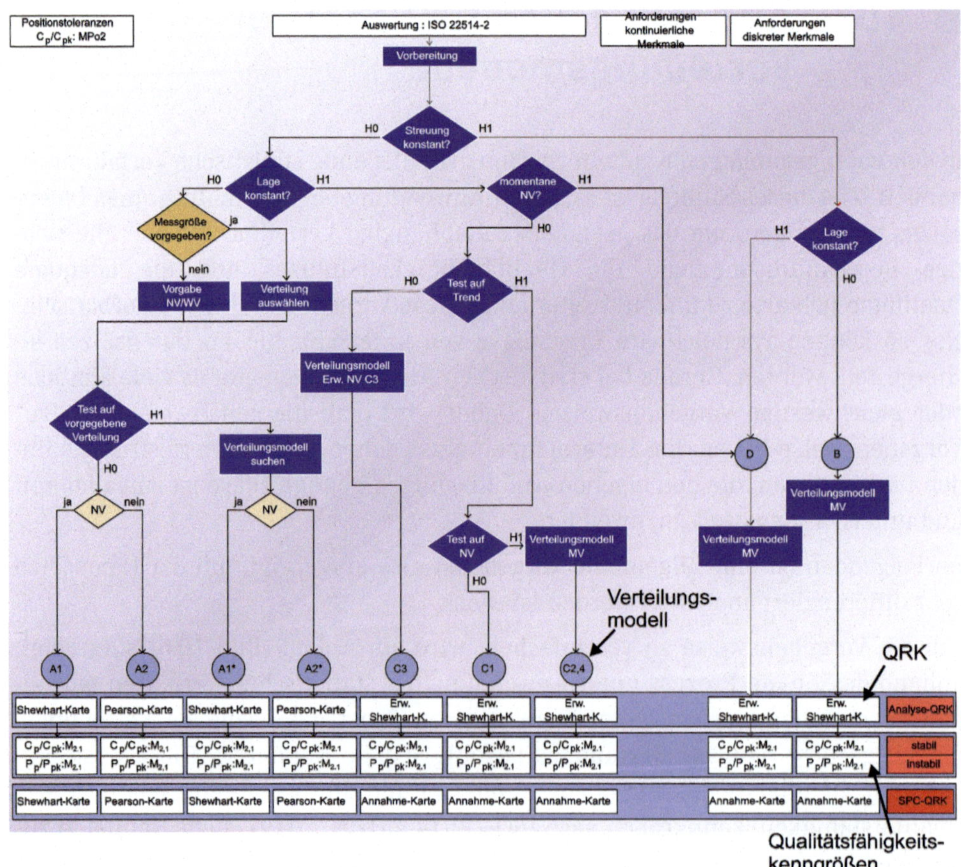

Bild 10.6 Automatische Datenanalyse

10.2.1 Ausgangssituation und Zielsetzung

In der Fertigung bzw. Produktion fallen an verschiedensten Stellen Messdaten an. Diese können Messwerte von Merkmalen an Teilen oder Prozessparameter sein. Die Messdaten werden von verschiedenen Messgeräten bzw. -verfahren zur Verfügung gestellt. In der ISO 22514-2 „Statistische Verfahren im Prozessmanagement" sind mehrere Berechnungsmethoden zum Eignungsnachweis bzw. zur Qualifikation der jeweiligen Maschine bzw. des gesamten Prozesses angegeben. Voraussetzung zur Anwendung der Berechnungsmethode ist die Ermittlung des zutreffenden zeitabhängigen Verteilungsmodells. Mögliche zeitabhängige Verteilungsmodelle sind in der Norm angegeben und mit A1, A2, B, C1, C2, C3, C4 und D bezeichnet (Kapitel 9). mithilfe der von Q-DAS® entwickelten Auswertestrategie können diese zeitabhängigen Verteilungsmodelle eindeutig identifiziert und damit die jeweilige Berechnungsmethode einer Qualitätsfähigkeitskenngröße zugeordnet werden. Die Auswertestrategie ist in dem Flussdiagramm in Bild 10.10 dargestellt.

10.2.2 Vorbemerkungen

Um den Datenfluss gemäß Bild 10.6 zu steuern, sind mehrere Entscheidungskriterien festzulegen. Manche der Kriterien sind gleichwertig anzusehen. Je nach Betrachter/Leser und dessen Erfahrungsschatz werden diese individuell bewertet. Daher sind die in diesem Abschnitt erläuterten Vorgehensweisen als ein Vorschlag zu sehen. Selbstverständlich sind andere Betrachtungsweisen möglich und wer die von den Kunden in der Software hinterlegten Auswertestrategie vergleicht, wird erkennen, dass es vielfältige Interpretationen gibt. Es ist also immer im Einzelfall zu bewerten, ob die Einstellungen zu einem für Unternehmen und Kunden akzeptablen und zufriedenstellenden Ergebnis führen! Nicht zuletzt führt dieser Punkt zu der Notwendigkeit einer Validierung, nicht um sicherzustellen, dass die Software richtig rechnet (Verifizierung), sondern dass die im Sinne der Anwender und Kunden richtigen Methoden zur Auswahl kommen. Die Validierung umfasst somit auch die Berichtsstellung mit den Ergebnissen der Auswertung.

10.2.2.1 Testverfahren

Die einzelnen Entscheidungen innerhalb dieses Flussdiagramms basieren auf statistischen Testverfahren (Kapitel 6). Unabhängig vom Testverfahren wird für den jeweiligen Datensatz die testspezifische Prüfgröße bestimmt. Diese wird in Abhängigkeit vom Vertrauensniveau mit den kritischen Werten verglichen. Als Vertrauensniveau kann 95 %, 99 % oder 99,9 % die Irrtumswahrscheinlichkeit $\alpha = 5\,\%$, 1 % oder 0,1 % eingestellt werden. Je nachdem wie der Vergleich zwischen Prüfgröße und kritischen Wert ausfällt, kommt die Entscheidung H_0 (Nullhypothese) oder H_1

(Alternativhypothese) zum Tragen. Für die jeweilige Entscheidung ist festzulegen, welcher Test bzw. welche Tests herangezogen werden sollen. Bild 10.7 zeigt beispielsweise, dass zur Überprüfung, ob das Verteilungsmodell „Normalverteilung" bestätigt ist oder nicht, der Asymmetrie- und Kurtosis-Test verwendet wird. Das Vertrauensniveau ist auf 95 % ($\alpha = 5\,\%$) eingestellt. Wird bei mindestens einem der beiden Testverfahren H_1 angenommen, wird im Flussdiagramm in diese Richtung verzweigt, ansonsten in Richtung H_0. Diese Vorgehensweise gilt für alle Testverfahren. Bei der Zusammenstellung der Testverfahren ist auf das Problem der zunehmenden Irrtumswahrscheinlichkeit durch multiples Testen zu achten.

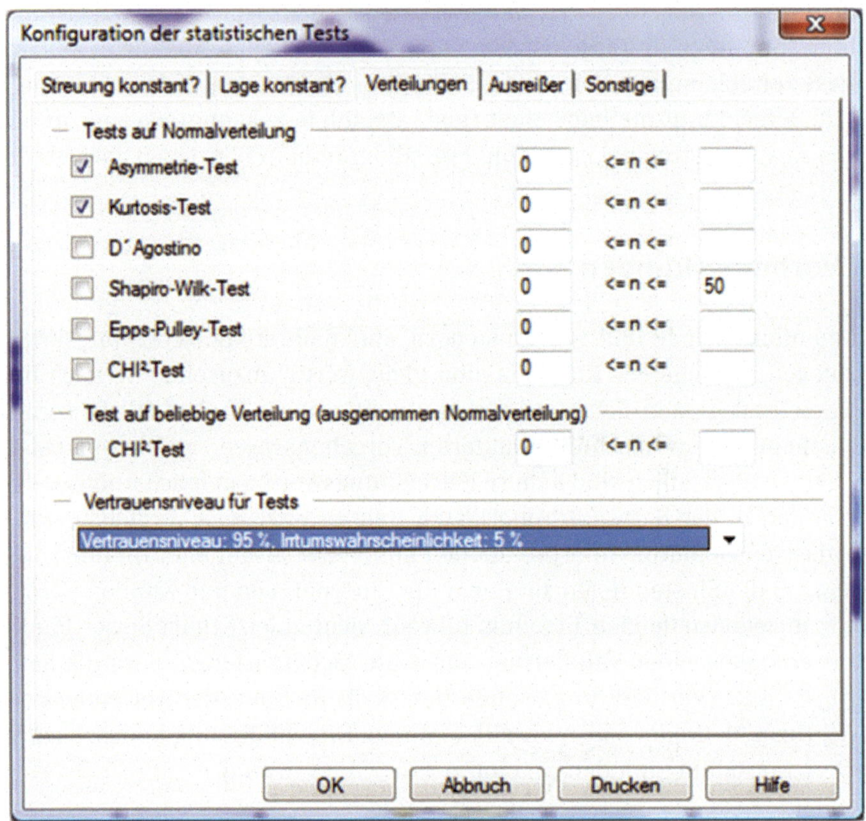

Bild 10.7 Aktivierung des Tests auf Normalverteilung

10.2.2.2 Verteilungsmodell suchen

Wird dir zu Beginn aus Vorwissen vermutete Verteilung verworfen, gelangt das Programm im Entscheidungsprozess an die Stelle „Verteilungsmodell suchen". Zur Beschreibung des Datensatzes kommen möglicherweise folgende Verteilungsmodelle zum Tragen: Normalverteilung, logarithmische Normalverteilung, Betragsverteilung 1. Art Faltung bei 0, Betragsverteilung 2. Art Faltung bei 0, Betragsverteilung 1. Art Faltung ≠ 0, Betragsverteilung 2. Art Faltung ≠ 0 und Weibull-Verteilung.

Die in Bild 10.7 aktivierten Verteilungsmodelle sind für Datensätze geeignet, die eine eingipflige Verteilung darstellen.

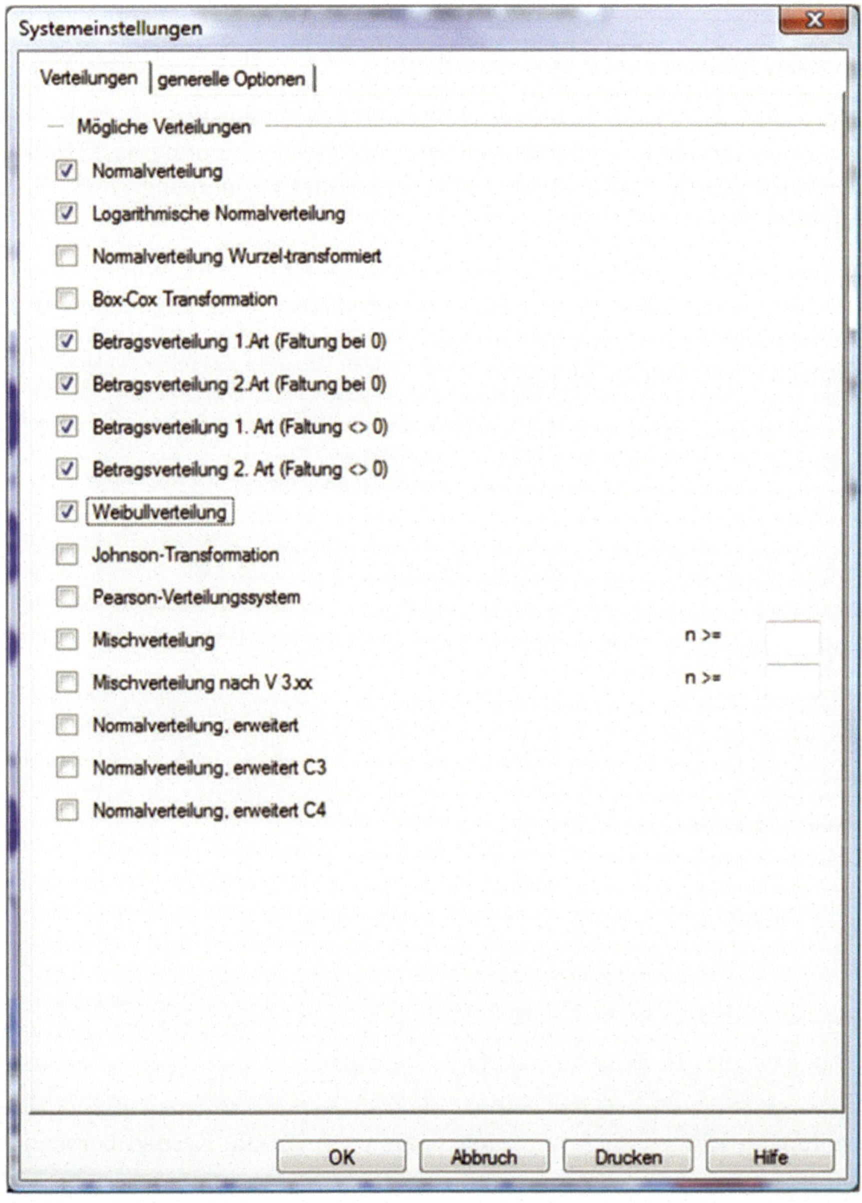

Bild 10.8 Aktivierung der Verteilungszeitmodelle (eingipflig)

Welche der genannten Verteilungen für den jeweiligen Datensatz zutreffend ist, wird basierend auf einer Netzregression bestimmt. Dazu wird zunächst ein Regressionskoeffizient (s. Kapitel 11) über alle Werte ($r_{100\%}$) und zusätzlich über 25 % der Werte ($r_{25\%}$) zur kritischen Spezifikationsgrenze hin berechnet. Diese Regressionskoeffizienten werden für die freigegebenen Verteilungsmodelle ermittelt. Als Entscheidungskriterium für das bestangepasste Verteilungsmodell wird die Summe der beiden Regressionskoeffizienten $r_{100\%}$ und $r_{25\%}$ herangezogen.

10.2.2.3 Verteilungsmodell Mischverteilung

Ein Datensatz, der sich aus mehreren Verteilungen zusammensetzt, ist in der Regel „mehrgipflig“ und kann modellhaft mittels einer Mischverteilung beschrieben werden. Dieses Modell entsteht durch additiv gewichtet zusammengesetzte Normalverteilungen.

Alternativ dazu können diese Art von Datensätzen mit einer Pearsonfunktion, der Johnson-Transformation oder der erweiterten Normalverteilung angenähert werden. Empirische Untersuchungen haben jedoch gezeigt, dass sich in solchen Fällen die Mischverteilung besonders eignet.

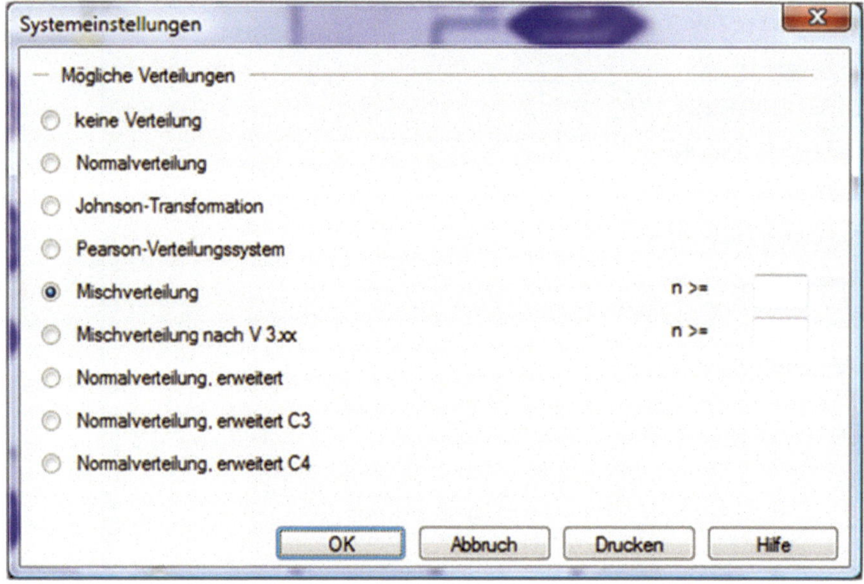

Bild 10.9 Aktivierung der Verteilungszeitmodelle (mehrgipflig)

Mischverteilungen können auch mit einer begrenzten Anzahl Kernen berechnet werden.

10.2.3 Beschreibung einer Auswertestrategie im Einzelnen

Diese Auswertung kann nur über ein Rechnerprogramm realisiert werden. Daher wird hier die in dem Softwareprogramm qs-STAT® der Fa. Q-DAS® abgebildete Vorgehensweise beschrieben (Bild 10.10). Im Folgenden sind die einzelnen Schritte näher erläutert.

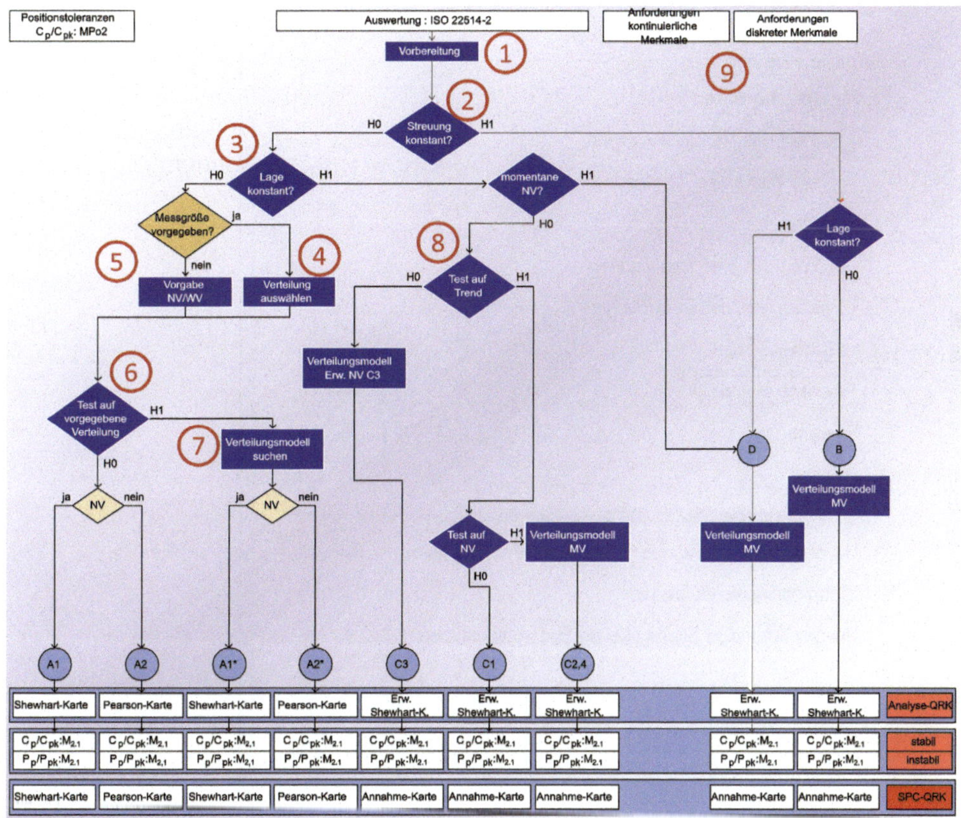

Bild 10.10 Q-DAS® Auswertestrategie

① Datensatz bereinigen

Das Programm liest den zu analysierenden Datensatz ein und untersucht diesen zunächst auf Ausreißer. Ausreißer können dabei sein: Werte außerhalb von eingegebenen Plausibilitätsgrenzen, Werte außerhalb der natürlichen Grenzen oder Werte, die basierend auf dem Test nach Hampel als Ausreißer identifiziert wurden. Der Datensatz wird anschließend um diese Ausreißer bereinigt. Dabei ist zu bewerten, ob die Gründe für die Entstehung der Ausreißer damit auch bekannt sind. Das mag für Werte außerhalb Plausibilitätsgrenzen oder natürlichen Grenzen der

Messtechnik geschuldet sein, aber spätestens bei der Bereinigung um statistische Ausreißer wird die Kenntnis fraglich. Dann ist auf jeden Fall bei der Bewertung eine Grenze für die Anzahl der eliminierten Ausreißer aufzunehmen, ab der Prozesse nicht mehr automatisiert freigegeben werden können.

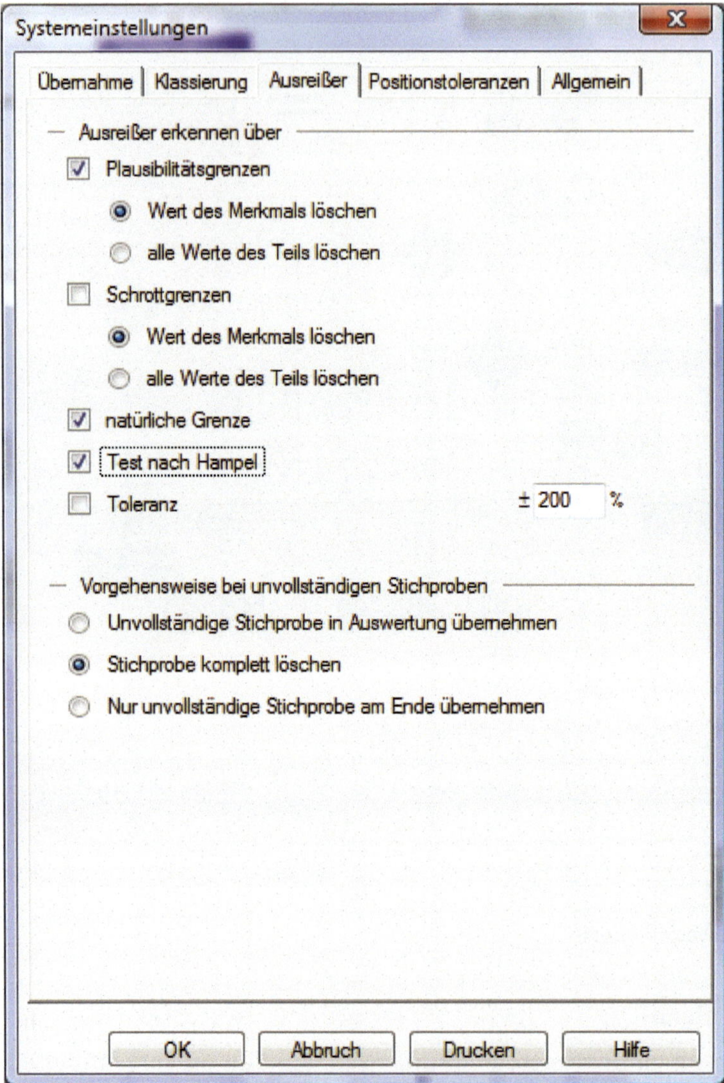

Bild 10.11 Kriterien zur Bereinigung von „Ausreißern“

② Streuung konstant?

Anhand des Tests nach Levene wird festgestellt, ob die Streuung als konstant angesehen werden kann (Prozessmodelle A und C). Falls die Streuung nicht konstant ist (Alternativhypothese H_1), kommen die zeitabhängigen Verteilungsmodelle B oder D zum Tragen, die z. B. vornehmlich mit Mischverteilungen beschrieben werden können.

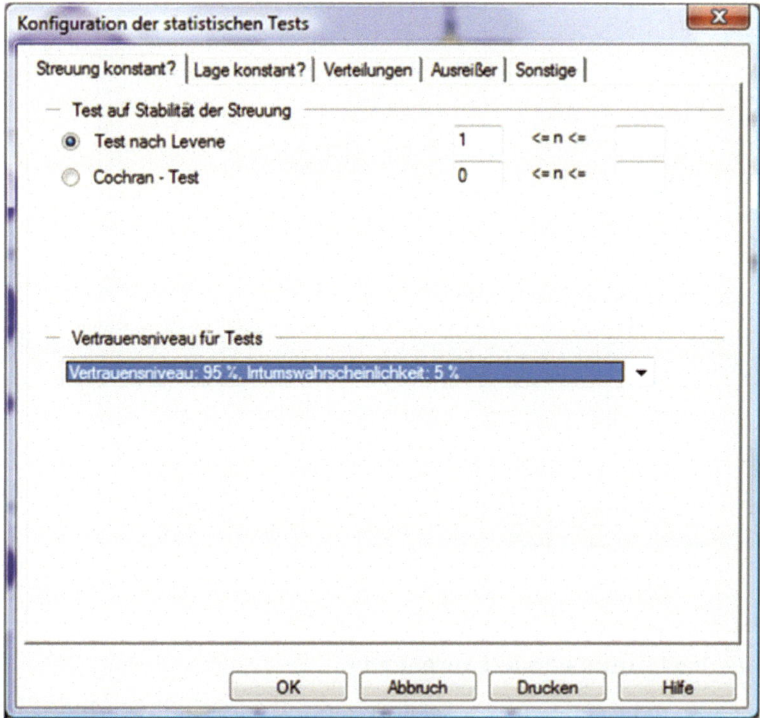

Bild 10.12 Test auf Stabilität der Streuung

③ Prozesslage konstant

Es erfolgt wahlweise entweder basierend auf dem F-Test oder den Kruskal-Wallis-Test die Entscheidung, ob die Prozesslage als konstant angesehen werden kann (Nullhypothese H_0) oder nicht (Alternativhypothese H_1). Im Ast der zeitlich stabilen Streuung werden so die Prozessmodelle A und C unterschieden, im Ast der zeitlich instabilen Streuung die Prozessmodelle B und D.

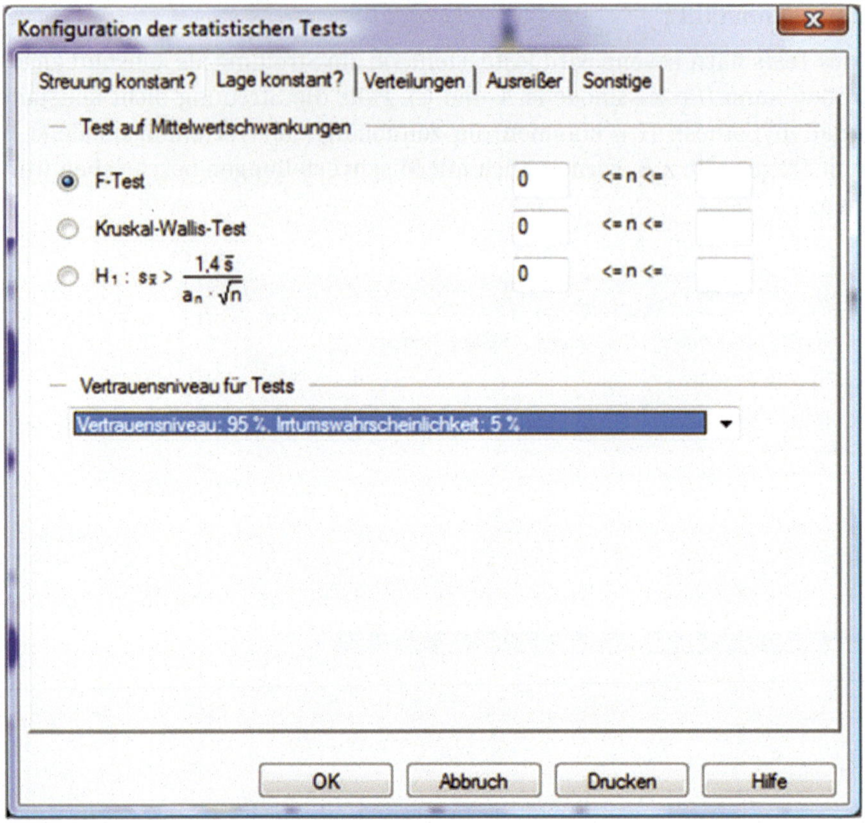

Bild 10.13 F-Test

④/⑤ Vermutetes Verteilungsmodell vorgeben

Ist basierend auf den vorhergehenden Testverfahren jeweils die Nullhypothese angenommen, kommt nur eine eingipflige Verteilung zum Tragen. Der Anwender kann wahlweise für diese Situation basierend auf einer Messgröße ein Verteilungsmodell zuordnen (4) (siehe Bild 10.14) oder eigenen Kenntnissen und Erfahrung folgend ein Verteilungsmodell in Abhängigkeit von der Art der Toleranzgrenzen vorgeben (5).

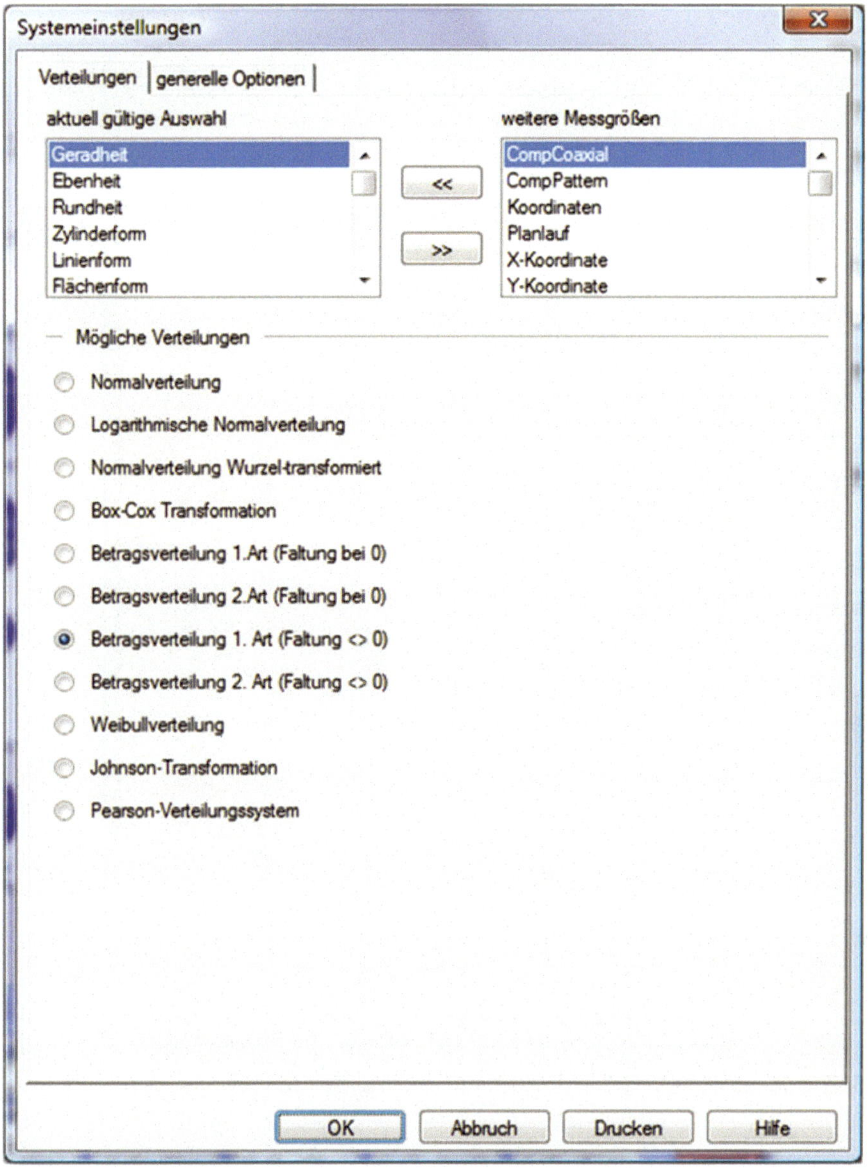

Bild 10.14 Zuordnung eines Verteilungsmodells zu einer Messgröße

Ist bei einem Merkmal keine Messgröße hinterlegt bzw. nicht bekannt, kann die Vorgabe des Verteilungsmodells basierend auf den Grenzwerten (einseitig bzw. zweiseitig begrenzt) erfolgen (5) (siehe Bild 10.15).

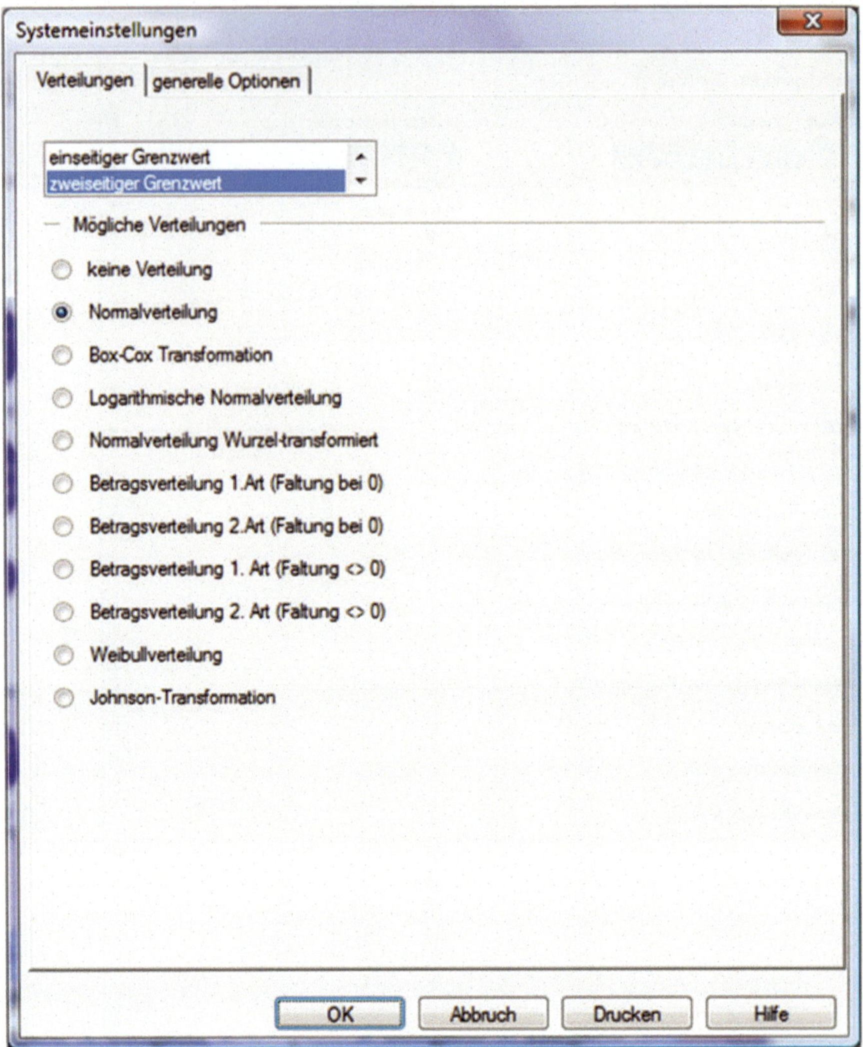

Bild 10.15 Zuordnung eines Verteilungsmodells zu einem einseitigen bzw. zweiseitigen Merkmal

⑥ Testen, ob Verteilungsmodell zutreffend ist

Anschließend wird mithilfe mehrerer Testverfahren überprüft, ob die vorgegebene Verteilung zutreffend ist (siehe Bild 10.16). Ist die Normalverteilung (NV) zutreffend, ist das Verteilungsmodell A1 eindeutig identifiziert.

Falls die vorgegebene Verteilung zutreffend ist (Nullhypothese H_0) und es sich nicht um eine Normalverteilung handelt, ist eindeutig das Verteilungsmodell A2 identifiziert.

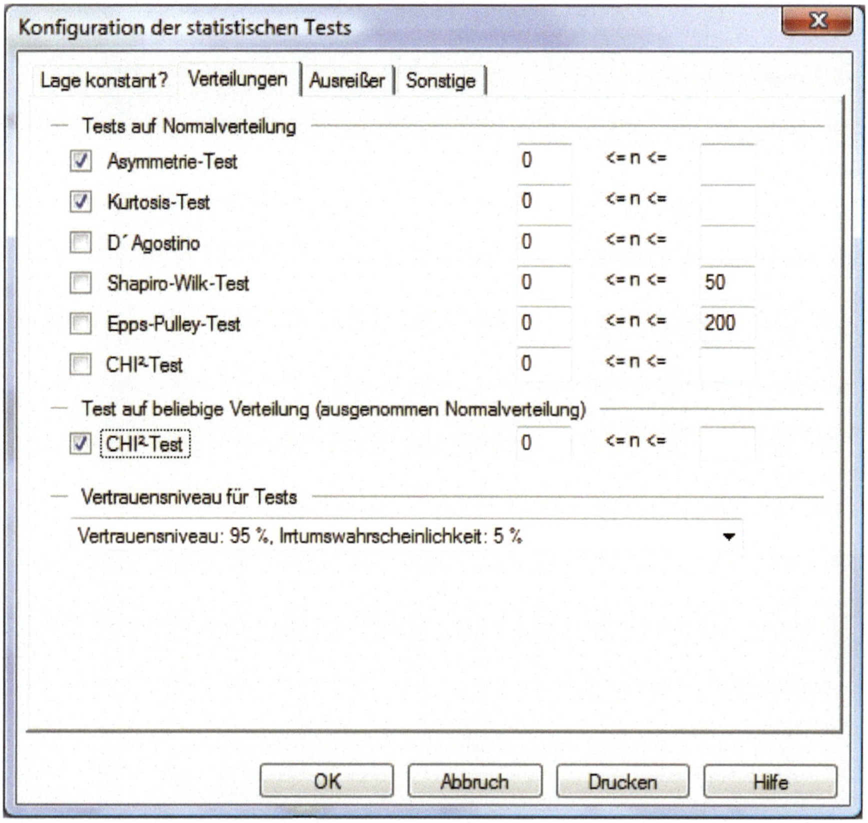

Konfiguration der statistischen Tests

Lage konstant? | Verteilungen | Ausreißer | Sonstige

Tests auf Normalverteilung

	Test	von		bis
☑	Asymmetrie-Test	0	<= n <=	
☑	Kurtosis-Test	0	<= n <=	
☐	D´Agostino	0	<= n <=	
☐	Shapiro-Wilk-Test	0	<= n <=	50
☐	Epps-Pulley-Test	0	<= n <=	200
☐	CHI²-Test	0	<= n <=	

Test auf beliebige Verteilung (ausgenommen Normalverteilung)

	Test	von		bis
☑	CHI²-Test	0	<= n <=	

Vertrauensniveau für Tests

Vertrauensniveau: 95 %, Irrtumswahrscheinlichkeit: 5 %

OK | Abbruch | Drucken | Hilfe

Bild 10.16 Tests zur Überprüfung auf „normalverteilt“

⑦ Verteilungsmodell suchen

Ist die vorgegebene Verteilung nicht zutreffend (Alternativhypothese H_1), wird automatisch ein best-angepasstes Verteilungsmodell gesucht. Ist das Ergebnis der Suche eine Normalverteilung, ist das Verteilungsmodell A1 identifiziert. Wird eine andere Verteilung außer der Normalverteilung als best-angepasstes Verteilungsmodell gefunden, ist das Verteilungsmodell A2 identifiziert.

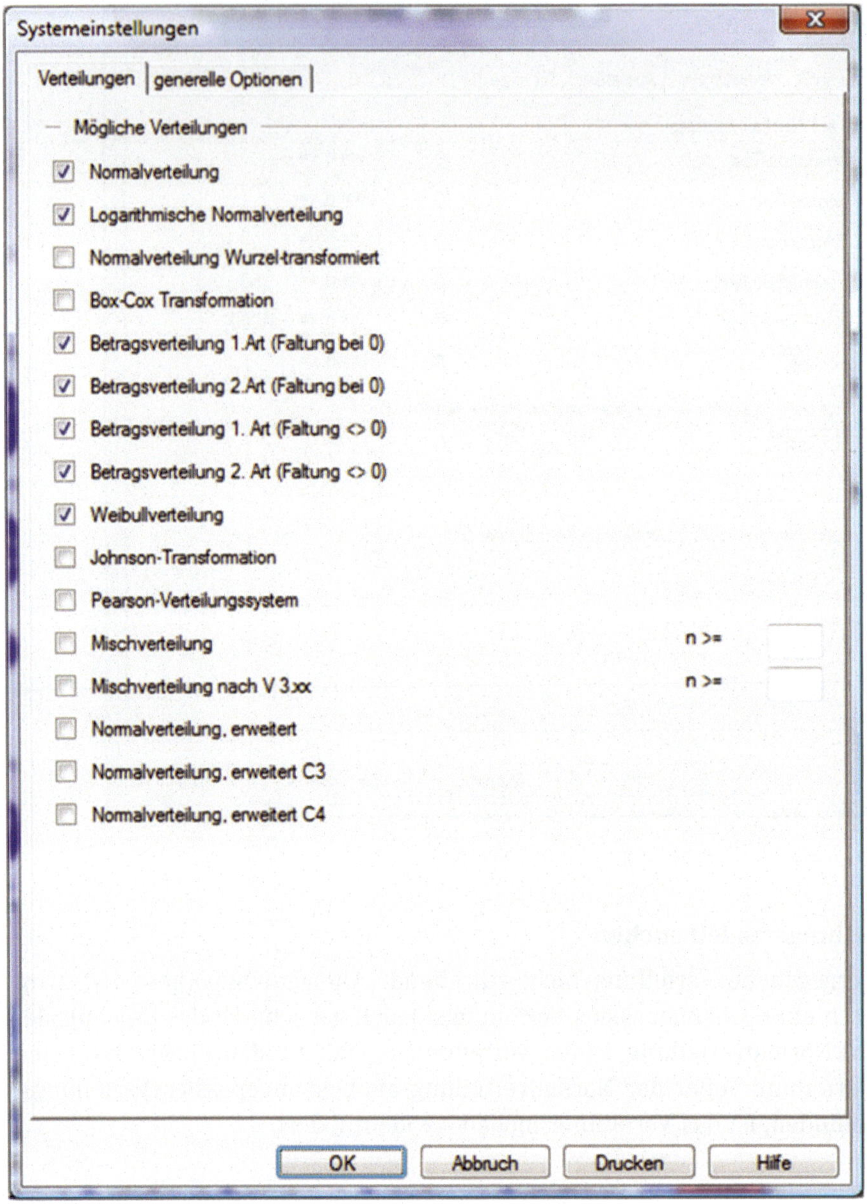

Bild 10.17 Verteilungsmodelle

⑧ Trendverhalten

Falls die Lage nicht konstant ist (Alternativhypothese H_1 aus (3)), wird mit „Test auf linearen Trend“ bzw. der „sukzessiven Differenzenstreuung“ festgestellt, ob ein Trend vorhanden ist. Beinhaltet der Test einen oder mehrere Trends, wird mithilfe des „Tests auf erweiterte Normalverteilung“ festgestellt, ob das Verteilungsmodell „erweiterte Normalverteilung“ zutreffend ist. Falls ja, ist das Verteilungsmodell C3 eindeutig identifiziert.

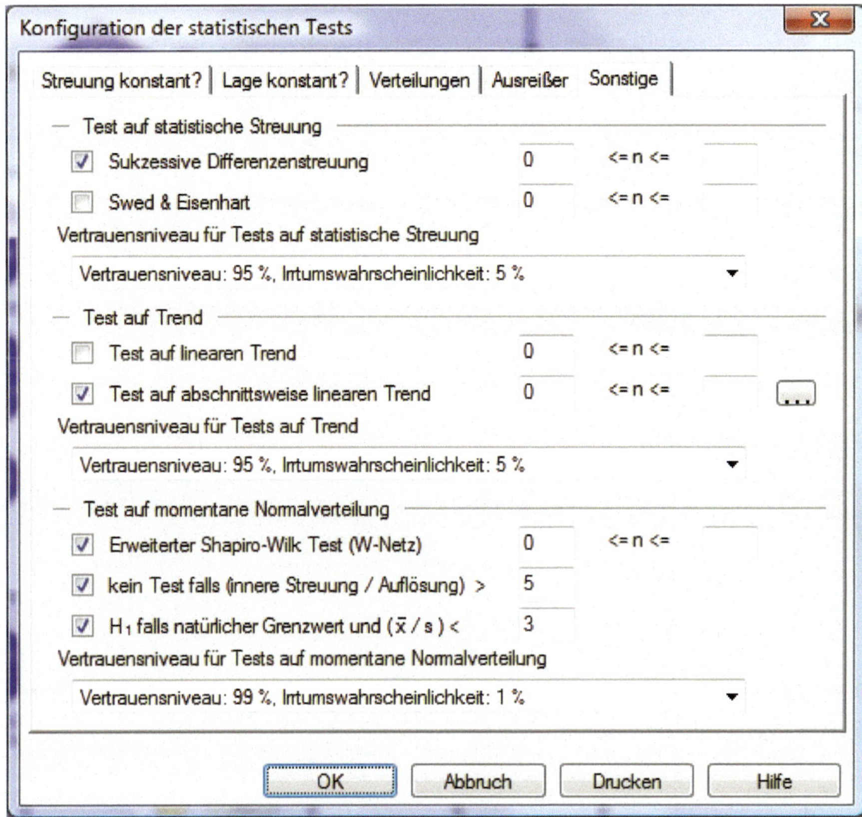

Bild 10.18 Test auf statistische Streuung

⑨ Anforderungen/Grenzwerte

Die Grenzwerte für die Fähigkeitskennwerte können nach verschiedenen Kriterien festgelegt werden:

- Merkmalsklasse
- Potenzial bzw. kritischer Fähigkeitsindex
- Normalverteilung bzw. nicht normalverteilt
- Vorläufige und fortdauernde Prozessfähigkeit.

Weiter ist festzulegen, ab welcher Datenmenge überhaupt Kennwerte berechnet werden und wann von „Vorläufiger Prozessfähigkeit“ auf „Fortdauernde Prozessfähigkeit“ umgeschaltet wird. Um möglichst flexibel zu sein, sollten die Anwender die Bezeichnung für die Kennwerte individuell eingeben können. Der gleiche Sachverhalt ist für die Situation „Instabilität“ festzulegen.

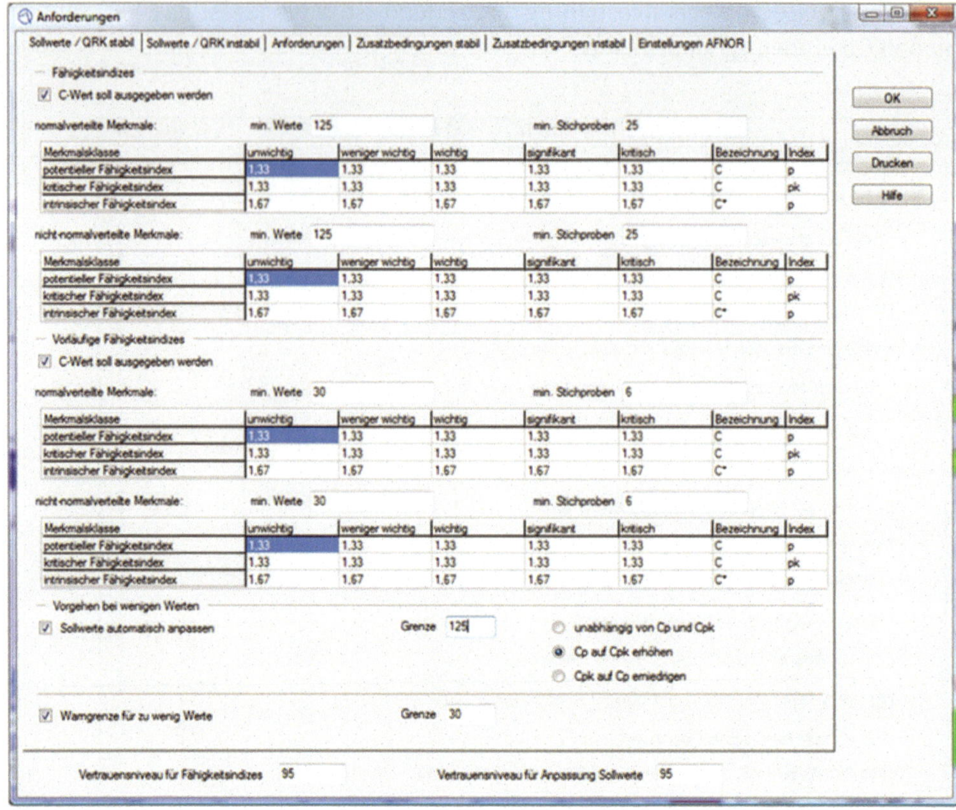

Bild 10.19 Festlegung von Grenzwerten

10.2.4 Automatisierte Auswahl von zeitabhängigen Verteilungsmodellen

10.2.4.1 Überblick

Bereits in der Einleitung wurde darauf hingewiesen, dass die Güte der statistischen Auswertung und deren Ergebnisse (Qualitätsfähigkeitsgrößen) entscheidend von der korrekten modellhaften mathematischen Beschreibung des Datensatzes (erfasste Merkmalswerte) abhängt. Seit es statistische Beschreibungen gibt, wird ständig darüber diskutiert, wie ein geeignetes Verteilungsmodell zu finden ist und ob die Beschreibung durch dieses Modell ausreichend exakt ist. Ziel dieses Abschnittes ist es, Beurteilungskriterien zum Finden eines geeigneten Verteilungsmodells vorzustellen. Beispielhaft werden unterschiedliche Datensätze diesen Kriterien unterzogen und die Ergebnisse diskutiert.

Bild 10.20 zeigt mehrere Häufigkeitsverteilungen mit überlagerter Wahrscheinlichkeitsfunktion. In den Darstellungen a) und c) ist die Messwertreihe durch das

Modell der Normalverteilung beschrieben. Diese Anpassung ist falsch. Die jeweils korrekten Anpassungen sind in Abbildungen b) und d) dargestellt. Die Zahlenwerte für die Fähigkeitsindizes C_{pk} zeigen erhebliche Diskrepanzen auf. Die Beispiele verdeutlichen auch, dass sich die Indizes je nach Verteilungsform durch die korrekte Anpassung verbessern oder verschlechtern können. Diese Fallbeispiele verdeutlichen nochmals die Wichtigkeit einer korrekten mathematischen Beschreibung eines Datensatzes.

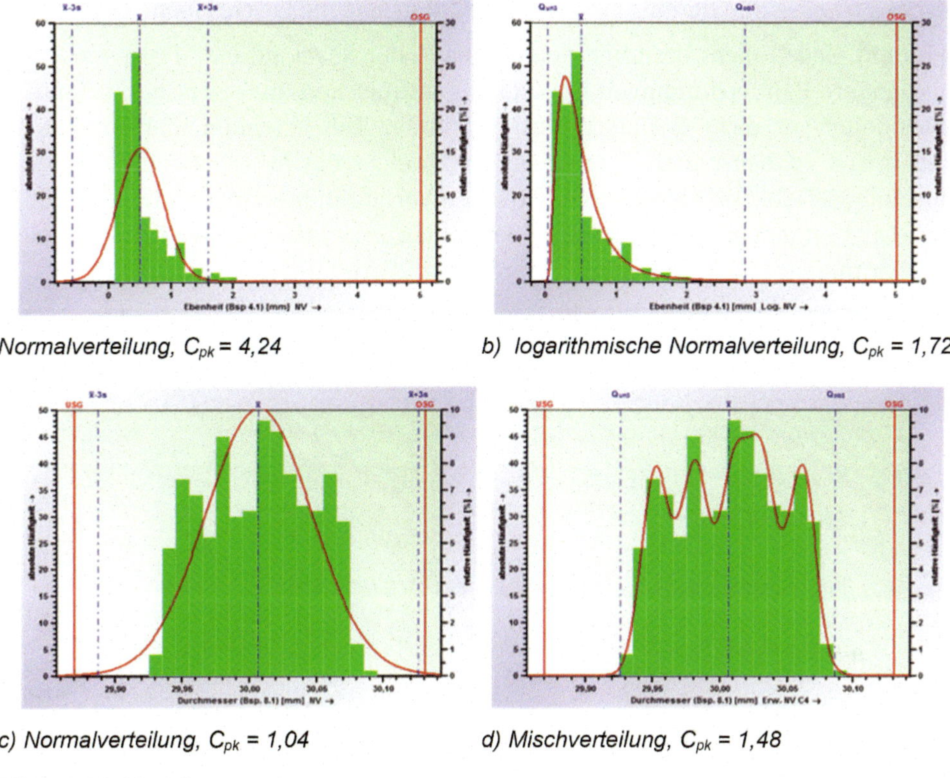

Normalverteilung, C_{pk} = 4,24

b) logarithmische Normalverteilung, C_{pk} = 1,72

c) Normalverteilung, C_{pk} = 1,04

d) Mischverteilung, C_{pk} = 1,48

Bild 10.20 Modellanpassung

Alternative Beschreibungsmöglichkeiten sind bei manuellen Auswertungen sehr zeitaufwendig und beschränken sich auf das Eintragen der Werte in ein Wahrscheinlichkeitsnetz. Ebenso werden numerische Verfahren wegen des hohen Rechneraufwands nur sehr selten manuell durchgeführt. mithilfe rechnerunterstützter Verfahren können neue numerische Beurteilungskriterien herangezogen werden. Weiterhin unterstützen vergleichende Darstellungen die Bewertungen. Diese Möglichkeiten werden in diesen Kapiteln behandelt.

10.2.4.2 Auswahl von Verteilungsmodellen

Bei der Auswahl von Verteilungsmodellen sollte als oberstes Gebot gelten „Keine Beurteilung ohne technisches Hintergrundwissen". Es ist nicht ratsam, einen Datensatz, ohne seine Entstehungsgeschichte zu betrachten, mathematischen Verfahren zu unterziehen. Besser ist es, ein zu erwartendes Verteilungsmodell aufgrund des Fertigungsprozesses vorzugeben und dessen Bestätigung zu prüfen. Beispielsweise ist bei einseitig begrenzten Merkmalen wie Form- und Lagetoleranzen mit einer schiefen Verteilung zu rechnen. In Anghel et al. (1992) sind mehrere technische Prozesse und deren relevante Verteilungsmodelle beschrieben.

Wird ein Modell nicht bestätigt, deutet dies in der Regel auf eine Prozessstörung oder andere Randbedingungen hin, die aus technischen und wirtschaftlichen Gegebenheiten oft nicht geändert werden können. Die Ursachen hierfür sind zu finden und zu begründen. Für diesen Fall weicht die Messwertreihe von dem „Idealmodell" ab. Soll diese mit statistischen Verfahren beschrieben werden, führt nur ein „bestangepasstes" Modell zu korrekten Ergebnissen. Hierfür bieten sich rechnerunterstützt die in Kapitel 5.4 erörterten Verteilungsmodelle an:

Modell	Zeitabhängige Verteilungsmodelle	Literaturstellen*
1	Normalverteilung	DGQ, 2005
2	logarithmische Normalverteilung	DGQ, 2005
3	Betragsverteilung 1. Art/Faltung bei 0	Geiger, 1976
4	Rayleigh-Verteilung (Betragsverteilung 2. Art)/Faltung bei 0	Geiger, 1976
5	Betragsverteilung 1. Art/Faltung 0	Anghel, 1993; Anghel et al. 1992
6	Rayleigh-Verteilung (Betragsverteilung 2. Art)/Faltung 0	Anghel, 1993; Anghel et al. 1992
7	Weibull-Verteilung	DGQ, 2005
8	Johnson-Transformationen	Elderton/Johnson, 1969
9	Pearson-Funktionen	Elderton/Johnson, 1969
10	Mischverteilung	

* In den angegebenen Literaturstellen sind die einzelnen Verteilungen und deren Einsatz näher beschrieben.

Vor allem kann mithilfe von Rechnersystemen mit den hier beschriebenen Möglichkeiten eine „numerische Beurteilung" automatisiert erfolgen und die unterschiedlichen Verteilungsmodelle grafisch miteinander verglichen werden. Zusätzlich sind zur besseren Beschreibung bei den Modellen 2, 3, 4 und 7 die Werte linear in beide Richtungen zu verschieben (Offset). Der Verschiebefaktor wird dabei iterativ ermittelt. Dazu wird ein Startwert geschätzt, der so lange in kleinen Schritten verändert wird, bis die beste Anpassung gefunden wurde. Bei den Modellen 5 und 6 gilt es, den geeigneten Wert für die Faltung zu finden. Die Modelle 8, 9 und 10 passen sich automatisch der Form an.

Aus theoretischer Sicht kann jedem Prozesstyp (siehe ISO 22514-2 (DIN, 2019) und Abschnitt 9.2) ein Verteilungsmodell zugeordnet werden (s. Tabelle 10.1)

Tabelle 10.1 Mögliche Verteilungsmodelle

Zeitabhängiges Verteilungsmodell	Verteilungsmodell
A1, C1	Normalverteilung
A2*	Betragsverteilung 1. Art (Faltung bei 0) Betragsverteilung 2. Art (Faltung bei 0) (Rayleigh-Verteilung mit Faltung bei 0) Betragsverteilung 1. Art (Faltung <> 0) Betragsverteilung 2. Art (Faltung <> 0) (Rayleigh-Verteilung mit Faltung <> 0) Weibull-Verteilung
B, C2, C3, C4, D	Mischverteilung Johnson-Transformation Pearson-Funktion

* Dieser Prozesstyp kann auch mittels Mischverteilung, Johnson-Transformation oder Pearson-Funktion beschrieben werden.

Beim jeweiligen Anwendungsfall muss anhand von grafischen oder numerischen Methoden die Übereinstimmung des Verteilungsmodells mit dem Prozesstyp nachgewiesen werden. Geeignete Beurteilungskriterien sind in Abschnitt 10.2.4.3 erörtert.

10.2.4.3 Beurteilungskriterien

Grafische Darstellungen

Das bekannteste Verfahren zur Beurteilung eines Verteilungsmodells ist das Eintragen der Werte bzw. der kumulierten Klassenbesetzungszahlen in ein Wahrscheinlichkeitsnetz. Dabei gibt es für die unterschiedlichen Verteilungsmodelle das jeweils dazugehörige Formular (Netz). Folgen die eingetragenen Punkte der Wahrscheinlichkeitsgeraden oder -kurve (Bild 4.26), wird die Annahme des Verteilungsmodells nicht widerlegt. Zur Entscheidungsfindung können zusätzlich die eingezeichneten Vertrauensgrenzen herangezogen werden. Neben der Beurteilung mithilfe der Wahrscheinlichkeitsnetze können Summenlinien (Bild 10.21) und Histogramme zu einer entsprechenden Aussage herangezogen werden. Diese grafischen Methoden sind äußerst subjektiv und führen immer wieder zu Diskussionen, insbesondere bei ähnlichen Ergebnissen. Nur erfahrene Fachleute sind in der Lage, hiermit das zutreffende Verteilungsmodell auszuwählen.

Um zu einer objektiveren Entscheidungsmöglichkeit zu kommen, sollten ergänzend numerische Verfahren zur Beurteilung verwendet werden (Kapitel 6).

Vor allem ist bei der grafischen Beurteilung keine automatisierte Bestimmung eines geeigneten Verteilungszeitmodells möglich, wie sie bei einer effizienten routinemäßigen Prozessbeurteilung unabdingbar ist.

Der Regressionskoeffizient als Maßzahl für die Güte der Modellanpassung

Als ein gutes Beurteilungskriterium hat sich die Berechnung eines Regressionskoeffizienten herausgestellt. Dieser beurteilt den Grad der Übereinstimmung zwischen der Verteilungsfunktion des Verteilungsmodells mit der empirischen Verteilungsfunktion der Stichprobenwerte. Der Wert des Regressionskoeffizienten r ist stets im Intervall $0\,\% \leq r \leq 100\,\%$. Allgemein gilt: Je höher der r-Wert, desto besser ist die Übereinstimmung zwischen dem theoretischen Verteilungsmodell und den empirischen Daten. Das Prinzip des Regressionskoeffizienten verdeutlicht Bild 10.21.

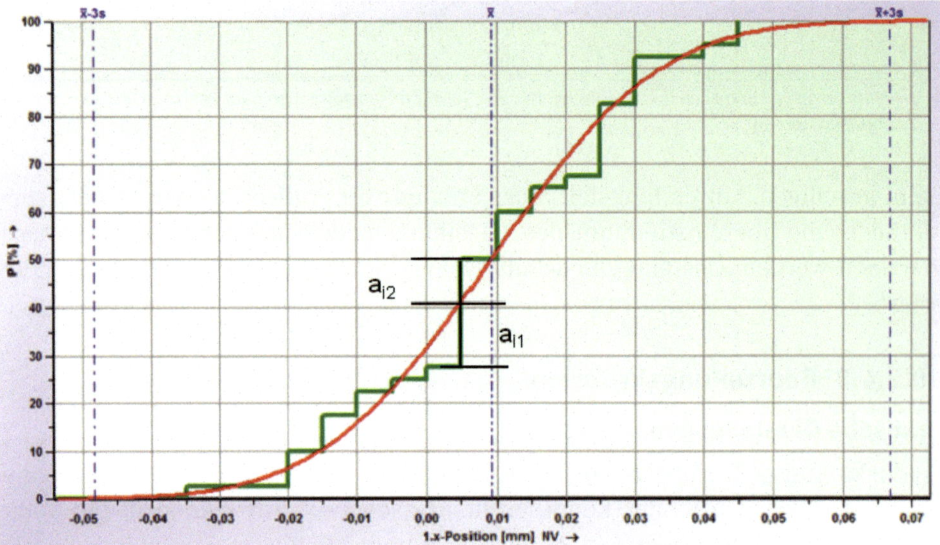

Bild 10.21 Bestimmung des Regressionskoeffizienten

Um eine möglichst optimale Anpassung zu finden, wird der Regressionskoeffizient nicht nur über alle Werte (r100) betrachtet, sondern zusätzlich über 25 % (r25%) der zur kritischen Spezifikationsgrenze hin liegenden Messwerte. Der 25 %-Wert ist empirisch ermittelt, hat sich aber als geeigneter Wert in der praktischen Anwendung herausgestellt. Die zusätzliche Betrachtung über 25 % der Werte ist darin begründet, dass der zu erwartende Überschreitungsanteil und der damit verbundene Fähigkeitsindex in hohem Maße durch die Messwerte zur kritischen Spezifikationsgrenze beschrieben wird. Von daher ist es sinnvoll, genau diesen Bereich näher zu betrachten und damit exakter zu beschreiben.

Die Summe dieser beiden Regressionskoeffizienten ($r_{100\%}$ und $r_{25\%}$) empfiehlt sich als Entscheidungskriterium für das „bestangepasste“ Verteilungsmodell (Bild 10.22).

Mit diesen Verfahren wird für jedes Verteilungsmodell ein Zahlenwert angegeben, der eine Aussage über die Güte der Anpassung zulässt. Das Modell mit dem höchsten Zahlenwert ist aus numerischer Sicht das ‚bestangepasste‘. Erzielen Verteilungsmodelle gleiche oder sehr nah beieinanderliegende Ergebnisse, sollte das Modell ausgewählt werden, das aufgrund der technischen Eigenschaften des Prozesses zu erwarten gewesen wäre.

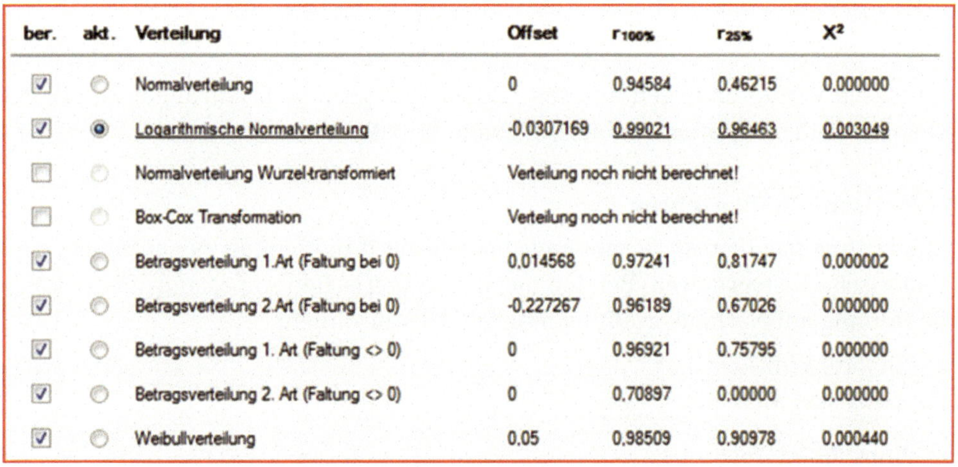

ber.	akt.	Verteilung	Offset	$r_{100\%}$	$r_{25\%}$	X^2
☑	○	Normalverteilung	0	0.94584	0.46215	0.000000
☑	◉	Logarithmische Normalverteilung	-0.0307169	0.99021	0.96463	0.003049
☐	○	Normalverteilung Wurzel-transformiert	Verteilung noch nicht berechnet!			
☐	○	Box-Cox Transformation	Verteilung noch nicht berechnet!			
☑	○	Betragsverteilung 1.Art (Faltung bei 0)	0.014568	0.97241	0.81747	0.000002
☑	○	Betragsverteilung 2.Art (Faltung bei 0)	-0.227267	0.96189	0.67026	0.000000
☑	○	Betragsverteilung 1. Art (Faltung <> 0)	0	0.96921	0.75795	0.000000
☑	○	Betragsverteilung 2. Art (Faltung <> 0)	0	0.70897	0.00000	0.000000
☑	○	Weibullverteilung	0.05	0.98509	0.90978	0.000440

Bild 10.22 Regressionskoeffizienten für verschiedene Verteilungen

Die in Bild 10.22 dargestellten Ergebnisse sind in Bild 10.23 grafisch verdeutlicht. So beschreibt die „Log. Normalverteilung“ den realen Sachverhalt am besten, da das eingetragene Verteilungsmodell den Balken in der Summe betrachtet am nächsten kommt. Eine gute Beschreibung stellt noch die Weibull-Verteilung dar. Alle anderen Verteilungsmodelle sind nicht brauchbar. Besonderes die Normalverteilung würde in diesem Falle zu falschen Interpretationen des Sachverhaltes führen.

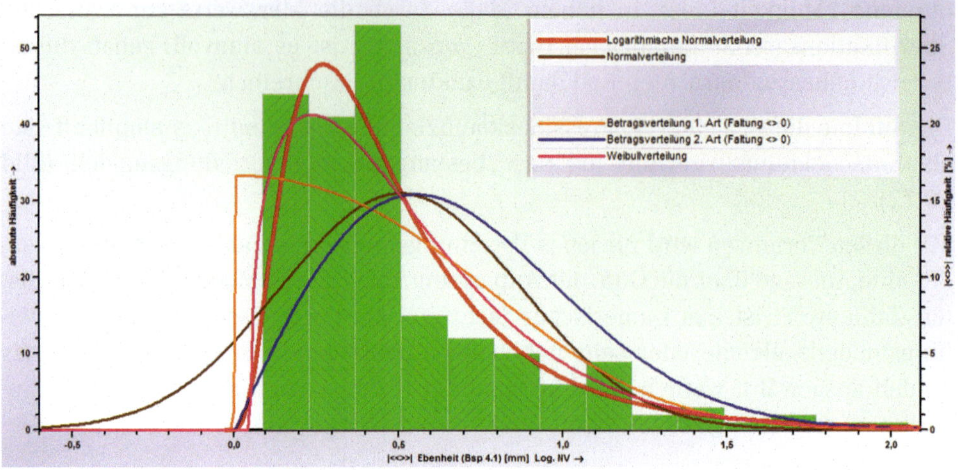

Bild 10.23 Histogramm mit verschiedenen Verteilungsmodellen überlagert

Mit diesen Verfahren liegen nun seit Jahrzehnten positive Erfahrungen vor. Damit ist aus Sicht der Autoren eine ausreichende Praxisrelevanz gegeben.

Numerische Testverfahren

Eine weitere Möglichkeit, Verteilungsmodelle auf ihre Eignung zu beurteilen, sind numerische Testverfahren. Bei den meisten numerischen Anpassungstests ist nur die Prüfung auf Normalverteilung möglich. Hierzu zählen:

- Shapiro-Wilk-Test
- d'Agostino-Test (eingeschränkt; s. Abschnitt 6.3.3)
- Epps-Pulley-Test
- Test auf Normalverteilung mit Asymmetrie und Kurtosis.
- Kolmogoroff-Smirnoff-Lillefors-Test
- Anderson-Darling-Test.

Das heißt, mit diesen Tests kann nur festgestellt werden, ob das Modell Normalverteilung zutreffend ist oder nicht. Einige dieser Tests sind in internationalen Normen vorgestellt und in ihrer Qualität bewertet. Die einzige Möglichkeit, diese Tests auch für nicht normalverteilte Messwertreihen zu verwenden, besteht darin, die Werte mit einer geeigneten Funktion so zu transformieren, dass für die transformierten Daten eine Normalverteilung unterstellt werden kann. Zur Bestätigung, ob die Urwerte selbst oder die transformierten Werte normalverteilt sind, dienen die oben genannten Testverfahren. Ein typisches Beispiel ist die logarithmische Transformation der Werte. In diesem Fall müssen die Berechnungen der statistischen Kenngrößen mit den transformierten Werten erfolgen und in geeigneter Weise wieder retransformiert werden.

Einer der wenigen Tests, mit dem die Anpassung an jede beliebige Verteilung geprüft werden kann, ist der χ^2-Test. Das Grundprinzip beim χ^2-Test ist recht einfach:

Zunächst werden die Stichproben klassiert, weiter wird aus der angenommenen Verteilungsfunktion die theoretisch zu den Klassen gehörenden Wahrscheinlichkeiten (Erwartungswerte) berechnet und diese mit den Klassenhäufigkeiten der gegebenen Stichprobe (Beobachtungswerte) verglichen. Dabei wird vorausgesetzt, dass alle Erwartungswerte größer als 1 sind und nicht mehr als 20 % aller Erwartungswerte kleiner als 5 sind. In der Regel kann diese Voraussetzung durch das Zusammenfassen der „Randklassen“ erfüllt werden. Werden bei diesem Test die klassierten Urwerte zugrunde gelegt, kann für jedes Verteilungsmodell die Anpassung überprüft werden.

Bedingt durch unterschiedliche Erwartungswerte vor allem an den Rändern der Verteilungen werden die Klassen je nach Verteilungsmodell unterschiedlich zusammengefasst, um die Voraussetzungen für die Anwendung des χ^2-Anpassungstests zu erfüllen. Dies führt zusammen mit einer unterschiedlichen Anzahl von notwendigen geschätzten Parametern für die Verteilungsmodelle zu verschiedenen Freiheitsgraden. Somit sind die Ergebnisse dieses Tests für verschiedene Verteilungsmodelle nicht unmittelbar vergleichbar. Diese Problematik lässt sich jedoch lösen, wenn mithilfe der Prüfgröße des Tests und den dazugehörigen Freiheitsgraden das Signifikanzniveau α (= Wahrscheinlichkeit für den Fehler der 1. Art) bestimmt wird. Der Wert dieser Größe kann zur Beurteilung eines Verteilungsmodells und zum Vergleich der Modelle herangezogen werden.

Eine gute Modellanpassung ist durch ein hohes Signifikanzniveau gekennzeichnet. Bei Signifikanzniveaus kleiner als 5 % sind bereits Zweifel angebracht, ob das Verteilungsmodell zur Beschreibung der vorliegenden Werte geeignet ist.

10.2.4.4 Verteilungsmodell auswählen

Wie aufgeführt, stehen zur Beschreibung einer Messwertreihe nicht nur unterschiedliche Verteilungsmodelle, sondern auch verschiedene Beurteilungsmöglichkeiten zur Verfügung. Für eine schnelle und korrekte Auswahl wird folgende Vorgehensweise vorgeschlagen (Bild 10.24):

Anhand der technischen Gegebenheiten ist das zu erwartende Verteilungsmodell festzulegen. Anschließend, bzw. wenn kein Verteilungsmodell vorgegeben ist, sind für verschiedene Verteilungsmodelle mittels der Netzregression die Summen aus den Koeffizienten r_{ges} und $r_{25\%}$ zu bilden und ist das Signifikanzniveau des χ^2-Tests zu bestimmen. Hierauf basierend sind folgende Entscheidungen möglich.

Entscheidung A

Wird durch diese Betrachtung ein Modell eindeutig identifiziert, ist das Ergebnis anhand des Wahrscheinlichkeitsnetzes und – falls zutreffend – mit numerischen Testverfahren zu verifizieren. Weiter ist zu prüfen, ob das gefundene Verteilungsmodell mit dem aufgrund der technischen Gegebenheiten zu erwartenden Modell übereinstimmt. ■

Entscheidung B

Schlagen die numerischen Ergebnisse unterschiedliche Verteilungsmodelle als „geeignet" vor, ist die Größe der Abweichungen (Differenz der Regressionskoeffizienten und Signifikanzniveau) zu beurteilen. Bei kleinen Differenzen ist auf jeden Fall das durch die technischen Gegebenheiten zu erwartende Modell zu wählen und anhand des Wahrscheinlichkeitsnetzes bzw. der Summenlinie zu bestätigen. Liegt keine Bestätigung vor, sind neue Betrachtungen vorzunehmen. ■

Entscheidung C

Ist eine größere Diskrepanz zwischen dem vorgeschlagenen und dem zu erwartenden Modell aufgetreten, empfiehlt sich, zunächst die getroffene Annahme zu überprüfen. Bleibt trotzdem eine Diskrepanz, sind die Ursachen zu finden und die Unterschiede zu begründen. ■

Ist kein zu erwartendes Verteilungsmodell vorgegeben, wird auf der gleichen Grundlage ein Modell ausgewählt und sollte anhand von grafischen Darstellungen bestätigt werden.

Anschließend werden mit dem jeweiligen Verteilungsmodell die statistischen Kennwerte berechnet. Die Ergebnisse dürfen auf keinen Fall als das ‚Absolutum' angesehen werden. Sie sind immer auf ‚logische Richtigkeit' zu überprüfen. Dies kann anhand von Plausibilitätsprüfungen erfolgen. Beispiel: „Hat die laufende Produktion einen real nachweisbaren Fehleranteil von z. B. 0,3 %, ist ein numerisch ermittelter kritischer Fähigkeitsindex von 2,5 unrealistisch." Treten solche Ungereimtheiten auf, sind neue Überlegungen anzustellen.

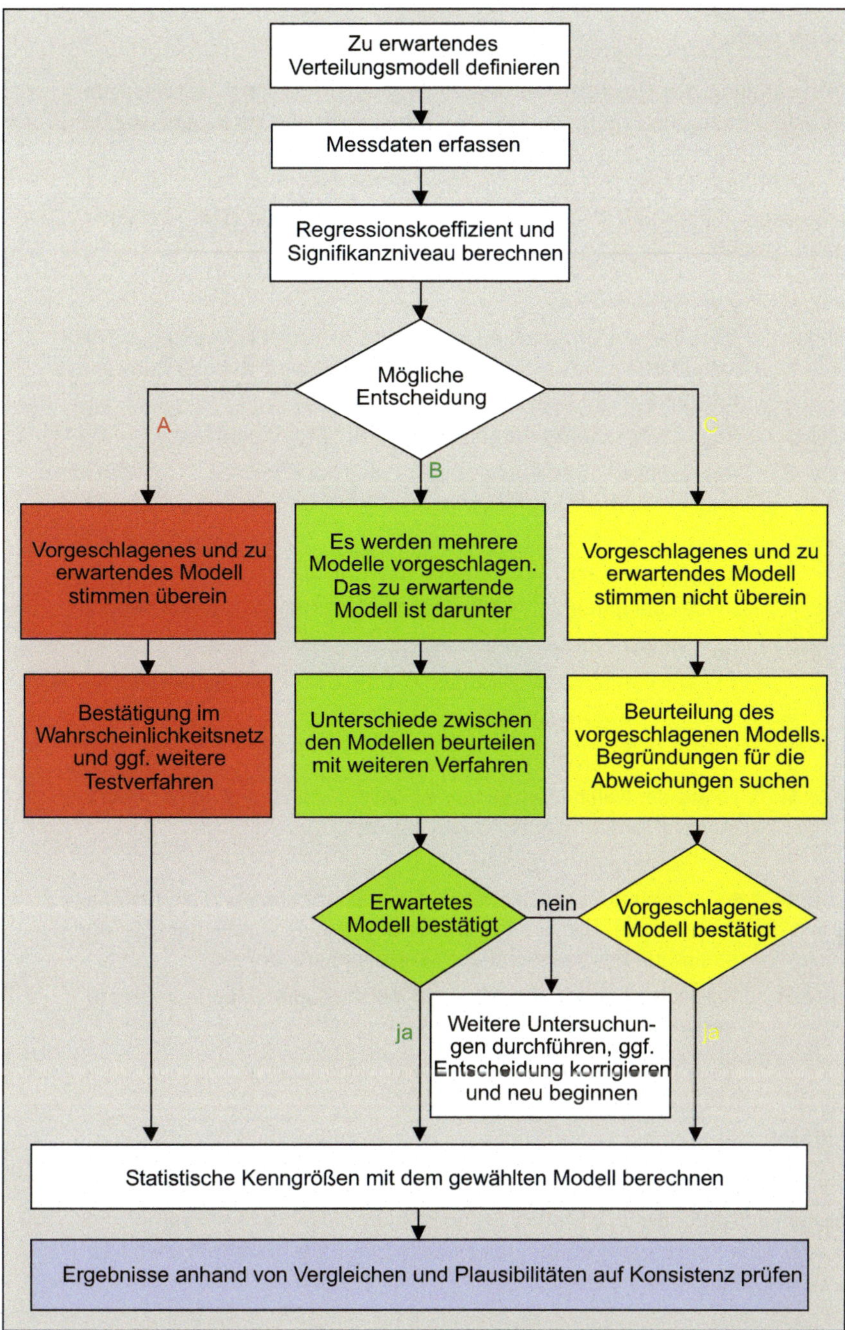

Bild 10.24 Vorgehensweise zum Finden eines geeigneten zeitabhängigen Verteilungsmodells

Fallbeispiele

Zur Bestätigung des Gesagten werden im Folgenden die Ford Testbeispiele 2 bis 9 (s. Anhang und (Ford/Q-DAS, 1991)) sowie die Beispiele aus Anghel et al. (1992) den beschriebenen Beurteilungskriterien unterzogen und die Fähigkeitsindizes für das jeweilig zutreffende Modell berechnet. Die Ergebnisse der Betrachtungen sind in Tabelle 10.2 zusammengefasst. Die einzelnen Spalten bedeuten:

Spalte 1: Nummer des Tests

Spalte 2: Jeweilige Modellverteilungen und die eventuell vorhandenen Transformationen. Das grau hinterlegte Modell wird von den Autoren als die geeignetste vorgeschlagen.

Spalte 3: Regressionskoeffizient gemäß Bild 10.21 über alle Werte.

Spalte 4: Regressionskoeffizienten gemäß Bild 10.21 über 25 % der Werte zur kritischen Spezifikationsgrenze.

Spalte 5: Ergebnis des χ^2-Tests.

Zusätzlich gibt die zweite Zeile einen Hinweis, ob die Alternativhypothese zugunsten der Nullhypothese zutreffend ist. Dabei bedeutet:

H_0 = Nullhypothese nicht widerlegt,

*	Alternativhypothese mit $\alpha \leq 5\,\%$	zutreffend,
**	Alternativhypothese mit $\alpha \leq 1\,\%$	zutreffend,
***	Alternativhypothese mit $\alpha \leq 0{,}1\,\%$	zutreffend.

Spalte 6: Hinweise, welche Verteilungsmodelle in Abhängigkeit der Beurteilungsverfahren vorgeschlagen werden.

Die Pluszeichen zeigen an:

In der ersten Zeile weist ein „+“ auf den höchsten Wert aus Spalte 2, 3 oder 4 hin. Die zweite Zeile weist mit „++“ auf die höchste Übereinstimmung der Werte mit dem Verteilungsmodell hin.

Spalte 7: Kritische Fähigkeitsindizes in Abhängigkeit des jeweiligen Verteilungsmodells.

Hinweise

Bei einigen Beispielen fehlen einzelne Verteilungsmodelle. In diesen Fällen schließen entweder die technischen Gegebenheiten die Modelle von vornherein aus oder eine numerische Betrachtung war mit den hier beschriebenen Verfahren nicht möglich.

Die Ergebnisse basierend auf der **Mischverteilung** sind als Ergänzung enthalten, wurden aber nicht den beschriebenen Beurteilungskriterien über das „bestangepasste“ Verteilungsmodell unterzogen.

Tabelle 10.2 Auswahl geeigneter Verteilungsmodelle

Test-Nr.	Modellverteilung Transformation	r (gesamt)	r (25 %)	α-χ^2-Test	Hinweise	kritischer C-Wert
2	Normalverteilung keine Transformation	0,99880426	0,97532639	0,90769184 H0	+ + + ++	1,90
	log.Normalverteilung g(x) = ln(105363-x)	0,99822735	0,97458783	0,89032684 H0		1,99
	Mischverteilung keine Transformation	0,99904	0,99040			2,13
3	Normalverteilung[1] keine Transformation	0,99511169	0,95510924	0,67488242 H0	+	1,42
	log.Normalverteilung g(x) = ln(131,8142-x)	0,99523271	0,95807775	0,58474274 HO	+ + . ++	1,39
	Mischverteilung keine Transformation	0,99525	0,96069			1,49
4	Normalverteilung keine Transformation	0,94583964	0,46215323	0,00000000 ***		4,15
	log.Normalverteilung g(x) = ln(0,030+x)	0,99022790	0,96491493	0,36408993 HO	+ + + ++	1,92
	Betragsverteilung 1.Art g(x) = -0,015+x	0,97240934	0,81746940	0,00000389 ***		3,04
	Betragsverteilung 2.Art g(x) = 0,227+x	0,96189159	0,67026064	0,00000000 ***		3,23
	Betragsvert. 1.Art 0 keine Transformation	0,96922827	0,75950550	0,00000000 ***		3,38
	Weibull-Verteilung g(x) = -0,065+x	0,98636123	0,92286168	0,01833671 *		2,79
	Mischverteilung keine Transformation	0,99085	0,98389			2,94
5	Normalverteilung keine Transformation	0,99000941	0,90252047	0,00745065 **		1,10
	Weibull-Verteilung g(x) = 782,89+x	0,99769900	0,99024385	0,86775062 H0	+ + + ++	0,82
	Mischverteilung keine Transformation	0,99825	0,96359			0,97
6	Normalverteilung keine Transformation	0,99578939	0,99062517	0,00045416 ***		1,84

[1] Obwohl hier die logarithmische Normalverteilung als die geeignetste Verteilungsform erscheint, wird bei diesem Testbeispiel die Normalverteilung bestätigt, da die log. NV bei $\mu/\sigma \Rightarrow$ in die Normalverteilung übergeht.

Tabelle 10.2 Auswahl geeigneter Verteilungsmodelle *(Fortsetzung)*

Test-Nr.	Modellverteilung Transformation	r (gesamt)	r (25 %)	α-χ^2-Test	Hinweise	kritischer C-Wert
	log. Normalverteilung g(x) = ln(0,03095+x)	0,99815468	0,98998057	0,53965441 H0		1,34
	Betragsverteilung 1.Art g(x) = -0,00100+x	0,97192798	0,70182023	0,00000000 ***		1,02
	Betragsverteilung 2.Art g(x) = 0,00080+x	0,99929597	0,99688434	0,95476993 H0	+ + + ++	1,51
	Betragsvert. 1.Art 0 keine Transformation	0,99845098	0,99568060	0,06502316 H0		1,75
	Weibull-Verteilung g(x) = 0,00002+x	0,99905306	0,99636819	0,92049135 HO		1,50
	Mischverteilung keine Transformation	0,99948	0,99461			1,56
7	Normalverteilung keine Transformation	0,97701938	0,91237632	0,00000000 ***		2,26
	log. Normalverteilung g(x) = ln(0,00045+x)	0,99442409	0,97127704	0,00065632 ***		1,09
	Betragsverteilung 1.Art g(x) = -0,00200+x	0,99600935	0,98432659	0,13610794 H0	+ + ++	1,67
	Betragsvert. 2.Art g(x) = 0,00081+x	0,99094538	0,96777528	0,00010895 ***		1,84
	Betragsvert. 1.Art 0 keine Transformation	0,98381880	0,93378716	0,00000000 ***		2,11
	Weibull-Verteilung g(x) = -0,00168+x	0,99601817	0,98270093	0,08717876 H0	+	1,55
	Mischverteilung keine Transformation	0,99642	0,98971			1,69
8	Normalverteilung keine Transformation	0,99695556	0,89211887	0,00000000 ***		1,04
	log. Normalverteilung g(x) = ln(30,92880-x)	0,99153190	0,85729883	0,00000000 ***		1,08
	Johnson	0,99695556	0,96353154	0,07202874 H0	+ + + ++	1,64
	Pearson	0,99695556	0,96344909	0,01719898 *		1,69
	Mischverteilung keine Transformation	0,99722	0,96556			1,48

Test-Nr.	Modellverteilung Transformation	r (gesamt)	r (25 %)	α-χ²-Test	Hinweise	kritischer C-Wert
9	Normalverteilung keine Transformation	0,99852080	0,95793254	0,00098354 ***		1,55
	log. Normalverteilung g(x) = ln(21,2254-x)	0,99606678	0,95811031	0,00077521 ***		1,45
	Johnson	0,99852080	0,98661201	0,13998326 H0	+ + + ++	1,88
	Pearson	0,99852080	0,98575944	0,12768573 H0		1,89
	Mischverteilung keine Transformation	0,99872	0,98195			1,69
BV1	Normalverteilung keine Transformation	0,98388154	0,85640969	0,61347993 H0	+	1,17
	Betragsverteilung 1.Art keine Transformation	0,97242800	0,80782695	0,08144864 H0		0,71
	Betragsverteilung 2.Art keine Transformation	0,97879983	0,82493459	0,06622697 H0		1,13
	Betragsvert. 1.Art 0 keine Transformation	0,98679442	0,88967245	0,36309868 H0	+ + ++	1,06
	Mischverteilung keine Transformation	0,9944	0,94022			0,57
BV2	Normalverteilung keine Transformation	0,99221152	0,91177247	0,00000000 ***		0,45
	log. Normalverteilung g(x) = ln(x)	0,98907859	0,92599946	0,00000000 ***	+	0,34
	Betragsverteilung 1.Art keine Transformation	0,64063877	0,00000000	0,00000000 ***		0,08
	Betragsverteilung 2.Art keine Transformation	0,79510338	0,00000000	0,00000000 ***		0,13
	Betragsvert. 1.Art 0 keine Transformation	0,99221152	0,91177247	0,00000000 ***		0,45
	Betragsvert. 2.Art 0*** keine Transformation	0,99221270	0,91212313	0,00000000 ***	+ ++	0,45
	Weibull-Verteilung keine Transformation	0,98906110	0,86849528	0,00000000 ***		0,55
	Mischverteilung keine Transformation	0,99418	0,94461			0,51

Bild 10.25 bis Bild 10.34 zeigen exemplarisch anhand des Histogramms oder des Wahrscheinlichkeitsnetzes die Übereinstimmung eines gewählten Verteilungsmodells mit den realen Messwerten.

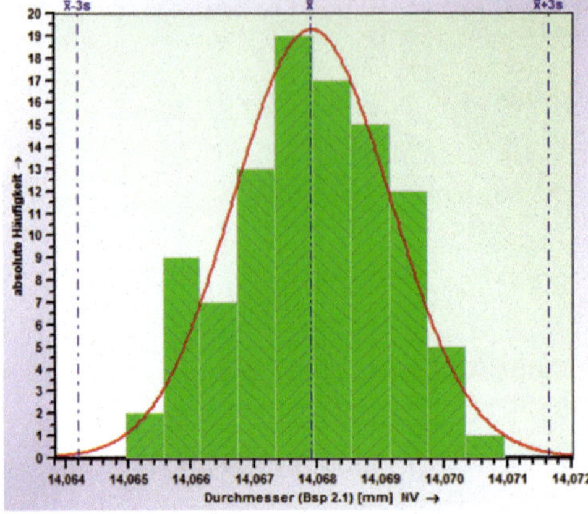

Bild 10.25
Test 2 - Histogramm mit Normalverteilung

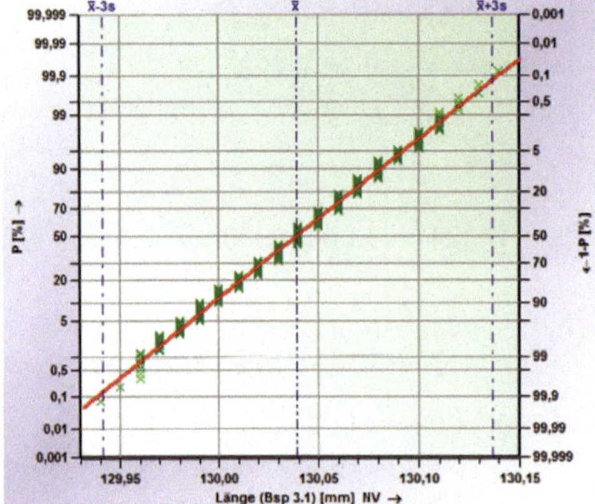

Bild 10.26
Test 3 - Wahrscheinlichkeitsnetz für Normalverteilung

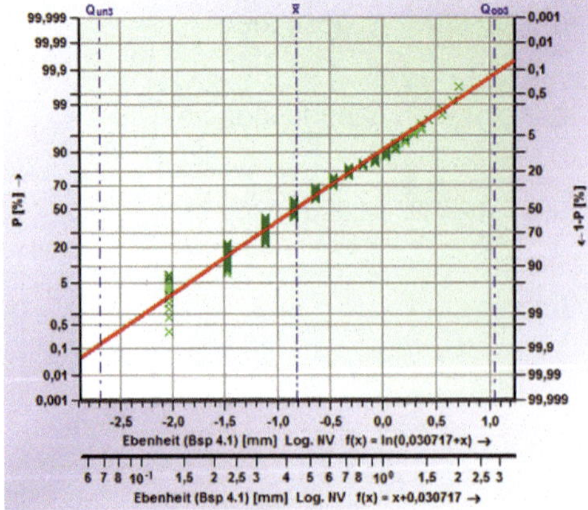

Bild 10.27
Test 4 - Wahrscheinlichkeitsnetz für logarithmische Normalverteilung

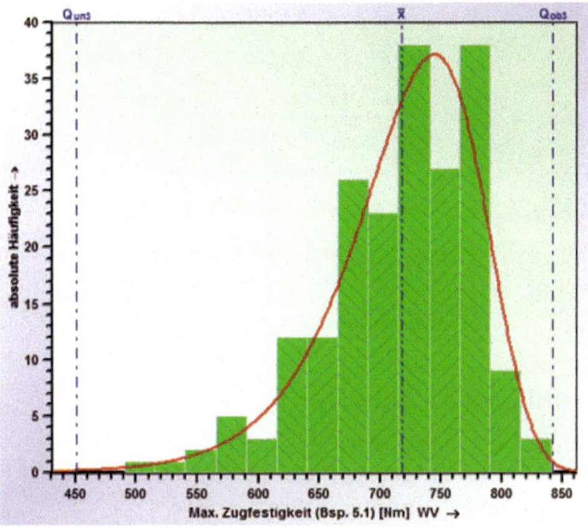

Bild 10.28
Test 5 – Histogramm mit überlagerter Dichtefunktion der Weibull-Verteilung

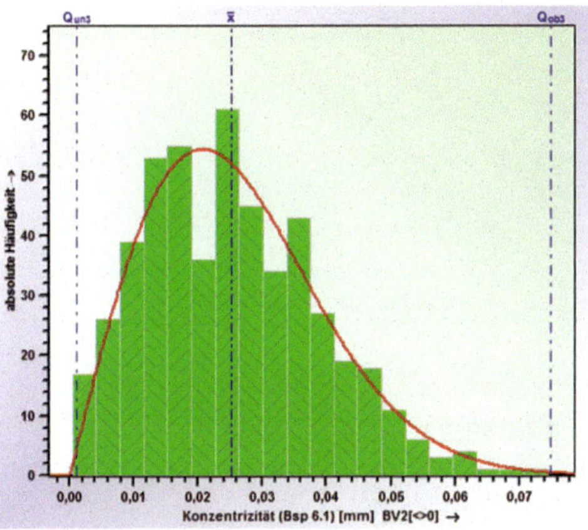

Bild 10.29
Test 6 – Histogramm mit überlagerter Betragsverteilung 2. Art

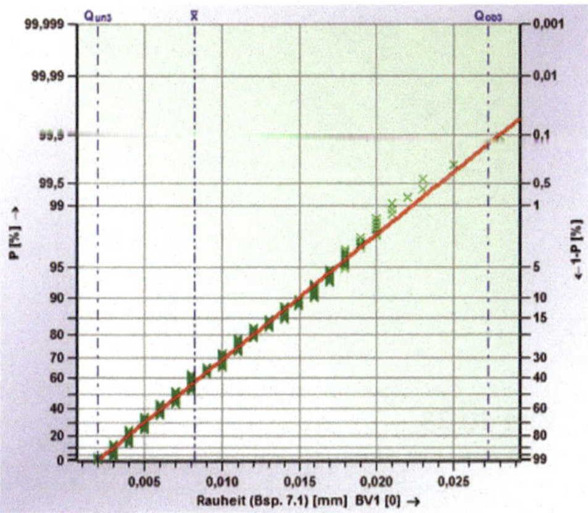

Bild 10.30
Test 7 – Wahrscheinlichkeitsnetz für Betragsverteilung 1.Art

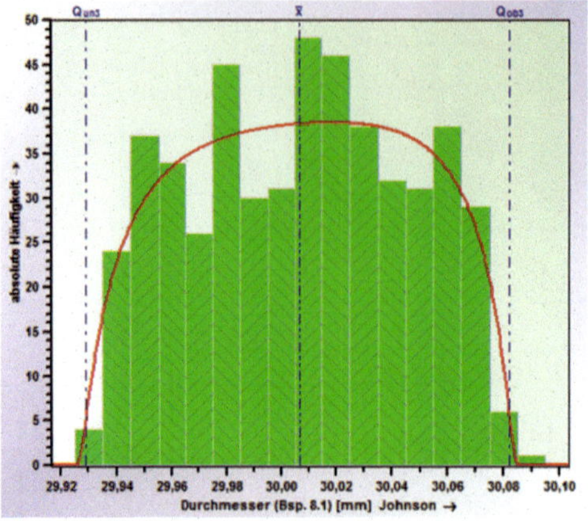

Bild 10.31
Test 8 - Histogramm mit überlagerter Verteilungsfunktion basierend auf der Johnson-Transformation

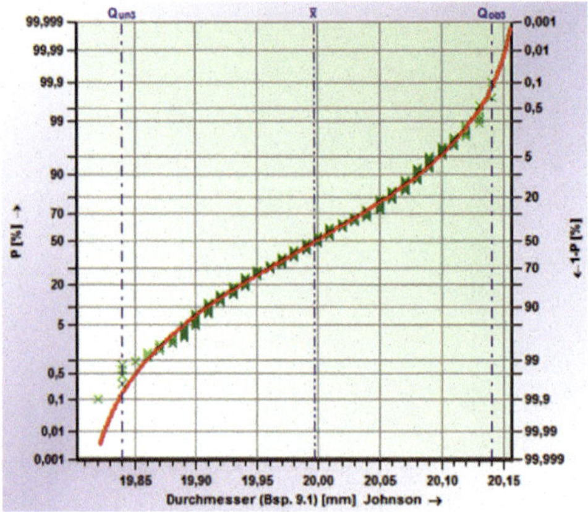

Bild 10.32
Test 9 - Wahrscheinlichkeitsnetz für Johnson-Transformation

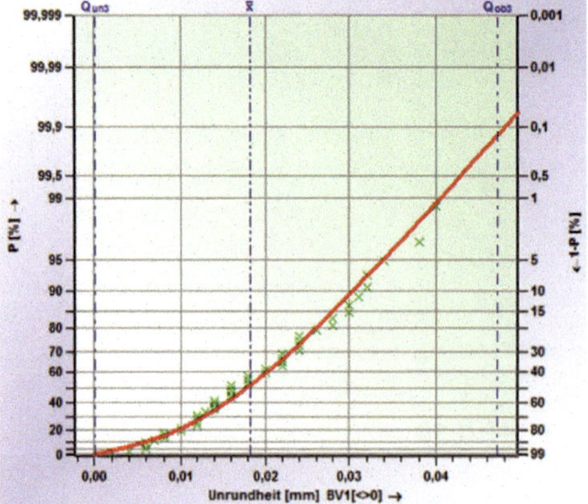

Bild 10.33
Test BV_1 - Wahrscheinlichkeitsnetz für Betragsverteilung 1. Art mit Faltung ≠ 0

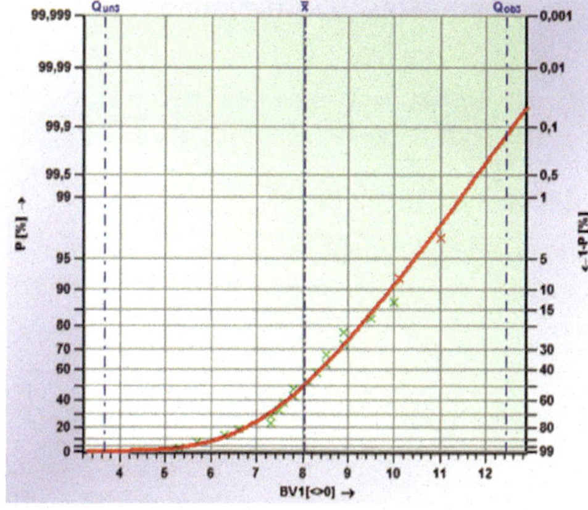

Bild 10.34
Test BV_2 - Wahrscheinlichkeitsnetz für Rayleigh-Verteilung mit Faltung ≠ 0

Die Ergebnisse in Tabelle 10.2 verdeutlichen nochmals, dass trotz umfangreicher numerischer Betrachtungen nicht immer eindeutig ein Verteilungsmodell identifiziert werden kann. Ergänzende Untersuchungen, z. B. mit dem Wahrscheinlichkeitsnetz, sind erforderlich, insbesondere unter Einbeziehung von Prozess- und Umgebungsbedingungen. Eine Konsistenzprüfung der Ergebnisse ist in jedem Falle durchzuführen. Gegebenenfalls muss der Vorschlag revidiert werden.

Weiter ist der Einfluss eines Verteilungsmodells auf das Ergebnis des Fähigkeitsindexes zu erkennen. Die erheblichen Diskrepanzen zwischen den Ergebnissen weisen bei einigen Beispielen nochmals auf die Bedeutung des richtigen Verteilungsmodells hin.

■ 10.3 Abnahmebedingungen für Fertigungseinrichtungen

Vorbemerkung

Die Vorgehensweise bei Maschinen- und Prozessfähigkeitsuntersuchungen wurde wesentlich von der Automobilindustrie und deren Zulieferern entwickelt. Hierbei werden nach einem Vorlauf von wenigen Werkstücken, der zum Einstellen der Fertigungseinrichtung dient, Prüfwerkstücke gefertigt, vermessen und die Maschine bzw. der Prozess anhand der statistisch ausgewerteten Prüfmerkmale beurteilt. Es werden Maschinen- bzw. Prozessfähigkeitsindizes berechnet, die ein Maß für die Eignung der Maschinen darstellen und mit C_m, C_{mk}, P_p, P_{pk} bzw. C_p, C_{pk} bezeichnet werden.

Insbesondere die Automobilkonzerne haben hier eigene Richtlinien erstellt, die Grundlagen einer Neubeschaffung sind, z. B.:

Ford:	Fertigungseinrichtungen ▪ Richtlinie zur Leistungsbeurteilung ▪ Auswertung von Positionstoleranzen	(Ford, 1992) (Ford, 1995)
Opel, Vauxhall, GM:	Richtlinie für Qualitätsabnahme von Fertigungseinrichtungen - MRO 3.2	(General Motors, 2004)
PSA Peugeot, Citroën, Renault:	CNOMO Norm E41.32.110.N	(CNOMO, 1990)
Volkswagen, Audi:	Betriebsmittel-Vorschriften - BV 1.01	(Volkswagen, 2005a)
Daimler:	Leitfaden LF 1236: „Stichprobe- und Prozessanalyse, Methoden der Angewandten Statistik“.	(Daimler, 2008)

Aussagegehalt

Direkte Prüfungsmethoden, wie Geometrie- und Positionierprüfungen oder statische und thermische Maschinenuntersuchungen, analysieren gezielt und reproduzierbar Einzeleigenschaften der Maschine. Diese Vorgehensweisen sind aufgrund ihrer Relevanz teilweise in Normen abgebildet. Fehler in der Montage können so aufgedeckt und konstruktive Verbesserungsmaßnahmen abgeleitet werden. Die meisten Einzeluntersuchungen beurteilen die Maschine im lastfreien Zustand, um äußere Einflüsse zu vermeiden und die Analyse unabhängig von unterschiedlichen Bearbeitungssituationen zu machen. Diese direkten Prüfmethoden umfassen allerdings keine Fähigkeitsnachweise.

Fähigkeitsuntersuchungen zählen zu den indirekten Prüfungsmethoden, welche die Maschine aufgrund ihres Arbeitsergebnisses in Bezug auf spezielle Anwendungsfälle beurteilen. Die gewonnenen Aussagen sind nur für den untersuchten Lastfall der Maschine gültig, eine Vielzahl von äußeren Einflussgrößen erlauben damit keine vom Anwendungsfall unabhängige Maschinenbeurteilung. Während normierte Bearbeitungstests, wie z. B. die Fertigung der Einfachprüfwerkzeuge nach VDI 2851, gut reproduzierbar sind und so den Vergleich unterschiedlicher Maschinen ermöglichen, geben Fähigkeitsuntersuchungen Aufschluss darüber, ob die gestellte Fertigungsaufgabe (Anwendungsfall) mit hinreichender Genauigkeit und vorgegebener Bearbeitungszeit erfüllt wird. Hierbei ist das Resultat nicht nur Ergebnis der Maschinenqualität und -leistung, sondern die Summe aller auf den Prozess wirkenden Einflussgrößen. Ziel der Fähigkeitsuntersuchung ist also nicht die klassische Beurteilung einer Maschine dahingehend, ob sie genau arbeitet, leistungsstark ist oder andere Eigenschaften besitzt, sondern es soll nur die Fähigkeit nachgewiesen werden, die gewünschten Produkte in ausreichender Qualität und mit ausreichender Stabilität zu fertigen.

Einflussgrößen

Das dominierende Problem bei der Beurteilung einer Werkzeugmaschine aufgrund einer Fähigkeitsuntersuchung sind die zahlreichen Einflussgrößen außerhalb der Maschine, die das Ergebnis verschlechtern, ohne dass der Maschinenhersteller hierauf Einfluss nehmen könnte (Bild 10.35).

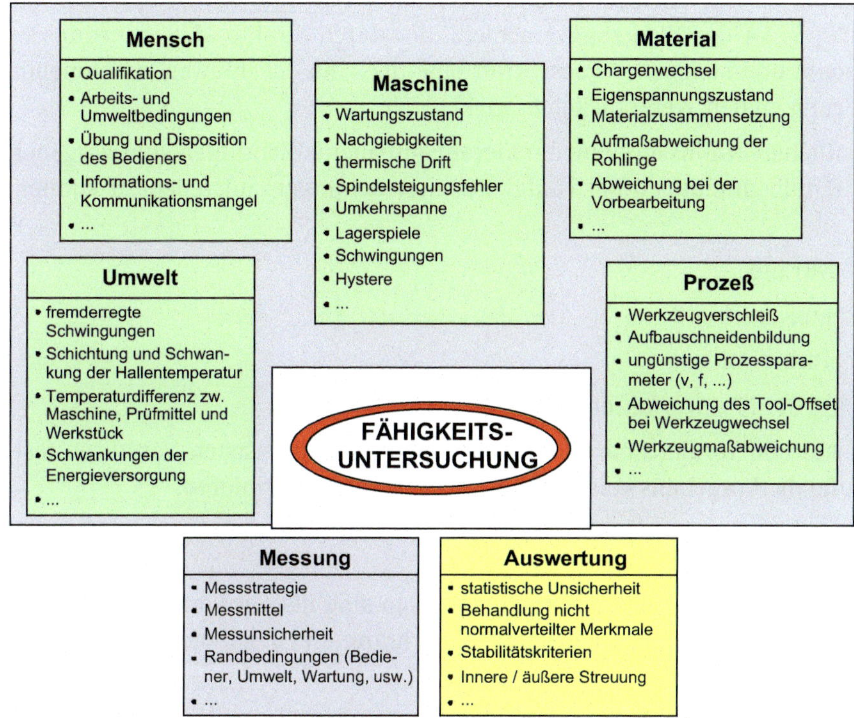

Bild 10.35 Einflussgrößen auf das Ergebnis einer Fähigkeitsuntersuchung

Neben Umwelteinflüssen, wie Schwankungen der Hallentemperatur, wirken sich die Prozessparameter und der Werkzeugverschleiß direkt auf die Arbeitsqualität aus. Zusätzliche Maßabweichungen sind durch die Verformung aufgrund der Passivkrafterhöhung infolge des Werkzeugverschleißes zu erwarten. Ebenso wirken sich Aufmaßschwankungen und die Aufspannung der Rohlinge aus.

Als weitere Einflussgröße ist die Auswertung zu nennen, die naturgemäß eine statistische Unsicherheit beinhaltet. Über die Messung der Prüfwerkstücke besteht weiterhin die Gefahr, dass sich die Ergebnisse einer Fähigkeitsuntersuchung aufgrund der vorliegenden Messunsicherheit verschlechtern. Deshalb ist sicherzustellen, dass alle Messmittel über eine Mess- und Prüfprozesseignung oder Messsystemanalyse freigegeben sind.

Entscheidend für die Bedeutung der Einflussgrößen ist die Frage, inwieweit sich diese unterschiedlich auf die einzelnen Werkstücke auswirkt; d. h. beeinflusst der Einflussfaktor die Genauigkeit aller Werkstücke im gleichen Maße oder wirkt er sich unterschiedlich auf die zeitlich nacheinander folgenden Werkstücke aus. Ein Beispiel für die erste Gruppe ist die statische Maschinenverformung aufgrund der Schnittkräfte, die bei jedem Werkstück gleich ist und somit nur eine Verschiebung des Mittelwertes des entsprechenden Merkmales bewirkt. Ein Beispiel für die zweite Gruppe ist der Werkzeugverschleiß, der durch direkte Maßänderung der Schneidplatte und steigender Passivkraft eine über die Zeit hinweg zunehmende Maßänderung an den Werkstücken bewirkt.

Die wesentlichen Einflussgrößen, um hierauf aufbauend Richtlinien zum Vorgehen und den Randbedingungen bei Fähigkeitsuntersuchungen aufstellen zu können, sind:

- Prozesskräfte
- Werkzeugverschleiß
- Temperatureinflüsse
- Eignung der Messverfahren.

Für korrekte und vergleichbare Ergebnisse sind die statistischen Verfahren festzulegen und die Vorgehensweise bei der Auswertung zu definieren.

Richtlinien

Die im Folgenden aufgezeigten Vorgehensweisen sind als ein Vorschlag bzw. Anhaltspunkt zu sehen. Je nach Fertigungseinrichtung und Technologie können andere Bedingungen gelten.

Das grundsätzliche Vorgehen bei einer Fähigkeitsuntersuchung zeigt Bild 10.36. Nach Vereinbarungen zum Vorgehen, den Randbedingungen und den Beurteilungsgrößen erfolgt das Warmlaufen der Maschine. Der anschließende Vorlauf dient zum Einstellen des Prozesses auf den Sollwert. Danach werden die Werkstücke in Folge gefertigt, ohne dass korrigierend in den Prozess eingegriffen wird. Zu vermeiden sind dabei alle äußeren Störeinflüsse, wie Erschütterungen des Hallenbodens oder signifikanten Änderungen der Hallentemperatur.

Anschließend erfolgt die Messung der Abnahmemerkmale mit Messprozessen, deren Eignung für die Messaufgabe zuvor nachgewiesen wurde. In dem letzten Schritt werden die Daten statistisch ausgewertet. Dabei muss neben der separaten Beurteilung des Trends durch Werkzeugverschleiß oder thermische Drift die Verteilungsform bestimmt werden. Die verteilungsabhängige Berechnung der Fähigkeitsindizes gibt Aufschluss darüber, ob die Maschine fähig ist, die Abnahmeforderungen zu erfüllen. Unter Umständen kann auch die Berechnung eines Fähigkeitsindexes nicht sinnvoll sein. In diesem Falle müssen andere Kriterien zur Beurteilung herangezogen werden.

Werden die Anforderungen nicht erfüllt, so ist zunächst zu prüfen, ob während der Fertigung Störungen aufgetreten sind. Dies kann einerseits mittels des Protokolls geschehen, in dem Störungen während des Betriebes protokolliert werden, oftmals auch in Werteverläufen beobachtet werden und andererseits mittels der statistischen Auswertung erkannt werden. Sind Störungen als Ausreißer erkannt worden, die begründbar sind und in der weiteren Fertigung vermieden werden können, dann werden diese Ausreißer entfernt. Andernfalls ist die Fertigung der Werkstücke zu wiederholen. Andernfalls müssen weitergehende Verbesserungsmaßnahmen eingeleitet werden oder Randbedingungen bzw. Prozessparameter müssen geändert werden.

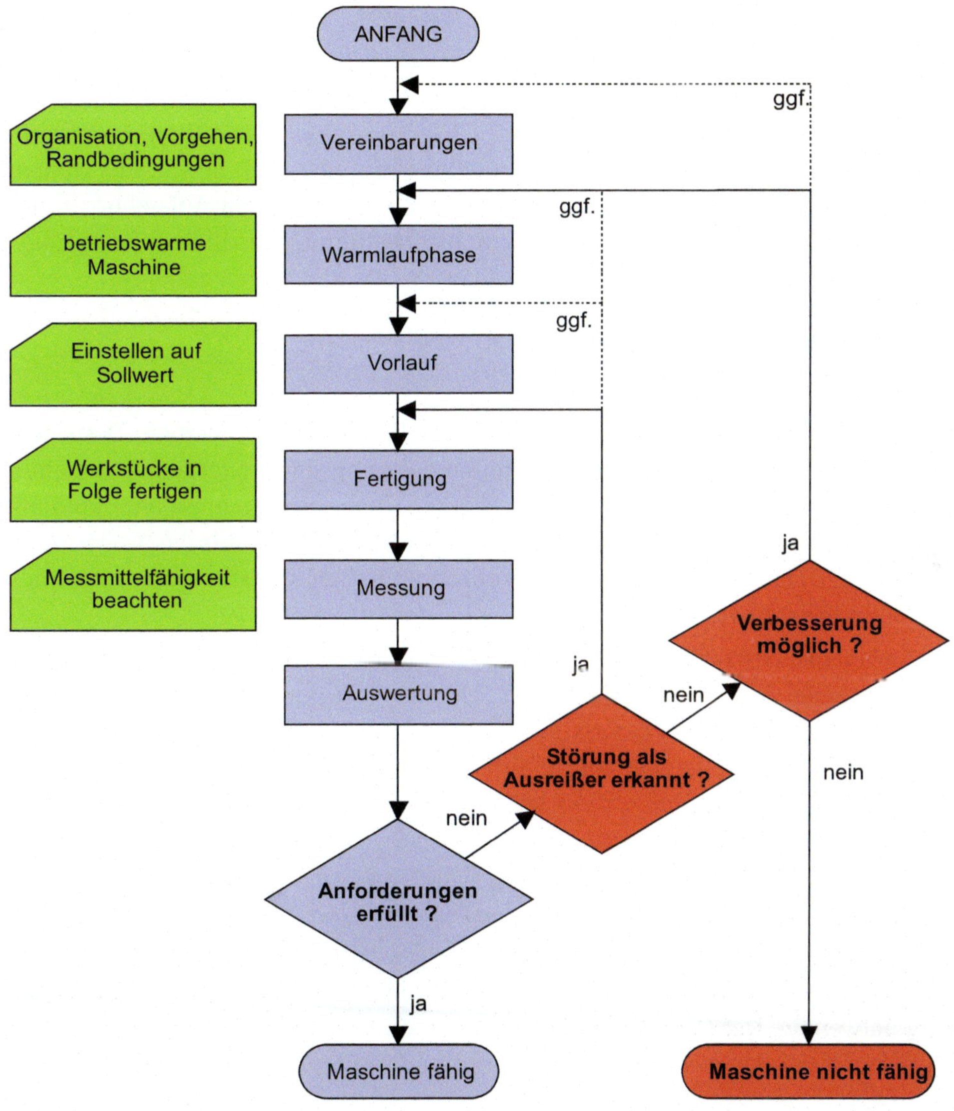

Bild 10.36 Grundsätzliches Vorgehen bei einer Fähigkeitsuntersuchung

Vereinbarungen

Bevor die eigentliche Abnahmeprüfung durchgeführt werden kann, sind umfassende Vereinbarungen notwendig, die gewährleisten müssen, dass

- die Maschine möglichst objektiv, d. h. ohne Störeinflüsse beurteilt wird
- keine Forderungen gestellt werden, die aufgrund der zahlreichen Einflussgrößen, der Messunsicherheit und der Unsicherheit durch die statistische Auswertung technisch nicht machbar sind
- sowohl Hersteller als auch Anwender Sicherheit über das Vorgehen und den Aussagegehalt der Prüfung erhalten und
- vertragliche Vereinbarungen getroffen werden können, die Umfang, Vorgehen und Beurteilungsgrößen der Abnahme festlegen.

In den beiliegenden Formblättern sind die wesentlichen Vereinbarungen aufgelistet. Neben den organisatorischen Fragen sind die Randbedingungen zu klären unter denen die Maschine abgenommen wird. Hierzu zählen u. a. die Umgebungstemperatur und deren Schwankung innerhalb des Prüfungszeitraumes. Dabei richten sich die Grenzwerte nach der Fertigungsaufgabe, die auch den Aufstellort in der Maschinenhalle oder im klimatisierten Raum bestimmt. Für übliche Fertigungsaufgaben können die nachstehenden Grenzwerte als Richtlinien gelten:

Umgebungstemperatur : $\vartheta_{\text{Umg,Beginn}} - 3\,°\text{C} \leq \vartheta \leq \vartheta_{\text{Umg,Beginn}} + 3\,°\text{C}$
Temperaturgradient : $\Delta\vartheta_{\text{Umg}} \pm 2\,°\text{C/h}$

Ein fähiger Prozess kann nur mit fähigen Rohlingen geführt werden. Deswegen muss gewährleistet sein, dass die Zusammensetzung und Materialeigenschaften nicht durch Chargenwechsel beeinflusst werden. Insbesondere muss eine Aufmaßtoleranz vereinbart werden, um z. B. die unterschiedliche statische Verformung während der Schruppbearbeitung in Grenzen zu halten und somit ein konstantes Schlichtaufmaß zu sichern.

Die Anzahl der Werkstücke richtet sich nach der Bearbeitungszeit. Die Werkstücke sollen über den Zeitraum einer einzigen Schicht gefertigt werden. Die Stichprobenentnahme ist so aufzuteilen, dass die Gesamtteilezahl der auszuwertenden Werkstücke 50 beträgt, meist werden 50 aufeinanderfolgende Teile entnommen. Eine Teilezahl unter 25 ist für eine Fähigkeitsuntersuchung nicht zulässig, da die statistische Aussage zu unsicher wird.

Ferner müssen die Technologie und die Länge der Warmlaufphase vor der Abnahme vereinbart werden. Die Auswahl der Messprozesse kann nur auf Grundlage der Kenntnis über die Messunsicherheit der Messprozesse geschehen. Daher ist der Nachweis der Mess- und Prüfprozesseignung vor der Durchführung der Messung notwendig. Der Grenzwert für den Trend durch thermische Drift richtet sich nach dem Fertigungsverfahren, der Maschinengröße und den Produktions- und

Umweltbedingungen. Wie im folgenden Kapitel beschrieben, ist dieser Trend bei den Maschinen, die mittels Fähigkeitsuntersuchung beurteilt werden, häufig von untergeordneter Rolle.

Warmlaufphase

Da Fähigkeitsuntersuchungen nur sinnvoll sind für Maschinen, die in der Massen- oder Großserienfertigung eingesetzt werden und i. d. R. im 3-Schichtbetrieb arbeiten, werden die späteren Betriebsbedingungen am besten simuliert, wenn eine ausreichende Warmlaufphase vorgesehen wird. Dies kann z. B. durch Ablauf eines NC-Programms in der Nacht vor der Abnahmeprüfung geschehen. Falls jedoch der Trend durch thermische Drift von besonderem Interesse für den Anwender ist oder aber aus zeitlichen Gründen die Warmlaufphase nicht bis zum thermischen Gleichgewicht der Maschine ausgedehnt werden kann, so ist ein zulässiger Trend vor der Abnahme zu vereinbaren und bei der Auswertung gesondert zu berücksichtigen.

Von größerer Bedeutung für das thermische Verhalten der Maschine ist meist die thermo-elastische Verformung aufgrund von Störungen in Form von Pausen oder gemischter Produktion. Dies bezieht sich jedoch meist auf die Fertigung kleinerer Losgrößen und sollte vielmehr mit anderen Prüfungsmethoden, wie z. B. der direkten thermischen Maschinenuntersuchung, ermittelt werden.

Vorlauf

Die Rohlinge sind in vereinbarter Qualität bereitzustellen und müssen die Hallentemperatur, bzw. eine vorabdefinierte Bereitstellungtemperatur angenommen haben. Werkzeuge dürfen nicht im Neuzustand eingesetzt werden, da ein hoher Anfangsverschleiß zu erwarten ist und neben der direkten Maßabweichung hierdurch ein deutlicher Anstieg der Passivkraft entsteht. Deshalb müssen vor Beginn des Vorlaufes einige Schnitte mit dem neuen Werkzeug durchgeführt werden.

Um den Trendeinfluss durch Werkzeugverschleiß zu berücksichtigen und ihn ggf. von dem der thermischen Drift trennen zu können, ist es notwendig, den Werkzeugverschleiß aufgrund von Erfahrung oder Literaturangaben vorherzusagen oder ihn mit einem Tastschnittgerät bzw. Mikroskop zu messen. Da das Werkzeug nicht im Neuzustand eingesetzt wird, ist die Annahme eines linearen Werkzeugverschleißes und die Vermessung des Werkzeuges vor und nach der Abnahmeprüfung ausreichend.

Der Vorlauf dient zum Einstellen der Fertigung auf den Sollwert. Diesem entspricht die Merkmalsmitte bei beidseitig tolerierten Merkmalen bzw. möglichst nahe an Null bei null-begrenzten Merkmalen. Zu beachten ist, dass das Sollmaß in manchen Fällen nicht mit dem Nennmaß übereinstimmt (z. B. Nenn- und Abmaß $8^{+0{,}01/-0}$ mm, Sollmaß 8,005 mm).

Wie genau der Prozess auf den Sollwert eingestellt wird, hängt u. a. davon ab, welcher Aufwand dafür getrieben werden muss und welche Bedeutung die Mittelwertlage im jeweiligen Fall besitzt. Es ist z. B. vorstellbar, dass die Einstellung auf Prozessmitte zwar sehr aufwendig ist, aber prinzipiell kein Problem darstellt, wie z. B. bei formgebundenen Maßen. In solch einem Fall wäre es sinnvoll, die Fertigung nur ungefähr auf Prozessmitte einzustellen und lediglich den Leistungsindex P_m als Abnahmekriterium zu definieren.

Vorlauftest

Der Vorlauf besteht aus der Abfolge einer Bewertung eines einzigen Teils und einer Bewertung von fünf Teilen. Er wird zur Bestätigung der Lage und Streuung der Anlage vor dem Beginn des Fähigkeitslaufs durchgeführt. Die nachstehend genannten Kriterien (Bild 10.37) sind einzuhalten, damit die Genauigkeit (Lage) der Ausgangseinstellung und die Systemstreuung vor Beginn der Fähigkeitsuntersuchung nachgewiesen werden können. Diese Kriterien gelten für alle relevanten, im Prüfplan festgelegten Qualitätsmerkmale.

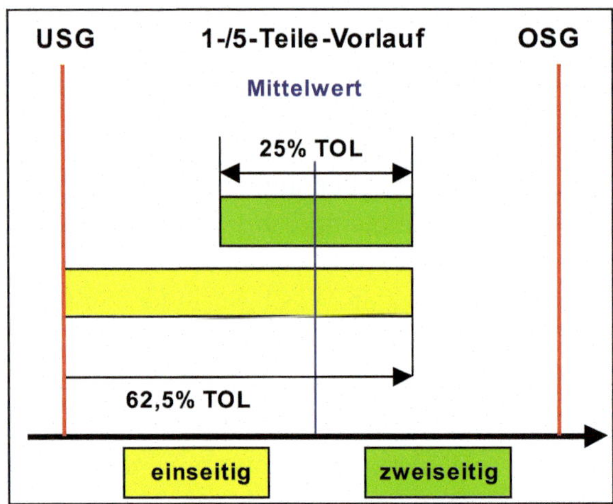

Bild 10.37 Forderung beim 1-/5-Teile Vorlauf

Die hier geforderten Grenzen sind nur teilweise statistisch herleitbar. So ist die erwartete Spannweite bei 5 Teilen kleiner ein Drittel der erwarteten Prozessstreubreite. Ist nun also zu Beginn des Fertigungslaufs die Streuung schon zu hoch, ist die Startsituation zu optimieren. Diese Grenzen haben sich aber anhand vieler Bewertungen bei der Abnahme von Fertigungseinrichtungen als sinnvoll herausgestellt.

Zunächst wird also ein Teil produziert, die Merkmale gemessen und das Ergebnis gemäß den aufgeführten Bedingungen beurteilt (siehe Bild 10.39). Gegebenenfalls ist die Maschine nachzustellen. Anschließend werden fünf Teile produziert, gemessen und die Ergebnisse ebenfalls gemäß den in Bild 10.41 genannten Forderungen (Mittelwert und Spannweite) bewertet. Wenn alle Vorgaben ausreichend erfüllt sind, kann der Fertigungslauf starten. Sind Abweichungen erklärbar und akzeptabel, kann von den Vorgaben abgewichen werden.

Bewertung Lage

Der gemessene Wert des Vorlaufs von einem Teil bzw. der Mittelwert des Vorlaufs von fünf Teilen sollte in einem Bereich von 25 % der Toleranz mittig oder symmetrisch zum Sollmaß liegen, so wie in Bild 10.37 dargestellt.

Bewertung Streuung

Die Werte des Vorlaufs von fünf Teilen sollten innerhalb eines 25 %-Bereiches der Toleranz liegen.

- Wenn bei dem System ein Lagefehler festgestellt wird, dann muss eine entsprechende Nachstellung erfolgen, basierend auf dem Unterschied zwischen dem Sollwert und dem tatsächlichen Mittelwert.
- Wenn bei dem System eine zu große Streuung vorliegt, dann sind eine oder mehrere der folgenden Maßnahmen zu ergreifen: Neubewertung/Verbesserung des Prozesses/der Konstruktion, nochmalige Prüfung der Teile oder Klärung, ob eine Anwendbarkeitsstudie erforderlich ist.

Exemplarisch sind Ergebnisse aus Vorlauf „1 Teil“ und Vorlauf „5 Teile“ in Bild 10.38 bis Bild 10.41 grafisch und numerisch dargestellt. In der Spalte Bemerkungen kann sofort erkannt werden, ob der Test für ein Merkmal erfolgreich war oder nicht. Bei Maschinen mit identischer Bearbeitung auf mehreren Spannstellen ist jede Spannstelle separat auszuwerten. Bei Parallelbearbeitung auf mehreren Maschinen ist jede Maschine separat auszuwerten.

Hinweis

Einseitig begrenzte Merkmale haben möglicherweise ihren Sollwert nicht im Toleranzzentrum (z. B. bei nicht einstellbaren Werkzeugen). Das oben Gesagte gilt aber nur für einseitige Toleranzen mit einer natürlichen Grenze.

Vorlauf 1-Teil

Zunächst wird ein Teil produziert und die vorgegebenen Merkmale gemessen. Die ermittelten Einzelwerte müssen den Forderungen gemäß Bild 10.37 genügen. In Bild 10.38 sind exemplarisch sechs verschiedene Konstellationen dargestellt.

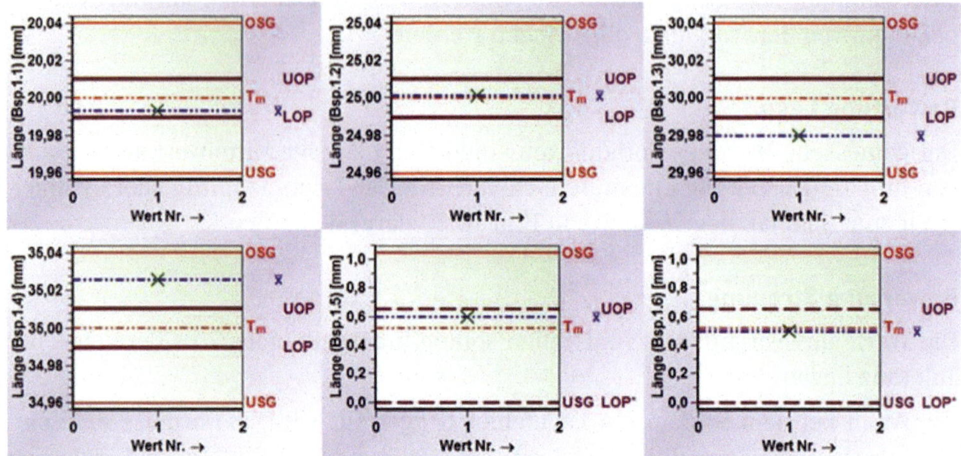

Bild 10.38 Fallbeispiel für „Erstes Teil-Bericht“

Daraus ergibt sich die in Bild 10.39 zusammengefasste Beurteilung.

Merkm.Nr	Merkm.Bez.	USG	OSG	x	x-T_m	
1.1	Länge (Bsp.1.1)	19,960	20,040	19,993	-0,00700	
1.2	Länge (Bsp.1.2)	24,960	25,040	25,001	0,00100	
1.3	Länge (Bsp.1.3)	29,960	30,040	29,980	-0,0200	
1.4	Länge (Bsp.1.4)	34,960	35,040	35,026	0,0260	
1.5	Länge (Bsp.1.5)	0,000	1,040	0,600	0,600	
1.6	Länge (Bsp.1.6)	0,000	1,040	0,500	0,500	

Bild 10.39 Ergebnis Vorlauf 1-Teil

Die Merkmale 3 und 4 erfüllen die Forderungen gemäß Bild 10.37 nicht und sind dementsprechend zu korrigieren.

Vorlauf 5-Teile

Während des Vorlaufes werden fünf Teile produziert und die vorgegebenen Merkmale gemessen. Für jedes Merkmal wird der Mittelwert und die Spannweite berechnet. Exemplarisch sind in Bild 10.40 verschiedene Konstellationen dargestellt.

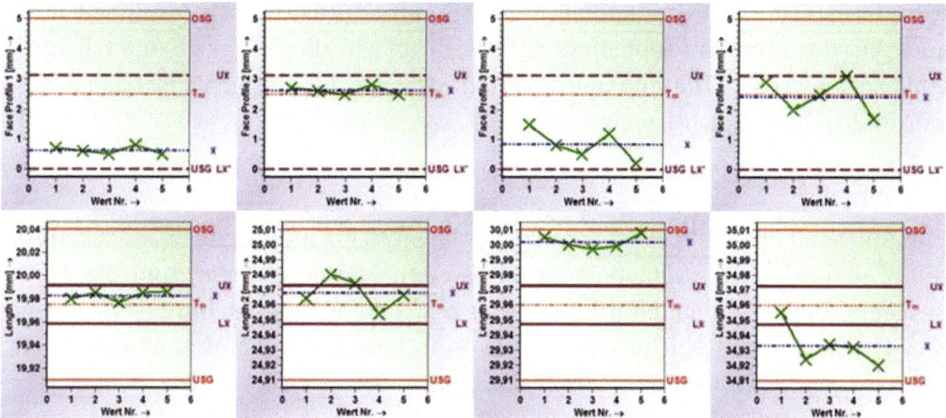

Bild 10.40 Vorlauf 5-Teile

Daraus ergibt sich gemäß den Forderungen aus Bild 10.37 die in Bild 10.41 zusammengefasste Beurteilung.

Merkm.Nr	Merkm.Bez.	USG*	OSG	X	R/T	X-T_m	
1	Face Profile 1	0,0	5,0	0,620	6,00%	0,620	
1	Face Profile 2	0,0	5,0	2,620	6,00%	2,620	
1	Face Profile 3	0,0	5,0	0,840	26,00%	0,840	
2	Face Profile 4	0,0	5,0	2,440	28,00%	2,440	
1.1	Length 1	19,910	20,040	19,98260	6,92%	0,00760	
1.1	Length 2	24,910	25,010	24,96760	26,00%	0,00760	
1.1	Length 3	29,910	30,010	30,00180	11,00%	0,0418	
1.1	Length 4	34,910	35,010	34,93300	35,00%	-0,0270	

Bild 10.41 Ergebnis Vorlauf 5-Teile

Die Merkmale 3, 4, 6, 7 und 8 sind gemäß den Forderungen in Bild 10.37 zu korrigieren.

Fertigung

Erschütterungen des Bodens durch die umliegende Produktion sowie Hallentemperaturschwankungen dürfen nicht die vereinbarten Grenzwerte überschreiten. Die Hallentemperatur sollte während der Fertigung der Werkstücke im Maschinennahbereich gemessen und protokolliert werden.

Die Werkstücke sind meist ohne Unterbrechung nacheinander zu fertigen. Dies muss kontinuierlich geschehen, da sich jede Änderung im Vorgehen und der zeitlichen Dauer der Bearbeitung auf den Prozess auswirkt und so das eigentliche Prozessverhalten verfälscht. Werden 5-er Stichproben, verteilt über den Zeitraum der Abnahmeprüfung, entnommen, kann mithilfe einer Regelkarte die Stabilität bewertet werden. Ereignisse und Eingriffsmaßnahmen sind zu protokollieren, um die spätere Analyse und Interpretation zu ermöglichen.

Falls Messregelungen Bestandteil der Fertigungseinrichtung sind, müssen diese auch bei der Maschinenabnahme aktiv sein und in die Fähigkeitsuntersuchung einbezogen werden. Die veränderte Verteilungsform der Merkmale ist bei der Auswertung zu berücksichtigen.

Messung

Entsprechend den Merkmalstoleranzen ergeben sich Anforderungen an das Messmittel, den Messort (klimatisierter Messraum, Maschinenhalle) und die Messstrategie. Die Messungen dürfen nur von geschultem Personal durchgeführt werden. Es muss darauf geachtet werden, dass die Temperatur der Messmittel und der Werkstücke nicht von der Umgebungstemperatur abweicht, bzw. temperaturabhängige Korrektionen angebracht sind.

Die Eignung der Messprozesse für den Einsatz bei der Fähigkeitsuntersuchung muss anhand von Mess- und Prüfprozesseignungen, bzw. Messsystemfähigkeitsanalyse (Q-DAS, 1999) nachgewiesen werden.

Auswertung

Für die Auswertung der Daten ist folgende Vorgehensweise sinnvoll:

1. Identifikation der zeitabhängigen Verteilungsmodelle (Abschnitt 9.2)
2. Festlegung der entsprechenden Qualitätsregelkarte (Kapitel 7)
3. Stabilität beurteilen (Abschnitt 7.12)
4. Qualitätsfähigkeitskenngrößen (Kapitel 9).

Wird der für ein Merkmal vorgegebene Grenzwert nicht erreicht, sind die Hintergründe näher zu analysieren. Falls keine Verbesserungen vorgenommen werden können, muss der Prozesseigner bzw. das Abnahmeteam entscheiden, ob die Einrichtung trotzdem freigegeben wird.

■ 10.4 Produkte bewerten

10.4.1 Prüfplan

Der Prüfplan dient als Übersicht der zu überwachenden Produkt- und Prozessmerkmale. So hat der Prozessverantwortliche schnell eine Übersicht unter anderem darüber, welche Merkmale zu prüfen sind, welche Anforderungen gelten und welcher Stichprobenumfang für die Prüfung gilt.

Teilnr.	Fert.Art.Bez.	Merkm.Nr	Merkm.Bez.	Merkm.Art	Merkm.Klass	USG	OSG	Stpr.Umf.	Stpr.Art	Erfass.Ar	Schnittst.	Erf.kanal
1	Drehen	1	Länge über alles (1)	variabel	signifikant	19,960	20,040	5	fest	manuell	0	0
1	Drehen	2	Länge Gewinde (2)	variabel	signifikant	14,0600	14,0750	5	fest	manuell	0	0
1	Drehen	3	Durchmesser Kopf (3)	variabel	signifikant	129,90	130,25	7	fest	manuell	0	0
1	Fräsen	4	Steigung (4)	variabel	signifikant		5,0	5	fest	manuell	0	0
1	Zugprüfung	5	Zerreißkraft (5)	variabel	signifikant	500	920	5	fest	manuell	0	0
1	Drehen	6	Schichtdicke (6)	variabel	signifikant	0,000	0,100	5	fest	manuell	0	0
1	Fraesen	7	Schichtdicke B (7)	variabel	signifikant	0,000	0,040	3	fest	manuell	0	0
1	Kunststoffspritzen	8	Durchmesser Stift (8)	variabel	signifikant	29,870	30,130	5	fest	manuell	0	0
1	Drehen	9	Durchmesser Verbindu	variabel	signifikant	19,70	20,30	6	fest	manuell	0	0
1	Pressen	10	Masse Max. (10)	variabel	signifikant	60,0	70,0	3	gleitend	manuell	0	0
1	Stanzen	11	Gravur oben (11)	variabel	signifikant	2,0	7,0	3	gleitend	manuell	0	0
1	Kaltziehen	12	Halterung (12)	variabel	signifikant	26,00	27,00	5	fest	manuell	0	0
1	Tiefziehen	13	Kern (13)	variabel	signifikant	28,200	28,800	5	fest	manuell	0	0

Bild 10.42 Beispiel für einen Prüfplan aus dem Programm qs-STAT® der Firma Q-DAS®

10.4.2 Bewertung basierend auf Merkmalsergebnissen

Um Prozesse transparent darstellen zu können, werden in erster Linie Fähigkeitskennwerte auf der Merkmalsebene (z. B. C_p, C_{pk}) berechnet. Gerade bei der Langzeitauswertung von größeren Datenbeständen geht es nicht nur um die Bewertung eines Merkmals, sondern um eine umfassende Bewertung von vielen Teilen mit jeweils mehreren Merkmalen.

Ein typisches Beispiel dazu ist das Benchmark-Diagramm oder der Verlauf von Fähigkeitskennwerten bzw. die tabellarische Darstellung von Kennwerten. Je höher die Anzahl der Produkte bzw. Teile ist, umso höher ist die anzustrebende Verdichtung der Information. Um eine solche Situation besser beurteilen zu können, kann ein zusätzliches Bewertungssystem, quasi im Sinne von Schulnoten, eingeführt werden. Q-DAS® schlägt hierzu folgende Vorgehensweise vor.

Bei der Beurteilung von Merkmalen anhand des Fähigkeitskennwertes sind beispielsweise die in Tabelle 10.3 vorgeschlagenen Zuordnungen zu Noten denkbar:

Tabelle 10.3 Klassifizierung der Fähigkeitskennwerte

Klasse	Anforderung	Note
fähig	Der errechnete Fähigkeitskennwert erfüllt die Anforderung (z. B. $C_p = 2{,}5$)	1
bedingt fähig	Die Beurteilung des errechneten Fähigkeitskennwertes ist bedingt fähig. Dies ist dann der Fall, wenn der Fähigkeitskennwert in der Nähe der Grenze (Grenzwert ± n %) liegt (z. B. $C_p = 1{,}32$).	3
nicht fähig	Anforderung nicht erfüllt, d. h. der errechnete Fähigkeitskennwert ist kleiner als der geforderte Grenzwert (z. B. $C_p = 0{,}8$).	6

Selbstverständlich sind auch beliebige andere Noten denkbar. Um jedoch die Vergleichbarkeit zu erhalten, muss in einem Unternehmen die Notenvergabe einheitlich sein.

Beispiel:

Gemäß dieser Schlüssel bekommen die in Bild 10.44 dargestellten Merkmale folgende Noten:

Merkmal	Note	Merkmal	Note
1, 3, 4, 7, 10	1	2, 5, 6, 8, 9, 11	6

Damit ergibt sich die Gesamtnote aus dem Mittelwert:

$$\text{Gesamtnote} = \frac{\text{Summe Noten}}{\text{Anzahl Merkmale}} = \frac{5 \cdot 1 + 6 \cdot 6}{11} = \frac{41}{11} = 3{,}72$$

Da häufig Merkmale in sogenannte Merkmalsklassen (z. B. wichtig, signifikant, kritisch) eingeteilt werden, kann jede Merkmalsklasse nochmals durch einen separaten Faktor gewichtet werden. In Bild 10.43 wird eine Gewichtung für „unwichtig“ bzw. „weniger wichtig“ mit 1, für „wichtig“ bzw. „signifikant“ mit 2 und „kritisch“ mit 3 vorgeschlagen. Auch diese Gewichtung ist frei wählbar. Jede Note wird dann noch mit dem Gewichtungsfaktor multipliziert, der ebenfalls bei der Mittelwertbildung für die Berechnung der Gesamtnote berücksichtigt wird:

$$\text{Gesamtnote} = \frac{\sum \text{Noten} \cdot \text{Gewichtungsfaktor}}{\sum \text{Gewichtungen}}$$

Beispiel:

Tabelle 10.4 Gewichtung von Merkmalen

	Note	Gewichtung 1	Gewichtung 2
Merkmal 1	1	1	1
Merkmal 2	3	1	2
Merkmal 3	6	1	3
Summe Gewichtungen	-	3	6
Gesamtnote		$\frac{1 \cdot 1 + 3 \cdot 1 + 6 \cdot 1}{3} = \frac{10}{3} = 3{,}33$	$\frac{1 \cdot 1 + 3 \cdot 2 + 6 \cdot 3}{6} = \frac{25}{6} = 4{,}16$

Werden pro Merkmal und Ergebnis die oben genannten Noten vergeben, kann für ein Teil in der Benchmark-Form eine Gesamtnote berechnet werden. Diese kann wiederum mit vorgegebenen Grenzwerten verglichen werden.

Hinweis

Es ist nicht zwingend erforderlich, sich an dem Schulnotensystem zu orientieren. Genauso gut könnte beispielsweise ein Zahlensystem von 1 … 10 oder ein Prozentsystem von 0 % bis 100 % zum Tragen kommen. ■

Typische Grenzwerte für die Gesamtnote könnten sein:

Tabelle 10.5 Grenzwerte

Kriterium	Zahlensystem	Gesamtnote	Prozentsystem
fähig	< 4	< 2,66	33
bedingt fähig	4 bis 6	2,66 bis 4,33	33 bis 66
nicht fähig	> 6	> 4,33	100

Realisierung in qs-STAT®

Das oben beschriebene Notensystem kann in qs-STAT® in der Auswertekonfiguration hinterlegt werden. In Bild 10.43 ist exemplarisch die Notenvergabe sowie die Gewichtung der Merkmale und die Grenzwerte für die Gesamtnoten dargestellt. Selbstverständlich sind auch ein anderes Bezugssystem und andere Grenzwerte denkbar.

Notenschlüssel

	fähig	bedingt fähig	nicht fähig
Note	1	3	6

Gewichtung der Merkmalsklassen

Merkmalsklasse	unwichtig	weniger wichtig	wichtig	signifikant	kritisch
Gewichtung	1	2	10	50	100

Notengrenzen für Gesamtbewertung

☑ Grenzen fähig beachten — fähig ab Gesamtnote 2,66

☑ Grenzen bedingt fähig beachten — bedingt fähig ab Gesamtnote 4,33

Bild 10.43 Notenvergabe mit Grenzwerten

Bild 10.44 zeigt für das „Demo Teil 109" das Fenster „Übersicht – Kennwerte Merkmale". Für die 11 Merkmale sind die Merkmalsbezeichnung, die Merkmalsklasse, die Anzahl der Werte, die Standardabweichung sowie die Fähigkeitskennwerte (Potenzial, kritischer Fähigkeitskennwert) aufgelistet. In der letzten Spalte ist anhand des Smiley (lachend = Anforderung erfüllt ≙ Note 1, traurig = Anforderung nicht erfüllt ≙ Note 6) jedes Merkmal bewertet. Alle Merkmale haben bei diesem Beispiel den Gewichtungsfaktor 1. Basierend auf dem oben beschriebenen Notensystem kann die Gesamtnote für das Teil errechnet werden.

Merkm.Nr.	Merkm.Bez.	Merkm.Klasse	[illegible]	s	Index	[illegible]	
Teilekurzbez.	DemoTeil 109	❷	Gesamtbewertung		Gesamtnote 3,72	1 … 6	❶
1	Durchmesser Lag	signifikant	694	0,0012117	C_p 1,73	C_{pk} 1,88	
2	Durchmesser Lag	signifikant	3341	0,0013158	T_p 1,51	T_{pk} 1,47	
3	Durchmesser Lag	signifikant	76	0,0011706	P_p 1,89	P_{pk} 1,86	
4	Durchmesser Lag	signifikant	694	0,0012245	C_p 1,68	C_{pk} 1,63	
5	Durchmesser Lag	signifikant	3341	0,0012524	T_p 1,59	T_{pk} 1,58	
6	Durchmesser Lag	signifikant	76	0,0013168	P_p 1,57	P_{pk} 1,55	
7	Durchmesser Rue	signifikant	694	0,0012019	C_p 1,63	C_{pk} 1,39	
8	Durchmesser Rue	signifikant	3341	0,0013188	T_p 1,54	T_{pk} 1,47	
9	Durchmesser Rue	signifikant	76	0,0010599	P_p 1,93	P_{pk} 1,61	
10	Durchmesser Rue	signifikant	694	0,0012077	C_p 1,59	C_{pk} 1,39	
11	Durchmesser Rue	signifikant	3341	0,0012982	T_p 1,57	T_{pk} 1,39	

Bild 10.44 Bewertung eines Teils

Im vorliegenden Beispiel ist dies 3,72. Dieses Ergebnis ist in der oberen Zeile zusätzlich in Form einer Balkendarstellung mit dem Wertebereich 1 – 6 dargestellt. Das Ergebnis liegt in dem Bereich 2,66 und 4,33. Damit ist das Gesamtteil als „bedingt fähig“ einzustufen (gelber Balken).

Der dem Teil zugeordnete Smiley signalisiert den Status „traurig“. Dieser Status wird vergeben, wenn mindestens ein Merkmal die Anforderung nicht erfüllt.

Um mehrere Teile übersichtsartig zu bewerten, kann die in Bild 10.45 gezeigte Darstellungsform herangezogen werden. In dem linken Teil (Teileauswahl) sind die einzelnen Teile zusammen mit der errechneten Gesamtnote pro Teil dargestellt. Die Note ist zusätzlich in Form eines Balkens visualisiert. In dem rechten Teil des Bildes (Merkmalsauswahl) sind für das Demo Teil 109 (siehe Haken) die jeweiligen Merkmale aufgelistet. Jedes Merkmal ist zusätzlich in Zeiträume von einem Monat aufgeteilt. Für jeden Zeitraum kann der Fähigkeitskennwert abgelesen werden. Der Smiley hinter der Merkmalsbezeichnung gibt an, ob die Anforderung in dem Zeitraum erfüllt ist oder nicht (bzw. „bedingt fähig“).

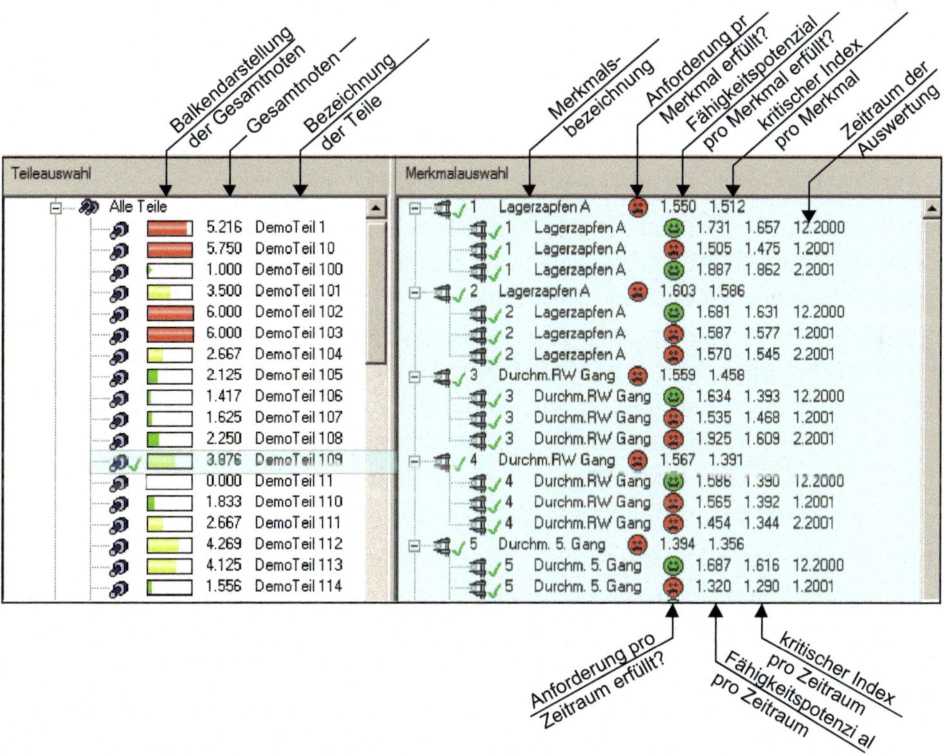

Bild 10.45 Teile- und Merkmalsübersicht nach Zeiträumen

Weiter sind pro Merkmal die Fähigkeitskennwerte für den gesamten Zeitraum dargestellt. Der dem Merkmal zugeordnete Smiley symbolisiert, ob die Anforderungen an das Merkmal über alle Betrachtungszeiträume hinweg erfüllt sind oder nicht (bzw. nur bedingt). Die Regel lautet: „Erfüllt nur ein Merkmal in einem Zeitraum die Anforderung nicht, dann erfüllt das Merkmal über alle Zeiträume hinweg die Anforderungen ebenfalls nicht."

Mit dieser Übersichtsform kann sehr schnell erkannt werden, welche Teile und anschließend welche Merkmale bzw. Zeiträume dieses Teils problematisch sind. Die Teile können nach ihrer Gesamtnote auf- oder absteigend sortiert werden.

10.4.3 Bewertung basierend auf Toleranzausnutzung

Primäres Ziel bei dieser Bewertungsvariante ist es, gemessene Teile mit „Problemen" auf den ersten Blick identifizieren zu können und eine gute Übersicht über die gesamte Produktion zu erhalten, ohne für jedes Merkmal separat eine statistische Analyse durchführen zu müssen. Es sei vorab bemerkt, dass das Ziel einer maximalen Toleranzausnutzung Fähigkeitsindizes konterkariert und nicht dem Prinzip der kontinuierlichen Verbesserung der Prozesse folgt. Die Ergebnisse sind aufgrund der fehlenden statistischen Analyse und der von der Stichprobengröße abhängigen Größe der Spannweite nur bedingt vergleichbar. Dennoch werden sie in der Praxis genutzt, um eine schnelle Übersicht zu erhalten.

Grundlage für die Beurteilung ist die Toleranzausnutzung der Einzelwerte. Eine Unterscheidung innerhalb/außerhalb der Spezifikationsgrenzen ist dabei sicherlich die einfachste Bewertung. Dies entspricht der klassischen grün/rot Darstellung. Bild 10.46 a) zeigt ein solches Bewertungssystem. Für ein differenziertes Bild ist es jedoch oftmals hilfreich, die Bereiche feiner aufzuteilen. Je nach gewünschtem Detaillierungsgrad können wie in Bild 10.46 b) dargestellt die Anzahl der Bereiche innerhalb und außerhalb der Spezifikationsgrenzen festgelegt und mit einem geeigneten Farbcode belegt werden. In dem gezeigten Beispiel wird der Bereich außerhalb der Spezifikationsgrenze in 20 %-Schritten unterteilt.

Zusätzlich zur Bereichsfarbe wird ein Punktesystem definiert. D. h. jeder Messwert erhält je nach Toleranzbereich die hinterlegte Punktanzahl. Für die Teilebewertung werden die Punkte über alle Merkmale summiert. Liegen beispielsweise zwei Messwerte (egal bei welchen Merkmalen des Teils) im >100 %-Bereich, wird das Teil mit insgesamt 20 Punkten bewertet. Ggf. kann es auch sinnvoll sein, die Punkte in Abhängigkeit der Merkmalsklasse noch zu gewichten.

Bewertungsgrundlage

- (•) Bewertung innerhalb-außerhalb der Spezifikation
- ( ) Bewertung durch Bereichsdefinition
- ( ) Bewertung Spezifikation/Unsicherheit

Einstellungen

	Bereich	Farbe	Punkt
			10
Spezifikationsgrenze			
			0

a) zweistufig

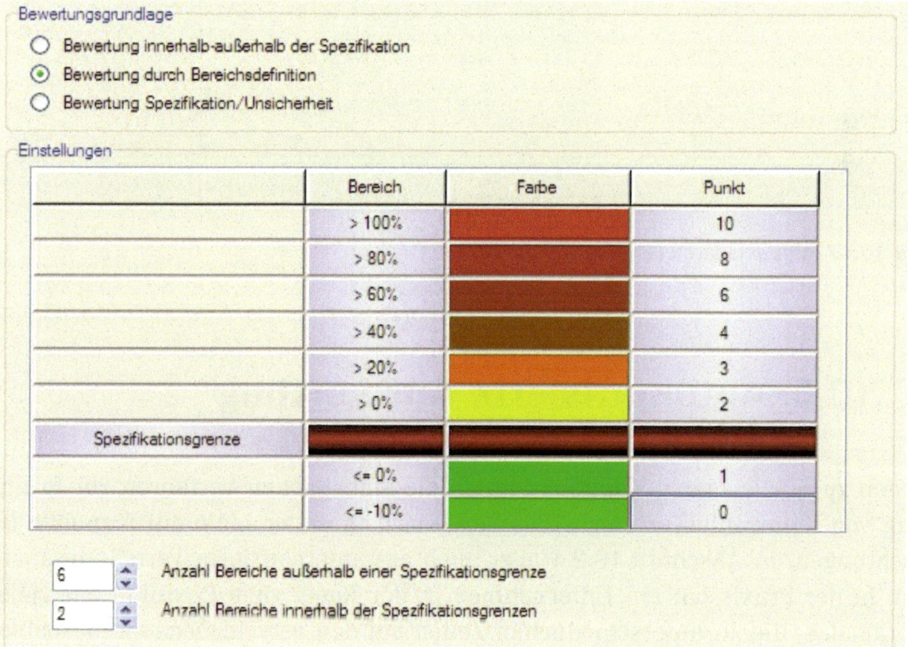

b) mehrstufig

Bild 10.46 Bewertungsschema für die Teilebewertung

Bild 10.47 zeigt die Ergebnisübersicht. Pro Zeile ist die Bewertung eines gemessenen Teils dargestellt. Neben dem Zeitstempel der Messung wird der prozentuale Anteil der Merkmale, deren Messwert innerhalb bzw. außerhalb der Spezifikationsgrenzen liegt, aufgeführt. So liegen beim ersten Teil 83,33 % der Merkmale mit ihrem Messwert innerhalb und 16,67 % außerhalb der jeweiligen Toleranzen. Der Balken zeigt die gestapelte prozentuale Häufigkeit der definierten Bereichsklassen gemäß ihrem Farbcode. In der letzten Spalte ist noch das Ergebnis der

Punktebewertung dargestellt. Je höher die Punktzahl, desto schlechter ist das Teil, da Messwerte mit zunehmendem Abstand zu den Spezifikationsgrenzen entsprechend mehr Punkte erhalten. Damit wird der Zustand der Teileproduktion sehr schnell ersichtlich.

Teilnr.	1	Teilebez.	T1
I	Datum/Zeit	Part state	Points
1	1992-04-01 00:01:00	83,33 % ; 16,67 %	20,00
2	1992-04-01 00:02:00	56,67 % ; 43,33 %	42,00
3	1992-04-01 00:03:00	73,33 % ; 26,67 %	21,00
4	1992-04-01 00:04:00	80,00 % ; 20,00 %	24,00
5	1992-04-01 00:05:00	66,67 % ; 33,33 %	40,00
6	1992-04-01 00:06:00	63,33 % ; 36,67 %	40,00
7	1992-04-01 00:07:00	70,00 % ; 30,00 %	29,00
8	1992-04-01 00:08:00	73,33 % ; 26,67 %	22,00
9	1992-04-01 00:09:00	70,00 % ; 30,00 %	25,00
10	1992-04-01 00:10:00	63,33 % ; 36,67 %	41,00
11	1992-04-01 00:11:00	66,67 % ; 33,33 %	33,00
12	1992-04-01 00:12:00	63,33 % ; 36,67 %	30,00
13	1992-04-01 00:13:00	80,00 % ; 20,00 %	24,00
14	1992-04-01 00:14:00	66,67 % ; 33,33 %	30,00
15	1992-04-01 00:15:00	53,33 % ; 46,67 %	42,00
16	1992-04-01 00:16:00	70,00 % ; 30,00 %	41,00
17	1992-04-01 00:17:00	60,00 % ; 40,00 %	40,00
18	1992-04-01 00:18:00	76,67 % ; 23,33 %	22,00
19	1992-04-01 00:19:00	76,67 % ; 23,33 %	20,00
20	1992-04-01 00:20:00	73,33 % ; 26,67 %	30,00

Bild 10.47 Ergebnisdarstellung der Teilebewertung

■ 10.5 Automatisierte Auswertung

In den zurückliegenden Kapiteln wurden die statistischen Verfahren zur Ermittlung von Kennzahlen erörtert. Dies bezog sich in erster Linie auf manuelle Betrachtungen, in Abschnitt 10.2.4 aber auch auf automatisierte Verteilungsanalysen. In der Praxis hat ein Unternehmen in der Regel viele Produkte mit vielen Merkmalen, die zu unterschiedlichen Zeiten auf den verschiedensten Maschinen und Fertigungslinien hergestellt werden. Dabei fallen unter Umständen pro Tag mehrere Millionen Daten an, die auszuwerten sind. Ohne einen Automatismus ist die Analyse ein hoffnungsloses Unterfangen. Daher wird im Folgenden erläutert, welche Möglichkeiten bestehen, ein Kennzahlensystem aufzubauen, zu betreiben, zu pflegen und welcher Nutzen daraus gezogen werden kann.

10.5.1 Anforderungen

Kontinuierlich steigende Anforderungen an die Produkte und deren Herstellung erfordert eine zunehmende Transparenz in den Prozessen, um diese zeitnah zu überwachen und zielgerichtet reagieren zu können. Je näher man sich an den technologischen Grenzen des Herstellungsprozesses bewegt, umso bedeutender ist das exakte Wissen über den aktuellen Stand in Form von verlässlichen Kennzahlen, um Folgekosten durch Ausschuss, Nacharbeit, Kundenreklamationen oder Ähnliches zu vermeiden. Die aufbereiteten Kennzahlen müssen anwendergerecht und eindeutig dargestellt werden (siehe Bild 10.48), so dass die jeweiligen (Prozess-) Verantwortlichen ein klares Bild von den relevanten Prozessen haben. Um dies zu erreichen, müssen - vereinfacht gesagt - von den unterschiedlichen Informationsquellen in einem Unternehmen die daraus erzeugten Daten in zentrale Datenbanken übertragen werden. Anhand entsprechender Auswertungen können die gewünschten Kennzahlen erstellt und bereitgestellt werden.

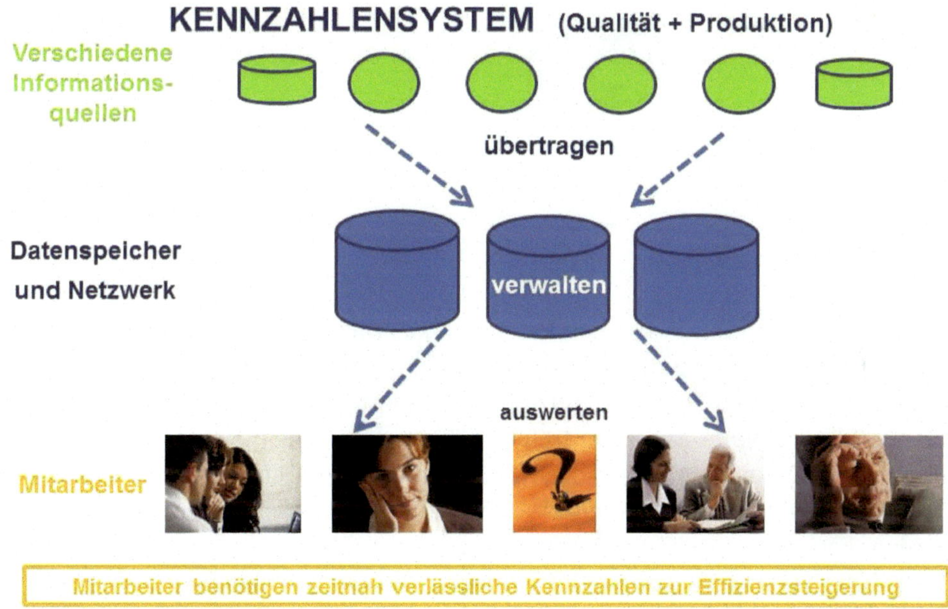

Bild 10.48 Kundenanforderungen

Was sich einerseits sehr einfach übersichtsartig darstellen lässt, gestaltet sich im konkreten Fall wesentlich komplexer. Einerseits ist dies die Vielzahl der unterschiedlichen Datenquellen sowie die großen Datenmengen, andererseits die Art und Weise, wie die gewünschten Kennzahlen aufzubereiten bzw. darzustellen sind. Wie diese Anforderungen möglichst effizient umgesetzt werden können, soll am

Beispiel des Q-DAS CAMERA Concepts gezeigt werden. Dabei steht jeder Buchstabe CAMERA für eine Phase beim Aufbau eines Kennzahlensystems. In Bild 10.49 sind die Phasen zusammen mit den jeweiligen Aufgaben dargestellt.

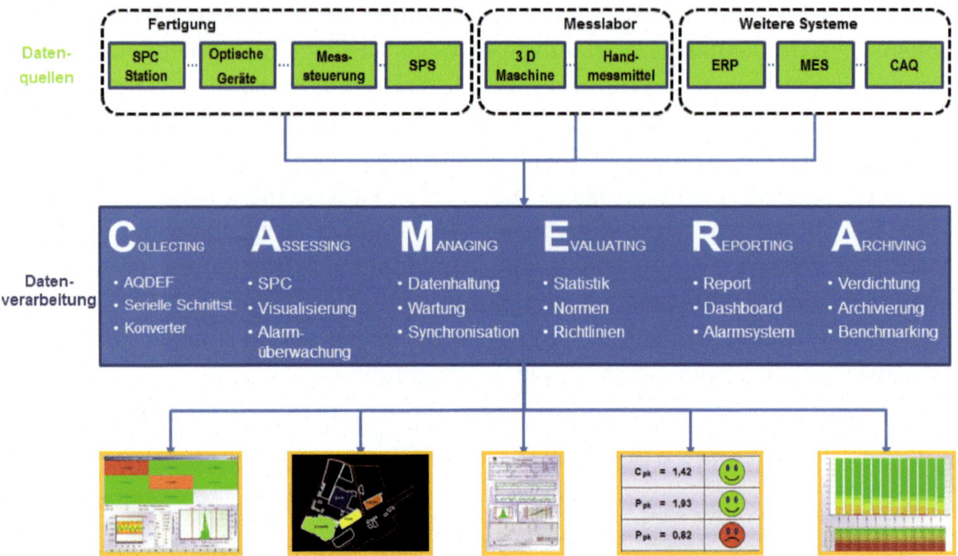

Bild 10.49 Datenquelle zur Kennzahl

10.5.2 Datenhaltung

Um ein umfassendes Bild von den Prozessen zu erhalten, ist als erstes die Integration der verschiedenen Informationsquellen notwendig. Insbesondere gilt es, Mess- und Prüfgeräte aus Fertigung, Produktion und dem Messlabor anzubinden, um qualitätsrelevante Aussagen treffen zu können. (Mess-)Werte bzw. Prüfergebnisse sind nahezu wertlos, wenn diese nicht mit beschreibenden Informationen ergänzt werden. Nur so können sie später für die Auswertung wiedergefunden werden. Parameter der Herstellungsprozesse, zum Beispiel aus den Steuerungen (SPS), liefern weitere wichtige Informationen, die zur Beurteilung und Bewertung der Prozesse erforderlich sind, um beispielsweise Abhängigkeiten zwischen Produkt- und Prozessmerkmalen ableiten zu können.

Genau genommen gibt es nur zwei Arten, wie Daten von einer Informationsquelle in ein zu verarbeitendes System bzw. Datenbank gelangen. Entweder liegen die Daten in einer Datei vor und können von dort aus weiterverarbeitet werden oder sie werden direkt über serielle Schnittstellen übernommen. Welche dieser beiden Formen zum Tragen kommt, hängt von der jeweiligen Datenquelle (in der Regel dem Messgerät) ab. Da die Vielfalt der Messgeräte sehr groß ist, werden die Daten in unterschiedlichster Form bereitgestellt, was eine Weiterverarbeitung der Daten sehr erschwert. Daher hat Q-DAS zusammen mit mehreren Großkonzernen das dateibasierte Format AQDEF (Advanced Quality Data Format (Q-DAS, 2013)) erstellt, das sich mittlerweile zu einem Industriestandard entwickelt hat.

Daher unterstützen viele Mess- und Prüfgeräte und SPC-Systeme dieses Transferformat.

Standardmessmittel wie beispielsweise Messschieber, Höhenmessgerät oder Bügelmessschraube, die nur den Messwert übergeben können, werden direkt über die serielle Schnittstelle (RS232 oder USB) oder über sogenannte Multiplexerboxen angebunden. Die erforderlichen Kopfdaten (Werkstückinformationen, Merkmalsbezeichnung, Toleranzgrenzen, ...) stehen im jeweiligen Prüfplan, der vor Messungsbeginn ausgewählt wird. Im Prüfplan findet eine Zuordnung der Merkmale zu den jeweiligen Messmitteln statt. Insgesamt unterstützt die Q-DAS Software über 150 Messgeräte oder Boxen, so dass auch hier eine einfache Anbindung gängiger Messmittel möglich ist.

Neben den genannten Informationsquellen sind Daten aus Systemen wie ERP (Enterprise Resource Planning), MES (Manufacturing Execution System) und CAQ (Computer Aided Quality) oder Dateien (Excel-Listen, Textdatei, ...) je nach Bedarf und Anforderung zu integrieren.

Die Kommunikation mit ERP, MES und CAQ-System ist am einfachsten, wenn das beschriebene Q-DAS ASCII Transferformat von dem jeweiligen System unterstützt wird. Die Integration von Dateien, die nicht in einem einheitlichen Format vorliegen, sind mithilfe eines Konverters z. B. in das AQDEF-Format zu konvertieren. Auch handgeführte Regelkarten oder sonstige manuelle Aufzeichnungen können z. B. über eine Software zum Scannen des Papiers in dieses Format übernommen werden.

Für die spätere Analyse der Daten ist eine gezielte Selektion erforderlich. Dazu müssen zu den erfassten Messwerten beschreibende Zusatzinformationen pro Datensatz abgelegt werden. Dies sind beispielsweise Chargeninformation, Seriennummer des individuellen gefertigten und/oder geprüften Teils, Maschinen- und Spindelinformationen usw. Ohne diese Zusatzinformationen sind keine zielgerichteten Selektionen der Daten und damit Auswertungen für die verschiedenen Anwendungsfälle möglich. Daher gilt es von Anfang an für die jeweiligen Bedürfnisse festzulegen, welche Zusatzinformationen mit im Datensatz abzulegen sind. Diese ergänzende Information sollte in unternehmensspezifischen Katalogen hinterlegt sein, um bei der Erfassung direkt darauf zugreifen zu können. Bei der Erfassung muss mittels Zwangseingaben dafür gesorgt werden, dass eine Weiterverarbeitung nur möglich ist, wenn diese Informationen hinterlegt werden. Auf jeden Fall sind freie Texteingaben zu vermeiden, da über diese keine sinnvolle Selektion möglich ist.

10.5.3 Regelkreise

Liegen die Daten von den verschiedenen Informationsquellen bzw. Schnittstellen vor, können die Prozessdaten sofort visualisiert und bewertet werden. Hier wird zwischen zwei Regelkreisen zur Steuerung der Prozesse unterschieden (siehe Bild 10.50). Im „kleinen“ Regelkreis kann eine sofortige Visualisierung und Überwachung der Daten erfolgen. Typische Anwendungsfälle sind hier Darstellungen der Ergebnisse in Form von Balkengrafiken, Werteverläufen oder Qualitätsregelkarten zur schnellen Reaktion auf der Werker-Ebene, unterstützend beispielsweise durch Signalisierung von Alarmverletzungen, die entsprechende Eingriffe erfordern.

Weitere Anwendungsfälle sind die Echtzeitanzeigen der Messergebnisse von Koordinatenmessgeräten, die permanente Visualisierung von Prozessparametern und eine lokale oder zentrale Anzeige von manuell oder über serielle Schnittstelle eingepflegten Prüfdaten. Treten während der Erfassung der Daten Verletzungen von definierten Alarmbedingungen auf, können bzw. müssen diese für eine spätere Zuordnung oder Identifikation der Prozesseingriffe kommentiert werden (Ereignis, Maßnahme, Ursachen). Um die Prozesse bei der Echtzeitüberwachung auf Basis einheitlicher Kriterien zu überwachen, sollten unternehmenseinheitliche Vorgaben festgelegt werden (Eingriffsgrenzenberechnungen, Stabilitätskriterien, Toleranzbetrachtungen, ...). Nur so ist die Vergleichbarkeit gewährleistet bzw. werden die Prozesse auf Basis gleicher Bedingungen überwacht.

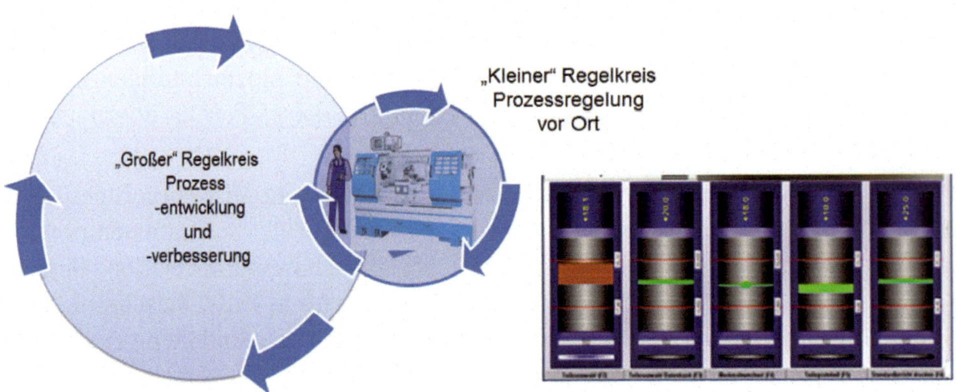

Bild 10.50 Regelkreise

In dem großen Regelkreis geht es in erster Linie darum, das Langzeitverhalten von Prozessen zu beurteilen. Dazu stehen je nach Aufgabenstellung unterschiedliche Grafiken (s. Abschnitt 4.8 folgende) zur Verfügung. Ziel ist, anhand dieser Darstellungen Schwachstellen zu erkennen, um mit geeigneten Maßnahmen präventiv in die Prozesse einzugreifen und Verbesserungen zu erzielen.

10.5.4 Auswertung und Berichtssystem

Sowohl für den kleinen als auch für den großen Regelkreis müssen die Daten nach spezifizierten Vorgaben (Normen, Firmen- oder Verbandsrichtlinien) automatisch ausgewertet werden können (Abschnitt 10.2). Dies ist die Grundlage für den Einsatz eines Kennzahlensystems und die Vergleichbarkeit von Ergebnissen und Informationsversorgung für die Planungs- und Managementebene. So behält man trotz großer Datenmengen den Überblick und kann signifikante Abweichungen von den Prozessvorgaben sicher erkennen. Herzstück für eine validierte Auswertung ist die sogenannte Auswertestrategie (siehe Bild 10.51). In dieser können die statistischen Berechnungen und Vorgaben kundenspezifisch definiert werden bzw. es kann auf bereits integrierte Standards und Firmenrichtlinien, zurückgegriffen werden. Somit sind eine Vergleichbarkeit und Reproduzierbarkeit der Ergebnisse unternehmensweit und standortübergreifend möglich.

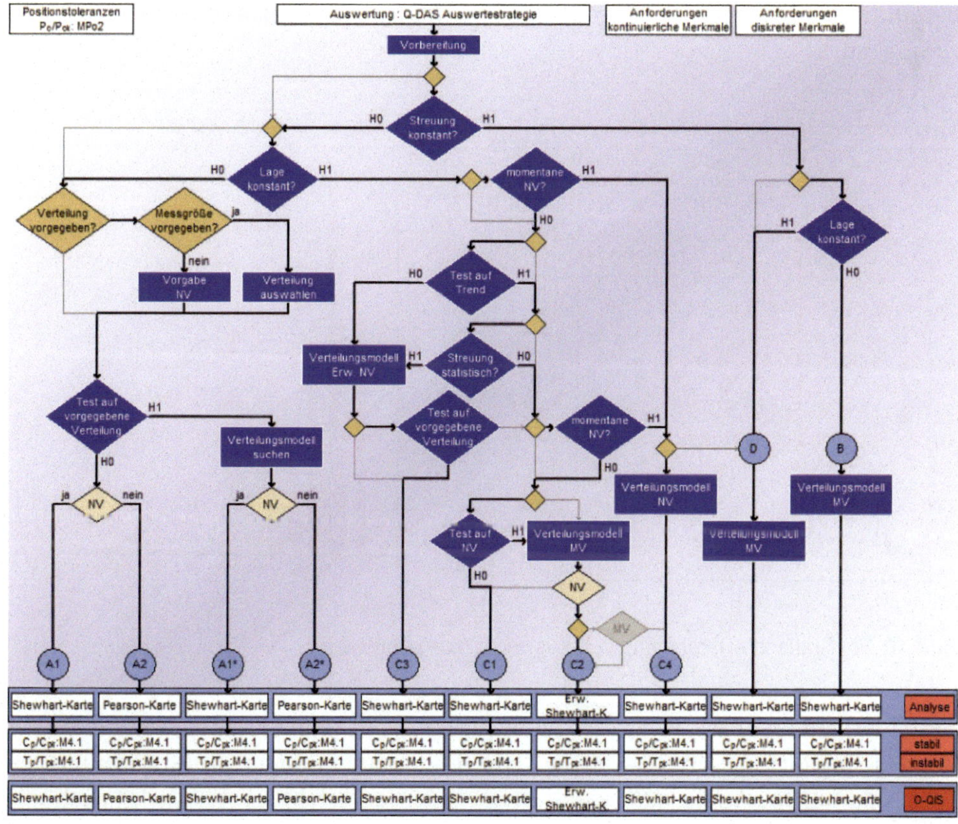

Bild 10.51 Auswertestrategie

Neben der Berechnung der statistischen Kennwerte ist die grafische Aufbereitung dieser Ergebnisse von großer Bedeutung. Reine Zahlenkolonnen, seien sie auch korrekt berechnet, beinhalten die Gefahr, wichtige Informationen über kritische Prozesse zu übersehen. Zeitliche Veränderungen oder auch Zusammenhänge lassen sich einfacher und schneller erkennen, wenn die Auswertungsergebnisse aufgabengerecht grafisch aufbereitet sind. Nur so kann man schnell und sicher Sachverhalte richtig erkennen und Maßnahmen einleiten bzw. eingeleitete Maßnahmen bewerten.

Standardisierte und klar strukturierte Layouts für Ergebnisberichte gewährleisten ein schnelles Finden der Informationen über die gewünschten Kennzahlen (siehe z. B. Bild 10.52). Je nach Empfänger der Ergebnisberichte ist natürlich ein entsprechender Verdichtungsgrad erforderlich, um sich einerseits nicht im Detail zu verlieren und andererseits auch notwendige Maßnahmen ableiten zu können. Entsprechende Datenbankselektionen, Darstellungen von Auswertungsergebnissen und Sortiermöglichkeiten für die Kennzahlen garantieren die zielgerichtete Aufbereitung der gewünschten Prozessinformationen mit entsprechendem Detailierungsgrad.

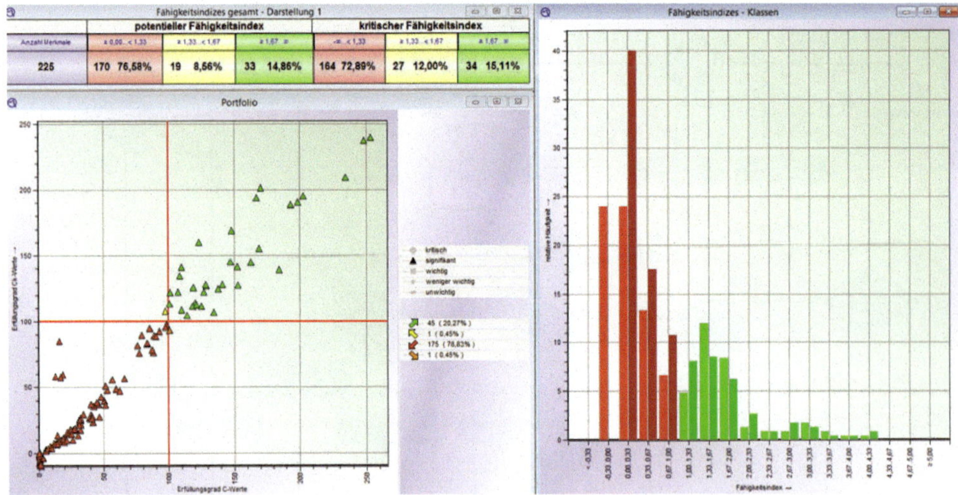

Bild 10.52 Grafische Darstellung von Auswertungsergebnissen

Besonders effizient ist, wenn die Kennzahlen nicht manuell getriggert berechnet werden, sondern das System diese Analyse automatisiert im Hintergrund durchführt und wahlweise für alle selektierten Prozesse Berichte erstellt, oder auch nur für die Prozesse, bei denen gemäß eingestellter Auswertestrategie die Anforderungen nicht erfüllt sind oder Alarme vorliegen. So kann beispielsweise eine tages-, wochen- oder schichtbezogene Auswertung der Daten durchgeführt werden und der verantwortliche Mitarbeiter bekommt die Ergebnisse automatisiert geliefert

(Bericht, Ergebnisdatei, E-Mail). Dies spart Zeit und erhöht den Mehrwert eines erfolgreich implementierten Kennzahlensystems.

Eine Zugriffsmöglichkeit auf die Kennzahlen über individuell gestaltbare Webseiten erlaubt eine ortsunabhängige Beobachtung und Bewertung der Prozesse im Unternehmen. Vordefinierte Dashboards oder auf die individuellen Kundenbedürfnisse anpassbare Seiten ermöglichen die Darstellung der Kennzahlen, Grafiken und Reports in einem Browser (s. Bild 10.53).

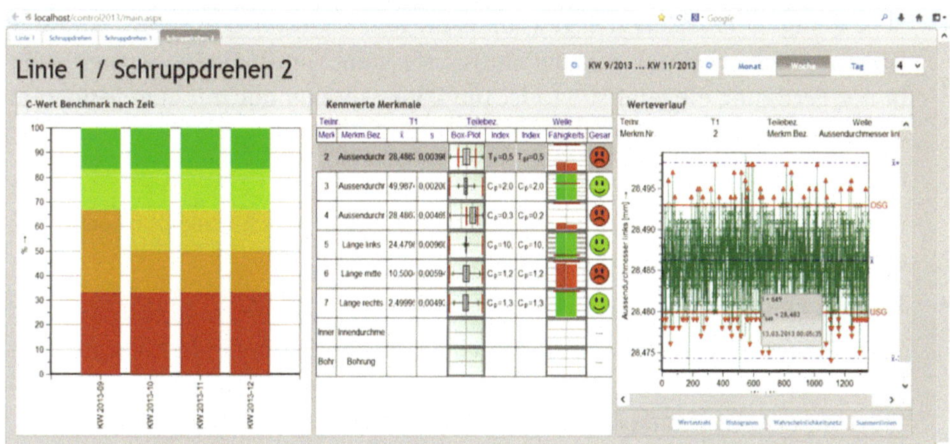

Bild 10.53 Ergebnisdarstellung im Browser

10.5.5 Nutzen

Bei Berücksichtigung der hier erörterten Konzeption ergeben sich folgende Vorteile:

- Standardisierte Schnittstellen zu Messgeräten, Steuerungen oder weitere Datenquellen geben Sicherheit und ermöglichen eine rasche Anbindung.
- Die Integration von Qualitäts- und Prozessdaten liefern einen umfassenden Überblick über die aktuelle Situation.
- Eine validierte statistische Auswertung der Daten aller integrierten Informationsquellen auf Basis von Normen und Richtlinien gewährleistet eine Vergleichbarkeit und gibt eine sichere Grundlage für Entscheidungen.
- Automatisierte Auswertesysteme liefern anwendergerechte Ergebnisdarstellungen. Das spart Zeit und gewährleistet Transparenz in den Prozessen.
- Standardisierte Implementierungsverfahren reduzieren Einführungsaufwände.
- Weiterentwicklungen von Standardsoftwareprodukten geben Investitionssicherheit.

10.6 Datenverdichtung und Langzeitauswertung

Warum Datenverdichtung? Die Antwort auf diese Frage kann man am besten aus der geschichtlichen Entwicklung erkennen. Diese kann man grob in vier Schritte einteilen.

- **Einführung von SPC-Systemen**

  Sehr wenige Prozessdaten liegen auf heterogenen Systemen in verschiedenster Form vor, seit verstärkt automatisierte Erfassung von Qualitätsinformationen in der Fertigung eingeführt wurde. Die Daten können nur mit dem genutzten System ausgewertet werden.

  Konsequenz:

  Die Ergebnisse sind wegen der unterschiedlichen Berechnungsmethoden der einzelnen Systeme nicht vergleichbar.

- **Vernetzung von SPC-Systemen**

  Viele Prozessdaten liegen auf unterschiedlichsten Systemen in verschiedensten Formen vor. Die Daten können über das Netzwerk zentral zusammengeführt werden. Die Daten liegen in der Regel im ASCII Format vor.

  Konsequenz:

  Wegen heterogener Datenstrukturen ist eine einheitliche Auswertung mit einem System nur bedingt möglich. Die Vergleichbarkeit der Ergebnisse ist nach wie vor mit übersichtsartigen Darstellungen nicht möglich.

- **Einheitliche Datenstruktur**

  SPC-Systeme und Messgeräte schreiben die Daten in ein einheitliches Format. Diese können zentral zusammengeführt und in eine Datenbank gespeichert werden.

  Konsequenz:

  Die Daten können manuell vergleichbar ausgewertet werden. Wegen der großen Datenflut bleiben wesentliche Informationen verborgen!

- **Automatisierte Datenanalyse**

  Aus den Prozessdaten werden zyklisch nach voreinstellbaren Kriterien verdichtete Kennwerte bestimmt, Berichte erzeugt und abgespeichert.

  Konsequenz:

  Der schnelle Zugriff auf die verdichteten Daten und Berichte schafft Transparenz in den Prozessen.

Für eine ganzheitliche Betrachtung von Prozessen, Produkten und Produktkomponenten ist ein „zentraler" Zugriff auf alle wesentlichen Qualitätsinformationen erforderlich. Dazu zählen neben dem Messwert alle beschreibenden Daten, die Rückschlüsse auf den Fertigungs- und Messprozess ermöglichen. Nur so lassen sich die hohen Aufwendungen für die Messdatenerfassung (Investition für Messgeräte, Eignungsnachweise der Messprozesse, Prüfmittelüberwachung, Erfassungsaufwand, Datenhaltung etc.) begründen und die gespeicherten Informationen für Verbesserungspotenziale nutzen.

In Abhängigkeit der Fertigung fallen pro Tag sehr schnell mehrere Tausend Datensätze an, die gespeichert und verwaltet werden müssen. Der Speicherplatz ist heute so günstig wie nie. Ein Trend, der sich bei gleichzeitig steigender Speicherkapazität fortsetzen wird. Damit besteht das Problem nicht in der Speicherkapazität und in den Kosten für die Datenhaltung, sondern in der Performance, die Daten abzulegen und bei Bedarf wieder zu selektieren. Es liegt auf der Hand, dass das Wiederfinden und Lesen eines Datensatzes aus einem kleinen Datenbestand bei gleicher Struktur wesentlich schneller abläuft als bei einem großen Datenbestand. Zumal sich die Betrachtungszeiträume mit der Zeit automatisch vergrößern, was den Zeitaufwand kontinuierlich erhöht. Im Anschluss an die Selektion der entsprechenden Daten aus der Datenbank müssen die Urwerte noch statistisch ausgewertet werden.

Besonders deutlich wird das unterschiedliche Zeitverhalten bei statistischen Auswertungen, wie die folgende Aufgabenstellung zeigt:

„Es sollen für eine Fertigungslinie die Fähigkeitskennwerte der letzten n Jahre monatsweise berechnet und grafisch visualisiert werden!"

- **Möglichkeit 1:**

  Es werden die betreffenden Urwerte zunächst aus dem Datenbestand selektiert, gelesen, ausgewertet, die errechneten Kennwerte gespeichert und grafisch dargestellt.

- **Möglichkeit 2:**

  Die wesentlichen statistischen Kennwerte (z. B. Fähigkeitskennwerte, Mittelwert, Standardabweichung etc.) werden in regelmäßigen Zeitabständen (hier monatlich) für die betreffenden Urwerte berechnet und die Ergebnisse abgespeichert. Bei Bedarf wird nur auf die komprimierten Daten zugegriffen und ggf. nur noch der fehlende Restzeitraum ausgewertet.

Die Darstellung der statistischen Kennwerte ist bei der Möglichkeit 2 um ein Vielfaches schneller gegenüber der Möglichkeit 1. Damit liegt der Gedanke nahe, aus allen Urwerten kontinuierlich Kennwerte zu bestimmen und nur noch diese für Langzeitbetrachtungen heranzuziehen. Können die Urwerte, für die Kennwerte berechnet und Berichte abgespeichert werden, gelöscht werden, wird der Vorgang bei Möglichkeit 2 noch schneller.

Welche Kennwerte sollten festgehalten werden?

Typische statistische Kennwerte, die pro Merkmal berechnet und gespeichert werden sollten, sind:

- Anzahl der Werte im Betrachtungszeitraum
- Größt-/ Kleinstwert
- Mittelwert, Standardabweichung
- Prozentanteile
- Verteilungsform
- Fähigkeitskennwerte und deren Berechnungsgrundlage.

Selbstverständlich können noch beliebig viele andere Kennwerte berechnet und abgespeichert werden. Es sollten aber mindestens so viele statistische Kennwerte vorhanden sein, dass:

1. ein Box-Plot (s. Abschnitt 4.9)
2. die Fähigkeitskennwerte als Balkendiagramm (s. Abschnitt 4.10)

reproduziert werden können. Denn dies sind zwei beliebte Grafiken mit hohem Informationsgehalt zur Darstellung des Prozessverhaltens (s. a. LF 1236 (Daimler, 2008)).

Bild 10.54 zeigt, wie man sich in qs-STAT® aus Hunderten von sogenannten Ausgabepunkten die bei der Verdichtung gewünschten Kennwerte individuell zusammenstellen kann. Solange die Urwerte noch erhalten bleiben, kann mit der Frage: „Welche Kennwerte muss man kontinuierlich fortschreiben?" leichtfertig umgegangen werden. Denn bei Bedarf kann man immer noch auf den Originalbestand zurückgreifen, auch wenn es im Einzelfall aufwendig sein kann.

Falls aus Platz- und Perfomance-Gründen aber die Urwerte gelöscht werden, muss genau festgelegt werden, welche Kennwerte vorhanden sein müssen, um eventuellen künftigen Anforderungen „Das Prozessverhalten wieder darzustellen!" gerecht werden zu können. Insbesondere ist zu klären: „Welche beschreibenden Daten den Kennwerten zugeordnet werden müssen, um wesentliche Sachverhalte später wieder verifizieren zu können".

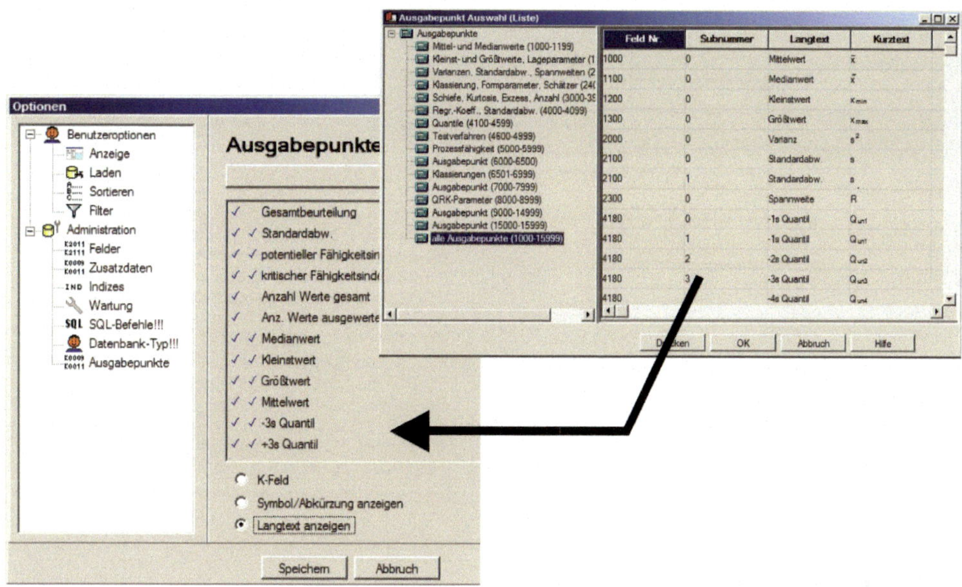

Bild 10.54 Kennwerte für die Datenverdichtung definieren

Nach welchen Kriterien soll die Datenverdichtung stattfinden?

Ähnlich wie bei der Aufgabenstellung: „Welche Kennwerte sollen abgelegt werden?“ müssen die Möglichkeiten vielfältig und flexibel sein. Neben unterschiedlichen Zeiträumen wie tage-, wochen-, monats-, jahresweise müssen andere Kriterien wie Aufteilung nach Maschinen, Nestern, Chargen usw. möglich sein. Um diesen Anforderungen zu genügen, muss das jeweilige Selektionskriterium individuell zusammengestellt werden. In Bild 10.55 ist exemplarisch ein dreistufiges Selektionskriterium dargestellt:

- Stufe 1: Aufteilung nach Monaten
- Stufe 2: pro Monat Aufteilung nach Maschinen
- Stufe 3: pro Maschine eine weitere Aufteilung nach Nestnummern.

Diese Selektion wird unter einem frei wählbaren Konfigurationsnamen (hier LT_001) abgespeichert.

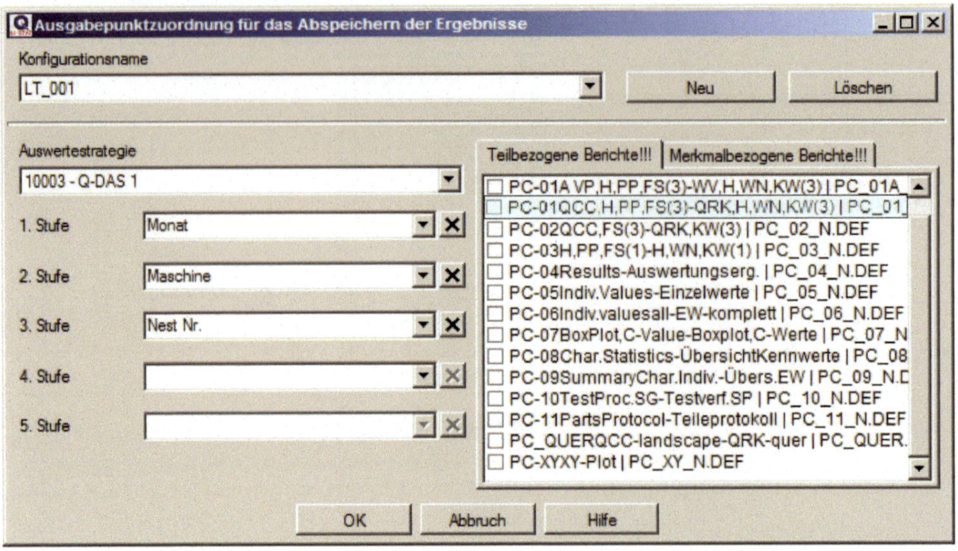

Ausgabepunktzuordnung für das Abspeichern der Ergebnisse

Konfigurationsname: LT_001 — Neu — Löschen

Auswertestrategie: 10003 - Q-DAS 1

1. Stufe: Monat
2. Stufe: Maschine
3. Stufe: Nest Nr.
4. Stufe:
5. Stufe:

Teilbezogene Berichte!!! | Merkmalbezogene Berichte!!!

- PC-01A VP,H,PP,FS(3)-WV,H,WN,KW(3) | PC_01A_
- PC-01QCC,H,PP,FS(3)-QRK,H,WN,KW(3) | PC_01_
- PC-02QCC,FS(3)-QRK,KW(3) | PC_02_N.DEF
- PC-03H,PP,FS(1)-H,WN,KW(1) | PC_03_N.DEF
- PC-04Results-Auswertungserg. | PC_04_N.DEF
- PC-05Indiv.Values-Einzelwerte | PC_05_N.DEF
- PC-06Indiv.valuesall-EW-komplett | PC_06_N.DEF
- PC-07BoxPlot,C-Value-Boxplot,C-Werte | PC_07_N
- PC-08Char.Statistics-ÜbersichtKennwerte | PC_08
- PC-09SummaryChar.Indiv.-Übers.EW | PC_09_N.D
- PC-10TestProc.SG-Testverf.SP | PC_10_N.DEF
- PC-11PartsProtocol-Teileprotokoll | PC_11_N.DEF
- PC_QUERQCC-landscape-QRK-quer | PC_QUER.
- PC-XYXY-Plot | PC_XY_N.DEF

OK — Abbruch — Hilfe

Bild 10.55 Selektionskriterien bei der Datenverdichtung

Darüber hinaus ist es sinnvoll, sowohl auf der Teile- wie auf der Merkmalsebene typische Berichte zu erzeugen und im PDF-Format in der Datenbank zu hinterlegen. Die gewünschten Berichte sind in der Auswahlliste (Bild 10.55 im rechten Teil) zu aktivieren. Damit werden die individuell zusammengestellte Selektion und die jeweiligen Berichte dieser Auswertung zugeordnet. Die Auswertung kann manuell oder automatisch angestoßen werden. Anschließend werden die vorgegebenen Daten aus der Datenbank selektiert, statistisch ausgewertet und die Ergebnisse (statistische Kennwerte und Berichte) abgelegt. Auf diese Berichte (Bild 10.57) kann sehr schnell zugegriffen werden. Da die Berichte beispielsweise den Verlauf der Einzelwerte enthalten, spiegeln diese den realen Sachverhalt sehr gut wider.

In Bild 10.56 sind für einen Zeitraum von einem Jahr bei zwei Merkmalen die Fähigkeitskennwerte C_{pk} monatsweise dargestellt.

In Bild 10.57 ist exemplarisch für ein Merkmal der einer Auswertung zugeordnete Bericht angezeigt.

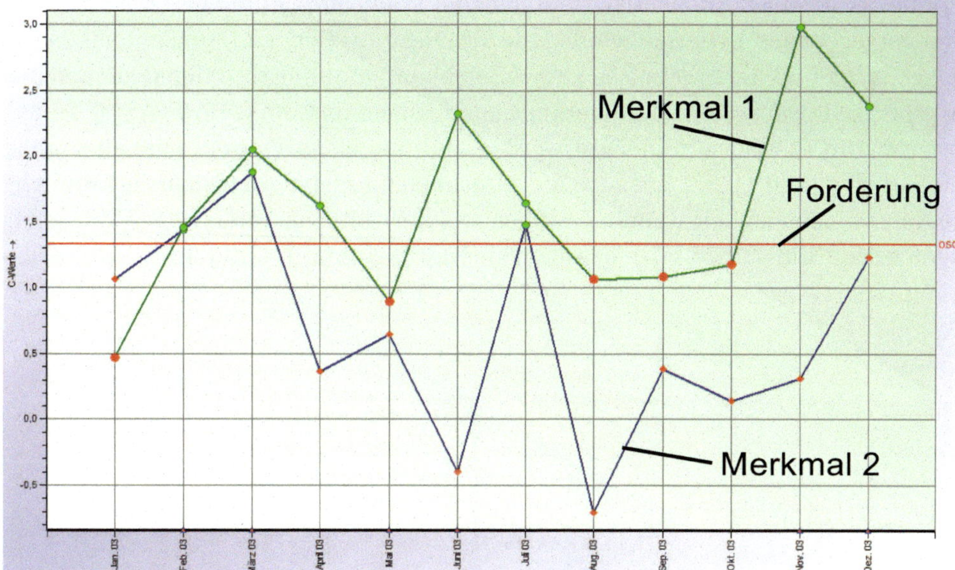

Bild 10.56 Monatsweise Darstellung der C-Werte für zwei Merkmale

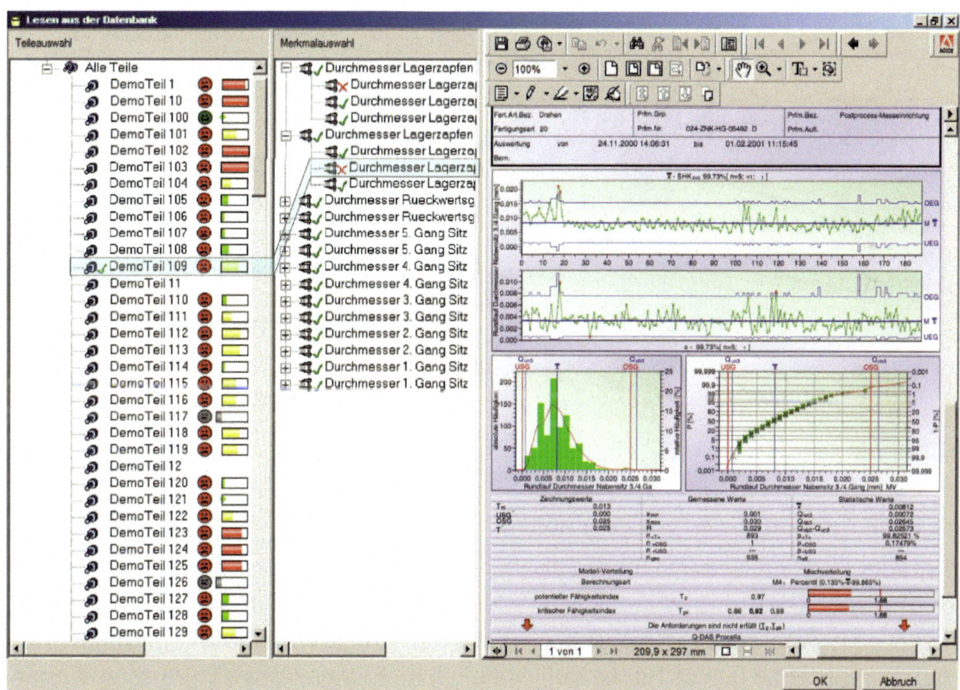

Bild 10.57 Ablage von Berichten im PDF-Format

In Bild 10.58 ist der automatisierte Ablauf der Datenverdichtung visualisiert. Nach den vorgegebenen Kriterien werden die jeweilig zutreffenden Daten automatisiert ausgewertet und die Ergebnisse in der Datenbank hinterlegt. Optional können die Ergebnisse in separaten Archivierungsdatenbanken bzw. im Q-DAS® ASCII Transferformat in Dateiform hinterlegt werden. mithilfe eines Viewers können sowohl die Berichte (Bild 10.57), als auch die berechneten Ergebnisse visualisiert werden. Darüber hinaus stehen weitere Grafiken wie der zeitliche Verlauf der Fähigkeitskennwerte (Bild 10.56) oder das Benchmark-Diagramm (s. Bild 4.55) zur Verfügung.

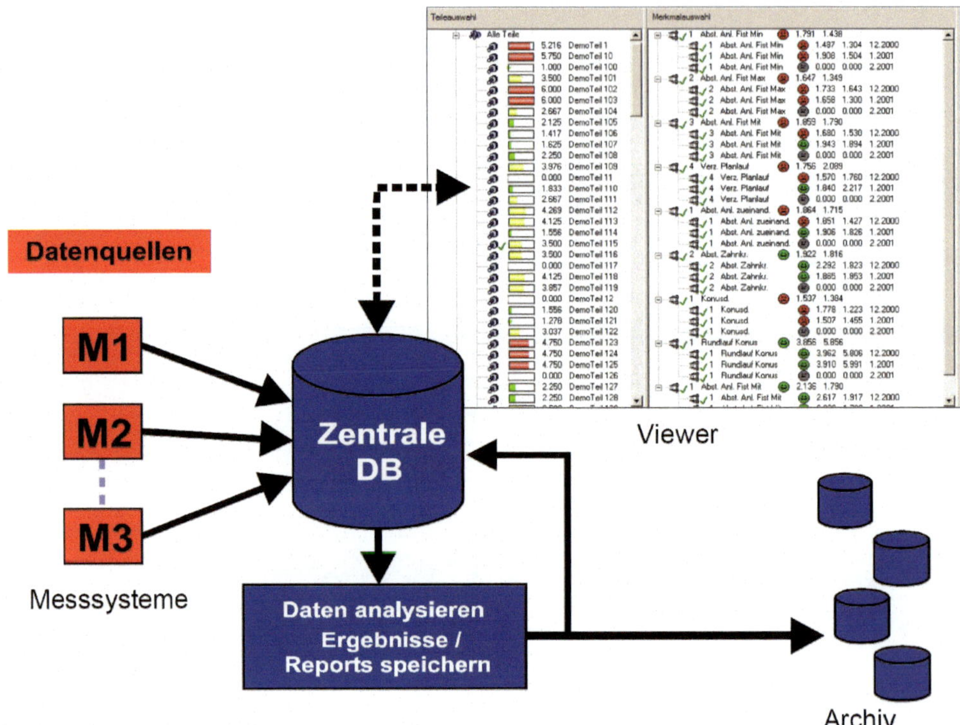

Bild 10.58 Automatischer Ablauf bei der Datenverdichtung

Was soll mit den Urwerten geschehen?

„Benötigt man die Urwerte überhaupt noch, wenn sie bereits statistisch ausgewertet wurden?“ Diese Frage kann pauschal nicht mit „Ja“ oder „Nein“ beantwortet werden. Mit der Verdichtung gehen auf jeden Fall Informationen verloren. Der konkrete Bezug zu einem Teil ist auf jeden Fall nicht mehr gegeben. Weiter können zu einem späteren Zeitpunkt Kennwerte benötigt werden, die nicht berechnet und damit unwiderruflich nicht mehr verfügbar sind. Daher ist in erster Linie die Frage zu stellen, ob dieser Informationsverlust akzeptabel ist oder nicht.

Fallbeispiele

- Werden die Urwerte gespeichert, um die Prozessleistung kontinuierlich zu bewerten, wird es in der Regel ausreichend sein, nur die Kennwerte vorzuhalten. Werden die Ergebnisse nach jeder Auswertung sofort beurteilt, kann jederzeit noch auf die Urwerte zurückgegriffen werden, um eventuell weitere Analysen durchzuführen. Erst wenn kein weiterer Informationsbedarf mehr besteht, können die Urwerte für den Betrachtungszeitraum gelöscht werden.
- Im Haftungsfall muss ein Hersteller nachweisen, dass er das Produkt dem Stand der Technik entsprechend produziert und die spezifizierten Anforderungen eingehalten hat. In diesem Fall kann es problematisch werden, wenn die Urwerte nicht mehr vorhanden sind. Ist der Zugriff auf die Urwerte unabdingbar, sind diese entsprechend vorzuhalten. Trotzdem macht es auch in diesem Fall Sinn, die wesentlichen statistischen Kennwerte kontinuierlich zu berechnen und für Langzeitbetrachtungen diese abzuspeichern.

Müssen die Urwerte über einen längeren Zeitraum vorgehalten werden, sind Archivierungskonzepte zu entwickeln, die einen Zugriff auf die Urwerte auch nach vielen Jahren ermöglichen. Dies ist insbesondere durch die sich andauernd ändernden Speichermedien sehr aufwendig. ■

Wie lange müssen diese Daten aufbewahrt werden?

Diese Frage kann man sehr unterschiedlich beantworten. Einerseits liegen die mit Kunden vereinbarte Aufbewahrungszeiträume zu Grunde, darüber hinaus pauschale Anforderungen wie „erwartete Produktlebenszeit plus 3 Jahre" oder konkrete Vorgaben aus dem Bereich Produkthaftung.

Wichtige Hinweise zu Aufbewahrungsdauer und Umfang der Daten gibt z. B. der VDA Band 1 (VDA, 2008). Um im Produkthaftungsfall den gesetzlichen Anforderungen standhalten zu können, muss sich die Aufbewahrungspflicht an den gesetzlichen Anforderungen orientieren. Die zivilrechtliche Produzentenhaftung ist grundlegend in dem § 823, Absatz 1, BGB von 1866 und dem § 1, Produkthaftungsgesetz, geregelt. Während bei dem Produkthaftungsgesetz die Ansprüche spätestens 10 Jahre nachdem das Produkt erstmalig in den Verkehr gebracht wurde erlöschen, erlöschen die Schadensansprüche nach § 823 BGB erst nach 30 Jahren.

Rechtliche Aspekte im Schadensfall

Sollte ein Schadensfall eintreten und es zu einer gerichtlichen Auseinandersetzung kommen, ist eins ganz klar: „Liegen keine gerichtverwertbare Dokumente vor, hat der Beklagte in der Regel schon verloren und kann nur noch auf einen für ihn akzeptablen Vergleich hoffen!" Sind gerichtverwertbare Dokumente vorhanden, besteht zumindest die Chance für einen „Freispruch" bzw. einen besseren Vergleich.

Jedes produzierende Unternehmen muss sich heute mehr denn je dieser Thematik annehmen. Auf jeden Fall genügt es nicht, nur die Messdaten über Jahrzehnte vorzuhalten.

Im Folgenden sind ohne Anspruch auf Vollständigkeit (!) einige rechtliche Aspekte andiskutiert, die diese Problematik etwas beleuchtet. Da es auf diesem Gebiet (Datenverdichtung/Fortschreibung von Kennwerten/gerichtverwertbare elektronische Dokumente/etc.) noch keine verbindlichen Festlegungen oder Normen gibt, sollte auf jeden Fall die Notwendigkeiten aufgabenspezifisch durch einen Rechtsbeistand geprüft werden.

Im Schadensfall kann ein Produzent in folgenden Ländern verklagt werden:

- wo das Produkt hergestellt wurde
- wo das Produkt vermarktet wurde, bzw.
- wo der Schaden entstanden ist.

Dabei kann der Kläger wählen, in welchem Land er gemäß den genannten Regeln den Hersteller verklagt. Da der Kläger entscheidet, nach welchem Paragraf er den Beklagten belangt, ist klar, dass ein Produzent Daten mindestens 30 Jahre aufbewahren muss, um sich im Schadensfall ggf. entlasten zu können.

Mit den gerichtsverwertbaren (!) Daten muss der Hersteller nachweisen können, dass er das Teil zum Zeitpunkt der Herstellung gemäß dem Stand der Technik (§ 823 BGB) bzw. Stand von Wissenschaft und Technik (ProdHaftG) produziert hat. Um diesen Nachweis führen zu können, ist es nicht zwingend erforderlich, dass die Urwerte vorhanden sind, zumal bei einer statistischen Prozessregelung sowieso nicht die Werte zu jedem konkreten Teil vorhanden sind. Auf jeden Fall sollten die zu den jeweiligen Kennwerten gehörenden Berichte (s. Bild 10.57) vorliegen. Viel wichtiger ist es, dass die Kennwerte auf den Produktionszeitpunkt rückverfolgbar sind und der bei der Erstellung des Produktes vorhandene Status verifizierbar ist. Weiter muss nachgewiesen werden, dass der Prüfprozess, mit dem die Urwerte erfasst wurden, qualifiziert war und dieser auf die entsprechenden Normale rückführbar ist (Prüfmittelüberwachung, s. DIN EN ISO 10012 (DIN, 2004)).

Im Falle einer gerichtlichen Auseinandersetzung stellen sich noch weitere Fragen:

- **Was heißt Stand der Technik bzw. Stand von Wissenschaft und Technik?**

  Um den Stand der Technik nachzuweisen, müssen geltende Normen eingehalten werden. Sind neue Erkenntnisse, die nicht in Normen festgehalten sind, publiziert, gelten diese entsprechend. Dazu zählen auch Verbandsrichtlinien, wie z. B. VDA 4 oder VDA 5 und dergleichen mehr. Stand von Wissenschaft und Technik spiegelt die neuesten technischen und wissenschaftlichen Entwicklungen wider.

- **Genügen die festgelegten Spezifikationen den Anforderungen?**

  Es geht nicht nur darum festzustellen, ob der Messwert innerhalb oder außerhalb einer Spezifikation liegt. Auch die Frage, ob die Spezifikation den technischen Anforderungen genügt, muss betrachtet werden.

Hinweise

- Über 90% der gerichtlichen Auseinandersetzungen bei der Produzentenhaftung werden in der Bundesrepublik Deutschland über den § 823 geregelt und nicht, wie landläufig angenommen, über das Produkthaftungsgesetz.
- Ein Produzent muss sein Produkt am Markt beobachten und gegebenenfalls Maßnahmen ergreifen, um Schaden zu vermeiden. Bei einem PKW ist dieser Beobachtungszeitraum in der Regel 15 Jahre (Tendenz steigend). ■

■ 10.7 Prozesssicht

Bisher wurden ausgehend von Merkmals- bzw. Prüfergebnissen statistische Auswertungen erörtert und die unterschiedlichsten Formen der Ergebnisdarstellung behandelt. Weiter wurden Betrachtungen über mehrere Merkmale, die sich auf ein Teil oder Produkt bezogen, angestellt. Es gibt allerdings auch andere Sichtweisen. So kann man beispielsweise Auswertungen aus der Sicht einer Fertigungseinrichtung vornehmen. Zum Beispiel Merkmale, die mit:

- einer Maschine
- innerhalb einer Operation oder
- einem Werkzeug

bearbeitet wurden. Um diese Auswertungen zu ermöglichen, muss dem jeweiligen Prüfergebnis die entsprechende Information (Maschinen-, Werkzeugnummer, Operation usw.) mitgegeben werden. Nur so können die Daten für eine gezielte Betrachtung selektiert und statistisch mit den beschriebenen Verfahren analysiert werden. Damit kann die Visualisierung des Bearbeitungsstatus eines Merkmals, das mit einer Operation N auf der Maschine Z mit dem Werkzeug X bearbeitet wird, erfolgen. Fasst man die Ergebnisse auf einer Ebene zusammen, kann zum Beispiel dargestellt werden, ob die Merkmale einer Operation oder einer Maschine korrekt bearbeitet werden oder nicht.

In Bild 10.59 sind bei der Operation 50 des Merkmals für die an der Bearbeitung beteiligten Maschinen als Balkendiagramm dargestellt. Die Farben stellen Abweichungen von vorgegebenen Grenzkriterien dar, die für jedes Merkmal individuell festzulegen sind. Bei Maschine M 50.2.5 sind die Grenzwerte überschritten. Welches Werkzeug dafür verantwortlich ist, zeigt Bild 10.60.

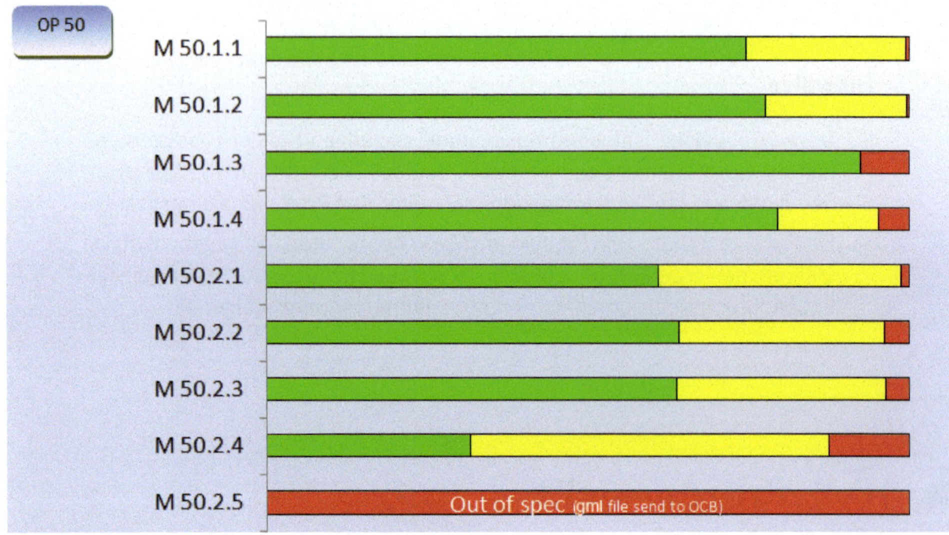

Bild 10.59 Merkmalsbewertung pro Maschine

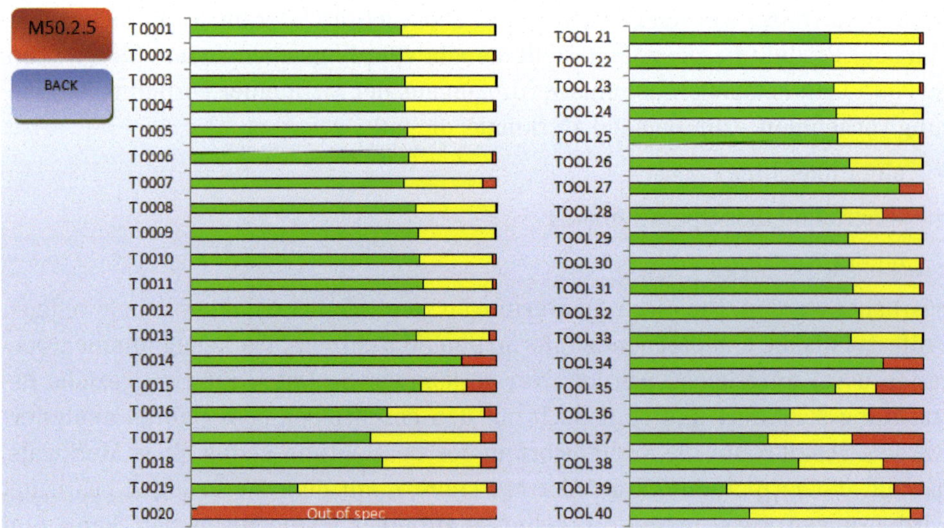

Bild 10.60 Merkmalsbewertung pro Werkzeug

Mit diesen Möglichkeiten lassen sich insbesondere bei der hybriden Fertigung, bei der viele Merkmale eines Teils auf parallelen Maschinen mit unterschiedlichen Werkzeugen bearbeitet werden, mittels statistischer Verfahren beurteilen und überwachen.

Für eine praxisgerechte Visualisierung der Zustände sind geeignete Grenzkriterien festzulegen. Dazu gibt es mehrere Möglichkeiten, von denen hier drei exemplarisch dargestellt sind:

Bewertung innerhalb-außerhalb der Spezifikation

	Bereich	Farbe	Punkt
			10
Spezifikationsgrenze			
			0

Bewertung durch Bereichsdefinition mit definierbaren Klassierungen

	Bereich	Farbe	Punkt
	> 100%		10
	> 80%		8
	> 60%		6
	> 40%		4
	> 20%		3
	> 0%		2
Spezifikationsgrenze			
	<= 0%		1
	<= -10%		0

6 Anzahl Bereiche außerhalb einer Spezifikationsgrenze

2 Anzahl Bereiche innerhalb der Spezifikationsgrenzen

Bewertung innerhalb-außerhalb der Spezifikation unter Berücksichtigung der Messunsicherheit

	Bereich	Farbe	Punkt
			10
	+U		5
Spezifikationsgrenze			
	-U		1
			0

Die Vergabe der Punkte und die Definition der Farben sollte je nach Geschmack und Bedarf des Anwenders individuell für jeden Bereich angepasst werden. Zusätzlich können die einzelnen Merkmalsklassen bei der Bewertung noch gewichtet werden.

Gewichtung der Merkmalsklassen

Merkmalsklasse	unwichtig	weniger wichtig	wichtig	signifikant	kritisch
Gewichtung	1	1	1	1	1

Welcher Gewichtungsfaktor einer Merkmalsklasse zugeordnet wird, bleibt dem Anwender überlassen.

Häufig gibt es in der Praxis komplexe Teile oder Produkte mit sehr vielen Merkmalen, aber in geringer Anzahl. Bis dahin, dass das Produkt ein Unikat darstellt und kein zweites Mal in der gleichen Form hergestellt wird. Können in solchen Situationen statistische Verfahren überhaupt angewandt werden? Man spricht in diesen Fällen von SPC für kleine Stückzahlen oder kleine Losgrößen. Eine Statistik für ein Merkmal eines einzigen Teils ist natürlich sinnlos. Betrachtet man aber das Teil mit den vielen Merkmalen, die mit unterschiedlichen Werkzeugen bearbeitet werden in der oben beschriebenen Sichtweise, so können sehr wohl statistische Auswertungen durchgeführt werden. Dazu sind die Merkmale zum Beispiel nach Merkmalsarten zu klassifizieren oder Merkmale mit gleichen Spezifikationsgrenzen bzw. gleichen Abmaßen zusammen zu fassen. Auf die Art und Weise erhält man für ein einziges Teil in einer definierten Klasse mehrere Merkmalsergebnisse, die dann mit den bekannten Verfahren ausgewertet werden können.

11 Korrelations- und Regressionsanalyse

Die in den vorangegangenen Abschnitten beschriebenen Verfahren dienen in erster Linie dazu, reale Sachverhalte mittels statistischer Verfahren modellhaft zu beschreiben. Dabei lag der Schwerpunkt der Betrachtung auf dem Prozessergebnis. In diesem Abschnitt soll dagegen die Ursache-Wirkungs-Beziehung eines Prozesses betrachtet werden. Es werden statistische Verfahren vorgestellt, die Wirkungsbeziehungen im Prozess abbilden und damit wichtige Information für eine gezielte Prozessverbesserung liefern.

Im Rahmen der Prozessverbesserung können die folgenden ausgewählten Fragestellungen mit statistischen Analysen beantwortet werden:

- Welche Abhängigkeiten bestehen zwischen den Produktmerkmalen und den Prozessparametern?
- Wie groß ist der Einfluss der Prozessparameter auf die Produktmerkmale?
- Wie müssen die Prozessparameter eingestellt werden, damit die Anforderungen der Produktmerkmale erreicht werden?
- Wie können Abhängigkeiten zwischen Produktmerkmalen genutzt werden, um die Anzahl der überwachten Merkmale zu reduzieren?
- Kann insbesondere bei hohen Fähigkeitskennwerten die Stichprobenfrequenz bzw. der umfang reduziert werden?
- Und dergleichen mehr.

Eine statistisch fundierte Beantwortung dieser Fragen ist die Grundlage für die Prozessverbesserung im Sinne einer Steigerung der Qualität, einer Erhöhung der Produktivität oder einer Reduzierung der Kosten. In diesem Kapitel werden einige grundlegende Vorgehensweisen zur Prozessverbesserung vorgestellt, zunächst grafische Möglichkeiten und darauf aufbauend die Regressionsanalyse.

11.1 Grafische Analyse

Prozessverbesserung bedeutet immer, dass mindestens zwei Merkmale gemeinsam betrachtet werden. Mindestens die Wirkung einer Einflussgröße auf das Produkt soll untersucht werden. Das Produkt als Ergebnis eines Prozesses wird durch seine Produktmerkmale beschrieben, die Einflussgrößen des Prozesses werden als Prozessparameter bezeichnet. Folglich müssen die Zusammenhänge zwischen den Prozessparametern und den Produktmerkmalen untersucht werden. Diese Zusammenhänge werden aufgrund von Daten aus dem Prozess mithilfe von statistischen Verfahren ermittelt und können als „Gesetzmäßigkeiten“ des Prozesses verstanden werden, deren Kenntnis für eine zielgerichtete Steuerung von Prozessen notwendig ist.

Die grafische Darstellung von Datensätzen kann wichtige Erkenntnisse über das Prozessverhalten liefern. Im Folgenden sollen zwei Datensätze unterschiedlich dargestellt werden. Diese Beispiele sollen zeigen, wie anhand einfacher Grafiken ein Sachverhalt untersucht werden kann. Es werden Betrachtungsweisen aus mehreren Blickrichtungen möglich, die erste Erkenntnisse über das Prozessverhalten zulassen.

Im ersten Beispiel wird der Werteverlauf der Einzelwerte für ein Produktmerkmal dargestellt. Dieses Beispiel wurde gewählt, da das Merkmal einem Trend unterliegt. Die folgende Abbildung zeigt den Werteverlauf von 400 Messwerten.

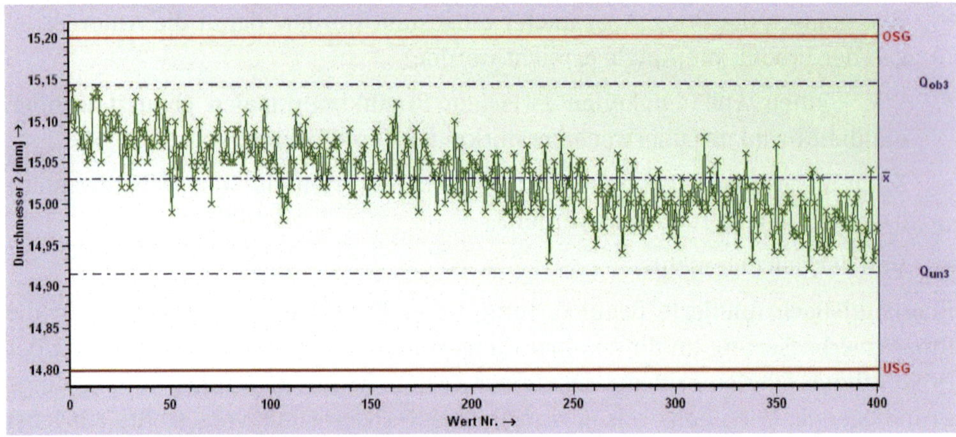

Bild 11.1 Werteverlauf eines Trendprozesses

Anhand der Abbildung ist klar erkennbar, dass sich der Durchmesser bei steigender Wertenummer reduziert. Wurden die Werte in zeitlicher Reihenfolge erhoben, so gibt die Abbildung z. B. einen Hinweis auf einen Werkzeugverschleiß. Wie stark dieser Werkzeugverschleiß ist, kann durch eine Trendgerade dargestellt werden.

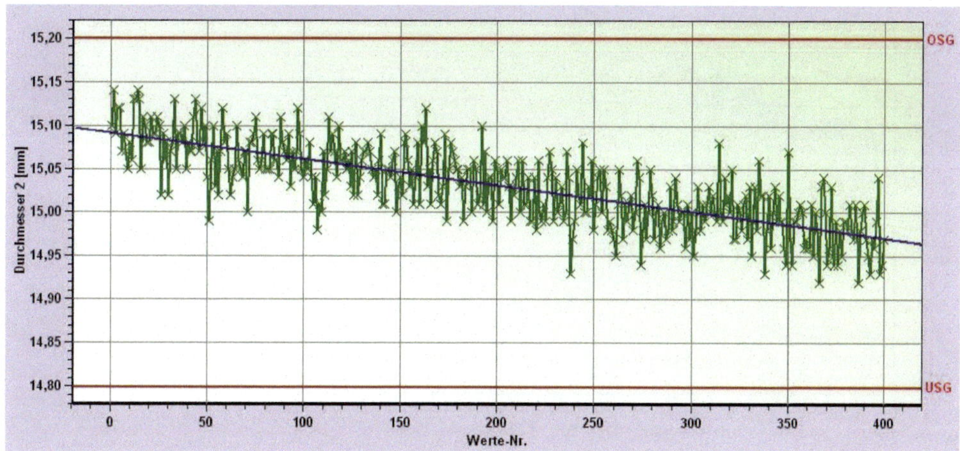

Bild 11.2 Werteverlauf eines Trendprozesses mit Anpassungsgerade

Die Gerade gibt an, wie sich der Verschleiß durchschnittlich je Stichprobenentnahme (Wertenummer) entwickelt. Auf dieser Basis können dann auch Aussagen getroffen werden, wann ein Werkzeug spätestens gewechselt werden muss. Dieses Beispiel zeigt in den Grundzügen das Ziel der Regressionsanalyse. Es soll das Verhalten eines Merkmals (Durchmesser 2) durch eine andere Größe (Zeit bzw. Wertenummer) erklärt werden. Diese Betrachtung lässt sich hervorragend auf einen Prozess übertragen: Wie wird das Verhalten eines Produktmerkmals durch ein oder mehrere Prozessparameter erklärt?

Das zweite Beispiel zeigt ebenfalls den Werteverlauf für Einzelwerte eines Prozesses. Deutlich zu sehen ist, dass der Prozess sich zeitlich sprunghaft bezüglich seiner Lage verändert. Die Streuung innerhalb der jeweiligen Lage kann weitestgehend als konstant angesehen werden. Alle 400 Werte befinden sich innerhalb der Spezifikationsgrenzen. Um die sprunghaften Veränderungen des Verlaufes erklären zu können, sind Informationen im Sinne von Prozessparametern notwendig. Diese können in Form von Zusatzdaten den Messwerten zugeordnet erhoben werden.

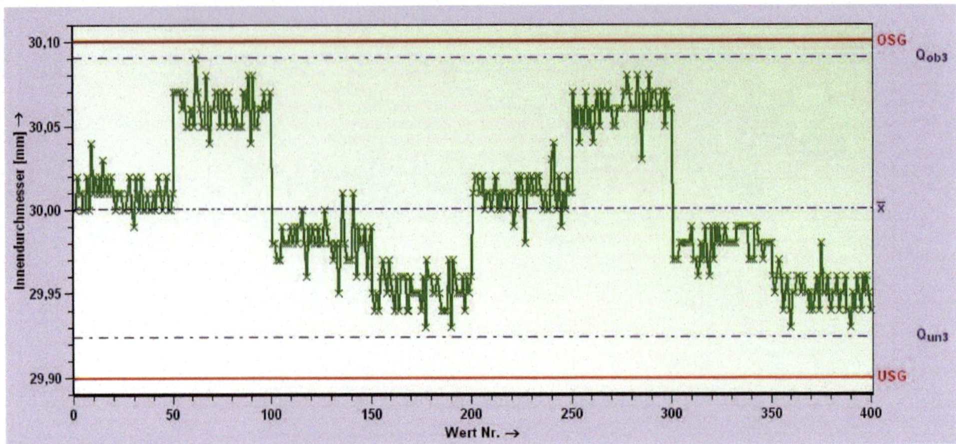

Bild 11.3 Werteverlauf mit Veränderung der Prozesslage

Eine Möglichkeit die Veränderungen zu erkennen, besteht darin, die Skalierung der x-Achse auf Zusatzdaten wie das Datum, die Uhrzeit oder die Maschine zu erweitern. Hier sollen die Daten allerdings entsprechend dem Formnest aufgeteilt werden. Das Ergebnis ist in Bild 11.4 zu sehen.

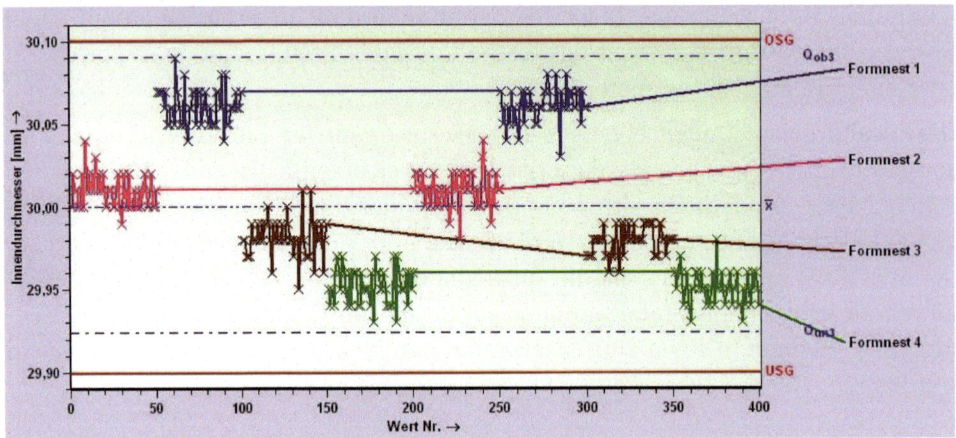

Bild 11.4 Werteverlauf nach Formnestern getrennt

Die Unterscheidung der Daten nach den verschiedenen Formnestern ist deutlich zu erkennen. Allein diese Grafik zeigt, dass ein großer Teil der Gesamtstreuung des Produktmerkmals durch die unterschiedliche Lage der Formnester verursacht wird. Eine grafische Interpretation ist jedoch keine objektive Aussage im statistischen Sinne. Die vorläufige grafische Interpretation muss also anhand von statistischen Tests überprüft werden. Würde man nur zwei Formnester auf unterschiedliche Lage vergleichen, käme der Zweistichproben t-Test zur Anwendung. Sollen dagegen alle Formnester gleichzeitig verglichen werden, wird die einfache Varianzanalyse verwendet.

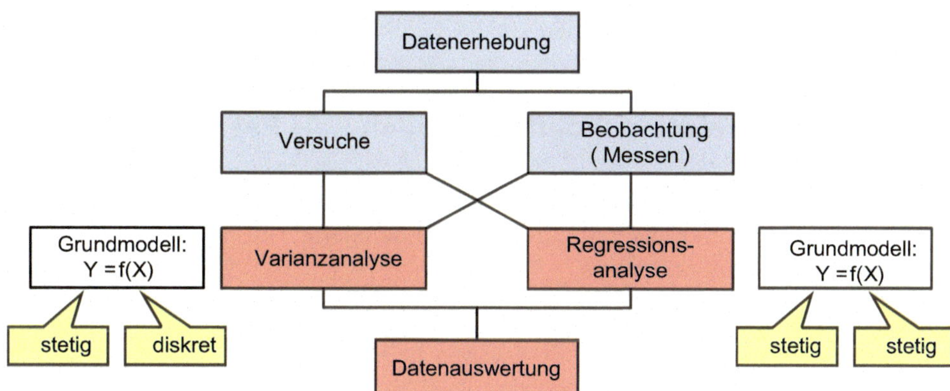

Bild 11.5 Möglichkeiten der Datenerhebung und Datenauswertung

Unabhängig von der Datenerhebung lassen sich beide statistischen Verfahren anwenden. Der wesentliche Unterschied zwischen der Varianz- und Regressionsanalyse liegt im Merkmalstyp der Prozessparameter. In der Varianzanalyse werden diskrete Prozessparameter betrachtet. Dies könnte z.B. eine Maschinennummer sein, aber auch diskret betrachtete stetige Merkmale, wie eine fest eingestellte Temperatur auf zwei Stufen. In der Regressionsanalyse muss der Prozessparameter dagegen stetig vorliegen.

Diese dargestellte Unterscheidung bezieht sich jeweils auf das Grundmodell der beiden Verfahren. Änderungen bzw. Erweiterungen dieser Modelle sind möglich, werden hier aber nicht vertieft. Des Weiteren wird auf das Thema der Datenerhebung im Rahmen der statistischen Versuchsplanung verzichtet. Nachfolgend werden speziell die Korrelations- und Regressionsanalyse vorgestellt.

11.2 Korrelationsanalyse

Für die Durchführung der Korrelationsanalyse müssen die Daten der Stichprobe zuordenbar als n Wertepaare $(x_1, y_1), (x_2, y_2), \ldots, (x_n, y_n)$ aus einer zweidimensionalen stetigen Verteilung der Zufallsvariablen X und Y vorliegen.

Der primäre Zweck ist die Suche nach möglichen (linearen) Beziehungen zwischen den Variablen. An erster Stelle sollten die Wertepaare in einem xy-Plot (Scatterplot, Streudiagramm) grafisch dargestellt werden. So ist es leichter, die Art der Beziehung zu erfassen, Extremwerte zu identifizieren und andere Plausibilitätsbetrachtungen durchzuführen. Liegen mehr als zwei Variablen vor, so empfiehlt sich die grafische Aufbereitung als Matrix der xy-Plots (siehe Abschnitt 4.6.1). In Ergänzung zu den Grafiken wird die Korrelationsanalyse durchgeführt.

11.2.1 Der Korrelationskoeffizient nach Karl Pearson

Der Korrelationskoeffizient ρ nach Karl Pearson drückt den Stärkegrad der **linearen** Beziehung zwischen zwei stetigen, zweidimensional normalverteilt streuenden Zufallsvariablen X und Y aus.

$$\rho = \frac{\mathrm{Cov}(X;Y)}{\sqrt{\mathrm{Var}(X)\cdot \mathrm{Var}(Y)}}$$

mit

Cov(X;Y) = Kovarianz der Zufallsvariablen X und Y

Var(X) = Varianz der Zufallsvariablen X

Var(Y) = Varianz der Zufallsvariablen Y

Auch bei der Korrelation wird zwischen einem Schätzwert für den Korrelationskoeffizienten aus der Stichprobe r und dem „wahren" Korrelationskoeffizienten der Grundgesamtheit ρ unterschieden. Konkret berechnet man aus einer Stichprobe mit den paarweise einander zuordenbaren Werten der beiden Merkmale x und y den Stichproben-Korrelationskoeffizient r, welcher als Schätzwert für den „wahren" Korrelationskoeffizienten ρ dient:

$$\hat{\rho} = r = \frac{s_{xy}}{\sqrt{s_x^2 \cdot s_y^2}} = \frac{\sum_{i=1}^{n}(x_i - \bar{x})\cdot(y_i - \bar{y})}{\sqrt{\left[\sum_{i=1}^{n}(x_i - \bar{x})^2 \cdot \sum_{i=1}^{n}(y_i - \bar{y})^2\right]}}$$

Der Wert des Korrelationskoeffizienten r liegt stets im Intervall $-1 \leq r \leq 1$.

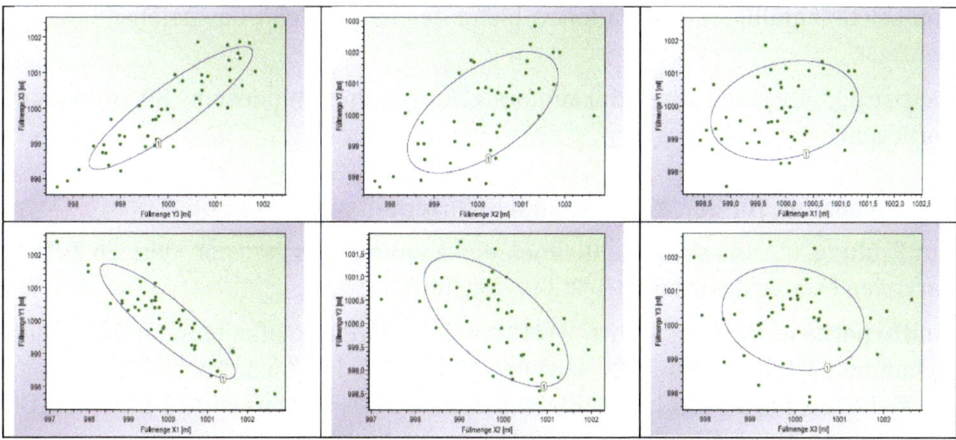

Bild 11.6 Die obere Reihe enthält von links nach rechts Beispiele mit $r = 0{,}9$, $r = 0{,}5$ und $r = 0{,}2$ und die untere Reihen enthält von links nach rechts Beispiele mit $r = -0{,}9$, $r = -0{,}5$ und $r = -0{,}2$

Aus der Abbildung entnimmt man: Je schwächer die Beziehung ist, desto kleiner ist der Korrelationskoeffizient. Das Vorzeichen des Korrelationskoeffizienten gibt uns einen Hinweis auf die Richtung der Beziehung. Ein positives Vorzeichen für r bedeutet eine Beziehung mit Aufwärtstrend und ein negatives Vorzeichen eine Beziehung mit Abwärtstrend (kurz: + ≙ steigend/gleichlaufend; – ≙ fallend/gegenläufig).

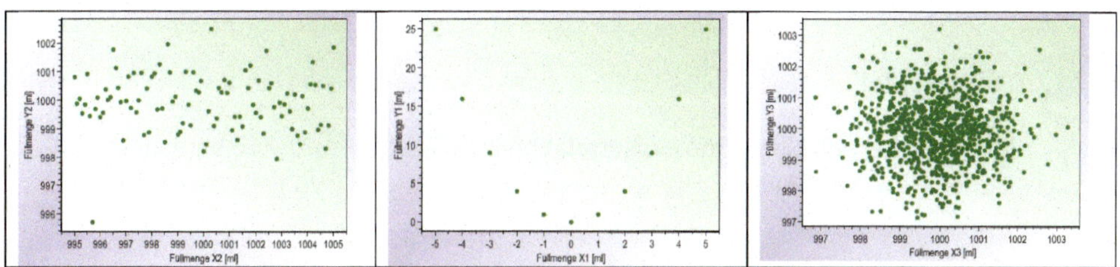

Bild 11.7 Für die Beispiele ist der berechnete Korrelationskoeffizient $r = 0$ bzw. nahe Null

In Bild 11.7 sind drei Beispiele mit einen Korrelationskoeffizienten $r = 0$ dargestellt. Die Beispiele sollen verdeutlichen, dass mit dem Korrelationskoeffizienten **lineare Beziehungen** untersucht werden können. Bei nichtlinearen Punkt-Verläufen „versagt" der Korrelationskoeffizient, jedoch nicht die Grafik X-Y-Plot!

Insbesondere sind Werte des Korrelationskoeffizienten in der Nähe von -1 bzw. 1 ein Indiz für eine stark lineare Beziehung zwischen den Variablen. Allerdings ist diese Aussage zu relativieren, wenn eine Korrelationsberechnung mit weniger als $n = 30$ Werten ausgeführt wird. Gerade bei kleinen Stichprobenumfängen können sich rein zufällig Werte in der Nähe von $r = 1$ ergeben. Einen gewissen Schutz gegen solche zufälligen Korrelationen bietet der nachfolgend beschriebene Signifikanztest.

Faustregel: Für eine Korrelationsuntersuchung sollten mindestens 30 Wertepaare vorliegen!

Signifikanztest für den Korrelationskoeffizienten nach Pearson

Zur Prüfung, ob eine signifikante lineare Beziehung zwischen den stetigen Zufallsvariablen existiert, wird ein t-Test durchgeführt.

Nullhypothese H_0: Der „wahre Wert" des Korrelationskoeffizienten ρ der Grundgesamtheit ist gleich Null. Beobachtete Werte für den Stichproben-Korrelationskoeffizienten r werden als zufällig von dem Wert Null abweichend gedeutet. Die Kurzfassung dieser Hypothese lautet **H_0: $\rho = 0$.**

Alternativhypothese H_1: Der „wahre Wert" des Korrelationskoeffizienten ρ der Grundgesamtheit ist ungleich Null. Beobachtete Werte für den Stichproben-Korrelationskoeffizienten r werden als signifikant von dem Wert Null abweichend gedeutet. Die kurzgefasste Schreibweise dieser Hypothese lautet **H_1: $\rho \neq 0$.**

Für den Test wird üblicher Weise das Signifikanzniveau $\alpha = 5\,\%$ gewählt. Die nachfolgend dargestellte Prüfgröße t folgt einer t-Verteilung mit $f = n - 2$ Freiheitsgraden, wobei n der Stichprobenumfang ist.

$$\text{Prüfgröße für den t-Test:}\quad t_{Prüf} = |r| \cdot \sqrt{\frac{n-2}{1-r^2}}$$

Fallbeispiel

Im folgenden Beispiel wurde ein Korrelationskoeffizient r = –0,1765 berechnet. Ist der Wert signifikant?

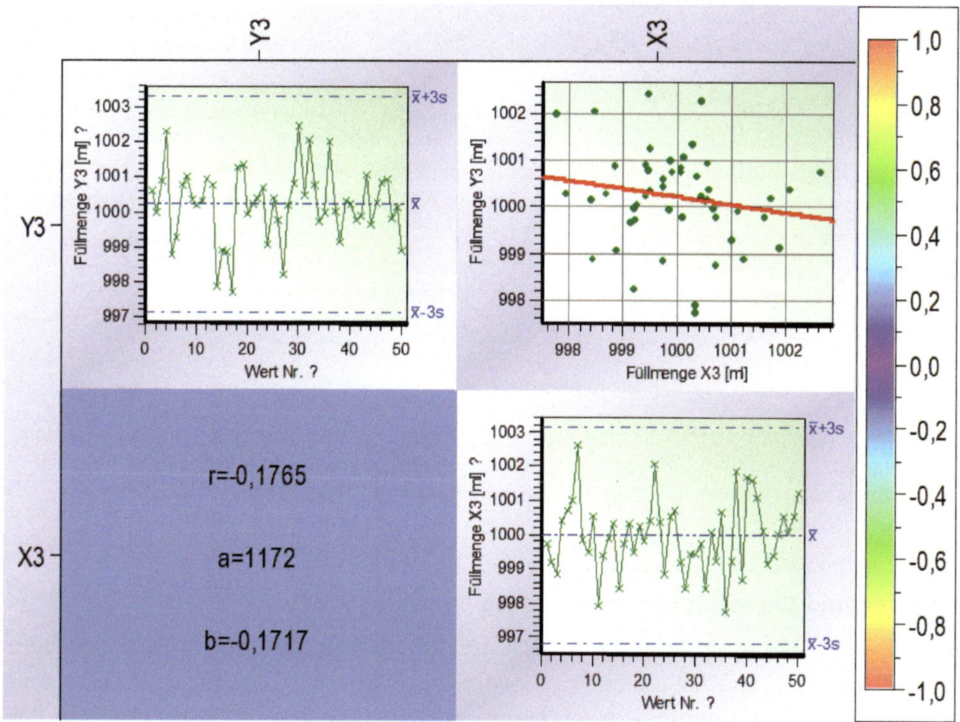

Bild 11.8 Korrelationskoeffizient nach Pearson für 50 Füllmengen-Wertepaare; anhand der n = 50 Werte des Beispiels berechnet man die Prüfgröße

$$t_{Prüf} = |-0{,}1765| \cdot \sqrt{\frac{50-2}{1-(-0{,}1765)^2}} \approx 1{,}242$$

Testentscheid mit der P-Wert-Methode

Die Prüfgröße $t_{Prüf}$ wird immer als Betrag berechnet. Dieser Wert wird einmal mit positiven und einmal mit negativen Vorzeichen in eine t-Verteilung mit f = n - 2 Freiheitsgraden eingetragen.

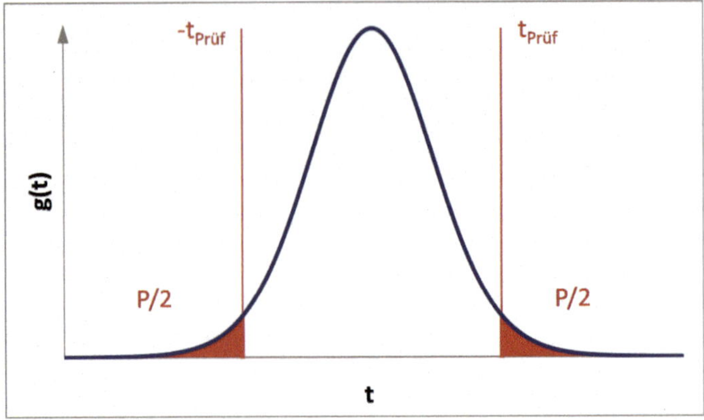

Bild 11.9 Grafische Veranschaulichung des Prinzips der P-Wert-Bestimmung durch Eintragung der Prüfgröße $t_{Prüf}$ in eine t-Verteilung mit $f = n - 2$ Freiheitsgraden; addiert man die beiden rot eingefärbten Flächen, so erhält man die Wahrscheinlichkeit P, den „P-Wert"

Deutung und Berechnung des P-Wertes

Der „P-Wert" entspricht der Wahrscheinlichkeit, mit der ein t-Wert auftreten könnte, der kleiner oder gleich $-t_{Prüf}$ ist bzw. größer oder gleich $t_{prüf}$. Da die (zentrale) t-Verteilung symmetrisch ist, vereinfacht sich die P-Wert-Bestimmung in der Praxis: Man berechnet nur den Wert der Verteilungsfunktion der t-Verteilung G(t) an der Stelle $t = -t_{Prüf}$ und multipliziert das Ergebnis mit Zwei.

$$P = 2 \cdot G\left(-t_{Prüf}\right)$$

Fallbeispiel

Mit der Prüfgröße $t_{Prüf} = 1{,}24$ aus dem vorhergehenden Beispiel berechnet man $G(-t_{Prüf}) = 0{,}1101$.

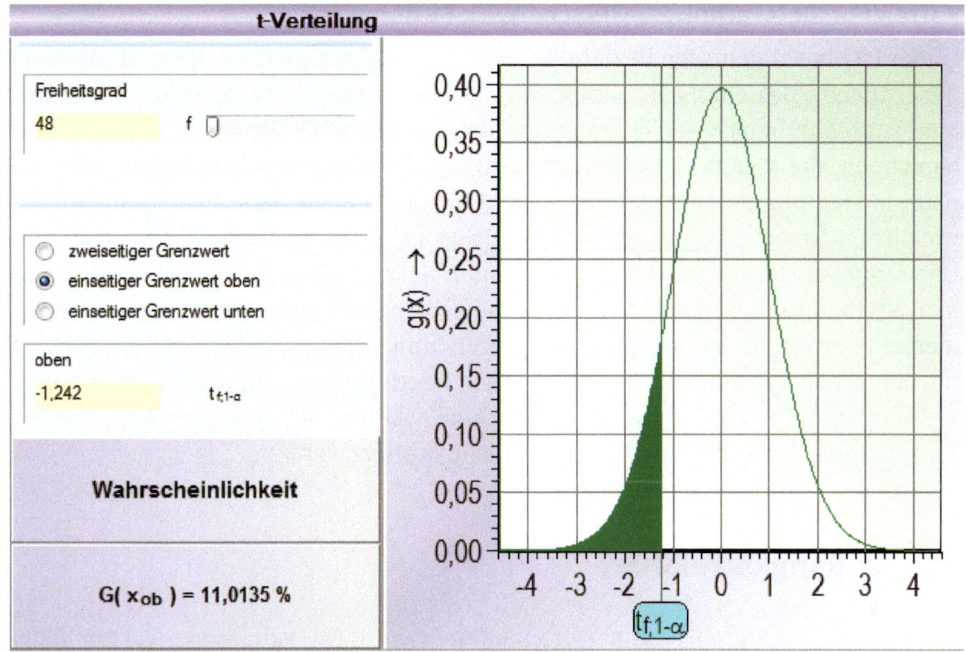

Bild 11.10 Ermittlung des Wertes der Verteilungsfunktion der t-Verteilung G(t) an der Stelle $t = -t_{Prüf} = -1{,}242$; das Bild stammt aus dem Programm qs-STAT®, Modul Verteilungen

Der berechnete P-Wert für das Beispiel ist: $P = 2 \cdot G(-t_{Prüf}) \approx 2 \cdot 0{,}11 = 0{,}22$ bzw. als Prozentwert $P = 0{,}22 \cdot 100\,\% = 22\,\%$.

Für den Entscheid wird abschließend geprüft, ob der P-Wert kleiner oder gleich dem Wert des gewählten Signifikanzniveaus α ist. Wenn ja, so wird die Nullhypothese verworfen. Vereinfacht gelten folgende Faustregeln:

- $P > \alpha = 5\,\% \rightarrow H_0$ gilt: Keine Korrelation!
- $P \leq \alpha = 5\,\% \rightarrow H_1$ gilt: Korrelation ist signifikant!

Fallbeispiel

Für den P-Wert aus dem vorhergehenden Beispiel erhält man das Ergebnis:

$P = 22{,}02\,\% > \alpha = 5\,\% \rightarrow H_0$ gilt: Keine Korrelation

Somit lautet das Ergebnis, dass keine lineare Beziehung zwischen den Variablen X3 und Y3 der Grundgesamtheit besteht. Der beobachtete Wert des Korrelationskoeffizienten $r = 0{,}1765$ gilt als rein zufallsbedingte Abweichung von dem Wert $\rho = 0$.

Korrelation und vermutete Ursache-Wirk-Beziehungen

Leider ist eine statistische Beziehung nicht automatisch gleichbedeutend mit einer tatsächlichen Beziehung im Sinne einer physikalischen Ursache-Wirkungs-Kette. Man kann durchaus einen Korrelationskoeffizienten nahe Eins für Merkmalswerte berechnen, die komplett sinnlos zusammengestellt wurden. Findet man eine statistisch signifikante Korrelation, so beginnt die Suche nach den dafür verantwortlichen Ursache-Wirk-Mechanismen, was sachlogische bzw. wissenschaftliche Überlegungen und weitere Untersuchungen notwendig macht. Deutlich angenehmer ist die Situation, wenn zuerst ein möglicher sachlogisch begründeter Zusammenhang ermittelt und vermutet wird, und dann ein hoher r-Wert als Bestätigung für den schon vermuteten und sachlogisch begründbaren Zusammenhang herangezogen wird. Die möglichen Risiken für eine scheinbare Korrelation bzw. Unsinn-Korrelation sollten stets im Expertenkreis diskutiert werden.

11.2.2 Rangkorrelation

Es liegt eine Stichprobe von n Wertepaaren $(x_1, y_1), (x_2, y_2), \ldots, (x_n, y_n)$ aus einer zweidimensionalen Verteilung der Zufallsvariablen (X, Y) vor. Dabei kann es sich um eine beliebige zwei- oder mehrdimensionale Verteilung handeln. Rangkorrelationen sind speziell für ordinalskalierte Variablen entwickelt worden. Eine Anwendung für stetige Variablen ist möglich, reduziert aber die Aussagekraft der Kennwerte und erhöht speziell bei großen Datensätzen die Rechendauer.

Es werden den n Wertepaaren (x_i, y_i) Rangzahlpaare (k_i, l_i) zugeordnet: dem kleinsten Wert x_i wird $k = 1$, dem nächstgrößeren $k = 2, \ldots,$ dem größten $k = n$ zugeordnet. Diese Zuordnung erfolgt eindeutig, wenn die Ausprägungen der Variablen unterschiedlich sind, d. h. keine Zahl mehrfach auftritt. In diesem Falle liegt keine Bindung vor. Wenn mehrere gleiche Ausprägungen einer Variablen auftreten, liegen Bindungen vor.

Spearmansche Rangkorrelation

Rangkorrelationskoeffizient r_s ***ohne Bindungen***

Wenn keine Bindungen vorliegen, ist $k_i \neq k_j$ und $l_i \neq l_j$ für $i \neq j$, d. h. sowohl die n Werte k_i als auch die n Werte l_i bilden eine bestimmte Anordnung der Zahlen 1, 2, …, n.

In diesem Fall gilt:

$$r_s = 1 - \frac{6\sum_{i=1}^{n}(k_i - l_i)^2}{n(n^2 - 1)}$$

Rangkorrelationskoeffizient r_s' bei Bindungen

Die Anzahl der Bindungen in den k_i wird mit a, die Ausmaße der Bindungen mit t_1, $t_2, \ldots, t_a$ bezeichnet; die Anzahl der Bindungen in den l_i wird mit b, die Ausmaße der Bindungen mit $w_1, w_2, \ldots, w_b$ bezeichnet.

$$r_s' = 1 - \frac{6\sum_{i=1}^{n}(k_i - l_i)^2}{n(n^2-1) - (T_s + W_s)}$$

mit

$$T_s = \tfrac{1}{2}\sum_{j=1}^{a} t_j(t_j^2 - 1)$$

$$W_s = \tfrac{1}{2}\sum_{j=1}^{b} w_j(w_j^2 - 1)$$

Es gilt stets $-1 \leq r_s \leq 1$.

Kendallsche Rangkorrelation

Rangkorrelationskoeffizient r_K ohne Bindungen

Wenn keine Bindungen vorliegen, ist $k_i \neq k_j$ und $l_i \neq l_j$ für $i \neq j$, d. h. sowohl die n Werte k_i als auch die n Werte l_i bilden eine bestimmte Anordnung der Zahlen 1, 2, …, n.

Jedes Rangzahlpaar (k_i, l_i) wird mit jedem anderen Rangzahlpaar (k_j, l_j) $(i, j = 1, \ldots, n; j \neq i)$ verglichen; insgesamt werden also $n(n-1)/2$ Vergleiche durchgeführt. Der Vergleich i mit j erhält die Bewertung

$$c_{ij} = c_{ji} = \text{sign}(k_j - k_i)\,\text{sign}(l_j - l_i),$$

wobei

$$\text{sign}(x) = \begin{cases} 1 & \text{für } x > 0 \\ 0 & \text{für } x = 0 \\ -1 & \text{für } x < 0 \end{cases} \quad \text{ist.}$$

c_{ij} ist +1, wenn sich die beiden Rangzahlpaare i und j gleichsinnig in k und l unterscheiden (d. h. wenn für $k_j > k_i$ auch $l_j > l_i$ oder $k_j < k_i$ auch $l_j < l_i$ ist); es ist −1 bei gegensinnigem Unterschied und Null, wenn eine Bindung unter den k_i oder l_j vorliegt (was im folgenden Unterabschnitt weiterbehandelt wird).

$$r_K = \frac{2}{n(n-1)}\sum_{i=1}^{n-1}\sum_{j=i+1}^{n} c_{ij}$$

Rangkorrelationskoeffizient r_K' bei Bindungen

Die Anzahl der Bindungen in den k_i wird mit a, die Ausmaße der Bindungen werden mit $t_1, t_2, \ldots, t_1$ bezeichnet; die Anzahl der Bindungen in den l_i wird mit b, die Ausmaße werden mit $w_1, w_2, \ldots, w_b$ bezeichnet.

$$r_K = \frac{2}{\sqrt{n(n-1)-T_K}\sqrt{n(n-1)-W_K}} \sum_{i=1}^{n-1} \sum_{j=i+1}^{n} c_{ij}$$

mit

$$T_K = \sum_{j=1}^{a} t_j (t_j - 1)$$

$$W_K = \sum_{j=1}^{b} w_j (w_j - 1)$$

Es gilt stets $-1 \le r_K \le 1$.

■ 11.3 Regressionsanalyse

Während bei der Korrelationsanalyse lediglich eine Maßzahl für die Stärke der linearen Beziehung zwischen zwei Variablen berechnet wird, erhält man mit der Regressionsanalyse ein mathematisches Modell. Das Ergebnis einer Regressionsanalyse ist also eine mathematische Gleichung der Form $Y = f(x)$, welche die Beziehung zwischen der Zielgröße y und den Einflussgrößen oder Faktoren x quantitativ beschreibt.

Auf der Grundlage einer solchen Gleichung lassen sich leicht Prognosewerte der Zielgröße y für einen gegebenen Satz an Einflussgrößen x_i berechnen. Aber auch der umgekehrte Weg lässt sich beschreiten: Man gibt für die Zielgröße y einen Wunschwert vor und bestimmt anschließend mit numerischen Suchmethoden den Satz von Werten für die Einflussgrößen x_i, mit denen der Wunschwert der Zielgröße erreicht werden kann. Für die meisten Regressionsmodelle geht man davon aus, dass sowohl die Einflussgrößen x_i als auch die Zielgrößen y_i kontinuierliche Variablen sind. Ggf. müssen Einflussgrößen, deren Werte nominal skaliert sind, durch Umwandlung in Dummy-Variablen für eine Regression angepasst werden, was hier nicht weiter betrachtet werden soll. Auch das Durchführen einer logistischen Regression mit diskreten oder binären Zielgrößenwerten soll hier nicht weiter betrachtet werden.

11.3.1 Einfache lineare Regression

Wurden bei der Korrelationsanalyse noch gegenseitige Beziehungen zwischen Parametern und Merkmalen betrachtet, wird bei der Regressionsanalyse ein Ursache-Wirkungs-Zusammenhang untersucht. Bezogen auf einen Prozess wird die Frage beantwortet, wie ein Prozessparameter X auf ein Produktmerkmal Y wirkt. Die Berechnung der Regressionsgleichung, die hier als Prozessgleichung bezeichnet werden soll, erfolgt aus den zuordenbaren Daten für den Prozessparameter und das Produktmerkmal.

11.3.1.1 Das Regressionsmodell

Im einfachsten Fall der linearen Regression wird davon ausgegangen, dass ein (wahrer) Zusammenhang zwischen einer unabhängigen Variablen (Prozessparameter X) und einer abhängigen Variablen (Produktmerkmal Y) in der Form

$$y = \beta_0 + \beta_1 x$$

besteht. Diese lineare Funktion gibt an, dass ausgehend von einem Wert x für den Prozessparameter eindeutig auf den Wert y des Produktmerkmals geschlossen werden kann. Diese Eindeutigkeit ist in der Praxis nicht zu halten, was unschwer aus verschiedenen Streuungsdiagrammen entnommen werden kann. Zurückzuführen ist diese Ungenauigkeit vor allem auf Messunsicherheiten und nicht optimale Modelle. Im Regressionsmodell muss dieser Fehler natürlich berücksichtig werden. Dies erfolgt in Form eines Residuums, das wie folgt in die Gleichung eingeht:

$$y = \beta_0 + \beta_1 x + e$$

Grafisch lässt sich die Prozessgleichung, definiert durch den Achsenabschnitt β_0, die Steigung β_1 und den Residuen e_i im Streuungsdiagramm darstellen.

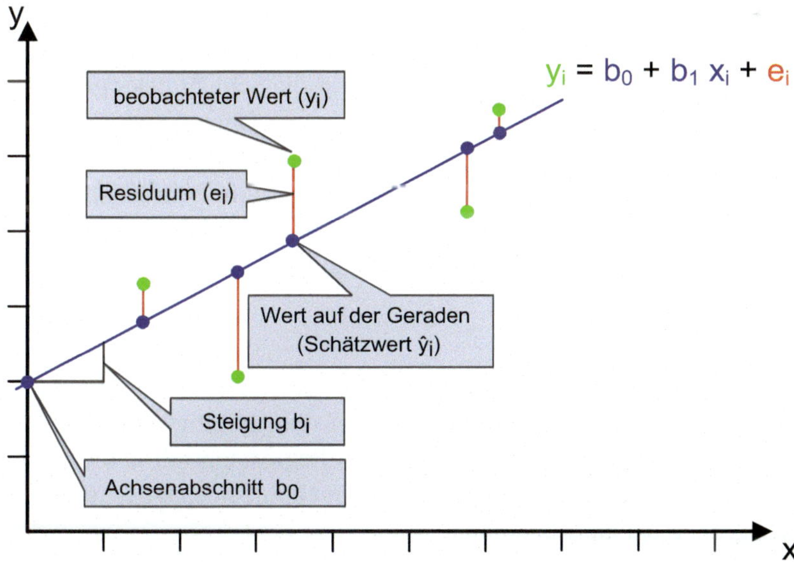

Bild 11.11 Regressionsgerade

Für das Beispiel der galvanischen Beschichtung soll die Idee der Modellbildung erläutert werden.

	Zeit	Schichtdicke
1	6	2
2	10	5
3	10	7
4	18	11
5	20	17
6	20	12
7		

Bild 11.12
Daten zum Beispiel galvanische Beschichtung mit der Einflussgröße x = Zeit und der Zielgröße y = Schichtdicke

Das Modell soll anhand der Daten aus dem Prozess überprüft werden. Im Beispiel wird von einem linearen Einfluss der Zeit (Beschichtungsdauer) auf die Schichtdicke ausgegangen. Sicherlich wird die Zeit die Schichtdicke nicht vollständig erklären, so dass das Modell mit dem Residuum wie folgt aufgestellt wird:

$$\text{Schichtdicke} = f(\text{Zeit}) + \text{Restabweichung (lat. Residuen)}$$

$$\text{mit der linearen Funktion } f(\text{Zeit}) = \beta_0 + \beta_1 \cdot \text{Zeit folgt}$$

$$\text{Schichtdicke} = \beta_0 + \beta_1 \cdot \text{Zeit} + e$$

Diese unbekannten Parameter des Modells β_0 und β_1 lassen sich technisch interpretieren. β_1 als Steigung der Geraden gibt an, wie sich die Schichtdicke pro Zeiteinheit verändert. Im vorliegenden Beispiel wird von einer positiven Steigung ausgegangen. Der Achsenabschnitt β_0 lässt sich technisch häufig nicht sinnvoll erklären. Für dieses Beispiel ist dies allerdings möglich. Beginnt zum Beispiel der Beschichtungsvorgang mit einer zeitlichen Verzögerung, muss sich ein negativer Achsenabschnitt ergeben, damit sich bei positiver Steigung erst nach einiger Zeit eine positive Schichtdicke ergibt.

11.3.1.2 Berechnung des Regressionsmodells

Im klassischen Modell wird davon ausgegangen, dass Y eine zufällige Größe und X ein fest einstellbarer Wert ist. Dieses Modell wird als Regression mit deterministischen Einflussgrößen bezeichnet. Ein Regressionsmodell mit stochastischen, also zufälligen Einflussgrößen existiert ebenfalls.

Die Berechnung der unbekannten Prozessgleichung aus den erhobenen Daten muss bestimmten Modellannahmen genügen. Die wichtigsten Modellannahmen sind Residuenanalysen, die im Abschnitt 11.3.1.3 vorgestellt werden.

Diese Annahmen der linearen Regression sind wichtig für die Modellauswahl und damit auch Basis für die Schätzung der unbekannten Regressionskoeffizienten β_0 und β_1 aus einer Stichprobe. Die Berechnung anhand der Kleinsten Quadrate Methode (KQ-Methode) soll für die Einfachregression kurz vorgestellt werden. Dazu soll nochmals die Regressionsgleichung mit dem Residuum für alle Wertepaare (y_i, x_i) dargestellt werden. Die Gleichung

$$y_i = \beta_0 + \beta_1 x_i + e_i$$

ist somit für alle erhobenen Daten gültig. Das Ziel der KQ-Methode ist nun die Summe der quadrierten Abweichung $\sum e_i^2$ zu minimieren. Grafisch lässt sich dies in einer Abbildung für das Galvanisierungsbeispiel wie folgt darstellen.

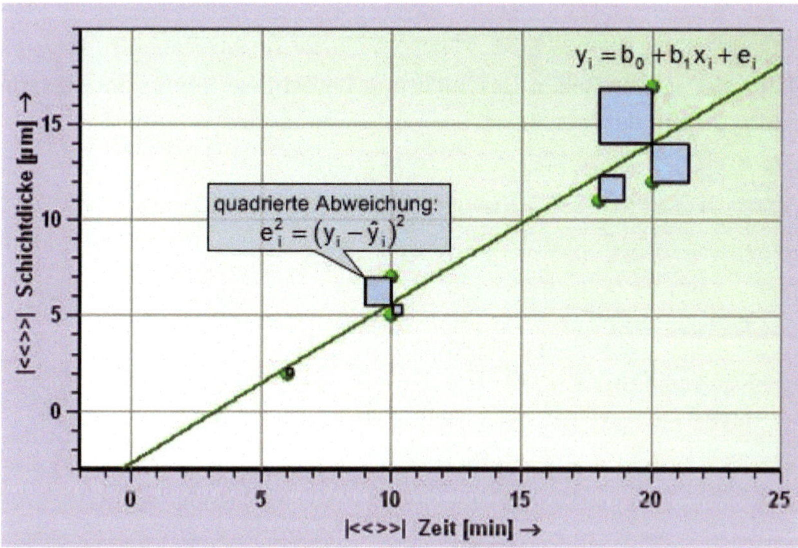

Bild 11.13 Prinzip der Kleinsten Quadrate Methode

Mathematisch wird die Regressionsgleichung nach den Abweichungen umgestellt und die quadrierte Summe gebildet. Dies führt zu der Funktion

$$\sum e_i^2 = \sum (y_i - b_0 - b_1 \cdot x_i)^2$$

Zur Bestimmung der minimalen Abweichungsquadrate wird nach den unbekannten Regressionskoeffizienten b_0 und b_1 partiell abgeleitet und das resultierende

Gleichungssystem gelöst. Als Ergebnis ergeben sich die Schätzungen für die Regressionskoeffizienten mit

$$b_1 = \frac{\sum_{i=1}^{n}(x_i - \overline{x})\cdot(y_i - \overline{y})}{\sum_{i=1}^{n}(x_i - \overline{x})^2} \quad \text{und}$$

$$b_0 = \overline{y} - b_1 \cdot \overline{x}$$

Dadurch ist die Regressionsgerade mit den kleinsten Fehlerquadraten bestimmt. Die griechischen Buchstaben β_0 und β_1 stehen für die Parameter der Grundgesamtheit, die lateinischen Buchstaben b_0 und b_1 beschreiben Stichproben und schätzen ($\hat{\beta}_0, \hat{\beta}_1$) die Parameter (erwartungstreu).

Die aus den Daten geschätzten Regressionskoeffizienten sind b_0 und b_1. Durch Einsetzen von x_i in die Gleichung ergeben sich die Schätzwerte $\hat{y}_i$. Die Regressionsgleichung lautet also

$$\hat{y}_i = b_0 + b_1 \cdot x_i$$

Die aus den Daten der galvanischen Beschichtung berechnete Regressionsgerade ist in der folgenden Grafik dargestellt.

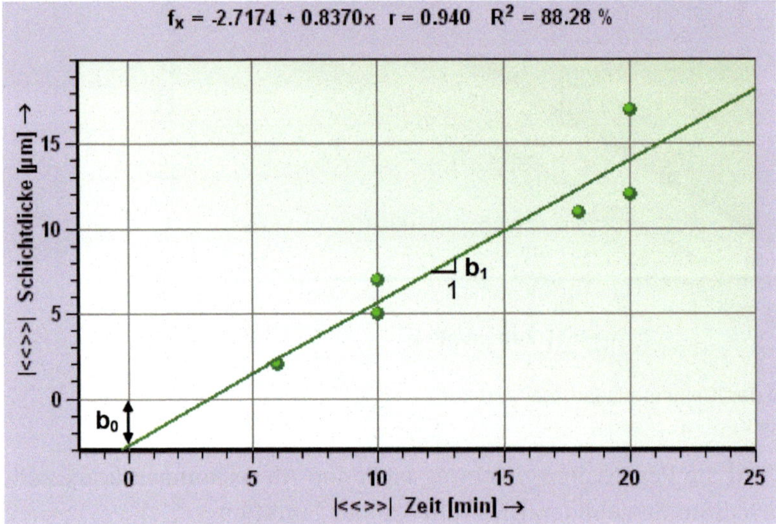

Bild 11.14 Berechnete Regressionsgerade mit Residuen

Der Schnitt der Regressionsgeraden mit der y-Achse liegt bei b_0=-2,7174. Erst ab ca. drei Minuten entsteht eine positive Schichtdicke. Der negative Wert entspricht natürlich keiner negativen Schichtdicke, sondern muss dahingehend verstanden werden, dass der Abscheideprozess noch nicht begonnen hat, bzw. erst sehr langsam „anläuft“. Der Abscheideprozess startet also zeitverzögert und beginnt erst nach ca. 3 Minuten (2,7174/0,837), Schichtdicken linear abzuscheiden. Dieses Beispiel belegt, dass die Regressionsgleichung nur im untersuchten Zeitbereich gültig ist und eine Extrapolation außerhalb der Messwerte nicht zulässig ist, als weder vor dem Untersuchungsbeginnt bei 5 Minuten noch nach dem Untersuchungsende bei 20 Minuten. Die Steigung von $b_1 = 0{,}837$ ist der zu erwartende Zuwachs der Schichtdicke pro Zeiteinheit Minute. Ebenfalls angegeben in der Abbildung ist der bereits bekannte Korrelationskoeffizient r und das Bestimmtheitsmaß B, welches im folgenden Abschnitt erläutert wird.

11.3.1.3 Beurteilung des Regressionsmodells

Die Beurteilung des Regressionsmodells ist von zentraler Bedeutung, da die KQ-Methode die Eigenschaft hat, grundsätzlich eine Gleichung zu berechnen, unabhängig wie gut die Gerade sich der Punktewolke anpasst oder ob die Annahmen des Regressionsmodells überhaupt erfüllt sind. Entsprechend soll die Beurteilung der geschätzten Gleichung auch anhand dieser Annahmen überprüft werden. Zunächst soll die Güte der Regressionsgleichung und anschließend die Einhaltung der Modellannahmen überprüft werden.

Güte der Regressionsgleichung

Das Ziel der Regressionsanalyse ist, mit einer unabhängigen Variablen X das Verhalten einer abhängigen Variablen Y zu erklären. Übertragen auf die Prozessanalyse soll also über einen Prozessparameter das Verhalten eines Produktmerkmals erklärt werden. Je besser die Streuung des Produktmerkmals durch den Prozessparameter erklärt wird, desto besser und sinnvoller ist das geschätzte Modell.

Der nicht erklärte Teil der Streuung des Produktmerkmals wird durch die Restvarianz beschrieben. Diese berechnet sich mit

$$s^2 = \frac{1}{n-m-1} \cdot \sum e_i^2$$

wobei n der Stichprobenumfang und m der Anzahl der Prozessparameter entspricht. Die positive Quadratwurzel aus der Restvarianz ist die Reststandardabweichung. Da diese beiden Kennwerte die Einheit des Produktmerkmals (Standardabweichung) bzw. dessen Quadrat (Varianz) enthalten, sind sie schwierig zu interpretieren. Daher wird meist das Bestimmtheitsmaß zur Beurteilung der Güte des geschätzten Regressionsmodells verwendet, das eng mit der Restvarianz in Verbindung steht.

Die Grundidee ist eine Zerlegung der Gesamtvarianz von Y als Summe aus der durch das Modell erklärten Varianz und der Residualvarianz (bzw. der Summen der quadrierten Abweichungen), d. h.

$$\sum_{i=1}^{n}(y_i-\overline{y})^2=\sum_{i=1}^{n}(\hat{y}_i-\overline{y})^2+\sum_{i=1}^{n}(y_i-\hat{y}_i)^2$$

Das Bestimmtheitsmaß B gibt an, wie groß der Anteil der Streuung von Y ist, der durch X erklärt wird.

$$B=\frac{\sum_{i=1}^{n}(\hat{y}_i-\overline{y})^2}{\sum_{i=1}^{n}(y_i-\overline{y})^2}$$

Die durch das Modell erklärbare Streuung und die tatsächlich beobachtete Streuung werden auf eine durch Mittelwertbildung aller y_i errechneten Bezugslinie $\overline{y}$ bezogen.

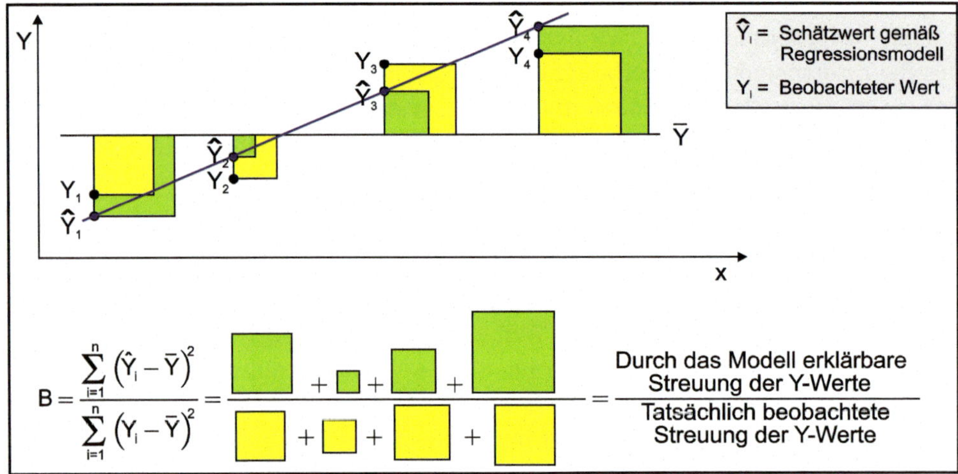

Bild 11.15 Bestimmtheitsmaß B bzw. R^2

B multipliziert mit 100 % ergibt den prozentualen Streuungsanteil des Produktmerkmals, das durch den Prozessparameter erklärt wird, für das Bestimmtheitsmaß gilt: $0\,\% \leq B \leq 100\,\%$. Das Bestimmtheitsmaß ist somit ein Gütekriterium des Regressionsmodells. Lässt sich - übertragen auf einen Prozess - der Prozessparameter fest einstellen, so reduziert sich die Streuung des Produktmerkmals um entsprechend diesen Prozentsatz. Dies entspricht einer Prozessverbesserung, was zu einer erhöhten Prozessfähigkeit führt.

Bei einem Bestimmtheitsmaß von 100 % liegen alle Punkte des Streuungsdiagramms auf der Regressionsgeraden, d. h. der Schätzwert $\hat{y}_i$ entspricht dem beobachteten Wert y_i. Bei einem Bestimmtheitsmaß von 0 % liefert die Regression keinen Erklärungsgehalt für Y und die Regressionsgerade verläuft parallel zur x-Achse.

Für die Einfachregression lässt sich das Bestimmtheitsmaß einfach über den linearen Korrelationskoeffizienten berechnen, d. h.

$$B = r_{xy}^2$$

Wie aus der Formel für das Bestimmtheitsmaß zu erkennen ist, wird der Stichprobenumfang n und die Anzahl der Prozessparameter m in diesem Kennwert nicht berücksichtigt. Deswegen empfiehlt es sich zur Beurteilung des geschätzten Regressionsmodells das sogenannte korrigierte oder adjustierte Bestimmtheitsmaß B* zu verwenden. Dieses berechnet sich aus dem Bestimmtheitsmaß B mit

$$B^* = 1 - \frac{n-1}{n-m}(1-B)$$

Die Formel zeigt, dass das korrigierte Bestimmtheitsmaß bei abnehmendem Stichprobenumfang n und bei zunehmender Anzahl der Einflussgrößen m sinkt.

Da sich das Bestimmtheitsmaß auch zufällig aufgrund der Stichprobenentnahme ergeben kann, wird durch einen statistischen Test geprüft, ob das Bestimmtheitsmaß signifikant von Null abweicht. Anders ausgedrückt bedeutet dies, dass die Steigung des bzw. der Regressionskoeffizienten signifikant von Null verschieden ist. Dieser Test erfolgt mittels eines F-Tests. Die Null- und Alternativhypothesen lauten:

$$H_0: \; B = 0 \;\; \text{bzw.} \;\; \beta_1 = \beta_2 = \ldots = \beta_m = 0$$

$$H_1: \; B > 0 \;\; \text{bzw.} \;\; \beta_i \neq 0$$

Wird die Nullhypothese abgelehnt, so kann davon ausgegangen werden, dass der gesamte Regressionsansatz sinnvoll ist.

Die nachfolgende Abbildung aus destra® zeigt diesen F-Test für das Galvanikbeispiel.

Test der Unabhängigkeit von allen Einflußgrössen $x_1,\ldots,x_p$			
H_0	$\beta_1 = \beta_2 = \ldots = \beta_p = 0$		
H_1	$\beta_i \neq 0$ für mindestens ein $i = 1,\ldots,p$		
Testniveau	kritische Werte unten	kritische Werte oben	Prüfgröße
$\alpha = 5$ %	---	7,71	30,1347**
$\alpha = 1$ %	---	21,20	
$\alpha = 0,1$ %	---	74,14	
Testergebnis	Nullhypothese wird zum Niveau $\alpha \leq 1\%$ verworfen		

Bild 11.16 Test auf Unabhängigkeit von allen Einflussgrößen

Nach der Definition der Null- und Alternativhypothese werden die kritischen Werte der einzelnen Testniveaus und die Prüfgröße angegeben. Das farblich unterlegte Testergebnis führt zur Ablehnung der Nullhypothese. Im Beispiel ist zu erkennen, dass die Prüfgröße zwischen den kritischen Werten für das Testniveau $\alpha = 1\,\%$ und $\alpha = 0{,}1\,\%$ steht. Daraus folgt die Ablehnung der Nullhypothese zum Niveau $\alpha \leq 1\,\%$, nicht aber $\alpha \leq 0{,}1\,\%$. Der Prozessparameter (Regressionsparameter) Zeit hat einen signifikanten Einfluss.

Signifikanztest und Vertrauensbereich des Regressionsmodells

Bei mehreren Prozessparametern tritt zusätzlich die Frage auf, wie bedeutend die einzelnen Prozessparameter in ihrer Wirkung auf das Produktmerkmal sind. Dies wird über einen Signifikanztest der Regressionskoeffizienten β_i überprüft. Dieser Test basiert auf der t-Verteilung. Die Hypothesen lauten

$$H_0 : \beta_i = 0$$
$$H_1 : \beta_i \neq 0$$

Bei der linearen Einfachregression bedeuten die Nullhypothesen, dass der Achsenabschnitt β_0 bzw. die Steigung der Regressionsgerade β_1 gleich Null sind. Wird angenommen, dass der Regressionskoeffizient β_0 den Wert Null hat, geht die Regressionsgerade durch den Ursprung. Für β_1 bedeutet die Nullhypothese, dass der Prozessparameter keinen Einfluss auf das Produktmerkmal hat.

Die t-Teststatistik ist das Verhältnis des jeweiligen Regressionskoeffizienten zu dessen Standardabweichung:

$$t^* = \frac{|\hat{\beta}_i|}{s_{\hat{\beta}_i}}$$

Die Nullhypothese wird bei einem zweiseitigen Test abgelehnt für $t^* > t_{f,1-\alpha/2}$. Wird H_0 verworfen, kann davon ausgegangen werden, dass β_i signifikant von Null verschieden ist. In diesem Fall besitzt β_1 eine signifikante Steigung, und damit hat der Prozessparameter einen Einfluss auf das Produktmerkmal.

B = 88,282% B* = 85,352%

Merk	Merkm.Bez.	x_i	b_i	b_i	s_{ci}	$\|t_i\|$	$\|t_i\|$
	Schichtdicke	f(x)					
		Konst.	-2,717	-9,091...3,656	2,295	1,184	
	Zeit	x_1	0,837	0,414...1,260	0,152	5,490**	

Bild 11.17 Koeffizienten der geschätzten Regressionsgleichung

Die Maße zur Beurteilung der Güte der Regressionsgleichung sollen ebenfalls am Beispiel der galvanischen Beschichtung dargelegt werden. In der ersten Zeile Bild 11.17 ist das Bestimmtheitsmaß B und das korrigierte Bestimmtheitsmaß B* angegeben. Mit über 88 % ist der Erklärungsgehalt der Zeit für die Schichtdicke gut. Nach den Merkmalsbezeichnungen folgen in den Spalten b_i die geschätzten Regressionskoeffizienten und die zugehörigen Vertrauensbereiche. Daran schließen sich die Standardabweichungen der geschätzten Koeffizienten s_{ci} an. Werden die geschätzten Koeffizienten b_i durch ihre Standardabweichungen s_{ci} dividiert, erhält man die Teststatistik $|t_i|$.

Die Signifikanz der Regressionskoeffizienten zeigen die rechts dargestellten Balken. Die drei roten Linien zeigen von links nach rechts mit welcher Irrtumswahrscheinlichkeit α (5 %, 1 %, 0,1 %) die Nullhypothese verworfen wird. Dies bedeutet, je länger der Balken, desto signifikanter ist der Koeffizient bzw. der dazugehörige Prozessparameter. Im vorliegenden Fall ist der Achsenabschnitt nicht signifikant, die Zeit als Prozessparameter dagegen signifikant mit einem Niveau von $\alpha \leq 1\,\%$.

Ein Vertrauensbereich für die Regressionskoeffizienten kann ebenfalls berechnet werden. Dieser gibt mit einer vorgegebenen Wahrscheinlichkeit α an, in welchem Bereich die wahren Werte β_i liegen. Er berechnet sich über die Werte der t-Verteilung mit

$$\hat{\beta}_i - t_{f,1-\alpha/2} \cdot s_{\hat{\beta}_i} \leq \beta_i \leq \hat{\beta}_i + t_{f,1-\alpha/2} \cdot s_{\hat{\beta}_i}$$

Schließt der Vertrauensbereich den Wert $\beta_i = 0$ mit ein, dann ist der Regressionskoeffizient zum vorgegebenen Vertrauensniveau $1 - \alpha$ (hier 95 %) nicht signifikant. Des Weiteren sind die berechneten Vertrauensbereiche der Regressionskoeffizienten die Grundlage für den Vertrauensbereich, der um eine Regressionsgerade gezeichnet werden kann.

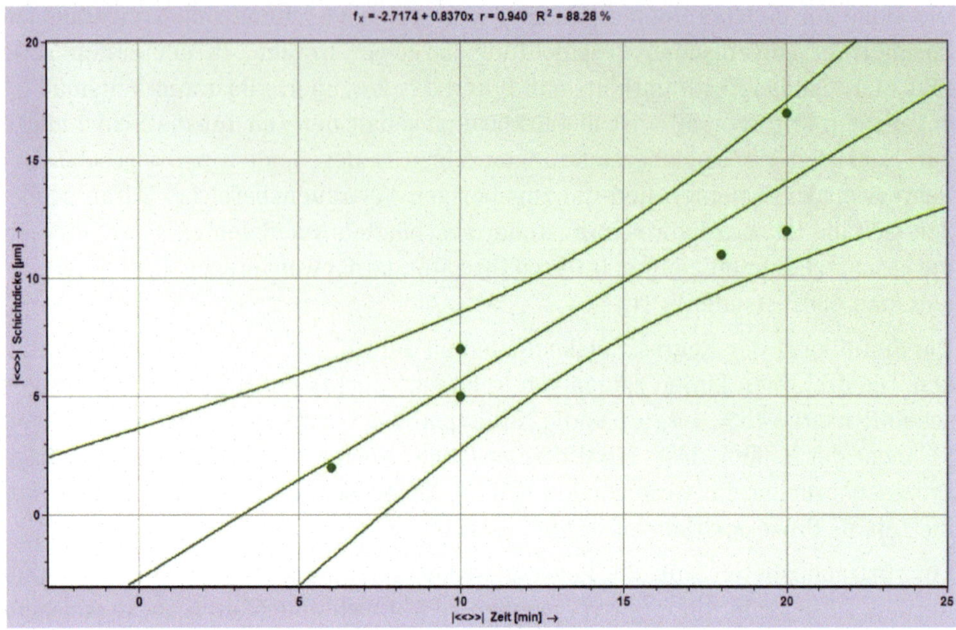

Bild 11.18 Regressionsgerade mit Vertrauensbereich

Die beiden Hyperbeln (gekrümmte Linien) des Vertrauensbereichs lassen sich anschaulich dadurch deuten, dass sowohl der y-Achsenabschnitt b_0 wie auch die Steigung b_1 geschätzt werden müssen und damit beide unsicher sind und den gekrümmten Verlauf des Vertrauensbereichs der Regressionsgeraden bestimmen.

Beurteilung der Modellannahmen

Die Einhaltung der Modellannahmen ist notwendig, um Aussagen mit dem berechneten Regressionsmodell machen zu können. Dazu gehören natürlich auch die Aussagen über die Güte des Modells. Sind die Modellannahmen nicht erfüllt, kann eine Aussage über das Bestimmtheitsmaß oder die Bedeutung einzelner Prozessparameter nicht getroffen werden. Ebenfalls sind Vorhersagen über den Prozess im Sinne einer Prozesssteuerung nicht erlaubt. Sind die Annahmen nicht erfüllt, kann das berechnete Modell nicht als richtig angesehen werden und es muss ein anderes Modell verwendet werden.

Für die folgenden Modellannahmen zum Verhalten der Residuen sollen anhand eines Beispiels erklärt werden:

1. Die Residuen e_i sind zufällig mit einem Erwartungswert von Null.
2. Die Residuen e_i sind über die Zeit unkorreliert.
3. Die Streuung der Residuen e_i um die Regressionsgerade ist für alle Werte der Prozessparameter gleich.
4. Die Residuen e_i sind normalverteilt.

Zunächst soll nur die erste Modellannahme überprüft werden. Liegt ein linearer Zusammenhang zwischen dem Prozessparameter und dem Produktmerkmal vor, so liegen die Residuen zufällig um die Regressionsgerade. Die Abweichungen des geschätzten Regressionsmodells sind nur zufällig, das Regressionsmodell ist akzeptabel. Grafisch kann dies zumindest im Fall der Einfachregression durch die Darstellung der Regressionsgerade zusammen mit den Residuen überprüft werden. Genauer erfolgt diese Überprüfung aber mit einem Linearitäts-F-Test.

1.	Linearitäts F-Test (Test des linearen Zusammenhangs)		
H_0	Der (quasi-) lineare Regressionsansatz ist richtig		
H_1	Der (quasi-) lineare Regressionsansatz ist falsch		
Testniveau	kritische Werte unten	 oben	Prüfgröße
α = 5 %	---	19,00	0,17991
α = 1 %	---	99,00	
α = 0,1 %	---	999,00	
Testergebnis	Nullhypothese wird nicht widerlegt		

Bild 11.19 Test des linearen Zusammenhangs

Für das Beispiel zeigt sich, dass die Nullhypothese eines linearen Regressionsansatzes nicht verworfen werden muss. Somit darf von einem linearen Zusammenhang ausgegangen werden.

Die anderen drei Modellannahmen lassen sich sehr gut anhand verschiedener Residuendarstellungen überprüfen. Diese finden sich in destra® im Register Residuen als Residuenplot und sollen ebenfalls für das Beispiel der galvanischen Beschichtung interpretiert werden.

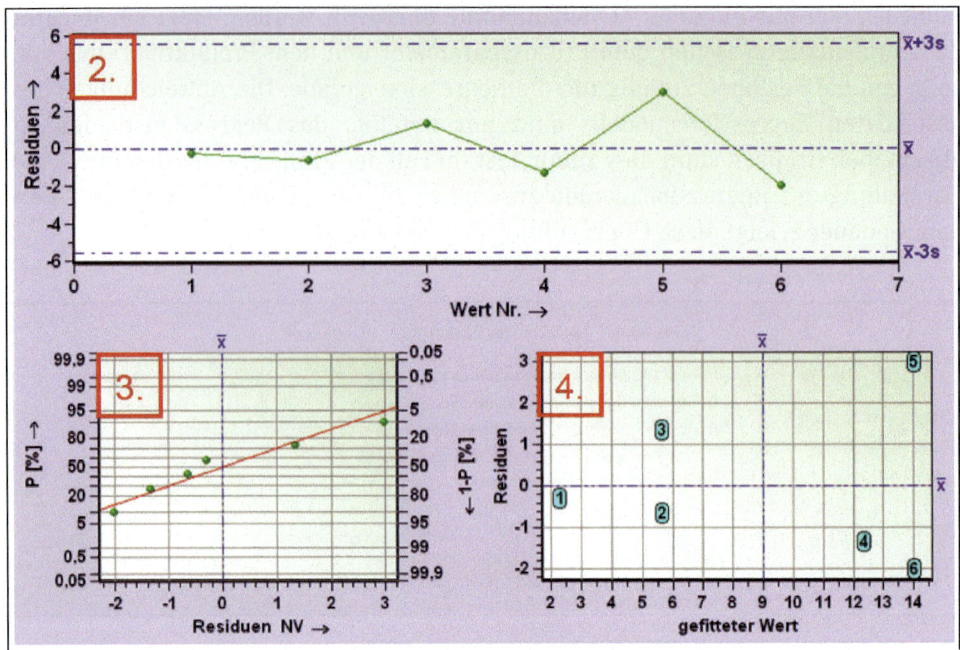

Bild 11.20 Residuenplot zur Prüfung der Modellannahmen

In Bild 11.20 werden die Residuen über die Wertenummer (2.) dargestellt. Wird davon ausgegangen, dass die Werte in zeitlicher Reihenfolge erhoben wurden, kann mit dieser Abbildung die zweite Annahme - Residuen sind über die Zeit unkorreliert - überprüft werden. Ein Residuum hängt dann nicht von einem vorhergehenden Residuum ab. Damit diese Annahme erfüllt ist, müssen die Residuen zufällig im Bereich ± 2 um die Nulllinie (Wert auf der Regressionsgeraden) streuen. Liegt dagegen ein Muster vor, z. B. in Form einer Wellenbewegung, wäre die Annahme nicht mehr erfüllt.

Die Darstellung unten links zeigt einen Test auf der Normalverteilung für die Residuen (3.) im Wahrscheinlichkeitsnetz, was für verschiedene Tests im Rahmen der Regressionsanalyse wichtig ist. Auch hier zeigen sich keine Auffälligkeiten.

Die vierte Annahme (4.), der gleichmäßigen Streuung der Residuen um die Regressionsgerade, kann mit der Abbildung unten rechts geprüft werden. Hier werden die Residuen gegen die gefitteten (aus dem Modell geschätzten) Werte $\hat{Y}_i$ dargestellt. Idealerweise müssen die Residuen in einem gleich bereiten Band von links nach rechts streuen. Dies bedeutet, dass die Streuung der Residuen unabhängig von der Größe des geschätzten Wertes ist. Im Beispiel liegt zwar eine „Trompetenform“ (von links nach rechts steigende Streuung) vor. Allerdings dürfte dies aufgrund des geringen Stichprobenumfangs nicht signifikant sein. In dieser Abbildung lassen sich häufig auch Nichtlinearitäten in den erhobenen Daten erkennen.

Allerdings ist diese Forderung für große Stichprobenumfänge aufgrund des zentralen Grenzwertsatzes nicht mehr entscheidend.

11.3.2 Mehrfache und quasilineare Regression

Bei einer Mehrfachregression handelt es sich um eine Erweiterung des Regressionsmodells der Einfachregression um einen oder mehrere Prozessparameter. Nun sind die einzelnen Prozessparameter nicht nur mit dem Produktmerkmal korreliert, sondern auch untereinander. Diese Abhängigkeiten können durch mehrere Streuungsdiagramme dargestellt werden. An einem weiteren Beispiel soll dies erläutert werden.

Im Beispiel wird Ammoniumsulfat in Säcke gefüllt. Dabei treten Verklumpungen auf, die häufig die Füllanlage blockieren. Prozessbegleitende Daten für die Produktmerkmale und Prozessparameter wurden erfasst. Insgesamt wurden 48 Datensätze erhoben. Das Produktmerkmal Y ist die Durchflussrate einer Modellfüllanlage unter definierten Bedingungen. Folgende Prozessparameter wurden erfasst:

$Y = f(X_1; X_2; X_3)$

X_1 = Feuchte des Ammoniumsulfates (in 0,01 %)

X_2 = Verhältnis Länge/Breite der Kristalle

X_3 = Verunreinigung des Ammoniumsulfates (in 0,01 %)

Die nachstehende Abbildung zeigt alle paarweisen Korrelationen mit den entsprechenden Korrelationskoeffizienten sowie die dazugehörigen Regressionskoeffizienten (a und b) der linearen Einfachregressionen.

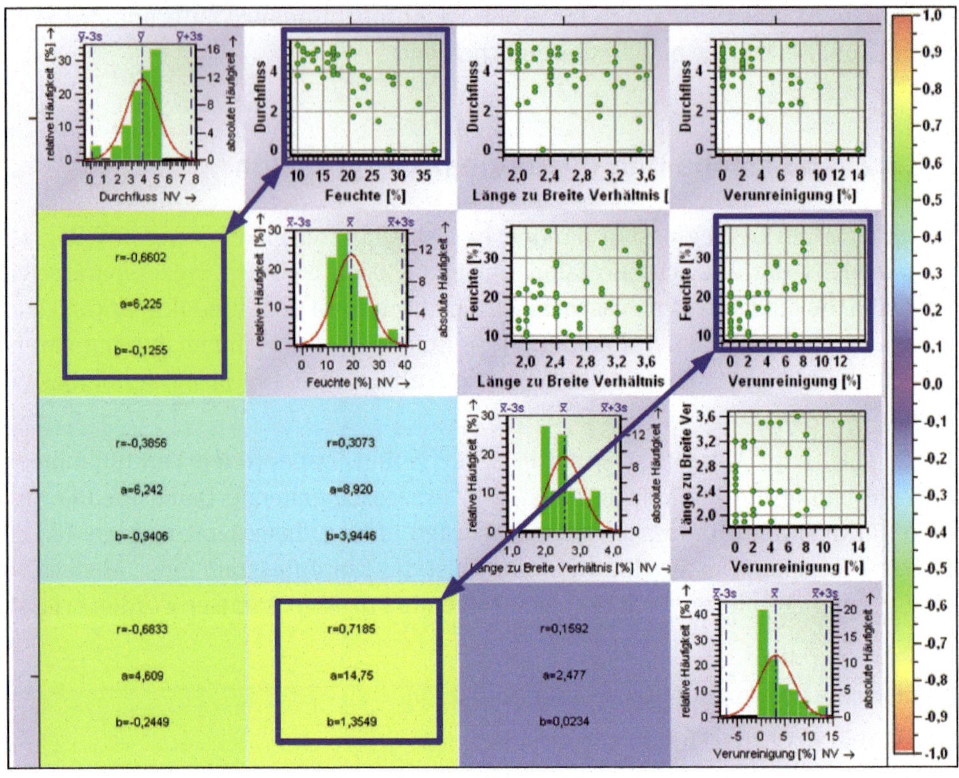

Bild 11.21 Streuungsdiagramme und Korrelationskoeffizienten

Zwei paarweise Korrelationen, die blau eingerahmt sind, sollen genauer betrachtet werden. Bei der Korrelation zwischen der Feuchte und dem Durchfluss weist der negative Zusammenhang auf einen geringeren Durchfluss bei höherer Feuchte des Sulfats hin. Der Korrelationskoeffizient beträgt $r=-0{,}6602$. Der wichtigste Zusammenhang zwischen den Prozessparametern besteht zwischen Verunreinigung und Feuchte mit $r=0{,}7185$. Technisch lässt sich der positive Zusammenhang zwischen Verunreinigung und Feuchte erklären: je mehr Verunreinigung im Ammoniumsulfat enthalten sind, desto hygroskopischer (wasseranziehender) und damit feuchter ist es.

Die mehrfache Regression ist kein schlichtes Zusammenfügen der einfachen Regressionen. Vielmehr werden die Korrelationen zwischen den Prozessparametern berücksichtigt. Für das Beispiel der Abfüllanlage ergibt sich folgendes Regressionsmodell:

$$Y = 6{,}737 - 0{,}0488\ X_1 - 0{,}569\ X_2 - 0{,}165\ X_3$$

B = 57,493% B* = 54,595%

Merkı	Merkm.Bez.	x_i	b_i	b_i	s_{ci}	$\|t_i\|$	$\|t_i\|$	VIF
	Durchfluss	$f(x_1..x_3)$						
		Konst.	6,737	5,393...8,081	0,667	10,101***		
	Feuchte	x_1	-0,0488	-0,1052...0,0076	0,0280	1,745		2,244
	Länge zu Breite Verhältn	x_2	-0,569	-1,079... -0,059	0,253	2,248*		1,114
	Verunreinigung	x_3	-0,165	-0,268... -0,063	0,0509	3,253**		2,085

Bild 11.22 Regressionskoeffizienten für das Beispiel Abfüllanlage

Die Modellbeurteilung erfolgt analog der Einfachregression. Das Bestimmtheitsmaß beträgt 57 %. Somit erklären die drei Prozessparameter 57 % der Streuung des Durchflusses. Alle Prozessparameter haben eine negative Steigung, was bedeutet, dass deren Erhöhung zu einer Verringerung des Durchflusses führt. Der wichtigste Prozessparameter ist die Verunreinigung. Der gelbe Balken und die beiden Sterne bei der t-Teststatistik zeigen, dass die Wahrscheinlichkeit eines zufälligen Einflusses weniger als 1 % beträgt. Dagegen ist die Feuchte nicht signifikant, was am grauen Balken zu erkennen ist. Die Modellannahmen sollen für das Beispiel nicht dargestellt werden. Deren Überprüfung erfolgt allerdings analog der Einfachregression.

Nichtlineare Zusammenhänge können in der Regressionsanalyse unterschiedlich gehandhabt werden. Die Schätzung von nichtlinearen Modellgleichungen ist grundsätzlich möglich. Häufig werden aber sogenannte quasilineare Regressionen verwendet. Zum einen bedeutet dies eine Transformation von nichtlinearen Zusammenhängen, so dass wieder mit der Methode der kleinsten Quadrate das Modell geschätzt werden kann. Anschließend wird das geschätzte Modell wieder zurück transformiert. Zum anderen wird die Polynomregression verwendet. Hier wird z. B. zum linearen Einfluss X der quadratische Einfluss X^2 mit in das Regressionsmodell aufgenommen. X^2 wird dabei wie eine lineare Einflussgröße behandelt.

Quasilineare Regressionsmodelle können sowohl für die einfache als auch für die mehrfache Regression durchgeführt werden. Im Rahmen dieser kurzen Einführung soll die quasilineare Regression für einen Prozessparameter durch eine Transformation vorgestellt werden. Dazu soll das Beispiel der Zugfestigkeit von Beton in Abhängigkeit der Trockenzeit betrachtet werden. In das folgende Streuungsdiagramm wurde bewusst eine lineare Regressionsgerade eingezeichnet. Daran lässt sich erkennen, welche falschen Schlussfolgerungen durch die Wahl eines falschen Modells entstehen können.

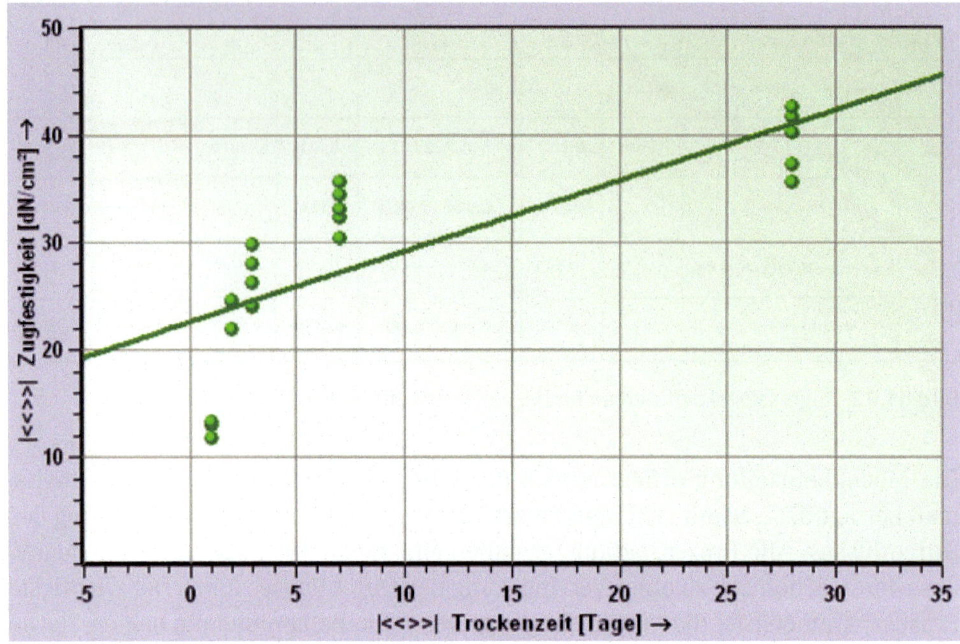

Bild 11.23 Lineare Regression bei nichtlinearem Zusammenhang

Die Abbildung zeigt klar, dass die Beobachtungswerte nicht durch die Regressionsgerade angepasst werden. Eine Steuerung auf der Basis der einfachen Regressionsgeraden würde nun zu falschen Aussagen führen. So wäre z. B. die Zugfestigkeit bei einer Trockenzeit von 0 Tagen bei über 20 dN/cm². Der Test auf Linearität des Modells (s. Bild 11.19) widerlegt in diesem Beispiel einen linearen Zusammenhang. Somit muss ein anderes Modell ausgewählt werden. Für das Beispiel wurde ein nichtlineares Modell ausgewählt, das ausgehend von Null zunächst eine starke, später jedoch eine schwächere Zunahme der Zugfestigkeit abbildet. Das Modell lautet:

$$\text{Zugfestigkeit} = \alpha \cdot e^{\left(\frac{\beta}{\text{Trockenzeit}}\right)}$$

Die Transformation in einen linearen Zusammenhang erfolgt durch das Logarithmieren beider Seiten der Gleichung. Viele solcher Transformationen sind in destra® bereits vorgegeben. Die folgende Abbildung zeigt eine Auswahl möglicher Transformationen. Durch die Transformation lassen sich die Regressionskoeffizienten einfach ermitteln.

Die markierte Transformation wurde auf das Beispiel angewendet. Dieser transformierte Ansatz wird ebenfalls wieder in das Streuungsdiagramm eingezeichnet. Durch die Transformation y = ln (Zugfestigkeit) und x = 1/Trockenzeit wird der nichtlineare Zusammenhang linearisiert. Die resultierende Darstellung (Bild 11.25) zeigt deutlich, dass das rücktransformierte Modell die Wertepaare besser abbildet.

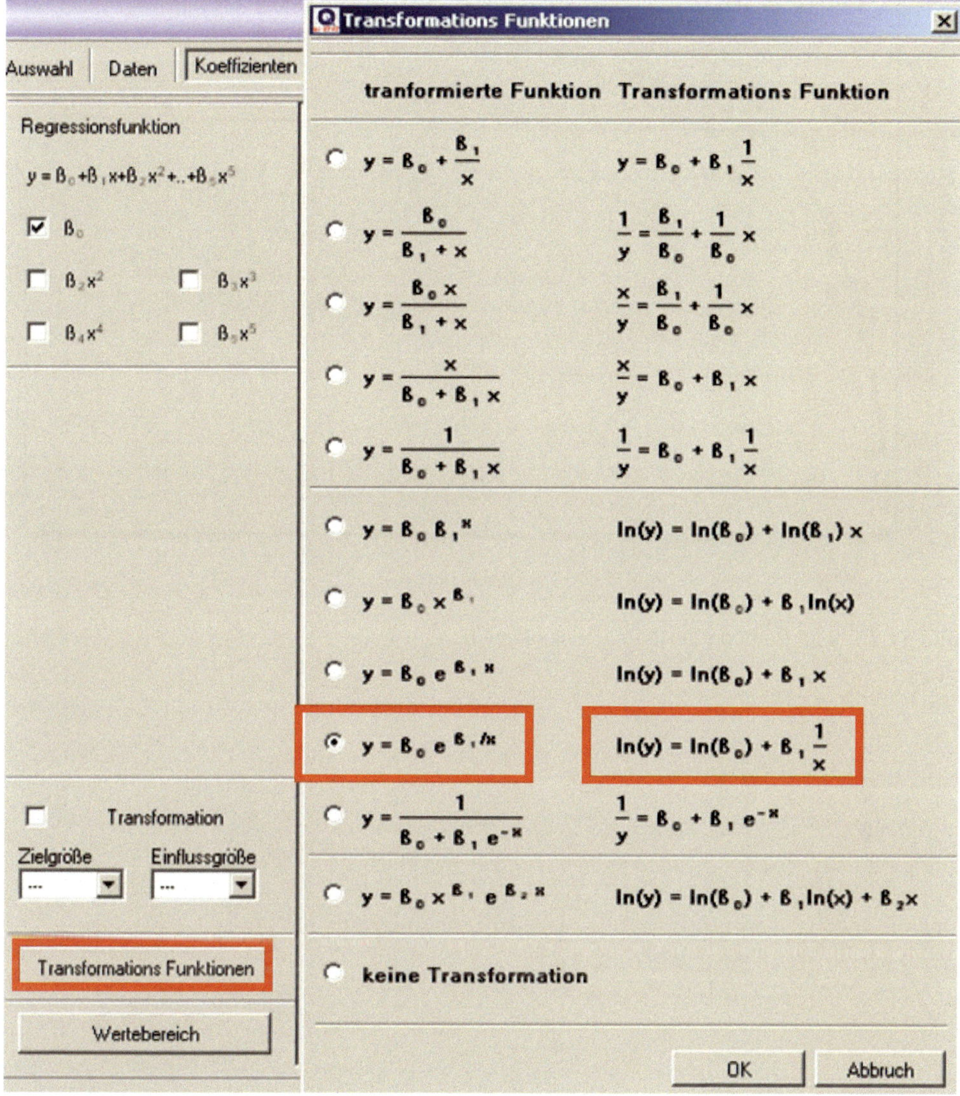

Bild 11.24 Transformationsfunktionen der Regressionsanalyse

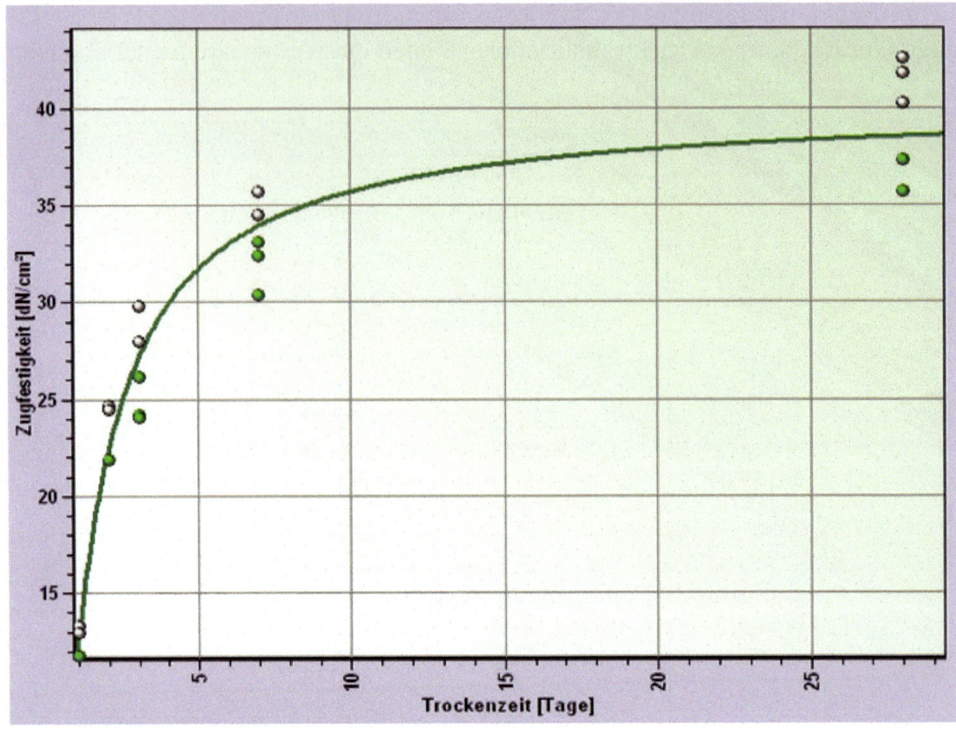

Bild 11.25 Rücktransformierte Regressionsfunktion

12 Zuverlässigkeit

12.1 Bedeutung der Zuverlässigkeitsanalyse

Aus dem Blickwinkel der Gewährleistung muss ein Hersteller für die Ereignisse „Ausfall" und „Versagen" eines Produktes haften. Durch die gesetzliche Regelung der Gewährleistung von 24 Monaten wurde für viele Unternehmen das Thema „Zuverlässigkeit" zu einem vitalen Problem. Wie viele Ausfall- und Versagensfälle sind innerhalb des Gewährleistungszeitraumes zu erwarten? Reichen die Bestände an Ersatzteilen für die zu erwartenden Gewährleistungsfälle aus? Diese Fragen zeigen, dass die Ausfallrisiken und damit die Zuverlässigkeit eines Produktes quantitativ angegeben werden muss.

12.2 Der Begriff Zuverlässigkeit

In der Norm DIN EN ISO 9000 (DIN, 2015a) ist die Zuverlässigkeit im systembezogen definiert als „Fähigkeit zur Ausführung in der geforderten Art und zum geforderten Zeitpunkt." Diese Definition ist sehr allgemein gehalten und im Sinne „dependability" umfassender als der Begriff „reliability", der stärker auf Zuverlässigkeit im Sinne „Lebensdauer, Haltbarkeit" bezogen ist. Auf „reliability" bezogen lautet die Definition der Zuverlässigkeit aus dem VDA 3.2 „Zuverlässigkeitssicherung bei Automobilherstellern und Lieferanten" des Verbandes der Automobilindustrie e. V. (VDA, 2016): „Zuverlässigkeit ist die Fähigkeit einer Ware, denjenigen durch den Verwendungszweck bedingten Anforderungen zu genügen, die an das Verhalten ihrer Eigenschaften während einer gegebenen Zeitdauer unter festgelegten Bedingungen gestellt werden."

Um quantitative Angaben zur Zuverlässigkeit eines Produktes zu erhalten, werden „Zuverlässigkeitsprüfungen" durchgeführt.

12.3 Die Zuverlässigkeitsprüfung

Typische Ziele der Zuverlässigkeitsprüfung sind

- der quantitative Nachweis einer Mindestzuverlässigkeit eines Produktes
- die Ermittlung von Ausfallursachen
- das Identifizieren von Verbesserungspotenzialen bezogen auf die Zuverlässigkeit.

Für die Zuverlässigkeitsprüfung sind die Umgebungsbedingungen, die Prüfbelastungen und die Ausfallkriterien festzulegen. In der Regel werden die Einheiten einer Stichprobe so lange belastet, bis alle oder zumindest ein Teil der Einheiten ausgefallen sind. Typische Arten der Zuverlässigkeitsprüfung:

- Prüfung, bis alle Einheiten ausgefallen sind (End-of-Life-Tests)
- Prüfung, bis eine vorgegebene Prüfdauer oder eine bestimmte Anzahl von Ausfällen erreicht ist (zensierte Tests)
- Zeitraffende Tests mit chemischer oder physikalischer Alterung.

Vor dem Beginn einer Zuverlässigkeitsprüfung sind folgende Fragen zu klären:

- Was ist das Lebensdauermerkmal?
- Was sind die messbaren/beobachtbaren Entscheidungskriterien für den Ausfall?
- Welche Umgebungsbedingungen sollen bei der Prüfung Berücksichtigung finden?
- Inwieweit ist die Beziehung zwischen der in der Prüfung zu ermittelnden Lebensdauer mit der erforderlichen Lebensdauer im Einsatzfeld nachvollziehbar abgesichert?

12.3.1 Der prinzipielle Ablauf einer Zuverlässigkeitsprüfung

Der prinzipielle Ablauf kann grob in vier Phasen unterteilt werden. Zunächst wird eine Stichprobe von Teilen aus der Grundgesamtheit entnommen. Diese Stichprobe wird physikalisch so lange belastet, bis alle oder zumindest ein Teil der Einheiten ausgefallen sind. Nachdem die Ausfallinformationen vorliegen, wird ein Verteilungsmodell zur Beschreibung des Ausfallverhalten der Grundgesamtheit geschätzt. Im Bereich der Technik ist dies oft die Weibullverteilung. Deshalb ist diese Verteilung im Abschnitt 12.3.2 etwas ausführlicher beschrieben. Nachdem das Modell bestimmt ist, wird dieses statistisch und sachlogisch im Sinne der Anwendung interpretiert.

Bild 12.1 zeigt den prinzipiellen Ablauf der Zuverlässigkeitsprüfung.

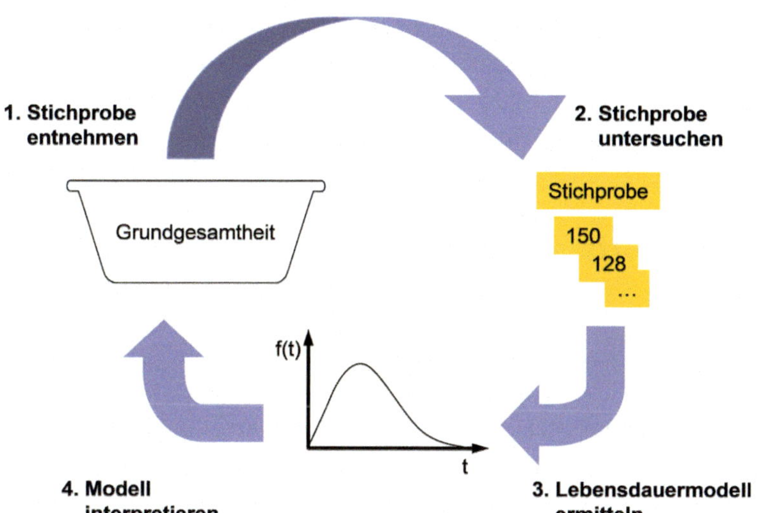

Bild 12.1 Prinzip des Ablaufes einer Zuverlässigkeitsprüfung

Erläuterung zu Bild 12.1

1. **Stichprobe entnehmen**

   Den Stichprobenumfang wählt der Anwender anhand der erforderlichen Aussagegenauigkeit. Allgemein gilt: Je größer der Stichprobenumfang, desto besser ist die Aussagegenauigkeit.

2. **Stichprobe untersuchen**

   Je nach Art der Zuverlässigkeitsprüfung werden die Einheiten der Stichprobe so lange geprüft, bis alle oder zumindest ein Teil der Einheiten ausgefallen sind. Es wird der Zeitpunkt des Ausfallereignisses und die Ausfallursache erfasst. Verschiedene Ausfallursachen, wie z.B. mechanischer Defekt und elektrischer Defekt, sollten getrennt erfasst werden. Für die sachlogische Deutung ist die getrennte Untersuchung der einzelnen Ausfallursachen wesentlich einfacher.

3. **Lebensdauermodell ermitteln**

   Anhand der Daten der Stichprobe berechnet man Schätzwerte für die Parameter der gewählten Lebensdauerverteilung. Anschließend erfolgt eine statistische und sachlogische Plausibilitätsbetrachtung der erhaltenen Ergebnisse. Das heißt, man prüft, ob die notwendigen Voraussetzungen für die Anwendung der statistischen Methoden gegeben waren und ob das Modell den untersuchten Sachverhalt ausreichend genau beschreibt. Sieht man keine Probleme, so darf das Modell interpretiert werden.

4. Modell interpretieren

Der Anwender prognostiziert die zu erwartenden Ausfälle anhand der Modellverteilung. Dazu sind die statistischen Aussagen aus dem Lebensdauermodell auf die praktische Anwendung zu übertragen und zu deuten. Die Erkenntnisse aus diesen Deutungen sind die Grundlage für Entscheidungen und Maßnahmen, wie z. B. Design-Änderung, Vorratshaltung an Ersatzteilen, usw.

12.3.2 Das Weibull-Verteilungsmodell

Zur Beschreibung des Ausfallverhaltens von Bauteilen und Aggregaten wird gerne das Verteilungsmodell der Weibullverteilung angewandt.

Die Wahrscheinlichkeitsdichtefunktion WDF der Weibullverteilung f(t)

Sehr stark vereinfacht kann man sagen, dass die Wahrscheinlichkeitsdichtefunktion[1] die zu erwartende „relative Ausfallhäufigkeit" in einem betrachteten Zeitintervall beschreibt. Die Fläche, die zwischen dem Funktionsgrafen und der Zeitachse eingeschlossen ist, stellt die „relative Ausfallhäufigkeit" dar. Allgemein gilt: Ist die in einem betrachteten Zeitintervall sichtbare Fläche groß, so ist in diesem Zeitintervall auch mit vielen Ausfällen zu rechnen.

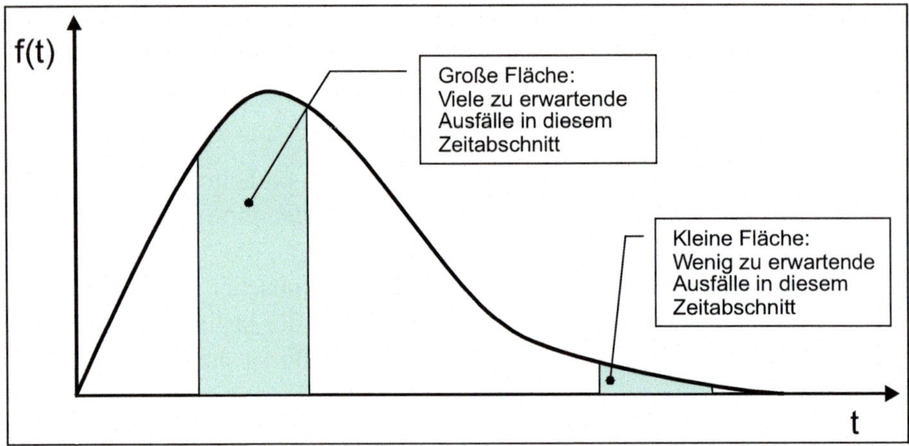

Bild 12.2 Zeitintervalle mit unterschiedlich großen Flächen unterhalb der WDF

[1] Um die lange Bezeichnung *Wahrscheinlichkeitsdichtefunktion* zu vermeiden, wird im folgenden Text nur noch das Akronym WDF verwendet.

Parameter der Weibullverteilung

Die Weibullverteilung hat drei Parameter: den Lageparameter T, den Formparameter b und die ausfallfreie Zeit t_0. Lässt man die ausfallfreie Zeit t_0 weg, so erhält man die zweiparametrige Weibullverteilung.

WDF der zweiparametrigen Weibullverteilung:

$$f(t) = \frac{b}{T} \cdot \left(\frac{t}{T}\right)^{b-1} \cdot e^{-\left(\frac{t}{T}\right)^{b}}$$

WDF der dreiparametrigen Weibullverteilung:

$$f(t) = \frac{b}{T - t_0} \cdot \left(\frac{t - t_0}{T - t_0}\right)^{b-1} \cdot e^{-\left(\frac{t-t_0}{T-t_0}\right)^{b}}$$

Der Lageparameter T

In Abhängigkeit von dem Wert des Lageparameters T verteilt sich die Fläche unterhalb der WDF auf der Zeitachse. Je größer der Wert von T ist, desto weiter verteilt sich die Fläche auf der Zeitachse t. Zur Veranschaulichung der Aussage ist in den beiden folgenden Grafiken die WDF für zwei verschiedene Werte für T dargestellt (übrige Parameter konstant). Man erkennt daran, dass bei dem Wert T = 2 die sichtbare Fläche unterhalb der WDF etwa doppelt so breit ist wie bei T = 1.

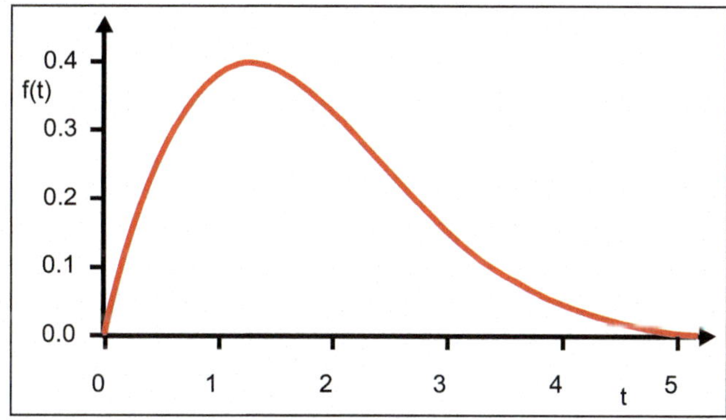

Bild 12.3 Wahrscheinlichkeitsdichtefunktion mit dem Lageparameter T = 2, b = 1,8

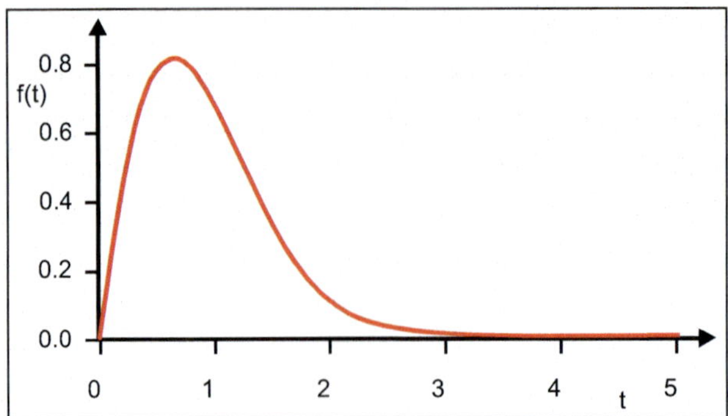

Bild 12.4 Wahrscheinlichkeitsdichtefunktion mit dem Lageparameter T = 1, b = 1,8

Der Formparameter b

Der Formparameter ist sicher einer der Gründe für die Beliebtheit der Weibullverteilung. Denn je nachdem, welchen Wert der Formparameter b hat, besitzt die WDF eine andere Form: für Werte $b<1$ ist die Weibullverteilung linkssteil, für $b=3{,}5$ etwa symmetrisch und für $b>4$ rechtssteil. Dazu betrachte man die Grafiken in Bild 12.5 bis Bild 12.7.

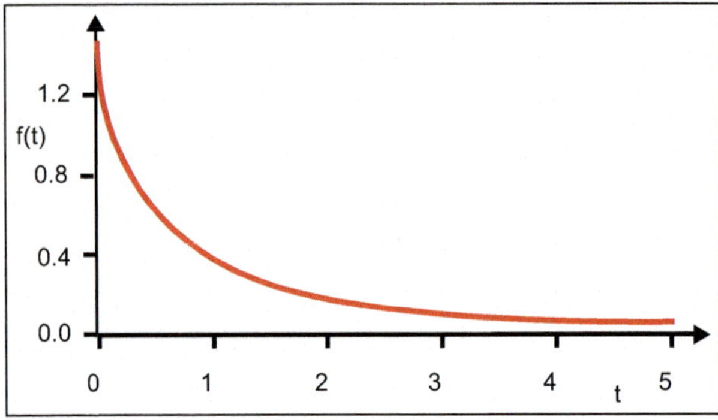

Bild 12.5 WDF mit Formparameter b = 0,9, T = 1

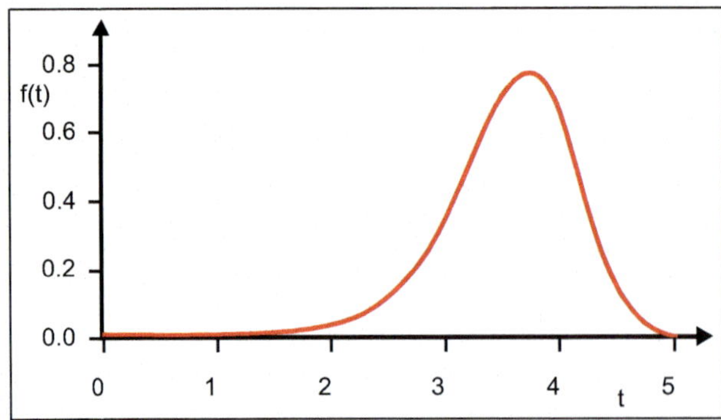

Bild 12.6 WDF mit Formparameter b = 3,5, T = 3

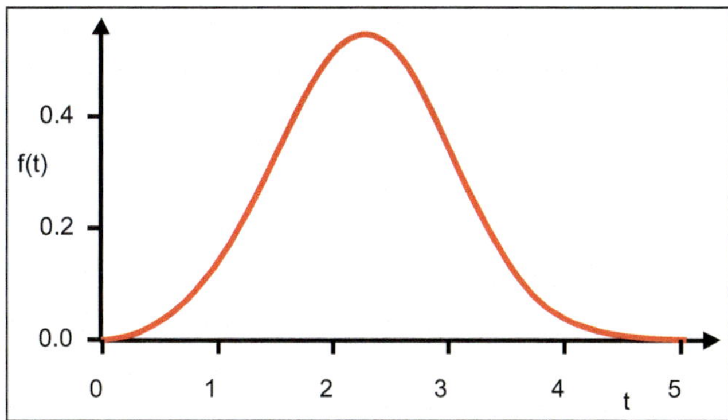

Bild 12.7 WDF mit Formparameter b = 8, T = 4

Die ausfallfreie Zeit t_0

Durch das Einführen der ausfallfreien Zeit t_0 ist es möglich, den Beginn der WDF aus dem Ursprung t = 0 zu verschieben. Anders ausgedrückt: Ist $t_0 = 0$, so beginnt das Anwachsen der Fläche unterhalb der WDF ab dem Zeitpunkt t = 0. Wählt man z.B. den Wert $t_0 = 1$, so beginnt die Fläche unterhalb der WDF erst ab dem Wert t = 1 anzuwachsen. Unterhalb des Wertes t = 1 ist die Fläche gleich 0. In der folgenden Grafik ist der Sachverhalt veranschaulicht.

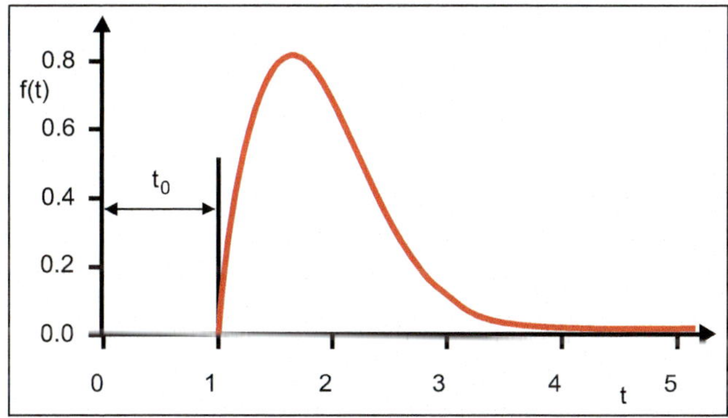

Bild 12.8 WDF mit der ausfallfreien Zeit $t_0 = 1$, T = 1, b = 1,8

Die Verteilungsfunktion der Weibullverteilung F(t)

Die Verteilungsfunktion beschreibt den zu erwartenden Anteil **Ausfälle** in der Grundgesamtheit **bis zu einem Zeitpunkt t**. Anders ausgedrückt: Die Verteilungsfunktion beschreibt, welche Fläche bis zum Zeitpunkt t unterhalb der WDF eingeschlossen ist. Mathematisch gesehen ist die Verteilungsfunktion F(t) die Stammfunktion von der WDF f(t).

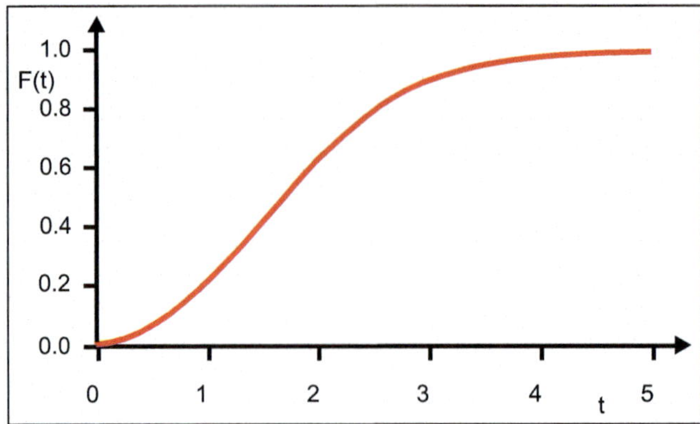

Bild 12.9 Verteilungsfunktion der Weibullverteilung F(t) mit den Parametern: T = 2; b = 2; t_0 = 0

Verteilungsfunktion der zweiparametrigen Weibullverteilung:

$$F(t) = 1 - e^{\left(\frac{t}{T}\right)^b}$$

Verteilungsfunktion der dreiparametrigen Weibullverteilung:

$$F(t) = 1 - e^{\left(\frac{t-t_0}{T-t_0}\right)^b}$$

Die Verteilungsfunktion wird meistens im Wahrscheinlichkeitsnetz der Weibullverteilung dargestellt. Im Wahrscheinlichkeitsnetz ist die Verteilungsfunktion eine Gerade.

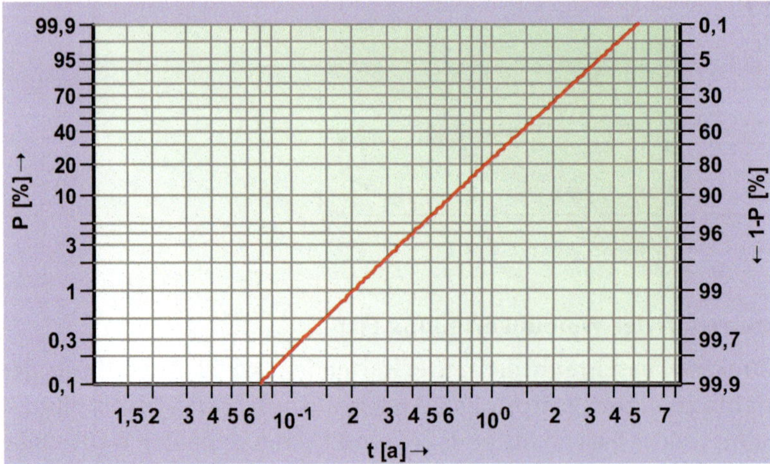

Bild 12.10 Verteilungsfunktion F(t) im Wahrscheinlichkeitsnetz der Weibullverteilung (Parameter: T = 2; b = 2; t_0 = 0)

Im folgenden Abschnitt ist die Anwendung der Weibullverteilung im Zusammenhang mit den verschiedenen Arten der Zuverlässigkeitsprüfung anhand von Fallbeispielen beschrieben.

12.4 Fallbeispiele zur Zuverlässigkeitsprüfung

12.4.1 End-of-Life Tests

Kennzeichen für den End-of-Life Test: Der Test ist beendet, wenn alle Einheiten ausgefallen sind. Durch diese Art der Prüfung erfährt man die zu erwartenden Ausfallursachen über die gesamte Lebensdauer. Ein wesentlicher Nachteil ist die Dauer der Prüfung.

Fallbeispiel: Zuverlässigkeitsprüfung von Federn

Für einen neu konstruierten Schalter wird eine Feder neuen Bautyps verwendet. Die Feder muss die zu erwartende Belastung durch Schalterbetätigungen aushalten. Für den Nachweis wurde eine Stichprobe von 15 Federn in die Schalter eingebaut und die Schalter auf einem Prüfstand so lange betätigt, bis alle 15 Federn gebrochen waren (andere Ausfallursachen während des Tests wurden repariert und der Test weiter fortgeführt). Gezählt wurde für jeden Schalter die Anzahl Betätigungen bis zum Bruch. Die folgende Wertetabelle enthält die Anzahl Schaltzyklen bis zum Bruch für alle 15 Schalter.

Der Kunde verlangt, dass von der Grundgesamtheit nicht mehr als 10 % der Schalter ausgefallen sein dürfen, bis der „Zeitpunkt“ $t = 120\,000$ Schaltzyklen erreicht ist. Dieser Zeitpunkt, bei dem 10 % der Grundgesamtheit erwartungsgemäß ausgefallen sein werden, heißt kurz B10-Wert. Praktische Fragestellung: Wird dieser Wert eingehalten? Aus Gründen der Aussagesicherheit soll die untere Vertrauensbereichsgrenze des zweiseitigen 95 %-Vertrauensbereiches des B10-Wertes für den Vergleich mit dem Vorgabewert $B10_{Soll} = 120\,000$ Schaltzyklen verwendet werden.

Tabelle 12.1 Anzahl Schaltzyklen bis zum Bruch der Feder

Nr.	Schaltzyklen
1	932 691
2	232 259
3	560 428
4	962 575

Tabelle 12.1 Anzahl Schaltzyklen bis zum Bruch der Feder *(Fortsetzung)*

Nr.	Schaltzyklen
5	718 084
6	168 232
7	222 829
8	1 400 819
9	396 685
10	349 613
11	275 625
12	1 794 571
13	412 180
14	153 971
15	604 195

In der folgenden Grafik sind die Stichprobendaten gemeinsam mit der Verteilungsfunktion im Wahrscheinlichkeitsnetz der Weibullverteilung dargestellt. Zu beachten ist, dass die Grafik die transformierte x-Achse ($f_{(x)} = x - 140\,781$) darstellt, bei der die x-Werte um $t_0 = 140\,781$ Schaltzyklen kürzer dargestellt ist. Zu jedem aus der Grafik abgelesenen Zeitwert ist der Wert t_0 zu addieren.

Ablesebeispiel: Sucht man den Schnittpunkt der Linien P = 20 % mit der roten Linie der Verteilungsfunktion, so befindet sich dieser bei t' = 80 000 Schaltzyklen. Tatsächlich aber ist der Wert größer, nämlich t = 80 000 + 140 781 = 220 781 Schaltzyklen.

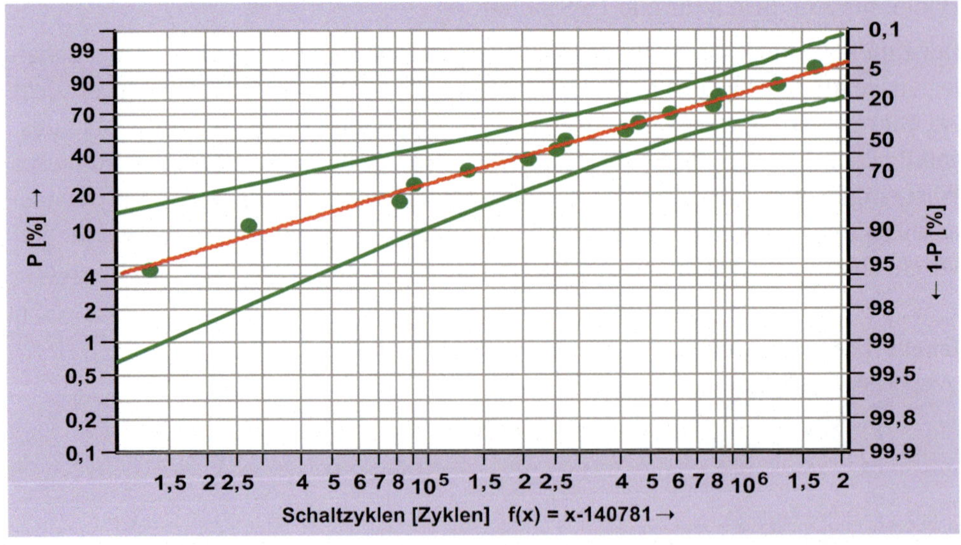

Bild 12.11 Verteilungsfunktion und Stichprobendaten im Wahrscheinlichkeitsnetz

Die numerischen Auswertungsergebnisse für die Schalter sind in Bild 12.12 dargestellt.

Teilnr.				Teilebez.			Feder		
Merkm.Nr.				Merkm.Bez.			Schaltzyklen		
Gemessene Werte		Ausfallstatistik				Auswertungsergebnisse			
		Nicht transformierte Werte		transformierte Werte		Nicht transformierte Wer		transformierte Werte	
n_{ges}	15	$\bar{x}$	612317,13	$\bar{x}$	471536,56 [tr]	T	612487	T	471706 [tr]
$n_{ausgefallen}$	15	$\tilde{x}$	412180,0	$\tilde{x}$	271399,4 [tr]	B10	172443	B10	31662,0 [tr]
n_{intakt}	0	x_{min}	153971	x_{min}	13190 [tr]	$\bar{t}$	660601	$\bar{t}$	519820 [tr]
n_{el}	0	x_{max}	1794571	x_{max}	1653790 [tr]				
$t_{n_{anf}}$	17.01.2008 10:03:14	s	480408			t_0	140780,58		
$t_{n_{end}}$	17.01.2008 10:03:14	R	1640600			b	0,83309		

Lageparameter	T	$369411 \leq 612487 \leq 1088947$
Lebensdauer bei 10% Ausfällen	B10	$146450 \leq 172443 \leq 240064$
Formparameter	b	$0,515 \leq 0,833 \leq 1,226$
Vertrauensniveau	1-α	95,000%
Verteilung		Weibullverteilung
Schätzung der Parameter		Netzregression der Medianränge
Netzregression mit ausfallfreier Zeit t0		

Bild 12.12 Auswertungsergebnisse der numerischen Analyse

Die Lebensdauer bei 10 % Ausfällen beträgt rund 170 000 Schaltzyklen. Der Wert für die untere Vertrauensbereichsgrenze ist mit $B10_{VBunten} = 146\,000$ Schaltzyklen größer als die geforderte Anzahl von $B10_{Soll} = 120\,000$. Damit ist das Lebensdauerziel erreicht.

12.4.2 Zeitzensierte Tests

Vor der Prüfung wird eine maximale Prüfdauer t_{max} festgelegt. Anschließend wird die Prüfung bis zu diesem Zeitpunkt t_{max} durchgeführt. Nach Testende werden sowohl ausgefallene als auch nicht ausgefallene Einheiten vorhanden sein. Bei der Auswertung müssen auch die nicht ausgefallenen Einheiten berücksichtigt werden. Warum das so ist, soll an einem Analogieschluss erklärt werden: Möchte man über den Gesundheitszustand der Bewohner einer Stadt Erkenntnisse gewinnen, so ist es nicht ratsam, nur die erkrankten Personen im örtlichen Krankenhaus zu untersuchen. Man würde ja ein völlig verzerrtes Bild erhalten. Ebenso verhält es sich bei der Lebensdauerprüfung!

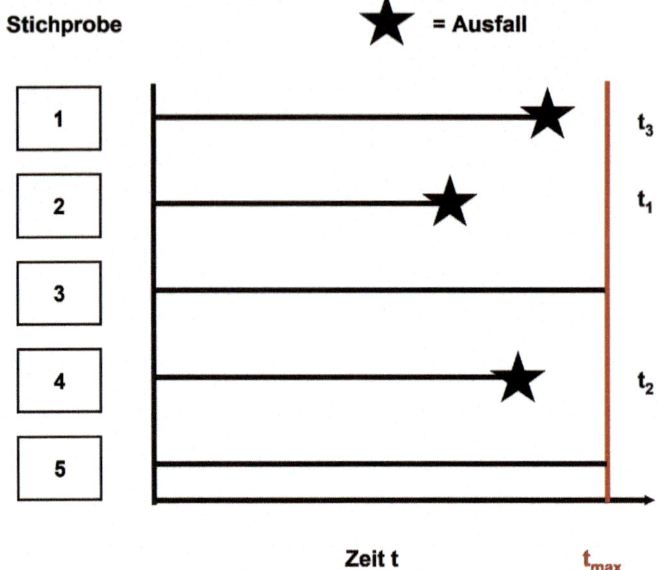

Bild 12.13 Prinzip des zeitzensierten Tests

Fallbeispiel: Temperaturwechselprüfung von Drehzahlsensoren

Ein Hersteller von Drehzahlsensoren hat von seinem Kunden für die Lebensdauer die Forderung von $B10_{Soll} = 200$ Temperaturwechselzyklen erhalten. Durch einen zeitzensierten Test soll geprüft werden, ob diese Forderung eingehalten werden kann. Es wurden 40 Drehzahlsensoren in einer Klimakammer mit $t_{max} = 300$ Temperaturwechselzyklen belastet. Während der Prüfung sind 12 Sensoren ausgefallen und 28 Sensoren haben den Test unbeschadet überstanden. Nun ist die Frage zu klären: Kann die Kundenforderung eingehalten werden, wenn aus Gründen der Aussagesicherheit die untere Grenze des zweiseitigen 95 %-Vertrauensbereiches des B10-Wertes für den Vergleich mit dem Vorgabewert ausgewählt wird?

Tabelle 12.2 Ausfalldaten des zeitzensierten Tests

Ausfall-Nr.	Temperaturwechselzyklen
1	206
2	211
3	225
4	238
5	257
6	269
7	272
8	280

Ausfall-Nr.	Temperaturwechselzyklen
9	283
10	285
11	286
12	297

Für die Auswertung ist es bedeutsam, dass die Information über die nicht ausgefallenen Sensoren Berücksichtigung findet. Die Anzahl nicht ausgefallener Sensoren wird für die korrekte mathematische Bestimmung der erwarteten Ausfälle benötigt[2]. Die folgende Abbildung zeigt am Beispiel des Programmpaketes qs-STAT®, wie die Information der nicht ausgefallenen Sensoren eingegeben werden kann.

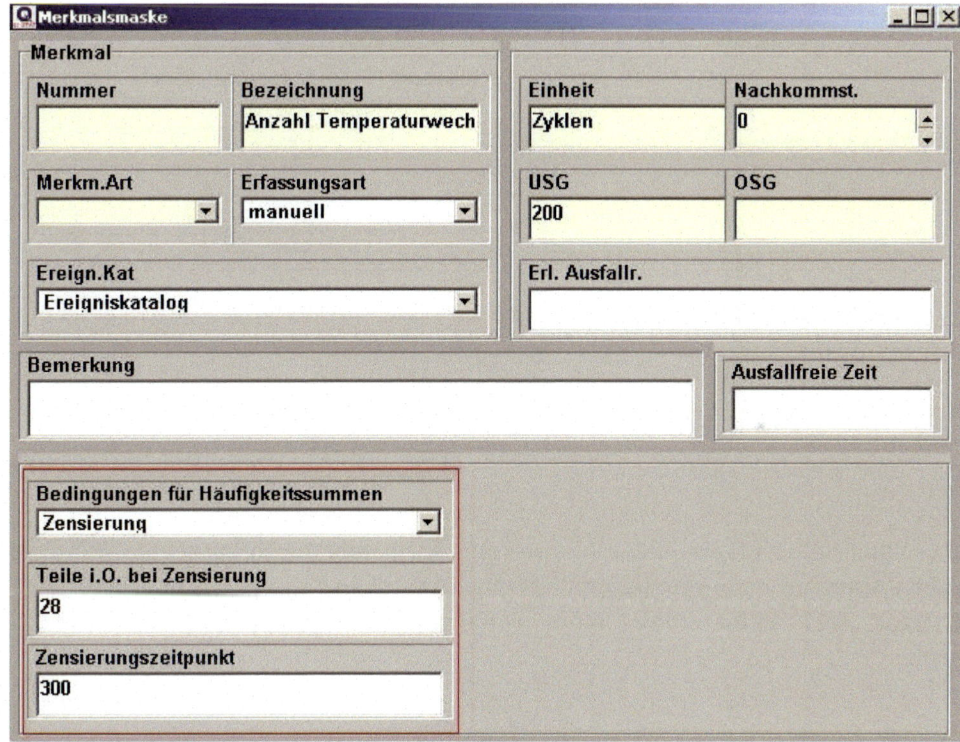

Bild 12.14 Eingabe der Information für die nicht ausgefallenen Sensoren

[2] Für diese Berechnung wird eine Korrektur der Häufigkeitssummen nach *Johnson* durchgeführt, die aus Platzgründen hier nicht weiter erläutert ist. Einzelheiten sind z. B. in VDA 3.2 (VDA, 2016) beschrieben.

Die folgende Grafik enthält zwei Auswertungsergebnisse: Im ersten Fall wurden die nicht ausgefallenen Sensoren bei der Auswertung berücksichtigt und im zweiten Fall nicht. Der Datensatz mit Berücksichtigung der nicht ausgefallenen Sensoren ist als „mit Überlebenden“ bezeichnet und der Datensatz ohne Berücksichtigung der nicht ausgefallenen Sensoren als „ohne Überlebende“. Im Wahrscheinlichkeitsnetz ist der Unterschied zwischen den beiden Verteilungsfunktionen gut zu erkennen. Unterschlägt man die nicht ausgefallenen Sensoren bei der Berechnung, so ist in diesem Beispiel der Anteil erwarteter Ausfälle nach 220 Temperaturwechselzyklen fälschlicherweise 12 % höher!

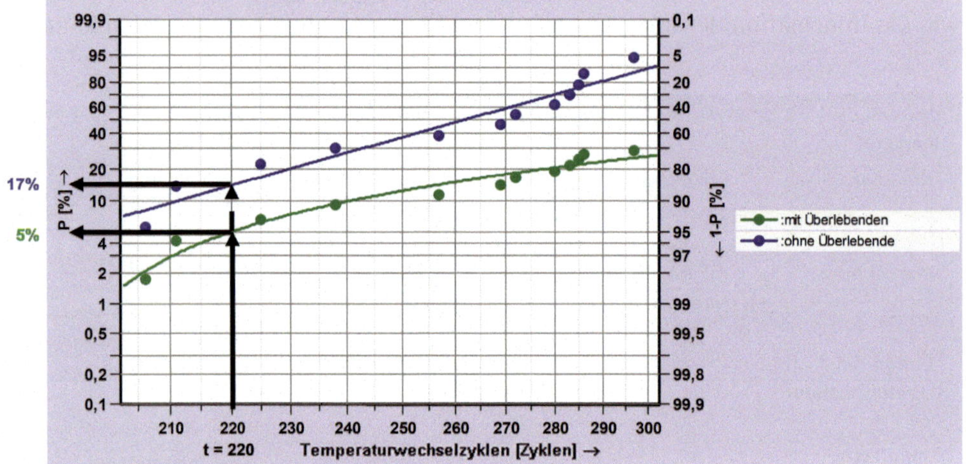

Bild 12.15 Vergleich des erwarteten Anteils ausgefallener Sensoren nach t = 220 Temperaturwechselzyklen im Wahrscheinlichkeitsnetz für die Berechnung mit und ohne Berücksichtigung der nicht ausgefallenen Sensoren

Das numerische Ergebnis der Auswertung ist in Bild 12.16 zu sehen. Aus dem Bild entnimmt man die untere Vertrauensbereichsgrenze für den B10-Wert: $B10_{VBunten} = 211$ Zyklen. Damit ist die Forderung des Kunden, $B10_{Soll} = 200$ Zyklen, erfüllt.

Teilnr.				Teilebez.			Drezahlsensoren		
Merkm.Nr.				Merkm.Bez.			Temperaturwechselzyklen		
Gemessene Werte		Ausfallstatistik				Auswertungsergebnisse			
		Nicht transformierte Werte		transformierte Werte		Nicht transformierte Wer		transformierte Werte	
n_{ges}	40	$\bar{x}$	259,08	$\bar{x}$	66,86 [tr]	T	468,511	T	276,288 [tr]
$n_{ausgefallen}$	12	$\tilde{x}$	270,5	$\tilde{x}$	78,3 [tr]	B10	240,174	B10	47,9513 [tr]
n_{intakt}	28	x_{min}	206	x_{min}	14 [tr]	$\bar{t}$	447,996	$\bar{t}$	255,773 [tr]
n_{el}	0	x_{max}	297	x_{max}	105 [tr]				
$t_{n_{anf}}$	17.01.2008 11:26:00	s	31,4049			t_0	192,22		
$t_{n_{end}}$	17.01.2008 11:26:00	R	91			b	1,28500		

Lageparameter	T	$364{,}362 \leq 468{,}511 \leq 2975{,}68$
Lebensdauer bei 10% Ausfällen	B10	$211{,}402 \leq 240{,}174 \leq 272{,}977$
Formparameter	b	$0{,}663 \leq 1{,}285 \leq 2{,}110$
Vertrauensniveau	$1-\alpha$	95,000%

Verteilung	Weibullverteilung
Schätzung der Parameter	Netzregression der Medianränge
Netzregression mit ausfallfreier Zeit t0	

Bild 12.16 Numerisches Ergebnis für das Fallbeispiel Temperaturwechselprüfung von Drehzahlsensoren

■ 12.5 Prüfplanung für einen Success-Run-Test

Success-Run-Tests finden vor allem in der serienbegleitenden Zuverlässigkeitsüberprüfung Anwendung. Stark vereinfacht ausgedrückt: Eine Anzahl zu prüfender Einheiten wird für eine vorgegebene Testlaufdauer geprüft, ohne dass eine Einheit ausfallen darf. Allerdings können die Ergebnisse eines solchen Tests nicht für Zuverlässigkeitsanalysen genutzt werden. Da keine Ausfälle auftreten, können auch keine Lebensdauerverteilungen ermittelt werden. Vielmehr sollte die Lebensdauerverteilung zuvor durch andere Arten der Zuverlässigkeitsprüfung ermittelt worden sein. Das Vorgehen bei einem Success-Run-Test kann man grob in drei Schritte einteilen:

1. Zusammenstellung der Informationen
2. Bestimmung des Prüfplanes
3. Durchführung und Interpretation der Prüfung.

Schritt 1: Zusammenstellung der Informationen

Für die Auslegung des Prüfplanes müssen folgende Informationen bekannt sein:

- Die geforderte Lebensdauer t_{Soll}
- Das Vertrauensniveau $1 - \alpha$ für die Lebensdauer
- Der Anteil erlaubter Ausfälle bei Erreichen der geforderten Lebensdauer.

Beispiel: Success-Run-Test für den Elektromotor einer elektrischen Zahnbürste

Für den Motor einer elektrischen Zahnbürste ist vorgesehen, dass nach 110 h höchstens 5 % der Motoren im Dauerbetrieb ausgefallen sein dürfen. Der Kunde fordert eine Aussagesicherheit von 95 %. Die Informationen zu den Testkriterien übersichtlich zusammengefasst:

- Geforderte Lebensdauer: $t_{Soll} = 110\,h$
- Vertrauensniveau (Aussagesicherheit): $1 - \alpha = 95\,\%$
- Größter zulässiger Wert für den Anteil Ausfälle: $F(t)_{max} = 5\,\%$.

Schritt 2: Bestimmung des Prüfplanes

Im einfachsten Fall ist lediglich der Stichprobenumfang zu ermitteln. Ist die geforderte Lebensdauer zu lang, um als Prüfdauer übernommen zu werden, so muss der Prüfplan modifiziert werden. Für das Modifizieren gilt folgende Grundregel: Will man die Prüfzeit verkürzen, so muss man den Stichprobenumfang erhöhen. Will man den Stichprobenumfang verringern, so muss man die Prüfzeit erhöhen.

Für den einfachen Fall, dass lediglich der Stichprobenumfang zu ermitteln ist, gilt folgende Beziehung (Diese Formel gilt nur für Prüfpläne, bei denen keine Einheit ausfallen darf):

$$n = \frac{\ln(\alpha)}{\ln\left(1 - F(t)_{max}\right)}$$

mit
n = Stichprobenumfang
α = Irrtumswahrscheinlichkeit (= 100 % - Vertrauensniveau)

Fortsetzung des Beispiels Zahnbürste

$$n = \frac{\ln(\alpha)}{\ln(1 - F(t)_{max})} = \frac{\ln(0{,}05)}{\ln(1 - 0{,}05)} = \frac{\ln(0{,}05)}{\ln(0{,}95)} = 58{,}4 \approx 59$$

Der Prüfplan lautet in Worten: Es sind $n = 59$ Einheiten für die Testlaufdauer $t_{Prüf} = t_{Soll} = 110\,h$ zu prüfen. Nach Beendigung der Prüfung darf keine einzige Einheit ausgefallen sein!

Dieser Prüfplan wird oft in der Form „$n - t_{pr} - Ac$" dargestellt, wobei n der Stichprobenumfang, t_{pr} die Prüfdauer und Ac die höchste erlaubte Anzahl Ausfälle repräsentiert. Für das Beispiel der elektrischen Zahnbürste lautet der Testplan:

$$n - t_{pr} - Ac \quad = \quad 59 - 110\ h - 0$$

Schritt 3: Durchführung und Interpretation der Prüfung

Die Einheiten werden gemäß dem Prüfplan getestet. Fallen weniger Einheiten aus als erlaubt, so gilt der Test im Sinne der Vorgabe als bestanden. Fallen jedoch während der Prüfung mehr Einheiten als zulässig aus, so sind die Testkriterien nicht erfüllt. In diesem Fall muss das Testergebnis bezüglich der erreichten Zuverlässigkeit neu bewertet werden.

Fortsetzung zum Beispiel elektrische Zahnbürste:

Der Prüfplan lautet: $n - t_{pr} - Ac = 59 - 110\ h - 0$. Während des Tests ist jedoch ein Motor ausgefallen. Damit ist der Test im Sinne der Testkriterien nicht erfüllt. Für die Bewertung der erreichten Zuverlässigkeit wurde die Software qs-STAT® eingesetzt. Man erkennt aus der nachstehenden Abbildung, dass die Zuverlässigkeit $R(t = 110\,h) = 92{,}1\,\%$ beträgt.

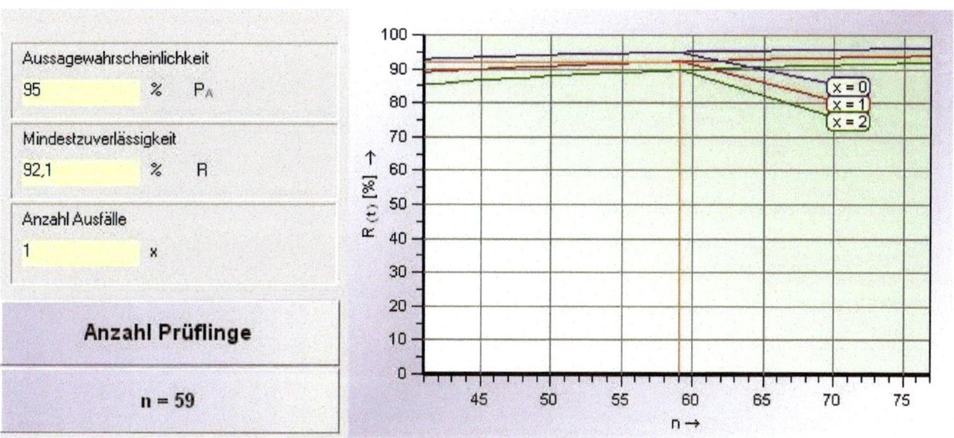

Bild 12.17 Bewertung der erreichten Zuverlässigkeitsaussage eines Success-Run-Tests bei nicht bestandenem Test für das Fallbeispiel elektrische Zahnbürste

Der erwartete Anteil ausgefallener Einheiten nach 110 h ist $F(t) = 7{,}9\,\%$.

Hinweis: $F(t = 110\,h) = 100\,\% - R(t = 110\,h) = 7{,}9\,\%$.

Da dieser Anteil um 2,9 % größer als der größte zulässige Anteil ausgefallener Einheiten $F(t) = 5\,\%$ ist, muss unter Berücksichtigung des Kunden- und Unternehmensinteresses abgewogen werden, ob der erhöhte Anteil noch vertretbar ist oder nicht mehr verantwortet werden kann.

13 Firmenrichtlinie: Ford Testbeispiele

Die Ford Testbeispiele wurden 1991 gemeinsam mit der Fa. Q-DAS® entwickelt und dienen der Beurteilung von SPC-Systemen (Ford/Q-DAS, 1991). Damit kann jeder Hersteller von SPC-Systemen sein System selbst prüfen. Dies gibt dem Anwender solcher Systeme ein hohes Maß an Sicherheit, dass die Datensätze korrekt berechnet werden. Um ein möglichst breites Spektrum abzudecken, wurden für verschiedene Konstellationen entsprechende Datensätze individuell vorbereitet. Die Ergebnisse der Auswertung dieser Datensätze sind auf den folgenden Seiten dokumentiert und kommentiert.

Die Ergebnisse wurden mehrfach mit unterschiedlichen Rechnerprogrammen überprüft. Damit stellen die Datensätze und die Ergebnisse quasi eine Referenz dar, die zur Validierung von Software herangezogen werden. Die Datensätze sind im Originaldokument veröffentlicht oder können bei Q-DAS® bezogen werden (Ford/Q-DAS, 1991).

Hinweis

Aufgrund verfeinerter numerischer Verfahren können an einigen Stellen die Auswertungsergebnisse der Datensätze mit qs-STAT® im Nachkommastellenbereich abweichen.

Die Testbeispiele haben auch einen didaktischen Wert. Sie decken viele in dem vorliegenden Buch beschriebenen zeitabhängigen Verteilungsmodelle, Qualitätsregelkarten und Berechnungsmethoden der Qualitätsfähigkeitskenngrößen ab. Die Ergebnisse können alle mit der von Q-DAS® kostenlos zur Verfügung gestellt qs-STAT®-Version nachvollzogen werden. Dies ist eine gute Übung für das Verständnis für viele der hier beschriebenen Verfahren und der Anwendung in der Praxis. ■

Die mittlerweile erschienene ISO/TR 11462-3:2020 Guidelines for implementation of statistical process control (SPC) – Part 3: Reference data sets for SPC software validation (ISO, 2020x) gibt ebenfalls Validierungsdaten vor, erfüllt aber nicht den oben genannten didaktischen Ansatz der Ford-Testbeispiele.

Tabelle 13.1 fasst die wesentlichen Methoden der Tests zusammen und erläutert den primären Zweck eines Tests.

Tabelle 13.1 Übersicht Ford Testbeispiele

lfd. Nr. des Beispiels	Dateiname	Nachkommastellen	Gesamtstichprobenumfang	Einzelstichprobenumfang	Zweck des Tests
1	TEST_1	3	500	5	$\bar{x}$/s-Karte und korrektes Anzeigen von Stabilitätsverletzungen
2	TEST_2	4	100	5	Rechengenauigkeit
3	TEST_3	2	875	7	$\bar{x}$/s-Karte, Fähigkeitsindexe für Normalverteilung
4	TEST_4	1	200	5	$\bar{x}$/s-Karte, Fähigkeitsindexe für log. Normalverteilung
5	TEST_5	0	200	5	$\bar{x}$/s-Karte, Fähigkeitsindexe für Weibull-Verteilung
6	TEST_6	3	500	5	$\bar{x}$/s-Karte, Fähigkeitsindexe für Rayleigh-Verteilung
7	TEST_7	3	600	3	$\bar{x}$/s-Karte, Fähigkeitsindexe für Betragsverteilung 1. Art
8	TEST_8	2	500	5	$\bar{x}$/s-Karte, Fähigkeitsindexe für Prozess mit Werkzeugwechsel
9	TEST_9	2	600	6	$\bar{x}$/s-Karte, Fähigkeitsindexe für Prozess mit Werkzeugverschleiß
10	TEST_10	1	102	3/3	gleitender Mittelwert und gleit. s-Karte (gl. Mittelwert und gl. R-Karte)
11	TEST_11	1	150	1/3	Urwert und gleitende s-Karte (Urwert und gleitende R-Karte)
12	TEST_12	2	500	5	$\bar{x}$/R-Karte und korrektes Anzeigen von Stabilitätsverletzungen
13	TEST_13	3	500	5	$\bar{x}$/R-Karte, Fähigkeitsindexe für Normalverteilung

<table>
<tr><th colspan="3">Test 1</th></tr>
<tr><td>Zweck:</td><td colspan="2">Diese Testdaten dienen zur Beurteilung, ob bei Anwendung einer $\overline{x}$/s-Regelkarte in Übereinstimmung mit den Ford-Richtlinien alle Verletzungen der Stabilitätsbedingungen erkannt und angezeigt werden.</td></tr>
<tr><td>Verfahren:</td><td colspan="2">Führen einer $\overline{x}$/s-Regelkarte mit bekannten Eingriffsgrenzen, die basierend auf der bisherigen Prozessleistung bestimmt wurden. Die Eingabe der 500 Messwerte erfolgt mit einem Einzelstichprobenumfang von 5 Messwerten.
Spezifikation = 20 ± 0,04 mm</td></tr>
<tr><td></td><td>$\overline{x}$-Karte</td><td>s-Karte</td></tr>
<tr><td></td><td>OEG = 20,01646 mm
UEG = 19,99261 mm</td><td>OEG = 0,017452 mm</td></tr>
<tr><td></td><td colspan="2">Gestützt auf die bisher stabile Prozessleistung (unter statistischer Kontrolle) wurden folgende Prozessfähigkeitsindexe bestimmt:
$\mathbf{C_p = 1,50}$ $\mathbf{C_{pk} = 1,33}$
Eine Berechnung mit der Mischverteilung ergibt basierend auf der Prozentanteilmethode die Fähigkeitswerte $T_p = 0,8$ und $T_{pk} = 0,71$, die wegen der Instabilität zur besseren Kennzeichnung mit T_p bzw. T_{pk} bezeichnet werden.</td></tr>
<tr><td>Ergebnisse:</td><td colspan="2">Histogramm mit allen Messwerten im Vergleich zur Spezifikation zeigt die Anzahl der Teile und den Prozentsatz außerhalb der Toleranz.
$\overline{x}$ = 20,00453 mm</td></tr>
<tr><td colspan="3">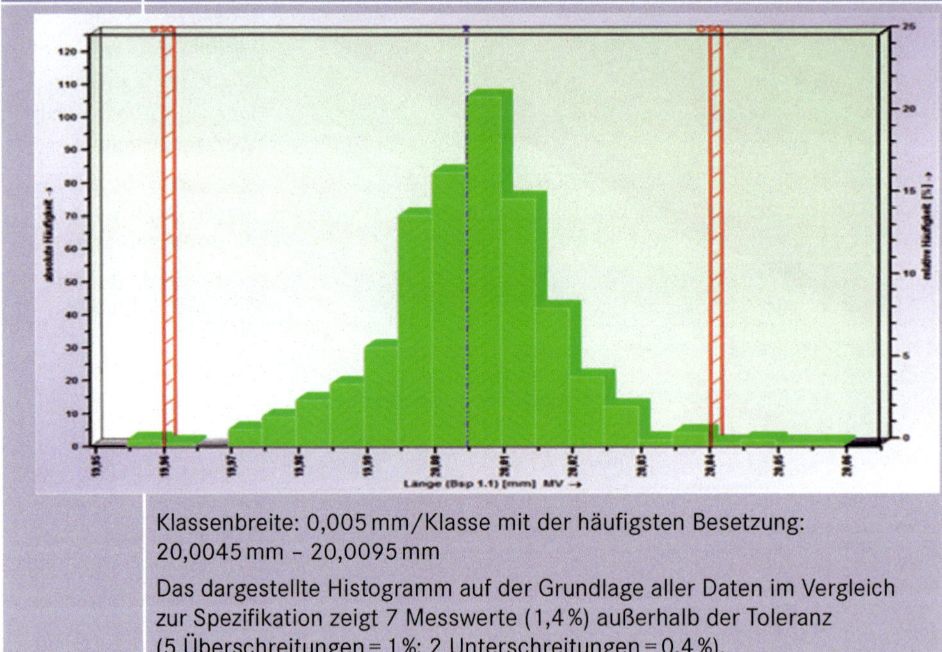
</td></tr>
<tr><td></td><td colspan="2">Klassenbreite: 0,005 mm/Klasse mit der häufigsten Besetzung: 20,0045 mm - 20,0095 mm
Das dargestellte Histogramm auf der Grundlage aller Daten im Vergleich zur Spezifikation zeigt 7 Messwerte (1,4 %) außerhalb der Toleranz (5 Überschreitungen = 1 %; 2 Unterschreitungen = 0,4 %).</td></tr>
</table>

$\overline{x}$-Regelkarte mit der Anzeige aller Verletzungen der Stabilität

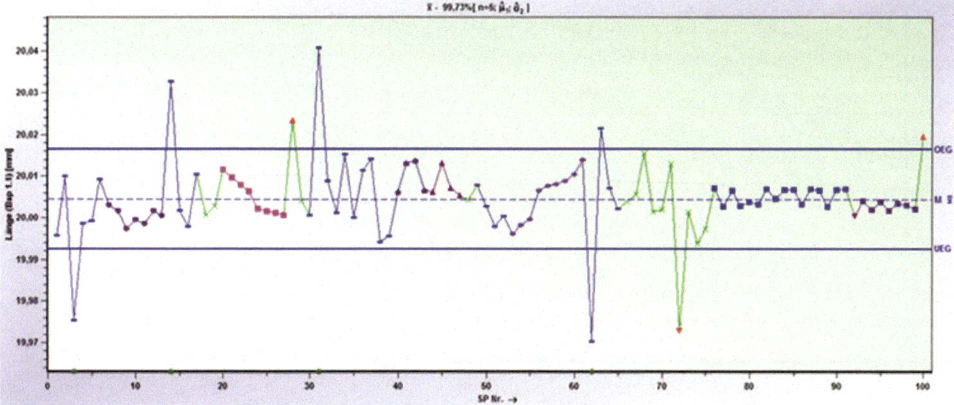

Stichprobe	Ergebnis/Stabilitäts-verletzung	Stichprobe	Ergebnis/Stabilitäts-verletzung
1	$\overline{x}_1$ = 19,9958 mm	32 bis 56	Mittleres Drittel 40 %
3	Unterschreitung der UEG	53 bis 61	Folge ansteigend
7 bis 13	Folge unterhalb der Mittel-linie	62	Unterschreitung der UEG
14	Überschreitung der OEG	63	Überschreitung der OEG
1 bis 25	Mittleres Drittel 40 %	72	Unterschreitung der UEG
20 bis 27	Folge absteigend	51 bis 75	Mittleres Drittel 40 %
28	Überschreitung der OEG	75 bis 99	Mittleres Drittel 92 %
31	Überschreitung der OEG	92 bis 99	Folge unterhalb der Mittellinie
40 bis 47	Folge oberhalb der Mittellinie	76 bis 100	Mittleres Drittel 92 %
30 bis 54	Mittleres Drittel 40 %	100	Überschreitung der OEG
31 bis 55	Mittleres Drittel 36 %		$\overline{x}_{100}$ = 20,0196 mm

s-Regelkarte mit der Anzeige aller Verletzungen der Stabilität

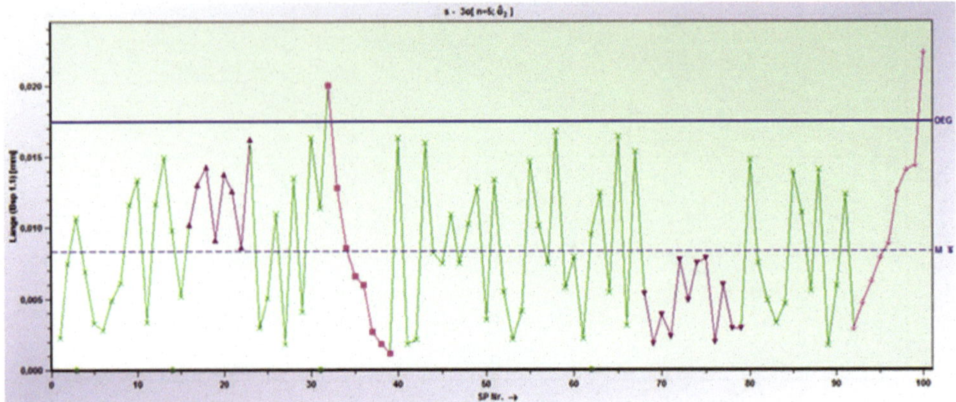

Stichprobe	Ergebnis/Stabilitäts-verletzung	Stichprobe	Ergebnis/Stabilitäts-verletzung
1	s1 = 0,00228 mm	68 bis 79	Folge unterhalb der Mittellinie
16 bis 23	Folge oberhalb der Mittellinie	92 bis 100	Folge ansteigend
32	Überschreitung der OEG	100	Überschreitung der OEG
32 bis 39	Folge absteigend		s100 = 0,02230 mm

Die oben dargestellten Regelkarten beschreiben den Prozess als nicht unter statistischer Kontrolle. Wenn trotzdem Fähigkeitsindexe basierend auf den $\overline{x}/s$-Regelkartendaten bestimmt werden, stellen diese Ergebnisse nichts anderes als einen bedeutungslosen Zahlenwert dar. Wie irreführend solche Werte tatsächlich sind, wird dadurch verdeutlicht, dass eine Berechnung auf der Grundlage dieser Messwerte die vorher gültigen Werte von 1,50 bzw. 1,33 bestätigt. Die inkorrekte Nutzung dieser Ergebnisse als Fähigkeitsindexe führt hier automatisch zu dem Schluss, dass dieser Prozess auch weiterhin gut innerhalb der Spezifikationsgrenzen arbeitet. Die vorhandenen fehlerhaften Teile (1,4 %) beweisen jedoch sehr deutlich die Unsinnigkeit einer solchen Feststellung.

Test 2		
Zweck:	Diese einer Normalverteilung entsprechenden Messwerte dienen in erster Linie zur Beurteilung der Rechengenauigkeit.	
Verfahren:	Eingabe von 100 Messwerten die als 5er Stichproben der Anlaufphase eines unter endgültigen Serienbedingungen arbeitenden Prozesses entnommen wurden. Spezifikation = 14,070+0,005/-0,010 OSG = 14,075 mm USG = 14,060 mm	
Ergebnisse:	$\bar{x}$ der ersten 5er Stichprobe = 14,068620 mm s der ersten 5er Stichprobe = 0,0008167 mm $\bar{x}$ aller 20 Einzelstichproben = 14,067923 mm $\hat{\sigma}$ bestimmt über $\bar{s}$ der Regelkarte = 0,0012414 mm	
	$\bar{x}$-Karte	s-Karte
	OEG = 14,069589 mm UEG = 14,066257 mm	OEG = 0,0024378 mm
	Stabilitätsbeurteilung: Prozess ist stabil. Das Histogramm mit allen Messwerten im Vergleich zur Spezifikation zeigt alle Werte innerhalb der Spezifikationsgrenzen. Fähigkeitsindexe: P_p = 2,01 P_{pk} = 1,90 Unabhängig davon, ob der Berechnung die Regelkartendaten oder die Gesamtstandardabweichung zugrunde liegt, führt die Berechnung der Fähigkeitsindexe in diesem Beispiel zu gleichen Ergebnissen.	

$\overline{x}$/s-Regelkarte zur Beschreibung der Prozessleistung

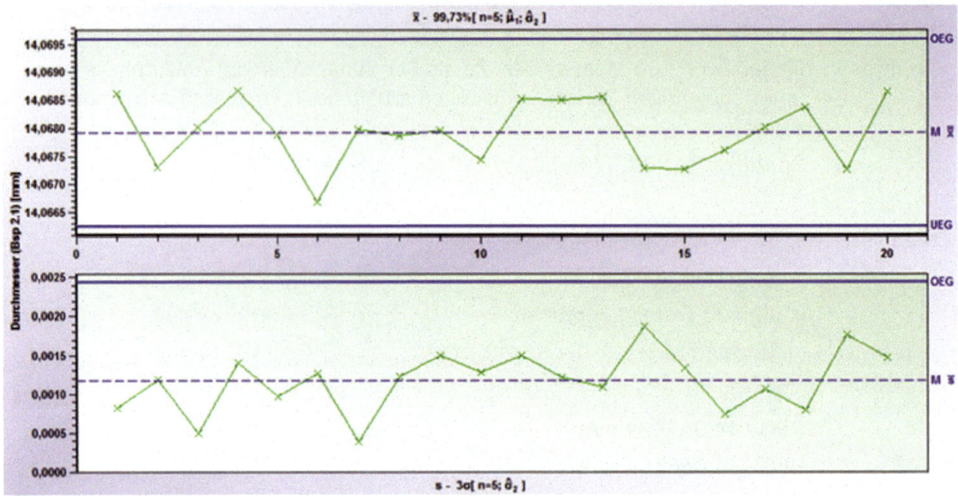

Histogramm mit allen Messwerten im Vergleich zur Spezifikation

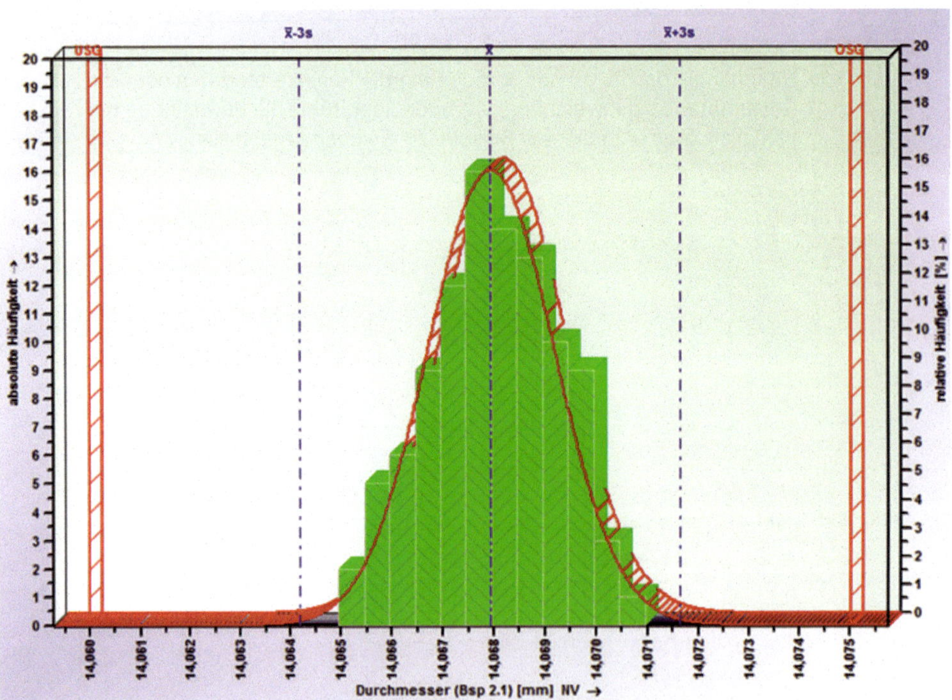

Klassenbreite: 0,005 mm/Klasse mit der häufigsten Besetzung: 14,06745 mm – 14,06795 mm

Test 3

Zweck:

Diese Testdaten dienen zur Beurteilung, ob alle Berechnungen im Zusammenhang mit der Anwendung einer $\bar{x}$/s-Regelkarte richtig durchgeführt werden und die Bestimmung der Fähigkeitsindexe in Übereinstimmung mit den Ford-Richtlinien erfolgt.

Die angebotenen Messwerte passen sich am besten der Normalverteilung an und dienen als Grundlage, die korrekte Anwendung der zur Berechnung dieser Verteilungsform notwendigen Schritte zu beurteilen.

Verfahren:

Eingabe von 875 Messwerten, die als 7er Stichproben einem über mehr als 20 Produktionstage unter normalen Serienbedingungen arbeitenden Prozess entnommen wurden.

Spezifikation = 130,0 +0,25/-0,10	OSG = 130,25 mm
	USG = 129,90 mm

Ergebnisse:

s der ersten 7er Stichprobe	= 0,03485 mm
$\bar{x}$ aller 125 Einzelstichproben	= 130,0392 mm
$\hat{\sigma}$ bestimmt über $\bar{s}$ der Regelkarte	= 0,03260 mm

$\bar{x}$-Karte	s-Karte
OEG = 130,0761 mm	OEG = 0,05884 mm
UEG = 130,0022 mm	UEG = 0,00369 mm

Stabilitätsbeurteilung: Prozess ist stabil.

In den Regelkarten vorhandene Grenzwerte, die noch nicht als Verletzung der Stabilitätsbedingung angezeigt werden dürfen.

$\bar{x}$-Karte			s-Karte		
Stichprobe		Ereignis	Stichprobe		Ereignis
71 - 77	6	stetig ansteigende Intervalle	8 - 13	6	Punkte unterh. der Mittellinie
99 - 104	6	Punkte unterh. der Mittellinie	90 - 95	6	Punkte oberh. der Mittellinie
110 - 116	6	stetig abfallende Intervalle	98 - 104	6	stetig abfallende Intervalle

Das Histogramm mit allen Messwerten im Vergleich zur Spezifikation zeigt alle Werte innerhalb der Spezifikationsgrenzen. Im Wahrscheinlichkeitsschaubild wird die Normalverteilung durch eine gute Anpassung der Ausgleichsgeraden bestätigt.

Fähigkeitsindexe:

$C_p = 1{,}79$ $\quad$ $C_{pk} = 1{,}42$

Unabhängig davon, ob der Berechnung die Regelkartendaten oder die Gesamtstandardabweichung zugrunde liegt, führt die Berechnung der Fähigkeitsindexe in diesem Beispiel zu gleichen Ergebnisen.

$\overline{x}$/s-Regelkarte zur Beschreibung der Prozessleistung

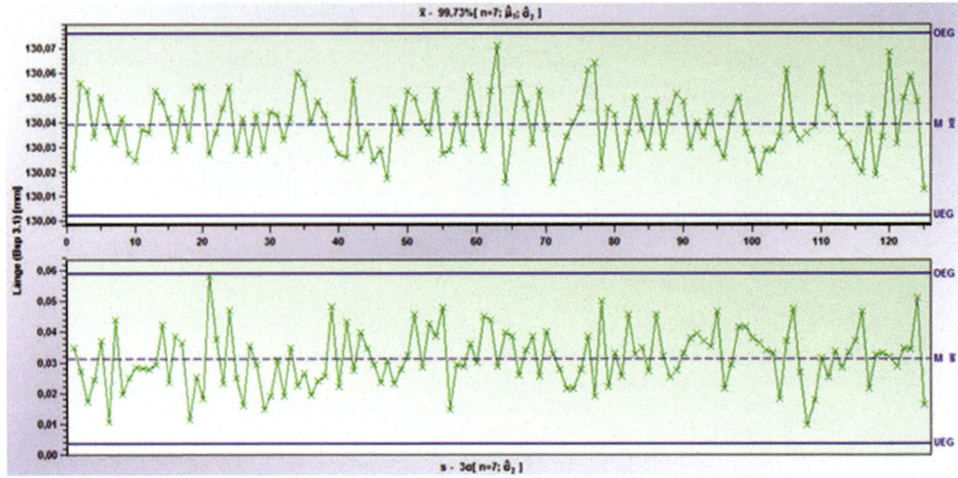

Histogramm mit allen Messwerten im Vergleich zur Spezifikation

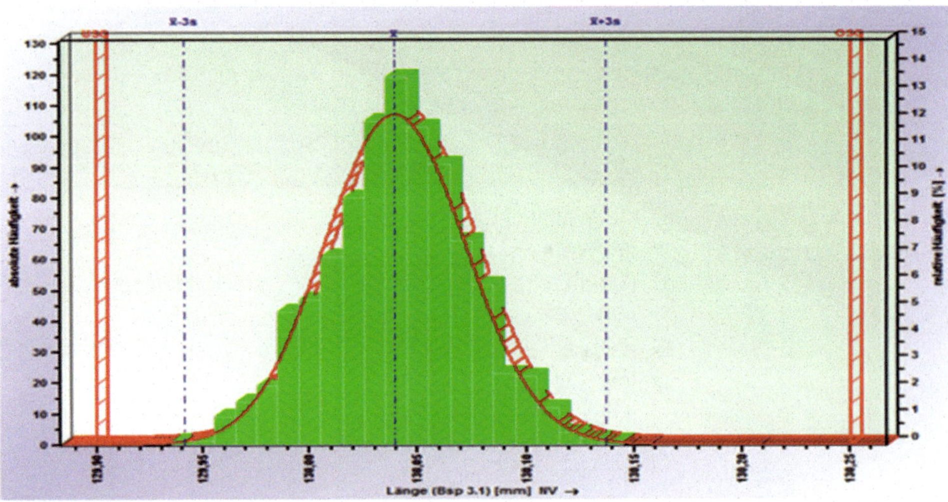

Klassenbreite: 0,01 mm/Klasse mit der häufigsten Besetzung: 130,035 mm - 130,045 mm

Wahrscheinlichkeitsschaubild für Normalverteilung

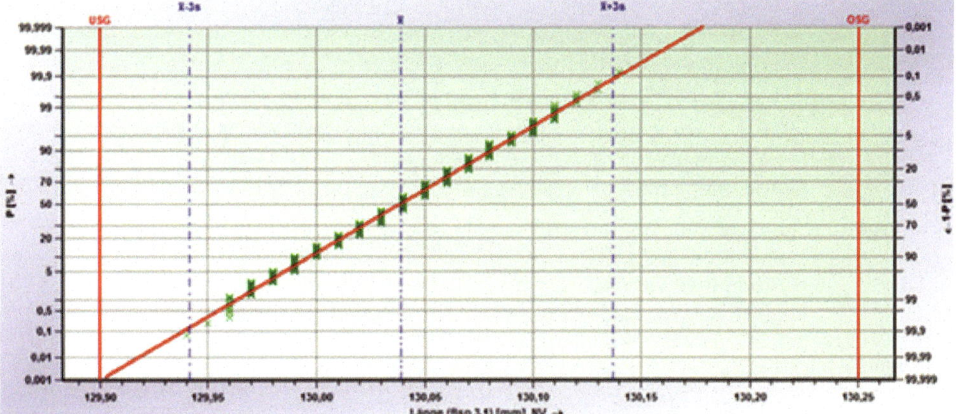

Test 4		
Zweck:	Diese Testdaten dienen zur Beurteilung, ob alle Berechnungen im Zusammenhang mit der Anwendung einer $\overline{x}$/s-Regelkarte richtig durchgeführt werden und die Bestimmung der Fähigkeitsindexe in Übereinstimmung mit den Ford-Richtlinien erfolgt. Die angebotenen Messwerte passen sich am besten der Log. Normalverteilung an und dienen als Grundlage, die korrekte Anwendung der zur Berechnung dieser Verteilungsform notwendigen Schritte zu beurteilen.	
Verfahren:	Eingabe von 200 Messwerten, die als 5er Stichproben der Anlaufphase eines unter endgültigen Serienbedingungen arbeitenden Prozesses entnommen wurden. Spezifikation = max. 5,0 OSG = 5,0 mm USG = keine	
Ergebnisse:	$\overline{x}$ aller 40 Einzelstichproben = 0,504 mm $\hat{\sigma}$ bestimmt über $\overline{s}$ der Regelkarte = 0,3530 mm	
	$\overline{x}$-Karte	s-Karte
	OEG = 0,978 mm UEG = 0,030 mm	OEG = 0,6933 mm
	Stabilitätsbeurteilung: Prozess ist stabil. Das Histogramm mit allen Messwerten im Vergleich zur Spezifikation zeigt alle Werte innerhalb der Spezifikationsgrenzen. Im Wahrscheinlichkeitsschaubild wird die Log. Normalverteilung durch eine gute Anpassung der Ausgleichsgeraden bestätigt. Berechnung der Fähigkeitsindexe basierend auf allen 200 Messwerten, der Prozentmethode und der Log. Normalverteilung. P_p nicht berechnet, da es sich bei max. 5,0 um eine einseitige Toleranzangabe handelt. $P_{pk} = 1{,}72$ Da der hier zu beurteilende Fertigungsprozess Messwerte unter Null nicht zulässt, ist eine Berechnung von P_p unter Annahme von Null als unterer Grenzwert möglich. Es macht jedoch keinen Sinn, diese natürliche Grenze für die Berechnung von P_{pk} in Betracht zu ziehen. Wird Null als untere Spezifikationsgrenze betrachtet, lässt sich P_p mit folgendem Ergebnis berechnen: $P_p = 1{,}63$ Bei der Berechnung von Fähigkeitsindexen für log. normalverteilte Messwerte, lässt sich mittels Regressionsrechnung ein Offset-Faktor bestimmen und eine noch bessere Anpassung und Beschreibung der Prozessleistung erreichen. Ergebnisse für dieses Beispiel mit einem Offset-Faktor von 0,03: $P_p = 1{,}78$ und $P_{pk} = 1{,}92$ Es muss als absolut falsch angesehen werden, wenn unter Annahme einer Normalverteilung die Fähigkeitsindexe basierend auf $\overline{x}$ und $\overline{s}$ der Regelkarten bestimmt werden. Die Messwerte in diesem Beispiel entsprechen nicht der Normalverteilung und ausschließlich anhand der Regelkartendaten berechneten Fähigkeitsindexe ($P_{pk} = 4{,}24$ bezogen auf max. Spezifikation) beschreiben in keiner Weise die wirkliche Prozessleistung.	

$\overline{x}$/s-Regelkarte zur Beschreibung der Prozessleistung

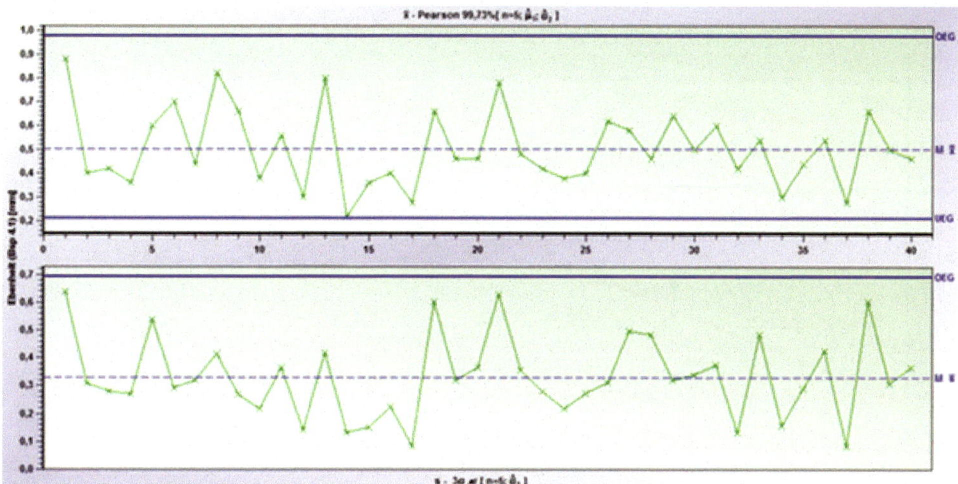

Histogramm mit allen Messwerten im Vergleich zur Spezifikation

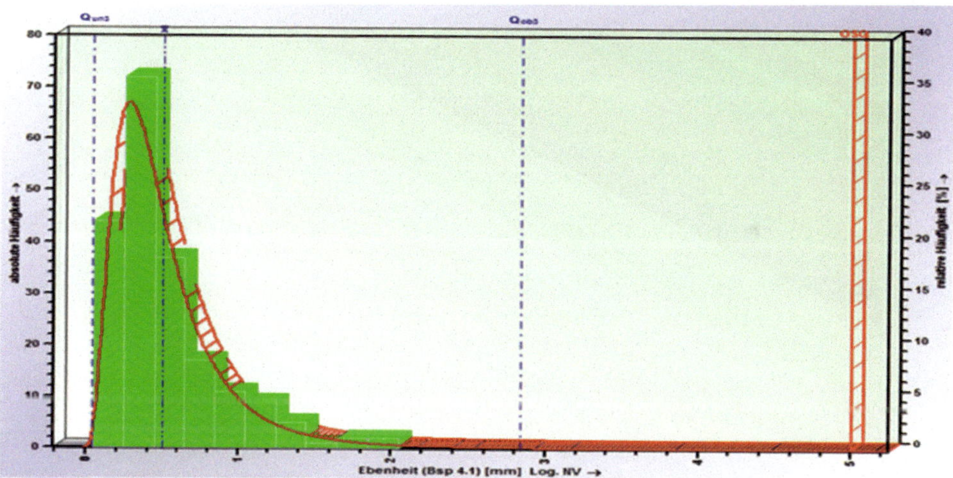

Klassenbreite: 0,2 mm/Klasse mit der häufigsten Besetzung: 0,25 mm - 0,45 mm

Wahrscheinlichkeitsschaubild für log. Normalverteilung (Darstellung mit Einzelwerten)

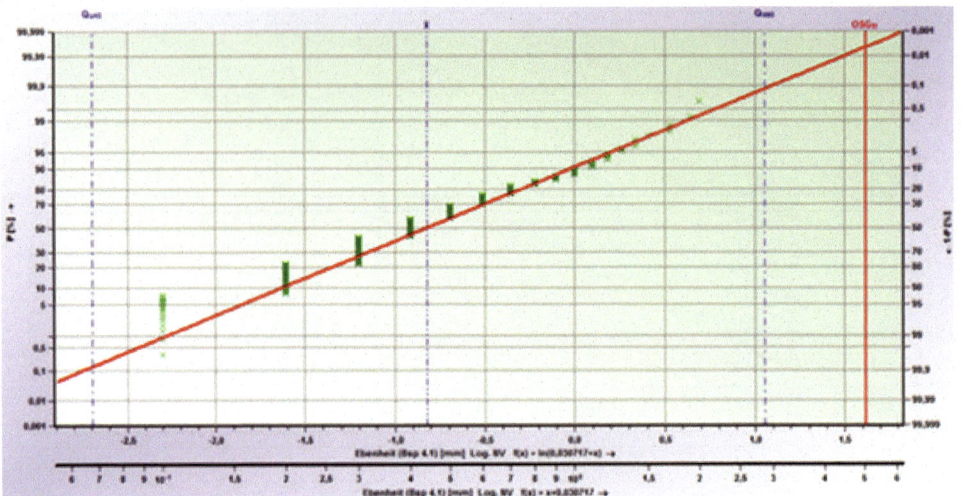

<table>
<tr><th colspan="3">Test 5</th></tr>
<tr><td>Zweck:</td><td colspan="2">Diese Testdaten dienen zur Beurteilung, ob alle Berechnungen im Zusammenhang mit der Anwendung einer $\bar{x}$/s-Regelkarte richtig durchgeführt werden und die Bestimmung der Fähigkeitsindexe in Übereinstimmung mit den Ford-Richtlinien erfolgt.
Die angebotenen Messwerte passen sich am besten der Weibull-Verteilung an und dienen als Grundlage, die korrekte Anwendung der zur Berechnung dieser Verteilungsform notwendigen Schritte zu beurteilen.</td></tr>
<tr><td>Verfahren:</td><td colspan="2">Eingabe von 200 Messwerten, die als 5er Stichproben der Anlaufphase eines unter endgültigen Serienbedingungen arbeitenden Prozesses entnommen wurden.
Spezifikation = 770 +150/-270 OSG = 920 Nm
USG = 500 Nm</td></tr>
<tr><td>Ergebnisse:</td><td colspan="2">$\bar{x}$ aller 40 Einzelstichproben = 718,30 Nm
$\hat{\sigma}$ bestimmt über $\bar{s}$ der Regelkarte = 61,212 Nm</td></tr>
<tr><td></td><td>$\bar{x}$-Karte</td><td>s-Karte</td></tr>
<tr><td></td><td>OEG = 800,42 Nm
UEG = 636,18 Nm</td><td>OEG = 120,20 Nm</td></tr>
<tr><td></td><td colspan="2">Stabilitätsbeurteilung: Prozess ist stabil.
Das Histogramm mit allen Messwerten im Vergleich zur Spezifikation zeigt alle Werte innerhalb der Spezifikationsgrenzen.
Im Wahrscheinlichkeitsschaubild wird die Weibull- Verteilung durch eine gute Anpassung der Ausgleichsgeraden bestätigt.
Berechnung der Fähigkeitsindexe basierend auf allen 200 Messwerten, der Prozentmethode und der Weibull- Verteilung:
P_p = 1,14 P_{pk} = 0,90
Im Zusammenhang mit der Berechnung von Fähigkeitsindexen auf Grundlage der Weibull-Verteilung ist zu beachten, dass die zulässige Anwendung von unterschiedlichen Regressionsmodellen zu geringfügig unterschiedlichen Fähigkeitsindexen führt.
Max. Likelihood- Schätzung für Parameter α und β
ohne offset P_p = 1,14 P_{pk} = 0,90
mit offset[1] P_p = 1,09 Ppk = 0,84

Regressionsanalyse:
ohne offset P_p = 1,08 P_{pk} = 0,86
mit offset[1] P_p = 1,05 P_{pk} = 0,81</td></tr>
</table>

1 Dieses Beispiel wurde mit einem offset-Faktor von 450 berechnet.

$\overline{x}$/s-Regelkarte zur Beschreibung der Prozessleistung

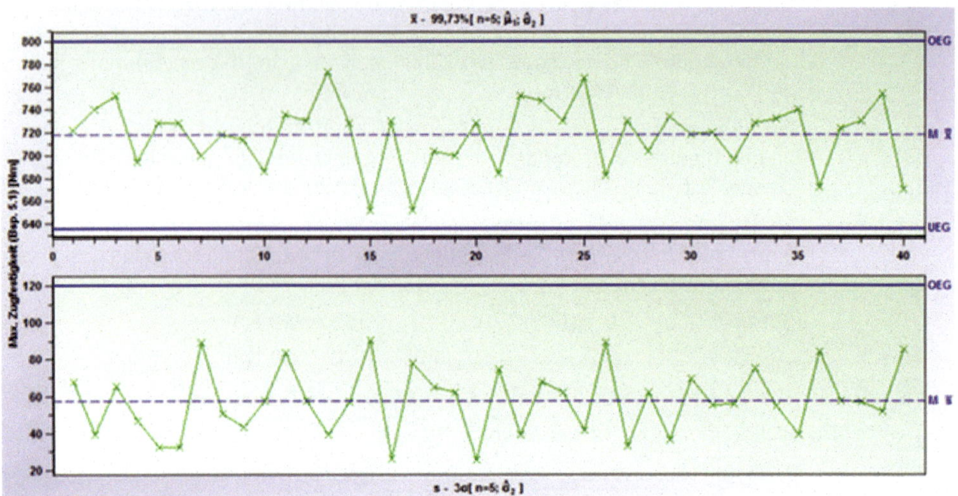

Histogramm mit allen Messwerten im Vergleich zur Spezifikation

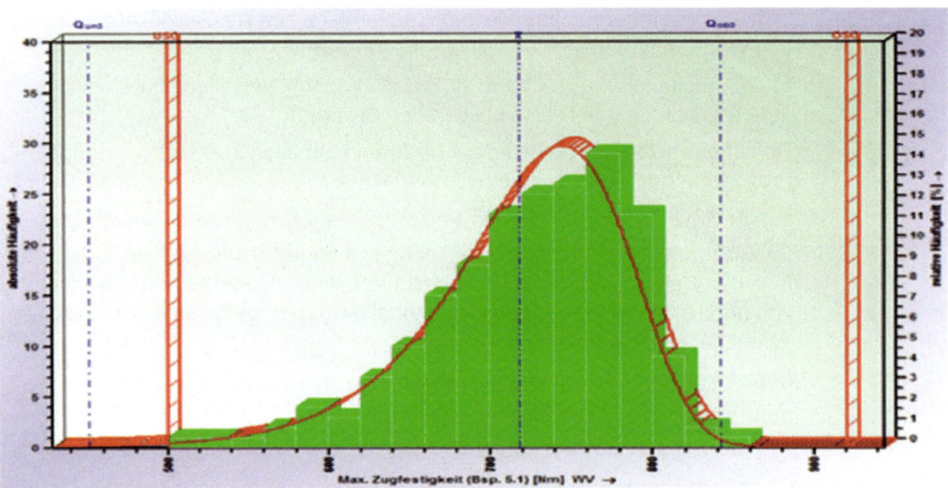

Klassenbreite: 20 Nm/Klasse mit der häufigsten Besetzung: 759,5 Nm - 779,5 Nm

Wahrscheinlichkeitsschaubild für Weibull-Verteilung

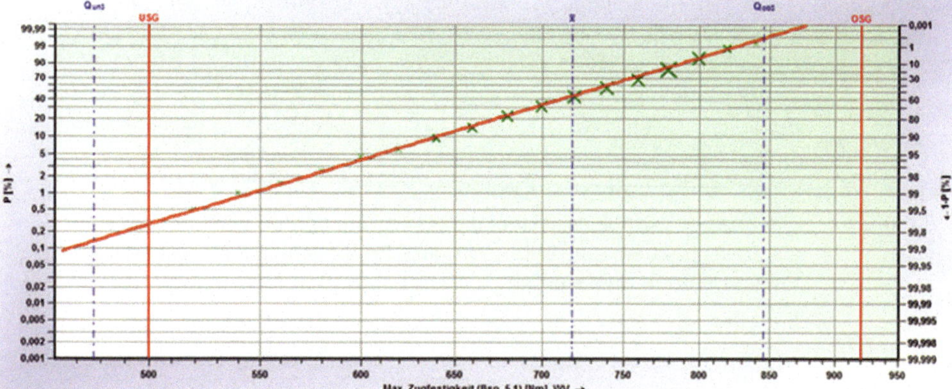

<table>
<tr><th colspan="3">Test 6</th></tr>
<tr><td>Zweck:</td><td colspan="2">Diese Testdaten dienen zur Beurteilung, ob alle Berechnungen im Zusammenhang mit der Anwendung einer $\overline{x}$/s-Regelkarte richtig durchgeführt werden und die Bestimmung der Fähigkeitsindexe in Übereinstimmung mit den Ford-Richtlinien erfolgt.
Die angebotenen Messwerte passen sich am besten der Rayleigh-Verteilung an und dienen als Grundlage, die korrekte Anwendung der zur Berechnung dieser Verteilungsform notwendigen Schritte zu beurteilen.</td></tr>
<tr><td>Verfahren:</td><td colspan="2">Eingabe von 500 Messwerten, die als 5er Stichproben einem über mehr als 20 Produktionstage unter normalen Serienbedingungen arbeitenden Prozess entnommen wurden.
Spezifikation = max. 0,10 — OSG = 0,10 mm
USG = keine</td></tr>
<tr><td>Ergebnisse:</td><td colspan="2">$\overline{\overline{x}}$ aller 100 Einzelstichproben = 0,02527 mm
$\hat{\sigma}$ bestimmt über $\overline{s}$ der Regelkarte = 0,013510 mm</td></tr>
<tr><td></td><td>$\overline{x}$-Karte</td><td>s-Karte</td></tr>
<tr><td></td><td>OEG = 0,04340 mm
UEG = 0,00715 mm</td><td>OEG = 0,026529 mm</td></tr>
<tr><td></td><td colspan="2">Stabilitätsbeurteilung: Prozess ist stabil.
Das Histogramm mit allen Messwerten im Vergleich zur Spezifikation zeigt alle Werte innerhalb der Spezifikationsgrenzen.
Im Wahrscheinlichkeitsschaubild wird die Rayleigh- Verteilung durch eine gute Anpassung der Ausgleichsgeraden bestätigt.
Berechnung der Fähigkeitsindexe basierend auf allen 500 Messwerten, der Prozentmethode und der Rayleigh-Verteilung.
C_p nicht berechnet, da es sich bei max. 0,10 um eine einseitige Toleranzangabe handelt.
C_{pk} = 1,56
Da der hier zu beurteilende Fertigungsprozess Messwerte unter Null nicht zulässt, ist eine Berechnung von C_p unter Annahme von Null als unterer Grenzwert möglich. Es macht jedoch keinen Sinn, diese natürliche Grenze für die Berechnung von C_{pk} in Betracht zu ziehen.
Wird Null als untere Spezifikationsgrenze betrachtet, lässt sich C_p mit folgendem Ergebnis berechnen: C_p = 1,38
Bei der Berechnung von Fähigkeitsindexen von Messwerten, die einer Rayleigh-Verteilung entsprechen, lässt sich mittels Regressionsrechnung ein offset-Faktor bestimmen und eine noch bessere Anpassung und Beschreibung der Prozessleistung erreichen: C_p = 1,34 und C_{pk} = 1,51
Fähigkeitsindexe unter Annahme von verschiedenen Verteilungsformen:</td></tr>
<tr><td></td><td>Betragsverteilung 1. Art</td><td>C_{pk} = 0,98</td></tr>
<tr><td></td><td>Betragsverteilung 1. Art mit Offset (-0,001)</td><td>C_{pk} = 1,02</td></tr>
<tr><td></td><td>Log. Normalverteilung</td><td>C_{pk} = 0,56</td></tr>
<tr><td></td><td>Log. Normalverteilung mit Offset (0,031)</td><td>C_{pk} = 1,34</td></tr>
<tr><td></td><td>Normalverteilung</td><td>C_{pk} = 1,84</td></tr>
</table>

$\overline{x}$/s-Regelkarte zur Beschreibung der Prozessleistung

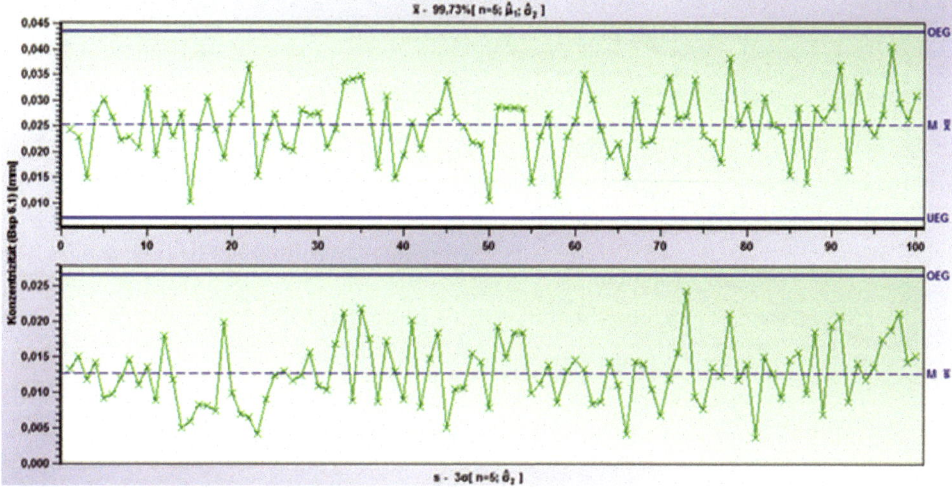

Histogramm mit allen Messwerten im Vergleich zur Spezifikation

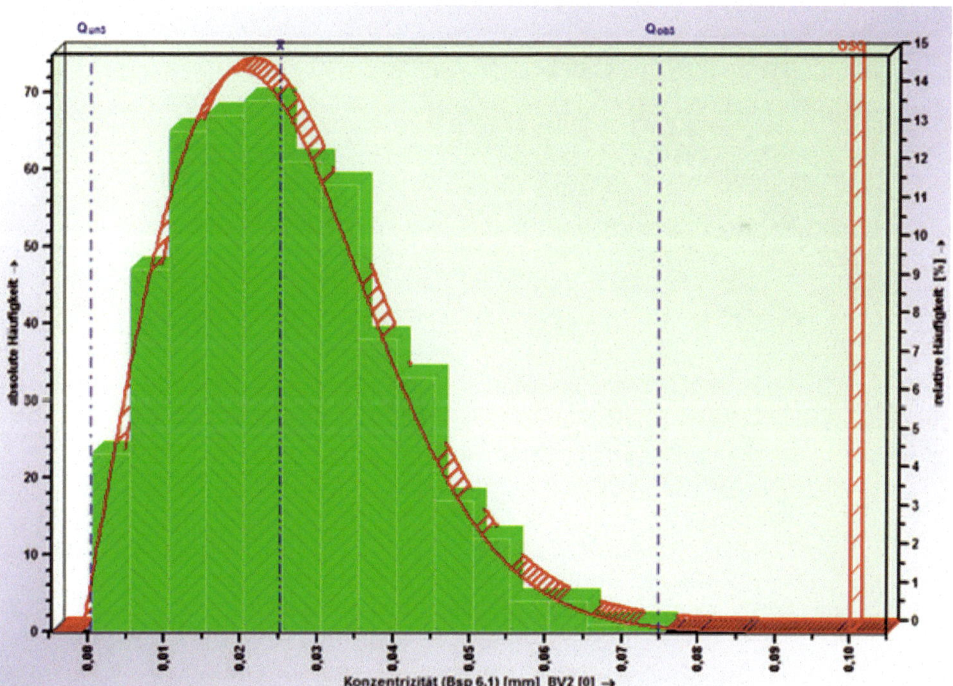

Klassenbreite: 0,005 mm/Klasse mit der häufigsten Besetzung: 0,0205 mm – 0,0255 mm

Wahrscheinlichkeitsschaubild für Rayleigh-Verteilung

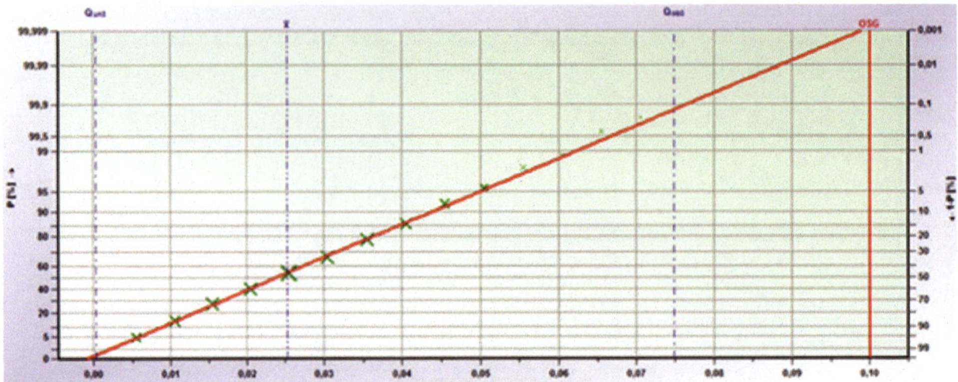

<table>
<tr><th colspan="3">Test 7</th></tr>
<tr><td>Zweck:</td><td colspan="2">Diese Testdaten dienen zur Beurteilung, ob alle Berechnungen im Zusammenhang mit der Anwendung einer $\overline{x}$/s-Regelkarte richtig durchgeführt werden und die Bestimmung der Fähigkeitsindexe in Übereinstimmung mit den Ford-Richtlinien erfolgt.
Die angebotenen Messwerte passen sich am besten der Betragsverteilung 1. Art an und dienen als Grundlage, die korrekte Anwendung der zur Berechnung dieser Verteilungsform notwendigen Schritte zu beurteilen.</td></tr>
<tr><td>Verfahren:</td><td colspan="2">Eingabe von 600 Messwerten, die als 3er Stichproben einem über mehr als 20 Produktionstage unter normalen Serienbedingungen arbeitenden Prozess entnommen wurden.
Spezifikation = max. 0,04 — OSG = 0,04 mm
USG = keine</td></tr>
<tr><td>Ergebnisse:</td><td colspan="2">$\overline{x}$ aller 200 Einzelstichproben = 0,00829 mm
$\hat{\sigma}$ bestimmt über $\overline{s}$ der Regelkarte = 0,004871 mm</td></tr>
<tr><td></td><td>$\overline{x}$-Karte</td><td>s-Karte</td></tr>
<tr><td></td><td>OEG = 0,01672 mm
UEG = -0,00015 mm[2]</td><td>OEG = 0,011083 mm</td></tr>
<tr><td></td><td colspan="2">Stabilitätsbeurteilung: Prozess ist stabil.
Das Histogramm mit allen Messwerten im Vergleich zur Spezifikation zeigt alle Werte innerhalb der Spezifikationsgrenzen.
Im Wahrscheinlichkeitsschaubild wird die Betragsverteilung 1. Art durch eine gute Anpassung der Ausgleichsgeraden bestätigt.
Berechnung der Fähigkeitsindexe basierend auf allen 600 Messwerten, der Prozentmethode und der Betragsverteilung 1. Art.
C_p = nicht berechnet, da es sich bei max. 0,04 mm um eine einseitige Toleranzangabe handelt.
C_{pk} = 1,67
Da der hier zu beurteilende Fertigungsprozess Messwerte unter Null nicht zulässt, ist eine Berechnung von C_p unter Annahme von Null als unterer Grenzwert möglich. Es macht jedoch keinen Sinn, diese natürliche Grenze für die Berechnung von C_{pk} in Betracht zu ziehen.
Wird Null als untere Spezifikationsgrenze betrachtet, lässt sich C_p mit folgendem Ergebnis berechnen: C_p = 1,59
Die Berechnung von Fähigkeitsindexen auf Grundlage einer Betragsverteilung 1. Art ohne Berücksichtigung eines vorhandenen Offsets ist nicht sinnvoll. Ohne die Berücksichtigung des für dieses Beispiel gültigen Offset-Faktors von -0,002 zu berücksichtigen, ergeben sich folgende Fähigkeitsindexe:
C_p = 1,20 und
C_{pk} = 1,27.</td></tr>
</table>

2 Da Messwerte unter Null nicht auftreten können, ist die UEG ohne Bedeutung.

$\overline{x}$/s-Regelkarte zur Beschreibung der Prozessleistung

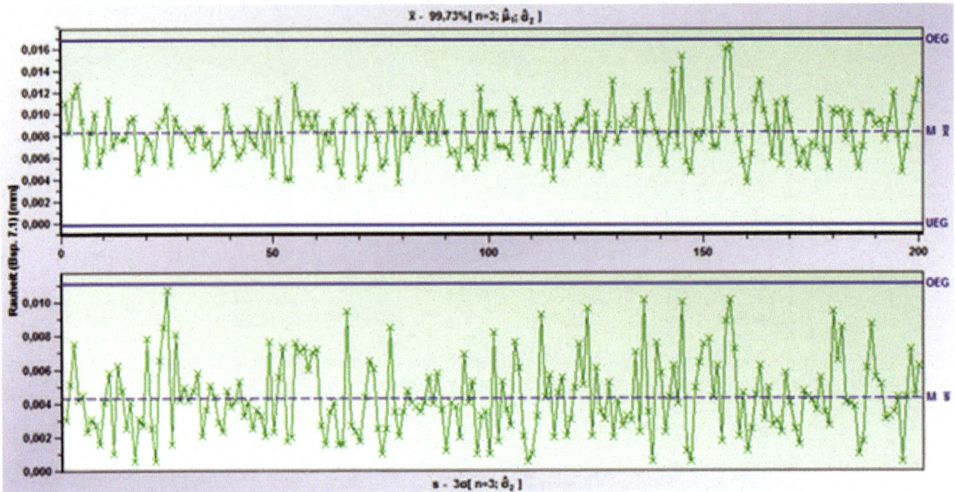

Histogramm mit allen Messwerten im Vergleich zur Spezifikation

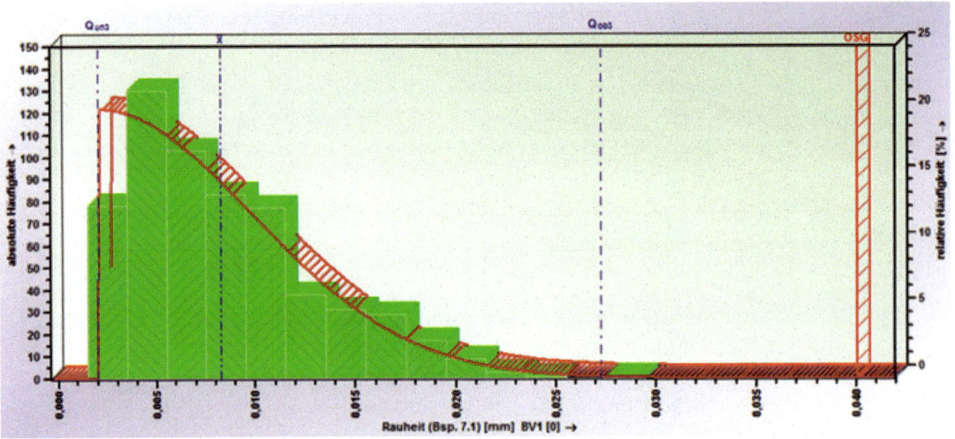

Klassenbreite: 0,002 mm/Klasse mit der häufigsten Besetzung: 0,0035 mm – 0,0055 mm

Wahrscheinlichkeitsschaubild für Betragsverteilung 1. Art (Darstellung der Einzelwerte)

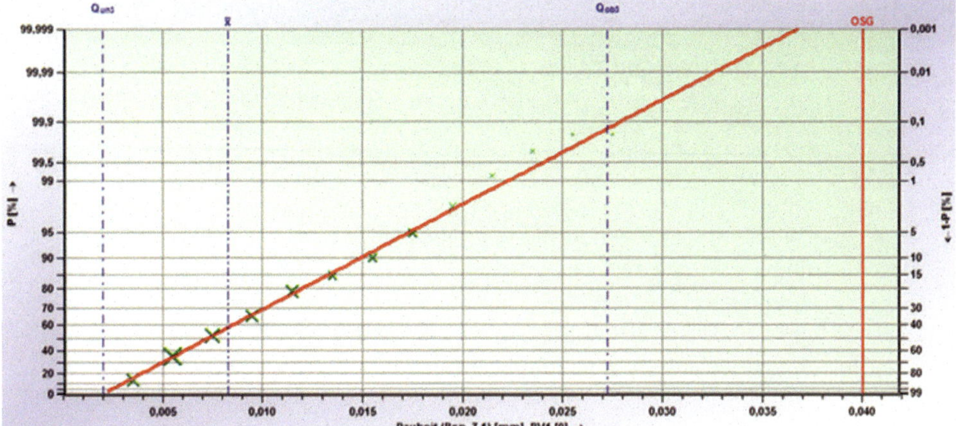

<table>
<tr><th colspan="3">Test 8</th></tr>
<tr><td>Zweck:</td><td colspan="2">Diese Testdaten dienen zur Beurteilung, ob alle Berechnungen im Zusammenhang mit der Anwendung einer $\overline{x}$/s-Regelkarte richtig durchgeführt werden und die Bestimmung der Fähigkeitsindexe in Übereinstimmung mit den Ford-Richtlinien erfolgt.
Die angebotenen Messwerte repräsentieren einen nicht einstellbaren Prozess mit Werkzeugwechsel und dienen dazu, die Handhabung der Regelkarte und die Berechnung von Fähigkeitsindexen bei der Anwendung des Verfahrens für besondere Prozesssituationen zu beurteilen.</td></tr>
<tr><td>Verfahren:</td><td colspan="2">Eingabe von 500 Messwerten, die als 5er Stichproben einem über mehr als 20 Produktionstage unter normalen Serienbedingungen arbeitenden Prozess entnommen wurden.
Spezifikation = 30,0 0,13 OSG = 30,130 mm
USG = 29,870 mm
Auf der Grundlage einer normalen Ford $\overline{x}$/s-Regelkarte berechneten Eingriffsgrenzen:
OEG $\overline{x}$-Karte = 30,0203 mm
UEG $\overline{x}$-Karte = 29,9930 mm
OEG s-Karte = 0,01996 mm
Stabilitätsbeurteilung: Prozess ist stabil für s, jedoch nicht stabil für $\overline{x}$.
Durch eine Prozessanalyse wurde bestätigt, dass eine zusätzliche $\overline{x}$-Streuung durch den Einsatz von verschiedenen Werkzeugen verursacht wird. Ausgehend von der Tatsache, dass diese zusätzliche $\overline{x}$-Streuung ein fester und anerkannter Bestandteil dieses Prozesses ist, wird sie bei der Leistungsbeurteilung eines solchen Prozesses als Zufallsstreuung berücksichtigt.
Erkannte und genehmigte zusätzliche $\overline{x}$-Streuung = 0,11 mm</td></tr>
<tr><td>Ergebnisse:</td><td colspan="2">$\overline{\overline{x}}$ aller 100 Einzelstichproben = 30,0067 mm
$\hat{\sigma}$ bestimmt über $\overline{s}$ der Regelkarte = 0,01017 mm</td></tr>
<tr><td></td><td colspan="2">Eingriffsgrenzen der Regelkarte bei besonderen Prozesssituationen:
Bei der Anwendung einer Regelkarte für besondere Prozesssituationen gelten lediglich Punkte außerhalb der Eingriffsgrenzen als Anzeichen für einen nicht stabilen Prozess.</td></tr>
<tr><td></td><td>$\overline{x}$-Karte</td><td>s-Karte</td></tr>
<tr><td></td><td>OEG = 30,0753 mm
UEG = 29,9381 mm</td><td>OEG = 0,01996 mm [3]</td></tr>
<tr><td></td><td colspan="2">Fähigkeitsindexe:
C_p = 1,52 C_{pk} = 1,44
Das Histogramm mit allen Messwerten im Vergleich zur Spezifikation zeigt alle Werte innerhalb der Spezifikationsgrenzen.
C_p = nicht berechnet, da es sich bei max. 0,04 mm um eine einseitige Toleranzangabe handelt. C_{pk} = 1,67
Basierend auf der Mischverteilung ergibt sich ein Fähigkeitsindex von C_p = 1,58 und C_{pk} = 1,48.
Die höheren Indizes sind durch die bessere Anpassung des Verteilungsmodells begründet.</td></tr>
</table>

[3] Die Eingriffsgrenzen der s-Karte sind gegenüber denen für die normale Ford $\overline{x}$/s-Karte unverändert.

$\overline{x}/s$-Regelkarte zur Beschreibung der Prozessleistung

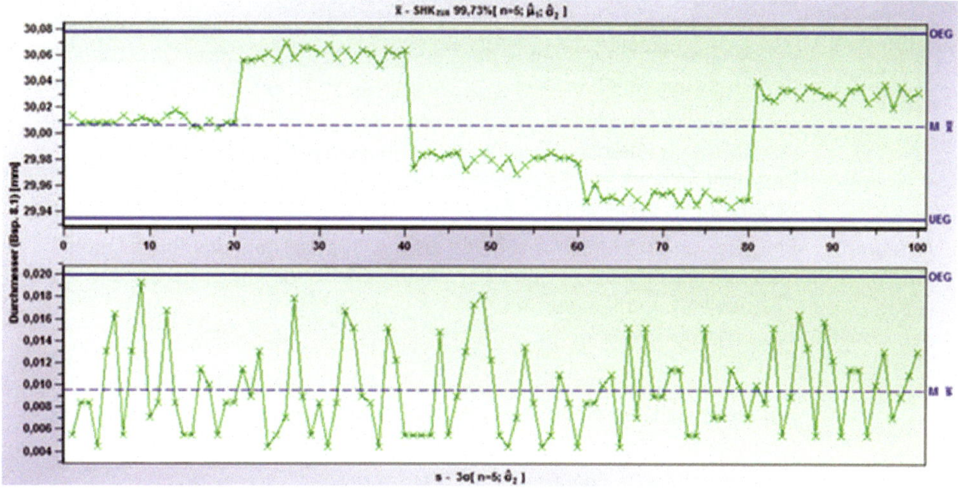

Histogramm mit allen Messwerten im Vergleich zur Spezifikation

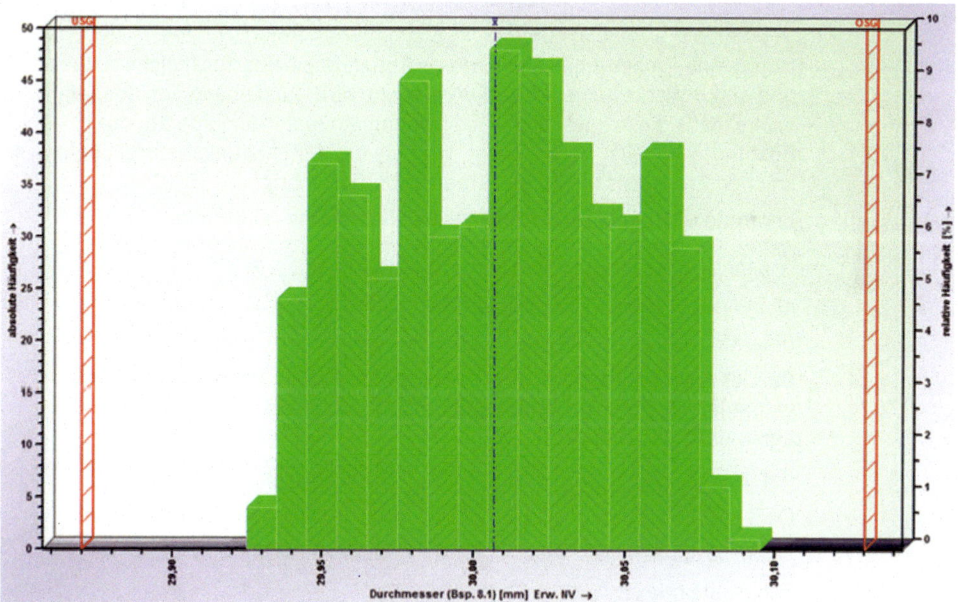

Klassenbreite: 0,01 mm/Klasse mit der häufigsten Besetzung: 30,005 mm - 30,015 mm

<table>
<tr><th colspan="3">Test 9</th></tr>
<tr><td>Zweck:</td><td colspan="2">Diese Testdaten dienen zur Beurteilung, ob alle Berechnungen im Zusammenhang mit der Anwendung einer $\overline{x}$/s-Regelkarte richtig durchgeführt werden und die Bestimmung der Fähigkeitsindexe in Übereinstimmung mit den Ford-Richtlinien erfolgt.
Die angebotenen Messwerte repräsentieren einen Prozess mit Werkzeugverschleiß und dienen dazu die Handhabung der Regelkarte und die Berechnung von Fähigkeitsindexen bei der Anwendung des Verfahrens für besondere Prozesssituationen zu beurteilen.</td></tr>
<tr><td>Verfahren:</td><td colspan="2">Eingabe von 600 Messwerten, die als 6er Stichproben einem über mehr als 20 Produktionstage unter normalen Serienbedingungen arbeitenden Prozess entnommen wurden.
Spezifikation = 20,0 0,30   OSG = 20,300 mm
USG = 19,700 mm
Auf der Grundlage einer normalen Ford $\overline{x}$/s-Regelkarte berechneten Eingriffsgrenzen:
OEG $\overline{x}$-Karte = 20,0342 mm
UEG $\overline{x}$-Karte = 19,9604 mm
OEG s-Karte = 0,05649 mm
UEG s-Karte = 0,00086 mm
Stabilitätsbeurteilung: Prozess ist stabil für s, jedoch nicht stabil für $\overline{x}$.
Durch eine Prozessanalyse wurde bestätigt, dass eine zusätzliche $\overline{x}$-Streuung durch Werkzeugverschleiß verursacht wird. Ausgehend von der Tatsache, dass diese zusätzliche $\overline{x}$-Streuung ein fester und anerkannter Bestandteil dieses Prozesses ist, wird sie bei der Leistungsbeurteilung eines solchen Prozesses als Zufallsstreuung berücksichtigt.
Erkannte und genehmigte zusätzliche $\overline{x}$-Streuung = 0,20 mm</td></tr>
<tr><td>Ergebnisse:</td><td colspan="2">$\overline{\overline{x}}$ aller 100 Einzelstichproben = 19,9973 mm
$\hat{\sigma}$ bestimmt über $\overline{s}$ der Regelkarte = 0,03012 mm</td></tr>
<tr><td></td><td colspan="2">Eingriffsgrenzen der Regelkarte bei besonderen Prozesssituationen:
Bei der Anwendung einer Regelkarte für besondere Prozesssituationen gelten lediglich Punkte außerhalb der Eingriffsgrenzen als Anzeichen für einen nicht stabilen Prozess.</td></tr>
<tr><td></td><td>$\overline{x}$-Karte</td><td>s-Karte[4]</td></tr>
<tr><td></td><td>OEG = 20,1342 mm
UEG = 19,8604 mm</td><td>OEG = 0,05649 mm
UEG = 0,00086 mm</td></tr>
<tr><td></td><td colspan="2">Fähigkeitsindexe:
C_p = 1,58 C_{pk} = 1,56
Das Histogramm mit allen Messwerten im Vergleich zur Spezifikation zeigt alle Werte innerhalb der Spezifikationsgrenzen.
Basierend auf der Mischverteilung ergibt sich ein Fähigkeitsindex von C_p = 1,87 und C_{pk} = 1,69. Die höheren Indizes sind durch die bessere Anpassung des Verteilungsmodells begründet.</td></tr>
</table>

[4] Die Eingriffsgrenzen der s-Karte sind gegenüber denen für die normale Ford $\overline{x}$/s-Karte unverändert.

$\overline{x}/s$-Regelkarte zur Beschreibung der Prozessleistung

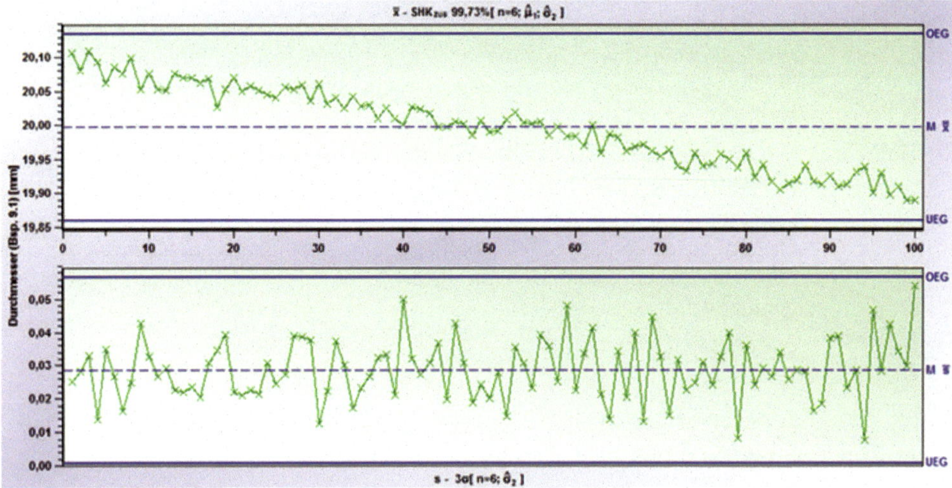

Histogramm mit allen Messwerten im Vergleich zur Spezifikation

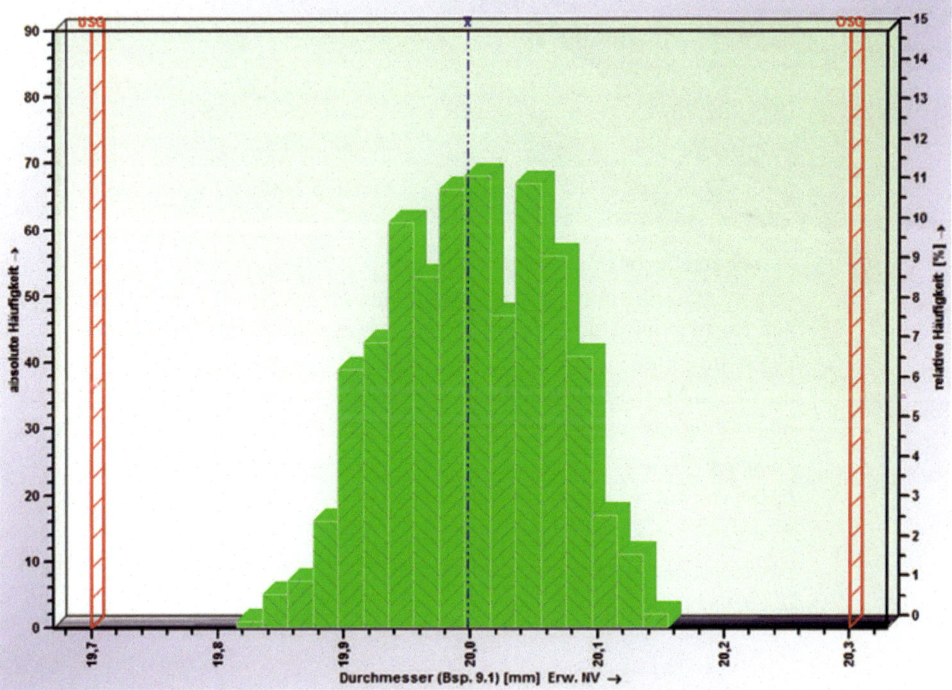

Klassenbreite: 0,02 mm/Klasse mit der häufigsten Besetzung: 19,995 mm - 20,015 mm

Test 10		
Zweck:	Diese Testdaten entsprechen einer Normalverteilung und dienen zur Beurteilung, ob alle Berechnungen im Zusammenhang mit der Anwendung einer gleitenden Mittelwert-/gleitenden Standardabweichungs-Regelkarte richtig durchgeführt werden und die Bestimmung der Fähigkeitsindexe in Übereinstimmung mit den Ford-Richtlinien erfolgt.	
Verfahren:	Eingabe von 102 Messwerten in Form von gleitenden 3er Stichproben. Die Daten, die einem Produktionsanlauf unter endgültigen Serienbedingungen entnommen wurden, können sowohl zur Beurteilung einer gleitenden Mittelwert/gleitenden Standardabweichungs-Regelkarte als auch zur Beurteilung einer gleitenden Mittelwert/gleitenden Spannweiten-Regelkarte genutzt werden. Spezifikation = 65 ± 5 OSG = 70,00 % USG = 60,00 %	
Ergebnisse:	$\bar{x}$ der ersten 3er Stichpr. = 64,73 % s der ersten 3er Stichpr. = 0,777 % R der ersten 3er Stichpr. = 1,5 % $\bar{\bar{x}}$ berechnet auf Grundlage aller 3er Stichproben = 64,921 % $\hat{\sigma}$ bestimmt über $\bar{s}$ der Regelkarte = 1,2350 % $\hat{\sigma}$ berechnet über $\bar{R}$ der Regelkarte = 1,2274 %	$\bar{x}$ der letzten 3er Stichpr. = 64,13 % s der letzten 3er Stichpr. = 1,443 % R der letzten 3er Stichpr. = 2,5 %
	gleitende Mittelwert-Karte	gleitende s-Karte
	OEG = 67,060 % UEG = 62,782 %	OEG = 2,8099 %
	gleitende Mittelwert-Karte	gleitende s-Karte
	OEG = 67,047 % UEG = 62,795 %	OEG = 5,3488 %
	Stabilitätsbeurteilung: Prozess ist stabil. Das Histogramm mit allen Messwerten im Vergleich zur Spezifikation zeigt alle Werte innerhalb der Spezifikationsgrenzen (im Beispiel nicht dargestellt). Im Wahrscheinlichkeitsschaubild wird die Normalverteilung durch eine gute Anpassung der Ausgleichsgeraden bestätigt. Fähigkeitsindexe: basierend auf $\bar{\bar{x}}$ und $\bar{s}$ der Regelkarte $P_p = 1{,}35$ $P_{pk} = 1{,}33$ basierend auf $\bar{\bar{x}}$ und $\bar{R}$ der Regelkarte $P_p = 1{,}36$ $P_{pk} = 1{,}34$ basierend auf den Stichprobenkennwerten $P_p = 1{,}50$ $P_{pk} = 1{,}48$ (s = 1,10943, $\bar{\bar{x}}$ = 64,916)	

Gleitende Mittelwert und gleitende s-Regelkarte zur Beschreibung der Prozessleistung

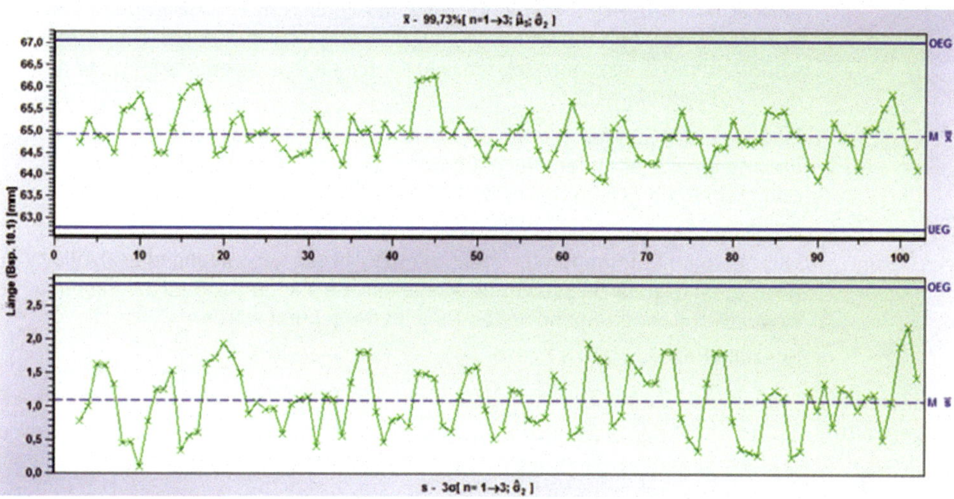

Wahrscheinlichkeitsschaubild für Normalverteilung

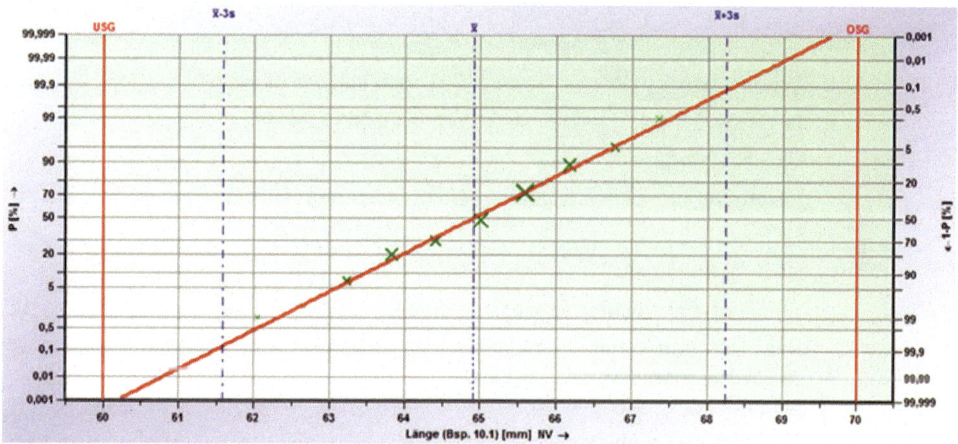

Klassenbreite: 0,5 %/Klasse mit der häufigsten Besetzung: 64,95 % - 65,45 %

<table>
<tr><th colspan="3">Test 11</th></tr>
<tr><td>Zweck:</td><td colspan="2">Diese Testdaten entsprechen einer Normalverteilung und dienen zur Beurteilung, ob alle Berechnungen im Zusammenhang mit der Anwendung einer Urwert-/gleitenden Standardabweichungs-Regelkarte richtig durchgeführt werden und die Bestimmung der Fähigkeitsindexe in Übereinstimmung mit den Ford-Richtlinien erfolgt.</td></tr>
<tr><td>Verfahren:</td><td colspan="2">Eingabe von 150 Messwerten als Urwerte in eine Urwertkarte und durch Bildung einer gleitenden 3er Stichprobe für s bzw. R zur Eintragung in die entsprechende Streuungskarte.
Die Daten wurden einem Produktionsanlauf unter endgültigen Serienbedingungen entnommen und können sowohl zur Beurteilung einer Urwert/gleitenden Standardabweichungs-Regelkarte als auch zur Beurteilung einer Urwert/gleitenden Spannweiten Regelkarte genutzt werden.
Spezifikation = 5 +2/−3 OSG = 7,00 %
USG = 2,00 %</td></tr>
<tr><td>Ergebnisse:</td><td colspan="2">$\bar{x}$ berechnet auf Grundlage aller 150 Einzelwerte = 4,491 %
s der ersten 3er Stichprobe = 0,400 %
R der ersten 3er Stichprobe = 0,8 %
s der letzten 3er Stichprobe = 0,586 %
R der letzten 3er Stichprobe = 1,1 %
$\hat{\sigma}$ bestimmt über $\bar{s}$ der Regelkarte = 0,548 %
$\hat{\sigma}$ berechnet über $\bar{R}$ der Regelkarte = 0,546 %</td></tr>
<tr><td></td><td>Urwertkarte</td><td>gleitende s-Karte</td></tr>
<tr><td></td><td>OEG = 6,137 %
UEG = 2,846 %</td><td>OEG = 1,2479 %</td></tr>
<tr><td></td><td>gleitende Mittelwert-Karte</td><td>gleitende s-Karte</td></tr>
<tr><td></td><td>OEG = 6,128 %
UEG = 2,855 %</td><td>OEG = 2,3775 %</td></tr>
<tr><td></td><td colspan="2">Stabilitätsbeurteilung: Prozess ist stabil.
Das Histogramm mit allen Messwerten im Vergleich zur Spezifikation zeigt alle Werte innerhalb der Spezifikationsgrenzen (im Beispiel nicht dargestellt).
Im Wahrscheinlichkeitsschaubild wird die Normalverteilung durch eine gute Anpassung der Ausgleichsgeraden bestätigt.
Fähigkeitsindexe:
basierend auf $\bar{\bar{x}}$ und $\bar{s}$ der Regelkarte $C_p = 1,52$ $P_{pk} = 1,51$
basierend auf $\bar{x}$ und $\bar{R}$ der Regelkarte $C_p = 1,53$ $P_{pk} = 1,52$
basierend auf den Stichprobenkennwerten $C_p = 1,64$ $P_{pk} = 1,63$
(s = 0,50805, $\bar{\bar{x}}$ = 4,491)</td></tr>
</table>

Urwertkarte und gleitende s-Karte zur Beschreibung der Prozessleistung

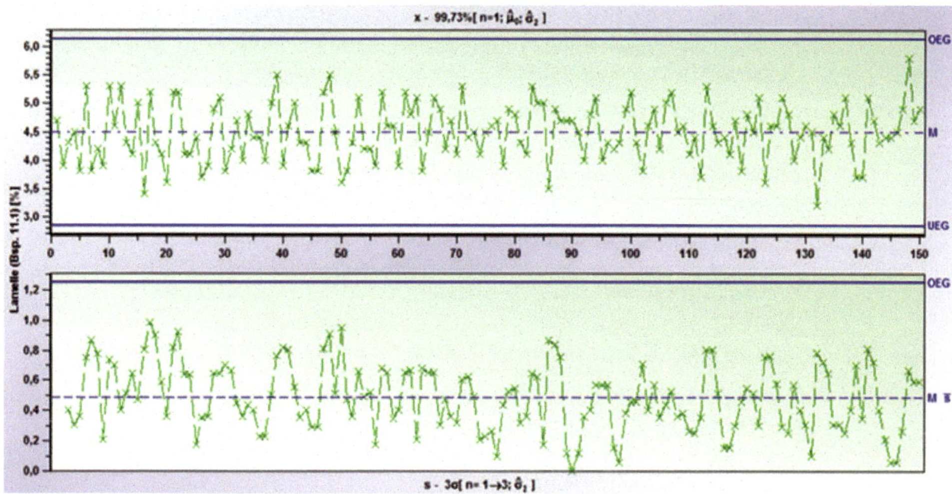

Wahrscheinlichkeitsschaubild für Normalverteilung

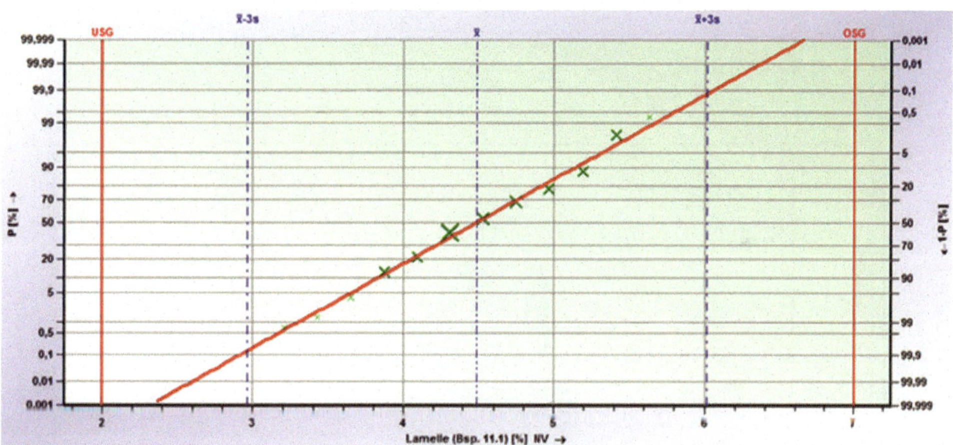

Klassenbreite: 0,25 %/Klasse mit der häufigsten Besetzung: 4,45 % - 4,70 %

Test 12		
Zweck:	Diese Testdaten dienen zur Beurteilung, ob bei Anwendung einer $\overline{x}$/R-Regelkarte in Übereinstimmung mit den Ford-Richtlinien alle Verletzungen der Stabilitätsbedingungen erkannt und angezeigt werden.	
Verfahren:	Führen einer $\overline{x}$/R-Regelkarte mit bekannten Eingriffsgrenzen, die basierend auf der bisherigen Prozessleistung bestimmt wurden. Die Eingabe der 500 Messwerte erfolgt mit einem Einzelstichprobenumfang von 5 Messwerten. Spezifikation = 26,5 0,5 mm	OSG = 27,0 mm USG = 26,0 mm
	$\overline{x}$-Karte	R-Karte
	OEG = 26,6386 mm UEG = 26,3595 mm	OEG = 0,51138 mm
	Gestützt auf die bisher stabile Prozessleistung (unter statistischer Kontrolle) wurden folgende Prozessfähigkeitsindexe bestimmt: $C_p = 1{,}60$ $C_{pk} = 1{,}60$ Eine Berechnung mit der Mischverteilung ergibt basierend auf der Prozentanteilmethode die Fähigkeitswerte $T_p = 0{,}86$ und $T_{pk} = 0{,}85$, die wegen der Instabilität zur besseren Kennzeichnung mit T_p bzw. T_{pk} bezeichnet werden.	
Ergebnisse:	Histogramm mit allen Messwerten im Vergleich zur Spezifikation zeigt die Anzahl der Teile und den Prozentsatz außerhalb der Toleranz. $\overline{x}$ = 26,4991 mm	

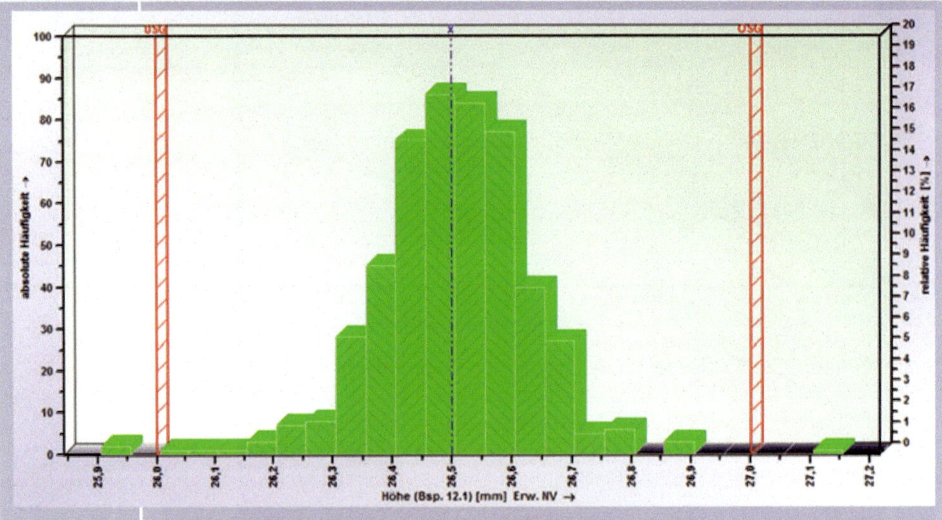

Klassenbreite: 0,05 mm/Klasse mit der häufigsten Besetzung: 26,455 mm - 26,505 mm

Das dargestellte Histogramm auf Grundlage aller Daten im Vergleich zur Spezifikation zeigt 3 Messwerte (0,6 %) außerhalb der Toleranz (1 Überschreitungen = 1 % ; 2 Unterschreitungen = 0,4 %).

$\overline{x}$-Regelkarte mit der Anzeige aller Verletzungen der Stabilität

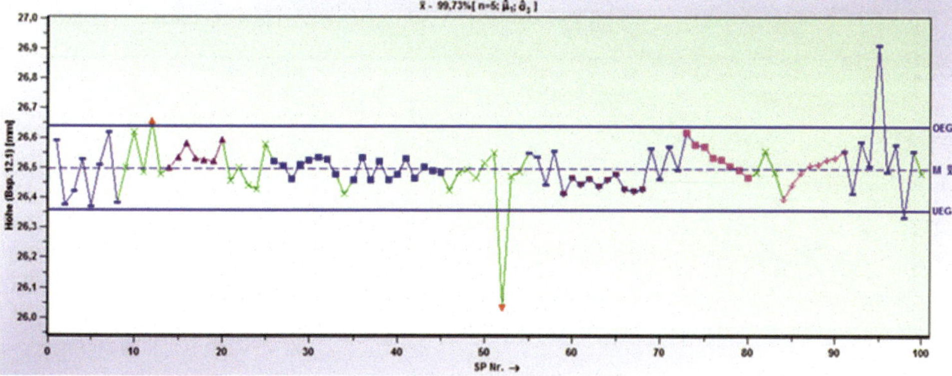

Stichprobe	Ergebnis/Stabilitäts-verletzung	Stichprobe	Ergebnis/Stabilitäts-verletzung
1	$\overline{x}_1$ = 26,592 mm	51 bis 75	Mittleres Drittel 36 %
12	Überschreitung der OEG	52 bis 76	Mittleres Drittel 40 %
14 bis 20	Folge oberhalb der Mittellinie	73 bis 80	Folge absteigend
26 bis 50	Mittleres Drittel 92 %	84 bis 91	Folge ansteigend
52	Verletzung der UEG	95	Überschreitung der OEG
59 bis 68	Folge unterhalb der Mittel-linie	98	Unterschreitung der UEG
50 bis 74	Mittleres Drittel 40 %	100	$\overline{x}_{100}$ 100 = 26,482 mm

R-Regelkarte mit der Anzeige aller Verletzungen der Stabilität

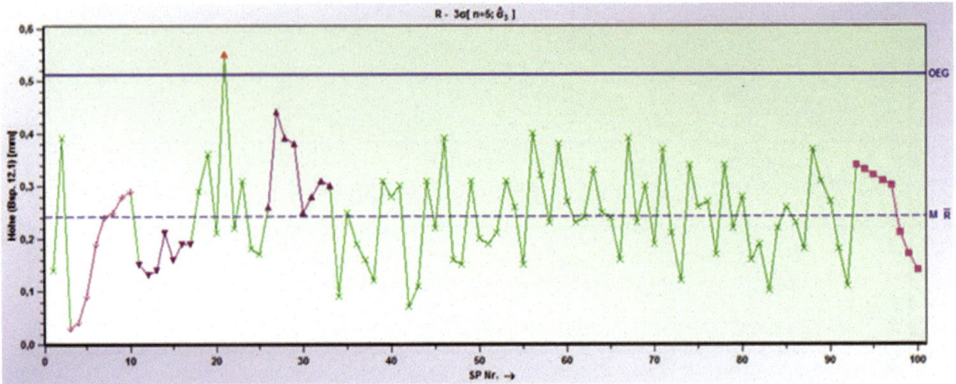

Stichprobe	Ergebnis/Stabilitäts-verletzung	Stichprobe	Ergebnis/Stabilitäts-verletzung
1	$R_1 = 0{,}14$ mm	21	Überschreitung der OEG
3 bis 10	Folge ansteigend	26 bis 33	Folge oberhalb der Mittellinie
11 bis 17	Folge unterhalb der Mittel-linie	93 bis 100	Folge absteigend
		100	$R_{100} = 0{,}14$ mm

$\overline{x}$ aller Messwerte = 26,4991 mm

$\hat{\sigma}$ basierend auf $\overline{R}$ der Regelkarte = 0,1040 mm

Die Berechnung von Fähigkeitsindexen ist nicht zulässig, da der Prozess nicht stabil ist.

Die vorher gültigen Fähigkeitsindexe sind nicht mehr gültig, da der Prozess nicht mehr unter stat. Kontrolle ist (s. Test 1).

Test 13		
Zweck:	Diese Testdaten dienen zur Beurteilung, ob alle Berechnungen im Zusammenhang mit der Anwendung einer $\overline{x}/R$-Regelkarte richtig durchgeführt werden und die Bestimmung der Fähigkeitsindexe in Übereinstimmung mit den Ford-Richtlinien erfolgt. Die angebotenen Messwerte passen sich am besten der Normalverteilung an und dienen als Grundlage, die korrekte Anwendung der zur Berechnung dieser Verteilungsform notwendigen Schritte zu beurteilen.	
Verfahren:	Eingabe von 500 Messwerten die als 5er Stichproben einem über mehr als 20 Produktionstage unter normalen Serienbedingungen arbeitenden Prozess entnommen wurden. Spezifikation = 28,50 0,30	OSG = 28,80 mm USG = 28,20 mm
Ergebnisse:	$\overline{x}$ der ersten 5er Stichprobe R der ersten 5er Stichprobe $\overline{\overline{x}}$ aller 100 Einzelstichproben $\hat{\sigma}$ bestimmt über $\overline{R}$ der Regelkarte	= 28,5174 mm = 0,134 mm = 28,54925 mm = 0,049235 mm
	$\overline{x}$-Karte	R-Karte
	OEG = 28,6153 mm UEG = 28,4832 mm	OEG = 0,2421 mm
	Stabilitätsbeurteilung: Prozess ist stabil. Das Histogramm mit allen Messwerten im Vergleich zur Spezifikation zeigt alle Werte innerhalb der Spezifikationsgrenzen. Im Wahrscheinlichkeitsschaubild wird die Normalverteilung durch eine gute Anpassung der Ausgleichsgeraden bestätigt. Fähigkeitsindexe: $C_p = 2{,}03$ $C_{pk} = 1{,}70$ Unabhängig davon, ob der Berechnung die Regelkartendaten oder die Gesamtstandardabweichung zugrunde liegt, führt die Berechnung der Fähigkeitsindexe in diesem Beispiel zu gleichen Ergebnissen.	

$\overline{x}$/R-Regelkarte zur Beschreibung der Prozessleistung

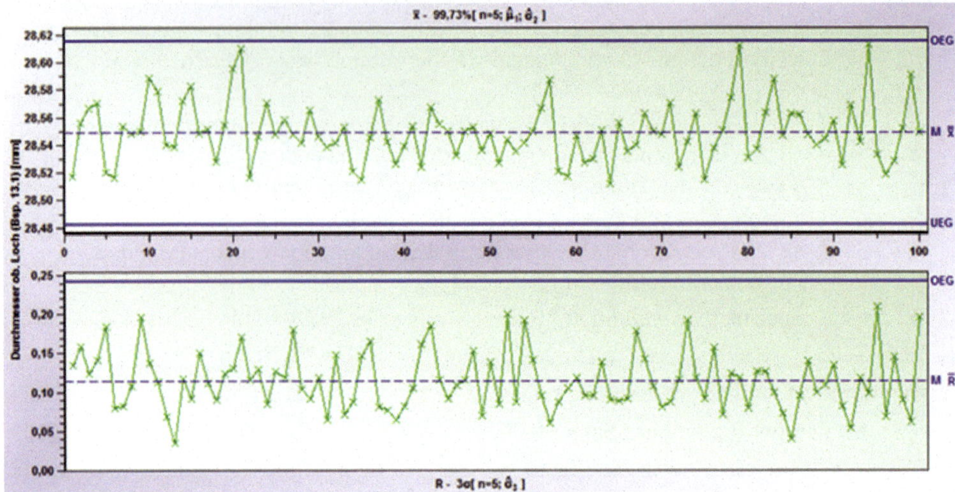

Histogramm mit allen Messwerten im Vergleich zur Spezifikation

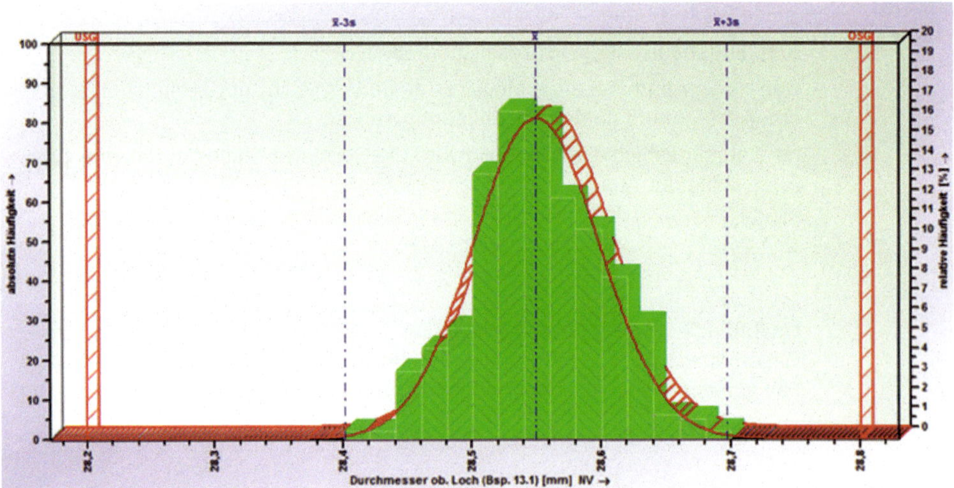

Klassenbreite: 0,02 mm/Klasse mit der häufigsten Besetzung: 28,5205 mm - 28,5405 mm

Wahrscheinlichkeitsschaubild für Normalverteilung

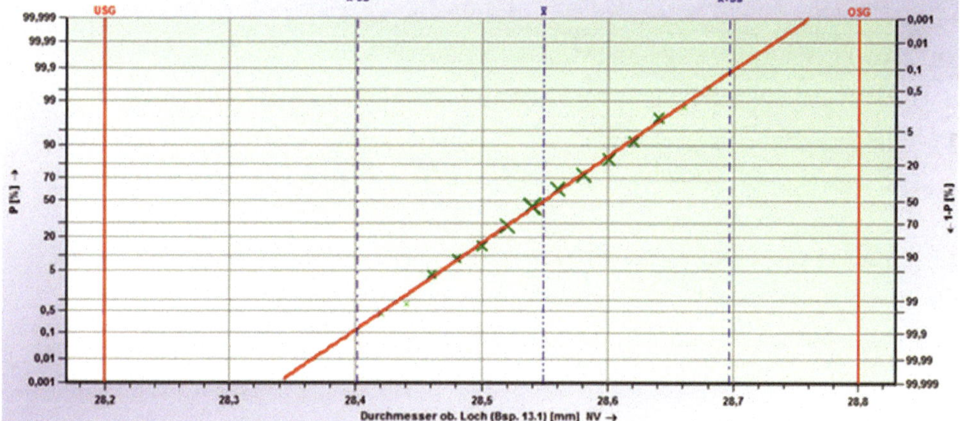

14 Anhang

14.1 Modelle der Varianzanalyse

14.1.1 Prozessbeurteilung

Die **Varianzanalyse** (ANOVA – **An**alysis **o**f **Va**riance) ist ein allgemeines Verfahren der induktiven Statistik zur Untersuchung des Einflusses einer oder mehrerer Faktoren auf die Zielgröße. Die Streuung der beobachteten Messwerte wird entsprechend den im Modell betrachteten Faktoren in einzelne Komponenten zerlegt (Streuungszerlegung).

Im Allgemeinen wird vorausgesetzt, dass die zufälligen Einflüsse normalverteilt sind. Statistische Hypothesen über Effekte einzelner Faktoren oder Wechselwirkungen zwischen Faktoren können dann mit F-Tests geprüft und Streuungskomponenten nach der Methode der kleinsten Quadrate geschätzt werden.

Wir beschränken uns im Folgenden auf die einfache Varianzanalyse, d. h. es wird die Wirkung eines Faktors, der in m Stufen vorliegt, auf die Zielgröße Y untersucht.

Ein Faktor wird als **nicht zufällig** (fix, systematisch) bezeichnet, wenn man nur an bestimmten, fest vorgegebenen Stufen des Faktors interessiert ist. Ein Faktor heißt **zufällig,** wenn jede der in die Untersuchung einbezogenen Stufen zufällig aus einer (endlichen oder unendlichen) Grundgesamtheit von Stufen dieses Faktors ausgewählt wurde.

Beispiel:

Modell I	–	Untersuchung des Einflusses von m verschiedenen Futterarten auf die Milchausbeute von Kühen.
Modell II	–	Vergleich von m Maschinen, auf denen das gleiche Produkt hergestellt wird, wobei aus den vorhandenen M Maschinen m Maschinen zufällig ausgesucht wurden.

Liegt ein Prozess mit Mittelwertschwankungen vor, ist Modell II anzuwenden.

In beiden Modellen werden unterschiedliche Fragestellungen bearbeitet, aber die gleichen deskriptiven Kenn- und Prüfgrößen benötigt.

Für jede der m Stufen des Faktors A liegen n Einzelwerte vor, insgesamt also $N = m \cdot n$ Messwerte $y_{11}, \ldots, y_{mn}$. Die Ergebnisse $y_{11}, \ldots, y_{mn}$ sind Realisierungen der beobachtbaren Zufallsvariablen $Y_{11}, \ldots, Y_{mn}$.

Es wird vorausgesetzt, dass gilt

$$Y_{ij} = \mu + \alpha_i + \varepsilon_{ij} \quad i=1,\ldots, m, \; j=1,\ldots, n,$$

mit

μ = Gesamtmittelwert

α_i = additiver Einfluss der Stufe i des betrachteten Faktors A

ε_{ij} = additiver Zufallsanteil

ε_{ij} sind stochastisch unabhängige $N(0, \sigma_\varepsilon^2)$-verteilte Zufallsvariable.

Die beiden Modelle unterscheiden sich in Bezug auf α_i.

Modell I

Man geht davon aus, dass nur die m untersuchten Stufen des Faktors A existieren oder von Interesse sind. D. h. α_i sind konstante Parameter mit

$$\sum_{i=1}^{m} \alpha_i = 0$$

Im Modell I sind die Parameter μ, α_i und σ_ε^2 unbekannt.

Modell II

Die m untersuchten Stufen des Faktors A sind zufällig aus M vorhandenen Stufen ($M >> m$) ausgewählt. α_i sind stochastisch unabhängige $N(0, \sigma_A^2)$-verteilte Zufallsvariable. Die Parameter μ, σ_A^2 und σ_ε^2 sind unbekannt.

Typische Fragestellungen für jedes statistische Modell sind, die unbekannten Parameter (möglichst gut) zu schätzen oder Hypothesen über diese Parameter zu testen.

Die einfachsten Null-Hypothesen sind

$$H_0 : \alpha_1 = \alpha_2 = \ldots = \alpha_m = 0 \qquad \textit{im Modell I und}$$

$$H_0 : \sigma_A^2 = 0 \qquad \textit{im Modell II}$$

Die für die Lösung benötigten Zwischenergebnisse werden traditionsgemäß in eine Varianzanalysetafel (ANOVA-Tafel) eingetragen. Dieses standardisierte Vorgehen ist vor allem dann üblich, wenn kein geschlossenes rechnergestütztes Auswertesystem zur Verfügung steht.

14.1.2 Varianzanalysetafel (ANOVA-Tafel)

Ursache	SQ	Freiheitsgrad (f)	MQ =SQ/f	F	Modell I E(MQ)	Modell II E(MQ)
Faktor A	$\sum_{i=1}^{m} n\left(\bar{y}_{i\bullet}-\bar{y}_{\bullet\bullet}\right)^2$	m -1	MQ_A	$\frac{MQ_A}{MQ_E}$	$\sigma_\varepsilon^2+\frac{n}{m-1}\sum_{i=1}^{m}\alpha_i^2$	$\sigma_\varepsilon^2+n\sigma_A^2$
Fehler E	$\sum_{i=1}^{m}\sum_{j=1}^{n}\left(y_{ij}-\bar{y}_{i\bullet}\right)^2$	m(n - 1)	MQ_E	$\frac{MQ_A}{MQ_E}$	σ_ε^2	σ_ε^2
Total	$\sum_{i=1}^{m}\sum_{j=1}^{n}\left(y_{ij}-\bar{y}_{\bullet\bullet}\right)^2$	mn - 1				

mit

$$\bar{y}_{i\bullet}=\frac{1}{n}\sum_{j=1}^{n}y_{ij} \text{ und } \bar{y}_{\bullet\bullet}=\frac{1}{m\cdot n}\sum_{i=1}^{m}\sum_{j=1}^{n}y_{ij}$$

MQ = Varianz (Mittlere Quadratsumme)
SQ = Summe der quadratischen Abweichungen
f = Freiheitsgrad
F = Prüfgröße des F-Tests

Die Prüfgröße des zugrundeliegenden F-Tests ist der Quotient $\frac{MQ_A}{MQ_E}$.

Die Null-Hypothese H_0 wird abgelehnt, wenn gilt $\frac{MQ_A}{MQ_E}>F_{(m-1,\, m(n-1),(1-\alpha))}$, mit $F_{(m-1,\, m(n-1),(1-\alpha))}$ α-Fraktil der F-Verteilung mit (m-1) und m(n-1) Freiheitsgraden.

14.1.3 Schätzen der unbekannten Parameter

Modcll I

μ	$:= \bar{y}_{\bullet\bullet}$
$\hat{\alpha}_i$	$:= \bar{y}_{i\bullet}-\bar{y}_{\bullet\bullet}$
$\hat{\sigma}_\varepsilon^2$	$:= \frac{1}{m(n-1)}\sum_{i=1}^{m}\sum_{j=1}^{n}\left(y_{ij}-\bar{y}_{i\bullet}\right)^2 \quad (= MQ_E)$

sind gleichmäßig beste erwartungstreue Schätzer (UMVU) und Kleinste-Quadrate-Schätzer für die entsprechenden Modellparameter.

Modell II

$\hat{\mu}$	$:= \bar{y}_{\bullet\bullet}$
$\hat{\sigma}_{\varepsilon}^2$	$:= \dfrac{1}{m(n-1)} \sum_{i=1}^{m} \sum_{j=1}^{n} \left(y_{ij} - \bar{y}_{i\bullet}\right)^2 \quad (= MQ_E)$
$\hat{\sigma}_A^2$	$:= \dfrac{1}{n} \left(\dfrac{1}{m-1} \sum_{i=1}^{m} n \left(\bar{y}_{i\bullet} - \bar{y}_{\bullet\bullet}\right)^2 - \hat{\sigma}_{\varepsilon}^2 \right) \quad \left(= \frac{1}{n}(MQ_A - MQ_E)\right)$

sind UMVU-Schätzer für die entsprechenden Modellparameter.

Bei der Berechnung der Schätzer kann sich für $\hat{\sigma}_A^2$ ein negativer Wert ergeben. Ist dies der Fall, wird $\hat{\sigma}_A^2$ gleich Null gesetzt: $\hat{\sigma}_A^2 := 0$.

Im Modell II kann man noch ein weiteres Schätzproblem formulieren. Die beobachtbaren Zufallsvariablen Y_{ij} sind zwar nicht stochastisch unabhängig, haben aber alle die gleiche Normalverteilung, nämlich $N(\mu, \sigma_A^2 + \sigma_{\varepsilon}^2)$. Der gleichmäßig beste erwartungstreue (UMVU) Schätzer für die Varianz $\sigma_{ges}^2 := \sigma_A^2 + \sigma_{\varepsilon}^2$ dieser Normalverteilung ist

$$\sigma_{ges}^2 := \sigma_A^2 + \sigma_{\varepsilon}^2$$

Zu beachten ist, dass diese Fragestellung **nur** in Modell II und **nicht** in Modell I sinnvoll ist und $\hat{\sigma}_{ges}^2$ **nicht** die Stichprobenvarianz der Gesamtstichprobe $y_{11}, \ldots, y_{mn}$ ist.

Nur unter der jeweiligen Null-Hypothese ist

$$\frac{1}{mn-1} \sum_{i=1}^{m} \sum_{j=1}^{n} \left(y_{ij} - \bar{y}_{\bullet\bullet}\right)^2$$

erwartungstreuer Schätzer für $\hat{\sigma}_{ges}^2$. Wenn die Null-Hypothese wahr ist, also ein 1Stichproben-Problem vorliegt, ist diese Varianzschätzung erwartungstreu.

■ 14.2 Formelsammlung für Verteilungen

Normalverteilung

$$g(x) = \frac{1}{\sqrt{2\pi}\sigma} \exp\left\{-\frac{1}{2}\left(\frac{x-\mu}{\sigma}\right)^2\right\} \qquad -\infty < x < \infty$$

$$G(x) = \frac{1}{\sqrt{2\pi}\sigma} \int_{-\infty}^{x} \exp\left\{-\frac{1}{2}\left(\frac{t-\mu}{\sigma}\right)^2\right\} dt$$

Logarithmische Normalverteilung

$$g(x) = \frac{1}{\sqrt{2\pi}\sigma} \cdot \frac{1}{x-a} \cdot \exp\left\{-\frac{1}{2}\left(\frac{\ln(x-a)-\mu}{\sigma}\right)^2\right\} \qquad a < x < \infty$$

$$G(x) = \int_a^x g(t)\,dt$$

Weibull-Verteilung

$$g(x) = \frac{\beta}{\alpha} \cdot \left(\frac{x-a}{\alpha}\right)^{\beta-1} \cdot \exp\left\{-\left(\frac{x-a}{\alpha}\right)^{\beta}\right\} \qquad a \leq x < \infty$$

$$G(x) = 1 - \exp\left\{-\left(\frac{x-a}{\alpha}\right)^{\beta}\right\}$$

Betragsverteilung 1. Art

$$g(x) = \frac{1}{\sqrt{2\pi}\sigma} \cdot \exp\left\{-\frac{1}{2}\left(\frac{|x-\mu|}{\sigma}\right)^2\right\} \qquad 0 \leq |x-a| < \infty$$

$$G(x) = \int_0^{|x-a|} g(t)\,dt$$

Betragsverteilung 2. Art (Rayleigh-Verteilung)

$$g(x) = 1 - \frac{2(x-a)}{\alpha^2} \cdot \exp\left\{-\left(\frac{x-a}{\alpha}\right)^2\right\} \qquad a \leq x < \infty$$

$$G(x) = 1 - \exp\left\{-\left(\frac{x-a}{\alpha}\right)^2\right\}$$

Zweidimensionale Normalverteilung

$$g_{(x,y)} = \frac{1}{2\pi \cdot \sigma_x \cdot \sigma_y \cdot \sqrt{1-\rho^2}} \quad \exp\left[-\frac{1}{2(1-\rho^2)}\left(u^2 - 2\rho uv + v^2\right)\right] \qquad u = \frac{x-\mu_x}{\sigma_x};$$

$$v = \frac{y-\mu_y}{\sigma_y};$$

$$-\infty < u, v < +\infty$$

14.3 Tabellen

Tabelle 14.1 Faktoren zur Schätzung der Standardabweichung für die Verteilung der Einzelwerte und der Zentralwerte

n	a_n	d_n	c_n
2	0,798	1,128	1,000
3	0,886	1,693	1,160
4	0,921	2,059	1,092
5	0,940	2,326	1,197
6	0,952	2,534	1,135
7	0,959	2,704	1,214
8	0,965	2,847	1,160
9	0,969	2,970	1,223
10	0,973	3,078	1,176
11	0,975	3,173	1,228
12	0,978	3,258	1,187
13	0,979	3,336	1,232
14	0,981	3,407	1,196
15	0,982	3,472	1,235
16	0,983	3,532	1,202
17	0,985	3,588	1,237
18	0,985	3,640	1,207
19	0,986	3,689	1,239
20	0,987	3,735	1,212
21	0,988	3,778	1,240
22	0,988	3,819	1,216
23	0,989	3,858	1,241
24	0,989	3,859	1,218
25	0,990	3,930	1,242

$a_n = c_4 = \sqrt{\frac{2}{n-1}} \cdot \frac{\Gamma\left(\frac{n}{2}\right)}{\Gamma\left(\frac{n-1}{2}\right)}$, mit $\Gamma(x)$ = Gamma-Funktion und n = Stichprobenumfang

$d_n = d_2$ = Erwartungswert der standardisierten Spannweitenverteilung $E\left(\frac{R}{\sigma}\right)$ (Die Spannweite ist um diesen Faktor größer als die Standardabweichung)

c_n = Korrekturfaktor für die Standardabweichung des Medians (Die Standardabweichung der Stichproben-Medianwerte ist um diesen Faktor größer als diejenige der Stichprobenmittelwerte)

Tabelle 14.2 Faktoren zur Berechnung einer Shewhart-Mittelwertkarte nach dem in Europa üblichen Ermittlungsverfahren mit Warn- und Eingriffsgrenzen

n	A_W	A_E
2	1,386	1,821
3	1,132	1,487
4	0,980	1,288
5	0,877	1,152
6	0,800	1,052
7	0,741	0,974
8	0,693	0,911
9	0,653	0,859
10	0,620	0,815
11	0,591	0,777
12	0,566	0,744
13	0,544	0,714
14	0,524	0,688
15	0,506	0,665
16	0,490	0,644
17	0,475	0,625
18	0,462	0,607
19	0,450	0,591
20	0,438	0,576
21	0,428	0,562
22	0,418	0,549
23	0,409	0,537
24	0,400	0,526
25	0,392	0,515

A_E bzw. $A_W = \frac{u_{1-\alpha/2}}{\sqrt{n}}$; mit $u_{1-\alpha/2}$ = Quantil der Standardnormalverteilung und n = Stichprobenumfang

Der Faktor A_E ist für die Eingriffsgrenzen ($1 - \alpha = 99\,\%$) und der Faktor A_W für die Warngrenzen ($1 - \alpha = 95\,\%$) zu verwenden.

Tabelle 14.3 Faktoren zur Berechnung einer Shewhart-Mediankarte nach dem in Europa üblichen Ermittlungsverfahren mit Warn- und Eingriffsgrenzen

n	C_W	C_E
2	1,386	1,821
3	1,313	1,725
4	1,070	1,406
5	1,049	1,379
6	0,908	1,194
7	0,899	1,182
8	0,804	1,056
9	0,799	1,050
10	0,729	0,958
11	0,726	0,954
12	0,672	0,883
13	0,670	0,880
14	0,626	0,823
15	0,625	0,821
16	0,589	0,774
17	0,588	0,773
18	0,558	0,733
19	0,557	0,732
20	0,531	0,698
21	0,530	0,697
22	0,508	0,668
23	0,507	0,667
24	0,487	0,640
25	0,487	0,640

Der Faktor C_W ist für die Warngrenzen ($1 - \alpha = 95\,\%$) und der Faktor C_E für die Eingriffsgrenzen zu verwenden ($1 - \alpha = 99\,\%$).

Tabelle 14.4 Faktoren zur Berechnung einer Shewhart-Urwertkarte nach dem in Europa üblichen Ermittlungsverfahren mit Warn- und Eingriffsgrenzen

n	E_W	E_E
2	2,236	2,806
3	2,388	2,934
4	2,491	3,022
5	2,569	3,089
6	2,631	3,143
7	2,683	3,188
8	2,727	3,226
9	2,766	3,260
10	2,800	3,289
11	2,830	3,316
12	2,858	3,340
13	2,883	3,362
14	2,906	3,383
15	2,928	3,402
16	2,948	3,419
17	2,966	3,436
18	2,984	3,451
19	3,000	3,466
20	3,016	3,480
21	3,031	3,493
22	3,045	3,505
23	3,058	3,517
24	3,071	3,528
25	3,083	3,539

$E_E \text{ bzw. } E_W = \frac{u_{0,5+\left(\sqrt[n]{1-\alpha}\right)/2}}{\sqrt{n}}$; mit n = Stichprobenumfang und u = Quantil der Standardnormalverteilung.

Der Faktor E_E ist für die Eingriffsgrenzen ($1-\alpha=99\,\%$) und der Faktor E_W für die Warngrenzen ($1-\alpha=95\,\%$) zu verwenden.

Tabelle 14.5 Faktoren für die Berechnung einer Shewhart-Standardabweichungskarte nach dem in Europa üblichen Ermittlungsverfahren mit Warn- und Eingriffsgrenzen

n	B_{Wun}	B_{Wob}	B_{Eun}	B_{Eob}
2	0,031	2,241	0,006	2,807
3	0,159	1,921	0,071	2,302
4	0,268	1,765	0,155	2,069
5	0,348	1,669	0,227	1,927
6	0,408	1,602	0,287	1,830
7	0,454	1,552	0,336	1,758
8	0,491	1,512	0,376	1,702
9	0,522	1,480	0,410	1,657
10	0,548	1,454	0,439	1,619
11	0,570	1,431	0,464	1,587
12	0,589	1,412	0,486	1,560
13	0,606	1,395	0,506	1,536
14	0,621	1,379	0,524	1,515
15	0,634	1,366	0,540	1,496
16	0,646	1,354	0,554	1,479
17	0,657	1,343	0,567	1,463
18	0,667	1,333	0,579	1,450
19	0,676	1,323	0,590	1,437
20	0,685	1,315	0,600	1,425
21	0,692	1,307	0,610	1,414
22	0,700	1,300	0,619	1,404
23	0,707	1,293	0,627	1,395
24	0,713	1,287	0,635	1,386
25	0,719	1,281	0,642	1,378

$B_{E_{ob}}\ bzw.\ B_{W_{ob}} = \sqrt{\frac{\chi^2_{n-1;1-\alpha/2}}{n-1}}$; mit $\chi^2_{n-1,1-\alpha/2}$ = Quantil der Chi-Quadrat-Verteilung für n - 1 Freiheitsgrade.

Der Faktor $B_{E_{ob}}$ ist für die obere Eingriffsgrenze (1 - α = 99 %) und der Faktor $B_{W_{ob}}$ für die obere Warngrenze (1 - α = 95 %) zu verwenden.

$B_{E_{un}}\ bzw.\ B_{W_{un}} = \sqrt{\frac{\chi^2_{n-1;\alpha/2}}{n-1}}$; mit $\chi^2_{n-1,\alpha/2}$ = Quantil der Chi-Quadrat Verteilung für n - 1 Freiheitsgrade.

Der Faktor $B_{E_{un}}$ ist für die untere Eingriffsgrenze und der Faktor $B_{W_{un}}$ für die untere Warngrenze zu verwenden.

Tabelle 14.6 Faktoren für die Berechnung einer Shewhart-Spannweitenkarte nach dem in Europa üblichen Ermittlungsverfahren mit Warn- und Eingriffsgrenzen

n	D_{Wun}	D_{Wob}	D_{Eun}	D_{Eob}
2	0,044	3,170	0,009	3,970
3	0,303	3,682	0,135	4,424
4	0,595	3,984	0,343	4,694
5	0,850	4,197	0,555	4,886
6	1,066	4,361	0,749	5,033
7	1,251	4,494	0,922	5,154
8	1,410	4,605	1,075	5,255
9	1,550	4,700	1,212	5,341
10	1,674	4,784	1,335	5,418
11	1,784	4,858	1,446	5,485
12	1,884	4,925	1,547	5,546
13	1,976	4,985	1,639	5,602
14	2,059	5,041	1,724	5,652
15	2,136	5,092	1,803	5,699
16	2,207	5,139	1,876	5,742
17	2,274	5,183	1,944	5,783
18	2,336	5,224	2,008	5,820
19	2,394	5,262	2,068	5,856
20	2,449	5,299	2,125	5,889
21	2,500	5,333	2,178	5,921
22	2,549	5,365	2,229	5,951
23	2,596	5,396	2,277	5,979
24	2,640	5,425	2,323	6,006
25	2,682	5,453	2,366	6,032

Für die untere und obere Warngrenze sind die Faktoren $D_{W_{un}}$ und $D_{W_{ob}}$ zu verwenden ($1 - \alpha = 95\,\%$).

Dementsprechend sind für die untere und obere Eingriffsgrenze die Faktoren $D_{E_{un}}$ und $D_{E_{ob}}$ einzusetzen ($1 - \alpha = 99\,\%$).

Tabelle 14.7 Faktoren für die Berechnung von Shewhart-Qualitätsregelkarten nach dem international üblichen Ermittlungsverfahren ohne Warngrenzen. Die Berechnung der Faktoren für die Eingriffsgrenzen basiert auf der Annahmewahrscheinlichkeit $P_a = 1 - \alpha = 99{,}73\,\%$ (Faktoren aus Ford, 1987)

n	Faktoren für $\bar{x}$- und R-Karten				Faktoren für $\bar{x}$- und s-Karten				$\tilde{x}$-Karte
	$\bar{x}$-Karte	Teiler zu $\sigma_{\bar{x}}$	R-Karten		$\bar{x}$-Karte	Teiler zu $\sigma_{\bar{x}}$	s-Karten		
	A_2	$d_n = d_2$	D_3	D_4	A_3	$a_n = c_4$	B_3	B_4	$\tilde{A}_2$
2	1,880	1,128	–	3,267	2,659	0,7979	–	3,267	1,880
3	1,023	1,693	–	2,574	1,954	0,8862	–	2,568	1,187
4	0,729	2,059	–	2,282	1,628	0,9213	–	2,266	0,796
5	0,577	2,326	–	2,114	1,427	0,9400	–	2,089	0,691
6	0,483	2,534	–	2,004	1,287	0,9515	0,030	1,970	0,548
7	0,419	2,704	0,076	1,924	1,182	0,9594	0,118	1,882	0,508
8	0,373	2,847	0,136	1,864	1,099	0,9650	0,185	1,815	0,433
9	0,337	2,970	0,184	1,816	1,032	0,9693	0,239	1,761	0,412
10	0,308	3,078	0,223	1,777	0,975	0,9727	0,284	1,716	0,362
11	0,285	3,173	0,256	1,744	0,927	0,9754	0,321	1,679	–
12	0,266	3,258	0,283	1,717	0,886	0,9776	0,354	1,646	–
13	0,249	3,336	0,307	1,693	0,850	0,9794	0,382	1,618	–
14	0,235	3,407	0,328	1,672	0,817	0,9810	0,406	1,594	–
15	0,223	3,472	0,347	1,653	0,789	0,9823	0,428	1,572	–
									–
16	0,212	3,532	0,363	1,637	0,763	0,9835	0,448	1,552	–
17	0,203	3,588	0,378	1,622	0,739	0,9845	0,466	1,534	–
18	0,194	3,640	0,391	1,608	0,718	0,9854	0,482	1,518	–
19	0,187	3,689	0,403	1,597	0,698	0,9862	0,497	1,503	–
20	0,180	3,735	0,415	1,585	0,680	0,9869	0,510	1,490	–
									–
21	0,173	3,778	0,425	1,575	0,663	0,9876	0,523	1,477	–
22	0,167	3,819	0,434	1,566	0,647	0,9882	0,534	1,466	–
23	0,162	3,858	0,443	1,557	0,633	0,9887	0,545	1,455	–
24	0,157	3,895	0,451	1,548	0,619	0,9892	0,555	1,445	
25	0,153	3,931	0,459	1,541	0,606	0,9896	0,565	1,435	

n = Stichprobenumfang

$u_{1-\alpha/2}$ = Quantil der Standardnormalverteilung

$d_2 = d_n$ = Erwartungswert der standardisierten Spannweiten-Verteilung $E\left(\frac{R}{\sigma}\right)$; abhängig von n

$A_2 = \frac{u_{1-\alpha/2}}{d_2 \cdot \sqrt{n}}$; mit u = Quantil der Standardnormalverteilung

d_3 = Standardabweichung der standardisierten Spannweite (R/σ)

$$D_3 = 1 - \frac{d_3 \cdot u_{1-\alpha/2}}{d_2}$$

$$D_4 = 1 + \frac{d_3 \cdot u_{1-\alpha/2}}{d_2}$$

Γ( ) = Gamma-Funktion

$$c_4 = a_n = \sqrt{\frac{2}{n-1}} \cdot \frac{\Gamma\left(\frac{n}{2}\right)}{\Gamma\left(\frac{n-1}{2}\right)}$$

$$A_3 = \frac{u_{1-\alpha/2}}{c_4 \cdot \sqrt{n}}$$

$$B_3 = 1 - u_{1-\alpha/2} \cdot \frac{\sqrt{1-c_4^2}}{c_4}$$

$$B_4 = 1 + u_{1-\alpha/2} \cdot \frac{\sqrt{1-c_4^2}}{c_4}$$

$\tilde{A}_2 = A_2 \cdot c_n$; c_n siehe Tabelle 14.1

Tabelle 14.8 Kritische Werte für Test auf Trend

n	99,9%	99%	95%	n	99,9%	99%	95%
4	0,5898	0,6256	0,7805	33	1,0055	1,2283	1,4434
5	0,4161	0,5379	0,8204	34	1,0180	1,2386	1,4511
6	0,3634	0,5615	0,8902	35	1,0300	1,2485	1,4585
7	0,3695	0,6140	0,9359	36	1,0416	1,2581	1,4656
8	0,4036	0,6628	0,9825	37	1,0529	1,2673	1,4726
9	0,4420	0,7088	1,0244	38	1,0639	1,2763	1,4793
10	0,4816	0,7518	1,0623	39	1,0746	1,2850	1,4858
11	0,5197	0,7915	1,0965	40	1,0850	1,2934	1,4921
12	0,5557	0,8280	1,1276	41	1,0950	1,3017	1,4982
13	0,5898	0,8618	1,1558	42	1,1048	1,3096	1,5041
14	0,6223	0,8931	1,1816	43	1,1142	1,3172	1,5098
15	0,6532	0,9221	1,2053	44	1,1233	1,3246	1,5154
16	0,6826	0,9491	1,2272	45	1,1320	1,3317	1,5206
17	0,7104	0,9743	1,2473	46	1,1404	1,3387	1,5257
18	0,7368	0,9979	1,2660	47	1,1484	1,3453	1,5305
19	0,7617	1,0199	1,2834	48	1,1561	1,3515	1,5351
20	0,7852	1,0406	1,2996	49	1,1635	1,3573	1,5395
21	0,8073	1,0601	1,3148	50	1,1705	1,3629	1,5437
22	0,8283	1,0785	1,3290	51	1,1774	1,3683	1,5477
23	0,8481	1,0958	1,3425	52	1,1843	1,3738	1,5518
24	0,8668	1,1122	1,3552	53	1,1910	1,3792	1,5557
25	0,8846	1,1278	1,3671	54	1,1976	1,3846	1,5596
26	0,9017	1,1426	1,3785	55	1,2041	1,3899	1,5634
27	0,9182	1,1567	1,3892	56	1,2104	1,3949	1,5670
28	0,9341	1,1702	1,3994	57	1,2166	1,3999	1,5707
29	0,9496	1,1830	1,4091	58	1,2227	1,4048	1,5743
30	0,9645	1,1951	1,4183	59	1,2288	1,4096	1,5779
31	0,9789	1,2067	1,4270	60	1,2349	1,4144	1,5814
32	0,9925	1,2177	1,4354	∞	2,0000	2,0000	2,0000

Tabelle 14.9 Kritische Werte für Epps-Pulley-Test

n	1 – α			
	0,90	0,95	0,97	0,99
8	0,271	0,347	0,426	0,526
9	0,275	0,350	0,428	0,537
10	0,279	0,357	0,437	0,545
15	0,284	0,366	0,447	0,560
20	0,287	0,368	0,450	0,564
30	0,288	0,371	0,459	0,569
50	0,290	0,374	0,461	0,574
100	0,291	0,376	0,464	0,583
200	0,290	0,379	0,467	0,590

Tabelle 14.10 Kritische Werte des zweiseitigen Hampel-Tests

α	n	10	12	14	15	16	18	20	30	40	50	100	200
1 %		6,7	6,2	5,9	5,9	5,6	5,4	5,3	4,8	4,6	4,5	4,3	4,3
5 %		4,6	4,4	4,3	4,3	4,2	4,1	4,1	3,9	3,8	3,8	3,8	3,8

Tabelle 14.11 Erwartungswert der w-Verteilung in Abhängigkeit von n_e

n_e	d_n
20	3,74
25	3,93
30	4,09
35	4,21
40	4,32
45	4,42
50	4,50
60	4,65
70	4,77
80	4,87
100	5,04
125	5,21
150	5,34
200	5,55
250	5,71

15 Verzeichnis der verwendeten Abkürzungen

$1-\alpha$	Vertrauensniveau
α	Wahrscheinlichkeit für den Fehler 1. Art = Irrtumswahrscheinlichkeit
a_n	Konstante zur Bestimmung des Schätzwertes für die Varianz (Grundgesamtheit) aus der Varianz (Stichprobe)
ANOVA	Analysis of Variance
ß	Wahrscheinlichkeit für den Fehler 2. Art
χ^2	Kritischer Wert der χ^2-Verteilung
c_{krit}	Abstand des Mittelwertes von den Spezifikationsgrenzen in Standardabweichungseinheiten
c_n	Konstante, ist durch das Verhältnis $\sigma_{\tilde{x}}$ zu $\sigma_{\bar{x}}$ bestimmt
C_p	fortdauerndes Fähigkeitspotenzial
C_{pk}	fortdauernder Fähigkeitsindex
d_n	Konstante zur Bestimmung des Schätzwertes für die Varianz (Grundgesamtheit) aus der Spannweite (Stichprobe)
f	Freiheitsgrad
F	Kritischer Wert der F-Verteilung
g	Einzelwahrscheinlichkeit bei diskreten Merkmalen
G	Summenwahrscheinlichkeit bei diskreten Merkmalen
g(u)	Standardisierte Dichtefunktion der Normalverteilung
G(u)	Standardisierte Summenfunktion der Normalverteilung
g_1	Schiefe
g_2	Exzess
H_0	Nullhypothese
H_1	Alternativhypothese
k	Anzahl Klassen im Histogramm
k	Anzahl Stichproben
μ	Mittelwert der Grundgesamtheit
$\hat{\mu}$	Schätzwert für den Mittelwert der Grundgesamtheit
N	Losumfang

n	Stichprobenumfang (Anzahl der Teile)
OC	Operationscharakteristik
OEG	Obere Eingriffsgrenze
OGW	Oberer Grenzwert
OSG	Obere Spezifikationsgrenze
OWG	Oberer Warngrenze
P	Allgemeine Bezeichnung der Wahrscheinlichkeit
$\hat{p}$	Anteil fehlerhafter Einheiten (Stichprobe)
p	Anteil fehlerhafter Einheiten (Grundgesamtheit)
P_a	Annahmewahrscheinlichkeit
P_m	Potenzial Maschinenfähigkeit
P_{mk}	Fähigkeitsindex Maschinenfähigkeit
P_p	vorläufiges Fähigkeitspotenzial
P_{pk}	vorläufiger Fähigkeitsindex
QRK	Qualitätsregelkarte
R	Spannweite, Range
$r_{100\%}$	Regressionskoeffizient aller Werte
$r_{25\%}$	Regressionskoeffizient 25 % der Werte
s	Standardabweichung der Stichprobe
s^2	Varianz der Stichprobe
$\overline{s}$	Mittelwert der Standardabweichungen aus Stichproben
σ	Standardabweichung der Grundgesamtheit
σ^2	Varianz der Grundgesamtheit
$\hat{\sigma}$	Schätzwert für die Standardabweichung der Grundgesamtheit
t	Kritischer Wert der t-Verteilung
T	Gesamttoleranz
Tp	Fähigkeitspotenzial (instabil)
Tpk	kritischer Fähigkeitskennwert (instabil)
u	Standardisierte Größe für $(x-\mu)/\sigma$ der Normalverteilung
UEG	Untere Eingriffsgrenze
UGW	Unterer Grenzwert
USG	Untere Spezifikationsgrenze
UWG	Untere Warngrenze
ω	Klassenweite
$X_{0,135\%}$	$\left(\hat{=} Q_{un3}\right)$ 0,135% Quantil
$X_{99,865\%}$	$\left(\hat{=} Q_{ob3}\right)$ 99,865% Quantil
x	Anzahl Fehler bei diskreten Merkmalen
x_i	Merkmalswert eines kontinuierlichen Merkmals

x_{max}	Größter Wert
x_{min}	Kleinster Wert
$\overline{x}$	Mittelwert der Stichprobe
$\overline{\overline{x}}$	Mittelwert der Stichprobenmittelwerte
$\tilde{x}$	Median, Zentralwert

16 Literaturverzeichnis

A.I.A.G. – Chrysler Corp., Ford Motor Co., General Motors Corp. (1998): Quality System Requirements, QS-9000. 3. Auflage, Michigan, USA.

A.I.A.G. – Chrysler Corp., Ford Motor Co., General Motors Corp. (2005): Fundamental Statistical Process Control, Reference Manual. 3. Auflage, Michigan, USA.

A.I.A.G. – Chrysler Corp., Ford Motor Co., General Motors Corp. (2010): Measurement Systems Analysis, Reference Manual. 4. Auflage, Michigan, USA.

Anghel, C. (1993): Nomogramme für Betragsverteilungen erster und zweiter Art. In: QZ 38 (1993) 9, S. 523 f. Hanser Verlag, München.

Anghel, C.; Hausberger, H.; Streinz, W. (1992): Unsymmetriegrößen erster und zweiter Art richtig auswerten. Teil 1: Unsymmetriegrößen erster Art, in QZ 37 (1992) 12. Teil 2: Unsymmetriegrößen zweiter Art, in QZ 38 (1993) 1. Hanser Verlag, München.

Bertsche, B.; Lechner, G. (2004): Zuverlässigkeit im Fahrzeug- und Maschinenbau. 3. Auflage, Springer Verlag, München.

Bissel, A. F. (1990): How Reliable is Your Capability Index? Applied Statistics 39 (1990) 3, S. 331 – 340.

CNOMO, Comité de Normalisation des Moyens de Production (1990): E41.32.110.N – Moyens de production – Agrément capabilité des moyens réalisant des caractéristiques suivant une loi normale.

Crowder, S. V. (1989): Design of Exponentially Weighted Moving Average Schemes. In: Journal of Quality Technology 21, No. 3, July 1989.

Daimler AG (2008): Leitfaden LF 1236 „Stichproben- und Prozess-Analyse, Methoden der angewandten Statistik“. Stuttgart.

Dietrich, E.; Schulze, A. (1991): Statistik in der Zuliefer- und Automobilindustrie. Seminarunterlagen, 28. Nov. 1991, Frankfurt.

Dietrich, E.; Schulze, A. (2017): Eignungsnachweis von Prüfprozessen. 5., aktualisierte Auflage, Hanser Verlag, München.

Dietrich, E.; Schulze, A.; Weber, S. (2007): Kennzahlensystem für die Qualitätsbeurteilung in der industriellen Produktion. Hanser Verlag, München.

DIN – Deutsches Institut für Normung (1999): DIN V ENV 13005:1999: Leitfaden zur Angabe der Unsicherheit beim Messen. Beuth Verlag, Berlin. Identisch mit: ISO 13381, Guide to the expression of uncertainty in measurement (GUM). Beuth Verlag, Berlin, 1993.

DIN – Deutsches Institut für Normung (2021a): ISO 10017:2021-07. Leitfaden für die Anwendung statischer Verfahren für ISO 9001:2015. Beuth Verlag, Berlin.

DIN – Deutsches Institut für Normung (2004): DIN EN ISO 10012: Ausgabe: 2004-03-Messmanagementsysteme – Anforderungen an Messprozesse und Messmittel (ISO 10012:2003); Dreisprachige Fassung EN ISO 10012:2003. Beuth Verlag, Berlin.

DIN – Deutsches Institut für Normung (1997): DIN ISO 5479:1997-05 Statistische Auswertung von Daten – Tests auf Abweichung von der Normalverteilung. Beuth Verlag, Berlin.

DIN – Deutsches Institut für Normung (2006a): DIN ISO 3534-1 bis 3534-3: Statistik – Begriffe und Formelzeichen. Beuth Verlag, Berlin.

DIN – Deutsches Institut für Normung (2006b): Technical Report ISO/TR 13425:2006-03. Guidelines for the selection of statistical methods in standardization and specification. Beuth Verlag, Berlin.

DIN – Deutsches Institut für Normung (2007): ISO/IEC Guide 99:2007 - Internationales Wörterbuch der Metrologie (VIM) – In-ternational vocabulary of metrology – Basic and general concepts and associated terms (VIM). Beuth Verlag, Berlin.

DIN – Deutsches Institut für Normung (2015b): DIN EN ISO 9001:2015: Qualitätsmanagementsysteme – Anforderungen. Beuth Verlag, Berlin.

DIN – Deutsches Institut für Normung (2021b): ISO 22514-7:2021: Statistische Verfahren im Prozessmanagement – Fähigkeit und Leistung – Teil 7: Fähigkeit von Messprozessen. Beuth Verlag, Berlin.

DIN – Deutsches Institut für Normung (2019): ISO 22514-2:2019: Statistische Verfahren im Prozessmanagement – Fähigkeit und Leistung – Teil 2: Prozessleistungs- und Prozessfähigkeitskenngrößen von zeitabhängigen Prozessmodellen. Beuth Verlag, Berlin.

DIN – Deutsches Institut für Normung (2015a): DIN EN ISO 9000:2015: Qualitätsmanagementsysteme – Grundlagen und Begriffe. Beuth Verlag, Berlin.

DGQ – Deutsche Gesellschaft für Qualität (2005): Lehrgangsunterlagen: QII. Statistische Methoden des Qualitätsmanagements. Frankfurt.

Elderton, W. P.; Johnson, N. L. (1969): Systems of Frequency Curves. University Press, Cambridge.

Ford Motor Co. (1987): EU 880 B. Leitfaden – Statistische Prozessregelung. Köln.

Ford Motor Co. (1992): Fertigungseinrichtungen – Richtlinie zur Leistungsbeurteilung. Januar 1992, Köln.

Ford Motor Co. (1995): Fertigungseinrichtungen – Richtlinie von Positionstoleranzen. Februar 1995, Köln.

Ford Motor Co. – Q-DAS GmbH (1991): EU 883 B. Ford Testbeispiele, Beurteilung von SPC Software. Köln.

General Motors Co. (2004): SP-Q-MRO-GLOBAL 10.6 – Richtlinie für Qualitätsabnahme von Fertigungseinrichtungen. GM Powertrain, Detroit/Rüsselsheim.

Graf, U.; Henning, H.-J.; Stange, K.; Wilrich, P.-T. (1998): Formeln und Tabellen der mathematischen Statistik. 3. völlig neu bearbeitete Auflage, Springer Verlag, Berlin, Heidelberg, New York.

Geiger, W. (1976): Gefaltete und Betragsverteilungen. In: QZ 21 (1976) 7, S. 156 – 160. Hanser Verlag, München.

Hartung, J. (1982): Statistik-Handbuch der angewandten Statistik. R. Oldenbourg Verlag, München, Wien.

IATF – International Automotive Task Force (2016): IATF 16949:2016 Anforderungen an Qualitätsmanagementsysteme für die Serien- und Ersatzteilproduktion in der Automobilindustrie. Beuth Verlag Berlin.

ISO International Organization of Standardization (2020): ISO 22514-3 – Statistical methods in process management – Capability and performance – Part 3: Machine performance studies for measured data on discrete parts. Beuth Verlag, Berlin.

ISO International Organization of Standardization (2009): ISO TR 18532:2009: Guidance on the application of statistical methods to quality and to industrial standardization.

ISO 13053-1:2011-09 Quantitative methods in process improvement – Six Sigma – Part 1: DMAIC methodology, Beuth Verlag Berlin

ISO 13053-2:2011-09 Quantitative methods in process improvement – Six Sigma – Part 2: Tools and techniques, Beuth Verlag Berlin

ISO/TR 11462-3:2020 Guidelines for implementation of statistical process control (SPC) – Part 3: Reference data sets for SPC software validation, Beuth Verlag Berlin]

Nowack, H.; Kaiser, B. (1999): Nur scheinbar instabil. In: QZ 6 (1999), S. 761 – 765. Hanser Verlag, München.

Q-DAS GmbH (1999): Leitfaden zum „Fähigkeitsnachweis von Messsystemen". Dezember 1999, Birkenau.

Q-DAS GmbH (2013): Qualitätsdatenaustauschformat der Automobilindustrie AQDEF, Version 4.0. Weinheim.

Renault S. A. (1990): E41.32.110.N Moyens de production – Agrément capabilité des moyens d'élaboration – Tolérances d'état de surface. Boulogne-Billancourt/Frankreich.

Robert Bosch GmbH (2019): Schriftenreihe „Qualitätssicherung in der Bosch-Gruppe Heft Nr. 9". 5. Auflage, Technische Statistik Maschinen- und Prozessfähigkeit. Stuttgart.

VDA – Verband der Automobilindustrie (2020): VDA Band 4: Sicherung der Qualität in der Prozesslandschaft, 3., vollständig überarbeitete und erweiterte Auflage. VDA, Berlin.

VDA – Verband der Automobilindustrie (2016): VDA Band 3.2: Zuverlässigkeitssicherung bei Automobilherstellern und Lieferanten, 4., komplett überarbeitete Ausgabe. VDA, Berlin.

VDA – Verband der Automobilindustrie (2008): VDA Band 1: Dokumentation und Archivierung, 3. Auflage. VDA, Berlin.

VDA – Verband der Automobilindustrie (2021): VDA Band 5: Mess- und Prüfprozesse. Eignung, Planung und Management, 3., überarbeitete Auflage, Juli 2021. VDA, Berlin

Volkswagen AG – Audi AG (2005a): Konzernnorm 101 30 – Maschinenfähigkeitsuntersuchung für messbare Merkmale. Wolfsburg.

Volkswagen AG – Audi AG (2005b): Konzernnorm 101 31 – Prozessfähigkeitsuntersuchung für messbare Merkmale. Wolfsburg.

Index

Symbole

A

B

C

S

T

U

V

W

X

Z